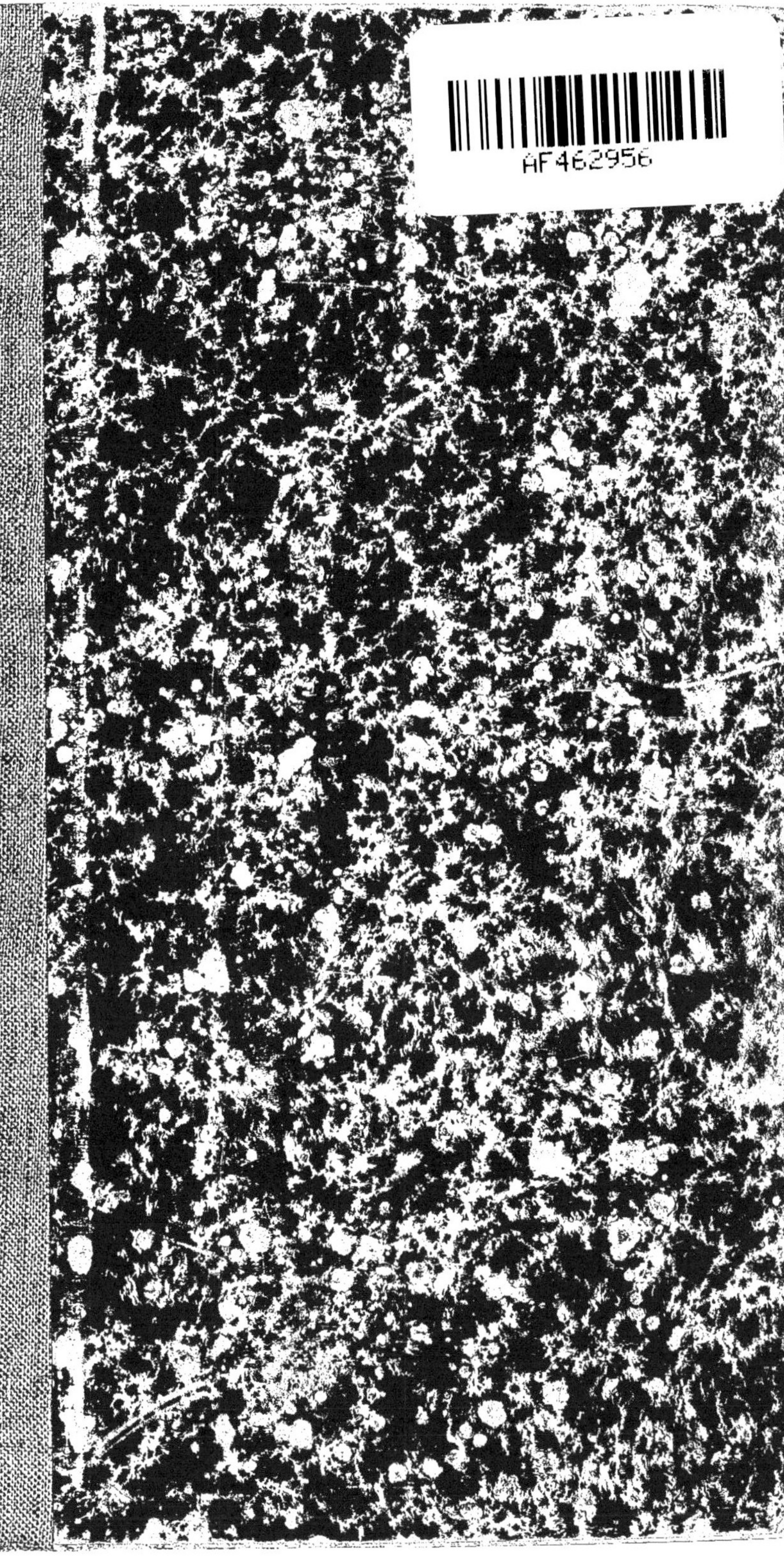

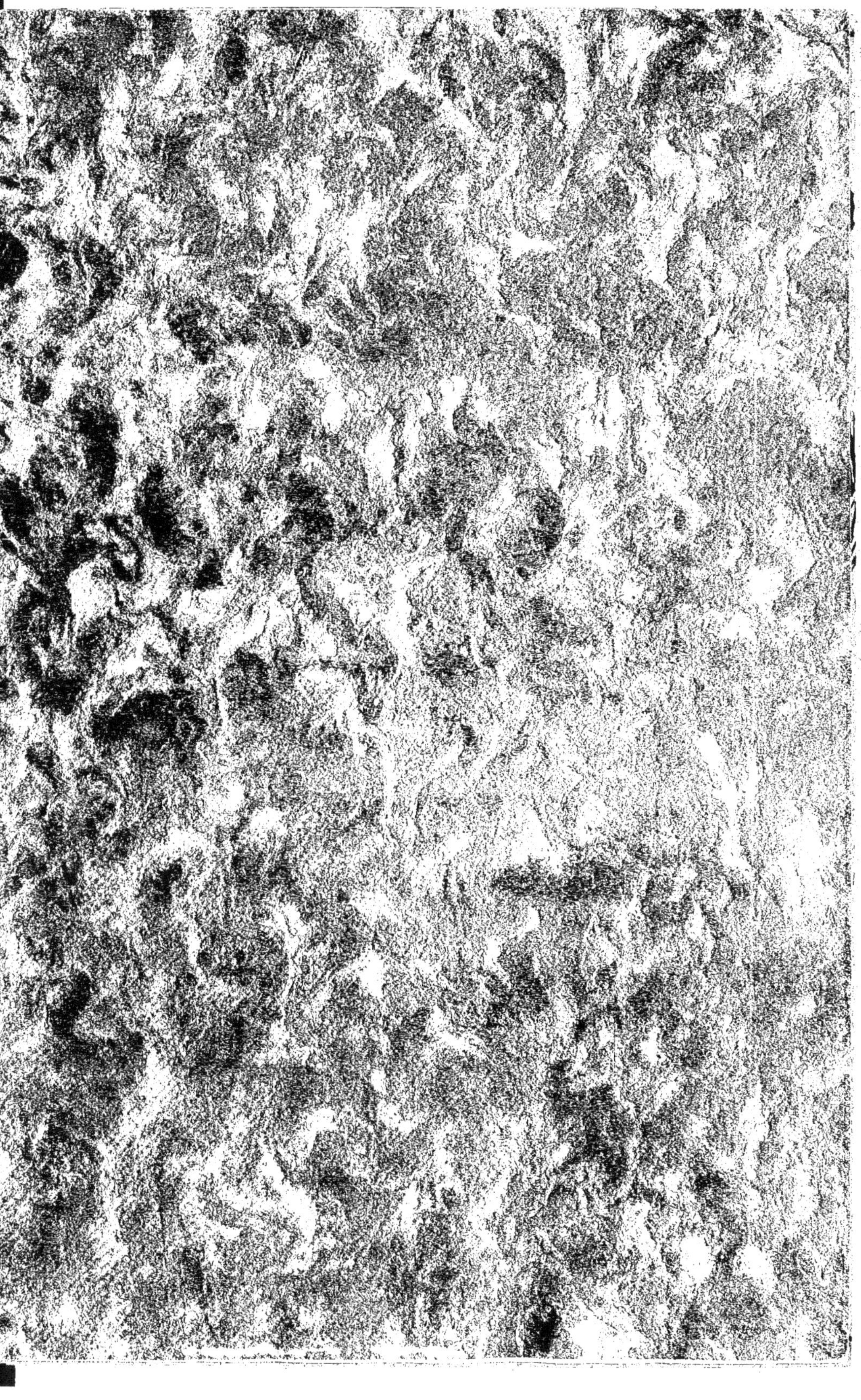

LOUIS FIGUIER
MAX DE NANSOUTY
LES
MERVEILLES
DE LA
SCIENCE
ÉLECTRICITÉ
Prix
13 fr. 50
Prix
13 fr. 50
Ancienne Librairie Furne
BOIVIN & Cie Editeurs
PARIS

LES

MERVEILLES DE LA SCIENCE

ÉLECTRICITÉ

DANS LA MÊME COLLECTION

Précédemment paru :

Chaudières et Machines à Vapeur

En publication :

Moteurs *(Moteurs à explosion, à eau, à air, à vent).*

LOUIS FIGUIER

LES MERVEILLES de la SCIENCE

NOUVELLE ÉDITION REVUE, CORRIGÉE ET MISE A JOUR

PAR

MAX DE NANSOUTY

INGÉNIEUR DES ARTS ET MANUFACTURES

Préface de M. Alfred PICARD, membre de l'Institut

* *

ÉLECTRICITÉ

PARIS
ANCIENNE LIBRAIRIE FURNE
BOIVIN & CIE, ÉDITEURS

5, RUE PALATINE (VIe)

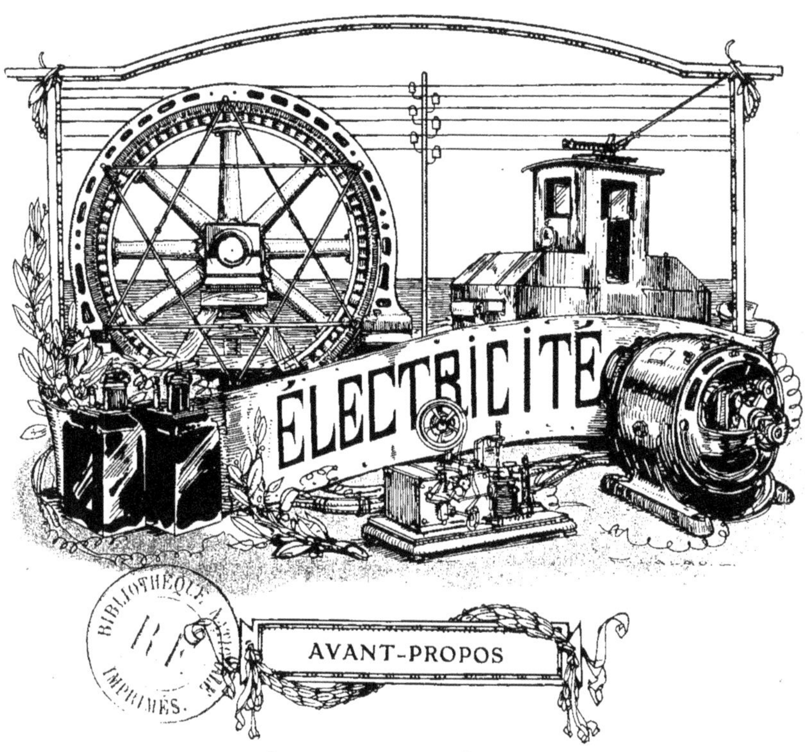

AVANT-PROPOS

COUP D'ŒIL GÉNÉRAL. — PASSÉ : PRÉSENT : AVENIR

Parmi les progrès les plus remarquables, dignes d'être placés en tête des *Merveilles de la Science,* il convient que nous inscrivions l'*Électricité* et ses applications. Ses débuts tout scientifiques et, disons-le avec admiration, tout modestes, ne pouvaient vraiment faire présager la prodigieuse révolution industrielle qui devait en sortir, et cela avec une rapidité qui laissa à peine aux plus grands esprits la possibilité de s'en rendre compte.

C'est ce qui nous conduit, en suivant la voie tracée par Louis Figuier, à consacrer entièrement cet ouvrage à l'*Électricité.*

Déclarons, tout d'abord, qu'il sera, volontairement, ce que l'on appelle « très élémentaire », tout en étant, bien entendu, parfaitement précis.

Certes, il ne manque pas, à l'heure actuelle, de beaux et utiles « Traités d'Électricité », écrits et présentés par des savants hors ligne. Ils s'adressent principalement, et c'est leur mission, aux techniciens, aux spécialistes; ils leur parlent leur langage de formules convenues, dont l'emploi symbolique constitue pour eux un moyen de communication clair en même temps qu'il leur fait gagner du temps.

Le rôle du « vulgarisateur » est autre : la tâche qui lui incombe est différente.

Il doit aspirer à se faire comprendre de tous : pour cela, la « formule » n'est plus nécessaire : elle doit au contraire être évitée autant que possible.

Le vulgarisateur doit exposer brièvement l'*historique,* donner nettement le *principe,* puis décrire clairement les *résultats* les meilleurs et les plus récents. C'est ce que nous allons nous efforcer de faire. Si nos bienveillants lecteurs, après avoir lu nos pages, conservent cette impression que l'Électricité est bien une merveille dans la Science, mais qu'elle n'y est ni une sorcellerie, ni une science impénétrable à d'autres qu'à de rares initiés, le livre que nous publions aura atteint son but.

Pour nous préparer à en visiter les différentes parties avec quelque détail, jetons tout d'abord un coup d'œil d'ensemble sur ce vaste domaine.

La *production* et *l'utilisation mécanique de l'électricité* ont été la base essentielle de la possibilité et du développement de cet immense progrès.

Certes, avec la *pile électrique* imaginée en 1800 par l'illustre Volta, on « tenait » le courant électrique : ce que l'on devait nommer plus tard « l'énergie électrique », forme spéciale et infiniment puissante de la *vibration*, était fait prisonnier.

Mais la pile électrique est un générateur d'électricité de très faible puissance. Elle devait rendre tous les services possibles pour actionner les signaux : elle devait changer les relations du Monde en permettant la *télégraphie électrique :* on n'aurait pu cependant lui demander ce qui a fait de l'Électricité la puissance industrielle actuelle : la lumière et la force, la lumière à flots, la force invincible et transportée à d'énormes distances.

Il fallait posséder *la machine électrique*. Elle apparut à son heure : on la créa.

C'est en 1832 que Pixii établit, sur les conseils d'Ampère, une petite machine électrique de laboratoire, presque un jouet, fournissant soit du courant alternatif, soit des courants ramenés à la même direction par un *commutateur*. Saxton et Clarke perfectionnèrent le petit appareil, qui paraissait amusant.

En 1850, Nollet eut l'idée audacieuse d'une utilisation industrielle de machines de ce genre remplaçant les piles : ce fut l'origine de la machine *magnéto-électrique* dite de *l'Alliance*, construite en 1850, et à laquelle on ne craignit pas de confier la tâche d'éclairer des phares.

La machine électrique existait dès lors pratiquement et la production mécanique de l'électricité trouvait son utilisation normale.

La machine de Wilde, en 1866, se montra utilitaire en permettant de faire de la *galvanoplastie :* c'était encore un moyen très important de vulgarisation pour l'Électricité.

Le grand pas en avant fut fait en 1869 par la machine Gramme.

En 1864, le physicien et électricien Pacinotti avait construit un petit moteur électrique où l'organe mobile se composait d'un certain nombre de bobines enroulées autour d'un anneau denté en fer doux et recevant par un commutateur le courant d'une pile électrique. Puis, il montra que si l'on plaçait sa machine entre des *pôles d'aimants* et si on la faisait tourner, elle devenait *génératrice,* productrice de courant électrique. Cette expérience mettait en évidence, non seulement la possibilité de la production mécanique du courant électrique, de l'électricité, mais encore ce que l'on a appelé depuis la *réversibilité,* grâce aux belles expériences et aux travaux de M. Hippolyte Fontaine ; c'est-à-dire qu'une machine électrique peut tout à la fois jouer le rôle de générateur ou de moteur, produire du courant si on la fait tourner, ou bien transformer du courant *en force*, en énergie mécanique, si elle reçoit ce courant d'un autre appareil.

En 1869, Gramme reprit la machine de Pacinotti, mais avec des changements et des perfectionnements tels qu'il est incontestablement l'inventeur et le créateur de la *machine dynamo-électrique*.

Ainsi fut créée la *dynamo industrielle*

pouvant alimenter un ou plusieurs arcs voltaïques, produire la lumière, ou bien

Fig. 1. — Alternateur, ou machine à courants alternatifs, Thomson-Houston.

fournir *la force* qui devait être transportée à grande distance.

Nous donnerons en leur lieu et place, dans ce livre, la description des types actuels de machines dynamos à *courant continu* et à *courant alternatif*. Nous dirons comment on les construit, comment on les emploie.

Continuons notre examen d'ensemble.

En 1881, la remarquable Exposition spéciale d'Électricité qui s'était tenue à Paris, dans le Palais de l'Industrie, démoli plus tard pour l'Exposition de 1900, avait classé définitivement l'Électricité comme science industrielle, et montré, en principe, tout son avenir. On y vit se montrer le premier tramway électrique, les premiers téléphones, les lampes électriques à incandescence; d'instructives conférences y furent faites et vulgarisèrent le début des nouvelles applications.

De tous côtés les électriciens « de la première heure » et les mécaniciens se mirent à l'œuvre.

En 1886, l'Électricité fait ce que l'on peut appeler un « pas de géant »; on voit se réaliser le « transport de la force », *de l'énergie électrique à grande distance,* grâce à laquelle, vingt ans plus tard, les chutes d'eau des montagnes, le courant des fleuves, le Niagara, et, bientôt peut-être, la force des marées, seront asservis.

Au cours de cette année 1886, M. Marcel Deprez fit ses retentissantes expériences de transport d'énergie entre Paris et Creil, sur une distance de 50 kilomètres. Il trouva, pour les faire, un appui précieux et dont il faut se souvenir, de la part de la Compagnie du chemin de fer du Nord.

Presque simultanément, M. Hippolyte Fontaine transmit, avec un rendement de 52 %, une puissance de 60 chevaux à travers un fil dont la résistance égalait celle du circuit de Creil.

Cette fois encore, avec une rapidité vertigineuse, avec une précision extraordinaire, l'Électricité résolvait le problème qui lui était posé. Elle transportait la force, la modifiait, l'éparpillait. L'envoi régulier et permanent de plusieurs milliers de chevaux à des centaines de kilomètres est une chose désormais non seulement réalisable, mais encore pratique. Une installation de ce genre a été faite aux chutes du Niagara, sur la rive canadienne. Récemment a été formé le projet, qui paraît fort exécutable, de transmettre à Paris électriquement, sous la tension de 100.000 volts, une puissance de 150.000 chevaux empruntés au Rhône à son entrée sur le territoire français.

Deux appareils annexes de la dynamo étaient nécessaires pour permettre le transport de l'énergie dans des conditions usuelles, avec le minimum de danger, et le maximum de facilité dans la répartition. C'étaient : le *transformateur* et l'*accumulateur électrique.*

Nous les examinerons particulièrement et nous ne ferons, pour l'instant, que rappeler leur principe au point de vue historique.

Le *transformateur,* inventé par Gaulard et Gibbs, fut présenté à l'Exposition de Turin en 1883. Adaptation de génie de la bobine de Rumkorff, il permet de modifier et surtout de réduire à volonté la *force électromotrice* des transports d'énergie et de profiter, dès lors, des *hautes tensions* à l'origine, sur la chute d'eau même, qui sont la condition essentielle de l'utilisation économique de l'énergie.

Lorsque le courant arrive à destination et se détend dans les *transformateurs,* il trouve des appareils nommés *commutatrices rotatives* qui changent à volonté le *courant alternatif* en *courant continu.* On a ainsi finalement une unification complète dans l'utilisation de l'énergie électrique.

L'*accumulateur électrique,* imaginé par Planté en 1859, n'est devenu pratique qu'en 1880. Nous verrons comment en utilisant, au moyen de plaques métalliques spongieuses, un « défaut » de la pile électrique désigné sous le nom de *polarisation,* l'accumulateur emmagasine l'électricité, puis la restitue à volonté. Grâce à cette propriété, il sert avec une extrême utilité de régulateur, de « volant d'énergie », dans les stations électriques à débit variable ou intermittent. Il sert aussi de source d'électricité fixe ou transportable, notamment pour les tramways et les automobiles. Il jouera, sans doute, le même rôle pour les locomotives, le jour où l'on aura trouvé une forme d'accumulateur électrique qui n'oblige pas à transporter, de ce fait, un « poids mort » excessif.

Grâce à la *dynamo*, l'Électricité est devenue la productrice de lumière admirable que l'on connait et dont le domaine s'étend constamment.

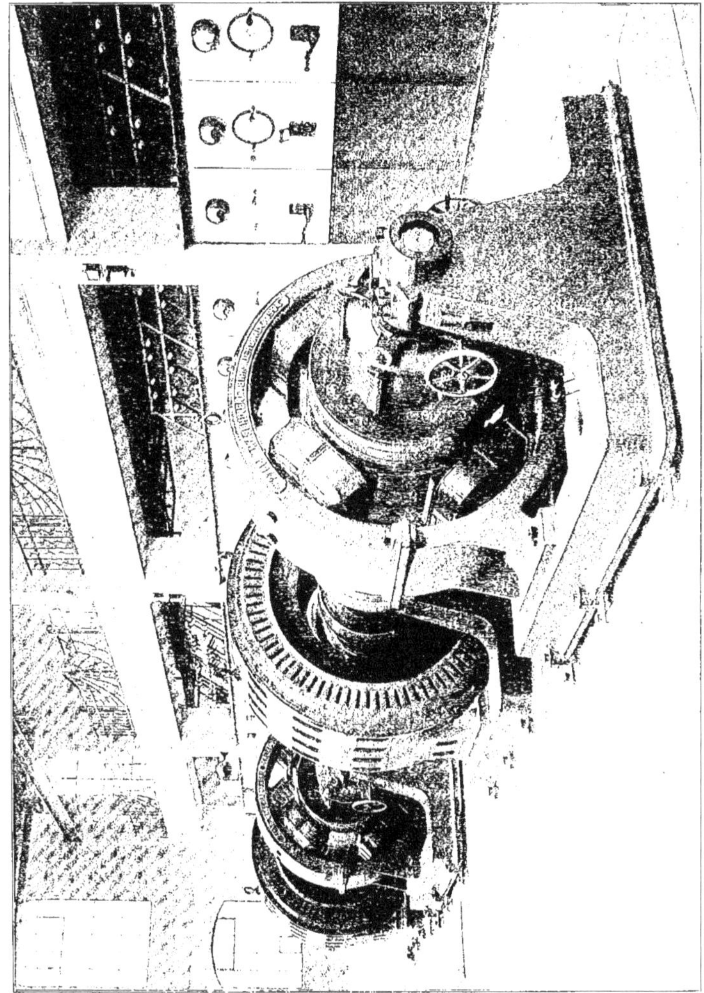

Fig. 2. — Transformateurs rotatifs (convertisseurs électriques) des ateliers de construction Oerlikon.
(Le convertisseur électrique est un appareil qui convertit, par induction, un courant primaire en un courant secondaire de nature différente.)

On la voit rayonner sous la forme de

lampes à arc et de *lampes à incandescence*.

La *lampe à arc* trouve son origine dans l'arc voltaïque produit en 1813 par Davy, entre deux baguettes de charbon. Elle ne devint admissible pour l'éclairage public qu'en 1842, après les expériences de Deleuil et Archereau, qui cependant ne disposaient encore, pour la faire briller, que de la pile électrique en batteries.

La machine de Nollet, dite de *l'Alliance*, dont nous avons déjà parlé, ouvrit, en 1850, l'ère des « machines industrielles à lumière ».

Puis, nous voyons les beaux travaux de Foucault, de Serrin, de Jablochkoff, de Lontin, qui montra le moyen de mettre plusieurs lampes à arc sur un même circuit. Maintenant, ce lumineux appareil a pris des formes variées. Il est parfois mis en vase clos. Il n'a guère, comme concurrence de grande illumination électrique, que les *lampes à vapeur de mercure*, de découverte récente, mais auxquelles on reproche une fatigante prodigalité de rayons violets pénibles pour la vue.

La véritable concurrente, quoique dans un ordre spécial, de la *lampe à arc*, a été la *lampe à incandescence*. Cette jolie ampoule électrique, isolée, en bouquets, en grappes, fait songer aux fruits magiques dont parlent les *Contes des Mille et une Nuits*.

Imaginée par le célèbre inventeur américain Edison, en 1879, elle a fait son « entrée dans le monde » en 1881, à cette première Exposition internationale d'électricité dont Paris a eu l'honneur d'être le berceau et qui exerça sur l'immense progrès de la science électrique une si heureuse influence.

C'est Edison qui eut l'idée d'enfermer un filament de charbon dans une ampoule de verre où l'on fait le vide, de faire passer le courant électrique dans le filament afin de brûler les restes d'air qui s'y trouvent, puis de souder au chalumeau : et voilà la lampe faite, voilà l'escarboucle du progrès prête à rayonner.

Edison ne se contenta pas de créer la lampe à incandescence; il montra comment on pouvait la faire briller partout, à tous les étages, dans tous les coins, en *distribuant* le courant électrique produit par des stations centrales, ainsi que l'on distribuait déjà l'eau et le gaz d'éclairage. Il inventa aussi l'organe contrôleur essentiel de ces distributions, le « compteur d'électricité », qui permet de connaître, de mesurer, au double point de vue de la consommation et de la dépense, cette chose impalpable, immatérielle, qui se nomme le *courant électrique*.

Au début, les lampes à incandescence furent, dans les ténèbres des villes, comme de petites constellations. Maintenant, elles s'y étalent en « voies lactées ».

Nous avons vu comment la pile électrique démontra le rôle primordial de l'électricité, en transmettant à grande distance les *signaux* dont l'ensemble ordonné devait constituer la *télégraphie électrique*. On en relira avec plaisir et utilité l'historique, car les débuts d'une grande invention sont toujours remplis de leçons de sagesse et d'utiles enseignements, et l'on verra comment on est arrivé, par étapes scientifiques, en partant de l'appareil Morse, qui reste une merveille de simplicité, aux appareils du type Hughes qui impriment des lettres sur une même bande qui se déroule, et cela, à la vitesse de 1.800 à 2.000 mots à l'heure, et à l'appareil Baudot, qui, avec six agents à chaque poste extrême, peut produire 10.000 mots à l'heure. On a été plus loin encore avec l'appareil autrichien Pollak et Virag que l'on construit en France, et qui figura, pour la première fois, à l'Exposition universelle de 1900. C'est une sorte de combinaison de la photographie et de la télégraphie électrique : en projetant des rayons lumineux sur une bande de papier photographique qui se déroule, on provoque le tracé de crochets formant des caractères ressemblant à *l'écriture même*, et non plus de simples signaux ni des lettres imprimées. Sur une longueur de 400 kilomètres, avec deux fils, ce système de télégraphe peut donner plus de 40.000 mots à l'heure.

La *télégraphie sous-marine*, qui date pratiquement de 1842, a été l'annexe magistrale de la télégraphie électrique terrestre. Son outillage s'est remarquablement perfectionné depuis les appareils de Wheatstone, qui fonctionnèrent pour la première fois entre Douvres et Calais, jusqu'au *siphon-recorder* inventé par W. Thomson et qui est l'organe de réception des grands câbles océaniques.

Puis, à peine la télégraphie sous-marine atteignait-elle ce degré de perfection, que l'Électricité resserrait bien autrement encore l'intercommunication et ses moyens de reliement en apportant la troublante et superbe découverte de la *télégraphie sans fil*.

Nous la verrons naître vers 1890, grâce au *cohéreur* de l'éminent savant français Branly utilisant les recherches de Hertz sur les ondes électriques.

M. Branly montra que les *décharges électriques brusques* par étincelles entre les boules d'un *excitateur électrique* produisaient des mouvements oscillatoires de *un cinquante millionième de seconde* comme période. Lancées au sommet du mât que l'on nomme *antenne*, elles s'épanouissent dans l'espace *avec la même vitesse que la lumière*. L'atmosphère amortit le rayon lumineux, arrête son essor et le limite : mais elle est sans action sensible sur les prestigieuses ondes hertziennes, lesquelles peuvent être recueillies par une autre antenne placée à très grande distance; ce n'est qu'une question de puissance d'ondes et de hauteur d'antenne. Là, elles trouvent un *cohéreur* d'une des formules actuelles et dont M. Branly donna le principe. C'est un petit tube rempli de limaille métallique, laquelle devient conductrice lorsqu'elle est touchée par les ondes et cesse de l'être si l'on a le soin d'imprimer une secousse au tube. Ainsi, la possibilité de transmettre des signaux à très grande distance et sans fil se trouve établie.

Le physicien italien Marconi a complété et varié ce dispositif : il a montré que le *cohéreur* permettait de communiquer à d'énormes distances, entre l'Angleterre, par exemple, et les États-Unis. La Tour Eiffel, gigantesque *antenne* de 300 mètres de hauteur, a fait de la ville de Paris une station de télégraphie sans fil incomparable, qui permit d'établir une communication régulière à 2.000 kilomètres de distance avec les troupes françaises en expédition au Maroc. On peut envisager des communications entre Paris, le Sénégal, Rio-de-Janeiro, New-York. En mer, les navires sont et seront, de plus en plus, reliés entre eux et avec les postes sémaphoriques de télégraphie sans fil de la côte. La télégraphie sans fil rayonnera bientôt sur le Monde entier.

Alors que la télégraphie électrique se créait et se perfectionnait ainsi, on a vu se produire une nouvelle merveille du progrès : le *téléphone*, qui envoie la parole elle-même en lui conservant sa valeur, son timbre, ses modulations.

L'honneur d'avoir pressenti la téléphonie, en 1854, revient à un télégraphiste français, Charles Bourseul, qui fut un admirable précurseur.

En 1860, Reiss parvenait à transmettre des sons musicaux, mais en ne leur conservant que la hauteur.

Enfin, en 1876, les savants américains Graham Bell, de Boston, et Elisha Gray, de Chicago, prirent les premiers brevets pratiques de *transmetteur* et de *récepteur* téléphoniques reliés par un circuit.

Edison eut aussitôt l'idée d'emprunter l'énergie électrique à une pile et de donner ainsi aux courants une grande puissance ondulatoire. Hughes, en 1878, améliora le microphone d'Edison en recourant à des contacts multiples de charbons. Le téléphone est maintenant aussi indispensable aux relations humaines que le télégraphe. Ils se réunissent pour être un admirable instrument de paix et de civilisation. Leur usage rend, en effet, impossible la propagation des fausses nouvelles tendancieuses qui ont, à tant de reprises, troublé la paix du Monde et inscrit dans l'Histoire quelques-uns de ses plus sinistres chapitres. Pendant le cours de cette paix, le télégraphe et le téléphone facilitent les relations commerciales, les activent, leur permettent d'échapper aux incertitudes de conclusion qui jadis ne cessaient d'entraver les transactions du commerce et de l'industrie.

De même que la télégraphie sans fil a suivi de près la télégraphie électrique, de même la *téléphonie sans fil* aura suivi de très près la téléphonie avec fils.

La téléphonie sans fil, comme la précédente, assure la transmission de la *voix articulée*. Pour la télégraphie, la période des *oscillations électriques* est indifférente ; en téléphonie, par contre, il faut reproduire l'énorme quantité de petites oscillations de la superposition desquelles dépend l'articulation de la voix humaine.

Les premières expériences de *téléphonie sans fil* datent de 1894 et furent exécutées par le savant J. Gavey, membre de l'Institut des Ingénieurs civils de Londres : il les fit sur le lac Ness, en Écosse. Puis nous trouvons, en France, les recherches et les expériences de MM. Ducretet et Maiche, en 1902 et 1903.

Depuis lors, de nombreux systèmes de téléphonie sans fil ont été étudiés et brevetés, étendant constamment leur portée, qui n'était au début que de trois ou quatre kilomètres. Les expériences faites en 1908 par M. Lee de Forest, Américain, entre la Tour Eiffel et Villejuif, ont donné une importante solution du problème. M. Lee de Forest a eu l'idée excellente d'employer des courants continus d'une tension très élevée et de mettre à profit le curieux phénomène de l'*arc chantant*, consistant en ce fait qu'un arc électrique recevant les rayons d'un autre arc semblable placé à distance, et derrière lequel on parle ou l'on chante, répète les paroles ou les chants.

Parmi les applications pratiques les plus immédiates de l'électricité qui ont pris un grand développement, nous verrons figurer l'*électrolyse*. Elle se borna tout d'abord à de modestes essais de galvanoplastie. Maintenant, grâce aux travaux de MM. Christofle, H. Bouilhet, A.-C. Becquerel, Ed. Becquerel, Ruolz, etc., la galvanoplastie, à laquelle se sont joints le nickelage, la dorure, l'argenture, sont des industries considérables. L'électrochimie, fondée sur la réversibilité des actions chimiques et électriques, accroît chaque jour son domaine.

L'*électro-magnétisme* est devenu une branche technique importante, par suite du perfectionnement de l'*électro-aimant*.

L'illustre Arago observait, en 1820, qu'un fil traversé par un courant électrique et plongé dans la limaille de fer emporte avec lui une partie de cette limaille, laquelle s'en détache dès que l'on interrompt le courant. Il y a donc là, pensa le grand savant, de l'*aimantation temporaire*.

En effet, poursuivant dans cette voie, Ampère obtint une aimantation plus énergique en faisant passer le courant dans un fil *enroulé en hélice* autour du fer à aimanter. Sturgeon, en 1825, donna à ce système le nom qu'il a conservé d'*électro-aimant*.

Petit ou grand, en se comportant à volonté comme un aimant, l'électro-aimant rend beaucoup de services.

C'est sur lui que repose le fonctionnement simple et si parfait de l'appareil télégraphique Morse, car, en attirant et libérant par intervalles une palette de fer doux, il permet de former et d'enregistrer les signaux de l'alphabet télégraphique spécial.

Fig. 3. — Une locomotive électrique du système Thomson-Houston.

Les sonneries électriques à trembleur, à carillon, reposent sur l'emploi des petits électro-aimants.

Voilà pour les applications du petit électro-aimant.

Industriellement on le fait très gros : il se prête alors à de robustes efforts et se comporte, à sa façon, comme une véritable machine électrique d'allure particulière.

L'application que l'on en a faite aux manœuvres des aiguilles, des signaux et des sémaphores, dans les gares de chemins de fer et sur les voies des réseaux « électrifiés », prouve que c'est un organe laborieux sur lequel on peut absolument compter.

Dans l'industrie, on s'en sert pour actionner des marteaux-portatifs à river et à buriner, des perforatrices, des marteaux-pilons, des pompes, des appareils de sondage à la corde, etc.

Aux États-Unis, en Angleterre, en Allemagne, on s'en sert beaucoup sous le nom *d'aimants d'ancrage* permettant de soulever des pièces métalliques par adhérence, sans que l'on soit obligé de les lier par des cordes ou par des chaînes. A l'Arsenal de Woolwich, ce sont des aimants de ce genre qui servent à la manutention des pièces d'artillerie. Dans plusieurs aciéries on les emploie aussi pour soulever et transporter des plaques et des blocs de métal encore chauds. Les usines de construction électrique les utilisent pour procéder au montage des grosses pièces, induits et inducteurs, principalement dans la construction des alternateurs. La puissance de ces aimants temporaires varie, généralement, entre 1.500 et 2.000 kilogrammes.

On voit que Sylvanus-Ph. Thompson, en 1895, présageait, à juste titre, un bel avenir à l'*électro-magnétisme,* en particulier sous la forme de l'électro-aimant.

Bien plus considérable encore est l'*électro-métallurgie,* dont *le four électrique* est le fulgurant organe.

Fig. 4. — Le four électrique de Moissan, Membre de l'Institut.

Qu'est-ce que *le four électrique?* Une petite fournaise, qui étincelle entre les extrémités de deux baguettes de charbon dont les pointes se regardent de près dans la cavité d'un petit bloc de chaux. Un courant électrique intense traverse les baguettes, et voilà le petit volcan allumé. C'est là que va se passer toute la *chimie des hautes températures,* dans laquelle se sont illustrés Berthelot, Moissan. L. Clerc, Héroult, Minet, Bullier, etc...

On en voit sortir les *carbures métalliques,* le carbure de calcium qui nous fournira l'acétylène, le carborundum aussi dur que l'émeri de Naxos, l'aluminium, le titane, le « monox » plus dur que sa sœur la silice, laquelle est son oxyde, les pierres précieuses artificielles, le diamant noir qui sert à armer les dents des scies à pierre et des perforatrices.

Dans ce formidable petit fourneau que l'on met en train en tournant un simple « commutateur », le chimiste et le métallurgiste disposent à leur volonté de températures qui varient entre 1.800 et 3.500 degrés centigrades; rien n'y saurait résister. Le chalumeau à gaz oxhydrique qui darde un mélange brûlant et incandescent d'oxygène et d'hydrogène, ne permettant guère de dépasser 1.800 degrés, on voit quel progrès, dans l'échelle des hautes températures, le four électrique permet de réaliser. Vers 3.500 degrés, ce qui est la température de l'arc électrique dans le four électrique, tout est fondu, décomposé, volatilisé, dissocié. Sans aller jusque-là on peut, en s'arrêtant à des degrés voulus, étudiés, effectuer tous les alliages de métaux entre eux, produire non pas *de l'acier*, l'ancien alliage de graphite et de fer fondamental, mais bien *des aciers*, alliages multiples de métaux entre eux, d'une composition irréprochable, d'une résistance merveilleuse.

Fig. 5. — Une ligne de transport d'énergie électrique à haute tension.

Par ce remarquable enchaînement des sciences actuelles entre elles, en raison de leur pénétration dans le domaine les unes des autres, on a vu l'Électricité faire faire de très grands progrès à la mécanique.

En ce qui concerne les transports qui jouent un si grand rôle dans l'existence humaine, nous avons vu l'énergie électrique s'emparer, dans une assez large mesure, de la traction des tramways. Il semble bien que l'avenir appartient principalement, dans cet ordre d'idées, à l'énergie électrique. Aux États-Unis, on n'emploie plus, pour ainsi dire, d'autre système; les funiculaires ont presque disparu. En France, quoique ce soit Paris qui ait été le berceau du tramway électrique, les divers systèmes de traction mécanique subsistent; mais le triomphe final de l'électricité est bien probable.

Nous le verrons aussi sous la forme de *locomotive électrique* sur les chemins de fer. Notre volume des MERVEILLES DE LA SCIENCE, consacré aux chemins de fer et à leur matériel, nous montrera la naissance de la locomotive électrique, ses progrès ralentis par la difficulté presque insurmontable du poids des accumulateurs électriques, et enfin son entrée dans la carrière, grâce à d'ingénieux systèmes de *trolleys* aériens, ou par l'emploi du *troisième rail* transportant le courant à haute tension nécessaire.

Dans la « mécanique des ateliers », l'Électricité procède à de véritables rénovations. Elle a, en effet, créé la « machine-outil à moteur électrique individuel », laquelle présente une admirable division du travail mécanique. Le petit moteur électrique, l'intelligente dynamo, abritée dans le socle de la machine-outil, lui donne une précieuse indépendance dont on tirera de plus en plus parti.

Ce qui frappait le visiteur, ce qui le frappe encore dans bien des cas, lorsqu'il parcourt un atelier de construction mécanique, c'est la multiplicité des arbres de transmission, des engrenages, des courroies de transmission entrecroisées. Arbres, courroies, engrenages, poulies, tournent sans cesse, et s'usent sans cesse, quel que soit le nombre des machines en travail; une inéluctable solidarité les lie au moteur principal de l'usine ou de la fabrique. Il en résulte une perte de travail utile permanente, et aussi une cause constante de dangers pour le personnel, car il n'y a pas d'organe plus dangereux qu'une courroie de transmission; il semble qu'elle guette sa proie parmi les travailleurs obligés à une attention incessante.

Il est presque impossible de chiffrer la perte de travail mécanique que l'industrie subit de ce fait; elle varie d'un atelier à l'autre. M. Georges Richard, le savant Ingénieur et Agent général de la Société d'encouragement pour l'industrie nationale, pense qu'elle s'abaisse rarement au-dessous de 20 à 30 % de la puissance totale effective du moteur et qu'elle atteint parfois 60 %.

Prenons, au contraire, chaque machine-outil avec sa dynamo qui travaille pour elle et qui ne travaille que pour elle : chaque dynamo a « un rendement » de 70 à 80 % et elle ne dépense de courant électrique, elle ne « vit sur le fonds commun » que lorsque la machine-outil travaille.

Dans ces conditions, le moteur principal de l'usine, celui d'où part la puissance mécanique qui anime l'ensemble, n'a plus à fournir, à chaque instant, que ce qui est utilisé. On ne peut guère supposer un ouvrier assez négligent pour laisser tourner sa dynamo et fonctionner sa machine à vide, alors qu'il lui suffit, pour la mettre au repos de tourner un commutateur.

Il en résulte donc une économie de force motrice considérable, et aussi une économie d'entretien assez importante pour permettre d'amortir en quatre ou cinq années les frais supplémentaires d'une installation électrique.

Aux États-Unis, toujours d'après l'indication de M. Georges Richard, dans les grands ateliers de grosse machinerie, on évalue la puissance du moteur utilement employée à *trente-huit centièmes de cheval* par ouvrier, soit à 114 francs par an, au taux de 300 francs par *cheval-année,* ce qui met le prix de la *force motrice* à environ 4,5 % de la *main-d'œuvre,* évaluée à 2.500 francs par an et par ouvrier. Dans les ateliers moyens, où l'on compte *deux dixièmes* de cheval environ par ouvrier, cette proportion s'abaisse à 2 % et même parfois à 1 %.

C'est dire qu'il faut gagner avant tout du temps et de la main-d'œuvre, en demandant aux machines-outils tout ce qu'elles peuvent logiquement donner. Pour cela, la machine-outil à moteur électrique est indiquée ; elle devient souvent nécessaire : dans un avenir prochain elle sera indispensable.

Elle permettra, de plus, un progrès constant que ne permettaient pas les transmissions mécaniques anciennes; nous voulons parler de la modification des dispositions d'un atelier, si grand qu'il soit. Peu importe à la machine-outil que le courant électrique anime, de se déplacer : la souplesse des conducteurs électriques le permet, leur longueur variable s'y prête admirablement. On ne verra plus par la suite de « vieux ateliers » aux dispositions surannées. Lorsque les pièces à façonner ne pourront pas aller vers les machines-outils, les machines-outils iront vers elles.

Bornons ici cet exposé général de ce que l'Électricité a fourni, dans son rapide essor, aux MERVEILLES DE LA SCIENCE. Nous allons maintenant reprendre, avec quelque détail, les divers chapitres de cette admirable évolution, en faire le bref historique, en indiquer les résultats les meilleurs, et tâcher, autant que possible, de montrer ce que l'on peut encore en attendre par la suite.

Dès le début, si récent encore, de l'entrée de l'Électricité dans la pratique et dans les usages de chaque jour, ses promoteurs lui donnèrent pour devise : « Force et lumière ». Il n'est pas exagéré de dire qu'elle a déjà largement tenu ses promesses. L'importance exceptionnelle que prennent, de jour en jour, les applications les plus variées dans toutes les branches de l'industrie, dans les services publics, dans les usages, est telle que le praticien, le technicien, et même toute personne instruite, ont constamment à envisager des questions qui s'y rattachent de près ou de loin. Il est nécessaire qu'ils puissent le faire avec certitude et netteté, sans céder aux admirations naïves et d'ailleurs motivées des premiers temps, et sans avoir cependant l'obligation de recourir à des livres techniques qui ne sortent pas utilement de la bibliothèque de l'ingénieur.

C'est à ce programme que nous allons nous conformer et c'est le résultat que nous tâcherons d'atteindre.

CHAPITRE I

ÉLECTROSTATIQUE

HISTORIQUE DE L'ÉLECTRICITÉ. — ÉLECTRICITÉ STATIQUE. — ÉLECTRICITÉ DYNAMIQUE. — ÉLECTRISATION PAR FROTTEMENT. — Pendule électrique. — Théorie de l'électricité statique. — LOIS DE COULOMB.
CHAMP ÉLECTRIQUE. — Direction. — Lignes de force. — Intensité. — Flux de force. — Tube de force.
DISTRIBUTION DE L'ÉLECTRICITÉ. — Densité électrique. — Pouvoir des pointes.
INDUCTION ÉLECTROSTATIQUE. — INFLUENCE. — Cylindre de Faraday. — Influence d'un corps électrisé sur des conducteurs diversement disposés.
POTENTIEL. — COURANT. — CAPACITÉ.
MACHINES ÉLECTROSTATIQUES A FROTTEMENT. — Historique. — Théorie. — Machine de Ramsden. — Machine d'Armstrong.
MACHINE ÉLECTROSTATIQUE A INFLUENCE. — Électrophore de Volta. — Machine de Holtz.
DEBIT ET PUISSANCE DES MACHINES ÉLECTROSTATIQUES.
CONDENSATEURS. — Bouteille de Leyde. — Décharge de la bouteille. — Carreau électrique. — Araignée de Franklin. — Carillon électrique. — Tableau magique. — Batterie en surface. — Batterie en cascade. — Condensateur étalon. — Capacité. — Décharge.
ÉTINCELLE ÉLECTRIQUE. — Effluve. — Ozone.
MESURE DE L'ÉLECTRICITÉ. — Électroscope à feuilles d'or.
ÉLECTROMÈTRES DE COULOMB : à quadrants, — Mascart, — absolu.
ÉLECTRICITÉ ATMOSPHÉRIQUE. — PARATONNERRE. — Théorie. — Installation. — Paratonnerre Melsens, — Grenet, — de la Tour Eiffel.

Historique de l'Électricité

Qu'est-ce que l'*Électricité?*

Ou plutôt, afin de rester dans la sage réserve scientifique que motivent la découverte et l'observation encore récentes de tant de manifestations de l'*énergie universelle*, demandons-nous tout d'abord ceci :

Qu'appelle-t-on *Électricité?*

Au point de vue primordial, on y voit la cause inconnue qui engendre toute la variété de phénomènes caractérisés par des attractions, des répulsions, des influences sur les corps voisins. Ces manifestations diverses ont toujours pour cause, ou pour sanction, un changement d'état moléculaire quelconque, et ce changement moléculaire est lui-même produit par des moyens très divers, le frottement, les actions mécaniques ou chimiques, la dilatation, la pression, le clivage, le contact même qui est à la limite extrême de l'action moléculaire perceptible.

Les chercheurs qui ont, tout d'abord, observé toute cette variété de phénomènes, en ont imaginé des explications diverses, lesquelles ont abouti à des catégorisations dont les études postérieures n'ont pas toujours reconnu l'exactitude absolue. Mais qu'importe? Les hypothèses de la première heure, proposées de bonne foi, les termes mêmes imaginés pour s'entendre et se faire comprendre à l'origine, perdent sans doute, par la suite, de leur valeur technique absolue, mais ils ne peuvent rien perdre de l'utilité qu'ils ont possédée au moment opportun. C'est à ce titre que nous les conserverons souvent pour relier le début de l'étude des phénomènes électriques à leur état présent.

L'analyse de ces phénomènes aura été pour les physiciens une mine plus féconde encore que celle de la lumière. Ils y ont trouvé une forme de propagation de *la vibration* inattendue et susceptible de produire des effets qui se manifestent sous des apparences curieuses.

On imaginait volontiers des *atomes* caractérisés par un mouvement incessant, et vibrant avec une rapidité analogue à celle de la lumière. Les observations faites ont montré successivement qu'il y avait la réalité même dans ce que l'on imaginait, c'est-à-dire, tout au moins, la réalité dans les manifestations que l'on perçoit; car les mouvements des atomes se communiquant à grande distance ne sont pas autre chose, en somme, que des *radiations;* or les *radiations éthérées,* ainsi que l'a parfaitement indiqué M. O. Keller, constituent des forces. Née d'une force matérielle à son point de départ, la radiation en manifeste une à son point d'arrivée, au contact de la matière : on se trouve ainsi amené à concevoir, ou tout au moins à trouver une explication plausible du *courant électrique* qui est au commencement et de l'*onde hertzienne* de la télégraphie sans fil qui est à l'extrémité actuelle des applications électriques.

En ce qui concerne l'étymologie, le mot *électricité* tire son origine du mot grec ἤλεκτρον (*élektron*), qui signifie *ambre jaune,* parce que, dès la plus haute antiquité, on avait observé que l'ambre jaune, après avoir été frotté, attire vivement tous les corps légers et secs, ce qui constitue certainement le premier phénomène électrique dont l'homme ait pu provoquer la manifestation.

Mais ce fait seul constituait pour les anciens toute la science électrique, et encore était-il expliqué à la manière antique.

Ainsi Thalès de Milet, philosophe grec, qui vivait environ 600 ans avant Jésus-Christ et qui avait signalé l'existence de ce phénomène, l'expliqua en disant que l'ambre était doué « d'une âme » qui attirait à soi les corps « légers comme par un souffle ».

Six cents ans après Thalès, Pline, écrivain romain, s'exprimait ainsi au sujet du même phénomène : « Quand le frottement a donné à ce corps (l'ambre jaune) la *chaleur et la vie,* il attire les pailles et les feuilles d'arbre d'un faible poids ».

Il faut atteindre les dernières années du XVIe siècle pour voir apparaître les premières observations relatives à l'électricité.

C'est Guillaume Gilbert, de Colchester, mort en 1603, médecin de la reine Élisabeth d'Angleterre, qui s'occupa du phénomène d'attraction particulier à l'ambre jaune, à la suite de l'étude approfondie qu'il avait faite de l'attraction du fer par un aimant. Il avait publié sur ce dernier phénomène un livre remarquable, *de Arte magnetica,* et il fut naturellement porté à considérer l'ambre jaune comme une variété d'aimant naturel pouvant exercer une attraction sur les corps légers après avoir été frotté. En outre, il présumait que l'ambre jaune n'était pas le seul corps pouvant jouir de cette propriété, et cette pensée le conduisit à des expériences d'où sortirent des découvertes que l'on peut considérer comme les premiers fondements de la science électrique.

Pour rendre plus sensibles les phénomènes électriques qu'il observait, Gilbert disposait horizontalement une aiguille aimantée de boussole sur un pivot vertical, de manière à la rendre très mobile et à lui permettre d'être influencée par la moindre attraction. Il approchait de cette aiguille divers corps préalablement frottés d'une façon énergique. Le frottement donnait à ces corps une « propriété électrique » qui provoquait le déplacement de l'aiguille tournant autour de son pivot.

C'est ainsi que Gilbert reconnut que la propriété d'attirer les corps légers, après des frictions préalables, n'est pas exclusive à l'ambre et au jayet, comme on l'avait cru pendant longtemps, mais qu'elle est commune à la plupart des pierres précieuses, telles que le diamant, le saphir, le rubis, l'opale, l'améthyste, l'aigue-marine, le cristal de roche. Il la constata également dans le verre, le soufre, le mastic, la cire d'Espagne, la résine, l'arsenic, le sel gemme, le talc, l'alun de roche.

Fig. 6. — Guillaume Gilbert, écrivant en 1575 son Traité « de Arte magnetica ».
(*D'après une ancienne gravure.*)

A la suite de ces intéressantes observations, on divisa les corps en deux classes : ceux qui pouvaient s'électriser par le frottement, qu'on appela corps *idio-électriques*, et ceux qui ne le pouvaient pas, et qu'on appela corps *anélectriques;* mais on devait plus tard reconnaître que cette distinction n'était pas justifiée et que tous les corps sont électrisables par frottement, pourvu que les surfaces frottées l'une contre l'autre soient de nature différente En outre, on établit que les corps sont *bons* ou *mauvais conducteurs* de l'électricité, c'est-à-dire que, pour les premiers, la propriété électrique se manifeste en tous leurs points, tandis que pour les seconds, elle se localise aux points qui ont été frottés, sans qu'elle soit transmise ou conduite aux divers autres points du même corps. C'est au physicien anglais Grey et au naturaliste et physicien français Dufay, qui précéda Buffon dans la charge d'Intendant du Jardin du Roi, qu'on doit l'établissement de ces principes, à la suite d'une série d'observations, faites de 1722 à 1735.

Pour conserver leur propriété électrique aux corps bons conducteurs, il est, on le conçoit, nécessaire d'empêcher leur contact avec d'autres corps bons conducteurs. Il convient donc de les *isoler* et de les supporter par des corps mauvais conducteurs. Ces corps mauvais conducteurs sont, pour cette raison, appelés *isolants*. On voit toute l'importance qui s'attache, au point de vue *conductibilité électrique,* à cette distinction des corps.

Fig. 7. — Dufay.

Citons parmi les corps *bons conducteurs,* mais, bien entendu, à des degrés différents : les métaux, l'eau, la vapeur d'eau, le charbon de cornue, les gaz raréfiés, le corps humain, la toile, le coton, le bois sec, la paille, etc., et parmi les corps *mauvais conducteurs :* le verre, le soufre, la soie, la résine, le caoutchouc, l'ébonite, l'air sec, l'ambre, la paraffine, etc.

Pour procéder d'une façon plus rapide et plus efficace aux expériences mises en lumière par Gilbert, qui se contentait

Fig. 8. — Expérience d'Otto de Guericke. (*D'après une ancienne gravure.*)

de frotter à la main avec de la laine ou du drap les divers corps sur lesquels il opérait, Otto de Guericke, bourgmestre de Magdebourg, à qui on doit la première machine pneumatique, dota également la Science de la première machine électrique.

Comme il avait remarqué que le soufre possède la propriété de s'électriser fortement par le frottement, il disposa une sphère de soufre, de manière à pouvoir lui imprimer un mouvement de rotation par l'intermédiaire d'une manivelle (Fig. 8). En appliquant sur la sphère un morceau de drap qui servait à effectuer le frottement, on électrisait le globe de soufre. Cet instrument, évidemment très primitif, peut être néanmoins considéré comme la première « machine électrique ».

Otto de Guericke put, avec sa machine, procéder à des observations qui avaient échappé à Gilbert. Il fut particulièrement préoccupé du phénomène lumineux qui accompagne le frottement du globe de soufre et qui se manifeste sous forme d'*étincelles électriques*. Il remarqua, en outre, qu'un corps léger attiré par la sphère de soufre électrisée est immédiatement repoussé dès qu'il a touché la sphère, et qu'il ne peut plus être attiré à moins qu'il n'ait pris contact avec un autre corps non électrisé. Les observations d'Otto de Guericke, développées et approfondies plus tard, devaient fournir des bases sérieuses à la Science électrique.

Électricité statique. Électricité dynamique

Nous analyserons, au fur et à mesure, dans le cours de ce volume, les divers phénomènes provoqués par l'électricité, mais il convient, cependant, de les classer, dès maintenant, en deux catégories qui se rapportent essentiellement à l'état particulier qui caractérise ces phénomènes. Certains effets produits par l'électricité sont attribués à un état d'*équilibre électrique;* on les a rangés dans la catégorie qui constitue ce que l'on appelle l'*électricité à l'état statique,* c'est-à-dire à l'état de repos, et que l'on désigne plus sommairement sous le nom d'*électricité statique* ou *électro-statique*. D'autres effets se rapportant à un état de *mouvement électrique* constituent, par leur groupement, ce que l'on nomme l'*électricité à l'état dynamique,* c'est-à-dire en mouvement, et que l'on désigne simplement sous le nom d'*électricité dynamique*. C'est à cette deuxième catégorie que se rattachent les machines dynamo-électriques.

Nous commencerons notre incursion dans le domaine électrique, en nous occupant des phénomènes dus à l'*électricité statique,* en indiquant les lois qui les régissent, et en décrivant les instruments qui servent à les produire et à en effectuer la mesure.

ÉLECTRISATION PAR FROTTEMENT

Pendule électrique

Qui de nous, lors des premières années d'école, ne s'est amusé, au grand désespoir du maître et au détriment des « quatre règles », à frotter vivement sur sa manche son porte-plume en « caoutchouc durci » pour provoquer la danse cabalistique de tout petits bouts de papier soigneusement éparpillés sur le pupitre! Nous ne nous doutions certes pas, à ce moment, que nous produisions tout simplement de l'électricité. Et cependant, c'était bien là le curieux phénomène de l'électrisation par frottement.

Pour observer aujourd'hui un peu plus utilement les non moins curieux effets obtenus par le frottement d'une baguette de verre sur un bout de laine et d'une baguette de résine sur un bout de drap par exemple, fabriquons-nous le petit instrument connu sous le nom de *pendule électrique* (Fig. 9 à 14), destiné tout simplement à déceler l'électricité d'un corps et qui n'est, par conséquent, autre chose qu'un *électroscope*. Ce modeste appareil (Fig. 9) est constitué par une embase B, supportant une tige de verre A, recourbée en équerre à la partie supérieure, en forme de potence, et supportant à son extrémité un petit bloc de paraffine C. A ce bloc est attaché un fil de soie D,

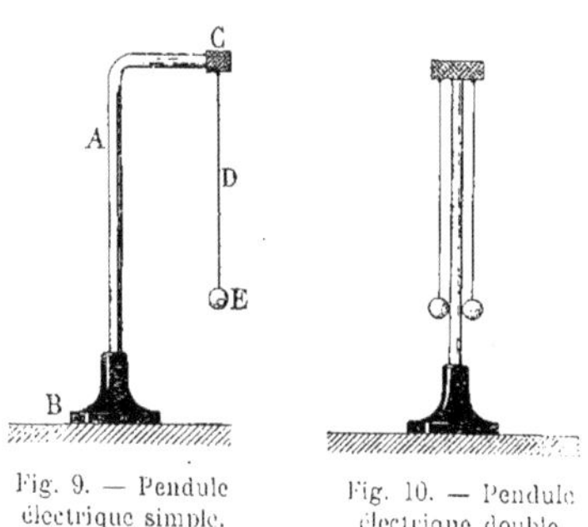

Fig. 9. — Pendule électrique simple.

Fig. 10. — Pendule électrique double.

fil de cocon supportant une légère boule E faite en moelle de sureau.

Nous remarquons que le fil de soie, la paraffine, la tige de verre, sont des corps iso-

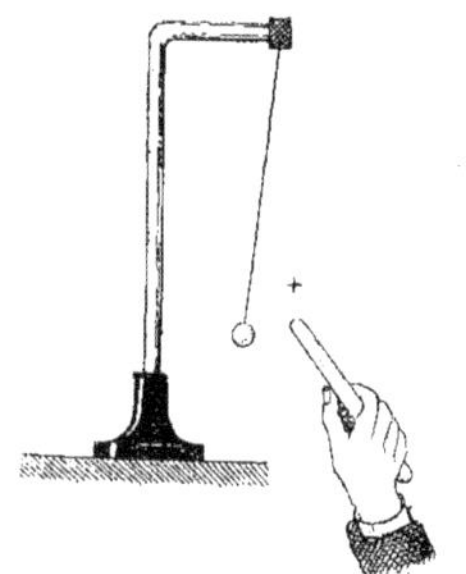

Fig. 11. — Attraction et répulsion de la boule de sureau.

lants, c'est-à-dire, comme nous l'avons dit plus haut, mauvais conducteurs de l'électricité. Nous pouvons ainsi communiquer à la boule de sureau E une certaine quantité d'électricité sans craindre de voir cette électricité quitter cette boule. Si nous frottons énergiquement avec de la laine un bâton de verre poli et si nous l'approchons de la boule de sureau, celle-ci est d'abord attirée vivement par le bâton de verre; mais aussitôt qu'elle a pris contact avec lui, elle est repoussée et se maintient éloignée de ce même bâton (Fig. 11).

Supposons maintenant que nous ayons un second pendule semblable, de façon à pouvoir présenter à la seconde boule de sureau un bâton de résine ou de cire à cacheter, frotté avec du drap, comme nous l'avons précédemment fait avec de la laine pour le bâton de verre.

Le même phénomène se reproduit, c'est-à-dire que la seconde boule de sureau est

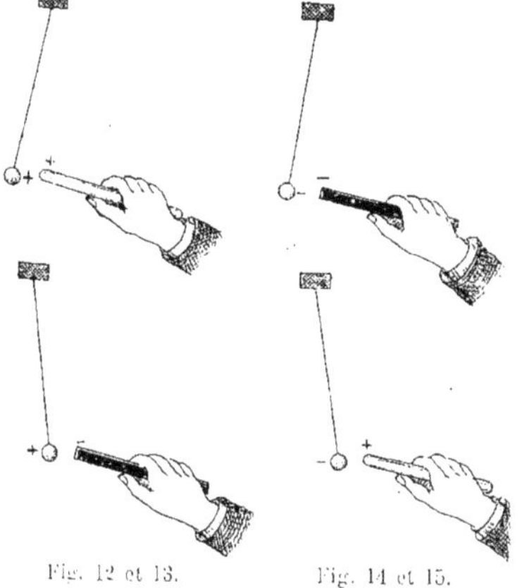

Fig. 12 et 13. Fig. 14 et 15.
Attraction et répulsion de la boule de sureau.

d'abord attirée jusqu'au contact, puis repoussée vivement. Il s'est manifesté dans les deux cas un phénomène électrique, et jusqu'ici rien ne permet de différencier l'état électrique particulier au verre et à la résine et obtenu par frottement. Mais continuons à jouer avec nos deux boules et essayons, par exemple, de les rapprocher, après leur contact respectif de l'une avec le verre et de l'autre avec la résine. Nous observons ce phénomène curieux que les boules cherchent à aller l'une vers l'autre; mais (Fig. 12-13) si nous présentons à la première boule, qui a pris contact avec le verre, et qui s'en tient éloignée, notre bâton de résine, cette capricieuse boule, prise d'une sympathie subite pour la résine, se précipite jusqu'à prendre contact avec elle, et s'en éloigne d'ailleurs, tout aussitôt, d'une façon fort cavalière, pour se jeter sur le bâton de verre s'il lui est, à ce moment, présenté.

De même, si de la boule du second pendule, ayant pris contact avec le bâton de résine et s'en maintenant éloignée, nous approchons le bâton de verre, le même jeu se reproduit, c'est-à-dire que la seconde boule est attirée par le bâton de verre, puis repoussée après avoir pris contact (Fig. 14 et 15).

On peut donc tirer de cet amusant manège cette logique déduction, qu'un corps repoussé par l'électricité du verre est attiré par l'électricité de la résine et, réciproquement, qu'un corps repoussé par l'électricité de la résine est attiré par l'électricité du verre. On peut admettre, avec le physicien Dufay, pour donner une interprétation rapide et conventionnelle des phénomènes observés, que ces deux corps ont deux états électriques différents ou, autrement dit, qu'il existe « deux sortes d'électricité » : celle qui est produite par le frottement du verre poli sur de la laine et celle qui se développe par le frottement de la résine sur du drap. Dufay appela la première *électricité vitrée,* et la seconde *électricité résineuse.*

Cette convention étant admise, nos précédentes observations sur le jeu réciproque des boules de sureau suspendues aux deux pendules, vont nous permettre d'affirmer que deux corps possédant soit deux électricités vitrées, soit deux électricités résineuses se repoussent, tandis qu'ils s'attirent si l'un des corps est chargé d'électricité vitrée et l'autre d'électricité résineuse. Autrement dit, deux corps chargés d'électricité de même nature se repoussent, et deux corps chargés d'électricité de natures contraires, s'attirent.

Voilà, énoncé, un principe fondamental de l'électricité statique auquel nous aurons assez souvent l'occasion de nous reporter.

L'électrisation par frottement permet de faire encore deux observations importantes :

La première, c'est que le frottement développe, en même temps, de l'électricité sur le corps frottant et sur le corps frotté et que ces deux électricités sont de nature contraire. Pour s'en assurer, on prend (Fig. 16) deux

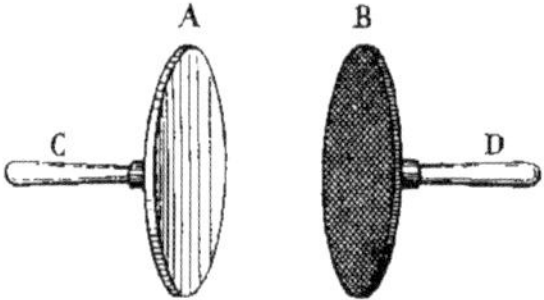

Fig. 16. — Électrisation de deux plateaux.

plateaux munis de manches en verre, matière isolante. L'un des plateaux est en bois, recouvert de drap, l'autre en verre poli. Si l'on frotte énergiquement les deux plateaux l'un contre l'autre, il se développera de l'électricité sur chacun d'eux. En effet, si nous les présentons à la boule de sureau de notre pendule électrique, l'un des plateaux attirera cette boule, tandis que l'autre la repoussera. Cette simple expérience démontre bien que les plateaux étaient tous deux électrisés et qu'ils étaient chargés d'électricité de noms contraires.

La seconde observation consiste à établir que lorsque deux corps ont été frottés et qu'il s'est développé sur eux des électricités de noms contraires, les quantités d'électricité sont réparties sur chacun de ces corps dans une telle proportion que, lorsque ces corps sont réunis, leurs effets se détruisent réciproquement.

Cela revient à dire que si nous laissons accolés, après les avoir frottés, les deux plateaux précédents de verre et de drap sur lesquels nous avons constaté la présence de l'électricité après leur séparation, leur effet commun sur la boule de sureau ne se manifestera ni dans le sens de l'attraction, ni dans le sens de la répulsion, ce qui indique bien que la somme des actions électriques des deux corps est nulle.

Théorie de l'électricité statique

Cette importante constatation permet de comprendre l'hypothèse que Franklin émettait pour expliquer les phénomènes d'électricité statique. Franklin admettait que l'électricité était constituée par un seul « fluide », dont l'action se manifestait par une répulsion sur ses propres molécules et une attraction sur celles des autres corps. Il supposait, en outre, que tous les corps contenant, à l'*état neutre*, une certaine quantité de ce « fluide » se trouvaient électrisés dans le sens *positif*, lorsque cette quantité d'électricité augmentait, et au contraire dans le sens *négatif*, quand elle diminuait. Or les corps électrisés *positivement* possédaient les propriétés électriques du *verre*, et les corps électrisés *négativement* possédaient les propriétés électriques de la *résine*. On substitua alors aux noms d'*électricité vitreuse* et d'*électricité résineuse* les noms d'*électricité positive* et d'*électricité négative*. La première se représente par le signe + et la seconde par le signe —.

Fig. 17. — Benjamin Franklin.

L'hypothèse de Franklin fut admise pendant un certain temps par tous les physiciens; mais des critiques y ayant, par la suite, été faites, on adopta la théorie du physicien anglais Symmer, qui admettait que l'électricité avait pour cause deux fluides qui exerçaient respectivement une attraction l'un sur l'autre et qui agissaient par répulsion sur eux-mêmes. La réunion de ces deux fluides dans les corps formait le *fluide neutre*, qui pouvait, par le frottement, se diviser en *fluide vitré* et *fluide résineux*.

Les deux théories précédentes ne permettent pas d'expliquer, d'une manière complète, tous les phénomènes électriques connus à ce jour, et voilà pourquoi nous disions tout d'abord que l'électricité était produite par une cause encore mystérieuse. Nous emploierons cependant les expressions généralement admises d'*électricité positive* et d'*électricité négative*, et il nous arrivera *au point de vue historique* de parler du *fluide électrique*. On saura, du moins, à quoi ces expressions se rapportent.

Lois de Coulomb

Coulomb, physicien français du XIXe siècle, étudia le rapport des actions d'attraction et de répulsion des corps électrisés entre eux, et il définit ces rapports dans deux *lois*, appelées *lois de Coulomb*.

La première loi, nommée *loi des distances*, exprime que les *attractions et les répulsions qui s'exercent entre deux corps électrisés, varient en raison inverse du carré de leur distance*. Ainsi, si deux mêmes corps électrisés sont placés, par exemple, une première fois, à 4 centimètres l'un de l'autre et une seconde fois à 2 centimètres, les forces d'attraction et de répulsion qui s'exerceront entre ces deux corps, dans les deux positions, seront dans le rapport de $\frac{2^2}{4^2}$ ou $\frac{4}{16} = \frac{1}{4}$, c'est-à-dire que, dans le second cas, elles seront quatre fois plus considérables que dans le premier. Donc, plus on approche les corps électrisés, plus leur action mutuelle augmente d'intensité.

La seconde loi de Coulomb est appelée *loi des masses*. Elle est ainsi conçue :

Pour une même distance les attractions et les répulsions sont proportionnelles au produit des masses ou charges électriques, c'est-à-dire aux *quantités d'électricité* répandues sur les deux corps. Si nous supposons nos deux corps électrisés précédents placés à une distance qui ne change pas et que, dans un premier cas, ces corps possèdent une charge électrique deux fois plus grande que dans un second cas, la force d'attraction et de répulsion sera, dans le premier cas, deux fois plus grande que dans le second.

Fig. 18. — Franklin dans son laboratoire de physique à Philadelphie. (*D'après une ancienne gravure.*)

Donc en réunissant ces deux lois on peut dire que les forces d'attraction et de répulsion mutuelles de deux corps électrisés *sont proportionnelles à leur charge électrique et inversement proportionnelles au carré de leur distance.*

Cela permet de déterminer la valeur d'une *masse électrique* en se basant sur l'action qu'elle exerce sur une autre masse connue, placée à une distance également déterminée.

On a choisi, pour mesurer la valeur de la *masse électrique* ou *quantité d'électricité,* une unité qu'on a appelée *coulomb.* Le *coulomb* est la *quantité d'électricité positive* qui, placée *dans le vide,* à l'unité de distance d'une quantité d'électricité égale, exerce une *force répulsive* égale à l'*unité de force.*

Nous nous étendrons davantage ultérieurement sur la relation qui existe entre l'unité de masse électrique et le *système international* C. G. S. (centimètre, gramme, seconde).

Pour le moment, nous nous en tiendrons à la définition précédente, dans laquelle nous remarquons toutefois que pour la détermination du coulomb l'action électrique doit se manifester dans le vide. C'est, en effet, une condition essentielle. Cependant pour l'air elle ne diffère pas sensiblement, mais, dans certains milieux, il conviendrait de faire intervenir un coefficient pouvant varier avec la nature même de ces milieux.

CHAMP ÉLECTRIQUE

(Fig. 19.) Quand un corps électrisé est placé dans le voisinage d'autres corps électrisés, il se produit, dans un certain rayon,

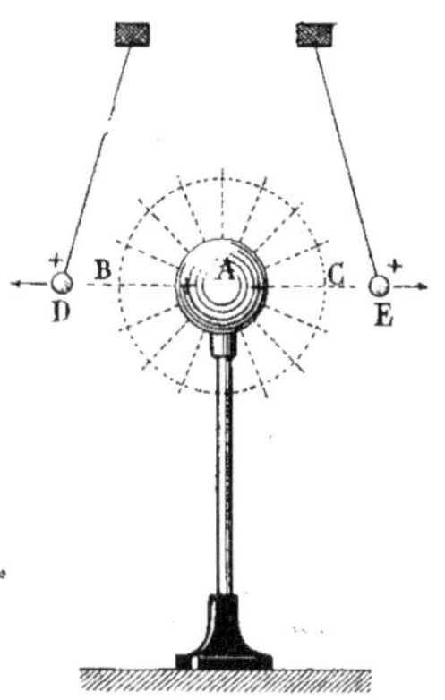

Fig. 19. — Champ électrique.

une action électrique qui modifie l'état du milieu ambiant. Les limites entre lesquelles s'exerce cette action, forment ce que l'on appelle un *champ électrique*. Si nous prenons, par exemple, une boule métallique chargée d'électricité positive, et si nous approchons deux pendules électriques dont les boules de sureau sont également électrisées positivement, ces deux boules sont repoussées à partir des points B et C. Ces deux points marquent la limite du champ électrique qui s'étend tout autour du conducteur A. Les lignes B D et C E, suivant lesquelles l'action répulsive s'exerce, représentent la *direction du champ*. On voit que pour un conducteur dont l'électricité est répartie d'une manière uniforme sur sa surface, la direction du champ est, en tous les points, perpendiculaire à cette surface.

Direction du champ — La *direction du champ* peut être orientée vers l'extérieur du corps considéré ou vers l'intérieur, suivant qu'il y a répulsion ou attraction sur les corps environnants.

Lignes de force — Les *lignes de force* sont, en chaque point du conducteur, les lignes qui indiquent la direction du champ. La résultante de toutes ces forces concourantes, qui est une force unique appliquée en un certain point, se nomme la *force électrique* d'attraction ou de répulsion en ce point.

Intensité du champ — L'*intensité du champ électrique* en un point est la valeur de la *force électrique* en ce point s'exerçant sur l'unité de *masse électrique*.

Flux de force — (Fig. 20.) Quand la direction du champ électrique en divers points d'un corps est la même et que les lignes de force sont, par conséquent, parallèles, on dit que le *champ est uniforme*. Dans ce cas, l'*intensité* du champ est la même en tous les points et le produit de cette intensité par une surface con-

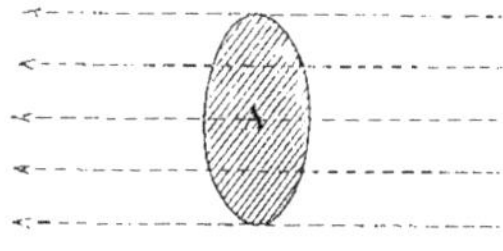

Fig. 20. — Flux de force.

sidérée A de ce corps, est ce que l'on appelle le *flux de force* émis par cette surface. Ce *flux* est positif quand la direction est extérieure et négatif quand la direction est intérieure.

Tube de force (Fig. 21.) On nomme enfin *tube de force* la surface formée par toutes les lignes de force qui limitent un contour fermé. La figure 21 représente un *tube de force* qui a bien, ainsi que son nom l'indique, l'aspect d'un tube dont les génératrices seraient constituées par des lignes de force telles que AC et BD.

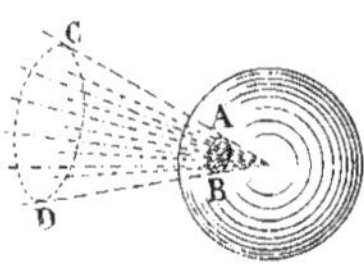

Fig. 21. Tube de force.

DISTRIBUTION DE L'ÉLECTRICITÉ

(Fig. 22 à 28.) Quand un corps conducteur est isolé et qu'on l'électrise soit positivement, soit négativement, comment se répartit l'électricité dans ce corps, autrement dit comment cette électricité est-elle distribuée? Cette distribution se fait d'une manière bien simple : toute l'électricité libre du conducteur électrisé est entièrement répandue sur la surface extérieure de ce conducteur. On peut démontrer ce fait curieux en procédant à une expérience relativement facile à réaliser. Prenons, par exemple (Fig. 22), une sphère métallique creuse A placée à l'extrémité supérieure d'une tige de verre B supportée, elle-même, par un pied C en ébonite ou en toute autre matière isolante. La sphère, qui est un conducteur métallique, se trouve ainsi isolée et gardera l'électricité qu'on lui communiquera. Électrisons cette sphère en la frappant ou en la frottant avec une peau de chat. Nous allons examiner de quelle façon l'électricité s'est répartie sur ses parois tant intérieures qu'extérieures.

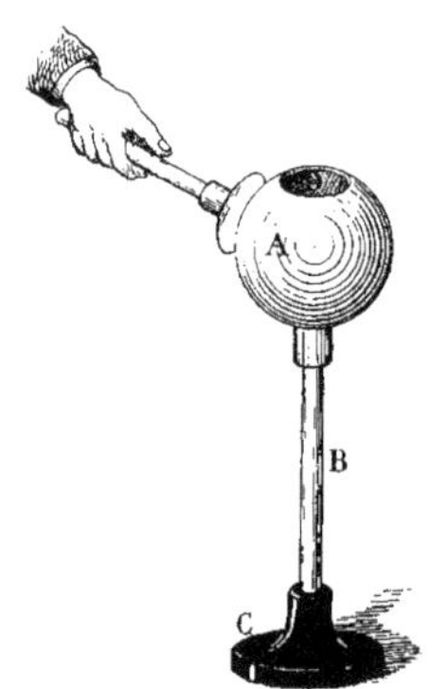

Fig. 22. — Distribution de l'électricité.

Ménageons à la partie supérieure de la sphère un orifice D, de façon à pouvoir, sans en toucher les bords, introduire à l'intérieur un petit disque métallique, porté par une tige isolante. Ce disque, nommé *plan d'épreuve*, est une feuille de clinquant E (Fig. 23) de 1 centimètre carré de surface, appliqué contre un cylindre de paraffine, faisant corps avec une baguette d'ébonite.

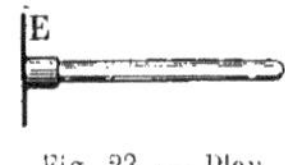

Fig. 23. — Plan d'épreuve.

Quand le plan d'épreuve prend le contact avec une partie quelconque de la paroi intérieure de la sphère, on peut remarquer, en présentant ensuite le disque métallique à la boule de sureau d'un pendule électrique, que cette boule n'est nullement dérangée de sa position, ce qui indique évidemment que le plan d'épreuve n'a, par son contact avec la paroi intérieure de la sphère, recueilli aucune espèce d'électricité. Si nous répétons l'opération en appliquant, cette fois, le plan d'épreuve sur la surface externe de la sphère, nous voyons, lorsque nous l'approchons du pendule électrique, que la boule de sureau est vivement déviée de sa position d'équilibre. Dans ce cas, le plan d'épreuve s'est chargé d'électricité, par son contact avec la sphère, et ses effets se manifestent sur la boule de sureau. On peut donc conclure de cette expérience que toute l'électricité développée dans la sphère A s'est portée exclusivement à sa surface extérieure. Cela explique que deux sphères métalliques de diamètres égaux, l'une massive, l'autre fort mince, électrisées par la même source, se chargent d'une quantité égale d'électricité.

La répartition de l'électricité peut se faire sur la surface d'un conducteur de façons fort diverses. Pour un conducteur de forme sphérique seulement, cette répartition est *uniforme* (Fig. 24), c'est-à-dire que la quantité d'électricité est la même pour tous les points de la surface. Cela s'explique par le fait de la forme symétrique de la sphère. Il n'en est pas de même pour les conducteurs de formes diverses. Chacun d'eux présente sur sa surface un mode de distribution qui lui est particulier et qui dépend précisément de sa forme.

Fig. 24. — Répartition de l'électricité à la surface d'une sphère.

Il est bien entendu que ces conducteurs sont supposés soustraits à toute influence électrique pouvant provenir d'un autre corps voisin.

Nous allons, par quelques exemples, montrer comment la *densité électrique* varie sur la surface des conducteurs en raison même de leur forme.

Densité électrique.

Auparavant, définissons ce qu'on entend par *densité électrique*. La *densité électrique* d'un corps est la *charge électrique* ou *quantité d'électricité* que possède ce corps par centimètre carré ou unité de surface.

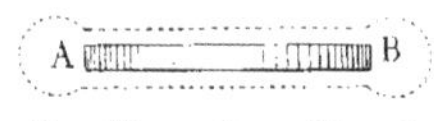

Fig. 25. — Répartition de l'électricité à la surface d'un disque.

Dans la figure précédente (Fig. 24), nous avons représenté la *densité électrique* de la sphère par un trait pointillé tracé parallèlement au contour réel de celle-ci. Cette densité est, nous l'avons dit, constante. Si nous prenons un disque (Fig. 25), nous pourrons constater que la densité est plus faible vers le centre que sur le pourtour et nous pourrons la représenter graphiquement par le trait pointillé qui entoure le disque vu sur champ, dans la figure 25.

Dans le cas d'un cylindre terminé par deux calottes demi-sphériques, la densité électrique est plus grande aux extrémités que le long des génératrices du cylindre (Fig. 26).

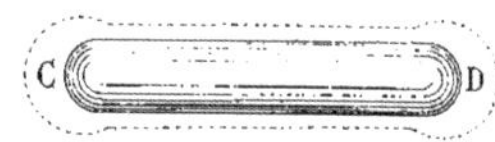

Fig. 26. — Répartition de l'électricité à la surface d'un cylindre à bouts sphériques.

Si le conducteur a la forme d'un ovoïde à bout très allongé, la densité électrique est beaucoup plus grande à l'extrémité effilée qu'à celle qui est fortement arrondie (Fig. 27).

Fig. 27. — Répartition de l'électricité à la surface d'un corps ovoïde.

Pouvoir des pointes.

Si, enfin, le conducteur offre, à une de ses extrémités, une véritable pointe (Fig. 28), le *fluide électrique*, — nous avons dit que nous conserverions ce terme traditionnel, — dont la densité sur cette pointe est très grande, peut parvenir à se disperser dans l'atmosphère. On sent alors, en approchant la main de la pointe, comme un déplacement d'air provoqué par un souffle léger, nommé *vent électrique*, et dans l'obscurité, ce phénomène s'agrémente, au bout de la pointe, d'une aigrette lumineuse. Cette propriété que possèdent les pointes de laisser

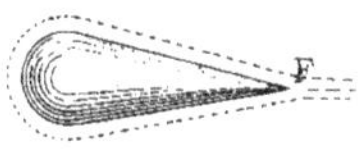

Fig. 28. — Répartition de l'électricité à la surface d'un corps avec pointe.

échapper l'électricité est connue sous le nom de *pouvoir des pointes*.

On peut l'expliquer en considérant que l'électricité répandue sur la surface d'un conducteur est retenue sur cette surface par l'air qui l'entoure qui fait office d'isolant. Mais, à mesure que sur une partie de cette surface la densité augmente, l'électricité tend de plus en plus à quitter le conducteur et à vaincre la résistance que l'air lui oppose. Les pointes étant les formes qui permettent d'obtenir les plus grandes densités électriques, il est facile de concevoir qu'à un certain moment l'équilibre sera rompu et qu'alors l'électricité s'échappera par les pointes dans l'atmosphère en provoquant les effets physiologiques et lumineux dont nous avons parlé.

Franklin, à qui on doit la découverte de la propriété des pointes de laisser écouler l'électricité, utilisa ce pouvoir pour établir le *paratonnerre,* dont nous parlerons à la fin de ce chapitre.

Tourniquet électrique (Fig. 29.) On a construit, en se basant également sur cette propriété, un petit appareil très curieux, appelé *tourniquet électrique,* qui démontre d'une manière indiscutable l'écoulement de l'électricité par les pointes. Il se compose d'une tige verticale A isolée, dont la partie supérieure seulement est mise en communication avec une source d'électricité. Sur un pivot B, qui termine cette tige, est placée une chape C supportant une série de rayons métalliques D dont les extrémités, terminées en pointes bien effilées, sont toutes recourbées dans le même sens. Quand l'extrémité de la tige est électrisée, l'électricité se répand sur tous les rayons métalliques et, s'échappant par leurs pointes, provoque la rotation du tourniquet, par suite de la répulsion réciproque qui se produit entre l'électricité donnée à l'air par l'écoulement et celle des pointes, électricités qui sont de même signe. Cette rotation a lieu dans le sens opposé à l'écoulement de l'électricité.

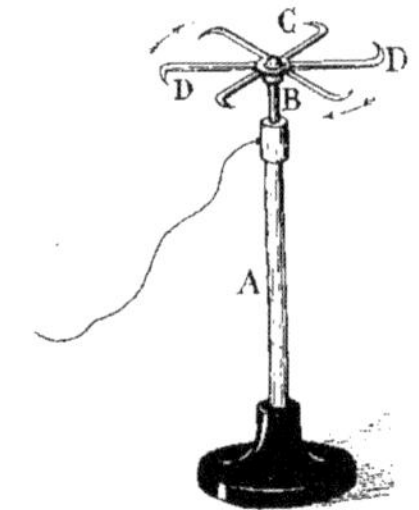

Fig. 29. — Tourniquet électrique.

INDUCTION ÉLECTRO-STATIQUE. INFLUENCE.

On peut, en plaçant un corps non électrisé dans le *champ électrique* d'un autre corps, sans qu'il y ait contact entre ces corps, communiquer au premier corps, auparavant dans un *état neutre,* une certaine quantité d'électricité. Ce phénomène est appelé *induction électro-statique* et désigné, assez souvent, sous le nom d'*influence électrique*. Il constitue un nouveau moyen d'électrisation : nous pouvons l'ajouter aux deux autres que nous avons eu l'occasion d'utiliser dans nos précédentes expériences : *l'électrisation par frottement* et *l'électrisation par contact*. La troisième manière sera donc *l'électrisation par influence* ou par *induction*.

On appelle *inducteur* le corps qui, par *induction,* autrement dit par *influence,* communique son électricité à l'autre corps, qui est nommé *induit*.

Cylindre de Faraday (Fig. 30.) Faraday, physicien anglais (1791-1867), qui étudia l'*induction électro-statique,* formula la loi suivante qui détermine la valeur de la quantité d'électricité *induite : Un corps conducteur électrisé, complètement entouré* *par un autre corps conducteur, induit sur les faces internes et externes de ce dernier corps des quantités d'électricité de noms contraires qui sont égales à la charge inductrice.*

Pour démontrer ce fait, Faraday disposa un cylindre métallique A (Fig. 30), fermé dans le fond et ouvert à sa partie supérieure, sur un support isolant B. Ce cylindre communiquait par un conducteur métallique avec un pendule électrique double ou avec tout autre électroscope dont on trouvera la description plus loin. Dans cet état, les deux boules de sureau du pendule double se touchaient, étant dans leur position d'équilibre. Faraday, après avoir électrisé positivement un corps C, isolé par un fil le supportant, le descendait dans le cylindre A sans en toucher les parois.

Aussitôt les deux boules de sureau s'écartaient l'une de l'autre. Elles étaient donc chargées d'électricité *induite* provenant de la paroi extérieure du cylindre. L'écartement des boules augmentait de plus en plus à mesure que le corps C était descendu davantage vers le fond du cylindre.

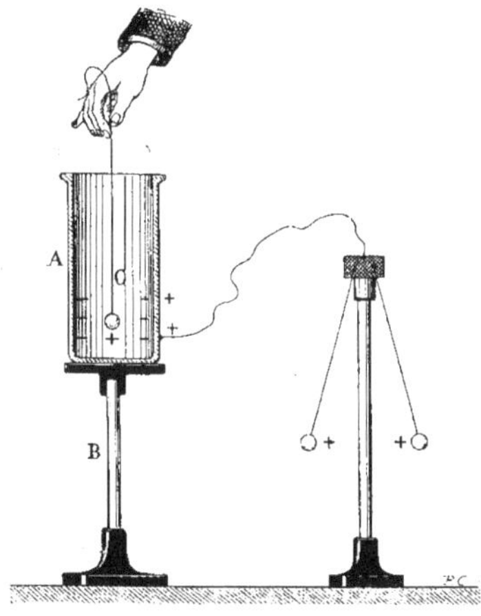

Fig. 30. — Cylindre de Faraday.

Cependant, à partir d'une certaine profondeur, la déviation des deux boules restait invariable, constante, et lors même que le corps inducteur était mis en contact avec les parois, la quantité d'électricité *induite* restait toujours la même, ce qui indiquait évidemment qu'elle avait atteint son point maximum. Cherchons l'explication du phénomène. Au point d'enfoncement du corps *inducteur* pour lequel la déviation des boules de sureau commence à devenir constante, on considère cet inducteur comme étant complètement enveloppé par l'*induit*. L'électricité positive de l'inducteur C agissant par influence sur l'électricité neutre de l'induit A la décompose; l'électricité négative se développe sur la face interne du cylindre, attirée par l'électricité de nom contraire du corps C; l'électricité positive se développe sur la face externe du cylindre et se manifeste, avec son signe, en provoquant l'écartement des boules de sureau. Il y a donc bien, comme l'énonce la *loi de Faraday, induction* sur les deux faces de l'induit, de charges électriques de signes contraires. Mais ces charges sont-elles égales

Fig. 31. — Michel Faraday.

à la charge inductrice? Certainement, car s'il en était autrement, la *charge inductrice*, étant ou plus forte ou plus faible, provoquerait, lorsque l'*inducteur* C vient toucher l'*induit* au bout de sa course, une charge électrique plus considérable sur cet induit, ou lui emprunterait, au contraire, une partie de la sienne, et dans une des hypothèses les boules de sureau auraient dévié davantage et dans l'autre, elles se seraient rapprochées. Or, depuis le moment où l'*inducteur* a atteint une profondeur telle qu'il peut être considéré comme enveloppé par l'*induit*, la déviation de ces boules est restée constante, même après le contact de l'*inducteur* et de l'*induit*. Il est donc bien évident que les deux charges de l'*inducteur* et de l'*induit* sont égales.

Influence d'un corps électrisé sur des conducteurs diversement disposés

(Fig. 32-34.) L'*induction électrique* ou *influence* ne se manifeste pas seulement lorsque le corps inducteur est complètement enveloppé par le corps induit. Elle se manifeste également quand les deux corps sont placés à côté l'un de l'autre, mais diversement, suivant la disposition du corps influencé. Quand, par exemple, un corps conducteur *isolé* non électrisé se trouve placé dans le *champ* d'un conducteur électrisé, également isolé, il s'électrise par *induction*, autrement dit par *influence*. Supposons une sphère métallique B (Fig. 32) électrisée positivement et isolée par un support de verre. Si dans le champ électrique de cette sphère on place un cylindre A, terminé à ses deux extrémités par des calottes demi-sphériques et monté sur un support isolant, ce cylindre s'électrisera par *influence*. Son électricité neutre se décomposera en électricité négative et électricité positive. L'électricité négative se portera vers l'extrémité C, parce qu'elle sera attirée par l'électricité de nom contraire de la sphère B, électricité qui est, avons-nous dit, positive. L'électricité positive du cylindre A se portera vers l'extrémité D le plus loin possible de la sphère B, les deux électricités positives des deux corps se repoussant.

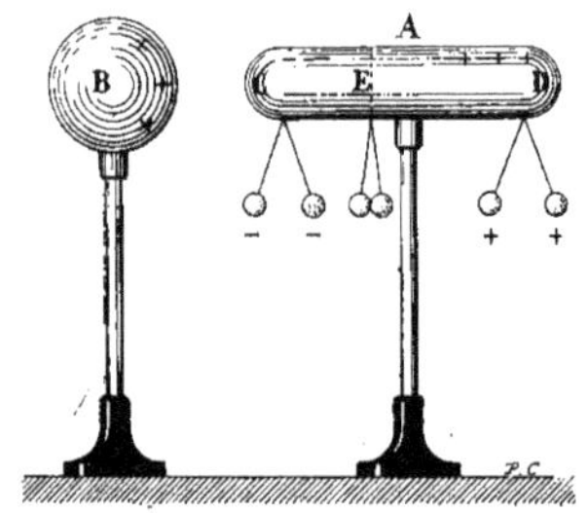

Fig. 32. — Influence sur conducteur isolé.

Il existera en un point E, sur une génératrice du cylindre, une zone qui ne possédera ni électricité négative, ni électricité positive. C'est la *ligne neutre*.

Il est facile de vérifier la distribution de l'électricité sur les différentes parties du conducteur influencé. On n'a qu'à suspendre en chacun des points C, E et D de ce conducteur une paire de boules de sureau supportées par un fil de chanvre qui est bon conducteur de l'électricité. Les deux paires de boules attachées aux extrémités se chargent respectivement l'une d'électricité négative, l'autre d'électricité positive; les boules se repoussent donc, étant chargées d'électricités de même nom. Quant aux boules suspendues au point E, qui est la *ligne neutre*, elles ne dévient pas et restent constamment dans leur position de repos, indiquant ainsi qu'elles ne sont électrisées ni positivement, ni négativement.

Pour reconnaître la nature d'électricité dont sont chargées les extrémités du cylindre influencé et, par conséquent, des boules qui y sont suspendues, il suffit d'électriser par frottement une baguette soit de verre, soit d'ébonite; dans ce dernier cas, par exemple, la baguette est électrisée négativement et en l'approchant des boules, celles qui sont électrisées négativement seront repoussées, tandis que celles qui sont chargées d'électricité positive seront attirées.

Conducteur en communication avec le sol

(Fig. 33.) Si dans l'expérience précédente nous mettons le cylindre A en communication avec le sol, par un conducteur métallique, ce qui revient à dire que le conducteur A n'est plus isolé, nous voyons les deux boules placées à l'extrémité D retomber brusquement l'une contre l'autre et rester dans cette position comme les boules qui étaient suspendues sur la ligne neutre. Par contre, les boules suspendues à l'extrémité C s'écartent davantage l'une de l'autre.

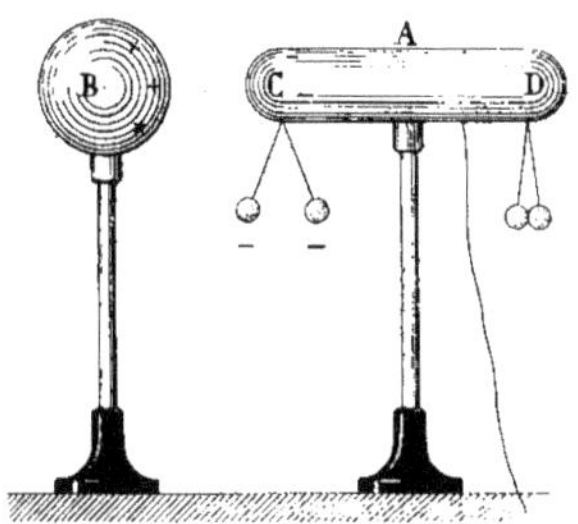

Fig. 33. — Influence sur conducteur non isolé.

Cette extrémité est toujours, comme précédemment, chargée d'électricité négative mais d'une densité plus grande, tandis que l'électricité positive, au lieu de se localiser à l'autre extrémité du cylindre A, s'éloigne, par le conducteur métallique, dans la terre. L'électricité négative du sol vient, en outre, attirée par l'électricité positive de la sphère B, s'accumuler à l'extrémité C du cylindre, augmentant ainsi sa densité. Si on éloigne le corps inducteur B du corps influencé A, en enlevant la communication de celui-ci avec le sol, ce dernier corps se charge, sur toute sa surface, d'électricité négative, ce que démontrent fort bien les divers pendules qui, tous, à ce moment, divergent. Ce phénomène d'influence offre un moyen simple de développer sur un corps conducteur à l'état neutre, de l'électricité de nom contraire à celle d'un corps électrisé inducteur. Il suffit de placer, dans le *champ électrique* de ce dernier, le conducteur à influencer que l'on met un moment en communication avec le sol; puis on retire cette communication et on éloigne le corps inducteur. Le conducteur influencé possède alors sur toute sa surface de l'électricité de signe contraire à celle de l'inducteur.

Conducteur isolé déjà électrisé

(Fig. 34.) Si nous supposons un corps conducteur A isolé, mais déjà chargé d'électricité positive, par exemple, et que nous le soumettions à l'influence électrique d'un bâton de verre B électrisé par frottement, nous remarquerons que les pendules placés à chaque extrémité du conducteur A, qui divergeaient d'une même quantité, se repoussent de façon inégale.

Le corps inducteur, en effet, agit par influence sur le conducteur déjà électrisé, comme si celui-ci était à l'état neutre. L'électricité positive est repoussée dans le conducteur A vers l'extrémité C et l'électricité négative induite est attirée vers l'extrémité D. Celle-ci neutralise, en ce point, une partie de l'électricité positive, ce qui a pour effet de faire diverger les pendules qui y

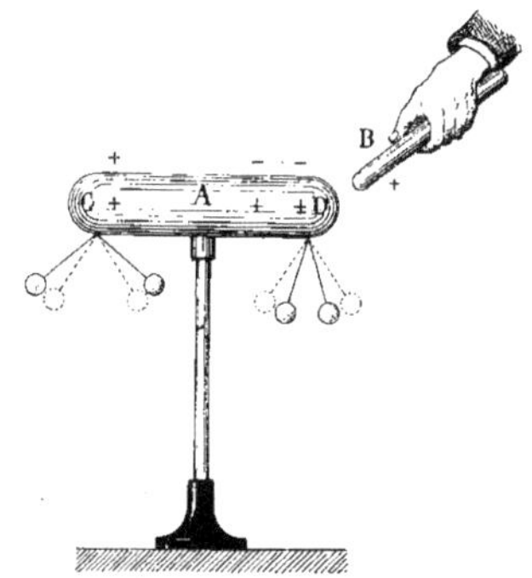

Fig. 34. — Influence sur condenseur électrisé.

sont suspendus d'un angle moins grand que celui qu'ils faisaient avant que l'influence de l'inducteur B se soit manifestée. En revanche, les pendules attachés à l'extrémité opposée C, font un angle plus grand, parce que la densité électrique primitive s'est augmentée, en ce point, de la densité positive induite. Les positions initiales des pendules sont tracées en traits pointillés sur la figure 34.

Conducteur avec pointe (Fig. 35.) Envisageons le cas où le conducteur B, influencé, porte une pointe, et voyons quels phénomènes vont se produire. Par induction, et ainsi que nous venons de le dire,

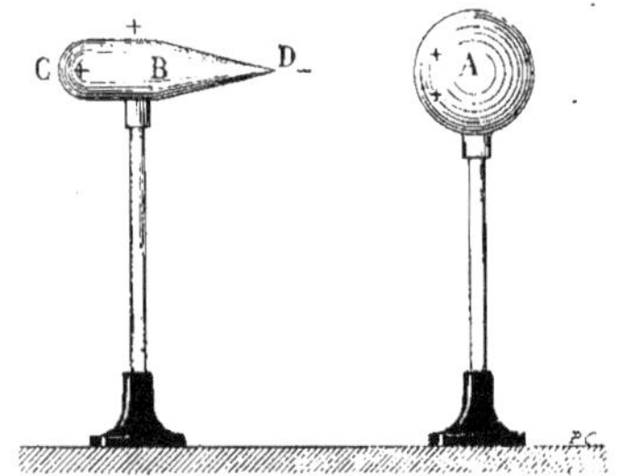

Fig. 35. — Influence sur condenseur avec pointes.

l'électricité positive du corps A provoquera, dans le conducteur B, un afflux d'électricité positive vers l'extrémité C, tandis que l'électricité négative sera appelée vers la pointe D et s'écoulera dans l'air. Cet air, qui enveloppe le corps inducteur A se charge donc d'électricité négative qui vient, à son tour, neutraliser une partie de l'électricité positive de l'inducteur A; il s'établit, à un certain moment, un état d'équilibre et l'électricité ne s'écoule plus par la pointe du conducteur A, lorsqu'elle ne peut vaincre la résistance que lui oppose l'air.

Interposition d'un corps isolant L'interposition d'un corps isolant, solide ou liquide, entre un corps électrisé inducteur et un conducteur à influencer, n'empêche pas l'induction électrique de se produire. Cette induction se manifeste de la même façon que lorsque l'air seulement est interposé.

POTENTIEL. — COURANT. — CAPACITÉ.

Potentiel électrique Nous avons, lors des expériences précédentes, employé assez souvent les expressions *quantité d'électricité, charge électrique, densité électrique,* et nous avons donné la signification de ces diverses expressions. Il convient, avant d'aborder la description des machines électro-statiques, de dire ce qu'on entend par *potentiel électrique, capacité électrique* et *courant électrique.*

Le *potentiel* est une *propriété électrique* particulière d'un conducteur électrisé, différente de la *charge* et de la *densité.* Cette propriété peut être déterminée expérimentalement par les deux observations suivantes. Si sur un corps non symétrique électrisé, nous promenons soit sur la surface extérieure, soit sur la surface intérieure, un *plan d'épreuve* relié, par un long conducteur, à un *électroscope,* instrument destiné à déceler la présence de l'électricité et dont nous parlerons plus loin, nous remarquons que, quel que soit le point de contact du *plan d'épreuve* avec le corps électrisé, l'*électroscope* n'indique aucune variation. La déviation établie lors du premier contact reste constante, quoique la *densité électrique* ne soit pas la même sur toute la surface du conducteur. Cette propriété électrique d'un conducteur électrisé, qui est constante pour tous les points électrisés, se nomme le *potentiel* du conducteur. Ce potentiel, nous venons de le démontrer, est indépendant de la *densité électrique,* mais, par contre, il est proportionnel à la *charge.* Pour vérifier ce fait, procédons à la deuxième expérience annoncée. Influençons un cylindre de Faraday (Fig. 30) en lui communiquant des charges qui soient dans le rapport de nombres déterminés 2, 3, 4, etc., et promenons pour chacune des charges le *plan d'épreuve* sur ce cylindre. Les déviations respectives indiquées par l'électroscope seront dans le rapport des nombres 2, 3, 4, etc., ce qui démontre bien que le *potentiel* d'un conducteur est proportionnel à sa charge.

Pour réaliser les deux expériences que nous venons d'indiquer, nous supposons le corps électrisé soustrait à l'influence de tout autre corps voisin; c'est pour cela que nous avons relié le *plan d'épreuve* et l'*électroscope* par un conducteur métallique, fin et long.

On admet que le potentiel du sol est égal à zéro; l'appareil appelé électromètre qui mesure le *potentiel* d'un conducteur indique donc, en réalité, la *différence de potentiel* existant entre ce conducteur et le sol.

La *différence de potentiel* peut être assimilée à une différence de *niveau électrique*, par comparaison entre une *charge électrique* et une *charge hydraulique*. Nous reviendrons, dans le prochain chapitre, en nous y étendant davantage, sur cet intéressant parallèle, et nous déterminerons la valeur du *volt*, abréviation du nom de Volta, qui a été choisi comme unité de *différence de potentiel*.

Courant électrique — Quand deux conducteurs ont des potentiels différents, si on les réunit par un conducteur métallique, celui qui possède le potentiel le plus élevé envoie dans l'autre de l'électricité, jusqu'à ce que l'équilibre se rétablisse et que les potentiels des deux conducteurs deviennent égaux. Le déplacement de l'électricité, autrement dit son transport, provoqué par la différence de potentiel existant entre les deux conducteurs, produit ce que l'on appelle le *courant électrique*.

Capacité électrique — La *capacité électrique* d'un conducteur non influencé est égale à la *quantité d'électricité* dont il faut charger ce conducteur, pour que son *potentiel* soit égal à l'unité. L'unité de *capacité électrique* se nomme *farad*, abréviation du nom de Faraday. Le *farad* est la *capacité* d'un conducteur qui, ayant comme *potentiel* 1 *volt*, contiendrait une *quantité d'électricité* égale à 1 *coulomb*. Comme cette unité est trop considérable pour être pratiquement employée, on se sert généralement d'un sous-multiple, le *microfarad*, qui n'est que la millionième partie du farad. La *capacité électrique* varie avec les dimensions et la forme des conducteurs. Pour un conducteur de forme sphérique, la *capacité* est proportionnelle au rayon de la sphère.

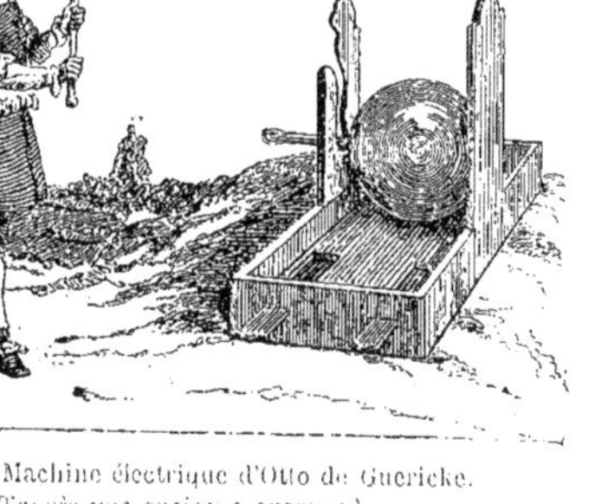

Fig. 36. — Machine électrique d'Otto de Guericke.
(*D'après une ancienne gravure.*)

MACHINE ÉLECTRO-STATIQUE.

Machine électro-statique à frottement — Nous venons d'examiner les phénomènes curieux provoqués par l'électrisation des corps. La *machine électrique* qui nous a permis de *charger* les divers conducteurs dont nous nous sommes occupés, est quelque peu différente de la primitive machine établie par Otto de Guericke (Fig. 36) et dont nous avons précédemment parlé. Cette machine ne provoquait, en effet, que de bien faibles manifestations électriques. Mais l'idée était lancée et devait bientôt donner lieu, par suite de perfectionnements successifs, à la réalisation pratique de la machine produisant de l'*électricité statique,* appelée, pour cette raison, *machine électro-statique,* pour la différencier de la *machine dynamo-électrique,* qui produit de l'*électricité dynamique.*

Un physicien anglais, nommé Hauksbee, obtint, en 1709, des effets électriques assez importants en remplaçant, dans la machine d'Otto de Guericke, le globe de soufre par un cylindre de verre auquel il imprimait mécaniquement un mouvement de rotation pendant qu'on le frottait avec la main (Fig. 37). Cette machine comportait même deux cylindres de verre placés l'un dans l'autre, pouvant recevoir, séparément ou ensemble, un mouvement de rotation à l'aide d'une roue mue par une manivelle.

Le cylindre intérieur était disposé de façon qu'on puisse y faire le vide afin d'y observer les effets de l'*étincelle* électrique.

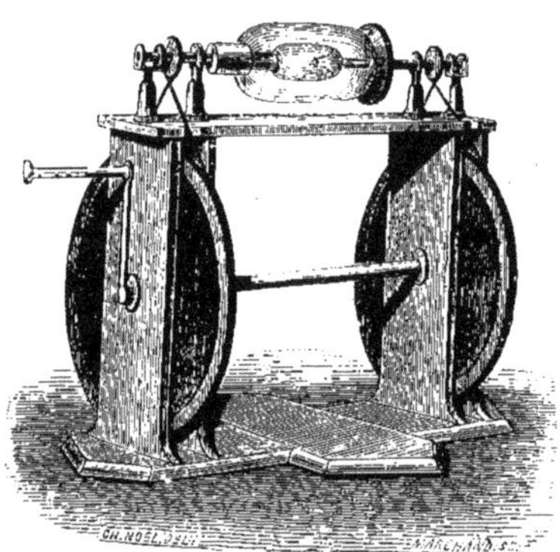

Fig. 37. — Machine électrique de Hauksbee (1709).

Une autre machine électrique, construite sur le modèle de celle d'Hauksbee, était disposée un peu différemment. Elle se composait simplement d'un globe de cristal (Fig. 38) monté sur deux douilles de cuivre et solidaire d'un axe pouvant recevoir un mouvement de rotation très rapide. Ce globe, supporté par une table en bois, était frotté au moyen de la main appuyée contre sa surface pendant la rotation de l'axe.

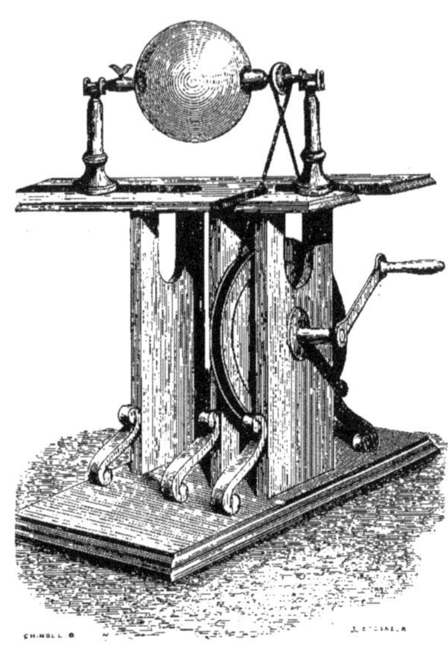

Fig. 38. — Machine électrique à globe de verre.

Malgré les avantages que l'on pouvait retirer de l'emploi de cette machine, elle ne fut pas adoptée par les physiciens, qui continuèrent de se servir d'un simple tube de verre tenu à la main et frotté avec un morceau d'étoffe de laine.

Pendant longtemps la machine électrique fut abandonnée. Ce ne fut qu'en 1733 qu'un physicien allemand, Boze, professeur à Wittemberg, eut l'idée de revenir au globe de verre C (Fig. 39) dont Hauksbee avait fait usage, frotté par la main de l'opérateur pour y développer l'état électrique. En outre, il imagina de munir sa machine d'un conducteur de fer-blanc E, supporté par un pied isolant F, qui servait à conserver et à emmagasiner le fluide électrique produit par le globe.

La machine de Boze se répandit très promptement en Allemagne ; elle revêtit diverses formes entre les mains des physiciens.

Haüsen, professeur à Leipzig, construisit une machine électrique représentée (Fig. 40) d'après un ouvrage publié en 1748. Cette amusante figure montre un personnage suspendu en l'air par des cordes de soie qui l'isolent, jouant le rôle de conducteur électrique, car l'électricité développée par le frottement de la main d'un autre personnage sur la surface du globe est recueillie par ses pieds, le traverse tout entier et passe par l'extrémité de sa main droite dans le corps d'une jeune fille placée sur un bloc de résine faisant office de tabouret isolant. Celle-ci présentant sa main droite au-dessus de légères feuilles d'or placées sur un guéridon isolant, les voit se soulever attirées par l'électricité provenant de la machine.

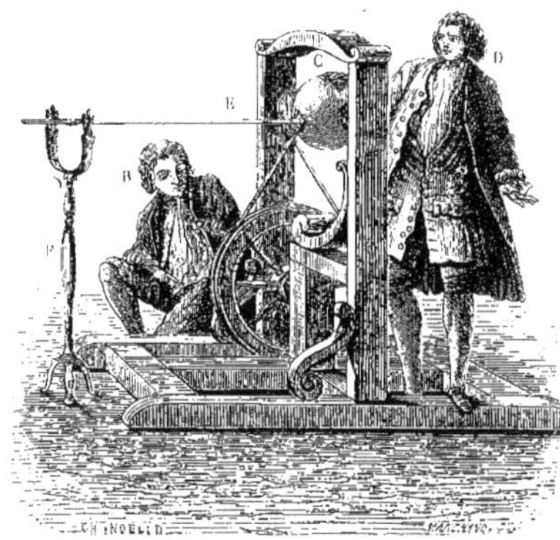

Fig. 39. — Machine électrique de Boze (1733).
(D'après une ancienne gravure.)

Fig. 40. — Machine électrique de Haüsen (1746). — *(D'après une ancienne gravure.)*

Dans les machines précédentes, c'est presque toujours la main qui sert, en frottant le globe, à produire l'électricité. Winckler, professeur à Leipzig, substitua un coussin à la main de l'opérateur et adopta, pour donner au globe de verre son mouvement de rotation, l'archet du tourneur en bois. Le globe de verre pouvait ainsi prendre une vitesse de rotation de 180 tours par minute.

L'emploi du coussin frotteur ne fut pas très goûté en France, et l'abbé Nollet, qui s'occupait beaucoup d'électricité, y fut particulièrement opposé, car il prétendait que, d'une part, le coussin n'avait pas assez de souplesse et que, d'autre part, la main bien sèche donnait par frottement des résultats plus efficaces pour produire l'électricité. Il construisit, en 1747, une machine

Fig. 41. — Machine électrique de l'abbé Nollet (1747).
(*D'après une ancienne gravure.*)

(Fig. 41) ne différant des machines déjà connues que par ses dimensions beaucoup plus importantes et certaines dispositions de détail.

En 1750, on substitua, en Angleterre, un cylindre de verre à la sphère et on adopta, comme en Allemagne, les coussins frotteurs. La machine ainsi établie produisait des effets électriques intenses et était d'un maniement facile.

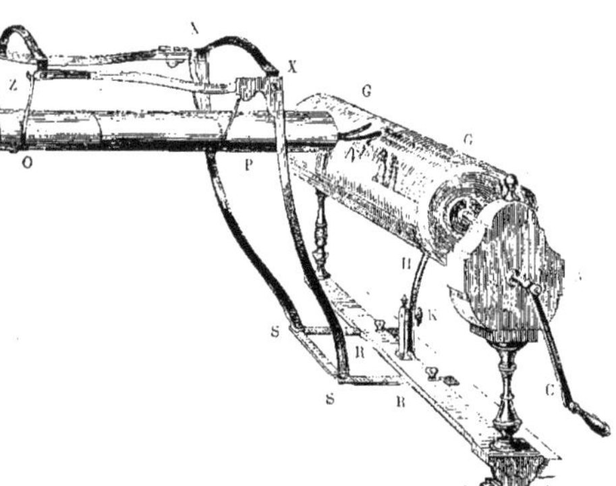

Fig. 42. — Machine électrique anglaise construite par Adams (1750).

La figure 42 représente une machine anglaise établie par un constructeur nommé Adams. Elle se compose d'un cylindre de verre dont le mouvement de rotation est obtenu au moyen d'une manivelle qui, par une vis sans fin à trois filets, actionne une roue d'engrenage solidaire de l'axe du cylindre. Ce cylindre peut donc tourner très rapidement. Le cylindre et sa commande sont soutenus par des supports montés sur une tablette. Un ressort d'acier H supporte un coussinet de grande longueur GG qui frotte plus ou moins vivement sur le cylindre de verre, suivant que le ressort H est plus ou moins bandé par la vis K. Un dispositif de suspension composé de réglettes métalliques

RSXZ et de cordons isolants, faits en soie, porte un tube de cuivre OP terminé par un double fil de cuivre doré N qui recueille toute l'électricité développée sur le cylindre par son frottement sur le coussinet.

Vers l'année 1768, un opticien anglais,

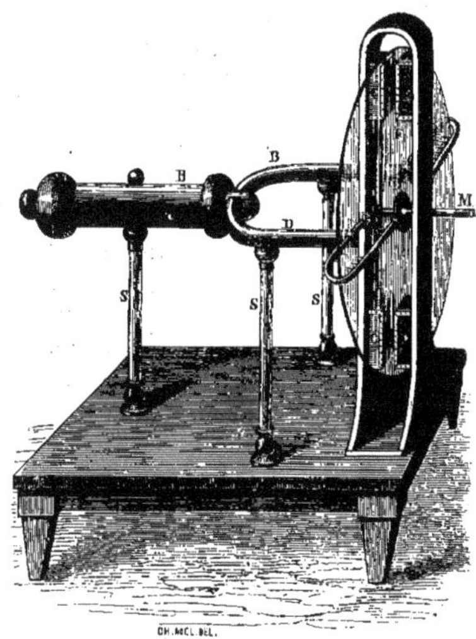

Fig. 43. — Machine électrique de Ramsden (1768).

nommé Ramsden, substitua au cylindre de verre de la machine électrique un plateau circulaire également en verre (Fig. 43). La substitution du plateau au globe de verre fut provoquée, paraît-il, par l'éclatement qui se produisait quelquefois du globe de verre électrisé entre les mains de l'opérateur.

Ce plateau tournait à frottement entre quatre coussins C de peau rembourrés de crin et pressant contre le verre au moyen d'un ressort.

Une manivelle M permettait de donner le mouvement de rotation au plateau, et l'électricité produite par le frottement était recueillie par un conducteur métallique muni de pointes communiquant avec les conducteurs D et B isolés par les supports de verre SS. L'électricité était donc emmagasinée dans ces conducteurs.

A partir de l'année 1770, les machines à plateau de verre devinrent d'un usage général et remplacèrent les appareils divers dont on s'était servi jusque-là en Angleterre et en Allemagne.

En 1780, un physicien hollandais, Van Marum, construisit une machine pouvant développer à volonté soit de l'électricité positive, soit de l'électricité négative (Fig. 44).

Cette machine se compose d'un plateau de verre circulaire dont l'axe, qui est supporté par une colonne isolante, peut tourner, par l'intermédiaire d'une manivelle M, entre des coussins *a c, a' c'*, fixés sur deux pieds isolants.

Deux arcs métalliques B B' et C C' peuvent être disposés soit verticalement, soit horizontalement par un tourillonnement approprié. Le premier, l'arc BB', tourillonne sur une sphère métallique A, isolée du sol par une colonne de verre ; l'autre, au contraire,

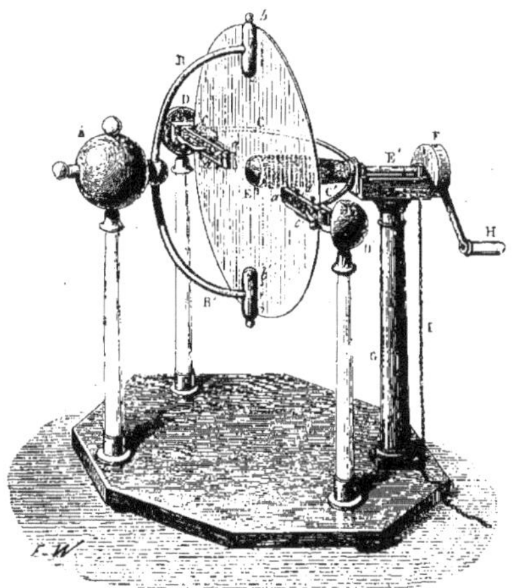

Fig. 44. — Machine électrique de Van Marum (1780).

tourillonne sur un axe métallique en communication avec le sol par un conducteur métallique.

Lorsque le plateau est mis en mouvement, si les arcs sont disposés comme l'indique la figure 44, c'est-à-dire l'arc C C', horizontalement et l'arc BB′ verticalement, les coussins, par l'intermédiaire de l'arc C C′, communiquent avec le sol. Comme le plateau de verre est électrisé positivement par frottement et les coussins négativement, cette électricité négative s'écoule dans le sol, et le conducteur BB′, placé verticalement, se charge de fluide positif, parce que le plateau de verre agit sur lui par influence, attire son fluide négatif et repousse dans la sphère A le fluide positif.

Quand, au contraire, l'arc C C′ est disposé verticalement et l'arc BB′ horizontalement, ce dernier communique avec les coussins qui, étant électrisés négativement, cèdent leur fluide à la sphère A, pendant que l'électricité positive du plateau s'écoule dans le sol par l'intermédiaire de l'arc vertical C C′.

La machine électrique avait, dès cette époque, atteint presque la forme sous laquelle elle se présente aujourd'hui.

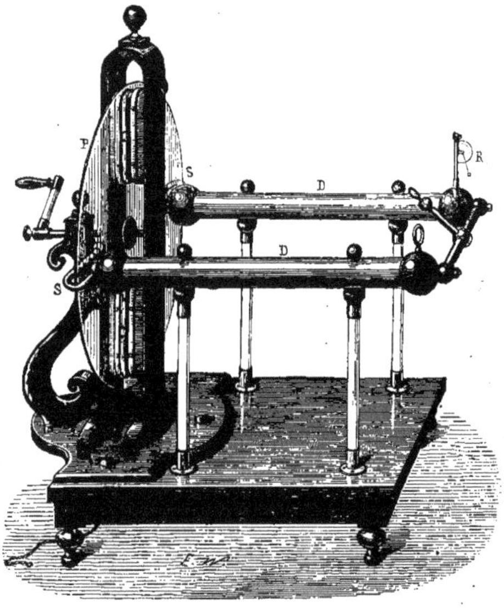

Théorie de la machine électro-statique. La figure 45, qui montre une machine électrique dont on fait usage de nos jours, ne diffère pas très sensiblement de la machine de Ramsden. On voit que le plateau de verre frotte entre quatre coussins. L'électricité positive du plateau de verre agit, par influence, sur le fluide à l'état neutre des conducteurs D D, terminés par des pointes. Ce fluide naturel est décomposé ; l'électricité négative est attirée vers les pointes placées à l'extrémité S et l'électricité positive est repoussée dans les conducteurs D. S'écoulant par les pointes, sous forme de petites aigrettes lumineuses, cette électricité négative vient se combiner avec l'électricité positive du plateau et le ramener à l'état naturel. Comme le frottement du plateau contre les coussins continue à développer de l'électricité positive sur ce plateau, les mêmes décompositions continuent, et la charge de l'électricité positive à la surface des conducteurs D D augmente de plus en plus.

Fig. 45. — Machine électrique moderne.

Un *électroscope à cadran* R est placé sur ces conducteurs et indique les variations de la charge électrique de la machine. C'est un simple pendule électrique, dont nous avons parlé précédemment, auquel est rapporté un cadran gradué permettant d'apprécier la déviation de la boule de sureau repoussée. Les machines électriques furent, depuis 1780, dotées de dimensions de plus en plus grandes pour obtenir des effets de plus en plus intenses. Quelques machines même ont des dimensions exceptionnelles. Une machine Van Marum, qui figure au musée Teyler, à Harlem, possède deux plateaux de verre parallèles de 1m,60 de diamètre. Quatre hommes suffisent à peine à la mettre en mouvement. Elle donne des étincelles de 65 centimètres de longueur et d'une épaisseur dépassant un demi-centimètre. Le pendule électrique peut être dévié à 12 mètres de distance. Au Conservatoire des Arts et Métiers, à Paris, figure une machine dont le plateau mesure $1^{m},85$ de diamètre.

La plus grande machine existante est, croyons-nous, celle de l'Institution polytechnique de Londres. Son plateau mesure $2^{m},27$ de diamètre et c'est une machine à vapeur qui lui imprime son mouvement de rotation.

Machine d'Armstrong

(Fig. 46.) Cette machine, qu'on peut appeler *hydro-électrique*, est basée sur un principe tout différent de celui qui caractérise les machines précédentes. Ce sont des jets de vapeur qui, en s'échappant d'ajutages appropriés, donnent naissance à l'électricité. La découverte de ce principe, faite en 1840, est due au pur hasard. En effet, un mécanicien anglais réparait, dans les environs de Newcastle, une fuite de chaudière à vapeur; accidentellement, il eut une de ses mains enveloppée par un jet de vapeur, tandis que l'autre touchait un levier. Il éprouva aussitôt une vive secousse et des étincelles jaillirent au bout des doigts qui touchaient au levier. Se trouvant, en ce moment, sur un massif de briques chaudes peu conductrices, le mécanicien faisait office de corps conducteur entre la chaudière électrisée négativement et la vapeur qui, en s'échappant, était chargée d'électricité positive.

Fig. 46. — Machine électrique d'Armstrong (1840).

Frappé de ce phénomène, Armstrong l'étudia et réalisa sa machine hydro-électrique (Fig. 46). Elle se compose d'une chaudière A à foyer intérieur, isolée sur quatre colonnes de verre S. La chaudière comporte son niveau N, sa soupape de sûreté C et son manomètre. La vapeur fournie par la chaudière peut, par l'ouverture du robinet D, s'échapper dans une boîte E, remplie de mèches de coton humectées.

Elle sort de cette boîte par des ajutages façonnés intérieurement pour augmenter le frottement de la vapeur humide. Celle-ci se charge d'électricité positive, par suite du frottement des gouttelettes liquides dans la boîte E et les ajutages. La chaudière se charge au contraire d'électricité négative. Pour recueillir l'électricité positive, on dirige les jets de vapeur sur un cadre G, garni de pointes et supporté par une sphère métallique H, sur laquelle elle s'accumule. Cette sphère est placée sur un support isolant I. La quantité d'électricité produite augmente avec la pression qui, d'ordinaire, atteint de 5 à 6 atmosphères.

Il est indispensable d'obtenir de la vapeur humide pour que le frottement des gouttelettes donne lieu à de l'électricité positive. La vapeur sèche n'en produirait pas.

La machine électrique d'Armstrong n'a pas eu d'application pratique depuis l'époque où son savant inventeur la combina ainsi que nous venons de le dire. Mais son fonctionnement met en jeu des principes si intéressants au point de vue de la production et de la captation de l'énergie électrique, que l'on ne saurait s'étonner de la voir prendre, un jour ou l'autre, une forme pratique. Toute chaudière à vapeur est, en effet, une productrice d'électricité, et toute machine à vapeur utilise cette énergie dans des conditions qui vont constamment en se perfectionnant.

MACHINE ÉLECTRO-STATIQUE À INFLUENCE

Toutes les machines électriques que nous venons d'examiner sont basées sur le principe du frottement, réalisé de façons différentes. Il existe en outre certaines machines électro-statiques dans lesquelles le frottement n'intervient pas et où l'électricité est produite par *influence*. Ces machines sont, pour cette raison, appelées *machines à influence.*

Électrophore de Volta (Fig. 47.) La plus simple des machines à influence et la première en date est l'*électrophore* de Volta. A la vérité, cet appareil, construit par Volta à la fin du XVIIIe siècle, ne permet d'obtenir qu'une quantité d'électricité très petite, mais pendant un temps très prolongé. L'*électrophore* se compose d'un disque en ébonite A, posé sur un socle métallique B que l'on tient en communication avec le sol. Un second disque en bois C recouvert d'une feuille d'étain D et supporté au bout d'un manche en verre E peut être posé à plat sur le premier disque en ébonite. Pour produire de l'électricité, on fait sécher les deux disques, puis on bat le disque d'ébonite avec une *peau de chat.*

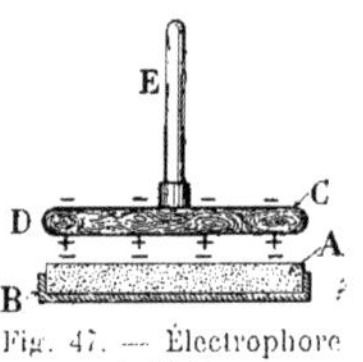

Fig. 47. — Électrophore de Volta.

Cette opération électrise négativement le disque d'ébonite A. Si, à ce moment, on applique sur lui le disque en bois recouvert d'étain, l'électricité négative du plateau en ébonite, agissant par influence sur l'électricité neutre de l'autre plateau, la décompose ; l'électricité positive est attirée sur la feuille d'étain qui touche l'ébonite et l'électricité négative est repoussée sur la face externe du plateau C. Dans cet état, si on met cette dernière face en communication avec le sol, en la touchant du doigt par exemple, l'électricité négative s'écoule, et en séparant le plateau C du plateau d'ébonite A, en ayant le soin de le prendre par le manche isolant E, on se trouve en présence d'un plateau qui a été électrisé positivement, par *influence*. On peut, d'ailleurs, vérifier ce fait en approchant ce plateau de la boule de sureau d'un pendule électrique, ou encore en touchant d'une main le plateau pendant qu'on le tient de l'autre par son manche isolant. Il se produit une vive étincelle qui est provoquée par la brusque recomposition de l'électricité positive du plateau avec l'électricité négative du corps attirée vers le plateau et provenant elle-même de la décomposition, par *influence,* de l'électricité neutre du corps.

Machine de Holtz Nous terminerons la brève revue des machines électrostatiques par la description de la machine de Holtz. C'est en 1865 que cette machine fut construite à Berlin, puis à Paris, par Ruhmkorff, qui fabriquait également des machines Armstrong.

La machine de Holtz est une machine électrique à *influence* qui nécessite un *amorçage* préalable, ainsi qu'il a été nécessaire de le faire, dans l'électrophore, en électrisant le plateau d'ébonite, mais qui peut, en revanche, débiter près de trente fois plus d'électricité que la machine à frottement, en supposant toutes choses égales d'ailleurs : diamètres des plateaux et vitesses des machines.

La machine de Holtz (Fig. 48) se compose de deux plateaux de verre, distants l'un de l'autre de 3 ou 4 millimètres. L'un des plateaux est fixe et est supporté au moyen de pieds isolants en verre, par l'intermédiaire de quatre galets en bois.

Fig. 48. — Machine électrique de Holtz (1865).

Le second plateau peut prendre un mouvement rapide de rotation au moyen d'une manivelle qui le commande par un double train de poulies en bois, multipliant le nombre de tours. Le plateau mobile, qui ne porte aucune ouverture, est d'un diamètre légèrement inférieur au diamètre du plateau fixe. Celui-ci porte aux extrémités d'un même diamètre horizontal deux ouvertures A et B (Fig. 49), disposées symétriquement par rapport à ce diamètre. Sur le bord supérieur de l'ouverture B et sur le bord inférieur de l'ouverture A sont collées, sur chaque face du plateau, des feuilles de papier C et D terminées, respectivement, par les pointes E et F. Ces feuilles, appelées *armures* ou *armatures,* font donc communiquer les deux faces du plateau fixe en deux points situés aux deux extrémités du même diamètre.

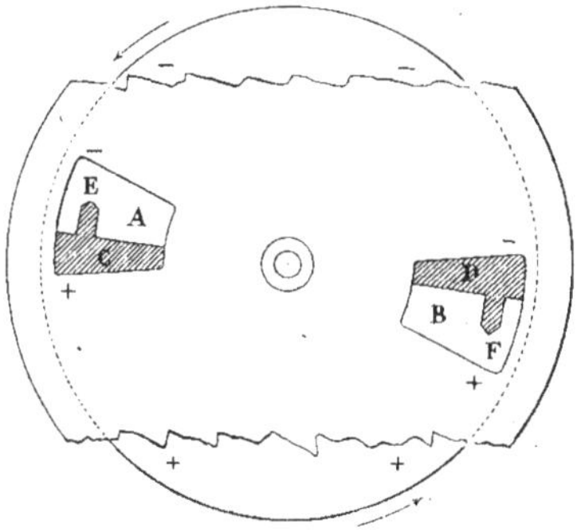

Fig. 49. — Plateau de machine de Holtz.

Vers la face du plateau mobile opposée au plateau fixe, sont tournés deux peignes métalliques portant des pointes ne touchant pas au plateau et communiquant avec deux conducteurs métalliques terminés par une sphère. Deux tiges, munies de poignées isolantes, pour permettre leur manœuvre à la main, traversent ces sphères et peuvent être plus ou moins rapprochées l'une de l'autre jusqu'à venir au contact.

Pour produire de l'électricité avec la machine de Holtz, il faut d'abord procéder à son *amorçage*. Pour cela, on met en communication les deux conducteurs de la machine portant les peignes, en approchant, jusqu'au contact, les deux tiges transversales. Puis, après avoir électrisé un plateau d'ébonite en le frappant avec une peau de chat, on le présente à une des armatures de papier, C, par exemple. Le plateau d'ébonite étant électrisé négativement, l'électricité positive de l'*armature* est attirée vers ce plateau et l'électricité négative, induite dans l'*armature,* ira influencer à son tour, à travers le plateau mobile, le peigne qui lui fait face; l'électricité positive, attirée, s'écoulera, par ce peigne, sur une partie de la surface du plateau mobile, tandis que l'électricité négative, repoussée, ira par le second peigne charger une autre partie de la surface du plateau mobile. Si nous faisons tourner le plateau mobile d'un demi-tour dans le sens de la flèche, ce plateau se trouvera donc chargé, sur la moitié supérieure, d'électricité négative, et sur la moitié inférieure, d'électricité positive. En face de l'*armature* D qui, jusqu'à ce moment, était dans un état électrique neutre, il y a donc, sur le plateau mobile, de l'électricité positive en dessous et de l'électricité négative en dessus.

Ces deux électricités, agissant par influence sur l'*armature* D, dans le même sens, provoquent l'électrisation positive de cette *armature*, tandis que l'électricité négative, repoussée par l'électricité négative supérieure et attirée par l'électricité positive inférieure, s'écoule par la pointe F de l'*armature* et vient se déposer sur la face interne du plateau mobile.

Étant donnée la faible épaisseur de ce plateau, cette électricité négative vient neutraliser l'électricité positive déposée à la même place sur l'autre face du plateau.

L'*amorçage* est ainsi réalisé, une *armature* ayant été électrisée négativement et l'autre se trouvant, par influence, électrisée positivement. En continuant à faire tourner le plateau, les mêmes phénomènes se reproduisent symétriquement et, si on écarte les tiges transversales communiquant chacune avec un conducteur, il jaillit entre les extrémités de ces tiges une série de vives étincelles, l'électricité positive chargeant par un des peignes, un des conducteurs, tandis que l'électricité négative s'accumule sur l'autre par l'intermédiaire du second peigne.

Les deux conducteurs sont quelquefois mis en communication avec deux *condensateurs*, appareils dont nous allons parler, de façon à augmenter la *capacité* de ces conducteurs, qui en réalité sont de véritables *collecteurs*.

Quand la machine de Holtz fonctionne, après avoir été amorcée, dans un air suffisamment sec, elle peut, pendant un temps fort long, produire de l'électricité sans qu'il soit besoin de l'amorcer de nouveau avec le plateau d'ébonite frotté ou battu avec la peau de chat.

Débit et puissance des machines électro-statiques

Le *débit* d'une machine électro-statique est la *quantité* d'électricité, c'est-à-dire le nombre de *coulombs*, qu'elle fournit par *seconde*.

La *puissance* de cette machine est l'*énergie électrique* qu'elle peut donner dans l'unité de temps, c'est-à-dire par *seconde*. Nous nous étendrons, dans le chapitre suivant, un peu plus longuement sur ces dénominations.

Le débit des machines électro-statiques est très faible; il ne peut atteindre que plusieurs dix-millièmes de coulomb par seconde, tandis que nous trouverons des piles donnant un débit de plusieurs coulombs par seconde.

Par contre, les machines électro-statiques peuvent donner des différences de potentiel considérables dépassant 100.000 volts. Étant donné leur faible débit, les machines électro-statiques n'ont aucune application industrielle, elles sont surtout utilisées pour procéder à des expériences de laboratoire.

CONDENSATEURS

Dès que les premières machines électriques permirent d'obtenir des effets insoupçonnés, on songea naturellement à augmenter l'intensité de ces effets en perfectionnant d'abord la machine elle-même, ce qui donna lieu à l'établissement des appareils que nous venons de décrire; mais on pensa aussi à accumuler une plus grande quantité d'électricité sur le même conducteur et à la conserver le plus longtemps possible. Cette préoccupation conduisit Van Musschenbroek, physicien hollandais, et ses élèves, à électriser un corps bon conducteur, entouré d'un corps mauvais conducteur pour prévenir la déperdition d'électricité. A cet effet, ils électrisèrent de l'eau, corps bon conducteur, contenue dans un vase de verre, corps mauvais conducteur.

Fig. 50. — Musschenbroek.

Rien de remarquable ne se produisit pendant la charge, qui s'opérait au moyen d'un fil métallique partant du conducteur de la machine et trempant dans l'eau (Fig. 51).

Mais lorsqu'on se disposa à retirer le vase, l'opérateur qui le tenait d'une main toucha de l'autre le conducteur de la machine et sentit aussitôt une commotion qui lui secoua d'une façon *terrible*, écrit-il, tout le corps.

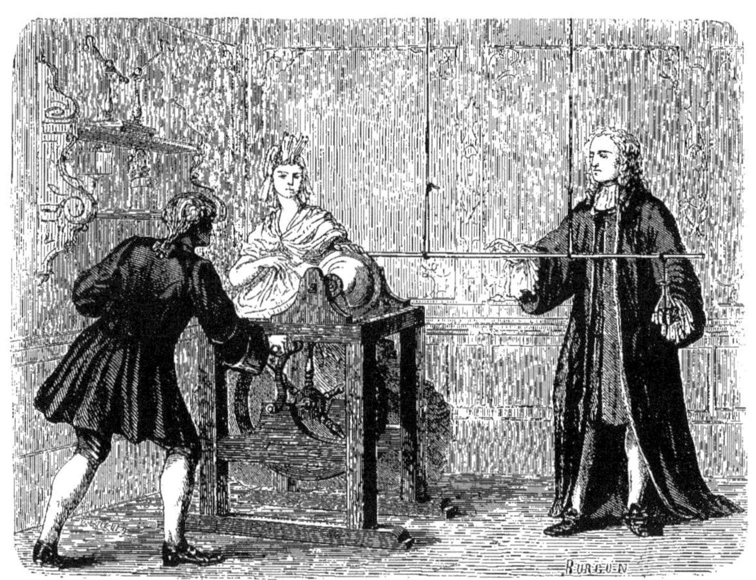

Fig. 51. — Expérience faite à Leyde, par Musschenbroek, le 20 avril 1746.
(D'après une ancienne gravure.)

Cette expérience, mémorable par les conséquences qui en découlèrent, fut faite dans la ville de Leyde, le 20 avril 1746, et le flacon magique produisant des effets si intenses et si surprenants fut, pour cette raison, nommé *bouteille de Leyde*. Transformée depuis, ainsi que nous allons le voir, elle a conservé ce nom et n'est autre chose qu'un *condensateur*.

On appelle, en effet, *condensateur* un appareil permettant d'accumuler sur des surfaces relativement restreintes des quantités importantes d'électricité. Un *condensateur* se compose en principe de deux corps bons conducteurs, appelés *armatures*, séparés par un corps isolant appelé *diélectrique*. Dans l'expérience de Leyde, les *armatures* étaient d'une part l'eau électrisée et le conducteur de la machine touchée par la main de l'opérateur, et le *diélectrique* était le flacon de verre.

L'expérience de Musschenbroek eut un grand retentissement dans le monde entier. Elle excita partout un intérêt et une curiosité mérités.

L'abbé Nollet, en France, la répéta et bientôt des personnes de tout rang et de tout sexe implorèrent la faveur d'être soumises à la commotion électrique. Nollet, devant le roi et la Cour, à Versailles, l'exécuta en faisant former la *chaîne* à une compagnie de gardes françaises. Les deux cent quarante soldats qui la composaient, furent rangés dans la cour du château, se tenant par la main. Nollet se plaça à une extrémité de la chaîne; un des soldats, placé à l'autre bout, tenait en main la bouteille pleine d'eau électrisée. Quand Nollet toucha, de sa main libre, le fil de fer plongeant dans la bouteille, la commotion se fit sentir dans toute l'étendue de la chaîne, et la compagnie des gardes françaises tressaillit et sursauta en même temps.

L'engouement fut tel que pendant que les savants colportaient dans les salons la bouteille de Leyde, les bateleurs (nous dirions aujourd'hui les *camelots*) la promenaient dans les rues. On avait simplifié, pour le rendre portatif, l'appareil qui servait à exécuter l'expérience. On vendait sous le nom de *bouteille d'Ingenhousz* un instrument qui réunissait à la fois la bouteille de Leyde et la machine électrique nécessaire pour la charger. La machine électrique se composait d'un morceau de peau de lièvre et d'un ruban de soie recouvert d'un vernis résineux. En frottant le ruban de taffetas verni avec la peau de lièvre on développait de l'électricité. La bouteille était réduite à des dimensions qui permettaient de la renfermer dans un étui.

On vendait aussi sous le nom de *canne électrique* un instrument qui, d'après les bateleurs, permettait de *s'amuser en société sans se fâcher*. C'était un tube de verre, rempli d'une substance conductrice de l'électricité, et enveloppé jusqu'à son extrémité supérieure d'un tube de fer-blanc. Le tout était peint à l'extérieur d'une couleur bois, de manière à simuler une canne ordinaire.

Après avoir électrisé, au moyen du ruban et de la peau de lièvre, cette bouteille de Leyde dissimulée, on l'offrait à la personne que l'on voulait surprendre. Quand elle saisissait la canne par la pomme qu'on lui présentait, sa main, se trouvant à la fois en contact avec le tube de verre extérieur et la garniture métallique intérieure, réunissait les deux surfaces interne et externe de l'instrument, et elle recevait ainsi, à l'improviste, la commotion électrique.

Un physicien anglais, nommé Bevis, modifia les dispositions primitives du flacon de Musschenbroek et lui donna sensiblement la forme que nous lui connaissons aujourd'hui. Il remplaça l'eau du flacon par de la grenaille de plomb, qui, plus tard, fut remplacée, à son tour, par des feuilles d'or, métal non oxydable et meilleur conducteur. En outre, il disposa sur la paroi extérieure de la bouteille une feuille d'étain montant presque jusqu'en haut, ce qui rendait cette paroi extérieure beaucoup plus conductrice et permettait de se servir de la bouteille en la plaçant sur un support en bois, sans que l'on dût recourir à une personne pour la tenir.

Bouteille de Leyde

(Fig. 52.) C'est ainsi qu'est constituée la bouteille de Leyde employée de nos jours dans tous les cabinets de Physique. Elle consiste en un flacon en verre, recouvert à l'extérieur d'une feuille d'étain B et contenant, à l'intérieur, des feuilles d'or. Dans le goulot pénètre un crochet métallique T, qui communique avec les feuilles d'or et qui sert à charger la bouteille en permettant de la suspendre au collecteur d'une machine électrique (Fig. 53), soit directement, soit au moyen d'un fil métallique. Une chaînette attachée à la partie inférieure de la bouteille sert à laisser écouler dans le sol l'électricité de nom contraire à celle qui se condense à l'intérieur.

Fig. 52. — Bouteille de Leyde.

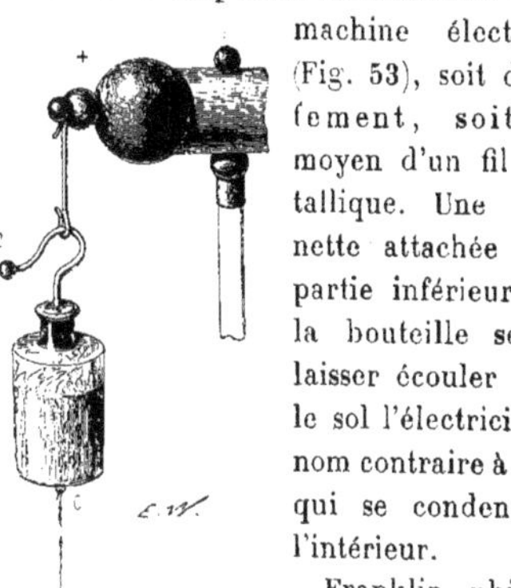
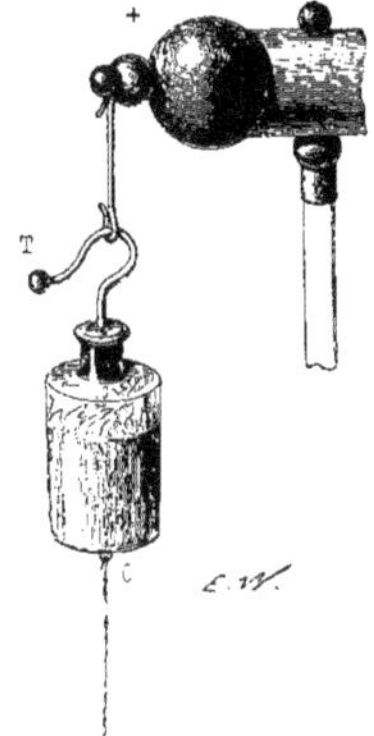

Fig. 53. — Bouteille de Leyde en communication avec la machine électrique.

Franklin, philosophe et savant physicien américain, fit de nombreuses expériences sur la bouteille de Leyde d'après lesquelles on put donner une théorie de son fonctionnement. Avant de charger la bouteille, la *garniture intérieure*, autrement dit les feuilles d'or que cette bouteille renferme, est à l'*état neutre*, c'est-à-dire, comme nous l'avons dit, que les deux fluides positif et négatif qui existent dans cette garniture se neutralisent par leur combinaison. Quand on met le crochet de la bouteille en communication avec le collecteur d'une machine électrique, l'électricité positive de ce collecteur décompose l'électricité neutre de la garniture intérieure, attire l'électricité négative et repousse le fluide positif qui s'accumule sur cette garniture intérieure et agit par influence, à travers le verre, sur la garniture extérieure qui est à l'état électrique neutre. L'électricité positive de cette dernière garniture est repoussée et s'écoule dans le sol par le corps de l'opérateur qui tient la bouteille à la main ou par la chaînette métallique qui est suspendue sous la bouteille. L'électricité négative reste sur la garniture extérieure, étant attirée par l'électricité positive de la garniture interne. Le flacon de verre s'oppose à la recomposition de ces deux électricités et permet d'accumuler de chaque côté de ses parois, de *condenser* de grandes quantités d'électricités de natures contraires qui peuvent être d'autant plus considérables que la garniture extérieure étant toujours en communication avec le sol, c'est-à-dire avec le grand « réservoir naturel » de l'électricité neutre, lui emprunte autant d'électricité que peut en accumuler la garniture intérieure de la bouteille.

Décharge de la bouteille de Leyde

(Fig. 54.) Les deux garnitures de la bouteille de Leyde étant respectivement chargées d'électricités de noms contraires, si à l'aide d'un conducteur métallique PP', appelé *excitateur*, muni de poignées en verre MM', on met en communication ces deux garnitures, les deux « espèces d'électricité » accumulées se recombinent pour former de « l'électricité neutre » en produisant, entre le bouton A de la bouteille et le bouton de l'excitateur, une vive étincelle.

Si la communication était établie par

les deux mains d'une personne, elle rece-

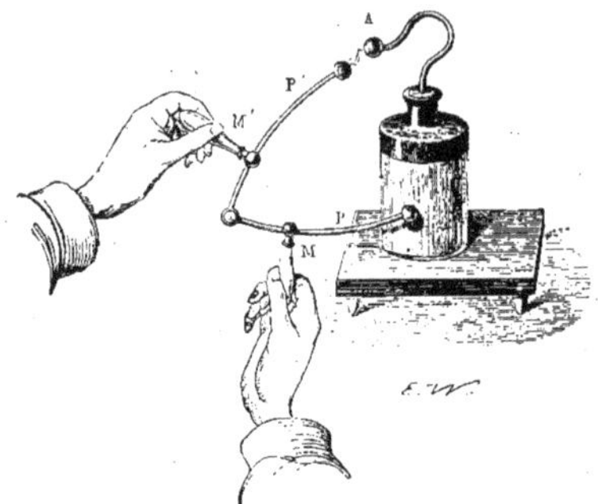

Fig. 54. — Décharge de la bouteille de Leyde.

vrait une grande secousse et un ébranlement physique considérable, parce que la recomposition des deux électricités s'opérerait à travers son corps.

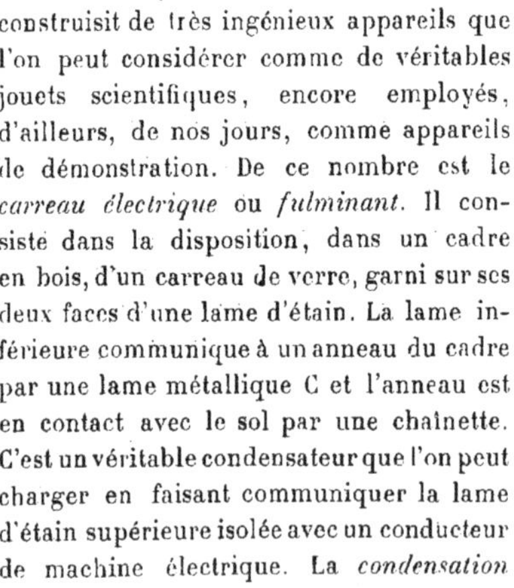

Fig. 55. — Carreau électrique.

Carreau électrique

(Fig. 55.) Franklin, dans ses études expérimentales pour déterminer la théorie de la bouteille de Leyde, construisit de très ingénieux appareils que l'on peut considérer comme de véritables jouets scientifiques, encore employés, d'ailleurs, de nos jours, comme appareils de démonstration. De ce nombre est le *carreau électrique* ou *fulminant*. Il consiste dans la disposition, dans un cadre en bois, d'un carreau de verre, garni sur ses deux faces d'une lame d'étain. La lame inférieure communique à un anneau du cadre par une lame métallique C et l'anneau est en contact avec le sol par une chaînette. C'est un véritable condensateur que l'on peut charger en faisant communiquer la lame d'étain supérieure isolée avec un conducteur de machine électrique. La *condensation* s'opère comme dans la bouteille de Leyde et si on réunit après la charge au moyen d'un *excitateur* les deux lames métalliques, il en résulte une forte décharge produisant une série de vives étincelles qui donnent au carreau un aspect fulgurant.

Araignée de Franklin

(Fig. 56.) C'est encore un petit instrument donnant des résultats très amusants. Une bouteille de Leyde chargée est placée sur un socle isolant, mais sa garniture extérieure communique avec une colonne portant une boule et un crochet. Au crochet est suspendu, par un fil de soie isolant, un petit morceau de liège noirci, auquel sont attachés des fils de lin. Voilà l'*araignée* artificielle. Quand on met l'*araignée* en contact soit avec la bouteille, soit avec la colonne, elle se charge d'électricité de même nom et est tour à tour repoussée de l'une à l'autre des deux boules; les fils de lin se tendent en les touchant, si bien qu'on croit voir une araignée naturelle jouant avec ses pattes contre

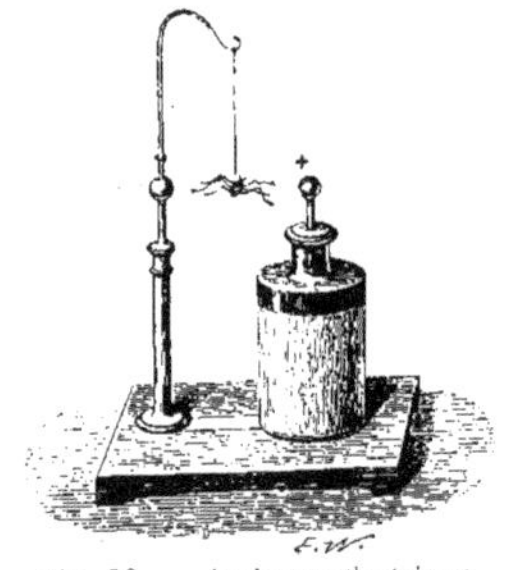

Fig. 56. — Araignée électrique.

l'une ou l'autre boule, et cela d'une façon tout à fait amusante.

Carillon électrique (Fig. 57.) Le carillon électrique, également établi par Franklin, est basé sur le même principe;

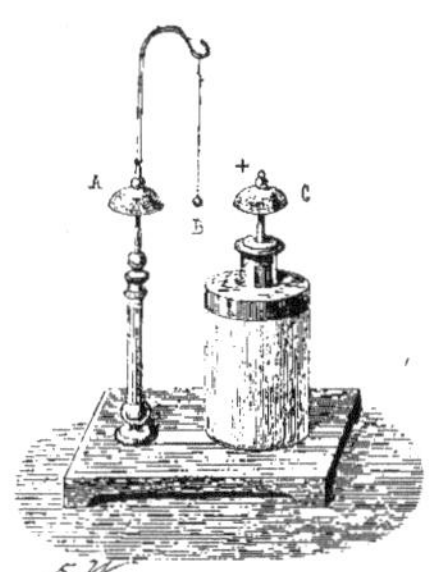

Fig. 57. — Carillon électrique.

mais les boules des deux conducteurs sont remplacées par deux carillons A et C, et une légère balle métallique B, suspendue à un fil de soie, frappe alternativement l'un et l'autre sous l'effet de l'attraction et de la répulsion successives des électricités de noms contraires.

Tableau magique (Fig. 58.) Voici enfin une dernière expérience bien curieuse très reproduite dans les cours de physique. On colle, sur un carreau de verre, une lame très étroite d'étain se repliant un grand nombre de fois parallèlement à elle-même, de façon à laisser entre les bandes ainsi formées de petits intervalles représentés sur la figure 58 par les surfaces grises, comprises entre les lignes noires. Avec un instrument coupant, on dessine sur le carreau une tête, une fleur, etc., de manière à trancher la bande d'étain. L'appareil étant isolé par deux colonnes de verre S, S, si on met en communication avec une machine électrique qui fournit de l'électricité positive l'extrémité supérieure A de la bande d'étain, et l'autre extrémité B en communication avec le sol, l'électricité négative de celui-ci, attirée par l'électricité positive de la machine, tend à se recombiner avec elle, et il jaillit entre chaque solution de continuité de la bande d'étain des étincelles qui figurent en traits de feu l'objet dont on a tracé les contours en découpant la bande de métal.

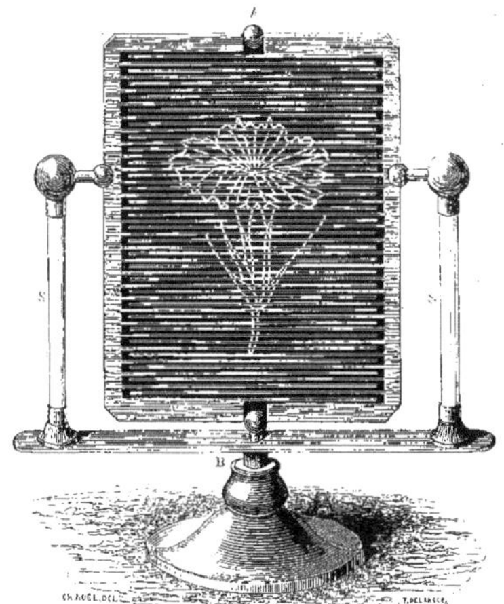

Fig. 58. — Tableau magique.

Batterie en surface (Fig. 59.) Franklin disposa les bouteilles de Leyde de diverses façons suivant les effets qu'il en voulait obtenir. Il groupa d'abord ces bouteilles en *batteries en surface,* c'est-à-dire

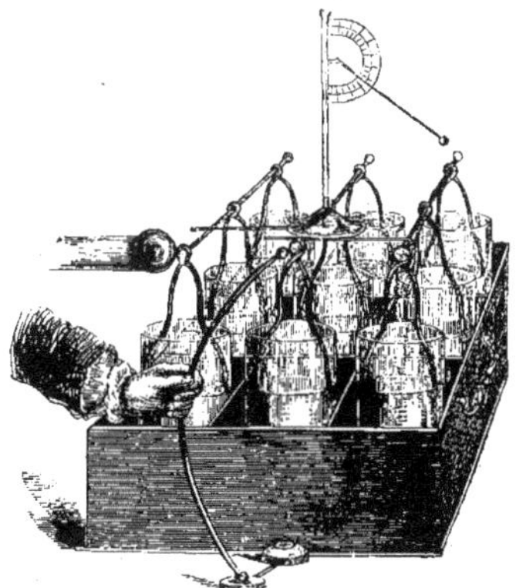

Fig. 59. — Batterie de bouteilles de Leyde assemblées en surface.

qu'il fit communiquer toutes les garnitures intérieures ensemble au moyen d'une tige métallique, les garnitures extérieures communiquant également entre elles et avec le sol par une lame d'étain tapissant le fond de la boîte dans laquelle étaient disposées les bouteilles.

Dans ce cas, la *capacité* de la batterie est égale à la somme des capacités des diverses bouteilles qui la composent. La figure 59 est la reproduction exacte d'une batterie groupée en surface, accompagnant un mémoire de Franklin.

Batterie en cascade (Fig. 60.) Dans la batterie en cascade, on relie respectivement la garniture externe d'une bouteille à la garniture interne de la suivante, et pour charger la batterie ainsi formée, on met en communication la garniture interne de la première bouteille avec le conducteur d'une machine électrique et la garniture externe de la dernière bouteille avec le sol.

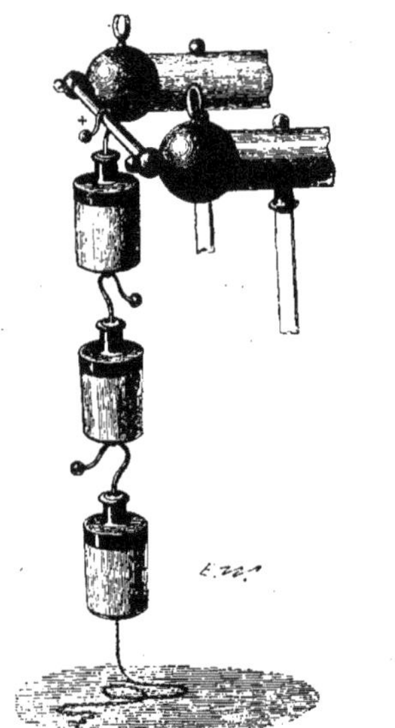

Fig. 60. — Charge de plusieurs bouteilles de Leyde en cascade.

Dans ce groupement, la *capacité* de la batterie entière est égale à celle d'un seul condensateur divisée par le nombre de bouteilles qui composent cette batterie.

Condensateur étalon (Fig. 61.) Les condensateurs employés industriellement ne sont pas constitués comme la bouteille de Leyde. Ils sont généralement composés d'une grande quantité de feuilles d'étain, séparées par un *diélectrique* de faible épaisseur.

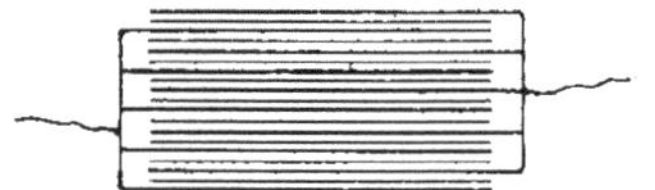

Fig. 61. — Condensateur étalon.

C'est ainsi qu'est établi le *condensateur étalon*. Il se compose de feuilles d'étain superposées et séparées par une feuille de mica très mince. Les feuilles d'étain sont réunies respectivement entre elles, deux à deux, ce qui donne lieu à deux armatures qui sont celles du condensateur ainsi constitué.

Le *condensateur étalon* a *généralement* une *capacité* d'un *micro-farad*, sous-multiple de l'unité de capacité dont nous avons parlé plus haut.

Capacité d'un condensateur La capacité d'un condensateur est d'autant plus grande que la surface des armatures est plus grande et que ces armatures sont plus rapprochées les unes des autres. En outre, cette capacité est d'autant plus grande que le diélectrique est plus isolant. On a donc intérêt, dans l'établissement d'un condensateur, à choisir un isolant qui, sous une très faible épaisseur, soit bien efficace, de façon à pouvoir rapprocher le plus possible les armatures, auxquelles il conviendra de donner la plus grande surface possible.

Cela peut se vérifier aisément par de faciles expériences, dans le détail desquelles nous ne rentrerons pas.

Décharge d'un condensateur

Nous savons comment on opère pour charger un condensateur. Pour le décharger, on peut procéder de deux manières : soit par décharge instantanée, soit par décharges successives.

La décharge instantanée s'effectue au moyen de l'excitateur, mettant en communication les deux armatures, ainsi que nous l'avons vu. Une étincelle se produit et le condensateur est presque complètement déchargé. On peut obtenir une autre série d'autres petites décharges provoquées par ce que l'on appelle la *charge résiduelle,* qui est la charge restant après la première décharge.

La décharge par contacts successifs s'effectue en touchant successivement chacune des armatures; on tire ainsi une succession d'étincelles et la charge du condensateur décroît de plus en plus; la décharge peut, de cette façon, durer plusieurs heures.

ÉTINCELLE ÉLECTRIQUE

Les machines électro-statiques, et surtout les condensateurs, nous ont révélé la production de l'*étincelle électrique.* C'est, en petit, par la décharge des condensateurs, ce que la foudre est en grand, par suite de la décharge des nuages électrisés.

Les effets de la décharge électrique sont multiples : effets *physiologiques,* effets *lumineux, calorifiques, mécaniques* et même *chimiques.*

Fig. 62. — Inflammation de l'esprit-de-vin par l'étincelle électrique.
(Cette curieuse gravure, représentant une expérience de salon au dix-huitième siècle, témoigne de l'intérêt universellement inspiré par les effets de l'étincelle électrique à l'époque de leur découverte.)

Les *effets physiologiques* sont assez connus de tout le monde pour que nous n'ayons même pas à rappeler la commotion que l'on ressent quand on tire une étincelle électrique d'une machine.

Les *effets lumineux* se manifestent également d'une façon constante à nos yeux quand il y a production d'étincelle; le nom, d'ailleurs, l'indique.

Les *effets calorifiques* résultent de la chaleur dégagée dans l'air par la décharge électrique qui le traverse. On sait, en effet, que la foudre laisse presque généralement l'incendie allumé sur son passage. En outre, des fils métalliques suffisamment fins peuvent être rougis, fondus ou même volatilisés par la décharge d'une batterie.

Les *effets mécaniques,* moins connus peut-être, ne sont pas moins curieux que les autres effets. On sait, cependant, qu'une décharge électrique effectuée à travers un bloc épais de verre le perce de part en part et le fait éclater à l'endroit où l'étincelle s'est produite.

Les *effets chimiques* de la décharge électrique ont pour résultat de combiner ou de décomposer des gaz qu'elle traverse. Un grand nombre de ces gaz sont décomposés par l'étincelle électrique, entre autres l'acide sulfhydrique, l'hydrogène carboné, l'ammoniaque, et l'acide carbonique en partie seulement.

Effluve. Ozone — Quand la décharge se produit entre deux conducteurs isolés par une lame, soit de verre soit de mica, qui résiste à l'action mécanique de l'étincelle qui tend à la traverser, entre les deux faces de ce diélectrique, on aperçoit une lueur d'un violet clair qui se manifeste sans aucun bruit. C'est une *effluve* qui transforme l'oxygène de l'air en *ozone,* autrement dit oxygène condensé et électrisé, d'une odeur particulière agréable que connaissent bien ceux qui ont pu se trouver à côté de machines électrostatiques pendant qu'on les faisait fonctionner.

MESURE DE L'ÉLECTRICITÉ

Nous avons vu que la quantité d'électricité plus ou moins grande pouvait faire dévier plus ou moins la boule de sureau, suspendue au pendule électrique dont nous avons parlé. L'électricité est donc susceptible d'être d'abord décelée et ensuite mesurée. Les appareils qui permettent de reconnaître la nature de l'électricité d'un corps se nomment électroscopes, et ceux qui permettent d'en effectuer la mesure se nomment électromètres.

Électroscope à feuilles d'or — (Fig. 63.) Cet appareil se compose d'une tige de cuivre, portant à son extrémité supérieure une boule, et à son extrémité inférieure deux feuilles d'or. Cette tige plonge dans un flacon en verre qui protège les feuilles d'or contre toute influence extérieure. Quand on veut savoir si un corps est électrisé, on le met en contact avec la boule. S'il est chargé d'électricité, celle-ci, par la tige de cuivre, descend jusqu'aux deux feuilles d'or qui se repoussent et, par conséquent, divergent d'une quantité plus ou moins grande. Cette déviation peut se lire sur un cadran gradué disposé pour cela. On peut aussi obtenir une déviation des feuilles par l'influence exercée par un corps électrisé sur la boule.

Fig. 63. — Électroscope à feuilles d'or.

Quand on veut reconnaître le signe de l'électricité que possède le corps soumis à l'examen, on met ce corps en contact avec la boule, puis on approche de cette boule un bâton de verre frotté avec de la laine. On sait que cette électricité est positive. Si donc la divergence des feuilles augmente, il en résulte que l'électricité de même nom, ou positive, repoussée de la boule, est venue accentuer la déviation des feuilles d'or qui étaient par conséquent déjà chargées positivement. Si, au contraire, les lames se rapprochent, c'est que l'électricité dont elles étaient chargées était de nom contraire à celle du verre qui en attire une certaine quantité vers la boule. Dans ce cas, les feuilles étaient chargées négativement et également le corps électrisé soumis à l'examen.

Volta avait ajouté à l'électroscope à feuilles d'or que nous venons de décrire, un *condensateur* composé de deux plateaux de cuivre recouverts d'une couche de vernis, appliqués l'un sur l'autre et disposés à la place de la boule de cuivre. Cette disposition permettait de rendre l'électroscope plus sensible et d'obtenir des déviations pour une faible source d'électricité.

Électromètres Les électromètres sont des instruments destinés à mesurer la charge électrique des corps. Les divers électromètres sont fondés sur des principes différents.

Balance de Coulomb (Fig. 64.) Cet appareil, que Coulomb employa pour mesurer la quantité d'électricité d'un conducteur et pour vérifier les lois qu'il énonça et

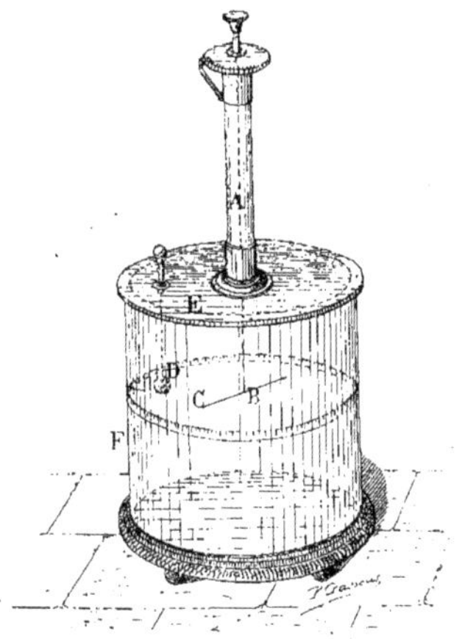

Fig. 64. — Balance de Coulomb.

que nous avons citées précédemment, est un véritable électromètre. Il est basé sur la torsion d'un fil métallique A, supportant une aiguille B dont une extrémité est munie d'un disque de clinquant C. Ce disque est plus ou moins attiré par une boule métallique D supportée par une tige de verre E, qui plonge à l'intérieur d'un récipient en verre F protégeant ces organes délicats. On transmet à la boule D la charge électrique du corps électrisé à étudier au moyen d'un conducteur métallique. L'angle de torsion du fil, qui peut être lu sur un cadran divisé supérieur, et l'écartement des deux corps métalliques dû à la répulsion électrique, permettent, par l'introduction de leur valeur dans une formule assez simple, de connaître le *potentiel* du corps électrisé.

Électromètre à quadrants (Fig. 65.) La *balance de Coulomb* fut, à diverses reprises, modifiée et perfectionnée pour la rendre plus sensible. Un savant physicien anglais, William Thomson, né en 1824 et mort en 1908, qui reçut en 1892 le titre de lord Kelvin en récompense de ses travaux scientifiques, établit un *électromètre* dit *à quadrants*, donnant une précision beaucoup plus grande que la balance de Coulomb. Cet *électromètre* se compose d'une boîte en métal, cylindrique et aplatie, divisée en quatre parties dont chacune se nomme *quadrant*, séparées les unes des autres. Ces quatre quadrants sont donc isolés les uns des autres. Entre leurs faces supérieure et inférieure peut se mouvoir une aiguille plate A, en aluminium, affectant sensiblement la forme d'un 8. Cette aiguille est suspendue à un fil métallique B, qui se prolonge au-dessous d'elle pour porter un léger miroir concave circulaire C. Le tout est enfermé dans une cage de verre. L'angle de torsion du fil est mesuré par la déviation amplifiée donnée à un rayon lumineux dirigé sur le miroir par suite de son oscillation.

Quand on veut, avec l'électromètre à quadrants, mesurer le potentiel électrique d'un conducteur, on relie électriquement les quadrants opposés. Le quadrant D est mis en relation par un fil métallique avec le quadrant F, et le quadrant E est relié au quadrant G. On met chaque groupe en communication avec une des bornes d'une *pile*, appareil dont nous parlerons plus loin, de *force électro-motrice* constante et composée d'un certain nombre *d'éléments*. Le milieu de cette pile est mis en communication avec le sol. Les deux groupes de quadrants sont ainsi portés à des potentiels égaux et de signe contraire. Le corps électrisé dont on veut mesurer le potentiel est alors mis en communication avec la plaque d'aluminium. Suivant le potentiel de cette plaque et, par conséquent, du corps à étudier, l'angle de déviation du miroir varie plus ou moins et peut être apprécié avec une grande précision, étant donnée l'amplification optique due au rayon lumineux réfléchi par le miroir sur une échelle divisée convenablement disposée. Cette méthode de mesure est appelée méthode *hétérostatique*.

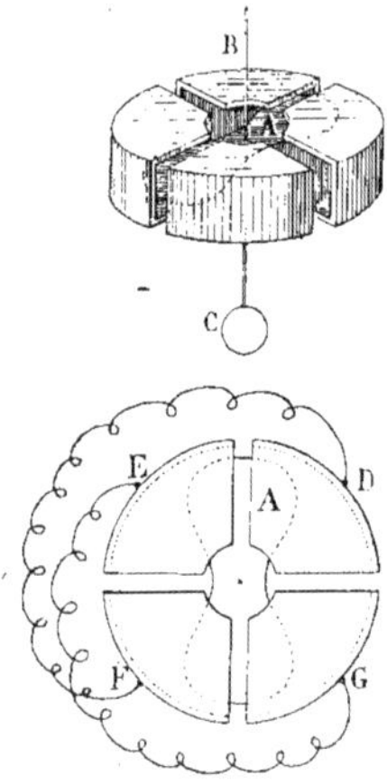

Fig. 65. Électromètre à quadrants.

Une seconde méthode de mesure qui a reçu le nom de méthode *idiostatique* consiste à déterminer la *différence de potentiel* existant entre deux corps électrisés. On relie pour cela deux à deux les quadrants, comme dans la façon de mesurer précédente, mais chaque groupe est respectivement mis en communication avec un des corps électrisés. La plaque métallique reçoit un potentiel constant grâce à sa mise en communication, par l'intermédiaire de son fil métallique de suspension, avec le *pôle positif* d'une pile dont le pôle négatif est relié avec le sol, autrement dit *mis à la terre,* pour employer un terme fort usuel en électricité. La plaque mobile est ainsi chargée d'électricité positive et se trouve, par conséquent, attirée par un groupe de quadrants et repoussée par l'autre. L'angle de déviation de la plaque et, par conséquent, du miroir auquel elle est solidairement liée par le fil de suspension, est proportionnel à la différence de potentiel.

Électromètre Mascart (Fig. 66.) Cet électromètre diffère du précédent par sa suspension qui, au lieu d'être métallique, est

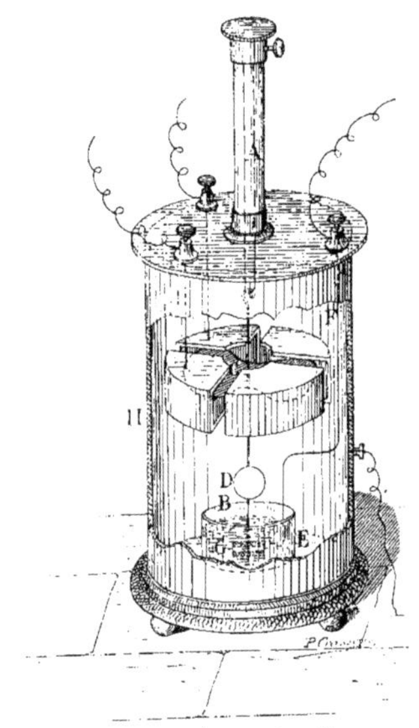

Fig. 66. — Électromètre Mascart.

réalisée en fil de cocon A. Cette disposition donne une plus grande sensibilité à l'instrument, mais le fil de cocon étant isolant, il n'est pas possible de communiquer, par son intermédiaire, l'électricité à la plaque d'aluminium. Cette communication s'effectue par une tige métallique B qui, au-dessous de cette plaque C, porte le miroir D, et dont l'extrémité plonge dans un vase en verre E, contenant de l'acide sulfurique. Un conducteur en platine F, plongeant également dans ce vase, aboutit à une borne extérieure et permet de porter la plaque d'aluminium à un potentiel déterminé. A la partie inférieure de la tige du miroir, sont disposées deux lames transversales G qui, lors du mouvement d'oscillation de la plaque, font office d'amortisseur en se déplaçant dans le liquide. L'enveloppe H de l'électromètre est métallique et est mise en communication avec le sol. Elle constitue ainsi un écran protecteur des organes intérieurs. L'électromètre Mascart est l'électromètre à quadrants le plus couramment employé en France. On peut, avec cet instrument, mesurer des potentiels très faibles pouvant ne pas dépasser 1/1000 de volt.

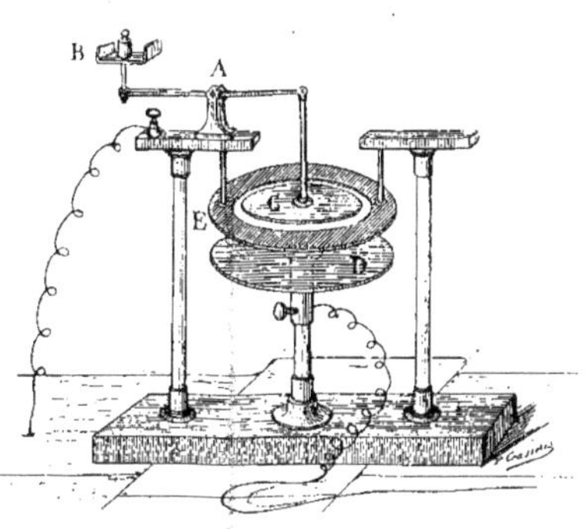

Fig. 67. — Électromètre absolu.

Électromètre absolu (Fig. 67.) A l'inverse des précédents électromètres, celui-ci peut permettre de mesurer des potentiels très élevés. C'est une véritable balance composée de son fléau A et d'un plateau B, fléau qui est, bien entendu, parfaitement équilibré par rapport à son couteau d'oscillation. Ce fléau supporte un disque métallique C, placé au-dessus d'un second disque D fixé à l'extrémité d'une tige isolante et dont le réglage en hauteur peut être facilement réalisé, le serrage étant assuré par un bouton.

Le disque supérieur est entouré d'un anneau métallique E, qui ne touche pas au plateau, mais qui communique avec la terre. Sa fonction consiste à uniformiser le champ électrique qui se forme entre les deux plateaux. On le nomme *anneau de garde*. Quand on met en communication le plateau inférieur avec le conducteur dont on veut connaître le potentiel, les deux plateaux superposés font office de *condensateurs*. Le plateau supérieur se charge d'électricité contraire à celle du plateau inférieur et ces deux plateaux sont attirés l'un vers l'autre. Pour rétablir l'équilibre, et faire reprendre au plateau supérieur sa place à la hauteur de l'anneau de garde, il sera nécessaire de mettre dans le plateau de la balance un certain poids qui permet, par l'application d'une formule appropriée où il est également tenu compte de la surface du plateau supérieur et de la distance qui sépare les plateaux, de connaître le *potentiel* du corps étudié.

ÉLECTRICITÉ ATMOSPHÉRIQUE

Nous ne saurions clore ce premier chapitre, consacré à l'électricité statique, sans dire quelques mots de ce grand collecteur naturel d'électricité qu'est notre atmosphère, des catastrophes que cette accumulation d'électricité peut provoquer et des moyens qui ont été employés pour prévenir ses funestes effets.

L'électricité existe à l'état permanent dans l'atmosphère. Sa présence se manifeste surtout lorsque le ciel est chargé de nuages, mais, en réalité, même par un temps clair, on peut en constater les effets aussi curieux que dangereux. L'électricité se trouve répandue dans la nature avec une telle abondance, qu'elle s'est de tous temps manifestée spontanément aux yeux des hommes dans une foule de circonstances, soit sous forme d'apparitions et de scintillations lumineuses, soit en provoquant des attractions et des mouvements mystérieux. Mais avant que la Science fût en possession de données exactes sur ces divers phénomènes, on ne pouvait rattacher ces faits révélés par l'observation par aucun lien commun.

C'est ce qui explique que, depuis l'Antiquité jusque vers la fin du XVIIIe siècle, les physiciens aient pu, dans un grand nombre de cas, être témoins de manifestations extérieures du *fluide électrique* sans soupçonner la nature ni pouvoir fournir l'explication de ces phénomènes.

Fig. 68. — Les piques de l'armée de César étincellent à la suite d'un orage. (*D'après une ancienne gravure.*)

L'Histoire nous a conservé une série d'observations faites à diverses époques et qui avaient pour cause une action électrique.

Ainsi le cheval que montait, à Rhodes, l'empereur Tibère, étincelait sous la main qui le frottait fortement. On citait encore un autre cheval doué de cette propriété. Les Romains avaient une manière fort commode d'éviter l'explication embarrassante de ce phénomène physique : on mit ces faits au rang des « prodiges », ce qui dispensa de tout autre examen.

Pendant la nuit qui précéda la victoire que Posthumius remporta sur les Sabins, les javelots des soldats romains jetaient autant de clarté que des flambeaux. Plutarque fait mention de deux faits de cette nature et Pline a observé le même phénomène sur des soldats qui étaient en faction la nuit sur les remparts; mais, disait Pline, les causes en sont encore cachées « dans la majesté de la nature ». César rapporte, dans ses *Commentaires,* que pendant la guerre d'Afrique, après un violent orage qui jeta toute l'armée romaine dans le plus grand désordre, la pointe des piques d'un grand nombre de soldats brilla d'une lumière spontanée.

On a de tous temps observé, pendant les orages, des apparences, des aigrettes, des scintillations lumineuses, brillant à l'extrémité des corps pointus qui sont très élevés dans l'air, comme les mâts des vaisseaux et les clochers des églises. Dans l'Antiquité, ces étincelles ou ces flammes étaient regardées comme des présages. En France, ce phénomène météorologique a reçu le nom de feu Saint-Elme, en Italie, on le nomme feu de Saint-Pierre, de Saint-Nicolas, etc. Personne, aujourd'hui, n'ignore que ces aigrettes lumineuses sont de véritables et fortes étincelles électriques tirées des nuages orageux par la pointe des mâts. Au cours du second voyage de Christophe Colomb, le feu Saint-Elme se montra pendant une tempête sur les mâts de son navire, « ce qui fit chanter sur ce bâtiment force litanies et oraisons », écrit le fils de Christophe Colomb, les gens de mer tenant pour certain que le danger de la tempête est passé quand Saint-Elme paraît.

Fig. 69. — Le feu Saint-Elme brillant à la pointe des mâts du navire de Christophe Colomb. (*D'après une ancienne gravure.*)

L'Histoire moderne fournit un grand nombre d'exemples de ces apparitions de flammes à l'extrémité des corps pointus. Un curieux fait, observé en Italie, mérite d'être mentionné. Sur un bastion du château de Duino, situé dans le Frioul, au bord de la mer Adriatique, il y avait, de temps immémorial, une pique plantée verticalement la pointe en l'air. Pendant l'été, lorsque le ciel se couvrait, le soldat de garde au bastion approchait de cette pique en fer une hallebarde également en fer qui n'était destinée qu'à cet usage. Si le fer de la pique étincelait à l'approche de la hallebarde et jetait, par sa pointe, une aigrette lumineuse, la sentinelle sonnait aussitôt une cloche pour avertir les gens de la campagne et les pêcheurs en mer de l'approche du mauvais temps.

Rien de plus curieux et de plus remarquable, assurément, que cette coutume qui fut sans doute révélée par quelque heureux hasard aux habitants de cette rive de l'Adriatique.

Si l'on monte sur la cime d'une montagne, on pourra être électrisé par une nuée orageuse, comme le sont, pendant les orages, les pointes des girouettes et des mâts.

C'est ce qu'éprouvèrent, en 1767, Pictet, de Saussure et Jalabert, sur la cime du Brévent. A mesure que Pictet marquait sur son plan la position d'une montagne et en demandait le nom aux guides, il la montrait du doigt en élevant la main. Il s'aperçut que chaque fois qu'il répétait ce geste, il sentait au bout de son doigt une espèce de frémissement, de picotement, semblable à celui qu'on éprouve lorsqu'on s'approche « d'un globe de verre fortement électrisé ». L'électrisation d'un nuage orageux était la cause de cette sensation. L'effet fut le même sur les compagnons de Pictet et sur les guides. Jalabert, qui avait un galon à son chapeau, entendait, autour de sa tête un bourdonnement étonnant que les autres personnes entendirent aussi quand elles le mirent à leur tour sur leur tête. On tirait des étincelles du bouton d'or de ce chapeau, de même que de la virole de métal d'un grand bâton.

Fig. 70. — Buffon.

Le général de Nansouty a fait à plusieurs reprises des observations analogues à l'Observatoire météorologique qu'il a créé sur le sommet du Pic-du-Midi de Bigorre dans les Pyrénées, à 2.877 mètres d'altitude. Par certains temps orageux, les bâtons de montagne du personnel de l'Observatoire jetaient des sortes de flammes, et des mains ouvertes dirigées vers les nuages sortaient des étincelles.

Bien que connus et depuis longtemps enregistrés dans les annales historiques, ces faits restèrent donc, pendant des siècles, isolés et inutiles pour la Science.

Nul ne pouvait encore essayer de remonter jusqu'à la source où se cachaient tant de merveilles. Un travail de ce genre ne put être entrepris que lorsque la Physique eut étudié les phénomènes électriques. Alors, seulement, toutes les manifestations de l'électricité naturelle apparurent sous leur véritable jour et purent être rapportées à leur origine exacte.

L'analogie des effets de la foudre avec ceux de l'électricité est tellement saisissante, qu'elle fut aperçue, par les physiciens, dès les premiers temps de la connaissance des phénomènes électriques. Ce que l'on observe, en petit, sur le conducteur d'une machine électrique, c'est-à-dire l'éclat et le bruit de l'étincelle, la lumière de l'éclair et la détonation de la foudre le reproduisent en grand.

Cette comparaison et ce rapprochement sont si naturels que l'idée en est venue à tous les physiciens, au moment même où on a connu l'*étincelle électrique*.

Un physicien anglais, Wall, qui vivait vers 1650, exprima cette idée après une expérience qui lui permit de tirer une étincelle d'un gros morceau d'ambre qu'il avait frotté avec une étoffe de laine.

En 1735, Grey, puis Nollet, en 1748, exprimèrent la même analogie en termes formels.

La doctrine de l'identité de la foudre et de l'électricité fit dans le Monde entier de rapides progrès.

Dès 1750, l'Académie de Dijon, récompensait le mémoire du médecin Barberet admettant l'analogie de la foudre et de l'électricité.

Fig. 71. — Expérience faite le 18 mai 1752, par Dalibard, à Marly. Première démonstration de la présence de l'électricité dans les nuages orageux.
(*D'après une ancienne gravure.*)

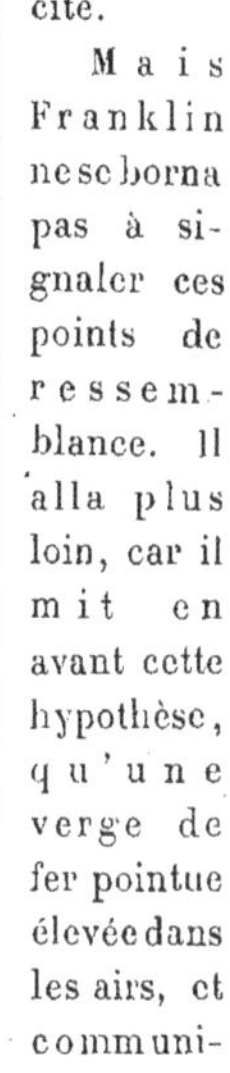

La même année, dans un important mémoire, le physicien français de Romas, fort de ses observations personnelles sur les orages, et notamment sur un coup de tonnerre qui avait frappé le château de Tampouy, près de Nérac, son pays, émettait l'idée que, comme l'électricité, la foudre a deux pôles opposés et exerce des effets d'attraction sur les corps environnants, et concluait nettement que *la foudre, ressemblant à l'étincelle électrique dans ses phénomènes fondamentaux, doit lui être analogue en toutes les dernières particularités.*

Simultanément Franklin exposait, dans ses *Lettres*, ses idées sur la ressemblance étroite du tonnerre et de l'électricité.

Mais Franklin ne se borna pas à signaler ces points de ressemblance. Il alla plus loin, car il mit en avant cette hypothèse, qu'une verge de fer pointue élevée dans les airs, et communiquant avec un conducteur métallique, en contact lui-même avec le sol, aurait peut-être le pouvoir de faire écouler silencieusement dans la terre l'électricité des nuages et donnerait ainsi un moyen de s'opposer à la production de la foudre. C'était le *paratonnerre* entrevu dès ce moment.

Franklin fut conduit à émettre cette

idée si hardie après une observation due au physicien suisse Jalabert qui, en 1748, à Genève, démontra le principe désigné en physique sous le nom de *pouvoir des pointes* dont nous avons parlé plus haut. Mais c'est à Franklin que revient le mérite d'avoir observé dans toute leur étendue les effets de l'électricité atmosphérique.

Les idées de Franklin à ce sujet se répandirent promptement en France.

Buffon, alors intendant du Jardin du Roi, appelé aujourd'hui Jardin des Plantes, voulut exécuter lui-même l'expérience proposée par Franklin en plaçant sur la tour de son château de Montbard, dans la Côte-d'Or, une longue tige de fer pointue isolée à sa partie inférieure par une couche de résine.

Fig. 72. — De Romas.

Deux autres physiciens, nommés Dalibard et Delor, amis de Buffon, élevèrent aussi des barres de fer isolées sur le faîte de leur maison, le premier à Marly, le second à Paris.

Ce fut au moyen de l'appareil dressé par Dalibard à Marly que fut reconnue, pour la première fois, la présence de l'électricité dans l'atmosphère, et cette expérience reçut le nom d'*expérience de Marly*, de même que l'on avait désigné sous le nom d'*expérience de Leyde* celle de la bouteille de Musschenbroek.

Le 10 mai 1752, en effet, un violent orage s'était déchaîné sur Marly. Dalibard étant absent, son homme de confiance, Coiffier, qui avait reçu les instructions nécessaires pour procéder éventuellement à l'expérience, présenta à la tige de fer pointue dressée en l'air, une tige métallique emmanchée dans une bouteille de verre, ce que l'on nomme aujourd'hui un *excitateur*, et en tira plusieurs étincelles qui pétillèrent avec bruit.

Ayant fait prévenir le curé de Marly, comme le lui avait recommandé Dalibard, cet ecclésiastique accourut et répéta plusieurs fois l'expérience dans l'intervalle de quelques minutes et, dit-il, chaque expérience dura l'espace d'un *Pater* et d'un *Ave*. Un seul coup de tonnerre avait retenti avant la première expérience; on n'en entendit point d'autre et la nuée orageuse resta pendant un quart d'heure sur la verge métallique qui, pendant tout ce temps, fournit des étincelles « d'une nature électrique », qui se manifestaient sous forme d'une petite aigrette bleue en laissant, après elles, une forte odeur de soufre, à telle enseigne que le curé de Marly en était tout imprégné de retour chez lui : cela fut d'ailleurs très remarqué et fortement commenté. Toute l'électricité du nuage fut soutirée par la pointe métallique et, bientôt, l'intensité de l'étincelle produite se ralentit, puis tout phénomène cessa.

Dalibard, immédiatement avisé, rédigea un mémoire qu'il lut le 13 mai 1752 à l'Académie des sciences, où il produisit la plus vive sensation.

Le 18 mai, le physicien Delor tira de la barre qu'il avait installée à Paris des étincelles toutes semblables à celles des machines électriques, et le lendemain Buffon eut, à Montbard, la satisfaction de voir son appareil s'électriser du fait du passage d'une nuée orageuse au-dessus de la verge métallique placée sur la tour du château.

Ces expériences ayant produit une grande impression dans la capitale, Delor les répéta devant le roi Louis XV, à Saint-Germain-en-Laye.

Les physiciens français se mirent aussi, en très grand nombre, à les reproduire, et toutes furent couronnées de succès. L'un d'eux, Lemonnier, pendant des essais faits à Saint-Germain, découvrit la présence de l'électricité dans l'air par un ciel serein, tandis que jusque-là on avait pensé que l'électricité atmosphérique ne se manifestait qu'en présence d'un nuage orageux. De Romas, dont nous avons déjà parlé, ayant observé que si la tige qui, dressée verticalement, provoquait de véritables manifestations électriques, était inclinée peu à peu jusqu'à prendre une direction horizontale les effets s'amoindrissaient jusqu'à devenir à peu près nuls, soupçonna que l'intensité des phénomènes électriques pouvait croître en proportion de la hauteur des tiges métalliques au-dessus du sol. Pour s'en assurer, il dressa au-dessus de sa maison, et en les séparant par une distance de quinze pieds, deux barres dont l'une était de dix pieds plus haute que l'autre. Il constata que c'était la première qui donnait toujours de plus fortes étincelles ; et dès lors il n'eut plus qu'une pensée, « celle de porter des conducteurs métalliques le plus haut possible dans la région des nuages, pour augmenter le feu du ciel ».

Fig. 73. — Le physicien Richmann foudroyé dans son cabinet de physique, le 6 août 1753. — *(D'après une ancienne gravure.)*

Dans toute l'Europe, on répéta les impressionnantes expériences faites avec succès en France, et c'est en procédant à l'une d'elles que le professeur de physique,

Richmann, de Saint-Pétesbourg, périt frappé par la foudre. Son appareil, qui était installé dans son cabinet, avait été isolé avec un très grand soin, ce qui empêcha le fluide électrique de se répandre dans le sol et provoqua entre la barre métallique et la tête du savant, quand il s'en approcha, une forte étincelle qui le foudroya.

La mort de Richmann rendit les physiciens plus circonspects pour réaliser leurs expériences, mais n'arrêta pas leur élan dans cette voie intéressante de recherches.

Aussi, comme avec des barres métalliques fichées en terre, on ne pouvait songer à aller recueillir à une grande hauteur l'électricité atmosphérique, on eut l'idée d'aller la capter au plus haut de l'air au moyen d'un corps léger armé d'une pointe et retenu de terre par un fil; on employa les *cerfs-volants électriques.*

Fig. 74. — Expérience du cerf-volant électrique faite par Romas, le 7 juin 1753, dans les allées de la ville de Nérac.
(D'après une ancienne gravure.)

Franklin, à Philadephie, et de Romas, à Nérac, firent presque en même temps, avec des cerfs-volants, des expériences concluantes. Ce dernier en avait conçu l'idée en 1752, mais bien qu'il eût fait de ses projets diverses communications, les circonstances en retardèrent l'exécution. Du moins est-il intéressant de constater la part de ce physicien quelque peu oublié dans les travaux dont le résultat fut la découverte du paratonnerre. La part de Franklin ne peut être diminuée par l'hommage à rendre au physicien français, dont les expériences se distinguèrent par une sagacité et un courage vraiment extraordinaires et mériteraient d'être racontées plus longuement.

De Romas, avec un cerf-volant se maintenant à environ 180 mètres de hauteur, dont la corde en chanvre était garnie sur toute sa longueur d'un fil de cuivre, put obtenir un grand nombre d'étincelles, dont une le frappa d'une violente commotion qui le renversa à demi.

Une dernière observation que fit Romas dans le cours de cette expérience, et certainement la plus importante de toutes, c'est qu'à partir du moment où les étincelles tirées du conducteur de fer-blanc furent un peu fortes, jusqu'à la fin de l'expérience, les nuages ne donnèrent plus ni éclairs ni pluie, et qu'à peine entendit-on le tonnerre dans le ciel. Les signes d'orage reprirent après la chute du cerf-volant.

Ce fait prouve bien que Romas, dans cette expérience extraordinaire, fit avorter un orage, et déchargea des nuages électrisés, c'est-à-dire les dépouilla de la plus grande quantité de leur fluide, qu'il fit descendre, inoffensif, jusqu'à la terre.

Fig. 75. — Expérience du cerf-volant électrique faite à Philadelphie, par Franklin, au mois de septembre 1752.
(D'après une ancienne gravure.)

Franklin, avec un cerf-volant attaché à une corde de chanvre, put provoquer la manifestation d'aigrettes de feu entre la corde et le doigt qu'il approchait. De plus, de cette façon, dit-il, on peut allumer de l'eau-de-vie, faire l'expérience de Leyde et toute autre expérience électrique.

PARATONNERRE

Les résultats obtenus avec les cerfs-volants électriques offraient un vaste champ aux recherches des physiciens. Tour à tour le père Beccaria, religieux de Turin, Musschenbroek et Van Swinden en Hollande, l'abbé Bertholon en France, de concert avec Baumé, Fontana et quelques autres membres de l'Académie des sciences, répétèrent les expériences pour déterminer la nature de l'électricité des nuages.

Franklin, après plusieurs essais effectués à l'aide de la bouteille de Leyde, trouva que cette électricité était tantôt positive, tantôt négative, sans qu'on pût en déterminer la raison.

Aussi, renonçant à l'étude de cette question, il mit tous ses soins à réaliser pratiquement l'idée du paratonnerre qui, mise en avant par lui en 1752, à titre de simple hypothèse, était devenue l'origine et le point de départ de toutes les découvertes des physiciens sur l'électricité atmosphérique.

C'est en 1760 que Franklin fit construire le premier paratonnerre, qui ne différait que fort peu de celui que nous employons aujourd'hui. Ce paratonnerre fut élevé sur la maison d'un marchand de Philadelphie. Il se composait d'une baguette de fer de 3 mètres de longueur et de 1 cent. 1/2 de diamètre, qui allait en s'amincissant vers sa partie supérieure. De l'extrémité inférieure de cette tige partait une seconde tige de fer plus mince, communiquant avec un long conducteur de fer pénétrant dans le sol à une profondeur de 1^{m},50 environ. A peine installé, le paratonnerre fut atteint par la foudre, sa pointe fondue et la tige intermédiaire réduite de longueur.

Fig. 76. — L'abbé Nollet.

Le paratonnerre était créé.

Un accueil assez singulier attendait en Europe l'invention du paratonnerre. L'admiration qu'elle y excita, chez quelques esprits éclairés, ne fut pas sans mélange de résistances sérieuses, surtout en France et en Angleterre, à l'époque du premier établissement de cet appareil.

L'Angleterre, alors en guerre avec ses colonies d'Amérique, qui luttaient avec gloire pour conquérir leur indépendance, accueillit défavorablement l'invention de Franklin qui, tout en s'occupant de physique, avait été, pendant la mémorable lutte soutenue par les colonies insurgées, l'agent utile, le conseiller toujours bien inspiré du peuple américain. La plupart des savants anglais trouvèrent que les paratonnerres à tige pointue étaient des appareils dangereux et substituèrent à la pointe une boule. On n'utilisa en Angleterre que le *paratonnerre à boule* qui, d'ailleurs, fut rapidement délaissé, après qu'il fut démontré que cette disposition ne donnait lieu qu'à de faibles manifestations électriques.

L'opposition faite en France au paratonnerre eut une tout autre cause. L'abbé Nollet qui, pendant toute sa carrière, fut le rival déclaré de Franklin et dont les jugements faisaient loi en matière électrique, en France, nia formellement l'utilité du paratonnerre.

Malgré les efforts de quelques physiciens intelligents, parmi lesquels Chasles et Leroy, de l'Académie des sciences, on repoussa donc, dans notre pays, jusqu'en 1782, les paratonnerres que l'Amérique avait adoptés dès 1760.

Nollet et les physiciens qui partageaient ses idées considéraient non seulement cet appareil comme inutile et ridicule, mais encore ils le dénonçaient comme dangereux pour la sécurité publique, ce qui eut pour effet de donner lieu à des émeutes populaires.

En l'année 1783 même, un gentilhomme de Saint-Omer qui avait fait élever sur sa maison un paratonnerre se vit intimer par l'autorité communale, sous la pression de la foule menaçante, l'ordre d'abattre l'appareil suspect. Il résista à une prétention qui excédait les pouvoirs de l'autorité communale et saisit de la question le tribunal d'Arras. Celui-ci, après la plaidoirie d'un jeune avocat alors très obscur, cassa l'arrêté pris à St-Omer. Ce jugement, qui eut un grand retentissement dans la France entière, fut accueilli, à ce moment, avec une joie unanime, et on lut avec empressement la plaidoirie du jeune avocat qui avait fait triompher la science. Cet avocat au tribunal d'Arras s'appelait M. de Robespierre, et cette affaire commença la réputation du célèbre conventionnel.

Le jugement du tribunal d'Arras eut pour effet d'attirer l'attention des corps savants sur les paratonnerres; on installa les premiers appareils dans les provinces du Midi, et bientôt les avantages manifestes qui résultaient de l'emploi du paratonnerre firent justice de préventions mal fondées.

Fig. 77. — Le chapeau-paratonnerre des dames de Paris, en 1778.
(D'après une gravure de l'époque.)

La conversion aux idées de Franklin devint bientôt si complète, en France, que l'on en vint jusqu'à déclarer qu'une personne menacée, en rase campagne, par le feu du ciel, n'avait, pour s'en garantir, qu'à tirer l'épée, et à la tenir, dressée verticalement contre les nuées orageuses, dans la position d'Ajax menaçant les dieux. Les gens d'Église, à qui leur condition interdisait de porter l'épée, se plaignirent de cette rigueur du sort, et l'on songea à demander pour eux, au moins pour les temps d'orage, une infraction à la coutume qui leur interdisait de porter une arme. On répondit à cette réclamation des gens d'Église, en leur montrant, dans le livre de Franklin, qui était l'Évangile du jour, « qu'on peut suppléer au pouvoir des pointes en laissant bien mouiller ses habits ». C'est chose facile pendant un orage. Ils n'insistèrent plus sur leur requête.

Les dames de Paris portèrent quelque temps un chapeau garni, autour de la ganse, d'un fil métallique, communiquant avec une petite chaîne d'argent qui tombait, par derrière, jusque sur les talons (Fig. 77). C'était le moyen imaginé par la mode pour défendre du feu du ciel les précieuses têtes des jolies femmes.

Un peu plus tard même, on essaya du parapluie-paratonnerre ou paratonnerre portatif placé à la partie supérieure d'un parapluie et communiquant avec le sol au moyen d'un conducteur métallique qui traînait constamment à terre (Fig. 78).

Fig. 78. — Le paratonnerre portatif, ou le parapluie-paratonnerre de Barbeu-Dubourg.

A partir de ce moment le paratonnerre fut utilisé partout et on put constater maintes fois qu'il préserva de la foudre les édifices sur lesquels il était établi.

Théorie du paratonnerre

Comment agit le paratonnerre?

Tout le monde sait, aujourd'hui, que le mécanisme physique du paratonnerre repose sur l'*électrisation par influence* que nous avons développée plus haut. Quand un nuage orageux, électrisé positivement, par exemple, se trouve dans l'atmosphère, il agit par influence, c'est-à-dire à distance, sur tous les corps placés sur la terre dans le rayon de son activité.

Il repousse au loin le fluide positif et attire le fluide négatif, lequel s'accumule sur les corps situés à la surface du sol et avec d'autant plus d'abondance que ces corps sont plus élevés. Ces corps placés très haut dans l'atmosphère sont, dès lors, les plus fortement électrisés et les plus exposés à recevoir la décharge électrique. Mais si, dans ces hautes régions, on a élevé des paratonnerres, c'est-à-dire des tiges métalliques pointues mises en communication avec le sol, le fluide négatif, attiré du sol par l'influence du nuage qui est électrisé positivement, s'écoule dans l'atmosphère et va neutraliser le fluide positif au sein même de ce nuage.

Il peut arriver pourtant que la masse d'électricité contenue dans la nuée orageuse soit si considérable, que le conducteur du paratonnerre soit insuffisant pour emprunter au sol la quantité de fluide opposé nécessaire pour neutraliser le fluide libre du nuage. La foudre éclate alors, mais comme l'électricité suit toujours le meilleur conducteur, c'est le paratonnerre qui reçoit la décharge en raison de sa parfaite conductibilité, et l'édifice est préservé.

Installation du paratonnerre

En 1823, l'Académie des sciences, sur le rapport de Gay-Lussac, adopta une *Ins-*

truction pratique pour servir de guide aux constructeurs dans l'établissement des paratonnerres, et en 1854, cette même Société savante compléta cette *Instruction* par un *Supplément* dont la rédaction fut confiée à Pouillet. Les règles alors définies sont celles qui président presque en entier aujourd'hui encore à l'installation des paratonnerres pour qu'ils jouissent de toute leur efficacité protectrice.

Un paratonnerre (Fig. 79 à 81) est constitué par une barre de fer A, d'environ 8 à 9 mètres de longueur, surmontée d'une pointe de platine ou de cuivre rouge. Cette disposition a pour but d'éviter la formation à l'extrémité de la tige de fer d'un oxyde de fer qui, étant très mauvais conducteur de l'électricité, détruirait la conductibilité de la tige et l'efficacité du paratonnerre. Le conducteur qui relie la tige du paratonnerre au sol est une barre de fer à section carrée de 15 à 20 millimètres de côté, formée d'un certain nombre de tiges reliées soigneusement bout à bout par un bourrelet de soudure à l'étain, pour assurer la parfaite continuité métallique et soustraire les parties en contact à l'action oxydante de l'air. Le conducteur est maintenu en place le long des toits et des murs par des supports sur lesquels il est claveté. Pour que la dissémination de l'électricité atmosphérique dans le sol soit rapide et s'effectue facilement, on met la partie inférieure du conducteur en communication avec un cours d'eau souterrain d'une certaine importance. Le but de cette disposition n'est pas, comme on pourrait le

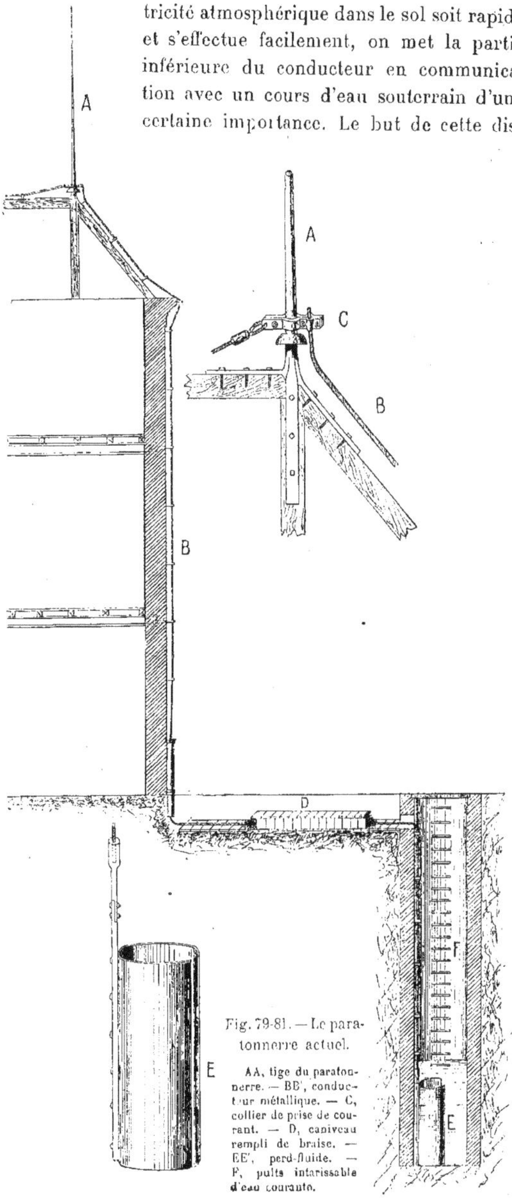

Fig. 79-81. — Le paratonnerre actuel.

AA, tige du paratonnerre. — BB', conducteur métallique. — C, collier de prise de courant. — D, caniveau rempli de braise. — EE', perd-fluide. — F, puits intarissable d'eau courante.

croire, de conduire le « feu du ciel » dans une mare d'eau pour l'y éteindre, c'est pour que l'eau, qui doit être courante, puisse porter et disséminer promptement dans la masse du sol l'électricité enlevée à l'atmosphère.

Pour amener le conducteur de la base inférieure du mur de l'édifice jusqu'à la rivière ou jusqu'au puits F où il doit aboutir, on le fait passer au milieu d'une sorte de caniveau D à section carrée, construit en briques et rempli de braise de boulanger. Ce charbon interposé défend le conducteur

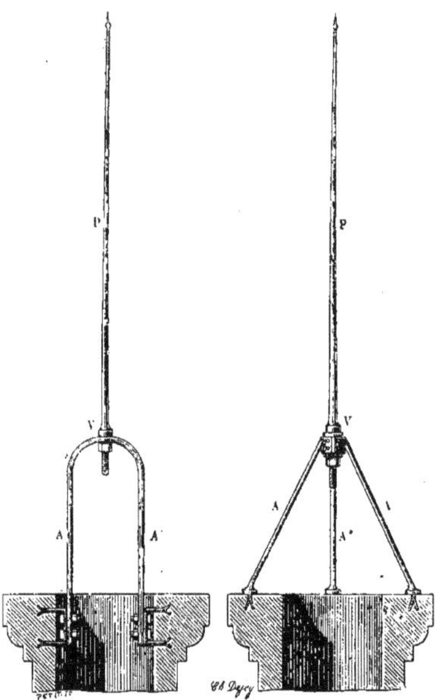

Fig. 82 et 83. — Mode de jonction de la pointe terminale du paratonnerre avec la tige.

contre l'oxydation et, en outre, comme ce charbon très longuement calciné est un excellent conducteur électrique, l'écoulement du fluide est, de ce fait, très facilité.

On termine assez souvent l'extrémité inférieure du conducteur qui plonge dans le puits par une large plaque métallique E qui, par sa surface, permet un écoulement rapide du fluide électrique. Cette plaque est appelée *perd-fluide*.

Le conducteur du paratonnerre est quelquefois constitué par un câble métallique B auquel on peut faire suivre commodément les contours extérieurs de l'édifice à protéger, et qui se compose de fils de cuivre tressés en torons.

Le cuivre peut avantageusement remplacer le platine pour former la pointe du paratonnerre, parce que sa conductibilité est plus grande que celle du platine, ce qui diminue les chances d'échauffement et de fusion de cette pointe sous l'influence de l'électricité atmosphérique et, en outre, parce que son prix est bien inférieur.

La jonction de la pointe à la tige (Fig. 82 et 83) s'obtient par l'adaptation, à l'aide d'une goupille, de la flèche P sur l'extrémité de la tige terminée en pas de vis V. Les parties A et A' représentent des armatures fixées sur des tuyaux de cheminées et reliées au conducteur.

Les figures 84 à 86 représentent diverses dispositions données aux tiges de paratonnerres surmontant des édifices ou des cheminées d'usine.

Dans quelles limites s'étend l'action protectrice du paratonnerre? On admettait, à la fin du XVIIIe siècle, que le cercle de protection d'un paratonnerre avait pour rayon le double de la hauteur de sa tige. En 1875, une Commission scientifique admit que le cercle de protection avait un rayon égal à une fois trois quarts la hauteur de la tige mesurée à partir du faîtage.

En réalité, l'étendue de la surface protégée par un paratonnerre, dépend beaucoup de l'édifice sur lequel il est établi, et varie suivant la nature des matériaux qui entrent dans la construction de cet édifice. Il n'est pas douteux, en effet, que la surface protégée par un paratonnerre ne soit moindre quand l'édifice a une couverture en zinc, qui est conductrice, que lorsque son toit est formé de tuiles ou d'ardoises. Sur un bâtiment important à couverture métallique, il convient de multiplier le nombre de paratonnerres pour le protéger d'une manière efficace.

La forme de la pointe du paratonnerre donna lieu à quelques modifications.

Fig. 84 à 86. — Tiges de paratonnerres.

En 1877, Buchin, de Bordeaux, établit une pointe en cuivre rouge à *section angulaire*, terminée par une pyramide (Fig. 87). Elle tendait, par la grande section qu'elle présentait à l'écoulement du fluide, à éviter la fusion de la pointe et empêchait les coups de foudre latéraux. En 1880, le général de Nansouty fit installer à l'Observatoire du Pic du Midi, neuf paratonnerres du système Buchin, mais à arêtes multiples.

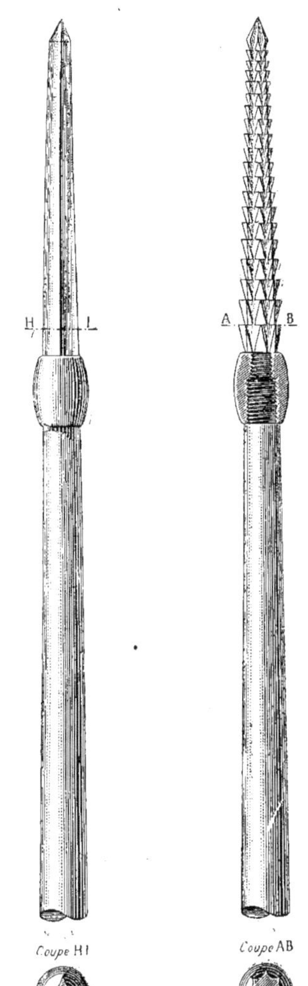

Fig. 87. — Pointe pyramidale de paratonnerre Buchin.

Fig. 88. — Pointe de paratonnerre Buchin à arêtes multiples.

Cette disposition (Fig. 88) permet un écoulement encore plus facile du fluide et donne aux paratonnerres leur maximum d'action protectrice.

Depuis cette installation, l'Observatoire du Pic du Midi, malgré sa grande altitude, est demeuré sensiblement à l'abri de la foudre qui, auparavant, visitait assez souvent ce sommet.

Un paratonnerre semblable, construit pour le Génie militaire, est formé d'une tige creuse (Fig. 89 et 90) d'un montage simple et d'un poids évidemment réduit, sans que la section d'écoulement en soit diminuée.

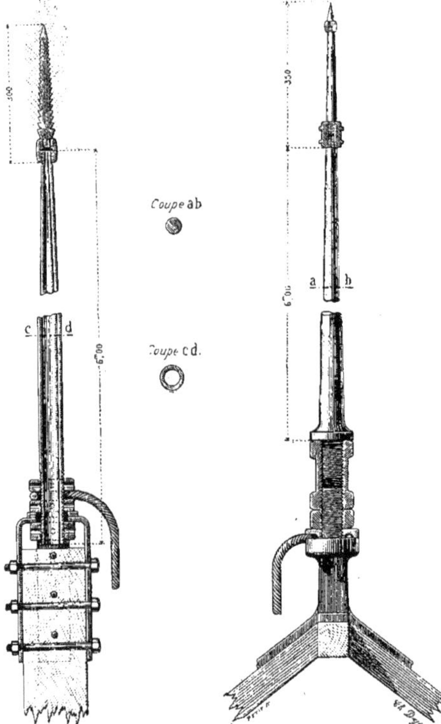

Fig. 89. — Paratonnerre du Génie militaire.

Fig. 90. — Montage de la tige du paratonnerre du Génie militaire.

Paratonnerre Melsens

En Belgique, le physicien et chimiste Melsens fit adopter un ensemble de dispositions spéciales pour constituer un paratonnerre efficace. Se basant sur ce principe que l'action électrique ne s'exerce qu'à la surface externe d'un corps bon conducteur, ainsi que nous l'avons dit plus haut, Melsens en déduisit que, pour se préserver de la foudre, il suffisait de s'envelopper d'un réseau métallique communiquant avec le sol. C'est ainsi que l'idée lui vint de protéger les édifices en les entourant d'une sorte de cage faite en tiges de fer munies de pointes ou mieux d'aiguilles métalliques facilitant l'écoulement de l'électricité. Le *paratonnerre Melsens* consiste donc en un certain nombre de barres de fer courant tout le long de la ligne de faîte des arêtes du toit, des angles des murs, etc... des édifices à protéger. Ces barres métalliques sont toutes reliées entre elles et communiquent avec le sol par un grand nombre de points. A leurs principaux points de rencontre sur la toiture, on dispose des aigrettes en cuivre (Fig. 91) qui jouent le même rôle que les tiges des paratonnerres que nous venons d'examiner. Le paratonnerre Melsens a l'avantage de communiquer avec la terre par plusieurs points et permet d'éviter les dangers qui peuvent résulter, dans le paratonnerre ordinaire, d'une solution de continuité se produisant accidentellement dans le conducteur. En outre, son prix de revient pour établir la protection d'un bâtiment, est moins élevé que celui des paratonnerres ordinaires

Paratonnerre Grenet

Enfin, en France, en 1888, Grenet établit une installation de paratonnerre spéciale en substituant des rubans plats de cuivre rouge aux conducteurs en barres de fer réglementaires. Ces conducteurs, de 3 centimètres de large et de 2 millimètres d'épaisseur, s'appliquent sur les toitures et les murs des bâtiments, en suivent tous les contours, et peuvent être dissimulés sous une couche de peinture. La flexibilité de ces conducteurs permet de satisfaire d'une manière complète aux dernières prescrip-

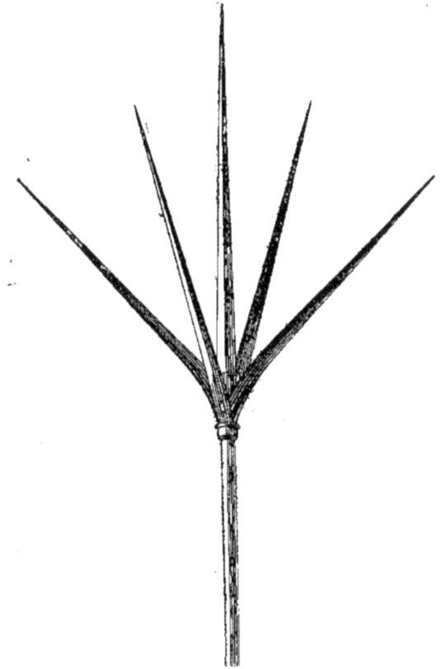

Fig. 91. — Aigrette métallique du paratonnerre Melsens.

tions de l'Académie des Sciences, et de relier électriquement, avec les conducteurs principaux, toutes les parties métalliques des édifices, planchers et conduites diverses.

Pour réaliser une bonne conductibilité avec le sol, on établit des prises de terre en forme de spirales plates constituées par 16 mètres de ruban de cuivre et plongées dans l'eau.

Dans les paratonnerres Grenet, que construisent les ateliers Mildé, à Paris, les grandes tiges en fer ordinaire sont remplacées par des tiges en cuivre, très courtes, placées sur les points culminants des édifices.

Paratonnerre de la Tour Eiffel

La Tour métallique de 300 mètres construite pour l'Exposition universelle de Paris au Champ de Mars, en 1889, devait nécessairement comporter une installation spéciale pour son paratonnerre.

Ce paratonnerre est constitué par une tige cylindrique en fer ayant un diamètre de 6 centimètres à sa base et fixée au sommet de la charpente métallique de la Tour par cinq cornières cintrées. Cette tige, d'une longueur égale à $10^{m},80$ environ, porte, à sa partie supérieure, cinq pointes en cuivre rouge réunies en une seule pièce et formant une aigrette semblable à l'*aigrette Melsens* (Fig. 91).

Cette aigrette est vissée à l'extrémité de la tige en fer, et l'on conçoit que, lorsqu'il est nécessaire d'aller la remplacer, ce qui s'est, d'ailleurs, déjà produit, on puisse éprouver quelque appréhension à grimper après un tel mât de cocagne surmontant de 10 mètres le plus haut monument du globe. En plus de ce paratonnerre, on a disposé au-dessous de lui, sur le balcon supérieur de la 3e plate-forme, huit paratonnerres inclinés du même type, à raison de deux sur chacune des quatre faces.

Ces neuf paratonnerres sont reliés directement à la charpente toute métallique de la Tour qui fait office de conducteur. Pour assurer la parfaite liaison de ce gigantesque conducteur avec le sol, on a établi deux *prises de terre* dans chacun des quatre piliers supportant la Tour. Dans les piliers nord et ouest, ces *prises de terre* sont constituées par des tubes en fonte de 20 centimètres de diamètre s'enfonçant verticalement de 12 mètres environ dans le sol; pour les deux autres piliers, les prises de terre sont des tubes de 50 centimètres de diamètre enfoncés de 18 mètres au-dessous de la surface du sol dans les alluvions de la Seine.

Les prises de terre sont réunies à la charpente métallique de la Tour par des bandelettes et des câbles en fer, le tout constituant un excellent conducteur du fluide électrique.

La foudre a frappé un grand nombre de fois le paratonnerre supérieur. Une fois, entre autres, le 19 août 1889, vers 9 heures 1/2 du soir, la foudre éclata sur ce paratonnerre avec un bruit épouvantable qui fit résonner et vibrer la Tour tout entière pendant plusieurs secondes. Le paratonnerre, qui se trouvait dépourvu momentanément de son aigrette de cuivre rouge, fut fondu à son extrémité, et on constata la chute de gouttelettes de fer en fusion.

Le gardien du phare et les trois personnes qui se trouvaient, à ce moment, sur la plate-forme des projecteurs pour les manœuvres ne ressentirent pas la moindre commotion. Les huit paratonnerres supplémentaires, qui avaient été installés peu de temps auparavant sur cette plate-forme, jouèrent un rôle très efficace. Les nuages en passant auprès d'eux provoquaient des décharges électriques répétées et crépitantes, pendant que l'électricité dont ils étaient chargés s'écoulait dans le sol par la formidable ossature métallique et les prises de terre soigneusement disposées comme nous l'avons indiqué.

L'ossature de la Tour Eiffel, ce chef-d'œuvre de la construction métallique qui n'a pu être ni dépassé ni même imité, constitue, en effet, une énorme *cage de Faraday*, ou *cylindre de Faraday*, tel que nous l'avons décrit dans ce volume (Fig. 30). Elle est à l'abri de la foudre par ses « mises à la terre » qui sont excellentes en raison du voisinage de la Seine; une personne qui se trouve dans l'intérieur de la Tour pendant un violent orage y est mieux à l'abri que partout ailleurs.

Les précautions prises pour protéger la Tour Eiffel contre les accidents de la foudre furent établies par un Rapport en date du 24 juin 1886, dû à MM. Ed. Becquerel et Mascart, membres de l'Institut, et Georges Berger, président honoraire de la Société internationale des électriciens. On a pu voir, par la suite, avec quelle science parfaite les mesures avaient été prises, et quelle absolue sécurité en est résultée pour le grand monument métallique et pour ses visiteurs.

CHAPITRE II

COURANT ÉLECTRIQUE — PILES

HISTORIQUE DE LA PILE. — VOLTA ET GALVANI. — PILES : de Volta, — à colonnes, — à couronne de tasses.

THÉORIE DE LA PILE. — DÉNOMINATION DE SES ÉLÉMENTS.

COURANT ÉLECTRIQUE : ses effets, — son sens. — *FORCE ÉLECTROMOTRICE. — INTENSITÉ. — RÉSISTANCE. — RÉSISTANCE INTÉRIEURE. — SCHÉMA D'UNE PILE. — DÉCOMPOSITION DE L'EAU. — VOLTAMÈTRE. — PILES :* à auges, Wollaston.

POLARISATION, — DÉPOLARISATION.

PILES DÉPOLARISABLES A UN SEUL LIQUIDE : Grenet, — Trouvé. — *AMALGAMATION DU ZINC.*

PILES A DEUX LIQUIDES : Daniell, — Callaud, — Bunsen.

PILES A DÉPOLARISANTS SOLIDES : Leclanché, — Leclanché-Barbier, — Lalande-Chaperon.

PILES A ÉCOULEMENT : Camacho, — Devaux.

PILES SÈCHES : Zamboni.

PILES THERMO-ÉLECTRIQUES : Pouillet, — Nobili, — Noé, — Clamond.

PILE ÉTALON : Clark.

UNITÉS ÉLECTRIQUES. — SYSTÈME C. G. S.

LOIS D'OHM. — RÉSISTANCE DES CONDUCTEURS.

COURANTS DÉRIVÉS. — LOIS DE KIRCHOFF.

LOI DE JOULE.

COUPLAGE DES PILES. — CHOIX DU MODE DE COUPLAGE. — APPLICATIONS NUMÉRIQUES.

HISTORIQUE DE LA PILE

Tant que la science électrique eut pour limite la connaissance de l'électricité statique, ses progrès furent fort lents : mais par contre elle prit un essor considérable du jour où l'admirable générateur de courant nommé *pile électrique* fut découvert.

La découverte de la pile est due à Volta, physicien italien né en 1745, mort en 1827, et fut réalisée à la suite d'une célèbre controverse qui le mit aux prises avec un savant professeur d'anatomie à l'Université de Bologne, Galvani.

En l'année 1780, Galvani étudiait l'irritabilité nerveuse des animaux à sang froid, et en particulier des grenouilles.

Pour procéder à ses expériences, Galvani avait un jour dépouillé rapidement de sa peau l'animal vivant et il avait ensuite séparé, d'un coup de ciseau, les membres inférieurs de la partie supérieure du corps, en conservant seulement les deux nerfs de la cuisse, les *nerfs cruraux,* qui sont très développés chez ce batracien. Ces nerfs servaient à maintenir, appendus par ce seul lien, les membres inférieurs de l'animal.

Dans le laboratoire où Galvani se livrait à ses recherches, un de ses élèves était occupé à faire quelques expériences de physique au moyen d'une machine électrique à plateau de verre. Galvani posa sa grenouille écorchée sur la tablette de bois qui supportait la machine électrique : un de ses aides ayant voulu sectionner les nerfs cruraux, lorsque la pointe de son scalpel vint toucher l'animal, les membres inférieurs de la grenouille se contractèrent comme si elle était encore vivante.

Ce phénomène excita une vive surprise parmi les personnes présentes à l'expérience. On la répéta en se plaçant dans les mêmes conditions, et la femme du professeur Galvani, qui assistait à ces curieux essais, remarqua que les contractions de la grenouille se produisaient au moment précis où l'on tirait une étincelle de la machine électrique voisine. Elles ne se manifestaient pas, au contraire, quand on laissait cette machine au repos.

Ce phénomène, qui est le résultat de ce qu'on appelle en physique *choc électrique en retour,* n'avait jamais été observé jusque-là. Assez simple en lui-même, on peut en apprécier les effets, en grand, pendant la décharge électrique d'un nuage orageux.

Fig. 92. — Galvani, professeur à Bologne, découvre, en 1780, l'irritabilité des muscles de la grenouille par l'électricité. (*D'après une ancienne gravure.*)

Le *choc en retour* est une commotion électrique que peuvent ressentir l'homme et les animaux à une distance éloignée du lieu où la foudre a éclaté.

En effet, un nuage chargé d'électricité et de grande étendue agit *par influence* sur tous les corps placés dans sa sphère d'action, sur la surface du sol, et ces corps se trouvent chargés d'une quantité d'électricité dont la nature n'est pas la même que celle du nuage ; nous en avons donné la raison, dans le chapitre précédent. Quand la foudre éclate en un point quelconque, le nuage se trouve subitement déchargé de son électricité et il cesse d'agir sur les corps qu'il influençait. Ces corps reviennent brusquement à leur état normal par la recomposition du fluide qui leur est propre, et cette recomposition s'exerçant subitement à travers le corps des hommes ou des animaux provoque une secousse, une commotion violente et quelquefois mortelle : c'est le *choc en retour*.

C'est un phénomène semblable qui se manifestait dans l'expérience de Galvani dont nous venons de parler.

Le corps de la grenouille, placé dans la sphère d'action de la machine électrique, s'électrisait par influence et conservait cet état tant que le *conducteur* de la machine se trouvait chargé de fluide.

Mais quand on faisait jaillir une étincelle, on déchargeait ce conducteur qui n'agissait plus alors sur le corps de l'animal. La recomposition du fluide électrique se produisait brusquement à travers la grenouille, ce qui déterminait une commotion et provoquait la contraction de ses membres inférieurs.

Fig. 93. — Galvani.

Galvani songea, un moment, à expliquer par le phénomène du choc en retour le mouvement convulsif de la grenouille, mais il ne s'arrêta pas à cette explication.

Préoccupé depuis longtemps par cette pensée que le fluide nerveux n'est autre chose que « de l'électricité libre » circulant dans l'économie animale, il entreprit une longue série de recherches, avec toutes sortes d'animaux, pour déterminer les lois et la nature de cet influx nerveux dont il voulait pénétrer le secret.

Les expériences durèrent six ans. En 1786, Galvani, pour étudier l'influence de l'électricité atmosphérique sur le corps d'une grenouille par temps calme, prépara, comme à l'ordinaire, un de ces animaux et, après lui avoir passé un crochet de cuivre à travers la moelle épinière, il le suspendit à la balustrade en fer qui bordait la terrasse de la maison qu'il habitait. Ayant, avec le crochet de cuivre, frotté vivement sur la balustrade en fer, comme pour rendre le contact plus intime entre les deux métaux, les membres inférieurs de l'animal se contractèrent et ces mouvements musculaires se reproduisaient à chaque nouveau contact du crochet de cuivre et de la balustrade en fer. Cependant le temps était serein et rien n'indiquait la présence de l'électricité libre dans l'atmosphère.

Ce fait était le plus important et le plus fécond parmi ceux que Galvani avait découverts depuis le commencement de ses travaux, car les contractions organiques avaient été obtenues sans le secours d'aucun appareil électrique placé dans le voisinage. Le phénomène observé était donc bien une *contraction propre*, indépendante de toute cause externe, et cette *électricité animale* que Galvani avait toujours soupçonnée, existait donc réellement

Pour vérifier un fait qui répondait si bien à ses désirs, Galvani entreprit une série d'expériences dans lesquelles il employa successivement une foule de substances solides et liquides, et même des parties animales à l'état frais, pour former le circuit destiné à provoquer les contractions de la grenouille. Il démontra que toute substance peut servir à composer un arc excitateur, pourvu qu'elle soit bonne conductrice de l'électricité. Il signala les métaux comme les corps qui provoquent le mieux les contractions musculaires et l'on peut noter qu'il rangea, sous ce rapport, les métaux dans l'ordre même qui leur a été donné par les physiciens qui se sont, depuis, occupés de la conductibilité électrique. Quand il opérait avec un arc composé, en tout ou en partie, d'une matière non conductrice, la contraction n'apparaissait point, et il proposa d'entourer les nerfs lombaires de la grenouille d'une feuille d'étain, les muscles de la jambe d'une feuille d'argent, et d'établir, au moyen d'un fil de cuivre, la communication entre ces deux armatures métalliques. Le corps de la grenouille, d'une grande sensibilité, faisait ainsi fonction d'*électroscope* et accusait la présence du fluide électrique.

Fort de ses expériences, Galvani crut avoir mis hors de doute la théorie qui avait servi de point de départ à ses recherches : l'existence de l'*électricité animale* et, en 1791, onze ans après ses premières observations, il publia l'ensemble de ses découvertes en formulant des conclusions conformes à ses théories.

Cette publication produisit dans le monde savant une sensation profonde et fut le sujet de vives discussions.

Les physiologistes admirent presque tous la théorie de Galvani, qui donnait le moyen de résoudre ce grand problème de la sensibilité vitale que les siècles avaient laissé en suspens; mais parmi les physiciens, un grand nombre, et des plus réputés, se prononcèrent contre cette théorie en attribuant les contractions de la grenouille aux métaux employés. Un d'eux, Alexandre Volta, qui professait à Pavie, s'en fit l'adversaire déclaré et formula ainsi la théorie physique expliquant la contraction musculaire de la grenouille : « Lorsque deux métaux différents sont en contact l'un avec l'autre, par suite de ce contact, et par l'effet de cette hétérogénéité de nature, il y a développement d'électricité. »

Ainsi Volta prenait le contre-pied de la théorie de Galvani. Pour celui-ci, la source d'électricité était le muscle, les métaux ne remplissant que le rôle de conducteurs; pour Volta, au contraire, la cause productrice de l'électricité résidait dans le contact de deux métaux hétérogènes, le courant produit provoquant l'irritation des nerfs et la contraction musculaire.

Galvani défendit pendant six années sa théorie de l'*électricité animale* contre les objections incessantes de son contradicteur. La mémorable lutte qui s'établit entre ces deux grands esprits, vivra à jamais dans l'histoire de la Science, tant pour l'importance des questions discutées que pour la convenance et la dignité des formes qui furent observées par les deux adversaires pendant cette longue controverse. L'Europe scientifique fut même divisée en deux camps soutenant chacun, avec des arguments passionnés, le champion de son choix.

Enfin, vers la fin de l'année 1799, Volta, par la fameuse découverte de l'admirable appareil qu'on appela *pile voltaïque,* coupa court à toute discussion.

Cette découverte fixa avec tant d'autorité les idées et la faveur du monde savant, que tout ce qui se rapportait aux opinions de Galvani perdit immédiatement son prestige; si bien que, pendant cinquante ans après cette époque, personne parmi les physiciens ne se hasarda plus à prononcer le nom d'*électricité animale*.

C'est en voulant confirmer le principe du développement de l'électricité par le contact qu'il avait énoncé, que Volta fut conduit à construire la première *pile*.

Pile de Volta Cet appareil était constitué par une superposition de disques faits en métaux différents, séparés par un autre disque confectionné en matière spongieuse et imbibée d'eau.

Volta préconisait l'emploi de disques de cuivre ou mieux d'argent sur lesquels il plaçait d'autres disques en étain ou de préférence en zinc. Chacun de ces *couples* était séparé du couple semblable, placé au-dessus ou au-dessous de lui, par un disque en carton ou en peau, très bien humecté avec de l'eau ordinaire, de la lessive, ou de l'eau salée.

Cet assemblage de disques, empilés les uns sur les autres, formait une colonne, une *pile*, nom qui resta depuis, non seulement à l'appareil de Volta qu'il avait appelé *électromoteur*, mais encore à tous les appareils du même genre construits depuis et qui n'ont même pas, pour justifier leur appellation, la forme d'une *pile* comme celui de Volta.

Fig. 94. — Volta.

Un conducteur métallique était fixé au disque inférieur de cuivre ou d'argent et un autre au disque supérieur d'étain ou de zinc.

Quand on touchait à la fois le conducteur inférieur et le conducteur supérieur, on ressentait une légère commotion, et suivant qu'on réitérait ces contacts avec une plus ou moins grande fréquence, on sentait une série de coups répétés frappés au bout des doigts.

La commotion électrique pouvait se communiquer à une *chaîne* composée de plusieurs personnes se tenant par la main, les deux personnes placées aux extrémités de la chaîne prenant chacune un des deux conducteurs de la pile.

On pouvait également, avec cette pile, charger un *condensateur*, appareil dont nous avons parlé précédemment, au point de lui faire donner une étincelle électrique.

Voilà le simple appareil qui, par les voies nouvelles qu'il ouvrait, devait révolutionner la science électrique.

Pile à colonne (Fig. 95.) La pile de Volta aussitôt connue fut construite par la plupart des physiciens de l'époque qui voulaient en étudier les effets; on lui donna une forme qu'elle a conservée jusqu'à aujourd'hui; mais ce n'est, bien entendu, à notre époque, qu'un simple appareil de démonstration que l'on appelle *pile à colonne*.

Cet appareil est constitué par un socle rond sur lequel sont fixées trois tiges de verre verticales. Entre ces tiges sont empilés des disques qui sont ainsi guidés dans leur superposition, ce qui permet de constituer une colonne cylindrique régulière.

Sur le socle repose un disque en zinc Z terminé par un petit œillet dans lequel on passe un fil conducteur que l'on y fixe de manière que le contact avec le disque en zinc soit bien assuré. Sur ce disque inférieur en zinc on place un disque en cuivre, puis sur celui-ci, une rondelle de drap préalablement trempée dans de l'eau contenant une faible proportion d'acide sulfurique. Sur la rondelle de drap on dispose un second disque de zinc, puis un second disque de cuivre surmonté d'une autre rondelle de drap imbibée d'eau acidulée, et

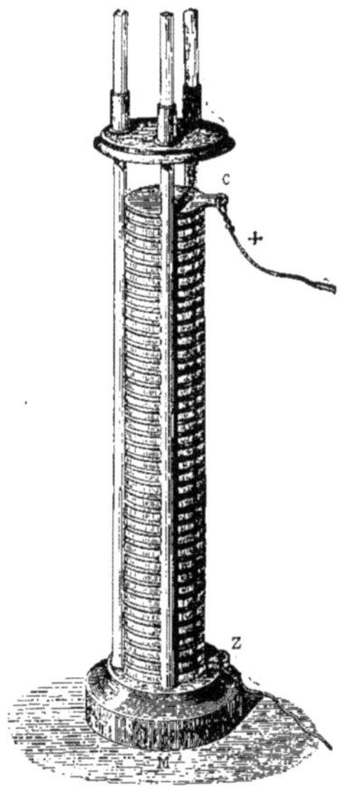

Fig. 95. — Pile à colonne.

ainsi de suite jusqu'à la partie supérieure de la colonne, qui se termine par un disque en cuivre C, auquel est fixé un second fil métallique conducteur. L'écartement des trois tiges de verre est maintenu à la partie supérieure de l'appareil par une rondelle en bois qui les entretroise. En reliant les deux fils conducteurs, il se produit un courant électrique qui se manifeste, comme nous l'avons dit pour la pile de Volta, par des effets *physiologiques,* et, comme nous le verrons plus loin, par des effets *chimiques, lumineux* et *calorifiques.*

Pile à couronne de tasses

(Fig. 69.) La pile de Volta ou *pile voltaïque* et la pile à colonne présentent un sérieux inconvénient. En effet, le poids des disques métalliques superposés, pressant sur les rondelles de carton ou de drap fortement imbibées de liquide, provoque l'écoulement de ce liquide qui ruisselle le long de la colonne en passant successivement sur chaque *couple* métallique. Il en résulte des communications anormales entre ces couples, lesquelles nuisent à la production du courant que peut fournir l'appareil.

Pour remédier à cet inconvénient, dont il s'était rendu compte, Volta imagina une autre disposition pour constituer sa pile. Il

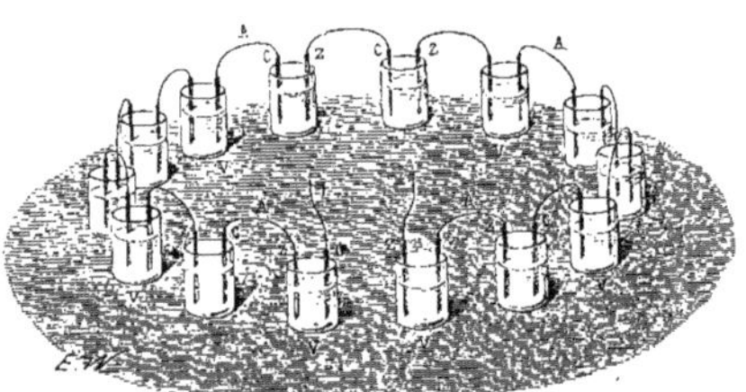

Fig. 96. — Pile à couronne de tasses.

prit une série de vases en verre V dans lesquels il versa de l'eau acidulée jusqu'à mi-hauteur environ. Cette eau contenait une proportion de 1/30 environ d'acide sulfurique. Dans chaque vase étaient plongées une lame de zinc Z et une lame de cuivre C. Ces deux lames étaient, dans chaque vase, séparées par l'eau acidulée, et la lame de zinc Z d'un des vases était reliée par un fil métallique A à la lame de cuivre C du vase voisin. Les vases disposés en cercle, *en couronne,* étaient donc réunis par une succession d'arcs métalliques, le premier et le dernier comportant seulement une des lames munie d'un conducteur métallique libre. L'un de ces conducteurs était fixé à la lame en cuivre C d'un des vases; le second était fixé à la lame en zinc Z de l'autre vase. Quand les deux conducteurs libres étaient réunis, le courant électrique se manifestait.

Volta avait donné à cet appareil le nom de *pile à couronne de tasses,* étant données sa forme et sa disposition.

THÉORIE DE LA PILE

Dénomination de ses éléments

Comme cette pile a plus d'analogie avec les piles employées aujourd'hui que la primitive *pile à colonne,* nous allons examiner les phénomènes dont cet appareil est le siège, et nous en profiterons pour nous familiariser avec les diverses dénominations se rapportant à la pile, qui ont bien, parfois, un aspect quelque peu rébarbatif, mais dont il convient de ne pas s'effrayer.

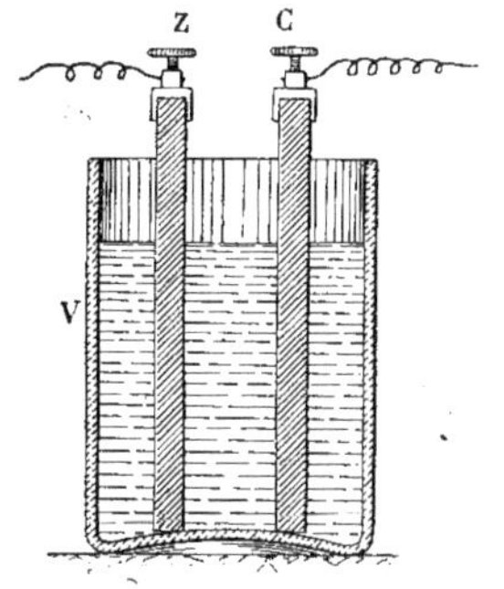

Fig. 97. — Elément de pile de Volta.

Considérons un seul élément de la pile à couronne de Volta, c'est-à-dire un seul des vases V (Fig. 97), dans lequel sont placées deux lames, une de zinc Z et une de cuivre C, plongeant dans de l'eau acidulée. Sur la surface de la lame de zinc, on voit se former en grande quantité des bulles de gaz qui montent à la surface du liquide, et crèvent en mettant en liberté ce gaz, qui n'est autre chose que de l'*hydrogène.* Cela résulte de la *décomposition chimique* du zinc par l'action du liquide acidulé. Sur la plaque de cuivre, au contraire, l'*action chimique* du liquide ne se manifeste pas avec la même intensité.

Cette différence d'action chimique sur deux métaux différents, est la cause des phénomènes électriques qui se produisent dans la pile. En effet, si dans le même vase de verre V on versait de *l'eau pure* à la place de *l'eau acidulée,* en conservant les mêmes plaques zinc et cuivre, on remarquerait que la décomposition chimique qui se manifestait précédemment ne se produirait plus. De même, si dans l'eau acidulée on plongeait deux lames métalliques de même nature, soit zinc, soit cuivre, les effets divers dus au *courant électrique* ne se manifesteraient également plus. On peut donc dire que, dans une pile, les phénomènes électriques sont produits par la différence des actions chimiques exercées par l'eau acidulée sur deux métaux de natures différentes.

Cette action chimique, s'exerçant d'une façon très inégale sur les deux lames, leur donne à chacune un *état électrique* particulier. Il est avantageux que ces deux états soient très différents l'un de l'autre. Ils déterminent ce que l'on appelle la *différence de potentiel.* Les deux lames plongeant dans le liquide acidulé ont reçu le nom *d'électrodes.*

COURANT ÉLECTRIQUE

Pour comprendre plus aisément la formation du *courant électrique* dans une pile, assimilons l'écoulement du *fluide électrique* à l'écoulement d'un liquide. Il est bien entendu que, dans nos comparaisons entre le fluide électrique et le fluide liquide, nous ne considérerons que des phénomènes qui sont semblables, mais *non identiques* dans toutes leurs parties.

Supposons donc (Fig. 98) deux récipients A et B contenant de l'eau et placés à des hauteurs différentes. Ces deux récipients sont réunis par un conduit fermé par un robinet. Dans cet état, le niveau du liquide dans chaque récipient reste toujours le même et il y a entre les deux niveaux une différence constante. Les deux *électrodes* cuivre et zinc de la pile, dont nous venons de parler, peuvent être comparées à ces deux récipients. L'une des électrodes est à un *niveau électrique* plus élevé que l'autre, et comme ce *niveau électrique* est appelé *potentiel,* la différence de niveau électrique existant entre les deux électrodes est la *différence de potentiel,* comparable à la *différence de niveau* de l'eau dans les deux récipients A et B. Si, maintenant, nous ouvrons le robinet, pour relier les deux récipients, l'eau va s'écouler, par l'action de la différence de niveau, du vase A dans le vase B en produisant un courant liquide qui est visible.

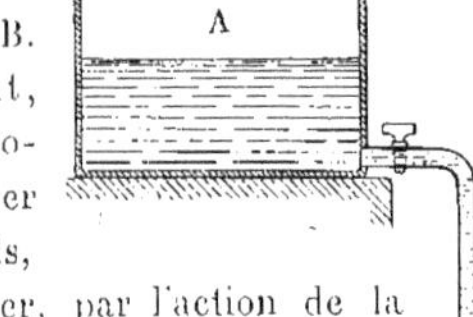

Fig. 98. — Analogie du courant électrique et du courant liquide.

Si nous effectuons la même opération pour la pile en reliant par un *conducteur* métallique les deux électrodes, il passe dans ce conducteur, sous l'action de la *différence de potentiel,* un *courant électrique,* comme précédemment s'est produit un *courant liquide* entre les deux récipients placés à des hauteurs différentes. Voilà *l'analogie* existant entre le phénomène hydraulique et le phénomène électrique : elle peut faire comprendre aisément ce que l'on désigne par *courant électrique.*

Le tuyau réunissant les deux récipients A et B est un *conducteur de liquide;* le fil réunissant les deux électrodes de la pile est appelé, par similitude, *conducteur électrique.*

Il existe pourtant une différence essentielle entre ces deux phénomènes; c'est que si le *courant liquide* est décelé par le mouvement de l'eau dans le conduit qui réunit les deux récipients, il n'en est pas de même pour le *courant électrique.*

Celui-ci, en effet, n'est pas visible et, d'ailleurs le conduit dans lequel il passe est un *conduit plein.* On ne peut déterminer sa présence qu'en observant ses manifestations extérieures, qui sont, comme nous l'avons déjà dit, très diverses, donnant lieu à la fois à des effets *physiologiques,* à des effets *calorifiques, lumineux* et même *magnétiques.*

Effets du courant électrique

Nous avons dit ce qu'étaient les *effets physiologiques* qui se manifestent quand on touche à la fois les deux conducteurs aboutissant chacun à une électrode : commotions et coups répétés frappés au bout des doigts. Il en est encore un autre permettant de déceler un courant assez faible : on place sur le bout de la langue, à peu de distance l'un de l'autre, les deux fils de la pile; on sent immédiatement un léger picotement provoquant la salivation.

D'autre part, quand on approche l'une de l'autre les deux extrémités des conducteurs d'une pile, il jaillit entre elles une étincelle qui représente en petit ce que la foudre est en grand. Cette étincelle est à une température élevée, et tout le monde sait qu'on l'a utilisée, en la renforçant, pour provoquer l'inflammation du mélange du gaz détonant, dans les moteurs à explosion, soit à gaz, soit à pétrole. Ce sont là des *effets calorifiques* et même *lumineux* du *courant électrique.*

En outre, quand le courant traverse un conducteur, il produit dans ce fil métallique un frottement qui peut devenir si considérable que, à la façon des premiers hommes qui produisaient du feu en frottant longuement deux bouts de bois l'un contre l'autre, on peut obtenir l'*échauffement,* puis l'*incandescence* de ce conducteur.

Cet effet a été appliqué pour réaliser les *lampes à incandescence* où l'échauffement du fil conducteur permet d'obtenir cet éclairage si répandu de nos jours : l'éclairage électrique. Voilà donc d'autres *effets calorifiques* transformés en *effets lumineux*.

Il va sans dire que ce n'est pas en employant un seul vase de pile dans lequel plongent deux simples électrodes qu'on peut voir se manifester tous ces intéressants effets.

Il est indispensable que la *source électrique* ait une *puissance* appropriée.

Il est cependant un effet, dû au *courant électrique,* que l'on peut obtenir avec une simple pile et qui peut servir à reconnaître la présence de ce courant dans le conducteur qui relie les deux électrodes. C'est un effet *électromagnétique*.

Prenons une boussole. Il n'est pas nécessaire, pour faire l'expérience, d'avoir une boussole de haute précision, comme celles des bateaux; prenons simplement une petite boussole de poche que l'on peut trouver partout pour quelques sous. L'aiguille de la boussole occupe toujours une position constante qui détermine la direction nord-sud quand aucune influence, autre que le magnétisme terrestre, ne s'exerce sur elle. Si de cette aiguille on approche, sans la toucher, le conducteur métallique reliant les deux électrodes de la pile, sa direction change ; l'aiguille effectue quelques oscillations et redevient de nouveau immobile; mais elle occupe, à ce moment, une position différente de celle qui lui est habituelle, et qui est la direction nord-sud. L'aiguille ainsi déviée tend à se mettre en croix avec la direction du conducteur métallique dans lequel passe le courant de la pile. Si on détache ce conducteur d'une des électrodes de cette pile, supprimant ainsi tout courant, l'aiguille reprend sa direction normale qu'elle quitte à nouveau quand le courant est rétabli. Cette propriété d'action du courant électrique sur l'aiguille aimantée, découverte en 1820 par le physicien danois Œrsted, donna naissance à l'*électromagnétisme,* dont nous verrons les curieuses et fécondes applications au cours de cet ouvrage.

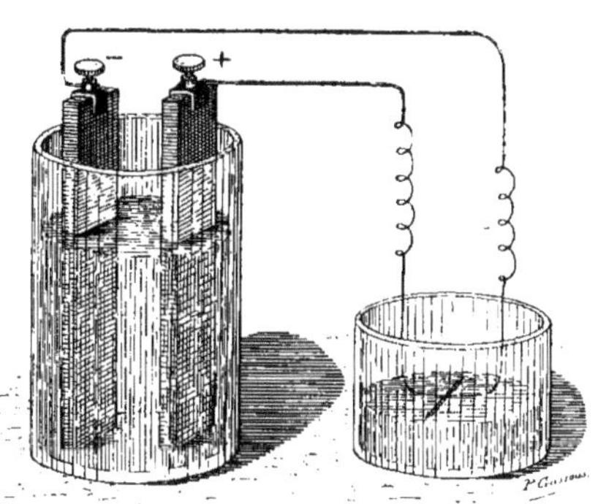

Fig. 99. — Effet électromagnétique du courant.

L'expérience précédente mettant en relief l'effet *électromagnétique* du courant électrique, peut se réaliser d'une manière peut-être encore plus simple que celle que nous venons d'indiquer. En effet (Fig. 99), à défaut de boussole, il suffit de prendre une faible tige d'acier, une aiguille à coudre par exemple, et après l'avoir frottée sur un aimant, pour lui communiquer son aimantation, on la pose doucement à la surface de l'eau qu'on aura versée dans un vase, après l'avoir, toutefois, rendue légèrement onctueuse en la roulant entre les doigts. Cette tige, grâce à la légère couche graisseuse qui la recouvre, flotte sur la surface de l'eau, et elle prend du fait de son aimantation la direction nord-sud, comme le fait l'aiguille de la boussole. En approchant le conducteur métallique reliant les deux électrodes d'une pile, le même phénomène qui s'est produit sur l'aiguille de la boussole se renouvelle pour l'aiguille libre placée à la surface de l'eau et l'effet électromagnétique du courant se manifeste en donnant à cette aiguille une direction qui tend à devenir perpendiculaire à la direction du conducteur métallique. L'aiguille est déviée dans un certain sens.

Si, sans rien changer à la disposition du conducteur métallique qui a été approché de l'aiguille, nous intervertissons simplement les attaches de ses extrémités, c'est-à-dire si nous relions un des bouts du fil, qui était serré sur une des électrodes, à l'extrémité de l'électrode opposée, et réciproquement pour le second bout du conducteur, on voit que l'aiguille est déviée de sa direction normale nord-sud, mais en sens inverse de sa déviation précédente.

Le courant électrique n'a pas changé de valeur, mais il a, par l'inversion des attaches, ou *connexions,* changé de *sens,* provoquant, par ce fait, une déviation de l'aiguille de sens opposé à la déviation primitive.

Quel est donc le sens du courant?

Sens du courant — Il n'y a, à ce sujet, aucune affirmation scientifiquement démontrée, mais on *admet,* par simple *convention,* en se basant toutefois, sur l'analogie que présentent entre eux le courant liquide et le courant électrique, que celui-ci a une direction allant du *potentiel* ou *niveau électrique le plus élevé,* au *potentiel le plus faible.* Il est également *convenu* que, dans une pile, l'électrode la *moins attaquée par l'eau acidulée* est au potentiel le *plus élevé.* Cette électrode est, nous l'avons vu précédemment, la lame de *cuivre* de la pile simple que nous avons prise comme type.

Pôles d'une pile — Cette électrode en cuivre constitue ce que l'on nomme le *pôle positif* de la pile, qui est indiqué, sur tous les *schémas* de *connexions* électriques, par le signe + (plus). La lame de *zinc* forme le *pôle négatif* de la pile représenté par le signe — (moins).

Le courant de la pile se dirige donc dans le conducteur métallique, d'après les *conventions* admises, du *cuivre* vers le *zinc,* c'est-à-dire du *pôle positif* vers le *pôle négatif.* Les deux *électrodes* qui sont les deux *pôles* de la pile sont désignées aussi sous le nom de *bornes.*

Force électromotrice — La *différence de potentiel* existant entre les *bornes* d'une pile constitue la *force électromotrice* de cette pile, *lorsque la pile ne fonctionne pas.* Cette *force électromotrice* est constante pour le même type de pile, quelles que soient, d'ailleurs, les dimensions données aux organes qui la composent, mais elle est variable suivant le genre de la pile ou de la *source électrique.* L'unité de force électromotrice, sur laquelle nous nous étendrons plus loin, a été appelée *volt,* du nom de Volta, l'inventeur de la pile.

Intensité — Par analogie avec le courant liquide, on admet que le *courant électrique* transporte d'un pôle à l'autre d'une pile une certaine *quantité* d'électricité et, suivant que cette quantité d'électricité est transportée plus ou moins rapidement, on dit que le courant a une *intensité* plus ou moins grande.

Résistance — De même aussi que, dans un conducteur de liquide, celui-ci rencontre, dans son passage du niveau le plus haut au niveau le plus bas, une résistance à son écoulement dans le conduit, qui est variable avec la longueur de ce conduit et avec son diamètre, de même dans un *conducteur électrique,* le courant trouve une *résistance* électrique qui dépend de la longueur et de la grosseur du conducteur.

Nous verrons plus loin quelles unités ont été adoptées pour mesurer la *force électro-*

motrice d'une source électrique, la *quantité d'électricité* que son courant transporte, *l'intensité* de ce courant, et *la résistance* du conducteur. Il était nécessaire, avant d'aborder la description des divers types de piles, de connaître les organes qui les constituent, de savoir les noms qu'on leur donne, et d'indiquer les divers éléments qui serviront de base à la détermination de la *puissance* de ces piles et de la valeur du courant qu'elles produisent.

Résistance intérieure Mais il est encore un autre élément dont il faut tenir grand compte pour apprécier à sa juste valeur une pile; c'est sa *résistance intérieure*. Le courant électrique produit par une pile part, avons-nous dit, du *pôle positif* et se dirige vers le *pôle négatif* à travers le conducteur métallique qui réunit ces deux pôles. Mais ce courant qui parcourt un *circuit fermé* doit passer à travers la pile elle-même pour effectuer son cycle complet, et doit nécessairement se diriger à *l'intérieur* de la pile du *pôle négatif* vers le *pôle positif*. La pile offre à la circulation du courant électrique une résistance qui lui est propre et qui dépend de la disposition, des dimensions et de l'arrangement de ses organes. C'est cette *résistance supplémentaire,* indépendante de la *résistance* du *conducteur,* dont nous avons parlé plus haut, qui constitue la *résistance intérieure* de la pile. Cette *résistance* a la même valeur pour des piles du même type et constitue, avec la *force électromotrice,* ce que l'on nomme les *constantes* de la pile. Il importe de la réduire le plus possible, car lorsqu'une pile *débite,* c'est-à-dire fournit du courant, la *différence de potentiel* qui produit ce courant, prise aux bornes de cette pile, est toujours plus faible que la *force électromotrice* de la pile qui est, nous l'avons déjà dit, mais nous le rappelons, la différence de potentiel *disponible* aux bornes de la pile lorsque celle-ci *ne débite pas*. Nous verrons plus loin quels moyens on a employés pour réduire à sa limite extrême la *résistance intérieure* des piles.

Schéma d'une pile Pour compléter les considérations générales que nous venons de donner sur la pile, et surtout pour faciliter l'intelligence des schémas que nous établirons par la suite, il est bon d'indiquer comment on représente, d'une façon courante, graphiquement et schématiquement, une pile. La figure 100 donne l'image de cette représentation graphique.

Fig. 100. — Schéma d'une pile à un seul élément.

Les deux électrodes de la pile sont figurées par deux traits parallèles placés côte à côte, mais de grosseurs différentes. Le « trait fort » représente l'électrode négative, c'est-à-dire la plaque de zinc, et on l'indique de cette

Fig. 101. — Schéma d'une pile à plusieurs éléments disposés en série ou tension.

façon parce que cette électrode étant plus attaquée que l'autre par l'eau acidulée doit logiquement être figurée plus épaisse. La seconde électrode, c'est-à-dire l'électrode positive, ou encore la lame de cuivre, est représentée par le « trait fin ». D'ailleurs, on place généralement à côté de chaque électrode ainsi figurée les signes + ou —, qui déterminent d'une façon encore plus claire la position du pôle positif et du pôle négatif de la pile. De chacun des deux traits inégaux figurant les deux électrodes part un autre trait tracé en forme de « tire-bouchon »;

il représente le conducteur métallique que l'on serre sous chaque borne de la pile.

Quand la pile comporte plusieurs éléments, on représente chacun des éléments comme nous venons de le dire et on place côte à côte ces éléments.

La figure 101 représente le schéma d'une pile formée de 4 éléments disposés en *série* ou *tension*. Nous verrons plus loin les particularités de cette disposition.

Décomposition de l'eau par le courant électrique

Maintenant que nous voici un peu familiarisés avec les phénomènes dont la pile est le siège, reprenons son historique; nous pourrons ainsi apprécier plus judicieusement les progrès qui ont marqué son évolution depuis la pile de Volta jusqu'aux piles employées de nos jours.

Volta ayant publié le résultat de ses recherches et indiqué la façon de confectionner une pile, un grand nombre de physiologistes et de physiciens d'Europe purent, avons-nous dit, la fabriquer pour analyser ses curieuses propriétés. C'est ainsi qu'en avril 1800 un chirurgien anglais nommé Carlisle se proposa d'examiner l'action d'une pile sur l'organisme animal. Il constitua sa pile avec des *demi-couronnes*, monnaie de la valeur de 3 francs, pour former la série de disques d'argent, puis il les mit en contact avec des disques en zinc, chaque *couple* étant séparé du voisin par un disque en carton imbibé d'eau salée. Il s'adjoignit, pour ses expériences, son ami le physicien Nicholson. En commençant leurs essais, Carlisle et Nicholson voulurent déterminer « l'espèce d'électricité » (positive ou négative) existant à l'extrémité de la pile. Pour cela, ils mirent en communication les deux bouts de la pile avec le plateau d'un

Fig. 102. — Nicholson et Carlisle, à Londres, décomposent l'eau par la pile de Volta, en mai 1800. (*D'après une ancienne gravure.*)

condensateur et pour que le contact entre les disques de la pile et les *conducteurs* fût parfait, ils placèrent quelques gouttelettes

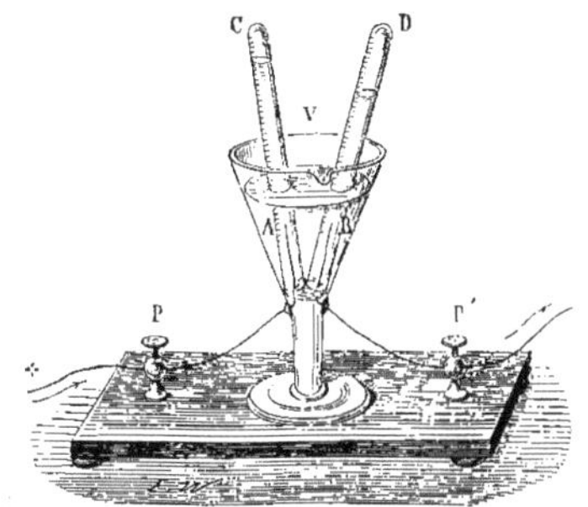

Fig. 103. — Voltamètre, appareil servant à décomposer l'eau. — (*Principe de l'électrolyse.*)

d'eau sur le disque de zinc en y plongeant l'extrémité du fil qui servait à relier les deux pôles. A peine eurent-ils fermé le circuit de la pile, que l'on vit apparaître, dans l'intérieur des gouttes d'eau, près du bout du fil de fer, des bulles très fines de gaz. En même temps, ils crurent sentir l'odeur de l'hydrogène.

Carlisle et Nicholson en conclurent aussitôt que l'eau avait été décomposée par le courant électrique, et ils résolurent de s'en assurer en « interrompant le circuit, par l'intermédiaire d'un tube vertical plein d'eau, entre les extrémités libres des deux fils ». L'expérience fut ainsi faite (Fig. 102). Quand les bouts des deux conducteurs furent à environ cinq centimètres l'un de l'autre, au milieu du tube plein d'eau, « une longue traînée de bulles excessivement fines, dit Nicholson, s'éleva de la pointe du fil inférieur de cuivre qui communiquait avec le disque d'argent, tandis que la pointe du fil de cuivre opposé devenait terne, puis jaune orangé, puis noire. Si l'on amenait au contact les deux pointes métalliques, le phénomène s'arrêtait aussitôt, pour recommencer dès qu'on les séparait de nouveau; le dégagement de gaz était d'autant moins abondant que les pointes étaient plus éloignées, et à une certaine distance le dégagement cessait tout à fait ».

L'expérience, prolongée pendant deux heures et demie, permit d'obtenir à la partie supérieure du tube de verre environ un demi-centimètre cube de gaz, qui, mélangé en parties égales avec l'air atmosphérique, détona à l'approche d'une bougie : c'était donc du gaz hydrogène.

L'eau qui avait servi à cet essai était devenue trouble par la présence de filaments blanchâtres qui, se détachant de l'extrémité du fil supérieur, tombaient au fond du tube et y formaient un précipité d'un gris vert. C'est ainsi que Nicholson et Carlisle furent amenés à découvrir que l'eau avait été décomposée par le courant de la pile : le gaz hydrogène s'était dégagé au contact de l'un des fils avec l'eau, tandis que l'oxygène, se combinant avec le cuivre constituant l'autre conducteur, avait formé de l'oxyde de cuivre.

Fig. 101. — Humphry Davy.

Nicholson eut alors l'idée de répéter l'expérience en faisant usage d'un conducteur fait en métal inoxydable; il prit des fils de platine, puis des fils d'or; il n'obtint alors aucun dépôt dans son tube et chacun des fils donnait lieu à une production abondante de bulles de gaz. Nicholson reconnut que le gaz dégagé au *pôle positif* était de l'*oxygène* et que le gaz recueilli au *pôle négatif* était de l'*hydrogène*. En outre, le volume de gaz hydrogène obtenu était le double du volume du gaz oxygène.

Cette mémorable expérience confirma ce que Lavoisier avait établi par des expériences purement chimiques, à savoir, que l'eau résulte de la combinaison de deux volumes d'hydrogène et d'un volume d'oxygène.

Fig. 105. — La grande pile de l'École polytechnique construite en 1813, par ordre de Napoléon Ier. (*D'après une ancienne gravure.*)

Voltamètre. Ions (Fig. 103.) L'expérience de la décomposition de l'eau en ses deux éléments se fait aujourd'hui dans les laboratoires d'une façon très simple, au moyen de l'appareil appelé *voltamètre*.

On prend un verre à pied V (Fig. 103) dans lequel on verse de l'eau. Au fond du verre est disposée une masse de cire qui est traversée par deux fils de platine qui sont chacun coiffés, à une extrémité, d'une petite éprouvette en verre. Ces deux éprouvettes AC et BD sont remplies d'eau. L'autre extrémité d'un des fils de platine est reliée à la borne positive d'une pile et le second fil est relié à la borne négative de cette même pile, par l'intermédiaire de deux bornes supplémentaires P et P′ disposées sur une planchette sur laquelle est posé le verre V.

Quand le circuit est fermé et quand le courant électrique est établi, l'eau contenue dans le verre et dans les éprouvettes est décomposée; le gaz oxygène produit au bout du conducteur relié au pôle positif de la pile s'accumule à la partie supérieure de l'éprouvette qui reçoit ce conducteur, et le gaz hydrogène produit par le conducteur relié au pôle négatif de la pile est recueilli à la partie supérieure de la seconde éprouvette.

Comme ces éprouvettes sont graduées, il est très aisé de se rendre compte, lorsque l'expérience est terminée, que l'on a recueilli deux volumes d'hydrogène et un volume d'oxygène.

Au sujet de la décomposition des corps par l'*électrolyse,* il convient de dire que Faraday a donné aux fragments de ces corps obtenus par leur dissociation, sous l'action du courant électrique, le nom d'*ions*.

On suppose que chacun de ces fragments conserve une partie de l'énergie électrique qui a servi à les produire.

Les *ions* se maintiennent dans leur état tant que les conditions électriques dans lesquelles ils ont pris naissance persistent. Sinon, ils tendent à se recomposer pour former par cette reconstitution les molécules des corps d'où ils provenaient.

Nous verrons plus loin quelles heureuses conséquences découlèrent de ce phénomène d'*électrolyse* — c'est ainsi qu'on le nomme — appliqué tout d'abord à la *galvanoplastie,* mais qui devait être, par la suite, l'origine des plus considérables industries.

Ainsi, bien que résultant des travaux des physiciens, la pile voltaïque ne tarda pas à s'introduire dans le domaine de la Chimie. Elle était appelée à produire, dans cette science, une véritable révolution, en l'enrichissant de faits inattendus, en perfectionnant ses méthodes d'expériences et en lui fournissant une nouvelle théorie de l'affinité.

Fig. 106. — La grande pile de Wollaston, construite pour Davy, en 1813, à l'*Institution royale* de Londres.

C'est Humphry Davy, savant chimiste anglais, qui établit les bases de *l'électro-chimie* en publiant en 1806 son mémoire sur le *mode d'action chimique de l'électricité.*

Les travaux de Davy excitèrent chez les savants de tous les pays une louable émulation. En France, Gay-Lussac et Thénard publièrent le résultat de leurs *recherches physico-chimiques* faites à l'aide de la grande pile que Napoléon avait fait établir à l'École polytechnique pour entreprendre ces expériences. Cette pile (Fig. 105), qui n'existe plus, était composée de 600 couples de cuivre et de zinc de 9 décimètres carrés par plaque. Toute la batterie avait 54 mètres carrés de surface.

Pendant que l'on construisait à Paris, par ordre de Napoléon, cette puissante pile, l'*Institution royale de Londres,* dans un noble but de rivalité scientifique, fit, à l'aide d'une souscription nationale, établir une pile encore plus puissante, qui servit à Davy pour compléter ses recherches électro-chimiques. Cette pile (Fig. 106) était due au physicien Wollaston.

Pile à auges (Fig. 107.) La pile de l'École polytechnique était une *pile à auges.* La *pile à auges* avait été imaginée dès l'année 1802 par le physicien Cruikshank pour éviter les fâcheux inconvénients de la pile à colonne, que nous avons signalés.

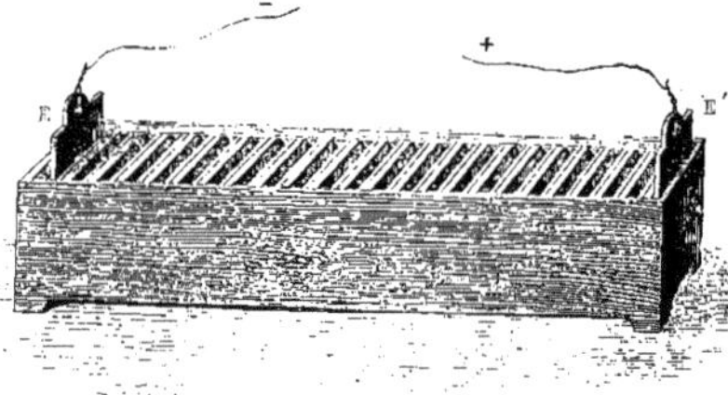

Fig. 107. — Pile à auges.

Cette pile se compose d'une caisse en bois enduite, à l'intérieur, d'un mastic résineux faisant fonction d'*isolant électrique,* c'est-à-dire mettant obstacle au passage du courant. La caisse est divisée en plusieurs compartiments ou *auges* par des cloisons verticales et parallèles, constituées chacune par deux plaques métalliques, zinc et cuivre, soudées l'une à l'autre. Ces cloisons sont placées régulièrement à la même distance les unes des autres, la plaque de zinc faisant face, dans chaque auge, à la plaque de cuivre de la cloison suivante, ces deux plaques étant séparées par un espace vide qui constitue l'auge. Les cloisons extrêmes de la pile sont prolongées vers l'extérieur, l'une par une plaque de zinc E qui constitue le pôle négatif, l'autre par une plaque de cuivre E' qui constitue le pôle positif. Des fils conducteurs sont fixés à chacun des pôles.

Pour mettre la pile en état de fonctionnement, on verse dans les compartiments formés par les cloisons successives, de l'eau contenant une certaine proportion d'acide sulfurique. Chaque compartiment de la pile constitue un *couple* métallique complet, puisque ses deux parois opposées sont formées par des lames métalliques hétérogènes séparées par un liquide acide.

Cette pile a l'avantage d'être mise rapidement en activité; mais, comme la pile à colonne, elle présente cet inconvénient, que le contact du zinc avec l'eau acidulée ne se fait que sur une face de la plaque, ce qui diminue la quantité d'électricité que pourrait fournir la pile.

Pile Wollaston (Fig. 108 à 110.) La pile établie à l'Institution royale de Londres par Wollaston différait de la pile à auges en ce que l'inconvénient que nous venons de signaler au sujet de cette dernière pile était évité. La pile Wollaston, en effet, se compose d'une série de couples métalliques cuivre et zinc, mais ces lames de cuivre et de zinc, au lieu d'être plaquées l'une sur l'autre avant d'être plongées dans le vase, sont au contraire séparées, de façon que le liquide de la pile puisse agir sur les deux faces de ces plaques qui constituent les électrodes.

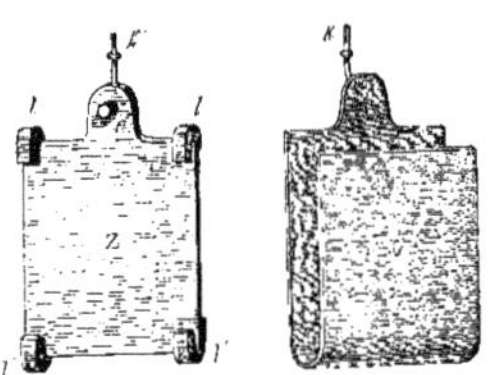

Fig. 108. — Un couple de la pile Wollaston.

La plaque de cuivre C (Fig. 108 et 109) est repliée en forme d'U, et dans l'espace laissé libre entre les deux branches verticales de cet U, on dispose la lame de zinc Z qui est maintenue fixe par l'intermédiaire de tasseaux en bois *ll*, *l'l'*. Cet ensemble de deux plaques forme un *élément* de la pile Wollaston. Chacun des éléments est plongé dans

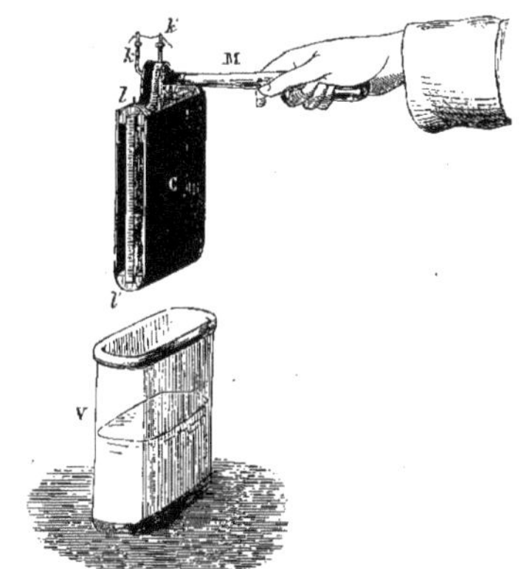

Fig. 109. — Mise en action d'un couple de la pile Wollaston.

un godet en verre V, contenant de l'eau acidulée (Fig. 109). Le pôle positif de l'élément est représenté par la borne *k* soudée à la lame de cuivre et le pôle négatif est représenté par la borne *k'* soudée à la lame de zinc.

La pile complète est formée d'une série d'éléments juxtaposés plongeant dans des godets reposant sur un socle commun (Fig. 110).

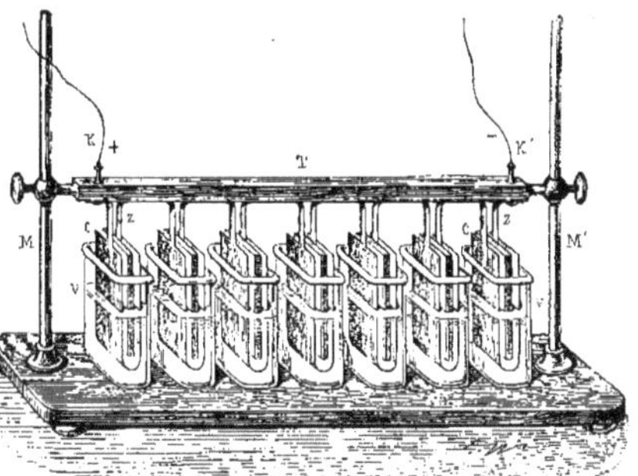

Fig. 110. — Pile Wollaston composée de 7 éléments.

La lame de zinc d'un élément est reliée à la lame de cuivre de l'élément suivant par un fil métallique. A une extrémité de la pile, la dernière lame de cuivre reliée à la borne K forme le pôle positif, tandis qu'à l'autre extrémité c'est la dernière lame de zinc qui, reliée à la borne K', forme le pôle négatif.

Toutes les plaques zinc ou cuivre sont fixées, par leur partie supérieure, à une traverse en bois T terminée, à chacun de ses bouts, par une douille pouvant coulisser dans une colonne verticale M. Une vis permet d'immobiliser chaque douille contre la colonne qui la supporte. Quand on veut mettre la pile en action, on descend, après avoir desserré les deux vis, la traverse T. Les couples métalliques plongent alors dans les différents godets en verre disposés pour les recevoir. En fermant le circuit entre les bornes K et K' de la pile, on obtient un courant électrique. Quand on veut suspendre l'action de la pile, on relève la traverse T, de façon que les couples métalliques soient placés hors des vases et ne touchent pas le liquide acidulé qu'ils contiennent.

On bloque les vis des douilles contre les colonnes MM' pour maintenir la traverse relevée, et le courant ne se produit plus.

Cette disposition a pour but d'éviter l'usure des plaques pendant que la pile est au repos.

POLARISATION

Les piles que nous venons de décrire furent les seules employées depuis la découverte de Volta jusque vers l'année 1836, tant pour les recherches des physiciens et des chimistes, que pour produire des effets physiques d'une certaine puissance.

Mais ces piles, ne comportant qu'un seul liquide acide agissant sur deux métaux réunis, ont le grave inconvénient de ne donner qu'un courant électrique dont l'*intensité* décroît avec rapidité. Cet affaiblissement du courant tient à plusieurs causes.

D'abord, l'acide, à mesure qu'il se combine avec l'oxyde de zinc formé pendant la réaction, s'affaiblit par suite de sa neutralisation, ce qui produit une diminution graduelle dans l'intensité des effets électriques.

Ensuite, comme le sulfate de zinc provenant de l'attaque du zinc par l'acide sulfurique est un corps qui *conduit* fort mal l'électricité par rapport à l'acide sulfurique, la diminution de *conductibilité* du liquide est une autre cause d'affaiblissement de l'intensité du courant.

Enfin, il s'établit dans les piles à un seul liquide un phénomène appelé *polarisation,* provenant des actions chimiques qui ont lieu dans cette pile, phénomène qui a pour résultat de faire diminuer très rapidement l'intensité du courant jusqu'à la rendre nulle.

Voici en quoi consiste ce phénomène :

Quand la pile ne *débite* pas, que le circuit n'est par conséquent pas fermé entre les deux pôles, nous avons vu que la lame de zinc se recouvrait d'une grande quantité de petites bulles de gaz *hydrogène,* dues à l'action chimique de l'eau acidulée sur la lame de zinc. Ces bulles sont si nombreuses qu'elles viennent recouvrir toute la surface de la lame de zinc, l'isolant, pour ainsi dire, de plus en plus du liquide acidulé. Quand on ferme le circuit de la pile, ces bulles d'hydrogène sont entraînées par le courant électrique qui circule à l'*intérieur de la pile,* du pôle négatif zinc au pôle positif cuivre. Elles vont donc se déposer sur la lame de cuivre et nuisent à l'établissement rationnel du courant, entre les deux lames électrodes. En outre, il se produit entre les deux électrodes un courant inverse du courant de la pile, qui tend par conséquent à l'affaiblir.

Ce courant, qui possède une force *contre-électromotrice,* est provoqué par la formation sur les électrodes de deux pôles opposés aux premiers. De là le nom de *polarisation* donné au phénomène qui en résulte. La *résistance intérieure* de la pile augmente progressivement par suite de la polarisation, jusqu'à devenir suffisante pour empêcher tout courant de se produire.

Pour remédier à ce défaut grave dans une pile, la *polarisation,* il fallait empêcher le dépôt de ces bulles gazeuses sur la lame de zinc pendant que la pile était au repos.

C'est le savant physicien français Ch. Becquerel qui, le premier, s'engagea dans la voie de la *dépolarisation chimique.*

Dépolarisation

La *dépolarisation chimique* consiste à mélanger au liquide acidulé que contient la pile, une autre substance liquide ou solide qui, par son action sur les bulles de gaz hydrogène dégagées, les force à se recombiner avec l'oxygène produit pour former de l'eau et éviter ainsi leur dépôt sur les électrodes, dépôt si nuisible à la production du courant électrique.

La dépolarisation peut également être obtenue sans avoir recours à un procédé chimique, si l'on a le soin d'*aérer* le liquide acidulé ou de l'agiter constamment pour introduire dans sa masse une quantité d'oxygène qui, venant se combiner avec l'hydrogène pernicieux, le transforme en eau. Ce procédé n'est pas très pratique; cependant on a réalisé des « piles à écoulement » qui sont basées sur le même principe, mais dans lesquelles le liquide est approvisionné d'oxygène par une circulation intense d'un vase à l'autre.

Nous allons donner la description des piles les plus connues et les plus employées, et on verra que le système de *dépolarisation* varie suivant le type de ces piles.

Dans presque toutes les piles que nous allons examiner, l'électrode positive, au lieu d'être une lame en cuivre comme dans les piles que nous avons vues jusqu'ici, est simplement une lame faite en charbon de cornue, qui n'est autre chose que le résidu que l'on retire des cornues des usines à gaz, dans lesquelles on avait enfermé la houille afin d'obtenir, par sa distillation en vase clos, le gaz d'éclairage. Ce charbon étant bon conducteur de l'électricité, la résistance intérieure de la pile s'en trouve diminuée.

En outre, ce charbon, qui est très dur, est moins attaquable que le cuivre par l'eau acidulée de la pile. Il résulte de ce fait que la différence de potentiel entre la lame de charbon et la lame de zinc est plus grande que celle qui existe entre une lame de cuivre et une lame de zinc. La *force électromotrice* de la pile se trouve donc augmentée par suite de la plus grande différence d'action chimique exercée sur les deux plaques zinc et charbon.

PILES DÉPOLARISABLES A UN SEUL LIQUIDE

Ce sont les piles dans lesquelles le liquide *dépolarisant* se trouve mélangé avec le liquide actif de la pile.

La première pile de ce genre fut imaginée par Poggendorff.

Le conducteur était dépolarisé par un mélange d'acide sulfurique et de bichromate de potasse. Mais l'oxyde vert de chrome, provenant de la réaction de l'acide chromique, étant insoluble, se déposait sur l'électrode et arrêtait l'action chimique. Cette pile fut perfectionnée, en 1856, par Grenet.

Pile Grenet ou pile au bichromate

(Fig. 111 et 112.) Cette pile, à laquelle on donne encore le troisième nom de *pile à bouteille*, se compose d'un vase ou bouteille A à large goulot, fermé par un couvercle B en ébonite, sur la face intérieure duquel sont fixées deux lames de charbon C reliées entre elles, à la partie supérieure, par un conducteur métallique qui est mis en communication avec une des deux bornes. C'est la borne positive (+).

Entre les deux plaques de charbon est disposée une plaque de zinc D solidaire d'une tige cylindrique E qui, guidée dans une douille F, fixée au couvercle, déborde au-dessus de ce couvercle et peut être manœuvrée verticalement au moyen d'un bouton G qui la termine. La lame de zinc et la tige qui la supporte sont mises en communication par un fil métallique avec la seconde borne de la pile, laquelle constitue la borne négative (—).

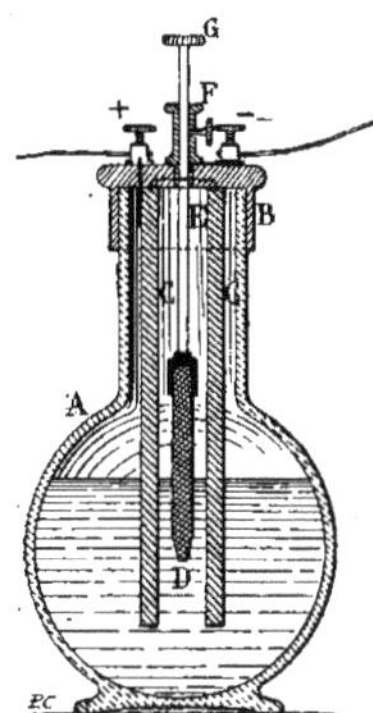

Fig. 111. — Pile Grenet.

Dans le flacon on verse un litre d'eau à laquelle on ajoute 120 grammes de bichromate de potassium ou de sodium et 250 grammes d'acide sulfurique; le liquide remplit la bouteille jusqu'à environ les 2/3 de sa hauteur.

Les deux lames de charbon plongent constamment dans le liquide que contient la pile. La lame de zinc, qui est mobile et qui peut être remontée ou descendue à volonté, plonge dans le liquide lorsque la pile est en état de fonctionnement. Dans ce cas, la pile donne un courant électrique, par l'action de l'acide sulfurique sur la lame de zinc. Il se forme du sulfate de zinc, et l'hydrogène mis en liberté par la réaction chimique qui s'effectue dans la pile, se trouvant en présence du liquide *dépolarisant* qui est le bichromate de potassium, transforme

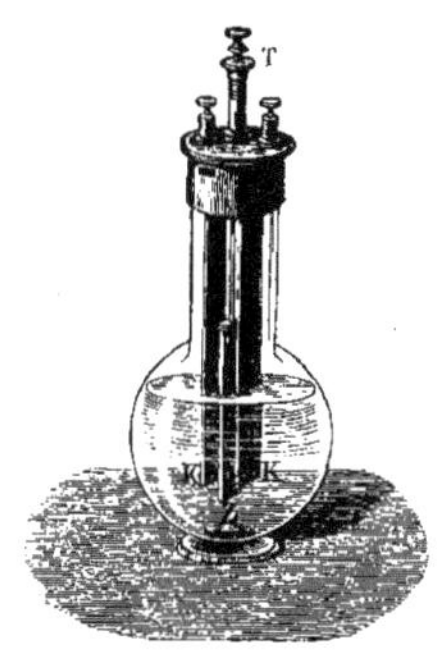

Fig. 112. — Pile à bouteille.

l'acide chromique en oxyde de chrome. Celui-ci se combine à son tour avec l'acide sulfurique pour donner lieu à du sulfate chromique qui, avec le sulfate de potassium également produit, forme de l'alun de chrome. Cette substance se dépose sur les lames de charbon, de sorte que la pile se polarise quand même au bout d'un temps assez court de fonctionnement. D'autre part, cette pile produit un courant intense; sa *force électromotrice* est grande, elle atteint 1 volt 9, et sa *résistance intérieure* est faible. Il ne faut l'employer que pour un service de durée restreinte.

Quand la pile ne doit pas fonctionner, on remonte la lame de zinc en tirant sur le bouton qui termine, à la partie supérieure, la tige cylindrique après laquelle elle est fixée. Cette lame ne touchant dès lors plus le liquide contenu dans la pile, n'est plus attaquée; la pile est au repos et elle ne se polarise pas.

Pile à treuil Trouvé (Fig. 113.) Cette pile est basée sur le même principe que la pile précédente, mais elle est constituée par plusieurs éléments semblables qui permettent d'obtenir un courant électrique beaucoup plus intense. Elle se compose d'une auge en chêne dans laquelle sont disposés six vases rectangulaires où l'on a versé une solution de bichromate de potasse additionnée d'acide sulfurique.

Dans chaque vase plongent deux lames de charbon reliées, à leur partie supérieure, par un conducteur métallique.

Entre les deux plaques de charbon est disposée une lame de zinc.

Les six couples de la pile sont rendus solidaires, par des chaînettes, d'un petit tambour cylindrique horizontal qui peut prendre un mouvement de rotation par l'intermédiaire d'une manivelle. Cette manivelle est munie d'une roue à rochet dans les crans de laquelle un cliquet peut venir s'engager. Ce tambour est guidé et supporté par deux traverses verticales qui lui servent de paliers.

Fig. 113. — Pile au bichromate de potasse Trouvé.

Quand on veut placer la pile au repos, on remonte, en tournant la manivelle dans un certain sens, tous les couples, de façon qu'ils ne baignent plus dans le liquide contenu dans les vases. Le cliquet étant engagé dans une dent de la roue à rochet, immobilise à une place déterminée tout l'attirail. Quand on veut mettre la pile en état de fonctionner, on descend graduellement dans les vases les couples, qui viennent baigner plus ou moins profondément dans le liquide. Suivant qu'on les plonge d'une quantité plus ou moins grande dans ce liquide, les plaques sont attaquées sur une plus ou moins grande surface et le courant produit par la pile a une intensité plus ou moins forte.

La dernière lame de charbon placée à une extrémité de la pile est reliée à la borne positive de cette pile; la dernière plaque de zinc disposée vers l'extrémité opposée est reliée à la borne négative.

PILES A DEUX LIQUIDES

Le procédé de mélanger le liquide dépolarisant au liquide actif offre l'inconvénient de ne pouvoir utiliser d'une façon complète le mélange. En effet, le liquide acidulé qui fait fonction d'excitateur s'affaiblit graduellement, à mesure que l'acide disparaît du fait de son action sur les électrodes. Il arrive un moment où il est nécessaire de remplacer ce liquide *excitateur*. Cependant le liquide dépolarisant, qu'on a mélangé avec lui, pourrait encore remplir pendant quelque temps sa fonction; mais on est dans l'obligation de renouveler le mélange des deux liquides sans avoir pu en tirer tout l'effet possible. De là une perte qu'on a cherché à éviter en construisant des piles dans lesquelles ces deux liquides sont indépendants l'un de l'autre et agissent chacun pour leur compte, l'un comme liquide excitateur, l'autre comme dépolarisant.

On a appelé ces sortes de piles les *piles à deux liquides*.

Amalgamation du zinc

Nous allons trouver dans les piles suivantes à deux liquides, des couples dont une des électrodes est constituée par du *zinc amalgamé*.

Pour quelles raisons amalgame-t-on le zinc et quels avantages en retire-t-on? C'est ce que nous allons tâcher d'expliquer.

Quand on plonge dans de l'eau acidulée une lame de cuivre et une lame de zinc, il se forme, avons-nous dit, sur la lame de zinc, une quantité considérable de bulles de gaz hydrogène. Ces bulles se dégagent même lorsque la pile est au repos, ne *débite pas*, c'est-à-dire quand le circuit n'est pas fermé et que, par conséquent, le courant ne se manifeste pas. Nous avons vu que ce dégagement malencontreux était la cause de la *polarisation* de la pile.

Si toutefois l'électrode négative de la pile était constituée par du *zinc pur*, on remarquerait qu'à *circuit ouvert*, c'est-à-dire quand la pile ne débite pas, le dégagement des bulles d'hydrogène ne se produirait pas ou serait très faible. De plus, quand la pile débite, l'eau acidulée attaque plus fortement la lame de zinc ordinaire du commerce, qui contient bon nombre d'impuretés, que la lame de zinc pur, et tandis que la première est rapidement rongée et mise hors de service, la seconde résiste beaucoup plus longtemps.

La façon d'obvier à l'usure inconsidérée de la lame de zinc est, semble-t-il, très simple. On n'a, en effet, qu'à employer du *zinc pur*. Malheureusement, cette matière coûte relativement assez cher, et l'emploi de la pile deviendrait peu économique si on était astreint à confectionner son électrode négative en zinc pur. On a donc tourné la difficulté et on s'est ingénié à donner au zinc impur du commerce les propriétés du zinc pur en l'*amalgamant*, c'est-à-dire en le recouvrant d'une couche de mercure. Le zinc dans cet état s'use très peu et même pas du tout, quand la pile ne débite pas. Les bulles d'hydrogène qui se dégagent en faible quantité recouvrent la lame de zinc et la protègent, pour ainsi dire, contre l'attaque de l'acide contenu dans l'eau. Quand on ferme le circuit et que le courant circule, comme il se dirige *dans la pile* de l'électrode négative (zinc) à l'électrode positive (cuivre ou charbon), ces quelques bulles rassemblées sur le zinc sont transportées sur l'électrode positive et le liquide acidulé peut de nouveau exercer toute son action sur la lame de zinc débarrassée de son enveloppe protectrice de bulles d'hydrogène.

L'*amalgamation* du zinc se fait, à la surface de la lame, d'une façon fort simple. On la plonge dans un récipient contenant du mercure sur lequel on a versé de l'eau acidulée par l'acide sulfurique. On frotte ensuite énergiquement, avec une brosse comportant des poils en fil de fer, la lame de zinc à amalgamer. Il se dépose sur cette lame une couche de mercure qui lui donne les propriétés que nous venons de signaler. Il est bon que l'amalgamation du zinc soit faite soigneusement, car si la couche de mercure vient à disparaître par places, la lame de zinc est alors rongée, même quand la pile ne débite pas, et il faut la remplacer tout entière.

Aussi amalgame-t-on quelquefois le zinc dans sa masse même, en versant du mercure dans le zinc fondu. On coule ensuite rapidement, pour éviter l'évaporation du mercure, le mélange dans des moules qui donnent au zinc amalgamé dans sa masse la forme désirée.

Pile Daniell (Fig. 114-117.) Nous pouvons, maintenant que nous avons indiqué le rôle du zinc amalgamé, décrire quelques piles à deux liquides.

La première en date est la *pile Daniell.* Dès l'année 1836, Daniell, physicien anglais, fut amené à construire sa pile pour empêcher la précipitation du zinc sur la lame de cuivre sous l'effet de l'eau acidulée, ou du moins, pour obtenir sur cette lame de cuivre un dépôt de métal autre que le zinc et pouvant, comme la lame de cuivre, constituer le pôle positif.

Après de nombreux essais, Daniell trouva que la dissolution de sulfate de cuivre pouvait réaliser l'effet voulu, mais il fallait pour cela que cette dissolution fût séparée de l'eau acidulée dans laquelle plongeait le zinc.

Il divisa donc la cuve, dans laquelle le couple voltaïque était immergé, en deux compartiments, au moyen d'une cloison poreuse ; il mit dans un des compartiments la lame de zinc et le liquide acidulé, et dans l'autre, la lame de cuivre et la dissolution de sulfate de cuivre.

Les deux liquides, susceptibles de réagir l'un sur l'autre en se décomposant mutuellement, étant séparés l'un de l'autre par un diaphragme poreux ou une cloison qui laisse cependant passer facilement le courant électrique, mettent un temps assez long avant de pouvoir arriver à se mélanger.

D'un côté donc, on se trouve en présence d'un élément de la pile qui est seul attaqué par l'eau acidulée ; c'est l'*élément négatif,* la lame de zinc. De l'autre côté, le second élément n'est pas attaqué par le liquide dans lequel il plonge ; c'est l'*élément positif,* la lame de cuivre, qui joue simplement le rôle de conducteur.

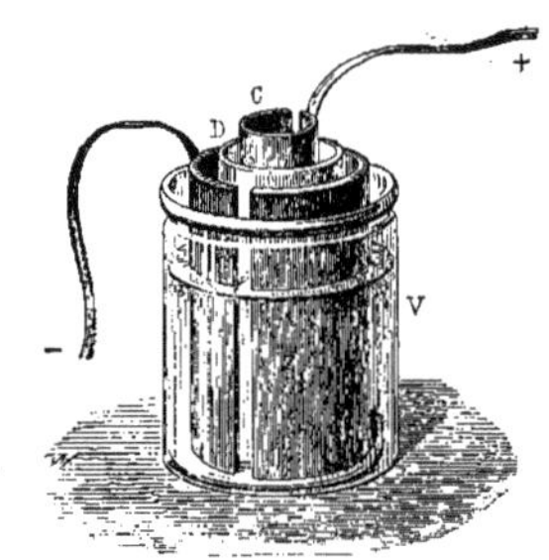

Fig. 114. — Un couple de la pile Daniell.

Toutefois, les deux liquides qui sont séparés par la cloison poreuse ne doivent, par leur action mutuelle à travers ce diaphragme, donner naissance qu'à un courant de même sens que celui provoqué dans la pile par l'action chimique de l'eau acidulée sur le zinc. On évite ainsi que la pile n'ait une résistance intérieure trop considérable.

Voilà établi le principe de la *pile Daniell,* dont les éléments répondent bien aux conditions de bon fonctionnement indiquées plus haut. Cette pile a été depuis sa création l'objet de nombreuses modifications de détails, mais son principe n'a pas changé. Voici comment elle est constituée aujourd'hui :

Un élément de la pile se compose d'un

vase de verre V (Fig. 114) contenant de l'eau acidulée par un mélange d'acide sulfurique. Dans ce liquide est plongée, sur une grande partie de sa hauteur, une lame de zinc amalgamé Z roulée en forme de tube. Au centre de ce tube, est placé un vase poreux D comportant nécessairement un fond, et dans lequel on a versé une solution concentrée de sulfate de cuivre. Dans cette solution plonge une lame de cuivre C.

Fig. 115. — Pile Daniell.

Quand la pile est constituée par plusieurs éléments (Fig. 115), la dernière plaque de cuivre forme la borne positive de la pile, à laquelle est attaché un fil conducteur. La lame de zinc d'un élément est reliée à la lame de cuivre de l'élément suivant et la dernière lame de zinc constitue le pôle négatif de la pile, d'où part un second fil conducteur.

Quand la pile fonctionne et que, par conséquent, le circuit est fermé, le zinc attaqué par l'acide sulfurique est transformé en sulfate de zinc ; l'hydrogène mis en liberté par suite de cette réaction passe à travers le vase poreux central et va réduire le sulfate de cuivre qu'il contient. Il se forme alors un dépôt de cuivre métallique : il se fixe à la lame de cuivre qui forme l'électrode positive, et l'hydrogène, se combinant avec l'oxygène ainsi mis en liberté, forme de l'eau qui redissout une partie du sulfate de cuivre, lequel se trouve en excédent au fond du vase poreux.

Ainsi l'électrode positive, au lieu de recevoir des dépôts de zinc, comme dans les piles primitives, ce qui donnait lieu à un *contre-courant* intérieur, reçoit dans la pile Daniell un dépôt de cuivre qui ne fait que renforcer l'électrode positive constituée en métal semblable.

La *force électromotrice* de cette pile est d'environ 1 volt. Elle produit un courant constant qui peut être de longue durée.

On a donné à la pile Daniell les formes les plus variées. La figure 116 représente une disposition *dite à ballon;* c'est la *pile Vérité.*

Un ballon B est rempli d'eau et de sulfate de cuivre. Le goulot de ce ballon, qui porte un bouchon traversé par un tube de verre, est plongé dans la solution de sulfate de cuivre contenue dans le vase poreux. A mesure que ce sulfate de cuivre se consomme dans le vase poreux, il est remplacé par celui du ballon qui maintient sans cesse la saturation du liquide dépolarisateur, mais a l'inconvénient de réduire un peu l'intensité du courant.

Fig. 116. — Pile Daniell à ballon.

La figure 117 représente une *pile Daniell à auges,* qui a servi pendant très longtemps pour la télégraphie en Angleterre, où elle est encore assez employée pour cet usage.

Elle se compose d'une boîte en bois comportant des compartiments. Les cloisons qui séparent les compartiments sont faites en ardoise. En outre, dans chaque compartiment sont disposées deux cloisons séparées par une plaque de porcelaine poreuse.

Sur chaque cloison en ardoise, on place à cheval un conducteur métallique qui supporte d'un côté une lame de cuivre, de l'autre une plaque de zinc. Dans le compartiment contenant la lame de cuivre on verse la dissolution de sulfate de cuivre; dans le compartiment qui contient la lame de zinc, on verse de l'eau acidulée. La caisse en bois contenant les éléments doit être bien étanche. Elle est fermée par un couvercle, ce qui rend l'évaporation de l'eau très lente. Les deux bornes de la pile seules débordent du couvercle. Elles sont placées aux extrémités et communiquent l'une avec la dernière lame de cuivre, l'autre avec la dernière lame de zinc.

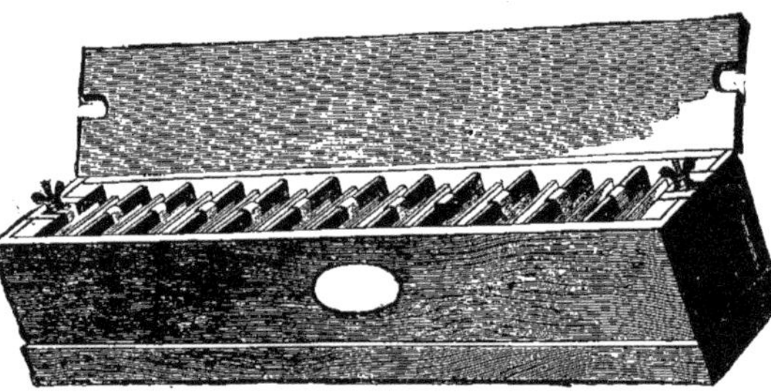

Fig. 117. — Pile Daniell à auges.

Pile Callaud (Fig. 118.) La pile Callaud est une modification ingénieuse de la pile Daniell. Le principe des deux piles est resté le même, mais dans la pile Callaud le vase poreux a été supprimé. Cette pile se compose d'un vase en verre dans le fond duquel repose une lame de cuivre roulée soit en forme de cylindre, soit en forme de spirale. Cette lame est reliée à une tige verticale, également en cuivre, qui déborde à l'extérieur du vase en verre et qui le traverse, dans toute sa hauteur, enfermée dans un tube isolant généralement fait en caoutchouc. Cette tige de cuivre constitue l'électrode positive de la pile.

Un cylindre de zinc suspendu par des crochets sur le bord du vase de verre est relié à une tige également en zinc qui constitue le pôle négatif de la pile. Le cylindre de zinc ne peut descendre dans le vase en verre en dessous de la moitié de sa hauteur.

Pour mettre la pile en action, on met d'abord dans le vase une dissolution de sulfate de zinc étendue dans la proportion de 5 %. Ensuite, on verse une solution concentrée de sulfate de cuivre au moyen d'un tube entonnoir qui plonge jusqu'au fond du vase. Le sulfate de cuivre, ayant une densité plus grande que la dissolution de sulfate de zinc, restera à la partie inférieure du vase et son niveau atteindra une certaine hauteur qui lui permettra de baigner complètement le cylindre ou la spirale de cuivre qui repose au fond du vase. La dissolution de sulfate de zinc, moins dense, prendra place dans le vase au-dessus

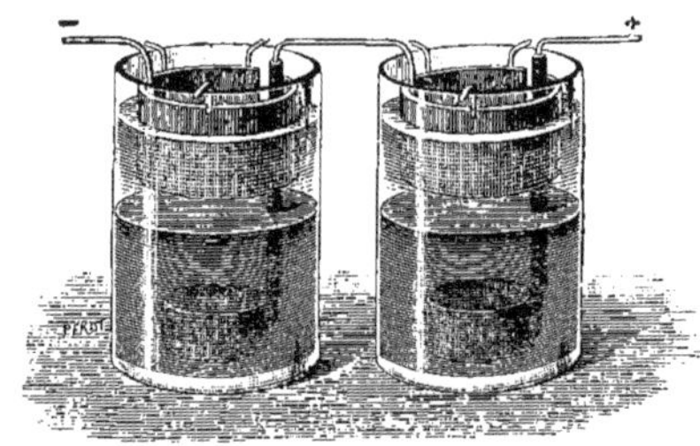

Fig. 118. — Pile Callaud.

de la solution de sulfate de cuivre et baignera entièrement le cylindre de zinc. La différence de densité des deux liquides permet dans cette pile d'effectuer leur séparation sans avoir besoin de recourir à un vase poreux.

Le mécanisme de fonctionnement de cette pile est le même que celui de la pile Daniell.

Pile de Bunsen (Fig. 119-120.) Cette pile est encore à deux liquides qui sont différents de ceux employés dans les deux piles précédentes.

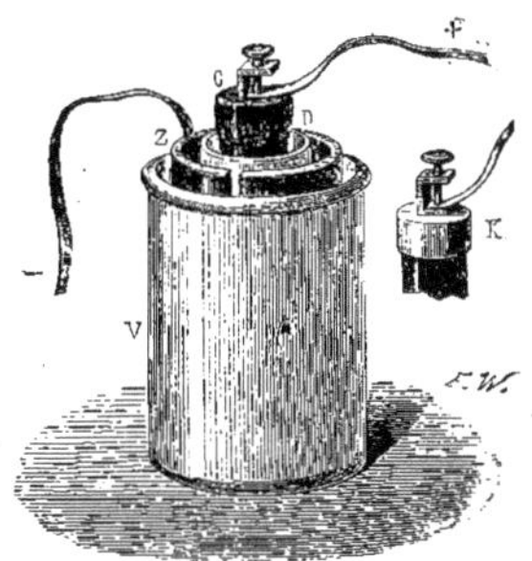

Fig. 119. — Couple de la pile de Bunsen.

Elle se compose (Fig. 119) d'un vase en porcelaine V, dans lequel est placée une lame de zinc amalgamé Z, roulée en cylindre et terminée à sa partie supérieure par un fil de cuivre qui constitue le conducteur. La lame de zinc forme le pôle négatif de la pile.

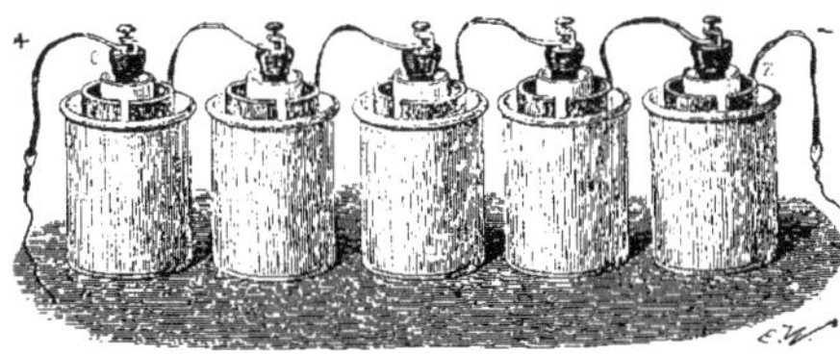

Fig. 120. — Pile de Bunsen.

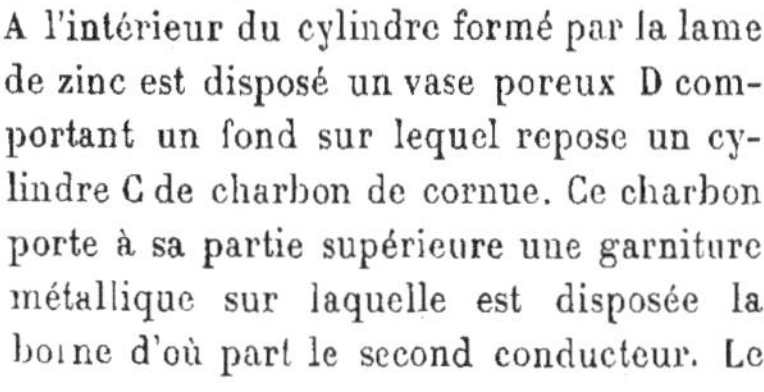

A l'intérieur du cylindre formé par la lame de zinc est disposé un vase poreux D comportant un fond sur lequel repose un cylindre C de charbon de cornue. Ce charbon porte à sa partie supérieure une garniture métallique sur laquelle est disposée la borne d'où part le second conducteur. Le cylindre de charbon constitue le pôle positif de la pile.

Dans le vase V de porcelaine on verse de l'eau acidulée avec de l'acide sulfurique. Ce liquide mouille la lame de zinc roulée, sur la face intérieure et sur la face extérieure.

Dans le vase poreux D on verse de l'acide azotique du commerce qui baigne par conséquent le cylindre de charbon C.

Le couple qui constitue la pile est inactif tant que la communication n'est pas établie entre les deux conducteurs; mais, dès que le zinc et le charbon communiquent par l'intermédiaire de leur conducteur extérieur, l'action chimique s'établit. L'action de l'eau acidulée sur la lame de zinc provoque la formation de sulfate de zinc et un dégagement d'hydrogène. Ce gaz qui traverse le vase poreux vient réagir sur l'acide azotique contenu dans ce vase et le décompose en produisant de l'acide hypoazotique, ou du bioxyde d'azote qui se transforme au contact de l'air en acide hypoazotique. Les deux courants électriques provenant de ces deux réactions sont de même sens, c'est-à-dire marchent du zinc au charbon à travers les liquides et la cloison poreuse.

Quand la pile Bunsen est formée de plusieurs éléments (Fig. 120), on réunit les conducteurs fixés aux lames de zinc, aux cylindres de charbon des éléments suivants. Le cylindre de charbon d'un élément extrême sert alors de pôle positif à la pile ainsi constituée et la lame de zinc de l'élément extrême opposé forme le pôle négatif de la pile.

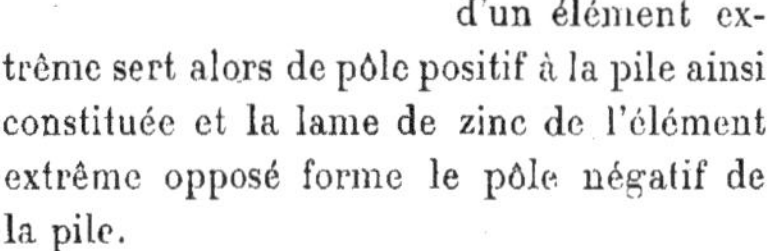

La *force électromotrice* d'une pile Bunsen est bien supérieure à celle d'une pile Daniell. Elle peut atteindre 1 volt 9 quand la pile commence à débiter. Mais comme il est très difficile de maintenir les liquides qu'elle contient en proportion normale, le courant fourni s'affaiblit graduellement. La résistance intérieure de cette pile est inférieure également à celle de l'élément Daniell, grâce à la présence d'acides qui offrent au courant moins de résistance que les dissolutions salines.

D'autre part, cette pile présente le grave inconvénient de répandre dans l'air des vapeurs d'acide hypoazotique qui sont désagréables et même dangereuses pour l'entourage, ce qui oblige à employer l'appareil de préférence dans un endroit non fermé.

La pile de Bunsen est très employée dans la *galvanoplastie.*

PILES A DÉPOLARISANTS SOLIDES

Dans certains types de piles, le dépolarisant, au lieu d'être liquide, est employé sous forme d'aggloméré, ce qui permet la suppression du vase poreux et ne nécessite l'emploi que d'un seul liquide. Les piles Leclanché et Lalande-Chaperon sont à dépolarisants solides.

Pile Leclanché (Fig. 121.) La pile Leclanché se compose d'un vase en verre dans lequel sont disposées les électrodes. L'électrode négative est constituée par une tige cylindrique de zinc amalgamé. L'électrode positive est formée par une lame de charbon surmontée d'une garniture métallique portant la borne où s'attachera le conducteur.

Mais cette lame de charbon, au lieu d'être plongée dans un liquide dépolarisant, est entourée d'une substance agglomérée qui remplit le même office.

Cette substance est obtenue en comprimant à une pression de 300 atmosphères une pâte chauffée à 100 degrés et composée de bioxyde de manganèse, de charbon de cornue et de 5 % de gomme laque. Le liquide excitateur que l'on verse dans le vase en verre pour mettre la pile en action est une solution, dans la proportion de 150 grammes, par litre d'eau, de *sel ammoniac*, autrement dit de *chlorhydrate d'ammoniaque.*

Quand le circuit est fermé, le liquide excitateur, par son action chimique sur le zinc, donne lieu à du chlorure de zinc et à un dégagement d'hydrogène. Ce gaz agit

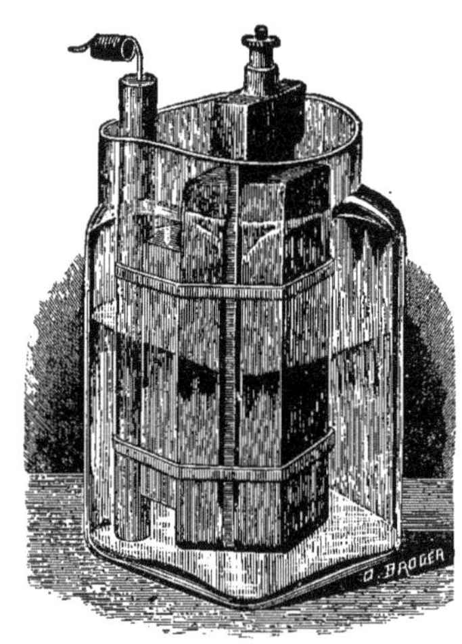

Fig. 121. — Pile Leclanché à agglomérés.

sur le bioxyde de manganèse pour former un composé soluble dans le liquide.

Cependant, les réactions secondaires donnent lieu à la formation d'un sel, l'*oxychlorure de zinc,* qui, peu soluble dans le liquide, se dépose sur la tige de zinc en diminuant ses propriétés électriques. Il faut, de temps à autre, gratter ce dépôt pour maintenir la pile en bon état de fonctionnement.

L'action de l'hydrogène, dégagé par la réaction chimique du liquide excitateur sur le zinc, est lente à se produire sur le dépolarisant solide. Le zinc se recouvre alors d'une quantité de bulles de gaz et, pour cette raison, cette pile se polarise facilement. Aussi convient-il de ne pas lui demander un travail continu et de grande importance. Elle se prête fort bien à actionner des appareils fonctionnant avec un courant faible et par intermittence. Cette pile est très employée pour la téléphonie et pour l'installation de sonneries électriques.

Quand la pile ne débite pas, les électrodes ne sont pas attaquées et, de ce fait, la pile « ne consomme pas » et peut durer un temps fort long. Bien mieux, lorsque, par suite d'un fonctionnement intense, elle s'est polarisée, au repos, l'action intérieure de l'hydrogène sur la matière dépolarisante continue à se produire et la pile se remet automatiquement en bon état de fonctionnement.

Il faut avoir soin de verser de temps en temps dans le vase de la pile une certaine quantité de liquide excitateur pour remplacer celui qui a pu s'évaporer ou diminuer d'action par suite du fonctionnement répété de l'appareil. Quand le sel ammoniac est en surcroît, ce qui produit un dépôt au fond du vase de la pile, on se contente de verser de l'eau dans la pile pour atteindre le niveau normal. La pile Leclanché a une *force électromotrice* d'environ 1 volt 4. Sa *resistance intérieure* est assez faible.

Pile Leclanché-Barbier La pile Leclanché précédente a été transformée de façon à pouvoir être employée sur les automobiles.

Il est nécessaire, dans ce cas, d'empêcher le liquide de se renverser.

Pour cela, la pile est constituée par une électrode en zinc ayant la forme d'un vase, dans l'intérieur duquel plonge une électrode formée d'une substance agglomérée semblable à celle de la pile précédente.

Le liquide excitateur, qui est toujours une solution de sel ammoniac, est versé dans le vase en zinc et son écoulement est rendu impossible par l'interposition, dans l'espace annulaire qui sépare le vase de zinc du cylindre d'aggloméré, d'une pâte à la *gélosine,* ou gelée d'algues, et au chlorure d'ammonium, qui fait office de bouchon.

Pile de Lalande-Chaperon (Fig. 122-124.) C'est aussi une pile à matière dépolarisante solide. On lui a donné diverses dispositions.

La *pile à spirale* (Fig. 122) se compose d'un vase en verre V cylindrique, fermé par un couvercle E constitué en matière isolante. Au centre de ce couvercle est disposée une borne faisant corps avec une tige cylindrique de zinc roulée en forme de spirale. Cette tige de zinc constitue l'électrode négative de la pile.

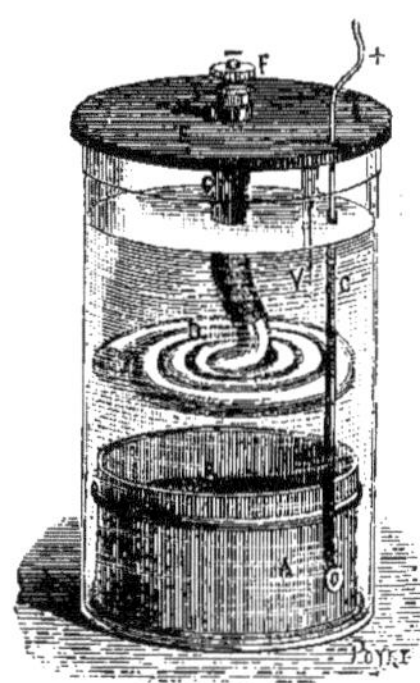

Fig. 122. — Pile de Lalande et Chaperon (modèle en spirale).

Au fond du vase en verre V on place une cuvette en fer ou en cuivre A à laquelle est fixée une tige cylindrique C en cuivre qui, débordant du couvercle, constitue la borne positive. La cuvette A est remplie de bioxyde de cuivre et dans le vase en verre on verse de l'eau contenant de la potasse caustique. La tige de zinc est protégée à sa partie supérieure par un tube de caoutchouc qui l'isole à cet endroit du liquide excitateur, parce qu'elle a une tendance à se détériorer au niveau de ce liquide. Quand le circuit de la pile est fermé, l'action du liquide excitateur sur le zinc produit un composé soluble, et l'hydrogène, mis en liberté par cette même réaction, agit sur le bioxyde de cuivre contenu dans la cuvette inférieure A pour le réduire en cuivre métallique et se combiner avec son oxygène pour former de l'eau.

Cette pile a une *force électromotrice* assez faible, de 0,8 à 0,9 volt, mais elle a un *débit* constant et sa *résistance intérieure* est faible.

Elle ne dépense rien quand son circuit n'est pas fermé.

Un autre modèle de pile de Lalande et Chaperon est la *pile à auge* à grande surface (Fig. 123). Cette pile se compose d'une auge A faite en tôle de fer, dont le fond est garni d'une couche d'oxyde de cuivre. Sur cette couche est étendue une feuille de papier parcheminé sur laquelle reposent aux quatre coins des supports isolateurs L qui portent la plaque de zinc amalgamé D. Sur l'auge est fixée la borne C qui forme le pôle positif de la pile, et sur la plaque de zinc est fixée la borne M qui constitue le pôle négatif. Le liquide excitateur est, comme dans la pile précédente, une dissolution de potasse caustique et la réaction chimique qui se produit à l'intérieur de la pile est la même que celle que nous venons d'indiquer.

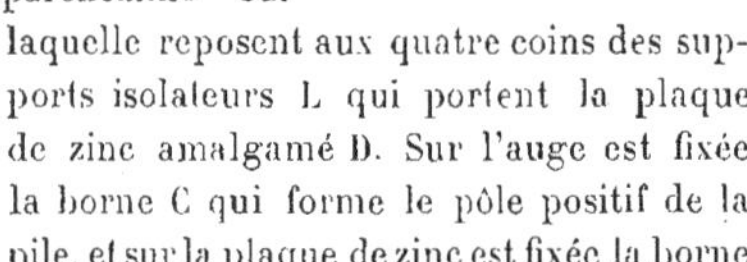

Fig. 123. — Pile de Lalande et Chaperon (élément à auge).

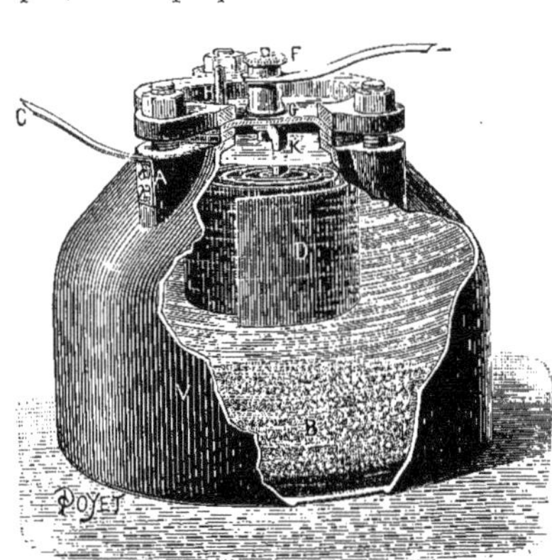

Fig. 124. — Pile de Lalande et Chaperon (élément en obus).

Une troisième disposition donnée à cette pile l'a fait appeler *pile en obus,* étant donnée sa forme particulière (Fig. 124).

Cette disposition permet de rendre cette pile transportable sans craindre le déversement du liquide qu'elle contient.

Le vase extérieur V est en fonte de fer et constitue le pôle positif de la pile.

Une lame de cuivre C qui y est fixée sert de conducteur. Le vase V est paraffiné à chaud afin de le rendre inoxydable. A sa partie supérieure, ce vase est fermé par un couvercle qui lui est fixé par trois boulons.

Au centre du couvercle est disposée une borne G, reliée à une lame de zinc amalgamé D roulée en spirale et qui plonge dans la dissolution de potasse caustique qui emplit le vase de fonte. Au fond de ce vase, on place du bioxyde de cuivre B. Une petite soupape H est placée sur le couvercle; elle est simplement formée par un bout de tube en caoutchouc fendu et disposé à l'extrémité d'un tube métallique qui traverse le couvercle. Elle sert à laisser échapper les gaz qui pourraient provenir de la réaction chimique intérieure. Quand le circuit est fermé, la pile fonctionne de la même façon que les deux piles précédentes établies sur le même principe.

Les piles de Lalande et Chaperon peuvent être employées pour la charge des accumulateurs et pour la galvanoplastie.

PILES A ÉCOULEMENT

Dans les piles que nous avons décrites jusqu'ici, à mesure que le liquide excitateur s'use, s'affaiblit par suite de l'action chimique qu'il exerce sur les organes de la pile, le courant électrique produit par cette pile diminue d'intensité si on ne prend le soin de renouveler au moment opportun le liquide actif. Il y a un type de piles où ce renouvellement s'effectue d'une manière continue et régulière permettant ainsi l'obtention d'un courant de force électromotrice constante, ce qui offre un avantage considérable dans la plus grande partie des cas où l'emploi de la pile est indiqué.

Dans ces sortes de piles qu'on nomme *piles à écoulement,* on force le liquide non seulement à se renouveler, mais encore à circuler entre les électrodes, ce qui est une excellente condition pour sa bonne utilisation. En outre, cette circulation, cette sorte de brassage favorise la dépolarisation en permettant la combinaison de l'hydrogène en excès avec l'oxygène supplémentaire introduit de ce fait. La résistance intérieure s'en trouve, on le conçoit, diminuée.

Fig. 125. — Pile Camacho.

On voit que les piles à écoulement offrent des avantages sérieux; elles sont, d'autre part, un peu plus compliquées que les autres et d'un emploi moins commode.

Pile Camacho (Fig. 125.) Une des premières piles à écoulement est la *pile Camacho.* Comme toutes les piles de ce genre, elle se compose d'une série d'éléments disposés de façon à pouvoir faire circuler le liquide excitateur de l'un à l'autre élément, en utilisant son action sur chacun d'eux et en le recevant à la sortie du dernier, complètement épuisé.

Les éléments de la pile Camacho sont disposés en gradins pour pouvoir faire tomber le liquide en cascade de l'un à l'autre.

Dans chacun des récipients en verre renfermant un *couple* on met une solution de bichromate de potasse. Dans ce récipient plonge une lame de zinc recourbée, entre les branches de laquelle est disposé un vase poreux renfermant une lame de charbon de cornue entourée de morceaux de charbon empilés dans le vase.

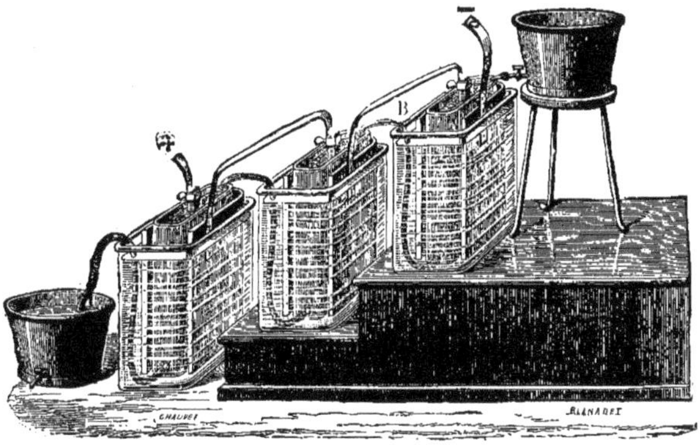

Le liquide excitateur, qui est de l'eau acidulée au moyen de l'acide sulfurique, s'écoule d'un réservoir A dans le vase poreux du premier élément. De là, il se rend dans le vase poreux du deuxième élément au moyen d'un tube de caoutchouc partant de la partie inférieure du premier vase poreux et venant déboucher à la partie supérieure du deuxième. A la sortie du dernier vase poreux, le liquide n'ayant plus aucune action se déverse dans un récipient et est destiné à être jeté.

Cette pile ne permet que l'écoulement d'un seul liquide. Au bout d'un certain temps de fonctionnement, il faut laver les vases poreux et l'électrode qu'ils contiennent en faisant passer, au lieu du liquide acide, de l'eau pure qui les débarrasse du dépôt de chrome qui s'y est formé par suite de la réaction chimique.

Pile Devaux (Fig. 126.) Dans cette pile à écoulement, on a réalisé à la fois la circulation du liquide excitateur et du liquide dépolarisant. Les éléments sont constitués par un vase en verre A contenant le zinc, dans lequel est placé un second vase B, en terre poreuse, contenant la lame de charbon.

Chacun de ces vases est muni d'un bec servant à l'écoulement des liquides.

Les becs des vases en verre donnent accès à une gouttière commune C D dont une extrémité C est disposée au-dessus d'un récipient F placé en contre-bas du dernier élément; les becs des vases poreux débouchent au-dessus des vases poreux suivants et le dernier est placé au-dessus d'un second récipient E.

Fig. 126. — Pile Devaux.

Les éléments sont disposés en gradins de façon à réaliser l'écoulement des liquides. Les deux liquides sont versés dans deux vases G et H placés à un niveau supérieur à celui du premier élément. L'un des liquides, le liquide excitateur, est distribué dans les différents vases de verre au moyen d'un conduit I muni de robinets qui permettent de régler le débit.

Ce liquide excitateur est ainsi admis au même degré de concentration dans tous les éléments, ce qui donne lieu à une action chimique semblable pour le premier élément et pour le dernier. Le liquide est conduit dans le vase en verre de façon à déboucher à sa partie inférieure. Il remonte en exerçant son action sur l'électrode et arrive à la partie supérieure affaibli; il s'écoule alors par le bec du flacon dans la gouttière C D, qui le conduit dans un des récipients F disposés en contre-bas.

Le liquide dépolarisant contenu dans le second récipient supérieur H s'écoule d'abord dans le premier vase poreux, puis successivement il passe dans tous les autres en se déversant de l'un à l'autre par les becs d'écoulement ménagés à la partie supérieure de ces vases. Le bec du dernier vase poreux laisse écouler le liquide dans le second récipient E placé en contre-bas du dernier élément.

Pour que le liquide dépolarisant exerce son action sur les divers éléments, il n'est pas nécessaire qu'il arrive avec toute son intensité, comme le liquide excitateur, sur les organes qu'il influence. En outre, comme c'est en général le produit le plus coûteux, il est rationnel qu'on l'épuise totalement avant de le rejeter.

La pile Devaux est, on le voit, très judicieusement établie.

PILES SÈCHES

On appelle, assez improprement d'ailleurs, *piles sèches,* les piles dans lesquelles le liquide acidulé est remplacé par un corps solide, légèrement humide. C'est un physicien de Genève, Deluc, qui, en 1809, construisit la première pile sèche. Elle était constituée comme une *pile à colonne*, mais ses éléments étaient formés par trois cents disques de zinc et trois cents disques de papier doré d'un seul côté empilés les uns au-dessus des autres dans un tube de verre.

Pile de Zamboni (Fig. 127.) En 1812, Zamboni, professeur à Vérone, établit sa pile sèche qui servit de type à la plupart des piles sèches construites depuis cette époque.

La pile Zamboni était composée d'un grand nombre, plusieurs milliers, de disques de papier d'épaisseur assez grande, pressés fortement les uns contre les autres. Un côté des disques de papier était étamé, c'est-à-dire recouvert d'une couche d'étain; l'autre recevait une couche très mince d'oxyde de manganèse en poudre, mêlé avec de la farine et du lait. Cette pile avait une force électromotrice assez grande, mais elle ne produisait qu'un courant très faible; sa résistance intérieure était considérable. C'est d'ailleurs la caractéristique des piles sèches en général.

En outre, les piles sèches ne fonctionnent que lorsque le papier conserve un peu d'humidité atmosphérique et elles deviennent inactives au bout d'un temps relativement assez long, par suite de l'altération des surfaces des rondelles de papier.

La force électromotrice est développée dans ces piles par l'action chimique qui se produit entre l'étain qui s'oxyde et le bioxyde de manganèse qui se réduit, le papier jouant le rôle de conducteur humide.

On a utilisé les piles sèches pour obtenir de curieux mouvements d'une durée fort longue qui, dans les premiers temps, firent croire à la réalisation du « mouvement perpétuel ».

Une pile formée de deux colonnes comportant chacune 2.000 couples, réunies à leur base et présentant à leur sommet deux pôles de noms contraires, c'est-à-dire l'une un pôle positif et l'autre un pôle négatif, peut provoquer la rotation ininterrompue pendant plusieurs années d'une aiguille légère formée d'une plaquette de gomme laque terminée à chaque extrémité par une pointe métallique.

En effet, quand une pointe de l'aiguille passe au-dessus d'un des pôles, elle est d'abord attirée, puis repoussée lorsqu'elle est chargée d'électricité de même nom. En arrivant en face du pôle de nom contraire, elle est de nouveau attirée, puis encore une fois repoussée. Cette succession

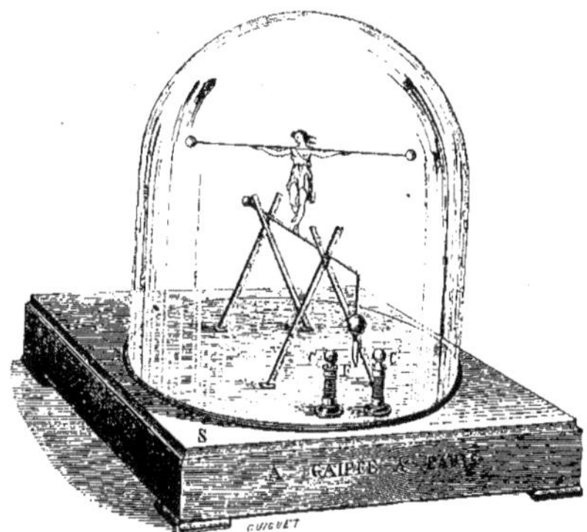

Fig. 127. — Pile sèche de Zamboni.

d'actions contraires des pôles de la pile sur les deux pointes de l'aiguille, provoque sa rotation continue autour d'un pivot vertical qui la supporte.

Un autre petit appareil qui n'est en somme qu'un jouet amusant (Fig. 127) consiste à mettre dans un socle S une pile sèche. Les deux pôles de la pile sont constitués par deux colonnettes CC', débordant du socle, et ses éléments se composent de 10.000 couples de zinc et de papier doré d'un seul côté.

Entre les deux colonnettes est une feuille d'or F, rendue solidaire d'une cordelette tendue entre deux supports. A cette corde est attachée une figurine qui représente un danseur.

La feuille d'or F est tour à tour attirée par l'un ou l'autre pôle de la pile et prend ainsi un mouvement d'oscillation qui donne au danseur de corde un mouvement cadencé de la droite vers la gauche et inversement. Ce mouvement dure des années entières.

On a fait à Munich et à Vérone des petites horloges dans lesquelles le mouvement du pendule, ainsi obtenu, se transmettait à des rouages; mais on ne pouvait guère obtenir un fonctionnement régulier, la force électro-motrice de la pile dépendant de l'humidité de l'air.

Les piles sèches de ce genre sont assez peu employées industriellement.

PILES THERMO-ÉLECTRIQUES

Les *piles thermo-électriques* sont très différentes de toutes les piles que nous venons de décrire et dans lesquelles le courant est produit par la transformation de l'*énergie chimique* en *énergie électrique*.

Dans les piles *thermo-électriques*, c'est l'*énergie thermique*, la chaleur, qui, transformée en *énergie électrique*, donne naissance au courant.

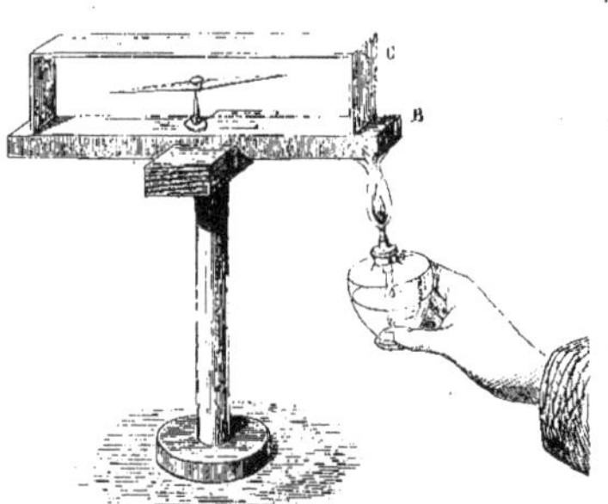

Fig. 128. — Expérience de Seebeck.

C'est un physicien de Berlin, Seebeck qui, en 1821, à la suite d'une intéressante expérience (Fig. 128), constitua la première pile thermo-électrique.

Seebeck forma un circuit métallique fermé, composé d'un barreau de bismuth et d'une lame de cuivre soudés bout à bout. Il chauffa l'une des deux soudures et il constata que le circuit métallique était à ce moment parcouru par un courant élec-

Fig. 129. — A. C. Becquerel.

trique, se dirigeant de la soudure chaude vers la soudure froide. Pour rendre visible l'existence du courant, il plaça une aiguille aimantée montée sur un pivot vertical, entre la lame de cuivre C, disposée en forme de pont, et la lame de bismuth B, formant socle. Quand une des soudures était chauffée, l'aiguille aimantée était aussitôt déviée, ce qui indiquait bien la présence du courant électrique dans le circuit métallique. Quand on chauffait la soudure opposée, le courant changeait de direction, ce qui était indiqué par la déviation de l'aiguille qui s'effectuait en sens inverse.

Les propriétés électro-magnétiques du courant et son action sur l'aiguille aimantée avaient été mises en évidence, l'année précédente, en 1820, par le physicien de Copenhague Œrsted.

Becquerel analysa les phénomènes thermo-électriques dans les circuits métalliques constitués soit avec un seul métal soit avec plusieurs, et il constata que lorsqu'un circuit est formé même d'un seul métal peu homogène, on obtient un courant thermo-électrique.

Becquerel conclut que lorsque la chaleur se propage dans une barre de métal, il s'opère une suite de décompositions et de recompositions du fluide neutre qui accompagnent la propagation de la chaleur. Ce fluide neutre du corps métallique est dû à la composition de l'électricité positive et négative, ainsi que nous l'avons dit plus haut. Lorsque la chaleur, dans sa propagation, rencontre un obstacle, il y a aussitôt séparation des deux électricités au point où cet obstacle existe.

La cause productrice de force électromotrice la plus efficace est évidemment une solution de continuité, telle, par exemple, qu'une soudure de deux métaux de natures différentes.

Le sens du courant dans un circuit formé par deux métaux, dépend de la nature de ces métaux. Ainsi, dans un couple de bismuth et de cuivre, le courant a une direction contraire de celle qui est obtenue dans un couple antimoine et cuivre.

On a été conduit à établir une liste de métaux dont l'assemblage peut donner lieu à un courant thermo-électrique d'intensité progressive et de directions différentes. Les dix métaux suivants : antimoine, fer, zinc, argent, or, cuivre, étain, plomb, platine, bismuth ont été rangés dans un ordre tel que chacun d'eux, assemblé avec ceux qui le suivent, détermine un courant dont le pôle positif est du côté de la soudure chaude, et assemblé avec ceux qui le précèdent, donne lieu à un courant dont le pôle négatif est également du côté de la soudure chaude. En outre, l'association de deux métaux de plus en plus éloignés l'un de l'autre, donne lieu à un courant d'une intensité de plus en plus grande. On voit donc que l'assemblage de l'antimoine et du bismuth peut produire des courants assez énergiques.

Les expériences faites par Becquerel établirent que l'intensité du courant thermo-électrique est proportionnelle à la température des soudures, jusqu'à 50 ou 100 degrés.

La découverte de ces curieux effets provoqua la construction de nombreuses *piles thermo-électriques*, dont le pouvoir *électromoteur* est dû uniquement à la chaleur. Nous allons en décrire quelques-unes parmi les plus intéressantes.

Pile thermo-électrique de Pouillet. (Fig. 130.) Dans ses recherches sur les lois des courants, le physicien Pouillet construisit une pile thermo-électrique, constituée par des couples métalliques, composés chacun d'une lame de cuivre C et d'un barreau de bismuth B, disposés en forme d'U, et soudés à une de leurs extrémités.

Fig. 130. — Pile thermo-électrique de Pouillet.

La seconde extrémité de chaque lame recourbée est soudée également avec le couple précédent ou le couple suivant. Chaque soudure des couples composant la pile est plongée dans un vase. Ces vases, placés à la suite les uns des autres, sont alternativement remplis les uns d'eau froide, les autres d'eau chaude. On constitue ainsi pour chaque couple une soudure froide et une soudure chaude, et le courant électrique fourni par la pile est augmenté du fait du nombre de couples mis en action. A une extrémité de la pile est placé le pôle positif (+); à l'autre extrémité est le pôle négatif (—).

Pour rendre plus sensible la différence de température entre les deux soudures alternatives, on met dans une série de vases de la glace pilée qui maintient une soudure à une très basse température, et sous l'autre série de vases on place une lampe à alcool maintenant l'eau qui y est contenue à une température élevée.

Pile Nobili (Fig. 131-134.) La pile Nobili est constituée par la juxtaposition d'un grand nombre de couples soudés

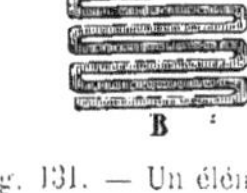

Fig. 131. — Un élément de la pile thermo-électrique de Nobili.

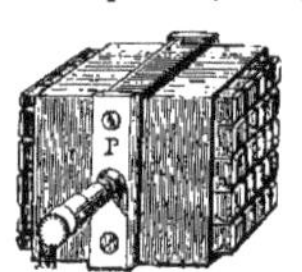

Fig. 132. — Pile thermo-électrique de Nobili.

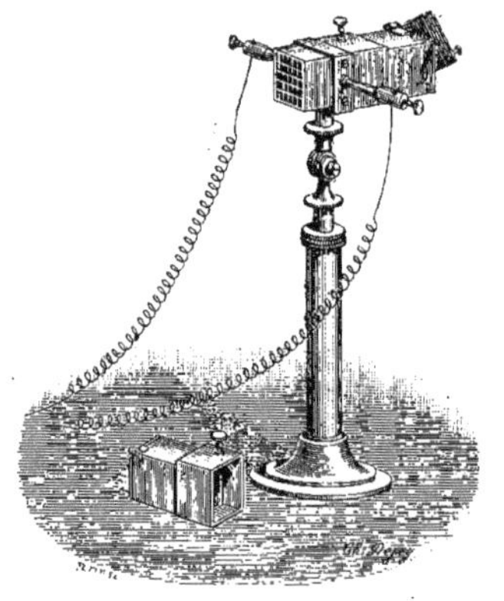

Fig. 133. — Pile thermo-électrique de Nobili.

par séries les uns aux autres. Un élément (Fig. 131) est formé par un certain nombre de barreaux de bismuth A soudés à des barreaux d'antimoine B.

Les barreaux de bismuth et d'antimoine

Fig. 134. — Pile thermo-électrique de Nobili, pourvue d'un réflecteur.

alternent nécessairement et chaque élément porte ainsi des soudures sur chacune de ses faces. Une série de ces soudures seront refroidies et les autres échauffées pour obtenir un courant. Quand plusieurs éléments sont assemblés par juxtaposition, on constitue une pile (Fig. 132 et 133) pouvant produire un courant plus intense.

La *pile Nobili* a été utilisée pour accuser des variations très faibles de température. Munie d'un entonnoir conique B (Fig. 134) qui a pour but de concentrer sur une de ses faces les rayons calorifiques, elle produit un courant très faible, il est vrai, mais que Melloni utilisa pour constituer, à l'aide d'un *galvanomètre,* un appareil thermométrique d'une grande sensibilité. C'est d'ailleurs sur le courant thermo-électrique qu'est basé le *pyromètre Le Châtelier,* appareil destiné à indiquer la température d'un foyer ou d'un four et que nous avons décrit dans le premier volume des *Merveilles de la Science.*

Pile Noé (Fig 135-136.) Cette pile diffère, comme constitution des éléments, des piles thermo-électriques précédentes. C'est la première pile thermo-électrique qui ait été utilisée industriellement. Elle est due à un physicien de Vienne (Autriche) nommé Noé. Elle se compose d'une série d'éléments dont chacun est un couple formé de maillechort et d'un alliage de zinc et d'antimoine. Le maillechort est sous forme de fils A soudés à l'extrémité d'un barreau cylindrique qui est l'alliage de zinc et d'antimoine. L'autre extrémité des fils est soudée au bout opposé du barreau cylindrique voisin. Les couples sont disposés de façon à ce que les barreaux convergent vers un même point. En ce point central, on place une source de chaleur qui agit sur une série de pointes B, en cuivre rouge, qui terminent les barreaux cylindriques faits en alliage de zinc et d'antimoine. La chaleur se communique par ces pointes à la soudure de chaque élément rapprochée du centre; l'autre soudure est placée vers l'extérieur et se trouve ainsi refroidie. Une extrémité d'un des fils de maillechort constitue un des pôles de la pile; l'autre pôle est le bout d'un des barreaux cylindriques.

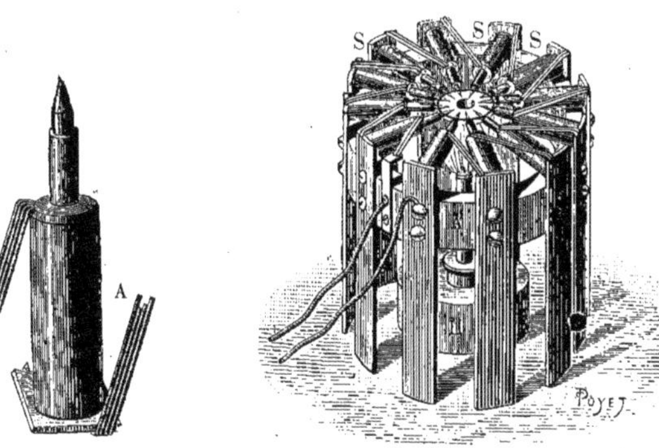

Fig. 135 et 136. — Pile thermo-électrique Noé.

Cette pile a été employée en Autriche pour les opérations de dorure, d'argenture et de nickelage.

Pile Clamond (Fig. 137-139.) C'est une pile thermo-électrique encore plus puissante que la précédente. Elle est constituée par plusieurs séries d'éléments superposés et séparés par des rondelles de caoutchouc. Chaque série comporte 10 éléments disposés en cercle et chaque élément est formé d'un barreau *b*, fait en alliage zinc et antimoine, et d'une lame de fer *a* très mince. Les diverses lames de fer relient,

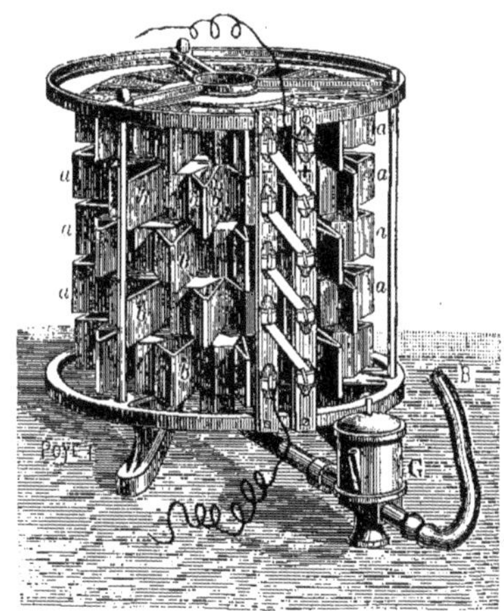

Fig. 137. — Pile thermo-électrique Clamond. Ensemble.

dans chaque série, les barreaux de zinc et d'antimoine en allant du centre vers l'extérieur. Une rangée de soudures se trouve donc rapprochée du centre; l'autre est disposée vers l'extérieur de l'appareil. Les

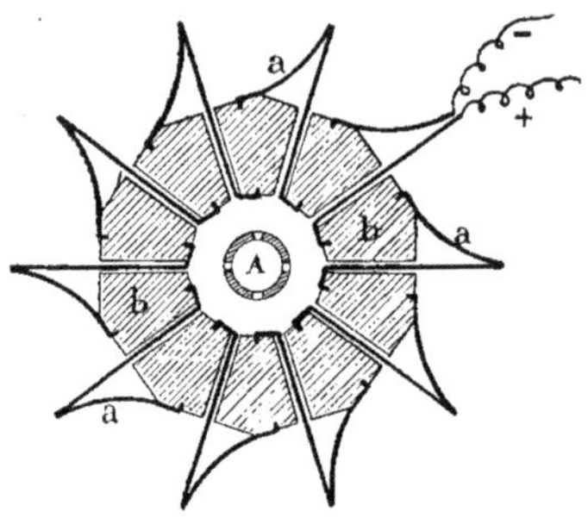

Fig. 138. — Pile thermo-électrique Clamond. Coupe horizontale.

deux pôles de chaque série d'éléments sont respectivement reliés à deux lames collectrices verticales qui portent l'une le pôle positif de la pile, l'autre le pôle négatif.

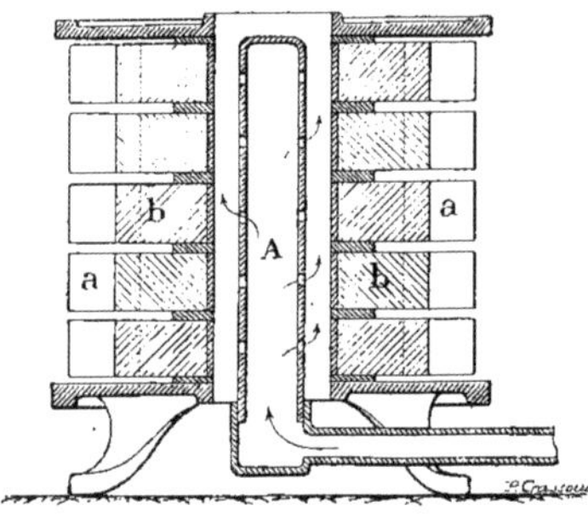

Fig. 139. — Pile thermo-électrique Clamond. Coupe verticale.

On place au centre de la pile la source de chaleur. L'air chaud provenant du foyer circule dans un collecteur A fait en fonte de fer et comportant une série de trous. Ce collecteur, qui offre une grande surface, emmagasine la chaleur et la communique ensuite aux couples. A l'extérieur de l'appareil, les lames de métal présentent une surface également importante à la circulation de l'air ambiant. La différence de température produit le *courant électrique*.

La pile Clamond peut être employée, comme la précédente, pour la galvanoplastie.

Pile étalon Latimer-Clark

(Fig. 140.) Nous venons de décrire les principaux types de piles. Chacune de ces piles a une *force électromotrice* qui lui est propre. Ces forces électromotrices varient donc d'un système de pile à l'autre. Il a

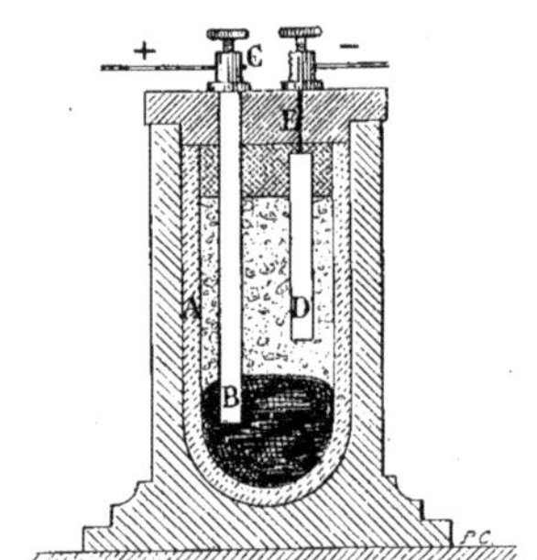

Fig. 140. — Pile étalon Latimer-Clark.

fallu établir, pour comparer ces piles entre elles, une pile spéciale qui, faisant office d'*étalon*, pût remplir ce but. Il est bien évident que cette *pile étalon* doit avoir elle-même une force électromotrice bien déterminée et parfaitement constante. Pour la réaliser, il a été nécessaire d'employer des produits très purs et des compositions chimiques bien déterminées.

La *pile étalon Latimer-Clark*, basée sur ces données, se compose d'un récipient en verre A dans le fond duquel on a versé du mercure. Dans ce mercure plonge un fil de platine protégé par un tube de verre B C, et qui déborde à l'extrémité supérieure du récipient pour former le pôle positif de la pile.

Fig. 111. — Génératrice à courant continu de 1.019 chevaux : 750 kilowatts, 75 volts, 10.000 ampères, à deux collecteurs, tournant à 300 tours par minute. (Compagnie de l'Industrie électrique et mécanique, à Genève.)

Au-dessus du mercure, on a placé une pâte de sulfate mercureux faite avec une solution de sulfate de zinc. Dans cette pâte est plongé un bâton de zinc pur D E qui constitue le pôle négatif de la pile.

Au-dessus de la pâte est disposé un bouchon scellé avec un mastic, de manière à fermer hermétiquement le récipient en verre.

Cette pile donne une force électro-motrice parfaitement constante qui est de 1,434 volt à la température de 15 degrés. Quand cette température varie, la force électro-motrice varie aussi, mais dans une proportion excessivement faible : 1/1000 de volt environ par degré.

UNITÉS ÉLECTRIQUES

Maintenant que nous connaissons les principaux types de piles et que nous savons comment est produit le courant électrique, il importe, avant d'aller plus loin, de connaître le nom des *unités électriques* et les relations qu'elles ont entre elles.

Les *unités électriques* ont pour base le système dénommé, par abréviation, C. G. S., qui a été établi par un congrès international d'électriciens tenu à Paris en 1881. Ce système consiste à rapporter toutes les grandeurs électriques à trois grandeurs prises comme bases invariables, qui sont : le *centimètre*, le *gramme*, la *seconde*. Dans le Monde entier donc, grâce au système C. G. S., les unités électriques ont la même valeur, quel que soit le pays dans lequel elles sont mesurées. C'est, comme on le voit, un internationalisme de bon aloi et fort recommandable.

Nous savons ce qu'on entend par *différence de potentiel*, par *quantité* d'électricité, par *intensité* de courant et par *résistance* d'un conducteur.

Nous avons dit que la *différence de potentiel*, qui s'appelle *force électro-motrice* lorsque la pile ne débite pas, se mesure au moyen d'une unité nommée *volt*, abréviation du nom de Volta.

La *quantité* d'électricité se mesure au moyen d'une unité nommée *coulomb*.

L'unité d'*intensité* est désignée sous le nom d'*ampère*.

L'unité de *résistance* s'appelle un *ohm*.

Il est encore deux unités électriques importantes dont nous pouvons maintenant parler. C'est l'unité de *travail électrique* qu'on appelle un *joule* et l'unité de *puissance électrique* qu'on nomme un *watt*.

Toutes ces unités électriques portent le nom de savants physiciens ou d'hommes de génie du monde entier, à qui, pour leurs travaux et leurs découvertes, on a rendu un hommage mérité en léguant leur nom à la postérité.

Volta, nous l'avons vu, était un physicien italien. Coulomb et Ampère étaient des physiciens français, le premier mort en 1806 et le second en 1836, qui se distinguèrent par leurs travaux sur l'Électricité. Ohm fut un physicien allemand qui vécut de 1787 à 1854 : il étudia le courant électrique et détermina les fameuses lois dont nous allons parler. Joule était un physicien anglais connu par ses travaux sur la transformation de l'énergie électrique en chaleur, né en 1818 et mort en 1889. Enfin Watt fut l'illustre mécanicien anglais dont nous avons longuement parlé dans le premier volume de cet ouvrage, et à qui nous devons la mise au point industrielle de la *machine à vapeur*.

Il nous reste à montrer les relations qu'ont entre elles toutes ces unités électriques et leur rapport avec les trois unités fondamentales : le *centimètre*, le *gramme*, la *seconde*.

Il convient, ici, d'apporter une grande attention aux définitions quelque peu arides, il est vrai, des valeurs de ces unités avec lesquelles nous nous familiariserons vite par l'emploi fréquent que nous sommes appelés à en faire par la suite.

Volt Le *volt*, unité de *différence de potentiel* et de *force électro-motrice*, est la grandeur de la *différence de potentiel* qu'il faut établir et maintenir entre les extrémités d'un conducteur dont la *résistance* électrique est de *1 ohm*, pour qu'un courant électrique d'une *intensité* de *1 ampère* passe dans ce conducteur.

Coulomb Le *coulomb*, unité de *quantité d'électricité*, est la grandeur de la *quantité* d'électricité fournie pendant une *seconde* par un courant électrique d'une intensité de *1 ampère*. Dans la détermination de la valeur de cette unité, l'unité de temps, la *seconde*, sert de base. Pour déterminer pratiquement la valeur du *coulomb*, on fait passer le courant électrique à travers une dissolution d'un sel métallique, de préférence un sel de cuivre ou un sel d'argent. La quantité d'*énergie électrique* fournie par le courant décompose le sel métallique et met en liberté une certaine quantité de métal. En pesant le métal ainsi libéré, on détermine la *quantité* d'électricité transportée dans l'unité de temps. Un courant fournissant une *quantité* d'électricité égale à *1 coulomb*, peut mettre en liberté, par son passage à travers une dissolution des deux sels métalliques précédents 0,327 milligramme de cuivre ou 1,118 milligramme d'argent. Il détermine également la décomposition de 0,092 milligramme d'eau.

Ampère L'*ampère*, qui est l'unité *d'intensité*, représente la grandeur de l'*intensité* d'un courant électrique fournissant une *quantité* d'électricité égale à *1 coulomb* par *seconde*.

Parallèle entre un courant électrique et un courant liquide Pour se rendre un compte exact de ce que représentent les trois unités précédentes dont nous venons d'indiquer la valeur, comparons le *courant électrique* qu'elles déterminent à un *courant liquide*. Prenons, comme au commencement de ce chapitre (Fig. 98), deux récipients contenant un liquide, placés à des niveaux différents. Nous avons dit que la *différence de potentiel* dans le système électrique n'était autre chose que la *différence de niveau* dans le système hydraulique. Comment désignerait-on, dans ce dernier cas, la différence de niveau? En exprimant en mètres ou en sous-multiples du mètre la hauteur comprise entre les deux niveaux du liquide, et on dirait que la *chute hydraulique* est mesurée par un certain nombre de *mètres*. Pour le courant électrique, la *différence de potentiel* étant mesurée par les *volts*, on dira que la *chute électrique*, entre le point de départ du courant de la source et son point d'arrivée, est mesurée par un certain nombre de *volts*.

Continuons notre comparaison. Nous connaissons la hauteur de chute hydraulique; mais il faut encore savoir quelle est la *quantité de liquide* qui s'écoulera d'un récipient à l'autre dans un temps déterminé. Nous déterminerons pour cela le volume ou le poids du liquide tombant dans l'espace d'une *seconde*.

De même, dans le système électrique, nous chercherons quelle est la *quantité d'électricité* qu'une *chute électrique*, ayant une valeur d'un certain nombre de *volts*, produira, dans l'espace d'une *seconde*, et nous mesurerons cette *quantité* d'électricité avec l'unité nommée *coulomb*.

Joule Par analogie entre le système *hydraulique* et le système *électrique*, on peut donc assimiler le *volt* au *mètre* et le *coulomb* au *kilogramme*. Or, nous savons que si on fait tomber un *kilogramme* de liquide de un *mètre* de hauteur, nous produisons une quantité d'*énergie* appelée *kilogrammètre*. De même, si nous disposons d'une quantité d'électricité égale à un *coulomb* tombant d'une hauteur électrique égale à un *volt*, nous produirons une quantité d'*énergie* qui sera prise comme unité de *travail électrique* et que l'on nomme un *joule,* ainsi que nous l'avons dit plus haut.

Donc le *joule* est le travail produit par une *quantité* d'électricité égale à un *coulomb* subissant une *chute de potentiel* de *un volt.*

On pourrait, par analogie avec le *kilogrammètre,* l'appeler *coulombvolt.*

Pour en finir avec nos trois premières unités et pour bien marquer ce qui distingue la *quantité* d'électricité dont l'unité est le *coulomb* de l'intensité dont l'unité est l'*ampère,* nous dirons qu'il y a entre elles la même différence qui existe entre ce que l'on nomme le *travail* produit par une machine et sa *puissance,* par exemple. En effet, de même que dans une machine la *puissance* est le *travail* produit par cette machine pendant une seconde, de même l'*intensité* d'un courant est la *quantité* d'électricité fournie par ce courant dans l'espace d'une *seconde* et l'*ampère* représente bien l'*intensité* d'un courant transportant une *quantité* d'électricité égale à *un coulomb* en *une seconde.*

Watt

En étendant la comparaison entre le travail d'une machine et sa puissance, au *travail* et à la *puissance électriques,* il nous sera facile de concevoir que, si le *travail électrique* est exprimé en *joules,* la *puissance électrique* sera déterminée par un nombre de *joules* par *seconde.* On a créé une unité spéciale de *puissance électrique* qu'on appelle, nous l'avons dit, le *watt.* Donc le *watt,* unité de *puissance électrique*, est la *puissance* produisant un *travail* d'*un joule* pendant une *seconde.* C'est, en d'autres termes, la *puissance* transmise, pendant une *seconde,* par un courant d'une *intensité* de *un ampère* provoqué dans un conducteur par une *différence de potentiel* de *un volt.*

Le *watt* peut donc être représenté par le produit du *volt* par l'*ampère :* c'est le *Voltampère.*

Relation entre le travail et la puissance électriques et le travail et la puissance mécaniques

Il était indispensable d'établir entre les unités de travail et de puissance électriques et les unités de travail et de puissance mécaniques une relation qui pût permettre de les comparer et de les substituer les unes aux autres.

Pour établir cette relation entre le *joule* qui est l'unité de travail électrique et le *kilogrammètre,* unité de travail mécanique, on rapporta ces deux unités à l'unité de *puissance calorifique :* la *calorie.* La calorie étant équivalente à 0,425 *kilogrammètre* et à 4 *joules* 17, il s'ensuit qu'un *kilogrammètre* vaudra 9,81 *joules,* ou qu'inversement un *joule* vaudra 1 : 9.81 *kilogrammètre.*

Nous savons que le *cheval-vapeur* vaut 75 *kilogrammètres.* Nous pouvons donc traduire le *cheval-vapeur* en unité de *travail électrique* en posant 9.81 joules × 75 = 736 joules. Un *cheval-vapeur* équivaut donc à 736 *joules.*

Si nous cherchons maintenant la relation existant entre la *puissance mécanique* et la *puissance électrique,* nous reprendrons ce que nous venons de déterminer et nous poserons qu'un *kilogrammètre* vaut 9,81 *joules.*

L'unité de *puissance mécanique,* qui est égale à un *kilogrammètre* par *seconde,* sera équivalente à 9,81 *joules* par *seconde.* Or nous savons que le *joule* par *seconde* ou unité de *puissance électrique,* se nomme un *watt.* L'unité de *puissance mécanique,* le *kilogrammètre,* équivaudra donc à 9,81 *watts.* Une *puissance mécanique* de un *cheval-vapeur* qui représente 75 *kilogrammètres* aura comme équivalent une *puissance électrique* de 9.81 watts × 75 = 736 *watts* et un *watt* vaudra 1/736 de *cheval-vapeur.*

Il sera ainsi très facile de transformer en

Fig. 142. — Moteur électrique à courant alternatif triphasé, conduisant une pompe centrifuge à haute pression pouvant élever 25 mètres cubes d'eau à l'heure, à une hauteur manométrique de 170 mètres. (Ateliers Thomson-Houston, à Paris).

chevaux-vapeur la puissance électrique d'une machine donnée en watts, ce qui explique qu'on entende couramment désigner la puissance des machines électriques par un certain nombre de chevaux-vapeur. On exprime souvent aussi cette puissance en *kilowatts.*

Le *kilowatt* vaut évidemment 1.000 watts, ou, si on le transforme en cheval-vapeur, 1.000 : 736 = 1,36 cheval.

Applications numériques Pour bien comprendre la relation existant entre le travail et la puissance mécaniques et le travail et la puissance électriques, supposons qu'on ait à déterminer d'abord le travail effectué, par exemple, en une heure par un courant de 10 ampères passant dans un conducteur dont les extrémités sont à une différence de potentiel de 20 volts, puis qu'on ait à trouver la puissance électrique de ce courant.

D'après ce que nous avons dit plus haut, le *travail* effectué en une *seconde* sera égal à 20 volts × 10 ampères = 200 *joules.* Pendant un heure ou 3.600 secondes le travail électrique aura une valeur de 200 × 3.600 = 720.000 joules.

En traduisant ce travail électrique en travail mécanique, nous trouverions qu'il équivaut à 720.000 joules : 9,81, soit 73.394,49 kilogrammètres par heure. Si nous désirons interpréter en *puissance mécanique* la *puissance électrique* du même courant, nous établirons que ce courant ayant une *puissance* de 20 volts × 10 ampères = 200 watts — nombre de joules par seconde — pourra être considéré comme ayant une *puissance mécanique* de 200 : 736 = 0,27 cheval-vapeur.

Ohm Il nous reste, parmi les unités électriques que nous avons énumérées plus haut, à dire ce qu'est l'*ohm,* unité de *résistance.*

L'*ohm* est la *résistance* qu'offre un conducteur à un courant qui le traverse dont l'*intensité* est de *un ampère* lorsque, entre les deux extrémités du conducteur, existe une *différence de potentiel* égale à *un volt.*

Pour donner à l'*ohm* une valeur pratique, on décida qu'il équivaudrait à la résistance d'une colonne de mercure pur, à 0 degré centigrade, de 1 millimètre carré de section et d'une hauteur qu'on détermina soigneusement et qui fut trouvée égale à 1 mètre 06 centimètres. Cette détermination fut l'œuvre du congrès international des électriciens de 1881. En 1884, l'ohm fut défini par un autre congrès comme étant la résistance d'une colonne de mercure de 1 millimètre carré de section, d'une hauteur de 1 mètre 06, à la température de la glace fondante. Ce fut l'*ohm légal.*

Un troisième congrès, en 1893, modifia encore la valeur de l'ohm, parce qu'on avait trouvé une certaine différence entre l'*ohm théorique* et sa *valeur pratique.* On décida que l'ohm, qui fut alors appelé *ohm international,* serait représenté par la *résistance* offerte à un courant électrique constant par une colonne de mercure de 14,4521 *grammes-masse*, dont nous donnerons la définition plus loin, de section constante, d'une longueur de 106,3 centimètres, la colonne de mercure étant à la température de la glace fondante.

La construction du petit appareil qui répond à ce programme est des plus délicates. Il a fallu en créer des *étalons,* de même que l'on a créé le *mètre-étalon,* et les établir avec toutes les ressources de la science la plus méticuleuse.

C'est le Bureau international des poids et mesures, installé au pavillon de Breteuil, à Sèvres, qui a été chargé d'établir les dix étalons mercuriels de l'ohm international, qui sont conservés dans les divers pays avec un soin jaloux.

On ne peut se figurer tout ce que demande de recherches et d'expériences la construction de cet *ohm.* Il faut que rien ne puisse lui être objecté par les savants les plus pointilleux.

Après avoir, tout d'abord, fait le choix du verre le meilleur pour les tubes, comparé le cristal et le verre dur, établi toute une série d'équations de verres qui ont entre elles des variations à peine appréciables, il faut dresser ces tubes. Ils paraissent aux profanes tout ce qu'il y a de plus droit et de plus raide. Mais le Bureau des poids et mesures les trouve bossus et alors, il les redresse tout doucement d'une façon impeccable.

Le tube étant ainsi préparé, on y trace, à la machine à diviser et par l'acide fluorhydrique, une division millimétrique d'une très grande finesse.

On passe alors au calibrage du tube, effectué de 50 en 50 divisions, en remplissant le tube avec des colonnes de mercure successives et en les déplaçant dedans. Cela permet d'établir les différences de calibrage intérieur et d'effectuer les corrections nécessaires.

Le jaugeage du tube, très délicat à effectuer, consiste à le remplir de mercure : les deux extrémités de la colonne de mercure sont mises exactement en contact avec les surfaces de deux plans de verre appliquées contre les bouts du tube coupés avec une netteté extrême. Ensuite on pèse ce mercure avec une balance dite *de Ruprecht*, laquelle a des *poids étalons* en platine iridié. Cette opération se recommence à plusieurs reprises : les savants du Bureau international des poids et mesures sont inlassables, et pour la moindre petite erreur le précieux tube est rejeté, réformé ; tant pis pour tout ce qu'il a coûté de peine !

Enfin, quand les étalons ont triomphé géométriquement, on les *compare électriquement,* et on en *compense* les différences même les plus infimes.

Nous venons d'énumérer, avec la valeur qu'on leur attribue, les principales unités électriques. Nous en rencontrerons d'autres, dans le cours de ce volume, généralement moins souvent employées que les précédentes. Nous donnerons à ce moment leur nom et nous déterminerons leur valeur respective.

Système C. G. S. Nous ne saurions terminer cette dissertation un peu abstraite, mais absolument nécessaire, sur les unités électriques, sans dire quelques mots des unités fondamentales du système C. G. S., que nous avons indiqué comme étant la base de l'établissement des unités électriques.

Dans le système C. G. S., on a pris comme *grandeurs mécaniques* fondamentales la *longueur*, la *masse* et le *temps,* et on a donné à ces grandeurs les unités respectivement correspondantes qui sont : la longueur d'un *centimètre*, la masse d'un *gramme,* le temps d'une *seconde.*

Le centimètre et la seconde ne varient pas, quel que soit le lieu où on les mesure.

Si on avait pris comme unité le *gramme-poids,* c'est-à-dire la force exercée sur la masse d'un gramme par la pesanteur, on aurait trouvé des valeurs différentes suivant les latitudes des lieux. Pour unifier cette unité, comme on avait unifié les deux autres, on considéra le gramme comme unité de *masse,* et on le dénomma *gramme-masse.*

Ces conventions étant établies, on créa deux unités mécaniques, une de *force* appelée *dyne,* nom provenant du mot grec *dunamis* qui signifie force, l'autre de *travail* nommée *erg,* nom provenant également du mot grec *ergon* qui signifie travail.

On peut définir la *dyne* comme étant la *force* qui agissant pendant une *seconde* sur un *gramme-masse,* lui imprime une accélération de un *centimètre.* Cette unité est, on le comprend, fort petite et on ne peut l'utiliser qu'en employant ses multiples. La *kilodyne,* en effet, ne vaut que 1 gramme 819 et la *mégadyne* ne représente que 1 kilogramme 819, l'accélération de la pesanteur étant égale prise à celle de Paris.

L'*erg*, qui est l'unité de travail mécanique dans le système C. G. S., est le travail produit par une *force* d'une valeur d'une *dyne* sur une longueur d'un *centimètre*.

L'*erg* est, comme la *dyne*, une unité de grandeur très petite. Le kilogrammètre, en effet, vaut 98.100.000 ergs.

Lois d'Ohm Nous connaissons les éléments qui caractérisent le courant électrique; mais ces éléments ont entre eux une relation très étroite qui permet de déterminer l'un quelconque d'entre eux lorsqu'on connaît la valeur des autres.

C'est le physicien allemand Ohm, dont le nom a été donné, ainsi que nous l'avons dit, à l'unité de résistance électrique, qui a étudié le rapport existant entre ces éléments et en a formulé la valeur dans des théorèmes, qu'il a démontrés expérimentalement, auxquels on a donné le nom de lois. Les *lois d'Ohm* constituent les bases permettant de déterminer, pratiquement, la grandeur de la *différence de potentiel* ou *force électromotrice*, de l'*intensité* du courant, de sa *résistance*, par les relations existant entre ces trois éléments.

La première loi d'Ohm est ainsi énoncée : *L'intensité du courant circulant dans un circuit fermé est égale à la force électromotrice de la source divisée par la résistance totale du circuit.*

La résistance totale d'un circuit est, évidemment, la somme des résistances des différents conducteurs qui le constituent.

Pour rendre bien net l'énoncé précédent, traduisons-le par une formule simple qu'il nous faudra toujours avoir présente à l'esprit quand nous parlerons électricité, car nous la rencontrerons à chaque pas.

Représentons par la lettre I l'*intensité* du courant électrique, par la lettre E la force électromotrice ou *différence de potentiel*, et par la lettre R la *résistance* du circuit. Nous pourrons transformer la première loi d'Ohm, en suivant point par point son énoncé, par l'expression

$$I = \frac{E}{R}$$

ce qui veut bien dire que l'*intensité* est égale à la *force électromotrice* divisée par la *résistance*. Voilà la formule fondamentale. Il n'est pas nécessaire, nous semble-t-il, de faire des efforts prodigieux pour se l'assimiler, mais il est indispensable de la savoir.

Donc, en connaissant la *différence du potentiel* aux extrémités d'un circuit et sa *résistance*, on détermine par une simple division la valeur de l'*intensité* du courant qui parcourt ce circuit.

Prenons un exemple. Supposons que nous soyons en présence d'un circuit ayant entre ses deux extrémités une *différence de potentiel* de 110 *volts* et que la *résistance* totale de ce circuit soit égale à 22 *ohms*. Quelle sera l'*intensité* du courant qui parcourra ce circuit fermé? L'application de la formule précédente nous permettra de la déterminer immédiatement, et nous la trouverons égale à

$$\frac{110}{22}$$

soit 5 *ampères*. C'est, on le voit, fort simple.

Mais ce n'est pas tout. Si, au lieu de déterminer l'intensité, on voulait connaître la différence de potentiel E, par exemple, en fonction des deux autres valeurs supposées connues, on n'aurait qu'à transformer la formule fondamentale, qui deviendrait alors

$$E = IR$$

et en supposant, comme précédemment, que l'*intensité* I égale 5 ampères et que la *résistance* R égale 22 ohms, on trouverait immédiatement que la *différence de potentiel* E a une valeur de 110 volts.

Cela s'énonce de la façon suivante : *La différence de potentiel existant aux extrémités d'un conducteur ayant une résistance*

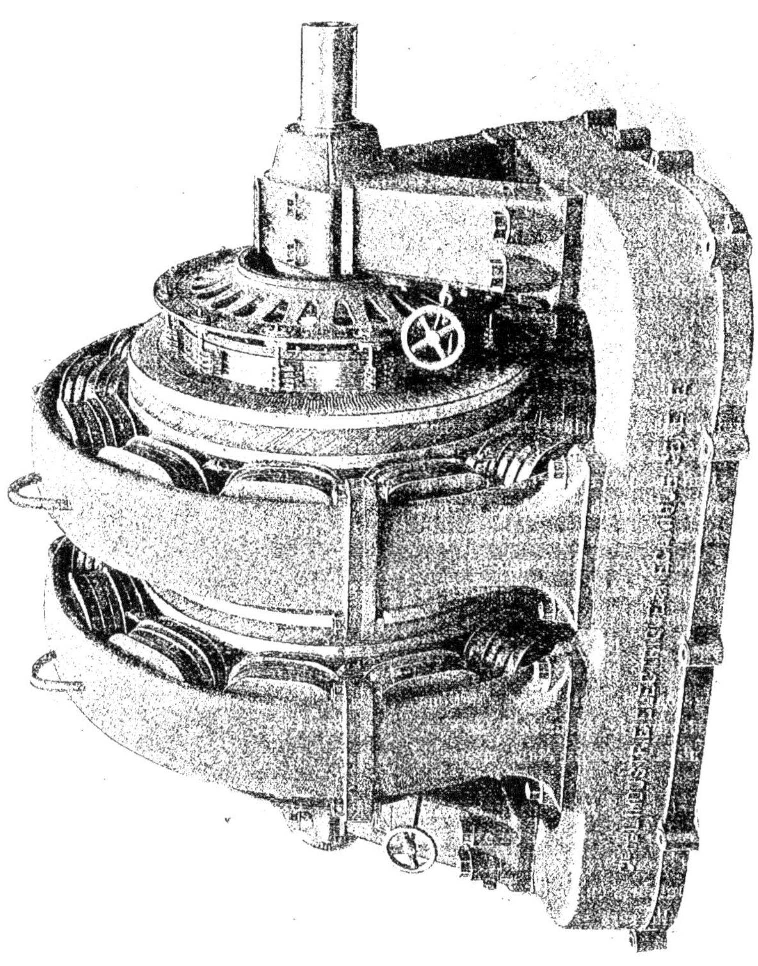

Fig. 143. — Génératrice double à courant continu, 1.191 chevaux, 1.100 kilowatts, tournant à 250 tours par minute. (Compagnie de l'Industrie électrique et mécanique, à Genève.)

déterminée et traversé par un courant d'une intensité connue, est égale au produit de la résistance du circuit par l'intensité du courant.

Enfin, le troisième élément, la *résistance,* peut aussi être l'inconnue parmi les trois.

Une nouvelle transformation de la formule nous donnera

$$R = \frac{E}{I}.$$

ce qui pourra se traduire, en remplaçant les lettres par les valeurs que nous leur avons attribuées, par l'expression R = 110 volts divisés par 5 ampères, soit 22 *ohms*.

Cela donne lieu à un autre corollaire de la loi d'Ohm s'appliquant à la *résistance,* qui est ainsi conçu : *La résistance d'un circuit parcouru par un courant d'une intensité connue, sous l'effet d'une différence de potentiel également connue, est égale à cette différence de potentiel divisée par l'intensité.*

Dans l'établissement de la loi précédente et de ses deux corollaires, on a supposé qu'on n'était en présence que d'une source électrique produisant le courant dont on voulait déterminer les divers éléments. Mais on peut se trouver en présence de circuits dans lesquels sont intercalées des sources électriques qui produisent un courant dirigé en sens inverse du premier, et qui développent aussi une force nommée *contre-électromotrice*. Pour déterminer la valeur de l'intensité du courant ainsi établi, il convient de retrancher la *force contre-électromotrice,* que nous représenterons par la lettre *e,* de la *force électromotrice* de la source principale, et la formule initiale sera ainsi transformée :

$$I = \frac{E - e}{R}.$$

On peut également, par transformations successives, trouver la valeur de R, de E ou de *e,* les autres éléments étant supposés connus.

Autre hypothèse. Supposons que dans un certain circuit, parcouru par un courant, nous voulions connaître l'intensité de ce courant existant dans une partie seulement du circuit. Quelle sera sa valeur? *L'intensité d'un courant pris dans une partie d'un circuit sera égale à la différence de potentiel existant entre les deux extrémités de la partie considérée du circuit divisée par la résistance de cette partie du circuit,* ce qui s'exprimera, en représentant l'intensité par I, la différence de potentiel partielle par E' et la résistance partielle par R' :

$$I = \frac{E'}{R'}.$$

Il convient de dire, à l'appui de cette formule, que *lorsqu'un circuit est parcouru par un courant constant, le courant a la même intensité en tous les points du circuit.*

Si dans la partie de circuit considérée plus haut était placée une autre source électrique, *l'intensité du courant serait égale à la différence de potentiel existant aux extrémités de la partie considérée du circuit, augmentée ou diminuée de la différence de potentiel auxiliaire, et le chiffre ainsi obtenu étant divisé par la résistance de la partie du circuit.*

Si *e'* était la différence de potentiel intercalée dans le circuit, l'intensité s'exprimerait dans un cas par l'égalité :

$$I = \frac{E' + e'}{R'},$$

et dans l'autre cas, par l'égalité :

$$I = \frac{E' - e'}{R'}.$$

Résistance des conducteurs

Dans la formule tirée de la loi d'Ohm, la résistance R représente celle d'un conducteur métallique. Mais cette résistance est essentiellement variable avec la nature de ce conducteur. Quand un métal possède ce ce que l'on appelle une grande *conductibilité,* la résistance qu'il oppose au courant est faible et, au contraire, cette résistance augmente quand la conductibilité du métal diminue. Parmi les principaux métaux, par exemple, le fer est meilleur conducteur que le mercure, et le cuivre meilleur conducteur que le fer. En dehors de la nature du conducteur, la *résistance qu'offre ce conducteur au courant qui le traverse est proportionnelle à sa longueur et inversement proportionnelle à sa section,* c'est-à-dire que cette résistance est d'autant plus grande que le conducteur est plus long et a une section plus petite, et que cette résistance diminue quand la longueur du conducteur diminue et que sa section augmente. Si nous représentons la longueur du conducteur par la lettre L et sa section par la lettre S, nous pourrons écrire que la résistance du conducteur

$$R = \frac{L}{S}.$$

Si maintenant nous tenons compte de la nature du conducteur en représentant par K le coefficient déterminé, d'ailleurs, par expérience, et différent pour chaque métal, nous aurons la formule générale de la résistance d'un conducteur par rapport à sa nature et à ses dimensions représentée par l'expression

$$R = \frac{L \times K}{S}.$$

Le coefficient K est appelé *résistance spécifique*.

Dans la formule ci-dessus, R est exprimé en *ohms*, L en *centimètres*, S en *centimètres carrés* et K en *ohms-centimètres*. Cette dernière expression s'explique par l'examen de la précédente formule. En effet, le terme S qui représente une surface est le produit de deux longueurs; l'expression : L divisé par S sera donc aussi une longueur, et la résistance R sera égale, en somme, au coefficient K ou *résistance spécifique* divisé par une longueur. Or pour que ce terme K divisé par une longueur donne des *ohms* tout court, il faut bien qu'il représente déjà des *ohms-longueurs* ou *ohms-centimètres*. De là cette dénomination qui nous a paru dès l'abord bizarre et qui, en somme, est bien justifiée.

Si dans la formule $R = \frac{L \times K}{S}$ on suppose L égale à 1 centimètre, S égale à 1 centimètre carré, $R = \frac{1 \times K}{1}$, ou $R = K$. Donc la *résistance spécifique* K est la résistance d'un conducteur ayant un centimètre de longueur et un centimètre carré de section. On donne également à la *résistance spécifique* le nom de *résistivité*.

La *résistivité* des métaux et des alliages augmente avec la température de ces matières; la *résistivité* des corps faiblement conducteurs et des dissolutions salines diminue lorsque la température de ces corps s'élève.

Courants dérivés. Si au lieu de considérer un circuit fermé simple, c'est-à-dire formé par un seul conducteur dont les deux extrémités aboutissent respectivement à chacun des pôles d'une pile, nous nous trouvons en présence d'un circuit plus complexe affectant la forme représentée par la figure 144, par exemple, comment va se répartir l'intensité du courant dans ces divers conducteurs qui, quoique aboutissant aux pôles de la pile par deux extrémités seulement, ont des points de croisement?

Si nous supposons une pile P dont les deux électrodes sont réunies par un conducteur ABCD, il passera, dans ce conducteur, un courant électrique dirigé, ainsi que nous l'avons dit, du pôle positif au pôle négatif, suivant le sens de la flèche. Si nous réunissons deux points B et D de ce conducteur par un deuxième conducteur BD, le courant partant du point A se bifurquera au point B et une partie suivra le chemin BD, tandis que l'autre partie continuera à suivre la voie primitive BCD; les deux parties de courant se rejoindront au point de bifurcation D, pour se diriger vers le pôle négatif de la pile.

Le courant qui passe par le conducteur non divisé se nomme *courant principal*, et ce conducteur est appelé *circuit principal*. Le courant qui circule dans les conducteurs BD et BCD se nomme *courant dérivé*, et ces conducteurs sont appelés *circuits dérivés* ou *dérivations*.

Pour connaître l'intensité du courant circulant dans une dérivation, il suffit d'appliquer une des lois que nous avons énoncées plus haut et qui nous indique que *cette intensité est égale à la différence de potentiel existant entre les extrémités du conducteur dérivé, divisée par la résistance de ce conducteur.*

Si i représente l'intensité du circuit BCD et r sa résistance; si i' représente l'intensité du circuit BD et r' sa résistance, la différence de potentiel e existant entre les points B et D étant la même pour les deux circuits BCD et BD, puisque ces circuits ont des extrémités communes, on aura comme valeur des deux intensités:

$$i = \frac{e}{r} \text{ et } i' = \frac{e}{r'}.$$

Si nous transformons ces deux expressions, nous aurons d'abord $ir = e$ et $i'r' = e$, d'où la conclusion logique que $ir = i'r'$ et que $\frac{i}{i'} = \frac{r'}{r}$. Cela se traduit d'une manière plus explicite en disant que les *intensités* i *et* i' *des courants circulant dans des dérivations sont inversement proportionnelles aux résistances* r *et* r' *des conducteurs constituant ces dérivations.* En d'autres termes, l'intensité d'un courant dérivé est d'autant plus grande que la résistance du conducteur dérivé est plus petite et inversement.

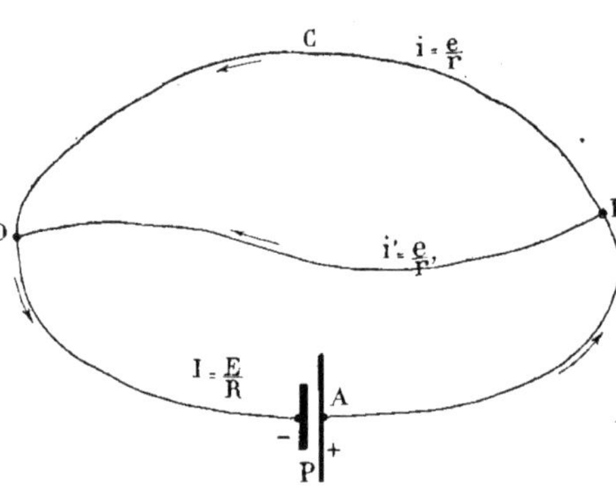

Fig. 111. — Courants dérivés.

Que devient l'intensité du courant principal? Pour une même différence de potentiel E existant entre les deux bornes de la pile, nous diminuons, en intercalant des *dérivations*, la résistance totale du circuit. En effet, en ajoutant un ou plusieurs conducteurs au circuit simple, on augmente la section de passage du courant; et plus le nombre des conducteurs dérivés est grand, plus cette section augmente; le résultat serait le même si on donnait au conducteur primitif simple un *diamètre* plus grand. La résistance de ce conducteur serait donc plus faible, ainsi que nous l'avons expliqué plus haut. Donc l'adjonction de dérivations diminue la résistance du circuit principal; la différence de potentiel est la même, et comme nous savons que l'intensité $I = \frac{E}{R}$, R étant plus grand, I est aussi plus grand. L'intensité du courant circulant dans le circuit principal augmente donc, et de plus en plus, à mesure qu'on établit en plus grand nombre des *dérivations* dans ce circuit.

Il y a entre cette intensité du courant principal et les diverses intensités des courants dérivés une relation. Cette relation s'exprime ainsi : La somme des intensités des courants dérivés est égale à l'intensité du courant principal ou

$$i + i' + i'' + \ldots\ldots = I$$

pour un nombre quelconque de dérivations.

Cela se vérifie aisément avec les appareils de mesure que nous décrirons plus loin; mais on peut le comprendre en assimilant le circuit électrique à un cours d'eau. Comme ce circuit, le cours d'eau peut se diviser en un certain nombre de bras qui représentent nos circuits dérivés. Ces bras se rejoignant en aval reforment un seul cours d'eau. Quel que soit le nombre de bras formés par le cours d'eau, il est bien évident que son débit se trouvera être le même en aval qu'en amont, car aucune quantité d'eau n'aura été perdue, et il est bien évident aussi que le débit total relevé en aval, tout en égalant le débit d'amont, sera constitué par la somme des débits fournis par les différents bras. Il en est de même pour un courant électrique qui se bifurque dans des circuits dérivés.

Lois de Kirchoff Un physicien allemand, Kirchoff (1824-1887), étudia les propriétés des courants dérivés et établit plusieurs lois qu'on applique très souvent, dans la pratique, pour déterminer la valeur des éléments constituant ces courants dérivés, dans des installations qui sont parfois quelque peu compliquées.

Il est utile de connaître ces lois pour les employer judicieusement, même dans des cas ayant un caractère simple.

La première loi se rapporte à des conducteurs aboutissant au même point (Fig. 145). Dans ce cas, *la somme des intensités de tous les courants aboutissant à un certain point est égale à la somme des intensités de tous*

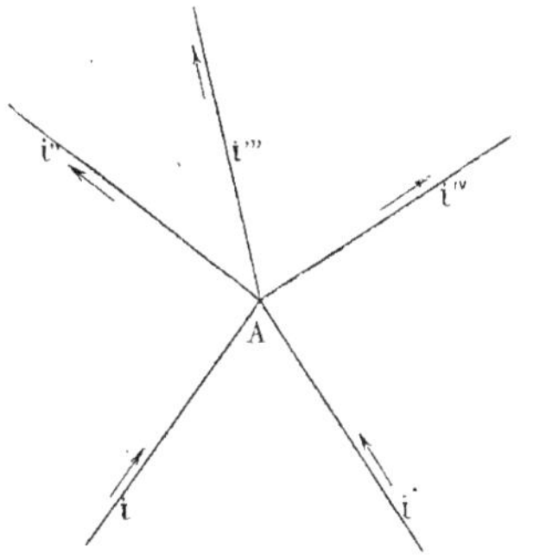

Fig. 145. — Loi de Kirchoff. Conducteurs aboutissant au même point.

les courants qui s'écartent de ce point.

Supposons deux conducteurs amenant le courant au point A, duquel partent trois autres conducteurs. Si nous représentons les intensités respectives du courant dans ces conducteurs par i, i', i'', i''', i^{IV}, la loi précédente pourra se mettre sous la forme suivante $i + i' = i'' + i''' + i^{IV}$.

La deuxième loi de Kirchoff établit le rapport existant entre les *intensités* et les *résistances* des circuits dérivés et les *forces électromotrices* contenues dans le circuit

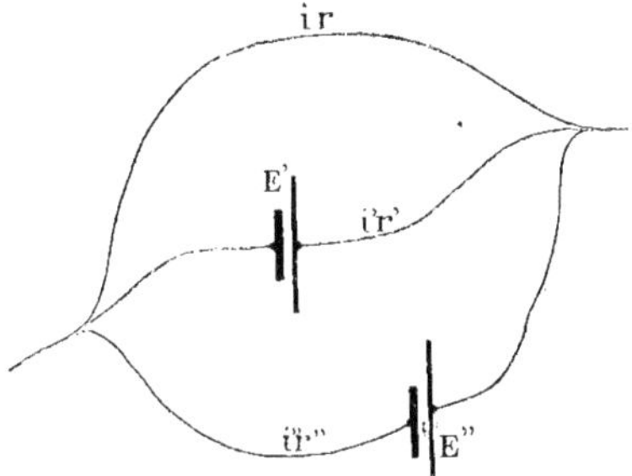

Fig. 146. — Loi de Kirchoff. Forces électromotrices intercalées dans le circuit.

fermé. Elle est ainsi conçue : *Dans un circuit fermé, la somme des divers produits obtenus en multipliant la résistance de chaque conducteur dérivé par l'intensité du courant qui le traverse est égale à la somme des forces électromotrices qui peuvent être intercalées dans le circuit.*

La figure 146 représente un circuit dans lequel sont des circuits dérivés; le circuit total comporte trois forces électromotrices E, E', E'', soit trois générateurs d'électricité, et les divers circuits ont respectivement des intensités de valeur i, i', i'' et des résistances de valeur r, r', r''. La deuxième loi de Kirchoff pourra donc être traduite par l'égalité $ir + i'r' + i''r'' = E + E' + E''$.

Nous verrons par la suite l'application des lois de Kirchoff au groupement des piles.

Loi de Joule Avant d'en arriver là, il est indispensable, puisque nous en sommes à donner l'énoncé des principales *lois* qui régissent le courant électrique, de dire un mot de la *loi de Joule*, qui s'occupe du rapport existant entre l'*intensité* du courant passant dans un circuit, la *résistance* de ce circuit et la *chaleur* qui y est développée par le passage du courant. Cette *énergie calorifique* est une forme de la puissance et sa valeur s'établit ainsi : *L'énergie calorifique dégagée pendant l'unité de temps par un conducteur parcouru par un courant électrique, est égale à la résistance du conducteur multipliée par le carré de l'intensité du courant qui le traverse.*

Cette énergie est exprimée en *calories*. Ainsi, si la puissance est représentée par P, la résistance par R et l'intensité par I, la loi de Joule permet d'établir l'expression $P = RI^2$ joules. Quand cette puissance est complètement transformée en chaleur, l'énergie calorifique est égale à $RI^2 \times 0,238$ calories. Une calorie, en effet, est équivalente à 4,81 joules. C'est ce que l'on nomme l'*équivalent mécanique* de la calorie. Un joule vaut donc $\frac{1}{4,201} = 0,238$ calorie, ce qui justifie le dernier terme de l'expression précédente. Ce terme s'appelle l'*équivalent calorifique* du joule. Dans la pratique on prend volontiers 0,24 calorie.

La transformation de l'énergie électrique en chaleur a été utilisée dans un grand nombre de cas et a donné lieu à des applications fort intéressantes, telles que la production de la lumière par l'incandescence du fil des lampes électriques, le chauffage électrique, les fours électriques, etc.

Nous nous étendrons par la suite sur toutes ces applications.

COUPLAGE DES PILES

On s'est rendu compte, d'après la description que nous avons donnée des diverses piles et d'après la valeur de la force électromotrice de ces piles, que leur emploi serait fort limité si on ne pouvait utiliser qu'un seul élément. Mais il est facile, ainsi que nous allons le voir, de grouper ces éléments de diverses façons pour en obtenir la meilleure utilisation possible.

Comment peut-on grouper les divers éléments, et à quels avantages correspondent ces différents *couplages* de piles — c'est par ce terme que l'on désigne l'association de ces générateurs d'électricité? C'est ce que nous allons examiner. Avant d'aborder cette question, il est bon de faire remarquer que ces piles doivent s'accoupler entre éléments à peu près semblables pour éviter que des actions nuisibles ne s'exercent des uns aux autres, et il est bon, quelle que soit la combinaison que l'on désire réaliser, d'avoir toujours présent à l'esprit ce principe que, quelle que soit la façon dont une pile est constituée par le couplage de ses éléments, chacun de ses éléments agit comme s'il était tout seul.

Cela dit, nous établirons les trois manières d'accoupler les éléments de piles.

Couplage en série ou tension

Ces éléments peuvent être reliés les uns aux autres en faisant communiquer par un conducteur métallique le pôle positif d'un élément avec le pôle négatif de l'élément suivant, ce qui revient à relier par un fil de cuivre le charbon d'un élément avec le zinc de l'élément qui le suit. On se trouve ainsi en présence (Fig. 147) d'une succession d'électrodes de signes contraires, communiquant entre elles. Aux extrémités de la pile, une des électrodes restant seule, le zinc, par exemple, porte un conducteur qui sera le pôle négatif; la seconde électrode placée à l'autre extrémité sera le charbon et constituera le pôle positif. Si on réunit le pôle positif au pôle négatif, un courant traversera tous les éléments ainsi groupés, mais il est bien évident que ce courant ne sera pas le même que celui qui est produit par un seul élément. Pour bien comprendre comment on détermine la grandeur de ce courant, assimilons ce courant électrique à un courant hydraulique et supposons nos éléments de piles remplacés par des récipients contenant de l'eau par exemple (Fig. 148). Nous relions le niveau hydraulique inférieur d'un récipient avec le niveau supérieur de l'autre, ainsi que nous venons de le faire pour les éléments de pile, en reliant le pôle négatif d'un élément, niveau électrique inférieur, au pôle positif du suivant, niveau électrique supérieur.

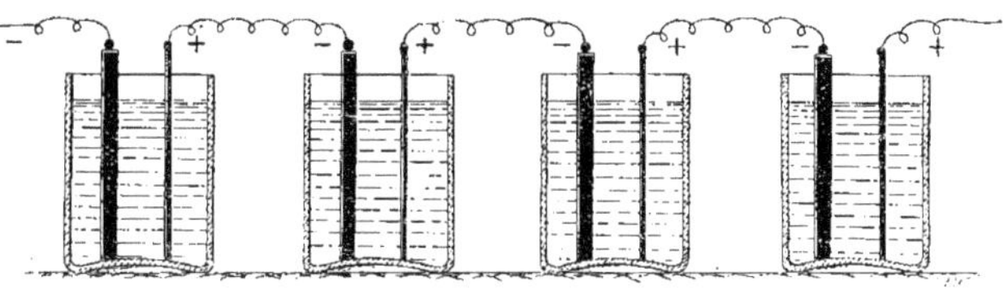

Fig. 147. — Couplage d'éléments de piles en série ou en tension.

Nous obtenons ainsi une série de récipients superposés au travers desquels va s'écouler le flux liquide. On voit que ce courant liquide s'écoulera avec une pression plus forte que s'il n'y avait qu'un seul récipient et cette pression correspondra à la somme des différences de niveau successives qu'on a superposées pour produire le courant liquide.

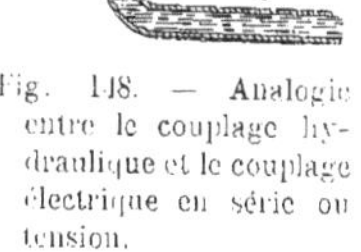

Fig. 148. — Analogie entre le couplage hydraulique et le couplage électrique en série ou tension.

Pour les éléments de piles groupés de cette façon, on pourra dire aussi que le courant électrique sera produit par une différence de *potentiel* égale à la somme des différences de potentiel de chaque élément, ce qui s'exprime en disant que *la force électromotrice totale de la pile est égale à la somme des forces électromotrices des éléments.*

Reprenons notre courant hydraulique et voyons quelle est la *résistance intérieure* totale qu'il doit vaincre avant d'atteindre le conducteur C. La *résistance intérieure* est, nous le savons, la résistance propre à chaque récipient, la résistance extérieure étant celle du conducteur partant du dernier récipient. Le courant liquide, pour parvenir du récipient supérieur au conducteur extérieur, doit parcourir successivement les quatre récipients superposés. Il aura donc à vaincre d'abord la résistance intérieure du récipient supérieur, puis celle du deuxième, celle du troisième et enfin celle du quatrième. La résistance totale rencontrée par le courant liquide à l'intérieur des récipients est donc égale à la somme

Fig. 149. — Schéma d'une pile à quatre éléments disposés en série ou tension.

des résistances intérieures de chaque récipient traversé. Appliquons cette constatation à nos éléments de piles groupés de façon identique, et nous pourrons dire que *la résistance intérieure totale de la pile est égale à la somme des résistances intérieures des divers éléments.*

Cette façon de grouper les éléments de pile se nomme couplage en *série* ou en *tension.* Ces deux dénominations s'appliquent bien, en effet, à cette combinaison d'éléments.

Pour nous résumer, nous dirons que dans une pile dont les éléments sont réunis par leurs pôles de noms contraires, par conséquent couplés en *série* ou *tension*, la force électromotrice et la résistance intérieure totales sont égales aux sommes des forces électromotrices et des résistances intérieures des divers éléments qui la constituent.

On représente schématiquement une pile constituée par des éléments couplés en série ou en tension, comme l'indique la figure 149.

Couplage en quantité ou dérivation

Disposons d'une autre manière nos attaches de communications entre les pôles sera déterminée que par la différence de niveau du liquide existant dans un seul récipient. D'autre part, pour fournir au conducteur C un débit égal, par exemple, à celui que fournissaient les récipients superposés dont nous avons parlé plus haut, il est bien évident que chacun des récipients n'aura, dans ce cas, à fournir que le quart de ce débit, puisque tous débouchent indépendamment dans le conducteur au lieu de se déverser de l'un dans l'autre.

Donc chacun des récipients faisant partie du couplage, produira un courant liquide sous l'effet d'une différence de niveau égale à celle d'un récipient considéré comme étant

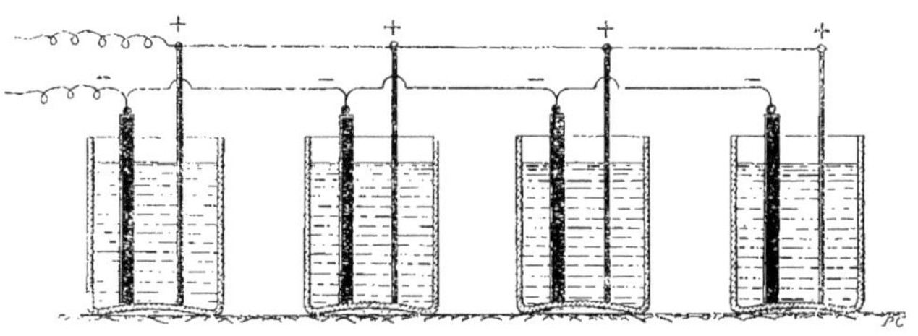

Fig. 150. — Couplage d'éléments de piles en quantité ou dérivation.

des divers éléments. Réunissons tous les pôles positifs ensemble et tous les pôles négatifs entre eux (Fig. 150). Le pôle négatif de la pile ainsi constituée sera le zinc d'un élément extrême, la lame de charbon formera le pôle positif de cette pile. Quelle est, dans ce cas, la valeur du courant? Si nous reprenons la comparaison entre le courant électrique et le courant hydraulique, nous devrons grouper nos récipients, pour nous trouver dans des conditions de couplage semblables à celles que nous venons d'établir entre nos éléments de piles, de façon que les niveaux supérieur et inférieur soient à la même hauteur. Nous aurons ainsi formé l'assemblage des récipients représenté par la figure 151. Dans cette combinaison, la pression qui s'exercera sur le liquide pour provoquer son écoulement, ne seul, mais il ne devra fournir qu'un débit quatre fois moindre que ce dernier. La résistance dans chaque élément sera donc

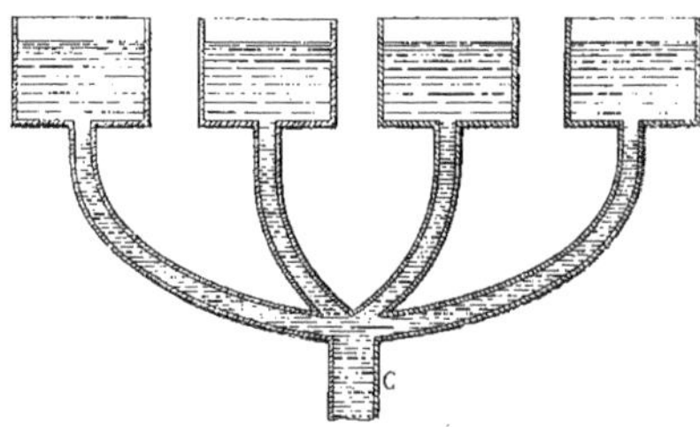

Fig. 151. — Analogie entre le couplage hydraulique et le couplage électrique en quantité ou dérivation.

diminuée dans la même proportion. De même, dans le couplage semblable des éléments de pile, le courant électrique est produit par une *différence de potentiel égale* que la *résistance intérieure d'un élément*

Fig. 152. — Moteur triphasé de 200 chevaux, 440 volts, 365 tours, 25 périodes. (Compagnie de l'Industrie électrique et mécanique, à Genève.)

à celle d'un élément, mais la résistance intérieure totale de la pile n'a comme valeur *divisée par le nombre d'éléments constituant la pile.*

L'intensité du courant se trouve donc, de ce fait, augmentée.

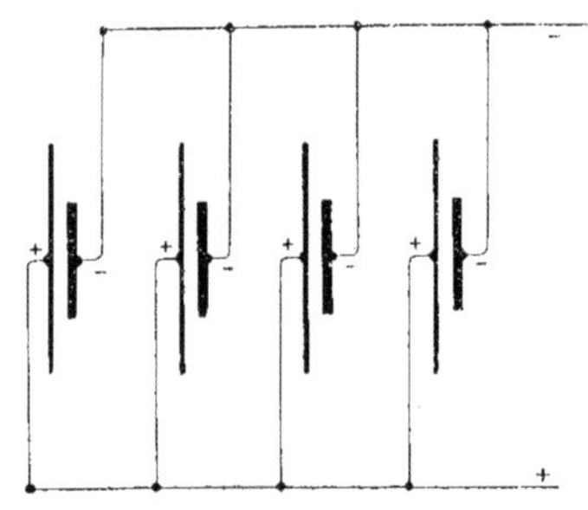

Fig. 153. — Schéma d'une pile à quatre éléments couplés en quantité ou en dérivation.

Ce mode de groupement d'éléments de piles, porte le nom de *couplage en quantité* ou *en dérivation*. On lui donne également le nom de *couplage en surface* parce que la jonction, par un conducteur métallique, de toutes les électrodes de même nom, équivaut à multiplier la surface de l'électrode d'un élément par le nombre d'éléments.

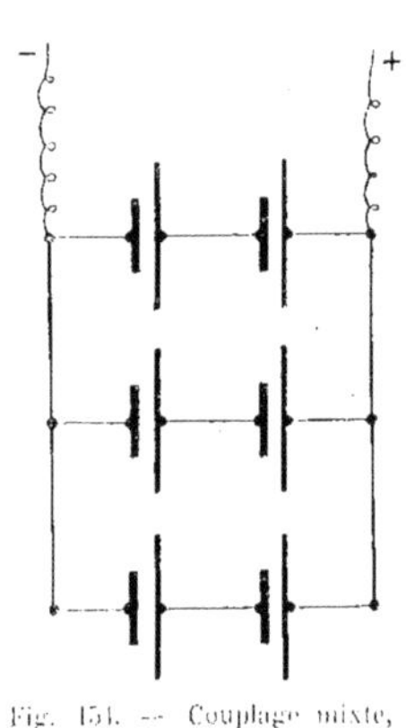

Fig. 154. — Couplage mixte, deux éléments en série, trois groupes en quantité.

La surface est donc augmentée proportionnellement aux nombres d'éléments et on peut s'expliquer encore de cette manière que la résistance intérieure totale de la pile soit diminuée, puisque les surfaces des électrodes augmentent. Enfin on donne quelquefois à cette même sorte d'association d'éléments, le nom de couplage en *batterie*.

Récapitulons et établissons que, dans une pile dont les éléments sont assemblés en *quantité* ou *dérivation*, la force électromotrice de la pile est égale à la force électromotrice d'un élément, mais la résistance intérieure totale est égale à la résistance intérieure d'un de ces éléments divisée par le nombre des éléments qui constituent cette pile.

La figure 153 indique la manière par laquelle on représente d'une façon schématique une pile dont les éléments sont couplés en quantité ou dérivation.

Couplage mixte Il peut se présenter des cas dans lesquels le couplage des piles ne saurait convenir ni en tension, ni en quantité. On a recours alors au couplage *mixte*, qui comporte à la fois un assemblage des éléments en tension et en quantité. Les figures 154 et 155 donnent deux combinaisons possibles de couplage mixte de six éléments pour constituer une pile.

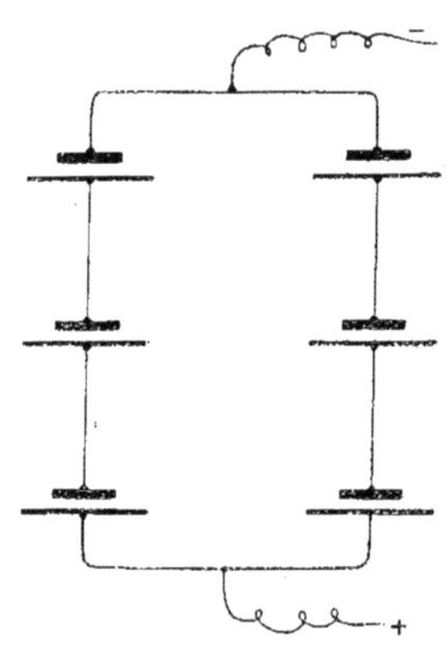

Fig. 155. — Couplage mixte : trois éléments en série, deux groupes en quantité.

Dans la figure 154, sont représentés trois groupes comportant chacun deux éléments.

Les deux éléments de chaque groupe sont couplés en *série*, puisque les pôles de noms contraires sont reliés, et les trois groupes sont couplés entre eux en *quantité*, puisque les pôles de même nom de chacun des groupes sont réunis par un conducteur.

Dans la figure 155, les six éléments sont divisés en deux groupes de trois éléments chacun. Les trois éléments de chaque groupe sont montés en *série* et les deux groupes sont couplés entre eux en *quantité*.

Choix du mode de couplage

On n'emploie pas indifféremment un mode de couplage quelconque pour associer des piles destinées à des emplois différents.

Quand la résistance du circuit extérieur est très grande par rapport à la résistance intérieure totale de la pile, on utilise le couplage en série ou tension. La force électromotrice est alors multipliée par le nombre d'éléments, ce qui permet d'obtenir un courant d'une intensité suffisante pour actionner les appareils. C'est de cette façon que sont montées les piles destinées à faire fonctionner les sonneries électriques.

Si la résistance du circuit extérieur est faible, comparée à la résistance intérieure, on emploie le couplage en quantité; on obtient ainsi un débit plus considérable et le courant a une intensité plus grande.

Quand la résistance du circuit extérieur est voisine de la résistance intérieure de la pile, on emploie le couplage mixte. Il convient, d'ailleurs, à ce sujet, de retenir ce principe que l'on démontre par le calcul, à savoir, qu'une pile rend son effet maximum lorsque la résistance extérieure de son conducteur est égale à la résistance intérieure de cette pile. Il faudra donc, dans la disposition du couplage mixte, tenir compte de cette considération et associer un plus ou moins grand nombre de groupes d'éléments en *série* ou en *quantité*, suivant la somme des résistances intérieures comparée à la résistance du circuit extérieur.

Applications numériques

Pour terminer ce deuxième chapitre dans lequel nous avons été dans l'obligation de faire figurer quelques formules indipensables, d'ailleurs fort simples, et d'énoncer les lois fondamentales de la Science électrique, lois qui, sous leur aspect un peu rébarbatif, sont en réalité peu compliquées et qu'il est absolument nécessaire de connaître, nous allons, par quelques exemples numériques, voir comment il convient d'appliquer ces formules et ces lois, afin de nous familiariser avec elles avant de poursuivre nos investigations dans le domaine électrique.

Nous avons donné plus haut un exemple de calcul qui permet de déterminer, d'après la loi d'Ohm, soit l'intensité, soit la force électromotrice d'un générateur d'électricité, soit la résistance du conducteur, en connaissant deux des éléments sur trois et en appliquant les formules fondamentales $I = \frac{E}{R}$, ou $E = IR$, ou $R = \frac{E}{I}$. Nous n'y reviendrons pas.

Proposons-nous, maintenant, de déterminer, par exemple, l'intensité d'un courant qui transporte une quantité d'électricité égale à 7.200 *coulombs* dans l'espace de 5 minutes. On se rappelle que le *coulomb* est la quantité d'électricité fournie par un courant d'une intensité égale à *un ampère* pendant l'espace *d'une seconde*.

Le courant précédent fournira par seconde une quantité d'électricité égale à $\frac{7.200 \text{ coulombs}}{5 \times 60 \text{ secondes}} = 24$ *coulombs-secondes* qui s'appelleront *ampères*.

L'intensité du courant considéré sera donc égale à $\frac{7.200}{300} = 24$ *ampères*.

Autre question. Quelle est, exprimée en chevaux-vapeur, *la puissance du travail électrique* fourni par un courant circulant dans un circuit dont la différence de potentiel aux deux extrémités est de 120 volts et dont l'intensité égale 25 ampères?

Nous savons que la *puissance* électrique ou *travail par seconde* s'exprime par l'expression $E \times I$ en *watts*. La puissance électrique sera donc de 120 volts × 25 ampères = 3.000 watts. Comme nous avons vu que le cheval-vapeur de 75 kilogrammètres valait 736 watts, la puissance électrique de 3.000 watts pourra se transformer en

3.000 : 736 = 4 chevaux 07.

Supposons qu'on désire exprimer le travail précédent en *énergie calorifique*, c'est-à-dire en chaleur dégagée dans le conducteur par le courant de 25 ampères pendant un temps de 5 minutes par exemple. La formule de l'*énergie calorifique* déterminée par la loi de Joule est P (ou puissance) $= RI^2 \times 0{,}24$ calories par seconde. La quantité de chaleur Q développée pendant 5 minutes sera en calories égale à

$$R \times I^2 \times 0{,}24 \times 300 \text{ secondes.}$$

Nous connaissons I qui est l'intensité donnée égale à 25 ampères. Il reste à déterminer la valeur de la résistance R pour que notre formule ne comporte plus aucune inconnue. Cette résistance sera déduite de la relation $R = \frac{E}{I}$ (loi d'Ohm). Donc

$$R = \frac{120}{25} = 4{,}8 \text{ ohms.}$$

La formule donnant la quantité de chaleur en calories développée en 5 minutes deviendra :

$$Q = 4{,}8 \times (25 \times 25) \times 0{,}24 \times 300 = 216.000 \text{ calories.}$$

Pour terminer, appliquons le calcul aux diverses manières d'associer les piles. Si nous avons à produire le plus grand courant possible au moyen de 4 piles dont la force électromotrice est de 1,5 volt pour chacune et la résistance intérieure de 0,2 ohm, dans un conducteur offrant lui-même une résistance de 8 ohms, de quelle façon faudra-t-il accoupler les piles pour obtenir ce résultat?

Cherchons l'intensité du courant donné par chaque mode de couplage. Dans le couplage en *tension* nous avons vu que la force électromotrice et la résistance intérieure totales étaient les sommes des forces électromotrices et des résistances intérieures partielles. Donc E = 1,5 volt × 4 = 6 volts et la résistance intérieure $r = 0{,}2 \times 4 = 0{,}8$ ohm. Cette résistance r s'ajoute à la résistance R du conducteur, soit 8 ohms, et on obtient (loi d'Ohm) :

$$I = \frac{E}{R + r}$$

$$\text{ou } I = \frac{6 \text{ volts}}{8 + 0{,}8 \text{ ohms}} = 0{,}68 \text{ ampère.}$$

Dans le couplage en *quantité*, E = 1,5 volt au total; R égale toujours 8 ohms;

$$r = 0{,}2 : 4 = 0{,}05 \text{ ohm.}$$

$$\text{L'intensité } I = \frac{1{,}5 \text{ volt}}{8 + 0{,}05 \text{ ohm}} = 0{,}18 \text{ amp.}$$

Le choix n'est donc pas douteux. Il faudra choisir le *couplage en tension* qui donnera le courant le plus intense.

Si au contraire le conducteur n'avait qu'une résistance de 0,01 ohm, nous aurions dans le cas du couplage en tension :

$$I = \frac{6 \text{ volts}}{0.01 + 0.8 \text{ ohm}} = \frac{6}{0{,}81} = 7{,}40 \text{ amp.}$$

et pour le couplage en quantité E = 1,5 volt

$$r = 0{,}2 : 4 = 0{,}05 \text{ ohm.}$$

$$I = \frac{1{,}5 \text{ volt}}{0{,}01 + 0{,}05 \text{ ohm}} = \frac{1{,}5}{0{,}06} = 25 \text{ amp.}$$

On voit que, dans ce cas, c'est le *couplage en quantité* qu'il faut choisir. On prendrait un *couplage mixte* si les résistances intérieure et extérieure ne différaient pas d'une grande quantité et on ferait l'arrangement des groupes de façon que ces résistances soient le plus possible égales pour obtenir de la pile son maximum d'effet.

CHAPITRE III

ACCUMULATEURS

PILES SECONDAIRES. — PRINCIPE DE L'ACCUMULATEUR. — ACCUMULATEUR PLANTÉ. — FORMATION D'UN ACCUMULATEUR.

ACCUMULATEURS : Faure, Kabath, Reynier, à plaques grillagées, Gadot, Dinin, Heinz, Olten, Tudor-Azeden.

CHARGE. — DÉCHARGE. — GROUPEMENT DES ACCUMULATEURS.

FORCE ÉLECTROMOTRICE. — RÉSISTANCE INTÉRIEURE. — INTENSITÉ. — CAPACITÉ. — ÉNERGIE. — PUISSANCE. — RENDEMENT.

APPLICATIONS NUMÉRIQUES. — EMPLOIS DES ACCUMULATEURS.

Pile secondaire

Les piles que nous venons d'examiner dans le chapitre précédent sont appelées *piles primaires*. Toutes ces piles fournissent directement le courant.

Il existe une autre catégorie de piles qui, elles, ne peuvent donner un courant électrique que lorsqu'on les a préalablement interposées dans le circuit d'une *pile primaire*. On appelle cette seconde catégorie de générateurs électriques : *piles secondaires*. On les désigne également et le plus souvent, d'ailleurs, sous le nom d'*accumulateurs électriques*.

Le *premier courant*, le courant initial, est donc produit par la *pile primaire;* de là son nom; la *pile secondaire* ne fournit que le *second courant;* de là, également, sa dénomination.

Principe de l'accumulateur

L'idée de constituer une pile secondaire date de loin.

Dès le commencement de l'application de la pile voltaïque à la décomposition de l'eau, en 1803, Ritter, physicien allemand, avait, dans l'appareil nommé *voltamètre* servant à faire cette expérience et que nous avons décrit précédemment (Fig. 103), remplacé les deux fils de platine par des électrodes d'or, de cuivre, de fer, de bismuth. Il obtenait, quand les deux fils de la pile primaire étaient détachés du *voltamètre,* un léger courant entre les deux électrodes de l'appareil. C'était un *courant secondaire*.

En 1860, Gaston Planté, à la suite de recherches sur les courants secondaires, établit la première *pile secondaire*. Planté avait remarqué que les électrodes en plomb convenaient fort bien à la formation d'un courant secondaire et que dans un voltamètre à lames de plomb, la force électromotrice était plus énergique et plus persistante que celle donnée par tous les autres métaux et qu'elle dépassait même de moitié celle de l'élément voltaïque Bunsen.

Si, en effet, dans un vase en verre contenant de l'eau acidulée avec de l'acide sulfurique, on place deux bâtons de plomb constituant les deux électrodes de la *pile secondaire* et qu'on réunisse respectivement ces deux électrodes chacune avec un des pôles d'une *pile primaire* constituée par deux éléments semblables, par exemple, on remarquera que les électrodes de plomb se recouvrent de bulles gazeuses qui se dégagent fort peu, qui *s'accumulent,* au contraire, de plus en plus sur chacun des bâtons de plomb. Notre pile secondaire prend l'aspect d'une pile complètement *polarisée.* Mais les deux électrodes de plomb, n'ont, au bout d'un certain temps, aucune ressemblance. Tandis que l'une, qui était reliée au pôle positif de la *pile primaire* est recouverte d'une couche de couleur brun rouge, l'autre a pris une teinte d'un gris noir.

Sur la première électrode, brune, l'oxygène s'est accumulé; sur la seconde électrode de plomb, de couleur grise, c'est l'hydrogène.

Détachons maintenant les fils qui reliaient les deux sortes de piles et séparons complètement ces appareils; nous pourrons remarquer, si nous fermons le circuit de la pile secondaire en y intercalant un instrument nous permettant d'apprécier le courant, qu'il se manifeste, en effet, un courant électrique, dirigé de l'électrode de plomb précédemment reliée au pôle positif de la pile primaire, vers l'électrode qui était reliée au pôle négatif.

Le *polarisation,* qu'on a tout fait pour éviter dans les piles primaires, provoque au contraire, dans les piles secondaires, un courant électrique.

Comment peut s'expliquer ce phénomène si intéressant et qu'on a si ingénieusement utilisé?

Le plomb étant un métal très oxydable, quand la pile primaire est mise dans le circuit, l'une des électrodes, celle sur laquelle se dépose l'oxygène, s'oxyde d'une manière bien plus considérable que la seconde électrode sur laquelle s'accumule l'hydrogène. Il se produit, dans ce circuit, une transformation de l'*énergie électrique* de la *pile primaire,* en *énergie chimique* emmagasinée dans la *pile secondaire.*

Si nous séparons les deux piles et que nous fermions le circuit de la pile secondaire, nous nous retrouvons bien en présence d'une pile dont les électrodes, quoique constituées en un même métal, sont cependant attaquées de façon différente par le liquide acidulé. L'électrode déjà oxydée est, en effet, très peu influencée par l'action de ce liquide, tandis que l'électrode ayant recueilli l'hydrogène se trouve, au contraire, décapée à sa surface mettant à nu le plomb pur sur lequel le liquide acidulé exerce une action intense.

Il est bien compréhensible qu'un courant puisse se former et que ce courant soit dirigé, comme dans les piles primaires, de l'électrode la moins attaquée à celle qui l'est davantage, c'est-à-dire de l'électrode positive à l'électrode négative.

L'hydrogène et l'oxygène accumulés sur les lames de plomb se recombinent pour former de l'eau, et cette *énergie chimique,* précédemment fournie par l'*énergie électrique* de la pile primaire, se transforme, à son tour, en *énergie électrique* que l'on peut recueillir sur la pile *secondaire.*

On comprend qu'au fur et à mesure qu'on utilisera le courant de la pile *secondaire,* les électrodes de plomb, se débarrassant respectivement de l'hydrogène et de l'oxygène, tendront à redevenir semblables entre elles, comme avant d'être mises dans le circuit de la pile primaire. Il doit donc arriver un moment où le courant secondaire s'affaiblira et même cessera de se manifester. Pour provoquer à nouveau la formation de ce courant, il suffira de replacer pendant un certain temps la pile secondaire dans le circuit de la pile primaire. Elle emmagasinera, elle *accumulera* une nouvelle quantité d'électricité qu'elle sera à même de restituer au bout d'un temps plus ou moins long et au fur et à mesure des besoins.

On voit la raison qui a fait donner aux piles secondaires le nom d'*accumulateurs électriques*. Ce sont, en effet, de véritables réservoirs d'électricité que nous pouvons fort bien comparer à des récipients dans lesquels on laisserait s'écouler un liquide, de l'eau par exemple, par de petits conduits, ce qui nécessiterait un temps assez long pour les remplir.

Fig. 156. — Gaston Planté.

Mais à ce moment on pourrait utiliser l'eau ainsi accumulée sous un débit plus ou moins grand, pour lui faire produire un travail déterminé. Il en est ainsi du courant électrique secondaire fourni par les accumulateurs.

L'opération qui consiste à accumuler de l'énergie électrique dans l'accumulateur, se nomme *charge*. L'opération inverse c'est-à-dire l'utilisation de cette énergie emmagasinée, se nomme *décharge*.

Fig. 157. — Élément d'un accumulateur Planté.

Nous aurons l'occasion un peu plus loin d'examiner les dispositions à prendre pour effectuer ces deux opérations.

Accumulateur Planté (Fig. 157-160). C'est Planté, ainsi que nous l'avons dit, qui reconnut les propriétés des électrodes de plomb dans un *voltamètre* et qui les utilisa pour construire sa *pile secondaire*. Elle se compose de deux lames de plomb enroulées en forme de spirales. Les lames sont séparées l'une de l'autre par deux bandes de caoutchouc. Une d'elles constitue l'électrode positive, l'autre, l'électrode négative. Ces lames, mesurant une hauteur assez importante, sont plongées dans un vase en verre contenant de l'eau acidulée, au dixième de son volume, par de l'acide sulfurique.

Le vase est fermé par un bouchon solidement assujetti au verre, et portant un petit trou permettant de verser et de sortir le liquide acidulé, et de donner passage aux gaz pouvant se dégager pendant la *charge*.

Voilà la constitution du premier accumulateur. L'idée ingénieuse d'enrouler les lames de plomb donne une surface considérable d'électrodes pour un volume de vase déterminé.

L'accumulateur Planté se charge au moyen de deux éléments de pile Bunsen. Ces deux éléments assemblés en *tension* ou *série* ont leurs deux pôles extrêmes reliés, par un conducteur métallique, respectivement aux deux tiges extérieures fixées aux lames de plomb. La figure 158 montre la disposition adoptée pour effectuer la charge d'un accumulateur Planté au moyen de deux éléments Bunsen.

« qualité accumulatrice », autrement dit leur *capacité,* devenait plus grande.

Planté, pour donner plus rapidement à un accumulateur les qualités qu'il n'acquerrait que par l'usage, le soumettait à une série de charges et de décharges qui amélioraient sa capacité. Bien mieux, il alternait,

Fig. 158. — Pile secondaire Planté chargée par la pile Bunsen.

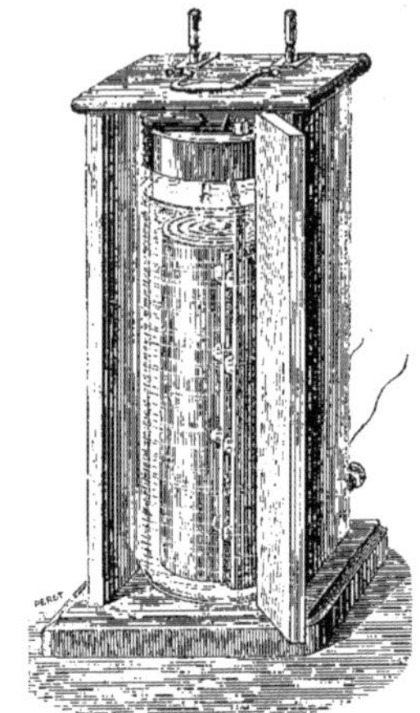

Fig. 159. — Vue intérieure d'un élément de la pile secondaire Planté.

Formation d'un accumulateur

Quand, dans un accumulateur Planté, on prolonge la durée de la charge, il se produit, au bout d'un certain temps, un dégagement de gaz provenant d'une décomposition chimique qui n'affecte pas profondément la surface des lames et qui, de ce fait, ne peut être utilisée pour *accumuler* de l'*énergie électrique*. Donc, si l'on se contentait de la simple charge ainsi effectuée, on ne pourrait pas demander une restitution bien considérable d'énergie qui, en réalité, n'aurait pas été accumulée. Mais, pendant ses observations sur les accumulateurs, Planté avait remarqué que, au fur et à mesure que ces appareils étaient chargés un plus grand nombre de fois, par suite de l'emploi qu'on en faisait, leur

dans les *charges* successives, le sens du courant, c'est-à-dire qu'après avoir effectué une *charge* en reliant une des électrodes de l'accumulateur au pôle positif de la pile, il opérait la charge suivante en reliant la même électrode au pôle négatif de la pile primaire. Cette méthode de *formation* de l'accumulateur donna des résultats très satisfaisants qui placèrent cet appareil bien au-dessus des piles comme générateur électrique.

Comment expliquer l'amélioration des facultés *accumulatrices* d'une pile secondaire par suite d'une série de charges et de décharges successives? En voici la raison.

Nous avons dit que pendant que le courant de la pile primaire traverse la pile secondaire, il se produit sur les deux électrodes de plomb de cette dernière pile des phénomènes qui transforment la surface de l'électrode positive en oxyde de plomb, plus exactement en un *bioxyde* ou *peroxyde de plomb,* c'est ainsi qu'on le nomme, chimiquement parlant. Cette couche de *peroxyde* qui se dépose sur l'électrode positive a une couleur brune, couleur *puce*, ce qui fait quelquefois désigner ce produit sous le nom d'*oxyde puce*.

Sur l'électrode négative, la couche formée par le passage du courant est d'une d'épaisseur, les lames de plomb étant pénétrées de plus en plus profondément. On conçoit facilement que plus l'épaisseur des couches actives est grande, plus grande est la capacité de l'accumulateur, et plus longue est la durée de la décharge pour un débit constant.

On s'explique également que la durée de cette décharge soit en rapport avec la superficie des lames. Plus cette superficie sera grande et plus la *capacité* de l'accumulateur augmentera.

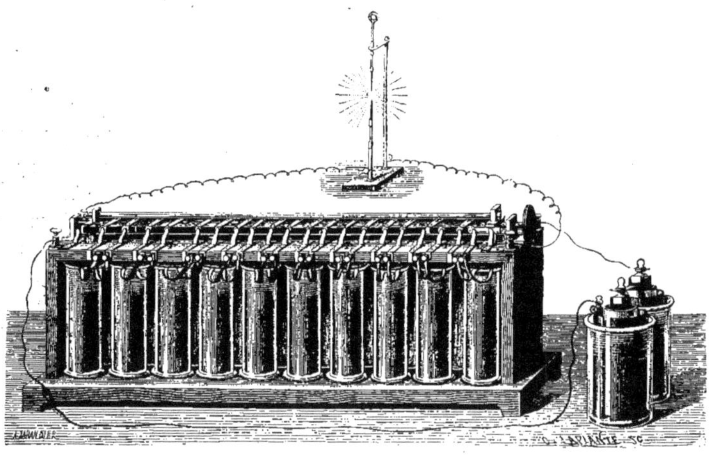

Fig. 160. — Batterie d'accumulateurs Planté actionnant une lampe à arc.

couleur gris bleuté, et n'est autre chose que du plomb pur.

Quand on utilise l'énergie électrique accumulée, nous avons vu que les électrodes de plomb de l'accumulateur reviennent à leur composition initiale, c'est-à-dire que la couche de *peroxyde* de l'électrode positive disparaît ainsi que la couche de *plomb réduit* de l'électrode négative. Quand ces deux couches que l'on peut appeler *couches actives* ont disparu, l'accumulateur ne fournit plus aucune énergie ; il est nécessaire de le *recharger*. A mesure que le nombre de charges augmente, la couche sur chacune des électrodes augmente successivement

Ce procédé de formation de l'accumulateur possède un sérieux inconvénient. Il faut, en effet, un temps relativement long pour l'amener à un point où il puisse être pratiquement utilisé. Il ne faut pas compter moins de deux mois pour obtenir ce résultat, et il est bien évident que, pendant cet intervalle de temps, il est nécessaire d'employer aux charges successives une quantité d'énergie électrique que l'on ne peut pas toujours utiliser pendant la décharge.

Afin de remédier dans une certaine mesure à cet inconvénient, on procède de façon différente pour former plus rapidement un accumulateur à électrodes de plomb. On plonge les plaques de plomb qui le constituent dans un bain formé par parties égales d'eau et d'acide azotique, pendant un ou deux jours.

L'action qu'exerce l'acide azotique sur les plaques de plomb leur donne une porosité plus grande, ce qui permet une formation plus rapide, sur ces plaques, des couches actives.

L'accumulateur du type Planté à plaques de plomb enroulées en spirales n'est plus constitué aujourd'hui de la même façon. Ces plaques, en effet, ont une forme rectangulaire, et pour augmenter la capacité de l'accumulateur qui les contient, on en groupe un certain nombre en les réunissant par des conducteurs métalliques, ce qui constitue une des électrodes, et on forme un second groupe de plaques également réunies entre elles qui constituera la seconde électrode. Il est essentiel que les plaques de groupes différents ne puissent en aucun cas se toucher, car il se produirait entre elles ce que l'on nomme un *court-circuit*, lequel aurait le déplorable résultat de décharger intérieurement l'accumulateur, qui ne fournirait extérieurement plus aucune énergie.

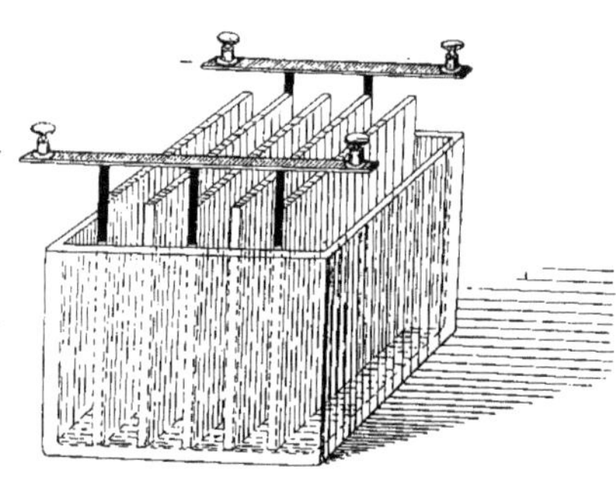

Fig. 161. — Accumulateur à plaques rectangulaires.

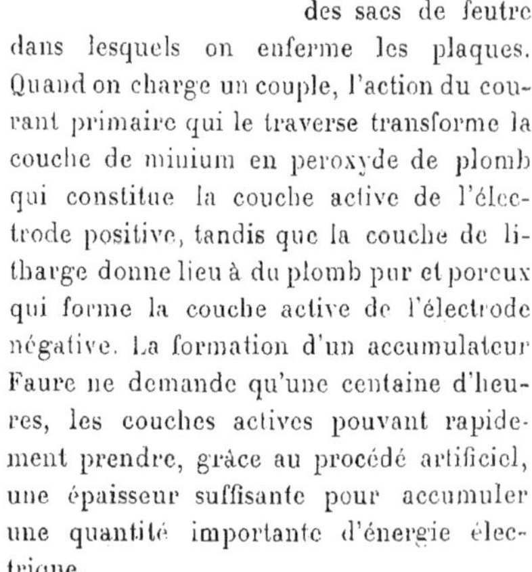

Les plaques de plomb de signe différent sont successivement placées les unes à côté des autres et elles sont reliées de deux en deux à un conducteur qui constitue un des pôles (Fig. 161).

Les accumulateurs dont la formation est obtenue en employant une des deux manières que nous venons d'examiner, sont dits à *formation naturelle*. Mais on devait nécessairement chercher à raccourcir le temps nécessaire à cette formation, en disposant sur les plaques de plomb des substances dont la décompesition chimique produirait artificiellement le même effet que les séries successives de charges et de décharges. Ces accumulateurs sont dits à *formation artificielle*.

Accumulateur Faure

L'accumulateur Faure est une pile secondaire à *formation artificielle*. Ses électrodes sont constituées par deux lames de plomb dont une, la positive, est recouverte d'une couche de *minium*, tandis que sur l'autre, la négative, est appliquée une couche de *litharge*. On sait que le *minium* et la *litharge* sont des oxydes de plomb.

Ces deux couches pâteuses, que l'on fait convenablement sécher avant de mettre l'accumulateur en service, sont protégées par des sacs de feutre dans lesquels on enferme les plaques. Quand on charge un couple, l'action du courant primaire qui le traverse transforme la couche de minium en peroxyde de plomb qui constitue la couche active de l'électrode positive, tandis que la couche de litharge donne lieu à du plomb pur et poreux qui forme la couche active de l'électrode négative. La formation d'un accumulateur Faure ne demande qu'une centaine d'heures, les couches actives pouvant rapidement prendre, grâce au procédé artificiel, une épaisseur suffisante pour accumuler une quantité importante d'énergie électrique.

L'accumulateur Faure a subi des transformations importantes. Il avait, en effet, un inconvénient dû à la désagrégation rapide des produits déposés sous forme de pâte sur les électrodes. Malgré la présence du feutre, qui d'ailleurs se détériorait au contact de l'eau acidulée, ces substances se détachaient des plaques, ce qui diminuait sensiblement leur activité.

Fig. 162. — Accumulateur Kabath.

Les accumulateurs peuvent donc être divisés en deux groupes : les accumulateurs à *formation naturelle* et les accumulateurs à *formation artificielle*. Les anciens appareils sont, en général, à *formation naturelle*, tandis que les nouveaux sont presque tous à *formation artificielle*.

Accumulateur Kabath (Fig. 162.) Parmi les premiers, il convient de mentionner l'accumulateur Kabath, qui est un accumulateur Planté dans lequel les feuilles de plomb ne sont plus roulées en spirales, mais façonnées en forme de rectangle et ondulées de façon à augmenter la surface des électrodes et à accroître ainsi la puissance accumulatrice de chaque élément. Les plaques sont de deux en deux reliées à un conducteur commun, qui sert de pôle à l'accumulateur. Elles sont séparées les unes des autres par des bandes de verre ou de caoutchouc. Les plaques sont placées dans une auge contenant l'eau acidulée. Les deux pôles sont disposés respectivement à chaque extrémité de ce récipient.

Accumulateur Reynier (Fig. 163-165.) C'est encore un accumulateur à *formation naturelle*, mais qui diffère de l'accumulateur Planté. Il est constitué par un élément composé d'une électrode positive en plomb peroxydé et d'une électrode négative formée d'une plaque de plomb cuivré. Chaque plaque est munie, à la partie supérieure, de deux crochets de contact permettant son assemblage avec les plaques suivantes de même nature. Ces plaques sont plongées dans un récipient contenant de l'eau additionnée d'acide sulfurique et chargée de sulfate de cuivre. La figure 164 montre un de ces accumulateurs composé de 27 plaques placées dans le même récipient. La figure 165 montre plusieurs éléments couplés par l'intermédiaire de conducteurs métalliques. Chaque élément est constitué par 5 plaques

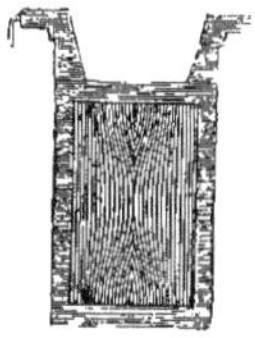

Fig. 163. — Plaque d'accumulateur Reynier, munie de son crochet de contact.

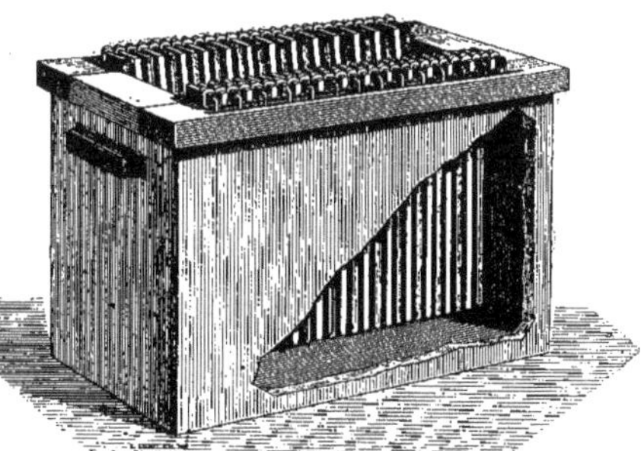

Fig. 164. — Accumulateur Reynier, à 27 plaques.

plongeant dans un récipient en verre contenant le liquide actif.

L'accumulateur Reynier peut être aussi formé par des éléments dont l'électrode positive est, comme dans l'accumulateur précédent, une plaque de plomb peroxydé, tandis que l'électrode négative est constituée par une lame de plomb amalgamée et zinguée.

Fig. 165. — Accumulateur Reynier, à 5 plaques couplées par des ponts métalliques.

Dans ce cas, le liquide que l'on verse dans le récipient contenant les plaques est de l'eau acidulée par de l'acide sulfurique, tenant en dissolution du sulfate de zinc.

Accumulateur à plaques grillagées

Les accumulateurs à *formation artificielle* participant du principe des accumulateurs Faure sont très nombreux et très employés aujourd'hui. Ce qui les différencie entre eux, en général, c'est la façon dont la matière active qui est rapportée sur les plaques y est maintenue adhérente. Nous avons dit que l'inconvénient de l'accumulateur Faure consistait précisément dans la faible adhérence, aux plaques de plomb, des couches de minium et de litharge que l'on y déposait.

Pour remédier à cet inconvénient, on donne aux plaques de plomb des accumulateurs actuels la forme d'une grille. Dans les espaces laissés libres dans la plaque on comprime, sous une pression considérable, une pâte formée de minium mélangé avec de l'acide sulfurique dilué pour les plaques positives, et de litharge également mélangée avec de l'acide sulfurique dilué pour les plaques négatives.

La matière active ainsi déposée sur les plaques de plomb occupe une surface considérable et adhère fortement à ces plaques.

Accumulateur Gadot

(Fig. 166 et 167.) Cependant certaines formes données aux mailles des plaques grillagées sont plus favorables que d'autres pour empêcher la matière active de tomber de ces plaques et de se désagréger.

La forme des plaques constituant les électrodes de l'accumulateur Gadot est particulièrement favorable à la conservation de la matière active sur les plaques.

Chaque plaque est constituée par deux lames de plomb, contenant de 5 à 8 pour 100 d'antimoine, juxtaposées. Chacune des lames est percée de trous dont la section (Fig. 166) a une forme tronconique. La matière active est comprimée dans ces alvéoles, et est formée par du minium pour la

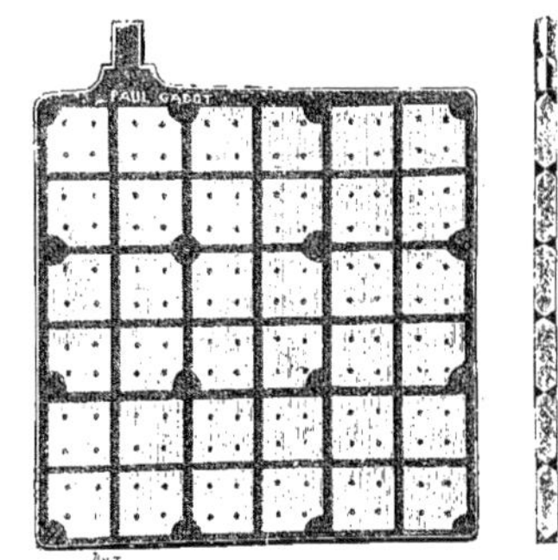

Fig. 166. — Plaque de l'accumulateur Gadot, avec sa coupe verticale.

plaque positive et par de la litharge pour la plaque négative. On comprend que la forme de l'alvéole empêche la matière active de tomber en dehors de la plaque, et cela

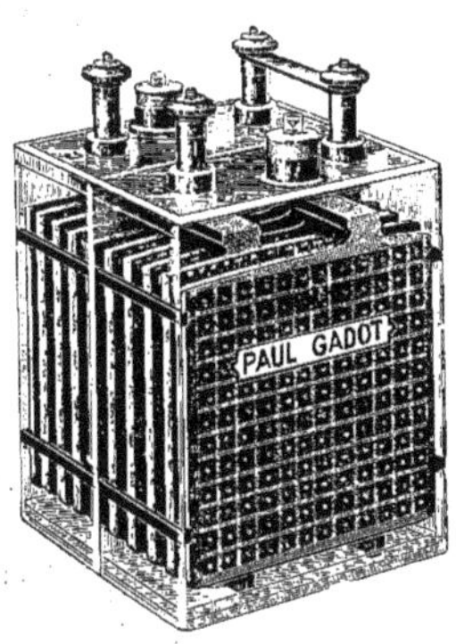

Fig. 167. — Accumulateur Gadot.

d'autant mieux que les grandes bases des alvéoles ménagées dans deux lames juxtaposées sont accolées, et que ces deux lames sont rendues solidaires l'une de l'autre au moyen d'une soudure autogène. Nous avons déjà dit que ces deux lames, ainsi réunies, constituaient une seule plaque de plomb, nécessairement munie, à sa partie supérieure, de crochets permettant de la relier à d'autres plaques et aussi de la supporter pour qu'elle ne repose pas sur le fond du récipient dans lequel elle plonge.

Accumulateur Dinin (Fig. 168 et 169.) Les types d'accumulateurs sont très nombreux et ne diffèrent entre eux que par quelques particularités de détail.

Dans les accumulateurs Dinin, les plaques de plomb sont enfermées dans un bac complètement fermé, en celluloïd, ce qui permet de rendre l'accumulateur transportable, sans craindre le renversement du liquide, tout en donnant à l'enveloppe une transparence qui est utile pour apprécier les effets de la charge sur les plaques intérieures.

La figure 168 représente un accumulateur Dinin, composé de neuf plaques. La figure 169 est une batterie de cinq éléments, transportable et logée dans une caisse en bois de laquelle débordent deux bornes où viennent s'attacher les conducteurs quand la boîte est fermée.

Fig. 168. — Accumulateur Dinin.

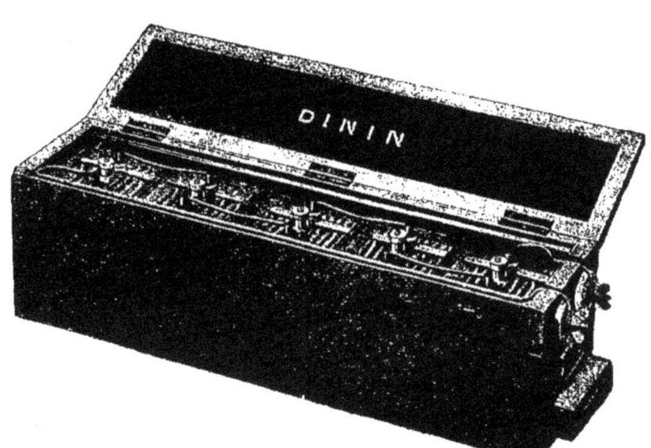

Fig. 169. — Batterie transportable d'accumulateurs Dinin.

Accumulateur Heinz (Fig. 170 et 171.) Les accumulateurs Heinz qui sont destinés à être transportés (Fig. 170) sont également montés dans des bacs en celluloïd poli, qui assurent une fermeture bien étanche de l'élément et qui ont la transparence du verre sans en avoir la fragilité.

Les accumulateurs Heinz destinés à des batteries fixes (Fig. **171**) comportent des bacs en verre, montés sur quatre pieds, dans lesquels plongent les électrodes. Les électrodes sont fondues sous pression et possèdent, sur leur surface, des cavités rectangulaires dans lesquelles est placée la matière active, constituée par une poudre d'oxyde de plomb qui est rendue adhérente à la plaque par la forte pression d'une presse hydraulique.

Les plaques constituant un élément (Fig. **171**) sont isolées entre elles par des tubes de verre verticaux et reliées deux à deux à *deux barres de connexion* qui forment l'une le pôle positif, l'autre le pôle négatif de l'élément.

Les plaques positives sont constituées par une série de lamelles disposées d'une façon spéciale et sont obtenues directement à la fonte de la plaque.

Les plaques négatives comportent des alvéoles dans lesquelles on rapporte de l'oxyde de plomb, que l'on rend adhérent à la surface de l'électrode.

Les isolants des plaques sont des diaphragmes pleins qui permettent de rapprocher les électrodes tout en donnant toute garantie contre les courts-circuits.

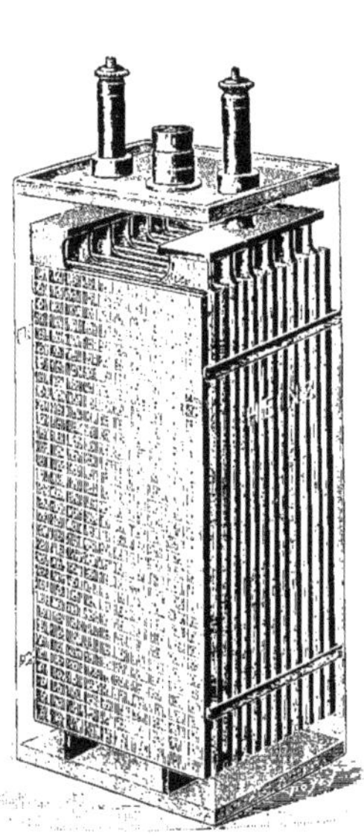

Fig. 170. — Accumulateur Heinz transportable.

Fig. 171. — Accumulateur Heinz pour batterie fixe.

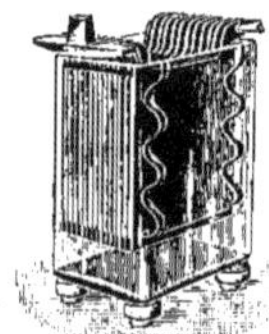

Fig. 172. — Accumulateur Olten.

Accumulateur Olten (Fig. 172.) Les accumulateurs Olten ne sont construits que pour batteries à poste fixe.

La figure **172** est la représentation d'un

élément Olten et la figure 173 représente l'ensemble d'une batterie d'accumulateurs du même type installée pour le service du funiculaire de la Wengernalp qui comporte un réseau à haute tension de 1.500 volts. Cette batterie se compose de 736 éléments d'une capacité de 416 ampère-heures.

Fig. 173. — Batterie d'accumulateurs Olten. (Funiculaire de la Wengernalp.)

Accumulateur Tudor Cet accumulateur participe à la fois de l'accumulateur genre Planté et de l'accumulateur genre Faure. Les plaques positives sont à formation Planté, et sont composées de lamelles de plomb disposées côte à côte et assemblées par un cadre extérieur qui porte une lame, servant à établir les *connexions*. Les plaques négatives sont constituées en forme de grille, faites en plomb et antimoine, et comportent des cellules rectangulaires dans lesquelles est placée la matière active, qui est la litharge ou protoxyde de plomb. Chaque élément Tudor est composé de cinq plaques positives et de six plaques négatives, ces dernières étant réunies à la fois en haut et en bas. Elles sont séparées des plaques positives par des baguettes de verre.

Fig. 174. — Accumulateur Tudor.

Accumulateur Azeden Ces accumulateurs offrent la particularité de n'avoir pas des électrodes exclusivement faites en plomb. Les plaques positives sont bien en plomb, comme dans les accumulateurs ordinaires et portent la matière active dont la grande porosité permet à cette matière d'être attaquée très profondément par le liquide actif; mais les plaques négatives sont constituées par un alliage spécial, plus léger que le plomb, qui permet de pousser très loin la réduction chimique de la matière positive pendant le travail de décharge.

En outre, l'accumulateur ainsi constitué peut rester abandonné à l'état de décharge, sans qu'il y ait à craindre la production de sulfate de plomb insoluble sur les électrodes négatives, ce métal n'entrant pas dans leur composition. Ces électrodes négatives sont, d'autre part, inoxydables. Les plaques sont plongées dans un bac contenant de l'eau acidulée par l'acide sulfurique.

Pendant la *décharge* de l'accumulateur, lorsque, par conséquent, le circuit est fermé, l'eau contenue dans le bac est décomposée en ses deux éléments, oxygène et hydrogène. L'oxygène se porte sur l'électrode négative et forme avec celle-ci un oxyde métallique, qui, se combinant ensuite avec l'acide sulfurique que contient l'eau, forme un sulfate qui se dissout. L'hydrogène, de son côté, se porte sur l'électrode positive et se combine avec une partie de l'oxygène du bioxyde de plomb formant la matière active, pour reformer de l'eau en réduisant l'oxyde de plomb.

Après la décharge, l'acide sulfurique a disparu en partie et se trouve remplacé par un sulfate en dissolution.

Quand on *recharge* l'accumulateur, le phénomène inverse se produit, la solution de sulfate se trouve *électrolysée* et, par conséquent, décomposée par le courant de charge en ses deux éléments : métal et acide sulfurique. Le métal se porte sur l'électrode négative, comme par un transport *galvanoplastique;* cette électrode est reconstituée du fait de l'arrivée de ce métal qui s'amalgame avec le mercure libre que comporte cette électrode, le mercure n'ayant pas été attaqué pendant la décharge. Le second élément, l'acide sulfurique, donne lieu à un dégagement d'oxygène sur l'électrode positive, oxygène qui, en se combinant avec l'oxyde de plomb partiellement réduit pendant la décharge, permet la reconstitution du bioxyde de plomb primitif. Les électrodes sont, au bout d'un certain temps de charge, remises dans leur état initial de fonctionnement. L'accumulateur Azeden peut être démonté en ses diverses parties, qui sont conservées dans cet état sans perdre leurs qualités. Au remontage des appareils, une solution d'acide sulfurique, versée dans les bacs, permet de redonner aux éléments la charge qu'ils avaient pu acquérir avant leur démontage.

La force électromotrice de ces accumulateurs atteint 2 volts 5.

Charge d'un accumulateur

Nous avons dit que pour charger un élément d'accumulateur, il était nécessaire de prendre deux éléments de pile Bunsen. Il faut, en effet, pour opérer la charge, pouvoir vaincre dans l'accumulateur la force *contre-électromotrice* qui s'y développe. Si cette force est représentée par E', et par E la force électromotrice du générateur d'électricité, la force réelle *électromotrice de charge* sera égale à $E - E'$. Si nous connaissons la résistance totale du circuit ainsi formé que nous représentons par R, on en déduira, d'après la loi d'Ohm, l'intensité du courant de charge $I = \frac{E - E'}{R}$. La valeur de cette intensité joue un rôle très important dans la charge des accumulateurs. Il faut, bien entendu, qu'elle soit suffisante pour que la charge ne dure pas trop longtemps, mais il est bon qu'elle ne soit pas trop considérable, car les pastilles de matière active comprimées dans les alvéoles des plaques se détachent et les plaques de plomb même se gondolent. Cette intensité doit être en rapport avec la surface des plaques, car, généralement, ces plaques ne varient pas beaucoup d'épaisseur, quelles que soient leurs autres dimensions, sauf toutefois pour celles de grandeur exceptionnelle. Aussi a-t-on rapporté l'intensité du courant de charge d'un accumulateur au poids des plaques qui le constituent. Suivant le genre d'appareil, cette intensité peut varier de 0,5 ampère à 1 ampère 5 par kilogramme de plaques. Cette intensité est d'ailleurs indiquée par chaque constructeur d'accumulateur, et quand on manque d'indications, on charge avec un courant dont l'intensité ne doit pas dépasser 0.75 ampère par kilogramme de plaques. Il ne faut pas croire, en effet, qu'une intensité trop grande donne un meilleur résultat. Les plaques se détériorent plus rapidement, ainsi que nous venons de le dire, et le rendement de l'accumulateur est diminué, tandis que, si une intensité un peu faible demande un temps de charge plus long, elle est, d'autre part, plus favorable à la conservation des plaques.

La figure 175 indique la disposition employée pour charger un accumulateur au moyen de quatre éléments de pile accouplés en tension.

Pour déterminer le moment auquel il convient d'arrêter la charge d'un accumulateur, on peut employer plusieurs procédés.

Un des plus simples consiste à surveiller le liquide acidulé. Ce liquide, tant que la charge se continue utilement, c'est-à-dire tant que le courant envoyé dans l'accumulateur opère la transformation de la surface des plaques en matière active, n'offre rien de particulier; mais si la régénération des plaques s'est complètement effectuée, le courant qui traverse l'accumulateur, n'agissant plus sur elles, provoque, par son action sur le liquide, des bouillonnements dus à des dégagements de gaz. A ce moment, il convient d'arrêter la charge.

Un autre procédé, peu compliqué également, consiste à placer, entre les deux électrodes d'un élément d'accumulateur un *voltmètre,* appareil que nous décrirons plus loin et qui sert à mesurer les *différences de potentiel* exprimées, nous le savons, en *volts.* La force électromotrice d'un accumulateur chargé étant voisine de 2,1 volts à 2,2 volts, et quand il est déchargé cette force électromotrice n'étant guère inférieure à 1 volt 8, il convient de suivre avec attention les variations de l'aiguille qui marque les *volts* sur le cadran gradué du voltmètre. Dès le commencement de la charge, la force électromotrice atteint rapidement 2 volts, puis elle monte très lentement jusqu'à atteindre 2 volts 2. Brusquement elle quitte son régime de progression lente pour passer dans un temps relativement court de 2,2 volts à 2,5 volts. On peut, à ce moment, considérer la charge de l'accumulateur comme étant achevée.

Fig. 175. — Charge d'un accumulateur.

Décharge d'un accumulateur

Pour utiliser l'énergie électrique emmagasinée dans un accumulateur, on peut donner au courant de décharge une intensité supérieure à celle du courant qui a été utilisé pour la charge. Ainsi, on peut obtenir un courant de décharge dont l'intensité peut atteindre 2 ampères par kilogramme de plaques. Il convient de ne pas donner à cette intensité une valeur trop grande, car la conservation des plaques en souffrirait. Pendant qu'on utilise le courant produit par un accumulateur, sa force électromotrice diminue et, de 2,1 volts qu'elle était, passe d'abord rapidement à 1,95 volt, puis à 1,9 volt. Elle descend ensuite à 1,85 et à 1,8 volt; mais il ne faut pas pousser plus loin la décharge, car il se formerait sur les plaques une couche de sulfate de plomb assez dure pour nécessiter un courant de charge d'une intensité considérable pour réduire ce plomb à l'état spongieux.

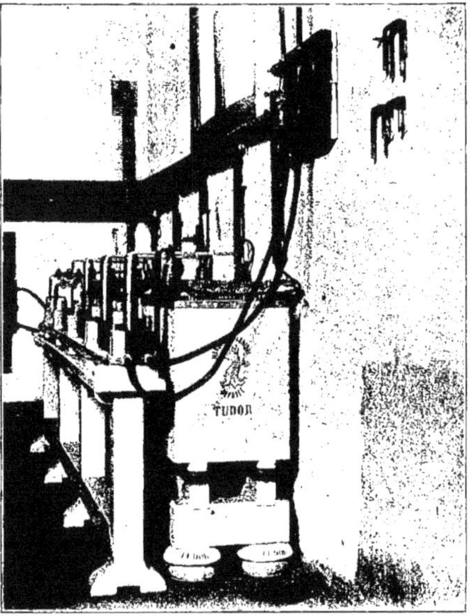

Fig. 176. — Batterie d'accumulateurs Tudor avec combinaison pour couplage à volonté. (Laboratoire central d'Électricté, Paris.)

Quand la force électromotrice d'un accumulateur s'est abaissée jusqu'à 1,8 volt, il convient donc de le recharger.

Groupement des accumulateurs

Les éléments d'accumulateurs peuvent, comme les piles, se coupler de trois façons : en *série* ou *tension*, en *quantité* ou *dérivation* et enfin d'une manière intermédiaire appelée *couplage mixte*.

Nous avons, dans le chapitre des piles, examiné ces trois espèces de groupements, en indiquant les avantages de chacun d'eux appropriés à l'emploi qu'on veut en faire. Toutes ces considérations étant applicables au couplage des accumulateurs, nous n'y reviendrons pas.

Force électromotrice

Nous venons de dire que la *force électromotrice* d'un accumulateur est égale à 2,1 volts. Généralement, pour déterminer la force électromotrice d'une batterie d'accumulateurs, on compte pour chaque élément une force électromotrice de 2 volts. Nous avons vu que cette force électromotrice varie de 1,8 volt à 2,5 volts suivant que l'accumulateur est déchargé ou chargé.

Résistance intérieure

La *résistance intérieure* d'un accumulateur est très faible. Elle peut varier de 1/100 à 1/1000 d'ohm. Aussi, on peut considérer que la *différence de potentiel* utilisable est sensiblement égale à la *force électromotrice*, car, par rapport à la résistance du circuit extérieur, la résistance intérieure de l'accumulateur peut être considérée comme négligeable. C'est pour cela que, pendant la charge ou la décharge, on peut apprécier la *force électromotrice* d'un accumulateur en plaçant, entre ses bornes, un voltmètre qui, en réalité, ne mesure que la *différence de potentiel* existant entre ces bornes.

Intensité Comme l'accumulateur n'a qu'une résistance intérieure très réduite, si la résistance du circuit extérieur est également faible, l'intensité du courant de décharge peut être relativement considérable. Mais il faut éviter de demander à l'accumulateur un courant d'une intensité trop grande, car on se trouverait en présence des inconvénients signalés plus haut et consistant dans la chute de la matière active et le gondolement des plaques. Ce gondolement est particulièrement dangereux, car puisque les plaques positives et négatives sont alternées, un gondolement de l'une d'elles ayant une amplitude importante pourrait provoquer le contact des deux plaques. Il se produirait alors, entre elles ce que l'on appelle un *court-circuit :* le courant s'établirait sans qu'aucune résistance soit opposée à son passage; il aurait donc une intensité considérable qui détériorerait les éléments. On dit, dans ce cas, que l'accumulateur *se décharge sur lui-même*. Il faut, on le comprend, prendre toutes les précautions pour que cette éventualité ne puisse pas se produire.

Capacité Un accumulateur peut fournir, par sa décharge, une certaine *quantité* d'électricité. Cette quantité d'électricité détermine ce que l'on nomme la *capacité* de l'accumulateur. Cette *capacité* est exprimée *par le produit de l'intensité du courant par le temps que met l'accumulateur à se décharger*, c'est-à-dire à atteindre une force électromotrice égale à 1,8 volt. Si le temps est exprimé en secondes, la *capacité* de l'accumulateur sera égale à I *ampères* × t *secondes*, ce qui donnera un certain nombre de *coulombs*. Si, comme cela se fait généralement, on exprime le temps en heures, la *capacité* sera égale à I *ampères* × t *heures*, produit qui est désigné sous le nom d'*ampère-heures*. Ainsi, un accumulateur pouvant fournir un courant d'une intensité de 20 *ampères* pendant 10 *heures* aura une capacité de 200 *ampère-heures*.

Fig. 177. — Batterie d'accumulateurs. (Laboratoire central d'électricité, Paris.)

La capacité d'un accumulateur peut aussi être désignée par rapport au poids des plaques. Nous avons vu, en effet, que l'intensité du courant de charge avait été rapportée au kilogramme de plaques. Cette capacité peut atteindre de 9 à 13 ampère-heures par kilogramme de plaques.

La formule donnant la valeur de la capacité, $Q = I \times t$, permet de déterminer une de ces trois quantités quand on connaît les deux autres. Ainsi, si nous nous trouvons en présence d'un accumulateur d'une capacité Q de 500 ampère-heures, dont le débit I est de 10 ampères, nous trouverons immédiatement que le temps de la décharge *t* sera égal à $\frac{500}{10}$, soit 50 heures.

De même, si on connaît la capacité, 500 ampère-heures, et le temps de la décharge, on détermine l'intensité $I = \frac{Q}{t}$ ou $\frac{500}{50} = 10$ ampères. Enfin, connaissant l'intensité et le temps de décharge, on trouve que la capacité $Q = I \times t$ ou $50 \times 10 = 500$ ampère-heures.

Énergie L'énergie d'un accumulateur fournie par sa décharge s'obtient *en multipliant sa force électromotrice moyenne de décharge par sa capacité*. La force électromotrice est mesurée en *volts*, la capacité en *ampère-heures*.

L'énergie sera donc le produit des volts par les ampères-heure. Or nous savons que les *volts* multipliés par les *ampères* donnent des *watts*; l'énergie d'un accumulateur sera donc exprimée en *watt-heures*.

Exemple : Un accumulateur formé de 5 éléments montés en tension peut fournir un courant de 15 ampères pendant 30 heures. Quelle est son énergie disponible à la décharge?

La force électromotrice moyenne d'un élément variant entre 2 volts à pleine charge et 1,8 volt à la décharge, pourra être considérée comme étant égale à 1 volt 9.

Comme la batterie comprend 5 éléments montés en tension, la force électromotrice totale sera de $1{,}9 \times 5 = 9{,}5$ volts. La capacité de la batterie sera d'autre part égale à $15 \times 30 = 450$ ampère-heures. L'énergie fournie par cette batterie sera de $9{,}5 \times 450 = 4275$ *watt-heures*.

On rapporte également l'énergie au kilogramme de plaques, et dans ce cas elle est mesurée par la force électromotrice moyenne multipliée par la capacité exprimée en kilogrammes de plaque.

Supposons une batterie d'accumulateurs comprenant 8 éléments de chacun 15 kilogrammes de plaques. Si nous nous proposons de trouver l'énergie utilisable par rapport au poids des plaques, nous conviendrons que la capacité par kilogramme de plaques est de 10 ampère-heures et la force électromotrice moyenne de décharge de 1,9 volt. L'énergie pour un kilogramme de plaques sera de 1,9 volt $\times$ 10 ampère-heures, soit 19 watt-heures. Pour 15 kilogrammes de plaques, c'est-à-dire pour un élément, cette énergie sera égale à $19 \times 15 = 285$ watt-heures. Pour la batterie entière qui est de 8 éléments, l'énergie disponible sera de 285 watt-heures $\times$ 8 = 2280 watt-heures.

Puissance La *puissance* d'un accumulateur est égale au *produit de sa force électromotrice moyenne de décharge par l'intensité du courant qu'il fournit*. Ce sont des *volts* multipliés par des *ampères* qui donnent des *watts* exprimant la puissance.

La puissance peut être rapportée au kilogramme de plaques et elle est égale, dans ce cas, à la force électromotrice moyenne multipliée par l'intensité de régime, supportée par 1 kilogramme de plaques. Ainsi, la puissance par kilogramme de plaques, d'un accumulateur fournissant 1 ampère 3, par exemple, par kilogramme de plaques, sera égale à 1,9 volt $\times$ 1,3 ampère, soit 2 watts 47.

Rendement Dans un accumulateur on peut avoir à considérer deux rendements : le *rendement en quantité* d'électricité, le *rendement en énergie*.

Le *rendement en quantité* est obtenu *en divisant la quantité d'électricité donnée à la décharge par la quantité qu'il faut fournir pour la charge*. Ce rendement peut être égal à 90 %.

Le *rendement en énergie* est le *rapport entre l'énergie utilisable à la décharge et l'énergie fournie lors de la charge*. Ce rendement peut atteindre 80 à 85 %.

Application numérique Quel est le poids que doivent avoir les plaques d'une batterie d'accumulateurs capable de fournir 8 chevaux-vapeur, si le débit par kilogramme de plaques est pris égal à 1,5 ampère?

Nous avons déjà déterminé, précédemment, qu'un cheval-vapeur vaut 736 watts. La batterie doit donc pouvoir fournir 736 × 8 = 5.888 watts.

La puissance par kilogramme de plaques sera de 1,5 ampère × 1,9 volt = 2,85 watts, en prenant 1,9 volt comme force électromotrice moyenne.

Fig. 178. — Générateur à courant alternatif de 680 chevaux, 5.000 volts, tournant à 375 tours par minute. (La Française électrique, Paris.)

En divisant 5.888 par 2,85 nous obtiendrons le nombre de kilogrammes de plaques capables de donner une puissance de 8 chevaux, soit 2.066 kilogrammes environ.

Emplois des accumulateurs Les accumulateurs ont des emplois multiples. Ils peuvent être utilisés pour fournir le courant nécessaire à la production de l'éclairage électrique. On les emploie pour utiliser, dans les installations industrielles, l'énergie mécanique qui peut être disponible à certaines heures de jour ou de nuit, énergie qu'ils restituent sous forme d'énergie électrique. Ainsi des machines à vapeur produisant un travail irrégulier peuvent actionner, pendant leur période de travail réduit, une machine électrique chargeant des accumulateurs. L'excédent de travail fourni par la machine n'est pas perdu ; il est *transformé* simplement en énergie électrique utilisable à volonté. Les accumulateurs sont aussi employés dans les stations produisant l'éclairage électrique pour régulariser la *tension* du courant, autrement dit son *voltage*.

Ils fournissent le courant moteur dans certains types de tramways, dans les voitures automobiles électriques, dans les bateaux sous-marins. Ils servent à produire le courant qui provoque, en actionnant les bobines d'inflammation, l'explosion du mélange tonnant dans les moteurs à essence. Les accumulateurs permettent également, par leur groupement judicieux, d'utiliser pour leur charge un générateur dont la tension est faible, et de donner à la décharge, par un autre groupement approprié, une tension plus considérable, l'énergie électrique restant d'ailleurs la même. Dans ce cas, l'accumulateur fait fonction de *transformateur*.

NOTE

Relation entre le travail et la puissance électriques et le travail et la puissance mécaniques (p. 108).

Précisons quelques chiffres afin de ne laisser aucune incertitude dans les calculs portant sur le passage du *kilogrammètre* au *joule* et au *watt*.

1 grande Calorie est la quantité de chaleur portant de 0 degré à 1 degré centigrade 1 kilogramme d'eau.

1 petite calorie est la quantité de chaleur portant de 0 degré à 1 degré centigrade 1 gramme d'eau.

1 grande Calorie *vaut* 1.000 petites calories.

1 petite calorie *correspond à* 0,427 kilogrammètre.

1 petite calorie *correspond à* 4,19 joules.

1 kilogrammètre *vaut* $\frac{4,19}{0,427} = 9,81$ joules.

1 joule *vaut* $\frac{0,427}{4,19}$ ou $\frac{1}{9,81} = 0,1019$ kilogrammètre.

1 watt = 1 joule par seconde = 0,1019 kilogrammètre par seconde.

1 cheval-vapeur = 75 kilogrammètres par seconde = $75 \times 9,81 = 736$ joules par seconde = 736 watts.

ERRATUM

Page 108, lignes 14 et 15, *au lieu de :* La calorie est équivalente à 0,425 kilogrammètre et à 4,17 joules, *lire :* La calorie est équivalente à 0,427 kilogrammètre et à 4,19 joules.

Page 118, ligne 19 et suivantes, *au lieu de :* une calorie est équivalente à 4,81 joules, *lire :* une calorie est équivalente à 4,19 joules, ce qui donne pour l'équivalent calorifique du joule $\frac{1}{4,19} = 0,2386$ calorie, pratiquement 0,24 calorie.

CHAPITRE IV

MAGNÉTISME. — ÉLECTROMAGNÉTISME. — INDUCTION ÉLECTROMAGNÉTIQUE

MAGNÉTISME. — Aimants : naturels, artificiels. — Pôles. — Spectre magnétique. — Lignes de force. — Champ magnétique. — Lignes d'induction. — Champs magnétiques divers. — Aimantation.

ÉLECTROMAGNÉTISME. — Magnétisme et électricité. — Expérience d'Œrsted. — Boussole astatique. — Théorie d'Ampère. — Solénoïde. — Aimantation par le courant. — Champs électromagnétiques divers. — Perméabilité magnétique. — Saturation magnétique. — Hystérésis. — Force magnétomotrice.

ÉLECTRO-AIMANTS. — Applications : Sonneries électriques, installation.

ÉLECTRO-AIMANTS A GRANDE COURSE. — Aimants d'ancrage.

INDUCTION ÉLECTRO-MAGNÉTIQUE. — Courants induits : sens, force électromotrice. — Loi de Lenz. — Courants induits par la rotation d'un circuit. — Self-induction. — Courants de Foucault.

Nous venons, dans les chapitres précédents, de décrire deux sortes d'appareils pouvant produire à des degrés divers de l'électricité : les machines électrostatiques et les piles. Malgré la création de la pile secondaire ou accumulateur, il est incontestable que la science électrique n'a pu s'adapter d'une façon vraiment efficace à l'industrie que par suite de l'établissement des *machines dynamo-électriques* productrices de courants d'intensité et de tension considérables.

C'est cette classe d'appareils générateurs qu'il nous reste à décrire, appareils dont le rôle, en somme, consiste à transformer l'*énergie mécanique* en *énergie électrique* et qui peuvent également transformer l'*énergie électrique* reçue en *énergie mécanique* à utiliser.

Mais, avant de procéder à la description de ces merveilleuses machines, il est indispensable de nous occuper, avec quelques détails, des phénomènes qui ont permis de les établir et des relations qu'ils ont entre eux.

Ces phénomènes physiques et électriques participant à la fois du *magnétisme*, de l'*électromagnétisme* et de l'*induction électromagnétique*, nous allons successivement examiner chacune de ces trois questions avec le simple développement utile à la compréhension des phénomènes et des rapports qui les associent.

MAGNÉTISME

Aimants Tout le monde connaît les aimants, dont les propriétés se sont, dès notre enfance, manifestées à nos yeux étonnés par une attraction mystérieuse s'exerçant sur les objets en fer placés à une faible distance, et principalement sur les plumes à écrire disposées complaisamment en file indienne et auxquelles on pouvait imprimer des contorsions tout à fait réjouissantes.

On appelle, en effet, *aimant* un corps qui possède la propriété d'attirer le fer.

La cause qui produit cette attraction, et qui est encore indéterminée, a reçu le nom de *magnétisme*.

Les aimants sont de deux sortes : *aimants naturels* et *aimants artificiels*.

L'*aimant naturel*, appelé également *pierre d'aimant*, est un *oxyde de fer* que l'on trouve, sous forme de minerai, dans la terre, principalement en Suède et en Norvège. On le désigne quelquefois sous le nom d'*oxyde magnétique*.

Ce minerai a la propriété d'attirer le fer, sans avoir subi aucune espèce de préparation, c'est-à-dire en restant à l'*état naturel*, d'où sa désignation.

Les *aimants artificiels* sont des corps qui ont reçu une aimantation soit d'aimants naturels par frottement, soit par l'action du *magnétisme terrestre*, soit par l'action du *magnétisme électrique*. Il existe peu de corps susceptibles d'être transformés en aimants artificiels. Ceux qui possèdent au plus haut degré la propriété de pouvoir devenir magnétiques sont : le fer, l'acier et la fonte; le nickel et le cobalt peuvent également acquérir cette propriété, mais à un degré bien moindre.

Pôles d'un aimant et ligne neutre

(Fig. 179.) Pour matérialiser la propriété attractive d'un aimant, répétons l'expérience aussi simple que classique qui consiste à plonger un barreau aimanté AB dans de la limaille de fer en le faisant rouler. Quand on retire l'aimant du milieu de la limaille, il reste contre certaines parties de ce barreau une quantité de cette limaille qui y adhère par suite de l'attraction exercée sur elle par le barreau. En outre, la quantité de limaille adhérente est plus considérable aux extrémités du barreau que vers le milieu, ainsi que le représente la figure 179. Il existe même, au milieu de la longueur du barreau, une place où n'est attachée aucune particule de limaille, ce qui indique bien qu'aux deux points C et D l'aimantation du barreau AB est nulle. La ligne CD joignant ces deux points est appelée *ligne neutre* et les extrémités des barreaux où s'accumule la limaille se nomment *pôles* de l'aimant.

Donc un aimant, de quelque nature qu'il soit, est caractérisé par deux *pôles* et par une *ligne neutre*. Cependant on rencontre

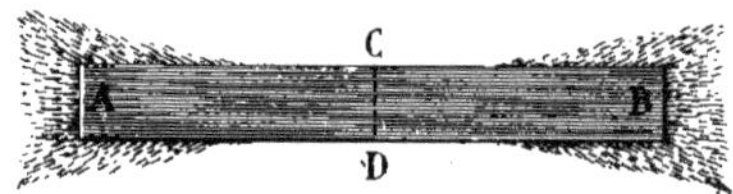

Fig. 179. — Pôles d'un aimant et ligne neutre.

parfois des aimants qui, par suite d'une irrégularité d'aimantation, possèdent sur leur longueur, entre les deux pôles extrêmes, un ou plusieurs autres points où s'exerce une action attractive. Ces points ont reçu le nom de *pôles secondaires* ou *points conséquents*. On conçoit facilement qu'un aimant possédant, par exemple, *un point conséquent*, comporte nécessairement *deux lignes neutres* séparant le *point conséquent* de chacun des *pôles* extrêmes.

En principe, un aimant convenablement établi ne possède que deux pôles et une ligne neutre.

Magnétisme terrestre

La terre exerce sur les aimants une action magnétique dont on peut provoquer la manifestation d'une façon fort simple.

On constitue un aimant très léger formé par une aiguille (Fig. 180) AB de faible épaisseur taillée en pointe à chacune de ses extrémités et pouvant se mouvoir librement sur un pivot vertical C qui la supporte en son milieu. Cette aiguille aimantée, quand elle n'est influencée par aucun corps magnétique voisin, prend une direction toujours identique qui est exactement celle de la ligne nord-sud du globe terrestre et, en outre, cette aiguille revient constamment à sa position initiale quand on l'en a un moment déviée.

C'est sur ce curieux phénomène, dû au *magnétisme terrestre*, qu'est basée la boussole, qui comporte, en principe, une aiguille aimantée semblable à celle dont nous venons de parler.

Cette aiguille, *influencée* par le magnétisme terrestre, tourne une de ses pointes vers le nord et l'autre vers le sud de la terre. La pointe B se dirigeant vers le nord, est teintée en bleu pour la différencier de l'autre, et le pôle que cette pointe représente dans l'aimant formé par l'aiguille se nomme *pôle nord* ou *austral*. Cela n'est pas une erreur, et nous disons bien que le pôle de l'aiguille tourné vers le *nord* est appelé *pôle nord* ou *austral*, et que le pôle tourné vers le *sud* se nomme *pôle sud* ou *boréal*. Comment justifier cette double dénomination qui peut, à juste titre, paraître, dès l'abord, quelque peu paradoxale? D'une façon fort simple.

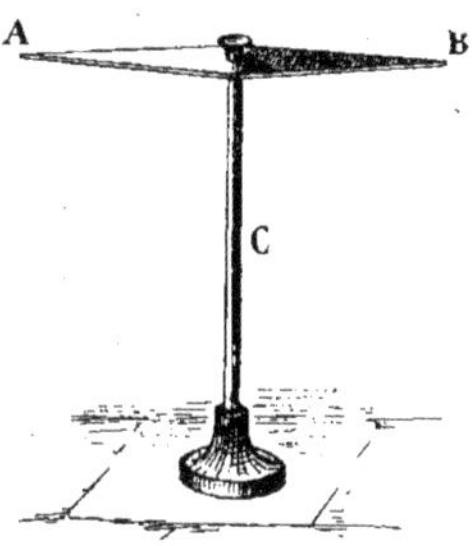

Fig. 180. — Aiguille aimantée.

Les pôles des divers aimants, en effet, se comportent les uns par rapport aux autres, comme nos curieuses boules de sureau électrisées, que nous avons eu l'occasion de faire manœuvrer dans le chapitre 1er et qui nous ont instruits sur un certain nombre de phénomènes électriques.

Nous savons que lorsque ces boules sont chargées d'électricité *de même nom*, elles se repoussent, et que lorsqu'elles sont chargées d'électricité *de noms contraires*, elles s'attirent. Il en est de même pour les aimants. Les pôles de deux aimants mis en présence s'attirent s'ils sont de noms contraires et se repoussent s'ils sont de même nom. Or, si de ces deux aimants, l'un est la Terre ayant respectivement ses deux pôles au *nord* et au *sud* géographiques, et l'autre est l'aiguille aimantée dont il a été question plus haut, il en résulte bien que la pointe de l'aiguille qui est attirée vers le *nord* de la terre, ne peut être que le pôle *sud* de l'aiguille ou pôle *austral*, et que la pointe qui se tourne vers le *sud* est nécessairement le pôle *nord* ou *boréal* de cette aiguille, et l'appellation pôle *nord* ou *austral*, par exemple, indique la double particularité de cette pointe d'aiguille qui, en se tournant vers le *nord* de la Terre, est cependant le *pôle austral* de l'aimant. Par analogie, tous les aimants ont un pôle qu'on a appelé *pôle nord* et un second pôle qu'on a nommé *pôle sud*.

Les *lois de Coulomb*, dont nous avons parlé plus haut, et qui se rapportent aux attractions et répulsions électriques, sont strictement applicables à l'attraction et la répulsion des aimants, et on peut ainsi en déduire que l'*action* qui s'exerce entre deux *pôles magnétiques* est proportionnelle au produit de leurs masses magnétiques et inversement proportionnelle au carré de la distance qui les sépare.

Spectre magnétique (Fig. 181.) Pour rendre très apparente la façon dont s'exerce l'action magnétique d'un aimant sur la limaille de fer, au lieu de plonger cet aimant dans la limaille, comme nous l'avons fait précédemment, appliquons-le simplement sous une feuille de papier sur laquelle nous aurons étendu une couche de limaille de fer. En remuant légèrement le papier et sous l'action magnétique de

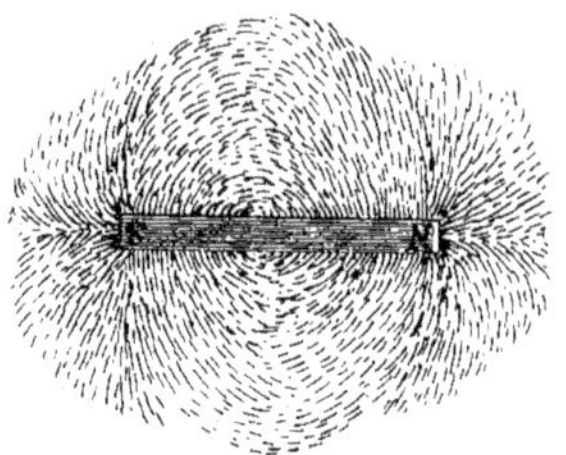

Fig. 181. — Spectre magnétique.

l'aimant N S, les particules de limaille qui avaient été disposées d'une façon quelconque s'accumulent en certains points, s'éclaircissent en d'autres et forment sur le papier une figure qu'on appelle le *spectre magnétique*.

Lignes de force

Cette figure est formée par un certain nombre de lignes et de courbes ayant des directions diverses, dont le tracé s'est effectué sur le papier par les grains de limaille qui se sont juxtaposés les uns aux autres sous l'effet de l'*action magnétique*.

Ces diverses lignes ou courbes sont nommées *lignes de force*, et représentent les directions suivant lesquelles s'exercent les attractions et les répulsions magnétiques. Par *convention*, ces lignes de force partent du pôle nord pour se diriger vers le pôle sud.

Champ magnétique

L'ensemble de toutes les *lignes de force* constitue ce que l'on nomme le *champ magnétique* de l'aimant, qui est, en somme, la portion de l'espace dans laquelle s'exerce l'action de cet aimant.

On conçoit que le *champ magnétique* a une plus ou moins grande amplitude, suivant que les pôles des aimants ont une action magnétique plus ou moins grande.

Quand le *champ magnétique* est constitué par des lignes de force parallèles, également distantes les unes des autres, on dit que ce *champ magnétique* est *uniforme*.

Ligne d'induction magnétique

Dans le spectre magnétique précédent donné par un barreau aimanté, si nous considérons (Fig. 182) une ligne de force A B C partant du pôle nord et aboutissant au pôle sud, nous savons déjà que telle est sa direction ; nous pouvons admettre aussi qu'à l'intérieur de l'aimant cette ligne de force se continue pour former une courbe continue. C'est ainsi, d'ailleurs, que nous avons admis, dans la pile électrique, d'abord que le courant produit se dirigeait du pôle positif vers le pôle négatif à l'extérieur de la pile, et ensuite du pôle négatif au pôle positif à l'intérieur de ce générateur, pour former un circuit complet.

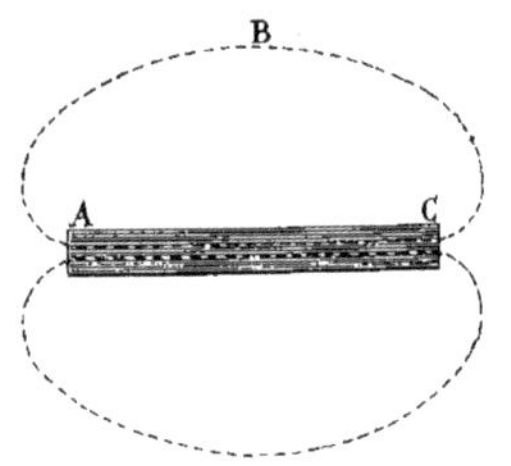

Fig. 182. — Lignes d'induction magnétique.

La ligne C A qui réunit, dans l'intérieur d'un aimant, les deux extrémités d'une ligne de force, se nomme *ligne d'induction magnétique*.

Champs magnétiques divers

La façon très simple d'obtenir le spectre d'un champ magnétique quelconque peut nous permettre d'apprécier aisément les actions réciproques qu'exercent les uns sur les autres les pôles de divers aimants. La figure 182 nous a donné le champ produit par les deux pôles d'un même aimant.

Si nous plaçons maintenant face à face d'abord des pôles d'aimants N et S de noms contraires, puis des pôles de même nom, la limaille de fer influencée se répartit de façon à figurer, dans le premier cas, des lignes de force disposées comme l'indique la figure schématique 183, et, dans le second cas, des lignes de force dont les directions sont représentées par la figure 184. Ces deux expériences démontrent, d'une façon fort claire, que les pôles de noms contraires s'attirent, ainsi que l'indiquent les diverses lignes de force qui réunissent ces deux pôles, et qu'au contraire les pôles de même nom se repoussent ainsi qu'on peut s'en convaincre à l'examen des lignes de force qui, dans la figure 184, tendent à s'écarter les unes des autres.

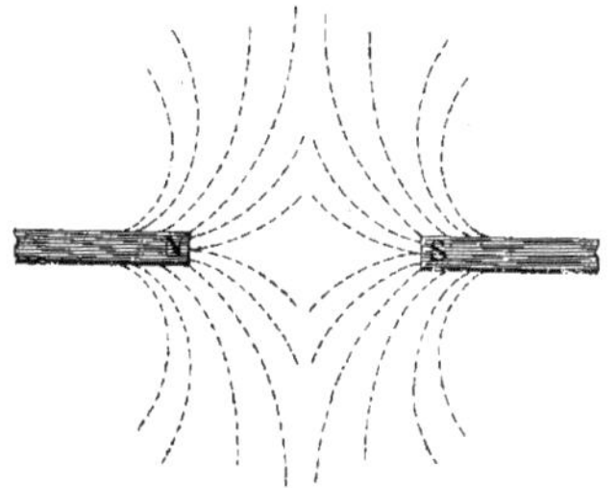

Fig. 183. — Lignes de force entre deux pôles de noms contraires.

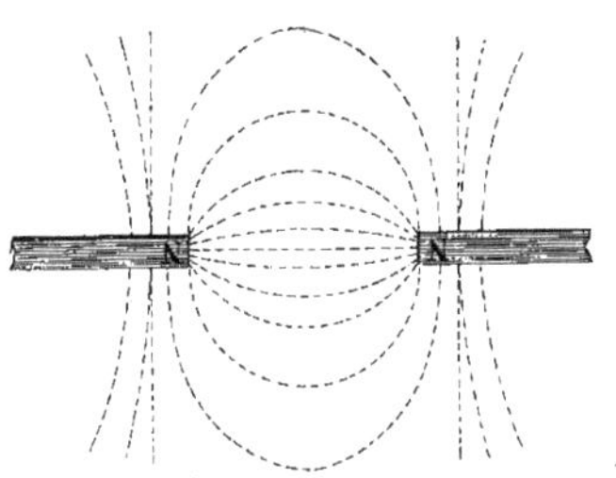

Fig. 184. — Lignes de force entre deux pôles du même nom.

Prenons, maintenant, un aimant en fer à cheval qui est une des formes d'aimants la plus usitée. Le spectre magnétique de cet aimant est représenté par la figure 185 et indique que la plupart des lignes de force réunissent les deux pôles N et S de l'aimant, tout en conservant des directions différentes. Si l'aimant est formé par un anneau dont les pôles sont très près l'un de l'autre, les lignes de force réunissent directement un pôle à l'autre (Fig. 186), et l'influence extérieure de l'aimant est presque nulle. Si, enfin, l'aimant est formé par un anneau dont les deux extrémités se rejoignent (Fig. 187), les deux pôles se touchent et l'action extérieure est totalement supprimée; on dit, dans ce cas, que l'aimant forme un *circuit magnétique fermé*. Cependant l'aimant n'en existe pas moins, car si on partage l'anneau en deux tronçons, et qu'on les sépare (Fig. 188), chacun des tronçons

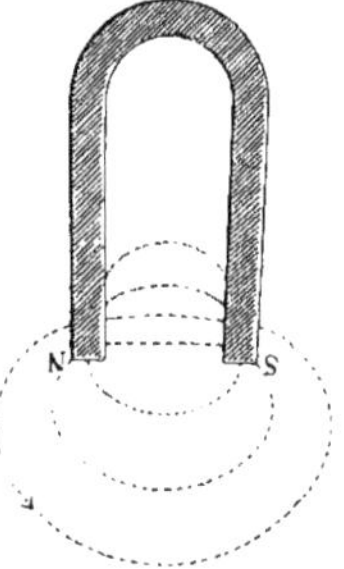

Fig. 185. — Champ magnétique d'aimant en fer à cheval.

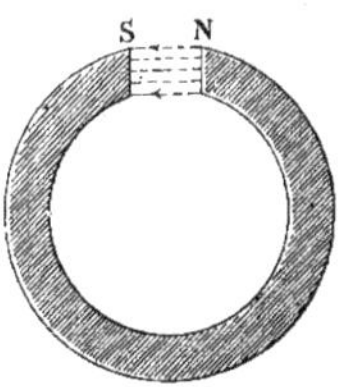

Fig. 186. — Lignes de force d'un aimant en forme d'anneau.

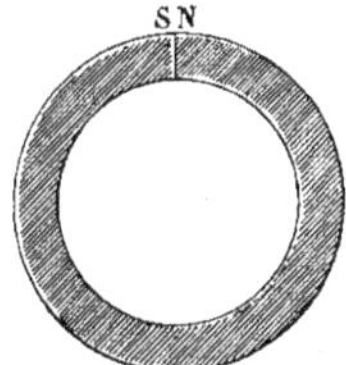

Fig. 187. — Circuit magnétique fermé.

comportera un pôle nord et un pôle sud, ainsi que l'on pourra s'en assurer en reconstituant, pour chacun d'eux, un spectre magnétique.

La propriété du *circuit magnétique fermé* de n'exercer aucune action extérieure, per-

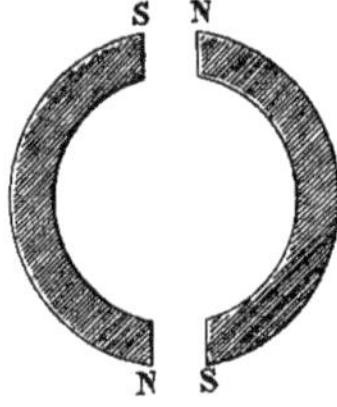

Fig. 188. — Anneau aimanté divisé en deux tronçons.

met de conserver pendant un temps fort long l'action magnétique des aimants, et si nous voulons appliquer ce procédé à notre aimant en fer à cheval, par exemple, il nous suffira de réunir ses deux pôles par une barre de fer qui fermera le circuit magnétique; l'aimantation se maintiendra très longtemps.

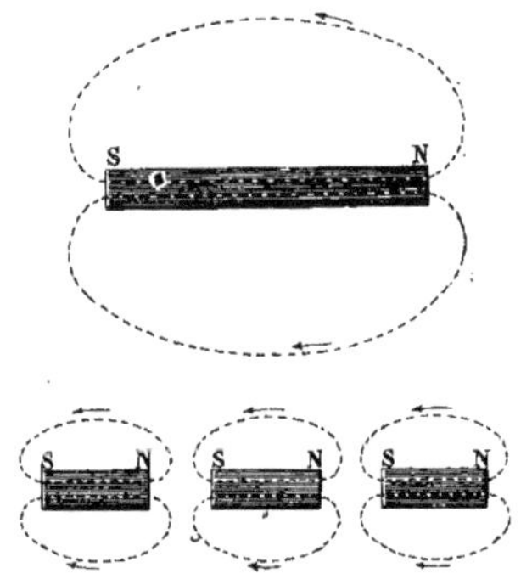

Fig. 189. — Aimant partagé en trois morceaux.

Si, pour terminer nos tracés de spectres, qui nous dévoilent certaines particularités des aimants fort intéressantes, nous partageons en plusieurs tronçons notre premier barreau aimanté (Fig. 189) et si nous réalisons avec chacun de ces tronçons un spectre magnétique, nous obtiendrons des tracés de lignes de force semblables entre eux et semblables au tracé primitif donné par le barreau unique.

Cela démontre qu'un aimant rompu en un nombre quelconque de morceaux donne lieu à autant d'aimants qu'il y a de tronçons séparés, chacun de ces nouveaux aimants comportant, comme le premier, deux pôles, le pôle nord et le pôle sud.

Aimantation Quand on place au contact d'un aimant, ou simplement même à proximité de cet aimant, un barreau de fer ou d'acier, ainsi que nous venons de le faire pour la limaille, ce barreau acquiert, à son tour, la propriété magnétique.

Cependant, cette propriété ne persiste dans le corps *influencé* que si la nature du métal le permet. Ainsi, un barreau de fer doux, aimanté de cette façon, perd son aimantation aussitôt que la cause qui l'avait produite n'existe plus. On dit que son aimantation est *temporaire*.

Au contraire, un barreau d'acier trempé, qui est, par conséquent, fort dur, conservera dans les mêmes conditions une partie de son aimantation, qui est appelée, dans ce cas, *aimantation permanente* ou même *rémanente*. On remarque que cette *aimantation rémanente* est d'autant plus considérable que l'acier employé est plus dur. C'est ce qui explique que pour la fabrication des aimants qui doivent conserver le plus longtemps possible leur propriété magnétique, on emploie l'acier le plus consistant, que l'on rend encore plus dur par l'action de la trempe avant son aimantation.

On connaît le procédé d'aimantation d'un barreau d'acier qui consiste à le frotter avec l'extrémité d'un aimant. On place sur le barreau à aimanter A B (Fig. 190) le bout de l'aimant C, et on frotte toujours dans le même sens sur toute la longueur de ce barreau avec l'extrémité de cet aimant. Après une série de frottements successifs, le barreau A B acquiert la propriété magnétique. Il constitue à son tour un aimant.

Dans ce procédé d'aimantation, le pôle de l'aimant frottant détermine, sur le barreau à aimanter, et à l'extrémité où, à chaque reprise, l'aimant quitte ce barreau, un pôle de nom contraire au sien.

Fig. 190. — Aimantation par un seul barreau aimanté.

.On peut aussi aimanter d'une manière plus rapide et plus efficace en employant deux aimants C D et E F d'actions égales (Fig. 191). On applique ces aimants, par leurs pôles de noms contraires, au milieu du barreau à aimanter A B, et on les déplace en même temps en les portant chacun vers une extrémité du barreau. Après plusieurs frottements successifs effectués de la même façon, le barreau est aimanté.

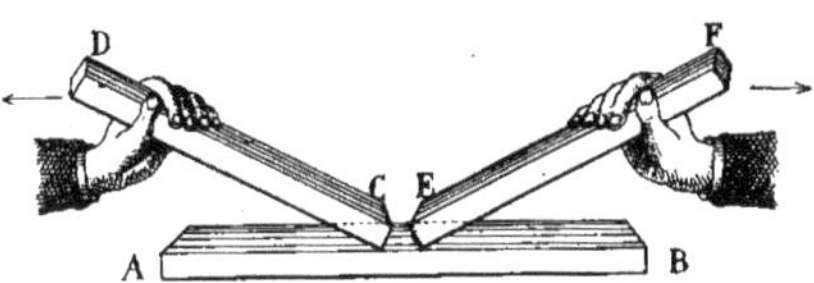

Fig. 191. — Aimantation par deux barreaux aimantés.

La Terre peut, par influence, aimanter des corps en fer et en acier qui sont tournés dans la direction nord-sud; mais l'aimantation ainsi acquise est assez faible et ne persiste pas. Ce phénomène est bien connu des mécaniciens et des horlogers, dont les tournevis se trouvent parfois aimantés du simple fait de la direction qu'ils occupent sur l'établi, ce qui est, pour ces derniers surtout, quelquefois gênant, les délicates pièces d'acier entrant dans la constitution des montres persistant à ne pas rester immobiles et à s'attacher constamment à l'extrémité des tourne-vis.

Le procédé d'aimantation le plus efficace est celui qui est obtenu au moyen du courant électrique. C'est celui qui est employé industriellement pour obtenir les aimants variés constituant les pièces essentielles d'un grand nombre d'instruments de mesures électriques.

Nous dirons quelques mots plus loin sur ce procédé d'aimantation.

ÉLECTROMAGNÉTISME

Magnétisme et électricité Il existe, entre le magnétisme et l'électricité, une identité de phénomènes qu'on a déjà certainement remarquée. Les attractions et les répulsions électriques et magnétiques sont, en effet, tout à fait identiques, et les lois de Coulomb s'appliquent exactement aux unes comme aux autres. Nous allons voir que cette identité apparait encore plus nettement en observant l'action des courants électriques sur les aimants. La partie de l'Électricité qui traite de cette action est désignée sous le nom d'*Électromagnétisme.*

L'idée de l'identité de l'électricité et du magnétisme avait trouvé son origine dans la doctrine des philosophes du XVIIIe siècle, pour lesquels tous les phénomènes du Monde physique ne sont que le résultat de quelques forces primordiales. Conformément au système de Descartes, la lumière, la chaleur, l'électricité, le magnétisme n'étaient envisagés, au XVIIIe siècle, que comme des manifestations variées d'un même agent répandu dans l'Univers. Cependant, les notions scientifiques qui formaient la base de ce système n'étaient appuyées sur aucune démonstration expérimentale et se réduisaient à des assimilations assez audacieuses.

Les physiciens du temps de Nollet considéraient, en effet, l'électricité comme étant le *feu primitif* et l'aimant comme une *pyrite martiale saturée de fluide électrique,* autrement dit un minerai de fer chargé d'électricité.

On sera peut-être surpris d'apprendre que cette théorie fut soutenue par le docteur Marat, le farouche Conventionnel qui, à ce moment, ne prévoyant certes pas encore la tourmente révolutionnaire, se livrait paisiblement à des études scientifiques qu'il publia sous le titre de « Recherches sur le feu » et « Recherches sur l'électricité », en 1782.

On en vint, petit à petit, à entrevoir l'analogie qui existait entre l'action magnétique et l'action électrique; mais pourtant Lacépède admettait, entre ces deux actions, une fort étroite ressemblance, sans vouloir toutefois les identifier.

Fig. 102. — Christian Œrsted.

La découverte admirable de la pile, par Volta, allait permettre la démonstration de cette identité.

On considéra d'abord la pile électrique comme un véritable aimant, pourvu d'un pôle positif et d'un pôle négatif. Mais cette assimilation, qui n'était appuyée par aucune démonstration concluante, eut des contradicteurs et, pendant quelque temps encore, on s'égara dans la réalisation de nombreuses expériences qui ne furent pas couronnées de succès.

Expérience d'Œrsted

Enfin, en 1820, un physicien danois, nommé Œrsted, fit son admirable expérience qui révolutionna la science électrique, en montrant à tous les yeux l'influence du courant électrique sur les aimants.

Nous avons, en parlant des effets électromagnétiques de la pile électrique, dit quelques mots de cette expérience; mais sait-on que le hasard, qui avait déjà provoqué la découverte du *galvanisme,* présida à la naissance de l'*Électromagnétisme?*

Œrsted, en effet, professant à Copenhague, démontrait un jour à son auditoire la puissance calorifique de la pile de Volta, en portant à l'incandescence un fil de platine, tendu entre les deux pôles.

Une aiguille aimantée se trouvait par hasard placée sur une table, à peu de distance de la pile. Quand la pile fut mise en action, l'aiguille aimantée se mit à osciller d'une façon singulière, à la grande surprise des assistants, car on ne pouvait admettre qu'un courant électrique passant dans un circuit *fermé* par la jonction des deux pôles de la pile pût produire une action aussi manifeste.

Quand la leçon fut terminée, Œrsted s'empressa de répéter l'expérience, qui naturellement fut couronnée de succès. L'*Électromagnétisme* était découvert.

Rappelons cette expérience. Si l'on a une aiguille aimantée, montée sur un pivot vertical sur lequel elle puisse librement se mouvoir, cette aiguille prend, nous le savons, une direction constante qui est sensiblement la direction nord-sud. En plaçant dans cette direction, au-dessus de cette aiguille, un conducteur métallique pouvant réunir les deux pôles d'une pile, quand le circuit est fermé et que, par conséquent, le courant traverse le conducteur, l'aiguille influencée tend à se mettre en croix avec ce conducteur, et reprend sa position initiale dès que le courant cesse de traverser le fil métallique. L'aiguille, quand le fil est placé au-dessus d'elle, tend à tourner dans le sens indiqué par les flèches (Fig. 194), mais si le même fil est placé au-dessous de l'aiguille, son sens de rotation se trouve inversé (Fig. 195).

D'autre part, la déviation est d'autant plus grande que la pile est plus énergique et que le fil conducteur est placé plus près de l'aiguille.

Fig. 193. — Œrsted découvre la déviation de l'aiguille aimantée, par l'effet du courant électrique (1820). (*D'après une ancienne gravure.*)

La découverte d'Œrsted, bien qu'immédiatement appréciée par les physiciens, ne frappa réellement le monde savant que lorsque l'expérience fut présentée sous son véritable jour, dans un Mémoire que le physicien danois publia en juillet 1820, et qui fut communiqué à l'Académie des Sciences de Paris.

Dès que l'on connut que, par les moyens les plus simples, on pouvait se livrer à l'étude de ce nouveau genre de phénomènes, des hommes de toutes classes, médecins, naturalistes, amateurs de toutes sortes, s'y adonnèrent avec une ardeur incroyable, et de cette émulation universelle sont sorties les plus belles et les plus importantes découvertes dans le domaine de l'électricité au XIXe siècle.

Une semaine après l'annonce de la découverte d'Œrsted à l'Académie des Sciences, Ampère présentait sa *boussole astatique* qui lui permit de constater l'action mutuelle de deux courants, qu'il avait devinée *à priori*.

C'est en étudiant l'action des courants sur les aimants et celle des courants sur les courants, qu'Ampère établit les bases de l'*électro-dynamique* dont nous pouvons aujourd'hui apprécier les merveilleuses applications à la réalisation des machines électriques.

Dès que l'expérience d'Œrsted fut connue

Ampère eut l'idée singulièrement ingénieuse de personnifier, pour ainsi dire, le courant pour déterminer, dans n'importe quel cas, le sens de la déviation de l'aiguille aimantée soumise à l'influence de ce courant (Fig. 196).

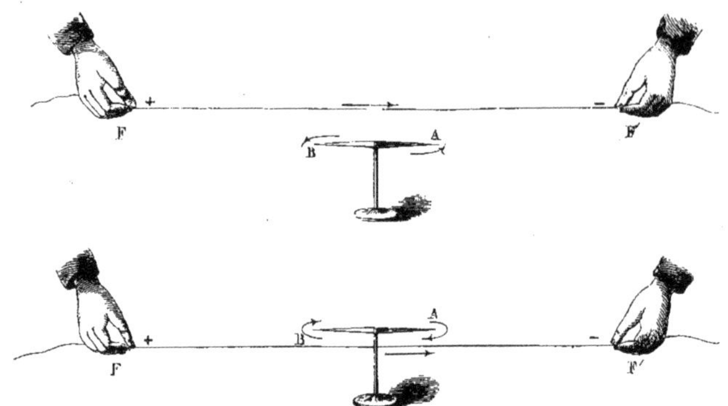

Fig. 194 et 195. — Sens de la déviation d'une aiguille aimantée sous l'action d'un courant.

Il supposait un observateur, qu'on désigne assez souvent sous le nom de *bonhomme d'Ampère*, couché dans la direction du conducteur et regardant l'aiguille aimantée (Fig. 196). Le courant est supposé entrant par les pieds de l'observateur et sortant par la tête. Dans cette position, l'observateur voit toujours le pôle *austral-nord* de l'aiguille aimantée se diriger vers sa *gauche*, ce qui fit énoncer à Ampère la règle suivante : *Un courant, placé dans le voisinage d'une aiguille aimantée, fait dévier l'aiguille de façon que son pôle nord se déplace vers la gauche du courant.* Cet énoncé d'Ampère s'accorde avec l'expérience, quelle que soit la position du fil conducteur par rapport à l'aiguille. Il contient en germe la théorie de l'*électromagnétisme,* telle qu'elle a été développée par Ampère, et que nous trouverons plus loin. Bien mieux, il permet de reconnaître immédiatement l'existence, la direction d'un courant électrique par la déviation qu'il imprime à l'aiguille d'un *galvanomètre,* instrument que nous décrirons en son temps, et de mesurer la grandeur de son intensité par l'amplitude de cette déviation.

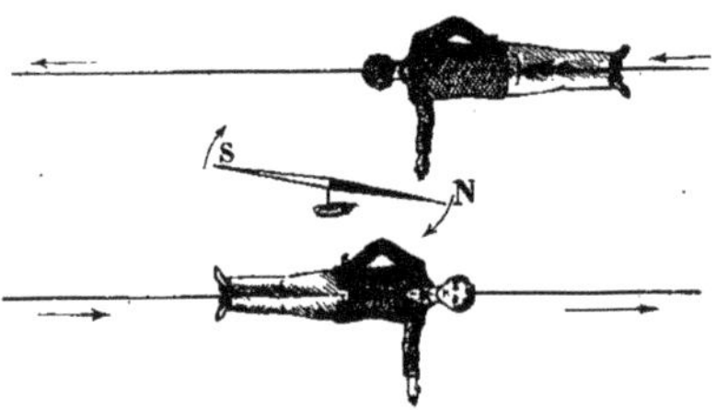

Fig. 196. — Courant électrique personnifié.
(*Bonhomme d'Ampère.*)

On peut, d'une façon aussi frappante, remplacer le *bonhomme d'Ampère* par la *main droite* de l'observateur. Cette main est placée dans la direction du conducteur, la paume tournée vers l'aiguille aimantée, et le courant est supposé entrant par le poignet et sortant par le bout des doigts. Le pouce écarté indique alors le sens vers

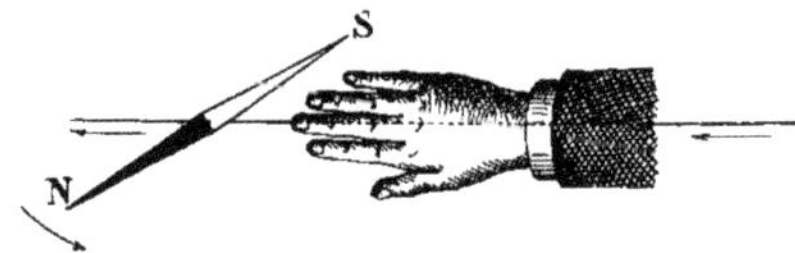

Fig. 197. — Règle de la main droite.

lequel se dirige le pôle nord de l'aiguille déviée par le courant, car il représente bien, dans toutes les positions, la gauche de l'observateur précédent et, par conséquent, la gauche du courant.

Boussole astatique (Fig. 198.) Pour étudier l'action de la pile sur l'aiguille aimantée sans être gêné par le magnétisme terrestre, Ampère imagina sa *boussole astatique* qui lui permit, ainsi que nous l'avons dit plus haut, de rechercher non seulement les lois de l'action *des courants sur les aimants*, mais encore d'étudier l'influence des *courants sur les courants*, par une généralisation vraiment géniale de ce genre de phénomènes.

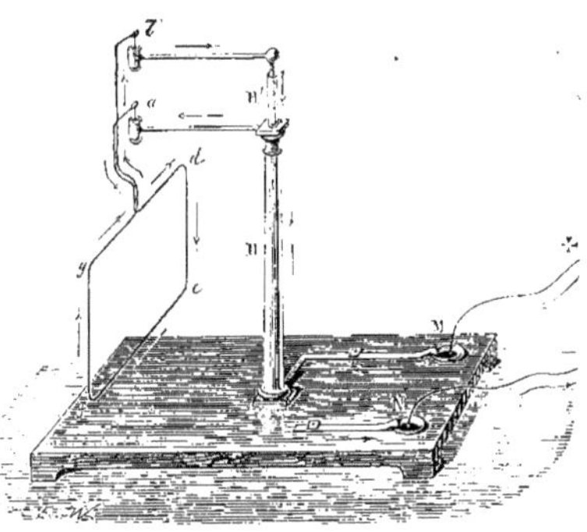

Fig. 198. — Boussole astatique.

Pour rendre mobile une certaine longueur de conducteur métallique, tout en conservant ses extrémités en contact avec les pôles de la pile, il disposa verticalement à l'extrémité de colonnes métalliques H et H', isolées l'une de l'autre, deux godets *a* et *b* remplis de mercure. Dans ces godets plongeaient les deux bouts d'un fil de cuivre *d e f g*, ayant la forme d'un rectangle. Ce rectangle était donc suspendu et pouvait tourner librement autour d'un axe vertical sans que le courant fût interrompu. A chacune des colonnes H et H' était attaché un conducteur métallique les reliant respectivement aux deux pôles d'une pile.

On comprend que dans cette disposition l'action magnétique de la Terre ne pouvait exercer aucune influence sur le conducteur, car cette action s'exerce en sens inverse sur les deux côtés *g d* et *e f* du rectangle métallique, et cela du fait que le sens du courant diffère dans les deux branches du conducteur. Ces deux actions magnétiques de la Terre étant de sens contraires s'annulent donc, et le système est dit *astatique*. Dès lors, le cadre métallique peut librement obéir à l'influence des courants que l'on produit dans le voisinage.

A l'aide de cet appareil, Ampère démontra expérimentalement les lois des courants parallèles qu'il formula ainsi : *Deux courants parallèles de même sens s'attirent; deux courants parallèles de sens contraire se repoussent,* lois qui forment la base de l'électrodynamique.

On voit que ces règles sont en opposition avec les faits jusqu'alors connus en électricité, car, tandis que les corps chargés d'électricité ou de magnétisme de même nom se repoussent, les courants de même sens s'attirent, et inversement.

Théorie d'Ampère sur l'électromagnétisme Ampère chercha alors à expliquer théoriquement ces phénomènes compliqués. Il étudia divers états d'équilibre entre des conducteurs de différentes formes placés les uns à côté des autres, et il démontra que l'action réciproque des éléments de deux courants s'exerce suivant la ligne qui joint leurs centres, qu'elle dépend de leur inclinaison relative, et qu'elle varie d'intensité dans le *rapport inverse des carrés des distances* qui les séparent. Cette loi générale étant appliquée aux actions électrodynamiques, Ampère en tira des conclusions remarquables et supposa qu'une suite de courants circulaires mobiles, mis en présence d'un courant rectiligne, tendraient à se placer parallèlement à ce dernier, et que si ces courants circulaires étaient supportés par un même axe horizontal mobile passant par leur centre, ils l'entraîneraient et le forceraient à se placer en croix par rapport au courant rectiligne.

Cette conception ingénieuse fournissait l'explication des phénomènes électromagnétiques et justifiait la direction que l'aiguille aimantée tend à prendre en se mettant en croix par rapport à un courant rectiligne, en assimilant l'aimant et ses lignes de force à un système de courants circulaires. Mais encore fallait-il en donner une démonstration expérimentale concluante.

Fig. 199. — A.-M. Ampère (1775-1836).

Solénoïde Pour cela, Ampère réalisa très simplement un système de courants circulaires fermés en faisant traverser par un courant de pile un conducteur métallique C D, enroulé en forme d'hélice dont les spires étaient très resserrées. Deux physiciens allemands, Schweigger et Poggendorff venaient précisément de découvrir qu'on peut isoler le courant dans un conducteur métallique en recouvrant ce conducteur d'une couche de vernis résineux ou même de soie, sans que cette protection empêchât les effets magnétiques de se manifester à distance.

Cet isolement permit donc de rapprocher les spires de l'hélice et de créer ainsi une grande quantité de courants circulaires. Ampère donna à son système de courants circulaires ainsi constitué le nom de *solénoïde*. Cette hélice était suspendue, comme le cadre de la boussole astatique, par les deux extrémités du conducteur qui plongeaient dans les deux godets de mercure A et B, communiquant chacun, par l'intermédiaire des colonnes L et L', avec les deux pôles d'une pile.

Le *solénoïde* d'Ampère lui permit de confirmer expérimentalement la théorie qu'il avait émise au sujet de l'action exercée par un courant rectiligne sur des courants circulaires.

En outre, un solénoïde traversé par un courant acquiert des propriétés en tout semblables à celles des aimants. Le solénoïde, en effet, sous l'action du magnétisme terrestre, prend la direction nord-sud tout comme le ferait une aiguille aimantée. L'extrémité du solé-

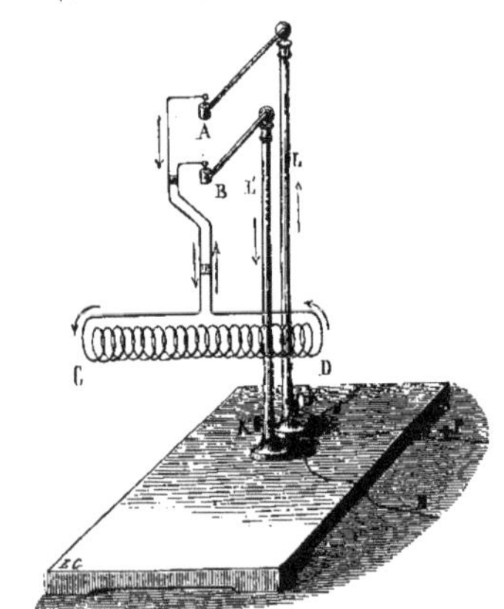

Fig. 200. — Hélice magnétique ou *solénoïde*.

noïde qui se tourne vers le nord se nomme pôle *nord* et est en réalité le pôle *austral* de ce solénoïde; l'extrémité qui se dirige vers le sud est nommée pôle *sud*, et constitue le pôle *boréal* du solénoïde.

De plus, si on met en présence deux solénoïdes par leurs pôles de noms contraires, on observe une attraction, tandis qu'il se produit une répulsion quand les deux pôles sont de même nom.

Enfin, on peut, avec un solénoïde, produire des spectres magnétiques semblables à ceux que nous avons vus se produire par l'action des aimants.

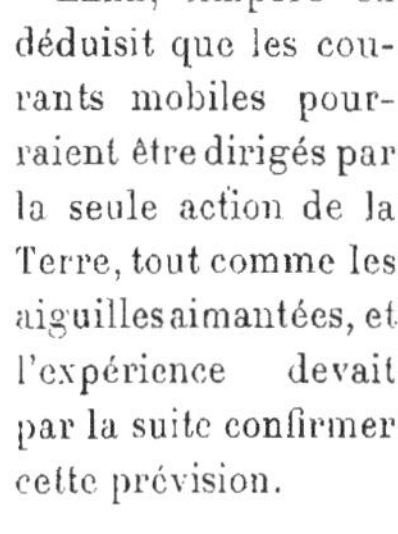
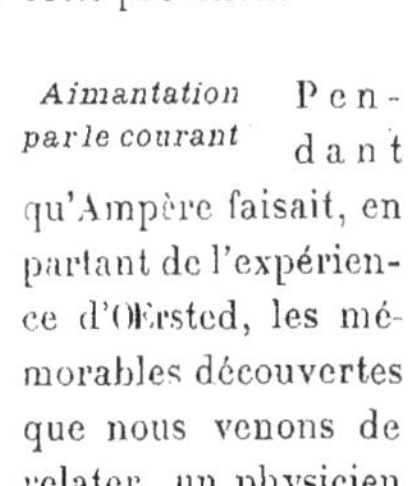
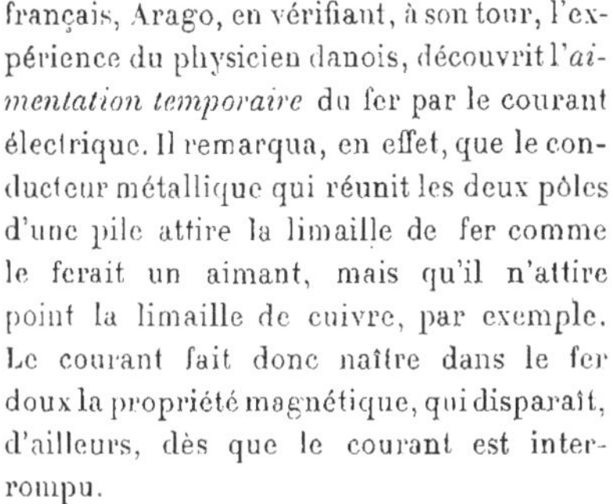

Fig. 201. — François Arago (1786-1853).

La ressemblance constatée par Ampère entre les effets des solénoïdes et ceux des aimants fut si grande, que l'idée d'une identité complète entre les uns et les autres se fit jour dans l'esprit de l'illustre géomètre.

Ampère assimila alors les aimants à des systèmes de courants circulaires de même sens circulant autour des molécules de fer. Il admettait que l'ensemble de ces courants préexiste dans ce métal, mais qu'ils sont dirigés en tous sens et sont opposés les uns aux autres jusqu'à ce qu'une action magnétisante vienne les orienter tous dans le même sens et provoquer la formation des deux pôles, comme dans les solénoïdes. Aimanter le fer revient donc à ramener au parallélisme les petits tourbillons électriques qui circulent autour de ses molécules.

Cette théorie, aussi simple qu'ingénieuse, concorde avec les phénomènes de l'électromagnétisme et ramène à une cause unique le *magnétisme* et l'*électricité dynamique*. Si son exactitude n'est pas entièrement démontrée, elle est cependant préférable à l'hypothèse qui admettait deux *fluides matériels* accumulés dans les aimants, et si la Terre, considérée comme un aimant, est supposée entourée de courants circulaires, on peut, par cette théorie, expliquer l'action magnétique qu'elle exerce sur les aiguilles aimantées.

Enfin, Ampère en déduisit que les courants mobiles pourraient être dirigés par la seule action de la Terre, tout comme les aiguilles aimantées, et l'expérience devait par la suite confirmer cette prévision.

Aimantation par le courant

Pendant qu'Ampère faisait, en partant de l'expérience d'Œrsted, les mémorables découvertes que nous venons de relater, un physicien français, Arago, en vérifiant, à son tour, l'expérience du physicien danois, découvrit l'*aimentation temporaire* du fer par le courant électrique. Il remarqua, en effet, que le conducteur métallique qui réunit les deux pôles d'une pile attire la limaille de fer comme le ferait un aimant, mais qu'il n'attire point la limaille de cuivre, par exemple. Le courant fait donc naître dans le fer doux la propriété magnétique, qui disparaît, d'ailleurs, dès que le courant est interrompu.

Arago parvint en employant une aiguille à coudre, qui est un barreau d'acier, à l'aimanter d'une manière durable, en la faisant traverser par un courant électrique.

Cette importante découverte date encore de l'année 1820 et elle fut communiquée à l'Académie des Sciences une semaine après la première communication d'Ampère. Ainsi, les bases de l'*électrodynamique* et de l'*élec-*

tromagnétisme furent établies, en un temps très restreint, d'une façon remarquable, ce qui faisait écrire à Arago : « Je ne sais si le vaste champ de la Physique offrit jamais une si belle découverte, conçue, faite et complétée avec tant de rapidité. »

Ampère conseilla à Arago d'aimanter son aiguille en la plaçant au centre d'un solénoïde. « D'après ma théorie, disait Ampère, on doit obtenir ainsi le maximum d'action. » L'expérience, faite par les deux physiciens réunis, permit d'aimanter fortement, en effet, l'aiguille placée au centre d'une bobine sur laquelle était enroulé du fil de cuivre réunissant les deux pôles d'une pile. Les pôles de l'aimant ainsi obtenus furent disposés conformément aux prévisions faites par Ampère. C'était là une nouvelle preuve de la justesse de sa théorie.

On put donc, à la suite de ces expériences, constituer des *aimants artificiels* par la seule intervention de l'électricité. On constata, en même temps, que l'action des courants électriques qui circulent en spirale autour d'un morceau de fer doux est analogue à celle des aimants ordinaires, parce qu'elle ne communique au fer doux qu'une *aimantation temporaire*, tandis qu'elle donne à l'acier une propriété magnétique *rémanente* ou *permanente*.

Cette propriété d'*aimantation temporaire* du fer doux que possède le courant a conduit à l'établissement des *électro-aimants*, dont les innombrables et ingénieuses applications ont puissamment contribué à adapter la science électrique aux usages industriels.

Quant à la propriété de l'*aimantation permanente* de l'acier que possède le courant électrique, elle est également utilisée industriellement pour fabriquer des aimants. C'est le troisième mode d'aimantation que nous avons cité plus haut. Pour aimanter, par exemple, un aimant en fer à cheval comme ceux qui sont employés dans la plupart des appareils de mesure, on pose les deux extrémités de cet aimant sur les deux pôles d'un fort électro-aimant dans lequel on fait, plusieurs fois de suite, passer un courant électrique. L'aimant acquiert ainsi une propriété magnétique permanente.

Champs électromagnétiques

Avant d'entrer dans de plus amples détails au sujet des électro-aimants et d'indiquer les principales applications industrielles qui en ont été faites, il est bon que nous soyons fixés sur ce que l'on appelle *champ électromagnétique* d'un courant. Un courant électrique qui traverse un conducteur métallique provoque autour de ce conducteur un champ magnétique qui diffère suivant la forme du conducteur. Quand le

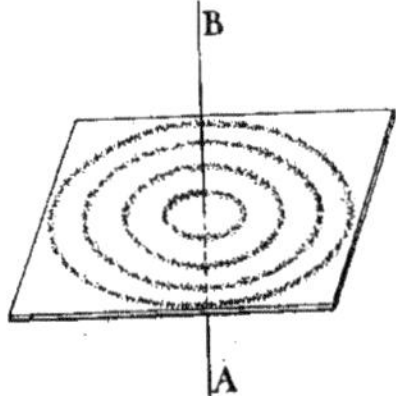

Fig. 202. — Champ produit par un courant rectiligne.

conducteur est rectiligne, le champ est formé par des lignes de force concentriques (Fig. 202), ayant comme centre l'axe du conducteur et disposées dans un plan perpendiculaire à sa direction. Pour observer expérimentalement la disposition de ces lignes de force, on trace le *spectre magnétique* de ce champ. Pour cela, on fait simplement passer le conducteur rectiligne AB verticalement à travers une feuille de papier ou de carton horizontale, sur laquelle on répand de la limaille de fer. Si, à ce moment, on fait traverser le conducteur par un courant assez intense, de dix ampères environ, on voit la limaille de fer se ranger autour du trou de passage du conducteur dans le papier en cercles concentriques dont ce trou est le centre. Le champ produit est donc perpendiculaire à la direction du conducteur, et cela explique, ainsi que nous l'avons dit plus haut, que dans l'expérience d'Œrsted l'aiguille aimantée ait été sollicitée, sous l'influence de ce champ magnétique, à se mettre en croix avec le conducteur traversé par le courant électrique.

Si le conducteur est circulaire, le champ magnétique produit par le courant qui y circule diffère de forme. Le *spectre magnétique* obtenu en faisant traverser une feuille de papier chargée de limaille par le conducteur circulaire en deux points, situés sur le même diamètre (Fig. 203), donne des lignes de force disposées circulairement autour de ces deux points.

Un conducteur circulaire simple, traversé par un courant, peut être assimilé à une lame d'aimant de faible épaisseur, ayant comme dimensions celles du contour de ce conducteur et possédant sur ses deux faces opposées des quantités de magnétisme égales et de signes contraires. C'est ce que l'on appelle un *feuillet magnétique*.

Si le conducteur est constitué par une série de circuits circulaires et qu'il forme ainsi un *solénoïde* ou encore une *bobine,* le champ magnétique obtenu par le passage du courant dans ce conducteur a la forme donnée par la figure 204.

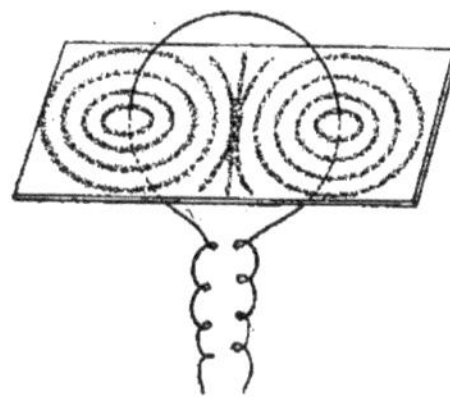

Fig. 203. — Champ produit par un courant circulaire.

Les *lignes de force* des divers circuits circulaires se prolongent. A l'intérieur, ces lignes de force ont toutes la même direction, qui est parallèle à l'axe AB de la bobine, ce qui donne lieu à un champ intérieur *uniforme,* propriété qui est assez souvent utilisée. A l'extérieur, les lignes de force se ferment sur elles-mêmes en constituant des boucles.

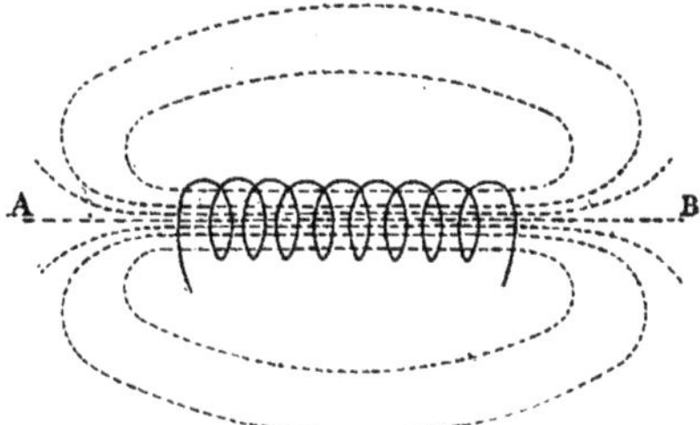

Fig. 204. — Champ d'un solénoïde.

Perméabilité magnétique Dans les électro-aimants, qui ne doivent recevoir qu'une *aimantation temporaire,* il est indispensable que le fer doux, qui doit prendre cette aimantation, et qui doit l'abandonner aussitôt que le courant cesse, possède une très grande *perméabilité magnétique.* On désigne sous ce nom la propriété plus ou moins grande que possède le fer de se laisser pénétrer par les lignes de force d'un champ magnétique.

Le degré de perméabilité, qui varie, en décroissant, pour le fer, la fonte ou l'acier, est appelé *coefficient de perméabilité;* on le détermine en prenant comme unité le coefficient de perméabilité de l'air.

Saturation magnétique Si, comme dans un électro-aimant, un noyau de fer est disposé au centre d'un solénoïde ou bobine, le champ magnétique, produit par le courant traversant le solénoïde, va bien en augmentant à mesure que l'intensité du courant grandit, mais l'*induction magnétique* produite dans le noyau de fer de la bobine, est limitée et sa grandeur dépend de la qualité de ce métal. On dit, quand le noyau de fer a atteint son *induction magnétique* limite, que le fer est *sa-*

turé et qu'il possède la *saturation magnétique*.

Hystérésis

Le même noyau de fer, toujours placé au centre d'une bobine et auquel on communique l'aimantation par *induction* en faisant passer un courant dans la bobine, n'acquiert pas un *flux magnétique* proportionnel à l'intensité de ce courant. Soit que l'intensité du courant augmente, soit qu'elle diminue, il y a toujours un retard dans l'*aimantation* ou la *désaimantation* du fer par rapport au courant qui les produit. C'est ce retard que l'on désigne sous le nom d'*hystérésis* et qui s'explique par l'emploi d'une partie de l'énergie qui est destinée à orienter les molécules du noyau métallique.

L'*hystérésis* varie avec la qualité du fer et avec son état, et il est très important qu'elle soit très réduite dans les pièces en fer entrant dans la constitution des moteurs électriques et qui sont soumises, successivement, à des aimantations de sens inverses devant s'effectuer très rapidement.

Force magnétomotrice

L'analogie entre les phénomènes magnétiques et les phénomènes électriques permet de comparer ce que l'on désigne dans le magnétisme par *force magnétomotrice,* avec la *force électromotrice*, que nous avons définie dans le chapitre II. De même, également, nous avons déjà parlé du *circuit magnétique,* ainsi nommé par similitude avec le *circuit électrique*.

Le *flux d'induction magnétique* correspond comme dénomination au *flux d'électricité* ou *intensité,* et la *résistance magnétique,* appelée aussi *réluctance,* à la *résistance électrique*.

La *force magnétomotrice* est la force qui, lorsqu'un courant électrique traverse un solénoïde, produit le *champ magnétique*. Cette force est d'autant plus grande que l'intensité du courant est plus grande et que le nombre de spires qui constitue le solénoïde est plus considérable. Comme l'intensité du courant est exprimée en ampères, la *force magnétomotrice* est donc proportionnelle au produit des ampères par le nombre de tours du fil conducteur, produit qui a reçu le nom d'*ampère-tours*. C'est surtout dans l'établissement des électro-aimants que le nombre d'*ampère-tours* est intéressant à connaître pour obtenir une *force magnétomotrice* capable d'un *travail* déterminé.

Les lois d'Ohm, qui déterminent les rapports des grandeurs électriques entre elles, sont applicables aux grandeurs magnétiques, ce qui permet de calculer facilement une d'elles quand on connaît les autres.

ÉLECTRO-AIMANTS

Nous pouvons, maintenant, après ces quelques nécessaires explications, comprendre facilement comment fonctionne un électro-aimant et quelles sont les conditions les plus favorables à son bon fonctionnement.

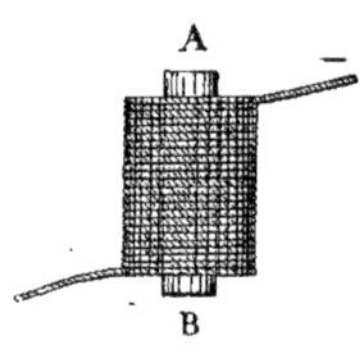

Fig. 205. — Électro-aimant simple.

Un électro-aimant est, en principe, constitué par un noyau de fer doux AB (Fig. 205), autour duquel est enroulé un fil de cuivre rouge isolé par une couverture de coton ou de soie. Ce fil, bon conducteur de l'électricité, décrit autour du noyau de fer un très grand nombre de spires, à la façon du fil à coudre enroulé sur une *bobine*. Par analogie, on donne le nom de bobine au solénoïde ainsi constitué.

Si on relie les deux extrémités du fil conducteur avec les deux pôles d'un générateur électrique, le courant qui circule dans ce fil provoque une *aimantation temporaire* du noyau de fer doux, lequel devient capable, à ce moment, d'attirer à lui une *armature* ou *palette* de fer doux, provoquant ainsi un mouvement que l'on peut utiliser de façons bien diverses.

Si on interrompt brusquement le courant dans le fil, l'aimantation du noyau cesse, et la palette, ramenée à sa position initiale par son poids ou par un ressort antagoniste, refait, en sens inverse, le mouvement qu'elle avait précédemment effectué.

L'électro-aimant formé par un seul barreau a ses deux pôles placés chacun à une extrémité du barreau.

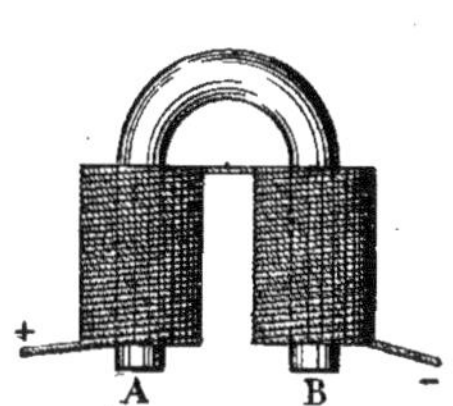

Fig. 206. — Électro-aimant recourbé.

Ce genre d'électro-aimant n'est pas industriellement employé. On lui préfère l'électro-aimant dont le noyau de fer doux AB est recourbé en forme de fer à cheval (Fig. 206), de manière à présenter ses deux pôles sur le même plan.

L'*armature* est ainsi attirée d'une façon plus efficace. L'enroulement du fil sur le noyau recourbé doit se faire sur les deux parties rectilignes de ce noyau. Le fil doit être enroulé toujours dans le même sens, c'est-à-dire comme si le noyau était droit et qu'il soit recourbé après l'enroulement. On appelle l'extrémité du conducteur enroulé qui communique avec le pôle positif du générateur électrique, *fil d'entrée,* et l'autre extrémité, *fil de sortie,* parce qu'on suppose toujours que le courant électrique se transporte du pôle positif au pôle négatif.

Le plus souvent, les électro-aimants en fer à cheval sont constitués par deux noyaux de fer doux A et B indépendants (Fig. 207), reliés, à l'aide de vis, par une pièce rectiligne également faite en fer doux et appelée *culasse* C. Sur chacun des deux noyaux est enfilée une bobine D et E composée d'une carcasse de faible épaisseur, généralement en laiton, et comportant deux joues entre lesquelles est enroulé le fil conducteur en cuivre rouge isolé par une gaine de soie ou de coton. Les deux bobines sont enroulées dans le même sens. On soude ensemble les deux extrémités supérieures du fil et les deux autres extrémités restant libres forment le fil d'entrée et le fil de sortie. Une palette ou *armature,* placée à proximité des deux bouts des noyaux, est attirée par l'électro-aimant quand le courant traverse le fil enroulé sur les bobines, et cesse de l'être quand le courant est interrompu.

Cependant, l'aimantation temporaire des noyaux d'un électro-aimant ne cesse pas instantanément. Il reste, suivant la qualité du fer, et suivant l'intensité du courant utilisé, une aimantation qui persiste, *aimantation rémanente,* qui empêche l'armature qui a été attirée de retomber aussitôt après que le courant a été interrompu. On dit alors que l'armature *colle.* Pour éviter ce *collage* qui constitue un grave inconvénient, surtout

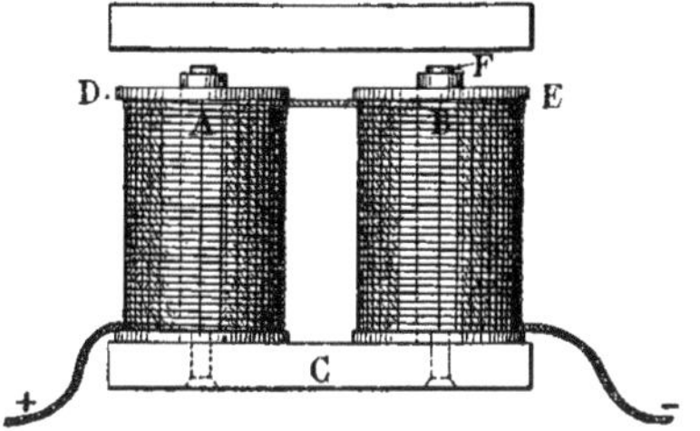

Fig. 207. — Électro-aimant en plusieurs pièces.

pour les électro-aimants auxquels on demande une grande rapidité de manœuvre, on interpose entre l'armature et les noyaux, qui étant tous en fer doux forment par leur contact un circuit magnétique fermé, un corps non magnétique. On emploie généralement des rondelles en laiton F qui font office de butées et que l'on fixe à l'extrémité des noyaux de l'électro-aimant.

Dans les électro-aimants de faible puissance, une mince feuille de papier suffit pour empêcher le *collage*. Le vide créé entre les noyaux et l'armature par l'interposition d'un corps non magnétique est appelé *entrefer*.

Nous venons de dire que la *force magnétomotrice* d'un solénoïde était proportionnelle au nombre d'*ampère-tours*. Comme l'électro-aimant n'est autre chose qu'un solénoïde, sa force magnétomotrice sera donc proportionnelle au nombre d'*ampère-tours*. Il semble donc que l'on puisse à volonté, pour obtenir, à volume égal, un électro-aimant de plus en plus puissant, ou augmenter l'intensité du courant passant dans un nombre de tours de fil déterminé, ou augmenter le nombre de tours de ce fil, en diminuant sa section, pour y faire passer un courant d'intensité déterminée : mais dans les deux cas, on obligerait le courant à traverser un conducteur dont la section serait trop réduite par rapport à l'intensité qu'il supporterait.

La résistance du conducteur croîtrait dans des proportions considérables, et le conducteur finirait par s'échauffer et même par rougir, détruisant ainsi la gaine isolante de coton ou de soie et mettant les diverses spires en *court circuit*.

En réalité, pour établir un électro-aimant, on doit, suivant l'intensité du courant qui doit être utilisé, calculer la section du fil capable de laisser passer ce courant sans qu'il se produise d'échauffement et enrouler ensuite sur les bobines de l'électro un nombre de tours suffisant de ce fil pour atteindre la force *magnétomotrice* désirée. Le volume ou *encombrement* de l'électro-aimant se trouve par cela même déterminé pour une intensité donnée et une force *magnétomotrice* à obtenir.

Applications des électro-aimants

Les applications des électro-aimants sont aussi curieuses que variées.

Une de celles que nous connaissons tous, parce qu'il nous est permis d'en apprécier journellement les bruyants et utiles effets, consiste dans l'emploi des électro-aimants pour actionner les sonneries électriques. On sait comment fonctionne cet ingénieux appareil. Rappelons-le en quelques mots.

Sonnerie électrique

(Fig. 208.) Un petit électro-aimant en fer à cheval A est posé sur une planchette B, face à une armature C en fer doux fixée sur une lame flexible D formant ressort. Cette lame est terminée par

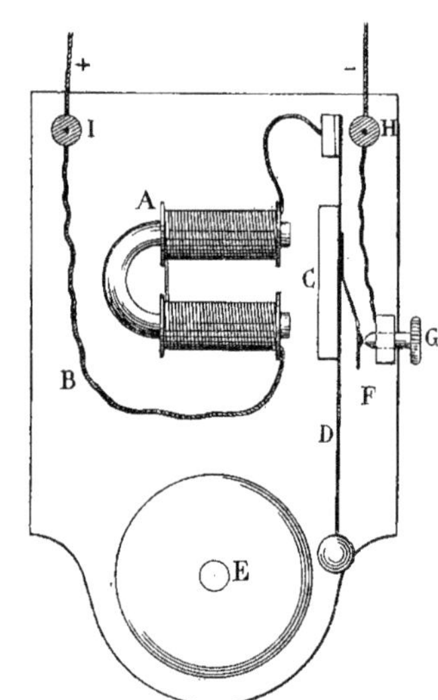

Fig. 208. — Sonnerie électrique.

une tige ronde portant en bout une petite masse métallique qui peut venir frapper sur un timbre E. La lame-ressort D communique, au repos, par une languette métallique F et par l'intermédiaire d'un bouton de réglage G, avec une des bornes H de l'appareil, laquelle est reliée au pôle négatif d'une pile.

Le fil enroulé autour des noyaux de l'électro-aimant est attaché d'une part à la seconde borne I de l'appareil, et d'autre part il est relié à la lame flexible D.

En appuyant sur un bouton d'appel qui

se compose simplement de deux lames-ressorts établissant par leur contact une fermeture du circuit électrique, on permet au courant venant du pôle positif de la pile par la borne I, de traverser l'électro-aimant et de retourner au pôle négatif de cette pile, en passant par la lame-ressort D, la languette F, et la borne H.

Sous l'action du courant, les noyaux de l'électro s'aimantent et attirent contre eux l'armature C. Ce mouvement précipite la masse métallique E contre le timbre qui résonne; mais en même temps, ce même mouvement écarte la languette F du bouton de réglage G. Une interruption du circuit électrique se produit de ce fait et le courant de la pile ne peut plus passer dans l'électro-aimant. L'aimantation de celui-ci cesse et la lame flexible D, n'étant plus attirée contre les noyaux, reprend par son élasticité sa position initiale.

Aussitôt que la languette F touche le bouton G, le circuit est de nouveau fermé, et si on continue à appuyer sur le bouton d'appel, une autre aimantation de l'électro provoque un nouveau coup de marteau sur le timbre, immédiatement suivi d'une nouvelle rupture de courant. Ces diverses phases se succèdent ainsi fort rapidement, ce qui permet à la masse métallique de frapper à coups précipités sur le timbre E, jusqu'à ce qu'on n'actionne plus le bouton d'appel. A ce moment, toutes les pièces reviennent et restent à la position de repos.

Installation d'une sonnerie électrique

Puisque nous connaissons le fonctionnement de la sonnerie électrique, il sera certainement intéressant de savoir la façon dont on doit la disposer, car il peut être à la fois utile et amusant d'établir soi-même, à peu de frais, un de ces avertisseurs pouvant être actionné par plusieurs boutons d'appel placés en des lieux différents. Une sonnerie doit être installée en suivant la disposition représentée par la figure 209. C'est ce que l'on appelle le *schéma des connexions*, c'est-à-dire la façon dont les fils conducteurs doivent être reliés aux appareils.

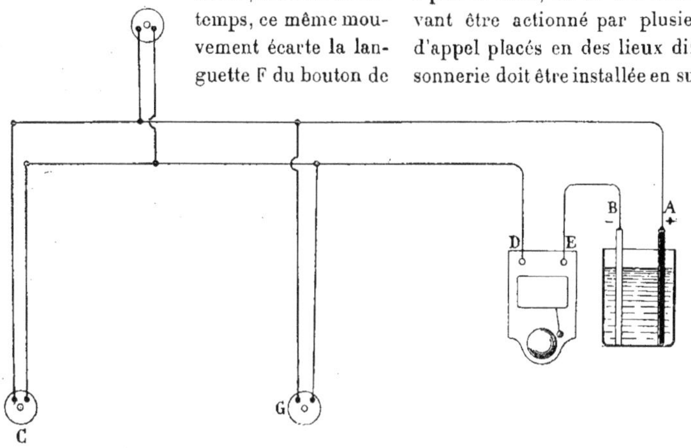

Fig. 209. — Installation d'une sonnerie électrique.

On voit qu'un fil conducteur, qui est en cuivre et isolé par une gaine de coton ou de soie et de caoutchouc, part du pôle positif A de la pile et parcourt toute la longueur du local pour aboutir au dernier bouton d'appel C en s'attachant à une de ses lames. La seconde lame du bouton est reliée à un second conducteur également isolé qui aboutit à une des bornes D de la sonnerie électrique, la seconde de ces bornes E étant reliée au pôle négatif B de la pile. On comprend qu'en appuyant sur le bouton C, ce qui met ces deux lames en contact, on détermine la fermeture du circuit électrique de la pile; cela provoque le passage d'un courant qui actionne, comme nous l'avons expliqué plus haut, la sonnerie. Si entre la pile et le bouton d'appel extrême on veut disposer d'autres boutons intermédiaires F et G, on n'a qu'à relier les deux lames de ces boutons, l'une avec le fil conducteur venant du pôle positif de la pile, l'autre avec le second conducteur. En pressant sur ces boutons, la sonnerie sera également actionnée. On voit que l'installation d'une sonnerie électrique à boutons d'appel multiples est fort simple. Généralement, au lieu d'employer deux conducteurs séparés, on prend un petit câble unique formé lui-même de deux conducteurs isolés l'un de l'autre. Ce câble unique peut être placé plus rapidement sur les isolants qui le soutiennent; les deux conducteurs qui le composent étant de couleurs différentes, on les reconnaît sans difficulté à chacune de leurs extrémités.

Quand on veut *brancher* sur le parcours du câble les deux fils reliant un bouton d'appel intermédiaire, on *dénude*, à la place convenable, les deux conducteurs principaux formant câble, en enlevant la gaine de coton et de caoutchouc; puis on roule autour du fil, ainsi mis à nu, l'extrémité du fil intermédiaire en faisant un certain nombre de tours et en appliquant d'une façon sûre au moyen de pinces les deux conducteurs l'un sur l'autre. On recouvre alors la ligature avec une toile caoutchoutée isolante. Cet assemblage d'un conducteur intermédiaire sur un conducteur principal en un point de sa longueur, se nomme *épissure*.

Quelquefois on emploie plusieurs piles pour actionner une ou plusieurs sonneries de timbres différents montées de la façon que nous venons d'indiquer. Ces piles sont alors reliées en *tension*, c'est-à-dire, ainsi que nous l'avons expliqué précédemment, que les pôles de noms contraires sont reliés entre eux.

Les électro-aimants ont trouvé une de leurs plus merveilleuses applications dans la réalisation du télégraphe électrique. Qu'il s'agisse, en effet, du télégraphe Morse, le précurseur, ou du télégraphe imprimant de Hughes, du télégraphe multiplex Baudot, merveille de mécanisme, ou du télégraphe rapide Pollak et Virag, dans chacun de ces ces appareils nous trouverons des électro-aimants jouant un rôle primordial. Nous nous proposons de décrire plus loin ces divers télégraphes, et on pourra, à ce moment, apprécier la place importante que ces électro-aimants tiennent dans leur mécanisme.

Les électro-aimants s'appliquent également aux téléphones.

Electro-aimants à grande course

Les électro-aimants dont nous avons parlé jusqu'ici à propos de leurs applications sont de puissance relativement faible; mais on construit actuellement des électro-aimants employés industriellement pour effectuer de grandes

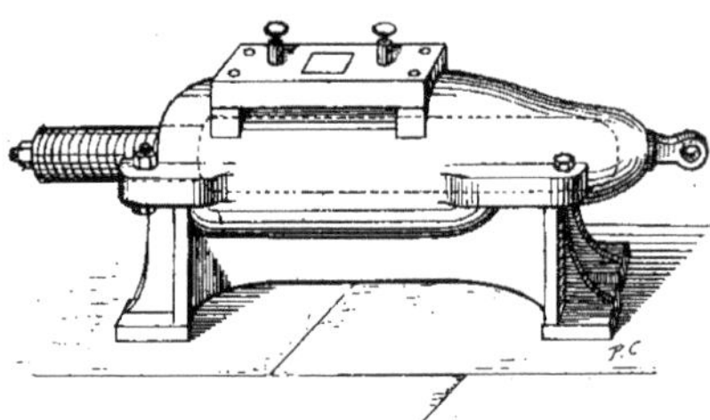

Fig. 210. — Schéma d'un électro-aimant à longue course de A. Guénée.

courses à une vitesse considérable. Ces électros sont disposés pour cela d'une façon différente de ceux que nous avons décrits. La bobine est fixe et le noyau de fer doux se meut au centre de la bobine en entraînant dans sa course la pièce à faire manœuvrer. La figure 210 représente schématiquement un de ces électro-aimants à longue course construit par A. Guénée, à Paris. Des électros semblables sont employés pour actionner électriquement, depuis 1900, les signaux et les aiguilles de la ligne Invalides gare Saint-

Lazare, à Paris, et leur fonctionnement ne laisse rien à désirer. Vingt-huit aiguilles et vingt-huit signaux en sont pourvus à la gare des Invalides. Ces électros simplifient la manœuvre et suppriment toutes les transmissions mécaniques, tout en donnant une précision et une sécurité que l'on n'avait jamais atteintes. L'effort des électro-aimants manœuvrant les aiguilles est de 300 kilogrammes avec une course de 135 millimètres, une dépense d'énergie de 16 ampères

L'effort développé varie de 350 à 500 kilogrammes et, suivant le degré d'usure du sabot, cet effort s'exerce sur 10 à 20 centimètres de parcours. On a obtenu ainsi l'arrêt de la voiture lancée à 20 kilomètres à l'heure sur une pente de 20 millimètres par mètre, en 11 mètres de parcours.

On a, avec un égal succès, appliqué l'électro-aimant à longue course aux treuils électriques, aux machines à estamper, aux dispositifs de sécurité des appareils de

Fig. 211. — Électro-aimant d'ancrage soulevant et transportant un grand induit de machine électrique.

sous 155 volts utiles et une force contre-électromotrice de 35 volts environ.

On voit que l'*électro-mécanique* est réalisée par l'*électro-aimant*. On peut utiliser ce remarquable outil avec simplicité et économie dans toutes les transmissions de mouvement rectiligne à distance : son mouvement, obtenu sans le secours de bielles, manivelles et engrenages, le fera fort apprécier. C'est certainement un moyen d'action plus avantageux, dans bien des cas, que l'air comprimé ou l'eau sous pression.

A Marseille, les freins de 275 voitures de tramways électriques sont équipés au moyen d'électro-aimants agissant sur les leviers de l'ancien frein à main.

mines, aux perforatrices et aux marteaux-pilons. Les perforatrices peuvent frapper jusqu'à 420 coups à la minute, et on a pu actionner des marteaux-pilons ayant 3.000 kilogrammes de masse frappante et plus de 2 mètres de chute.

En résumé, l'électro-aimant industriel constitue un « véritable moteur électrique » à mouvement rectiligne, à grande course et pouvant, au besoin, marcher à grande vitesse.

Aimants d'ancrage Aux États-Unis, en Angleterre et en Allemagne, on utilise l'électro-aimant sous une forme spéciale pour soulever des pièces métalliques, par adhérence, sans que l'on soit obligé de les lier avec des cordes ou des chaînes. On les appelle pour cela les *aimants d'ancrage.*

A l'arsenal de Woolwich, ce sont des aimants de ce genre qui servent à la manutention des pièces d'artillerie. Dans plusieurs aciéries on s'en sert aussi pour soulever et transporter des plaques et des blocs de métal encore chaud. Les usines de construction électrique les emploient pour déplacer, au montage, les pièces de grosses machines électriques, induits et inducteurs, notamment des alternateurs (Fig. 211).

La forme de l'*aimant d'ancrage* varie suivant la besogne à laquelle il est destiné.

En général, il est constitué par une bobine contenue dans une enveloppe métallique munie d'un fort anneau servant à l'accrochage (Fig. 212). Sur la bobine est enroulé le fil conducteur du courant qui détermine l'aimantation. Ce conducteur se prolonge à chaque extrémité en dehors de la bobine pour aller s'attacher aux pôles du générateur électrique. Quand le courant traverse le conducteur enroulé sur la bobine, l'enveloppe métallique devient magnétique et soulève la pièce de fer, de fonte ou d'acier que l'on veut manutentionner.

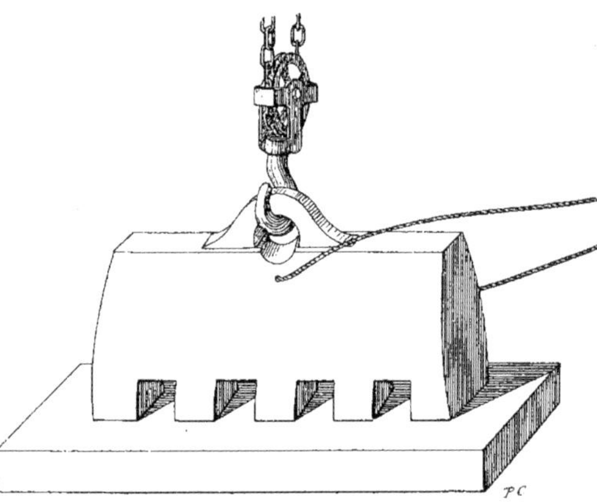

Fig. 212. — Électro-aimant d'ancrage soulevant une plaque de métal.

La puissance de ces aimants varie généralement entre 1.500 et 2.000 kilogrammes. Jusqu'à 1.500 kilogrammes, un interrupteur simple suffit pour assurer le fonctionnement; au-dessus de ce chiffre, il est nécessaire de faire usage d'un interrupteur comportant une *résistance de sûreté,* pour éviter la production de trop fortes étincelles lors de la rupture du courant.

INDUCTION ÉLECTROMAGNÉTIQUE

Courant induit. En s'appuyant sur la théorie d'Ampère que nous avons donnée plus haut et en retournant, en quelque sorte, les faits observés par Ampère et Arago sur l'aimantation d'un barreau par le courant, il semble qu'on aurait pu prédire *à priori,* qu'en introduisant un aimant permanent dans un solénoïde, on déterminerait, dans le circuit fermé qui le constitue, un courant électrique. Cette question ne fut cependant résolue expérimentalement qu'en 1832, par le grand physicien anglais Faraday.

Faraday établit, après de nombreuses expériences, que si l'on introduit un barreau aimanté dans une bobine de fil métallique recouvert d'une gaine isolante, on y détermine un courant. Seulement, ce courant ne dure qu'un instant. Si on retire l'aimant de la bobine, il se manifeste un autre courant, tout aussi éphémère, qui est dirigé en sens inverse du premier.

Ces courants instantanés, qu'on provoque en approchant ou en éloignant d'un circuit enroulé en hélice un barreau aimanté, sont désignés sous le nom de *courants d'induction* ou *courants induits.* L'aimant qui provoque la formation du courant se nomme *inducteur,* et le solénoïde, ou bobine, dans lequel ce courant se produit est appelé *induit.*

Comme nous savons que les courants peuvent acquérir la propriété magnétique et que la Terre la possède également, on distinguera donc trois sortes d'*induction:* celle due à l'action sur un circuit, d'un aimant, d'un courant, de la Terre. La première se nomme *induction magnétique* ou *électro-magnétique,* la seconde, *induction voltaïque,* et la troisième, *induction tellurique.*

Il existe encore une sorte d'induction spéciale due à l'action d'un courant électrique sur les diverses spires de fil constituant son circuit, comme c'est le cas pour toutes les bobines. Cette induction a reçu le nom de *self-induction.*

Sens du courant induit

Il est très important de déterminer quel est le sens du courant induit ainsi obtenu. Pour que cette détermination soit facile dans tous les cas, Maxwell, mathématicien et physicien anglais, né à Édimbourg, le 13 juin 1831 et mort à Cambridge, le 5 novembre 1879, proposa une règle très ingénieuse qui rappelle la règle du *bonhomme d'Ampère* et de la *main droite.* Cette fois, Maxwell emploie un *tire-bouchon* (Fig. 213). En supposant ce tire-bouchon A placé dans l'axe du circuit considéré et dans une direction perpendiculaire au plan des diverses boucles qui le composent, si le *flux inducteur augmente,* le sens du courant induit est le même que celui du tire-bouchon que l'on *dévisse;* c'est le *sens négatif* ou encore le sens inverse du mouvement des aiguilles d'une montre. Si le *flux inducteur* diminue, le sens du courant induit sera le même que celui du tire-bouchon que l'on *visse;* c'est le *sens positif* ou encore le sens du mouvement des aiguilles d'une montre.

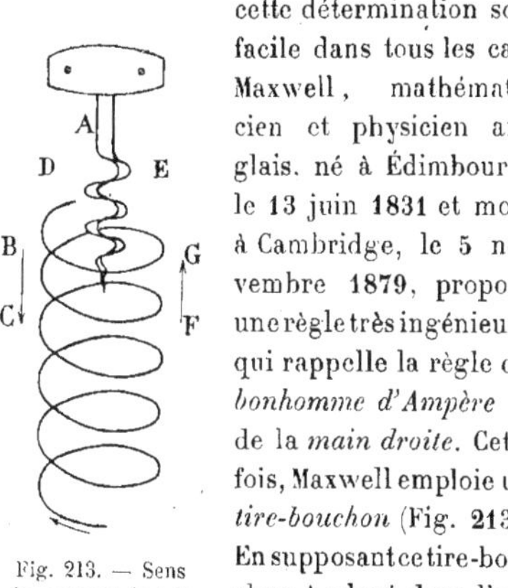

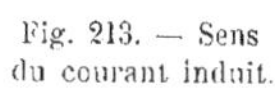
Fig. 213. — Sens du courant induit.

Loi de Lenz

En réalité donc, le *sens du courant induit est tel qu'il s'oppose au flux inducteur* et par conséquent au mouvement qui produit ce courant induit. C'est l'énoncé de la loi établie par Lenz qui, avec Faraday, étudia les phénomènes d'induction et en détermina les règles. On peut se rendre compte de l'exactitude de cette loi en considérant la figure 213. Si, en effet, le *flux magnétique inducteur* augmente et est dirigé dans le sens de l'enfoncement du tire-bouchon, sens BC, le courant induit, d'après ce que nous venons de dire, sera dirigé suivant la flèche DE. En appliquant à ce courant la règle du *bonhomme d'Ampère* nous verrons qu'il tend à produire un flux magnétique dirigé vers sa gauche soit suivant la direction FG qui est précisément l'inverse de la direction BC du flux magnétique inducteur. Le courant *induit* tend donc à s'opposer au flux *inducteur* qui le produit et à imprimer à l'organe inducteur un mouvement en sens contraire de celui qui donne naissance à ce courant induit.

Il résulte de cela que pour déplacer cet *inducteur* par rapport à l'induit, il sera nécessaire de dépenser une certaine quantité d'énergie pour vaincre la *réaction* due au courant *induit.*

Ces principes sont essentiels, car ils constituent la base fondamentale de l'établissement des *machines électromagnétiques.*

Force électromotrice des courants induits

Nous avons dit plus haut que la production des courants induits était instantanée. Il faut, en effet, pour provoquer des courants induits successifs, déplacer successivement l'organe inducteur. Supposons que nous placions un barreau aimanté A B en présence d'un circuit fermé dans lequel on a intercalé un *galvanomètre* E, instrument qui servira à mesurer le courant électrique qui traversera ce circuit. Nous savons que le barreau aimanté

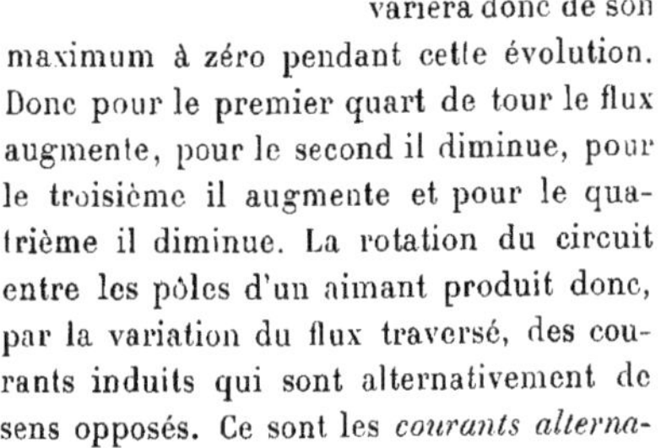

Fig. 214. — Force électromotrice des courants induits.

a des lignes de force disposées à son extrémité comme le représente la figure 214. A mesure que nous approcherons ce barreau du circuit C D, ce circuit embrassera, pour chaque position, un certain nombre de *lignes de force* qui produiront un courant induit. Le galvanomètre E indiquera la production de ce courant par une déviation. Si le barreau aimanté est immobilisé dans une position quelconque, le courant induit ne se manifeste plus, car le galvanomètre ne dévie plus. Plus le barreau sera rapproché du circuit, plus le nombre de lignes de force embrassé deviendra considérable, car ces lignes convergent vers l'extrémité de l'aimant; le flux inducteur augmente; le courant induit obtenu par le déplacement du barreau A B aura une force électromotrice plus grande et le galvanomètre indiquera une variation plus importante. Cette force électromotrice sera, en outre, d'autant plus puissante que le flux inducteur variera plus rapidement (car chaque variation produira un nouveau courant induit), et que la longueur du circuit sera plus considérable.

Courants induits par la rotation d'un circuit

Si au lieu de déplacer, comme précédemment, le barreau aimanté, nous déplaçons le circuit induit, les mêmes effets d'induction se produiront évidemment. Mais prenons un aimant en fer à cheval, par exemple, et entre ses deux pôles N et S plaçons un circuit fermé A B que nous déplacerons, non parallèlement comme dans le cas précédent, mais en lui faisant effectuer un mouvement de rotation autour de son axe A B (Fig. 215).

Nous obtiendrons, par la succession des mouvements du circuit, des courants induits. D'après le tracé des lignes de force de l'aimant, on voit que lorsque le circuit sera horizontal par exemple, il n'embrassera aucune ligne de force, car il sera, à ce moment, parallèle aux lignes de force médianes. Le flux inducteur sera nul. Au fur et à mesure qu'il effectuera son mouvement de rotation pour prendre la position verticale, la quantité de lignes de force embrassées augmentera et, quand il sera vertical, le flux embrassé sera maximum. Si le circuit continue à tourner dans le même sens, il viendra se replacer horizontalement au bout d'un quart de tour et le flux inducteur variera donc de son maximum à zéro pendant cette évolution. Donc pour le premier quart de tour le flux augmente, pour le second il diminue, pour le troisième il augmente et pour le quatrième il diminue. La rotation du circuit entre les pôles d'un aimant produit donc, par la variation du flux traversé, des courants induits qui sont alternativement de sens opposés. Ce sont les *courants alterna-*

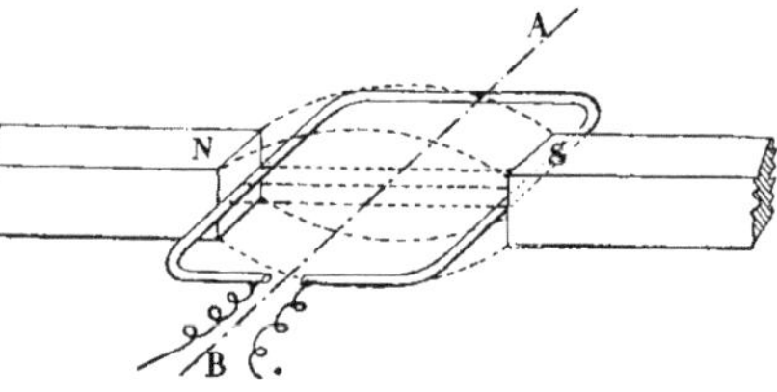

Fig. 215. — Courants induits par la rotation d'un circuit.

tifs dont nous verrons plus loin les applications industrielles.

Self-induction — Nous avons dit que la *self-induction* était l'induction produite par un courant électrique traversant un circuit sur les spires composant ce circuit. Prenons (Fig. 216), pour comprendre les phénomènes dus à la *self-induction* dans un circuit, une bobine A B sur laquelle est enroulé un conducteur métallique formant le circuit. Relions les deux extrémités de ce circuit à une pile C et plaçons un *commutateur* D sur ce circuit. Quand, au moyen de ce *commutateur*, nous fermons le circuit, le courant venant du pôle positif de la pile le traverse et ce courant agit par induction sur les spires du conducteur en provoquant un courant induit qui est de sens contraire à celui qui vient de la pile. Ce courant *induit de sens inverse* a l'inconvénient de retarder l'établissement, dans la bobine, du courant de régime.

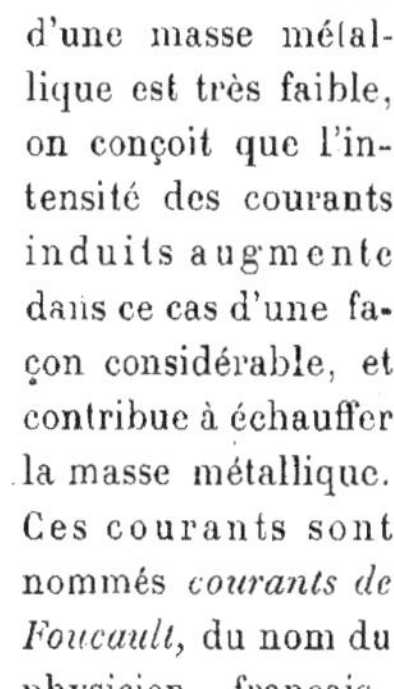

Fig. 216. — Self-induction.

Si maintenant nous ouvrons le circuit en relevant le commutateur D, le courant se trouve interrompu; le flux inducteur devient nul, change de sens et produit un courant induit, dirigé cette fois dans le même sens que celui qui vient de la pile. C'est un *courant induit direct* qui s'ajoute au courant principal, lorsque la *rupture* se produit, et augmente l'intensité de ce courant au moment de sa rupture.

Ce surcroît d'intensité donne lieu à une forte étincelle entre les deux lames du *commutateur* qui se séparent pour *ouvrir* le circuit.

Ces courants induits sont appelés *courants de self-induction* ou *extra-courants de fermeture* et *extra-courants de rupture*.

Courants de Foucault — Les courants induits peuvent se développer dans des circuits diversement constitués. Quand ils prennent naissance dans des circuits bobinés, nous venons de voir comment ils se comportent. Mais si le circuit est simplement constitué par une masse métallique, ces courants induits qui obéissent toujours à la loi de Lenz s'opposent au mouvement de l'organe qui provoque l'induction. Mais comme la résistance d'une masse métallique est très faible, on conçoit que l'intensité des courants induits augmente dans ce cas d'une façon considérable, et contribue à échauffer la masse métallique. Ces courants sont nommés *courants de Foucault,* du nom du physicien français, J.-B. Foucault, né à Paris, le 19 septembre 1819 et mort dans la même ville, le 11 février 1868, qui les découvrit.

Il faut éviter la production de ces courants induits qui transforment en pure perte l'*énergie électrique* en chaleur. Pour cela, on sectionne les masses métalliques en un grand nombre de morceaux généralement constitués par des plaques de tôle de faible épaisseur séparées par des isolants faits en papier fort mince. La résistance de la masse totale se trouve ainsi très augmentée et, d'autre part, chaque plaque de tôle ne peut produire qu'un courant induit de faible force électromotrice.

APPAREILS DE MESURES ÉLECTRIQUES

GALVANOMÈTRES. — *MULTIPLICATEUR DE SCHWEIGGER.* — *GALVANOMÈTRES A AIMANTS-MOBILES* : Nobili, Thomson, différentiel. — *GALVANOMÈTRES A CADRE MOBILE* : Deprez et d'Arsonval, balistique. — *GRADUATION.* — *SHUNT.* — *LECTURES DES DÉVIATIONS.* — *ÉCHELLES TRANSPARENTES.*

AMPÈREMÈTRES : Deprez et Carpentier, à cadre mobile. — *AMPÈRE ÉTALON PELLAT.*

VOLTMÈTRES : Chauvin et Arnoux, Meylan et d'Arsonval, thermique Carpentier, thermique Hartmann et Braun.

INSTALLATION DES VOLTMÈTRES ET DES AMPÈREMÈTRES SUR UN CIRCUIT.

ÉLECTRODYNAMOMÈTRES : Siemens, Carpentier, absolu.

WATTMÈTRES : Blondel et Labour.

ENREGISTREURS : Richard, Chauvin et Arnoux, Meylan et d'Arsonval, Carpentier.

MESURE DES RÉSISTANCES. — *OHM ÉTALON CARPENTIER.* — *BOBINES DE RÉSISTANCE.* — *BOITES DE RÉSISTANCES* : en séries, en décades linéaires, en décades circulaires. — *PONT DE WHEATSTONE* : à fil.

MESURE D'ISOLEMENT. — *OHMMÈTRE CARPENTIER.*

COMPTEURS D'ÉLECTRICITÉ : Thomson, O'Keenan.

Mesure de l'intensité du courant électrique

Pour connaître la valeur des divers éléments qui constituent un courant électrique et pour pouvoir, par conséquent, l'utiliser le plus judicieusement possible, il est évidemment indispensable d'avoir des appareils spéciaux qui, reliés d'une façon appropriée au conducteur dans lequel circule le courant, indiquent immédiatement la valeur de ce courant. De même, en effet, que l'on apprécie la hauteur de chute d'un cours d'eau, son débit et la résistance que l'écoulement de l'eau produit dans le tuyau qui la reçoit, de même on mesure la valeur des *volts* et des *ampères* fournis par un courant électrique, et aussi la grandeur de la résistance, exprimée en *ohms*, que ce courant rencontre dans le conducteur qu'il traverse.

C'est pour effectuer ces mesures essentielles qu'ont été créés les principaux appareils que nous allons décrire. Quelques autres instruments de mesures, compris dans cette description, sont établis, comme on le verra, pour compléter les indications fournies par ces appareils principaux et pour apprécier, également, diverses autres grandeurs électriques.

Dès la découverte de la décomposition de l'eau par le courant, on avait songé à utiliser l'électrolyse pour déterminer la quantité d'électricité traversant un conducteur. C'est pour cette raison que l'appareil servant à effectuer l'électrolyse fut nommé *voltamètre*. Humphry Davy, le physicien anglais dont nous avons déjà parlé, proposa, en utilisant cet appareil, une méthode de mesure qui était basée sur les décompositions chimiques dues à l'effet des courants à mesurer. Cette méthode, appelée *méthode électrochimique,* très compliquée, fut remplacée par la *méthode électromagnétique* plus simple et plus précise, aussitôt que l'expérience d'Œrsted eut ouvert la voie féconde de l'*électromagnétisme*.

GALVANOMÈTRES

Multiplicateur de Schweigger

(Fig. 217.) En se basant, en effet, sur la déviation d'une aiguille aimantée, produite par un courant qui traverse un conducteur placé à proximité de cette aiguille, on a établi des appareils qui permettent de mesurer l'intensité d'un courant par la mesure de la déviation que produit ce courant sur une aiguille aimantée faisant partie de l'appareil. Nous avons vu que l'aiguille aimantée est, d'autre part, soumise à l'influence du magnétisme terrestre qui lui communique une déviation indépendante de celle provoquée par le courant étudié.

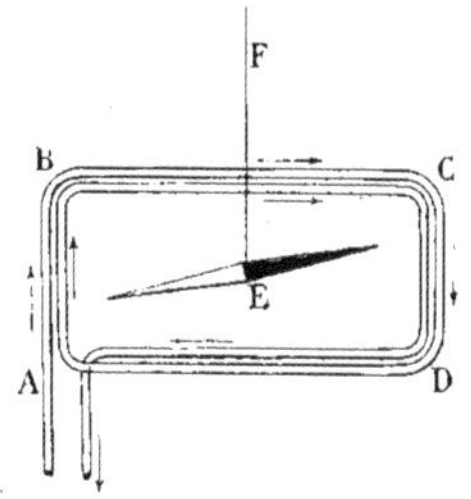

Fig. 217. — Cadre multiplicateur de Schweigger.

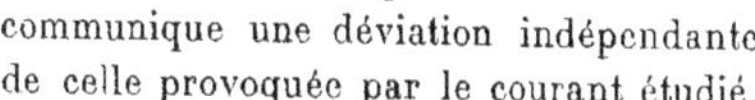

Pour apprécier la valeur du courant par la déviation de l'aiguille, il faut soustraire celle-ci à l'influence magnétique de la Terre ou rendre cette action négligeable par rapport à celle exercée par le courant.

On a donc été conduit à amplifier l'action du courant sur l'aiguille, à multiplier, en quelque sorte, cette action, et c'est le physicien allemand Schweigger (1779-1857) qui créa le *multiplicateur*. Il est constitué par un cadre A B C D sur lequel est enroulé un grand nombre de fois sur lui-même le fil conducteur dont les deux extrémités sont reliées aux deux pôles de la source fournissant le courant. En réalité, ce cadre est une véritable bobine, et nous avons indiqué, dans le chapitre précédent, que son action sur un aimant quelconque, aiguille ou barreau, était proportionnelle au nombre d'*ampère-tours*. Le nombre de tours de fil constitue donc bien un *multiplicateur* de l'action du courant sur l'aiguille.

Le cadre formant bobine est disposé dans un plan vertical et entoure une aiguille aimantée E suspendue par un fil de cocon F, et pouvant se déplacer dans un plan horizontal. Quand le courant traverse les diverses spires du fil, il a, sur chacun des côtés du cadre, la direction indiquée par la flèche. Si nous voulons savoir comment va s'effectuer la déviation de l'aiguille aimantée sous l'action de ce courant qui change de sens en passant du dessus au dessous de cette aiguille, et de sa gauche à sa droite, appliquons à ce circuit la règle du *bonhomme d'Ampère*. On se rappelle qu'elle consiste à supposer un observateur couché le long du fil, regardant l'aiguille, le courant entrant, par convention, du côté des pieds et sortant du côté de la tête. Dans ces diverses positions sur le fil qui est enroulé autour du cadre, l'observateur verra toujours dévier le *pôle nord* de l'aiguille aimantée vers sa *gauche*. On pourra remarquer que pour chacune des positions correspondantes au sens du courant sur chaque côté, l'aiguille aimantée est constamment déviée dans le même sens. Donc les actions dues aux quatre sens différents du courant s'ajoutent pour amplifier la déviation de l'aiguille, et cela pour un seul tour de fil. On voit que cette déviation pourra être considérable quand le courant agira sur l'aiguille en traversant toutes les spires. Si nous supposons que l'extrémité de l'aiguille se déplace devant un cadran divisé qui indique, à chaque instant, la valeur de la déviation, nous aurons constitué l'appareil que l'on nomme *galvanomètre*.

Le *galvanomètre* est donc un appareil qui sert à mesurer l'intensité d'un courant par la déviation donnée à une aiguille aimantée sous l'action de ce courant. C'est, dans ce cas, un *galvanomètre à aimant mobile*. Mais on peut constituer un galvanomètre en laissant l'aimant fixe et en rendant le circuit mobile. On obtient ainsi un *galvanomètre à circuit* ou *cadre mobile*.

Nous allons successivement examiner ces deux sortes de galvanomètres.

Galvanomètres à aimant mobile Galvanomètre Nobili

(Fig. 218 et 219.) Le galvanomètre Nobili est à aimant mobile. Dans le galvanomètre primitif dont nous venons de parler, constitué par un cadre multiplicateur de Schweigger, l'action magnétique de la terre intervient pour influencer l'aiguille aimantée. Dans le galvanomètre Nobili, cette influence a été neutralisée par une disposition spéciale du système d'aiguilles aimantées.

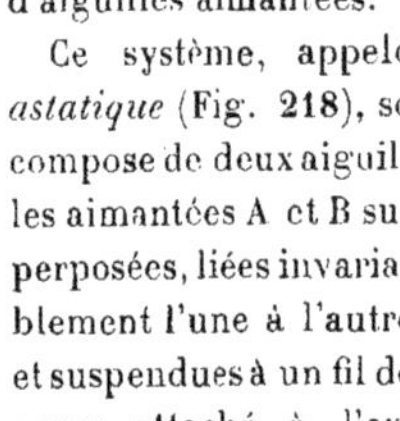

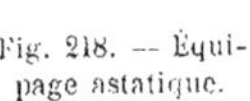

Fig. 218. — Équipage astatique.

Ce système, appelé *astatique* (Fig. 218), se compose de deux aiguilles aimantées A et B superposées, liées invariablement l'une à l'autre et suspendues à un fil de cocon attaché à l'extrémité supérieure de l'appareil. Ces deux aiguilles sont disposées parallèlement, de façon que leurs pôles de noms contraires soient placés les uns au-dessus des autres. Si l'intensité magnétique des deux aiguilles est la même, l'action magnétique terrestre sur les pôles de noms contraires superposés s'annulera, et l'*équipage* ainsi constitué ne déviera dans le galvanomètre que par suite de l'action du courant traversant l'appareil.

L'aiguille inférieure seule du *système astatique* de Nobili est placée au centre d'un cadre fixe en cuivre rouge sur lequel est enroulé un fil de cuivre isolé par une gaine de soie et qui fait sur ce cadre un grand nombre de tours (Fig. 219). Les deux extrémités du conducteur métallique sont reliées à deux bornes portées par l'appareil, auxquelles on attache les fils venant de la source dont on veut étudier le courant. La seconde aiguille, l'aiguille supérieure, est placée à une distance telle de la première qu'elle peut se mouvoir horizontalement au-dessus d'un cadran divisé fait en cuivre rouge. Une fente pratiquée dans ce cadran et dans le cadre permet l'introduction de l'aiguille inférieure dans le vide central ménagé dans le cadre.

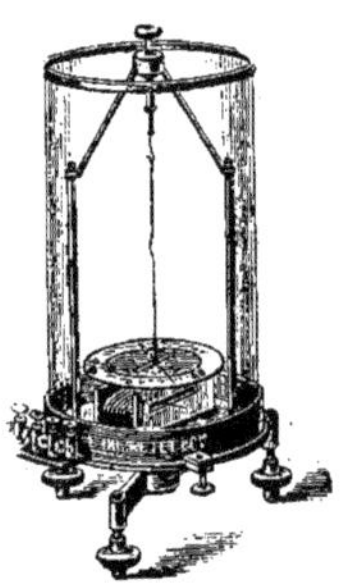

Fig. 219. — Galvanomètre Nobili.

Le fil de suspension des aiguilles est accroché à un bouton de rappel fixé à la partie supérieure de l'appareil et soutenu par deux colonnes verticales.

Des vis calantes permettent de placer l'appareil horizontalement, et une cage en verre cylindrique protège les organes contre les influences extérieures.

Pour effectuer une mesure, on amène l'aiguille supérieure en face du zéro porté par le cadran divisé, puis on fait passer le courant dans le fil qui entoure le cadre. Les deux aiguilles sont déviées de leur position et la division devant laquelle l'aiguille supérieure s'immobilise indique l'intensité du courant qui a traversé le fil conducteur. Cette immobilisation ne s'obtient pas rapidement dans cet appareil : c'est pour remédier en partie à cet inconvénient que le cadre et le cadran de ce galvanomètre ont été faits en cuivre rouge, parce que les aiguilles, en se déplaçant devant ces pièces, provoquent par leurs oscillations des courants induits dirigés en sens inverse de leur mouvement et qui font office d'amortisseur.

Galvanomètre Thomson (Fig. 220 à 226.) Ce galvanomètre diffère du précédent par une disposition des aimants et du circuit qui rendent l'amortissement de l'équipage plus efficace et les indications plus

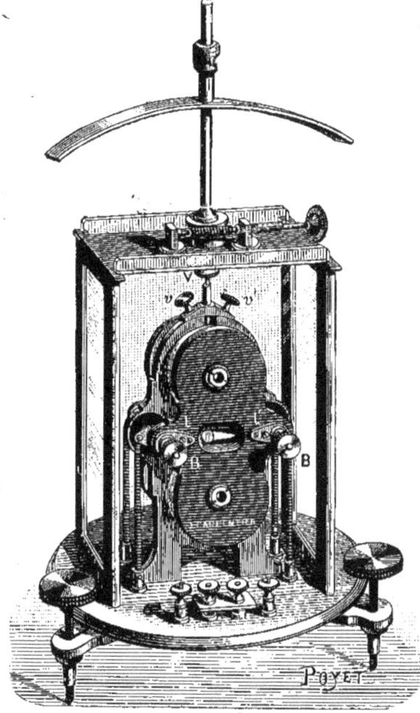

Fig. 220. — Galvanomètre Thomson.

rapides. C'est aussi un *galvanomètre à aimant mobile*.

Il se compose de deux groupes de deux bobines portant le fil conducteur enroulé en sens inverse sur les deux groupes. Au centre de chaque groupe de bobines qui constituent des cadres multiplicateurs circulaires, sont disposés de courts barreaux aimantés NS

Fig. 221. — Galvanomètre Thomson à deux bobines, modèle Carpentier.

(fig. 224 à 226), montés parallèlement, leurs pôles opposés, et reliés par une tige d'aluminium. Cette même tige porte, entre les deux barreaux aimantés, un miroir concave derrière lequel est placée une palette d'un faible poids et faite, pour cela, en aluminium ou en mica. L'*équipage astatique* ainsi constitué est suspendu par un fil de cocon à un crochet solidaire d'un bouton de rappel placé à la partie supérieure de l'appareil. Les aimants étant très courts et d'un poids faible, ont une inertie peu considérable qui favorise l'amortissement rapide des oscillations de l'équipage. En outre, la palette placée derrière le miroir contribue très efficacement à augmenter cet amortissement par la résistance qu'elle offre à l'air pendant ces oscillations. Les enroulements en sens inverse des deux groupes de bobines agissent dans le même sens sur les pôles de même nom des deux groupes de

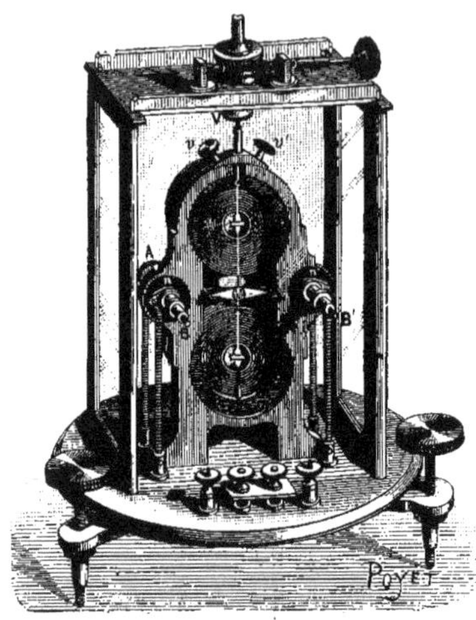

Fig. 222. — Galvanomètre Thomson. Disposition de l'équipage.

barreaux aimantés et contribuent à augmenter du même côté la déviation de l'équipage et du miroir qui en est solidaire. Cette déviation du miroir, grâce à une disposition dont nous allons parler, peut être très grandement amplifiée et permet d'effectuer des mesures précises. Un barreau aimanté, qui peut glisser sur une tige verticale surmontant l'appareil et qui est appelé *aimant directeur*, permet de faire varier la sensibilité du galvanomètre. Cet aimant agit, en effet, sur les petits barreaux aimantés, constituant l'équipage, d'une manière plus ou moins efficace suivant la hauteur qu'il occupe sur sa tige-guide et, en outre, on peut, par sa rotation sur cette tige, modifier l'orientation des barreaux et de l'équipage.

Fig. 223. — Bobines du galvanomètre Thomson.

La figure 220 représente un galvanomètre Thomson à deux bobines modèle Carpentier. Les deux bobines qui se font face sont vissées de chaque côté du support et établissent, par cela même, les communications entre elles. Les bobines sont reliées en série et les

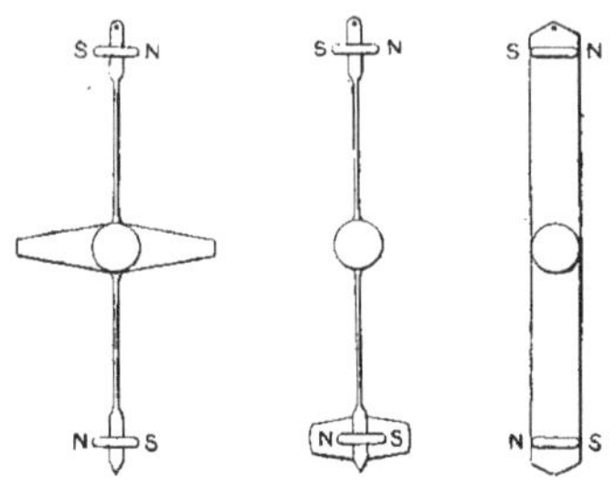

Fig. 224-226. — Formes diverses de l'équipage du galvanomètre Thomson.

extrémités du conducteur enroulé sur elles s'attachent à deux bornes disposées sur le socle du galvanomètre.

L'*aimant directeur* est placé au-dessous de ce socle.

Galvanomètre différentiel

On construit parfois des galvanomètres destinés à mesurer la différence d'intensité de deux courants. On appelle ces appareils *galvanomètres différentiels*. Ils diffèrent des types de galvanomètres ordinaires en ce que le fil conducteur est bobiné sur le cadre multiplicateur en deux circuits parallèles indépendants et isolés l'un de l'autre. Ces circuits doivent avoir la même résistance. Quand on fait passer dans ces deux circuits, et en sens inverse, les deux courants dont on veut connaître la différence d'intensité, l'équipage du galvanomètre n'est dévié que par l'action de cette différence d'intensité des courants et cette déviation en donne la mesure. Il est, on le conçoit, indispensable pour établir des galvanomètres différentiels, de réaliser les deux circuits de fil parallèles de façon qu'ils exercent sur l'équipage des actions de même valeur pour un même courant traversant ces deux circuits.

Galvanomètres à cadre mobile

Galvanomètre Deprez-d'Arsonval

(Fig. 227.) Dans ce galvanomètre, l'aimant est fixe et le cadre ou bobine portant le fil est mobile. L'aimant est constitué par une série d'aimants en forme de fer à cheval posés à plat les uns contre les autres et assujettis au socle de l'appareil. Entre les branches de ces aimants peut se mouvoir un cadre suspendu à un bouton de rappel supérieur par un fil d'argent et relié d'autre part par un second fil d'argent à un ressort-lame fixé sur le socle. C'est, en somme, une suspension élastique.

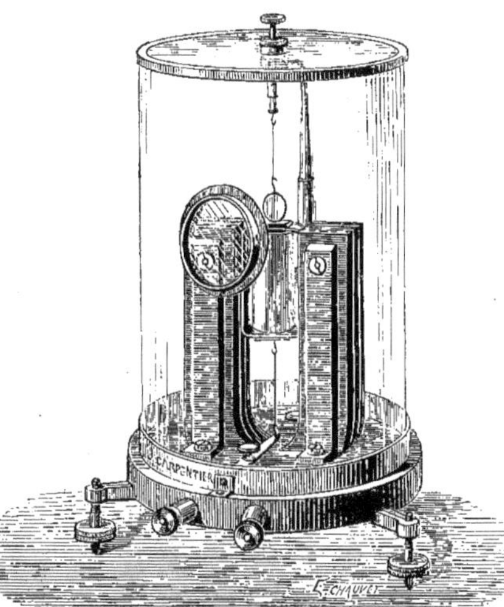

Fig. 227. - Galvanomètre Deprez-d'Arsonval.

Le cadre porte, à sa partie supérieure, un miroir concave circulaire. Ce cadre est constitué par le fil conducteur enroulé un grand nombre de fois sur lui-même à l'aide d'un gabarit spécial. On enlève, après la confection de la bobine, le gabarit qui a servi à l'enroulement, après avoir eu soin de rendre le cadre de fil rigide en l'enduisant de gomme laque. On obtient ainsi une bobine de fil d'un poids minimum. Les extrémités du fil conducteur sont reliées l'une au crochet supérieur du cadre, l'autre au crochet inférieur. Les deux bornes de l'appareil communiquent respectivement avec ces deux crochets l'une par le ressort-lame et le fil d'argent inférieur, l'autre par la colonne supportant le bouton de rappel et le fil d'argent supérieur.

Entre les branches de l'aimant et à l'intérieur du cadre de fil est placé un noyau de fer doux fixe qui, tout en permettant au cadre de dévier d'un certain angle, sert à diminuer *l'entrefer* de l'aimant, ce qui donne lieu, ainsi que nous l'avons vu dans le chapitre précédent, à un circuit magnétique sensiblement fermé.

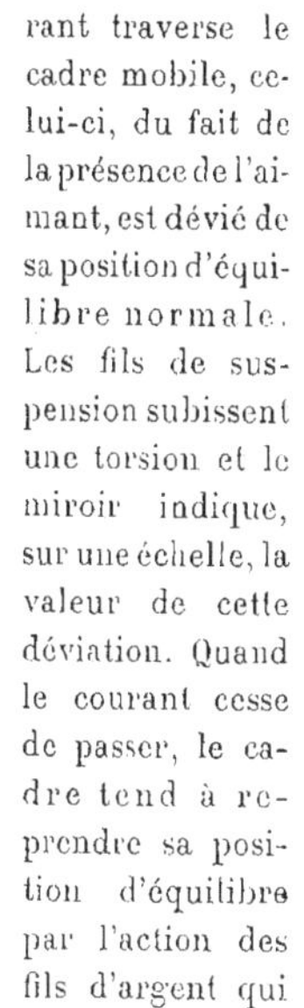

Quand le courant traverse le cadre mobile, celui-ci, du fait de la présence de l'aimant, est dévié de sa position d'équilibre normale. Les fils de suspension subissent une torsion et le miroir indique, sur une échelle, la valeur de cette déviation. Quand le courant cesse de passer, le cadre tend à reprendre sa position d'équilibre par l'action des fils d'argent qui se détordent. Dans ce mouvement, il se produit, par induction, dans le cadre, si le circuit est fermé sur une faible résistance, un courant qui est dirigé en sens inverse du mouvement, ce qui donne lieu à un amortissement très efficace de l'équipage. Dans ce galvanomètre, l'action magnétique de la Terre peut être considérée comme nulle, comparée à celle de l'aimant qui donne lieu à un champ magnétique considérable et dont le circuit est presque fermé.

Les galvanomètres Deprez-d'Arsonval sont très employés dans les laboratoires et même dans l'industrie, et on a pu les rendre assez sensibles pour remplacer les galvanomètres à aimants mobiles, comme celui de Thomson.

Galvanomètre balistique (Fig. 228.) Ce galvanomètre, différent du précédent, est destiné à mesurer des *quantités* d'électricité qui traversent instantanément cet appareil en produisant une déviation temporaire de l'équipage mobile. On n'obtient donc pas une déviation permanente comme dans les

Fig. 228. — Galvanomètre balistique.

galvanomètres que nous venons de décrire, qui sont soumis à l'action d'un courant continu.

Le *galvanomètre balistique* comporte un cadre de fil mobile auquel ses grandes dimensions donnent une inertie qui porte sa durée d'oscillation à 7 ou 8 secondes. Ce cadre est suspendu, comme dans le galvanomètre précédent, par deux fils d'argent qui relient, en même temps, les deux extrémités du fil enroulé, respectivement, à chacune des bornes de l'appareil. Un miroir est solidaire du cadre et sert à indiquer la valeur de la déviation par la projection d'un rayon lumineux sur une échelle divisée. Le cadre de fil se meut entre les branches de deux aimants en fer à cheval semblables, placés bout à bout, la jonction ayant lieu dans l'axe horizontal du cadre. Un noyau aplati de fer doux fixe constitue l'*entrefer* et se place, comme dans l'appareil précédent, dans l'intérieur du cadre mobile, sans toutefois gêner son mouvement d'oscillation.

Quand une *décharge* passant dans l'appareil a une durée très réduite par rapport à la durée de l'oscillation de l'équipage, on peut dire que la déviation du cadre est proportionnelle à la *quantité* d'électricité qui a traversé le galvanomètre.

Graduation des galvanomètres Les galvanomètres que nous avons décrits ne donnent pas la mesure directe de l'intensité du courant qui les traverse. Cette intensité, en effet, est déduite de la déviation donnée par le courant soit à l'aimant mobile, soit au cadre mobile, laquelle est amplifiée par le miroir solidaire de l'équipage. Pour déterminer l'intensité du courant d'après la déviation enregistrée, il est nécessaire de comparer cette déviation avec celle obtenue par l'action d'un courant d'une intensité connue traversant un *galvanomètre étalon*. On peut ainsi déterminer sur l'échelle divisée la place exacte qui mesurera les intensités diverses se rapportant aux déviations successives de l'équipage mobile.

Shunt des galvanomètres (Fig. 229 et 230.) Quand on veut ne faire passer dans un galvanomètre sensible qu'une partie du courant dont l'intensité totale risquerait de le détériorer, on emploie, pour réduire l'action de ce courant, un appareil appelé *shunt* ou *réducteur*, qui est généralement établi pour n'admettre dans le galvanomètre qu'un courant dont la valeur n'atteint que le 1/10e, le 1/100e ou même le 1/1.000^e^ de l'intensité totale. Le *shunt* d'un galvanomètre doit être spécialement établi pour ce galvanomètre. Il se compose, lorsqu'il comporte trois réductions, de trois bobines sur lesquelles est enroulé du fil de cuivre. Chacune de ces bobines fait fonction de *résistance* et sert, par conséquent, lorsque le courant la traverse, à réduire plus ou moins l'intensité de ce courant suivant que la valeur de sa résistance est plus ou moins grande. Une des bobines doit avoir une résistance égale au 1/9e de la résistance du galvanomètre, la

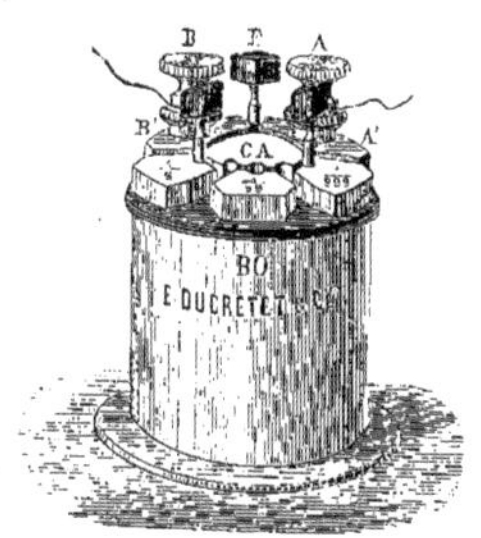

Fig. 229. — Shunt.

seconde doit avoir une résistance égale au 1/99e, la troisième, une résistance de 1/999e; on obtiendra ainsi, en intercalant respectivement chacune des bobines dans le circuit du galvanomètre, un courant d'une intensité de 1/10e, 1/100e ou 1/1.000e de l'intensité totale.

Pour permettre d'intercaler rapidement les diverses bobines dans le circuit, on dispose ces bobines verticalement à l'intérieur d'un boisseau qui les protège. Puis on relie une des extrémités du fil des trois bobines respectivement à trois secteurs métalliques F, G, H (Fig. 230), séparés les uns des autres par un large trait de scie et isolés entre eux par un plateau d'ébonite qui les supporte tous. En outre, les autres extrémités du fil des bobines sont toutes reliées à un quatrième secteur D portant une borne A. Enfin un cinquième secteur C porte une seconde borne B et communique par une lame métallique avec un disque métallique central E. Des encoches circulaires disposées, partie dans les trois secteurs de bobines, partie dans le disque central, permettent d'établir des communications successives par l'enfoncement dans ces encoches d'une fiche métallique, dont un bout est conique et dont l'autre extrémité est munie d'une petite poignée en ébonite. Les secteurs portant les bornes peuvent également être mis en communication par une fiche.

Pour se servir du *shunt*, on attache à ses deux bornes A et B les deux extrémités du fil constituant le circuit à étudier; on serre également sous ces mêmes bornes les extrémités du fil conducteur formant le cadre du galvanomètre. Si aucune fiche n'est placée sur le *shunt*, le courant total traverse le galvanomètre pour aller d'une borne à l'autre. Si on relie par une fiche les deux secteurs des bornes, le courant trouvant entre ces deux secteurs un passage lui offrant une résistance négligeable, passe directement d'un secteur à l'autre et

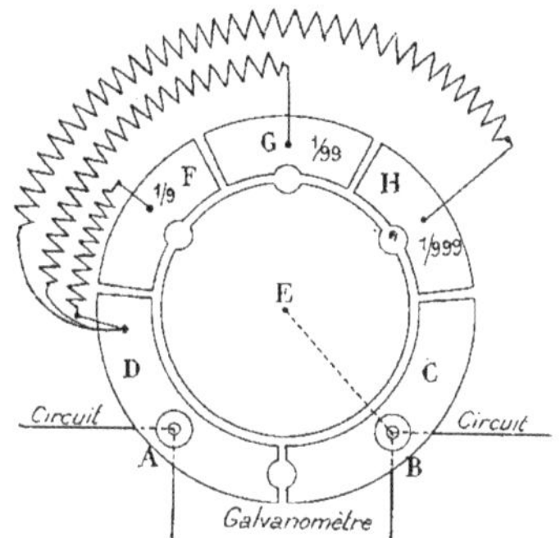

Fig. 230. — Schéma d'un shunt.

une quantité très petite se dérive dans le galvanomètre. On dit alors que le galvanomètre est mis en *court-circuit*. Si l'on met une fiche entre l'un des secteurs des bobines et le disque central, le courant traversera d'abord la bobine correspondante au secteur, puis par le disque central il gagnera l'autre borne et, suivant la résistance de la bobine ainsi intercalée dans le circuit, l'intensité du courant dérivé dans le galvanomètre sera une fraction plus ou moins grande de l'intensité totale.

Lecture des déviations — Nous avons dit que, pour mesurer la déviation des galvanomètres à miroir, on fait usage d'échelles graduées sur lesquelles on effectue la lecture. Ces échelles, qui portent des divisions verticales placées sur une règle horizontale, sont de deux sortes et sont appelées *échelles opaques* et *échelles transparentes*. Les *échelles opaques*, auxquelles on substitue de plus en plus les *échelles transparentes*, sont disposées de telle sorte que les divisions tracées sur l'échelle sont placées dans l'ombre. Le miroir du galvanomètre éclaire, seul, par la projection d'un faisceau lumineux réfléchi, une faible partie de l'échelle sur laquelle l'image d'un fil, également projeté, permet d'effectuer la lecture.

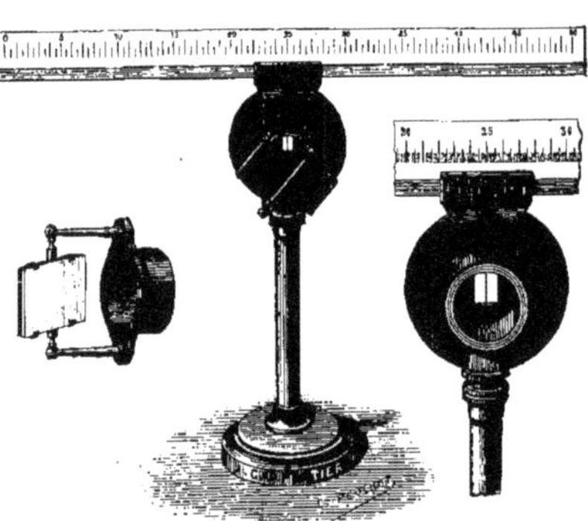

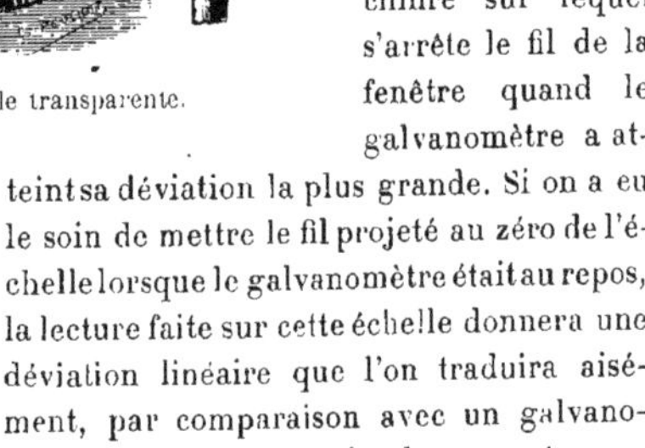

Fig. 231. — Échelle transparente.

Échelle transparente — (Fig. 231.) L'*échelle transparente* est d'un emploi plus facile. C'est une règle en celluloïd, portant des divisions et qui peut coulisser horizontalement entre deux mâchoires supportées par un pied métallique. Cette règle est ainsi facilement réglable dans le sens horizontal, sans qu'il soit nécessaire de déplacer le pied qui la supporte. Ce pied, dont le socle est très lourd, pour donner de la stabilité à l'instrument, porte, placé au-dessous de l'échelle, un disque métallique au centre duquel est percée une fenêtre rectangulaire divisée en deux parties, suivant la direction de son axe vertical, par un fil fin. Un miroir rectangulaire monté à pivot sur un collier mobile, ce qui lui permet de prendre toutes les positions, peut refléter l'image de la fenêtre et du fil sur le miroir du galvanomètre à étudier. Pour cela, la lumière venant d'une lampe ou même la lumière du jour arrivant sur le miroir rectangulaire convenablement orienté, renvoie sur le miroir du galvanomètre, placé à une certaine distance, derrière l'échelle, un rectangle lumineux traversé par un fil, qui n'est autre chose que l'image de la fenêtre percée dans l'écran circulaire. Par sa déviation, le miroir du galvanomètre fait déplacer, sur l'échelle divisée, ce rectangle lumineux, et l'échelle étant transparente, on peut lire, en se tenant en avant de cette échelle, le chiffre sur lequel s'arrête le fil de la fenêtre quand le galvanomètre a atteint sa déviation la plus grande. Si on a eu le soin de mettre le fil projeté au zéro de l'échelle lorsque le galvanomètre était au repos, la lecture faite sur cette échelle donnera une déviation linéaire que l'on traduira aisément, par comparaison avec un galvanomètre-étalon, en intensité de courant.

AMPÈREMÈTRES

Les galvanomètres, nous venons de le voir, permettent donc de connaître l'intensité d'un courant, en l'obligeant à traverser, dans l'instrument, une résistance qui est toujours la même et qui est constituée par le fil formant le cadre fixe ou mobile. De cette façon, l'intensité du courant traversant l'appareil n'est pas la même que celle du courant à mesurer. Certains galvanomètres sont établis de façon que cette résistance soit sinon nulle, du moins tellement faible qu'elle puisse être considérée comme nulle. Le courant à étudier ne rencontrant, en traversant ces appareils, aucune résistance, son intensité reste la même au dehors comme au dedans des appareils, et ces galvanomètres indiquent alors directement l'*intensité* du courant. On les appelle des *ampèremètres*, instruments destinés, comme leur nom l'indique, à mesurer des *ampères*, mesures d'intensités. Puisque la résistance du conducteur dans les *ampèremètres* doit être très faible, ce conducteur devra être constitué en fil de gros diamètre.

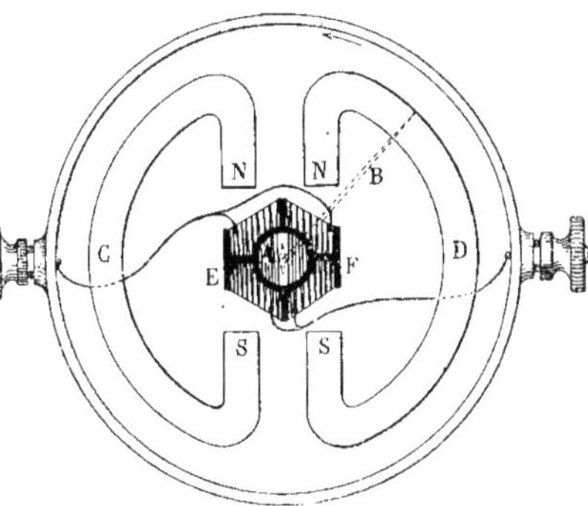

Fig. 232. — Ampèremètre Deprez et Carpentier.

Ampèremètre Deprez et Carpentier (Fig. 232.) Cet ampèremètre comporte un aimant mobile et le cadre de fil est fixe. L'aimant mobile est constitué par une légère palette de fer doux A, pouvant osciller autour d'un axe vertical. Cette palette porte une aiguille indicatrice B en aluminium et reçoit son aimantation, par influence, de deux forts aimants fixes C et D, placés horizontalement en face l'un de l'autre, les pôles de même nom en regard. Le cadre est remplacé par deux bobines de fil E et F juxtaposées, au centre desquelles peut se mouvoir la palette de fer doux A. Ces deux bobines sont couplées en *quantité*, c'est-à-dire que les extrémités des fils sortant du même côté sont réunies deux à deux. On conçoit que les deux aimants donnent à la palette une aimantation permanente qui l'oblige à se placer dans la direction des deux pôles de ces aimants quand le courant ne traverse pas les bobines de l'appareil. A ce moment, l'aiguille indicatrice indique le zéro et l'appareil est au repos. Quand le courant passe dans les bobines, la palette aimantée est déviée d'un angle plus ou moins grand suivant l'intensité du courant admis. L'aiguille solidaire de la palette indique en *ampères*, lus sur le cadran gradué de l'instrument, l'*intensité* de ce courant. L'action magnétique de la Terre n'exerce aucune influence appréciable sur la palette aimantée, celle-ci se trouvant soumise à l'action des aimants qui ont un champ magnétique considérable par rapport au champ magnétique terrestre.

Ces sortes d'ampèremètres, les premiers créés pour des usages industriels, ont été, dès l'abord, généralement employés. Depuis, les *ampèremètres à cadre mobile*, plus précis mais aussi plus fragiles, les ont remplacés dans certaines installations.

Ampèremètre à cadre mobile (Fig. 233.) Cet ampèremètre est basé sur le même principe que le galvanomètre Deprez-d'Arsonval que nous avons décrit plus haut, mais sa disposition est bien différente. L'aimant en fer à cheval A est posé à plat sur le fond de l'appareil. Entre ses branches, et perpendiculairement à ce fond, peut se mouvoir un cadre de fil pivotant à chacune de ses extrémités sur un saphir. Ce cadre, très léger, est solidaire d'une aiguille en aluminium qui se déplace devant un cadran dont les divisions indiquent des ampères. Les ressorts antagonistes du cadre, qui le ramènent, par conséquent, à sa position de repos quand le courant ne passe plus, sont des ressorts spirales faits en bronze spécial et servent, en outre, à établir la commu-

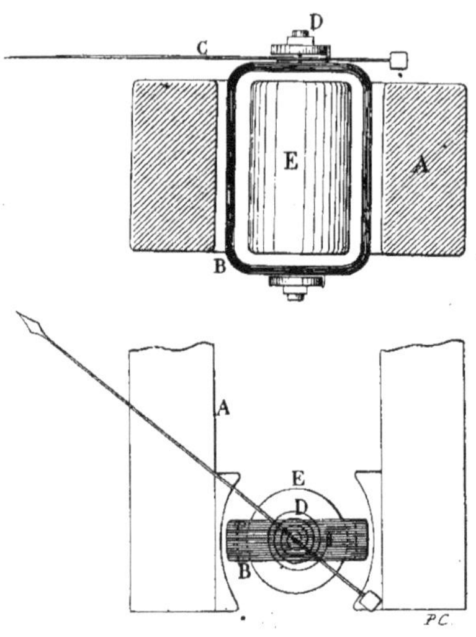

Fig. 233. — Ampèremètre à cadre mobile.

nication entre les bornes de l'appareil et les deux extrémités du fil enroulé sur le cadre. Un noyau de fer doux, placé entre les deux branches de l'aimant, permet de conserver son aimantation, et, en laissant un entrefer très réduit, donne la possibilité de produire un amortissement énergique du cadre, qui oscille entre les branches de l'aimant et ce noyau. Cet ampèremètre est donc *apériodique,* c'est-à-dire que son aiguille n'a pour ainsi dire aucune période d'oscillation, et peut être disposé soit horizontalement, soit verticalement, grâce au parfait équilibrage de l'équipage mobile.

Quand l'ampèremètre à cadre mobile est destiné à mesurer de grandes intensités, comme son équipage mobile ne peut pas être constitué pour les recevoir, on dispose sur le circuit un *shunt* qui permet d'en réduire l'intensité (Fig. 234). Ce shunt est une résistance composée de lames multiples, reliées à leurs extrémités par des blocs métalliques portant les bornes d'attache des fils; les lames laissent entre elles un espace vide pour permettre à l'air de circuler et de diminuer ainsi l'échauffement occasionné par le passage du courant. Le shunt est intercalé dans le circuit principal et l'ampèremètre est branché sur lui *en dérivation,* au moyen de deux petits conducteurs qui partent de sa face supérieure.

Ampère-étalon Pellat (Fig. 235.) C'est un instrument qui peut servir d'étalon lorsqu'on veut connaître la valeur exacte des intensités des courants.

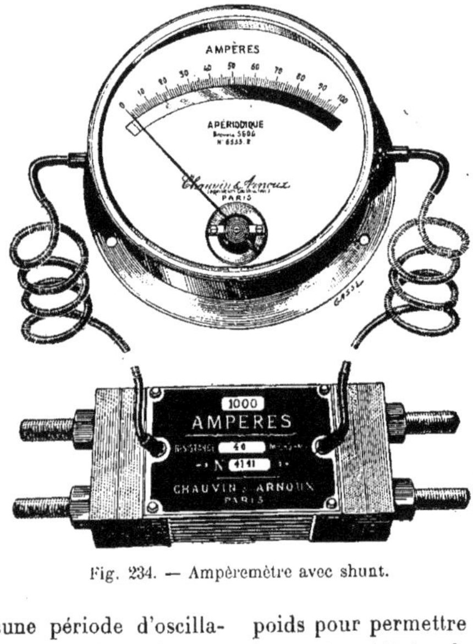

Fig. 234. — Ampèremètre avec shunt.

Il se compose de deux bobines placées l'une dans l'autre. La petite bobine, disposée verticalement, fait corps avec le fléau d'une balance et peut, avec lui, osciller sur un appui en agate par l'intermédiaire d'un couteau, lequel est également en agate.

Ce fléau porte à une de ses extrémités un léger plateau de balance et à l'autre un contrepoids pour permettre de régler son équilibrage. Du côté du plateau est placé, sur le fléau, un *micromètre* dont les divisions peuvent être lues au moyen d'un microscope disposé à cet effet. La petite bobine verticale et le fléau dont elle est solidaire sont placés à l'intérieur d'une grande bobine horizontale, dont le fil conducteur communique avec celui de la bobine verticale qui lui fait suite pour former un même circuit. Des bornes, disposées latéralement sur le socle de l'appareil, permettent de réaliser aisément les connexions.

Quand le courant dont l'intensité est à mesurer passe dans l'appareil, la petite bobine tend à se déplacer dans la grande et à osciller autour du couteau en agate. Pendant ce mouvement d'oscillation, le fléau est entraîné. Pour le ramener à l'équilibre, on met des poids dans le plateau de balance jusqu'à ce qu'en lisant à l'aide du microscope on coïncide avec le trait qui indique le zéro sur le micromètre. On peut, quand l'appareil est au repos, relever tout l'attirail oscillant et l'immobiliser, sans qu'il repose sur son couteau, au moyen d'un bouton que l'on peut manœuvrer de l'extérieur, l'instrument étant protégé par une grande cage de verre sur une face de laquelle traverse l'oculaire du microscope.

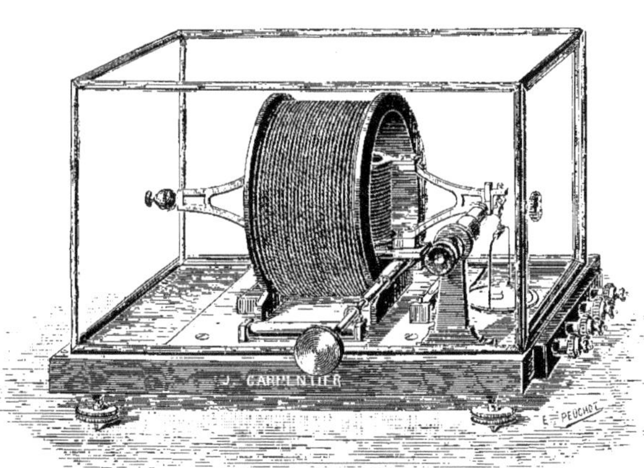

Fig. 235. — Ampère-étalon Pellat.

On voit que l'ampère-étalon, qui permet de *peser l'intensité* du courant, est réalisé d'une façon à la fois fort ingénieuse et fort simple, et il est très curieux de constater que l'intensité de cette *chose impondérable* et quelque peu mystérieuse qu'est le courant électrique, *peut être traduite en poids*, comme la généralité des choses que nous voyons et que nous touchons. Ici *on pèse les ampères*.

VOLTMÈTRES

Si les *ampèremètres* sont des *galvanomètres* spéciaux, ainsi que nous venons de le voir, qui permettent de mesurer directement l'intensité des courants, les *voltmètres* sont également des *galvanomètres* d'une autre catégorie qui servent, eux, à mesurer les *différences de potentiel*. Ces différences de potentiel s'exprimant en *volts*, les appareils qui les mesurent se nomment des *voltmètres*.

Il existe entre les *voltmètres* et les *ampèremètres* une différence essentielle. C'est que dans les voltmètres le *cadre* ou *multiplicateur* est constitué par un fil fin enroulé un grand nombre de fois sur lui-même ; ce fil oppose au courant qui le traverse une grande résistance, tandis que dans les ampèremètres, le *multiplicateur* est enroulé avec du gros fil dont la résistance est très faible.

La résistance considérable du cadre d'un

voltmètre permet de brancher cet appareil en *dérivation* entre deux points A et B (Fig. 236) pris sur un circuit, sans que la *différence de potentiel* existant entre ces deux

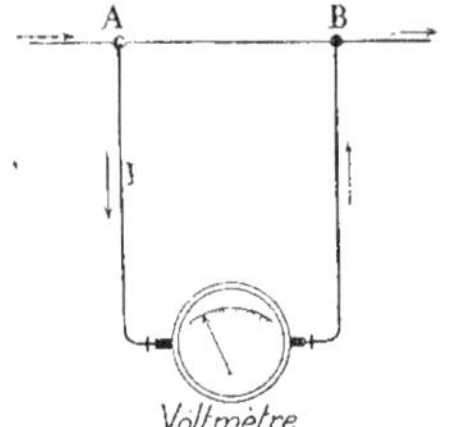

Fig. 236. — Installation d'un voltmètre sur un circuit.

points en soit sensiblement diminuée. C'est cette *différence de potentiel* que l'on mesure. D'après la loi d'Ohm, l'intensité du courant qui passe dans le voltmètre, si la résistance

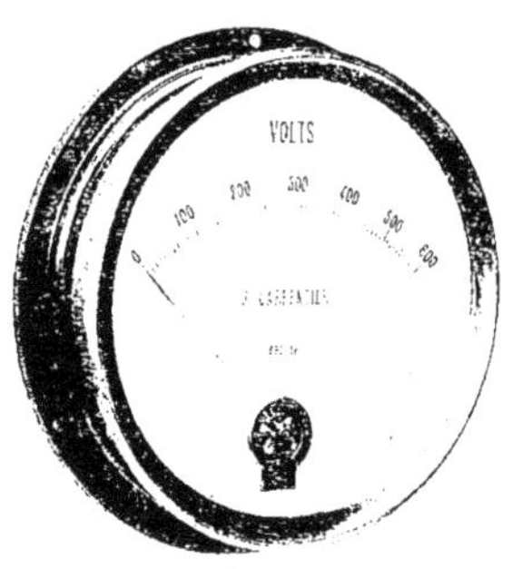

Fig. 237. — Voltmètre à cadre mobile Carpentier.

du cadre est représentée par R, sera de $I = \frac{E}{R}$, E représentant précisément *la différence de potentiel* à mesurer existant entre les points A et B.

Comme la résistance R du cadre ne varie pas pour un même voltmètre, il en résulte que l'*intensité* du courant qui traversera l'appareil sera proportionnelle à la *différence de potentiel* E. La déviation produite sur le cadre par l'*intensité* du courant permettra donc de lire directement, sur le cadran de l'appareil, la valeur de la *différence de potentiel* indiquée en *volts* par l'aiguille qui se meut avec le cadre.

Les *voltmètres* et les *ampèremètres* étant, à part le cadre, des appareils semblables, la description des *ampèremètres* dont nous venons de parler, peut s'appliquer aux *voltmètres*. C'est ainsi qu'il existe des *voltmètres Deprez-Carpentier* et des *voltmètres à cadre mobile* (Fig. 237) disposés de la même façon que les *ampèremètres* du même type. Nous ne reviendrons donc pas sur leur description.

Voltmètre Chauvin et Arnoux (Fig. 238 et 239.) Ce voltmètre à *cadre mobile* comporte un *cadre* qui, au lieu d'être rectangulaire, est circulaire. Ce *cadre* est serré entre deux bagues faites en cuivre qui permettent d'amortir très efficacement les oscillations dues au passage du courant.

Le cadre est supporté entre deux pivots, et deux ressorts spirales jouent le double rôle de ramener à sa position de repos l'*équipage* dévié par le passage du courant et, en même temps, servent à établir la com-

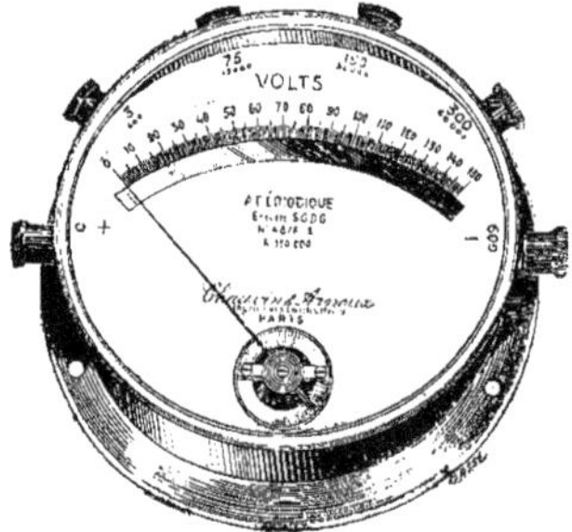

Fig. 238. — Voltmètre Chauvin et Arnoux.

munication du circuit extérieur, par l'intermédiaire des bornes de l'appareil, avec les deux extrémités du fil enroulé sur le cadre circulaire du voltmètre. L'aiguille indicatrice est solidaire du cadre et tourne avec lui sur les pivots, traduisant sur

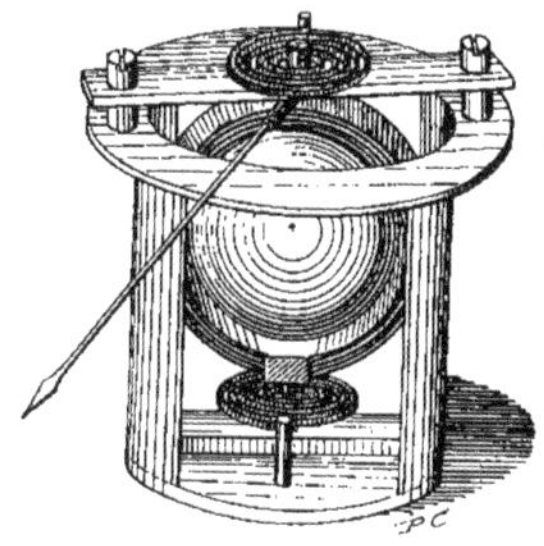

Fig. 239. — Voltmètre Chauvin et Arnoux.

le cadran, en volts, la déviation provoquée par le passage du courant. Une sphère en acier placée concentriquement au cadre, à l'intérieur de celui-ci, permet de diminuer l'entrefer de l'aimant. Celui-ci a une forme circulaire et reçoit, dans une ouverture pratiquée à cet effet, l'*équipage mobile* qui se meut entre l'extrémité de ses branches.

Voltmètre Meylan et d'Arsonval (Fig. 240 et 241.) Ce voltmètre, construit par la « Compagnie pour la fabrication des compteurs », à Paris, comporte un cadre mobile excentré fait en cuivre rouge, sur lequel est enroulé le fil conducteur soigneusement isolé. La partie supérieure de ce cadre peut se mouvoir dans le champ circulaire d'un puissant aimant. Une *pièce polaire,* fixée à l'extrémité d'une des branches de l'aimant, entoure cette partie du cadre et permet à l'aimant de n'avoir qu'un seul *entrefer* de faible dimension.

Dans ce voltmètre donc, le noyau central que nous avons rencontré dans les modèles précédents est supprimé et l'équipage mobile peut se placer aisément entre les branches de l'aimant. Cet équipage se compose, en plus du cadre, de ses deux pivots reposant sur deux chapes en saphir. Ces chapes sont elles-mêmes montées sur des ressorts de façon que, par suite de chocs, les extrémités des pivots ne puissent se détériorer. Deux ressorts en spirale, placés chacun à une des extrémités du cadre, tendent à ramener le cadre à sa position d'équilibre quand il a été dévié par l'action d'un courant. En outre, la carcasse du cadre, faite en cuivre rouge, permet un amortissement de l'équipage quand celui-ci est brusquement sollicité à se déplacer.

L'aiguille indicatrice est solidaire du cadre et marque sur un cadran divisé la valeur de la déviation du cadre et, par conséquent, du courant même, en volts. Un index supplémentaire, pouvant être manœuvré de l'extérieur par l'intermédiaire d'un bouton, peut être disposé sur la division indiquant le régime du courant qui doit passer dans l'appareil, ce qui permet, d'un simple coup d'œil, d'apprécier sa plus ou moins parfaite coïncidence avec l'aiguille indicatrice et les variations successives du courant.

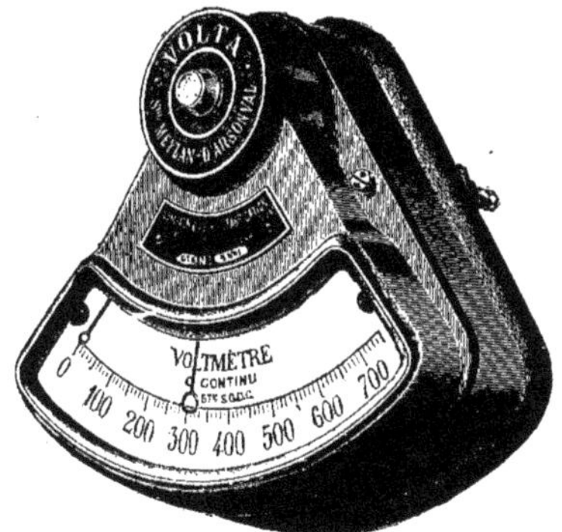

Fig. 240. — Voltmètre Meylan et d'Arsonval. Vue extérieure.

Le cadre du voltmètre est bobiné en fil fin, et dans l'appareil représenté par la figure **241**, deux bobines isolées, comportant chacune un enroulement de fil, complètent le circuit intérieur qui a ainsi une grande résistance. Une des extrémités du fil de chaque bobine est reliée à une extrémité du fil entourant le cadre. Les deux autres extrémités du fil des bobines s'attachent intérieurement aux deux bornes de l'appareil. Ces bornes traversant le fond de la boîte qui renferme les organes, peuvent être ainsi reliées à l'extérieur avec les deux câbles placés en dérivation sur les deux points du circuit entre lesquels on veut mesurer la différence de potentiel. La boîte protégeant les organes est en fonte de fer, du type dit *cuirassé*.

Elle a une forme triangulaire qui donne à l'appareil un encombrement très réduit et est percée d'une fenêtre laissant voir le cadran divisé et les extrémités de l'aiguille et de l'index.

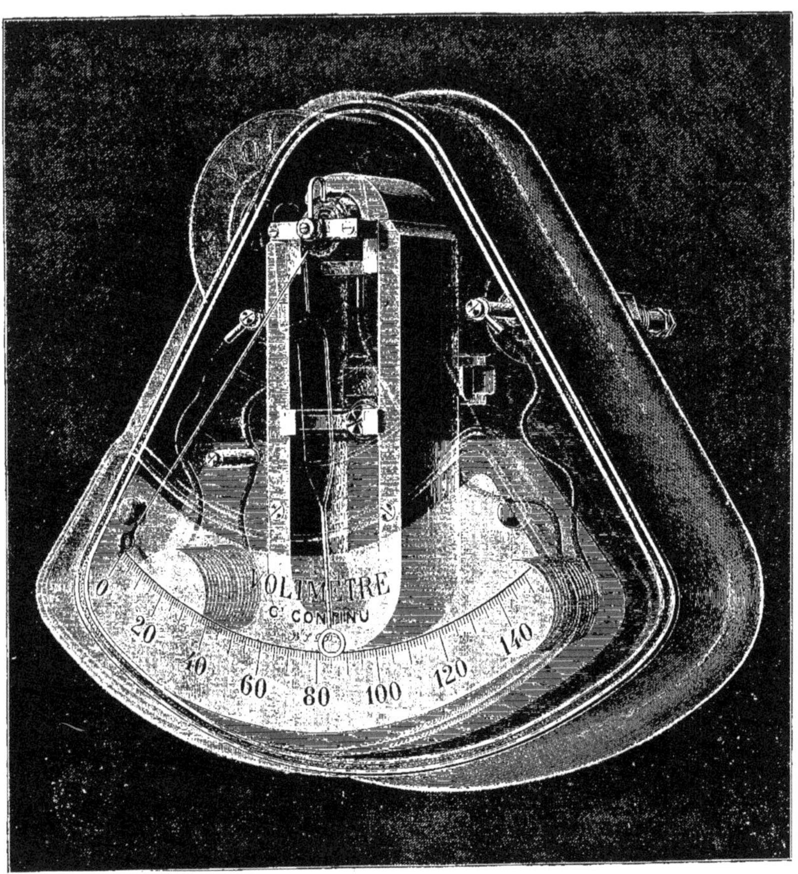

Fig. 241. — Voltmètre Meylan et d'Arsonval. Vue des organes intérieurs.

Les divisions du cadran sont proportionnelles aux valeurs successives indiquées.

Les bornes traversant le fond de la boîte

ou *prises du courant* servent en même temps à fixer l'instrument sur un *tableau de distribution,* et les attaches des fils se font derrière ce tableau. On peut également disposer ces prises de courant pour que les fils soient attachés en avant du tableau.

Voltmètre thermique Carpentier (Fig. 242.) Les appareils de mesure thermiques sont basés sur le curieux phénomène de la dilatation provoquée dans un fil conducteur par son échauffement du fait du passage du courant. Voilà, certes, un effet calorifique du courant électrique bien ingénieusement utilisé pour effectuer la mesure de l'intensité de ce courant et également de la différence de potentiel entre deux points de son circuit.

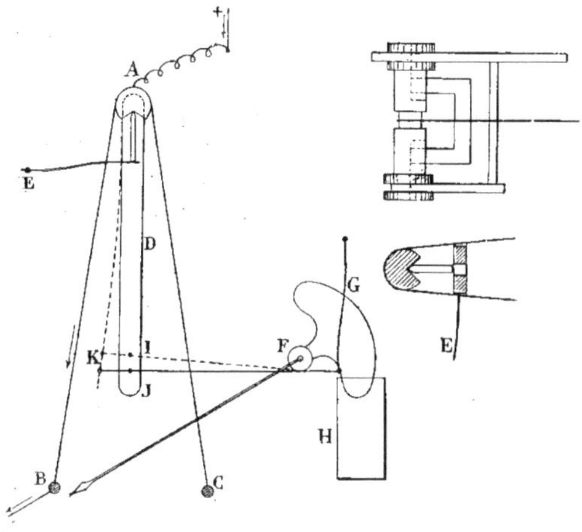

Fig. 242. — Schéma du voltmètre thermique Carpentier.

Le voltmètre thermique Carpentier se compose de deux fils fins de platine-argent A B et A C, reliés à deux bornes fixes B et C, et tendus par leur passage sur un petit cylindre A, sur lequel ils sont enroulés sans pouvoir glisser. Le cylindre A donne aux fils leur tension par l'intermédiaire d'un léger ressort E appuyant sur deux couteaux qui s'engagent dans une rainure en V pratiquée longitudinalement dans ce cylindre, ce qui permet à celui-ci d'osciller à l'extrémité des pointes de ces couteaux.

Le cylindre A est solidaire d'un levier amplificateur D en aluminium à l'extrémité inférieure duquel est attaché un fil qui s'enroule autour d'une petite poulie et qui est maintenu tendu par un ressort G. Sur l'axe de la poulie est montée l'aiguille indicatrice qui se meut extérieurement sur un cadran divisé. Une palette en aluminium, solidaire de tout l'*équipage mobile,* peut se mouvoir entre les deux branches d'un aimant H, ce qui constitue un amortisseur efficace rendant l'instrument *apériodique.* Des deux fils A B et A C, l'un, le fil A B, est seul intercalé dans le circuit que parcourra le courant à mesurer. Ce courant, en effet, traversera l'appareil en passant par ses deux bornes extérieures dont l'une communique avec le cylindre A et l'autre avec la borne B sur laquelle est fixé le fil A B. Ce fil est appelé *fil actif.* Le second fil A C est le *fil compensateur;* le courant ne le traverse pas.

Sous l'action d'une augmentation de la température ambiante par exemple, les deux fils A B et A C, qui sont exactement de la même longueur, se dilatent de la même quantité, et le ressort E sollicitant le cylindre A à monter, par l'intermédiaire des deux couteaux, le point d'attache J du fil de commande de la poulie s'élèvera jusqu'en I. Ce déplacement, nécessairement peu important, n'aura aucune influence sur la rotation de la poulie : l'aiguille restera donc immobile et on peut dire que l'appareil est *compensé.* Mais si on fait passer un courant dans le *voltmètre,* ce courant traversera le *fil actif* seul et, comme ce fil est fin, l'échauffement produit par le passage du courant provoquera son allongement. Le fil compensateur A C ne variant pas d'une façon sensible de longueur, le cylindre A, au lieu de remonter perpendiculairement comme précédemment, basculera en entraînant de droite à gauche le levier d'aluminium D. Le point d'attache J du fil de commande de la poulie viendra en K en parcourant le chemin J K dans le sens de la direction de ce fil. La poulie sollicitée à tourner par cet avancement du fil, entraînera avec elle l'aiguille indicatrice qui marquera sur le cadran la valeur du courant à mesurer. L'angle de déviation du cylindre A est, en effet, proportionnel à l'allongement du *fil actif* A B. D'autre part, le déplacement J K du fil d'entraînement est également proportionnel à cet angle de déviation et provoque, à son tour, une rotation de la poulie sensiblement proportionnelle à son allongement. L'aiguille marquera donc sur le cadran des déviations plus ou moins grandes suivant le courant qui passera dans l'appareil et qui provoquera l'allongement plus ou moins grand du *fil actif*.

Voltmètre thermique Hartmann et Braun (Fig. 243 et 244.) Dans ce voltmètre, les déviations de l'aiguille sont obtenues également par l'allongement d'un fil métallique, allongement résultant de l'échauffement occasionné par le passage d'un courant. Le fil est tendu entre deux pièces fixes A et B qui communiquent chacune avec une borne de l'appareil. Au milieu de ce fil conducteur A B disposé horizontalement, est attaché un autre fil, vertical, C D, que le courant ne traverse pas et qui

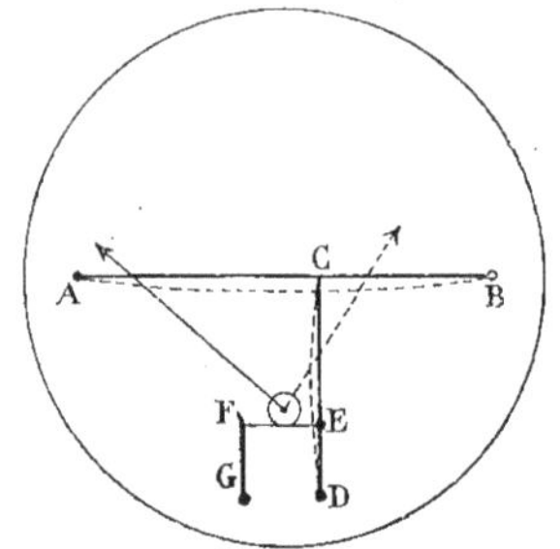

Fig. 243. — Schéma du voltmètre thermique Hartmann et Braun.

est, d'autre part, relié à une attache fixe D. Du milieu de ce second fil part horizontalement un troisième fil E F qui s'enroule sur une poulie et qui est tendu par un ressort fixe G, à son extrémité F.

Fig. 244. — Voltmètre thermique Hartmann et Braun.

La poulie porte sur son axe l'aiguille indicatrice et un disque en aluminium qui, passant entre les pôles d'un aimant, réalise l'amortissement des oscillations.

Quand le courant passe par le fil métallique horizontal A B, ce fil s'allonge par suite de son échauffement. Les bornes auxquelles il est attaché étant fixes, il se produit au milieu de la longueur du fil une *flèche* verticale. Le second fil vertical, tiré par le ressort du troisième fil, accuse nettement cette flèche, qui s'accentue encore dans le second fil, mais horizontalement cette fois. Le troisième fil avance donc horizontalement de toute la longueur de cette flèche et provoque la rotation de la poulie et la déviation de l'aiguille. Les deux voltmètres thermiques précédents peuvent également, par des dispositions appropriées, être utilisés comme ampèremètres.

Ils peuvent indifféremment être employés pour la mesure soit des courants continus, soit des courants alternatifs, tandis que les ampèremètres et les voltmètres à cadre mobile, dont nous avons aussi donné la description, ne peuvent s'appliquer que pour la mesure des courants continus.

Installation des voltmètres et des ampèremètres sur un circuit

(Fig. 245.) En résumé, les voltmètres et les ampèremètres ne sont autre chose que des galvanomètres, car ils permettent d'effectuer des mesures par la déviation que provoque l'intensité du courant qui les traverse. Il existe cependant, ainsi que nous l'avons dit, une différence essentielle entre les ampèremètres et les voltmètres, différence qui n'est pas apparente, car ces appareils ont sensiblement le même aspect extérieur. Cette différence consiste dans la résistance du cadre de l'appareil qui, dans les ampèremètres, est très faible, et dans les voltmètres est considérable. Dans ces derniers instruments le fil constituant le cadre est d'un diamètre très faible et a une grande longueur; dans les autres, le fil est gros et court.

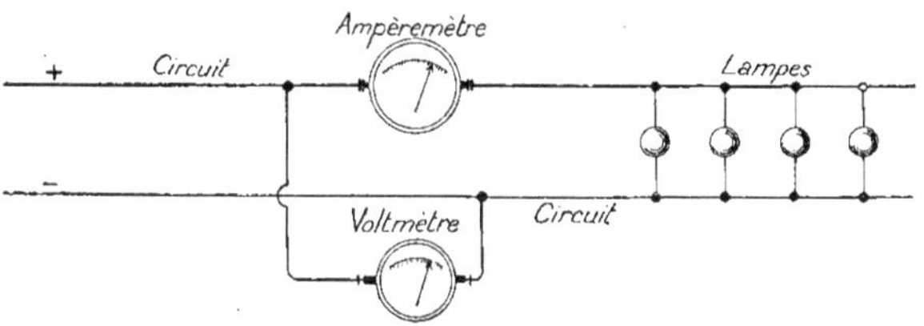

Fig. 245. — Installation d'un voltmètre et d'un ampèremètre sur un circuit.

Cette différence entre ces deux types d'instruments ne permet pas de les disposer de la même façon sur le circuit où passe le courant à mesurer. Tandis que l'*ampèremètre* peut être intercalé directement *en série* sur le circuit, le *voltmètre* est branché sur ce même circuit *en dérivation*, car si tout le courant le traversait, la grande résistance qu'offre son cadre provoquerait un échauffement considérable et une perte sensible d'énergie électrique due à cette résistance.

On peut donc brancher à la fois sur un même circuit un voltmètre et un ampèremètre pour mesurer à la fois la *différence de potentiel* entre deux points du circuit et l'*intensité* du courant qui le traverse.

La valeur de ces deux mesures permet, en outre, de déterminer, par la simple multiplication des *volts* par les *ampères*, la puissance exprimée en *watts* du courant électrique qui traverse le conducteur, et la résistance que ce conducteur oppose au courant, en divisant les *volts* par les *ampères*, ainsi que nous l'a appris la loi d'Ohm.

ELECTRODYNAMOMÈTRES

Si dans les voltmètres à cadre mobile dont nous avons déjà parlé plus haut, nous remplaçons l'aimant par un circuit dans lequel nous ferons passer un courant, nous aurons ainsi constitué un autre champ magnétique qui produira, sur un cadre mobile, une action semblable à celle de l'aimant. Le cadre mobile déviera d'une quantité plus ou moins grande, suivant l'intensité du courant qui passera dans l'appareil.

Ces types d'appareils dans lesquels l'intensité d'un courant est mesurée par ses actions *électrodynamiques* se nomment *électrodynamomètres*.

Ils ont sur les galvanomètres l'avantage de pouvoir être employés à la mesure des *courants alternatifs*.

Électrodynamomètre Siemens

(Fig. 246.) Il se compose d'une bobine fixe A comportant un enroulement de fil conducteur, dont une extrémité est serrée sous une des bornes de l'appareil B, et l'autre plonge dans une cuvette C contenant du mercure. Cette bobine fixe est disposée à l'intérieur d'un cadre mobile D constitué par un seul tour de fil dont une extrémité plonge dans la cuvette de mercure C et l'autre dans

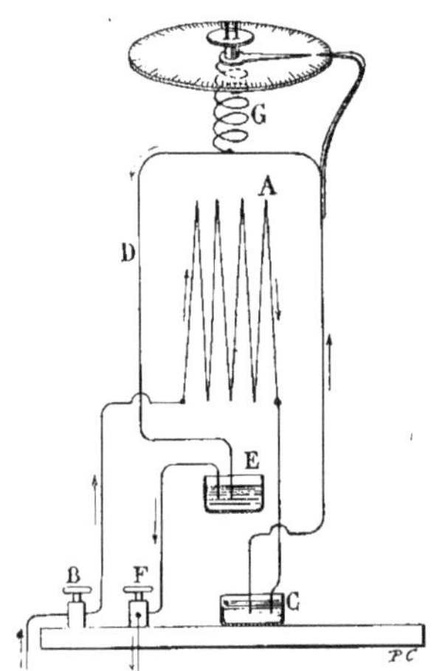

Fig. 246. — Électrodynamomètre Siemens.

une seconde cuvette E. Ce cadre, qui est suspendu par un fil de soie, peut ainsi prendre une certaine déviation, tout en conservant ses connexions électriques établies avec les cuvettes de mercure C et E par les extrémités de son fil. Le mercure de la cuvette E communique d'autre part avec la seconde borne F de l'appareil. Le courant admis dans l'électrodynamomètre traverse donc d'abord la bobine fixe A, puis, par l'intermédiaire de la cuvette C, passe dans le cadre mobile D et retourne à la seconde borne F de l'instrument par l'intermédiaire de la cuvette à mercure E.

Les deux bobines sont donc reliées *en tension*.

Le cadre mobile porte un index qui peut se mouvoir, à la partie supérieure, devant les divisions d'un cadran gradué, et en outre ce cadre est solidaire d'un ressort à boudin G qui tend à le ramener à sa position initiale quand il a subi une déviation. L'extrémité supérieure de ce ressort porte un bouton H muni d'un index, permettant d'annuler la torsion du ressort provoquée par la déviation du cadre et de ramener l'index de celui-ci au zéro de la division du cadran.

Quand le courant ne traverse pas l'appareil, les deux index se font face sur le cadran divisé et sont au zéro. Quand le courant passe dans les deux bobines, le cadre mobile est dévié en donnant au ressort G une certaine torsion. Pour connaître angulairement la valeur de cette torsion, on tourne le ressort, par le bouton H qui le termine, de façon que le cadre mobile redevienne équilibré à sa position initiale et que, par conséquent, l'index de ce cadre se trouve de nouveau devant le zéro. A ce moment, l'index du bouton a parcouru, sur le cadran divisé, un certain angle, appelé *angle de torsion*. La valeur de cet angle multipliée par une *grandeur constante* qui est déterminée une fois pour toutes, par comparaison, pour chaque appareil, donne le carré de l'intensité du courant qui traverse l'*électrodynamomètre*. On dit que l'*action exercée sur le cadre mobile par le courant est proportionnelle au carré de l'intensité de ce courant*.

Électrodynamomètre Carpentier

(Fig. 247.) C'est également un *électrodynamomètre à torsion*. Le circuit fixe est constitué par deux bobines, sur chacune desquelles est enroulée une lame de cuivre rouge formant le conducteur. Ces lames sont reliées *en série* ou *tension*. A l'intérieur de ces bobines fixes peut se mouvoir un cadre constitué avec du fil fin, qui possède, par conséquent, une grande résistance. Pour cette raison, ce cadre est monté *en dérivation* sur le circuit fixe, contrairement à celui de l'électrodynamomètre Siemens, qui est monté, nous venons de le voir, *en*

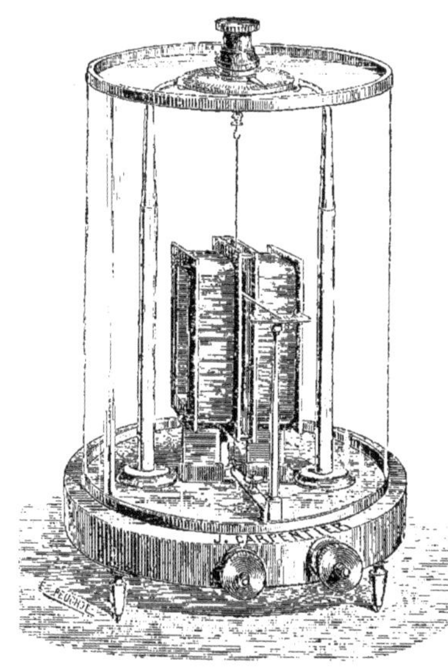

Fig. 247. — Électrodynamomètre Carpentier.

série. Par suite de cette disposition, le courant que reçoit le cadre n'est qu'une partie

Fig. 248. — Électrodynamomètre absolu.

très faible du courant total. En outre, le cadre ne reçoit plus la communication électrique par l'intermédiaire de cuvettes de mercure.

Cette communication est assurée par ses fils de suspension dont l'un est attaché, à la partie inférieure, à un ressort-lame, et l'autre, à la partie supérieure, est fixé à un crochet solidaire d'un bouton muni d'un index pouvant se déplacer devant un cadran divisé. Le cadre porte également un index disposé devant le zéro d'un petit secteur divisé lorsque l'appareil est au repos. La mesure de l'intensité du courant s'effectue, comme dans l'appareil précédent, par la mesure de l'*angle de torsion* du fil de suspension, et le courant exerce sur le cadre mobile une action qui est proportionnelle au carré de l'intensité de ce courant.

Électrodynamomètre absolu

(Fig. 248.) Cet électrodynamomètre, construit par la maison Carpentier d'après les indications de M. Pellat, n'est plus un appareil à torsion. C'est un *électrodynamomètre-balance*. L'*ampère-étalon*, que nous avons décrit, procède du même principe. Dans l'*électrodynamomètre absolu*, la valeur de l'intensité du courant est donnée *par une simple pesée* après la détermination des constantes géométriques et mécaniques de l'appareil, telles que le nombre de couches de fil contenues dans les deux bobines, le pas des spires et leur diamètre, etc. On s'est donc placé, pour obtenir l'intensité du courant, d'une façon telle que l'on n'a qu'à tenir compte de grandeurs parfaitement définies qui ont été, d'ailleurs, mesurées avec un soin particulièrement méticuleux par le Bureau international des poids et mesures de Sèvres.

L'appareil, comme on le voit sur la figure, se compose d'une grande bobine, dont l'axe est horizontal, et d'une petite, dont l'axe est vertical. Les bobines sont reliées électriquement en série et la petite peut être placée à l'intérieur de la grande par le déplacement de celle-ci, entre deux glissières, au moyen d'une manivelle. La petite bobine se trouve placée dans cette position, dans le champ magnétique sensiblement uniforme de la grande, quand le courant traverse l'appareil. La petite bobine est déviée de sa position verticale et cette déviation permet de déterminer l'intensité du courant. Pour cela, la bobine verticale porte un fléau de balance à l'extrémité duquel est disposé un plateau qui reçoit des poids destinés à rétablir l'équilibre. La valeur des poids permet la mesure de l'intensité du courant. Pour *la valeur de la pesanteur* à Paris, un courant d'une intensité de 0,3 ampère est équilibré par un poids de 0,418 gramme.

L'extrémité du fléau porte, en outre, un micromètre à traits horizontaux qui facilite l'observation des oscillations de ce fléau, ce qui s'effectue au moyen d'un microscope muni d'un fil réticulaire. L'*électrodynamomètre absolu* sert à graduer les *ampère-étalons* et à connaître la valeur exacte de l'intensité des courants.

WATTMÈTRES

Si dans un *électrodynamomètre* on donne au cadre fixe une résistance très faible, de façon que le courant à mesurer le traverse directement avec toute son intensité en *ampères*, et qu'on donne, au contraire, au cadre mobile une grande résistance, de manière qu'étant monté en *dérivation* sur le circuit, la partie du courant qui le traverse soit proportionnelle à la différence de potentiel, en *volts*, existant entre les deux points du circuit sur lequel on effectue la mesure, on a ainsi constitué un *wattmètre*. La déviation du cadre mobile de l'appareil est proportionnelle au produit des *volts* par les *ampères* et mesure des *watts*. Cet instrument permet donc de connaître la puissance d'un courant traversant un circuit.

Les électrodynamomètres peuvent être assez facilement transformés en wattmètres, en donnant, comme nous l'avons dit, aux deux bobines de fil, des résistances appropriées, très grande pour l'une et très faible pour l'autre. L'électrodynamomètre Carpentier que nous avons décrit peut aisément être utilisé comme wattmètre, les bobines fixes portant comme conducteurs de larges lames de cuivre rouge qui n'opposent au passage du courant qu'une résistance négligeable, et le cadre mobile portant, au contraire, un grand nombre de tours de fil fin qui lui donnent une résistance considérable. Les deux circuits ainsi constitués, au lieu d'être reliés l'un à l'autre, sont rendus indépendants, l'un étant parcouru par le courant total, et l'autre par une dérivation de ce courant qui est proportionnelle à la différence de potentiel.

Wattmètre Blondel et Labour (Fig. 249.) Ce wattmètre se compose, pour le circuit fixe, de deux paires de bobines H et H′ de faible résistance et qui peuvent, en outre, se grouper soit *en série*, quand l'intensité des courants qui les traversent ne dépasse pas 50 ampères, soit *en quantité*, quand l'intensité du courant est plus forte. Le circuit mobile est constitué par un cadre de fil fin pouvant osciller dans les bobines formant le circuit fixe. Ce cadre porte un index et est rendu solidaire, comme dans les *électrodynamomètres à torsion* précédents, d'un ressort à boudin dont la manœuvre, par l'intermédiaire d'un bouton supérieur, permet de connaître la déviation du cadre. Cette déviation est proportionnelle aux *watts* fournis par le courant. La mesure s'effectue de la même manière que celle que l'on fait sur les dynamomètres. Un amortisseur A, très efficace, permet d'atténuer la durée des oscillations du cadre. Cet amortisseur se compose d'un petit électro-aimant à *aimantation permanente,* entre les branches duquel se meut un noyau solidaire du cadre mobile. C'est le déplacement de ce noyau qui produit des courants induits s'opposant à son mouvement et qui amortit ainsi les mouvements d'oscillation du cadre.

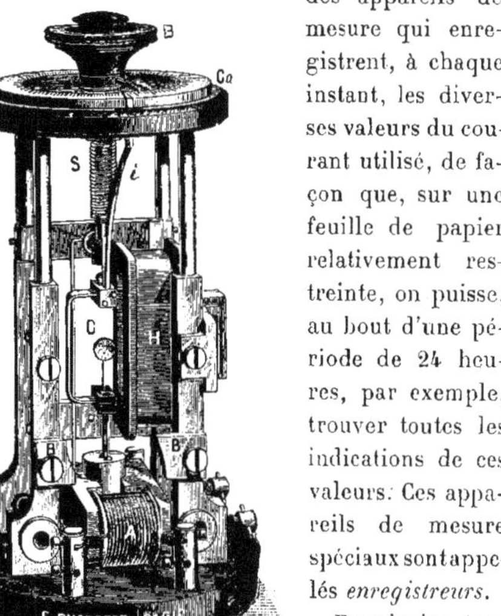

Fig. 219. — Wattmètre Blondel et Labour.

Ce *wattmètre* peut être utilisé pour les courants continus et pour les courants alternatifs à haute tension. Il existe des *wattmètres* ayant, comme les *voltmètres* et les *ampèremètres,* une forme circulaire, et comportant une aiguille qui se déplace devant un cadran divisé, qui indique directement en *watts* la puissance du courant qui passe dans l'appareil. Ce sont les *wattmètres à lecture directe.* Leur principe ne diffère pas de celui des autres wattmètres; la disposition des organes seule est changée pour permettre une indication directe.

ENREGISTREURS

Les appareils de mesure précédents donnent une indication momentanée qui disparaît quand le courant varie et ils ne gardent aucune trace de cette indication. Or, il peut être très utile, soit au point de vue du contrôle de la marche des générateurs de courant dans les stations électriques centrales, soit au point de vue de l'appréciation, à un moment quelconque, de l'énergie électrique fournie par ces stations, de posséder des appareils de mesure qui enregistrent, à chaque instant, les diverses valeurs du courant utilisé, de façon que, sur une feuille de papier relativement restreinte, on puisse, au bout d'une période de 24 heures, par exemple, trouver toutes les indications de ces valeurs. Ces appareils de mesure spéciaux sont appelés *enregistreurs.*

En principe, tous les types d'appareils de mesure dont nous avons parlé peuvent être disposés comme enregistreurs en leur adaptant un mouvement d'horlogerie approprié qui fait dérouler, devant une plume portée par l'aiguille indicatrice, une feuille de papier sur laquelle se trace automatiquement la courbe des variations de la valeur du courant, soit en *volts,* soit en *ampères,* soit en *watts.*

Nous allons donner quelques exemples d'appareils de mesure enregistreurs.

Enregistreur Richard (Fig. 250.) Cet enregistreur est un *voltmètre électroma-*

gnétique. Il se compose d'un électro-aimant, formé de deux bobines.

Tout près de l'extrémité des noyaux de ces bobines peut se mouvoir une armature, composée de deux palettes, oscillant entre deux pivots disposés horizontalement. Cette armature est rendue solidaire d'une aiguille tourne régulièrement de façon à effectuer généralement un tour en 26 heures. On enregistre ainsi efficacement les variations du courant pendant une période de 24 heures, et le tracé obtenu est un tracé continu qui permet d'apprécier la valeur du courant à une heure quelconque de la journée.

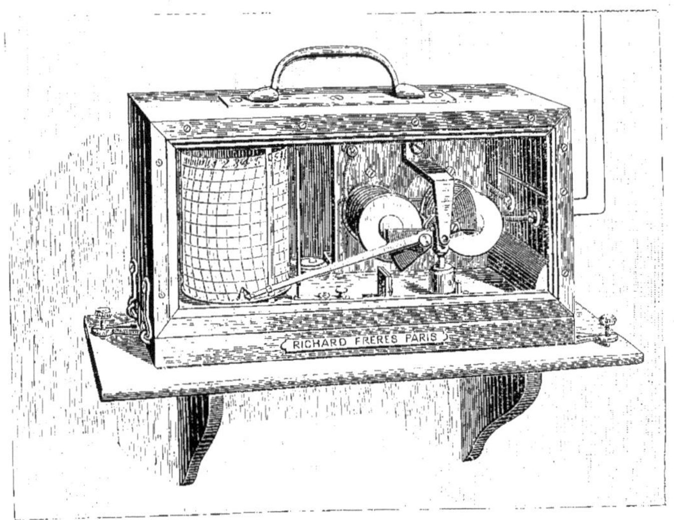

Fig. 250. — Voltmètre enregistreur Richard.

qui appuie, par une extrémité portant une plume, sur un cylindre enveloppé de papier divisé. Quand le courant ne traverse pas l'appareil, les palettes de l'armature découvrent à moitié les noyaux des bobines; l'aiguille est dans une position telle que sa plume se trouve sur la circonférence indiquant le zéro. Quand le courant passe dans l'électro-aimant, chaque palette tend, par l'effet de ce courant, à recouvrir le noyau de chaque bobine, ce qui donne à l'armature un mouvement d'oscillation. L'aiguille indicatrice, qui suit ce mouvement, monte, et sa plume trace sur le papier une ligne qui part de la courbe zéro pour aboutir à la courbe donnant, à ce moment, la valeur du courant. Le tambour portant le papier

La plume qui effectue le tracé est un petit récipient (Fig. 251), ayant la forme d'une pyramide triangulaire couchée, dont une face est enlevée pour qu'on puisse

Fig. 251. — Plume d'enregistreur Richard.

remplir ce godet d'encre. Une fente, pratiquée vers la pointe, permet à l'encre d'atteindre le papier sur lequel cette pointe appuie légèrement.

La figure 252 représente un *wattmètre enregistreur Richard*. Cet instrument est disposé verticalement et, comme conséquence, le tambour mû par un mouvement

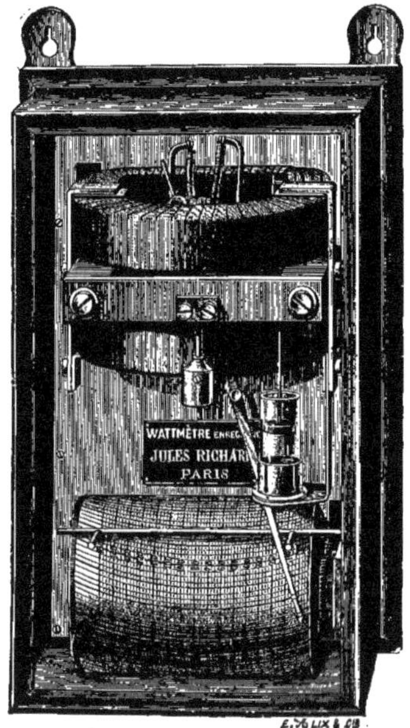

Fig. 252. — Wattmètre enregistreur Richard.

d'horlogerie et portant le papier a son axe placé horizontalement.

Le *wattmètre* est composé d'un cadre mobile, pouvant osciller à l'intérieur d'un circuit fixe constitué par deux bobines. L'aiguille indicatrice est solidaire de ce cadre mobile dont les oscillations sont atténuées par un amortisseur comportant un petit piston pouvant se mouvoir dans un tube de verre contenant un liquide qui modère son mouvement.

Enregistreur Chauvin et Arnoux (Fig. 253.) Cet appareil est un *ampèremètre enregistreur*, comportant un cadre de fil mobile, pouvant osciller sur deux pivots entre les branches d'un aimant. Le cadre porte l'aiguille, qui sert à la fois d'aiguille indicatrice, par son déplacement devant un cadran divisé, et d'aiguille d'inscription, par le tracé qu'effectue une plume, placée à son extrémité, sur une feuille de papier. La feuille de papier est supportée par un tambour qui se déroule régulièrement sous l'action d'un mouvement d'horlogerie.

La plume est constituée par une molette (Fig. 254) tournant entre deux pivots pendant qu'elle se déplace en appuyant sur le papier. Le frottement de cette plume sur le papier est ainsi très faible. La molette est composée d'un disque poreux A, serré entre deux coquilles B et C qui constituent le réservoir d'encre. Le disque, humecté d'en-

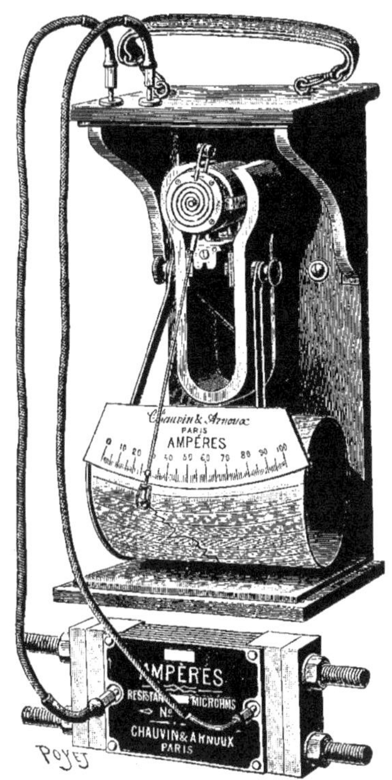

Fig. 253. — Ampèremètre enregistreur Chauvin et Arnoux.

cre, trace, en roulant sur le papier du tambour, la courbe des variations du courant.

L'ensemble de la molette et de ses deux pivots, le tout ayant un poids très réduit, est placé dans une sorte d'étrier, formant l'extrémité de l'aiguille indicatrice. L'ampèremètre enregistreur Chauvin et Arnoux est représenté sur la figure 253 muni d'un *shunt*, et trois côtés de la boîte qui le renferme étant supposés enlevés. La face avant de cette boîte porte nécessairement un carreau permettant de lire les indications de l'aiguille sur le cadran divisé.

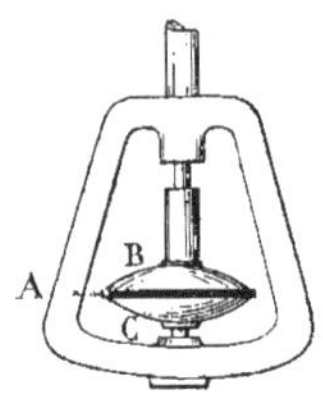

Fig. 254. — Plume d'enregistreur Chauvin et Arnoux.

Fig. 255. — Voltmètre enregistreur Meylan-d'Arsonval.

Enregistreur Meylan-d'Arsonval

(Fig. 255.) Ce *voltmètre enregistreur*, construit par la « Compagnie pour la fabrication des compteurs et matériel d'usines à gaz » à Paris, est constitué par un voltmètre dont le cadre mobile est solidaire d'une aiguille qui se meut à la fois devant un cadran divisé et devant un tambour enveloppé de papier. Le tambour, supporté par un double bras fixe, est mû par un mouvement d'horlogerie, qui lui communique un mouvement de rotation d'un tour par 24 heures. On peut également lui faire effectuer ce tour soit en une semaine, soit en 12 heures, soit même en une heure ou en 30 minutes. Dans ce dernier cas on peut obtenir le tracé de variations nombreuses, durant un temps relativement court, comme, par exemple, le relevé des voltages sur les rails des tramways ou sur les canalisations voisines.

L'aiguille porte à son extrémité une plume articulée en forme de godet triangulaire, qui peut, par suite de son pivotage, appuyer légèrement sur le papier et en suivre toutes les aspérités, sans courir le risque de le déchirer ou de se fausser. Le

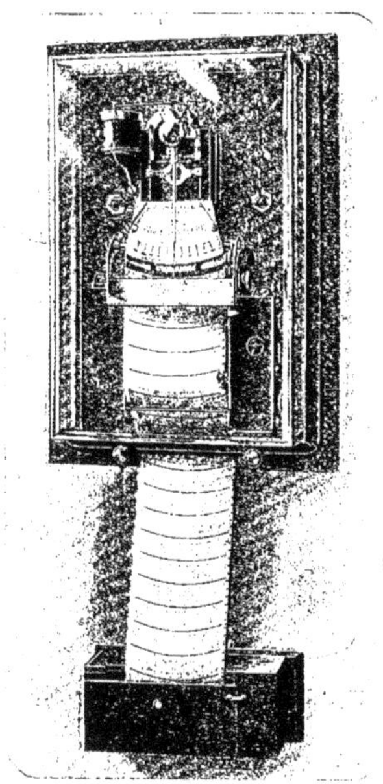

Fig. 256. — Ampèremètre enregistreur à déroulement continu de papier.

réservoir d'encre formé par ce godet est suffisant pour permettre un tracé de vingt-quatre heures.

Le voltmètre enregistreur représenté par la figure 255 porte, à sa partie supérieure et à l'intérieur de la boite, deux bobines de fil destinées à augmenter la résistance du cadre mobile sans qu'on soit dans l'obligation de lui donner un trop grand nombre de tours de fil, ce qui augmenterait considérablement son poids.

L'*ampèremètre enregistreur* représenté par la figure 256 et construit par la même maison que le précédent, diffère de celui-ci en ce que le papier, qui est bobiné sur un tambour, se déroule automatiquement et descend verticalement à l'extérieur de l'appareil où il est recueilli. On peut ainsi relever des tracés effectués pendant une fort longue durée.

Enregistreur Carpentier

(Fig. 257.) Le *voltmètre enregistreur Carpentier* diffère de tous les appareils enregistreurs précédents, en ce que le papier, au lieu d'être enroulé sur un tambour, a la forme d'une bande rectangulaire de longueur illimitée qui défile dans l'enregistreur devant l'aiguille d'inscription. Cette bande de papier est introduite dans une fente placée à la partie supérieure de l'appareil, et un axe portant deux molettes, disposé à la partie inférieure, permet de lui donner son avancement.

Cet entrainement du papier est obtenu électriquement par l'intermédiaire d'un petit électro-aimant qui manœuvre le cliquet d'une roue à rochet. On envoie dans l'électro-aimant des courants très courts, qui peuvent être fournis d'une manière uniforme ou variée.

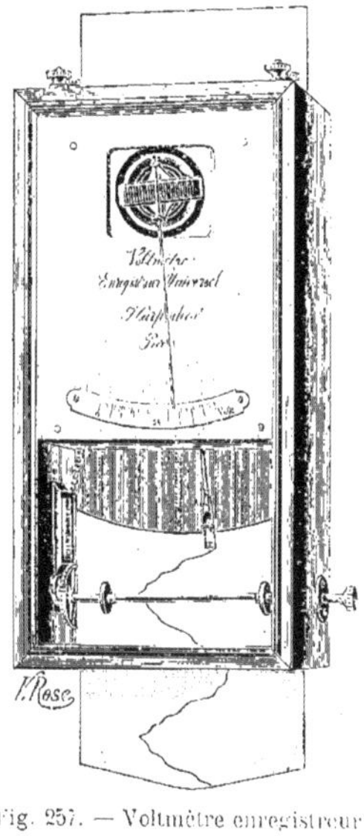

Fig. 257. — Voltmètre enregistreur Carpentier.

Le *voltmètre* proprement dit comporte un cadre mobile oscillant entre les deux pôles d'un aimant et portant, à chacune de ses extrémités, une aiguille. L'une de ces aiguilles, celle qui est placée en avant, se déplace devant un cadran divisé et sert d'aiguille indicatrice. La seconde aiguille, placée en arrière, est l'aiguille d'inscription : elle porte à son extrémité une plume articulée pouvant facilement se démonter. Cette plume est munie d'un faible contrepoids qui permet de l'appuyer sur le papier avec une pression uniforme.

MESURE DES RÉSISTANCES

Nous venons de décrire les instruments servant à la mesure des *différences de potentiel* qui sont les *voltmètres,* des *intensités* qui sont les *ampèremètres,* et de la *puissance* électrique qui se nomment les *wattmètres.* Nous allons indiquer maintenant de quelle façon on procède pour mesurer les valeurs des *résistances électriques* et quels appareils on emploie pour effectuer ces mesures.

Nous savons que l'unité de *résistance* est l'*ohm.* Mesurer la grandeur d'une résistance consiste donc à connaître quel est le nombre d'*ohms* qu'elle contient. Pour cela, on établit une comparaison entre la résistance à mesurer et des résistances connues, *étalonnées,* qui affectent la forme de bobines groupées d'une manière appropriée dans des boîtes, appelées *boîtes de résistances,* que nous allons décrire.

Auparavant, nous dirons quelques mots de l'*ohm-étalon,* qui permet de donner aux bobines des boîtes de résistances leur valeur exacte, afin de servir de bases de comparaison.

Ohm-étalon Carpentier (Fig. 258.) Cet appareil se compose d'une bobine en porcelaine sur laquelle est enroulé un fil en *manganin.* Le *manganin* est un alliage de cuivre, de manganèse et de nickel qui est très employé pour constituer des résistances, grâce à la très faible variation de sa résistance propre pour des températures différentes. Le fil de manganin enroulé sur la bobine est recouvert d'une couche de vernis pour le préserver de l'humidité qui pourrait provoquer sur sa surface des oxydations nuisibles. Les deux extrémités de ces fils s'attachent, à la partie supérieure de la bobine, à deux conducteurs cylindriques en cuivre rouge qui permettent, par l'intermédiaire de deux godets contenant du mercure dans lesquels ces conducteurs plongent, de faire passer un courant déterminé à travers la résistance en manganin dont la valeur est exactement de 1 ohm.

On fait, pour cela, communiquer chacun

Fig. 258. — Ohm-étalon Carpentier.

des godets avec une extrémité du circuit traversé par le courant.

La bobine en porcelaine et le fil verni qu'elle porte sont enfermés dans une boîte cylindrique en métal, à l'intérieur de laquelle on a coulé de la paraffine pour protéger d'une façon très efficace le fil de manganin intérieur contre l'action atmosphérique. Un petit espace est simplement réservé pour recevoir un thermomètre dont les indications peuvent être lues de l'extérieur.

Un couvercle en ébonite ferme la boîte de protection et porte trois ouvertures pour laisser passer le thermomètre et les deux conducteurs en cuivre rouge.

Ces conducteurs ont un gros diamètre pour que la résistance qu'ils offrent au passage du courant soit très faible et que, par suite de leur plongée plus ou moins grande dans le mercure contenu dans les godets de prise de courant, la valeur totale de la résistance de l'instrument ne puisse varier.

Le thermomètre indique la température de l'air qui, dans la boîte métallique, entoure la bobine de fil. Cette température doit être de 15 degrés, pour laquelle l'appareil donne 1 ohm de résistance. Comme cette résistance peut varier avec la température, on peut, lorsqu'on veut procéder à une mesure précise, plonger la boîte protectrice en métal dans un bain, dont on maintient la température constante, de façon que le thermomètre indique 15 degrés.

Bobines de résistances

(Fig. 259.) A l'aide de l'*étalon* de résistance, on peut constituer des *enroulements* de fil métallique ayant des valeurs diverses et exactement déterminées, ces valeurs servant ensuite de bases de comparaison pour effectuer des mesures de résistances. Ces enroulements de fil sur un noyau, généralement fait en buis, ou en toute autre matière isolante, se nomment *bobines de résistances.* Il convient de réduire au minimum, dans un enroulement de fil, la valeur de la *self-induction,* dont nous avons parlé dans le chapitre précédent, et qui est l'*induction* déterminée par un courant sur les spires de son propre circuit. Cette *self-induction* pourrait, en effet, nuire à la précision des mesures. Pour la rendre sensiblement négligeable, on enroule la moitié de la longueur du fil dans un sens, et l'autre moitié dans l'autre sens. Les selfs-inductions créées par ces enroulements de sens contraires, étant égales et de signes contraires, s'annulent. Pour réaliser pratiquement ces enroulements de sens opposés sur un même noyau, on enroule, en même temps, deux fils parallèles sur ce noyau (Fig. 259). Les deux extrémités de ces fils sont réunies par une soudure pour constituer un circuit fermé ; les deux autres extrémités libres, peuvent s'attacher à deux bornes de façon à intercaler la *résistance* dans un circuit quelconque.

Boîtes de résistances en série

(Fig. 259.) On groupe, pour faciliter les mesures, les *bobines de résistances* de valeurs différentes dans un caisson ou boîte, qui est appelée pour cela *boîte de résistances.* Sur le couvercle en ébonite de la boîte, sont fixées des pièces métalliques rectangulaires, généralement en laiton, séparées les unes des autres. Cependant les extrémités de ces *plots,* c'est ainsi qu'on désigne habituellement ces pièces, peuvent être mises en communication par l'interposition entre elles d'une *fiche* (Fig. 259), simple tige en laiton conique, terminée par une petite poignée isolante, en ébonite. Cette fiche pénètre dans un trou conique ménagé partie dans un plot, partie dans un plot voisin, en s'appliquant exactement contre les parois de ce trou. Si entre trois plots successifs A, B et C (Fig. 259) nous disposons deux bobines D et E, de façon qu'une extrémité libre du fil enroulé sur la bobine D soit fixée au plot A, tandis que la seconde extrémité de ce fil soit attachée au plot B et

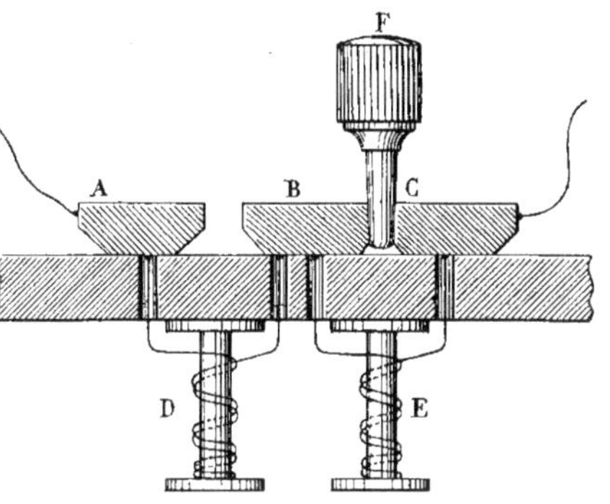

Fig. 259. — Bobines de résistances en série.

que les bouts de fil de la bobine E aboutissent respectivement aux plots B et C, on conçoit que si un circuit quelconque est relié à une de ses extrémités au plot A et à son autre extrémité au plot C, le courant qui passera dans ce circuit sera obligé également de traverser la bobine D et la bobine E, en supposant que la fiche F soit enlevée. On aura, de cette façon, intercalé dans le circuit observé deux résistances dont on connaît exactement la valeur. Si on place la fiche F entre les plots B et C, établissant ainsi la communication entre ces deux pièces métalliques, le courant du circuit est toujours obligé, pour s'établir, de traverser la bobine D, mais entre les plots B et C, mis en *court-circuit* par un contact dont la résistance est négligeable, il passe directement de l'un à l'autre sans emprunter le circuit de la bobine E qui oppose à son passage une résistance bien plus considérable. Donc, du fait de mettre la fiche entre les plots B et C, on ne laisse intercalée dans le circuit qu'une seule bobine D, reliée précisément aux deux plots entre lesquels aucune fiche n'est disposée. Comme les boîtes de résistances comportent un nombre assez grand de plots correspondant aux différentes valeurs des bobines qu'elles renferment, on déduira de ce qui précède que la résistance totale intercalée dans un circuit par l'adjonction d'une boîte de résistances disposées comme les précédentes sera égale à la somme des résistances indiquées sur les plots qui ne sont pas réunis par une fiche.

Les valeurs des résistances des différentes bobines contenues dans une boîte de résistances sont établies de façon à permettre l'obtention, par unité, de tous les nombres compris entre la résistance la plus faible et la résistance la plus grande. Pour cela on a adopté des séries de valeurs qui correspondent respectivement pour les diverses bobines à 1, 2, 2, 5, 10, 10, 20, 50, 100 etc. ohms, ou à 1, 2, 3, 4, 10, 20, 30, 40, 100 etc. ohms. On voit qu'en totalisant dans ces deux séries les valeurs appropriées on peut obtenir tous les nombres depuis 1 jusqu'à 99, la résistance de 100 ohms étant donnée par la séparation des deux derniers plots, entre lesquels est intercalé la bobine de 100 ohms.

Les boîtes de résistances ainsi constituées sont nommées *boîtes en série*. Leur emploi demande un nombre de fiches égal au nombre de bobines contenues dans la boîte, et comme l'ajustage de ces fiches dans les plots doit être bien précis, pour éviter de mauvais contacts qui créeraient des résistances supplémentaires nuisibles, on voit que les différences de contact dans les boîtes en séries peuvent devenir importantes du fait du nombre de fiches employées.

Boîtes de résistances en décades linéaires

(Fig. 260 et 261.) Pour remédier à cet inconvénient, on donne aux bobines des boîtes de résistances des dispositions différentes. Une d'elles, la disposition en *décades*, permet de n'employer qu'un nombre de fiches restreint, mais nécessite, d'autre part, un nombre plus considérable de bobines.

Chaque *décade* comprend une rangée de 10 bobines dont les résistances ont des valeurs égales. Plusieurs décades sont groupées dans la boîte de résistances de façon que les bobines qui les constituent aient respectivement des résistances de dix en dix fois plus grandes. On peut ainsi avoir la rangée ou décade des unités, des dizaines, des centaines, et ainsi de suite. Chaque décade comporte 10 plots, auxquels sont attachés, comme dans les boîtes en série, les deux extrémités des fils des bobines. Pour intercaler une résistance dans un circuit avec une boîte de résistances en décades, il n'est besoin que d'une fiche par décade.

Supposons, en effet, que nous voulions, au moyen de la boîte représentée schématiquement, avec deux décades seulement, par la figure 260, intercaler dans un circuit une résistance de 23 ohms. Nous savons que toutes les bobines de la décade *unités* ont 1 ohm de résistance et que toutes celles de la décade *dizaines* ont une résistance de

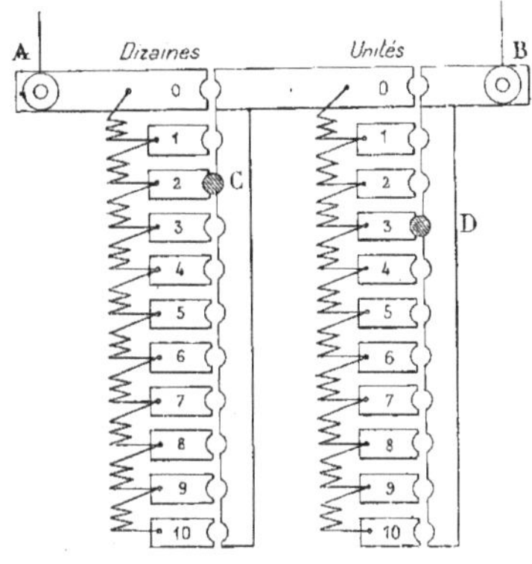

Fig. 260. — Boîte de résistances en décades linéaires. Schéma.

10 ohms. En reliant les deux extrémités du circuit aux deux bornes A et B et en plaçant une première fiche en C au plot 2 de la rangée des *dizaines*, et une seconde en D, au plot 3 de la rangée *unités*, nous aurons intercalé 23 ohms dans le circuit. Le courant en effet, pour aller du point A au point B, doit traverser d'abord les deux premières bobines de la rangée *dizaines*, qui donnent une résistance totale de 20 ohms. Puis, par l'intermédiaire de la fiche C, ce courant passe au plot en équerre qui communique avec la rangée *unités* et continue son chemin vers la borne B, en traversant successivement les trois premières bobines de la rangée *unités*, ce qui ajoute une résistance de 3 ohms aux 20 ohms déjà intercalés. La résistance totale ainsi placée dans le circuit, entre les points A et B, est bien de 23 ohms, et il n'a été nécessaire, pour obtenir cette combinaison, de n'employer que deux fiches, une par décade.

Pour ajouter une résistance de 8 *unités* seulement, par exemple, on mettrait la fiche de la décade *dizaines* entre les deux grands plots supérieurs marqués 0 et l'autre fiche au plot 8 des unités. Aucune bobine de la rangée *dizaines* n'est de cette façon mise dans le circuit, les 8 premières bobines de valeur individuelle égale à l'*unité* se trouveront seulement intercalées. Leur résistance totale sera donc de 8 ohms.

En plaçant les fiches dans les deux trous correspondant aux chiffres 0, on établit un *court-circuit* entre les points A et B et on n'intercale ainsi aucune résistance entre ces deux points.

Boîtes de résistances en décades circulaires (Fig. 262.) Les boîtes de résistances en décades peuvent avoir soit la disposition linéaire comme celle représentée par la figure 261, soit la disposition circulaire comme celle de la figure 262.

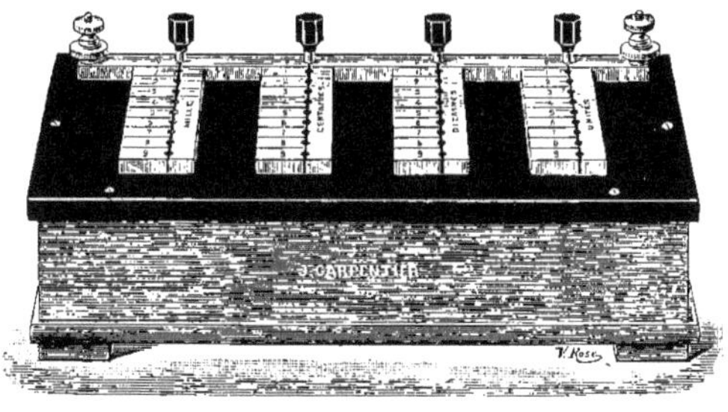

Fig. 261. — Boîte de résistances en décades linéaires. Ensemble.

Dans ce dernier cas, les fiches sont remplacées par des manettes isolées qui permettent de déplacer, autour d'un centre, une lame métallique munie, à son extrémité, d'un contact pressé par un ressort logé dans la manette. Ce contact vient se poser sur les plots disposés circulairement sur le couvercle en ébonite de la boîte de résistances. Les bobines sont placées à l'intérieur de la boîte et reliées aux plots de la même façon que pour la disposition en décades rectilignes.

La résistance totale intercalée est donnée en lisant directement les chiffres correspondant aux plots sur lesquels sont reposés les contacts des manettes. La boîte représentée (Fig. 262) comporte 4 décades circulaires, disposées deux à deux de chaque côté d'un cercle divisé. Chaque cercle est donc entouré par 20 plots de contact, et quatre manettes permettent l'interposition, dans le circuit, des résistances de la série *unités*, *dizaines*, *centaines* et *mille*. Trois bornes, placées sur le couvercle en ébonite, servent à attacher les extrémités du circuit. Une de ces extrémités est toujours reliée à la borne placée du côté des *unités;* l'autre extrémité est reliée à la borne du milieu, si la résistance que l'on veut intercaler a une valeur qui ne dépasse pas 100 ohms; elle est serrée sous l'autre borne extrême quand la résistance à mettre dans le circuit est plus grande.

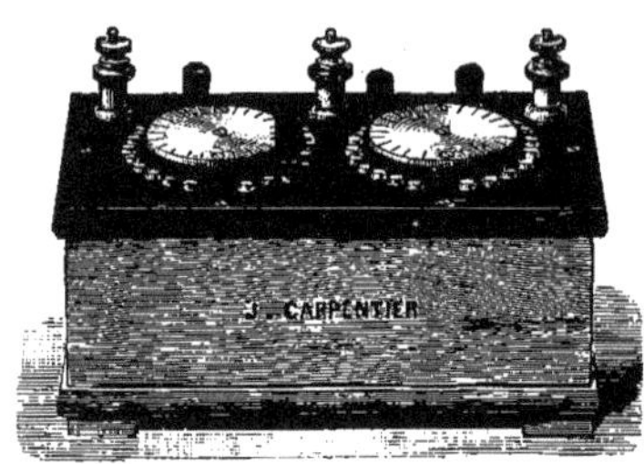

Fig. 262. — Boîte de résistances en décades circulaires.

Les *boîtes en décades circulaires* permettent une manœuvre plus rapide que celle des *boîtes en décades rectilignes,* mais leur précision est moins grande, parce que les contacts établis par la tension des ressorts, placés dans les manettes, sont moins bien assurés que les contacts obtenus par l'emploi des fiches. Cependant, on peut obtenir avec ces instruments des résultats d'une précision très largement suffisante dans la généralité des cas.

Pont de Wheatstone (Fig. 263.) Comment emploie-t-on les boîtes de résistances pour effectuer les mesures de résistances? Nous allons, maintenant que nous savons *lire,* sur une boîte, la valeur des résistances intercalées dans un circuit, indiquer une des méthodes de mesure les plus répandues et les plus simples, qui consiste à employer une disposition connue sous le nom de *pont de Wheatstone*. Cette disposition comporte quatre conducteurs réunis en forme de losange ABCD. Un cinquième conducteur BD joignant deux des sommets de ce losange, constitue le *pont* proprement dit. Si on relie les deux autres sommets A et C à une pile F, le courant de cette pile partant du pôle positif va parcourir les quatre conducteurs extérieurs en suivant les directions indiquées par les flèches. Ce courant tendra également à passer par le *pont* B D dans deux directions, soit en venant du point B, soit en venant du point D. Si l'un de ces deux points est à un potentiel plus élevé que l'autre, le courant passera dans le pont en se dirigeant du point de potentiel le plus élevé, vers le point de potentiel inférieur. Si les deux points B et D sont à des potentiels égaux, le courant ne circulera pas entre ces deux points et si on intercale

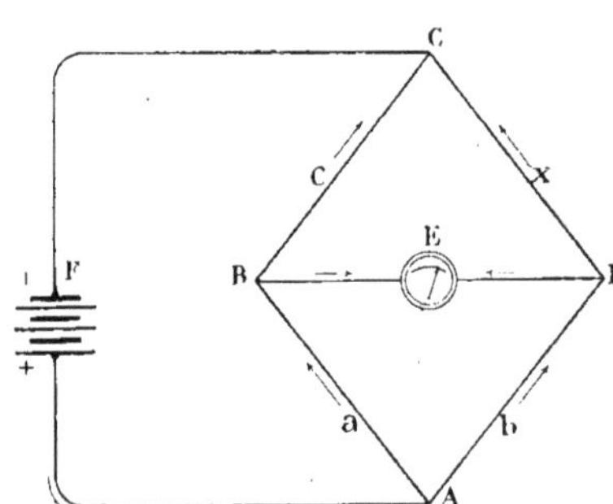

Fig. 263. — Pont de Wheatstone. Schéma.

dans le *pont* un galvanomètre E, celui-ci n'indiquera aucune variation. Pour que les points B et D des conducteurs A B et A D aient des potentiels égaux, pour une même intensité de courant qui les traverse, il faut que leurs résistances soient proportionnelles aux résistances c et x des autres conducteurs, ce qui s'exprime simplement par le rapport

$$\frac{a}{b} = \frac{c}{x}.$$

C'est cette formule qui nous permettra, en appliquant la méthode du pont de Wheatstone, de déterminer la valeur d'une résistance x, par exemple, en connaissant les trois autres a, b et c. Deux de ces résistances, a et b, seront choisies à volonté en intercalant dans les gros conducteurs A B et A D des boîtes de résistances donnant des valeurs connues. La troisième résistance C sera obtenue en déplaçant les fiches sur la boîte intercalée dans le troisième conducteur B C, jusqu'à ce que le galvanomètre, placé dans le pont en E, n'indique aucune variation. A ce moment, les points B et D seront au même potentiel et en lisant sur la troisième boîte la résistance intercalée, on tirera de la proportion $\frac{a}{b} = \frac{c}{x}$, dont trois termes a, b et c seront connus, la valeur de la résistance x à mesurer :

$$x = \frac{bc}{a}.$$

Une simple règle de trois permettra de déterminer x.

Souvent, les deux résistances a et b sont faites égales, ce qui donne, dans la formule précédente, $x = c$. Donc la détermination de la troisième résistance C donne directement la valeur de la résistance cherchée x.

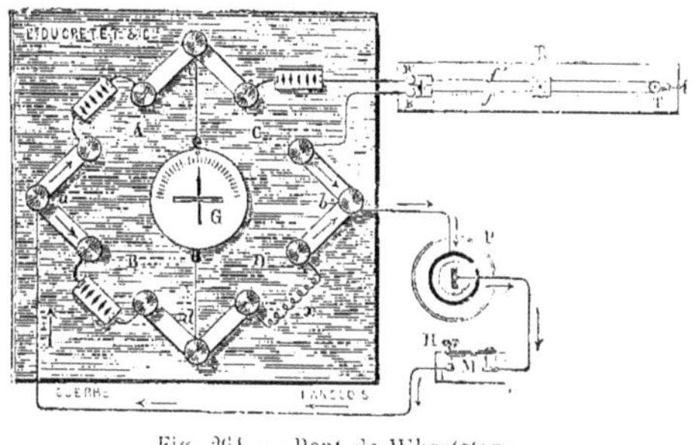

Fig. 264. — Pont de Wheatstone.

Les *ponts de Wheatstone* n'ont pas toujours pratiquement la forme schématique donnée par la figure 263 ou celle de la figure 264. Cette dernière disposition permet de montrer la façon d'effectuer une mesure de résistance en employant le pont de Wheatstone. On retrouve les quatre conducteurs disposés en losange. Deux résistances connues, A et B, sont placées dans le circuit de deux de ces conducteurs. Une troisième résistance C, également déterminée, est intercalée dans le circuit du troisième conducteur et l'appoint de résistance nécessaire, pour obtenir la résistance totale à disposer pour que le galvanomètre G reste au zéro, est obtenu par la manœuvre d'un *rhéostat* R, sur lequel on lit la valeur de la résistance ajoutée. Si les résistances A et B sont égales, la valeur de la résistance mise sur la branche C donne la valeur de la résistance x à mesurer, qui est intercalée dans le quatrième conducteur D. La pile P est réunie, par ses deux pôles, aux sommets a et b du losange et un commutateur M permet, en appuyant sur le bouton H, de ne laisser passer le courant de la pile dans le circuit que pendant qu'on effectue la mesure.

Pont de Wheatstone à fil

(Fig. 265.) Dans la pratique, on a donné au pont de Wheatstone la forme représentée par la figure 265 et cet instrument de mesure simplifié a reçu le nom de *pont de Wheatstone à fil*.

Il se compose de trois conducteurs A, B et C de grande section, pour que la résistance qu'ils offrent au courant soit négligeable.

Les plots extrêmes A et C sont disposés en forme d'équerre. Entre les extrémités d'une des branches de chaque équerre est tendu un fil de platine DE de section bien uniforme, sur lequel peut glisser un curseur F relié avec une des bornes d'un galvanomètre G. La seconde borne du galvanomètre est mise en communication avec le plot central B. En outre, entre ce plot B et le plot A, on intercale une résistance H connue et fixe, et entre le plot B et le plot C, on dispose la résistance à mesurer X.

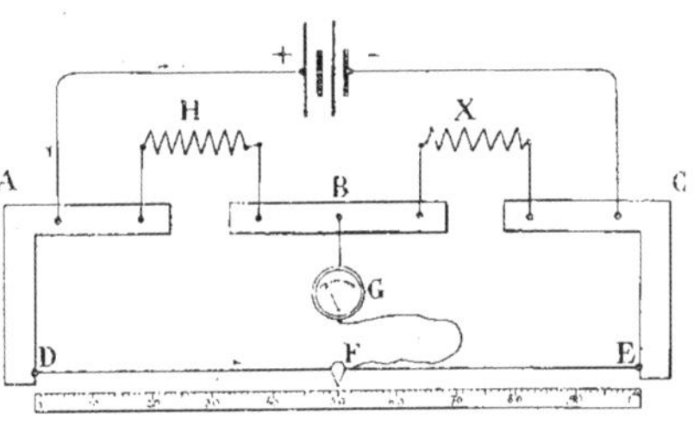

Fig. 265. — Pont de Wheatstone à fil.

Pour obtenir la valeur de cette résistance X, on déplace le curseur F sur le fil de platine, jusqu'à ce que le galvanomètre reste au zéro. A ce moment, on peut établir la proportionnalité des résistances X et H, et des parties du fil de platine DF et FE, comme nous l'avons fait précédemment.

Or les résistances DF et FE, provenant du même fil de platine DE de section *constante* sur toute sa longueur, sont elles-mêmes proportionnelles aux longueurs DF et FE, déterminées par le déplacement du curseur. En lisant, sur une échelle divisée devant laquelle se meut ce curseur, la valeur de ces deux longueurs, on trouvera la valeur de la résistance X en établissant la proportion $\frac{X}{H} = \frac{FE}{DF}$ d'où $X = \frac{H \times FE}{DF}$.

Quelquefois, les boîtes de résistances portent un dispositif formant *pont de Wheatstone,* de façon qu'en reliant la pile, le galvanomètre et la résistance à mesurer aux bornes appropriées placées sur la boîte, on puisse effectuer directement la mesure. La figure 266 représente une boîte de résistances Carpentier à six décades linéaires avec pont de Wheatstone. Elle comporte, vers l'avant du couvercle, deux clefs permettant, l'une de fermer le circuit de la pile, et l'autre le circuit du galvanomètre, en établissant un contact par une pression exercée sur les boutons dont sont munies ces clefs.

Fig. 266. — Boîte de résistances à six décades linéaires et pont de Wheatstone.

Mesures d'isolement. Les boîtes de résistances servent principalement à effectuer des mesures de résistance dans les laboratoires. Mais il est très important de pouvoir contrôler la résistance de circuits placés dans des canalisations et servant, soit pour l'éclairage, soit pour transmettre l'énergie électrique. Comme il ne serait pas très pratique d'employer les boîtes de résistances combinées avec les galvanomètres sur le terrain même où doit être faite la mesure, on a recours à un procédé différent. C'est ce que l'on nomme mesurer l'*isolement* des câbles, ce qui signifie qu'on contrôle la résistance existant, soit entre deux câbles placés côte à côte et qui doivent être isolés l'un de l'autre, soit entre ces câbles et le sol sur lequel ils sont posés. Il est, on le conçoit, de toute importance qu'un conducteur électrique *isolé* ne laisse pas perdre, dans le câble voisin ou dans le sol, la moindre parcelle du courant qui le traverse et, pour cela, il faut que son dispositif d'*isolement* soit suffisant pour empêcher cette déperdition de courant. Pour mesurer les *isolements*, on emploie des appareils nommés *ohmmètres*, appareils servant à mesurer des *ohms*.

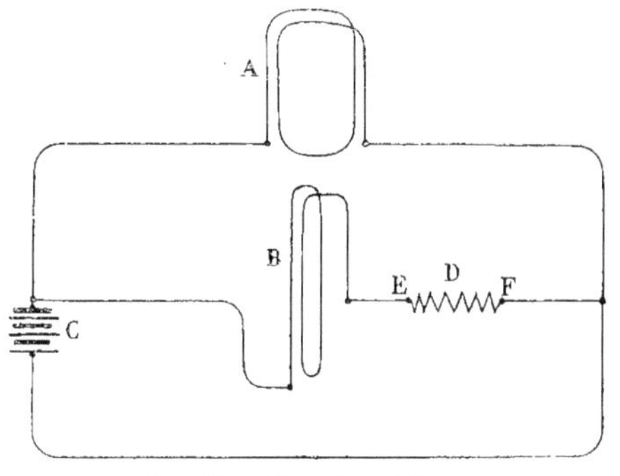

Fig. 267. — Ohmmètre. Schéma.

Ohmmètre Carpentier (Fig. 267-269.) Il se compose d'un système de deux cadres mobiles placés l'un au-dessus de l'autre et faisant entre eux un angle de 90 degrés (Fig. 268). L'ensemble du système peut se mouvoir autour d'un axe vertical en tournant en bout de deux pivots d'iridium, reposant sur deux chapes en agate. Le courant est amené aux deux cadres mobiles par quatre ressorts très légers en fil d'argent, qui donnent à l'équipage une certaine position d'équilibre lorsque le courant ne traverse pas l'appareil.

Cet équipage mobile est placé entre les branches de plusieurs aimants superposés en forme de fer à cheval et produisant un *champ magnétique* très intense. A l'extrémité de ces aimants sont fixées des pièces polaires. Des noyaux cylindriques de fer doux, disposés à l'intérieur des cadres, mais rendus immobiles et ne pouvant gêner la déviation de l'équipage, permettent de réduire au minimum l'entrefer des différents aimants et de leur conserver ainsi leur aimantation pendant un temps fort long.

Quand les deux cadres placés, comme nous l'avons dit, à angle droit l'un par rapport à l'autre sont parcourus par des courants, la déviation de l'ensemble de ces deux cadres s'effectue sous l'action du rapport des intensités de ces courants. Si ces deux cadres A et B sont montés en dérivation et si un même générateur électrique C leur fournit le courant, comme la force électromotrice sera la même pour les deux cadres, leur déviation sera inversement proportionnelle à leur résistance. Si, par construction, on donne à un des cadres une résistance fixe et connue, on pourra, en mesurant la déviation de l'ensemble des deux cadres, déterminer la valeur totale de la résistance de l'autre circuit.

Comme la résistance du deuxième cadre peut être également bien déterminée et rester constante, les déviations différentes de l'équipage dépendront de la valeur des diverses résistances supplémentaires intercalées dans le circuit de ce second cadre. Ces résistances sont précisément celles qui permettent d'apprécier la valeur de l'*isolement* des câbles mis en observation. On comprend que si la résistance D est très grande, c'est-à-dire si l'isolement entre deux câbles E et F, par exemple, est parfait, l'intensité du courant fourni par la source C, qui traverse le cadre B, sera sensiblement nulle, parce que d'après la loi d'Ohm $I = \frac{E}{R}$ et que ici R est très grand. L'ensemble des deux cadres tendra à être dévié par la seule action de l'intensité du courant qui traversera le cadre A. Cette déviation sera minime et on donne aux quatre ressorts à boudin, faits en fil d'argent, qui servent en même temps de fils de communication, une tension telle qu'à ce moment l'équipage reste au repos. Une aiguille indicatrice solidaire du système des deux cadres et qui se déplace devant un cadran divisé, est arrêtée, à ce moment, devant l'indication *infini* représentée par le signe ∞. Cela veut dire que l'isolement mesuré est infini, c'est-à-dire qu'il est parfait. Quand, au contraire, la résistance intercalée D est nulle, et que, par conséquent, il existe entre les câbles E et F une communication formant *court-circuit*, la déviation de l'*équipage* a une grande amplitude et l'aiguille indicatrice se présente devant l'extrémité du cadran opposée à l'infini et elle marque zéro. Cela indique que l'isolement entre les deux câbles est nul et qu'une communication intempestive s'est établie entre eux, communication qu'il faudra rechercher et faire disparaître pour éviter de sérieuses perturbations dans les deux circuits, qui devraient être isolés l'un de l'autre.

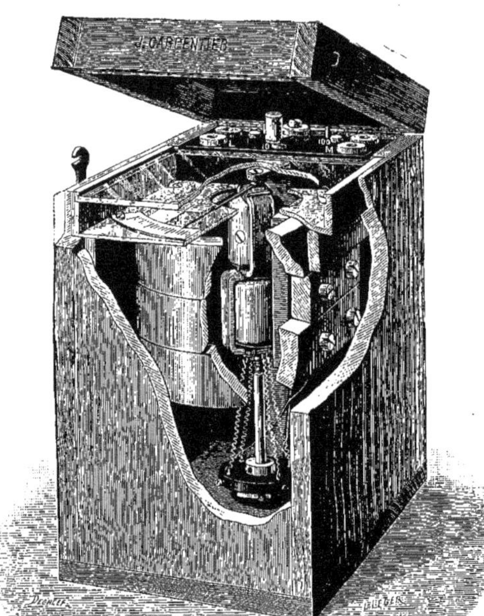

Fig. 268. — Ohmmètre Carpentier.

On voit que quelle que soit la valeur de la force électromotrice du générateur d'électricité, les déviations des cadres seront toujours inversement proportionnelles aux résistances respectives de leurs circuits.

Le courant destiné à traverser l'ohmmètre Carpentier, pour effectuer une mesure d'isolement, est fourni par une petite machine *magnéto-électrique*, contenue dans une boîte de dimensions réduites. Cette machine, dont nous expliquerons le fonctionnement dans le chapitre suivant, est mue par une manivelle qui, seule, déborde de la boîte, ce qui permet une manœuvre aisée, tout en maintenant la boîte fermée. En imprimant à la manivelle une vitesse de rotation d'environ 100 tours par minute, on obtient de la magnéto un courant continu, d'environ 120 volts, qui passe dans les deux cadres de l'*ohmmètre*.

La présence, dans cet appareil, d'aimants ayant un champ magnétique très intense, permet de le soustraire aux influences magnétiques extérieures et de rapprocher sans inconvénient, la magnéto de l'ohmmètre pour effectuer des mesures d'isolement.

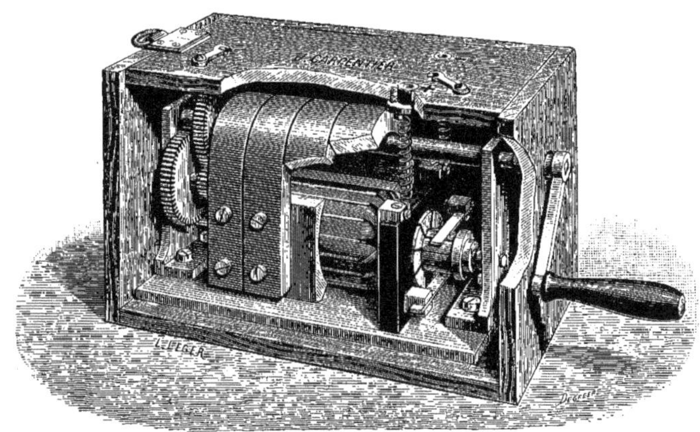

Fig. 269. — Machine magnéto-électrique de l'ohmmètre Carpentier.

L'ohmmètre comporte des shunts réducteurs constitués par des résistances fixes et connues que l'on peut facilement intercaler dans le circuit au moyen d'une manette disposée à la partie supérieure de l'appareil.

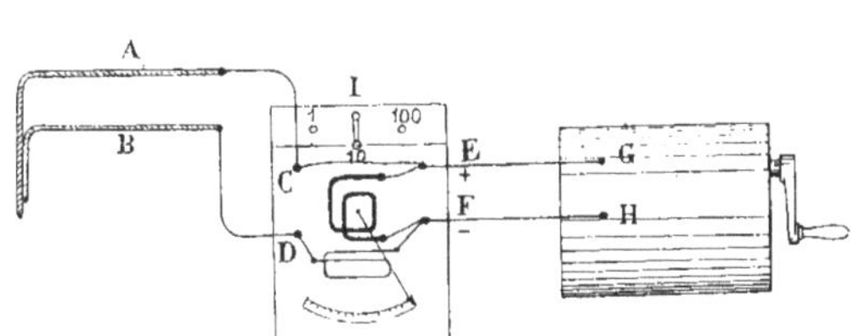

Fig. 270. — Mesure de l'isolement au moyen de l'ohmmètre.

Généralement cette manette peut être placée sur trois contacts marqués 1, 10 et 100. Quand la manette est sur le contact 1, la valeur de l'isolement est lue directement sur le cadran, en regard de l'aiguille indicatrice, pendant que la magnéto fonctionne. Quand la manette est sur le contact 10, il convient de multiplier par 10 la mesure lue sur le cadran, et on la multiplie par 100, quand la manette est sur le contact 100. Sur l'appareil sont disposées quatre bornes.

Pour effectuer pratiquement une mesure d'isolement entre deux câbles A et B placés côte à côte, par exemple, à l'aide de l'ohmmètre (Fig. 270), on relie chacun des conducteurs avec une des bornes C et D de l'ohmmètre. Puis on met en communication les deux bornes E et F avec les deux bornes G et H de la magnéto. On tourne alors vivement la manivelle de la magnéto. Si l'aiguille de l'ohmmètre ne dévie pas et reste en face de l'indication *infini,* c'est qu'il n'existe aucune communication malencontreuse entre les deux câbles A et B : l'isolement est parfait. Si l'aiguille dévie et vient s'arrêter devant une division, la valeur de cette division multipliée par le nombre marqué sur le contact où est posée la manette I, donne en *ohms* la résistance existant entre les conducteurs A et B. On peut ainsi trouver une résistance variant de zéro à l'infini. Il convient alors d'apprécier si l'*isolement* ainsi déterminé est suffisant par rapport à la tension des courants qui circulent dans les deux câbles. Quand les câbles sont posés dans des caniveaux souterrains ou contre des murs, on peut également, par cette méthode, déterminer si leur enveloppe isolante extérieure est partout en bon état et ne donne pas lieu, en quelque point, à une communication avec le sol. Il n'est nul besoin pour cela de suivre le câble de bout en bout, pour vérifier l'état de sa couverture, ce qui serait, d'ailleurs, presque toujours très difficile à réaliser. On relie simplement, comme dans le cas précédent, une extrémité abordable du câble à une borne de l'ohmmètre et on met en communication la seconde borne avec le sol. En faisant fonctionner la magnéto, l'aiguille indiquera par sa position la valeur de l'isolement existant entre le câble et la terre.

COMPTEURS D'ÉLECTRICITÉ

Il nous reste à décrire une catégorie d'appareils de mesures électriques très employés et servant à faire connaître l'énergie dépensée dans une installation électrique. Ces appareils se nomment *compteurs électriques* et remplissent, par rapport au courant électrique, le même rôle que les compteurs à gaz par rapport à ce fluide. Cependant il existe une différence essentielle entre ces derniers compteurs, qui indiquent une dépense en mètres cubes, et les compteurs électriques, qui mesurent l'énergie électrique dépensée.

Les systèmes de compteurs d'électricité sont fort nombreux. Nous nous bornerons, pour en établir les principes généraux, à décrire deux systèmes des plus répandus dans les installations électriques : le compteur Elihu-Thomson et le compteur O'Keenan.

Compteur Thomson

(Fig. 271 et 272.) C'est un appareil de la catégorie des *compteurs-moteurs* à enregistrement et totalisation continus. Les *compteurs-moteurs* comportent un dispositif constituant un véritable petit moteur *électrodynamique,* dont la rotation de l'axe permet, par un enregistrement du nombre de tours, de connaître l'*énergie électrique* qui a traversé l'appareil.

Le compteur Thomson se compose donc d'un moteur *électrodynamique*, dont les inducteurs sont constitués par deux grosses bobines portant un conducteur de grande section pour que sa résistance soit très faible. Quand il est destiné à être placé sur les circuits d'intensité élevée, ce conducteur est formé par une lame enroulée sur la carcasse de la bobine.

Ces bobines inductrices A et B sont intercalées directement en série dans le circuit de l'installation que l'on nomme généralement *circuit d'utilisation* (Fig. 272).

L'*induit* C du moteur est constitué par une bobine sur laquelle est enroulé un conducteur de faible diamètre qui offre, par conséquent, une grande résistance au courant qui le traverse. Pour cette raison, cette bobine est branchée en dérivation sur le *circuit d'utilisation* et n'est pas traversée directement par le courant qui passe dans ce circuit. Une résistance supplémentaire E fixe et connue est même ajoutée au circuit de la bobine-induit pour augmenter la valeur de la résistance totale. De cette façon, l'intensité du courant traversant l'induit sera très faible et proportionnelle à la différence de potentiel existant aux bornes de cet induit.

Le système *inducteur* est fixe et l'*induit* est mobile autour d'un axe vertical D pivotant sur des chapes en saphir.

L'inducteur et l'induit ne doivent pas comporter de fer pour éviter des actions magnétiques nuisibles.

la disposition des *wattmètres* dont nous avons parlé précédemment.

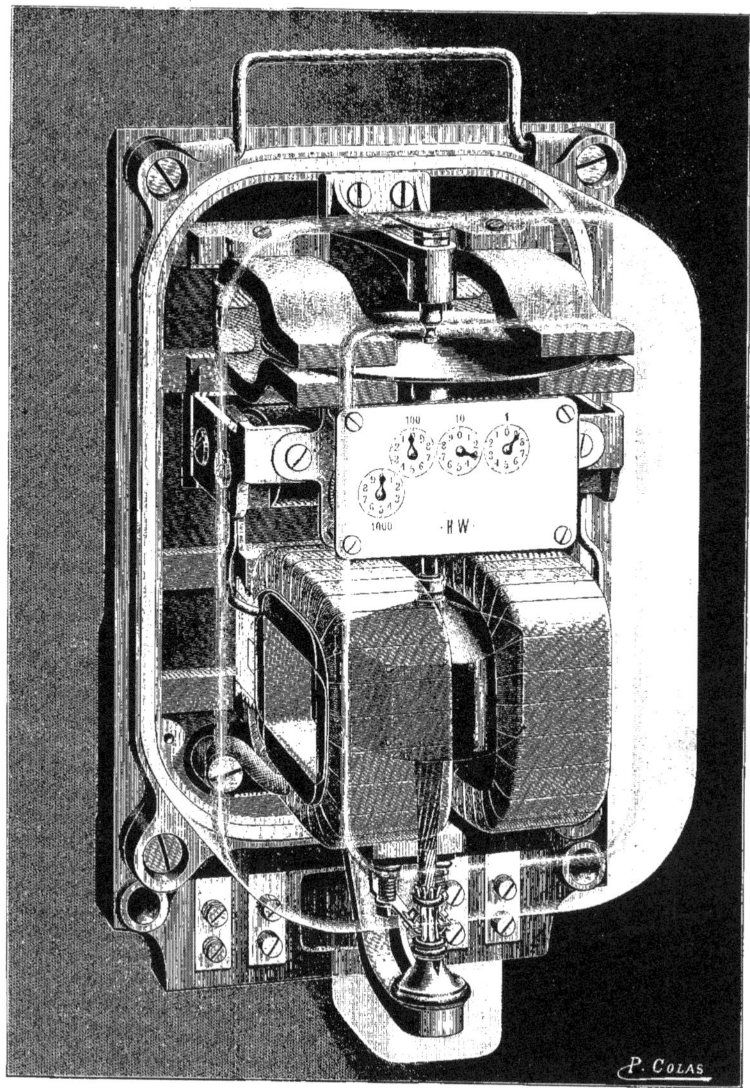

Fig. 271. — Compteur Thomson. Compagnie pour la fabrication des Compteurs.

Donc, en résumé, l'ensemble du petit moteur électrodynamique est semblable à

En effet, dans l'inducteur l'action du courant sera proportionnelle à l'intensité de ce courant traversant le circuit d'utilisation, et dans l'induit cette action sera proportionnelle à la différence de potentiel existant entre deux points de ce circuit. La déviation de l'induit mobile sera donc proportionnelle, comme dans les *wattmètres*, à la *puissance* électrique, exprimée en *watts*, qui n'est autre chose que le produit, nous le savons, des *volts* par les *ampères*. Si l'on fait intervenir le facteur *temps* dans cette mesure, on obtiendra la valeur de l'*énergie électrique* dépensée dans le circuit d'utilisation.

Le compteur est donc un *wattmètre-heure* ou, suivant la désignation adoptée, un *wattheuremètre*.

L'action qui tend à faire dévier l'induit par rapport à l'inducteur pour lui donner un mouvement de rotation autour de son axe est ce que l'on appelle le *couple moteur*.

A ce *couple moteur* on oppose un *couple résistant* obtenu par un dispositif de freinage établi de façon que ce couple soit, à chaque instant, proportionnel à la vitesse de l'induit.

Pour cela, on dispose à la partie supérieure de l'axe de l'induit un disque en cuivre I qui peut se mouvoir entre les branches d'aimants permanents H. La portion du disque voisine d'un aimant est soumise à une variation de flux proportionnelle à la vitesse du disque ; il s'y développe une *force électromotrice*, et, avec elle, des *courants de Foucault* proportionnels à la vitesse du disque. Le couple de freinage, produisant un travail résistant qui est proportionnel au produit du flux de l'aimant par les courants de Foucault induits, sera donc lui-même proportionnel à la vitesse du disque.

Pour une vitesse déterminée de l'induit, qui est la vitesse de régime, les deux couples moteur et résistant s'équilibrent, et l'induit ne continue à tourner que sous l'action de la puissance électrique fournie. La vitesse de l'induit étant proportionnelle à cette puissance électrique, si on commande, au moyen de l'axe vertical de l'induit, un compteur totalisateur, celui-ci indiquera la dépense d'énergie. A cet effet, l'arbre de l'induit est façonné à sa partie supérieure en forme de vis sans fin et c'est cette vis qui actionne, au moyen de roues d'engrenages et de pignons, les aiguilles indicatrices qui se meuvent devant des cadrans divisés. Le dernier cadran est gradué en kilowatts, mais, généralement, la lecture est exprimée en *hectowattheures*, qu'on n'a qu'à multiplier par le prix convenu de l'hectowatt pour connaître en francs la dépense d'électricité faite dans un circuit déterminé.

Comme, malgré les précautions prises pour établir des dipositifs très précis de pivotage de l'induit, on ne peut pratiquement éviter quelques légers frottements, on a, pour

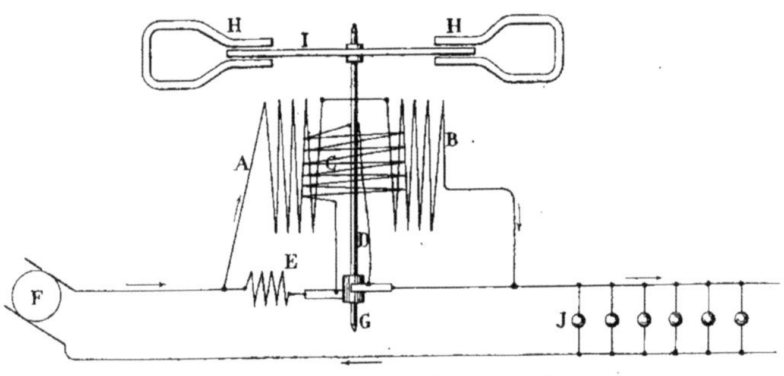

Fig. 272. — Compteur Thomson. Schéma.

compenser ces frottements, établi dans les grandes bobines inductrices un circuit inducteur auxiliaire A B, qui constitue ce que l'on nomme le *compoundage* et qui est traversé par le courant provenant du circuit de dérivation. Ce courant, en traversant l'enroulement supplémentaire, détermine sur l'induit un léger couple moteur qui s'ajoute au couple moteur principal pour compenser les effets du frottement.

La figure 272 représente le schéma du montage d'un compteur Elihu-Thomson, et la figure 271 donne une vue d'ensemble de cet appareil construit par la Compagnie pour la fabrication des Compteurs, à Paris.

On remarquera que la partie inférieure de l'arbre de l'induit comporte un petit collecteur G sur lequel frottent deux balais qui ont pour but de maintenir l'induit en communication constante avec le circuit d'utilisation et avec la résistance additionnelle montée dans le circuit de cet induit, sans pour cela gêner son mouvement de rotation. La vitesse de l'induit est assez faible; elle atteint, au maximum, 60 tours par minute.

Ce compteur s'emploie indifféremment pour mesurer la dépense d'énergie due au passage soit d'un courant continu, soit d'un courant alternatif, et le retour d'énergie électrique au générateur provenant d'une cause quelconque est enregistré en sens inverse et décompté sur les cadrans.

Compteur O'Keenan (Fig. 273 et 274.) Cet appareil diffère du précédent en ce qu'au lieu d'être un compteur *wattheuremètre,* c'est un compteur *ampèreheuremètre,* ce qui signifie que le nombre de tours enregistrés par son équipage mobile dans un temps déterminé est proportionnel au nombre d'ampères qui passent dans le circuit d'utilisation pendant ce même temps, ce qui s'exprime en *ampèreheures.* Pour connaître l'énergie dépensée pendant ce temps, on n'a qu'à multiplier le nombre d'ampèreheures par la différence de potentiel du circuit, autrement dit le *voltage,* qui peut être pratiquement considéré comme constant; on aura alors un produit exprimé en *wattheuremètres* donnant la valeur de l'énergie électrique dépensée.

Ce compteur se compose d'un petit moteur *électromagnétique* constitué par un aimant permanent A (Fig. 274), entre les branches duquel peut tourner un induit B. Cet induit, qui est cylindrique, ne possède pas de carcasse métallique et l'aimant produit un *champ magnétique constant.*

Le courant dont on veut connaître la valeur passe à travers une résistance C intercalée dans le circuit d'utilisation sur lequel sont disposés les appareils ou les lampes D qui consomment de l'énergie électrique.

Le circuit de l'induit est branché en dérivation, aux extrémités de la résistance C, sur le circuit d'utilisation. Comme cet induit doit pouvoir prendre un mouvement de rotation autour de son axe vertical, la communication électrique du conducteur enroulé qui le constitue avec les bornes de la résistance C est assurée au moyen d'un collecteur E sur lequel frottent deux légers balais.

L'axe vertical, solidaire de l'induit, tourne sur des pivots reposant sur des chapes en saphir. Sa partie supérieure commande le mouvement d'un rouage de compteur totalisateur comportant une série de cadrans devant lesquels se déplacent des aiguilles indicatrices.

Quand le courant passe dans le circuit d'utilisation, il se répartit d'abord entre la résistance C et l'induit B. Celui-ci, soumis à un *couple moteur électromagnétique* du fait de la présence de l'aimant, commence alors à prendre un mouvement de rotation autour de son axe vertical.

Comme les résistances que cet induit doit vaincre sont très faibles — résistance de l'air négligeable, étant donnée sa forme cylindrique, amortissement magnétique

nul puisque l'induit ne comporte aucune

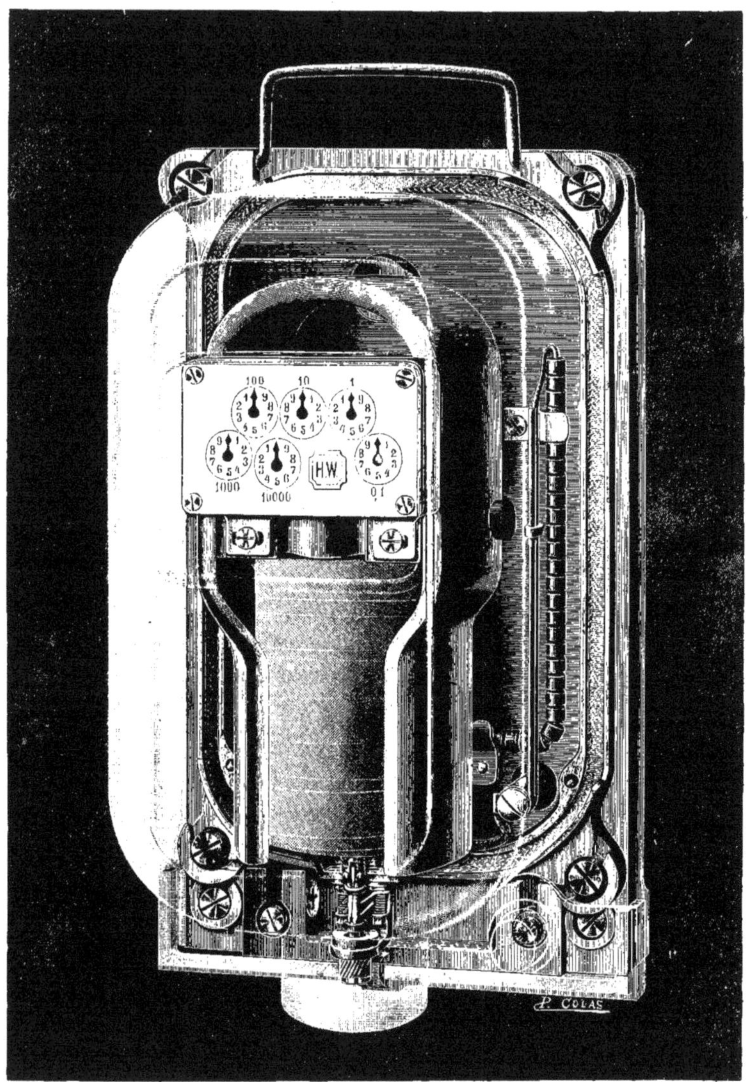

Fig. 273. — Compteur O'Keenan. Compagnie pour la fabrication des Compteurs.

carcasse métallique, frottement des divers rouages très réduit — son mouvement de rotation s'accélère rapidement et il acquiert bientôt une telle vitesse qu'il donne lieu à une force *contre-électromotrice* qui devient égale à la différence de potentiel existant entre les bornes de l'induit. A ce moment, il ne passe plus sensiblement dans cet induit de courant provenant du circuit d'utilisation.

En réalité, l'intensité du courant qui y circule encore n'est que de quelques dix-millièmes d'ampère.

L'induit effectuant son mouvement de rotation sous l'action d'un champ magnétique constant, la force contre-électromotrice qu'il produit varie proportionnellement à sa vitesse. Si donc la différence de potentiel augmente aux bornes de l'induit et de la résistance C, qui sont communes, l'arbre de l'induit tournera plus vite et d'une quantité proportionnelle aux différences de potentiel successives. Mais la résistance C reste invariable quelle que soit la différence de potentiel existant entre ses bornes. Donc, d'après la loi d'Ohm, l'intensité du courant qui passera dans le circuit sera à chaque instant proportionnelle à la différence de potentiel des deux bornes, et l'induit et son arbre auront une vitesse de rotation proportionnelle à l'intensité du courant consommé. En totalisant, au moyen du rouage supérieur, le nombre de tours de cet arbre pendant un temps déterminé, on obtiendra la quantité d'électricité consommée pendant ce temps exprimée en ampèreheures.

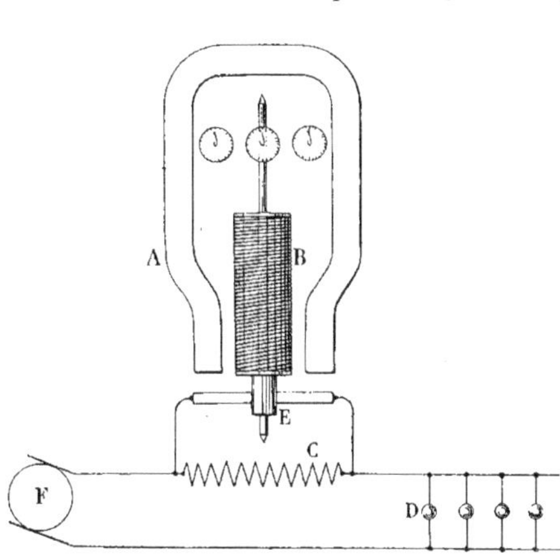

Fig. 271. — Compteur O'Keenan. Schéma de montage.

Les cadrans que porte le compteur, et sur lesquels on lit la consommation électrique, enregistrent cependant des hectowatts. Cette transformation est très simple à effectuer, car les compteurs étant destinés à être établis sur des canalisations à *tension* ou *voltage* constants, on peut, en les étalonnant, traduire les *ampèreheures* indiqués en *wattheures* et en *hectowattheures*, en effectuant le *produit* des *ampèreheures* par le nombre de *volts* du circuit d'utilisation. Il est bien évident qu'à des tensions diverses doivent correspondre des compteurs dont la graduation en hectowatts a été mise en rapport avec ces différentes tensions.

Le compteur O'Keenan, dont la figure 273 représente un ensemble, est construit, comme le précédent, par la Compagnie pour la fabrication des Compteurs à Paris. La figure 274 indique le schéma des connexions électriques de cet appareil.

CHAPITRE VI

MACHINES ET MOTEURS ÉLECTROMAGNÉTIQUES

MACHINES MAGNÉTO-ÉLECTRIQUES : Pixii, Clarke, de la Cie l'Alliance, Gramme, Siemens, de Méritens.

MACHINES DYNAMO-ÉLECTRIQUES. — MACHINES A COURANTS CONTINUS. — FONCTIONNEMENT D'UNE DYNAMO. — LIGNE NEUTRE. — ANGLE DE CALAGE DES BALAIS. — RÉACTION DE L'INDUIT. — FORCE ÉLECTROMOTRICE D'UNE MACHINE. — MACHINES MULTIPOLAIRES. — INDUITS. — ENROULEMENTS : à anneau, à tambour, divers. — *INDUCTEURS. — EXCITATION INDÉPENDANTE. — AUTO-EXCITATION :* en série, en dérivation, compound. — *COLLECTEURS. — BALAIS. — RÉGULATION. — RÉGULATEUR THURY.*

COUPLAGE DES MACHINES A COURANTS CONTINUS : en tension, en quantité.

MISE EN MARCHE ET ARRÊT D'UNE DYNAMO.

RENDEMENT D'UNE DYNAMO. — RÉVERSIBILITÉ.

DYNAMOS A COURANTS CONTINUS : Gramme, Siemens, Brush, Edison, Schuckert, Victoria, Weston, Mather, de la Cie de l'Industrie électrique et mécanique de Genève, Thomson-Houston, de la Compagnie générale électrique de Nancy, de la Société Alsacienne de Constructions mécaniques, Brown-Boveri.

MOTEURS A COURANTS CONTINUS : Deprez, Trouvé, de Méritens, Ayrton et Perry, à réducteur de vitesse, Brown-Boveri.

FORCE CONTRE-ÉLECTROMOTRICE DES MOTEURS. — MISE EN MARCHE ET ARRÊT DES MOTEURS.

COURANTS ALTERNATIFS. — PÉRIODE. — PHASE. — FRÉQUENCE. — COURANTS ALTERNATIFS : diphasés, triphasés. — *FORCE ÉLECTROMOTRICE ET INTENSITÉ EFFICACES. — PUISSANCE.*

MACHINES DYNAMOS A COURANTS ALTERNATIFS. — ALTERNATEURS. — INDUITS. — INDUCTEURS.

TYPES DIVERS D'ALTERNATEURS. — ALTERNATEURS : monophasé, biphasé, triphasé.

GROUPEMENT DES CIRCUITS : en triangle, en étoile.

ALTERNATEURS SIMPLES : Gramme, Siemens, Ferranti, divers.

ALTERNATEURS POLYPHASÉS.

MOTEURS A COURANTS ALTERNATIFS : Champ magnétique tournant.

MOTEURS SYNCHRONES. — MOTEURS ASYNCHRONES.

Les actions exercées par le courant électrique sur les aimants, dont les manifestations sont groupées sous le nom d'*électromagnétisme*, n'ont pas seulement donné naissance à la généralité des appareils de mesures électriques que nous venons de décrire; elles ont encore servi de base à l'établissement des *machines* et des *mo-*

teurs électromagnétiques que nous allons examiner.

Auparavant, établissons la différence qui existe entre les *machines* et les *moteurs électromagnétiques*.

Une *machine électromagnétique* est un appareil qui, actionné *mécaniquement*, produit du *courant électrique*. La machine transforme donc l'*énergie mécanique* en *énergie électrique*.

Un *moteur électromagnétique* est un appareil dans lequel le courant électrique employé comme agent moteur produit un travail mécanique. Le moteur transforme donc l'*énergie électrique* en *énergie mécanique*.

Grâce à la *réversibilité* des machines électromagnétiques dont nous parlerons plus loin, qui a permis de créer le *transport de force*, la *transmission de l'énergie électrique*, on peut, d'une façon générale, transformer assez facilement ces *machines en moteurs* et produire soit du courant en actionnant l'appareil mécaniquement, soit du travail mécanique en l'actionnant électriquement.

Nous allons successivement examiner ces deux classes d'appareils électromagnétiques.

MACHINES ÉLECTROMAGNÉTIQUES

Les machines électromagnétiques sont donc des générateurs d'électricité.

Nous avons dans les pages précédentes rencontré déjà plusieurs types de générateurs d'électricité. Rappelons-les et indiquons brièvement les différences qui les distinguent.

La *machine électrostatique*, premier générateur d'électricité, ne donne naissance qu'à l'électricité *statique*, c'est-à-dire stationnaire ou au repos.

La *pile*, qui produit de l'électricité *dynamique* ou en mouvement, est un *générateur chimique* d'électricité.

La *pile thermo-électrique* est un *générateur calorifique* d'électricité.

La *machine électromagnétique* est un *générateur mécanique* d'électricité.

Les machines électromagnétiques se divisent en deux grandes classes : les machines *magnéto-électriques* et les machines *dynamo-électriques*.

Les machines *magnéto-électriques*, qu'on appelle très souvent, par abréviation, *magnétos*, sont des machines dans lesquelles l'induction électro-magnétique est produite par des *aimants* proprement dits.

Dans les machines *dynamo-électriques*, désignées par abréviation sous le nom de *dynamos*, l'induction électromagnétique est produite par l'intermédiaire d'*électro-aimants* disposés dans ces appareils d'une façon appropriée.

Chacune des deux classes précédentes de machines électromagnétiques se divise elle-même en *machines à courants continus* et *machines à courants alternatifs*.

Dans les *machines à courants continus*, les courants induits sont envoyés d'une façon continue dans le même sens, dans la canalisation électrique.

Dans les *machines à courants alternatifs*, les courants induits sont distribués dans le conducteur comme ils se produisent, c'est-à-dire, ainsi que nous allons le voir, alternativement dans des sens contraires.

Pour obtenir des courants continus dans une machine, il est nécessaire de *redresser* les courants alternatifs normalement produits, c'est-à-dire de les diriger dans le même sens.

En résumé donc, nous diviserons les machines électromagnétiques en quatre principales classes : magnéto-électriques à courants continus et à courants alternatifs et dynamo-électriques à courants continus et à courants alternatifs.

MACHINES MAGNÉTO-ÉLECTRIQUES

Lorsqu'en 1830, Faraday, après ses mémorables expériences sur l'induction électro-magnétique, eut fait connaître qu'il était possible de produire des courants électriques au moyen d'un aimant, plusieurs constructeurs essayèrent d'obtenir une manifestation électrique continue, par une combinaison mécanique des divers éléments pouvant produire des courants induits.

Un constructeur de Paris, nommé Pixii, construisit en 1832 le premier appareil réalisant ce problème. Ce fut la première machine magnéto-électrique.

Machine de Pixii (Fig. 275.)

Cette machine se compose d'un électro-aimant B, formé d'un noyau de fer doux ayant la forme d'un fer à cheval, qui porte sur chacune de ses branches une bobine formée par un enroulement de fil métallique recouvert de soie pour l'isoler. Cet électro est supporté par une traverse en bois solidaire de deux barres reposant sur un socle. Au-dessous des noyaux de l'électro-aimant peut tourner un fort aimant A en forme d'U, dont les deux pôles *a* et *b* viennent tour à tour se présenter en face et à une distance très faible de l'extrémité des noyaux de l'électro-aimant B.

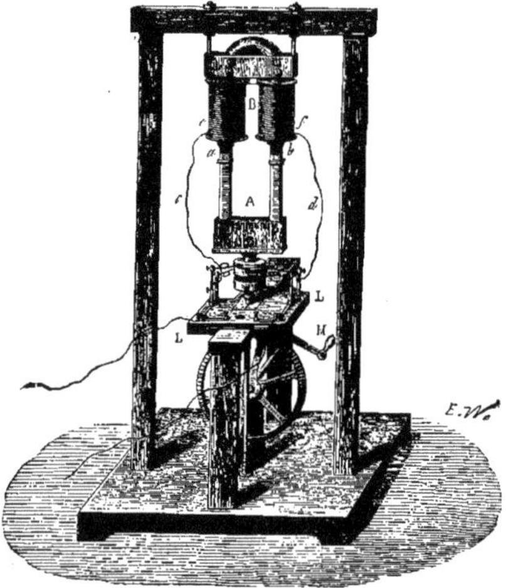

Fig. 275. — Machine magnéto-électrique de Pixii.

Le mouvement de rotation est donné à l'aimant A au moyen d'une manivelle M qu'on manœuvre à la main, et dont l'axe porte une roue d'engrenage qui actionne un pignon solidaire de l'arbre portant l'aimant.

Quand les pôles *a* et *b* de *l'aimant permanent* sont dans une certaine position en face des noyaux de l'électro-aimant, ces noyaux sont aimantés et l'induction électromagnétique détermine dans chacune des deux bobines un courant électrique, dirigé dans un certain sens, qu'on peut d'ailleurs facilement trouver en appliquant la règle du *bonhomme d'Ampère* ou de la *main droite*. Mais quand l'aimant A a fait un demi-tour, il présente aux noyaux de l'électro-aimant, qui eux sont restés fixes, des pôles de noms contraires à ceux de la période précédente. Ces noyaux sont évidemment aimantés dans un sens opposé au sens précédent et il se produit dans les deux bobines de l'électro-aimant un courant électrique en sens inverse du courant déjà produit dans la première période. Ces deux courants *alternativement directs* et *inverses* passent par les mêmes conducteurs *c e* et *f d* pour gagner le circuit extérieur et forment un courant *alternatif*. Pour le rendre continu, on dispose sur l'arbre vertical de la machine un *commutateur*, qui permet de donner le même sens aux deux courants produits et d'obtenir ainsi un seul courant d'induction continu, qui peut donner les mêmes effets que le courant voltaïque dû à la pile électrique.

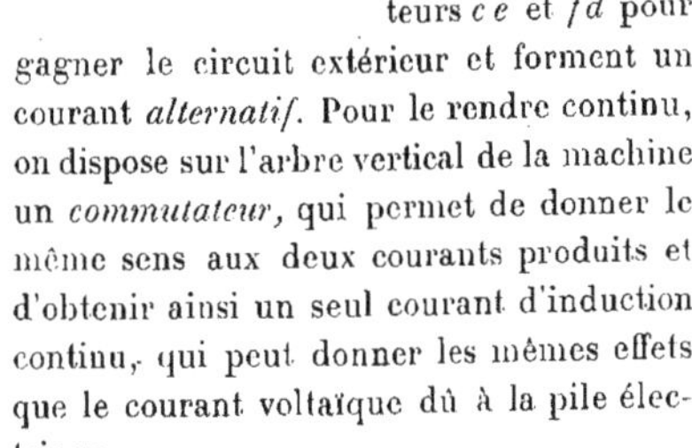

Nous trouverons dans la machine de Clarke, que nous allons décrire, un commutateur de ce genre dont nous expliquerons le fonctionnement.

Machine de Clarke (Fig. 276 et 277.) Cette machine, construite après la machine de Pixii, en diffère en ce que, au contraire de la précédente, c'est l'aimant qui est fixe et ce sont les bobines qui sont animées d'un mouvement de rotation. Cette disposition permet de donner à l'aimant une importance plus considérable, et permet également de diminuer la masse de l'équipage mobile.

La machine Clarke se compose d'une série d'aimants juxtaposés B, faits en forme de fer à cheval et fixés à demeure sur une planchette verticale P. En avant des aimants et vers les extrémités de leurs branches, peuvent se déplacer deux bobines auxquelles il est facile d'imprimer un mouvement de rotation à l'aide d'un volant à manivelle R, actionnant une petite poulie A.

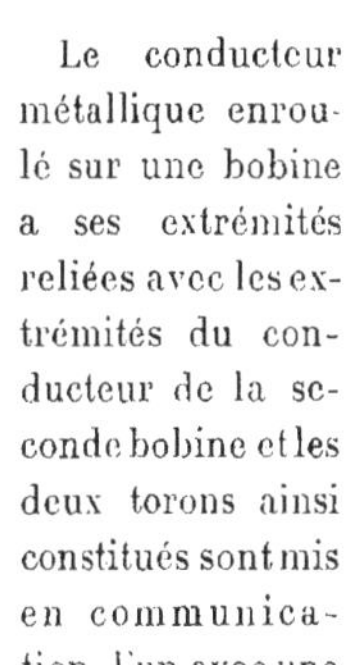

Fig. 276. — Machine Clarke.

L'ensemble des bobines est rendu solidaire de l'axe de cette poulie, qui passe horizontalement entre les branches des aimants.

Les bobines sont constituées chacune par un conducteur métallique enroulé autour d'un noyau de fer doux qui forme le centre de la bobine. Les deux noyaux sont réunis par une *culasse* de fer doux et les bobines sont entretoisées du côté opposé à la culasse par une plaque de laiton. Cet ensemble constitue donc un véritable *électro-aimant* dans lequel les passages successifs de chaque noyau devant les deux pôles de l'aimant B, par suite du mouvement de rotation, déterminent des courants induits qui sont alternativement de sens contraires, comme dans la machine précédente.

Pour redresser ces courants alternatifs et obtenir un courant continu utilisable dans un circuit extérieur, un commutateur est disposé à l'extrémité de l'axe des bobines opposée à la poulie A.

Ce commutateur se compose de deux demi-bagues placées en regard sur un cylindre isolant fixé en bout de l'arbre des bobines et complètement isolées l'une de l'autre. Deux lames à ressort, x et y, appuient constamment sur les demi-bagues et communiquent respectivement avec deux lames rigides séparées par un bloc isolant supporté par le socle de l'appareil. Aux lames rigides sont fixées les bornes auxquelles sont attachées les extrémités du circuit extérieur.

Le conducteur métallique enroulé sur une bobine a ses extrémités reliées avec les extrémités du conducteur de la seconde bobine et les deux torons ainsi constitués sont mis en communication, l'un avec une des demi-bagues, l'autre avec la seconde demi-bague (Fig. 277).

Quand les bobines tournent devant les pôles de l'aimant, une d'entre elles, par exemple, produit un courant qui est dirigé dans un certain sens et qui est provoqué par l'aimantation du noyau de fer mis en présence d'un pôle de l'aimant qui détermine dans le fil de la bobine un courant induit.

Ce courant passe, par l'intermédiaire d'une demi-bague C, dans une des lames faisant office de balais, la lame x par exemple, parcourt le circuit extérieur dans le sens de la flèche, et retourne à l'autre extrémité du fil de la bobine par l'intermédiaire de la seconde demi-bague D. Si la bobine considérée continue son mouvement de rotation, son noyau s'écarte du pôle de l'aimant qui vient de l'influencer. Son aimantation s'atténue, devient nulle, puis prend un signe contraire quand le noyau se présente en face du pôle de l'aimant de nom contraire au premier. A ce moment le courant induit dans la bobine est en sens inverse du courant primitivement produit, mais c'est encore la lame x qui reçoit ce courant dirigé dans le même sens. Cette lame, en effet, étant fixe, la rotation d'un demi-tour nécessaire pour présenter successivement une bobine en face des deux pôles de l'aimant l'a mise en contact avec la seconde demi-bague D qui, elle, communique avec le toron de jonction des fils des bobines opposé au premier. Donc dans les deux cas, le courant induit dans une bobine passe dans la lame x avec le même sens, grâce à la rotation de la bobine, tantôt par le toron de jonction avant, tantôt par le toron de jonction arrière, et par l'intermédiaire des demi-bagues C et D auxquelles ces torons sont reliés.

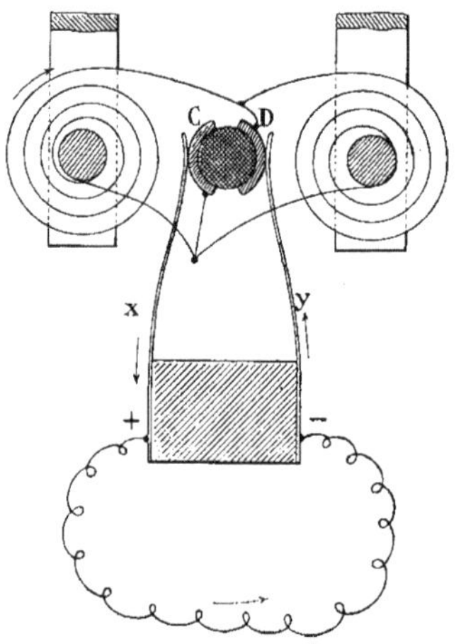

Fig. 277. — Machine Clarke. Commutateur.

Le même phénomène se produit pour la seconde bobine, qui, possédant un enroulement en sens inverse de la première, donne lieu, par sa position devant un pôle de l'aimant de nom contraire, à un courant induit dirigé dans le même sens et qui, par conséquent, parcourt le circuit extérieur dans le sens de la flèche. Les courants produits alternativement de sens contraires sont donc bien tous redressés dans le même sens et constituent, dans le circuit d'utilisation, un courant continu par suite de la manœuvre du commutateur.

La figure 276 représente les fils du circuit extérieur de la machine Clarke reliés à un *voltamètre* V, et aboutissant chacun sous une éprouvette pleine d'eau, pour produire la décomposition de ce liquide et montrer que l'on obtient avec la machine *magnéto-électrique* les mêmes effets qu'avec la *pile*.

Machine magnéto-électrique de la Cie l'Alliance

(Fig. 278.) Le principe de la machine Clarke fut appliqué par Nollet, professeur de physique à l'École militaire de Bruxelles, à la construction d'une machine destinée à décomposer l'eau afin d'utiliser ensuite l'hydrogène ainsi obtenu, pour l'éclairage public.

Le succès ne répondit pas aux efforts de Nollet, qui mourut à la peine. Sa machine, perfectionnée et améliorée par la Compagnie *l'Alliance*, fut appliquée à l'*éclairage électrique*. C'est la machine connue sous le nom de *machine magnéto-électrique de la Compagnie l'Alliance*, dont le brillant début fut l'éclairage électrique des Phares de la Hève, près du Havre.

Elle comporte quatre disques en bronze C, juxtaposés et montés côte à côte sur le même arbre horizontal, qui reçoit un mouvement de rotation d'une machine à vapeur par l'intermédiaire d'une courroie D D. Chaque disque en bronze C porte à sa périphérie 16 bobines. Tout l'ensemble, formé de 64 bobines, tourne entre 8 séries d'aimants disposés sur le pourtour et dirigés vers le centre. Ces aimants sont fixes et chaque série en comporte 5. La machine complète possède donc 40 aimants.

A chaque rotation, les aimants font naître des courants induits dans les bobines, et tous ces courants, rectifiés par un *commutateur* spécial basé sur le principe du commutateur de la machine Clarke, sont envoyés dans le même sens dans un conducteur extérieur, produisant ainsi un courant continu dont l'effet est suffisant pour être employé à l'éclairage électrique. La figure 278 représente une machine magnéto-électrique de la Compagnie l'Alliance actionnant une lampe à arc L intercalée dans le circuit extérieur traversé par le courant produit par la machine.

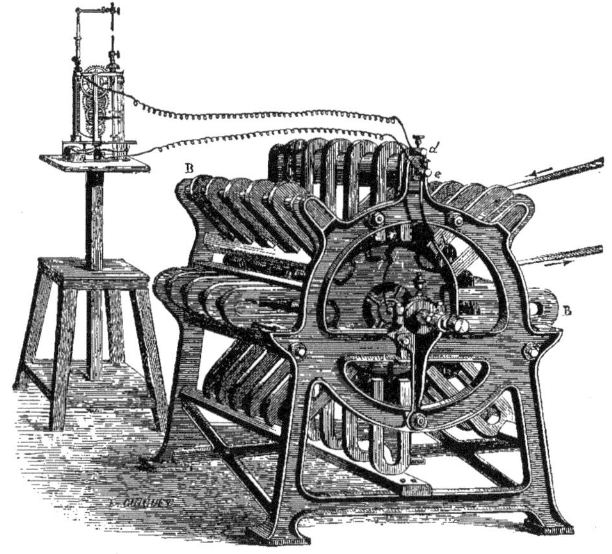

Fig. 278. — Machine magnéto-électrique de la Cie *l'Alliance.*

Machine magnéto-électrique Gramme

(Fig. 279-280.) C'est la première machine que Gramme construisit et qui comportait un induit enroulé, comme nous allons le voir, d'une façon spéciale. Cet induit fut appliqué ensuite avec un grand succès aux machines *dynamo-électriques* Gramme, qui ouvrirent la voie si féconde de la production industrielle du courant électrique.

La machine magnéto-électrique Gramme (Fig. 280) se compose d'une bobine tournant horizontalement entre les pôles d'un fort aimant permanent. Cet aimant, appelé aimant *feuilleté* Jamin, du nom de son inventeur, est formé par la juxtaposition de feuillets en acier d'environ 1 millimètre d'épaisseur, qui sont aimantés séparément, et qui réunis les uns aux autres ont une forme en fer à cheval. A chaque extrémité de l'aimant ainsi constitué est fixée une pièce en fer doux qu'on appelle *pièce polaire*. Ces deux pièces, en effet, forment en bout des deux branches de l'aimant les *pôles* de cet aimant. Elles sont séparées l'une de l'autre, en haut et en bas, par un léger espace vide et ont une forme appropriée pour recevoir la bobine cylindrique constituant l'induit qui doit pouvoir tourner librement entre ces deux

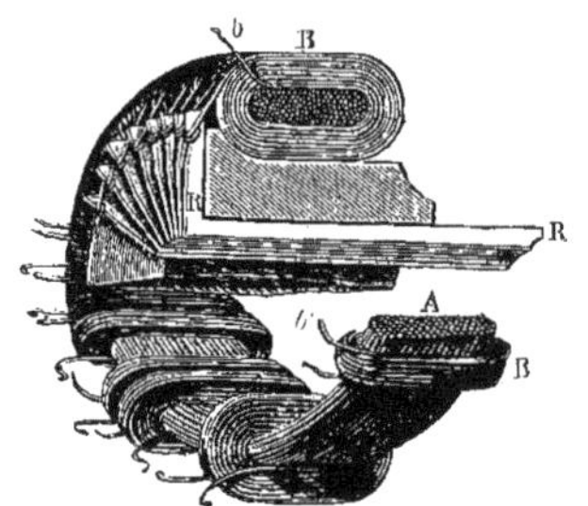

Fig. 279. — Anneau de Gramme.

pièces polaires sans les toucher, tout en s'en approchant le plus possible.

Le mouvement de rotation de la bobine est obtenu par l'intermédiaire d'une manivelle actionnant une poulie-volant, qui donne le mouvement à une seconde poulie plus petite calée sur l'axe de la bobine. Celle-ci peut donc tourner très rapidement.

La bobine ou l'induit est constituée par un anneau de fer doux autour duquel est enroulé le fil conducteur (Fig. 279). Cette forme lui a fait donner le nom d'*anneau de Gramme*. L'anneau de fer doux n'est pas formé par un seul bloc métallique. Pour éviter les courants de Foucault, dont nous avons dit quelques mots à la fin du chapitre IV, cet anneau métallique se compose d'une grande quantité de fils de fer doux formant chacun un anneau fermé, ces divers anneaux étant ensuite assemblés les uns contre les autres pour ne former qu'une seule pièce circulaire A. Le fil conducteur en cuivre est enroulé en une série de bobines disposées les unes contre les autres tout autour du faisceau circulaire de fer doux A. Ce faisceau constitue donc le noyau commun des diverses bobines. Les bobines sont reliées entre elles en *série* ou *tension*, c'est-à-dire que l'extrémité du conducteur qui termine une bobine est mise en communication avec l'extrémité du conducteur qui en commence une autre. Cette communication est assurée par une lame en cuivre RR retournée en équerre, à laquelle sont attachées les deux extrémités des conducteurs de deux bobines voisines.

Fig. 280. — Machine magnéto-électrique Gramme.

Il y a autant de lames que de bobines, et elles sont disposées de manière à former par leur ensemble un cylindre ayant comme axe l'axe même de l'induit. Ces lames sont isolées les unes des autres et constituent ce que l'on nomme le *collecteur* de la machine. C'est par le *collecteur* que le courant est recueilli et transmis au conducteur extérieur. Pour cela, deux *frotteurs* ou *balais* horizontaux appuient constamment sur les lames du collecteur et maintiennent une communication permanente entre ces lames et les bornes de la machine auxquelles sont reliées les extrémités du fil constituant le circuit extérieur.

Les *balais* sont composés d'un faisceau de

fils fins métalliques et sont rendus fixes, tout en étant susceptibles de recevoir un léger réglage. La rotation de l'induit et, par conséquent, celle du collecteur qui lui est solidaire provoquent le frottement continu des balais contre toutes les lames qui se présentent successivement devant eux.

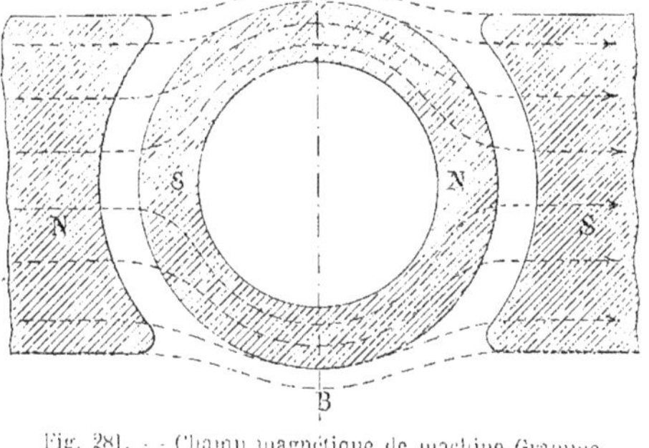

Fig. 281. — Champ magnétique de machine Gramme.

Pour bien comprendre le fonctionnement de la machine Gramme, examinons d'abord le champ magnétique formé par la présence, entre les deux pôles d'un aimant N S (Fig. 281), d'un anneau de fer doux. En raison de la *perméabilité* de cet anneau, les lignes de force de l'aimant passent, en se dirigeant du pôle nord vers le pôle sud, à travers l'anneau en suivant les directions indiquées par les flèches. Le circuit magnétique ainsi constitué est un circuit fermé, et le champ magnétique reste constamment de même forme, quelle que soit la position de l'anneau par rapport à son centre, et qu'il soit fixe ou en mouvement. Telles sont les particularités du système inducteur.

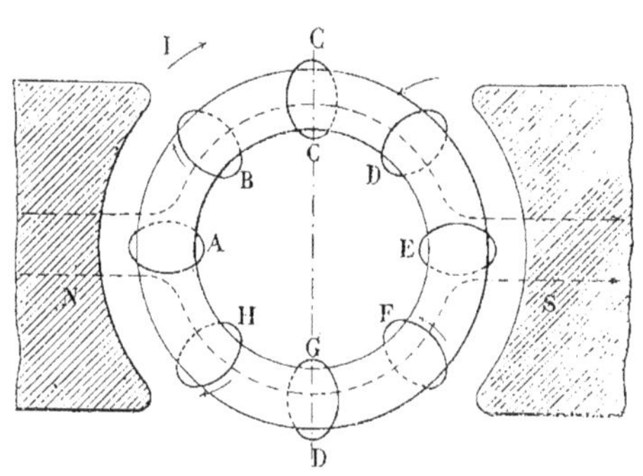

Fig. 282. — Sens du courant induit dans l'anneau de Gramme.

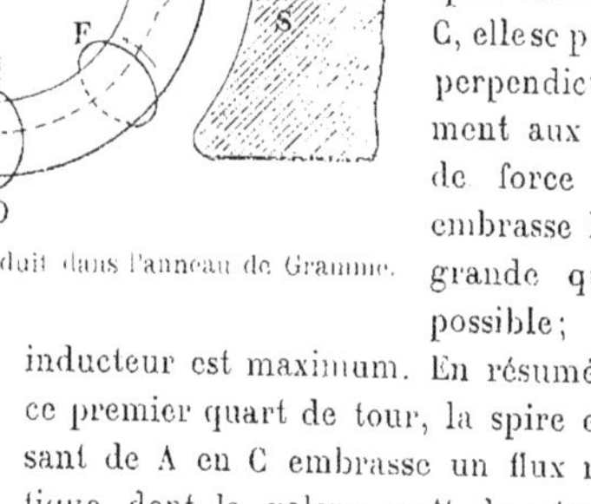

Considérons maintenant l'induit (Fig. 282) en prenant une spire de fil A enroulée en circuit fermé autour de l'anneau, qui forme ainsi son noyau, et en faisant se déplacer cette spire par rapport aux pôles de l'aimant, par un mouvement de rotation donné à l'induit dans le sens de la flèche I.

Quand la spire occupe la position A, elle ne coupe aucune *ligne de force* du circuit magnétique puisqu'elle est disposée dans une direction parallèle à celle des lignes de force.

Quand la spire, par suite du mouvement de rotation, sera arrivée en B, elle coupera un certain nombre de lignes de force et le flux de force qui la traversera aura augmenté par rapport à celui du point A. La variation de flux aura déterminé un courant induit dans la spire, et la règle du *tire-bouchon* de Maxwell nous indiquera que ce courant induit dans la spire placée au point B sera dirigé dans le sens de la flèche. Quand la spire est au point C, elle se présente perpendiculairement aux lignes de force et embrasse la plus grande quantité possible; le flux inducteur est maximum. En résumé, pour ce premier quart de tour, la spire en passant de A en C embrasse un flux magnétique dont la valeur croît de zéro à un maximum. Cette variation du flux inducteur donne naissance à un courant induit dirigé dans le sens de la flèche B, qui aura sa plus grande valeur dans la position A et qui sera nul en C.

En effet, pour un léger mouvement de rotation de la spire en A, le nombre de lignes de force embrassées augmente très rapidement, et la variation du flux inducteur est considérable, ce qui donne lieu à un courant induit maximum, tandis qu'à la position C, un léger mouvement de rotation de la spire ne change pas le nombre de lignes de force embrassées et la variation du flux inducteur est nulle. Il n'y a donc pas production de courant induit. En effectuant le second quart de tour, et pour les mêmes raisons que nous venons de donner, la valeur du courant induit croît en passant de la position C où il est minimum, à la position E où il est maximum. Mais dans ce cas, et toujours en appliquant la méthode du *tire-bouchon,* nous verrons que le sens de ce courant est dirigé suivant la flèche D, c'est-à-dire en sens contraire du courant induit pendant le premier quart de tour. De la position E à la position G, le courant induit décroît de nouveau de son maximum à zéro et son sens, indiqué par la flèche F, est déterminé toujours de la même façon. Enfin, dans le dernier quart de tour, de G en A, le courant induit croît et sa direction est celle de la flèche H.

En résumé, l'observation des différentes directions que prend le courant induit dans une spire, pendant une révolution complète de l'anneau qui la porte, montre que du point G au point C le sens de ce courant ne varie pas et est le même que le sens de mouvement des aiguilles d'une montre, tandis que de C en G le sens du courant, tout en restant le même pendant ce second demi-tour, a une direction contraire à celui qui a été produit de G en C.

Par conséquent, quand l'anneau de la machine Gramme portant toutes les bobines tournera entre les pôles de l'aimant, toutes les spires de fil situées, à un certain moment, d'un même côté du diamètre perpendiculaire à la ligne qui joint les pôles, sont parcourues par des courants induits de même sens : toutes les spires situées de l'autre côté du diamètre sont parcourues par des courants induits de sens contraire à ceux des premières spires.

Le diamètre considéré, suivant lequel les courants induits changent de sens, est appelé *diamètre de commutation.*

Dans chaque moitié de l'anneau, tous les courants induits étant de même sens s'ajoutent et produisent un courant résultant égal à leur somme. Il en est de même dans

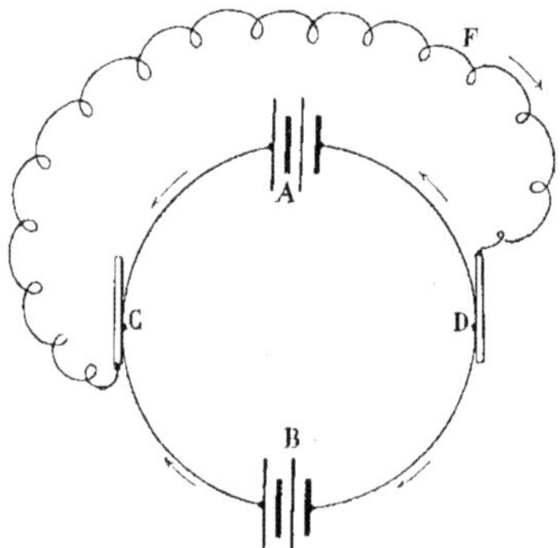

Fig. 283. — Analogie entre l'anneau de Gramme et deux groupes de piles couplées en quantité.

l'autre moitié de l'anneau, et il s'ensuit que les courants résultants sont égaux, mais de sens contraires.

L'anneau ainsi constitué présente une disposition semblable à celle de deux groupes de piles couplés en quantité, les éléments étant dans chaque groupe couplés en série. Les diverses bobines comprises dans une moitié de l'anneau sont comparables aux éléments de piles de chaque groupe; elles sont en effet réunies en série, et d'autre part les deux groupes de bobines produisant des courants égaux et inverses sont assimilables aux groupes d'éléments A et B (Fig. 283) réunis en quantité. Dans le circuit reliant ces éléments il ne passera aucun courant, parce que les courants inverses s'annulent, mais si on branche aux points C et D les extrémités d'un conducteur extérieur F, le courant passera dans ce conducteur en se dirigeant du pôle positif vers le pôle négatif, dans le sens des flèches.

Par analogie, il est aisé de concevoir que le contact permanent établi par les balais avec les lames du collecteur, permet l'établissement d'un courant qui circule du pôle positif vers le pôle négatif. Un des balais constituera le pôle positif : c'est celui qui est placé à la partie supérieure; l'autre balai constituera le pôle négatif. Entre les deux balais il existe, comme entre les deux bornes d'une pile, une différence de potentiel qui constitue la force électro-motrice utilisable dans le circuit extérieur.

L'anneau de Gramme, que nous venons d'examiner en détail, constitue la partie essentielle de certaines machines *dynamo-électriques,* ainsi que nous le verrons plus loin. Son fonctionnement est absolument le même, le champ magnétique étant simplement produit dans ces dernières machines par des électro-aimants au lieu de l'être par un aimant permanent comme dans les machines magnéto-électriques.

La machine magnéto-électrique Gramme que nous venons de décrire, connue sous le nom de *modèle de laboratoire,* est la première machine Gramme qui ait été construite, mais elle a été remplacée par la machine *dynamo-électrique* Gramme en raison de la puissance assez limitée obtenue par l'emploi des aimants permanents.

Machine magnéto-électrique Siemens (Fig. 284.) La machine primitive de Siemens, construite dès 1855 et représentée par la figure 284, est également une machine magnéto-électrique.

Entre les deux pôles d'un faisceau d'aimants verticaux ayant une forme en fer à cheval, tourne une *armature* formant l'induit, d'une structure particulière et qui peut être considérée comme la première forme de l'induit Siemens, que nous décrirons avec plus de détails lorsque nous parlerons des machines dynamo-électriques. Disons simplement qu'il est constitué par un noyau de fer doux dont la section est en forme de double T et sur lequel le fil est enroulé en navette, parallèlement aux génératrices du cylindre constituant le noyau.

Une manivelle fixée à une poulie-volant permet d'imprimer un mouvement de rotation rapide à l'induit qui tourne entre les

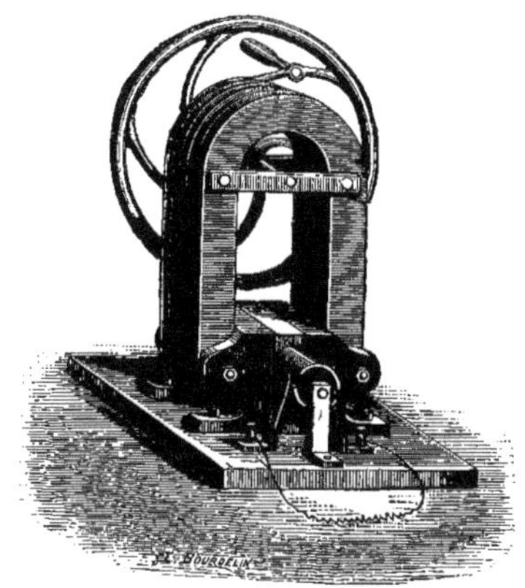

Fig. 284. — Machine magnéto-électrique Siemens.

pièces polaires du faisceau d'aimants verticaux. Deux balais sont disposés pour recevoir le courant et le transmettre à un conducteur extérieur par l'intermédiaire de bornes où s'attachent les extrémités de ce conducteur.

Machine magnéto-électrique de Méritens (Fig. 285.) Cette machine magnéto-électrique, qui ressemble à la machine de la Compagnie l'Alliance, comporte des dispositions différentes et des améliorations sensibles dans les divers détails.

L'induit de cette machine se compose de seize bobines disposées suivant une circonférence et qui passent successivement, à chaque tour de cet induit, devant un nombre inégal de pôles formés par huit aimants permanents également disposés suivant une circonférence. La machine comporte cinq séries de bobines et cinq séries d'aimants disposés côte à côte.

Le noyau des bobines est formé par un

Dans cette machine, les courants d'induction produits par la rotation de l'induit, peuvent être comparés à ceux produits dans l'anneau d'une machine Gramme auxquels viendraient s'ajouter ceux produits par une machine magnéto-électrique du type Clarke.

Fig. 285. — Machine magnéto-électrique de M. de Méritens.

anneau composé de soixante lames de tôle de 1 millimètre d'épaisseur, rivées ensemble, sur lequel est enroulé le fil qui constitue la bobine. Ce fil est gros ou fin suivant que l'on veut obtenir une intensité de courant plus ou moins grande.

L'avantage du noyau lamellaire est de pouvoir s'aimanter et se désaimanter instantanément et de permettre de donner à la machine une vitesse d'environ mille tours à la minute.

La machine de Méritens a été, avant la création des machines dynamo-électriques, d'un usage assez répandu dans l'éclairage électrique. On pouvait lui faire actionner quelques lampes à arc.

MACHINES DYNAMO-ÉLECTRIQUES

Les machines dynamo-électriques sont, avons-nous dit, les machines électromagnétiques dont les inducteurs, au lieu d'être formés par des aimants permanents, sont constitués par des électro-aimants.

On conçoit la différence essentielle qui existe entre ces deux genres d'inducteurs.

Dans le premier, le champ magnétique est produit par des aimants et se trouve nécessairement limité par l'encombrement de ces aimants. De plus, à la longue, les aimants perdent leur aimantation. Dans le second genre, le champ magnétique est produit par un courant électrique traversant un conducteur enroulé sur un noyau de fer doux, ce qui donne lieu à une aimantation temporaire qui ne dure que pendant le fonctionnement de la machine. Ce champ magnétique peut, de cette façon, recevoir une valeur considérable, qui dépendra du nombre d'électro-aimants employés à le produire et de la puissance de ces électros. C'est pour cette raison que les machines dynamo-électriques ont remplacé les primitives machines magnéto-électriques et permis de donner à l'industrie électrique l'extension prodigieuse qu'elle a prise de nos jours.

Les machines dynamo-électriques se groupent généralement, comme nous l'avons dit précédemment, en deux grandes catégories : les machines à *courants continus* et les machines à *courants alternatifs*, qui diffèrent entre elles en ce que, dans les premières, le courant utilisé dans le circuit d'utilisation est toujours de même sens, tandis que, dans les secondes, le courant est alternativement dirigé tantôt dans un certain sens, tantôt en sens contraire.

Nous allons examiner successivement ces deux classes de machines dynamo-électriques.

MACHINES A COURANTS CONTINUS

Une machine dynamo-électrique à courants continus comporte trois parties principales : l'*induit*, l'*inducteur* et le *collecteur*. En outre, elle comporte des *balais* ou *frotteurs* qui ont pour but de capter le courant sur le *collecteur* pour le distribuer dans le circuit extérieur.

On peut, d'une façon sommaire, représenter cette machine par la figure 286.

Fonctionnement d'une dynamo

L'*induit* A tourne entre les branches d'un électro-aimant qui constitue l'*inducteur*, et porte, faisant corps avec lui, le *collecteur* E sur lequel deux balais fixes F et G frottent constamment pendant le mouvement de rotation. L'induit et le collecteur peuvent être disposés comme l'anneau

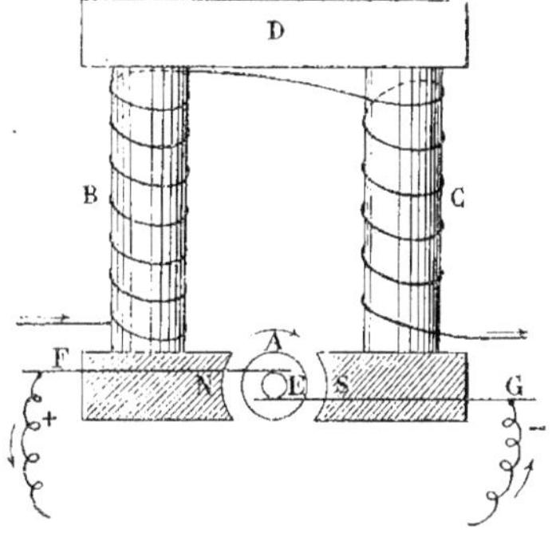

Fig. 286. — Machine dynamo-électrique à courants continus.

de Gramme que nous avons examiné plus haut, mais peuvent aussi être disposés de manières différentes, ainsi que nous allons l'indiquer.

L'électro-aimant qui produit le champ magnétique inducteur est formé de plusieurs parties. Il se compose de deux noyaux de fer doux B et C, sur lesquels un fil conducteur est enroulé et qui sont reliés, à une extrémité, par une pièce en fer doux D nommée *culasse*, et terminés chacun, à l'autre extrémité, par les *pièces polaires* N et S entre lesquelles tourne l'induit A. Pour recevoir cet induit, qui est cylindrique, on façonne généralement une extrémité de ces pièces polaires en forme de demi-cylindre.

Si on fait passer un courant électrique

dans le conducteur qui est enroulé autour des noyaux de l'électro et si, en même temps, on provoque mécaniquement la rotation de l'induit A dans le sens de la flèche, par exemple, on obtiendra d'une part une aimantation dans l'électro qui produira un champ magnétique *inducteur*, et d'autre part la rotation de l'induit donnera lieu à un courant induit qui sera recueilli sur le collecteur E par les balais F et G. Le balai F sera le balai positif et le balai G sera le balai négatif. Le courant, dans le circuit extérieur, sera dirigé de F vers G.

Le courant que l'on fait passer dans le conducteur de l'électro-aimant pour produire le champ magnétique *inducteur* se nomme *courant d'excitation*, et nous allons voir les différentes dispositions employées pour l'obtenir.

Nous avons analysé plus haut le *champ magnétique* déterminé par l'interposition de l'anneau de Gramme entre les pôles d'un aimant. Dans la machine dynamo-électrique, la présence de l'induit constitue l'*armature* entre les pièces polaires de l'électro-aimant et donne lieu à un circuit magnétique qui peut être considéré comme fermé, un léger espace vide existant seulement entre les pièces polaires et l'induit, et constituant le jeu nécessaire pour assurer à cet induit sa liberté de rotation. Il est avantageux, on le comprend, de réduire ce jeu appelé *entrefer* à sa limite inférieure. Les lignes de force produites dans le circuit magnétique par le courant d'excitation sont disposées comme l'indique la figure 287 et dirigées du pôle nord de l'électro vers le pôle sud. Elles forment des courbes fermées qui traversent la culasse, les noyaux, les pièces polaires et l'anneau qui forme l'induit ou armature A.

Dans cet anneau, le *flux* des lignes de force se partage en deux parties qui le traversent en passant l'une au-dessus, l'autre au-dessous de la ligne horizontale qui joint le centre de l'anneau aux deux pôles N et S de l'électro-aimant.

Pour obtenir la meilleure utilisation d'une machine dynamo-électrique, il faut d'abord rendre maximum le flux magnétique inducteur en diminuant la résistance du circuit magnétique et utiliser le plus complètement possible ce flux dans l'induit. Pour diminuer la résistance du circuit magnétique, il est avantageux d'employer des électro-aimants dont les noyaux auront une grande section et seront de longueur réduite, et pour obliger la presque totalité du flux magnétique à traverser l'induit, l'armature en fer de celui-ci aura également une section aussi large que possible. Il importe, en outre, pour parer à toute déperdition de flux magnétique, de ne pas relier directement l'inducteur avec un métal magnétique qui pourrait former le socle ou le bâti de la machine. On interposera entre les deux pièces un *isolant magnétique* qui peut être constitué, par exemple, par une pièce en laiton, métal non magnétique. Nous avons, en décrivant l'anneau de Gramme, indiqué comment est produit le courant induit et quel est le sens de ce courant qui possède une force électromotrice utilisée dans le circuit extérieur.

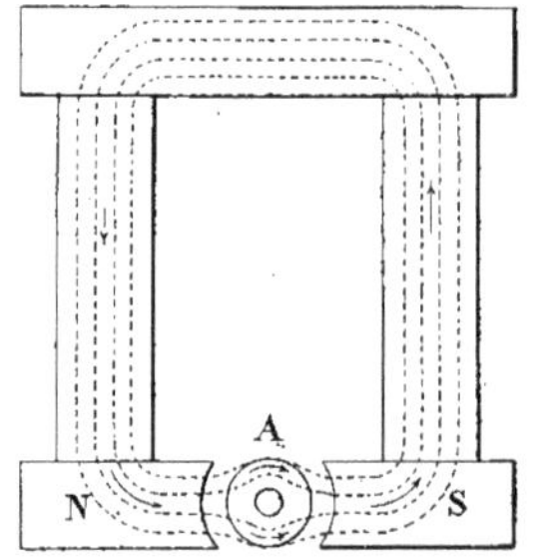

Fig. 287. — Circuit magnétique d'une machine dynamo-électrique.

Ligne neutre Nous avons vu comment ce courant était recueilli par des *balais*, frottant sur les lames du collecteur et placés aux deux extrémités du diamètre perpendiculaire à la ligne joignant les deux pôles de l'aimant. Ce diamètre vertical se nomme *ligne neutre*. Les bobines qui sont placées sur cette ligne sont traversées par un flux magnétique maximum, ainsi que nous l'avons expliqué précédemment. La force électromotrice du courant induit correspondant à cette position est nulle, car, pour un léger déplacement de ces bobines le flux inducteur qui les traverse ne varie pas sensiblement. De là le nom de *ligne neutre* donné à la ligne qui joint les deux points de l'anneau sur lesquels il ne se manifeste aucune force électromotrice induite. En plaçant les balais en ces deux points, il semble que l'on soit évidemment dans les meilleures conditions pour éviter que le passage successif des deux lames du collecteur puisse donner lieu à une production d'étincelles.

En réalité, il n'en est pas ainsi et il faut, pour obtenir le minimum d'étincelles, faire avancer le point de contact des balais dans le sens du mouvement de rotation de l'induit, d'un certain angle appelé *angle de calage*.

Voici l'explication de ce curieux phénomène.

Angle de calage des balais

Si les balais sont placés, par exemple, en arrière de la ligne neutre (Fig. 288) par rapport au sens du mouvement, et que l'un

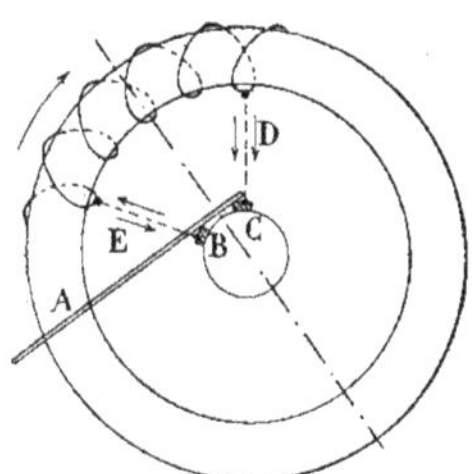

Fig. 288. — Balais placés en arrière de la ligne neutre.

d'eux A repose sur deux lames B et C du collecteur, ce balai donnera une communication directe entre les extrémités du conducteur enroulé sur l'anneau entre

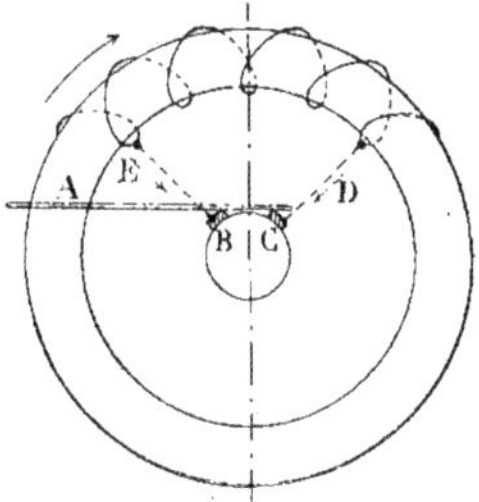

Fig. 289. — Balais placés sur la ligne neutre.

ces deux lames; il mettra cette section d'induit en *court-circuit*. Puisque cette section n'est pas disposée sur la ligne neutre, il s'y développe une force électromotrice induite auxiliaire qui, par le circuit constitué par le balai appuyant sur les deux lames, donne lieu à un courant dirigé suivant les flèches D et E.

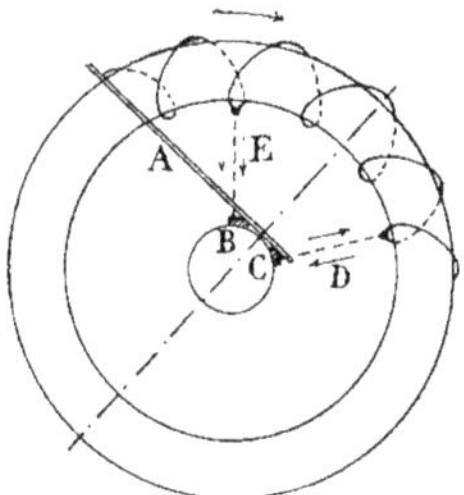

Fig. 290. — Balais placés en avant de la ligne neutre.

En outre, ce courant s'ajoute d'une part, en D, au courant produit dans l'induit, et d'autre part s'en retranche en E, étant en ce point de sens inverse. Il en résulte que, lorsque le balai quittera la lame C par suite du mouvement de rotation de l'induit, il se produira entre ces deux pièces une forte étincelle de rupture, provoquée par la self-induction de l'induit, phénomène dont nous avons précédemment donné l'explication.

Quand les balais sont placés sur la ligne

neutre en appuyant sur deux lames voisines reliées à une bobine, le courant induit est dirigé suivant la flèche D (Fig. 289) d'un côté, et suivant la flèche E de l'autre. Quand le balai abandonnera la lame C, il y aura encore production d'étincelles due, comme dans le cas précédent, à la self-induction de l'induit.

Si, enfin, le balai est placé en avant de la ligne neutre, dans le *sens du mouvement* (Fig. 290), ce qui s'est produit pour le premier cas se reproduira, c'est-à-dire que dans le conducteur relié à une des lames, le courant principal induit et le courant auxiliaire produit par la mise en court-circuit des deux lames de l'induit seront de même sens, et que, dans le conducteur relié à la seconde lame, ces courants seront dirigés dans des sens inverses l'un de l'autre. Mais, dans ce cas, les courants inverses aboutissent à la lame sur laquelle aura lieu la rupture lorsque l'induit continuera son mouvement de rotation. On peut donc admettre qu'il existe une position du balai pour laquelle ces deux courants. étant égaux, s'annuleront, puisqu'ils sont de sens contraire. Dans cette position, quand le balai quittera la lame, il ne se produira aucune étincelle et le balai sera alors *décalé* d'un certain angle par rapport à la ligne neutre.

D'autre part, la ligne neutre n'est pas exactement déterminée par le diamètre perpendiculaire à la ligne des pôles. Il en serait ainsi, si le noyau de l'induit était simplement soumis à l'aimantation de l'électro-aimant, mais il est encore soumis à une aimantation supplémentaire, provenant de l'influence exercée par le courant induit qui circule dans le conducteur des bobines que l'anneau porte enroulées autour de lui. Cette aimantation est appelée *aimantation secondaire*, tandis que celle due à l'électro, qui est nécessairement la plus importante, est appelée *aimantation principale*. L'ensemble de ces deux aimantations produit une *aimantation résultante*, dirigée suivant un diamètre qui fait avec la ligne neutre primitive un certain angle mesuré dans le sens du mouvement de l'induit. Ce diamètre est la vraie ligne neutre où la force électromotrice induite des bobines sera nulle, et c'est sur cette ligne neutre qu'il faudrait établir les points de contact des balais avec les lames du collecteur, s'il ne convenait, ainsi que nous venons de le dire, de déplacer d'un certain angle les balais *dans le sens de la rotation de l'induit*. L'*angle de calage* se trouvera donc, de ce fait, augmenté dans le même sens. Il est très important, pour assurer le bon fonctionnement d'une machine électrique et pour éviter la détérioration rapide du collecteur et des balais, de disposer ces balais par rapport au collecteur suivant l'*angle de calage* qui, pratiquement, donne lieu à un moins grand nombre d'étincelles. Dans le cas contraire, ces étincelles peuvent devenir importantes et mettre rapidement hors d'usage les balais et le collecteur. On dit alors que les balais *crachent*. L'*angle de calage* aura une valeur d'autant plus grande que l'intensité du courant fourni par la machine sera également plus grande.

Réaction de l'induit

L'angle de calage des balais est donc nécessité par le courant auxiliaire produit dans l'induit, qui, par sa réaction sur le champ magnétique inducteur, déplace la ligne neutre dans le sens du mouvement de rotation. Cet effet est dû à la *réaction de l'induit*. Il faut, le plus possible, pour obtenir la plus grande force électromotrice d'une machine, diminuer la *réaction de l'induit*, ce qui se traduira par un angle de calage plus faible. Pour cela, il y a intérêt à donner aux inducteurs une *force magnétomotrice* suffisante pour porter à la *saturation magnétique* l'anneau que comporte l'induit. De cette façon, cet anneau ne peut être influencé magnétiquement par le courant produit dans les spires qui l'enveloppent et le courant auxiliaire devient sensiblement nul. La *réaction de l'induit* est alors également négligeable.

Force électromotrice d'une machine. Nous avons, plus haut, montré l'analogie qui existe entre le circuit de l'anneau Gramme et le circuit reliant deux groupes de piles couplées en *quantité*. Cette analogie permet de déterminer la valeur de la *force électromotrice induite* dans l'anneau, et de même que dans les piles couplées en quantité cette force électromotrice a pour valeur celle d'un élément, de même la force électromotrice induite dans l'anneau aura une valeur égale à celle de la force électromotrice développée dans la moitié de cet anneau. Nous avons vu, en effet, que ces deux moitiés d'anneau étaient comparables à deux groupes de piles et produisaient des courants dirigés en sens inverses. Comme la force électromotrice développée dans chaque moitié de l'anneau dépend de la grandeur du flux magnétique passant dans cet anneau, du nombre de spires que forme le conducteur enroulé sur cet anneau, et qu'elle est également d'autant plus grande que les spires coupent un plus grand nombre de fois le flux magnétique, on peut dire que la *force électromotrice* d'une machine à courants continus est directement proportionnelle au flux inducteur, au nombre de spires que comporte le conducteur et au nombre de tours effectués par la machine.

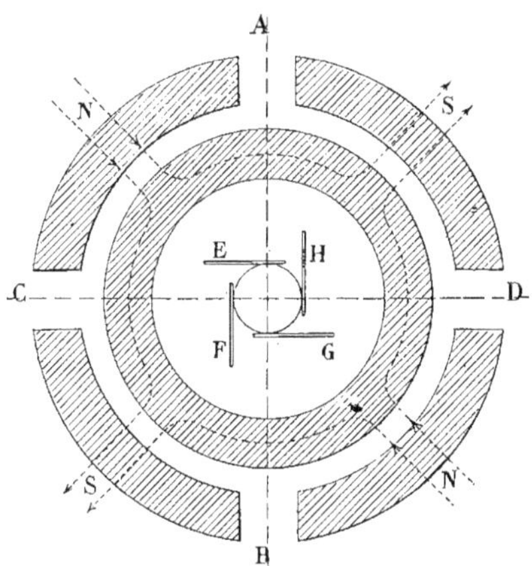

Fig. 291. — Champ magnétique de machine multipolaire.

Machines multipolaires La machine dont nous venons de parler est une machine comportant deux pôles d'aimant et est appelée pour cela *machine bipolaire*. On peut également, dans une machine, avoir un nombre de pôles d'aimants supérieur à deux ; la machine est alors appelée *machine multipolaire*. L'anneau de la *machine multipolaire* est enroulé comme l'anneau de la *machine bipolaire*, mais les pôles des électro-aimants inducteurs sont alternativement de noms contraires. Si nous prenons comme exemple une machine à quatre pôles (Fig. 291), ces pôles seront disposés pour qu'un pôle nord soit intercalé entre deux pôles sud et, réciproquement, qu'un pôle sud soit placé entre les deux pôles nord ; les pôles nord et les pôles sud se font face. Les lignes de force du champ magnétique inducteur sont dirigées des deux pôles nord vers les deux pôles sud, suivant le sens des flèches. Il y a dans cette machine deux lignes neutres et l'induit est partagé en quatre sections possédant des forces électromotrices égales qui sont successivement dirigées dans des sens opposés. De même que pour l'anneau de Gramme à deux sections, si l'on réunit ces quatre sections, dans lesquelles les forces électromotrices se font équilibre, par un conducteur extérieur, les forces électromotrices s'ajoutent pour donner lieu à un courant qui passe par le conducteur et qui est utilisable.

Pour capter ce courant, il est nécessaire de disposer quatre balais, deux à chaque extrémité des deux lignes neutres. Ces balais sont alternativement positifs et négatifs, ce qui permet de les réunir deux à deux pour constituer un seul pôle positif et un seul pôle négatif, auxquels viennent se fixer les deux extrémités du conducteur extérieur.

Si la machine comportait plus de quatre pôles, le nombre de balais serait égal au nombre de pôles et les balais de même pôle pourraient être reliés pour ne former, comme dans la machine précédente, qu'un seul pôle positif et qu'un seul pôle négatif. On peut, dans une machine multipolaire, ne conserver qu'une seule paire de balais, à condition de réunir préalablement, sur le collecteur, les lames diamétralement opposées. Cette disposition remplit le même office que l'établissement d'une jonction entre les balais et a l'avantage de n'exiger qu'une seule paire de balais, ainsi que nous venons de le dire.

Induits Les induits ne sont pas tous constitués comme l'anneau de Gramme; ils ont des formes variées; leurs armatures sont établies de diverses manières et l'enroulement du fil autour des armatures diffère également suivant le type de l'induit.

Les induits sont surtout caractérisés par leur type d'enroulement, qui nécessite évidemment une forme spéciale de l'armature pour le recevoir. Parmi ces enroulements divers, les principaux sont : l'*enroulement à anneau, à tambour, à disque, sphérique;* les deux premiers enroulements sont les plus utilisés.

Enroulement à anneau Le type de l'enroulement à anneau est celui de l'anneau de Gramme, sur lequel nous nous sommes suffisamment étendu.

Nous ne reviendrons pas sur le détail des pièces qui le composent. Rappelons simplement qu'il est constitué par un anneau de fer doux autour duquel le fil conducteur est enroulé en passant alternativement, pour chacune des spires, de l'intérieur de l'anneau à l'extérieur et inversement. Cet enroulement, nous en avons donné la raison, est un *enroulement en quantité*.

Enroulement à tambour L'enroulement à tambour est un *enroulement en série,* dans lequel la force électromotrice totale est d'autant plus grande, que le nombre de sections ou de bobines est plus grand.

En principe, l'enroulement à tambour consiste à bobiner le fil conducteur sur une armature ayant la forme d'un tambour cylindrique. Ce conducteur est enroulé complètement sur la surface extérieure du tambour sans passer sur la face intérieure. On saisit immédiatement une première différence entre cet enroulement et l'enroulement à anneau.

Le type de l'induit portant un *enroulement à tambour* est *l'induit Siemens.* L'induit Siemens se compose d'un noyau cylindrique en fer portant à chaque extrémité une joue dentée. Le fil est enroulé sur la surface extérieure de ce tambour et dans le sens longitudinal. Les encoches ménagées dans les joues extrêmes du tambour servent à maintenir le fil dans la section qui lui est réservée. Il y aura donc sur la circonférence du tambour autant de fois deux encoches qu'il y aura de sections différentes d'enroulement.

Pour constituer une section, on enroule le fil longitudinalement sur le tambour, de façon qu'il soit disposé entre des encoches diamétralement opposées.

Le fil est donc placé sur le tambour suivant des génératrices situées à l'extrémité d'un même diamètre. Pour obtenir pratiquement ce résultat, comme l'axe qui porte l'induit occupe un certain espace au centre des joues extrêmes du tambour, on divise le fil de la section enroulée passant sur ces joues en deux faisceaux, de façon à éviter l'axe tout en venant rejoindre les deux encoches qui se font face. La figure 292 montre la disposition adoptée pour l'enroulement d'une section dans l'induit Siemens. Quand l'induit tourne, les fils conducteurs diamétralement opposés coupent le champ magnétique inducteur d'une façon symétrique par rapport à la ligne des pôles ; il s'ensuit qu'il y a de chaque côté de cette ligne production d'une force électromotrice. Ces deux forces électromotrices induites s'ajoutent, et on peut réunir les extrémités du conducteur formant une section, à deux lames voisines du collecteur, comme le représente la figure 292' pour permettre au balai qui frottera sur ces lames de recueillir le courant produit dans cette section.

Une de ces deux lames sera évidemment reliée avec l'extrémité du conducteur qui sera disposé dans les deux encoches voisines des premières, et toujours diamétralement opposées. En principe, il convient d'établir les communications entre les extrémités des sections de fil et les lames du collecteur de manière que les forces électromotrices déterminées par l'induction dans les sections

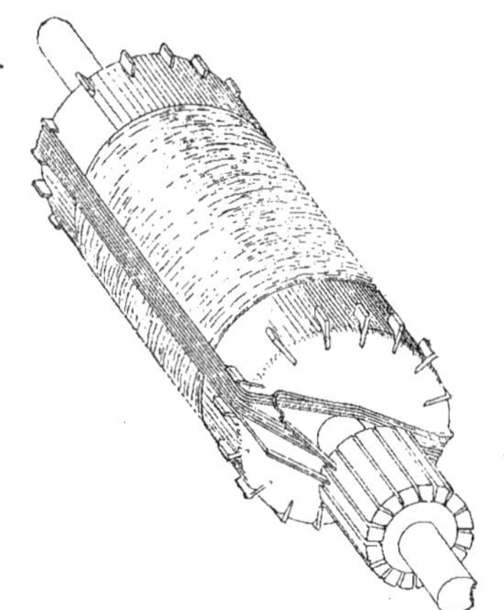

Fig. 292. — Enroulement à tambour Siemens.

reliées à des lames successives n'aient entre elles qu'une différence assez faible.

La figure 293 indique schématiquement la manière dont les diverses sections d'un

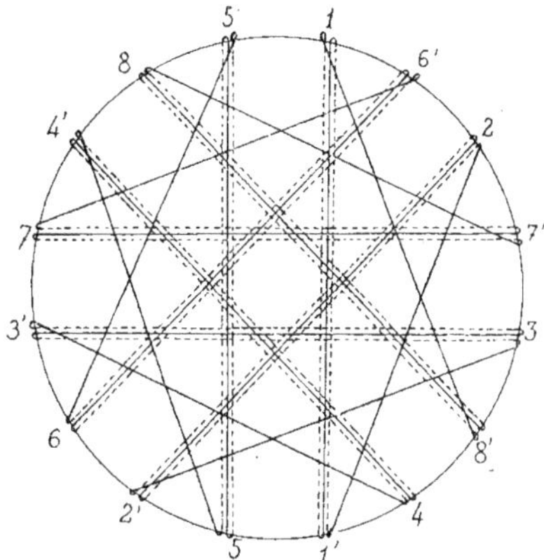

Fig. 293. — Schéma d'un enroulement Siemens.

tambour comportant 16 encoches sont reliées entre elles. Les sections sont au nombre de huit et numérotées de 1 à 8.

On voit que dans ce système d'enroulement les fils appliqués sur les génératrices du tambour ne se recouvrent pas et remplissent la totalité de la surface extérieure de ce cylindre. Sur les joues extrêmes, les divers faisceaux de fil qui rejoignent des génératrices opposées sont nécessairement placés en partie les uns au-dessus des autres. Cette disposition n'offre aucun inconvénient, car les fils ainsi disposés sur les extrémités du tambour sont sans action utile. Il convient, d'ailleurs, pour cette raison, de donner à la longueur de l'induit une dimension relativement importante par rapport au diamètre.

Enroulements divers En dehors des induits à anneau et des induits à tambour, qui sont le plus souvent utilisés dans la construction des machines dynamo-électriques, il existe d'autres sortes d'induits comportant un enroulement spécial.

L'*enroulement à disque* consiste à disposer des bobines sur un disque qui tourne autour d'un axe passant par son centre, entre deux groupes d'électro-aimants qui présentent en face de chaque bobine, pendant le mouvement de rotation, deux pôles de noms contraires. On peut aisément se rendre compte de l'analogie de ce genre d'enroulement avec ceux que nous venons de décrire, au point de vue de la production de la force électromotrice induite. C'est, en effet, disposé de façon différente, un système de sections enroulées de fil tournant

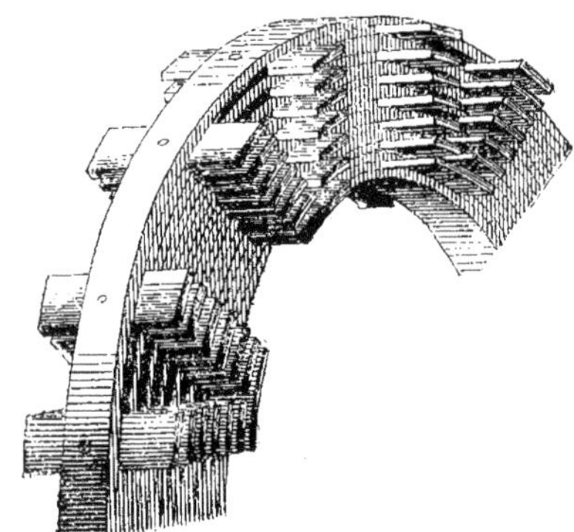

Fig. 294. — Induit de la machine Brüsh.

entre les pôles de noms contraires d'électro-aimants. Les mêmes phénomènes que nous avons analysés dans les deux cas précédents se reproduisent dans ce genre d'enroulement. On trouvera, d'ailleurs, la théorie de l'*induit à disque* développée dans les pages suivantes, à propos des machines à courants alternatifs.

L'*enroulement sphérique* comporte une armature ayant la forme d'une sphère sur laquelle est bobiné le fil conducteur. L'induit ainsi constitué tourne entre les pièces polaires d'électro-aimants ayant une forme appropriée pour le recevoir.

Un autre système d'enroulement assez curieux est établi dans l'induit de la *machine Brüsh* (fig. 294). Cet induit se compose d'un anneau de fer doux autour duquel, à la façon de l'anneau de Gramme, sont enroulées des bobines de fil. Mais cet anneau est constitué par une série de lames de faible épaisseur, assemblées les unes avec les autres, et les bobines sont disposées de façon à pouvoir être enveloppées par les pièces polaires des électro-aimants inducteurs. Du fait de cette disposition, les courants de Foucault sont très fortement atténués dans l'induit; l'anneau s'échauffe moins rapidement et, d'autre part, cet anneau peut être plus rapproché des inducteurs que l'anneau de Gramme dans lequel le fil qui l'entoure complètement exige un écartement plus grand entre l'armature et les inducteurs.

Inducteurs Nous avons, d'une façon générale, défini les inducteurs d'une machine dynamo-électrique en disant qu'ils étaient constitués par des électro-aimants qui produisaient, lors du passage d'un courant, un champ magnétique inducteur. Ce courant auxiliaire constitue ce que l'on appelle l'*excitation*, et cette *excitation*, nous l'avons dit, peut être réalisée de façons diverses.

Elle peut être obtenue par l'emploi d'une petite machine indépendante de la première et, dans ce cas, on l'appelle *excitation indépendante*, ou elle peut être obtenue par la marche même de la machine que l'on doit *exciter*. Dans ce cas, on l'appelle *auto-excitation*.

Excitation indépendante (Fig. 295.) L'excitation indépendante nécessite une machine électrique auxiliaire, dont la puissance, toutefois, peut être bien réduite par rapport à celle de la machine à actionner.

Chaque extrémité du fil conducteur enroulé sur les noyaux de l'électro-aimant est reliée avec un des balais de la machine excitatrice (Fig. 295). Les deux extrémités du *circuit extérieur d'utilisation* sont respectivement reliées à chacun des deux balais de la machine dynamo-électrique principale.

Quand on donne à l'induit de la machine principale un mouvement de rotation en faisant tourner, en même temps, l'induit de la machine *excitatrice*, on produit par le circuit d'excitation un champ magnétique inducteur dans l'électro-aimant qui donne naissance à un courant induit dans la machine principale, courant qui est recueilli par les balais et distribué dans le circuit d'utilisation.

Une machine dynamo-électrique marchant avec une excitation indépendante peut être assimilée à une machine à aimants permanents. L'électro-aimant, en effet, qui reçoit un courant d'excitation constant, ne dépendant en aucune façon de la marche de la machine principale, produit un champ magnétique constant et, pour une vitesse déterminée de cette machine, la force électromotrice développée est sensiblement constante, quelle que soit l'intensité du courant utilisé, et, en outre, elle est proportionnelle au nombre de tours effectués par la machine.

Ce procédé d'excitation peut être employé quand on veut obtenir une grande régularité de marche de la dynamo, mais il a l'inconvénient de nécessiter une machine excitatrice auxiliaire, ce qui souvent en fait rejeter l'emploi.

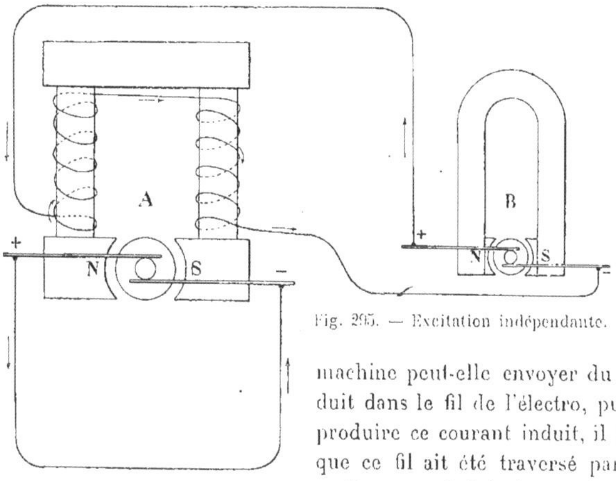

La *machine excitatrice* doit, elle-même, être une machine à aimants permanents, autrement dit une machine magnéto-électrique ou, si c'est une dynamo, il faut qu'elle soit munie d'un des dispositifs d'*auto-excitation* que nous allons décrire.

Fig. 295. — Excitation indépendante.

Auto-excitation

L'*auto-excitation* consiste, avons-nous dit, à produire le courant électrique circulant dans le conducteur de l'électro-aimant, du fait de la marche même de la machine. La machine s'excite elle-même; de là le nom d'*auto-excitation* donné à ce procédé de production de courant.

Mais, se demandera-t-on, comment la machine peut-elle envoyer du courant induit dans le fil de l'électro, puisque, pour produire ce courant induit, il faut d'abord que ce fil ait été traversé par le courant excitateur qui doit donner lieu au champ magnétique? C'est là, semble-t-il, un cercle vicieux dont il paraît fort difficile de sortir. Et cependant l'auto-excitation est réalisée et a marqué un grand progrès par la simplification des organes nécessaires au fonctionnement des machines dynamo-électriques.

Voici l'explication de cette apparente anomalie qu'est l'auto-excitation. Quand un électro-aimant de dynamo a, une première fois, été traversé par un courant électrique, ce qui est toujours facile à réaliser, il garde après sa désaimantation, quand le courant ne passe plus, une aimantation *rémanente* assez faible, ainsi que nous l'avons expliqué dans le chapitre IV.

Si minime que soit cette aimantation rémanente, elle donne lieu cependant à un champ magnétique, très réduit évidemment, mais qui provoque, lorsqu'on donne le mouvement de rotation à l'induit, la formation d'un léger courant induit. Ce faible courant circule dans le fil de l'électro-aimant et contribue à augmenter l'intensité du champ magnétique qui n'est plus dès lors produit par la seule aimantation rémanente. Le champ magnétique renforcé donne naissance, à son tour, à un courant induit plus intense qui, circulant dans les bobines de l'électro, augmente encore le champ. On voit donc que petit à petit la machine *s'excite* elle-même : elle *s'amorce* suivant une expression fort répandue dans les ateliers. Au bout d'un temps relativement court, le courant qui traverse l'inducteur a acquis une intensité suffisante pour permettre l'obtention du champ magnétique convenant au régime de marche de la dynamo, dont le fonctionnement devient alors régulier. A chaque mise en route de la machine le même phénomène se reproduit, et la machine doit *s'amorcer* avant d'atteindre son régime de marche normal.

Voilà donc la *rémanence* qui, d'inconvénient fort grave qu'elle était dans le fonctionnement des électro-aimants en général, comme nous l'avons signalé, devient un avantage très appréciable dans la constitution des dynamo-électriques.

Il en a été de même, nous l'avons vu, pour la *polarisation*, qui, dans une pile, est l'écueil le plus sérieux à son fonctionnement rationnel et qui, cependant, a permis de réaliser une catégorie remarquable de générateurs d'électricité : les *accumulateurs*.

L'auto-excitation peut, elle-même, être produite de diverses manières, suivant la façon dont le conducteur qui constitue les bobines de l'électro est relié aux balais de la machine et au circuit extérieur d'utilisation.

Ces différents modes de liaison donnent lieu à l'*auto-excitation* en *série*, en *dérivation* et *compound*.

Voici ce qui caractérise chacune de ces méthodes de couplage de l'électro-aimant avec la machine qui doit lui fournir son courant.

Auto-excitation en série (Fig. 296.) Dans ce dispositif, une des extrémités du conducteur de l'électro est reliée à un balai.

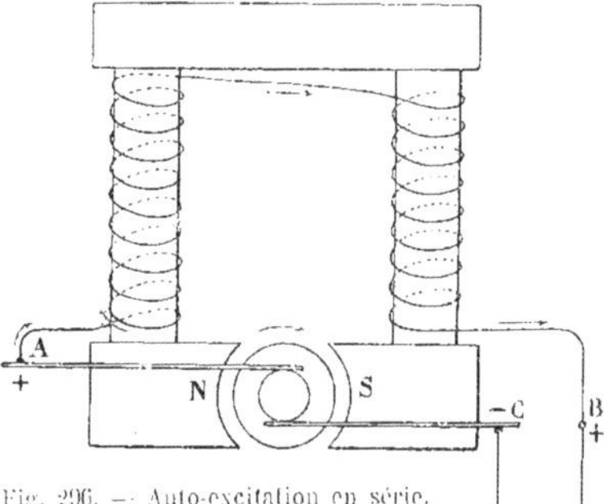

Fig. 296. — Auto-excitation en série.

L'autre extrémité est directement mise en communication avec l'extrémité B du circuit extérieur dont l'autre bout vient s'attacher au second balai C. Le circuit de l'électro et le circuit extérieur, mis ainsi à la suite l'un de l'autre, sont donc montés en *série* et le circuit général est fermé par les deux balais et les lames du collecteur. Quand l'induit prend un mouvement de rotation, le courant produit traverse les bobines de l'électro en amorçant la machine et traverse, en même temps, le circuit d'utilisation. Si donc, dans ce dernier circuit, il est nécessaire d'avoir un débit considérable, l'intensité totale du courant traversera également les bobines de l'inducteur.

Il est, par conséquent, indispensable de donner au fil enroulé sur ces bobines une grande section. Le nombre de *tours* de fil sera ainsi sensiblement diminué; mais comme le nombre d'*ampères* qui le traversera sera plus élevé, le produit *ampères-tours,* qui détermine la force magnéto-motrice de l'électro, pourra toujours être suffisant pour assurer la marche de la machine.

Une dynamo munie d'une auto-excitation en série est de confection relativement simple, mais elle présente quelques inconvénients.

Au point de vue de l'amorçage, d'abord, il convient, afin qu'il puisse s'effectuer normalement, de ne pas dépasser, dans le circuit extérieur, une résistance déterminée pour laquelle la force électromotrice atteint rapidement sa valeur de régime. Cette résistance est appelée *résistance critique.* A ce sujet, il convient de signaler un fait curieux. Si dans le circuit extérieur d'une *dynamo-série* — c'est ainsi qu'on nomme la machine excitée en série — on laisse une seule lampe dont le circuit est fermé, ou qui, autrement dit, est disposée pour être *allumée,* quand on veut mettre la dynamo en marche, elle ne peut *s'amorcer* parce que la résistance de la lampe, qui peut atteindre 180 ou 200 ohms, est bien supérieure à la *résistance critique* de la machine. Si, d'autre part, au lieu d'une lampe on en met 10, par exemple, à circuit fermé, comme ces lampes sont montées sur le circuit extérieur en *dérivation* ou *quantité,* leur résistance totale sera, nous le savons 10 fois moindre, soit de 18 à 20 ohms, et la dynamo, qui, malgré toute sa puissance, n'a pas réussi à démarrer en alimentant une seule lampe, s'amorce convenablement et prend son régime normal de marche quand on lui en donne 10 à alimenter. Voilà, certes, un phénomène bien curieux qu'on peut cependant s'expliquer aisément.

Dans la dynamo-série, d'autre part, plus l'intensité du courant croît, plus l'aimantation de l'électro devient grande, jusqu'à concurrence, bien entendu, de la saturation; la force électromotrice croît également. Si, à ce moment, on branche dans le circuit extérieur un trop grand nombre de lampes, ainsi que nous venons de le dire la résistance de ce circuit devient très faible et l'induit risque d'être *brûlé* par le courant d'intensité trop grande.

Si, d'autre part, on veut charger une batterie d'accumulateurs avec une machine dynamo-série, il faut prendre des précautions spéciales pour éviter que la batterie ne se décharge dans la machine. En effet, au moment de la mise en route de la dynamo et avant son complet amorçage, la force électromotrice qu'elle produit est excessivement faible, et si on met directement dans le circuit de la dynamo la batterie d'accumulateurs, cette batterie possédant une force électromotrice très supérieure à celle de la dynamo, si l'induit continue à tourner, la batterie se déchargera dans la dynamo. Pour remédier à cet inconvénient, on amorce d'abord la dynamo en fermant son circuit par une résistance inférieure à sa résistance critique. Quand la marche normale est atteinte, la force électromotrice produite est alors suffisamment élevée et un voltmètre permet d'apprécier la différence de potentiel existant entre ses bornes. On peut, à ce moment, intercaler directement dans le circuit de la dynamo la batterie d'accumulateurs à charger et la charge s'opère normalement. Il faut surveiller cependant avec soin le voltmètre de façon à prendre les dispositions nécessaires, si la tension du courant s'affaiblissait au point de devenir inférieure à la tension de la batterie d'accumulateurs. Ceux-ci se déchargeraient encore dans la machine. Pour éviter ce grave inconvénient, on rompt le courant de la dynamo au moment critique. On peut, aussi, placer un appareil automatique, nommé *disjoncteur,* qui effectue la rupture au moment convenable. Nous parlerons ultérieurement de ce genre d'appareils.

Malgré les inconvénients inhérents à son principe même, la machine dynamo-électrique excitée en série pourra être avantageusement employée lorsqu'on exigera d'elle un travail bien régulier et constant.

Auto-excitation en dérivation

(Fig. 297.) Dans ce mode d'excitation, le circuit inducteur formé par le conducteur métallique enroulé sur les noyaux de l'électro-aimant est relié, à chacune de ses extrémités, à un balai de la machine ; un

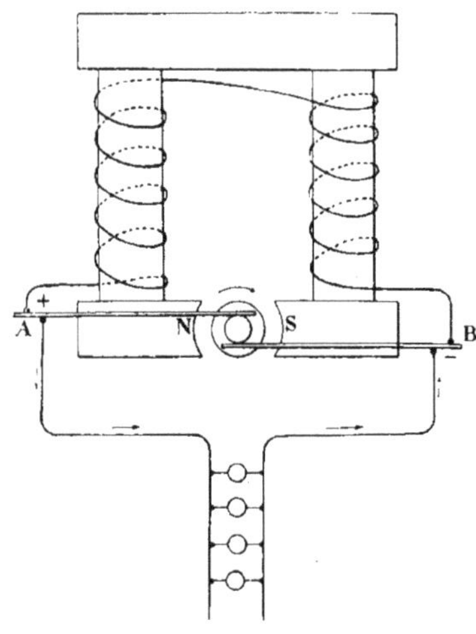

Fig. 297. — Auto-excitation en dérivation.

des bouts est attaché en A, l'autre en B. Le circuit extérieur est, lui aussi, relié à une de ses extrémités au balai A, et à l'autre au balai B. Ce circuit, circuit d'utilisation, est donc fermé sur lui-même par l'intermédiaire des deux balais, et le circuit auxiliaire d'excitation est branché sur lui en *dérivation* aux points A et B.

Dans ces conditions, quand la machine est mise en route, elle peut s'amorcer sans que le circuit principal soit fermé ou même quand il comporte plusieurs lampes en état de fonctionner. La mise en marche se fait progressivement, la force électromotrice induite étant dès l'abord très faible et croissant rapidement à mesure que le champ inducteur augmente d'intensité.

Le conducteur bobiné sur les noyaux est du fil fin enroulé un grand nombre de fois sur lui-même. Sa résistance est donc considérable et une faible partie seulement de l'intensité produite par la machine traverse ce conducteur.

Le nombre d'*ampères-tours*, cependant, a une valeur suffisante pour produire la force magnétomotrice nécessaire : le nombre d'ampères est, à la vérité, réduit, mais le nombre de tours est fort grand, ce qui permet au produit ampères-tours de conserver une valeur raisonnable. C'est, on le voit, le contraire de ce qui se passe dans la machine dynamo-série, où le nombre d'ampères est grand et le nombre de tours petit.

Les machines comportant une auto-excitation en dérivation sont appelées machines *dynamos-dérivation* ou même, le plus souvent, *dynamos-shunts*. Elles conviennent bien à la charge d'accumulateurs. On les munit généralement d'un *rhéostat* de réglage, qui est une résistance dont on fait varier la grandeur à volonté et qu'on peut intercaler dans son circuit d'excitation. Ainsi, on règle la grandeur du flux inducteur et, comme conséquence, on peut faire varier la valeur de la force électromotrice de la dynamo. Les dynamos-shunts ont, en résumé, une certaine souplesse qui en justifie l'emploi dans un grand nombre de stations centrales d'éclairage électrique.

Auto-excitation compound

(Fig. 298.) Cette auto-excitation est constituée par la combinaison de l'excitation en série et de l'excitation en dérivation, réalisées sur la même machine. Les noyaux de l'électro-aimant inducteur comportent deux enroulements : l'un en fil de gros diamètre, l'autre en fil de petit diamètre. Le premier enroulement constitue le circuit d'excitation *série;* il est fixé d'une part à un des balais et se continue en dehors des noyaux par le circuit d'utilisation, dont une extrémité est branchée au second balai. Le second enroulement, fait en fil fin, constitue l'excitation *dérivation* et chacune de ses extrémités s'attache à un des balais.

Quand on veut dans un circuit d'utilisation maintenir la différence de potentiel constante entre les bornes de la machine, par exemple, pour une grande variation du débit dans le circuit, on emploie les dynamos

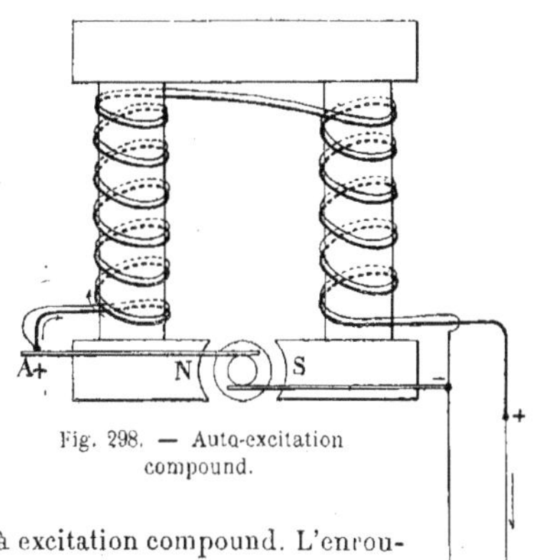

Fig. 298. — Auto-excitation compound.

à excitation compound. L'enroulement en série permet, en effet, dans le cas d'augmentation du débit dans le circuit extérieur, d'obtenir de la machine une force électromotrice plus grande, car l'excitation croît en même temps que l'intensité du courant qui traverse les inducteurs et le circuit complet. L'enroulement en dérivation, au contraire, donne lieu à un abaissement de la différence de potentiel aux bornes lorsque le débit augmente dans le circuit extérieur; de ce fait l'excitation faiblit aussi et la force électromotrice de la dynamo tend également à devenir plus petite. La combinaison judicieuse des deux enroulements qui présentent des particularités de sens contraires pourra permettre d'obtenir une différence de potentiel constante entre deux points du circuit, quelle que soit l'intensité du courant circulant dans ce circuit.

Ces dynamos sont avantageusement employées dans les installations où le courant peut passer brusquement à des valeurs fort différentes, comme, par exemple, dans les circuits de traction des tramways électriques, ou encore dans les installations d'éclairage à débit très variable.

Collecteurs Nous venons de voir les formes particulières que peut prendre l'induit et les dispositions d'enroulement qu'on peut donner aux inducteurs. Nous allons indiquer de quelle façon est généralement constitué le collecteur sur lequel frottent les balais, dont nous dirons aussi quelques mots.

Le collecteur est composé, nous le savons, d'une série de lames disposées suivant une circonférence concentrique au noyau de l'induit et, par conséquent, à l'arbre de la machine. Chaque lame a pour objet de recevoir les deux extrémités de fil de deux bobines voisines, et de donner la communication au balai qui appuie sur elle.

La lame doit donc être constituée en métal très bon conducteur et, en outre, doit posséder une certaine dureté pour éviter une usure trop rapide du fait du frottement des balais. On fait les lames de collecteur en cuivre rouge d'une grande pureté, que l'on choisit parmi les qualités les plus dures.

Les lames de collecteur doivent être parfaitement isolées entre elles et isolées également des autres organes métalliques de la machine. Pour cela, les lames A (Fig. 299) reposent sur un manchon *isolant* B monté sur l'arbre C de l'induit et sont maintenues appliquées sur ce manchon par des dispositifs variés dont un, assez souvent employé, consiste à les brider au moyen de rainures appropriées pratiquées dans celui-ci. Dans ces rainures s'emboîtent des saillies D portées par les lames, et le serrage d'une bague E, opéré de l'avant, permet l'immobilisation des lames contre le manchon. Les lames portent généralement des encoches ou des trous destinés à recevoir l'extrémité des conducteurs de bobines. Elles sont séparées les unes des autres par une mince feuille de matière isolante, qui est assez souvent du *mica*.

On verra dans les diverses vues d'ensemble des machines dynamo-électriques, des collecteurs disposés de façons variées. Chaque constructeur, en effet, tout en conservant les principes essentiels d'isolement, de dureté et de solidité, adopte les dispositions qui lui paraissent les plus simples et les plus faciles à réaliser.

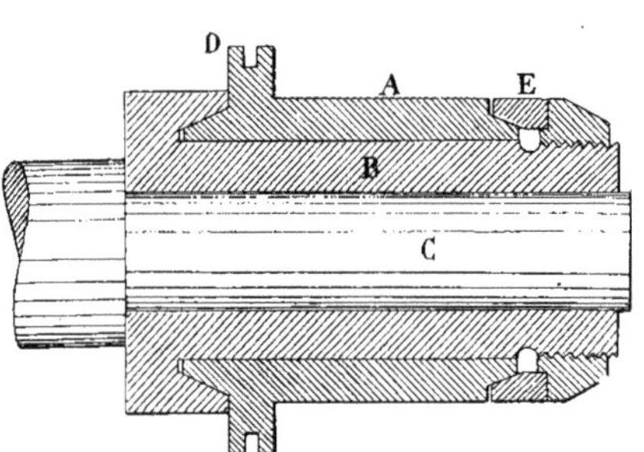

Fig. 299. — Lame de collecteur.

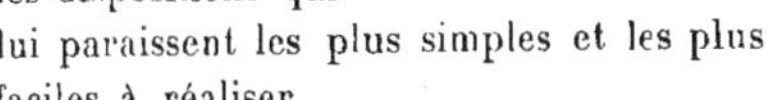

Balais Les balais sont des organes qui, par leur appui sur les lames du collecteur, permettent de capter le courant induit développé dans les bobines de l'anneau et de le distribuer dans le circuit extérieur. Une des extrémités des balais frotte donc sur le collecteur et l'autre est en communication avec le circuit d'utilisation. Il importe, par conséquent, que le balai soit très bon conducteur. D'autre part, comme il faut que le balai soit appliqué sur le collecteur d'une façon suffisante pour qu'il ne puisse se soulever pendant la marche, ce qui donnerait lieu à des étincelles, il convient de choisir, pour faire les balais, une matière n'offrant pas trop de résistance au frottement tout en étant bonne conductrice. Les balais peuvent être soit métalliques, soit en charbon. Les balais métalliques sont constitués par un faisceau de fils fins en alliage contenant en grande partie du cuivre et un peu de zinc ou de plomb. Ces fils sont généralement soudés les uns aux autres pour donner de la rigidité au balai.

On constitue aussi les balais avec une toile métallique à mailles très serrées, roulée sur elle-même et que l'on aplatit pour lui donner la forme de section rectangulaire appropriée.

Les balais en charbon sont d'un usage de plus en plus répandu. Ils se composent d'un bout de charbon monté dans une armature métallique nommée *porte-balais*. Ce charbon est obtenu artificiellement et doit posséder de grandes qualités pour pouvoir être utilisé avantageusement. Il doit être très homogène, ne contenir aucune impureté qui pourrait rayer le collecteur, et, tout en étant assez dur pour ne pas s'user rapidement, il doit en outre ne pas détériorer le collecteur par le frottement.

Le balai en charbon est un peu moins conducteur que le balai métallique ; aussi est-il indispensable de lui donner, à intensités égales, une section plus grande que celle du balai métallique.

Les balais, soit métalliques, soit en charbon, sont supportés par des pièces métalliques nommées *porte-balais*, qui sont rendues mobiles autour de l'axe de l'induit, de façon à ce que l'on puisse déplacer facilement les balais en donnant aux porte-balais un mouvement de rotation, et chercher ainsi l'angle de calage convenable.

Régulation On emploie assez souvent dans les stations centrales des dynamos excitées en dérivation, qui ont, comme nous l'avons dit, de grandes qualités.

Dans ce cas, il convient, pour maintenir la différence de potentiel constante, ce qui est de toute importance pour l'éclairage électrique, quelle que soit la valeur du débit fourni, d'employer un procédé dit *de régulation* pour rétablir à chaque instant le régime normal. Nous avons signalé le dispositif assez souvent employé et consistant à intercaler dans le circuit des inducteurs un *rhéostat* qui n'est autre chose qu'une *résistance* dont on peut mettre à volonté une partie ou la totalité dans le circuit des inducteurs. Nous décrirons plus loin en détail un rhéostat; disons seulement qu'il ressemble en plus grand à la boîte de résistances en décades circulaires que nous avons décrite plus haut, et qu'une manette tournant autour d'un axe central peut venir successivement au contact d'un certain nombre de plots pour mettre dans le circuit les résistances auxquelles ils communiquent. On peut manœuvrer facilement ce rhéostat à la main, de façon à ce qu'un voltmètre placé bien en vue indique constamment le même nombre de volts. Quand la différence de potentiel baisse, on pousse la manette du rhéostat sur un plot voisin dans un certain sens; quand la différence de potentiel augmente, on ramène la manette en sens inverse sur le plot de résistance convenable.

Fig. 300. — Régulateur Thury. Détail.

Ce procédé de régulation, facile à réaliser, nécessite cependant la présence d'un manœuvre spécial, que l'on peut supprimer par l'emploi d'un régulateur automatique dont nous allons décrire un type, le régulateur Thury.

Régulateur Thury (Fig. 300 à 302.) Il se compose d'un électro-aimant inducteur F au centre duquel peut se mouvoir une bobine B. Cette bobine est constituée par un tambour en cuivre portant quelques couches de fil dont les extrémités sont reliées en dérivation avec le courant à régler. Elle est fixée sur un levier coudé E qui peut osciller autour d'un point fixe.

A une extrémité, ce levier porte un ressort de réglage A et un ressort d'asservissement R, et à l'autre extrémité est disposée une pièce de butée C. Le levier E est limité dans ses oscillations par deux butées b, b. Le ressort R est accroché à un ressort-lame O, plat, fixé à un de ses bouts et solidaire, à l'autre bout, d'un petit piston pouvant manœuvrer dans un cylindre plein d'huile N. Ce cylindre est lui-même solidaire d'un levier, articulé autour d'un point fixe, auquel est accrochée une extrémité du ressort de réglage A, et porte un secteur denté M engrenant avec un pignon monté sur l'axe de l'appareil.

La pièce de butée C disposée en bout du levier E peut, suivant l'angle d'oscillation que prend ce levier, se placer en face d'une des deux butées K ou K' ou même occuper une position intermédiaire. Les deux butées K et K' forment les queues de deux petits leviers, oscillant autour d'axes fixés sur une pièce D, et reliés entre eux par un ressort à boudin qui tend à maintenir les butées perpendiculaires. Les becs de ces petits leviers opposés aux butées reposent sur les extrémités de deux cliquets I I, liés également entre eux par un ressort à boudin et dont les becs peuvent s'engager, à droite ou à gauche de la verticale, dans les crans pratiqués sur une roue H solidaire du petit pignon denté.

La pièce D peut osciller autour de l'axe portant la roue H. Ce mouvement d'oscillation lui est donné par une tringle verticale articulée en bout d'un bras horizontal faisant corps avec la pièce D et reliée, à son autre extrémité, à un bouton d'excentrique porté par un petit arbre horizontal (Fig. 302). Cet arbre, supporté par deux paliers, a un mouvement de rotation qui lui est communiqué par un petit moteur électrique M C, dont le circuit est branché en dérivation sur le circuit principal. L'axe de ce moteur commande par friction, et avec une réduction considérable, le mouvement de rotation de l'arbre horizontal portant l'excentrique. Ce mouvement d'excentricité provoque donc l'oscillation successive de la pièce D de la droite vers la gauche, et inversement.

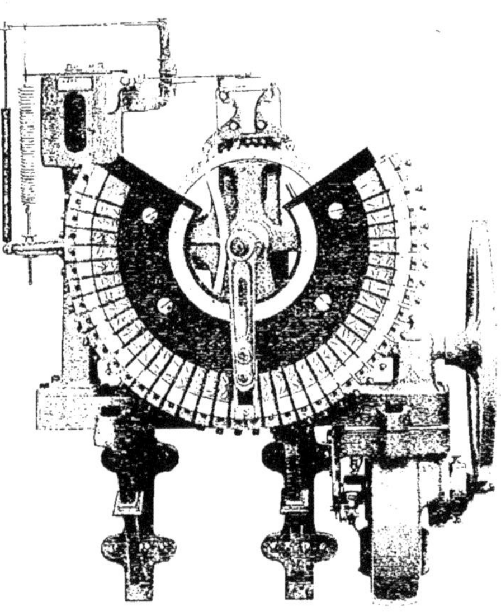

Fig. 301. — Régulateur Thury. Ensemble.

Pendant ce mouvement, les deux butées K et K′ s'approchent à tour de rôle de la pièce de butée C. Si le courant est normal, cette pièce ne touche à aucune des deux butées. S'il dépasse la normale, il tend par l'action magnétique de l'électro-aimant F à soulever la bobine B, en tirant sur le ressort antagoniste A. La pièce C s'abaisse et vient rencontrer la butée K′ pendant une période d'oscillation de la pièce D. Le petit levier portant cette butée bascule autour de son axe et son bec libère un des cliquets I, qui, sous l'action du ressort à boudin, tombe dans un cran de la roue H. Au retour de la pièce D vers la droite, le cliquet engagé fera effectuer à la roue H un mouvement de rotation dans le même sens. Ce serait le contraire si le courant s'étant abaissé au-dessous de la normale, la butée C étant remontée, avait rencontré la butée K; la roue H aurait alors effectué un léger mouvement de rotation en sens inverse.

C'est donc la rotation de cette roue dentée dans un sens ou dans l'autre qui détermine le réglage.

En effet, cette roue H porte sur son axe une manette qui peut se déplacer sur une série de plots disposés circulairement. Entre deux plots voisins est placée une résistance (Fig. 302), et le circuit de la machine est fermé par la manette L et les résistances interposées, ainsi que l'indique le schéma.

Donc, quand la roue H oscille d'un côté ou de l'autre, elle place la manette sur les plots d'une façon telle, que la résistance du circuit de la machine est augmentée ou diminuée de la quantité convenable pour assurer une bonne régulation, déterminée elle-même, nous l'avons vu, par une dérivation du même courant agissant sur la balance électromagnétique supérieure.

Le dispositif d'asservissement supplémentaire que comporte le régulateur Thury et qui se compose du levier à secteur denté M, du frein à l'huile N et des ressorts O et R, a pour but de permettre d'éviter les oscillations qui tendraient à se produire, du fait des retards d'aimantation causés par la self-induction du circuit.

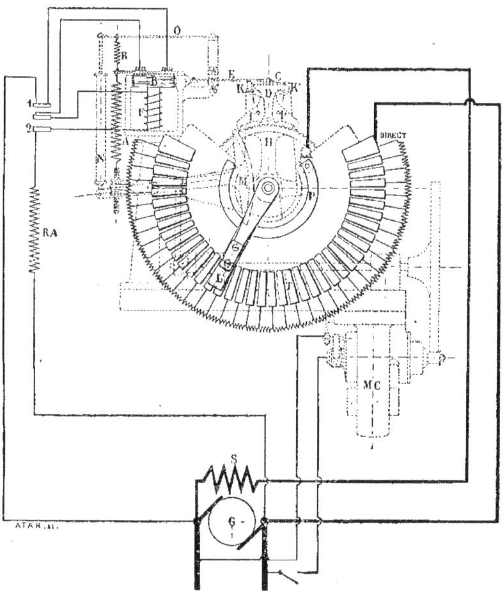

Le mouvement d'oscillation de la roue H est transmis, par le pignon central, au levier à secteur denté M qui, par l'intermédiaire du cylindre à huile N, agit sur le ressort plat O et sur le ressort d'asservissement R, de façon à s'opposer aux déplacements de la bobine.

Le piston du cylindre à huile porte une ouverture réglée de telle sorte que le passage de l'huile permette un mouvement élastique assurant la stabilité du réglage.

Le ressort O est, par suite du mouvement du secteur et du piston à huile, soit tendu, soit détendu, suivant que la manette du rhéostat se déplace dans un sens ou dans l'autre. Quand il se tend, il bande le ressort R qui contribue à ramener la bobine B à sa position médiane en la remontant. Quand il se détend, au contraire, il détend aussi le ressort R, ce qui permet au ressort de réglage A d'agir plus énergiquement pour ramener la bobine à sa position normale en l'abaissant.

Donc, aussitôt que le régulateur agit, il modifie les conditions mêmes du dispositif électromagnétique et, de cette façon, le réglage reste enfermé entre les limites que l'on s'est imposées.

Fig. 302. — Régulateur Thury. Schéma des connexions.

Le régulateur Thury peut être utilisé pour régulariser soit la tension, soit l'intensité du courant dans un circuit d'utilisation.

Le type de régulateur représenté par les figures 300 à 302, est construit par les ateliers Cuénod, à Genève.

Couplage des machines dynamos à courants continus

Il est possible de réunir plusieurs dynamos à courants continus, de les *coupler*, pour en obtenir des effets spéciaux.

Ce couplage peut être fait soit en *série* ou tension, soit en *quantité* ou dérivation. Dans chacun de ces couplages, il faut envisager le cas où les inducteurs comportent une auto-excitation soit en série, soit en dérivation, soit compound.

Couplage en tension de dynamos-série

Pour assembler, par exemple, deux dynamos comportant une auto-excitation en série, il suffit de relier la borne positive d'une machine à la borne négative de l'autre. Les deux enroulements sont ainsi branchés dans le circuit général à la suite l'un de l'autre. La seconde borne positive et la seconde borne négative des machines qui ne sont pas reliées, servent l'une de pôle positif au groupe et l'autre de pôle négatif. Les extrémités du circuit d'utilisation y sont attachées.

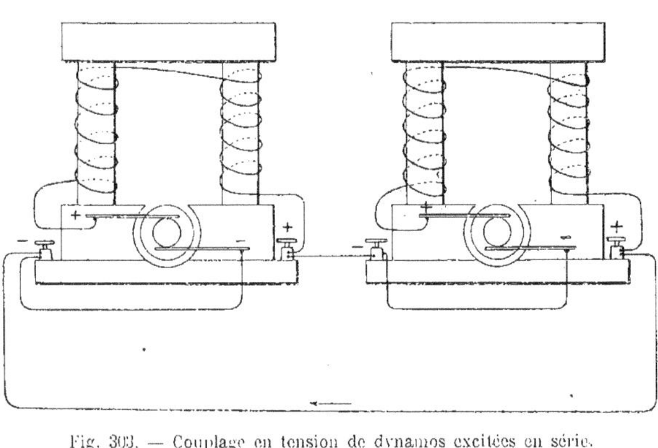

Fig. 303. — Couplage en tension de dynamos excitées en série.

La figure 303 représente le schéma des connexions nécessitées par ce couplage, et le simple aspect de ce dessin permet facilement de se rendre compte des communications à établir sans qu'il soit nécessaire que nous entrions dans tous les détails. Quand deux machines sont couplées de cette façon, il est indispensable qu'elles donnent individuellement des courants de même valeur, sinon leur couplage pourrait provoquer la détérioration d'un des induits qui brûlerait.

Couplage en tension de dynamos excitées en dérivation

Quand les dynamos ont un enroulement inducteur monté en dérivation, on relie la borne positive d'une machine à la borne négative de l'autre, les deux autres bornes servant respectivement, comme dans le couplage précédent, de pôle positif et pôle négatif du groupe et recevant les extrémités du circuit extérieur d'utilisation.

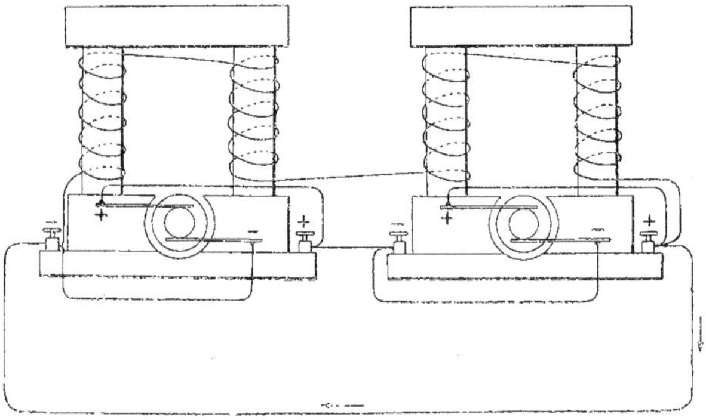

Fig. 304. — Couplage en tension de dynamos excitées en dérivation.

Dans chaque machine, les balais sont reliés aux deux bornes; les deux circuits inducteurs se font suite en ayant leurs deux extrémités respectivement mises en communication avec le pôle positif et avec le pôle négatif du groupe. La figure 304 donne le schéma des connexions à établir pour réaliser ce couplage.

Couplage en tension de dynamos à enroulement compound

Pour obtenir ce mode de couplage avec l'excitation compound qui, nous le savons, comporte un enroulement de gros fil et un enroulement de fil fin, il suffit de relier les deux enroulements constitués en gros fil d'une manière identique à celle qui nous a permis plus haut de coupler deux *dynamos-série*. De plus, on relie l'enroulement constitué en fil fin d'une façon semblable à celle que nous venons d'indiquer pour les *dynamos-dérivation*.

Ces communications sont ainsi établies pour permettre de régulariser le courant circulant dans les deux machines et pour obtenir des champs magnétiques inducteurs semblables.

Couplage en quantité de dynamos-série

Ce couplage s'effectue en reliant les deux bornes positives des machines à l'extrémité d'un même conducteur, constituant ainsi le pôle positif du groupe; l'autre extrémité du conducteur est relié aux deux bornes négatives des dynamos et forme le pôle négatif. La figure 305 montre la disposition des communications. Dans le couplage en quantité, il est nécessaire de prendre des précautions spéciales pour éviter que, dans le cas d'inégalité des machines, une d'elles n'absorbe, sans effet utile, une certaine quantité de courant provenant de l'autre. On ajoute pour cela, entre les balais positifs des deux machines, une communication faite au moyen d'un fil de faible diamètre.

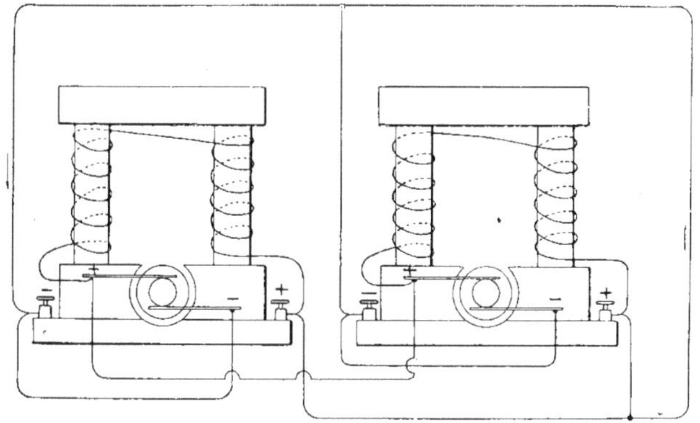

Fig. 305. — Couplage en quantité de dynamos excitées en série.

Ce fil se nomme *fil d'équilibre*.

Couplage en quantité de dynamos-dérivation

Les deux bornes positives et les deux bornes négatives sont respectivement reliées, reçoivent une extrémité du circuit d'utilisation, et, en outre, les extrémités des circuits inducteurs sont dans chaque machine attachées aux bornes. La figure 306 représente le schéma des connexions à établir dans le cas d'un couplage en quantité de deux dynamos comportant une excitation en dérivation.

une pression égale sur les lames du collecteur.

On met alors la machine en marche lentement en ouvrant le circuit d'utilisation,

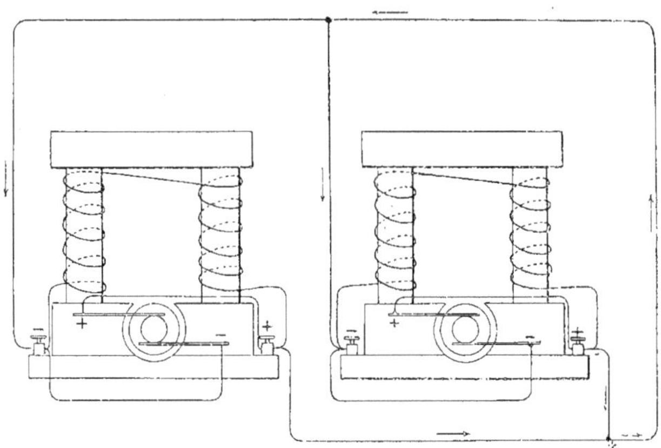

Fig. 306. — Couplage en quantité de dynamos excitées en dérivation.

Couplage en quantité de dynamos à excitation compound

Ce couplage comportant à la fois un enroulement en fil gros monté en série et un enroulement en fil fin monté en dérivation, on procède pour chaque sorte d'enroulement comme nous venons de l'indiquer dans les deux cas précédents. L'enroulement en série comporte un fil d'équilibre, et l'enroulement en dérivation communique, d'une part, avec ce fil d'équilibre et va, d'autre part, rejoindre les bornes négatives des machines. Les deux bornes positives et les deux bornes négatives sont, bien entendu, toujours reliées aux extrémités du circuit extérieur.

Mise en marche et arrêt d'une dynamo

Pour mettre une machine dynamo-électrique en marche, il faut, d'abord, s'assurer que tous les graisseurs contiennent de l'huile et qu'ils fonctionnent bien. On vérifie aussi l'appui des balais sur le collecteur. Ces balais doivent s'appliquer avec

c'est-à-dire en empêchant le courant d'y circuler. Le circuit est cependant fermé par l'interposition d'un rhéostat, comportant une succession de résistances. C'est le *rhéostat de démarrage*. Par la manœuvre de la manette du rhéostat, on supprime successivement dans le circuit les résistances qu'il comporte pendant que la vitesse de la machine augmente, et cela jusqu'à ce que la machine ait atteint son régime normal, ce que l'on apprécie facilement en consultant les appareils de mesure toujours disposés à proximité de la dynamo.

A ce moment, on peut, au moyen de l'*interrupteur de tableau* dont nous parlerons plus loin, fermer le circuit extérieur et envoyer ainsi le courant dans toute la ligne.

Il ne reste plus qu'à chercher l'angle de calage des balais le plus avantageux, c'est-à-dire celui pour lequel il se produit le moins grand nombre d'étincelles. Les balais sont fixés dans cette position et la machine fonctionne normalement. Lorsque la dynamo est destinée à fournir le courant électrique dans un circuit ne comportant que des lampes à incandescence, on peut opérer la mise en marche en maintenant le circuit extérieur fermé.

Pendant la marche d'une dynamo, ses divers organes s'échauffent; mais pourvu que cet échauffement ne dépasse pas la température de 70 degrés, on peut en conclure que rien d'anormal ne s'est produit dans la machine.

Pour mettre à l'arrêt une machine dynamo-électrique, on doit faire la manœuvre contraire à celle de la mise en marche, c'est-à-dire qu'il convient, d'abord, d'ouvrir le circuit d'utilisation en le *coupant* au tableau par le relevage de l'*interrupteur*, puis de mettre dans le circuit le *rhéostat* et successivement toutes les résistances qu'il comporte pendant que l'on diminue la vitesse de la machine. Enfin, on arrête le moteur actionnant la dynamo, et celle-ci cesse alors de tourner.

Rendement d'une dynamo

Nous venons de dire que pendant le fonctionnement d'une dynamo ses organes s'échauffent au point d'atteindre une température relativement élevée. Cet échauffement général auquel correspond une perte de puissance de la machine, est dû à l'échauffement de l'induit et de l'inducteur, aux courants de Foucault qui se développent dans l'armature et dans le fil de l'induit, à l'hystérésis du fer constituant le noyau de l'induit et aux divers frottements des organes mécaniques. La machine dynamo perdant ainsi une partie de sa puissance ne *rend* pas en *puissance électrique* l'équivalent de la *puissance mécanique* nécessaire pour assurer son fonctionnement. La dynamo a donc un *rendement* appelé *industriel,* qui est déterminé par le rapport existant entre la *puissance électrique* utilisée et la *puissance mécanique* fournie. Ce rendement peut atteindre 90 à 95 % quand une dynamo est soigneusement entretenue. Le *rendement industriel,* qui donne directement la valeur de la puissance électrique disponible dans le circuit d'utilisation, dépend nécessairement du *rendement électrique* de la machine. Ce rendement est le rapport existant entre la *puissance électrique totale* fournie par la machine et la *puissance électrique disponible* dans le circuit extérieur. De là découle une troisième sorte de rendement, qui est le rapport entre la *puissance mécanique* fournie et la *puissance électrique totale* donnée par la dynamo. C'est ce que l'on appelle le *rendement brut.* On voit donc que le *rendement industriel* est *fonction* à la fois du *rendement brut* et du *rendement électrique.* C'est dire qu'il ne faut négliger aucune précaution pour diminuer, dans la mesure du possible, les pertes dues à la fois aux organes mécaniques et aux organes électriques.

Réversibilité

Si nous relions une machine dynamo-électrique à une autre machine électrique comportant des organes semblables, en disposant les connexions électriques comme l'indique la figure 307, et si nous faisons actionner mécaniquement l'induit de la machine A en lui donnant une vitesse de rotation suffisante, que va-t-il se passer dans la machine B?

La machine A, nous le savons, va fournir du courant électrique qui va traverser les inducteurs de la machine B et passer par les balais de cette seconde machine. Sous l'action de ce courant, l'induit de la machine B se met à tourner et continue son mouvement de rotation pendant tout le temps que la dynamo A lui fournit du courant; on peut alors, sur l'axe de l'induit de la machine B, placer une poulie qui permettra d'actionner mécaniquement une transmission ou une machine-outil. En résumé donc, l'*énergie mécanique* transmise à la machine A est transformée dans cette machine en *énergie électrique*. Cette énergie électrique est, à son tour, transformée dans la seconde machine B en énergie mécanique. On dit que les machines sont *réversibles*.

La *réversibilité* des machines électriques, dont le principe industriel est dû au savant ingénieur français Hippolyte Fontaine, a permis de leur donner un grand essor industriel, car on conçoit que deux conducteurs d'une longueur qui peut être considérable suffisent à assurer la liaison entre deux machines électriques et permettent de *transporter* l'énergie électrique avec une grande facilité entre deux points qui sont souvent très éloignés.

La première machine, A, produisant le courant électrique, est appelée *machine dynamo génératrice;* la seconde machine, B, permettant d'utiliser un travail mécanique est appelée *machine dynamo réceptrice* ou encore, le plus souvent, *moteur électrique*. Un moteur électrique dont l'enroulement inducteur est disposé en série, prend un mouvement de rotation qui est de sens contraire à celui qu'il aurait s'il était utilisé comme machine génératrice de courant électrique (Fig. 307).

Si l'enroulement est branché en dérivation, le moteur prend un mouvement de rotation dirigé dans le même sens que celui qu'il aurait comme générateur.

Il semblerait que dans les transformations successives de l'énergie mécanique en énergie électrique, puis une seconde fois en énergie mécanique, on doive perdre une grande partie de l'énergie fournie. Il n'en est rien cependant.

Certes, on ne peut récupérer en totalité l'énergie dépensée, mais le rendement atteint un chiffre élevé. Nous avons dit plus haut que le rendement industriel d'une machine dynamo-génératrice, comme la machine A, pouvait atteindre de 90 à 95 %. D'autre part, la dynamo réceptrice ou moteur peut donner un rendement de 90 à 95 % également, quand il s'agit de puissances élevées. On voit donc que la perte due à la transformation de l'énergie devient peu importante, comparée aux commodités que procure l'emploi du transport de cette énergie et, d'ailleurs, le rendement serait certainement moins élevé si on voulait transmettre mécaniquement un mouvement de rotation à un arbre placé à une certaine distance d'un autre arbre moteur.

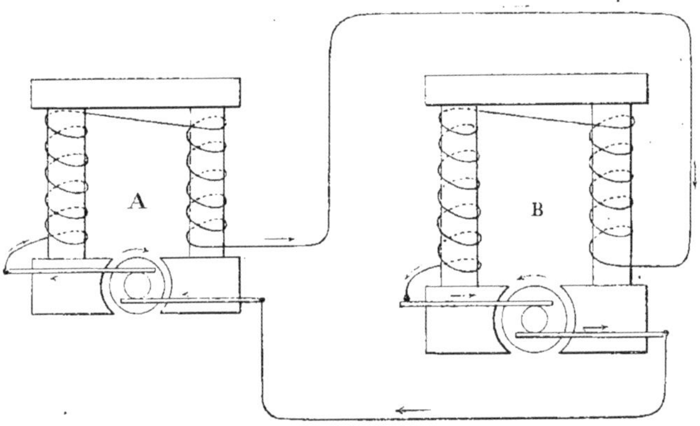

Fig. 307. — Réversibilité des machines électriques.

Pour ces raisons, les dynamos et les moteurs électriques sont maintenant généralement employés pour avoir, en un point quelconque d'un atelier, de l'énergie disponible que l'on transforme aisément en travail mécanique.

Types divers de dynamos à courant continu

Le nombre de types de machines dynamo-électriques est considérable. Nous allons examiner quelques-uns de ces types les plus employés tout en donnant, dans un intérêt purement historique, quelques descriptions des premières machines réalisées qui ont servi à établir d'une façon définitive les types divers des dynamos industrielles actuelles.

Dynamos Gramme

(Fig. 308 à 313.) La figure 308 représente la première machine Gramme qui ait été créée en vue de l'emploi industriel. L'inducteur comporte deux groupes d'électro-aimants AA', BB' superposés et disposés chacun de façon que

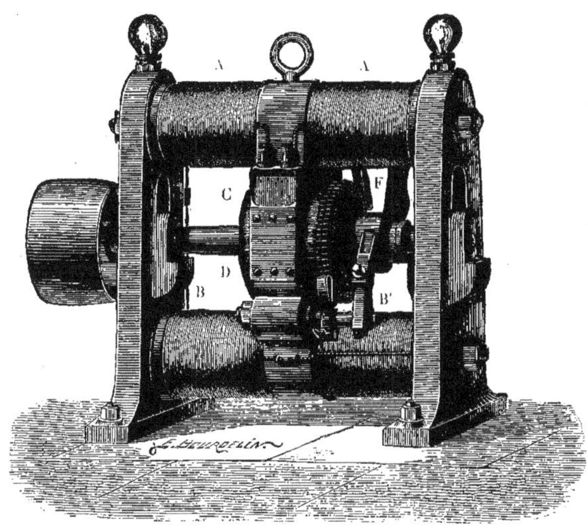

Fig. 308. — Première machine dynamo-électrique Gramme.

leurs pôles de même nom se trouvent vis-à-vis l'un de l'autre. Chaque pôle d'un groupe s'épanouit en une coquille de fonte qui enveloppe l'armature par un arc embras-

Fig. 309-310. — Machines dynamo-électriques Gramme. — 309, à inducteurs verticaux; 310, de forme cylindrique.

Fig. 311. — Machine dynamo-électrique Gramme, octogonale.

permettant la commande de la dynamo.

La figure 309 représente une machine Gramme disposée d'une façon différente. L'induit est toujours le même; les inducteurs sont, dans ce cas, disposés verticalement.

La machine Gramme de forme cylindrique (Fig. 310) comporte un électro-aimant supporté entre les deux montants verticaux de l'appareil. Les noyaux de fer doux de cet électro ont une section en forme de croissant afin

sant presque une demi-circonférence. L'induit est constitué, comme nous l'avons décrit plus haut, par un anneau métallique portant l'enroulement Gramme.

F est le collecteur sur lequel frottent les balais. Les électro-aimants sont supportés par des montants qui servent en même temps à recevoir les paliers de l'arbre de la machine. Cet arbre, sur lequel est fixé l'induit, porte une poulie

Fig. 312. — Machine dynamo-électrique Gramme, à grand débit.

de ménager entre les bobines l'espace circulaire suffisant pour assurer la rotation de l'induit.

La machine Gramme octogonale (Fig. 311), qui a été établie pour la *transmission* de l'*énergie électrique,* est caractérisée par l'emploi de quatre groupes d'électro-aimants, entre lesquels l'induit effectue son mouvement de rotation. Cette machine est *multipolaire* et comporte, par suite, quatre balais.

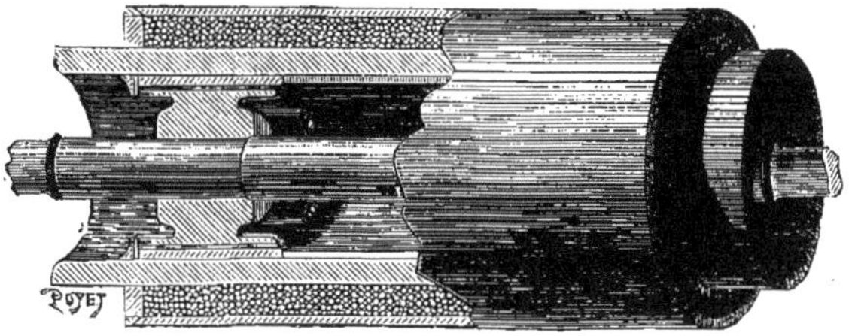

Fig. 313. — Armature de la machine dynamo-électrique Gramme, à grand débit.

La figure 312 représente une machine Gramme à *grand débit.* Les électro-aimants sont disposés verticalement et sont en nombre considérable. Leurs noyaux sont assemblés entre deux plateaux de fonte portant, en leur milieu, un encadrement en bronze qui sert de support à l'arbre de la machine. L'anneau de l'induit est formé d'un cylindre creux (Fig. 313) constitué par cent lames de cuivre ayant la forme de coins, disposées circulairement côte à côte et recouvertes chacune d'enveloppes isolantes.

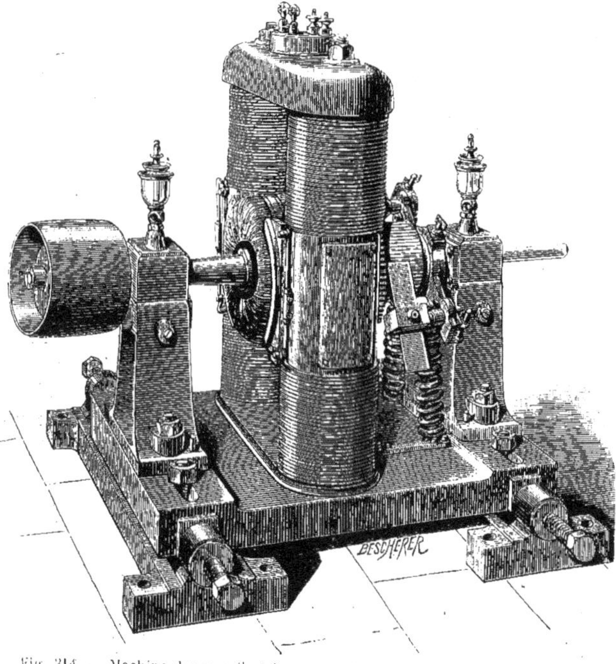

Fig. 314. — Machine dynamo-électrique type Gramme, construite par Bréguet.

Ce cylindre porte, entre deux séries d'entretoises placées aux extrémités, un enroulement fait en fil de fer doux disposé perpendiculairement aux génératrices du cylindre. L'anneau magnétique ainsi constitué est revêtu de cent nouvelles lames de cuivre, de section trapézoïdale, comme les premières, mais moins longues. Ces lames, qui forment la partie active de l'induit, sont reliées aux entretoises extrêmes métalliques de façon à assurer la continuité du circuit autour de l'âme de fer du noyau.

La machine type Gramme représentée par la figure 314 et construite par Bréguet est une machine bipolaire à électro-aimants verticaux. Elle fournit un courant de 400 ampères avec une tension de 100 volts. Les inducteurs comportent une auto-excitation en dérivation. Cette excitation se règle au moyen d'un rhéostat à touches placé près de la machine et qui, en introduisant dans le circuit d'excitation une résistance variable, permet de graduer l'intensité du courant qui le traverse.

Fig. 315. — Machine dynamo-électrique Siemens, type horizontal.

Dynamos Siemens (Fig. 315 à 317.) Ces machines se distinguent des dynamos Gramme par la disposition d'enroulement de l'induit. Nous avons, plus haut, indiqué la façon dont était constitué cet enroulement. Les inducteurs sont formés par une série de lames de fer, légèrement arquées près de la bobine et qui permettent une meilleure répartition du champ magnétique.

La figure 315 représente un type horizontal de la machine Siemens et la figure 316 un type vertical. La figure 317 donne l'aspect d'une machine Siemens du type vertical, mise en mouvement par un moteur à vapeur Brotherhood. Dans certaines machines Siemens, les bobines sont remplacées par des barres de cuivre, au lieu de comporter du fil.

Fig. 316. — Machine dynamo-électrique Siemens, type vertical.

Dynamo Brüsh (Fig. 318.) La machine Brüsh comporte un induit de forme spéciale dont nous avons donné la description (Fig. 294). L'inducteur se compose de deux électro-aimants oblongs, disposés en fer

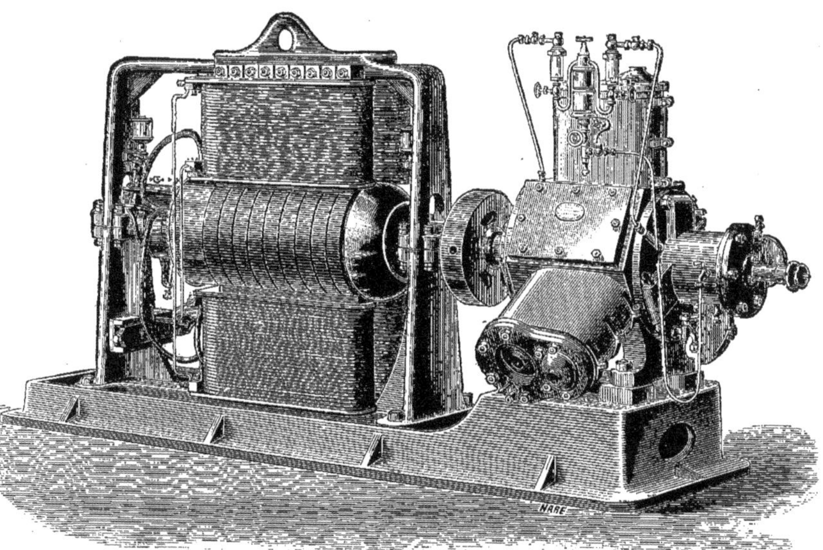

Fig. 317. — Machine dynamo-électrique Siemens, type vertical, actionnée par un moteur Brotherhood.

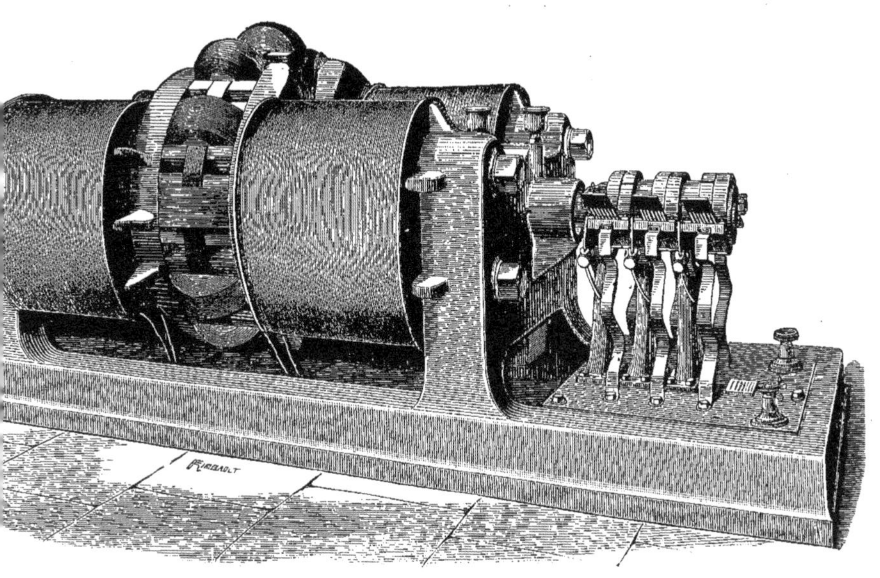

Fig. 318. — Machine dynamo-électrique Brüsh.

à cheval, et placés de telle sorte que les pôles de même nom se regardent. Pour redresser les courants, qui sont alternativement renversés et impropres, par conséquent, à magnétiser les inducteurs, la machine porte un *commutateur redresseur* formé de quatre balais en fil de fer. Les bobines diamétralement opposées sont reliées bout à bout, en tension, et le commutateur est disposé de manière que chaque fois que le courant change de sens dans les bobines, celles-ci soient retirées du circuit.

La machine Brush, de Philadelphie, a été utilisée avec un certain succès, en l'année 1876, pour l'éclairage électrique.

Dynamo Edison (Fig. 193.) En 1879, Edison construisit une machine dans laquelle les inducteurs étaient excités par une machine indépendante.

Fig. 319. — Machine dynamo-électrique Edison.

L'induit était constitué par une armature du type Gramme munie de l'enroulement type Siemens.

La machine Edison représentée par la figure 319, construite en 1886 pour alimenter, à l'Opéra de Paris, mille lampes à incandescence, diffère un peu des générateurs d'électricité précédents.

Les masses polaires sont comprises entre deux séries verticales d'électro-aimants inducteurs, réunis dans chacune en tension, et chaque série est formée de quatre âmes de fer, de section circulaire. Les deux séries sont réunies entre elles *en quantité*.

L'induit est formé de barres de cuivre rigides, disposées suivant les génératrices d'un cylindre. Les extrémités des barres de cuivre sont reliées transversalement par des disques de cuivre, isolés l'un de l'autre et présentant des saillies auxquelles sont fixées les barres de cuivre. Le champ magnétique est produit par une auto-excitation en dérivation. Le courant est pris sur le collecteur par trois balais.

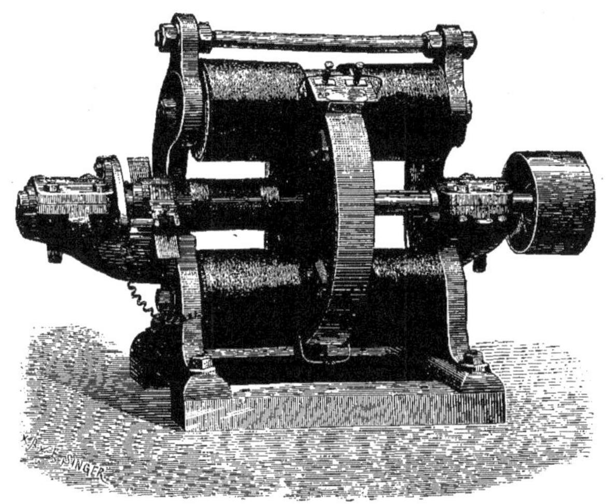

Fig. 320. — Machine dynamo-électrique Schückert.

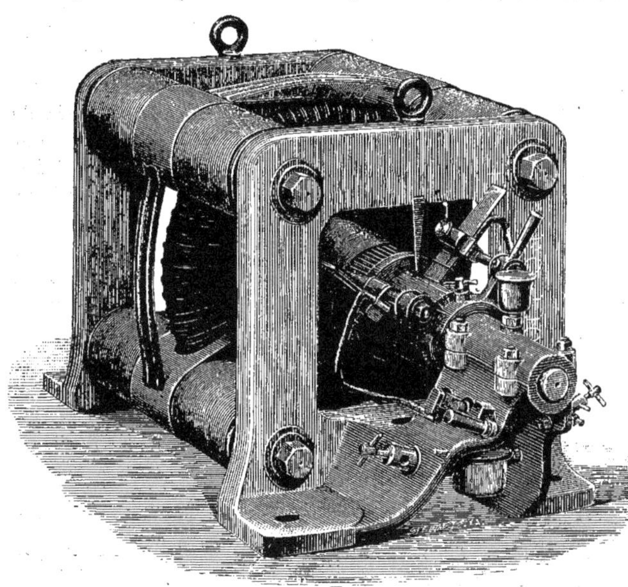

Fig. 321. — Machine dynamo-électrique Victoria.

Dynamo Schückert

(Fig. 320.) Cette machine, primitivement assez employée en Allemagne, se compose de deux groupes d'électro-aimants dont les pôles de même nom sont placés vis-à-vis l'un de l'autre en laissant entre eux un espace libre pour le passage de l'armature. L'anneau sur lequel se fait l'enroulemnt du fil pour constituer l'induit est du type Gramme. Il se compose d'une série de couronnes de tôle mince juxtaposées et isolées les unes des autres. Le collecteur est du type Gramme.

Dynamo Victoria

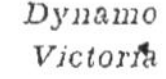

(Fig. 321.) C'est une modification de la machine précédente, très employée, lors de sa création, en Angleterre. Elle comporte quatre pôles, mais cependant elle n'a que deux balais. Cette simplification a pu être réalisée en reliant les segments du collecteur qui ont toujours le même potentiel, c'est-à-dire les segments diamétralement opposés. Les pièces polaires ont un épanouissement moins important que dans la machine Schückert, où elles peuvent produire des actions nuisibles.

Fig. 322. — Machine dynamo-électrique Weston.

Dynamo Weston (Fig. 322.) Elle comprend une armature mobile entre les pôles de deux électro-aimants. Les pôles de même nom sont placés en face l'un de l'autre. Les pièces polaires sont constituées par des plaques métalliques portant une série de fentes pour faciliter le refroidissement. Les bobines des inducteurs sont formées de fil fin et le courant d'excitation est pris en dérivation sur le circuit principal.

Le noyau de l'induit est composé d'une série de disques en tôle, munis de seize encoches à leur circonférence, dans lesquelles on enroule longitudinalement le fil. Ces machines sont employées aux États-Unis.

Fig. 323. — Machine dynamo-électrique Mather.

Dynamo Mather (Fig. 323.) La machine Mather se compose d'un induit du type Siemens qui tourne entre les deux pièces polaires d'un puissant électro-aimant. Cet électro-aimant a une forme particulière. Son noyau réunit, par une courbe régulière, les deux masses polaires, et le fil du circuit inducteur est enroulé sans interruption d'une extrémité à l'autre de ce noyau.

Dynamo de la Compagnie de l'Industrie électrique et mécanique à Genève

Les dynamos de construction moderne présentent un aspect différent des machines dynamos anciennes. Nous avons donné dans la figure 141 une vue d'ensemble d'une machine génératrice de plus de 1.000 chevaux fournissant du courant continu à une tension de 75 volts et d'une intensité de 10.000 ampères. Cette dynamo, qui tourne à 300 tours par minute et comporte deux collecteurs, est fabriquée par la Compagnie de l'Industrie électrique et mécanique de Genève. C'est une machine multipolaire dont les inducteurs sont disposés circulairement sur une carcasse métallique extérieure. L'induit, d'un diamètre considérable, a ses sections reliées, sur chacune de ses faces latérales, aux lames des deux collecteurs disposés chacun à une extrémité de la machine. Sur les collecteurs frottent autant de balais que la dynamo comporte de pôles. Les balais sont portés par une couronne à laquelle on peut donner un mouvement de déplacement circulaire au moyen d'un volant disposé en avant et manœuvrable à la main. L'induit et son axe sont supportés par deux paliers extrêmes faisant corps avec le bâti qui sert de socle à la machine.

Fig. 324. — Pièces composant une dynamo à courant continu. Ateliers Thomson-Houston.

Dynamo Thomson-Houston

(Fig. 324 et 325.) L'inducteur de cette dynamo est constitué par une carcasse de forme circulaire, en acier fondu de haute perméabilité magnétique. Il comporte deux masses polaires faites en tôles de fer doux assemblées. Autour de ces masses polaires sont disposées les bobines inductrices. L'induit comporte un noyau denté constitué par des tôles de fer doux recuit, isolées entre elles et possédant une grande perméabilité magnétique. Le bobinage de l'induit est réalisé de façon à dégager l'extrémité de l'arbre opposée au collecteur et à

Fig. 325. — Induit de dynamo à courant continu. Ateliers Thomson-Houston.

Fig. 326. — Groupe moteur-générateur : moteur asynchrone à courant triphasé accouplé avec génératrice de courant continu. Ateliers Thomson-Houston.

obtenir un bon équilibrage pour éviter les vibrations nuisibles qui se produiraient pendant la marche si cet équilibrage n'était pas parfait.

Les lames du collecteur sont faites en cuivre rouge auquel l'étirage a donné une grande dureté; elles sont isolées entre elles par des lames de mica.

Les balais sont en charbon et les surfaces de contact avec les lames du collecteur sont suffisamment larges pour ne donner lieu à aucun échauffement anormal, quel que soit le courant fourni par la machine.

Les porte-balais permettent le remplacement facile et le réglage de la pression des balais en charbon et peuvent, en outre, se déplacer concentriquement au collecteur.

La figure 326 représente une machine dynamo génératrice Thomson-Houston du type que nous venons de décrire, accouplée avec un moteur asynchrone à courant triphasé. C'est un groupe appelé *moteur-générateur* parce qu'il comporte à la fois une *dynamo-réceptrice* qui fait fonction de moteur mécanique et une *dynamo-génératrice* produisant du courant électrique.

Dynamo de la Compagnie générale électrique de Nancy (Fig. 327.) Cette machine est *multipolaire*. L'inducteur est constitué par une carcasse métallique circulaire à l'intérieur de laquelle sont disposées huit pièces polaires qui portent les bobines inductrices. L'induit, du type *tambour*, est solidaire d'un arbre, supporté par deux paliers, qui se prolonge, du côté opposé au collecteur, pour recevoir la poulie de commande. Sur le collecteur, formé par des lames de cuivre rouge isolées entre elles, frottent les balais en nombre égal au nombre de pôles de l'inducteur.

Fig. 327. — Dynamo multipolaire. Compagnie générale électrique de Nancy.

De plus, ces balais peuvent être déplacés circulairement sur le collecteur au moyen d'un petit volant actionnant une tige filetée.

Dynamo de la Société alsacienne de Constructions mécaniques (Fig. 328 et 329.) Cette machine dynamo présente une particularité : c'est d'être disposée avec un axe vertical. L'inducteur est formé par un cylindre en fonte de fer portant à l'intérieur les pièces polaires et les noyaux sur lesquels est enroulé le circuit inducteur. L'induit fait corps avec l'axe vertical : il porte le collecteur sur lequel frottent les balais dont les axes sont disposés verticalement. Ils peuvent être décalés par la manœuvre d'un petit volant, dont le moyeu comporte deux filetages de sens opposés dans lesquels s'engagent deux extrémités de tiges filetées. L'une des tiges est solidaire des bras porte-balais, l'autre est fixée au bâti de la machine. Pour permettre de supporter convenablement l'arbre et l'induit qui ont parfois un poids considérable, on pratique à la partie supérieure de l'arbre une série de cannelures s'engageant dans un coussinet de forme appropriée. Ce coussinet est en fonte et garni de *métal antifriction*. Pour remédier à l'échauffement possible du palier de suspension, on ménage sur son pourtour des canaux circulaires permettant une circulation d'eau froide. Le palier es supporté par une pièce à trois bras, bou-

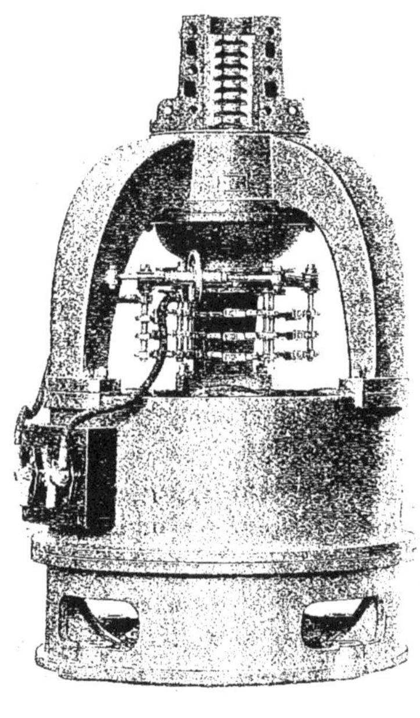

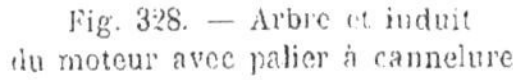

Fig. 328. — Arbre et induit du moteur avec palier à cannelures.

Fig. 329. — Moteur à courant continu de 40 chevaux 120 volts, 150 tours, avec palier à cannelures.

Société alsacienne de Constructions mécaniques.

lonuée sur le bâti de la machine et laissant accessibles le collecteur et les balais.

Dynamo Brown, Boveri et Cie (Fig. 330 et 331.) L'inducteur de cette machine, construite par la Compagnie électro-mécanique du Bourget, se compose de tôles en fer doux, portant des encoches destinées à recevoir les enroulements, qui y sont disposés de façon que l'intérieur de la carcasse présente une surface cylindrique sans pôles d'excitation, des deux côtés de leur axe (Fig. 330 et 331). Les axes de l'enroulement en dérivation et de l'enroulement de compensation forment entre eux un angle moitié plus petit que l'angle formé par les deux pôles voisins.

L'induit comporte un noyau formé de tôles de fer doux de grande perméabilité, isolées les unes des autres par une mince feuille de papier collée sur leur surface.

L'induit est enroulé en *tambour* et ses

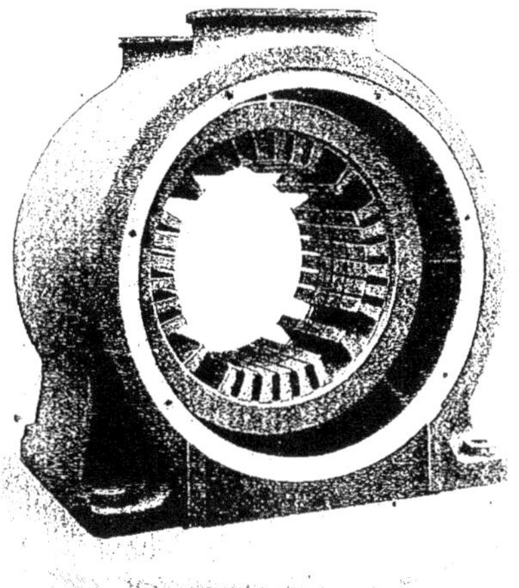

Fig. 330. — Carcasse d'inducteur de turbo-dynamo à courant continu, de 135 kilowatts.

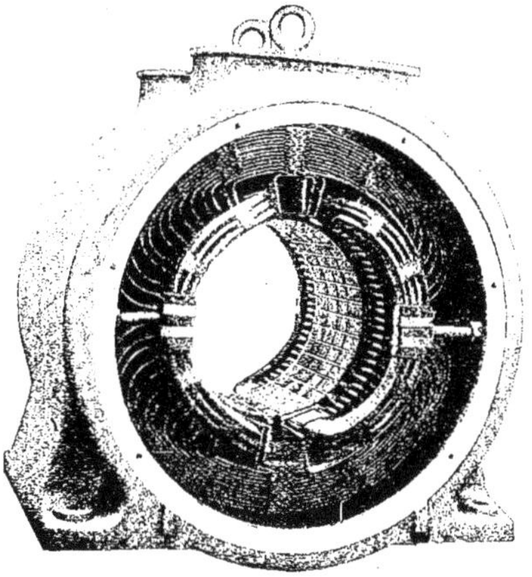

Fig. 331. — Inducteur portant l'enroulement d'une turbo-dynamo à courant continu, de 135 kilowatts.

Compagnie électro-mécanique du Bourget.

pôles saillants. Cette disposition assure une distribution avantageuse du flux magnétique, diminue la résistance de l'air occasionnée en grande partie, dans une machine ordinaire, par les tourbillons qui se produisent entre les pièces polaires, et permet une marche silencieuse.

Les enroulements de l'inducteur se composent de deux parties : un enroulement en dérivation et un enroulement en série, dit de *compensation*, qui est formé par plusieurs bobines logées dans des encoches pratiquées symétriquement sur la surface des enroulements sont logés dans des encoches.

Le collecteur est constitué par des lames de cuivre étiré, séparées les unes des autres par une feuille isolante de *micanite*. En raison de la grande vitesse de rotation de ces machines, le collecteur est renforcé par places au moyen d'anneaux en acier frettés à chaud et isolés du collecteur par une épaisseur de mica.

Les balais sont formés par de minces couches successives de cuivre et de graphite ; le graphite, agissant comme lubrifiant, assure une marche douce *à toutes les charges* et facilite la conservation des lames du collecteur. Pour les machines de

Fig. 332. — Induit enroulé et son collecteur d'une turbo-dynamo à courant continu de 1.500 kilowatts, 600 volts. 100 tours par minute. Compagnie électro-mécanique du Bourget.

grande puissance, on adjoint aux balais principaux des balais auxiliaires en charbon, qui sont placés en avant des autres pour

Fig. 333. — Induit collecteur et induit excitateur d'une turbo-dynamo à courant continu. Compagnie électro-mécanique du Bourget.

empêcher le collecteur de *cracher* dans le cas de fortes surcharges.

L'excitation de ces dynamos est souvent réalisée par une machine spéciale.

Cette machine excitatrice est directement accouplée à la dynamo et son induit prolonge, sur le même arbre, l'induit et le collecteur de la dynamo, ainsi que le représente la figure 333.

Les porte-balais sont disposés de façon à laisser les balais très abordables, et permettent, en outre, leur réglage pendant la marche de la machine. Ils comportent des ressorts qui, pressant sur les balais, les

Fig. 331. — Groupe de 13 génératrices monophasées de 500 chevaux, de la Station centrale de Saint-Pétersbourg. Brown, Boveri et Cie.

maintiennent constamment en contact avec le collecteur sans qu'ils puissent être rejetés en arrière.

En effet, comme les deux machines dynamo-électriques réversibles peuvent être placées à une distance quelconque l'une de l'autre, on peut, au moyen des fils conducteurs qui les réunissent, transporter à cette même distance la force primitive. Et cette force primitive, remarquons-le d'ailleurs, peut être une force artificielle comme la vapeur, ou une force naturelle comme une chute d'eau. Nous verrons plus loin l'utilisation de plus en plus importante de cette dernière force naturelle qui, par les avantages considérables qu'on en retire, a mérité le nom de *houille blanche*.

Fig. 335. — Support des balais d'une turbo-dynamo à courant continu, de 400 kilowatts. Compagnie électro-mécanique du Bourget.

Pour éviter l'effet nuisible des vibrations, les porte-balais sont, à leurs extrémités, entretoisés d'une manière rigide.

MOTEURS A COURANT CONTINU

Nous avons dit qu'une *dynamo-génératrice* pouvait facilement être transformée en *moteur* si, au lieu de l'actionner mécaniquement en donnant un mouvement de rotation à son induit, on l'actionne électriquement en lui envoyant un courant électrique produit par une machine génératrice. On peut dès lors utiliser la puissance mécanique disponible sur son arbre.

En principe, les dynamos que nous avons décrites peuvent être transformées en moteurs, et cette *réversibilité* a permis à la science et à l'industrie d'utiliser d'une façon remarquable le *transport de la force* à distance.

Dès que l'éminent électricien Hippolyte Fontaine, ancien élève des Écoles d'arts et métiers, eut découvert, en 1873, la réversibilité des machines dynamo-électriques, on s'occupa de construire des dynamos fonctionnant spécialement comme réceptrices, et en 1875 la Société Gramme, dont Hippolyte Fontaine était un des ingénieurs, établit la machine de forme octogonale que nous avons décrite plus haut (Fig. 311).

Moteur Deprez (Fig. 336.) En 1879, Marcel Deprez imagina une forme simple de petit moteur qui est représenté par la figure 336. Il se compose d'une série d'aimants B, en forme de fer à cheval, juxtaposés et disposés horizontalement sur un socle fixe. Entre les branches des aimants est placé un induit A, constitué par une armature en forme de tambour denté, portant un enroulement de fil du type Siemens. L'axe de l'induit commande par engrenages une poulie C munie d'une manivelle. On peut soit produire du courant en tournant cette

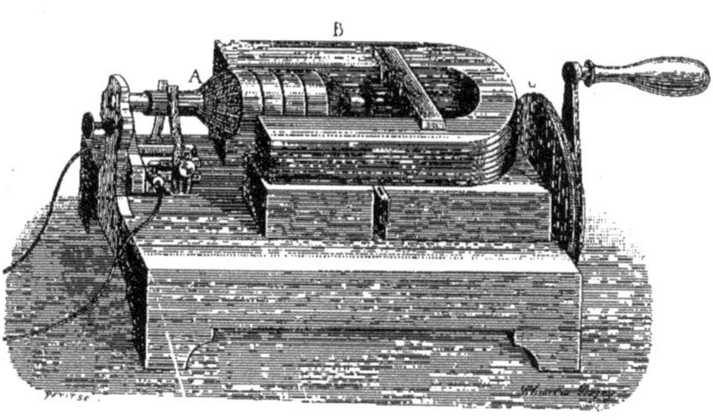

Fig. 336. — Petit moteur électrique Deprez.

Fig. 337. — Petit moteur électrique Trouvé.

manivelle, et la machine est alors une *magnéto-génératrice,* ou bien on peut, en lui fournissant du courant, provoquer la rotation de l'arbre et de la poulie C.

Moteur Trouvé (Fig. 337.) Dans le moteur Trouvé, l'aimant naturel du moteur Deprez est remplacé par un électro-aimant *a* qui est excité par le courant lui-même. L'induit est une bobine portant un enroulement Siemens, mais son noyau, au lieu d'être concentrique à l'axe, est excentré de manière que dans le mouvement de rotation sa surface approche graduellement des pôles magnétiques. La rotation de l'induit commande, par l'intermédiaire d'engrenages, le mouvement de l'arbre, qui ainsi pourra être utilisé.

Moteur de Méritens (Fig. 338.) Ce petit moteur comporte un induit dont l'armature est en forme de double T et porte un

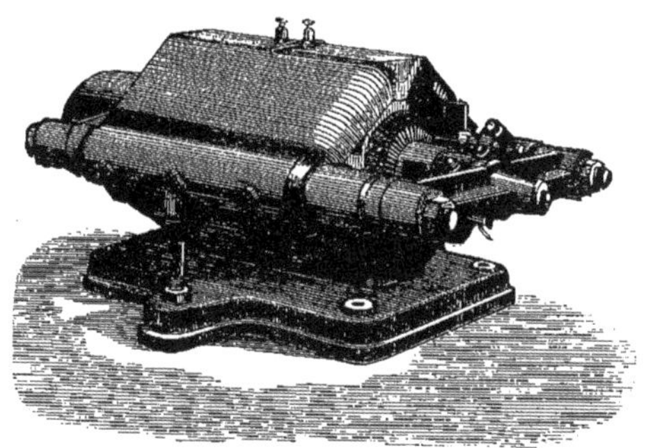

Fig. 338. — Petit moteur électrique de Méritens.

enroulement Siemens. L'induit est monté entre des électro-aimants qui servent, en même temps, de bâti à la machine.

Moteur Ayrton et Perry (Fig. 339 et 340.) C'est un autre type de moteur dont la figure 339 représente l'inducteur et l'induit séparés. L'armature A est fixe et l'électro-aimant F est mobile à l'intérieur de celle-ci. L'armature a la forme d'un anneau formé de disques plats en tôle douce, portant des encoches qui reçoivent les bobines. L'induit est formé d'un noyau en forme de double T dont les ailes sont recourbées en arc de cercle. Ce noyau porte un enroulement type Siemens. Il est solidaire de l'arbre du moteur et porte les balais qui tournent avec lui, tandis que le collecteur, relié à l'armature A, reste fixe comme elle. La figure 340 représente un moteur Ayrton et Perry actionnant un ventilateur.

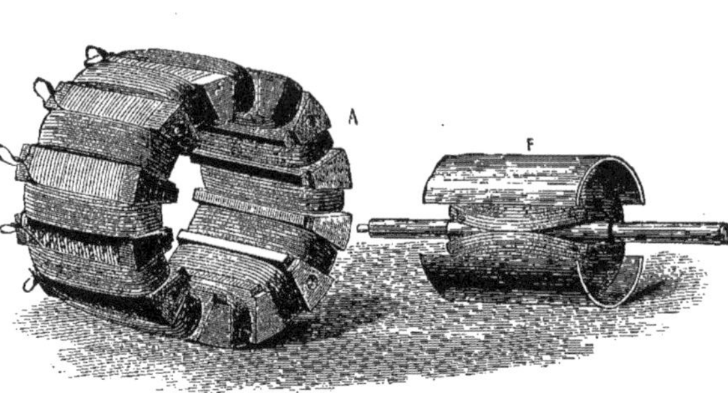

Fig. 339. — Petit moteur électrique Ayrton et Perry.

Fig. 340. — Petit moteur électrique Ayrton et Perry actionnant un ventilateur.

Moteur à réduction de vitesse

Les moteurs électriques de toutes puissances sont de plus en plus employés industriellement. On les a, bien entendu, munis de tous les perfectionnements dont on a doté les dynamos génératrices.

On est parfois dans la nécessité d'adapter les moteurs électriques à certaines machines-outils qui ne doivent avoir qu'une vitesse de rotation modérée. Comme les moteurs électriques ont généralement des vitesses de rotation considérables dépassant 1.000 tours par minute, il faut les munir d'un dispositif *réducteur de vitesse*. Ce dispositif, bien simple, consiste à faire actionner, par l'arbre du moteur électrique, un arbre auxiliaire porté par le même bâti. Cette commande a lieu généralement par l'intermédiaire d'un petit pignon engrenant avec une grande roue. La vitesse est ainsi réduite dans le rapport du diamètre de la roue à celui du pignon. L'arbre auxiliaire porte la poulie qui transmettra, par courroie, le mouvement de rotation fourni par le moteur électrique.

Le moteur électrique à réduction de vi-

Fig. 341. — Moteur électrique à réduction de vitesse. Ateliers Thomson-Houston.

tesse représenté par la figure 341 est construit par les Ateliers Thomson-Houston. A droite est figuré le *carter* (supposé enlevé) qui sert à couvrir les roues d'engrenage

Fig. 342. — Moteur à courant continu destiné à être accouplé directement avec une pompe centrifuge. Compagnie électro-mécanique du Bourget.

de façon à prévenir les accidents et à garantir ces organes contre les causes de détérioration extérieure.

Moteur Brown et Boveri

(Fig. 342.) C'est un moteur de 450 chevaux recevant un courant électrique d'une tension de 550 volts et tournant à grande vitesse : 1.320 tours. Il est destiné à être accouplé avec une pompe centrifuge. L'inducteur est formé de feuilles de tôle fixées les unes contre les autres et portant des rainures dans lesquelles sont disposés deux enroulements, celui d'excitation et celui de compensation, comme dans la dynamo Brown que nous avons décrite précédemment.

L'induit a un noyau en forme de tambour muni d'encoches recevant un enroulement approprié. Les conditions de fonctionnement des appareils, pompes centrifuges, compresseurs rotatifs, etc..., auxquels ce type de moteur peut être accouplé directement, nécessitent dans un grand nombre de cas des vitesses variables. Pour

Fig. 343. — Moteur hermétique à courant continu pour service intermittent. (Schneider et Cie.)

faire varier dans la même proportion la vitesse du moteur, on rend l'excitation variable au moyen d'un rhéostat spécial qui agit ainsi sur le champ magnétique inducteur. Les balais et les porte-balais sont montés de la façon que nous avons indiquée pour la dynamo-génératrice Brown (Fig. 330).

Fig. 344. — Induit d'un moteur de laminoir à courant continu, de 1.500 chevaux, à 60 tours. Société anonyme de Constructions mécaniques de Belfort.

Moteur hermétique Schneider et Cie

Ce moteur à courant continu (Fig. 343) a été établi en vue des applications qui n'exigent qu'un fonctionnement *intermittent*, c'est-à-dire dans lesquelles une période de repos succède à une période de marche, ces deux périodes ayant des durées sensiblement égales, comme c'est le cas pour les appareils de levage en général, ou encore pour actionner des appareils n'ayant qu'une durée de fonctionnement limité comme les machines à charger, les plaques tournantes, les cabestans, etc.

Les enroulements et le collecteur du moteur sont protégés contre les poussières et l'humidité par une carcasse en acier qui se démonte en deux parties suivant le plan horizontal passant par l'axe, ce qui permet d'enlever facilement l'induit. L'induit est bobiné en tambour et les balais sont en charbon.

Les connexions entre les deux parties démontables de la carcasse sont assurées par des lames ayant une disposition appropriée.

La figure 344 représente l'induit d'un moteur à courant continu construit par la Société alsacienne de Constructions mécaniques de Belfort. Ce moteur de 1.500 chevaux est destinée à actionner un laminoir et tourne à 60 tours par minute.

Force contre-électromotrice du moteur

Au fur et à mesure que l'induit d'un moteur prend un mouvement de rotation entre les pôles de l'inducteur par l'action du courant reçu, lequel est dirigé dans un certain sens, il se produit, dans cet induit, un courant d'induction provoqué par le champ magnétique des inducteurs. Ce courant induit est dirigé, d'après la loi de Lenz, nous le savons, en sens inverse de celui qui provoque le mouvement, et possède une force électromotrice qui agit en sens contraire de la force électromotrice de la génératrice. Cette force qui s'oppose au mouvement est appelée force *contre-électromotrice* du moteur. Cette force contre-électromotrice vient en déduction de la force électromotrice de la dynamo dans le calcul de l'intensité réelle du courant qui alimente le moteur et il y a intérêt à rendre ces deux forces électromotrices sensiblement égales pour que cette intensité soit très faible. C'est une garantie pour la conservation du moteur en bon état de fonctionnement.

Mise en marche et arrêt des moteurs

Il est nécessaire, pour mettre en marche et pour arrêter les moteurs, de prendre des dispositions semblables à celles utilisées dans les dynamos. On intercale dans le circuit apportant le courant au moteur un rhéostat dit de *démarrage*. On ferme alors le circuit sur toutes les résistances du rhéostat; le moteur commence à tourner; on enlève ensuite progressivement les résistances du rhéostat jusqu'au moment où le moteur a atteint sa vitesse normale. Pour arrêter le moteur, on fait la manœuvre inverse, c'est-à-dire que l'on intercale progressivement dans le circuit les résistances que comporte le rhéostat; puis on *coupe* le courant.

On peut aussi arrêter brusquement un moteur en mettant l'induit en *court-circuit*. Pour cela, on réunit les balais au moyen d'un conducteur de faible résistance et on supprime dans l'induit le courant provenant de la génératrice. Par suite de la vitesse acquise, il se développe dans l'induit des courants d'induction de sens contraire à celui qui avait créé le mouvement et qui ne se manifeste plus. Ces courants induits annulent dès lors aisément le mouvement de rotation que possède encore l'arbre de l'induit et le moteur s'arrête brusquement.

La mise en court-circuit des moteurs s'obtient au moyen d'un *commutateur* spécial par la simple manœuvre d'une manette.

COURANTS ALTERNATIFS

Nous avons, au commencement de ce chapitre (Fig. 282), examiné, pour une spire enroulée sur l'anneau d'un induit et tournant dans un champ magnétique, quelle était la valeur et le sens du courant induit dans ses diverses positions. Nous avions déjà précédemment (Fig. 215) étudié l'action d'un champ magnétique sur un circuit tournant. Il résulte de ces divers examens que lorsque la spire considérée est placée au commencement de son mouvement dans une position horizontale, par exemple, le flux d'induction embrassé est nul. A mesure que la spire se rapproche de la position verticale, ce flux inducteur croît pour atteindre son degré maximum lorsque la spire a tourné de 90 degrés, soit un quart de tour. Pendant le second quart de tour, le flux passe de sa plus grande valeur à une valeur nulle qui correspond à la seconde position horizontale de la spire ayant effectué un demi-tour. Pendant ce premier demi-tour de l'anneau sur lequel est enroulée la spire, le courant induit est dirigé dans un certain sens pendant le premier quart de tour et en sens inverse pendant le second. Pendant le troisième quart de tour, le sens du courant induit reste le même que le précédent et le flux inducteur passe de zéro au maximum. Enfin, en achevant sa rotation, la spire provoque un courant induit dirigé dans le sens du premier quart de tour, le flux d'induction variant du maximum à zéro. En résumé, quand l'induit fait un tour, il se produit, pendant une moitié de ce tour, un courant induit dirigé dans un certain sens et, pendant l'autre moitié, un courant induit dirigé en sens inverse.

Dans chacun des demi-tours la force électromotrice de ce courant induit part d'une valeur nulle, qui correspond à la position du flux maximum embrassé, où le courant change de sens, pour aboutir, en passant par un maximum, à une autre valeur nulle correspondant à la position diamétralement opposée.

Pour rendre plus claires ces variations de sens de courant qui se produisent en même temps que les variations de grandeur de la force électromotrice, on les met sous une forme graphique (Fig. 345).

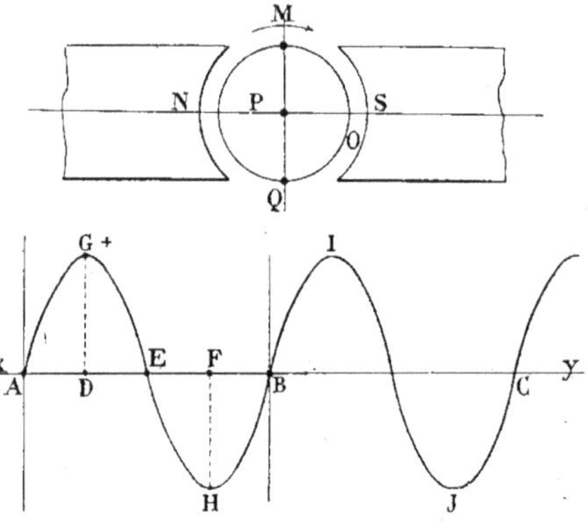

Fig. 345. — Courbe représentative du courant alternatif.

Prenons un axe horizontal XY sur lequel nous porterons des longueurs AB, BC qui représenteront le temps que met une spire pour effectuer un tour complet. Si une de ces longueurs AB, par exemple, est divisée en quatre parties égales par les points D, E et F, ces trois points correspondront respectivement au premier, au second et au troisième quart de tour décrit par la spire considérée. Supposons que nous prenions l'origine du mouvement au point M placé sur la ligne neutre MQ. Nous savons qu'en ce point la force électromotrice du courant induit est nulle, puisque le courant vient de changer de sens. Le point M correspondra sur la ligne XY au point A qui sera également pris pour origine. Quand le point M sera venu en O, après avoir parcouru un quart de tour, le chemin correspondant sur la ligne XY sera mesuré par la distance AD. Mais, à ce moment, la force électromotrice du courant induit aura atteint sa plus grande valeur. Cette valeur

Fig. 316. — Armature d'induit d'une génératrice monophasée de 1.050 chevaux. Brown, Boveri et Cie.

sera portée sur une ligne perpendiculaire au point D à l'axe XY, appelée *ordonnée,* et sera mesurée par la distance DG par exemple. Lorsque le point M, après un demi-tour, sera arrivé au point Q qui est sur la ligne neutre, la force électromotrice du courant induit sera de nouveau égale à zéro et le point E, qui correspond à cette position, se trouvera sur l'axe XY parce que son ordonnée est nulle. Au point P, la force électromotrice reprendra sa plus grande valeur, et au point F correspondant sur l'axe XY, l'ordonnée aura une seconde fois sa longueur la plus grande, qui sera d'ailleurs égale à la longueur DG. Enfin, au retour du point M à sa position primitive, après avoir effectué un tour complet, la force électromotrice est évidemment nulle et le point B, correspondant dans le tracé graphique à cette position, se trouve sur l'axe XY. Si dans chaque quart de tour on prend des positions intermédiaires pour lesquelles on détermine sur l'axe XY les points correspondants et si l'on porte à partir de l'axe sur des ordonnées tracées de ces points les valeurs successives de la force électromotrice, on obtient une série de points qui, réunis par une ligne continue, déterminent la courbe représentative des variations de la force électromotrice du courant alternatif. Cette courbe est théoriquement une *sinusoïde,* mais pratiquement elle présente généralement en quelques points des inflexions provenant de causes diverses, mécaniques ou électriques. La partie de la courbe placée au-dessus de l'axe XY représente le sens positif de la force électromotrice induite ; la partie de la courbe symétrique à la première et disposée au-dessous de l'axe XY représente le sens négatif.

Pour un second tour, on obtiendrait une seconde courbe BIJC semblable à la première, et ainsi de suite, en supposant une vitesse de rotation régulière.

Si la force électromotrice induite présente des variations alternatives de grandeur et de sens contraires, l'intensité du courant induit suit la même loi et ses diverses valeurs peuvent aussi être graphiquement représentées par une courbe semblable à celle de la figure 345.

Période. Phase. Fréquence

Le temps que met un point de l'induit à effectuer un tour complet, c'est-à-dire le temps pendant lequel la force électromotrice ou l'intensité induites partent d'une valeur nulle pour redevenir nulles, en passant par leur plus grande valeur dans chaque sens, se nomme la *période* du courant alternatif. Le temps représenté sur la figure 345, par une des longueurs AB, BC est une *période.*

On appelle *phase* ou *demi-période* le temps représenté par la longueur AE ou EB qui partage la période en deux parties égales.

La *fréquence* d'un courant alternatif est le nombre de périodes de ce courant pendant l'espace d'une seconde. Les fréquences généralement employées dans les machines à courants alternatifs, sont de 30 à 150 périodes par seconde. Pour servir à l'éclairage électrique, ces machines ne doivent pas avoir une fréquence inférieure à 42 périodes par seconde, car sans cela on aurait dans les lampes des vacillations désagréables.

Courants alternatifs biphasés

(Fig. 347.) Le courant alternatif qui a comme caractéristique la courbe précédente est un courant dit *monophasé.* Si deux courants alternatifs avaient aux mêmes instants les mêmes valeurs et passaient en même temps à leur minimum, à leur maximum et au zéro, on dirait que ces deux courants ont une même *période* et une même *phase*. Mais il peut se faire que, tout en ayant des périodes égales, deux courants alternatifs soient établis de telle façon que lorsque l'un d'eux passe par son maximum ou son minimum, l'autre ait une valeur nulle, et réciproquement. Ces deux courants ont évidemment leur origine déplacée; on dit qu'ils sont *décalés*. Ce décalage atteint, dans le cas que nous considérons, 90 degrés, c'est-à-dire un quart de tour. Ce quart de tour est égal à un *quart de période*. Les deux courants considérés sont donc décalés *d'une demi-phase;* on les nomme *courants alternatifs biphasés* ou *diphasés*.

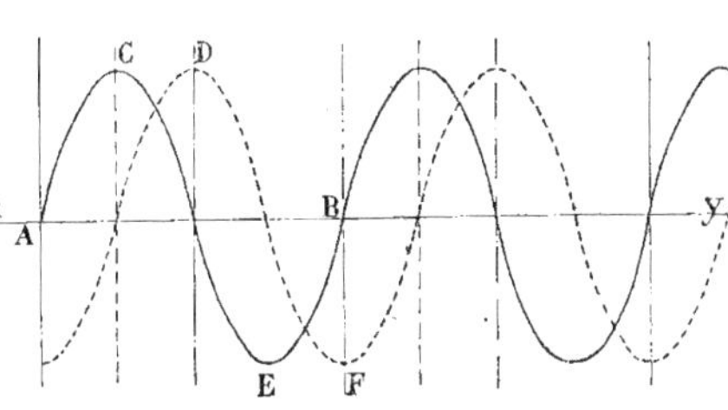

Fig. 347. — Courbe représentative des courants alternatifs biphasés.

Courants alternatifs triphasés

(Fig. 348.) Si au lieu de deux courants alternatifs il y en a trois décalés régulièrement entre eux d'un tiers de période, soit de 120 degrés, on dit que les courants alternatifs sont *triphasés*.

La figure 348 est la représentation graphique, de *courants alternatifs triphasés*.

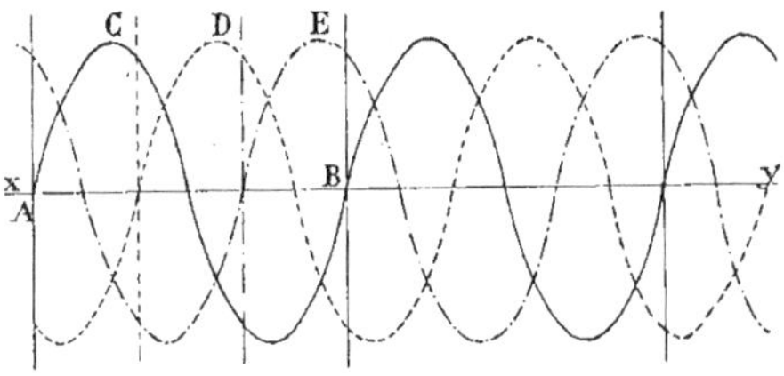

Fig. 348. — Courbe représentative des courants alternatifs triphasés.

Force électromotrice efficace

Nous venons de dire que la force électromotrice induite change à chaque instant de valeur et de sens.

Quelle est donc la force électromotrice réelle sur laquelle on peut compter quand on envisage un courant alternatif? Cette force électromotrice réelle a reçu le nom de *force électromotrice efficace*. Elle est représentée dans les formules par la désignation E*eff*, et sa valeur équivaut à la plus grande valeur de la force électromotrice du courant alternatif considéré, divisée par la racine carrée de 2. Comme la racine carrée de 2 est égale à 1,414, la force électromotrice efficace s'obtiendra facilement en divisant la plus grande force électromotrice par 1,414. Un petit exemple numérique montrera la simplicité du calcul. Si un courant alternatif passe de zéro à + 353 volts 5 par exemple, puis de zéro à — 353 volts 5, la force électromotrice efficace sera égale à $\frac{353,5}{1,414}$, soit 250 volts.

Intensité efficace

L'intensité du courant alternatif varie d'une façon semblable à celle de la force électromotrice. Il existe aussi une intensité réelle qu'on appelle l'*intensité efficace*, et qui est égale à l'intensité la plus grande divisée par 1,414. Le procédé de détermination de cette intensité efficace est semblable à celui employé pour la force électromotrice efficace. On représente l'intensité efficace par la désignation I*eff*.

Puissance d'un courant alternatif

La puissance d'un courant alternatif à un moment déterminé peut être prise égale au produit de la force électromotrice efficace par l'intensité efficace à ce moment, mais cela n'est exact que pour des dispositions spéciales du circuit extérieur. Quand le circuit possède de la *self-induction,* l'intensité diminue de valeur et se trouve retardée, décalée, en quelque sorte, par rapport à la force électromotrice. De même, quand le circuit a une certaine *capacité,* l'intensité est également diminuée de valeur, mais elle est, cette fois, décalée en avant de la force électromotrice.

La *puissance apparente* du courant alternatif, qui est le produit E*eff* par I*eff*, doit donc être souvent modifiée et transformée en *puissance réelle* en faisant intervenir un coefficient dont la valeur varie suivant les conditions d'établissement du circuit depuis 0,80 jusqu'à 1.

Ce coefficient se nomme *facteur de puissance* et permet par sa multiplication avec le produit E*eff* × I*eff*, qui est la puissance apparente, de déterminer la puissance réelle qui est donc égale à E*eff* × I*eff* × *facteur de puissance.*

MACHINES DYNAMOS A COURANTS ALTERNATIFS. — ALTERNATEURS

Les *dynamos* à *courants alternatifs,* qu'on appelle généralement *alternateurs,* comportent, comme les dynamos à courants continus, des induits et des inducteurs, mais elles n'ont pas de collecteur. Cet organe, en effet, ne sert, nous l'avons vu, que pour redresser les courants alternatifs produits naturellement par une dynamo, de manière à diriger ces courants dans le même sens pour en faire un courant appelé *continu.* Comme dans les alternateurs on utilise directement le courant alternatif produit, le collecteur peut avec avantage être supprimé; c'est une simplification importante apportée à la machine.

Induits Les induits d'alternateurs peuvent, comme ceux des dynamos à courants continus, être constitués par des enroulements à *anneau,* à *tambour* ou à *disques.*

Les *induits à anneau* sont formés par une série de bobines constituant par leur assemblage une sorte de couronne, d'*anneau* qui peut être fixe, comme dans la machine Gramme que nous décrirons plus loin. Ces bobines entourent, dans ce cas, l'inducteur qui est mobile.

L'*induit à tambour* comporte un enroulement disposé sur une armature cylindrique, laquelle fait corps avec l'arbre de la machine. Il ne diffère pas, en principe, de celui qui est employé pour les dynamos à courants continus.

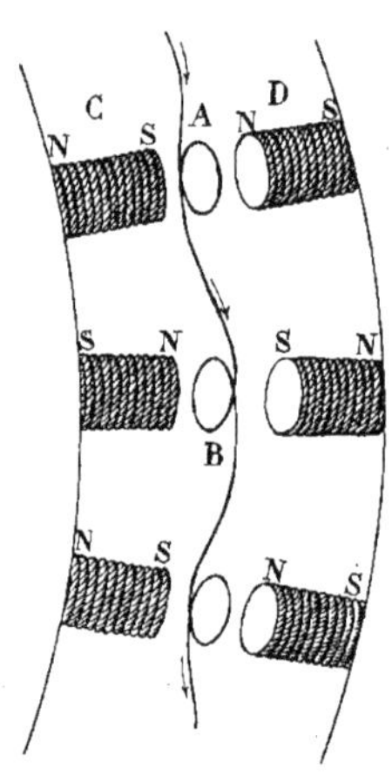

Fig. 349. — Induit à disque.

L'*induit à disque* (Fig. 349) se compose d'une série de bobines aplaties, sans noyau de fer, disposées en forme de disque : ce disque tourne entre deux séries de pôles inducteurs se faisant face, les pôles de noms contraires étant placés en regard. Nous avons réservé pour être mise à cette place l'explication du fonctionnement des induits à disques pour obtenir la production de courants électriques. Voici de quelle façon les courants alternatifs sont obtenus.

Représentons schématiquement (Fig. 349), l'induit à disque formé de bobines A, B, successivement *enroulées* en *sens inverse,* qui peuvent, du fait de la rotation de l'induit, se déplacer entre deux séries d'électro-aimants inducteurs C et D. Ces électro-aimants sont deux à deux mis face à face, de manière à être le plus rapprochés possible en laissant, toutefois, la liberté du mouvement au disque de bobines. Les pôles des aimants sont successivement intervertis. Quand une bobine A se trouve entre les deux pôles opposés de deux électro-aimants, il se produit un courant induit dont la force électromotrice atteint à ce moment sa plus grande valeur. Cette valeur ira en diminuant quand la bobine, du fait de la rotation du disque, quittera sa position entre les deux premiers aimants pour aller se placer entre les deux suivants. Cette force électromotrice deviendra même nulle quand la bobine aura franchi la moitié de l'espace séparant les deux groupes d'aimants.

A partir de ce moment, le courant induit dans la bobine A changera de sens et augmentera à mesure que la bobine se rapprochera du deuxième groupe d'aimants. Ce groupe, en effet, a son flux dirigé en sens inverse de celui du premier groupe. La force électromotrice de ce courant induit aura sa plus grande valeur quand la bobine sera en face des aimants du deuxième groupe, mais elle sera dirigée en sens inverse de la force électromotrice produite par le premier groupe; il en sera ainsi à mesure que la bobine A passera devant les différents groupes d'aimants qui donneront un courant induit dirigé alternativement dans un sens ou en sens inverse. En outre, ce phénomène se reproduira pour chaque bobine, et comme ces bobines sont successivement enroulées en sens inverse et se présentent en même temps devant des groupes d'aimants de pôles intervertis, le courant induit sera, dans toutes les bobines, de même sens à chaque instant, et toutes les forces électromotrices des courants induits dans les bobines s'ajouteront alternativement dans chacun des deux sens.

Pour recueillir le courant ainsi développé, il n'est nul besoin de recourir à un *collecteur*, comme dans la machine à courants continus, puisqu'ici les courants alternatifs n'ont pas à être redressés pour être utilisés. On relie simplement, dans le cas de l'induit à disque précédent, par exemple, chaque extrémité du circuit des bobines respectivement, avec une bague métallique disposée concentriquement à l'arbre et participant avec lui et avec le disque de bobines au mouvement de rotation. Ces deux bagues A et B (Fig. 350) sont séparées de l'arbre par un canon C, fait en matière isolante et, en outre, isolées entre elles.

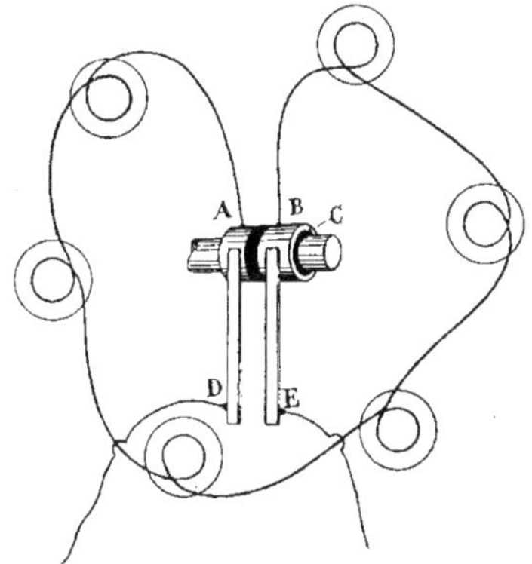

Fig. 350. – Captation du courant alternatif.

Si l'on dispose sur chaque bague un balai et si à chacun des balais D et E on attache une extrémité du conducteur formant le circuit d'utilisation, on pourra, de cette façon, envoyer dans ce circuit les courants alternatifs produits.

L'emploi de balais est nécessaire quand l'induit d'un alternateur est mobile; mais, ainsi que nous le verrons plus loin, souvent l'induit est fixe et c'est l'inducteur qui est mobile. Dans ce cas, on n'a qu'à relier les deux extrémités de l'enroulement induit à deux bornes fixes auxquelles on vient attacher les bouts du circuit extérieur pour faire passer dans celui-ci le courant induit.

Inducteurs Nous avons dit que la fréquence d'une machine à courants alternatifs devait, pour être utilisée pour l'éclairage électrique par exemple, atteindre au moins 42 périodes par seconde. Comme chaque période est produite par le passage d'une bobine devant un pôle inducteur, on a intérêt pour atteindre cette fréquence à augmenter le nombre de pôles disposés sur la circonférence, sinon on serait dans l'obligation de donner à la machine une vitesse de rotation excessive pour produire le nombre voulu de périodes par seconde. Pour cette raison, les inducteurs des machines à courants alternatifs comportent toujours un grand nombre d'électro-aimants.

Les vues d'ensemble d'alternateurs que nous donnons plus loin montrent à quel nombre de pôles on a été conduit pour établir certaines de ces machines, et quelles dimensions considérables leur ont été données. Les inducteurs sont disposés de façons différentes suivant que l'induit a un enroulement à anneau, à tambour ou à disque; nous allons rencontrer des exemples de chacun de ces cas; mais, en principe, ils sont constitués par une carcasse métallique fixe ou mobile, supportant des noyaux de fer doux sur lesquels sont enroulés les circuits inducteurs. Pour que le circuit inducteur provoque la formation de champs magnétiques, il faut, nécessairement, qu'il soit traversé par un courant, qu'il soit *excité*.

Comme pour les dynamos à courants continus, cette excitation peut être indépendante, c'est-à-dire, provoquée par le courant fourni par une machine excitatrice spéciale. Mais dans les alternateurs on ne peut, comme dans les dynamos à courants continus, avoir directement une *auto-excitation*. En effet le courant qui serait fourni par l'alternateur pour servir à aimanter les électros, étant alternativement de sens inverse, ne produirait aucune espèce d'aimantation; donc pas de champ magnétique et pas d'excitation. Quelquefois cependant on emploie pour l'excitation une partie de ce courant alternatif, mais après l'avoir redressé en lui faisant traverser un *commutateur redresseur* qui le transforme en courant continu. Généralement, les inducteurs d'alternateurs sont excités par des dynamos à courants continus indépendantes. Dans certains cas, l'induit de la dynamo excitatrice est rendu solidaire de l'arbre de l'alternateur, et la machine excitatrice est placée en bout de cet arbre et reçoit son mouvement de rotation en même temps que celui de l'alternateur.

Types divers d'alternateurs. Alternateur monophasé

Avant de donner la description de quelques types d'alternateurs, nous allons indiquer ce qui différencie les alternateurs simples ou *monophasés* des alternateurs *biphasés* ou *diphasés*, et des alternateurs *triphasés*. Nous savons déjà la différence qui existe entre les courants alternatifs produits par ces trois genres d'alternateurs et nous avons donné leur représentation graphique dans les figures 345, 347 et 348; voici celle qui distingue les alternateurs.

Prenons l'induit à disque représenté schématiquement par la figure 350. C'est l'induit d'un alternateur simple ou *monophasé*. Comme l'induit est mobile, les deux *frotteurs* D, E ou *balais* permettent de faire passer le courant produit dans le circuit extérieur.

Alternateur biphasé

(Fig. 351.) Supposons maintenant qu'entre chacune des bobines formant le circuit induit précédent, on intercale une autre bobine, et que ces nouvelles bobines ainsi intercalées soient toutes reliées entre elles de la même manière que les bobines primitives. Elles constituent un second enroulement induit.

Si chaque nouvelle bobine est placée au milieu de la distance qui sépare deux bobines du premier circuit, quand l'induit tournera en entraînant les deux séries de bobines, ces séries seront, par rapport aux pôles inducteurs qui sont fixes, *décalées d'une demi-phase*. Il se développera cependant, dans les deux séries de bobines, des courants alternatifs de même valeur, mais ces deux courants seront décalés l'un par rapport à l'autre. On obtiendra des courants alternatifs *biphasés*, appelés aussi *diphasés*. Cette disposition revient à placer alternativement deux enroulements induits sur le même disque entre les mêmes pôles inducteurs. Si donc nous relions les extrémités du nouveau circuit ainsi intercalé à deux nouvelles bagues

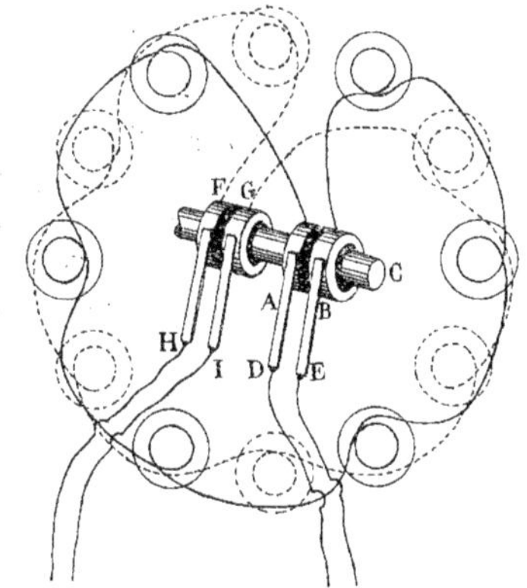

Fig. 351. — Alternateur biphasé.

F, G et que nous disposions sur ces bagues deux autres frotteurs H, I, nous aurons recueilli par ces nouveaux balais le courant développé dans le second enroulement. Pour faire passer le courant total dans le circuit d'utilisation, il conviendra que ce circuit comporte quatre conducteurs de sections égales, s'attachant respectivement à l'extrémité de chacun des quatre balais. Cependant, on peut réduire ce nombre de conducteurs à trois si l'un d'eux a une section 1 fois 41 plus grande que la section d'un des deux autres.

Cette disposition de balais frotteurs s'applique aux alternateurs dont l'induit est mobile. Dans le cas où cet induit serait fixe et l'inducteur mobile, les quatre extrémités des deux enroulements viendraient s'attacher à quatre bornes fixes d'où partiraient les quatre conducteurs.

Alternateur triphasé

Si au lieu de deux séries de bobines, comme dans le cas précédent, on en dispose trois séries en plaçant les bobines à des distances égales les unes des autres, on constitue trois enroulements dans lesquels sont développés, par la rotation du disque, des courants induits alternatifs de même valeur, mais décalés les uns par rapport aux autres d'un tiers de période.

Ce sont des courants alternatifs *triphasés*, produits, pour ainsi dire, par trois induits indépendants, décalés régulièrement les uns par rapport aux autres et tournant en même temps entre les mêmes séries de pôles inducteurs.

Par analogie avec les courants diphasés, il faudrait, dans le cas de courants triphasés, disposer sur l'arbre six bagues pour permettre de recueillir le courant et il serait également nécessaire de constituer le circuit extérieur par six conducteurs pour recevoir ces courants alternatifs. Cette disposition offrirait, on le conçoit, le grave inconvénient de n'être pas simple et surtout d'être onéreuse. Si les alternateurs triphasés ont pris et prennent de plus en plus une grande extension, c'est qu'on a pu utiliser les courants triphasés en employant seulement trois conducteurs, ce qui constitue déjà, à ce point de vue, un avantage sur les alternateurs diphasés qui en comportent le plus souvent quatre.

On peut employer deux moyens pour grouper les circuits de l'induit d'un alternateur triphasé, dans le but de n'avoir que trois conducteurs extérieurs : on peut les grouper en *triangle* ou les grouper en *étoile*.

Groupement des circuits en triangle

(Fig. 352 et 353.) Si nous supposons que dans un induit d'alternateur triphasé les extrémités des trois circuits aboutissent chacune à une bague collectrice, ces six bagues A, B, C, D, E, F, qui, en réalité,

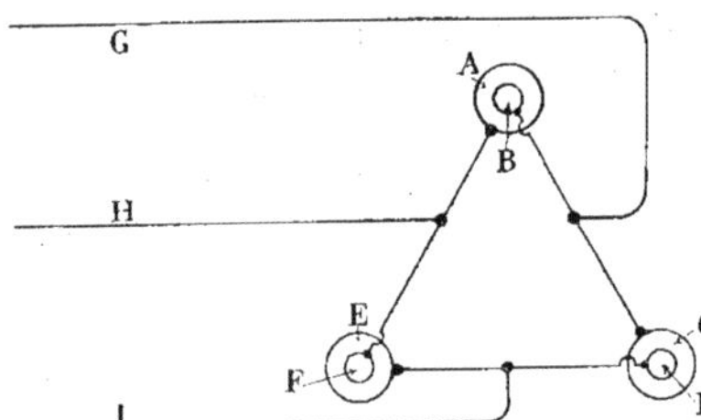

Fig. 352. — Groupement en triangle des circuits d'alternateur triphasé.

devraient être disposées les unes à côté des autres sur l'arbre, tout en étant isolées entre elles, pourront être représentées schématiquement comme l'indique la figure 352. Si on réunit la bague A avec la bague F, les bagues B et C et les bagues D et E, on constitue un triangle dont les sommets sont les extrémités des circuits. Dans le circuit triangulaire ainsi formé, les forces électromotrices des courants développés aux trois sommets s'équilibrent quand le circuit extérieur n'est pas fermé. Il ne passe aucun courant dans ce circuit triangulaire. Si du milieu de chaque côté du triangle nous faisons partir un conducteur, les courants alternatifs envoyés dans ces conducteurs G, H et I, seront donc décalés d'un tiers de période et ces trois conducteurs suffiront à transporter le courant produit par l'alternateur triphasé aux appareils installés pour l'utiliser.

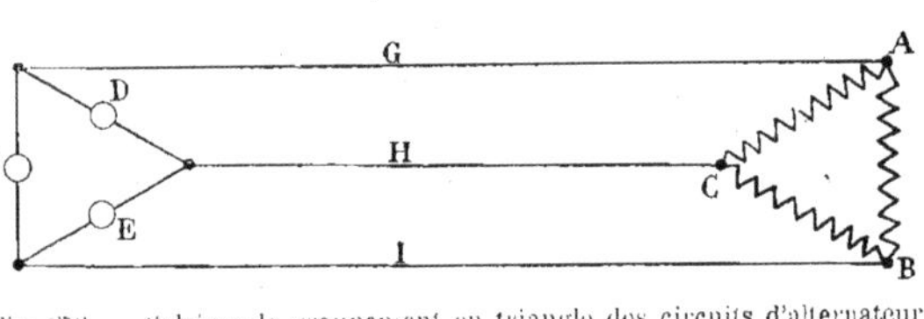

Fig. 353. — Schéma de groupement en triangle des circuits d'alternateur triphasé.

On représente d'une façon simplifiée les trois circuits montés en triangle, comme l'indique la figure 353. Les trois circuits sont AB, BC et CA, décalés d'un tiers de période, qui envoient dans les conducteurs G, H, I, des courants alternatifs triphasés reçus à l'autre bout de la ligne par les appareils D, E et F, montés dans un circuit dont la disposition affecte la forme d'un triangle semblable à celui qui groupe les trois circuits de l'induit. Ces appareils d'utilisation D, E et F, peuvent être des lampes électriques.

Pour grouper les trois circuits de l'induit en triangle, on peut, au lieu de relier les extrémités des circuits, établir les communications appropriées entre les diverses bobines constituant ces circuits.

Groupement des circuits en étoile (Fig. 354 et 356.) Dans cette sorte de groupement, trois des bagues B, F, D sont reliées à un point commun O et de chacune des trois autres bagues A, C, F, part un conducteur. Ces trois conducteurs G, H, I, constituent le circuit extérieur. Par la liaison des trois bagues B, F et D, à un point commun, ce point est à un *potentiel nul*. Il ne passe aucun courant

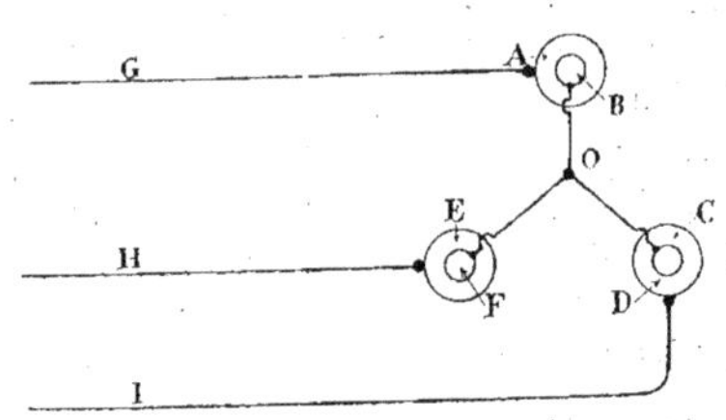

Fig. 354. — Groupement en étoile des circuits d'alternateur triphasé.

dans le circuit de liaison et les conducteurs G, H et I sont traversés par des courants alternatifs décalés d'un tiers de période qui

Fig. 355. — Génératrices à courants biphasés à 5.000 volts. Station centrale de Chèvres, à Genève. (Brown, Boveri et Cie.)

aboutissent aux appareils d'utilisation. La forme du circuit de liaison des trois bagues qui rappelle une étoile a donné son nom au système de groupement. Schématiquement ce groupement est représenté par la figure 356 et, à l'autre extrémité des conducteurs, les appareils recevant le courant sont disposés également en forme d'étoile.

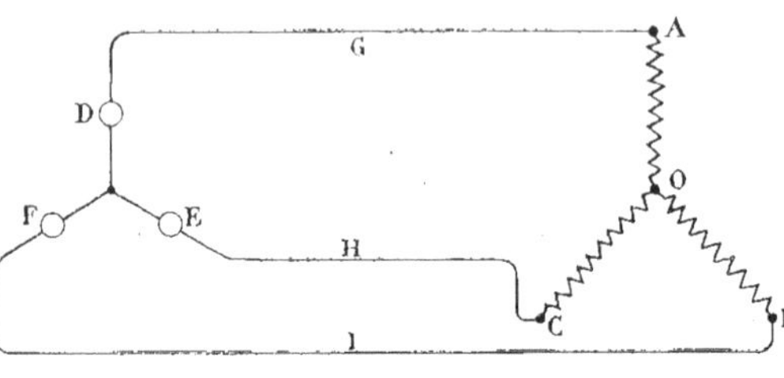

Fig. 356. — Groupement en étoile des circuits d'alternateur triphasé.

Ces appareils peuvent être des lampes électriques. On peut, comme pour le groupement précédent, constituer des liaisons entre les bobines formant les circuits triphasés.

La différence essentielle des deux modes de groupement précédents, en dehors de la forme des connexions, consiste dans la *différence de potentiel,* existant entre les conducteurs formant le circuit d'utilisation.

Dans le groupement *en triangle,* la différence de potentiel entre deux conducteurs est égale à la *tension d'une phase,* tandis que dans le montage *en étoile,* elle a pour valeur la *tension d'une phase multipliée* par $\sqrt{3}$.

Dans le groupement *en étoile,* la différence de potentiel est donc plus grande que dans le groupement *en triangle* pour une même tension entre les phases de chaque groupement.

ALTERNATEURS SIMPLES

Nous allons, maintenant que nous voilà un peu familiarisés avec le courant alternatif, décrire quelques types d'alternateurs,

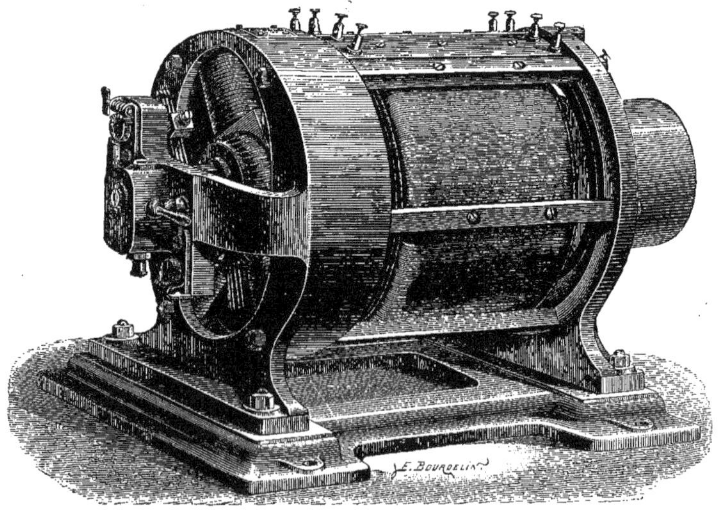

Fig. 357. — Machine Gramme à courants alternatifs.

d'abord parmi les *monophasés*, puis parmi les *polyphasés*. Nous rencontrerons des induits et des inducteurs disposés de diverses façons, suivant le mode de fabrication adopté par les nombreux constructeurs d'alternateurs.

Alternateur Gramme (Fig. 357.) Dans cet alternateur, l'inducteur est constitué par un cylindre en fer faisant corps avec l'arbre de la machine et portant, sur sa périphérie, huit électro-aimants, dont les pôles disposés sur une même circonférence peuvent, par le mouvement de rotation de l'arbre, se présenter successivement devant les diverses spires constituant l'enroulement induit.

Ces électro-aimants inducteurs ont des pôles alternativement de noms contraires et tournent donc dans l'induit en engendrant, successivement, dans chacune des sections de l'enroulement de cet induit, des courants alternatifs. L'induit est fixe et constitué par un anneau semblable à celui de la dynamo Gramme à courants continus. Sur cet anneau est enroulé un conducteur formant 32 sections réunies en 4 séries différentes.

L'excitation des électro-aimants inducteurs est réalisée par une machine à courants continus.

Fig. 358. — Machine dynamo-électrique Siemens à courants alternatifs, avec sa machine excitatrice.

Alternateur Siemens (Fig. 358.) Dans cet alternateur, l'induit est mobile et l'inducteur est fixe. L'induit comporte un enroulement à disque. Il est constitué par un disque métallique sur le pourtour duquel sont fixées des bobines plates sans noyau. Ce disque tourne entre deux séries d'électro-aimants fixés sur des couronnes de fonte. Ce sont les électro-aimants *inducteurs* qui portent un enroulement disposé de telle sorte que les pôles des électros qui se font face soient de noms contraires. Il en est de même pour les électros qui se suivent dans une même série. L'induit tourne rapidement entre les pôles inducteurs, produisant des courants alternatifs qui sont recueillis sur les bagues collectrices par des frotteurs. L'excitation de l'alternateur Siemens représenté par la figure 358 est réalisée au moyen d'une petite dynamo Siemens à courants continus qui reçoit un mouvement de rotation par une commande indépendante de l'alternateur.

Alternateur de Méritens Cet alternateur est semblable comme disposition générale à la machine magnéto-électrique de Méritens que nous avons décrite. Les aimants permanents sont remplacés par des électro-aimants inducteurs et les courants alternatifs produits sont utilisés directement sans être redressés.

Alternateur Ferranti (Fig. 359 et 360.) L'induit à disque de l'alternateur est mobile et les électro-aimants inducteurs sont fixes. Ces électro-aimants sont, comme dans l'alternateur Siemens, successivement de pôles contraires. Ils ont une section de forme ovoïde, sont reliés en série, et reçoi-

Fig. 359. — Machine dynamo-électrique à courants alternatifs Ferranti.

vent leur courant d'excitation d'une machine dynamo indépendante à courant continu. L'induit présente une forme tout à fait originale, représentée par la figure 360.

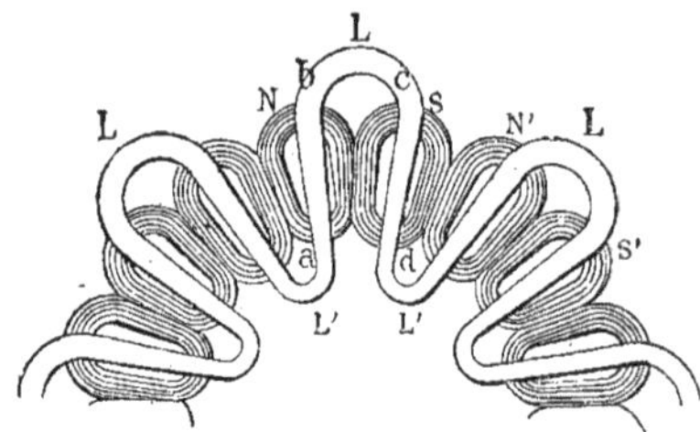

Fig. 360. — Armature de la machine dynamo-électrique à courants alternatifs Ferranti.

Il est constitué par une lame de cuivre contournée pour constituer des boucles L, L, de façon que chaque branche d'une boucle se présente en face d'un pôle inducteur.

Cette lame est, en conservant cette forme, enroulée plusieurs fois sur elle-même, constituant dans le sens de l'épaisseur de l'induit une série de couches de cuivre isolées les unes des autres par des bandes de caoutchouc. Cette armature est légère et ne comporte pas de fer dont l'action serait nuisible. On peut lui donner une grande vitesse de rotation.

Quand une boucle se meut, par le mouvement de rotation une de ses branches est soumise à l'action d'un électro-aimant de pôle contraire à celui qui agit sur la seconde branche de la boucle. Il se produit dans ces deux branches des courants induits de sens contraires; mais, du fait même de la forme en boucle de l'élément d'armature ainsi constitué, les deux courants induits dans les deux branches s'ajoutent. Il en est ainsi pour toutes les boucles, ce qui permet de recueillir le courant produit aux extrémités du circuit.

Alternateurs divers Les alternateurs diffèrent entre eux par la disposition de leurs divers organes, mais ils comportent toujours un induit portant un enroulement à tambour, à anneau ou à disque, induit qui peut être soit fixe, soit mobile, et un inducteur composé d'un nombre plus ou moins grand d'électro-aimants, inducteur qui, lui aussi, peut être fixe ou mobile. Les alternateurs sont quelquefois monophasés, mais, le plus souvent, on les dispose pour obtenir des courants alternatifs triphasés, dont nous avons indiqué les propriétés.

Fig. 361. — Alternateur monophasé pour électrométallurgie, 520 kilovolts-ampères, 65 volts, 375 tours. (Schneider et Cie.)

La figure 346 représente une armature d'induit destinée à un alternateur à courants monophasés de 1.500 chevaux, construit par la Société Brown, Boveri et Cie. On voit que cette armature est reliée à l'arbre par deux séries de bras en fonte très robustes, ayant une section en forme de double T.

La même Société a installé à la Station centrale d'éclairage électrique de Saint-Pétersbourg treize alternateurs monophasés de 500 chevaux chacun (Fig. 395). Dans ces alternateurs, l'induit est fixe et disposé extérieurement à l'inducteur qui est solidaire de l'arbre de la machine et participe à son mouvement de rotation. L'excitation des électro-aimants inducteurs est obtenue au moyen d'une petite dynamo à courant continu placée en bout de l'arbre de l'alternateur et dont l'induit est fixé sur cet arbre. Les alternateurs sont actionnés par des machines à vapeur verticales.

La Société l'Éclairage électrique, à Paris, a construit pour la Compagnie du secteur de la rive gauche à Paris, cinq alternateurs monophasés de 700 kilovolts-ampères, donnant un courant d'une tension de 3.000 volts, et tournant à 125 tours par minute. Ces alternateurs (Fig. 362), du type Labour, ont leur induit fixe et leurs électros inducteurs mobiles avec l'arbre de la machine. Ils sont actionnés par des machines à vapeur horizontales.

ateliers Schneider et Cie, de Champagne-sur-Seine, tourne à 375 tours et donne un

Fig. 362. — Alternateurs monophasés de 700 kilovolts-ampères, 3.000 volts, 125 tours, installés au secteur électrique de la rive gauche à Paris. (Société l'Éclairage électrique.)

L'alternateur monophasé de 520 kilovolts-ampères (Fig. 361), construit par les courant d'une tension de 65 volts. Cet alternateur, dont l'excitation est assurée

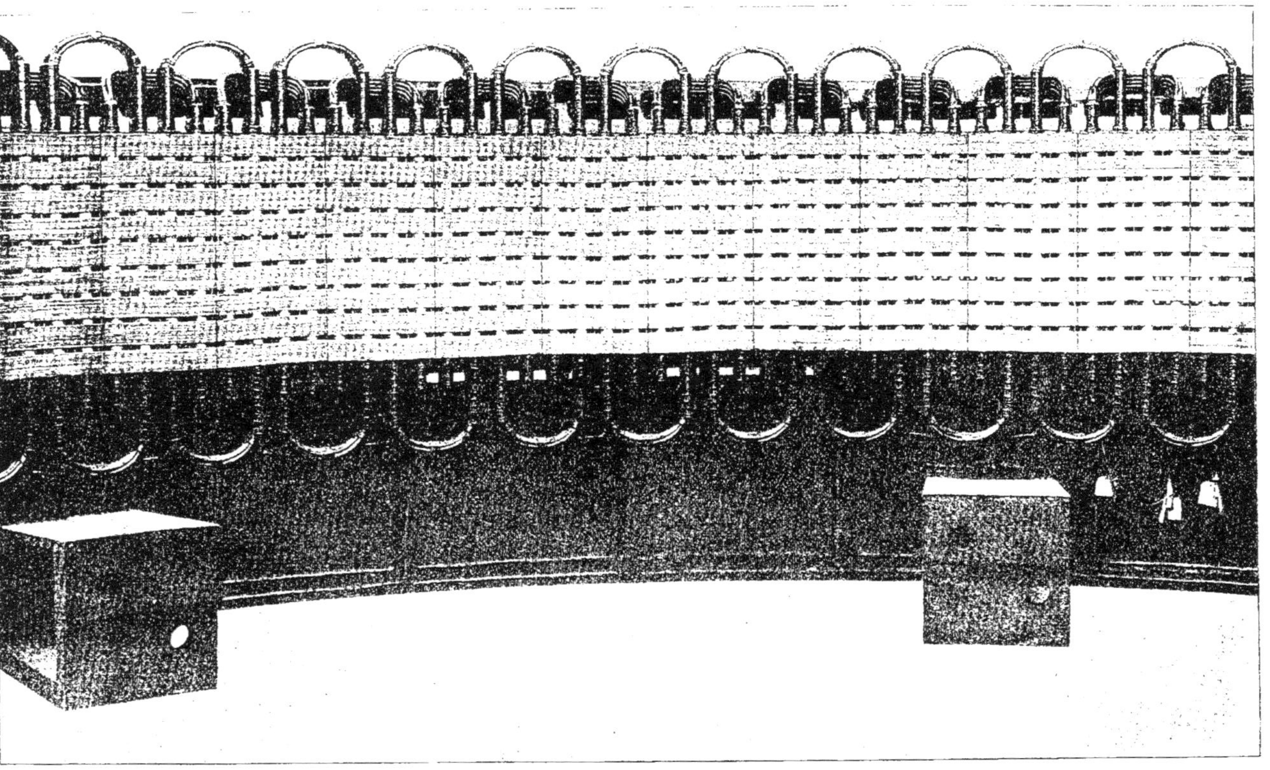

Fig. 363. — Enroulement induit d'un alternateur biphasé à axe vertical. 1.200 chevaux, 5.500 volts, 80 tours par minute, 17 périodes. (Compagnie de l'Industrie électrique et mécanique, à Genève.)

par une petite dynamo à courant continu montée en bout de l'arbre, a été spécialement établi pour être appliqué à l'électro-métallurgie.

Alternateurs polyphasés Ces dynamos génératrices de courants alternatifs à plusieurs *phases,* décalés, comme nous l'avons dit, soit d'une demi, soit d'un tiers de période, sont assez peu souvent disposées pour fournir des courants biphasés qui nécessitent quatre conducteurs. Elles produisent généralement du courant triphasé qui ne demande que trois conducteurs, à la condition de les grouper soit *en triangle,* soit *en étoile,* comme nous l'avons indiqué.

La figure 363 montre, vue de l'intérieur de l'induit, la disposition d'un enroulement destiné à un alternateur biphasé de 1.200 chevaux, 5.500 volts, tournant à 80 tours et fournissant des courants alternatifs, dont la fréquence est de 47 périodes. Cet alternateur, ayant son axe disposé verticalement, est construit par la Compagnie de l'Industrie électrique et mécanique de Genève. On voit sur la figure la disposition des deux circuits induits produisant des courants alternatifs biphasés.

Les alternateurs biphasés de la Station centrale de Chèvres, à Genève, sont disposés également verticalement. Construits par la Société Brown, Boveri et Cie, ils sont mus par des turbines hydrauliques. L'induit, disposé comme le précédent, est fixe et enveloppe la couronne mobile portant les électro-aimants inducteurs.

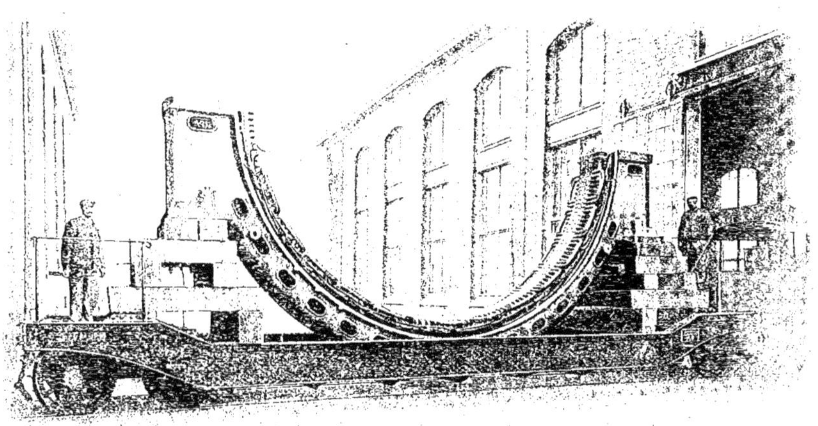

Fig. 361. — Demi-couronne d'induit d'alternateur de 3.000 chevaux de la C[e] du chemin de fer métropolitain de Paris. (Schneider et Cie.)

Ces alternateurs fournissent des courants d'une tension de 5.000 volts. Sur le côté de chacun d'eux est disposé le mécanisme destiné à effectuer la manœuvre des vannes pour mettre en marche les turbines hydrauliques directement accouplées aux alternateurs.

Nous avons donné (Fig. 178) une vue d'ensemble d'un générateur à courants alternatifs triphasé de 680 chevaux, 5.000 volts, tournant à 375 tours par minute, construit par La Française électrique, à Paris. L'induit est fixe et porte les trois bornes auxquelles s'attacheront les trois conducteurs trans-

Fig. 365. — Stator de turbo-alternateur Curtis. (Ateliers Thomson-Houston.)

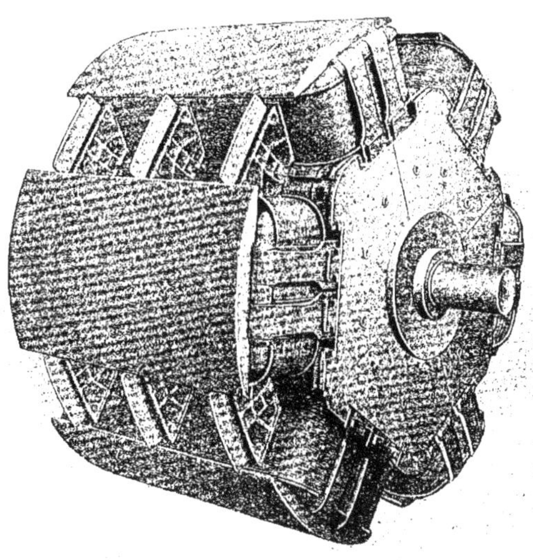

Fig. — 366. Rotor d'un turbo-alternateur Curtis de 5.000 kilowatts. (Ateliers Thomson-Houston.)

portant le courant. L'inducteur est mobile et fait corps avec l'arbre qui porte une poulie pour recevoir le mouvement de rotation d'une transmission quelconque.

La figure 364 représente une demi-couronne d'induit d'un alternateur de 3.000 chevaux, construit par les Ateliers Schneider et Cie, de Champagne-sur-Seine. Cet alternateur a, comme on peut en juger, des dimensions considérables et est destiné à la Compagnie du chemin de fer métropolitain de Paris.

Les Ateliers Thomson-Houston, à Paris, construisent des alternateurs à courants triphasés qui sont accouplés directement à des turbines à vapeur Curtis. Ces alternateurs ont leur axe disposé verticalement. La figure 365 représente le *stator* de ces alternateurs, c'est-à-dire la partie fixe, suivant une expression qu'on emploie quelquefois et la figure 366 représente le *rotor*, c'est-à dire la partie tournante.

On voit que le stator constitue l'induit de la génératrice et que le rotor porte les électro-aimants inducteurs. Ce rotor est destiné à un turbo-alternateur Curtis de 5.000 kilowatts, soit 6.800 chevaux environ.

La Société l'Éclairage électrique accouple des alternateurs triphasés, soit avec des turbines à vapeur, soit avec des turbines hydrauliques. La figure 367 représente un alternateur Labour de 2.000 kilovolts-ampères environ, actionné directement par une turbine à vapeur système Zoelly. Il tourne à 1.500 tours par minute, fournit du courant à 5.000 volts et 50 périodes par seconde. Le système inducteur de l'alternateur reçoit son courant d'excitation d'une petite dynamo à courant continu, disposée en bout de

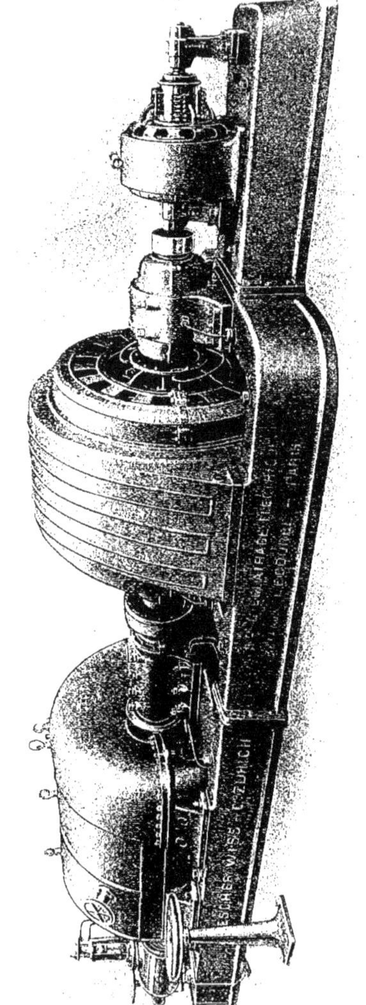

Fig. 367. — Turbo-alternateur de 2.000 kilovolts-ampères. 5.000 volts. 1.500 tours. 50 périodes. (Société l'Éclairage électrique.)

l'arbre de l'alternateur. Les alternateurs triphasés de la figure 368 sont actionnés par des turbines Brenier-Neyret et fournissent du courant à une tension de 3.000 volts. L'induit est fixe et l'inducteur mobile. Les électro-aimants portés par l'inducteur sont excités par le courant produit par une dynamo génératrice à courant continu, placée à l'extrémité de l'arbre du groupe et dont l'induit est rendu solidaire de cet arbre et participe ainsi à son mouvement de rotation.

Le groupe générateur représenté par la figure 369 est également composé d'un alternateur triphasé, actionné par une turbine. Il est construit par la Compagnie de l'Industrie électrique et mécanique de Genève. L'alternateur, de 1.350 kilovolts-ampères environ, tourne à 500 tours par minute et fournit un courant de 50 pé-

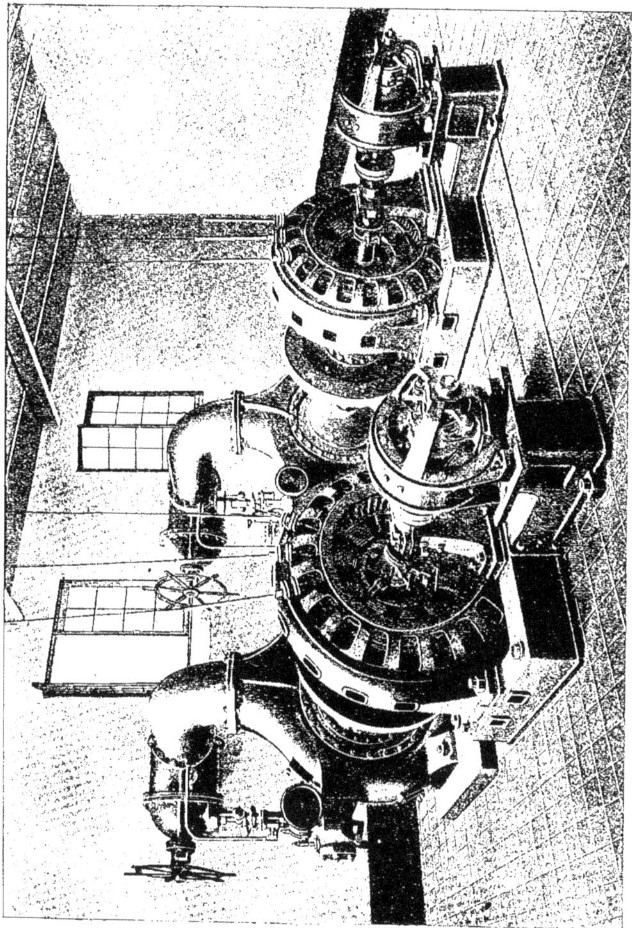

Fig. 368. — Alternateurs Labour de 110 kilovolts-ampères, 3.000 volts, actionnés par des turbines Brenier-Neyret.
(Société l'Éclairage électrique.)

riodes et d'une tension de 6.000 volts.

La Compagnie générale électrique de Nancy construit des alternateurs triphasés montés sur socle (Fig. 370) et comportant une poulie de commande clavetée sur l'arbre de la dynamo. L'induit de l'alternateur est fixe et sa carcasse fait corps avec le socle. Il porte extérieurement, à sa partie

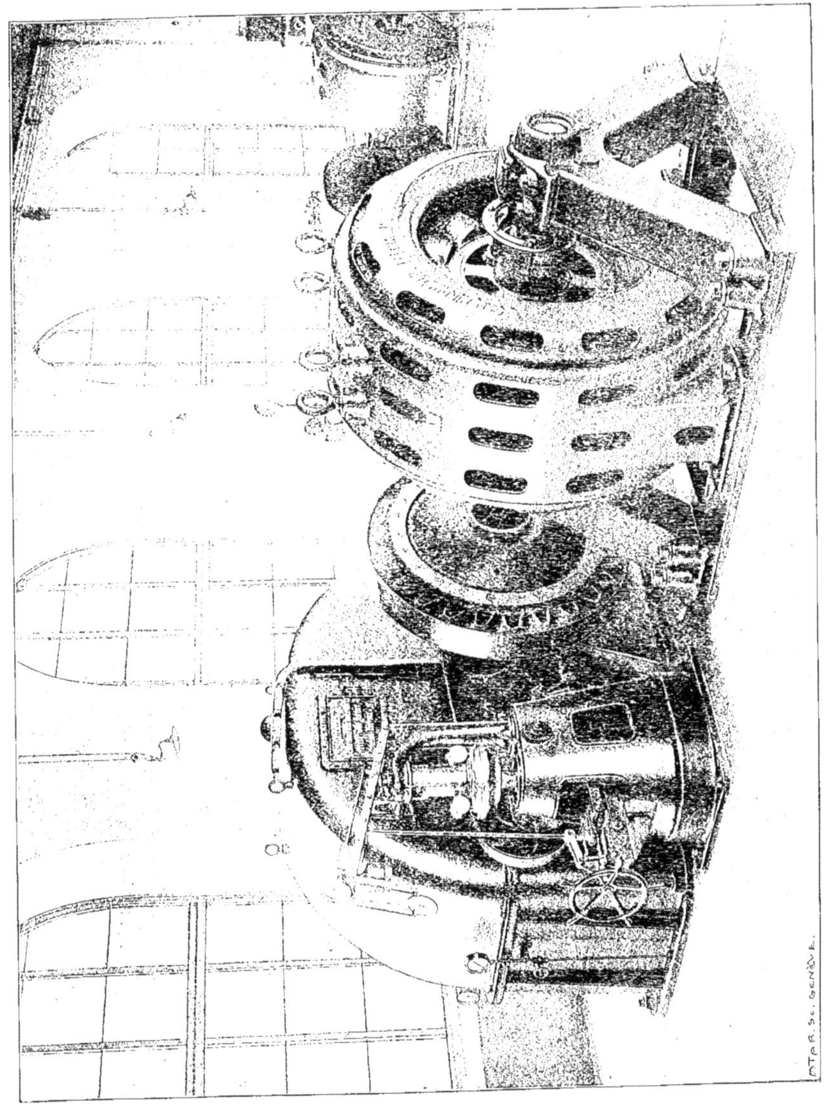

Fig. 369. — Alternateur triphasé, 1.350 kilovolts-ampères, 6.000 volts, 500 tours, 50 périodes, accouplé à une turbine. (Compagnie de l'Industrie électrique et mécanique de Genève.)

supérieure, trois bornes recevant les trois conducteurs constituant le circuit d'utilisation. Les trois câbles sont isolés les uns des autres et de la partie métallique de l'induit par des supports en porcelaine. La carcasse de l'inducteur est mobile et porte les électro-aimants, dont le courant d'excitation est fourni par une petite dynamo génératrice de courant continu placée en bout de l'arbre. On voit que le courant produit par cette dynamo est transmis au conducteur enroulé autour des électros au moyen de frotteurs qui, à mesure que l'inducteur tourne, établissent successivement la com-

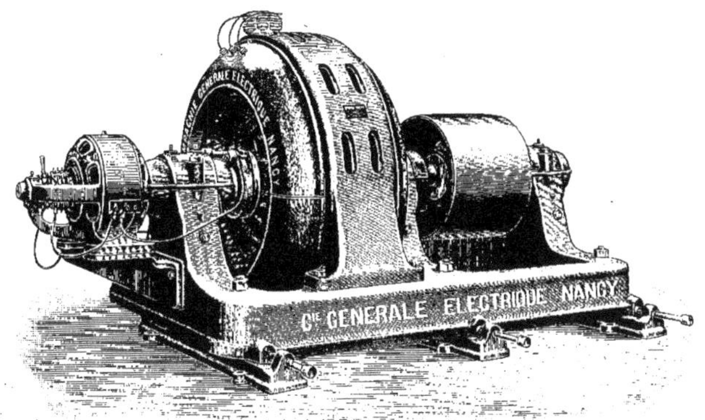

Fig. 370. — Alternateur à 3 paliers avec excitatrice de la Compagnie générale électrique de Nancy.

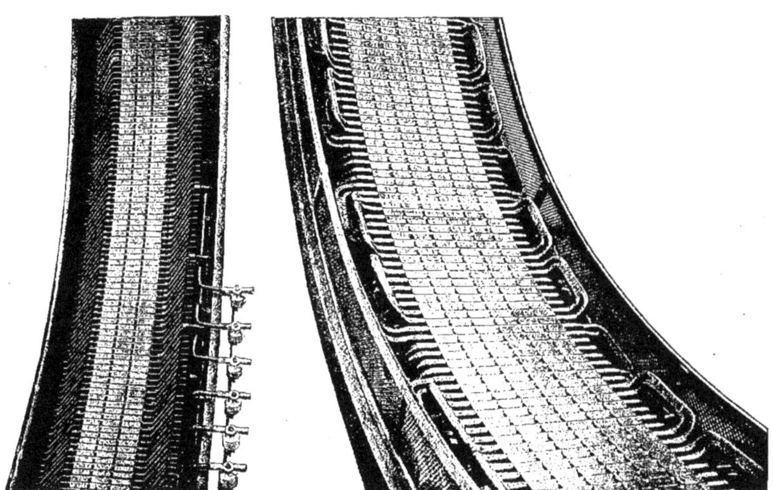

Fig. 371. — Enroulement d'induit à basse tension. Fig. 372. — Enroulement d'induit à haute tension.
(Établissements Felten et Guilleaume-Lahmeyerwerke, Francfort-sur-Mein.)

munication avec des bagues reliées aux extrémités du circuit inducteur.

Les alternateurs de la Société d'électricité Alioth à courants triphasés comportent également un induit fixe et un inducteur tour-

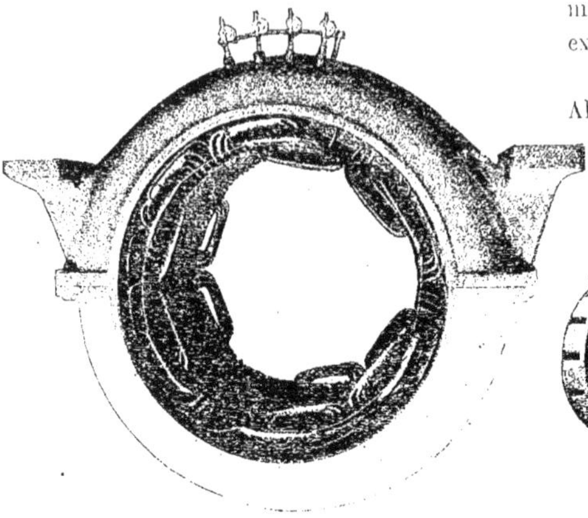

Fig. 373. — Armature fixe d'un alternateur actionné par turbine hydraulique. (Felten.)

Fig. 374. — Inducteur mobile d'un alternateur commandé directement par turbine hydraulique. (Felten.)

Fig. 375. — Alésage d'une carcasse d'induit. (Établissements Felten et Guilleaume-Lahmeyerwerke, Francfort-sur-Mein.)

nant. L'induit est constitué par une carcasse métallique dans laquelle est placé un noyau en fer formé de lamelles portant l'enroulement induit. L'inducteur mobile se compose d'un disque en acier ou en fonte muni de bras, sur la périphérie duquel sont disposés les électro-aimants à pôles alternés. Ce disque est claveté sur l'arbre qui porte à son extrémité l'induit d'une dynamo à courant continu servant d'excitatrice.

Pour permettre de surveiller toutes les parties de l'induit sans recourir à son démontage en deux parties, comme on est obligé de le faire dans la plupart des alternateurs, la même Société dispose cet induit de façon qu'il puisse effectuer un tour complet autour de l'arbre, ce qui permet de rendre abordables toutes ses parties.

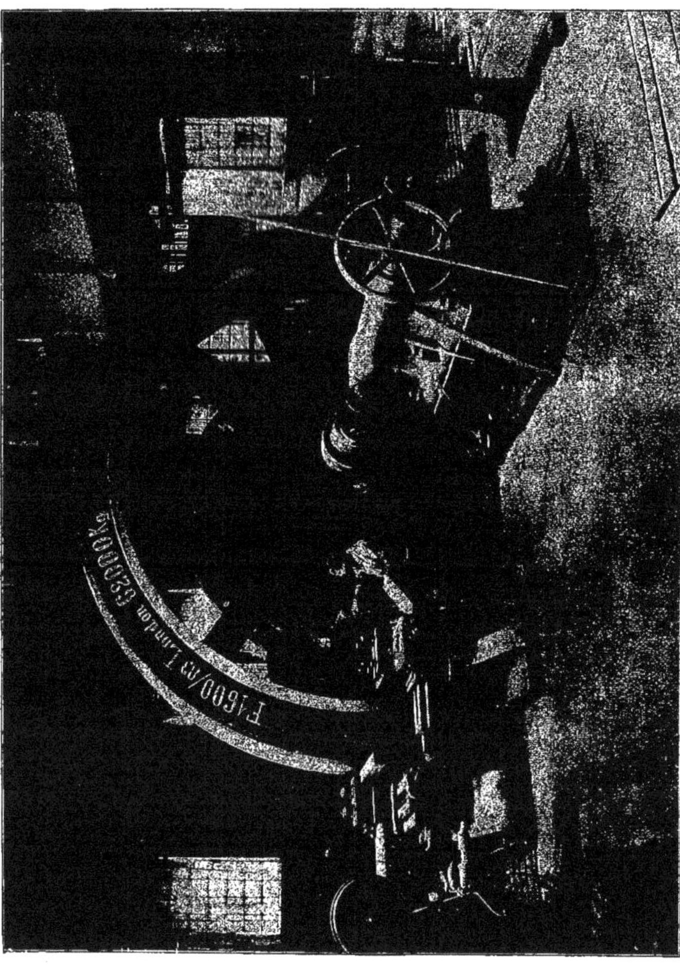

Fig. 376. — Volant inducteur de 62.000 kilogrammes monté sur un tour. (Felten et Guilleaume-Lahmeyerwerke.)

Felten et Guilleaume-Lahmeyerwerke, à Francfort-sur-le-Mein, construisent des alternateurs mono et polyphasés, dont les enroulements des induits sont constitués au moyen de barres de cuivre nu pour la basse tension (Fig. 371) et de tresses de cuivre guipées à plusieurs couches pour la haute tension (Fig. 372). Le noyau de l'induit est constitué par des tôles de fer doux de faible épaisseur, isolées entre elles au moyen de papier, et portant sur leur bord intérieur des encoches destinées à recevoir les conducteurs, qui sont isolés du noyau par des tubes de micanite disposés dans ces encoches.

Fig. 377. — Dynamo génératrice de courant triphasé, 250 kilowatts, 1.000 volts, 150 tours, actionnée par un moteur à gaz. (Felten et Guilleaume-Lahmeyerwerke, Francfort-sur-Mein.)

Le noyau de l'induit est supporté par une carcasse métallique fixée au socle.

La figure 373 représente l'induit fixe ou

Fig. 378. — Groupe de deux génératrices triphasées de 1.000 et 1.600 chevaux. (Brown, Boveri et Cie.)

stator d'un alternateur à courant triphasé actionné directement par une turbine hydraulique, et la figure 374 indique la forme donnée au *rotor* ou inducteur mobile de ce même alternateur qui, par sa rotation à l'intérieur de l'induit, donne naissance aux courants alternatifs triphasés.

Les alternateurs de grande puissance ont des dimensions considérables dont l'examen des figures 375 et 376 donnera un aperçu. Dans la figure 375, la carcasse extérieure supportant l'enroulement induit est disposée sur une machine - outil spéciale, afin de donner à sa circonférence intérieure une forme parfaitement circulaire. C'est ce que l'on appelle effectuer l'*alésage* de la carcasse, qui permet d'obtenir entre l'induit et l'inducteur un bon *centrage* indispensable au fonctionnement convenable de la dynamo.

Fig. 379. — Inducteur d'un alternateur de 1.000 kilowatts en construction. (Brown, Boveri et Cie.)

La figure 376 représente le volant supportant sur sa périphérie les électro-aimants inducteurs.

Ce volant, du poids de 62.000 kilogrammes, est monté sur un tour pour être façonné et centré. Deux séries de bras sont disposées pour relier la jante au moyeu claveté sur l'arbre de l'alternateur.

Un alternateur de ce type, de la puissance de 340 chevaux, est directement actionné (Fig. 377) par un moteur à gaz. Il tourne à 150 tours par minute et produit un courant de 1.000 volts. L'induit de la dynamo excitatrice est monté sur l'extrémité de l'arbre du moteur.

La Compagnie électro-mécanique du Bourget, qui construit des alternateurs Brown, Boveri et Cie, a installé à la station hydro-électrique de Cusset, près de Lyon, 16 alternateurs triphasés dont les axes sont disposés verticalement et qui sont directement accouplés avec des turbines hydrauliques.

Les figures 380 et 381 montrent en coupe et en plan la disposition d'un alternateur de 1.360 chevaux et la figure 379 représente le volant, portant sur sa périphérie les électro-aimants et les pôles inducteurs de ce même alternateur qui tourne à 120 tours par minute, et produit un courant de 3.500 volts dont la fréquence est de 50 périodes par seconde.

Les deux dynamos à courants alternatifs triphasés de la station centrale de la filature Prochoroff, à Moscou, de la puissance de 1.000 et 1.600 chevaux (Fig. 395), sont aussi du type Brown, Boveri et Cie. Elles sont actionnées chacune par une machine à vapeur horizontale à deux cylindres à distribution par soupapes, qui commande le mouvement

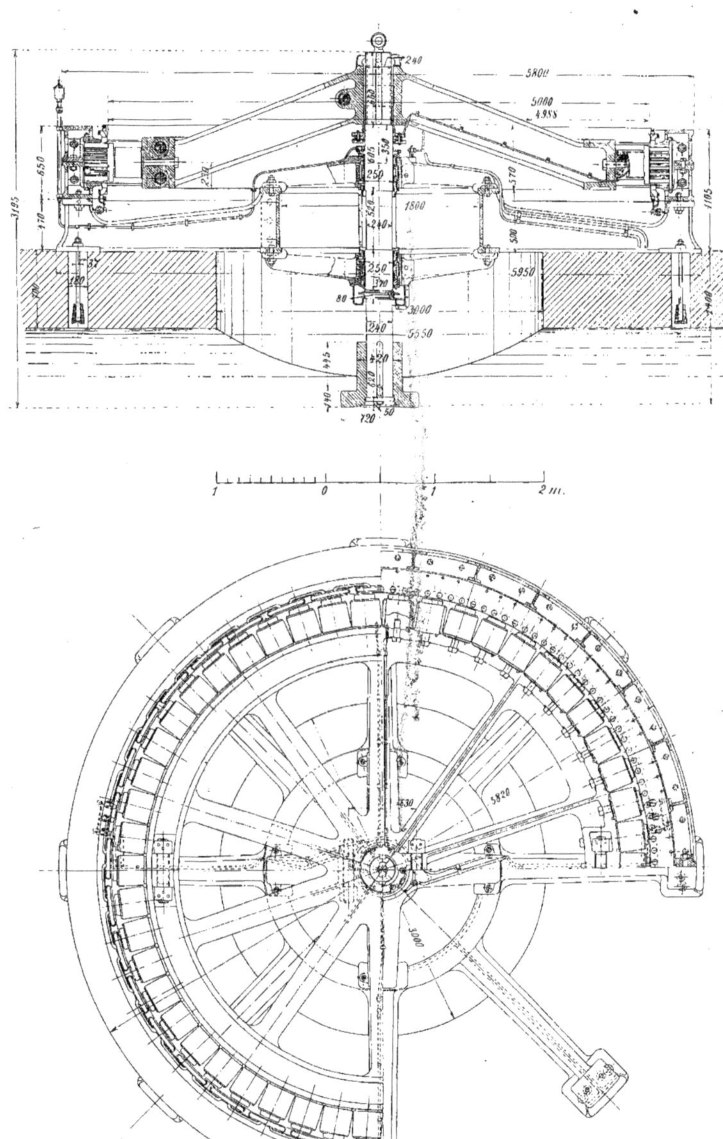

Fig. 380 et 381. — Section et plan d'un alternateur de 1.000 kilowatts. (Brown, Boveri et Cie).

de rotation de l'inducteur. L'induit est fixe et constitué par une couronne portant l'anneau, qui est formé de feuilles de tôle minces, isolées par du papier. Cette armature porte l'enroulement. A la surface extérieure de la couronne sont ménagées des ouvertures,

Fig. 382. — Génératrice triphasée de 650 chevaux accouplée avec un moteur à gaz de haut fourneau. (Brown, Boveri et Cie.)

ainsi d'ailleurs que pour la généralité des alternateurs, afin d'assurer la ventilation et le refroidissement du noyau et du conducteur pendant le fonctionnement.

Les conducteurs formant l'enroulement induit sont logés dans des trous pratiqués dans le noyau de l'armature (Fig. 397). Ces trous portent un tube isolant en *micanite*. L'enroulement nécessite, on le conçoit, un soin particulier et il est de toute importance qu'il soit réalisé d'une façon parfaite. Cette opération est faite aux usines Brown, Boveri et Cie, à Baden, dans un atelier spécial de bobinage (Fig. 397).

Fig. 383. — Groupes électrogènes de 600 chevaux; turbines hydrauliques et alternateurs triphasés. (Société alsacienne de Constructions mécaniques de Belfort.)

La génératrice de courants alternatifs triphasés (Fig. 382) est actionnée par un moteur à gaz qui fonctionne avec le gaz de haut fourneau. Cet alternateur a une puissance de 650 chevaux.

Les groupes électrogènes de 600 chevaux (Fig. 383), construits par la Société alsacienne de Constructions mécaniques de Belfort, sont composés chacun d'une génératrice à courants alternatifs triphasés actionnée directement par une turbine hydraulique. L'axe de ces alternateurs est disposé verticalement.

MOTEURS A COURANTS ALTERNATIFS

Champ magnétique tournant

On a appliqué les courants alternatifs, comme les courants continus, au *transport de l'énergie*, mais cette application a été moins simple pour les courants alternatifs que pour les courants continus, et elle n'a été réalisée d'une façon tout à fait efficace que grâce à l'emploi des *courants polyphasés* et des *champs magnétiques tournants*.

Nous savons ce que sont les courants alternatifs polyphasés; nous allons dire quelques mots sur les propriétés des *champs magnétiques tournants* avant de décrire quelques types de moteurs à courants alternatifs.

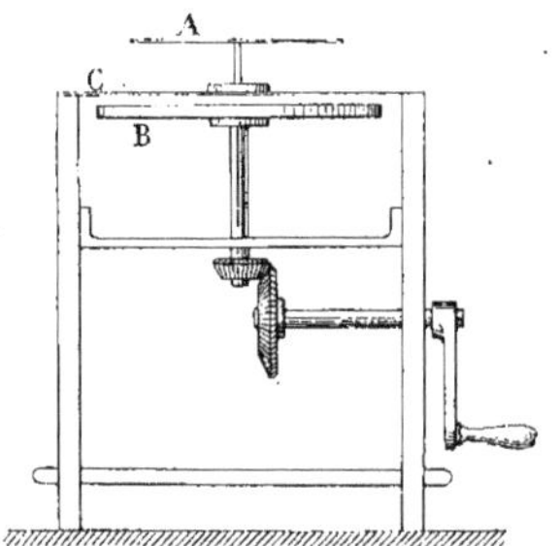

Fig. 384. — Expérience d'Arago.

Arago démontra qu'une aiguille aimantée A, placée au-dessus d'un disque de cuivre B et séparée de lui par une mince feuille de parchemin C pour éviter un entraînement dû à l'air déplacé, tourne lorsqu'on imprime au disque en cuivre un mouvement rapide de rotation et suit le mouvement de ce disque.

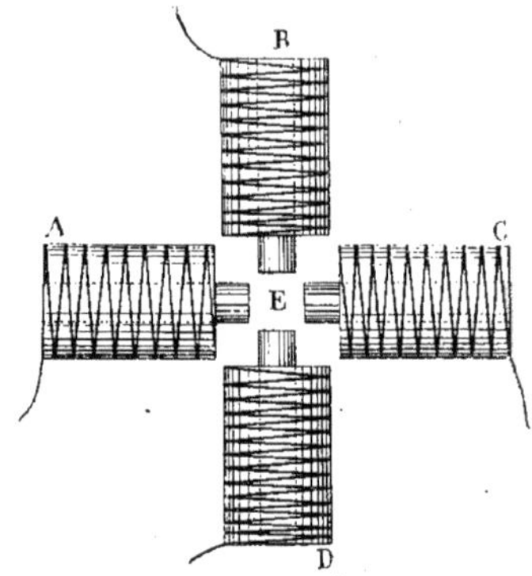

Fig. 385. — Champ magnétique tournant.

De même, un aimant animé d'un mouvement de rotation provoque la rotation d'une masse métallique quelconque disposée tout près de lui. On produit ainsi un *champ magnétique tournant*.

On peut, par les courants triphasés, produire des champs magnétiques tournants qui permettront de donner à des masses métalliques des mouvements de rotation.

Supposons, en effet, quatre bobines, par exemple, portant chacune un noyau de fer doux, et disposées perpendiculairement deux à deux de manière que les pôles en regard soient de noms contraires; si dans deux bobines opposées, B et D, on fait passer un courant alternatif et si on fait traverser les deux autres bobines A et C par un second courant alternatif décalé par rapport au premier d'un quart de période, on produira en E un champ magnétique tournant.

Il en sera de même si on dispose trois bobines traversées par des courants alternatifs triphasés décalés d'un tiers de période ; on obtiendra, à la rencontre de l'axe des bobines, un champ magnétique tournant.

C'est sur cette propriété de la production de champs tournants par l'emploi des courants polyphasés, que sont basés les moteurs à courants alternatifs.

Ces moteurs peuvent être divisés en deux catégories : les moteurs *synchrones* et les moteurs *asynchrones*.

Moteurs synchrones

Les *moteurs synchrones* sont ceux dont la vitesse de rotation doit être de même valeur que celle des alternateurs qui leur fournissent le courant. Ils comportent un inducteur dont l'excitation doit être produite par une machine excitatrice spéciale ; leur induit reçoit le courant de la génératrice et produit ainsi un champ alternatif qui provoque la rotation. Ce moteur est, en général, peu employé, parce que son démarrage présente des difficultés et qu'il s'arrête quand la charge dépasse la puissance pour laquelle il est établi. D'autre part, pour des varia-

Fig. 386. — Moteur monophasé à collecteur de 40 chevaux, 190 tours, 3.000 volts, 45 périodes. (Compagnie électro-mécanique du Bourget.)

tions de charge inférieures à sa charge limite, il donne une grande régularité de vitesse.

Moteurs asynchrones Les. *moteurs asynchrones* sont les plus employés. Ils sont à *champ tournant,* c'est-à-dire que leur induit ne comporte aucune liaison électrique avec la génératrice. Cet induit prend une vitesse plus ou moins grande sous l'action du champ tournant produit par les courants alternatifs de la génératrice, mais cette vitesse n'est pas nécessairement la même que celle du champ tournant. De là le nom *d'asynchrones* donné à ce genre de moteurs.

Les moteurs à courants alternatifs sont surtout polyphasés. Cependant on construit aussi des moteurs monophasés. On est obligé, pour mettre en marche ces moteurs, de créer un champ tournant que le moteur lui-même ne permet pas de produire, puisqu'il ne reçoit qu'un seul courant alternatif. On emploie pour cela des dispositifs spéciaux et on effectue le démarrage à vide.

Fig. 387. — Moteur asynchrone à rotor bobiné à bagues. (Ateliers Thomson-Houston.)

Le moteur monophasé Brown, Boveri et Cie, de la Compagnie électro-mécanique du Bourget (Fig. 386), comporte un collecteur et des balais. C'est un moteur de 40 chevaux, tournant à 190 tours, marchant avec un courant de 3.000 volts, d'une fréquence de 45 périodes et servant à actionner des pompes de condenseurs.

Les Ateliers Thomson-Houston construisent des moteurs asynchrones à courants triphasés, comportant une carcasse en fonte de forme circulaire (Fig. 387) qui constitue le *stator* du moteur, autrement dit la partie fixe. Cette carcasse supporte des tôles de fer isolées entre elles au vernis et fortement serrées. Sur ces tôles est disposé un enroulement qui reçoit le courant de la génératrice à courants triphasés. La carcasse porte de larges ouvertures pour permettre la ventilation et, par conséquent, le refroidissement des tôles.

Fig. 388. — Rotor à cage d'écureuil de moteur asynchrone. (Ateliers Thomson-Houston.)

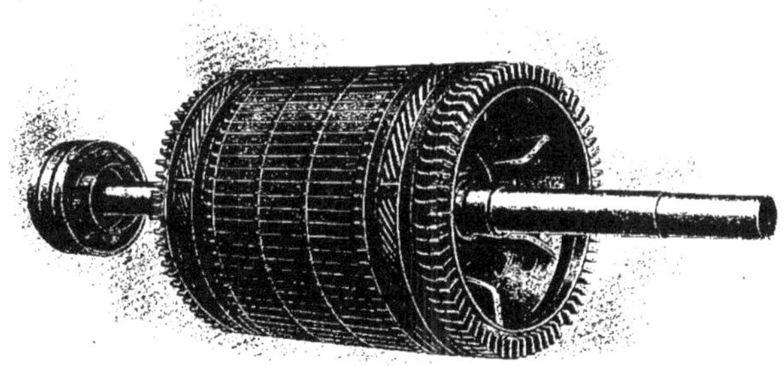

Fig. 389. — Rotor bobiné à bagues de moteur asynchrone. (Ateliers Thomson-Houston.)

La partie tournante du moteur, appelée *rotor*, peut être constituée de deux façons, le type dit *à cage d'écureuil* et le type *bobine à bagues*. Dans le *rotor à cage d'écureuil* (Fig. 388), l'enroulement est formé de tiges de cuivre nu placées dans les tôles formant l'armature. Ces tiges sont réunies à leurs extrémités par des cercles en cuivre et l'ensemble du *rotor* ainsi constitué ressemble assez à une cage d'écureuil, ce qui lui a valu son nom. Les moteurs comportant un rotor de ce type peuvent démarrer par la simple fermeture d'un *interrupteur*. Si ce démarrage a lieu sous tension normale et en charge, le courant peut atteindre près de quatre fois celui de la charge limite. Pour éviter les inconvénients que ce surcroît de courant peut occasionner, il est préférable de démarrer à charge réduite.

Le type de *rotor bobiné à bagues* (Fig. 389) comporte un enroulement de fil. Cet enroulement est divisé en trois sections reliées respectivement à trois bagues placées sur l'arbre solidaire du rotor. Sur ces bagues, qui participent donc au mouvement de rotation, sont disposés trois frotteurs reliés aux résistances d'un rhéostat de démarrage qui permet la mise en marche du moteur en pleine charge, tout en limitant la valeur du courant absorbé. La figure 387 représente l'ensemble d'un moteur asynchrone triphasé, dont le rotor est du type bobiné à bagues.

Nous avons (Fig. 142) montré un moteur asynchrone Thomson-Houston, conduisant une pompe centrifuge à haute

Fig. 390. — Moteur triphasé de 200 chevaux, 730 tours, 25 périodes, actionnant une transmission et une génératrice de courant continu de 100 kilowatts. (Compagnie de l'Industrie mécanique et électrique de Genève.)

Fig. 391. — Moteur triphasé, 700 chevaux, 240 tours, 2.000 volts, 50 périodes. (Cie de l'Indust. électr. et méc. de Genève.)

pression, pouvant élever 25 mètres cubes d'eau à l'heure à une hauteur manométrique de 170 mètres. La figure 326 représente aussi un moteur asynchrone semblable à courants triphasés, actionnant une dynamo génératrice de courant continu, ce qui constitue un groupe *moteur-générateur*, pouvant être également considéré comme transformateur de courant alternatif en courant continu.

Fig. 392. — Groupe moteur-générateur de 250 kilowatts. (Cie générale électrique de Nancy.)

Fig. 303. — Rotor d'un moteur triphasé asynchrone de laminoir, de 1.800 à 3.500 chevaux, 70 à 95 tours. (Société alsacienne de Constructions mécaniques de Belfort.)

Fig. 304. — Stator d'un moteur triphasé asynchrone de laminoir, de 1.800 à 3.500 chevaux, 70 à 95 tours. (Société alsacienne de Constructions mécaniques de Belfort.)

Fig. 305. — Commande par moteurs à courants alternatifs triphasés des métiers de la filature Prochoroff, à Moscou. (Brown, Boveri et Cie.)

La Compagnie de l'Industrie mécanique et électrique de Genève construit des moteurs à courants triphasés, dont un type a été représenté par la figure 152. C'est un moteur de 200 chevaux, dont le courant a une tension de 440 volts et une fréquence de 25 périodes, et qui tourne à 365 tours. Ce moteur comportant un rotor bobiné à bagues peut démarrer à pleine charge, et ne porte pour cela qu'une seule poulie, clavetée sur l'arbre qui sert à transmettre l'énergie mécanique fournie par le moteur. Celui-ci reçoit de l'énergie électrique sous forme de courants alternatifs triphasés.

Un autre moteur triphasé de la même Compagnie est accouplé directement avec une génératrice de courant continu (Fig. 390) et peut, en même temps, actionner une transmission mécanique au moyen de la poulie calée sur l'arbre commun du moteur et de la dynamo. Ce moteur de 200 chevaux, tourne à 730 tours. Le groupe repose sur un socle comportant quatre paliers, dont deux sont solidaires de la carcasse du stator du moteur.

Le moteur triphasé de la figure 391 comporte ses trois bagues, tourne à 240 tours et reçoit un courant de 2.000 volts d'une fréquence de 50 périodes. Sa puissance est de 700 chevaux.

Le groupe moteur-générateur de la Compagnie générale électrique de Nancy (Fig. 392) est composé d'un moteur triphasé de 340 chevaux environ, recevant du courant à une tension de 5.000 volts, et d'une dynamo produisant du courant continu à la tension de 120 volts. Les deux machines sont accouplées directement sur le même arbre. Le moteur triphasé porte trois bagues et trois frotteurs.

Les figures 393 et 394 montrent l'une le rotor, l'autre le stator d'un moteur asynchrone triphasé construit par la Société alsacienne de Constructions mécaniques à Belfort. Ce moteur, dont le type varie de 1.800 à 3.500 chevaux et qui peut tourner à une vitesse variant de 70 à 95 tours, est destiné à actionner un laminoir.

Le rotor est représenté monté sur un tour et le stator sur une machine à aléser. On voit l'importance que prennent les organes du moteur pour une puissance si considérable.

Les moteurs à courants alternatifs, par leur simplicité et par l'absence d'organes trop délicats, conviennent à un grand nombre d'emplois industriels. Ainsi des moteurs triphasés Brown et Boveri sont employés à la filature Prochoroff à Moscou pour actionner des métiers continus à retordre (Fig. 395). Ces moteurs sont fixés au plafond et commandent les métiers par l'intermédiaire de courroies directes ou croisées, suivant le sens du mouvement que l'on doit donner à l'arbre de l'appareil. Un autre moteur tri-

Fig. 396. — Moteur triphasé vertical de 450 chevaux accouplé à une pompe centrifuge. (Cie électro-mécanique du Bourget.)

phasé Brown (Fig. 396), de 450 chevaux, est directement accouplé à une pompe centrifuge. Il est, dans ce cas, disposé verticalement.

Comme les alternateurs, les moteurs à courants alternatifs comportent une très grande variété de types n'ayant entre eux que des différences de détails. Nous avons indiqué un certain nombre de ces types pour établir le principe de ces appareils, et pour montrer quelques-unes de leurs applications.

CHAPITRE VII

TRANSFORMATEURS

TRANSFORMATEURS.

BOBINE DE RUHMKORFF. — INTERRUPTEURS : à marteau, Foucault, atonique Carpentier, Ducretet, Wehnelt.

BOBINES DIVERSES. — APPLICATIONS DES BOBINES D'INDUCTION. — RAYONS X. — COURANTS DE HAUTE FRÉQUENCE.

TRANSFORMATEURS INDUSTRIELS.

TRANSFORMATEURS STATIQUES : à circuit magnétique ouvert, à circuit magnétique fermé : simple, double. — RENDEMENT.

TRANSFORMATEURS DIVERS : Zipernowsky, Westinghouse, Compagnie Générale électrique de Nancy, Thomson-Houston, Oerlikon, souterrain. — AUTO-TRANSFORMATEURS.

INSTALLATION DES TRANSFORMATEURS.

TRANSFORMATEURS ROTATIFS. — MOTEURS-GÉNÉRATEURS. — COMMUTATRICES. — PERMUTATRICES.

Transformateurs — Nous avons vu que par l'emploi des dynamos et des moteurs électriques on peut facilement transmettre l'*énergie* entre deux points même fort éloignés l'un de l'autre. Nous examinerons plus loin quelques cas particuliers de transmission de l'énergie ou, comme on dit assez souvent, de *transport de force;* mais, pour le moment, demandons-nous simplement quelles doivent être les conditions les meilleures pour effectuer le transport de l'énergie électrique.

On sait que le courant, pour aller d'un point à un autre, traverse les conducteurs et que ces conducteurs, suivant leur conductibilité et suivant l'intensité du courant qui les traverse, s'échauffent plus ou moins. Cet échauffement correspond à une perte d'énergie et il convient, dès lors, d'en atténuer le plus possible la valeur pour obtenir un transport d'énergie à faibles pertes et, par conséquent, à rendement élevé.

Pour diminuer l'échauffement, il faut diminuer ou la résistance du conducteur ou l'intensité du courant qui y circule. La diminution de la résistance ne peut s'obtenir qu'en augmentant la section du câble. Ce procédé peut devenir fort onéreux quand la *ligne* a une grande longueur. Il est préférable de diminuer l'intensité du courant qui est envoyé dans le conducteur. Mais si l'intensité du courant est abaissée, il convient d'augmenter sa tension, son *voltage,* si on veut transmettre une certaine énergie électrique capable d'un travail déterminé. C'est pour cette raison que les transports d'énergie se font par des courants à haute tension atteignant, comme nous le verrons plus loin, 50.000 et 60.000 volts. Ces courants de faible intensité et de haute ten-

Fig. 397. — Usines Brown-Boveri et Cie. Atelier de bobinage.

sion, envoyés dans les lignes afin de réduire au minimum les pertes d'énergie, ne sont pas utilisés à l'autre extrémité de ces lignes sous la même forme. On doit leur restituer une tension d'utilisation normale et moins dangereuse, mais en même temps on récupère l'intensité.

En résumé, il y a intérêt à envoyer dans une ligne de transport de force un courant électrique à haute tension et à faible intensité et, généralement, on doit recevoir et utiliser un courant de faible tension et d'intensité élevée. Pour *transformer* ainsi ce courant, on emploie des appareils spéciaux nommés *transformateurs*.

Fig. 398. — Ruhmkorff.

Ces transformateurs, que nous allons décrire, sont entrés dans la pratique industrielle et constituent des organes essentiels dans une installation de transport d'énergie. Mais tous les appareils appelés *transformateurs* ne sauraient être utilisés industriellement de la même façon. On donne, en effet, le nom général de *transformateurs* à des appareils qui permettent de transformer un courant électrique soit en éléments de valeurs différentes, soit même en types divers de courants : continu, alternatif monophasé ou polyphasé.

BOBINE DE RUHMKORFF

(Fig. 399 et 400.) La bobine de Ruhmkorff est un transformateur d'un type tout spécial qui sert, étant alimenté par un courant d'une certaine tension, mais *interrompu* très fréquemment, à produire un courant continu d'une tension beaucoup plus élevée, capable de provoquer de fortes étincelles entre des pièces métalliques reliées aux deux pôles de l'appareil.

Le courant reçu dans ce transformateur, comme d'ailleurs dans les transformateurs en général, est appelé *courant primaire;* le courant transformé fourni par l'appareil se nomme *courant secondaire*.

La bobine de Ruhmkorff est une bobine d'*induction*. Le physicien français Masson pensa, en 1836, à tirer parti des effets continus du courant induit, en produisant des interruptions très fréquentes du courant inducteur.

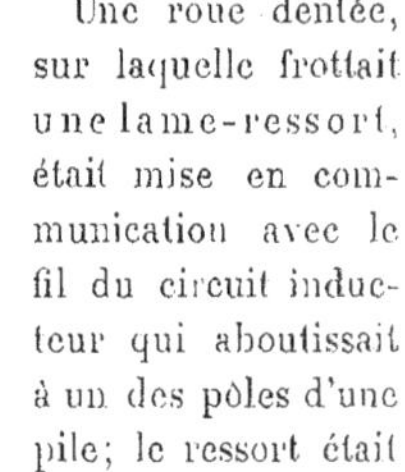

Une roue dentée, sur laquelle frottait une lame-ressort, était mise en communication avec le fil du circuit inducteur qui aboutissait à un des pôles d'une pile; le ressort était relié à l'autre pôle. Par la rotation de la roue, les fermetures et les interruptions du courant se succédaient à des intervalles très rapprochés, suivant qu'une dent ou un creux se présentait en face du ressort, et les courants induits ainsi obtenus avaient une tension considérable qui les rendait très propres à produire des effets physiologiques.

Vers 1848, Masson et Bréguet construisirent une *machine d'induction* basée sur ce principe qui permit, par exemple, de charger un condensateur; mais ce n'est qu'en 1851 que la bobine d'induction reçut de Ruhmkorff la forme vraiment pratique qu'elle a pour ainsi dire conservée, en principe, jusqu'à nos jours, les dispositifs d'interruption de courants ayant surtout subi de notables améliorations.

Né en Allemagne, Ruhmkorff vint à Paris pour y apprendre la construction des instruments de précision. Après avoir travaillé chez quelques-uns des meilleurs constructeurs, il s'établit ouvrier en chambre et devint plus tard le chef d'une maison de fabrication d'appareils électriques.

La bobine de Ruhmkorff (Fig. 400) se compose d'un noyau de fils de fer doux A, placés les uns contre les autres. Cette disposition du noyau permet d'éviter la formation des courants de Foucault.

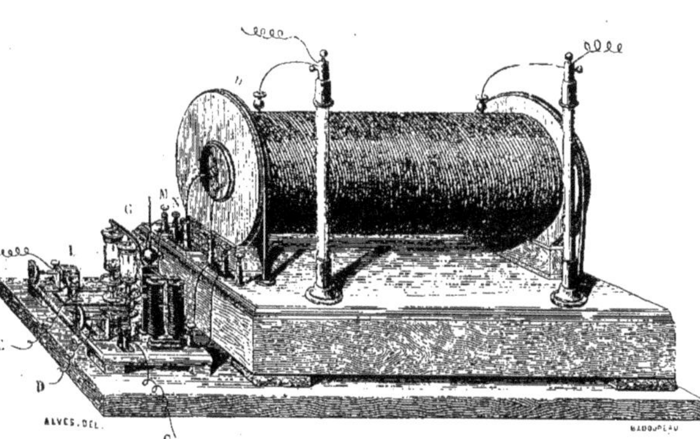

Fig. 399. — Bobine de Ruhmkorff.

Sur le noyau de fer doux A est enroulé d'abord un conducteur formé de gros fil ayant un diamètre d'environ 2 millimètres. Au-dessus de cet enroulement, on bobine un second conducteur recouvert d'une gaine parfaitement isolante, qui est généralement de la soie. Ce conducteur est un fil de faible diamètre, et il est enroulé un grand nombre de fois sur lui-même et autour du premier conducteur de plus fort diamètre. Pour rendre l'isolement du conducteur fin aussi parfait que possible, on recouvre chaque spire de gomme laque, ce qui contribue à empêcher toute communication électrique avec la spire voisine.

L'enroulement B constitué en fil gros est appelé l'enroulement *primaire*, parce qu'il reçoit le courant primaire provenant d'une pile C. Le second enroulement D, fait en fil fin, est appelé l'enroulement *secondaire*, et c'est entre les extrémités de ce conducteur qu'on peut faire jaillir une étincelle produite par l'élévation de tension du courant primaire. Cette augmentation de tension est due à un phénomène d'induction. Le circuit primaire, en effet, est tout à fait indépendant du circuit secondaire. Chacun de ces deux circuits a ses extrémités libres à l'extérieur de la bobine. Nous avons dit que les extrémités du circuit secondaire permettaient d'obtenir des étincelles; les extrémités du circuit primaire sont reliées l'une à un pôle de la pile, l'autre à un *interrupteur* qui rompt fréquemment le courant de la pile et dont nous allons expliquer le fonctionnement.

A chaque passage de courant dans le circuit primaire, il se développe dans le circuit secondaire, par induction, un courant dont on peut voir les manifestations aux extrémités de ce circuit; mais comme chaque interruption donne lieu dans le circuit primaire à un flux inducteur dirigé alternativement en sens contraires, il semble que le courant induit doit être également dirigé alternativement dans les deux sens pour donner naissance à un courant *alternatif*. Cependant ce n'est pas ce qui se produit. Cela s'explique en considérant que la rupture provoque la suppression très rapide du champ d'induction, tandis que ce champ inducteur est beaucoup plus lent à s'établir. La variation du flux inducteur considérable à la rupture donnera lieu à un courant induit de tension très élevée, qui permettra à l'étincelle de jaillir entre les deux extrémités du circuit secondaire. Il en résulte que la bobine de Ruhmkorff produit en réalité un courant induit toujours dirigé dans un même sens.

Interrupteur à marteau Examinons maintenant comment, en principe, peut être réalisée la rupture fréquente et automatique du courant primaire traversant la bobine.

Nous nous servirons pour cela de la

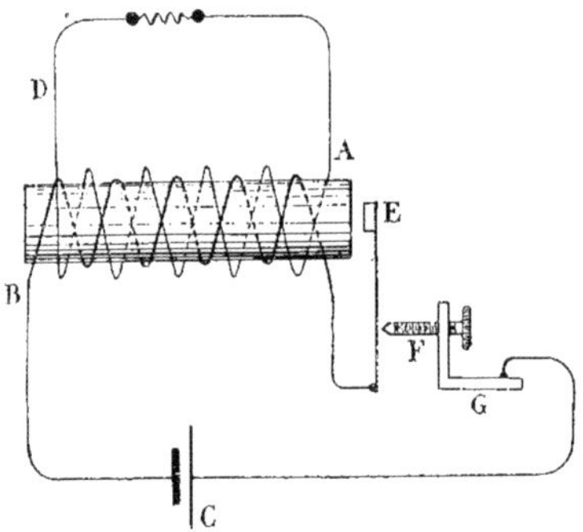

Fig. 400. — Bobine de Ruhmkorff. Schéma.

figure 400, qui représente schématiquement une bobine de Ruhmkorff comportant son noyau A, ses deux circuits B et D, sa pile C et son interrupteur E. Cet interrupteur peut être semblable à celui que nous avons décrit à propos de la sonnerie électrique (Fig. 208).

Il se compose d'une armature E, fixée en bout d'une lame-ressort qui, à sa position de repos, appuie sur une vis F permettant d'effectuer un réglage par sa rotation dans une pièce fixe G. La lame-ressort est reliée à une extrémité du circuit primaire et la pièce fixe G est reliée à un des pôles de la pile, l'autre pôle étant mis en communication avec le second bout du circuit primaire. Quand la lame touche la vis F, le courant de la pile peut passer dans le circuit primaire, puisque ce circuit est fermé par le contact de ces deux pièces métalliques. Ce courant provoque d'une part un courant induit dans le circuit secondaire, mais, en outre, il donne au noyau de fer doux A sur lequel il est enroulé une aimantation temporaire qui attire à son extrémité l'armature E. C'est, en somme, un véritable électro-aimant. Quand l'armature est attirée, la lame-ressort qui la supporte fléchit et le contact n'est plus établi entre cette lame et la vis F; le circuit est alors ouvert et le courant de la pile ne peut plus traverser l'enroulement primaire. L'aimantation du noyau central cesse et la lame-ressort, étant libérée, revient par son élasticité reprendre contact avec la vis F, pendant que, du fait de la rupture, une étincelle crépite entre les extrémités du circuit secondaire. L'établissement du contact métallique referme le circuit primaire et un nouveau courant passe dans le conducteur, provoquant une série de phénomènes semblables à ceux que nous venons d'examiner. L'interruption et le rétablissement du courant se continuent ainsi automatiquement avec une fréquence considérable et donnent lieu à la production d'une série d'étincelles.

L'interrupteur que nous venons de décrire est appelé interrupteur à *trembleur* ou à *marteau;* il a été appliqué aux bobines de peu d'importance.

Pour les bobines de grandes dimensions, on emploie des interrupteurs différents dont nous allons examiner quelques types.

Interrupteur Foucault (Fig. 401.) Cet interrupteur se compose d'une tige crémaillère A, glissant dans une équerre métallique B et pouvant être réglée en hauteur par la manœuvre d'un petit pignon actionné par un bouton C.

A la partie supérieure de la tige A est fixée une lame-ressort D, supportant un levier EF. Une extrémité de ce levier porte une armature en fer doux E et l'autre extrémité porte une tige verticale métallique terminée, à sa partie inférieure, par une pointe de platine G. Cette pointe peut plonger dans du mercure contenu dans un récipient en verre H, dont le fond métallique est supporté par une colonnette également métallique. Le mercure est recouvert d'une couche de pétrole. On met en communication une extrémité du circuit primaire avec une borne I et l'autre extrémité du même circuit avec l'équerre B, guidant la tige-crémaillère. Une seconde borne J est reliée à la colonnette supportant le vase à mercure H. On attache à chacune des bornes un conducteur les mettant en communication respectivement avec les deux pôles de la pile fournissant le courant primaire. Ce courant peut traverser le circuit primaire, puisque d'une part il pénètre directement dans ce circuit par une extrémité et par la borne I, et que d'autre part la seconde extrémité est reliée à la seconde borne J par l'intermédiaire de l'équerre B, de la tige A, du levier EF, et de la pointe de platine G plongeant dans le mercure qui, par son contact avec la partie métallique du vase H et la colonne qui le supporte, établit la communication électrique avec la borne J. Le courant de la pile traverse donc l'enroulement primaire et, par induction dans le circuit secondaire, donne lieu à des étincelles. Mais, en outre, le courant primaire aimante le noyau de fer doux sur lequel l'enroulement est réalisé. Cette aimantation provoque l'attraction de l'armature de fer doux E, placée en bout du levier EF. Le déplacement de cette armature fait fléchir la lame-ressort D et l'extrémité F du levier EF se soulève; la pointe de platine G ne touche plus le mercure et le circuit se trouve de ce fait interrompu. Le courant cesse dans l'enroulement primaire; l'aimantation du noyau de la bobine disparaît et l'armature E n'étant plus attirée, est écartée de ce noyau par la tension de la lame-ressort D. Ce mouvement fait basculer le levier EF et la pointe de platine replonge dans le mercure, établissant à nouveau le contact et fermant le circuit. Un nouveau courant circule et les mêmes phénomènes se reproduisent. On obtient ainsi une succession d'interruptions très rapides.

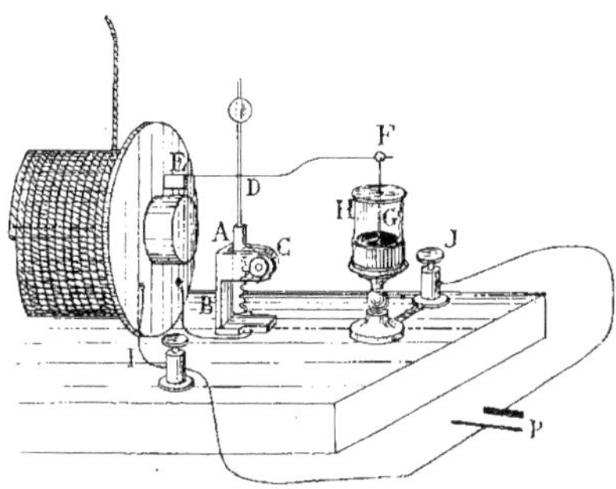

Fig. 401. — Interrupteur Foucault.

La bobine Ruhmkorff représentée par la figure 399 est munie d'un interrupteur Foucault d'un modèle plus compliqué, dont le fonctionnement est assuré par un petit électro-aimant indépendant actionné par une pile auxiliaire. Deux pointes de platine sont placées sur la branche du levier oscillant et plongent dans deux godets à mercure. Dans l'un de ces godets se fait la rupture du courant primaire de la bobine, dans l'autre se rompt le circuit du petit électro-aimant. Deux commutateurs L servent à établir ou à rompre à volonté les communications électriques respectives du circuit primaire de la bobine et de l'électro-aimant de manœuvre.

Rupteur atonique Carpentier

(Fig. 402.) Pour les bobines dont la source d'alimentation ne dépasse pas 25 volts et principalement pour les bobines d'allumage, cet interrupteur donne d'excellents résultats. Il est constitué de façon à n'avoir aucune vibration du fait de son fonctionnement ; c'est ce qui lui a fait donner le nom d'*atonique*. Il se compose d'une palette de fer doux P pouvant osciller à une de ses extrémités taillée en biseau dans une rainure triangulaire pratiquée dans une pièce métallique. Un ressort R ramène par sa tension la palette P contre l'extrémité en ivoire d'une vis de butée B. La tension du ressort R peut être réglée par la manœuvre de l'écrou M. L'extrémité libre de la palette P vient frapper sur le bout d'une lame-ressort L, portant un contact en platine *a* qui, dans une certaine position, vient s'appuyer sur un second contact en platine *b*, porté par une vis réglable C. Ces deux contacts ferment le circuit primaire de la bobine. Le noyau de fer doux de celle-ci s'aimante et attire la palette de fer doux P. La disposition du ressort R, dont la tension est sensiblement constante pour un léger déplacement de la palette, permet à celle-ci d'être attirée avec une grande vitesse contre le noyau. Son extrémité vient frapper la lame-ressort L et sépare très brusquement les deux contacts en platine *a* et *b*, provoquant ainsi une rupture rapide du courant. Quand le courant est rompu, la palette est rappelée contre la vis de butée B par son ressort antagoniste R, la lame L vient, en appuyant le contact *a* contre le contact *b*, fermer de nouveau le circuit, et les effets précédents se reproduisent.

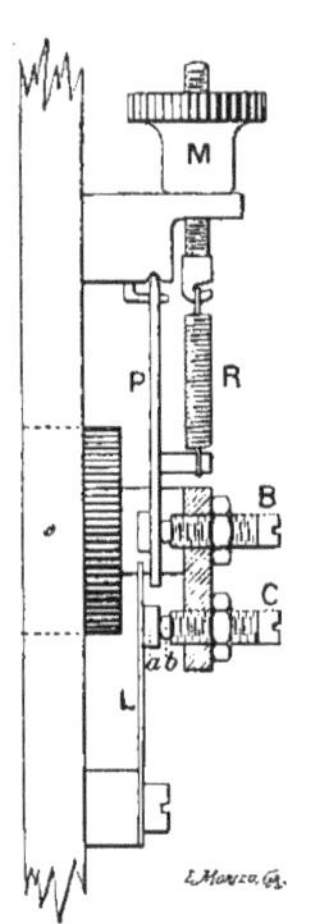

Fig. 402. — Rupteur atonique Carpentier.

Interrupteur Ducretet (Fig. 403.) C'est un interrupteur indépendant de la bobine. Il est monté sur un socle spécial et intercalé dans le circuit primaire de la bobine à actionner.

L'interrupteur se compose d'un petit moteur électrique P, placé sur une colonne et dont l'axe commande, par un bouton excentré, le mouvement alternatif vertical d'une tige T, portant à son extrémité inférieure une pointe de platine qui peut plonger dans un récipient H contenant du mercure. Le mouvement alternatif de la tige T, qui s'effectue avec une vitesse variable, provoque dans le godet à mercure des interruptions d'autant plus fréquentes que le moteur tourne plus vite.

Cette vitesse du moteur doit d'ailleurs être convenablement choisie et un rhéostat permet d'en assurer le réglage.

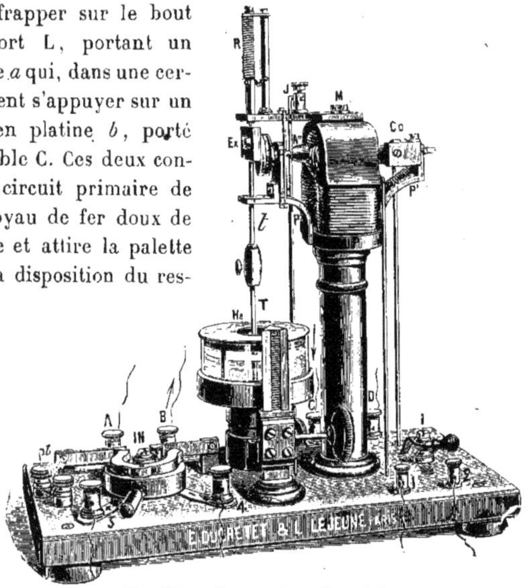

Fig. 403. — Interrupteur Ducretet.

Interrupteur Wehnelt (Fig. 404 à 406.) C'est un interrupteur d'un type tout différent des précédents. Il se compose de deux électrodes dont l'une est fixe et l'autre mobile. L'électrode fixe est constituée par une lame de plomb formant la paroi intérieure d'une cuve doublée extérieurement de laiton. Cette lame de plomb

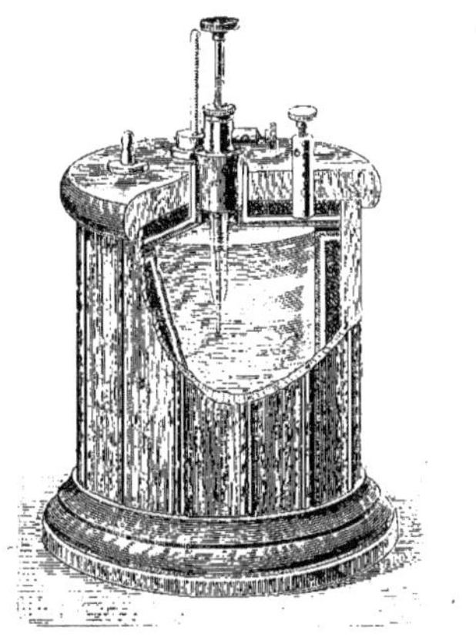

Fig. 404. — Interrupteur Wehnelt, modèle Carpentier.

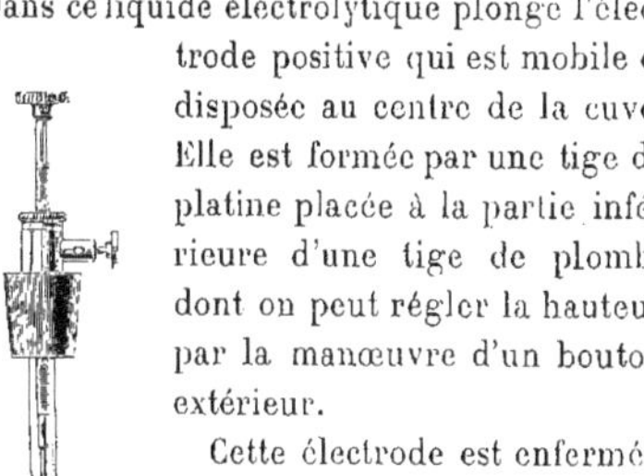

est l'électrode négative. La cuve est remplie avec de l'eau acidulée par l'acide sulfurique. Dans ce liquide électrolytique plonge l'électrode positive qui est mobile et disposée au centre de la cuve. Elle est formée par une tige de platine placée à la partie inférieure d'une tige de plomb. dont on peut régler la hauteur par la manœuvre d'un bouton extérieur.

Fig. 405. — Électrode mobile d'interrupteur Wehnelt.

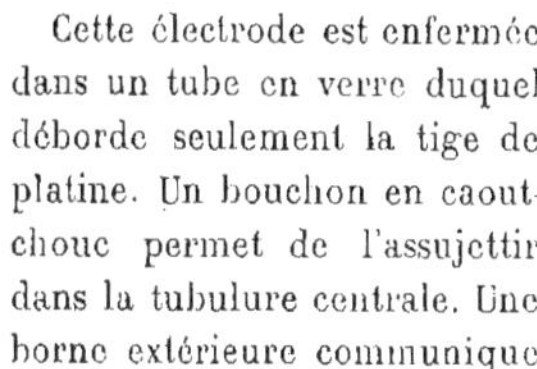

Cette électrode est enfermée dans un tube en verre duquel déborde seulement la tige de platine. Un bouchon en caoutchouc permet de l'assujettir dans la tubulure centrale. Une borne extérieure communique avec l'électrode négative, et une seconde borne avec l'électrode positive. La cuve contenant l'eau acidulée est entourée d'une gaine isolante en feutre et une enveloppe de bois, munie d'un couvercle, ferme hermétiquement l'appareil. Un tube débordant du couvercle permet le dégagement des gaz intérieurs et un thermomètre traverse également ce couvercle et indique la température intérieure qui est assez élevée. Quand on met en communication les deux électrodes avec les pôles du générateur d'électricité, le courant s'établit entre ces électrodes par l'intermédiaire de l'eau acidulée. La tige de platine qui est de faible section s'échauffe du fait du passage du courant et il se forme autour de son extrémité une sorte d'enveloppe de vapeur qui tend à empêcher le courant de circuler.

Cette mauvaise conductibilité détermine une augmentation de tension à l'extrémité de la tige de platine et il se produit, à un certain moment, une étincelle qui permet au courant de continuer à circuler à travers le liquide. L'étincelle débarrasse la tige de platine de l'enveloppe de vapeur qui l'entourait. Cette vapeur se condense dans le liquide et la tige de platine peut de nouveau conduire le courant jusqu'à ce qu'un nouvel échauffement ait provoqué un nouvel arrêt de courant, suivi d'une nouvelle étincelle qui remet le platine en action. Il s'ensuit une série d'interruptions fort rapides, dont le nombre peut être rendu variable par la manœuvre du bouton qui provoque le plus ou moins grand enfoncement de l'électrode mobile dans le liquide acidulé.

Cet interrupteur peut permettre d'obtenir 2.000 interruptions par seconde.

L'interrupteur Wehnelt, modèle Carpentier, représenté par la figure 404, est établi pour fonctionner avec une force électromotrice de 12 à 14 volts, à la température de 90 à 100 degrés.

La figure 406 montre la disposition de cet interrupteur relié à une bobine Carpentier. Il est, comme on le voit, monté en *série* avec le circuit primaire de la bobine, et le tube de dégagement des vapeurs acides intérieures est mis en communication avec un flacon laveur, contenant une solution alcaline.

L'interrupteur Wehnelt peut être établi pour un courant primaire de bobines atteignant 110 et 120 volts, c'est-à-dire le courant de réseaux d'éclairage.

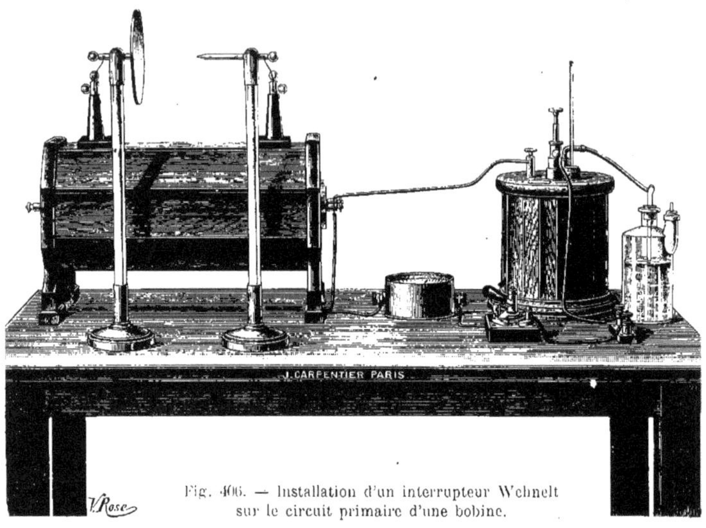

Fig. 406. — Installation d'un interrupteur Wehnelt sur le circuit primaire d'une bobine.

Bobines diverses

La bobine de Ruhmkorff que nous avons représentée schématiquement (Fig. 400) est pratiquement réalisée comme l'indiquent les figures 399 et 406. Elle est assez souvent composée de deux joues, en bois, en ébonite ou en verre, posées et bridées sur un socle. Ces joues supportent le noyau de fer autour duquel s'enroule le circuit primaire. L'enroulement primaire est séparé de l'enroulement secondaire par un tube parfaitement isolant pour les bobines de grandes dimensions. Ce tube est généralement en ébonite ou en *micanite,* produit constitué en agglomérant du mica au moyen de la gomme laque. Il peut être aussi en verre, mais il n'est plus, sous cette forme, très employé. Dans les petites bobines servant à l'allumage des moteurs à explosion, ce tube est assez souvent en carton. Les spires du circuit secondaire doivent être très bien isolées les unes des autres, car le courant induit qui les traverse est à une tension élevée. On enferme généralement cet enroulement secondaire dans un caisson dans lequel on coule de la *paraffine* ou de l'*arcanson,* sorte de pâte isolante formée de cire et de résine. Cette opération met le conducteur métallique à l'abri des atteintes extérieures et permet d'interposer entre les diverses spires une couche de matière isolante.

Sur le socle de la bobine sont disposées deux colonnes de verre terminées chacune par un manchon métallique, auquel vient aboutir une extrémité du circuit secondaire. Sur ces parties métalliques peuvent s'adapter soit des pointes, soit des plateaux permettant de faire jaillir les étincelles. Les extrémités du circuit secondaire des bobines affectent d'ailleurs des formes variées qui sont appropriées à l'emploi que l'on veut faire de ces appareils.

Dans le socle de la bobine est logé un *condensateur* formé par de nombreuses feuilles d'étain séparées par un *diélectrique*, qui est assez souvent du papier verni, de la gutta ou du mica. Le condensateur a pour effet d'augmenter notablement les effets de la bobine. Les armatures du condensateur sont reliées aux bornes du circuit primaire.

L'enroulement secondaire peut être constitué par une série de bobines plates juxtaposées et enfilées sur le tube isolant qui les sépare de l'enroulement primaire, tout en les supportant.

Ces bobines, sortes de *galettes*, sont séparées les unes des autres par des cloisons en papier paraffiné, et leur liaison s'effectue soit en assemblant le fil extérieur de l'une avec le fil intérieur de la voisine, soit en reliant successivement les deux fils extérieurs de galettes voisines, puis les deux fils intérieurs suivants et ainsi de suite.

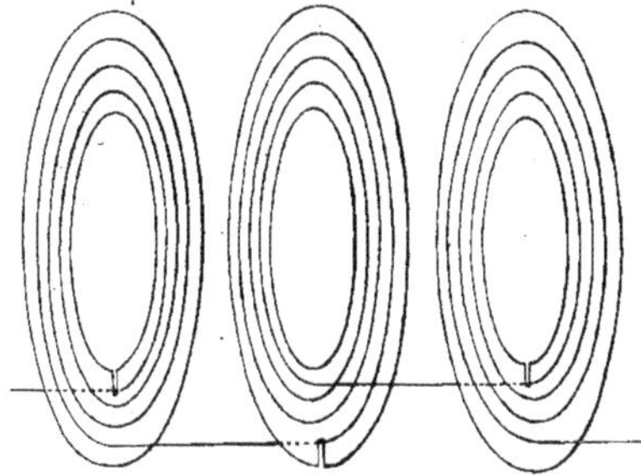

Fig. 407. — Enroulement Klingelfuss.

Les procédés d'enroulement des bobines plates formant le circuit secondaire sont aussi très variés. L'un d'eux, l'*enroulement Klingelfuss,* donne d'excellents résultats pour l'établissement de bobines de grandes dimensions (Fig. 407).

Le fil est enroulé mécaniquement à plat en forme de spirales, dont les diverses spires n'ont aucun contact entre elles. Les spirales sont séparées par des cloisons isolantes très minces et sont réunies alternativement par l'extérieur et par l'intérieur, sans que le fil ait une solution de continuité. Il n'est donc pas besoin de soudure pour faire la jonction des diverses galettes, le conducteur, grâce à l'enroulement mécanique spécial, pouvant être constitué par un même fil.

Applications des bobines d'induction

Les applications des bobines d'induction sont considérables et ces appareils ont pris de nos jours une importance particulière par l'utilisation qui en est faite pour l'allumage des moteurs à explosion, et par leur emploi à la *radiographie* et à la *télégraphie sans fil.*

Les bobines construites aujourd'hui diffèrent, certes, de la primitive bobine de Ruhmkorff, puisque certaines peuvent permettre d'obtenir des étincelles atteignant $1^{m},25$ de longueur. Cependant, telle qu'elle était dès l'abord constituée, la bobine Ruhmkorff pouvait donner des étincelles perçant des blocs de verre d'un décimètre d'épaisseur.

L'étincelle de la bobine d'induction est chaude et fond les métaux et les terres les plus réfractaires. Elle produit, en résumé, tous les effets de la foudre dans une miniature déjà très respectable.

Les effets chimiques sont aussi très intéressants. Avec la bobine d'induction on a pu décomposer les vapeurs d'eau, d'alcool, d'éther, le gaz ammoniac et l'acide carbonique.

Au point de vue physique, l'étincelle d'induction diffère de l'étincelle électrique ordinaire. Tandis que celle-ci est formée d'un simple trait lumineux, l'étincelle fournie par la bobine d'induction se compose de deux parties distinctes : un trait de feu instantané et une *auréole* ovoïde dont la durée est mesurable. Cette auréole, toujours agitée, présente une couleur rouge orangé, avec teinte verdâtre du côté du pôle positif; elle est indépendante du trait brillant. L'attraction de l'aimant la dévie. Un souffle ou un corps en mouvement l'entraînent, et elle forme alors une large nappe de feu, de couleur violette et sillonnée d'éclairs; elle ressemble à une flamme poussée par le vent.

Quand on fait jaillir l'étincelle d'induction dans des récipients en verre dans lesquels on a fait le vide ou contenant différents gaz, elle donne lieu à de merveilleux effets de luminosité.

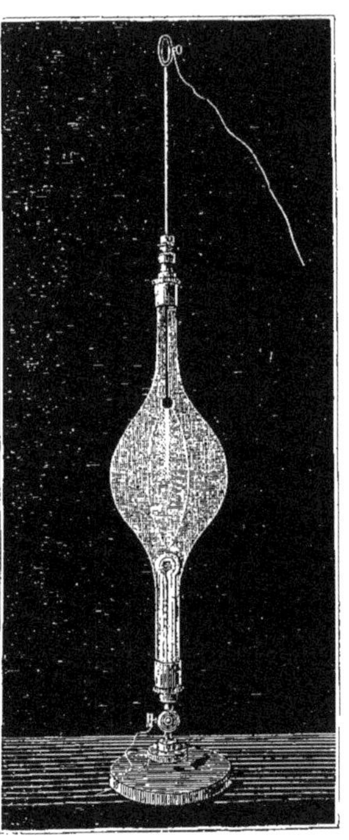

Fig. 108. — Étincelle électrique.

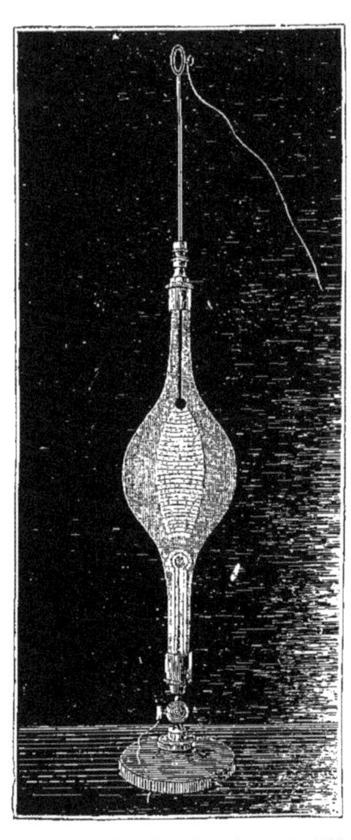

Fig. 109. — Lumière électrique stratifiée.

Si on fait le vide dans le petit ballon de verre ovoïde qui est désigné par les physiciens sous le nom d'*œuf électrique*, on voit se produire deux lumières différentes : l'une violette, enveloppe la boule et la tige par lesquelles arrive l'électricité négative ; l'autre, d'un rouge de feu, semble adhérer à la boule positive et forme une sorte de corps ovoïde qui s'étend vers l'autre boule, (Fig. 108). Si l'on fait communiquer une seule des boules avec le fil induit, on peut dévier cette gerbe de feu en approchant du vase un corps conducteur.

La lumière prend des teintes diverses suivant les gaz ou les vapeurs dans lesquels jaillit l'étincelle. Elle peut même se diviser en couches parallèles séparées par des espaces obscurs (Fig. 109). C'est ce qu'on appelle la *stratification* de la lumière électrique. Ces colonnes lumineuses obéissent à l'action de l'aimant, qui leur imprime à volonté des mouvements de translation ou de rotation.

Un mécanicien allemand, Geissler, a construit des tubes de verre de formes variées remplis de gaz raréfiés et garnis, à leurs extrémités, de fils de platine, que l'on met en communication avec le circuit secondaire d'une bobine de Ruhmkorff (Fig. 410). Il se produit dans l'intérieur de ces tubes une vive lumière qui se présente sous des aspects et des couleurs diverses, suivant les formes des tubes et la nature du gaz qu'ils contiennent.

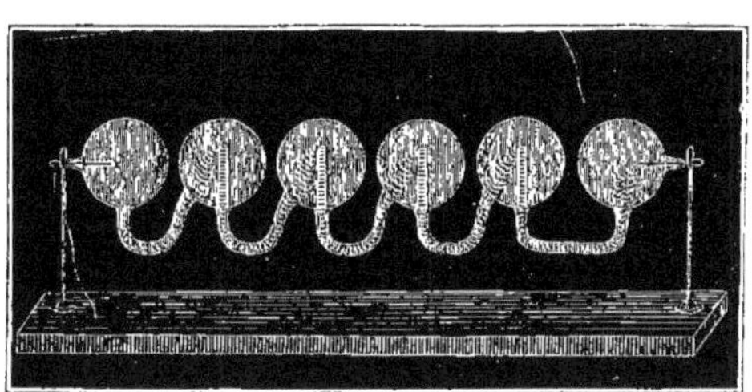

Fig. 410. — Tubes de Geissler.

On avait même un moment songé à utiliser ces propriétés lumineuses pour constituer des lampes portatives de mineurs. La figure 411 représente une de ces lampes. Elle comporte un tube de Geissler T contenant de l'azote raréfié. La partie de ce tube contournée en spirale est en verre d'urane. Une éprouvette E, en verre fort épais, protège le tube T contre les chocs. Cette éprouvette est fermée à sa partie supérieure par une calotte en caoutchouc C laissant le passage aux deux conducteurs R et R', reliés au circuit secondaire d'une petite bobine de Ruhmkorff portée par le mineur. Quand la bobine est mise en action, le tube s'éclaire. L'azote produit une lumière rose, tandis que le verre d'urane produit une couleur verte, ce qui donne lieu, dans l'ensemble, à une lumière blanche, légèrement verdâtre.

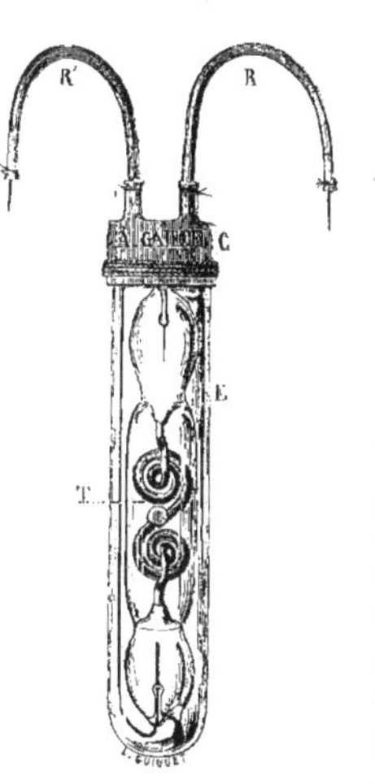

Fig. 411. — Lampe électrique des mineurs.

Une des applications les plus importantes de la bobine d'induction réside, nous l'avons dit, dans son emploi pour provoquer l'inflammation des mélanges explosifs des moteurs à gaz ou à essence de pétrole.

L'exploitation des carrières, le percement des tunnels sont singulièrement facilités par la bobine de Ruhmkorff. La sûreté de son fonctionnement et les grandes distances auxquelles elle peut provoquer des étincelles, permettent de déterminer sans péril l'explosion des mines destinées à remuer et à entraîner, sans aucun danger pour l'opérateur, des masses considérables de terre et de roches. On peut, d'un seul jet, enflammer plusieurs fourneaux de mines en même temps.

Dès 1858, la bobine d'induction fut appliquée pour dégager les abords de Venise, où les Autrichiens avaient établi un grand nombre de barrages dans les lagunes.

Dans l'expédition de Chine, en 1860, on s'en servit pour faire sauter le fort principal du Peï-ho, au moyen de huit fourneaux enflammés simultanément.

Depuis, la bobine de Ruhmkorff a reçu de multiples applications dans un grand nombre de branches industrielles, et son emploi s'étend du modeste allumoir électrique jusqu'à la merveilleuse télégraphie sans fil, en passant par les rayons X et les courants de haute fréquence.

Nous parlerons plus loin de la télégraphie

sans fil. Disons quelques mots à cette place des *rayons de Rœntgen,* généralement connus sous le nom de *rayons X,* et des *courants à haute fréquence.*

Rayons X. Dans les *tubes de Geissler* qui donnent, grâce à la bobine d'induction, de si merveilleux effets lumineux, on n'effectue qu'un vide imparfait. Si le vide, dans un de ces tubes muni de deux électrodes, est réalisé d'une façon plus parfaite, en reliant les deux électrodes aux extrémités du circuit secondaire d'une bobine en action, on obtient une traînée lumineuse d'une couleur rouge violacé qui, partant de l'électrode positive, appelée aussi *anode,* est dirigée vers l'électrode négative, nommée *cathode,* sans toutefois la toucher.

A la *cathode* se manifeste cependant une auréole violette. Si le vide dans le tube est poussé à un degré encore plus grand, le faisceau lumineux de l'anode augmente de volume, blanchit et finit par disparaître. L'auréole violette de la cathode, par contre, s'agrandit et reste visible, et les rayons qui partent de cette cathode, appelés *rayons cathodiques,* jouissent de propriétés remarquables. Le tube ou récipient en verre, dans lequel on a fait un vide pour ainsi dire parfait et dans lequel se manifestent les rayons cathodiques, est appelé *tube de Crookes,* du nom de l'éminent physicien anglais qui le premier eut l'idée de le réaliser.

Les *rayons cathodiques* ont la propriété de rendre *fluorescents* un très grand nombre de corps soumis à leur action. Ces curieuses propriétés ont fait concevoir par Crookes, l'hypothèse que les rayons cathodiques sont produits par des *particules de matière* projetées par la *cathode* avec une vitesse considérable, et il a donné à ce phénomène le nom de *bombardement moléculaire.* Ce *bombardement* résulte, d'après Crookes, de la dissociation très brusque des atomes de gaz entourant la cathode sous l'effet du courant secondaire de la bobine. Ces atomes possédant une électricité neutre seraient partagés en deux parties: l'une positive, l'autre négative. De ces deux parcelles, nommées *ions,* l'une, qui est la négative, est projetée dans le tube et contribue à la formation des rayons cathodiques, l'autre, la positive, tend à être projetée en arrière de la cathode.

Fig. 112. — Rœntgen.

Quand les rayons cathodiques viennent frapper les parois du récipient dans lequel ils se manifestent ou, d'une façon générale, un écran interposé, l'énergie due à leur violente projection se transforme, par le choc, en chaleur, en effets lumineux et aussi en *radiations spéciales* qui ne sont autre chose que des *rayons X.* Ainsi, pour obtenir des rayons X, il faut présenter aux rayons cathodiques un obstacle contre lequel le *bombardement moléculaire* puisse s'effectuer.

Les rayons X sont aussi appelés *rayons de Rœntgen,* parce que c'est ce physicien allemand qui, en faisant des expériences de fluorescence par l'action des rayons cathodiques, découvrit les radiations spéciales qui

Fig. 413. — Installation radiographique Radiguet.

constituent les rayons X et constata leurs très curieuses propriétés.

Les rayons X, en effet, traversent un nombre considérable de corps et cela d'autant

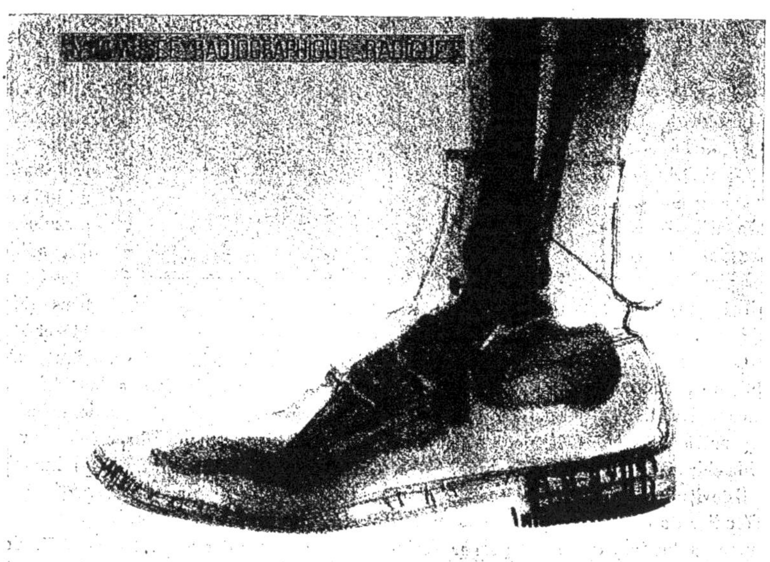

Fig. 414. — Photographie d'un pied traversé par les rayons X.

plus facilement que le corps traversé est plus léger, quelle que soit d'ailleurs son épaisseur. Ainsi un bout de bois épais sera traversé aisément par les rayons X, tandis qu'une feuille mince de cuivre, par exemple, le sera plus difficilement, parce que le bois a une densité plus faible que celle du cuivre.

En outre, les rayons X traversent les corps *sans subir aucune déviation*, ce qui est pourtant le propre des rayons lumineux, qui peuvent être soit diffusés, soit réfractés.

Les rayons X possèdent enfin la propriété remarquable d'impressionner les plaques photographiques.

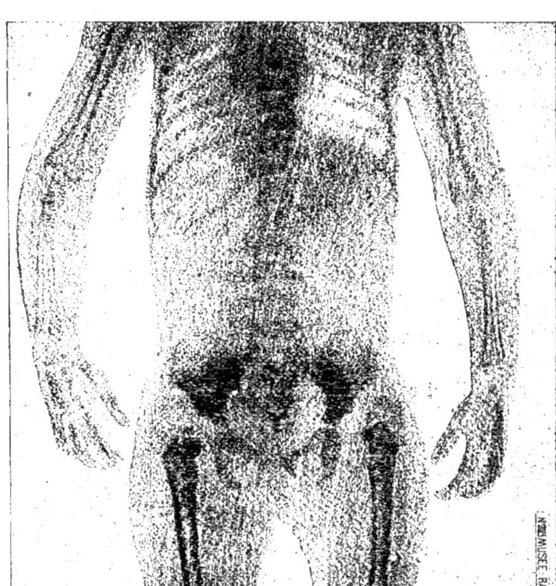

Fig. 415. — Photographie du corps humain traversé par les rayons X.

Cette propriété précieuse, ajoutée à celle qui leur permet de traverser les corps sans aucune déviation, a permis d'appliquer les rayons X à la *Radiographie,* dont la médecine et la chirurgie font un si utile usage.

Il devient possible, grâce à la Radiographie, d'étudier les organes et les diverses parties du corps humain et de déterminer l'existence et la position exacte d'une lésion de ces organes, par exemple la gravité d'une fracture, la place d'un projectile et de faire un grand nombre d'autres observations qui permettent d'établir un diagnostic raisonné.

Les rayons X ont, par contre, des effets terribles sur les personnes qui sont constamment soumises à leur action. Ils peuvent déterminer par cette action prolongée la chute des cheveux et des ongles et la formation de plaies qu'il est presque impossible de cicatriser. L'électricien français Radiguet est mort des suites de l'action répétée des rayons X, utilisés pour la radiographie. Nous donnons (Fig. 414 et 415) des exemples de clichés radiographiques exécutés par cette noble victime de la Science.

La figure 413 représente une de ses installations radiographiques disposée pour voir sur un écran une partie du corps humain traversée par les rayons X.

Courants de haute fréquence

Comme les rayons X, les *courants de haute fréquence* ont reçu des applications médicales, mais ils n'ont de commun avec les rayons X que la source permettant de les obtenir : la *bobine d'induction*. Comme leur nom l'indique, ces courants, qui sont alternatifs, ont une fréquence très élevée qui peut dépasser 10.000 périodes par seconde.

Pour produire des courants à haute fréquence, Tesla, ingénieur américain à qui on doit de mémorables expériences relatives à ces courants, employa d'abord un procédé mécanique en faisant tourner un alternateur possédant 384 pôles à 3.000 tours par minute, pour obtenir environ 10.000 périodes par seconde. Il utilisa ensuite une disposition électrique qui s'est généralement répandue et qui consiste à provoquer la décharge d'un condensateur placé dans des conditions appropriées.

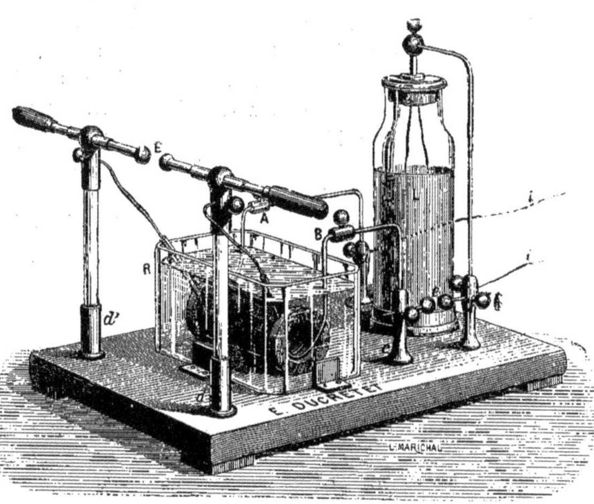

Fig. 416. — Dispositif Tesla pour produire des courants à haute fréquence.

Elle est représentée par la figure 416. Le dispositif comporte un condensateur L, dont l'armature intérieure est reliée à la borne *b* et dont l'armature extérieure est en communication avec la borne *a*. Aux bornes *a* et *b* aboutissent les extrémités du circuit secondaire *i i* d'une bobine d'induction. En face de la borne *b* est placée une colonnette *c* supportant, comme la borne *b*, une tige métallique terminée par une boule. Les deux boules sont séparées en *e* par un intervalle que l'on peut régler à volonté.

De la borne *a* part un conducteur relié, en A, à une extrémité du circuit primaire d'un transformateur T. La seconde extrémité de ce circuit primaire est en communication, en B, avec la colonnette *c*. Le transformateur T ne possède pas de noyau en fer, afin de réduire la self-induction. Le circuit secondaire du transformateur, enroulé extérieurement, aboutit à l'extrémité métallique de deux colonnes en verre *d* et *d'* qui portent des tiges horizontales terminées par des boules venant se placer en face l'une de l'autre. Le transformateur T est placé dans un récipient R contenant de l'huile, afin que les étincelles ne puissent jaillir entre les spires du circuit secondaire.

Quand le courant secondaire de la bobine d'induction arrive par les conducteurs *i i*, il charge le condensateur L. Lorsque la différence de potentiel existant entre les armatures de ce condensateur atteint un certain degré, une étincelle jaillit en *e* entre les deux boules inférieures qui communiquent respectivement avec chacune des deux armatures, par l'intermédiaire du circuit primaire du transformateur T. Cette étincelle a pour effet d'établir un courant dans ce circuit primaire du transformateur T. Or, la décharge du condensateur est *oscillante*, c'est-à-dire qu'elle va en décroissant progressivement jusqu'à être nulle. A ce moment, le condensateur reçoit une nouvelle charge provoquée par la bobine d'induction, qui donnera lieu, à son tour, à une autre décharge oscillante. Ces décharges oscillantes successives provoquent dans le circuit primaire du transformateur un courant alternatif à haute fréquence et le circuit secondaire de ce transformateur T est alors le siège de forces électromotrices d'induction excessivement élevées.

L'étincelle de *haute tension* se manifeste en E.

Les courants de haute fréquence ont des propriétés particulières. Il semble, *a priori,* que ces courants à périodes si considérables soient fort dangereux pour l'organisme humain, car des courants de fréquence bien plus faible sont mortels. Cependant, il n'en est rien, et lorsque la fréquence atteint 10.000 périodes par seconde, l'action des courants sur le corps humain est tout à fait inoffensive. Cette action a été, au contraire, utilisée par le savant docteur et physicien d'Arsonval pour produire des effets physiologiques bienfaisants, tels que l'augmentation de la quantité d'oxygène absorbée par le sang, la variation de la pression artérielle en plus ou en moins, ce qui d'une part, permet de combattre efficacement l'artério-sclérose, et d'autre part les apoplexies et les ruptures d'anévrisme. On commence même, par l'action de ces courants, à lutter avec quelque succès contre l'épouvantable fléau de l'humanité : la tuberculose.

Les courants de haute fréquence donnent lieu à des effets lumineux remarquables. De belles aigrettes bleues s'échappent de conducteurs voisins prolongeant le circuit secondaire du transformateur T. Il se manifeste, en même temps, un dégagement considérable d'ozone que l'on reconnaît bien à son odeur spéciale. Les courants de haute fréquence donnent lieu également à des effets d'induction très puissants; cela s'explique aisément, car nous savons que la force électromotrice induite est d'autant plus grande que la variation du flux inducteur est plus rapide.

TRANSFORMATEURS INDUSTRIELS

Les bobines dont nous venons de parler ne sauraient constituer des *transformateurs industriels,* c'est-à-dire des appareils pouvant abaisser ou élever, pour être utilisée industriellement, la tension des courants alternatifs ou transformer les courants alternatifs en courants continus et réciproquement. On a donc créé des transformateurs spéciaux pouvant remplir cet office.

Classification Les transformateurs industriels peuvent se classer en deux grandes catégories : les transformateurs *statiques* et les transformateurs *rotatifs*.

Les transformateurs *statiques* sont ceux dans lesquels la transformation du courant s'effectue sans nécessiter aucun mouvement des pièces qui les composent. Ces pièces sont toujours au repos, à l'état *statique*.

Les transformateurs *rotatifs* sont ceux qui produisent la transformation d'un courant par l'action *dynamique* de leurs divers organes.

TRANSFORMATEURS STATIQUES

Parmi les transformateurs statiques, il est une catégorie très intéressante et toute spéciale dont nous nous sommes déjà occupés dans les pages précédentes. Nous voulons parler des *accumulateurs*. Ce sont bien, en effet, des appareils transformant le courant reçu en courant dont les éléments sont différents. En outre, ces transformateurs permettent de n'utiliser la transformation ainsi réalisée qu'au moment que l'on a choisi. Leur action n'est pas nécessairement *immédiate;* c'est pour cela qu'on leur a donné le nom de *transformateurs à action différée.*

Les *transformateurs statiques à action immédiate* sont ceux qui donnent un courant transformé qu'il faut utiliser immédiatement. Ils se divisent en deux catégories : transformateurs à *circuit magnétique ouvert* et transformateurs à *circuit magnétique fermé.*

Transformateurs à circuit magnétique ouvert

Les transformateurs à circuit magnétique ouvert sont des appareils constitués, en principe, par un noyau de fer doux, dont les extrémités ne sont pas réunies et sur lequel on dispose l'enroulement formant le circuit primaire, puis l'enroulement formant le circuit secondaire. La bobine de Ruhmkorff pourrait être évidemment classée dans cette catégorie de transformateurs.

Les premiers transformateurs industriels furent ainsi établis. Le transformateur Gaulard et Gibbs était constitué par des bobines disposées verticalement, comportant des noyaux de fer doux sur lesquels étaient enroulés d'abord le circuit primaire, ensuite le circuit secondaire. Les divers circuits primaires étaient montés en série, tandis que les circuits secondaires pouvaient être couplés en série ou en dérivation.

Un autre transformateur à circuit magnétique ouvert est le transformateur Swinburne, qui se compose d'un noyau de fer doux de gros diamètre sur lequel est disposé d'abord le circuit secondaire, puis le circuit primaire, les deux enroulements étant isolés l'un de l'autre par un tube en ébonite. Le noyau a reçu une forme spéciale. Il est composé d'un très grand nombre de fils de fer dont les extrémités sont disposées de façon à former des pointes séparées les unes des autres. Cette disposition, qui a pour effet de diminuer la résistance magnétique du noyau, rappelle assez la forme des dards d'un hérisson, ce qui a fait donner à ce transformateur le nom de *transformateur hérisson de Swinburne.*

Les transformateurs à circuit magnétique ouvert nécessitent, pour alimenter le circuit primaire, un courant alternativement *interrompu* et non un courant alternatif. Ces interruptions successives facilitent, en effet, les variations rapides du flux inducteur, comme nous l'avons indiqué pour la bobine de Ruhmkorff.

Ces transformateurs ne sont pour ainsi dire plus employés industriellement, car ils présentent l'inconvénient d'avoir une résistance magnétique trop considérable. Pour y remédier, on a constitué, dans les transformateurs, un circuit magnétique fermé qui permet d'utiliser plus judicieusement la force magnétomotrice employée pour produire l'induction.

Transformateurs à circuit magnétique fermé

Ces transformateurs peuvent, à leur tour, être classés en deux catégories : les *transformateurs à circuit magnétique simple* et les *transformateurs à circuit magnétique double.*

Transformateurs à circuit magnétique simple

(Fig. 417.) Dans ces transformateurs, comme leur nom l'indique, le noyau magnétique est constitué en un seul circuit fermé. On peut représenter, en principe, ces transformateurs par la figure 417. On voit que le circuit magnétique se compose des noyaux en fer doux A et B, réunis à leurs extrémités respectivement par les pièces C et D également faites en fer doux. Ce circuit est donc fermé et il est simple.

Autour de chaque noyau, qui peut avoir et qui a, généralement, une section de forme rectangulaire, on enroule d'abord le circuit primaire E, puis, séparé par un tube isolant, le circuit secondaire F. On dispose ces enroulements et on relie entre elles les bobines, de façon à déterminer un pôle de même nom sur chaque extrémité de même sens des noyaux A et B. Si, à ce moment,

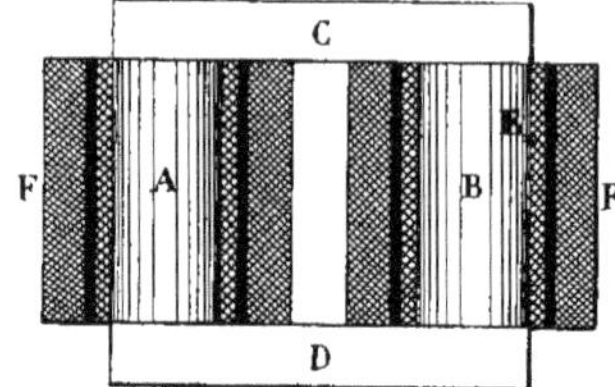

Fig. 417. — Transformateur à circuit magnétique simple.

on fait passer un courant alternatif dans le circuit primaire, comme ce circuit est constitué en fil de gros diamètre et de faible longueur, ce courant alternatif donnera lieu, par induction, dans le circuit secondaire, à un courant d'une tension beaucoup plus élevée, parce que ce circuit secondaire est constitué, comme dans la bobine de Ruhmkorff, avec du fil de petit diamètre et de grande longueur.

Pratiquement ces transformateurs sont, bien entendu, réalisés d'une façon différente.

On constitue d'abord les noyaux en assemblant une grande quantité de feuilles de tôle fort mince, séparées par un isolant qui est assez souvent une feuille de papier. Les pièces de liaison qui ferment le circuit sont également *feuilletées.*

En outre, on dispose rarement les enroulements primaire et secondaire l'un sur l'autre. Ces enroulements doivent être, en effet, isolés d'une façon toute spéciale quand la différence de tension du courant qui y circule est considérable. Aussi dispose-t-on généralement les bobines primaires et les bobines secondaires à côté les unes des autres.

Transformateurs à circuit magnétique double

(Fig. 418.) Dans ces transformateurs le circuit magnétique, est, par une disposition spéciale, doublé. Ce circuit se compose, en principe, d'un noyau A en fer doux, commun à deux circuits magnétiques B et C constitués également en fer doux. Sur le noyau commun A est enroulé le circuit primaire D fait en gros fil, puis le circuit secondaire fait en fil fin.

Le passage d'un courant alternatif dans le circuit primaire détermine dans le circuit secondaire un courant de tension plus élevée. Ce type de transformateur, représenté schématiquement par la figure 418, a, comme le précédent, ses circuits magnétiques formés par une série de tôles minces assemblées, disposées les unes contre les autres et isolées par du papier ou du vernis. Les bobines sont également juxtaposées au lieu d'être enroulées l'une sur l'autre.

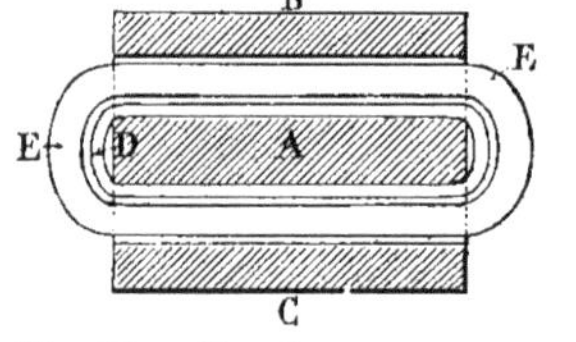

Fig. 418. — Transformateur à circuit magnétique double.

Rendement

Les transformateurs statiques à circuit fermé donnent un excellent *rendement.* Ce rendement est exprimé par le rapport de la puissance susceptible d'être utilisée et qui est recueillie aux bornes du circuit secondaire, à la puissance qui a été employée pour alimenter le circuit primaire, et qui est prise aux bornes de ce circuit.

Il peut s'élever, d'une façon générale, jusqu'à 95 pour 100 et atteint quelquefois 98 pour 100.

Les pertes de puissance ainsi constatées sont dues à l'échauffement des deux conducteurs primaire et secondaire, à l'*hystérésis* qui se manifeste dans le circuit magnétique et aux *courants de Foucault* qui se développent dans les masses métalliques, ce qui nécessite la constitution de circuits feuilletés. On évite l'échauffement par des dispositions permettant une ventilation des organes du transformateur, ou en plaçant les appareils dans une cuve contenant de l'huile minérale.

Transformateurs divers Les transformateurs industriels à *action immédiate* sont de types fort variés. Nous allons en décrire quelques modèles.

Transformateur Zipernowsky (Fig. 419.) Cet appareil est un transformateur à circuit magnétique fermé simple. Nous avons, plus haut, donné le principe de ce transformateur. Il se compose d'un anneau de fer doux constituant le circuit magnétique fermé. Cet anneau est formé d'une grande quantité de fils de fer juxtaposés. Autour de cet anneau sont enroulées les bobines constituant les circuits primaire et secondaire. Ces bobines sont alternativement placées côte à côte et sont reliées, respectivement pour chaque enroulement, en série. On constitue ainsi deux circuits indépendants : le circuit primaire et le circuit secondaire qui ne sont pas enroulés l'un sur l'autre et offrent du fait de cette disposition une plus grande garantie d'isolement et une plus grande facilité de ventilation. Le transformateur comporte quatre bornes dont deux sont reliées aux extrémités du circuit primaire et les deux autres aux extrémités du circuit secondaire.

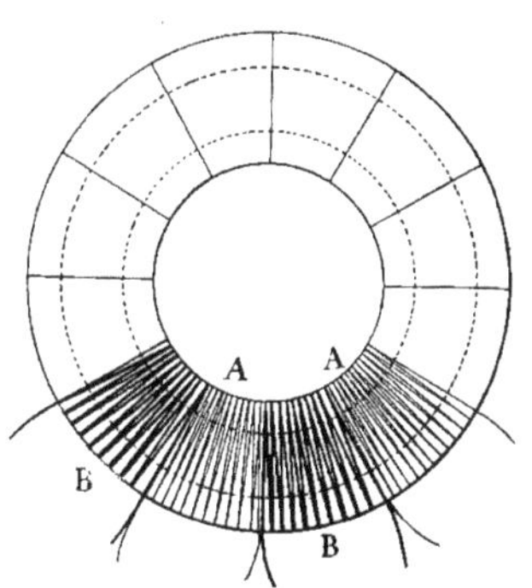

Fig. 419. — Transformateur Zipernowsky.

Transformateur Westinghouse (Fig. 420.) C'est un transformateur à circuit magnétique fermé double dont le principe a été donné précédemment.

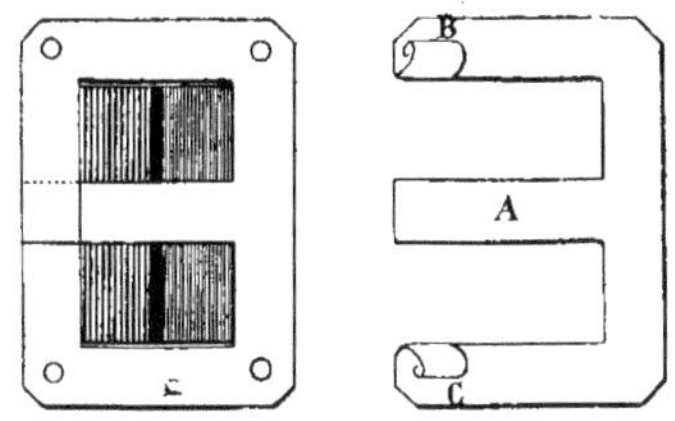

Fig. 420. — Transformateur Westinghouse.

Le circuit magnétique est constitué par une série de feuilles très minces de tôles découpées suivant la forme indiquée par la figure 420. La languette médiane A de ces tôles formera le noyau des bobines, les autres côtés de la plaque servant à fermer le circuit magnétique double. Les bobines formant les enroulements primaire et secondaire sont préparées à part, puis on les dispose côte à côte et on enfile dans leur partie vide centrale les languettes A des plaques de tôle qui, par leur assemblage, formeront le noyau. Les plaques de tôle sont isolées les unes des autres et les languettes A sont alternativement enfilées tantôt d'un côté tantôt de l'autre de la bobine. A mesure que ces plaques voisines sont placées côte à côte, on rabat les deux extrémités B et C afin de constituer un circuit complètement fermé. Les joints de ces extrémités avec le reste du circuit se trouvent donc alternés du fait du placement des plaques successivement d'un côté ou de l'autre. L'ensemble des plaques de tôle est serré par quatre forts boulons entre deux flasques de fonte ou d'acier.

Transformateurs de la Cie générale électrique de Nancy

(Fig. 421 et 422.) Le transformateur représenté par la figure 421 est un appareil destiné à transformer la tension d'un courant alternatif monophasé. Il est constitué par un circuit magnétique fermé comportant deux noyaux réunis à leurs extrémités par des entretoises en fonte. Autour des deux noyaux, placés verticalement, sont disposées les bobines formant les circuits primaire et secondaire. Ces bobines, respectivement reliées en série, laissent entre elles un espace vide qui facilite la ventilation à l'air libre et le refroidissement des organes. Les prises de courant sont fixées sur des isolateurs disposés à la partie supérieure. Ce transformateur ne convient qu'aux tensions inférieures à 6.000 volts et est dit *type à l'air libre* parce que sa ventilation doit s'effectuer naturellement.

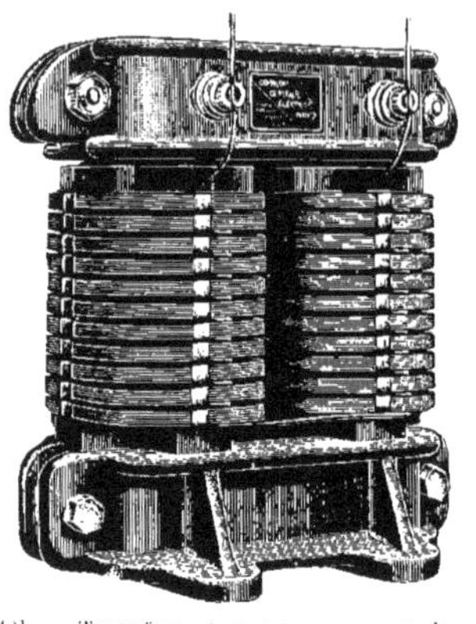

Fig. 421. — Transformateur pour courant alternatif monophasé. (Cie générale électrique de Nancy.)

Le transformateur représenté par la figure 422 est un appareil destiné à transformer la tension d'un courant alternatif triphasé. Il se compose d'un circuit magnétique fermé, constitué par trois noyaux verticaux réunis en haut et en bas par des plaques de fonte qui ferment le circuit magnétique.

Autour de chacun des noyaux sont enroulées les bobines formant successivement le circuit primaire et le circuit secondaire. Les bobines de même genre sont reliées en série pour chacun des noyaux, mais les enroulements respectifs de chacun des noyaux sont indépendants les uns des autres. On envoie donc dans le transformateur triphasé trois courants primaires et on obtient trois courants secondaires dont la tension est transformée. Le transformateur de la figure 422 est disposé avec une enveloppe métallique destinée à recevoir un ventilateur électrique. On donne à ce type d'appareil le nom de *transformateur à ventilation forcée*. Le ventilateur électrique, en effet, a pour but de créer une ventilation artificielle qui permet le refroidissement du transformateur.

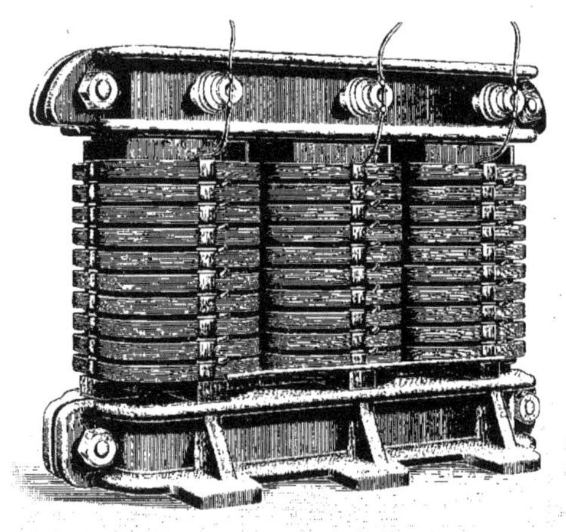

Fig. 422. — Transformateur pour courant alternatif triphasé. (Cie générale électrique de Nancy.)

Transformateurs Thomson-Houston (Fig. 423 et 424.) Le transformateur représenté par la figure 423 est également un transformateur à ventilation artificielle. Il est construit par les Ateliers Thomson-Houston et est destiné à la transformation de courants alternatifs triphasés. Ce transformateur est enfermé dans une enveloppe métallique, et un petit moteur électrique, muni d'un ventilateur, sert à assurer le refroidissement de ses organes.

La figure 424 représente un transformateur à huile à circulation d'eau, construit également par les Ateliers Thomson-Houston. L'appareil est placé dans une enveloppe contenant de l'huile, ce qui le met à l'abri de l'humidité du local dans lequel il peut être installé, et le préserve en outre des vapeurs et des poussières environnantes. Le refroidissement est assuré par une circulation d'eau qui s'effectue à travers un serpentin disposé à la partie supérieure de l'appareil, à l'intérieur de l'enveloppe.

Fig. 423. — Transformateur par courants triphasés à ventilation forcée. (Ateliers Thomson-Houston.)

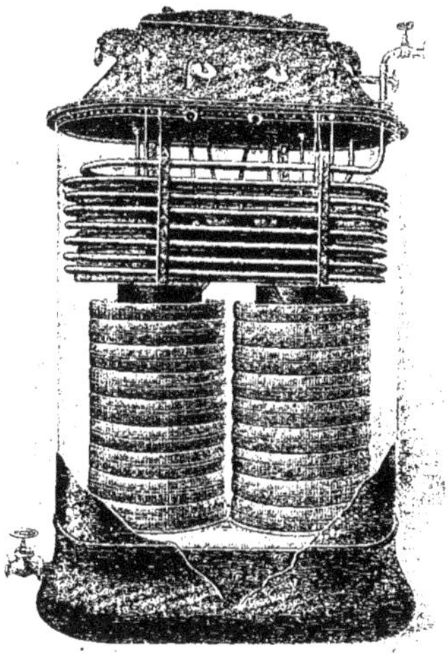

Fig. 424. — Transformateur à bain d'huile à circulation d'eau. (Ateliers Thomson-Houston.)

Transformateurs des Ateliers d'Oerlikon (Fig. 425.) Le transformateur représenté par la figure 425 est un appareil pour courant alternatif monophasé de 700 kilovolts-ampères, qui est, comme le précédent, à bain d'huile et à circulation d'eau pour réaliser le refroidissement.

Il se compose du transformateur propre-

Fig. 425. — Transformateur pour courants alternatifs monophasés de 700 kilovolts-ampères. (Ateliers d'Oerlikon.)

ment dit et de sa cuve à huile. Celle-ci est un récipient en tôle fixé sur un socle en fonte de fer. Le transformateur proprement dit est constitué par deux noyaux de section rectangulaire, faits en feuilles de tôle de fer. Les noyaux portent les enroulements à basse tension qui sont formés par des rubans de cuivre nu disposés en spires superposées, séparées entre elles par du carton isolant.

L'enroulement à haute tension est placé à l'extérieur et est isolé de l'enroulement primaire par un isolant de 10 millimètres d'épaisseur, formé de bandes de papier paraffiné séparées par des lames de mica. Cet enroulement est fait en rubans de cuivre dont les spires sont isolées entre elles par du carton isolant.

A la partie supérieure du transformateur est disposé un serpentin dans lequel on fait circuler l'eau servant à assurer le refroidissement.

Ce transformateur est construit par les Ateliers d'Oerlikon, près de Zurich (Suisse).

Des mêmes Ateliers, il est intéressant de signaler un ensemble de trois transformateurs monophasés de 600 kilovolts-ampères chacun, disposés en triangle et formant un groupe triphasé élevant la tension du courant de 6.000 à 33.000 volts. A ventilation forcée et placés dans des cellules de protection du genre indiqué par la figure 429, ces appareils sont munis de galets permettant de les faire rouler facilement jusqu'à un chariot de transport (Fig. 426).

Il faut citer également leur transformateur pour courant triphasé de 2.750 kilovolts-ampères, à bain d'huile

Fig. 426. — Groupe de trois transformateurs monophasés de 600 kilovolts-ampères. (Ateliers d'Oerlikon.)

et à refroidissement d'eau, du poids de 12.000 kilogrammes, transformant un courant de 10.500 volts en courant de 46.000 volts.

Transformateurs souterrains

(Fig. 427.) Quand on ne dispose pas de place pour l'installation des transformateurs, dans certaines villes où les constructions sont très rapprochées les unes des autres, par exemple, on peut placer ces transformateurs sous le sol. Mais il faut une disposition particulière qui permette de préserver les appareils de l'humidité, tout en leur assurant une bonne ventilation.

Le transformateur est alors disposé dans une cuve en tôle que l'on remplit d'huile et soutenu par deux fers à double T. Le récipient porte un couvercle parfaitement ajusté et cependant facilement démontable. Ce couvercle, qui est bombé pour laisser écouler l'eau de pluie, porte une soupape permettant la sortie des vapeurs d'huile qui pourraient se former à l'intérieur du récipient. Deux entrées de câbles sont ménagées à la partie supérieure de la caisse en tôle pour effectuer les connexions du transformateur avec les circuits extérieurs. Quand les câbles sont reliés, on forme les joints en coulant dans ces boîtes de raccord une matière isolante.

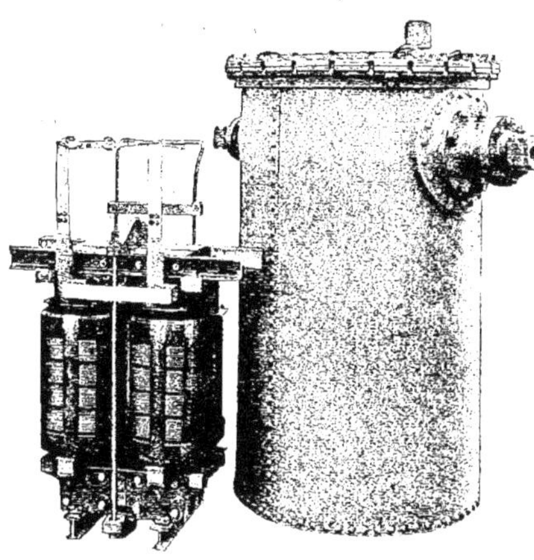

Fig. 427. — Transformateur souterrain. (Ateliers d'Oerlikon.)

Le récipient en tôle est descendu dans une fosse cimentée et entouré de gravier jusqu'à la hauteur des câbles. L'eau de pluie traverse la couche de gravier et s'écoule hors de la fosse par quatre ouvertures disposées au fond de celle-ci. La fosse est elle-même fermée à sa partie supérieure par un couvercle de fonte. Les transformateurs souterrains sont, en général, établis à faible puissance.

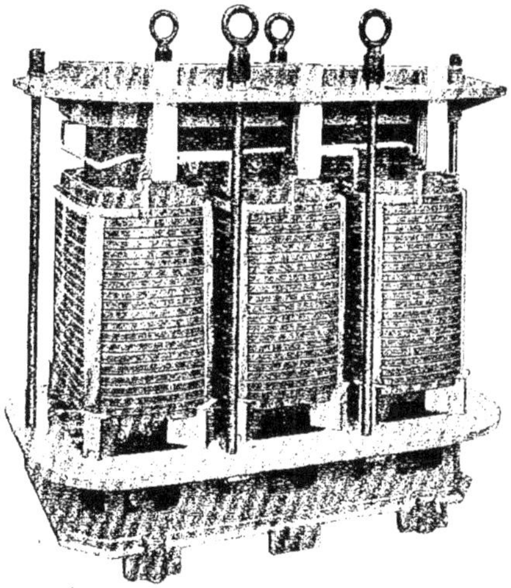

Fig. 428. — Auto-transformateur à courants triphasés, 300 kilovolts-ampères, 4.000-2.000 volts, 50 périodes. (Ateliers d'Oerlikon.)

Auto-transformateurs

(Fig. 428.) Dans ces appareils, les enroulements à basse tension et les enroulements à haute tension sont reliés en série. Par suite de ce couplage, on peut avoir, dans certains cas, une différence tension sur la basse tension, on réunit, pour un courant monophasé, le pôle commun des

Fig. 129. — Couloir de service de cellules de transformateurs. (Ateliers d'Oerlikon.)

de potentiel entre l'enroulement à basse tension et la terre qui peut atteindre la valeur de la haute tension. Pour remédier à la possibilité d'une dérivation de la haute deux enroulements à la terre, et pour des circuits triphasés groupés en triangle, on met le point neutre commun à la terre. L'auto-transformateur, à la condition de prendre les dispositions de mises à la terre que nous venons d'indiquer, peut donner une puissance plus grande que le transformateur ordinaire à égalité de poids. Son emploi est surtout avantageux pour des courants triphasés quand le rapport de transformation est petit, c'est-à-dire quand la tension à obtenir ne doit pas différer de plus de trois fois de la tension initiale.

Installation des transformateurs Les transformateurs doivent, en général, être installés dans des locaux secs et ventilés. Pour les grandes puissances, ils sont placés chacun dans une cellule en maçonnerie. Les cellules sont généralement fermées par un rideau métallique, et quand l'installation est importante, un wagonnet roulant sur des rails disposés longitudinalement devant toutes les cellules permet de transporter facilement un transformateur dans l'atelier de réparation. La figure 429 montre la disposition d'un couloir de service desservant les cellules de transformateurs installés par les Ateliers d'Oerlikon. Ces transformateurs sont refroidis au moyen d'une circulation d'eau et les conduites d'amenée et d'évacuation de l'eau réfrigérante sont montées dans le couloir de service longeant les cellules. En outre, un appareil avertisseur spécial, monté sur la conduite d'évacuation, actionne une sonnerie dans le cas d'une circulation anormale de l'eau. Un guichet établi dans le mur de face de chaque cellule permet de voir, de l'extérieur, le transformateur dans sa cellule, tout en restant protégé.

Il est très dangereux, en effet, d'approcher des transformateurs de grande puissance, et, dans les stations électriques importantes, on met en garde le personnel contre ce danger en plaçant des pancartes portant ces mots peu rassurants, mais d'une efficacité certaine : *Danger de mort.*

Les transformateurs sont quelquefois placés dans les rues, enfermés dans des kiosques métalliques, et quelquefois aussi on les installe à la partie supérieure des pylônes supportant les câbles conducteurs de courant.

TRANSFORMATEURS ROTATIFS

Pour certaines applications industrielles, il est nécessaire d'utiliser l'électricité sous la forme de courants continus, ce qui peut conduire assez souvent à transformer les courants alternatifs produits par les machines génératrices en courants continus utilisables. Pour opérer cette transformation, on emploie plusieurs catégories de transformateurs qui ont tous un principe commun : c'est que certains organes de ces appareils sont animés d'un mouvement de rotation. Pour cette raison on les nomme *transformateurs rotatifs.*

Les transformateurs rotatifs peuvent être divisés en trois catégories d'appareils différents : les *moteurs-générateurs*, les *commutatrices* ou *convertisseurs* et les *permutatrices.*

Moteurs-générateurs Cette catégorie d'appareils dérive d'un principe fort simple, qui consiste à alimenter un moteur avec le courant alternatif à transformer et à faire actionner directement par ce moteur une dynamo pouvant produire du courant continu. Nous avons précédemment donné plusieurs groupes moteurs-générateurs lors de la description des dynamos et moteurs à courants continus et à courants alternatifs. La figure 430 représente un autre groupe moteur-générateur, construit par la Compagnie générale électrique de Nancy.

Le moteur est actionné par des courants alternatifs triphasés et commande une machine dynamo-électrique fournissant du courant continu. Les deux machines sont montées sur le même socle.

Le groupe moteur-générateur (Fig. 430) construit par les Ateliers d'Oerlikon est disposé de façon différente. Il se compose d'un moteur à courants alternatifs triphasés de 650 chevaux, tournant à une vitesse de 310 tours par minute.

La tension du courant est de 6.000 volts et sa fréquence est de 42 périodes par seconde. Ce moteur, supporté par un socle indépendant, est directement accouplé avec une dynamo de 450 kilowatts, fournissant un courant continu de 150 volts et d'une intensité de 3.000 ampères. Sous le collecteur est ménagée, dans le socle, une ouverture servant à la ventilation, qui s'effectue au moyen d'un ventilateur indépendant placé dans le sous-sol et qui sert, en même temps, à ventiler d'autres groupes semblables faisant partie de la même installation. Le corps de l'induit de la dynamo est muni, en outre, d'ailettes de ventilation.

Fig. 430. — Groupe moteur-générateur. (Cie générale électrique de Nancy.)

La transformation des courants alternatifs par l'emploi des *moteurs-générateurs* ne s'effectue pas directement, comme on vient de s'en rendre compte. Il est nécessaire, en effet, de transformer d'abord l'énergie électrique en énergie mécanique, et c'est cette énergie mécanique qu'on transforme ensuite de nouveau en énergie électrique, obtenue avec des éléments qui sont de nature différente des éléments formant le courant initial. De là, une certaine perte d'énergie qui contribue à diminuer le rendement de l'appareil.

Fig. 431. — Groupe moteur-générateur : moteur triphasé de 650 chevaux, 6.000 volts, accouplé à une dynamo de 450 kilowatts, 150 volts. (Ateliers d'Oerlikon.)

Il est nécessaire, dans un groupe moteur-générateur, d'établir les deux machines qui le composent de façon qu'elles donnent leur meilleur rendement pour la vitesse commune à laquelle elles doivent fonctionner.

Les moteurs-générateurs ont un rendement inférieur aux *commutatrices* dont nous allons parler; cependant, on les emploie de préférence dans quelques cas spéciaux : quand la fréquence est trop faible, quand la puissance à transformer est trop grande et quand la charge du circuit peut être soumise à de trop brusques variations.

Commutatrices

Les *commutatrices,* sortes de transformateurs appelés aussi *convertisseurs,* permettent d'effectuer la transformation de courants alternatifs en courants continus ou, réciproquement, de courants continus en courants alternatifs.

Fig. 432. — Commutatrice de 220 kilowatts. (Felten et Guilleaume-Lahmeyerwerke.)

Cette transformation s'opère par l'emploi d'une seule machine. La commutatrice est constituée, en principe, comme une dynamo à courant continu. Son induit est également relié d'un côté à un collecteur, mais du côté opposé à ce collecteur l'arbre de l'induit porte des bagues collectrices mises en communication avec divers points de l'enroulement de cet induit. Donc, d'un côté de l'induit, disposition permettant de recevoir des courants alternatifs simples ou polyphasés au moyen de frotteurs appuyant sur les bagues collectrices; de l'autre côté, collecteur permettant de fournir du courant continu. Les tensions du courant reçu et du courant fourni ne sont pas de même valeur. En outre, on doit pouvoir obtenir avec la commutatrice un courant continu ayant une tension de valeur variable.

Pour cela, il faut aussi rendre variable la tension du courant alternatif reçu; on réalise cette condition en adjoignant à la commutatrice un transformateur statique dans lequel on fait passer le courant alternatif avant de l'envoyer dans la machine. On peut ainsi transformer d'abord la tension du courant alternatif pour l'approprier à celle qui est exigée pour que la commutatrice fournisse un courant continu de tension déterminée.

Le démarrage des commutatrices présente des difficultés semblables à celles qu'on rencontre pour mettre les moteurs synchrones en route. Il est nécessaire de les amener à la vitesse convenable par l'emploi de divers dispositifs.

On peut utiliser une source de courant continu pour mettre en marche la commutatrice en envoyant ce courant dans le collecteur. Quand la vitesse de synchronisme est atteinte de façon à coïncider avec les phases du courant alternatif à transformer, on admet ce courant dans la commutatrice et celle-ci le transforme en courant continu. On emploie également un petit moteur asynchrone placé généralement en bout de l'arbre de la commutatrice. Quand le moteur asynchrone marche, il imprime à la commutatrice une vitesse supérieure à celle qui réalise le synchronisme. On arrête alors le moteur asynchrone auxiliaire; la commutatrice continue évidemment à tourner, mais sa vitesse diminue progressivement. Quand cette vitesse atteint le degré convenable, on admet le courant alternatif.

Une commutatrice doit fonctionner de préférence avec des courants alternatifs polyphasés. Son fonctionnement en est facilité et son rendement amélioré. On emploie généralement des courants triphasés et même hexaphasés.

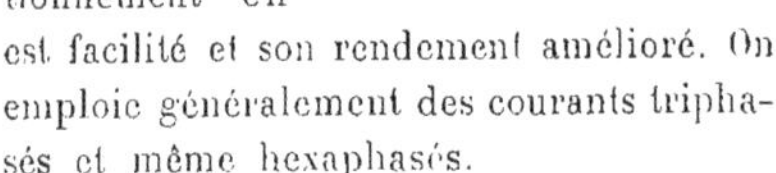

Fig. 433. — Arbre et induit de commutatrice. (Felten et Guilleaume-Lahmeyerwerke.)

La commutatrice représentée par la figure 432, construite par les ateliers Felten et Guilleaume-Lahmeyerwerke, a une puissance de 200 kilowatts.

Elle possède 8 pôles et tourne à une vitesse de 750 tours par minute, ce qui correspond à une fréquence de 50 périodes par seconde. Elle est alimentée avec du courant triphasé à 80 volts et donne un courant continu d'une intensité de 2.000 ampères environ et d'une tension de 110 volts. Ce courant est recueilli sur le collecteur porté par l'induit (Fig. 432) par 8 rangées de chacune 6 balais qui frottent sur les 168 lames qui le constituent.

Du côté opposé au collecteur sont disposées, sur l'arbre de l'induit, 3 bagues en cuivre sur chacune desquelles frottent 9 paires de balais. L'induit comporte un enroulement formé de 168 bobines placées dans des encoches contenant chacune 4 conducteurs.

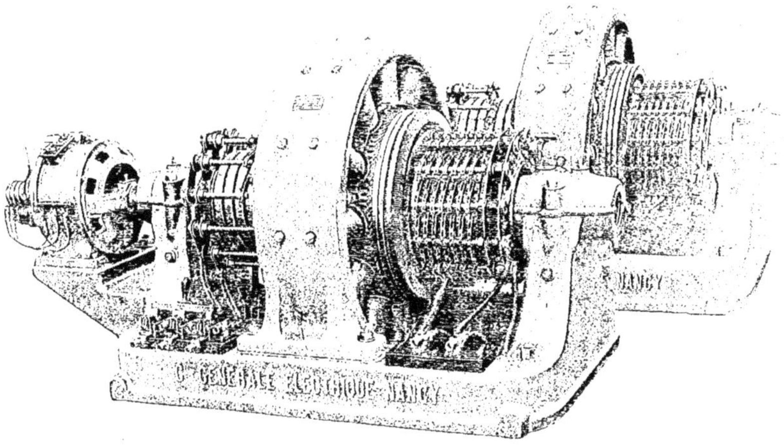

Fig. 434. — Commutatrices hexaphasées. (Cie générale électrique de Nancy.)

La ventilation de la commutatrice est réalisée par une sorte de couronne portant des ailettes, fixées sur l'arbre de l'induit (Fig. 433) du côté des 3 bagues collectrices en cuivre. L'air frais aspiré passe d'abord sur les 3 bagues, traverse la machine et sort en refroidissant le collecteur et les balais. Cette commutatrice porte, pour le démarrage, un moteur asynchrone auxiliaire de 15 chevaux. Ce moteur n'a que 6 pôles et son induit est solidaire de l'arbre de la commutatrice en bout duquel il est placé.

La commutatrice hexaphasée (Fig. 434), construite par la Compagnie générale électrique de Nancy, fonctionne avec des courants alternatifs hexaphasés, c'est-à-dire à 6 phases. Cette disposition nécessite, le montage, sur l'arbre de l'induit du côté opposé au collecteur, de 6 bagues correspondant respectivement aux 6 courants alternatifs décalés de 1/6 de période. Un moteur asynchrone placé en bout de l'arbre de l'induit sert à mettre la commutatrice en marche.

Permutatrices

La *permutatrice* est un transformateur spécial de courants alternatifs polyphasés en courant continu, qui effectue cette transformation en ne donnant un mouvement de rotation qu'aux seuls organes qui servent à réaliser la *commutation,* autrement dit la *permutation,* entre les divers circuits, pour obtenir la transformation désirée. Les organes dans lesquels se manifestent des phénomènes d'induction sont immobiles.

Dans la *permutatrice* Hutin et Leblanc, un moteur synchrone imprime un mouvement de rotation au collecteur et aux bagues. L'induit est immobile et porte un enroulement qui est relié au circuit secondaire d'un transformateur.

L'inducteur porte un enroulement compound dans lequel passe le courant continu de la machine. Des frotteurs sont disposés pour appuyer sur les bagues et sont reliés aux bornes du transformateur. Des rangées de balais frottent sur le collecteur. Cette permutatrice se met en marche au moyen de courants alternatifs.

Dans la *permutatrice* Rougé et Faget, les organes mobiles sont les balais qui frottent sur le collecteur. Elle démarre facilement par une simple fermeture du circuit et se met en synchronisme automatiquement avec le courant qu'elle reçoit.

TRANSMISSION DE L'ÉNERGIE.

TRANSPORT DE FORCE.
CONDUCTEURS : nus, isolés. — *JONCTION DES CONDUCTEURS.*
CANALISATIONS : souterraines, aériennes, à basse tension, intérieures, à haute tension. — *PARAFOUDRES :* à pointes, Thomson, à cornes, à cornes à résistance liquide.
DISTRIBUTIONS PAR COURANTS CONTINUS : à deux fils, par feeders, à trois fils, à cinq fils. — *DISTRIBUTIONS PAR COURANTS ALTERNATIFS.* — *LIAISON DES CIRCUITS DE DISTRIBUTIONS AUX GÉNÉRATRICES :* circuit unique, circuit double.
APPAREILLAGE. — *INTERRUPTEURS :* unipolaires, multipolaires. — *COMMUTATEURS.* — *COUPE CIRCUITS.* — *DISJONCTEURS.* — *RHÉOSTATS.* — *INDICATEURS DE TERRE.* — *TABLEAUX DE DISTRIBUTION.* — *APPAREILLAGE POUR LA HAUTE TENSION.*
HOUILLE BLANCHE.
HOUILLE VERTE.
APPLICATIONS DE LA TRANSMISSION DE L'ÉNERGIE.

TRANSPORT DE FORCE

Le transport à distance et la distribution de l'énergie électrique ont constitué, certainement, un des plus grands progrès modernes industriels. La transmission mécanique proprement dite n'avait qu'un rayon d'action extrêmement restreint; l'air comprimé et l'eau sous pression étendirent bien ce rayon, mais ces moyens d'action étaient encore limités comme étendue et comme puissance.

Il appartenait à l'électricité de fournir la solution magistrale du problème. en permettant de répandre à des centaines de kilomètres, sous forme de force et de lumière, l'énergie captée dans le déversement des chutes d'eau et dans l'écoulement des fleuves.

C'est, ainsi que nous l'avons dit, l'ingénieur électricien Hippolyte Fontaine qui, le premier, fit l'application industrielle du transport de la force par l'électricité et découvrit la *réversibilité* des machines dynamo-électriques.

C'est à l'exposition d'électricité de Vienne (Autriche), en 1873, que cette première expérience fut réalisée, et le récit en a été donné par M. Fontaine dans le *Bulletin de la Société des anciens élèves des Écoles d'arts et métiers.*

La Compagnie des machines Gramme, dont M. Fontaine était un des ingénieurs, exposait une machine dynamo-électrique, mue par un moteur à gaz Lenoir, dont le courant était destiné à argenter des médailles et divers objets commémoratifs.

Une seconde machine Gramme magnéto-électrique figurait également à cette exposition et était destinée à fonctionner comme moteur, étant alimentée par une pile ou un accumulateur Planté, afin de montrer la réversibilité de cette machine, dont le principe était alors tout nouveau. Une pompe centrifuge pouvait être commandée par la machine magnéto-électrique.

Le 1er juin 1873 on annonça que la galerie des machines serait inaugurée le surlendemain, à 10 heures du matin, par l'Empereur. Comme presque toujours en pareil cas, rien n'était définitivement prêt dans les sections diverses, et M. Fontaine dut faire des prodiges d'activité pour mettre ses appareils en état de fonctionner. Le 2 juin, la machine dynamo-électrique Gramme tournait, mais il fut impossible d'actionner la petite magnéto Gramme au moyen de la pile et de l'accumulateur. Cependant, comme il tenait principalement à montrer la réversibilité des nouveaux appareils électriques, M. Fontaine s'ingénia à trouver un procédé pour atteindre son but, et ce ne fut que le 3 juin au matin, quelques heures avant le passage de l'Empereur, qu'il eut l'idée de prendre une dérivation de la machine dynamo pour actionner l'autre machine électrique. Il disposa environ 250 mètres de fil conducteur entre les deux machines Gramme et non seulement la magnéto tournait, mais encore elle actionnait la pompe centrifuge avec une telle vitesse que l'eau était projetée hors du réservoir. Pour obtenir un jet d'eau normal, M. Fontaine augmenta la quantité de fil conducteur, dont la longueur atteignit alors plus de deux kilomètres. Cette longueur inusitée de câble, qui n'avait été augmentée que pour donner à la pompe une vitesse convenable, lui suggéra l'idée qu'on pourrait, avec deux machines Gramme, transporter des forces à grandes distances. Il fit part de cette idée à un grand nombre de personnes, la consigna dans la *Revue Industrielle* de 1873 et dans un ouvrage sur l'Exposition de Vienne, paru en 1874.

Cette expérience, qui obtint à Vienne, un très grand succès, eut un retentissement considérable dans le monde industriel.

En 1879, M. Charles Félix, ingénieur français, réalisa, en collaboration avec un autre ingénieur, M. Chrétien, un transport de force dans sa sucrerie de Sermaize (Oise), qui lui permit d'effectuer un labourage en transmettant électriquement, jusqu'au champ à labourer, l'énergie produite par la machine à vapeur de son usine actionnant une dynamo. Par le même procédé on mit en mouvement les grues qui servaient à décharger les bateaux apportant les betteraves à la sucrerie.

Des industriels parisiens firent usage du transport de la force pour mouvoir des scies rotatives, des concasseurs de pierres dans des carrières, et un marteau-pilon dans une usine.

Dans le midi de la France, pour produire la submersion des vignes, on manœuvra des pompes à eau au moyen de machines électriques, dont le courant était produit par des appareils placés à une grande distance.

En 1881, M. Marcel Deprez présenta à l'Exposition internationale d'Électricité de Paris diverses petites machines-outils mises en action par la transmission électrique de l'énergie fournie par un moteur à vapeur.

En 1882, à l'Exposition de Munich, M. Deprez transmit, à la distance de 57 kilomètres, un quart de cheval-vapeur avec un rendement atteignant seulement 30 pour 100. La ligne se composait de deux simples fils télégraphiques ordinaires, en fer galvanisé, non recouverts d'une gaine isolante.

En 1883, il transmit deux chevaux-vapeur à 8 kilomètres et demi de distance, avec un rendement de 40 pour 100.

Une autre série d'expériences fut entreprise par M. Marcel Deprez à Grenoble, pour transporter non pas l'énergie produite artificiellement dans une machine à vapeur, mais la force naturelle d'une chute d'eau. On abandonna le fil télégraphique en fer galvanisé et on le remplaça par un fil spé-

Fig. 185. — Expérience pour le transport de la force par le courant électrique, faite de Vizille à Grenoble, par M. Marcel Deprez. (Appareil de Vizille pour la production de l'électricité au moyen de la chute d'eau.)

cial en bronze siliceux. La distance était de 14 kilomètres et on réussit à transporter 7 chevaux-vapeur avec un rendement de

62 p. 100. La chute d'eau était à Vizille et faisait tourner une série de turbines T (Fig. 435). Le mouvement de ces turbines était transmis par une succession de roues, de pignons A et d'arbres à une machine dynamo-électrique C, qui donnait un courant électrique recueilli par les conducteurs D et transmis par le fil en bronze siliceux à la station de Grenoble.

Fig. 436. — Expérience du transport de la force par le courant électrique, faite de Vizille à Grenoble, par M. Marcel Desprez. (Appareil récepteur de Grenoble contenant une pompe pour l'élévation de l'eau.)

Dans celle-ci (Fig. 436), le courant apporté par le conducteur était reçu par le moteur électrique R, qui transformait l'énergie électrique transmise en énergie mécanique utilisée pour actionner une pompe élevant l'eau d'un réservoir et la laissant retomber en cascade.

Enfin, une nouvelle série d'expériences fut entreprise de Paris à Creil, pour transporter à 58 kilomètres de distance 200 à 250 chevaux-vapeur. Ces expériences, faites en 1885 et 1886, ne donnèrent pas les résultats qu'on en attendait, mais permirent de produire du courant à haute tension, sans qu'il y eût de déperdition sensible par le conducteur isolé et mis sous plomb.

Dès 1881, dans un grand nombre d'usines ou de chantiers de construction, le transport de la force par l'électricité fut mis en pratique et un constructeur allemand, Siemens, de Berlin, l'appliqua à la traction des convois sur les voies ferrées. Il faisait usage d'une machine à vapeur fixe actionnant une machine Gramme dont le courant produit était envoyé à une seconde machine Gramme installée sur la voiture. Le conducteur apportant l'électricité à la machine de la voiture était une barre de fer placée entre les deux rails isolés par des blocs de bois, sur laquelle venaient frotter, en passant, des lames flexibles, conduisant le courant à la machine réceptrice. Le système de traction électrique a fait depuis quelques années de considérables progrès. Nous verrons par la suite ses merveilleuses applications.

Aujourd'hui, de tous les côtés, dans tous les pays du Monde, s'organisent les transports de force par les courants à haute tension. Les courants alternatifs, qui permettent d'obtenir des tensions fort élevées, sont, pour cette raison, généralement employés. Nous avons expliqué précédemment pourquoi, du fait de cette haute tension, l'intensité du courant se trouve nécessairement diminuée pour une puissance déterminée, ce qui permet de diminuer la section du conducteur et, par conséquent, son prix de revient. Les tensions du courant électrique dans les transmissions à très grandes distances peuvent atteindre de 20.000 à 60.000 volts. Ces tensions ne sont pas directement produites par les alternateurs. Elles sont élevées à ces valeurs considérables par l'intermédiaire des transformateurs, avant de quitter l'usine génératrice.

Le courant circule à haute tension dans le conducteur reliant l'usine génératrice à l'usine réceptrice. Dans celle-ci, il est transformé de nouveau, de façon à ce que sa tension soit réduite, et il peut être en outre converti en courant continu suivant le mode d'utilisation auquel on le destine.

En Amérique, on a, grâce au transport de l'énergie électrique, aménagé en une énorme usine électrique une partie des superbes chutes du Niagara, et recueilli ainsi, pour commencer, une puissance de 450.000 chevaux, qui est distribuée à un grand nombre de villes distantes de plus de 200 kilomètres.

Une Compagnie californienne a porté la distance de transport de force jusqu'à 370 kilomètres.

En France, la Compagnie électrique du littoral méditerranéen a couvert Marseille et toute la région comprise entre la Durance, la Méditerranée et les Alpes, d'un réseau de 20.000 chevaux électriques captés sur la Durance, le Var, le Loup, la Siague et l'Argens.

La Compagnie du Sud-Ouest de la France, de son côté, transporte de la force depuis Tuillières, sur la Dordogne, jusqu'à Bordeaux.

Les chutes hydrauliques des Pyrénées, du Centre et du Jura, constituent une admirable réserve d'énergie. Le Rhône est un fleuve d'une puissance exceptionnelle. Déjà, une partie est utilisée dans l'usine de Jonage par la ville de Lyon, et l'on envisage le projet de lui emprunter 120.000 chevaux d'abord, puis 250.000 pour les transporter à Paris, soit à 425 kilomètres de distance.

Nous allons examiner successivement, en dehors des machines, moteurs et transformateurs que nous venons de décrire, les divers éléments nécessaires pour transporter l'énergie à distance : conducteurs et canalisations, puis les méthodes de distribution de cette énergie avec l'appareillage qui convient, et nous citerons plusieurs applications des plus usitées, après avoir dit quelques mots de l'utilisation des admirables réserves d'énergie constituées par les chutes d'eau, qui ont mérité le nom de *houille blanche*, et d'une autre réserve également importante, et pour le moment imparfaitement utilisée : la *houille verte*.

CONDUCTEURS

Les conducteurs employés pour transporter l'énergie électrique sont généralement en cuivre. Ils peuvent être utilisés soit sans couverture, soit enveloppés dans une gaine isolante. Dans le premier cas, on les désigne sous le nom de *conducteurs nus* ; dans le deuxième cas, on les appelle *conducteurs isolés*.

Conducteurs nus — Les conducteurs nus peuvent affecter différentes formes. Quand le diamètre du conducteur ne dépasse pas 6 à 7 millimètres, on le constitue généralement par un fil cylindrique en cuivre électrolytique pur, qui doit posséder une dureté suffisante pour résister à la rupture, alors que les poteaux qui le supportent sont assez espacés les uns des autres.

Quand la section du conducteur augmente, on peut employer des bandes à section rectangulaire en cuivre; mais, dans ce cas, il est nécessaire de joindre bout à bout un grand nombre de bandes pour constituer le conducteur. Ce procédé offre, on le conçoit, une complication dans la réalisation du conducteur et présente l'inconvénient de ne lui laisser que peu de souplesse. Aussi est-il peu employé.

On établit, de préférence, les conducteurs de grand diamètre en réunissant, sous forme de câble, un certain nombre de fils de cuivre de diamètre réduit. Cette disposition permet de donner au conducteur une longueur considérable sans que l'on soit obligé de constituer des joints et, en outre, elle conserve au câble, malgré l'importance de son diamètre, la souplesse nécessaire pour effectuer facilement sa pose sur ses appuis.

Les conducteurs nus sont généralement employés pour établir des canalisations électriques aériennes.

Conducteurs isolés

Quand les canalisations électriques sont souterraines,

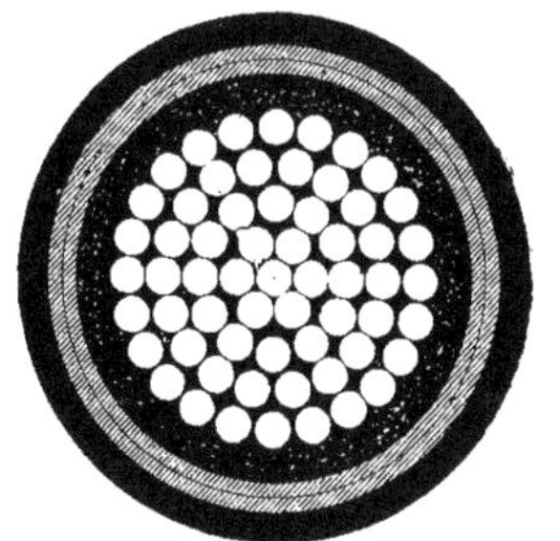

Fig. 437. — Câble non armé à un conducteur. Tension du courant : 500 volts.

pour protéger le conducteur contre les risques de détérioration et pour l'isoler d'une

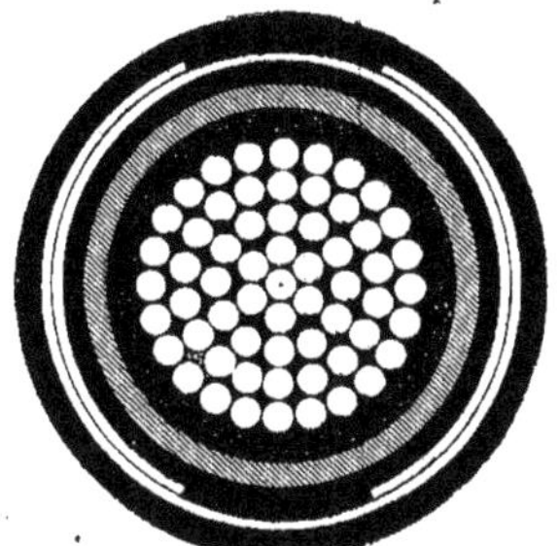

Fig. 438. — Câble armé à un conducteur. Tension du courant : 500 volts.

manière convenable des conducteurs voisins, quand le courant qui le traverse possède une forte tension, on l'enferme dans une enveloppe isolante, après avoir, suivant les cas, disposé plusieurs autres gaines protectrices à l'intérieur du câble, ainsi que nous allons le voir. Le conducteur (Fig. 437) est généralement constitué par un fil central, appelé *âme*, autour duquel sont enroulées des couches successives de fil de même diamètre. La première couche entourant l'âme comporte 6 fils disposés en torsade. La seconde couche en comporte 12, dont l'inclinaison par rapport au fil central est en sens inverse de celle de la couche précédente; la troisième couche est composée de 18 fils et la quatrième de 24.

Le conducteur dont la figure 437 représente une coupe transversale est fabriqué comme les conducteurs suivants que nous allons examiner, par la Société Industrielle des Téléphones, à Paris. Il est destiné à un courant d'une tension de 500 volts. Le câble proprement dit, constitué comme nous venons de le dire, est recouvert de fibre imprégnée, sur laquelle est disposée une enveloppe de plomb, recouverte, à son tour, de filin goudronné.

Le câble ainsi composé est à un seul conducteur et n'est pas *armé*.

Dans le câble *armé* (Fig. 438), l'armature

est constituée par deux rubans d'acier, qui donnent à ce câble plus de solidité. Il comprend toujours un conducteur unique formé d'une série de fils tordus, successivement dans les deux sens, autour d'un fil central. Ces fils sont noyés dans de la fibre imprégnée recouverte d'une enveloppe de plomb. Sur cette enveloppe est disposée une gaine de filin goudronné autour de laquelle sont enroulés les deux rubans d'acier constituant les armatures. Sur les rubans est placée une dernière enveloppe de filin goudronné.

Les câbles peuvent comporter plusieurs conducteurs. Celui que représente en coupe

Fig. 439. — Câble armé à deux conducteurs câblés. Tension du courant : 15.000 volts.

transversale la figure 439 est à deux conducteurs. Chacun des conducteurs est composé d'une couche de 6 fils enroulés autour d'un fil central; il est isolé du conducteur voisin par une gaine de fibre imprégnée. Les deux petits câbles ainsi constitués sont enveloppés dans du *jute,* qui, on le sait, est une matière textile de l'Inde ressemblant au chanvre. Une couverture cylindrique de fibre imprégnée les entoure ensuite pour former un seul faisceau de plus grande dimension. Sur cette fibre sont disposées deux enveloppes de plomb recouvertes de filin goudronné autour duquel s'enroulent deux rubans d'acier formant armature. Une gaine de filin goudronné recouvre les rubans.

Le câble permet de laisser circuler dans les conducteurs un courant d'une tension de 15.000 volts.

Fig. 440. — Câble armé à trois conducteurs câblés. Tension du courant : 15.000 volts.

Un câble peut être formé par trois ou quatre conducteurs, afin d'être utilisé pour les courants alternatifs polyphasés. La figure 440 représente un câble à trois conducteurs, pouvant laisser passer un courant d'une tension de 15.000 volts et dont le dispositif de protection est semblable à celui du câble précédent.

Le câble armé représenté par la figure 441 comporte quatre conducteurs câblés protégés de façon identique. La tension du courant qui circule dans les quatre conducteurs peut, en service normal, atteindre 7.000 volts.

Fig. 441. — Câble armé à quatre conducteurs câblés. Tension du courant : 7.000 volts.

On peut aussi, dans des cas spéciaux, employer des câbles à deux conducteurs concentriques isolés au caoutchouc. Ces câbles sont surtout utilisés pour établir des canalisations courtes et en terrain détrempé, tandis que les câbles précédents à plusieurs conducteurs sont, de préférence, placés directement en tranchée dans des terrains secs ou peu humides.

Dans le câble à deux conducteurs concentriques (Fig. 441), un des conducteurs, formé par couches, est placé au centre; il est recouvert de caoutchouc naturel, de caoutchouc vulcanisé, puis de rubans de caoutchouc sur lesquels est placé le second conducteur, formé d'une simple couche de fils de cuivre étamé.

Ce second conducteur est également recouvert de caoutchouc naturel, de caoutchouc vulcanisé et de rubans caoutchoutés. Un enduit est placé sur ces rubans, puis sont successivement disposées : une enveloppe de plomb, une autre de filin goudronné, une armature de deux rubans d'acier et enfin une couche de filin goudronné.

Le courant circulant dans ces conducteurs peut avoir une tension de service de 1.000 volts.

Pour le cas spécial de canalisation sous-marine pour transport de force, on peut em-

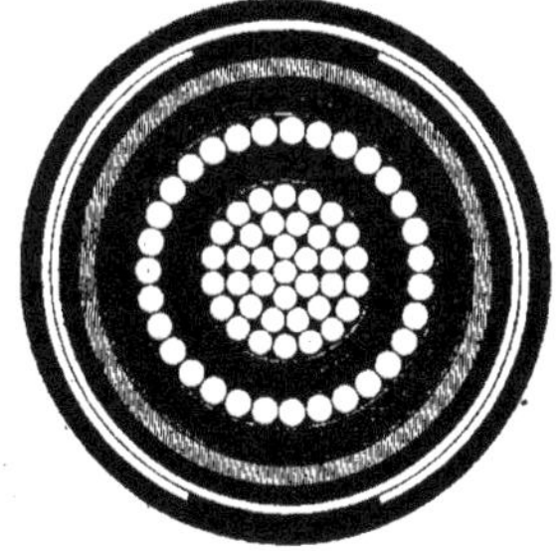

Fig. 442. — Câble armé à deux conducteurs concentriques. Tension du courant : 1.000 volts.

ployer un câble comme celui qui est représenté par la figure 443. Ce câble est à trois conducteurs et chacun d'eux se compose de torons de fils en cuivre recouverts de caoutchouc naturel, de caoutchouc vulcanisé de ruban caoutchouté portant un enduit. Les trois conducteurs, câblés avec du jute, sont entourés par un ruban, puis par une enve-

Fig. 443. — Câble pour canalisation sous-marine à trois conducteurs. Tension du courant : 3.000 volts.

loppe en plomb recouverte de filin goudronné. Autour du filin est disposée une première armature constituée par des fils d'acier galvanisés méplats. Cette armature est séparée de la seconde par une autre couche de filin goudronné. La seconde armature est formée par des fils d'acier galvanisés ronds, et elle est recouverte par du filin goudronné. La tension du courant circulant dans les conducteurs peut être de 3.000 volts.

On voit quelles minutieuses précautions sont prises pour éviter dans les conducteurs toute déperdition du courant et toute avarie due à une cause externe.

Enfin, dans les réseaux téléphoniques, on emploie des câbles multiples, où, en principe, les fils, séparément recouverts soit par un ruban de papier, soit par une gaine de caoutchouc naturel, de caoutchouc vulcanisé et par un ruban caoutchouté, sont câblés en paires, câblées à leur tour entre elles. L'ensemble est recouvert de rubans, de caoutchouc et de tresse, sur laquelle on dispose un enduit.

La Société anonyme des Établissements

Adt construit, pour protéger les conducteurs, des *tubes isolateurs* dans lesquels les fils sont logés.

Le tube isolateur est formé par un tube en papier roulé en plusieurs couches superposées. Ce papier est imprégné d'une matière isolante spéciale qui a la propriété d'être hydrofuge et qui est comprimée sous une forte pression.

Le tube est ensuite recouvert d'une gaine métallique qui constitue une armature. Cette enveloppe, constituée en cuivre, tôle plombée ou galvanisée, acier étiré sans soudure, aluminium, etc..., est appropriée à l'emploi que l'on veut assigner au câble. Le papier sec a, par lui-même, d'excellentes propriétés isolantes; les préparations qu'on lui fait subir augmentent encore ses qualités et permettent d'éviter tout danger provenant soit de l'échauffement du conducteur, soit même d'une cause extérieure.

Jonction des conducteurs

Quoiqu'on puisse donner aux fils conducteurs une longueur considérable, il est nécessaire, dans l'établissement des canalisations importantes, de joindre bout à bout les conducteurs de manière que le courant qui y circule n'éprouve pas, du fait de la jonction, une résistance supplémentaire.

Quand les conducteurs sont constitués par des fils de faible diamètre, on dénude les deux extrémités de chacun des conducteurs en enlevant l'enveloppe isolante et mettant le métal à nu; puis, chaque extrémité d'un conducteur est enroulée sur le fil de l'autre conducteur. On constitue ainsi deux ligatures que l'on a soin de recouvrir d'une gaine isolante appropriée à la tension du courant qui doit circuler dans le conducteur. C'est ce que l'on appelle faire une *épissure*.

On peut, également, joindre deux fils en les réunissant par une pièce métallique appelée *serre-fils*. C'est un simple cylindre percé d'un trou central. On enfile chaque conducteur dans une extrémité du trou et on le serre contre le cylindre métallique au moyen de vis de pression. Cette jonction ne saurait convenir que dans quelques cas spéciaux où il deviendrait nécessaire de séparer, de temps à autre, les conducteurs ainsi réunis.

Quand les conducteurs ont un grand diamètre et qu'ils constituent de véritables câbles, on peut les réunir en taillant chaque bout de câble en forme de biseau.

Les deux biseaux sont posés l'un sur l'autre et une soudure à l'argent les réunit. On peut, en outre, assembler ces deux biseaux au moyen de rivets pour empêcher toute possibilité de séparation des deux câbles.

Il est bien évident que les parties des câbles d'abord dénudées pour permettre la jonction sont recouvertes par une enveloppe isolante quand cette jonction est faite.

Les câbles sont aussi réunis, assez souvent,

Fig. 444. — Boîte de jonction pour trois conducteurs câblés.

par l'intermédiaire des *boîtes de jonction*. Les boîtes de jonction (Fig 444) sont formées par deux coquilles en fonte assemblées par des boulons. La coquille supérieure porte au milieu de sa longueur un trou dans lequel peut être disposé un bouchon. Les câbles à réunir pénètrent dans la boîte chacun par une extrémité; les conducteurs composant ces câbles sont mis à nu dans l'intérieur de la boîte et assemblés au moyen d'une pince métallique fortement serrée sur les deux bouts des conducteurs. Quand l'assemblage est fait, on fixe solidement la coquille supérieure sur la coquille inférieure et on coule, par le trou du bouchon, du goudron qui, en remplissant la boîte, isole entre elles les diverses jonctions de conducteurs. On visse ensuite le bouchon. La figure 444 représente une boîte de jonction pour câble comportant trois conducteurs.

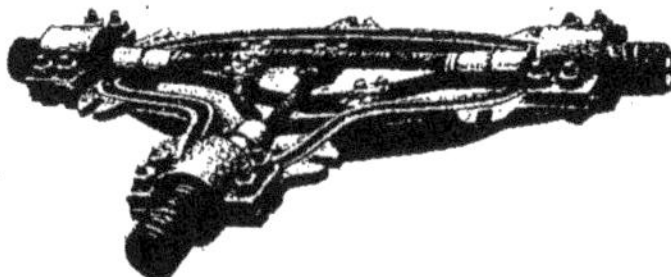

Fig. 445. — Boîte de branchement ouverte.

Les figures 445 et 446 montrent ouverte et fermée une boîte de branchement qui

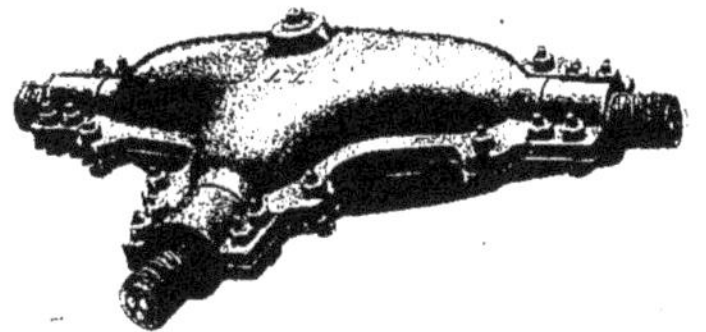

Fig. 446. — Boîte de branchement fermée.

permet d'effectuer une jonction de câbles disposés à angle droit.

La boîte de coupure (Fig. 447) est une boîte de jonction spéciale dans laquelle les câbles sont réunis au moyen de barrettes métalliques qui peuvent être enlevées.

La boîte de coupure est placée dans une sorte de caisson métallique (Fig. 448) qui, dans le cas d'une canalisation souterraine, la protège et en permet l'accès.

Enfin la figure 449 représente une boîte

Fig. 447. — Boîte de coupure.

de jonction d'extrémité pour un câble formé de trois conducteurs.

Le câble pénètre d'un côté dans la boîte et les trois conducteurs qu'il comporte sont séparés à leur sortie de la boîte pour être respectivement dirigés vers les appareils auxquels ils sont reliés. Ces diverses boîtes de jonction sont construites par la Société Industrielle des Téléphones, à Paris.

CANALISATIONS

Les divers conducteurs peuvent être disposés soit dans la terre, soit en l'air, soit dans l'eau. De là, trois sortes de canalisations : la canalisation *souterraine,* la canalisation *aérienne* et la canalisation *sous-marine.* Il existe une autre sorte de canalisation, nommée canalisation *intérieure,* qui s'établit à l'intérieur des immeubles dans lesquels

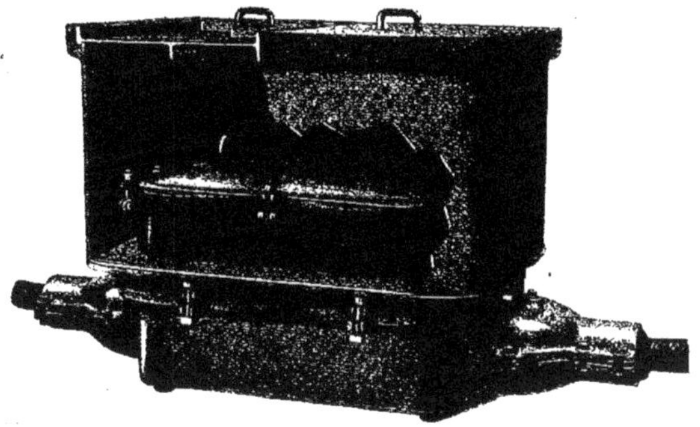

Fig. 448. — Boîte de coupure fermée.

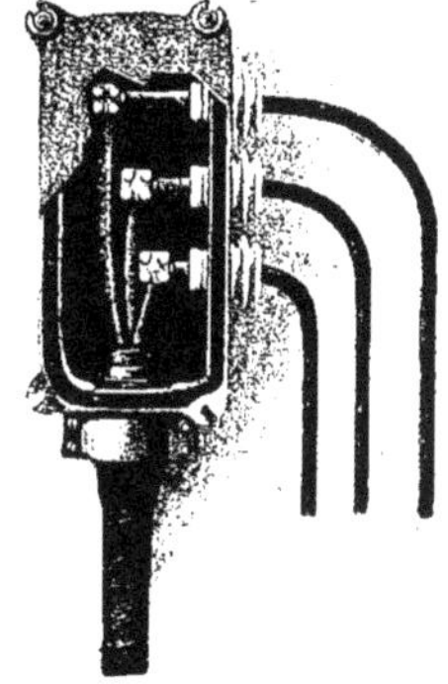

Fig. 449. — Boîte d'extrémité pour trois conducteurs câblés.

on utilise l'énergie électrique. La *canalisation sous-marine* étant établie presque exclusivement pour le service télégraphique, nous l'examinerons ultérieurement. Nous allons, pour le moment, nous occuper des autres sortes de canalisations.

Canalisations souterraines Les canalisations souterraines sont disposées de façons différentes, suivant que les conducteurs qu'elles reçoivent sont *nus* ou *isolés*.

Quand les conducteurs sont des câbles nus, les canalisations sont constituées par des caniveaux en ciment ou en béton, dans les parois desquels des tiges de fer sont scellées et supportent des isolateurs en porcelaine. Sur ces isolateurs sont placés les câbles nus. Les caniveaux sont établis avec une pente de façon à laisser s'écouler l'eau qui pourrait y pénétrer. Il convient, d'ailleurs, d'assurer, le plus possible, l'étanchéité de ces caniveaux pour éviter les infiltrations d'eau. En outre, on dispose de distance en distance des *regards* permettant de contrôler l'état des conducteurs et, au besoin, de procéder à leur remplacement ou leur réparation.

Quand les conducteurs sont formés par des câbles armés et isolés, la canalisation qui les reçoit est bien toujours en forme de caniveau, mais les conducteurs reposent, au fond de ce caniveau, sur une couche de sable. On les recouvre ensuite, également, avec du sable, puis on remplit le caniveau, au-dessus de cette couche de sable, avec de la terre, en interposant, vers le milieu de cette épaisseur de terre, une bande de grillage en fer destiné à préserver les conducteurs, placés à quelque distance au-dessous, contre les coups de pioche d'ouvriers non renseignés.

On peut également disposer les conducteurs isolés dans des tubes en fer, en ciment ou en grès, et même dans des caisses en bois. Dans ce cas, le bois reçoit une préparation spéciale qui le met à l'abri des détériorations rapides que pourrait occasionner l'humidité du sol. On injecte dans le bois du sulfate de cuivre, ou encore de la créosote ou quelque autre produit provenant du goudron. Cette préparation empêche le bois de pourrir dans le sol et le conserve en très bon état pendant un temps fort long.

On dispose, en général, dans les canalisations souterraines, des conducteurs dans lesquels circule un courant ne dépassant pas une tension de 5.000 volts. Pour les tensions supérieures on emploie les canalisations aériennes.

Canalisations aériennes à basse tension On peut employer les canalisations aériennes soit pour les courants à haute tension, soit pour les courants à basse tension.

Les lignes aériennes destinées aux courants à basse tension sont connues de tout le monde. Elles sont semblables aux lignes télégraphiques qui bordent toutes les voies ferrées. Les conducteurs nus sont fixés sur des *isolateurs* supportés par des poteaux généralement en bois. Ces poteaux, le plus souvent en sapin injecté de sulfate de cuivre, doivent être robustes pour résister au poids des conducteurs et aux efforts des vents. On choisit pour les établir des arbres très droits et très sains.

Quand la ligne aérienne fait une courbe, les poteaux placés au changement de direction doivent être inclinés pour maintenir la tension des conducteurs et on les consolide, généralement, en les entretoisant par des haubans ou en les munissant d'une jambe de force.

Les poteaux doivent être enfoncés dans le sol d'environ le cinquième de leur hauteur.

On remarquera que tous les poteaux portant des fils conducteurs sont terminés à leur extrémité supérieure par une pointe. Cette forme a simplement pour objet de permettre à l'eau de pluie de s'écouler facilement.

On construit également des poteaux en fer et en fonte de fer. Ces poteaux métalliques sont évidemment creux et les poteaux en fer sont constitués par différentes sortes de tubes s'emboitant les uns dans les autres.

On commence aussi à en faire en ciment armé.

Les supports des lignes aériennes peuvent être encore des pylônes métalliques ajourés ou encore des *herses*, sortes de charpentes métalliques rectangulaires généralement disposées au-dessus des maisons dans les villes traversées par des canalisations électriques.

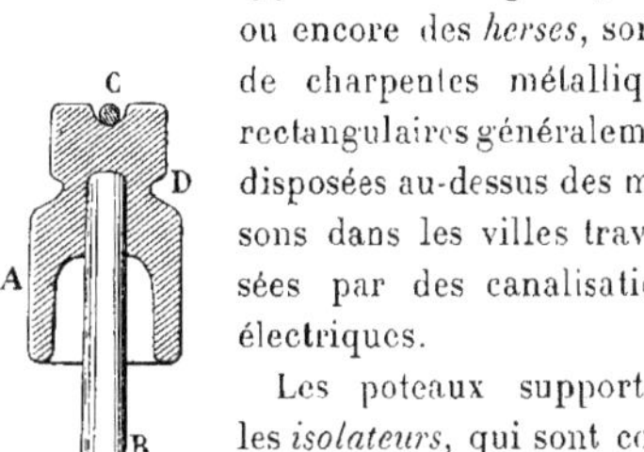

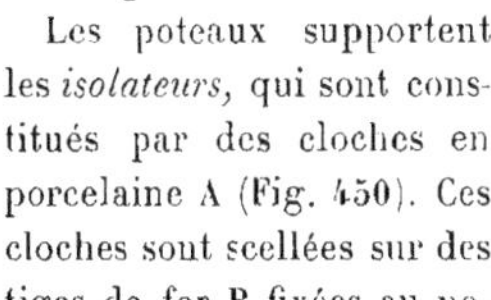

Fig. 450. — Cloche d'isolateur.

Les poteaux supportent les *isolateurs,* qui sont constitués par des cloches en porcelaine A (Fig. 450). Ces cloches sont scellées sur des tiges de fer B fixées au poteau et pénétrant à l'intérieur de ces cloches à leur partie centrale.

Le scellement s'effectue soit avec du soufre, soit avec du plâtre. L'isolateur porte extérieurement et à sa partie supérieure, une gorge circulaire D, ou bien une rainure longitudinale C, soit même les deux dispositifs.

Le conducteur peut se placer dans la rainure longitudinale, ou sur le côté dans la gorge circulaire. On établit ensuite une ligature faite avec un fil de cuivre, qui, enroulé et maintenu dans la gorge, bride le conducteur et le maintient fixé à l'isolateur.

Les canalisations aériennes peuvent donner lieu à des inconvénients sérieux, quand elles sont établies dans les villes. Les conducteurs nus, en effet, peuvent être la cause d'accidents de personnes. Ces lignes cependant sont fort économiques à établir, et leur emploi est tout indiqué quand elles ont à franchir des espaces en rase campagne ne comportant pas des agglomérations importantes d'habitants.

Il importe de protéger les conducteurs des lignes aériennes contre la foudre, autrement dit contre l'électricité atmosphérique qui, en suivant ce fil métallique, pourrait détériorer les appareils électriques disposés sur le circuit et foudroyer les personnes qui les manœuvrent.

On emploie pour assurer cette protection des appareils nommés *parafoudres,* dont nous décrirons, plus loin, quelques types.

Canalisations intérieures

Les *canalisations intérieures* sont celles qui sont établies à l'intérieur des immeubles pour distribuer l'énergie électrique sous forme, soit de force motrice soit de lumière.

Les conducteurs employés dans les canalisations intérieures sont généralement des fils en cuivre simples ou câblés, enveloppés dans une gaine isolante. Ces conducteurs, d'un diamètre plus ou moins grand, suivant l'usage auquel on les destine, sont supportés par des isolateurs en porcelaine placés assez souvent tout près du plafond des pièces traversées. Les isolateurs ont évidemment une importance appropriée aux diamètres des câbles qu'ils supportent. Pour l'éclairage et pour l'installation de canalisations destinées aux téléphones et aux sonneries, ces isolateurs ont la forme de petites poulies en porcelaine fixées à plat contre le mur (Fig. 451); dans la gorge de la poulie est placé le câble. On dispose également, dans ce cas, les conducteurs dans des moulures en bois fixées elles-mêmes sur le mur,

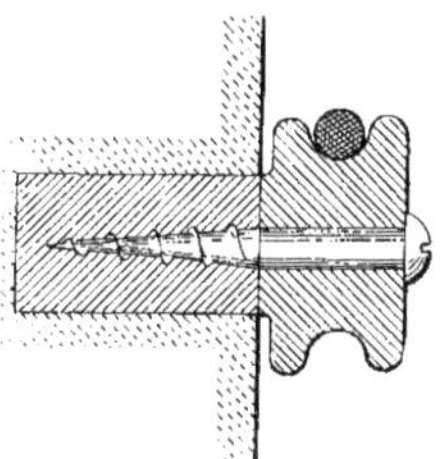

Fig. 451. — Poulie-isolateur.

le long de la corniche de l'appartement (Fig. 452). Les moulures comportent un certain nombre de *logements* dans lesquels sont placés les conducteurs. Un couvercle en bois les immobilise et ferme le conduit contenant les fils, qui, dans ce cas, sont toujours recouverts d'une enveloppe isolante.

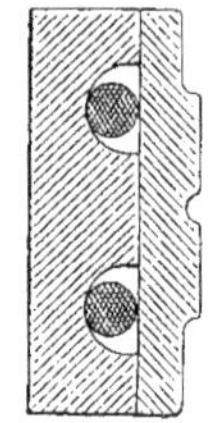

Fig. 452. — Moulure à logements pour conducteurs.

Cette enveloppe peut être, suivant la fonction du conducteur, un isolant en caoutchouc pur et vulcanisé, une tresse en coton ou en soie, ou même, pour des emplois spéciaux, le câble isolé peut être enfermé dans une gaine de plomb. Cette disposition est surtout employée quand le conducteur doit être placé dans un endroit humide : sous-sols, caves, etc., ou bien quand on est obligé de le mettre dans la terre ou à l'air libre dans une partie de son parcours, comme, par exemple, dans la traversée d'une cour ou d'un jardin.

Dans une canalisation intérieure, les conducteurs doivent être disposés de manière qu'ils soient toujours très abordables et qu'ils puissent être facilement réparés, le cas échéant. On doit disposer sur le circuit, et principalement à chaque branchement, un *coupe-circuit* comportant un *plomb fusible*, de façon qu'un court circuit intempestif ne puisse provoquer que la fusion du plomb, sans occasionner d'avarie aux appareils placés dans le circuit général.

Canalisation à haute tension

Quand les conducteurs sont destinés à recevoir des courants à haute tension pouvant atteindre 50.000 et 60.000 volts, il est nécessaire, on le conçoit, de prendre des dispositions spéciales d'isolement.

Les lignes à haute tension sont aériennes. Nous avons dit que les courants produits dans l'usine génératrice étaient transformés en courants à haute tension avant d'être envoyés dans la canalisation extérieure.

La figure 453 montre la disposition des connexions établies entre les barres métalliques constituant les conducteurs qui viennent des machines génératrices, et les transformateurs destinés à élever la tension du courant. Les barres collectrices disposées à gauche reçoivent un courant de 8.000 volts qui est porté à une tension de 26.000 volts après son passage dans les transformateurs. Cette installation a été établie par les ateliers Brown et Boveri dans l'usine hydro-électrique de Beznau, située sur l'Aar, rivière suisse qui se jette dans le Rhin. On voit que les barres sont supportées par des isolateurs en porcelaine à plusieurs gorges et de grandes dimensions. Elles sont, en outre, suffisamment espacées les unes des autres pour offrir toute sécurité, lors du passage du courant.

La disposition donnée par la figure 454 et établie par la Compagnie électro-mécanique du Bourget dans une usine hydro-électrique de la Haute-Italie, est destinée à assembler des barres collectrices recevant du courant à 45.000 volts. Ce courant, provenant des transformateurs de l'usine, est envoyé directement dans la canalisation extérieure. Les barres collectrices sont, pour une tension aussi élevée, non seulement supportées par des isolateurs en porcelaine spéciaux, mais encore elles sont individuellement protégées par des blocs de maçonnerie qui forment, pour chacune d'elles, une sorte de cellule où la barre est logée.

Les conducteurs aériens pour les courants à haute tension sont supportés par des isolateurs spéciaux (Fig. 455) à qui leur forme a fait donner le nom d'*isolateurs à cloche*. Ils sont constitués par plusieurs godets en porcelaine emboîtés les uns dans les autres, au centre desquels vient se sceller la tige métallique qui les supporte. Les godets ont une forme très évasée à la partie supérieure et une inclinaison de plus

Fig. 151. Connexion entre des barres collectrices à une tension de 8.000 volts et des transformateurs portant la tension à 26.000 volts. (Brown, Boveri et Cie.)

en plus grande à mesure qu'ils sont dis-

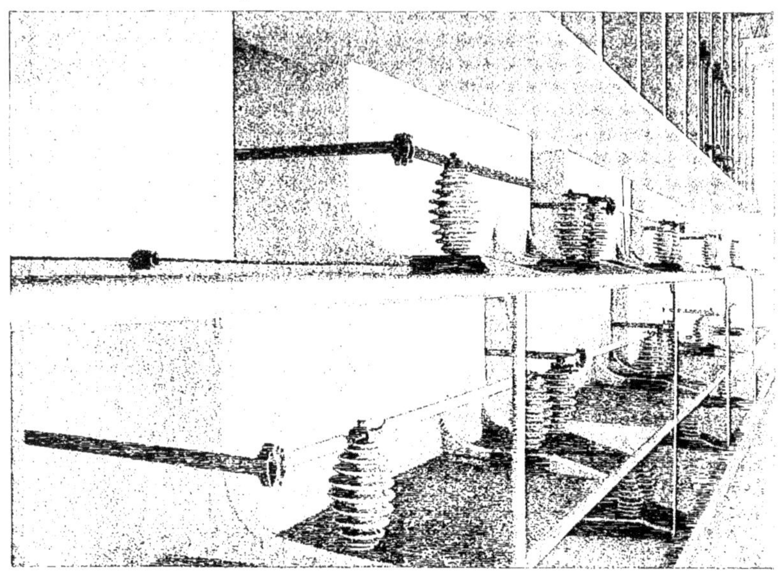

Fig. 454. — Barres collectrices à 15.000 volts. (Cie électro-mécanique du Bourget.)

posés plus près du centre. Cette disposition a pour but d'éviter que lorsqu'il pleut, l'eau puisse, en coulant le long des isolateurs, établir la communication entre les conducteurs supportés par les godets et la tige métallique sur laquelle ils sont fixés. Les différentes inclinaisons forment autant de *chicanes* qui interrompent le filet d'eau.

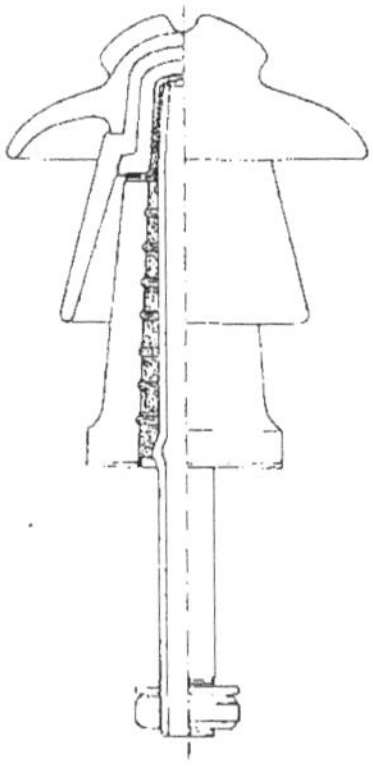

Fig. 455. — Isolateur à cloche pour courants à haute tension. (Ateliers d'Oerlikon.)

Les tiges supportant les isolateurs sont fixées elles-mêmes sur des barres en bois portées par des pylônes généralement métalliques. Ces pylônes ont des formes variées. Ils sont assez souvent constitués par une charpente métallique qui, quoique relativement légère, est très résistante et offre à l'action du vent une rigidité convenable.

A leur partie supérieure, appelée *tête de pylône,* sont fixées, tantôt horizontalement, tantôt verticalement, des traverses en bois portant des isolateurs. On en voit la disposition générale dans la figure 456, représentant une tête de pylône à barres horizontales.

La figure 457 montre un pylône à barres d'isolateurs également transversales, lequel porte un dispositif de protection constitué par un réseau métallique placé en dessous des conducteurs pour empêcher de prendre contact avec eux. Ces dispositifs de protection sont établis lors de la traversée des routes ou quand la ligne passe à proximité d'autres conducteurs électriques. Les pylônes métalliques de la figure 5, dont les barres sont disposées verticalement, sont établis au tournant d'une route, au-dessus d'un lac, sur des consoles encastrées dans un bloc de maçonnerie. Cette disposition spéciale a pour but d'éloigner les poteaux métalliques de la route voisine passant au pied d'une montagne et sur laquelle était déjà installé un réseau de fils téléphoniques. Le lac a, d'autre part, même au bord, une profondeur trop grande qui n'a pas permis d'établir directement des fondations verticales.

Fig. 456. — Tête de pylône à barres d'isolateurs horizontales. (Ateliers d'Oerlikon.)

Fig. 457. — Pylône métallique avec dispositif de protection. (Ateliers d'Oerlikon.)

Les divers pylônes dont nous venons de parler sont établis par les Ateliers d'Oerlikon, près de Zurich, pour l'installation de leurs lignes de transport de force à haute tension.

Parafoudres. Pour protéger les lignes aériennes à haute tension contre l'action de l'électricité atmosphérique, on dispose sur la canalisation des *parafoudres,* comme pour les lignes à basse tension.

Le dispositif de protection contre la foudre consiste, en principe, à intercaler, d'une part, dans le chemin que l'électricité atmosphérique tend à suivre pour atteindre les appareils, une *résistance* qui protège ces appareils en empêchant le courant dangereux d'y aboutir et, d'autre part, à ménager à ce courant une *dérivation vers la terre* pour l'annihiler.

Parafoudre à pointes (Fig. 458.) Si nous supposons une ligne constituée par deux conducteurs A et B, reliés à une génératrice de courant C, le parafoudre sera composé de deux *bobines de self-induction* D et E, intercalées dans le circuit des conducteurs du côté de la dynamo génératrice, et de deux dérivations prises sur ces conducteurs et aboutissant l'une à une plaque métallique F, l'autre à une seconde plaque

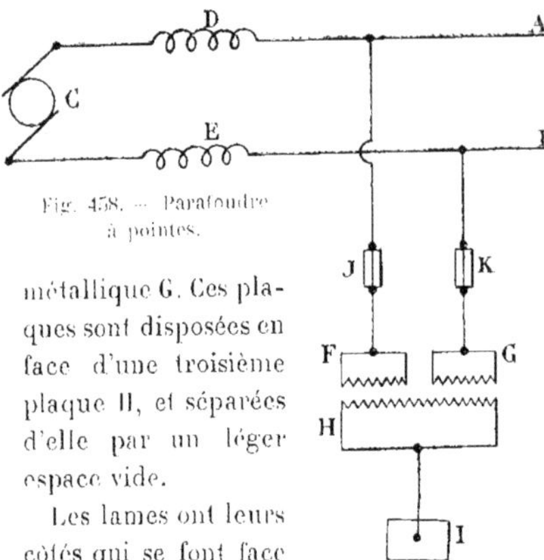

Fig. 458. — Parafoudre à pointes.

métallique G. Ces plaques sont disposées en face d'une troisième plaque H, et séparées d'elle par un léger espace vide.

Les lames ont leurs côtés qui se font face taillés en forme de dents triangulaires. La plaque métallique H est reliée à la terre par une prise de terre I. Quand une décharge électrique atmosphérique frappe la ligne aérienne, il se produit un courant à très haute tension d'une durée extrêmement réduite. Ce courant suit les conducteurs, mais il ne peut, étant donnée sa faible durée, s'établir dans le circuit pour atteindre la génératrice en traversant les bobines de self-induction D et E. Ces bobines offrent à ce courant une résistance qui l'arrête; d'ailleurs, les dérivations établies sur les conducteurs le conduisent aux plaques F et G. La tension du courant, qui est très élevée, lui permet, grâce aux pointes disposées sur les trois plaques et qui se font face, de s'établir, sous forme d'étincelle, entre les plaques opposées et d'aboutir à la terre. L'appareil générateur est donc protégé contre la décharge atmosphérique. Le courant d'utilisation qui est produit par ce générateur, au contraire de la décharge atmosphérique, traverse très facilement les bobines de self-induction et ne peut franchir l'espace vide laissé entre les plaques métalliques opposées. Le parafoudre peut donc remplir son rôle protecteur. Cependant, on conçoit que, si l'étincelle persistait entre les plaques métalliques, le courant d'utilisation, empruntant le circuit de dérivation, pourrait se perdre dans la terre et n'alimenterait plus aucun des appareils disposés au delà du parafoudre sur la ligne. Pour remédier à cet inconvénient, qui pourrait devenir très sérieux, on dispose sur les deux conducteurs de dérivation des coupe-circuits constitués par deux plombs fusibles J et K. Ces plombs permettent à la décharge atmosphérique d'aller se perdre dans la terre, mais si le courant d'utilisation tendait à passer par les conducteurs dérivés, son intensité, qui est bien supérieure à l'intensité du courant produit par la foudre, fondrait les plombs, et en interrompant le circuit de dérivation obligerait le courant d'utilisation à continuer de circuler dans la ligne. Il est nécessaire que ces plombs puissent être très facilement remplacés et il est bon d'établir plusieurs parafoudres à proximité les uns des autres pour que la protection soit toujours assurée par l'un d'eux quand la fusion du plomb d'un parafoudre voisin a mis celui-ci dans l'impossibilité de fonctionner tant que le plomb n'est pas remplacé. Cette condition constitue un inconvénient de ce genre de parafoudre. Aussi a-t-on établi divers modèles dans lesquels des dispositifs spéciaux empêchent l'étincelle de persister.

Parafoudre Thomson. (Fig. 459.) Dans le parafoudre Thomson la bobine de self-induction C est enroulée autour d'un noyau de fer doux D et reliée par ses extrémités respectivement aux deux conducteurs A et B de la ligne. Le noyau de fer doux s'aimante donc quand le courant passe dans le circuit d'utilisation, et l'ensemble de la bobine C et du noyau D forme un électro-aimant disposé entre deux plaques métalliques E et F, dont les côtés qui se font face ont des formes incurvées divergentes en allant du bas en haut de ces plaques. Une des plaques est reliée à un conducteur A, l'autre est reliée à une prise de terre G. Quand la foudre frappe la ligne, le courant produit, ne pouvant traverser la self-induction C, s'établit par une étincelle qui jaillit entre les plaques E et F et se perd dans la terre. Il est bien évident que cette étincelle se manifeste entre ces deux plaques à l'endroit où l'intervalle qui les sépare est le plus faible, c'est-à-dire vers leur partie inférieure. L'étincelle persisterait entre les plaques sans la présence de l'électro-aimant D; mais celui-ci, par son action magnétique, repousse l'étincelle vers la partie supérieure des plaques et produit un effet assez semblable à celui que l'on obtiendrait en soufflant sur l'étincelle. Cette analogie d'effets a même fait donner à cet appareil le nom de parafoudre *à soufflage magnétique*. L'étincelle est donc repoussée vers la partie supérieure, mais au fur et à mesure qu'elle s'élève, elle augmente de longueur grâce à la forme incurvée des pièces, ce qui contribue à l'éteindre rapidement. Le courant d'utilisation ne peut donc se dériver vers la terre et le parafoudre est automatiquement remis en état de bon fonctionnement.

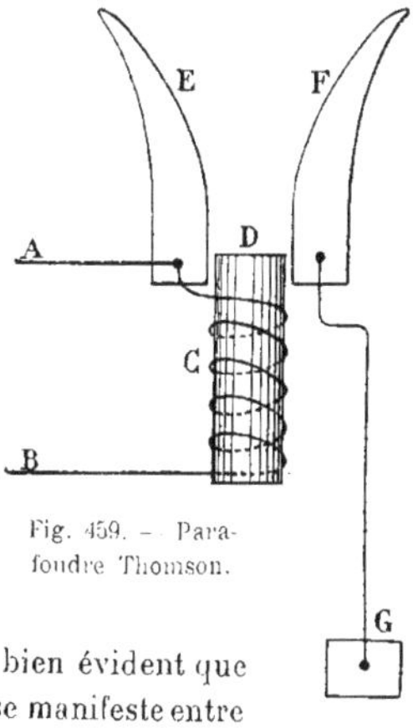

Fig. 459. — Parafoudre Thomson.

Parafoudre à cornes (Fig. 460.) Pour les lignes aériennes à haute tension, on dispose des parafoudres aussi bien à l'extérieur qu'à l'intérieur des usines. A l'extérieur, sur la ligne même, on dispose assez souvent des parafoudres *à cornes*. Ce parafoudre se compose de deux pièces métalliques ayant une forme incurvée spéciale rappelant celle d'une corne (Fig. 460). L'appareil est directement intercalé dans le circuit de la ligne. Une extrémité de conducteur est fixée à chacune des lames et une bobine de self-induction est disposée entre ces deux lames. L'étincelle se produit entre les lames et la pièce intermédiaire,

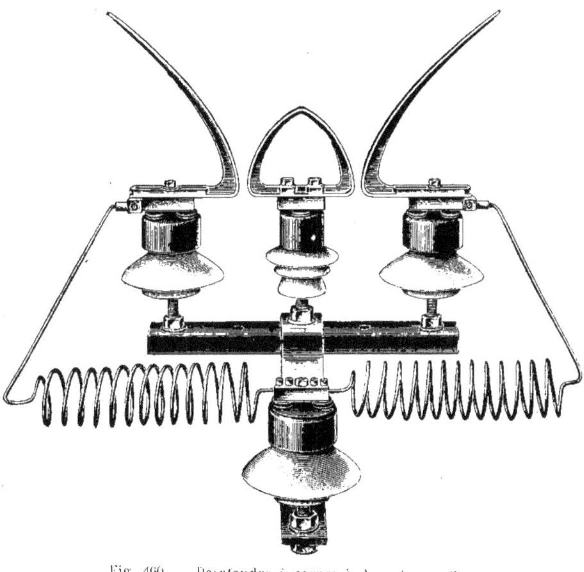

Fig. 460. — Parafoudre à cornes à deux intervalles. (Ateliers Maljournal et Bourron.)

qui communique avec la terre. Le parafoudre de la figure 460 est à deux intervalles et établi pour une tension de 5.000 volts. Le parafoudre à quatre intervalles (Fig. 461), est disposé pour une tension de 15.000 volts. La disposition des parafoudres à intervalles multiples permet de diminuer la tension entre chaque intervalle déflagrateur et la forme donnée aux lances permet à l'arc de s'éteindre rapidement.

On installe également à l'intérieur des usines des parafoudres du même type. La figure 462 en représente un à cinq intervalles dont les pièces métalliques sont supportées par des isolateurs en porcelaine sur lesquels on a ménagé une série de gorges.

Les divers parafoudres à cornes que nous venons de décrire sont construits par les Ateliers Maljournal et Bourron, à Lyon.

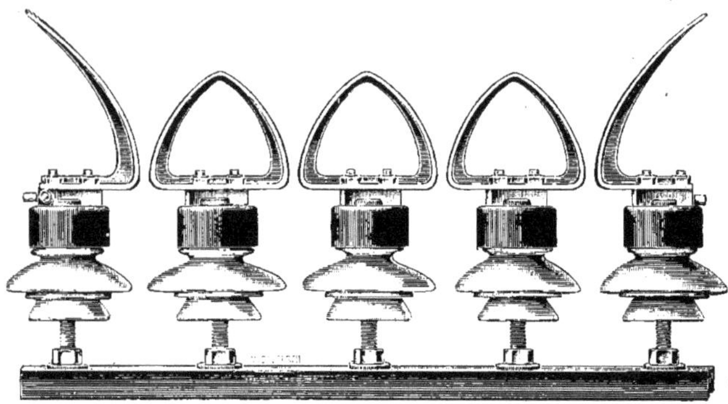

Fig. 461. — Parafoudre d'extérieur à cornes à quatre intervalles. (Ateliers Maljournal et Bourron.)

Parafoudres à cornes à résistance liquide

(Fig. 463.) Les Ateliers d'Oerlikon établissent, dans leurs installations à haute tension, des parafoudres à cornes munis de *résistances liquides*. Les parafoudres sont disposés dans des cellules à deux étages; à l'étage supérieur se trouve le parafoudre proprement dit à cornes, et à l'étage inférieur est placée la résistance liquide; celle-ci est constituée par deux tubes de verre dans lesquels on provoque une circulation d'eau. La partie supérieure de la

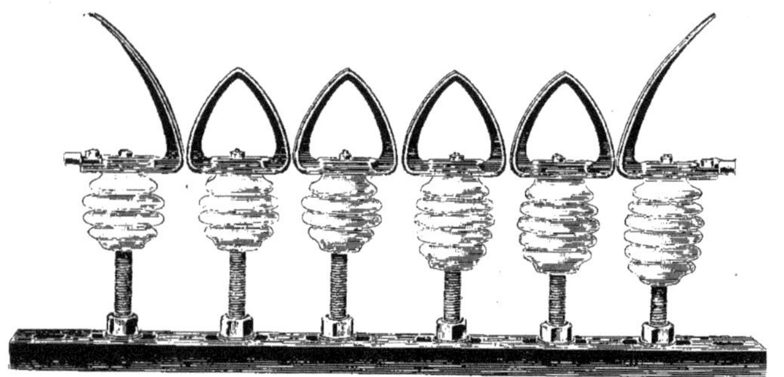

Fig. 462. — Parafoudre d'intérieur à cornes à cinq intervalles. (Ateliers Maljournal et Bourron.)

résistance communique avec le conducteur

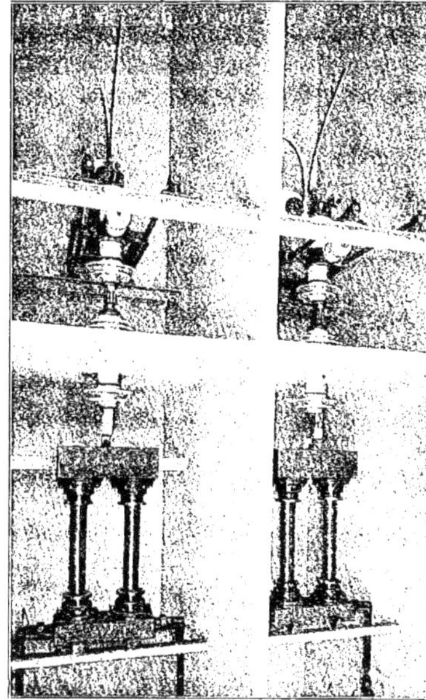

Fig. 463. — Parafoudre à cornes à résistance liquide. (Ateliers d'Oerlikon.)

de ligne par une dérivation et la partie inférieure est reliée à la terre. Pendant le fonctionnement rationnel des machines génératrices, le courant d'utilisation, rencontrant une résistance liquide appropriée, ne se dérive que d'une quantité négligeable à travers cette résistance, mais si une décharge atmosphérique frappe la ligne, le courant auquel elle donne lieu se perd dans le courant d'eau et dans la terre.

DISTRIBUTION

La distribution du courant électrique provenant des machines génératrices peut s'effectuer aux appareils récepteurs de diverses façons. La distribution du courant continu peut être réalisée par l'emploi de deux, trois ou cinq fils.

Distribution à deux fils La distribution à deux fils ne comporte, comme son nom l'indique, que deux conducteurs. Les appareils à alimenter peuvent être disposés sur ces conducteurs soit en *série*, soit en *dérivation*.

Quand les appareils récepteurs sont disposés en série (Fig. 464), ils sont placés dans le circuit les uns à la suite des autres. Cet arrangement est fort peu usité, car il offre le très sérieux inconvénient de rendre les récepteurs solidaires les uns des autres. S'il se produit dans l'un d'eux une avarie qui arrête son fonctionnement, le courant se trouve interrompu dans la ligne et les autres récepteurs cessent également de fonctionner.

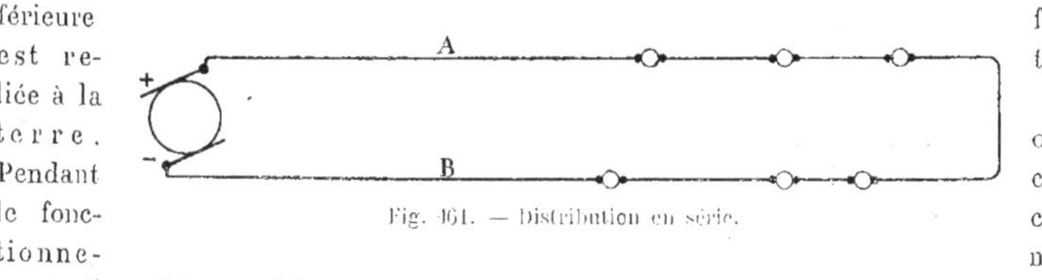

Fig. 464. — Distribution en série.

Pour obvier à cet inconvénient, on dispose de préférence les appareils récepteurs en *dérivation* sur les deux fils (Fig. 465). Dans ce cas, lorsqu'un récepteur est détérioré, il cesse de fonctionner, mais le courant peut néanmoins alimenter les autres.

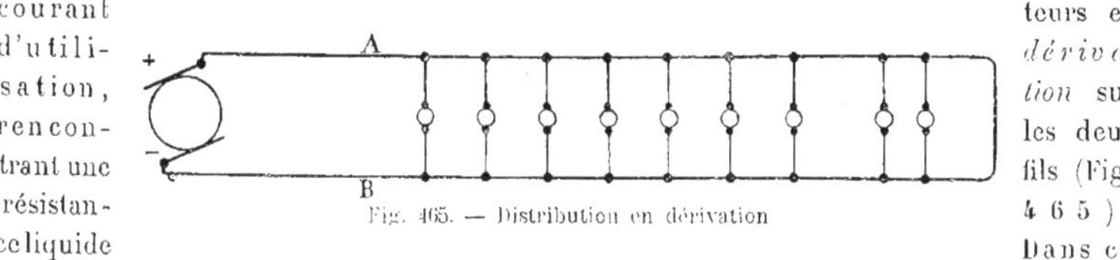

Fig. 465. — Distribution en dérivation

Dans la distribution en série, la machine génératrice doit fournir un courant d'une tension égale à la somme de toutes les différences de potentiel des appareils récepteurs placés dans le circuit. Dans la distribution en dérivation, la tension de ce courant sera simplement égale à la différence de potentiel d'un appareil récepteur, mais l'intensité de ce courant doit être égale à la somme des intensités nécessaires pour actionner chacun des récepteurs. De là, la nécessité de donner quelquefois aux conducteurs un grand diamètre quand l'intensité doit être considérable, la différence de potentiel aux bornes de la machine devant rester constante.

L'installation peut alors devenir onéreuse, mais on remédie en partie à cet inconvénient en donnant aux conducteurs des diamètres progressivement décroissants, à mesure qu'ils s'éloignent de la machine génératrice et qu'ils n'ont donc plus à alimenter qu'un nombre de plus en plus faible de récepteurs.

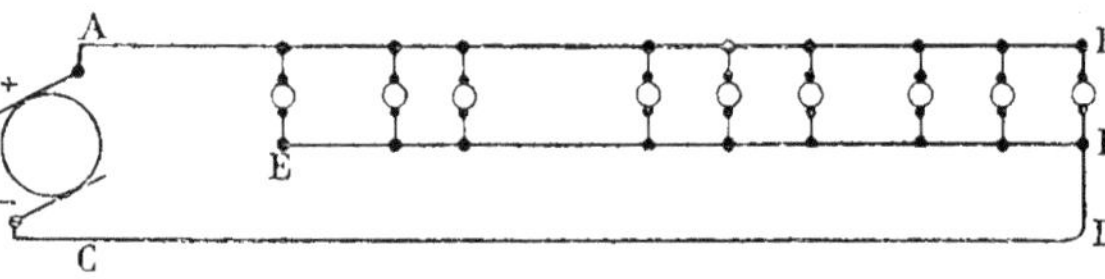

Fig. 466. — Distribution en boucle.

Dans la distribution en dérivation, tous les appareils d'utilisation fonctionnent avec la même différence de potentiel; il est nécessaire, par conséquent, que la différence de potentiel existant entre les bornes de la machine reste constante.

Cependant, quand le circuit est long, la résistance des conducteurs peut provoquer une chute de tension aux bornes des appareils les plus éloignés de la génératrice, ce qui peut troubler son fonctionnement rationnel, surtout si ce récepteur est une lampe à incandescence, par exemple. Pour éviter les chutes de tension sans augmenter le diamètre des conducteurs, on dispose la distribution comme l'indique la figure 466. Cette disposition, nommée *distribution en boucle*, consiste à ajouter, entre les conducteurs AB et CD, un conducteur intermédiaire EF, et c'est entre ce conducteur intermédiaire et l'un des deux autres que les appareils d'utilisation sont montés en dérivation. On voit que, pour tous les récepteurs, la longueur du circuit est la même; la résistance des conducteurs est également la même et les différences de potentiel de tous les appareils pourront avoir la même valeur. D'autre part, il est nécessaire de prévoir une dépense supplémentaire du fait de l'emploi d'un conducteur auxiliaire. Il est bien évident que chaque mode de distribution doit être approprié aux circonstances dans lesquelles on doit en faire l'emploi et qui en déterminent l'adoption.

Distribution par feeders. (Fig. 467.) Quand la canalisation est très longue, le procédé d'arrangement en *boucle* pouvant devenir onéreux et compliqué, on emploie une distribution comportant des *feeders*. Les *feeders* sont simplement des conducteurs principaux auxquels on donne une section suffisante pour que la tension du courant reste constante dans le circuit, et sur lesquels viennent se brancher des conducteurs auxiliaires de diamètres plus réduits qui distribuent le courant aux appareils d'utilisation. On emploie généralement la distribution par *feeders* pour alimenter un réseau électrique important destiné à l'éclairage par incandescence (Fig. 467). Si on suppose une usine productrice de courant électrique, placée en A, par exemple, destinée à alimenter des circuits divers d'éclairage F, G, H, I, situés à une distance assez grande de cette usine, on disposera, pour relier l'usine aux divers circuits, des *feeders* B, C, D et E. Ces feeders apporteront le courant respectivement aux quatre circuits sur lesquels des branchements auxiliaires pourront aller alimenter les appareils récepteurs.

L'intensité du courant utilisé dans les divers circuits peut n'être pas la même. On donne donc aux feeders un diamètre approprié à l'intensité du courant qui doit y circuler, mais pour cette raison, les résistances des feeders ne sont pas les mêmes, et la tension du courant, tout en devant rester constante dans chaque feeder, varie de l'un à l'autre.

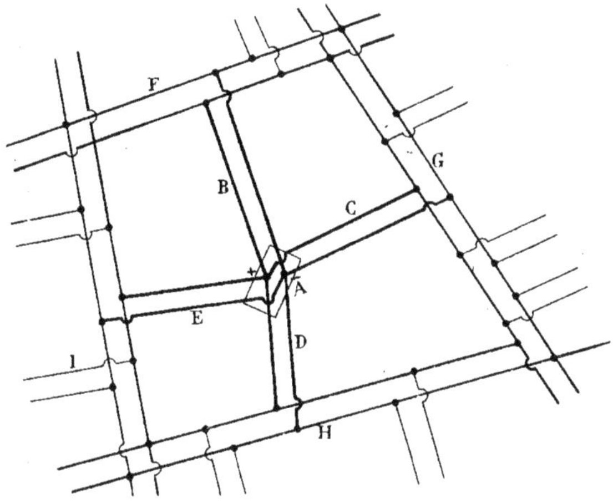

Fig. 467. — Distribution par feeders.

Pour pouvoir de l'usine connaître à chaque instant la valeur de cette tension pour chacun des circuits d'utilisation F, G, H, I, et procéder à un réglage, le cas échéant, on établit un conducteur auxiliaire appelé *fil d'essai* ou *fil pilote,* qui, partant de chacun des circuits distributeurs, revient à l'usine et est relié à un voltmètre. Cet instrument indique la valeur de la tension du courant au lieu où il est utilisé, et on peut de l'usine, par la manœuvre de rhéostats spéciaux, faire varier cette tension pour la rendre normale, s'il y a lieu.

Distribution à trois fils (Fig. 468.) Dans la distribution à trois fils, on dispose trois conducteurs, AB, CD et EF, entre lesquels sont branchés en dérivation les appareils récepteurs. Les conducteurs AB et CD, qui sont placés à l'extérieur, sont appelés *conducteurs principaux;* le conducteur intermédiaire EF est nommé *fil de compensation* ou *fil neutre.* Le courant circulant dans une distribution à trois fils peut être fourni par deux dynamos génératrices couplées en tension, ou par une seule dynamo donnant un courant d'une tension double. La figure 468 représente une distribution à trois fils alimentée par deux dynamos couplées en tension. Quand les appareils récepteurs sont les mêmes et sont branchés en nombre égal entre le conducteur intermédiaire EF et chacun des conducteurs principaux, le courant traversera simplement les conducteurs extérieurs sans passer par le *fil neutre;* mais si les récepteurs sont en plus grande quantité sur un des côtés, il circulera dans le *fil de compensation* un courant dont l'intensité sera égale à la diffé-

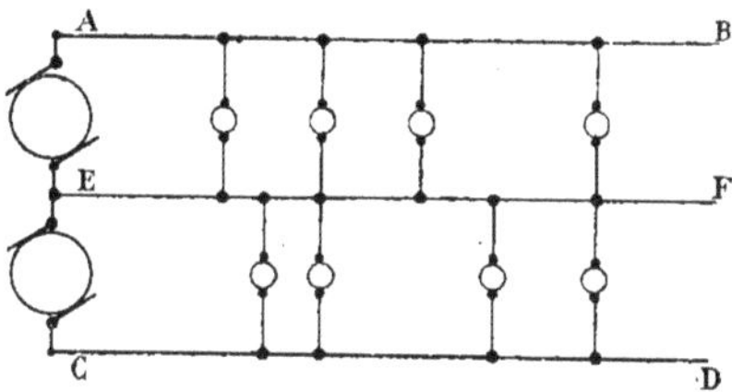

Fig. 468. — Distribution à trois fils.

rence des intensités des deux groupes de circuits. Chaque groupe se nomme *pont*. Dans la distribution à trois fils, on a intérêt à répartir le plus possible les appareils récepteurs dans les deux *ponts* de manière que l'intensité du courant nécessaire pour les actionner ait sensiblement la même valeur dans les deux circuits. On met généralement le fil neutre de cette distribution en communication avec la terre.

Distribution à cinq fils (Fig. 469.) Cette distribution peut être alimentée par quatre dynamos couplées en tension ou par

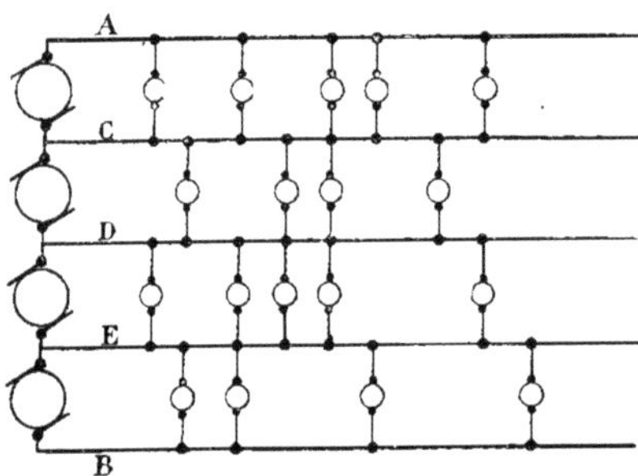

Fig. 469. — Distribution à cinq fils.

une seule dynamo donnant un courant de tension quatre fois plus grande. La disposition est, en principe, semblable à celle de la distribution à trois fils, mais, dans la distribution à cinq fils, il y a deux conducteurs extérieurs et trois conducteurs intermédiaires constituant quatre *ponts* portant chacun des appareils récepteurs branchés en dérivation.

Les deux distributions à trois et cinq fils ont l'avantage sur la distribution à deux fils de n'exiger qu'une quantité de cuivre inférieure, et la différence est d'autant plus considérable que le nombre de fils est plus grand. Cela se conçoit aisément puisque, dans la distribution à cinq fils, les trois conducteurs intermédiaires sont communs à deux circuits et remplacent nécessairement six conducteurs qu'il serait indispensable d'installer si chacune des dynamos alimentait un circuit de deux conducteurs indépendant du circuit des trois autres. Aussi emploie-t-on de préférence la distribution à cinq fils quand les conducteurs ont une longueur considérable.

Les diverses sortes de distributions à courant continu que nous venons d'examiner sont des *distributions directes*, c'est-à-dire que le courant est distribué directement sans passer par l'intermédiaire d'autres appareils. Il n'en est pas de même lorsqu'il s'agit d'utiliser le courant alternatif.

Distribution par courant alternatif Le courant alternatif est généralement produit avec une tension élevée de façon à pouvoir être économiquement transporté à une distance qui peut être considérable; mais nous avons déjà fait remarquer que ce courant n'est pas utilisé avec cette haute tension. De là, la nécessité de le ramener à une tension normale d'utilisation en lui faisant traverser des *transformateurs* qui abaissent la tension initiale. Cette distribution qui n'utilise pas directement le courant tel qu'il est apporté par la ligne, se nomme *distribution indirecte*.

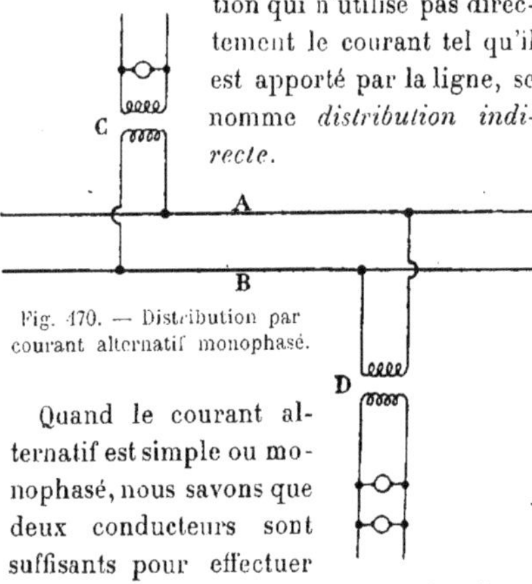

Fig. 470. — Distribution par courant alternatif monophasé.

Quand le courant alternatif est simple ou monophasé, nous savons que deux conducteurs sont suffisants pour effectuer le transport de ce courant au lieu d'utilisation. Sur ces conducteurs A et B (Fig. 470) sont branchés en dérivation les circuits qui doivent alimenter les divers récepteurs C et

D; mais, comme nous venons de le dire, le courant doit généralement subir un abaissement de tension.

Les conducteurs dérivés sont, dans ce but, réunis respectivement aux deux bornes du circuit primaire d'un transformateur, et des bornes du circuit secondaire de ce transformateur partent deux autres conducteurs qui aboutiront aux appareils récepteurs. On voit que, dans ce cas, le circuit primaire du transformateur est à haute tension et le circuit secondaire à basse tension.

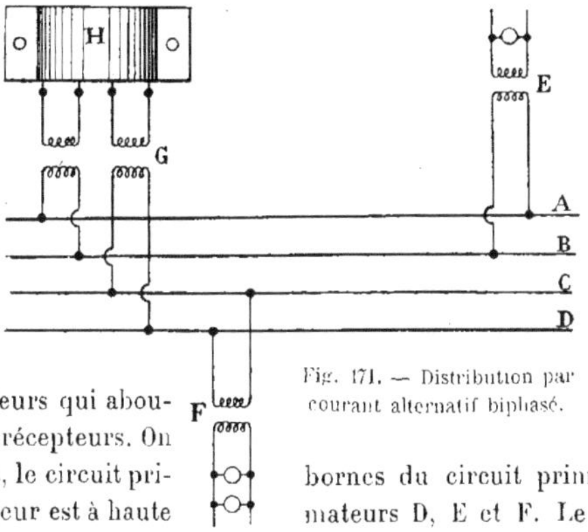

Fig. 471. — Distribution par courant alternatif biphasé.

Quand le courant alternatif est biphasé, nous savons qu'il faut quatre conducteurs, A, B, C, D (Fig. 471), pour le transporter à distance. Dans ce cas, on dispose sur deux conducteurs, ainsi que l'indique le schéma, des dérivations qui aboutissent à des transformateurs E et F, des bornes secondaires desquels partent les conducteurs aboutissant aux appareils récepteurs. Pour alimenter un moteur H avec un courant alternatif biphasé, on branche sur chacun des quatre conducteurs une dérivation qui pourrait être directement reliée à chacune des quatre bornes du moteur, si celui-ci devait fonctionner avec un courant de tension égale à celle du courant de la ligne.

Si cette tension est inférieure à celle de la ligne, on doit disposer entre le moteur et les conducteurs dérivés un transformateur biphasé G, dont les quatre bornes secondaires sont mises en communication avec les quatre bornes du moteur H.

Les courants alternatifs triphasés peuvent, nous l'avons vu, être transportés au moyen de trois conducteurs. On établit sur ces conducteurs A, B, C (Fig. 472), comme pour les courants biphasés, des dérivations aboutissant aux bornes du circuit primaire des transformateurs D, E et F. Le circuit secondaire de ces transformateurs est relié au circuit d'utilisation alimentant les appareils récepteurs. Si un moteur triphasé H devait être desservi par cette distribution, il faudrait établir une dérivation sur chacun des trois conducteurs et ces conducteurs dérivés devraient être reliés aux circuits primaires d'un transformateur triphasé G, dont les circuits secondaires seraient respectivemen reliés aux trois bornes du moteur H.

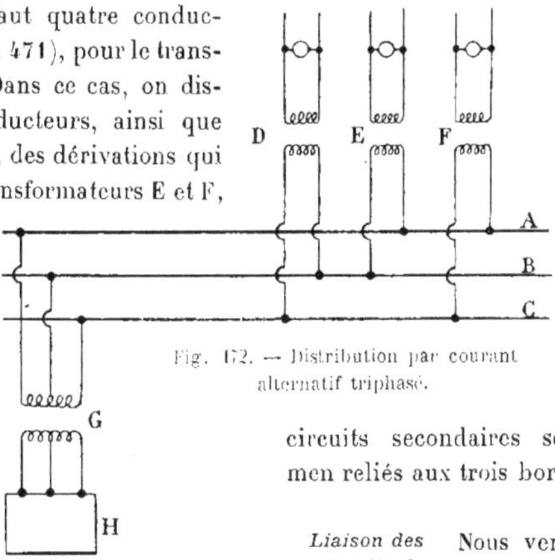

Fig. 472. — Distribution par courant alternatif triphasé.

Liaison des circuits de distribution aux génératrices

Nous venons d'indiquer les diverses combinaisons généralement employées pour effectuer la distribution soit du courant continu, soit du courant alternatif. Nous avons, dans les différents schémas représentant ces combinaisons, supposé que les conducteurs constituant les lignes aboutissaient directement aux dynamos génératrices. Mais, en réalité, il n'en est pas ainsi, et on interpose dans le circuit, entre les dynamos et la tête de la ligne, des appareils de protection, de contrôle et de manœuvre.

Ces appareils sont généralement disposés et rassemblés sur un support commun, qui se nomme le *tableau de distribution.* Nous allons décrire ces différents appareils constituant dans leur ensemble ce que l'on nomme l'*appareillage électrique.*

Auparavant, indiquons la place qu'ils doivent normalement occuper dans le circuit et disons quelques mots sur leur fonction.

Nous envisagerons d'abord le cas le plus simple, qui est celui d'une distribution de courant dans un circuit unique; nous examinerons ensuite un second cas plus compliqué : celui d'une distribution de courant dans deux circuits absorbant des puissances de valeurs différentes. Ces deux cas permettront de montrer la disposition des appareils dans deux sortes d'installations très fréquemment employées.

Distribution de courant dans un circuit unique

(Fig. 473.) Supposons une génératrice A, dont l'enroulement inducteur d'excitation B est branché en dérivation sur le circuit. Des deux balais de la génératrice partent les deux extrémités des conducteurs constituant la ligne. L'enroulement d'excitation est donc relié d'une part à un balai, d'autre part au conducteur aboutissant au second balai, par l'intermédiaire d'un rhéostat, dont la manette D permet de faire varier la résistance intercalée dans le circuit d'excitation. Les deux conducteurs aboutissent, sur le *tableau*, à un *coupe-circuit* unipolaire EE, qui est constitué par des *plombs fusibles* ou par un *disjoncteur,* appareil servant à couper automatiquement le courant. Ce coupe-circuit permet, par son fonctionnement, dans un cas anormal, d'isoler la génératrice de la ligne et, ainsi, de la protéger contre les risques d'avaries.

Chacun des conducteurs suit, sur le tableau et dans la ligne, un chemin indépendant du conducteur voisin. Après les coupe-circuits E, on dispose sur chaque conducteur un interrupteur F permettant, par la manœuvre d'une manette, d'ouvrir ou de fermer le circuit et, par conséquent, d'admettre ou d'interrompre à volonté la circulation du courant dans les conducteurs. Au-dessus des interrupteurs sont placés deux autres coupe-circuits GG constitués par des plombs fusibles, dont le rôle consiste à protéger les conducteurs contre une élévation anormale de la valeur du courant. Après les coupe-circuits G, on branche sur un des conducteurs l'ampèremètre, intercalé de la sorte directement *en série* sur le circuit. Nous avons vu, précédemment, que cet appareil, qui donne la valeur de l'intensité du courant, devait être ainsi disposé. Le voltmètre I est ensuite placé, mais *en dérivation,* entre les deux conducteurs, et il indique la tension du courant.

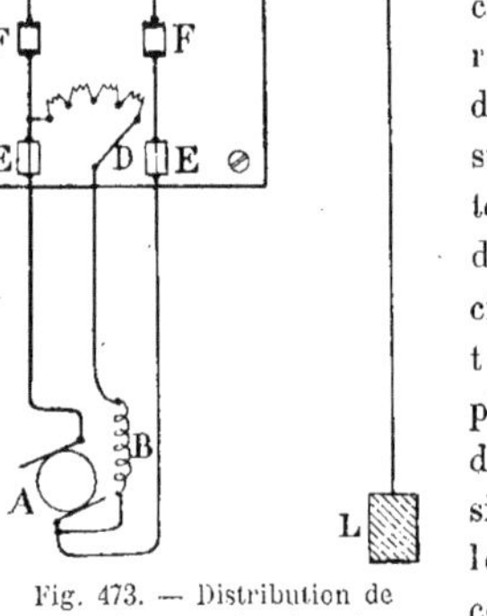

Fig. 473. — Distribution de courant dans un circuit unique.

Deux dispositifs supplémentaires sont presque toujours adjoints aux appareils précédents. Un de ces dispositifs consiste à placer sur le tableau une lampe à incandescence J qui, pour une tension de courant égale à celle donnée par la génératrice, doit s'éclairer vivement. Cette lampe est reliée avec les conducteurs à l'extrémité de la ligne opposée à la dynamo. Si la tension du courant se maintient constante dans la ligne, ce qui est indispensable, nous l'avons dit, surtout dans le cas d'une installation d'éclairage électrique, la lampe J, qui justifie bien son nom de *lampe-témoin*, donne sa clarté normale. Si la tension au bout de la ligne est plus faible qu'au départ, la clarté de la lampe-témoin faiblit, ce qui est un avertissement fort utile.

Le deuxième dispositif auxiliaire est constitué par deux lampes à incandescence K, K, branchées en dérivation sur les deux conducteurs, sur le tableau même de distribution, et reliées à un conducteur qui communique avec une *prise de terre*.

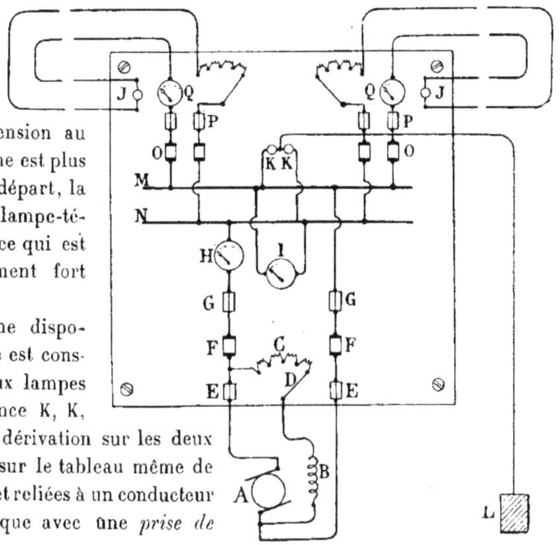

Cette disposition, qui a pour but de déceler optiquement une communication anormale d'un des organes de l'installation avec la terre, est pour cette raison nommée *indicateur de terre*.

Quand l'isolement de tous les organes est bon, l'éclat des deux lampes est faible, parce que ces deux lampes, étant montées à la suite l'une de l'autre, ne fonctionnent qu'avec une tension deux fois moindre que leur tension normale. Si un des organes du circuit se met en communication avec la terre, une des lampes peut, de ce fait, par l'intermédiaire de la prise de terre L, recevoir un courant de tension plus grande; elle brille alors d'un éclat plus vif que la lampe voisine. On est ainsi averti qu'une défectuosité existe dans l'installation.

Distribution de courant dans deux circuits d'inégales intensités

Si la dynamo-génératrice A doit alimenter deux circuits absorbant des puissances différentes, il est indispensable de prendre quelques dispositions spéciales. La partie inférieure du tableau est montée comme pour la distribution du courant dans un seul circuit.

On trouve, en effet, le coupe-circuit E, l'interrupteur F, le second coupe-circuit G, le rhéostat d'excitation C, l'ampèremètre H, mais au delà de cet instrument, les deux conducteurs venant des balais de la génératrice sont reliés à deux barres transversales M et N, en cuivre rouge. Sur ces deux barres sont branchés les deux circuits à alimenter représentés dans la figure 474, l'un à droite, l'autre à gauche. Des circuits supplémentaires pourraient être, de la même façon, branchés également sur ces deux barres qui tiennent lieu de conducteurs.

Fig. 174. — Distribution de courant dans deux circuits d'inégales intensités.

En dérivation sur elles, est placé le voltmètre I ainsi que les deux lampes K de l'indicateur de terre. Chacun des circuits à alimenter est, au delà des barres M et N, muni d'un interrupteur O qui permet d'admettre ou non le courant dans ce circuit, indépendamment du circuit voisin, et d'un coupe-circuit P qui le protège.

En outre, chaque circuit comporte son ampèremètre Q, sa lampe-témoin J et un rhéostat spécial de réglage de tension de courant. Quand les lampes-témoins des deux circuits ne brillent pas avec le même éclat, c'est que la tension dans les deux circuits n'est pas la même ; on manœuvre alors un des rhéostats en intercalant des résistances dans le circuit intéressé de manière à égaliser l'éclat des lampes-témoins, ce qui indique une égalité de tension dans les deux circuits.

Maintenant que nous connaissons les dispositions générales de liaison entre les dynamos génératrices et les conducteurs formant la ligne, nous allons examiner avec plus de détails les divers appareils que nous venons d'énumérer et qui sont placés, le plus souvent, sur le tableau de distribution.

Nous avons déjà décrit les appareils de mesure : ampèremètres et voltmètres ; nous n'y reviendrons pas. Nous allons examiner les autres appareils qui constituent l'appareillage électrique.

APPAREILLAGE

Interrupteurs L'interrupteur est un appareil qui sert, comme son nom l'indique, à interrompre le passage du courant dans un circuit. Normalement disposé pour établir le contact entre les deux extrémités des conducteurs à relier, il ne se manœuvre pas fréquemment. Il convient donc que l'interrupteur assure un contact parfait entre les pièces métalliques formant la liaison électrique et prolonge, pour ainsi dire, le circuit comme si le conducteur n'avait aucune solution de continuité. L'interrupteur peut, en quelque sorte, être assimilé dans la canalisation électrique à un robinet placé sur une conduite d'eau, ce robinet pouvant à volonté, par sa manœuvre, permettre ou intercepter le passage du liquide dans la conduite.

Il existe une très grande variété d'interrupteurs, mais on les désigne généralement sous le nom d'interrupteurs *unipolaires* ou *multipolaires*, suivant qu'ils sont disposés pour interrompre le courant dans un seul conducteur ou simultanément dans plusieurs. Dans ce dernier cas, l'interrupteur est *bipolaire* quand il intéresse deux conducteurs, et *tripolaire* quand les conducteurs qui y aboutissent sont au nombre de trois.

Interrupteurs unipolaires L'interrupteur unipolaire se compose, en principe, de deux pièces métalliques fixées sur un support constitué en matière isolante : marbre, ardoise, ébonite, et quelquefois en bois pour les faibles tensions. A chacune de ces pièces est reliée une des extrémités du conducteur interrompu. Une troisième pièce métallique, isolée électriquement des deux autres, peut, par la manœuvre d'une poignée, venir se mettre en contact à la fois avec ces pièces et établir ainsi la continuité du circuit. Dans le modèle représenté par la figure 475, qui est construit par Genteur, à Paris, les pièces

Fig. 475. — Interrupteur unipolaire.

de contact sont constituées par des lames-ressorts solidaires d'une douille dans laquelle l'extrémité du conducteur est disposée et maintenue serrée par une forte vis. La pièce métallique mobile établissant, à volonté, le contact entre les deux autres, est constituée par une lame pouvant, par l'intermédiaire d'une manette, tourner autour d'un axe fixé sur le support isolant. La manette est faite également en matière isolante, généralement bois, fibre ou ébonite.

On comprend que lorsque la lame est disposée horizontalement et que, par conséquent, elle ne touche aucune des deux pièces de contact, il n'y a aucune liaison électrique entre ces pièces; le circuit est *interrompu* et le courant ne peut donc circuler dans le conducteur. Quand, au contraire, la lame mobile est disposée verticalement, elle a pénétré, de chaque côté, entre les deux sortes de mâchoires formées par l'extrémité des lames-ressorts. Comme cette lame est métallique, elle établit la communication entre les deux pièces de contact; le circuit est fermé et le courant peut circuler dans le conducteur. Il ne peut, d'autre part, se dériver dans le corps de celui qui manœuvre l'interrupteur, car, ainsi que nous l'avons dit, la poignée de manœuvre est isolante.

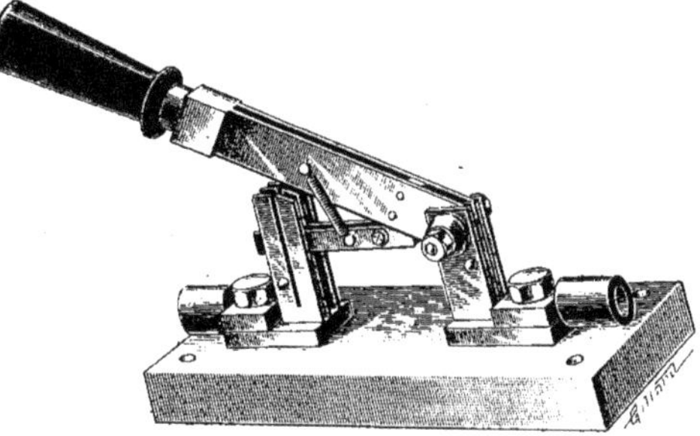

Fig. 476. — Interrupteur à rupture brusque.

Les lames-ressorts ont pour but de se prêter à l'introduction de la lame mobile et d'appuyer avec une pression suffisante sur cette lame pour assurer un bon contact, quand la communication est établie.

Lorsque l'on manœuvre la lame mobile d'un interrupteur pour *couper* le courant, il se produit, au moment où la lame quitte les pièces de contact, une étincelle qui peut être importante quand le courant a une forte tension. Cet *arc* a une durée d'autant plus longue que les pièces métalliques se séparent avec moins de rapidité et comme, par l'effet de cette étincelle, les pièces métalliques tendent à se détériorer, il est avantageux de manœuvrer rapidement la lame mobile pour rompre le courant.

Pour que cette rupture puisse toujours se faire brusquement, quelle que soit la rapidité de manœuvre de la manette, on a établi des *interrupteurs à rupture brusque*. Celui de la figure 476, construit par Mizéry, à Paris, se compose d'une lame métallique à deux branches, mobile autour d'un axe et terminée par une poignée de manœuvre en matière isolante. Entre les branches de la fourchette ainsi constituée est disposée une lame double qui peut s'engager entre les lames-ressorts formant la mâchoire de contact. Cette lame double est rendue solidaire du mouvement de la fourchette mais peut, en outre, effectuer librement une certaine course sous l'action d'un ressort à boudin qui la réunit à la lame à deux branches.

Les extrémités du conducteur sont respectivement serrées dans les douilles fixées aux pièces de contact. Ces douilles sont appelées généralement *cosses*. Quand les lames mobiles sont placées dans la mâchoire de contact, le circuit est fermé; lorsqu'on veut interrompre le courant, on manœuvre, au moyen de la manette, la fourchette articulée. Les lamelles auxiliaires sont amenées par ce mouvement vers l'extrémité de la mâchoire, mais le serrage dans cette pièce suffit à les immobiliser pendant que la fourchette continue son mouvement.

Ce mouvement a pour effet de tendre le ressort à boudin qui la relie aux lamelles et, lorsque ce ressort a une tension suffisante pour arracher les lamelles de la mâchoire, celles-ci la quittent très brusquement, provoquant ainsi une rupture rapide.

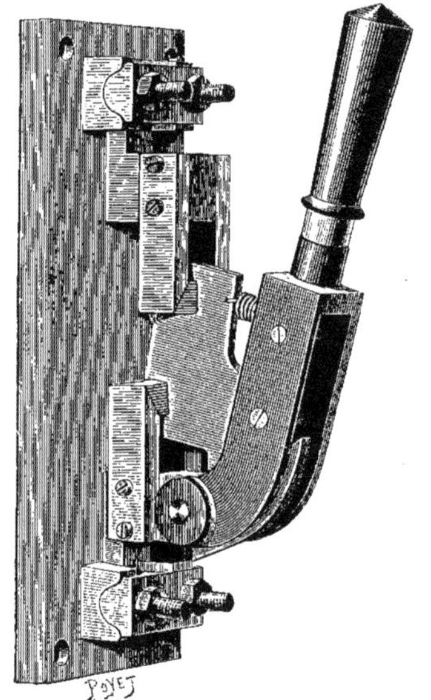

Fig. 477. — Interrupteur à couteau à rupture brusque.

Un interrupteur d'un autre genre, comportant également une rupture brusque, est représenté par la figure 477 ; c'est le modèle Genteur. On comprend son fonctionnement au simple examen de la figure. La lame mobile de contact appelée aussi *couteau* est reliée à la fourchette de manœuvre par un ressort à boudin qui, comme dans le cas précédent, permet d'effectuer la rupture brusque.

Interrupteurs multipolaires Les interrupteurs multipolaires sont disposés comme des interrupteurs unipolaires placés côte à côte. Ils comportent autant de fois deux pièces de contact qu'il y a de conducteurs dans les circuits à interrompre. Une poignée unique permet, par sa manœuvre, d'interrompre simultanément les circuits multiples.

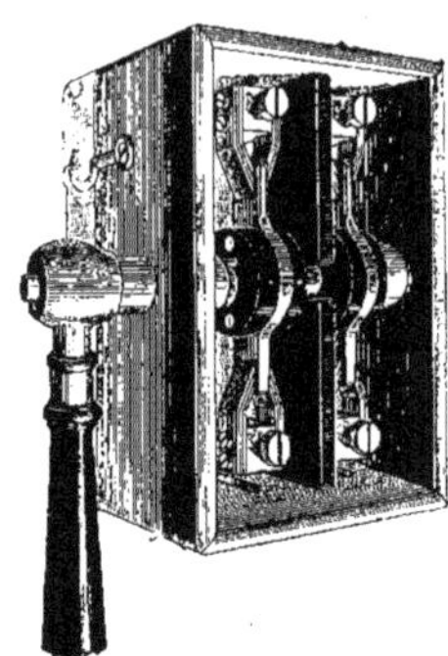

Fig. 478. — Interrupteur bipolaire sous coffret vitré.

L'interrupteur *sous coffret vitré* (Fig. 478), de la Société des Téléphones, est *bipolaire*. La rupture se fait brusquement à l'intérieur du coffret, la poignée de manœuvre étant seule abordable de l'extérieur.

Fig. 479. — Interrupteur bipolaire sous coffret vitré.

Un autre genre d'interrupteur bipolaire sous coffret vitré, modèle Genteur, est représenté par la figure 479. La manette de manœuvre provoque la rotation d'un cylindre isolant, portant deux pièces métalliques, qui viennent, dans une position déterminée, appuyer en même temps, de chaque côté, sur les deux séries de lames-ressorts formant les contacts de chaque circuit et, dans une autre position, occuper une direction perpendiculaire à la première en s'éloignant des lames de contact.

La figure 480 donne un autre modèle d'interrupteur bipolaire à rupture brusque. Celui-ci est muni, à la partie inférieure, de deux *coupe-circuits*, appareils dont nous allons parler plus loin.

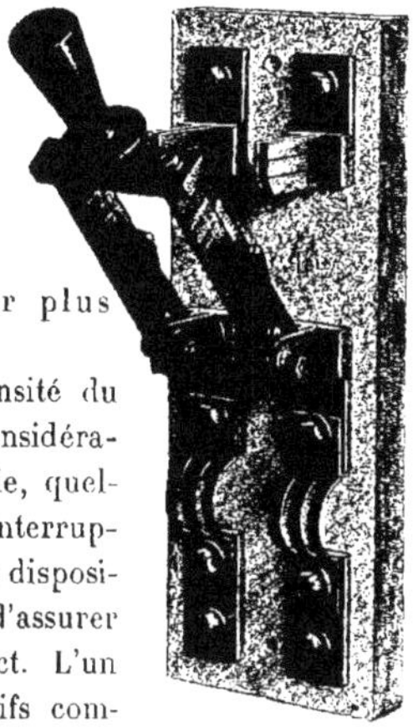

Quand l'intensité du courant est considérable, on emploie, quelquefois, des interrupteurs munis de dispositifs permettant d'assurer un bon contact. L'un de ces dispositifs comporte de petits volants servant à bloquer les lames de contact dans les mâchoires et à réaliser, ainsi, une continuité parfaite du circuit.

Fig. 480. — Interrupteur bipolaire à rupture brusque avec coupe-circuit.

L'interrupteur tripolaire, en principe, est disposé comme l'interrupteur unipolaire à rupture brusque, dont nous avons parlé plus haut, et une manette unique permet la manœuvre simultanée des trois *couteaux*.

Commutateurs Les commutateurs sont des appareils permettant de distribuer à volonté et successivement le courant provenant d'un circuit dans une série d'autres circuits. Les commutateurs peuvent être, comme les interrupteurs, *unipolaires* ou *multipolaires*.

En principe, un commutateur se compose d'une série de plots métalliques (Fig. 481) isolés les uns des autres, disposés suivant un arc de cercle dont le centre est l'axe de rotation d'une manette de manœuvre. Cette manette, faite en matière isolante, est solidaire d'une pièce métallique terminée, à chaque extrémité, par des lames-ressorts constituant des sortes de *balais*. Une de ces extrémités peut frotter et rester en contact successivement avec les divers plots; l'autre

Fig. 481. — Commutateur unipolaire à plusieurs directions.

extrémité frotte constamment sur un secteur métallique qui est mis en communication avec le conducteur du circuit principal. Chacun des plots est relié à un des bouts des circuits auxiliaires. L'autre extrémité est branchée sur le circuit principal.

On comprend que, lorsqu'un des balais est placé sur un des plots, le courant arrivant par le conducteur principal et le secteur métallique passe par la pièce métallique de jonction et circule dans le circuit auxiliaire relié au plot sur lequel frotte le balai. Pour envoyer le courant d'un circuit dans un autre, il suffit de déplacer, par l'intermédiaire de la manette, la pièce de contact, et de disposer le balai supérieur sur le plot correspondant au circuit à alimenter. Le commutateur (Fig. 481) est unipolaire parce qu'il n'est branché que sur un seul circuit, mais il permet d'envoyer le courant dans un grand nombre de directions. Les plots extrêmes ne sont généralement, dans ces sortes de commutateurs, reliés à aucun circuit. Quand le balai est posé sur un de ces plots le courant ne circule plus ; il est *interrompu*. Ces plots sont appelés pour cette raison les *plots morts*.

Fig. 482. — Commutateur bipolaire à deux directions.

Fig. 481. — Commutateur unipolaire pour 2.000 ampères.

Le commutateur représenté par la figure 482 est bipolaire à deux directions. Les plots recevant des conducteurs sont munis d'une douille appropriée. Entre ces plots est disposé un troisième plot de repos, ne communiquant avec aucun conducteur. Les commutateurs peuvent être placés sous coffret vitré.

La figure 483 en représente un, modèle Mizéry, bipolaire à deux directions, dont la manœuvre est faite par l'intermédiaire d'une manette débordant du coffret.

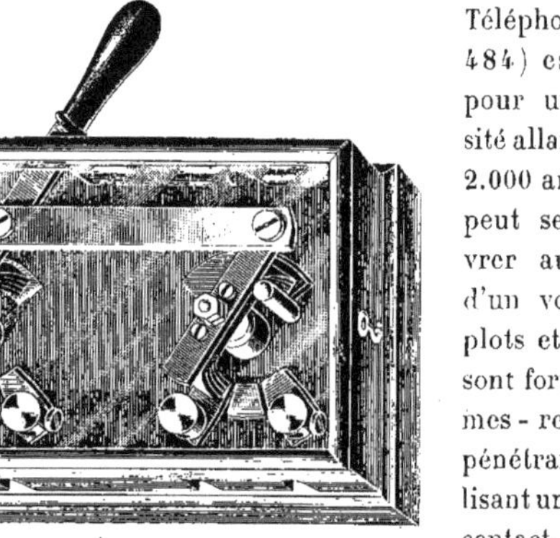

Fig. 483. — Commutateur bipolaire à deux directions sous coffret vitré.

Pour les grandes intensités, les commutateurs comportent des dispositifs spéciaux pour assurer un bon contact entre les balais et les plots. Le commutateur de la Société industrielle des Téléphones (Fig. 484) est établi pour une intensité allant jusqu'à 2.000 ampères. Il peut se manœuvrer au moyen d'un volant. Les plots et les balais sont formés de lames-ressorts se pénétrant et réalisant un excellent contact.

Les commutateurs ont parfois la forme représentée par la figure 485. On les nomme alors *commutateurs inverseurs*. Ce type de commutateur, modèle Genteur, est à deux directions, comporte des lames de communication en forme de couteau, à rupture brusque, et peut être placé à une position de repos pour laquelle

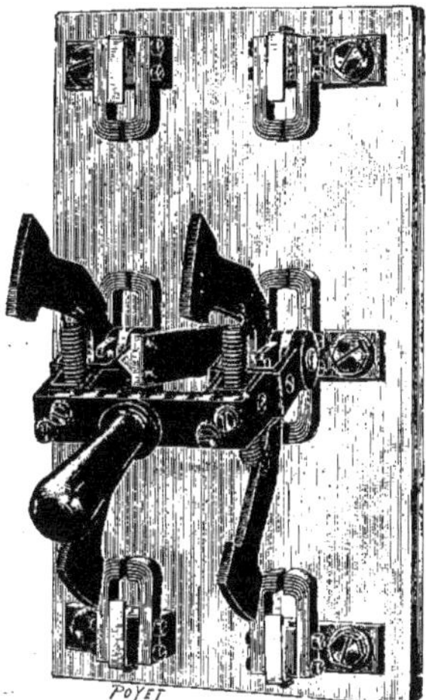

Fig. 485. — Commutateur-inverseur.

aucune des lames n'est engagée dans les mâchoires de contact.

Coupe-circuits

Pour parer à une détérioration des conducteurs ou des appareils pouvant provenir d'un brusque surcroît d'intensité dans un circuit électrique, on dispose sur ce circuit des appareils appelés coupe-circuits, destinés à interrompre automatiquement le courant. Les plus simples *coupe-circuits,* sont constitués par des fils ou des lames de plomb. Le coupe-circuit est basé sur l'échauffement du conducteur occasionné par un accroissement anormal de l'intensité de courant qui y circule. Quand le courant est trop considérable par rapport au diamètre du fil constituant le coupe-circuit, ce fil s'échauffe et finit par fondre, interrompant ainsi le circuit. Cette particularité a fait donner aux pièces de liaison en plomb le nom de *fusibles.*

Les coupe-circuits représentés par les figures 486 et 487 sont unipolaires. L'un (Fig. 486) comporte un fil de plomb de diamètre approprié à l'intensité de courant qu'il ne faut pas dépasser, serré par deux vis respectivement sur deux lamelles métalliques, auxquelles aboutissent les extrémités du conducteur constituant le circuit.

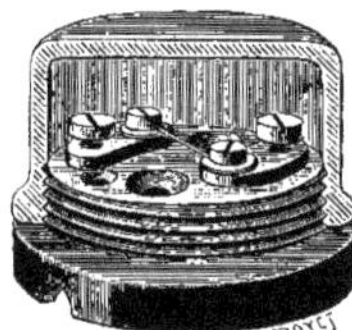

Fig. 486. — Coupe-circuit unipolaire à fil fusible. (Modèle Genteur.)

Le second coupe-circuit (Fig. 487), établi pour une intensité plus grande, porte une lame de plomb fusible *à grille* dont la section dépend de l'intensité maximum à atteindre.

On établit également des coupe-circuits multipolaires. Les fils fusibles montés sur un seul socle, fait en matière isolante, sont

Fig. 487. — Coupe-circuit unipolaire à grille fusible.

séparés par des sortes de cloisons en porcelaine qui garantissent chacun d'eux contre la chaleur et l'étincelle produites par la fusion possible des autres.

Disjoncteurs

(Fig. 488.) Les disjoncteurs sont des coupe-circuits automatiques disposés d'une façon toute différente des coupe-circuits précédents.

Ce sont, en principe, des interrupteurs manœuvrés généralement à la main pour effectuer la fermeture du circuit, et dont la manœuvre inverse, qui a pour objet d'interrompre le courant, s'opère automatiquement quand l'intensité du courant devient trop grande.

Le disjoncteur comporte donc, d'une façon générale, un interrupteur, composé

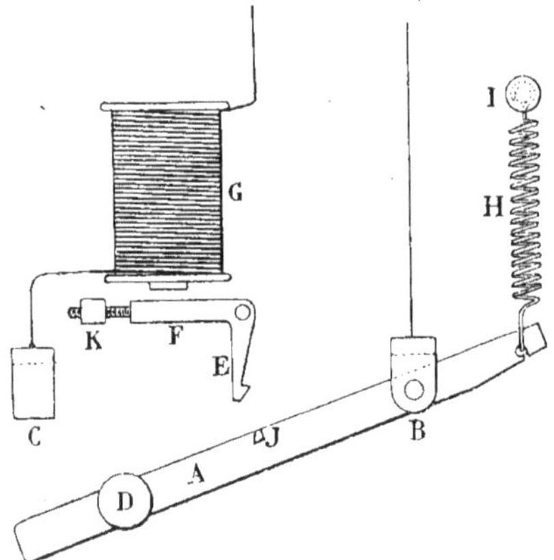

Fig. 488. — Disjoncteur.

d'une lame ou *couteau de contact* A, articulé autour d'un axe B relié à une extrémité d'un conducteur formant le circuit. Le couteau peut s'engager dans une mâchoire C, quand on le manœuvre par l'intermédiaire du bouton D. Quand le contact est établi, la lame A est maintenue accrochée par l'intermédiaire d'un ergot J et d'un levier à bec E, levier dont l'autre branche F, en fer doux, est placée en face du noyau d'un électro-aimant G. Un ressort à boudin H accroché à un point fixe I sollicite la lame-couteau à quitter la mâchoire de contact C; mais tant que l'ergot J est en prise avec le bec du levier E, la lame-couteau ne peut quitter cette mâchoire. Il n'en est pas de même lorsque le courant qui passe dans l'électro-aimant est suffisant pour attirer l'armature F.

Dans ce cas, le levier E bascule et l'excursion de son bec permet à l'ergot J de se dégager.

Sous l'action du ressort H, la lame-couteau sort de la mâchoire de contact et le courant est ainsi interrompu. Il faut donc que le jeu de l'électro-aimant soit réglé pour que son action ne se manifeste que lorsque l'intensité du courant est trop grande. Pour cela, cet électro-aimant est placé en série sur le circuit et le levier coudé F E est muni d'un contrepoids K qui permet d'obtenir le déclenchement de la lame-couteau pour une intensité de courant déterminée.

Les disjoncteurs ont des formes très variées. Ceux qui sont établis suivant le principe de disjoncteur précédent se nomment *disjoncteurs à maximum :* ils interrompent le circuit quand le courant est trop fort.

Il existe également des disjoncteurs établis pour effectuer l'interruption quand le courant est trop faible. Ce sont les *disjoncteurs à minimum.*

Dans ce cas, l'attraction de l'électro-aimant permet l'accrochage de la lame-couteau et quand cette attraction est trop faible, parce que le courant n'est pas suffisamment intense, l'accrochage ne s'établit plus et la

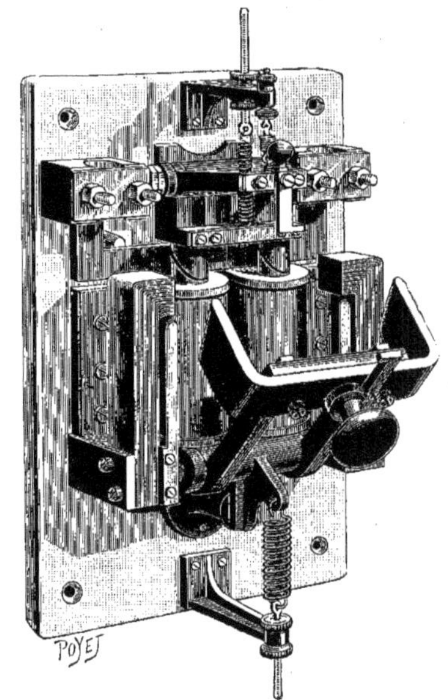

Fig. 489. — Disjoncteur unipolaire automatique pour fortes intensités.

lame-couteau, sollicitée par son ressort antagoniste, quitte la mâchoire de contact et rompt le courant.

Nous avons dit que les disjoncteurs se manœuvraient généralement à la main pour opérer la fermeture du circuit. Quelquefois cette manœuvre est faite automatiquement comme la manœuvre d'interruption. Les appareils sont alors appelés *conjoncteurs-disjoncteurs*.

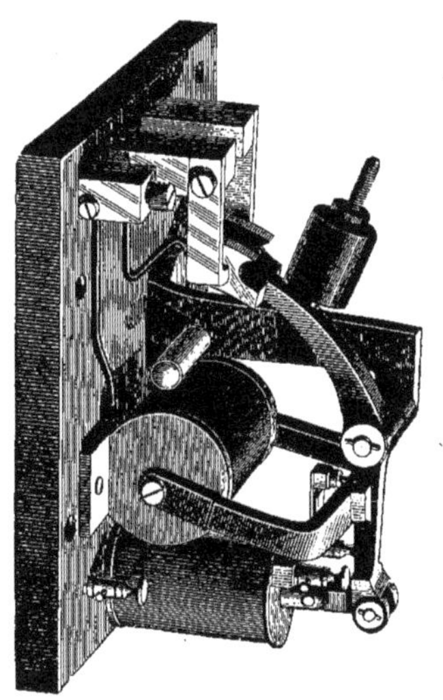

Fig. 490. — Conjoncteur-disjoncteur automatique.

Le disjoncteur représenté par la figure 489 est unipolaire et établi pour de fortes intensités. L'électro-aimant est composé de deux bobines et peut attirer une armature portant la pièce d'accrochage. Cette pièce retient la lame-couteau en prise avec la mâchoire, tant que l'intensité du courant est normale.

La figure 490 représente un *conjoncteur-disjoncteur*, construit, comme le disjoncteur précédent, par Genteur. Cet appareil, destiné à être disposé sur le circuit de charge d'une batterie d'accumulateurs, s'enclenche pour un maximum déterminé de voltage et se déclenche pour un minimum d'intensité, grâce au fonctionnement de deux électros agissant sur un même levier portant la pièce mobile de contact.

Rhéostats Un *rhéostat* est un appareil permettant d'intercaler rapidement dans un circuit des résistances diverses. Ces résistances sont généralement constituées par des boudins de fil que la manœuvre d'une manette, pouvant se déplacer sur une série de plots, peut introduire dans le circuit.

Ces boudins sont respectivement reliés aux divers plots. Nous avons déjà eu l'occasion, au cours de ce volume, de rencontrer différents rhéostats : boîtes de résistances, rhéostats à résistances liquides, régulateur Thury. Nous en connaissons le principe. Il suffira donc d'indiquer deux modèles des plus usités représentés par les figures 491 et 492. L'un est un rhéostat à manette, l'autre, un rhéostat à curseur mobile. Dans ce dernier, la résistance est constituée par un fil enroulé sur un noyau isolant, et un curseur relié à une extrémité d'un conducteur par

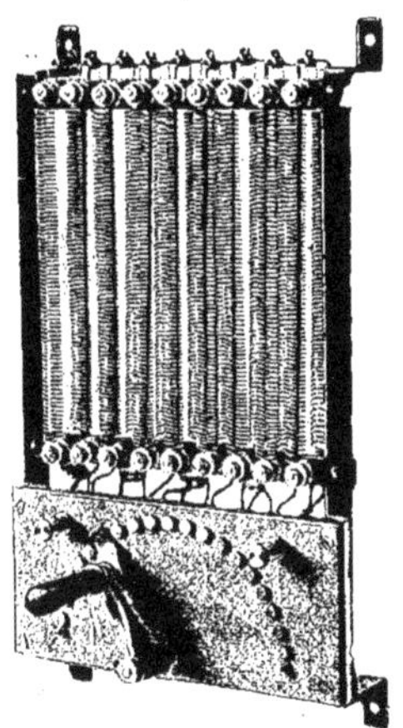

Fig. 491. — Rhéostat à commutateur.

l'intermédiaire de pièces métalliques peut se déplacer sur le fil et permet d'intercaler dans le circuit une résistance plus ou moins grande, suivant l'amplitude de son excursion.

Nous avons aussi indiqué l'utilité des *rhéostats de démarrage* ou *démarreurs* pour moteurs à courants continus ou alternatifs.

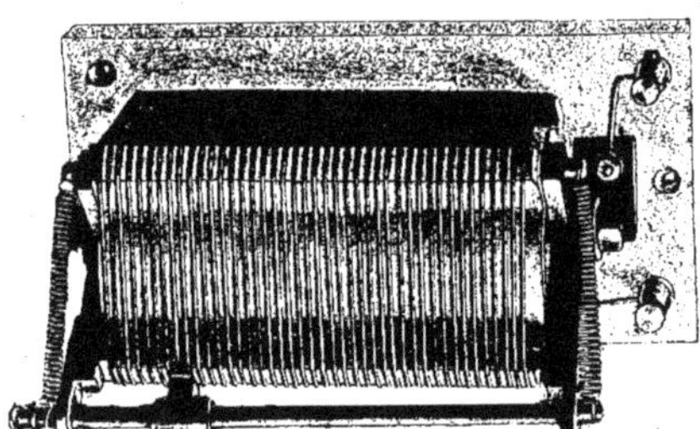

Fig. 492. — Rhéostat à curseur mobile.

Les rhéostats suivants, établis par la Société industrielle des Téléphones, permettront de se rendre compte des diverses dispositions de ces appareils, dont il existe un nombre considérable de modèles.

Fig. 493. — Rhéostat de démarrage.

La figure 493 représente un rhéostat de démarrage simple. Les résistances métalliques sont disposées dans une sorte de caisson, fait en tôle perforée, pour permettre une ventilation aisée et le refroidissement des résistances.

Les plots sont extérieurs et placés sur une plaque isolante, généralement faite en marbre.

Le rhéostat de démarrage comporte quelquefois des dispositifs de déclenchement automatique pour remédier à des valeurs anormales du courant.

Le rhéostat de la figure 494 comporte un déclenchement à maximum et à minimum. Le déclenchement à minimum s'effectue quand le courant vient à manquer sur la ligne ou quand il se produit une rupture du circuit d'excitation. Un électro déclenche la manette qui est accrochée à l'extrémité de sa course. Le déclenchement à maximum s'opère quand le moteur est surchargé. Il est effectué par un électro-aimant monté en série avec l'induit du moteur. Quand l'intensité du courant acquiert une valeur trop grande, le fonctionnement de l'électro-aimant met en court-circuit l'électro-aimant à minimum qui provoque le déclenchement de la manette. Le même rhéostat comporte, en outre, un interrupteur et deux coupe-circuits constitués par des plombs fusibles.

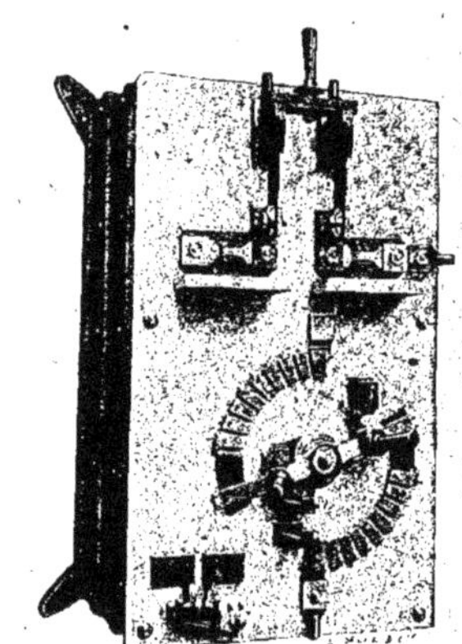

Fig. 494. — Démarreur à déclenchement à maximum et à minimum.

Certains *démarreurs* sont appelés *contrôleurs* et sont le plus souvent appliqués aux moteurs électriques de véhicules parce qu'ils peuvent permettre la marche en avant et en arrière. Nous retrouverons ces appareils dans le chapitre : *Traction électrique*.

Fig. 495. — Tableau de distribution vu de l'arrière. (Tension du courant : 26,000 volts.)

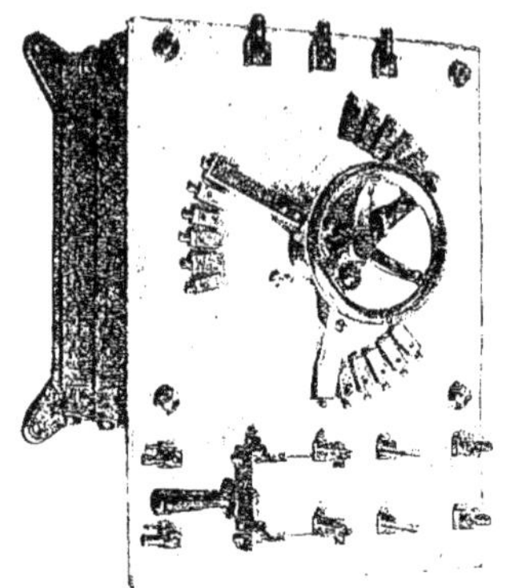

Fig. 496. — Démarreur avec interrupteur inverseur pour moteur à courant triphasé. (Société industrielle des Téléphones.)

Les rhéostats démarreurs précédents sont établis pour les moteurs à courants continus. Le rhéostat représenté par la figure 496 est destiné à un moteur à courant alternatif triphasé. La lame de contact comporte trois branches et est manœuvrée au moyen d'un volant. Un interrupteur inverseur bipolaire est établi sur le rhéostat pour changer le sens du courant dans deux des phases du stator. Le moteur peut ainsi tourner dans les deux sens.

Quand les démarreurs sont destinés à des moteurs actionnés par un courant de forte intensité, on doit prendre des dispositions spéciales pour établir ces appareils et donner aux résistances un développement suffisant pour éviter l'échauffement. La figure 497, qui représente un démarreur pour grand moteur de laminoir de 500 chevaux, construit par les Ateliers Felten et Guilleaume-Lahmeyerwerke, indique l'importance de ce développement.

Ce démarreur se compose d'éléments en fonte portés par des isolateurs et formant deux groupes distincts de résistances en série. Les extrémités de ces résistances communiquent, par des conducteurs de jonction, avec les plots d'une double voie de contact, de sorte que tout l'appareil est divisé en deux parties symétriques. Les plots sont constitués par des barres rectangulaires en cuivre vissées en bout sur des cornières cintrées dont elles sont isolées.

Les deux voies de contact jumelles forment ainsi deux segments cylindriques sur la surface desquels s'appuient des galets de contact équilibrés par

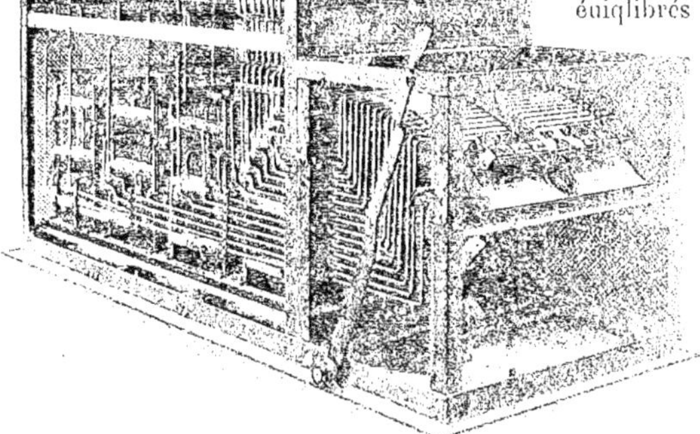

Fig. 497. — Démarreur pour moteur de laminoir de 500 chevaux. (Felten et Guilleaume-Lahmeyerwerke.)

des contrepoids. Les résistances sont établies pour que l'intensité du courant dans le rhéostat ne dépasse jamais celle du courant de pleine charge, et pour cela leur mise hors circuit graduelle au démarrage a lieu lentement. Dans ce but, le levier actionne les galets de contact par l'intermédiaire d'un encliquetage et, pour faire passer les galets d'un plot au suivant, il faut donner au levier un mouvement de va-et-vient. Ce levier est, en outre, muni d'un toc qui permet de ramener d'un seul coup les galets de contact au repos et de couper ainsi brusquement le courant.

Le démarreur, pouvant supporter une intensité de courant de 2.000 ampères, est enfermé dans une cage en tôle perforée qui permet une bonne ventilation.

Indicateur de terre (Fig. 498.) Nous avons donné, plus haut, le principe du fonctionnement de l'*indicateur de terre*. Rappelons simplement que cet appareil

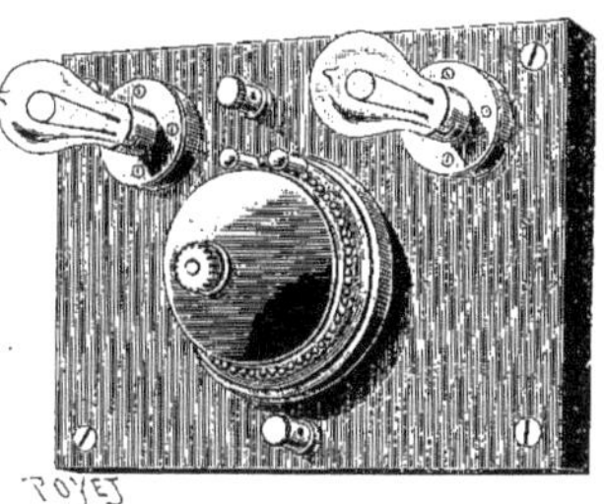

Fig. 498. — Indicateur de terre acoustique et optique.

comporte généralement deux lampes qui, lorsque l'isolement du circuit est bon, ne brillent qu'avec un faible éclat, tandis que, si un des conducteurs est mis accidentellement en communication avec la terre, une des lampes a un éclat plus vif que l'autre. Les indicateurs de terre peuvent être constitués par une plaque servant de socle sur laquelle sont disposées les lampes et, quelquefois même, une sonnerie (Fig. 498) qui retentit quand un conducteur est mis à la terre.

Tableaux de distribution Les tableaux de distribution sont constitués par des supports isolants, en bois ou en marbre, sur lesquels sont groupés les divers appareils accessoires que nous venons de décrire. Ce sont des plaques posées verticalement contre un mur. Sur le devant sont placés les appareils de manœuvre et de mesure, les premiers facilement abordables et placés pour cela, le plus souvent, vers le bas du tableau, les seconds bien en vue et placés vers le haut, de façon à permettre une lecture facile.

Les communications électriques établies entre les divers appareils montés sur le tableau et le circuit sont généralement disposées derrière le tableau. Ces connexions doivent être également abordables pour permettre, le cas échéant, soit la vérification des différents circuits, soit le remplacement des câbles de connexion.

Appareillage pour circuits à haute tension Quand le courant qui passe dans un circuit possède une tension élevée, les divers appareils d'interruption du circuit dont nous venons de parler sont, on le comprend, disposés de façon différente pour parer aux inconvénients dus à la production de très fortes étincelles lors de la rupture du courant.

Les interrupteurs sont, généralement, plongés dans une cuve contenant de l'huile, et c'est dans ce liquide que s'effectue la rupture et que se produit l'étincelle, qui se trouve ainsi amortie.

Les Ateliers Thomson-Houston construisent des interrupteurs de ce genre pour circuits à haute tension. Celui que représente la figure 499 est tripolaire. Les mâchoires de contact sont disposées dans de forts isolateurs en porcelaine, et les barres de communication portant les plots de contact sont manœuvrées par un dispositif à levier pouvant être mis en marche à la main ou, à distance, par l'intermédiaire d'un moteur. Dans ce dernier cas (Fig. 499), la commande est effectuée par un moteur électrique. L'arbre de ce moteur actionne une manivelle qui, par l'intermédiaire de bielles articulées, imprime un mouvement oscillant à des balanciers à l'extrémité desquels sont fixées des tiges reliées à l'interrupteur. Ces tiges, qui sont en bois paraffiné, prennent donc un mouvement vertical et peuvent, par leur excursion, retirer des mâchoires de contact les plots qui y sont engagés. Cette manœuvre ne doit évidemment être faite qu'au moment que l'on a choisi et, pour cela, le moteur électrique est muni d'un embrayage magnétique et d'un embrayage mécanique à glissement qui le rend solidaire du mécanisme de déclenchement, au moment déterminé.

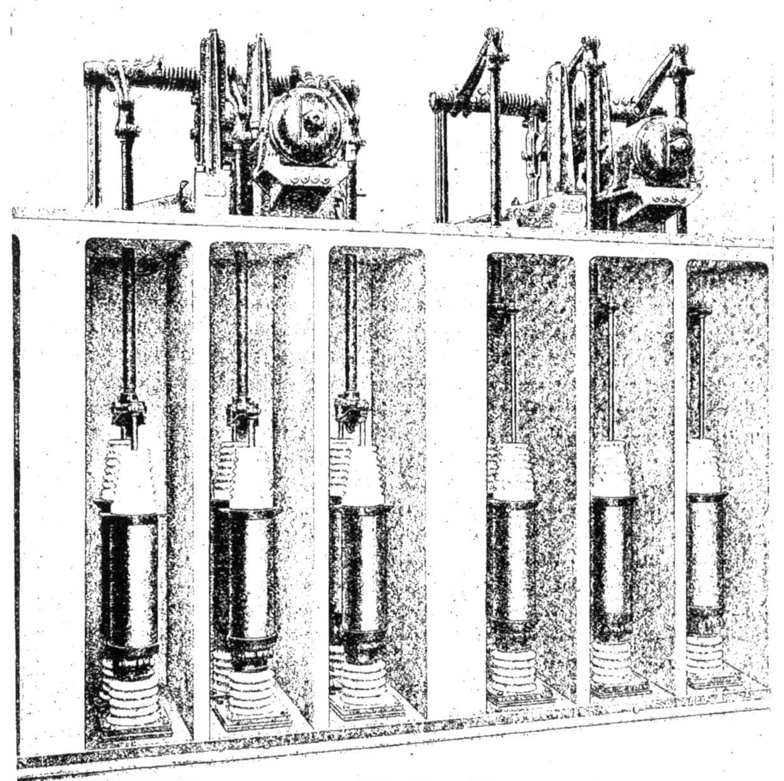

Fig. 499. — Interrupteur à huile pour circuits à haute tension : 13.500 volts. (Ateliers Thomson-Houston.)

L'interrupteur est établi pour des circuits triphasés. La rupture s'effectue en deux points pour chacune des phases dans des cylindres contenant de l'huile et fixés dans des isolateurs en porcelaine portant les connexions des circuits aboutissant à l'interrupteur. Le mécanisme permet de donner aux pièces mobiles de l'interrupteur une grande course, de façon que, lorsque la rupture est faite, les pièces de contact soient très éloignées les unes des autres.

Les deux cylindres remplis d'huile, dans lesquels se produit l'interruption pour chaque phase, sont placés dans des cellules maçonnées isolées les unes des autres et fermées sur le devant par une porte à panneaux d'amiante.

Le mécanisme est disposé de façon qu'à chaque fin de course deux leviers, dont les extrémités libres se déplacent parallèlement aux tiges verticales, compriment en haut ou en bas deux ressorts correspondants, dont la détente permet d'effectuer d'une manière brusque le premier mouvement suivant d'ouverture ou de fermeture de l'interrupteur. Ce mouvement est ensuite continué par l'action du moteur électrique qui fait parcourir à l'interrupteur sa course complète en comprimant les ressorts qui seront utilisés pour la manœuvre suivante. L'interrupteur est donc toujours prêt à fonctionner indépendamment du moteur électrique de commande.

La manœuvre de l'interrupteur s'effectue à distance par l'intermédiaire d'un électro-aimant qui prépare la fermeture du circuit du moteur, libère l'arbre de transmission actionnant le mouvement de l'interrupteur et lui permet d'obéir à l'action brusque des ressorts d'ouverture ou de fermeture. Dès le commencement du mouvement de l'arbre, le circuit du moteur est fermé par des cames montées sur cet arbre et portant des contacts appropriés. Ce circuit est de nouveau ouvert quand l'interrupteur atteint l'extrémité de sa course. Quand l'interrupteur est fermé, une lampe *rouge* s'allume sur le tableau de distribution; quand il est ouvert, une lampe *verte* s'éclaire.

Fig. 500. — Interrupteur à bain d'huile pour courant de 10.000 volts. (Ateliers Thomson-Houston.)

Les interrupteurs dont la figure 499 montre l'ensemble de l'installation, sont disposés sur un circuit dont le courant peut atteindre une intensité de 500 ampères et une tension de 13.500 volts.

Un autre interrupteur à bain d'huile des Ateliers Thomson-Houston (Fig. 500), est établi pour des courants triphasés dont la tension peut atteindre 10.000 volts.

L'interrupteur que représente la figure 501 est construit par les Ateliers d'Oerlikon pour un courant d'une tension pouvant atteindre 50.000 volts : c'est également un interrupteur à bain d'huile. Il comporte deux ruptures par phase et chaque rupture s'effectue dans un récipient spécial. Le mécanisme de commande est disposé à la partie supérieure et un dispositif d'avertissement, correspondant au tableau de distribution, indique que l'interrupteur a fonctionné. Quand il s'enclenche, ce mouvement est indiqué par l'allumage d'une lampe blanche, et quand il se déclenche, le signal est donné par l'allumage d'une lampe rouge. En outre, une sonnerie retentit.

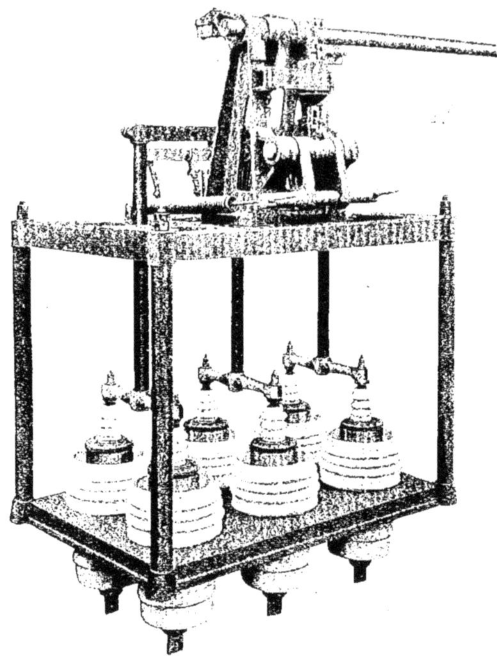

Fig. 501. — Interrupteur à huile à déclenchement automatique pour courant de 50.000 volts. (Ateliers d'Oerlikon.)

Un autre interrupteur à bain d'huile des Ateliers d'Oerlikon est représenté par la figure 502; le dispositif d'interruption est semblable au précédent, mais le mécanisme qui actionne les interrupteurs est placé sur le côté et peut être actionné à distance.

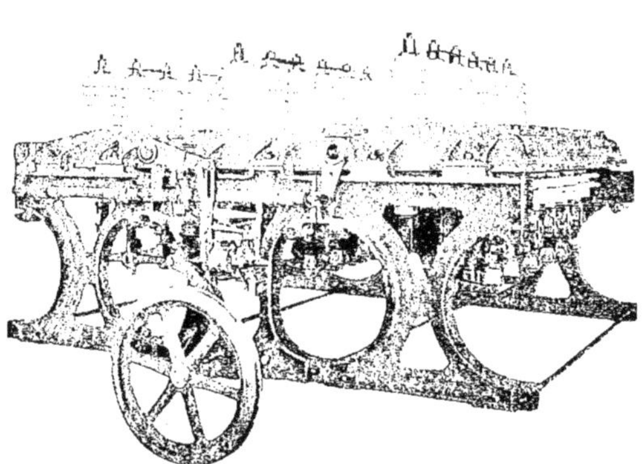

Fig. 502. — Interrupteur à bain d'huile à déclenchement automatique. (Ateliers d'Oerlikon.)

La Compagnie électro-mécanique du Bourget construit aussi des interrupteurs à bain d'huile. Ces interrupteurs, dont le type est donné par la figure 503, sont bipolaires et établis pour des tensions de courant de 30.000 à 40.000 volts. La figure montre l'interrupteur sorti des trois cuves remplies d'huile dans lesquelles il est placé en marche normale.

Le dispositif automatique de manœuvre est monté sur le tableau de distribution, et c'est de là qu'on actionne l'appareil. Sur l'interrupteur est disposé un électro de déclenchement alimenté par une source d'électricité spéciale et actionné électriquement par l'appareil de manœuvre; c'est, en somme, ce *relais* qui provoque le mouvement de l'interrupteur.

La figure 504 montre l'installation d'interrupteurs à bain d'huile de la même Compagnie, disposés pour une tension de 45.000 volts et commandés électriquement à distance.

Les interrupteurs pour tableaux de la Société industrielle des Téléphones (Fig. 505) sont disposés d'une façon différente des interrupteurs précédents. Ils sont placés derrière le tableau et commandés à la main au moyen d'un levier muni d'une poignée en ébonite. Les mâchoires, en cuivre rouge, sont montées sur un socle en marbre et supportées par des isolateurs en porcelaine.

Les différentes mâchoires de l'interrupteur sont séparées par des cloisons en ardoise huilée, et un *pare-étincelles* en charbon est disposé au-dessus des pièces de contact.

Fig. 503. — Interrupteur automatique tripolaire pour courant de 40.000 volts. (Cie électro-mécanique du Bourget.)

L'interrupteur que représente la figure 505 est établi pour une tension de courant ne dépassant pas 20.000 volts. Il porte spécialement un dispositif de *rupture sur cornes* qui a pour but, ainsi que nous l'avons vu, d'allonger l'étincelle et de l'annihiler.

Fig. 504. — Interrupteurs à bain d'huile pour courant de 45.000 volts commandés électriquement à distance. (Cie électro-mécanique du Bourget.)

Les interrupteurs des Ateliers Maljournal et Bourron, à Lyon (Fig. 507 et 508) sont destinés à être placés sur les canalisations aériennes à haute tension.

Établis pour des tensions de courant atteignant fréquemment plusieurs milliers de volts, ces appareils se composent, en principe, d'une ou plusieurs lames mobiles pénétrant dans des mâchoires de contact. Celui qui fait l'objet de la figure 508 est tripolaire et disposé pour une tension de 10.000 volts. Il comporte trois lames pénétrant dans trois séries de doubles mâchoires.

Ces interrupteurs sont manœuvrés à la main au moyen de perches (Fig. 507) constituées par des tiges en bambou reliées par des isolateurs en porcelaine à gorges et

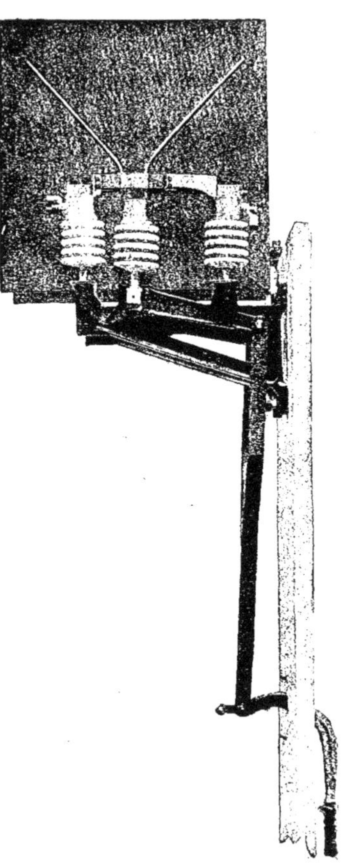

Fig. 505. — Interrupteur à cornes pour une tension de 20.000 volts.

portant, à leur extrémité, un crochet double métallique.

Ce crochet, ainsi isolé, peut s'engager dans l'anneau disposé en bout de la lame de contact ou du levier de commande de l'in-

Fig. 506. — Tableau de distribution vu de l'avant et table de manœuvre. (Tension du courant : 26.000 volts.)

terrupteur. La perche, quoique soigneusement isolée, comporte un conducteur qui la met en communication avec la terre, de façon à éviter un accident dans le cas où cet isolement deviendrait imparfait.

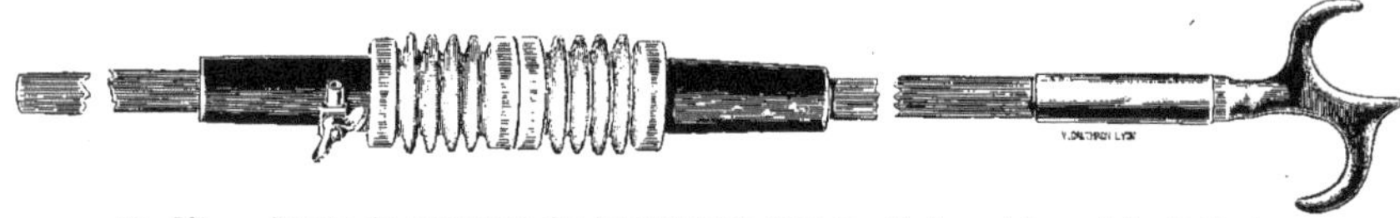

Fig. 507. — Perche de manœuvre des interrupteurs pour canalisation aérienne à haute tension.

Les tableaux de distribution pour les circuits à haute tension ont un encombrement plus considérable que les tableaux pour circuits de basse tension, car, pour maintenir un bon isolement entre les divers organes traversés par un courant à haute tension, il est nécessaire de les espacer. Souvent, d'ailleurs, ces courants à haute tension correspondent à des sommes d'énergie électrique énormes et dont la distribution exige des appareils multiples. Le tableau de distribution prend alors l'importance d'une véritable installation, comme on peut en juger par celui que représentent les figures 495 et 506 et qui est établi pour la distribution d'un courant de 26.000 volts. La figure 495 nous le montre vu de l'arrière. On aperçoit, au premier plan, la partie supérieure des interrupteurs à bain d'huile et, en arrière, à gauche, la disposition au départ de deux lignes dont l'une distribue un courant de 8.000 volts et l'autre de 26.000. La figure 506 représente le tableau de distribution vu par devant et séparé en deux panneaux, destinés l'un à un circuit de force, l'autre à un circuit de lumière. En avant du tableau est placée une table de manœuvre portant les panneaux pour les appareils des génératrices et les appareils totalisateurs.

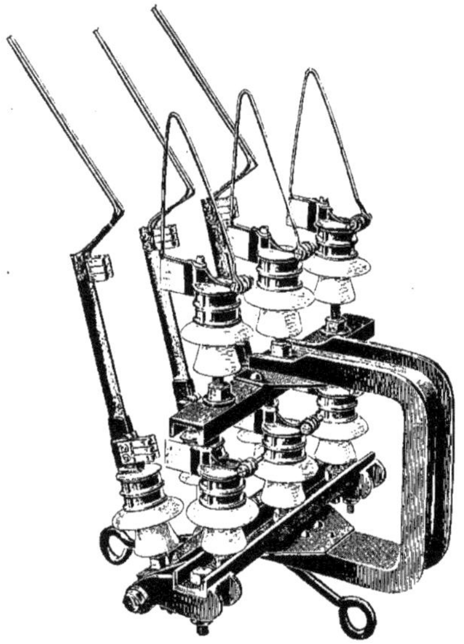

Fig. 508. — Interrupteur tripolaire pour canalisation aérienne de 10.000 volts.

HOUILLE BLANCHE

Le *transport de l'énergie* à de grandes distances n'a pu être réalisé, ainsi que nous l'avons dit, que grâce à l'électricité. On a pu employer, de cette façon, des forces naturelles importantes qui jusque-là n'avaient pu être utilisées. Les innombrables chutes d'eau qu'on rencontre dans les pays montagneux ont pu remplacer le charbon dans la production du travail capable d'actionner des machines, et cette *houille blanche,* non plus extraite des profondeurs du sol, comme la houille noire, mais captée, canalisée et envoyée dans des turbines, permet d'obtenir l'énergie mécanique nécessaire à la rotation des machines dynamo-électriques.

Le courant produit par ces machines est ensuite transporté jusqu'aux lieux d'utilisation au moyen de conducteurs et de canalisations établis ainsi que nous l'avons vu au commencement de ce chapitre.

Le terme de *houille blanche*, qui est devenu classique, a été vulgarisé en France par un chercheur hardi et enthousiaste, Aristide Bergès, ancien élève de l'École centrale des arts et manufactures, fabricant de papier à Mozères, décédé à Lancey (Isère) en 1904.

Sa conception, empreinte d'une véritable poésie technique, était la suivante :

Ce que produit le *bloc de houille noire* en brûlant sur la grille ardente de la *chaudière à vapeur*, le *bloc de houille blanche*, le bloc de glace fondant sur la montagne et passant à l'état liquide dans les aubes de la *turbine hydraulique*, le produit également.

Fig. 500. — Aristide Bergès.

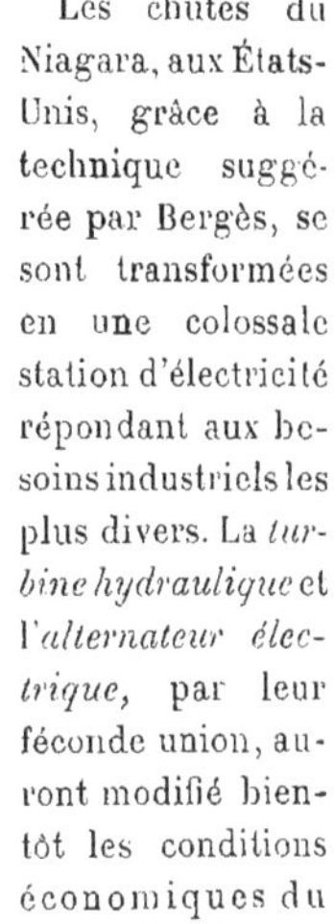

Partant du programme caractérisé par ce terme symbolique, Aristide Bergès fut un de nos plus remarquables précurseurs. Mécanicien hors ligne, d'une ingéniosité qu'aucune difficulté ne déconcertait, non seulement il montra tout le parti que l'on pouvait tirer de la *houille blanche* pour la production de l'énergie mécanique et électrique, mais encore, il jeta les bases, et donna les principes de l'outillage approprié, lequel était à créer de toutes pièces. Il prit dans ce but de très nombreux brevets.

Aristide Bergès fut le premier à montrer comment on pouvait non seulement utiliser les chutes d'eau existantes, mais encore en créer par de sagaces aménagements.

On appréciera à toute sa valeur l'initiative de ce précurseur en considérant que la France entière, d'après les estimations faites sur des bases sérieuses, possède une puissance en *houille blanche* de *dix millions de chevaux* environ.

Divers autres pays possèdent aussi des ressources hydrauliques de grande importance.

Les chutes du Niagara, aux États-Unis, grâce à la technique suggérée par Bergès, se sont transformées en une colossale station d'électricité répondant aux besoins industriels les plus divers. La *turbine hydraulique* et l'*alternateur électrique*, par leur féconde union, auront modifié bientôt les conditions économiques du Monde. Parmi les « merveilles de la Science » aucune ne se sera présentée d'une façon plus inattendue et n'aura évolué avec une plus surprenante rapidité. Rendons-lui l'hommage qu'elle mérite.

Nous savons qu'il y a intérêt, pour des lignes de grande longueur, à augmenter la tension initiale du courant qui circule dans ces lignes, et nous savons aussi que le courant alternatif triphasé offre l'emploi le plus avantageux.

En principe donc, une installation capable de transporter à grande distance l'énergie fournie par une chute d'eau comprend les travaux de canalisation de cette chute, la disposition judicieuse des turbines hydrauliques pour utiliser cette énergie, la commande des alternateurs qui généralement sont montés directement sur l'axe même de ces turbines et la transformation, en courants de tension très élevée, des courants alternatifs produits à une tension qui dépasse rarement 10.000 volts. Cette transformation s'effectue, nous l'avons vu, au moyen des *transformateurs*. Le courant, élevé à une tension qui, dans certains cas, peut atteindre 50.000 et 60.000 volts, est *transporté* par des conducteurs d'un diamètre réduit, établis en canalisation aérienne, jusqu'aux stations réceptrices où ce courant doit être utilisé.

Suivant l'emploi auquel est destiné le courant, il doit être ramené à une tension appropriée à cet emploi. En outre, le courant alternatif peut, à ce moment, être transformé soit en courant continu, soit en courant alternatif ayant un plus ou moins grand nombre de périodes et une tension moindre.

Ces transformations sont opérées par des *transformateurs* établis à l'entrée des diverses stations desservies par la ligne.

Les cours d'eau et les torrents, pour être *captés* et canalisés jusqu'à *l'usine génératrice,* doivent assez souvent subir des modifications dans leur direction générale, ce qui nécessite la construction soit de barrages spéciaux, soit même de vastes bassins, sortes de lacs artificiels servant de retenue aux eaux et constituant de véritables régulateurs de débit.

On canalise aussi, quelquefois, les chutes d'eau, au moyen de conduits de grand diamètre, en tôle d'acier, partant du point culminant pour aboutir aux turbines qui sont installées dans l'usine génératrice, évidemment placée au point le plus bas. Ces canalisations ont reçu le nom de *conduites forcées*.

Prenons quelques beaux exemples d'utilisation de *la houille blanche*.

Les Ateliers d'Oerlikon ont établi ainsi un *transport de force* entre Engelberg et Lucerne, en Suisse. La figure 510 représente la vue d'ensemble de l'usine génératrice d'Obermatt et la disposition de la conduite forcée.

La hauteur de chute réelle est de 310 mètres, mais en tenant compte des pertes de charge on utilise une hauteur de chute effective de 300 mètres.

Le débit d'eau est de 1 mètre cube par seconde au minimum et peut être porté à 2 mètres cubes 1/2.

A la partie supérieure de la canalisation sont établis les bassins de retenue et de prise d'eau. Le bassin de retenue, d'une contenance de 70.000 mètres cubes d'eau, a 22.000 mètres carrés de surface et $3^{m},50$ de profondeur. Un canal de 2 kilomètres 560 mètres, établi en tunnel sur toute cette longueur, le relie au réservoir de prise d'eau constitué par un bassin de 70 mètres carrés de surface environ et d'une profondeur de $11^{m},20$, sur lequel sont disposées les amorces des conduites et une vanne automatique d'admission.

La conduite forcée se compose de tuyaux en tôle d'acier de 1 mètre de diamètre à la partie supérieure et de $0^{m},90$ à la partie inférieure. Chaque tuyau a une longueur de 620 mètres et est formé d'éléments de 8 mètres de long rivés les uns aux autres. En plusieurs points sur sa longueur, le tuyau est ancré dans des massifs maçonnés.

L'eau ainsi canalisée est reçue par quatre turbines hydrauliques, dont chacune a une puissance de 2.000 chevaux et actionne un alternateur.

Quand l'eau a traversé les turbines, elle est évacuée par un canal spécial en maçonnerie, d'une longueur de 270 mètres, qui la conduit dans une rivière voisine, l'Aar.

On comprend comment *une chute d'eau* peut produire *un travail*. Nous savons, en effet, qu'un kilogrammètre représente le travail effectué par un poids de un kilogramme parcourant un mètre pendant une seconde. Si donc nous supposons 1 litre d'eau, soit un kilogramme, tombant dans l'espace d'une seconde de un mètre de hauteur, nous pourrons dire que la chute de ce litre d'eau fournira une puissance de un *kilogrammètre*.

On voit que, pour une chute de 75 mètres,

Fig. 510. — Station génératrice d'Obermatt.

par exemple, de ce litre d'eau, ou pour une chute de 1 mètre de 75 litres d'eau débités dans une seconde, on obtiendra une puissance de 75 kilogrammètres, soit un cheval-vapeur. On se rend compte des prodigieuses réserves d'énergie que renferment toutes les chutes d'eau naturelles qui sillonnent les massifs montagneux.

Les tuyaux constituant les conduites forcées étant généralement soumis à de très grandes pressions, il convient de prendre, pour leur fabrication, des précautions spéciales pour empêcher leur éclatement. On les fait à double clouure et on les renforce. En outre, des *régulateurs de pression* et des *reniflards* s'oppposent aux redoutables *coups de bélier* qui peuvent provoquer l'éclatement.

Mais il est un autre accident inverse contre lequel on doit se prémunir : c'est l'*aplatissement* de la conduite qui peut se produire dans le cas où, par suite d'une fausse manœuvre, elle se trouve subitement et momentanément vidée.

Un cas semblable s'est produit dans une usine électro-métallurgique, près d'Albertville, en Savoie. La puissance impétueuse de la rivière le Doron y est captée au moyen d'une conduite faite en tuyaux de tôle assemblés, de 300 mètres de longueur, de 2 mètres de diamètre, et pouvant supporter une pression de 3 kilogr. 500 par centimètre carré. La fermeture trop brusque de la vanne amenant l'eau aux turbines provoqua un *coup de bélier* qui creva la conduite et l'eau s'échappa. Tout aussitôt, le vide se produisit à la partie supérieure, et sur une longueur de 50 mètres la conduite fut aplatie par l'action de la pression atmosphérique. Un semblable accident peut également se produire quand, la conduite étant remplie d'eau, on ouvre la vanne inférieure de cette conduite en même temps qu'on ferme, en haut, la vanne d'alimentation. La conduite se vide et peut s'aplatir à mesure que l'écoulement de l'eau s'effectue. Pour remédier à ce grave inconvénient, on dispose, sur les conduites forcées, des soupapes de sûreté s'ouvrant automatiquement de l'extérieur vers l'intérieur, pour permettre la rentrée d'air en cas de fausse manœuvre des vannes.

L'installation hydro-électrique de Beznau, sur l'Aar, dont nous avons déjà parlé, établie par les ateliers Brown, Boveri et Cie, est réalisée d'une façon différente de la précédente. La hauteur de chute d'eau utilisée peut varier entre 3^{m},30 et 5^{m},70 suivant les saisons. Pour obtenir cette chute, on a établi sur la rivière l'Aar un barrage dont la figure 511 montre la disposition. Le canal d'amenée d'eau à l'usine part de ce barrage et aboutit à la station centrale génératrice de courant que l'on aperçoit dans le fond.

Le débit d'eau est considérable et la puissance disponible sur les arbres des turbines, dont l'axe est vertical, atteint de 10.000 à 11.000 chevaux. Les turbines, au nombre de 10, actionnent directement des alternateurs triphasés, montés sur le même axe, d'une puissance de 1.000 à 1.100 chevaux. Ces alternateurs, tournant à une vitesse d'environ 65 tours par minute, produisent du courant alternatif à la tension de 8.000 volts et ayant une fréquence de 50 périodes par seconde. Ce courant de 8.000 volts est utilisé, à cette tension, pour alimenter des récepteurs placés à peu de distance de l'usine génératrice. Pour le transport de l'énergie à une distance plus considérable, on a disposé une ligne dans laquelle circule du courant à 26.000 volts. L'élévation de tension de 8.000 à 26.000 volts est effectuée par une série de transformateurs à courants triphasés de 910 kilovolts-ampères chacun.

L'énergie électrique produite dans la *station centrale* est donc utilisée, transportée par deux circuits, l'un à 8.000 volts, l'autre à 26.000 volts. Nous avons déjà donné (Fig. 453) la disposition des deux sortes de barres collectrices.

Fig. 511. — Barrage sur l'Aar avec canal d'amenée à la station génératrice centrale.

La figure 513 représente la salle des machines de la station génératrice. Des générateurs aux barres collectrices, les conducteurs portent des coupe-circuits placés dans le voisinage des machines et, par un canal souterrain, ces conducteurs aboutissent aux barres collectrices, après avoir traversé les interrupteurs. Des barres collectrices à 8.000 volts partent la canalisation extérieure qui reste à cette tension et les conducteurs qui vont aux transformateurs élevant la tension du courant à 26.000 volts. Des bornes secondaires du transformateur, le courant est envoyé dans la ligne extérieure à 26.000 volts.

Nous avons donné (Fig. 495 et 506) le tableau de distribution de l'usine génératrice et sa table de manœuvre, et nous avons, d'autre part, indiqué ce que devait être la canalisation à haute tension.

On peut, ainsi, se faire une idée suffisamment précise des organes et des dispositions nécessaires pour réaliser une transmission d'énergie à grande distance.

Photog. Ogeran.

Fig. 512. — M. Henri Bresson.

LA HOUILLE VERTE

A côté de la *houille blanche,* dont nous avons chiffré l'énorme importance, la France possède une autre source de force motrice hydraulique, dont nous avons donné le principe ; M. Henri Bresson, qui s'y est spécialement attaché, l'a nommée, par analogie, la *houille verte.*

Pourquoi ce terme? Expliquons-le.

La *houille verte,* c'est, d'après son initiateur, la force motrice que sont susceptibles de fournir les ruisseaux et cours d'eau *non navigables ni flottables* coulant dans les vertes prairies. Ils en prennent nécessairement le reflet.

Or, la besogne que le mètre cube de *houille verte* accomplit en passant dans une petite turbine hydraulique, est identique à celle que le mètre cube de *houille blanche* accomplit en passant dans la turbine de quelque grosse usine hydro-électrique, et c'est aussi celle que fait le bloc de *houille noire* en brûlant dans le foyer de la chaudière à vapeur. Les moyens diffèrent, le résultat est le même.

La *houille verte* a, d'ailleurs, précédé de beaucoup la *houille blanche* dans le fonctionnement économique et industriel des diverses régions.

Elle fut, tout d'abord, la collaboratrice et la concurrente, estimée pour sa régularité, du *moulin à vent,* lequel servait à moudre le grain. Non seulement la *houille verte* s'acquittait de cette tâche, mais encore elle mettait à la disposition de ceux qui recouraient à elle de la *force motrice* utilisable pour d'autres besognes.

Pendant longtemps donc, la petite chute

Fig. 513. — Salle des machines de l'installation hydro-électrique de Beznau, sur l'Aar. (Brown, Boveri et Cie.)

d'eau naturelle, ou créée par une discrète dérivation qui rendait l'eau laborieuse en aval, joua un grand rôle dans les usages. Les *roues hydrauliques* battaient leur monotone et poétique mesure sur des points nombreux de tous les petits cours d'eau, *non navigables* puisque leur débit était trop faible pour transporter des bateaux, non *flottables*, car le bois abandonné au fil de l'eau eût entravé leur cours faute de largeur et en raison de la vitesse insuffisante du courant.

La *machine à vapeur*, au cours du siècle dernier, se présenta et fut l'objet d'un véritable engouement. Sa régularité de fonctionnement, sa puissance considérable par rapport à celle des récepteurs hydrauliques de l'époque, c'est-à-dire des roues hydrauliques en bois, son indépendance des crues et des sécheresses, la facilité enfin d'établir les installations industrielles dans les situations les plus favorables la firent adopter d'une façon générale. Les *grands moulins à vapeur* surgirent, groupant les fournisseurs et la clientèle des petits *moulins à eau :* on les abandonna presque partout. Ne broyant plus le grain, ils cessèrent aussi de fournir toute force motrice industrielle.

Cet abandon eût été définitif si deux organes nouveaux ne fussent pas venus permettre une utilisation rénovée et féconde de la *houille verte :* ces organes sont la *dynamo* et la *turbine hydraulique*.

La *dynamo*, ou *machine dynamo-électrique*, dont nous avons décrit la création merveilleusement scientifique, permet, nous l'avons vu, de produire simplement et à volonté la *force motrice* et *la lumière;* chose plus précieuse encore, elle fournit le moyen de les transporter à distance par de simples *fils conducteurs*.

La *turbine hydraulique*, le moteur hydraulique, a pris une forme nouvelle, grâce aux travaux de Burdin, de Fourneyron, de Jonval, de Kœchlin, de Fontaine, de Girard. Son *rendement mécanique* est de 70 à 80 pour cent, alors que celui de la *roue hydraulique*, à palettes planes, à marche lente, ne dépassait guère 25 à 30 pour cent.

Ainsi, par un concours de circonstances favorables, l'utilisation de la *houille verte* a trouvé les organes nécessaires à sa rénovation; l'*énergie*, démodée ou dédaignée, des petits cours d'eau non navigables ni flottables devait donc reprendre sa place dans le grand effort d'ensemble.

Cette place ne saurait être méconnue.

La *puissance disponible* sur les *canaux et rivières navigables* est évaluée à 86.000 chevaux.

La *puissance disponible* sur les *rivières non navigables* est de 488.900 chevaux.

Comment se répartit-elle? où faut-il aller la chercher? où faut-il la faire renaître alors qu'il y a eu abandon? C'est là que s'est exercée la sagacité désintéressée de M. Henri Bresson.

Il a fait en quelque sorte, avec le concours de la Direction de l'Hydraulique et des Améliorations agricoles, l'expertise de la force motrice disponible sous la forme de *houille verte* dans un certain nombre de départements français, et il a dressé des cartes régionales qui résument cette expertise.

Sur ces cartes, les *chutes d'eau aménagées* sont marquées *par un point* lorsque l'établissement auquel appartient la chute est en activité; par *un rectangle* quand il est en chômage; enfin, les chutes d'eau utilisées pour de petites ou moyennes stations centrales, produisant de l'énergie électrique, sont marquées *par une étoile*. On peut ainsi, d'un coup d'œil, se rendre compte des ressources d'énergie disponibles.

La figure 514 nous donne de ces précieux tableaux un spécimen relatif au département de l'Orne et indiquant graphiquement l'importance des utilisations, malheureusement décroissantes, en 1880 et en 1900, mais dont les applications à l'électricité accusent le développement renaissant, par rapport à la force totale qu'il serait possible d'utiliser dans cette région.

D'après ce qui résulte d'un travail documenté de M. Charles Barrat, Inspecteur permanent à l'Office du travail, en ce qui concerne la répartition de la *force motrice totale,* les établissements ayant leurs chutes placées sur des rivières non navigables et disposant d'une force de *10 chevaux au plus* absorbent *un tiers* de la puissance totale.

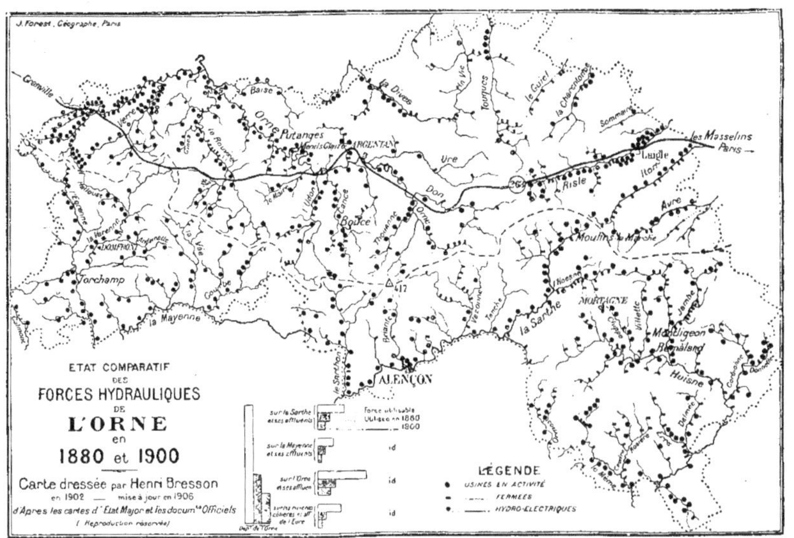

Fig. 514. — Forces hydrauliques de « houille verte » dans le département de l'Orne.

Ceux d'une force de *50 chevaux* au plus absorbent *un peu plus des deux tiers.*

Les chutes d'eau sur les rivières non navigables sont au nombre de 49.000, rattachées à 46.000 établissements, car un seul propriétaire en possède parfois plusieurs.

En tout état de cause, il y a là une force motrice éparpillée d'un grand intérêt et qui peut être remise en vigueur d'une façon évidemment profitable.

On peut lui objecter que son utilisation n'est possible que dans certaines régions françaises prédisposées par leur situation naturelle, par leur configuration géographique, et par leur climat. Cela est évident. L'objection s'applique aussi, dans une plus large mesure, à la *houille blanche.* Si la puissante source de force motrice des glaciers peut rayonner à de très grandes distances par les *transports d'énergie* à haute tension, les petites répartitions de force et de lumière dans un cercle restreint ont de leur côté une très grande utilité qui peut être mise en parallèle avec l'autre, « toutes choses égales d'ailleurs ».

La facilité de mise en marche, le bon marché des prix d'installation et d'achat des moteurs électriques, les font en effet préférer, loin des grands centres, aux moteurs qui ont recours à d'autres principes d'énergie, vapeur, gaz, etc... Dès lors, la *houille verte* vient à point nommé pour les mettre en vigueur d'une façon *locale,* en permettant la création et le fonctionnement de petites exploitations industrielles qui ne motiveraient pas le recours à de grands emprunts d'énergie dans une zone même proche de celle où la houille blanche étend son domaine.

Les petites industries que la *houille verte* peut remettre en vigueur, ou créer, sont variables d'après les départements examinés ; elles sont très nombreuses.

Parmi les principales, il faut citer les moulins à blé, les industries textiles, les papeteries, les scieries de bois, les tuileries, le traitement des métaux, la confection des vêtements.

Il y en a bien d'autres, accessoires, telles que la menuiserie, le fonctionnement des pétrins mécaniques, l'imprimerie, la préparation des eaux gazeuses, la fabrication des agglomérés, la coutellerie, etc...

On peut, d'ores et déjà, envisager des *secteurs électriques ruraux*, ayant la *houille verte* pour origine de force motrice, et disposés d'une façon heureuse pour faire renaître, prospérer, et se multiplier les *ateliers familiaux* recommandés, à juste titre, par les moralistes et par les hygiénistes.

Il y a aussi, dans la mise en œuvre de cette force motrice dispersée, une question générale de sécurité. Les malfaiteurs et les dangereux êtres errants que l'on désigne sous le nom de *chemineaux*, de même que les oiseaux de proie nocturnes, ne circulent à l'aise que dans les ténèbres. Ils en profitaient à loisir dans les campagnes plongées à la tombée de la nuit au sein des ténèbres ou dans une inquiétante obscurité. La petite station électrique du bourg, le moulin à eau rénové et muni de sa turbine, en jetant sur la région un éclairage brillant, mettront les inquiétants voyageurs en fuite.

L'utilisation, la mise en œuvre de cette force motrice des cours d'eau non navigables ni flottables, peut se faire, soit en utilisant une *retenue* existante, mais dont la chute d'eau n'était pas aménagée, soit en créant un *barrage*, soit en faisant une *dérivation* qui rend *en aval* l'eau empruntée un peu plus loin *en amont*.

Les figures 515 et 516 représentent, la première en coupe verticale, la seconde en coupe horizontale, une de ces installations sur une chute très basse, dont la hauteur n'est que de $0^m,64$ et que seule la turbine hydraulique permet d'utiliser avantageusement.

On se rend facilement compte de la disposition générale et du fonctionnement du moteur et de ses accessoires par la légende suivante commune aux deux figures :

A, Bief amont ; — B, grille ; — C, ponts de service ; D, vanne ; — E, déversoir ; — F, dérivation latérale.
S, Bief aval.
H, Hauteur de chute.
G, Canal de fuite.
I, Turbine ; — J, plancher inférieur ; — K, châssis en bois ; — L, plancher supérieur ; — M, engrenages d'angle ; — N, arbre horizontal ; — O, engrenages ; P, volant actionnant la vanne ; — Q, pièces de vannage.
R, bâtiment.

Pour une hauteur de chute effective de $0^m,64$ seulement et un débit de 1.100 litres, on obtient une force de 7 chevaux, correspondant à un rendement de 77 %, avec une vitesse de 34 tours à la minute. On voit combien on est éloigné du rendement que donnerait une roue, dont la lenteur de rotation exigerait de plus des multiplications de vitesse occasionnant une perte de force sensible. Il faut enfin tenir compte de la propriété de la turbine de fonctionner à demi submergée, et au besoin complètement *noyée*, dans le cas de crues où la marche d'une roue est entravée, parfois tout à fait suspendue.

La figure 517, que sa légende explique, nous donne une autre vue d'installation de turbine et d'utilisation de la houille verte. C'est une coupe verticale du premier pavillon de l'usine hydro-électrique des Masselins. La turbine tourne à une vitesse de 135 tours à la minute, facilement élevée, sans perte sensible et sans mécanisme intermédiaire compliqué, à la vitesse de rotation de la dynamo, indiquée de 1850 tours.

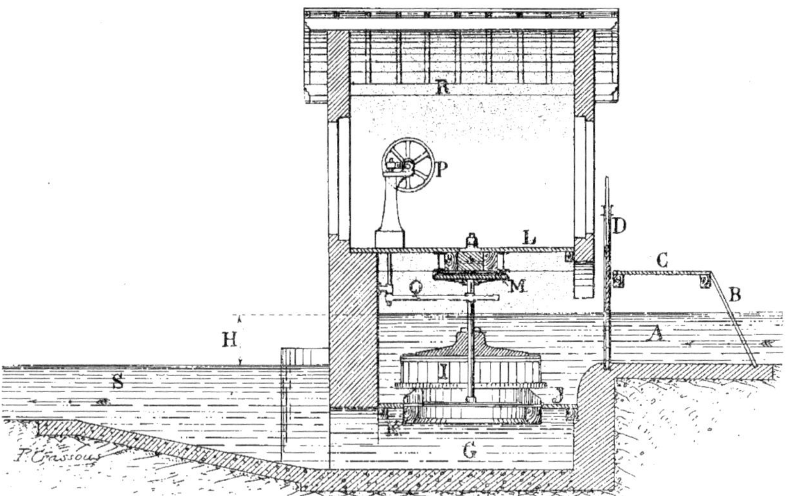

Fig. 515. — Coupe verticale d'une installation de turbine sur basse chute.

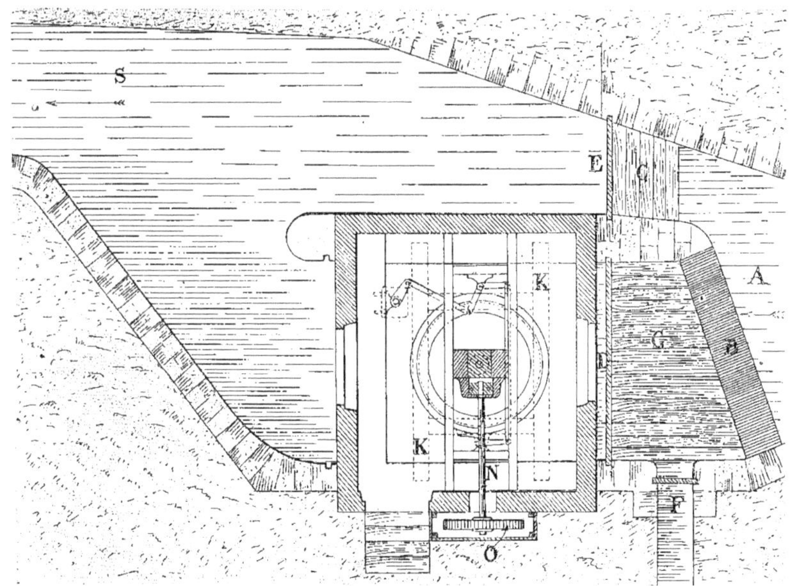

Fig. 516. — Coupe horizontale d'une installation de turbine sur basse chute.

Une formule simple permet, en toute occurrence, de se rendre compte de la force motrice disponible, sauf la correction pratique et variable correspondant au rendement du moteur hydraulique. Voici cette formule :

« La hauteur de chute *en mètres* (la dénivellation) étant connue, il faut la *multiplier* par le volume d'eau *en litres* dont on peut disposer *par seconde,* et ensuite *diviser ce produit par 75*; on aura ainsi le *nombre de chevaux* dont on peut disposer *par seconde,* si l'écoulement de l'eau est *constant.* »

Cette constance d'écoulement est une *nécessité,* et il va sans dire que pour être sûr d'un fonctionnement régulier, il ne faut faire une installation qu'en prenant pour base *de débit* le minimum indiqué par l'expérience locale et par des *jaugeages* préalables consciencieux. Toute *installation hydro-électrique* de *houille verte* devra aussi posséder ce que l'on appelle des *moteurs de secours,* à *vapeur,* ou mieux à *gaz pauvre* ou à *essence de pétrole,* permettant de maintenir la petite usine en marche dans le cas de sécheresse ou d'abaissement accidentel du *plan d'eau* dans la région. L'adjonction à l'installation d'une petite batterie d'*accumulateurs électriques* permet de fonctionner sans arrêt dans ces conditions : elle est *indispensable,* tant en ce qui concerne l'utilisation de la force motrice qu'en ce qui concerne l'éclairage électrique, et même plus encore dans ce dernier cas où l'arrêt de fonctionnement cause immédiatement une perturbation évidente et grave.

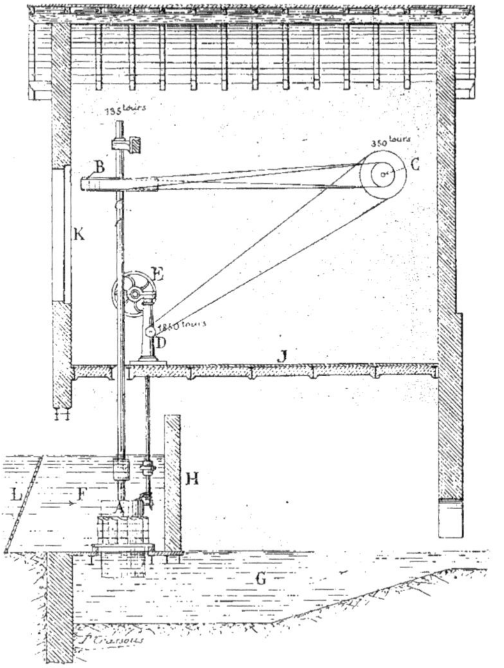

Fig. 517. — Pavillon hydro-électrique des Masselins.

A. turbine. — B. axe vertical et poulies. — C. transmission et multiplication. — D. place de la dynamo. — E, vannage d'ouverture de la turbine. — F, canal d'amenée. — G, canal de fuite. — H. mur de la chambre à eau. — J, dallage. K. — fenêtre. — L. grille d'arrêt.

APPLICATIONS DE LA TRANSMISSION DE L'ÉNERGIE

Les applications de la transmission de l'énergie sont fort nombreuses et ont reçu un emploi approprié dans toutes sortes d'industries. Nous allons donner, en exemple, quelques-unes de ces applications.

Les figures 518 et 519 représentent des machines-outils actionnées par moteurs électriques, recevant leur courant d'une dynamo génératrice, qui peut être placée à une distance assez grande des machines-outils.

La première (Fig. 518) est un *tour paral-*

lèle, construit par les Ateliers Felten et Guilleaume-Lahmeyerwerke. Ce tour, de 650 millimètres de hauteur de pointes au-dessus du chariot et de 2 mètres d'écartement entre ces pointes, est actionné par un moteur à courant continu de 12 chevaux, comportant une auto-excitation en dérivation et pouvant prendre une vitesse variable entre 300 et 900 tours par minute. Le réglage de la vitesse s'effectue au moyen d'un *contrôleur* disposé en avant du banc sous la circuit de l'inducteur. On peut, suivant le nombre de touches portées par le rhéostat, obtenir un plus ou moins grand nombre de vitesses différentes.

Les appareils de levage ont été aussi fort heureusement transformés du fait de l'emploi de la commande électrique. On construit des *palans fixes* et des *palans transbordeurs* actionnés par des moteurs électriques. Un palan fixe peut lever 2.000 kilogrammes par brin de chaîne à la vitesse d'environ

Fig. 518. — Tour parallèle actionné par moteur électrique.

poupée fixe. Ce contrôleur est commandé, du support, à l'aide d'une manivelle et d'un arbre disposé le long du banc. Les résistances du contrôleur sont montées sous la poupée fixe à l'intérieur du banc et un commutateur est disposé en avant du banc pour inverser le sens de marche du tour.

La seconde machine-outil (Fig. 519) est un *tour automatique,* construit par les Ateliers Schneider et Cie, de Champagne-sur-Seine, actionné par un moteur à courant continu à deux pôles et à vitesse variable.

La variation de vitesse est obtenue au moyen d'un *rhéostat de champ* mis dans le 3^m^,75 par minute. Pour approprier cette vitesse à celle du moteur, le palan comporte une réduction de vitesse qui est réalisée par l'intermédiaire de deux trains d'engrenages intérieurs. Le palan comporte deux freins : l'un, mécanique, à plateau, limite la vitesse de descente et produit l'arrêt quand le courant est interrompu sur le circuit du moteur; l'autre, à bande, agit sur un tambour faisant corps avec la première série de roues d'engrenage et est manœuvré par l'arbre du *contrôleur.*

Le *contrôleur,* sorte de *rhéostat,* permet d'intercaler dans le circuit ou de supprimer une résistance montée en série avec le moteur et d'obtenir ainsi *deux vitesses* au crochet de levage. Il est manœuvré par des poignées pendantes au bout des deux brins d'une corde enroulée sur une poulie de commande.

Un dispositif de sécurité coupe le courant quand le crochet a atteint l'extrémité supérieure de sa course.

Dans le cas du palan transbordeur, le dispositif comporte un seul moteur électrique, qui actionne à la fois le mouvement de levage et celui de translation, qui s'effectue au moyen de galets roulant sur deux rails.

La vitesse de levage peut être de 3 mètres par minute et la vitesse de translation de 60 mètres par minute.

Les chariots de pont-roulant et les multiples mouvements des grues peuvent être aussi obtenus électriquement.

Les Ateliers Thomson-Houston ont établi pour la Compagnie du chemin de fer métropolitain de Paris, des *grues électriques* pour servir au déchargement du charbon destiné à l'usine du quai de la Râpée. Chaque grue peut porter une charge de 2.200 kilogrammes et comporte une benne dont le chargement et le déchargement sont réalisés automatiquement. La vitesse de levage de l'appareil est de 30 mètres par minute, la vitesse d'orientation, qui consiste à faire effectuer à la grue un mouvement de rotation autour d'un axe vertical, est de 1 tour par minute, et la vitesse de translation, qui permet à la grue de rouler sur deux rails, est de 20 mètres par minute.

Fig. 519. — Tour automatique actionné par moteur électrique à deux pôles.

La durée totale du mouvement de relevage de la flèche, quand la benne est chargée, est de 2 minutes.

Les Ateliers Felten et Guilleaume Lahmeyerwerke utilisent le transport de l'énergie électrique pour actionner divers appareils de levage; des machines spéciales sont employées dans le travail des mines ou en métallurgie. Le pont-roulant représenté par la figure 520 a une portée de 16 mètres; il est établi pour une charge de 15.000 kilogrammes. Cet appareil peut prendre trois sortes de mouvement: le mouvement de translation du pont proprement dit, le mouvement transversal du chariot supérieur portant le treuil et le mouvement de levage. Chacun de ces mouvements est provoqué par un moteur électrique indépendant. Celui qui commande le levage a une puissance de 14 chevaux; celui qui donne le mouvement de translation au pont est de 10 chevaux, et celui qui fait mouvoir le chariot est de 6 chevaux. Le moteur du pont est placé au milieu du longeron; les deux autres sont fixés sur le chariot. Chaque moteur est mis en marche à l'aide d'un *contrôleur* manœuvré par le mécanicien, qui est placé dans une cabine suspendue à une extrémité du pont. Le mouvement du moteur est réversible.

Fig. 520. — Chariot de pont-roulant électrique.

La figure 521 représente l'installation d'un *monte-charge électrique* incliné pour effectuer le chargement des hauts fourneaux. Généralement, le *chargeur* comporte deux chariots: pendant que l'un déverse son contenu dans le *gueulard* du haut fourneau, l'autre est chargé, vers le bas, dans une galerie où aboutissent deux voies, l'une pour le minerai, l'autre pour le coke. Le chargeur indiqué dans la figure 521 n'a qu'un chariot, qui n'est donc pas équilibré. Quand il a vidé son contenu et qu'il descend sur le plan incliné, le moteur qui provoque sa montée fait à ce moment office de dynamo et envoie du courant dans le circuit électrique. Des dispositifs de sécurité sont établis pour parer, dans ce cas, à l'emballement du moteur, si le circuit qui le relie au réseau venait à être accidentellement interrompu. En outre, dans le cas d'*accrochage des câbles*, le moteur est arrêté automatiquement.

L'installation du mécanisme d'un monte-charge, montrée par la figure 522, se compose de deux moteurs à courant continu de 100 chevaux, actionnant un treuil à double câble, chacun des câbles s'enroulant sur un tambour spécial. Les moteurs sont disposés à droite et à gauche des deux tambours; la

Fig. 521. — Monte-charge oblique électrique pour le chargement d'un haut fourneau.

figure 522 n'en laisse apercevoir qu'un. Le treuil comporte deux freins : un frein ordinaire et un frein de secours.

Le frein ordinaire est fixé sur l'axe du treuil et agit sur l'axe même du moteur. Un électro-aimant relève le frein aussitôt que le moteur est mis en circuit. Si l'on coupe le circuit du moteur, ou si, pour une raison quelconque, le courant vient à manquer, le frein entre en action automatiquement. Le frein de secours est actionné quand le chariot monte trop haut.

Des contrôleurs sont disposés pour mettre en marche le monte-charge. La manœuvre, faite à la main, met le moteur en marche en enlevant du circuit la *résistance* nécessaire. Les autres *résistances* sont enlevées automatiquement par le moteur, qui donne au rhéostat un mouvement de rotation au moyen d'une chaînette en communication avec une poulie latérale portée par le rhéostat. Le rhéostat permet le renversement de marche du moteur.

Fig. 522. — Vue générale du mécanisme d'un monte-charge électrique.

Le volant de commande est relié à ce dispositif au moyen d'une transmission par chaîne.

Le *transporteur* représenté par la figure 523 est actionné électriquement. Il comporte un *trieur*, à commande également électrique, placé à la partie inférieure du transporteur, où viennent se décharger les chariots de charbon. La houille triée est ensuite enlevée automatiquement par des augets tension de 400 volts. Les augets tournent sur des chaines et se déchargent automatiquement à la partie supérieure d'une grande tour, sous laquelle sont placés les

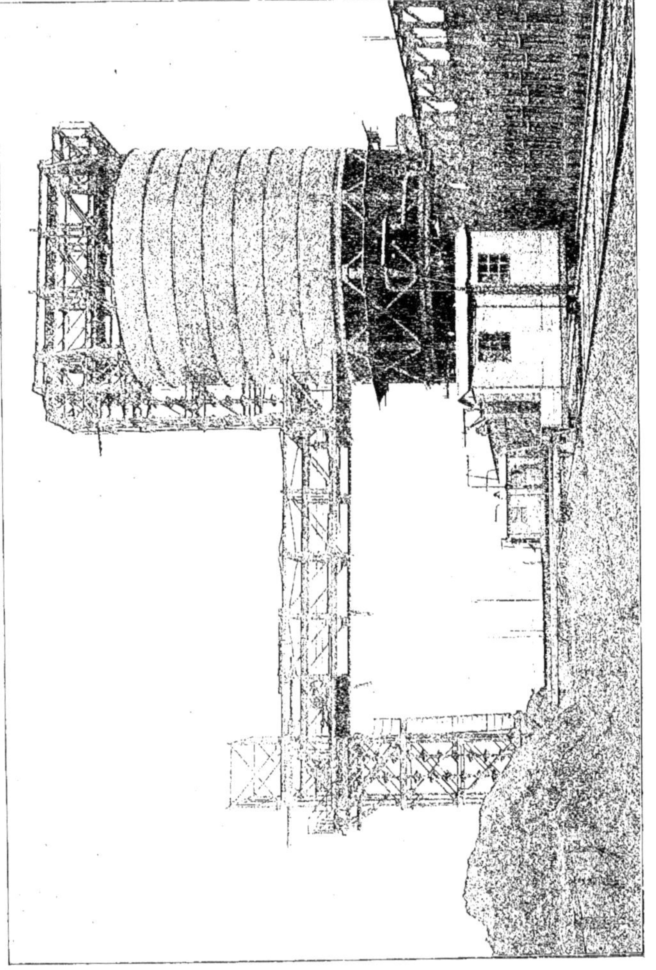

Fig. 523. — Transporteur électrique de houille.

ayant un mouvement de translation qui est donné par un moteur à courant continu placé sur la passerelle horizontale du transporteur. Ce moteur, d'une puissance de 20 chevaux, marche avec un courant d'une *broyeurs* et les *fours à coke* qu'il s'agit d'alimenter.

La figure 524 indique le dispositif d'installation d'un *chargeur* spécial pour hauts fourneaux. Ce chargeur peut effectuer quatre mouvements différents. Il a un mouvement de translation lui permettant de venir se placer devant le haut fourneau ; puis le bac renfermant la charge peut être élevé ou abaissé, avancé ou reculé, pour être enfin basculé. Le chargeur est actionné par des moteurs à courant continu, commandant les divers mécanismes au moyen de *vis sans fin*. Les moteurs sont mis en marche par l'intermédiaire de *contrôleurs*, mus par des leviers de commande. Le courant est amené aux moteurs par un *câble flexible* protégé par une gaine de cuir.

Fig. 524. Chargeur pour hauts fourneaux.

Pour obtenir l'air comprimé nécessaire aux *machines perforatrices* destinées à creuser les galeries dans les mines, on emploie des *compresseurs* actionnés électriquement et installés comme l'indique la figure 525.

Ce compresseur double fournit de l'air

Fig. 525. — Compresseur double à commande électrique destiné à actionner les perforatrices dans les mines.

comprimé à 7 atmosphères pour une aspi-

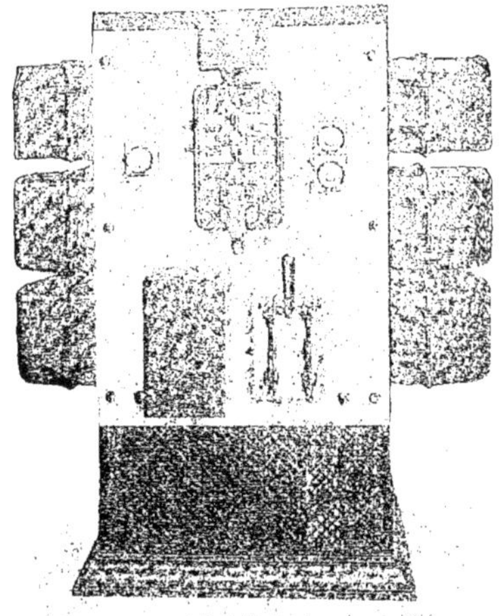

Fig. 526. — Rhéostat automatique pour la mise en marche du compresseur électrique.

ration de 5 mètres cubes par minute. Le mouvement de rotation de 120 tours par minute lui est donné grâce à un moteur cuirassé à courant continu de 50 chevaux, tournant à 650 tours par minute et alimenté par un courant d'une tension de 440 volts. La mise en marche est faite par un rhéostat (Fig. 526) qui ouvre ou ferme automatiquement le circuit. Quand la pression de l'air atteint le degré voulu, le rhéostat arrête le moteur; le compresseur se remet automatiquement en route quand la pression de l'air descend au-dessous d'une limite déterminée.

Dans certaines gares, et dans quelques grandes usines où la manœuvre des wagons doit être particulièrement rapide, on utilise des *chariots transbordeurs* qui, grâce à l'électricité, permettent de transporter avec la plus grande facilité des wagons d'une voie sur une autre.

Le *chariot transbordeur* électrique représenté par la figure 527 et construit par les ateliers Hillairet Huguet, à Paris, comporte un chariot portant les moteurs électriques qui reçoivent le courant à l'aide de *trolleys* extérieurs, sortes de galets venant prendre le courant par contact sur des conducteurs aériens. Le long du chariot, et se déplaçant avec lui, sont disposés deux rails qui peuvent se raccorder avec ceux des voies ordinaires au moyen de plans inclinés placés à chaque extrémité. Le chariot a un mouvement de translation perpendiculaire à la direction des voies; un cabestan, dont l'axe est vertical, permet, au moyen d'un câble s'enroulant sur un tambour, de tirer dans un sens ou dans l'autre le véhicule à transporter.

On comprend dès lors la manœuvre. Le véhicule est d'abord amené par le *tracteur* sur la voie faisant corps avec le chariot et immobilisé dans cette position. Le chariot effectue ensuite son mouvement de translation et vient se placer en face de la nouvelle voie qui doit recevoir le véhicule. Un second mouvement du *tracteur* fait rouler le véhicule sur cette voie; une cabine disposée sur

Fig. 527. — Chariot transbordeur « à niveau » de 30.000 kilogrammes.

le chariot contient tous les appareils de manœuvre et sert d'abri au mécanicien.

La Société alsacienne construit des *treuils d'extraction* à commande électrique. Un appareil de ce genre, construit pour les mines de Lens (Fig. 528), se compose de tambours montés sur l'arbre principal. Cet arbre est actionné par des moteurs électriques à courants alternatifs. Une poulie de freinage, en deux parties, est calée sur l'arbre moteur et porte deux jantes recevant chacune un frein à sabots : chacun des freins suffit à maintenir une *cage* chargée au fond du puits, sans aucun équilibrage. Les freins sont, en outre, suffisants pour arrêter, par leur action simultanée, la *cage montante* en pleine vitesse, sur une longueur de 3 mètres environ, ce qui se produit automatiquement quand le courant vient à manquer sur la ligne principale ou quand la cage dépasse la hauteur où elle doit être reçue.

La manœuvre s'effectue par un seul levier à main commandant à la fois un rhéostat, un commutateur, et le frein de manœuvre. Le courant est envoyé dans les moteurs par la manœuvre de ce levier, laquelle supprime progressivement les *résistances* de démarrage et de réglage.

Fig. 528. — Treuil électrique d'extraction (S^té^ alsacienne de Constructions métalliques).

Un dispositif de ralentissement est également établi de façon que, quelques mètres avant l'arrivée de la cage au niveau du plan où on doit la recevoir, le levier de manœuvre soit automatiquement entraîné vers sa position d'arrêt, provoquant ainsi le ralentissement progressif du mouvement du treuil.

Fig. 529. — Le phare électrique de la tour Eiffel.

ÉCLAIRAGE ÉLECTRIQUE

HISTORIQUE.

LAMPES A ARC : Foucault, Serrin, Gramme, Siemens, Cance, Bardon, Vigreux et Brillié, Jandus, Beck.

BOUGIE JABLOCHKOFF.

CHARBONS DE LAMPES A ARC. — MONTAGE DES LAMPES A ARC.

LAMPES A INCANDESCENCE : Types divers.

LAMPES : Nernst, à vapeur de mercure, à filaments métalliques.

CONSOMMATION DES LAMPES A INCANDESCENCE. — INSTALLATION.

INTERRUPTEURS. — PRISE DE COURANT.

SUPPORTS DIVERS DE LAMPES A INCANDESCENCE.

HISTORIQUE

L'électricité, dont l'emploi a permis de réaliser de si merveilleuses transformations dans un grand nombre de branches industrielles, a contribué également à transformer l'éclairage.

On connaît, on admire cet éclairage électrique grâce auquel, comme par l'effet de quelque baguette magique, la simple manœuvre d'un bouton nous verse des flots de lumière ou nous plonge instantanément dans la plus profonde obscurité.

Pour atteindre le degré de perfection qui nous séduit aujourd'hui, l'éclairage électrique a dû, par étapes successives, suivre les progrès de l'électricité même, depuis que l'illustre savant anglais Humphry Davy en montra, en 1813, les premières manifestations.

Dans une expérience restée célèbre (Fig. 530), Davy produisit un arc électrique d'un éclat éblouissant en effectuant la décharge électrique d'une pile très puissante entre les deux fils conducteurs terminés par deux crayons de charbon de bois, P et P', placés eux-mêmes dans un vase de cristal où l'on avait fait le vide.

Cette expérience fut longtemps répétée dans les cours publics, où elle excitait une grande admiration, sans que l'on songeât à l'appliquer à l'éclairage.

Ce fut le physicien français Léon Foucault qui, en 1844, mit en pratique les effets de ce remarquable phénomène et obtint un éclairage éblouissant en se servant de charbons de cornues de gaz comme conducteurs de courant et opérant, non plus dans le vide, comme le faisait Davy, mais à l'air libre, grâce à la très faible combustibilité de ce genre de charbon.

Comme les charbons s'usaient en brûlant dans l'air, et s'usaient d'ailleurs inégalement, il était nécessaire de les rapprocher, au fur et à mesure de leur combustion, pour maintenir constante la distance entre les deux pointes du charbon et assurer ainsi la continuité de l'arc lumineux.

De là, la nécessité de créer des appareils automatiques de régularisation. Ces appareils, appelés pour cette raison *régulateurs,* furent d'abord construits par Foucault et Duboscq, puis par Serrin qui les perfectionna. Dès l'année 1870, les régulateurs Serrin étaient utilisés pour éclairer les travaux de nuit en différents chantiers.

Nous verrons en détail, plus loin, le fonctionnement d'un régulateur; pour le moment, poursuivons l'historique de l'éclairage électrique.

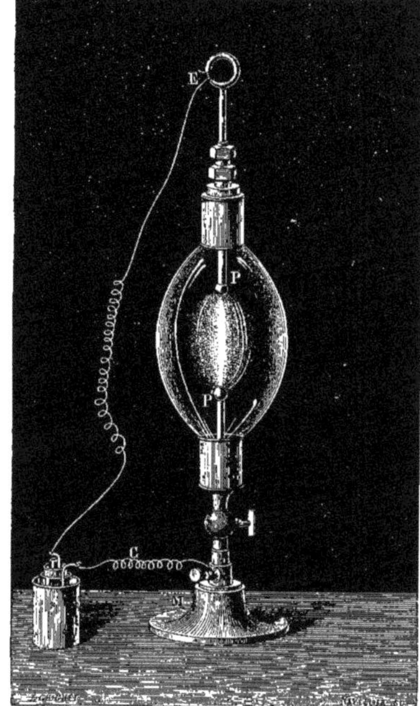

Fig. 530. — Expérience de Davy : l'arc électrique dans le vide.

C'est en 1876 que se produisit, dans l'éclairage par l'arc électrique, la grande révolution qui vint imprimer à cette industrie nouvelle une impulsion inattendue.

Un ingénieur russe, Jablochkoff, inventait à cette époque ce qu'il appela la *bougie électrique,* laquelle vint rendre inutile l'emploi de tout régulateur, et imprimer, par cette suppression, un élan considérable aux applications économiques de l'éclairage électrique par l'arc lumineux. La bougie électrique Jablochkoff, que nous retrouverons dans l'étude des diverses lampes à arc électrique, se compose de deux baguettes de charbon placées parallèlement l'une à l'autre et séparées par une matière isolante *fusible :* le plâtre. Les extrémités des deux charbons ressemblent, en quelque sorte, à deux mèches de bougies placées en regard l'une de l'autre, et c'est entre ces deux extrémités libres, c'est-à-dire en haut du double crayon, que jaillit l'arc électrique.

A mesure que les charbons brûlent, le plâtre fond, comme le corps gras d'une bougie ; il se volatilise et laisse ainsi continuellement à nu sur les deux charbons la même longueur, nécessaire pour l'entretien de l'arc lumineux.

Les bougies électriques Jablochkoff sont enfermées dans un globe de verre dépoli afin d'atténuer la trop vive lumière de l'arc électrique. Cinq ou six bougies électriques étaient primitivement placées sur un même support, et quand l'une achevait de se consumer, une autre la remplaçait par la manœuvre d'une clef que maniait un surveillant. Cette disposition primitive fut remplacée, dans la suite, par un mécanisme automatique.

Grâce à la bougie Jablochkoff et aux lampes qui furent construites pour son application, l'éclairage électrique prit, à partir de 1876, une assez grande extension. En 1878, pendant l'Exposition Universelle, on put éclairer à Paris, par la lumière électrique, différentes places et avenues. Ce mode d'éclairage fut continué en 1879, 188) et 1881.

Plusieurs villes importantes, telles que Londres, New-York, Madrid, Bruxelles, etc., firent également l'essai, pendant ces trois années, de ce nouveau mode d'éclairage.

L'Exposition internationale d'électricité qui s'ouvrit au Palais de l'Industrie, à Paris, en 1881, permit d'apprécier les progrès qu'avait faits le mode d'éclairage par l'électricité. Des systèmes fort nombreux de lampes à arc voltaïque figuraient à cette Exposition. Beaucoup de ces appareils étaient déjà connus et avaient donné, en principe, de bons résultats.

Fig. 331. — M. Jablochkoff.

La véritable et grande nouveauté, qui se révéla à l'Exposition internationale d'électricité de 1881 et qui révolutionna, on peut le dire, l'éclairage électrique fut la production d'une lampe de petit volume n'ayant plus la puissance de l'arc voltaïque, et permettant d'être pour cela adaptée à l'éclairage domestique. C'était la *lampe à incandescence*.

Le principe de la lampe à incandescence repose sur ce fait que, si l'on réunit les deux pôles d'une pile par un fil de métal ou par une tige plate ou carrée de ce même métal, le courant électrique qui traverse ce fil ne donne lieu à aucun phénomène extérieur apparent quand le fil ou la tige ont une grande dimension ; mais si la section de ce conducteur est faible et offre ainsi, au passage du courant, une résistance assez grande, ce conducteur s'échauffe, peut rougir et devenir même incandescent.

C'est ce phénomène d'incandescence qui a été appliqué à l'éclairage par l'électricité. Les physiciens et les industriels se sont ingéniés à rendre l'incandescence d'un fil métallique ou de charbon assez durable et assez éclatante pour servir de moyen d'éclairage. On obtient ainsi une illumination d'une intensité assez faible, mais qui répond bien précisément à ce que l'on recherchait pour l'éclairage de l'intérieur des maisons.

C'est ce que l'on appelait autrefois la *division* de la lumière électrique, terme impropre qui signifiait seulement son affaiblissement d'intensité.

Le premier qui essaya de créer l'éclairage électrique par incandescence fut l'ingénieur français de Changy qui, en 1859, publia de curieuses expériences sur l'incandescence électrique du platine, employé comme moyen d'éclairage. Il plaçait dans une clochette de verre le fil de platine rendu incandescent. Les lampes ainsi constituées furent expérimentées dans les mines de houille de la Belgique pour y servir de moyen d'éclairage à l'abri des atteintes du grisou. A cela ne se seraient certainement point bornés les usages de la lampe à incandescence de platine; malheureusement, le platine entrait souvent en fusion et les essais de l'inventeur français furent arrêtés par cet obstacle.

On eut alors l'idée de substituer au platine le charbon qui, étant calciné, devient bon conducteur de l'électricité et est infusible.

Par contre, le charbon brûle au contact de l'air. Il importe donc de l'enfermer à l'intérieur d'une cloche dans laquelle on a fait le vide, ainsi que l'avait si ingénieusement réalisé Humphry Davy en 1813. On peut également enfermer le charbon dans un gaz impropre à la combustion, comme par exemple l'azote.

Différentes lampes, basées sur ce principe, furent réalisées vers 1870, mais ces divers essais avaient fort mal réussi lorsqu'on annonça, en 1879, que le physicien américain Edison avait résolu le problème de l'éclairage électrique par incandescence.

Fig. 532. — M. Edison.

En réalité, cette annonce était prématurée; Edison n'était encore qu'à la période des essais. Cependant, en continuant ses recherches et grâce à sa persévérance et à sa sagacité, il finit par réaliser sa lampe à incandescence qui fit sensation à l'Exposition d'électricité de Paris, en 1881.

Cette lampe est constituée par une petite cloche, de forme ovoïde, dans laquelle on a fait le vide et renfermant un filament de charbon qui, porté à une très haute température par le passage du courant électrique, produit un effet lumineux.

Ce charbon, d'abord préparé avec des feuilles de carton bristol carbonisé en vase clos, fut ensuite constitué par des filaments de bambou carbonisé. Les filaments, après leur calcination, se réduisent à l'épaisseur d'un crin de cheval. On peut leur donner une forme en arc dont on fixe chaque extrémité à un petit fil de platine mis en communication avec un conducteur du courant électrique. On fait le vide dans l'ampoule de verre, et on la scelle avec un ciment particulier pour empêcher toute rentrée d'air.

Pendant qu'Edison construisait, à New-York, sa lampe à incandescence, d'autres constructeurs et physiciens, s'appliquant aux mêmes recherches, arrivaient à des résultats à peu près semblables. Swann, à Newcastle, Maxim, à New-York, et Lane Fox, à Londres, fabriquèrent des lampes ne différant entre elles que par la forme et la constitution du filament de charbon conducteur.

Depuis, l'éclairage électrique par incandescence a fait de très grands progrès et on est revenu aux lampes à incandescence à filaments métalliques : tantale, osmium, tungstène, en passant par la lampe à incandescence à l'air libre : la lampe Nernst.

Nous allons, avec plus de détails, examiner ces différents appareils d'éclairage électrique.

On voit que, en principe, l'éclairage électrique s'obtient industriellement de deux façons générales : d'une part, au moyen du courant électrique interrompu qui produit l'arc voltaïque entre les extrémités des conducteurs, d'autre part grâce au courant électrique continu qui produit l'incandescence d'un conducteur à travers lequel ce courant circule. L'arc voltaïque est utilisé pour obtenir l'éclairage des vastes étendues et le fil incandescent sert surtout pour l'éclairage intérieur.

LAMPES A ARC

L'éclairage par l'arc voltaïque est dû à l'étincelle provoquée par un courant électrique aboutissant aux extrémités de deux pôles conducteurs, placés à une certaine distance l'un de l'autre. Ces pôles sont composés de charbon fabriqué spécialement pour cet usage, matière très bonne conductrice de l'électricité et peu combustible à l'air libre, en raison de sa grande cohésion.

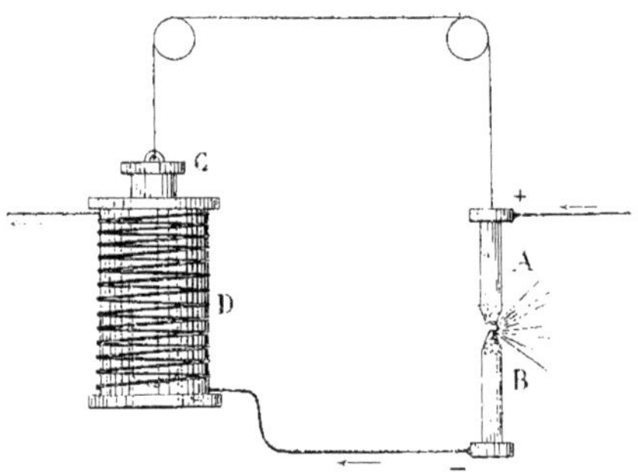

Cependant, quelque faible que soit la combustibilité des charbons à l'air, ils s'usent; de là, la nécessité de les rapprocher pour maintenir constante la longueur de l'arc éclairant.

Ce rapprochement se fait mécaniquement dans les *appareils régulateurs* ou *lampes à arc*.

Ces appareils sont en nombre très considérable. Nous allons indiquer le principe de quelques types, les autres ne différant de ceux-ci que par des détails.

Nous avons dit que les premiers régulateurs employés furent celui de Foucault et surtout le régulateur Serrin. Aujourd'hui, les lampes à arc sont en usage dans un grand nombre de villes tant pour l'éclairage des rues et des places publiques que pour celui des ateliers et des manufactures. On produit ainsi une lumière très intense avec une faible dépense d'électricité, mais il importe que le mécanisme régulateur soit d'un fonctionnement très sûr.

Les lampes à arc peuvent être rangées en trois catégories principales : les lampes en *série*, les lampes en *dérivation* et les lampes *différentielles* ou *compound*.

Fig. 533. — Lampe à arc à enroulement disposé en série.

Les lampes en série sont disposées comme l'indique la figure 533. Les deux charbons A et B sont intercalés directement dans le circuit d'utilisation qui se continue par un enroulement sur une bobine D dans laquelle peut se déplacer un noyau de fer doux C. Le mouvement de ce noyau est rendu solidaire du charbon mobile et réglable. Au repos, c'est-à-dire quand le courant ne passe pas, les charbons sont disposés bout contre bout. Quand on ferme le circuit, le courant passe et, agissant sur le noyau de l'électro, l'attire et tend à éloigner le charbon mobile de l'autre.

Il s'établit, à un certain moment, un état d'équilibre pour lequel la distance entre les deux charbons se maintient constante et permet d'obtenir un arc d'une intensité lumineuse déterminée.

Dans certaines lampes à arc montées en série, l'électro-aimant actionne un dispositif de déclenchement qui fonctionne pour faire mouvoir le charbon quand le courant a une trop grande variation.

Les lampes *en série* sont appelées aussi lampes *à intensité constante*.

Les lampes *en dérivation,* au contraire, sont dites *à tension constante*.

Le montage de ces lampes (Fig. 534) consiste, en principe, à relier chacun des charbons à un conducteur du courant et à placer l'électro-aimant régulateur en dérivation sur ces charbons. Le noyau de fer doux de l'électro-aimant est, comme dans le cas précédent, rendu solidaire du charbon, mobile. Quand le courant passe, il provoque un arc entre les extrémités des charbons et, ceux-ci s'usant, l'intervalle qui les sépare augmente. De ce fait, il se crée une résistance au passage du courant qui augmente également. Il passe donc, au fur et à mesure, un courant plus fort dans l'électro-aimant, puisqu'il est monté en dérivation, et ce courant peut, à un moment déterminé, attirer le noyau de fer doux et rapprocher le charbon mobile du charbon fixe, mais cet intervalle ne doit pas être trop faible, car, dans ce cas, le courant qui passerait dans l'électro deviendrait très faible aussi et le noyau formant contrepoids, n'étant plus attiré, retomberait en éloignant le charbon mobile.

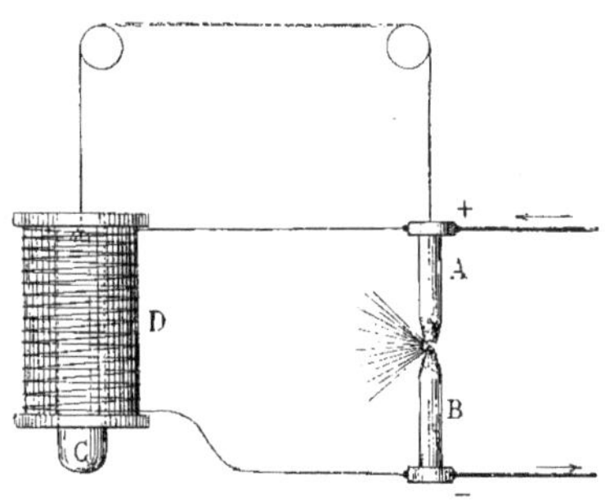

Fig. 534. — Lampe à arc à enroulement disposé en dérivation.

La lampe *compound* ou *différentielle* (Fig. 535) comporte à la fois un enroulement d'électro-aimant disposé *en série* sur le circuit et un second enroulement disposé *en dérivation*. Le noyau de fer doux formant contrepoids peut être actionné par les deux électros d'une façon respectivement identique, pour chacun d'eux, à une de celles que nous venons d'indiquer.

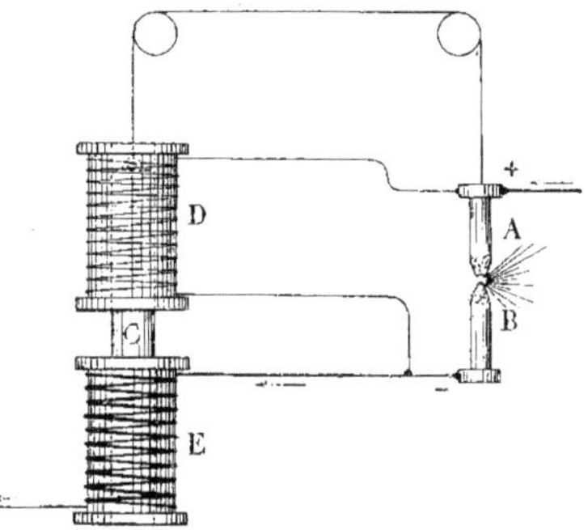

Fig. 535. — Lampe à arc compound.

Régulateur Foucault (Fig. 536.) La pensée d'utiliser pour l'éclairage le remarquable phénomène découvert par Humphry Davy, appartient au physicien français Léon Foucault (1819-1868) qui, en 1844, ainsi que nous l'avons dit, fit le premier une application de la lumière fournie par l'électricité. Foucault avait réussi à rendre pratique l'usage de cette source lumineuse, grâce à un choix judicieux de l'espèce de charbon employé comme conducteur. Ce charbon était du *charbon de cornue* d'une grande dureté et d'une combustibilité très faible. Foucault se servit de la lumière donnée par sa *lampe électrique* pour remplacer le soleil dans *le microscope solaire*. Vers la fin de l'année 1844 fut faite, avec l'appareil de Foucault, la première expérience d'éclairage public sur la place de la Concorde, à Paris.

Cependant, l'appareil que Foucault avait ainsi réalisé présentait un inconvénient fort grave. Les pointes de charbon brûlaient au contact de l'air et, quoique cette combustion fût assez lente, elle n'en déterminait pas moins une usure progressive du charbon. On avait donc muni l'appareil de deux vis que l'on manœuvrait à la main pour rapprocher les pointes de charbon au fur et à mesure de leur combustion. C'était, on le comprend, une fort délicate opération, et l'appareil ne devint véritablement pratique que lorsqu'il fut disposé pour compenser l'usure des charbons par leur rapprochement automatique. C'est en 1849 que Foucault réalisa ce perfectionnement capital de la lampe électrique : un régulateur construit par Duboscq obtint un très grand succès et servit pendant fort longtemps à faire toutes les expériences sur la lumière électrique.

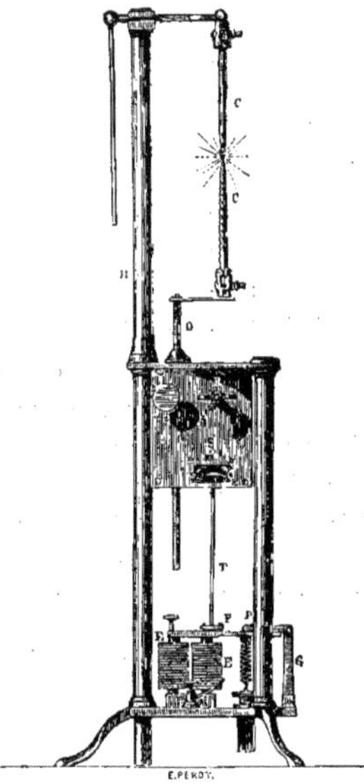

Fig. 536. — Régulateur Foucault et Duboscq.

Ce régulateur comporte un électro-aimant E, placé à la partie inférieure, qui peut attirer une armature F sollicitée à s'éloigner par l'action d'un ressort à boudin (Fig. 536), de sorte que l'attraction ne se produit que lorsque le courant a une certaine énergie. Mais le courant qui circule dans l'électro est celui qui produit l'arc voltaïque; si les deux charbons s'éloignent, il perd de son intensité et pour un certain affaiblissement de cette intensité, c'est-à-dire pour un certain écart des charbons, le ressort l'emporte, l'armature de fer doux F quitte le contact de l'aimant et le levier T se meut. Or ce levier aboutit, à sa partie supérieure, à une roue dentée, sollicitée à se mouvoir par l'action d'un mouvement d'horlogerie placé dans une boîte B, et arrêtée par un cliquet solidaire du levier T. Quand ce levier remonte parce que les charbons sont trop éloignés, le cliquet se dégage de la roue dentée et le rouage d'horlogerie peut alors fonctionner.

Le mouvement de rotation du rouage provoque, par l'intermédiaire de deux chaînes s'enroulant sur deux poulies de diamètres différents, la descente du charbon supérieur et la montée du charbon inférieur. Quand le rapprochement a été suffisant pour que le courant redevienne assez intense, l'armature de fer doux revient s'appliquer sur l'électro-aimant et le mouvement du rouage cesse.

Les diamètres des poulies portant les chaînes correspondant aux deux charbons doivent différer, car ces charbons ne s'usant pas avec la même rapidité, il est nécessaire de provoquer leur avancement plus ou moins rapide.

En 1855, on éclaira à l'aide de ces régulateurs les ouvriers occupés au travail de la construction de la grande nef de l'Exposition internationale de Paris. Une lampe électrique avait été placée à chaque extrémité de la nef. Chaque lampe était mise en action par une pile formée de cent éléments de Bunsen. La première de ces lampes fonctionna de 5 heures à 11 heures du soir, la seconde de 11 heures à 6 heures du matin. On les fit ensuite fonctionner ensemble de 5 heures du soir à 6 heures du matin, et cet intervalle de 13 heures, pendant lequel les régulateurs fonctionnèrent sans interruption, était le plus long que l'on eût encore obtenu depuis que la lumière électrique était

Fig. 537. — Installation des projecteurs de lumière électrique sur la terrasse du deuxième étage de la tour Eiffel.

mise à contribution pour les travaux de nuit.

Régulateur Serrin (Fig. 539.) Ce qui s'est opposé, pendant longtemps, à l'emploi de la lumière électrique, c'était la difficulté d'empêcher les alternatives d'accroissement d'éclat et de défaillance qui se succédaient dans la production de la lumière. Le régulateur Foucault et Duboscq ne remédiait pas entièrement à ces interruptions de courant et la marche des charbons n'était jamais assez régulière pour que l'on fût certain d'éviter une extinction du foyer. Le régulateur Serrin permit de parer à cet inconvénient.

Cet appareil est fondé sur la même principe que celui de Foucault, c'est-à-dire sur l'aimantation temporaire d'une armature, qui est variable avec l'intensité du courant lui-même; mais ce principe a été appliqué par des moyens mécaniques différents.

Le régulateur Serrin est formé de deux parties distinctes, mais dépendantes l'une de l'autre, de façon que, lorsqu'une d'elles commence ses fonctions, l'autre les cesse, et réciproquement. La première, sorte de parallélogramme oscillant, dont les deux côtés horizontaux I et L sont articulés avec les côtés verticaux M et K, porte à sa partie inférieure une armature de fer doux H, placée en regard d'un électro-aimant G traversé par le courant utilisé pour produire l'éclairage. Le côté vertical M est fixe et le côté K, qui est relié au porte-charbon inférieur E, peut céder soit à son propre poids qui le sollicite vers le bas, soit à l'action d'un ressort à boudin K qui tend à le déplacer de bas en haut.

Le support du charbon supérieur C porte à son extrémité inférieure une crémaillère A, qui engrène avec une roue d'engrenage

Fig. 538. — Travaux exécutés de nuit à la lumière électrique.

faisant partie d'un mouvement d'horlogerie dont le quatrième *mobile* porte un moulinet à ailettes qui peut être arrêté lorsqu'un doigt, de forme triangulaire, solidaire de la pièce K, vient s'engager entre les ailettes. La roue d'engrenage actionnée par la crémaillère porte, fixée sur son axe, une poulie recevant une chaîne qui, passant sur un galet de renvoi, vient se fixer à la partie inférieure F du porte-charbon E. Les deux tubes porte-charbons D et D′ placés verticalement l'un au-dessus de l'autre communiquent respectivement : le supérieur avec le pôle positif de la pile, l'inférieur avec le pôle négatif. Comme la poulie calée sur l'axe de la roue d'engrenage a un diamètre deux fois plus petit que le diamètre de la roue, quand le charbon *positif* descend par son propre poids, il provoque, en même temps, par l'intermédiaire du rouage, un soulèvement deux fois moindre du charbon *négatif*. Cette disposition a pour objet de maintenir le foyer lumineux constamment à la même hauteur dans l'espace, le charbon négatif s'usant deux fois moins vite que le charbon positif.

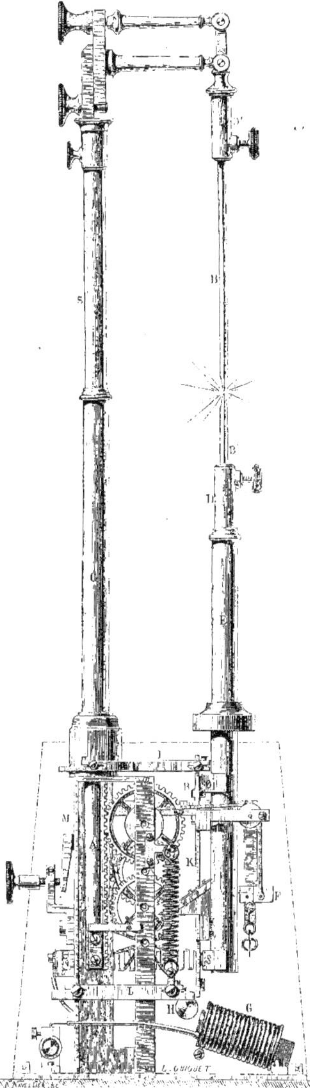

Fig. 539. — Régulateur Serrin.

On comprend le fonctionnement de l'appareil : quand le courant ne passe pas, les deux charbons se touchent ; mais aussitôt que le circuit est fermé, l'électro-aimant G attire l'armature H. Le parallélogramme articulé s'abaisse, en tendant le ressort à boudin et en entraînant avec lui le porte-charbon inférieur. Le doigt d'arrêt s'engage dans le moulinet à ailettes ; le rouage est arrêté, le porte-charbon supérieur immobilisé ; l'arc jaillit, mais à mesure que les charbons se consument, leur distance augmentant, le courant devient plus faible et l'électro-aimant ne peut plus maintenir l'armature attirée. Le ressort à boudin devenant prépondérant, le bras K du parallélogramme remonte. Dans ce mouvement, le doigt d'arrêt dégage le moulinet, le rouage devient libre et le porte-charbon supérieur descend par son poids en faisant tourner ce rouage, ce qui provoque la montée du porte - charbon inférieur tiré par la chaîne. Les charbons se rapprochent donc et parcourent une course proportionnelle à leur usure.

Telles sont les dispositions essentielles du régulateur Serrin construit en 1857.

En 1859, il fut expérimenté pour servir à éclairer les phares, et en 1860 on en établit deux, à titre d'expérience, dans un des phares du Havre. En 1865, quatre régulateurs remplacèrent les lampes à huile dans les deux phares du cap de la Hève.

Depuis cette époque, un grand nombre de modèles de lampes à arc ont été réalisés pour produire la lumière électrique dans les conditions les plus économiques. Nous allons en examiner quelques types.

Régulateur Gramme

(Fig. 540 à 542.) C'est une lampe à arc différentielle qui comporte, par conséquent, un électro-aimant branché en série sur le circuit et un électro-aimant branché en dérivation. Dans le régulateur Gramme, le charbon supérieur est rendu solidaire d'une tige FD (Fig. 540) portant une crémaillère qui engrène avec un mouvement d'horlogerie muni d'un petit volant à ailettes. Ce volant peut être arrêté dans son mouvement de rotation par l'interposition d'une lame S, placée en bout d'un levier L, pivotant autour d'un axe fixe V et portant, à son autre extrémité, une armature de fer doux I disposée en face du noyau d'un électro-aimant B. Dans sa position normale, le levier L, sollicité par son ressort antagoniste U, immobilise, par l'intermédiaire de la lame S, le mouvement d'horlogerie. L'électro-aimant B porte un enroulement fait en fil fin et est monté en dérivation sur le circuit principal.

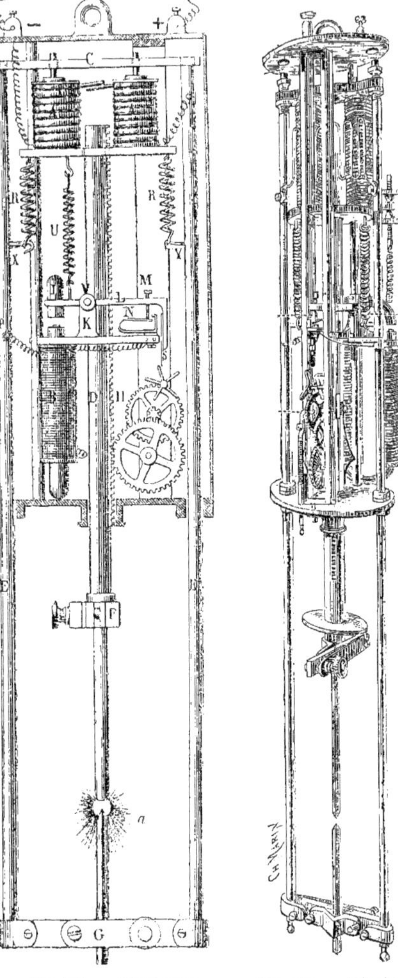

Fig. 540. — Régulateur Gramme. Coupe.

Fig. 541. — Régulateur Gramme. Perspective.

Le charbon inférieur est relié par une traverse inférieure G et deux tiges latérales E E à une autre traverse C qui constitue l'armature de l'électro-aimant supérieur A. Cet électro-aimant, formé par deux bobines, porte un enroulement de gros fil et est intercalé directement en série dans le circuit d'utilisation.

Quand le courant électrique n'est pas établi, les deux crayons sont en contact par leur pointe et pressés l'un contre l'autre par l'action de deux ressorts antagonistes R R, qui tendent à tirer de bas en haut les tiges E et les traverses C et G en remontant le charbon inférieur.

Quand on établit le courant, l'électro-aimant A attire l'armature C. Cette armature s'abaisse et, dans ce mouvement, les deux ressorts antagonistes RR se tendent et le charbon inférieur s'écarte de l'autre, provoquant un arc lumineux *a* qui jaillit entre leurs pointes.

Lorsque l'usure des charbons se produit, et que l'arc dépasse une longueur déterminée, l'intensité du courant principal diminue, car la résistance augmente en même temps que la longueur de l'arc, mais le courant dérivé qui circule dans l'électro-aimant B augmente. Ce courant devient suffisant pour vaincre la tension du ressort antagoniste U et pour attirer l'armature I contre le noyau de l'électro. Le levier L bascule donc et la lame S dégageant le volant à ailettes n'empêche plus le rouage de *défiler :* le charbon supérieur descend en limitant la longueur de l'arc lumineux.

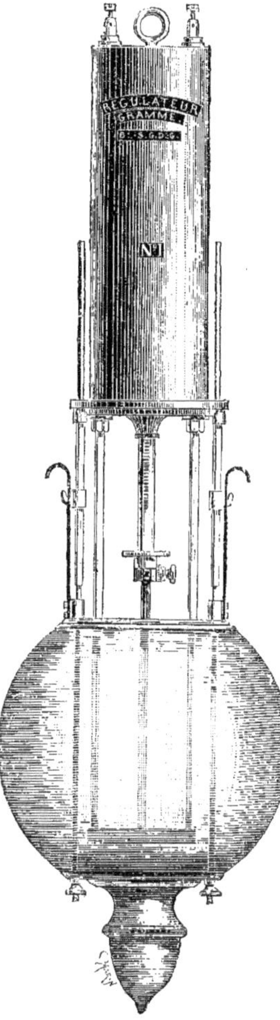

Fig. 542. — Régulateur Gramme avec son globe.

La lampe différentielle Gramme présente une autre disposition particulière qui permet de donner aux charbons une amplitude très faible et d'obtenir ainsi une lumière bien fixe. Elle consiste en un petit interrupteur de courant N qui peut être actionné par le levier L. Quand ce levier L, par suite de l'attraction de l'armature I, a dégagé le rouage, il rompt, en même temps, le courant dérivé qui actionne l'électro-aimant B.

Dès lors, cet électro cesse d'attirer l'armature I; le levier L retombe, le rouage est de nouveau arrêté et le charbon cesse de descendre; mais le dernier mouvement du levier rétablit le courant dans l'électro-aimant B, qui peut produire une nouvelle attraction, et ainsi de suite. La distance des charbons se trouve ainsi réglée par des mouvements très faibles et la lumière est d'une grande fixité. Les figures 541 et 542 représentent deux vues d'ensemble du régulateur Gramme, l'une montrant le mécanisme, l'autre extérieure avec globe.

Régulateur Siemens (Fig. 543 et 544.) Le régulateur différentiel Siemens est fondé sur ce principe qu'un cylindre de fer doux mobile, placé verticalement comme noyau dans une bobine portant un conducteur enroulé, monte ou descend dans la bobine selon les variations d'intensité du courant qui la traverse.

La figure 543 représente le schéma de ce régulateur. La pièce x portant le charbon mobile est fixée à une extrémité d'un levier yy' articulé autour d'un axe b, et dont l'autre extrémité est rendue solidaire d'un barreau de fer doux ZZ'. Ce barreau pénètre dans les deux bobines A et B et peut s'y mouvoir librement.

La bobine A porte un enroulement fait en fil très fin et elle est branchée en dérivation sur les bornes du régulateur; la bobine B porte un enroulement de gros fil et est disposée en série sur le circuit d'utilisation.

Suivant les variations de résistance de l'arc lumineux, l'attraction de l'une ou de l'autre de ces bobines est prédominante et fait déplacer le noyau ZZ' dans un sens ou dans l'autre en produisant le rapprochement ou l'écartement du charbon mobile auquel ce système est relié par l'intermédiaire du levier *yy'*.

La figure 514 représente l'ensemble du régulateur Siemens. Le barreau de fer doux S traverse les deux bobines T et R superposées, dont l'une T, enroulée avec du fil fin, est montée en dérivation entre les bornes L et M, et l'autre R, enroulée avec du gros fil, est intercalée directement en

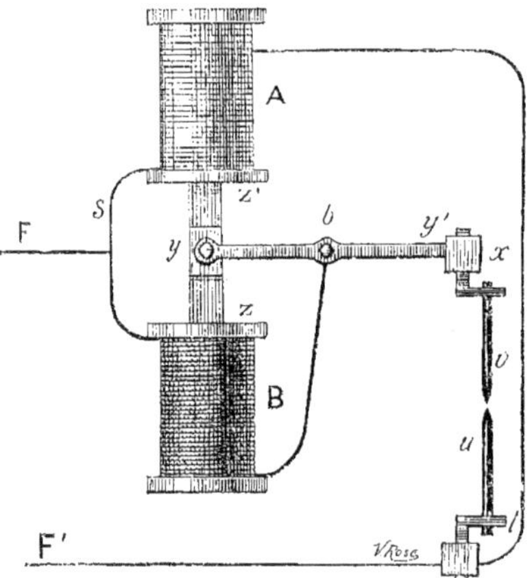

Fig. 513. — Schéma du régulateur Siemens.

série dans le circuit. Le courant principal produit l'arc, qui lui oppose une résistance variable selon la distance des charbons. Les bobines attirent le barreau de fer doux avec une intensité qui dépend de celle du courant et du nombre de tours de fils. Le barreau monte et descend, dès lors, par une série de mouvements dépendant uniquement de la résistance de l'arc lumineux.

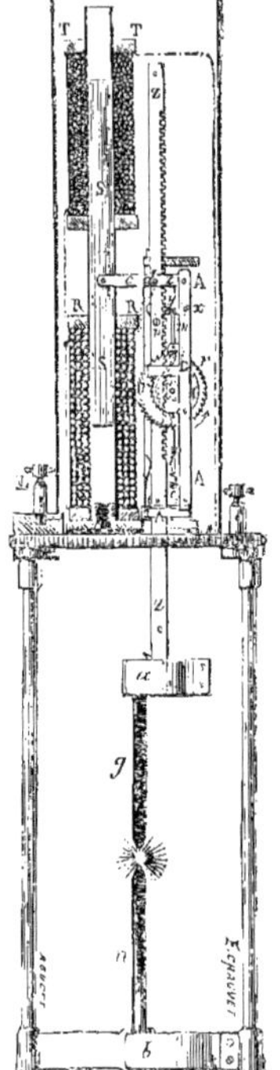

Fig. 514. — Régulateur Siemens.

Quand les charbons s'écartent trop, la résistance de l'arc lumineux augmente en proportion, l'action de l'électro-aimant T s'accroît et le barreau S est déplacé de bas en haut. Si, au contraire, la résistance de l'arc diminue, c'est l'électro-aimant R qui devient prépondérant et le mouvement inverse se produit. Si l'on règle convenablement le rapport des résistances des électro-aimants, l'équilibre du barreau de fer doux sera indépendant des variations d'intensité du courant total : il ne dépendra plus que du rapport des courants principal et dérivé et, par conséquent, de la longueur de l'arc.

Le charbon mobile est actionné par un mouvement d'horlogerie et par l'intermédiaire d'une crémaillère, et c'est le mouvement oscillant du levier *c*, déterminé par le déplacement du barreau S, qui provoque, au moyen de cliquets, la rotation, dans un sens ou dans l'autre, de roues à rochets agissant par une roue d'engrenage sur la crémaillère du charbon mobile.

Régulateur Cance (Fig. 545 et 546.) Dans le régulateur Cance, le mouvement d'horlogerie est remplacé par une vis sans fin V verticale à pas très allongé. Cette vis, immobilisée longitudinalement entre les deux plateaux de l'appareil, peut toutefois prendre librement un mouvement de rotation autour de ses deux tourillons extrêmes. Sur la vis V peut se mouvoir un écrou A, rendu solidaire du porte-charbon positif B par l'intermédiaire de tiges-guides cylindriques C qui empêchent l'écrou de prendre le mouvement de rotation de la vis.

A la partie supérieure de la lampe est disposé un autre écrou D, reposant sur une embase E ménagée sur la vis. Un plateau F, soutenu par deux barreaux de fer doux G placés au centre de deux bobines H, peut aussi, par son déplacement rectiligne, provoquer la rotation de la vis V. Les barreaux G sont sollicités à descendre par des ressorts antagonistes R R fixés à leur partie inférieure et dont la tension peut être réglée par un bouton. Les enroulements des deux électro-aimants sont disposés en série dans le circuit principal; ils reçoivent tout le courant alimentant l'arc lumineux.

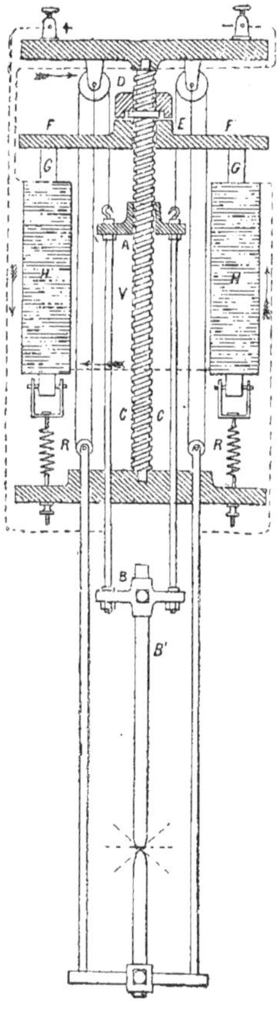

Fig. 545. — Régulateur Cance. Coupe.

Le fonctionnement de l'appareil est simple. Dès que le courant traverse les électro-aimants, les barreaux de fer doux G G sont attirés de bas en haut.

Le plateau F monte et, en appuyant contre l'écrou supérieur D, l'entraîne dans son mouvement ascensionnel. La vis tourne et provoque, par sa rotation, la montée de l'écrou A et du porte-charbon supérieur dont il est solidaire. En même temps, le charbon inférieur relié à l'écrou A par deux systèmes de suspension à galets, descend. Les deux charbons tendent donc à s'écarter, ce qui donne naissance à l'arc lumineux.

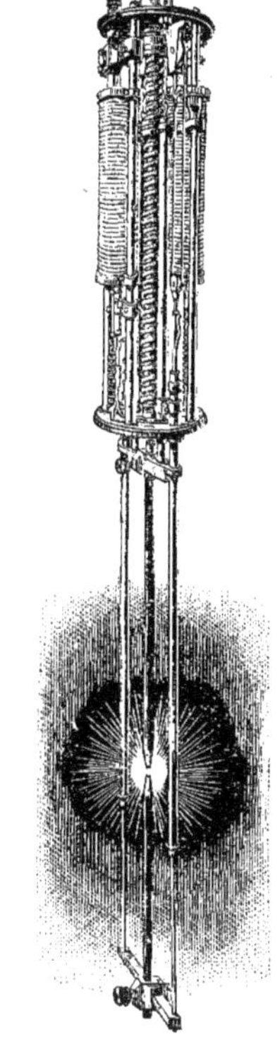

Fig. 546. — Régulateur Cance. Perspective.

Si l'arc s'allonge et devient très grand, l'intensité du courant diminue, les barreaux G G sont moins fortement attirés vers le haut et, sous l'action de leur ressort antagoniste, parcourent une certaine course rectiligne vers le bas. L'écrou D, étant libéré, la vis est sollicitée à tourner en sens inverse par l'écrou A qui descend alors en entraînant, dans le même sens, le charbon supérieur et en remontant le charbon inférieur. Les charbons se rapprochent et l'arc reprend sa dimension normale.

Lampes à arc Bardon (Fig. 547 et 549-552.) La lampe à arc Bardon (Fig. 547) est une lampe différentielle dans laquelle l'arc brûle à l'air libre.

Elle comporte deux bobines K et *m*. Dans l'une passe le courant principal, dans l'autre le courant dérivé, ce qui provoque l'attraction des noyaux *n* et *o*. Chaque noyau est relié par une chainette à un secteur denté.

Ces deux secteurs *r* et *r'*, sont solidaires d'un axe *s* pouvant osciller autour de son centre par l'intermédiaire de couteaux reposant sur des appuis en acier. Sur l'axe *s* est fixée une came U, excentrée, portant, sur une partie de sa périphérie, une denture qui engrène avec celle d'une roue V disposée au-dessus et solidaire d'un axe *h*.

Cet axe, qui tourillonne dans des coussinets W pouvant se déplacer légèrement dans le sens vertical, porte une poulie *g* dont la gorge moletée reçoit une cordelette attachée d'une part au porte-charbon supérieur *a* et d'autre part au porte-charbon inférieur *b'*.

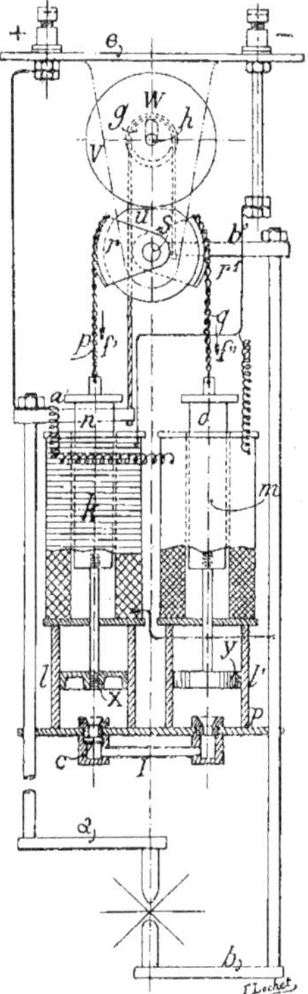

Fig. 547. — Lampe à arc Bardon.

Le porte-charbon supérieur est convenablement lesté de façon que son poids tende constamment à rapprocher les charbons. Les deux noyaux *n* et *o* des bobines sont munis, à leur partie inférieure, de pistons X et Y se mouvant dans des cylindres *l* et *l'* et jouant le rôle d'amortisseurs.

Un conduit I réunit les deux cylindres *l* et *l'* et porte à une extrémité, du côté du cylindre *l*, un clapet *c* qui s'ouvre de bas en haut.

Suivant la prédominance d'action d'une des bobines sur l'autre, l'axe *s* est sollicité à tourner dans un sens ou dans l'autre. Son mouvement se produit donc par l'action différentielle du courant principal et de la tension aux bornes.

Quand la roue V et la came excentrée U engrènent, les deux mécanismes que ces pièces commandent sont rendus solidaires. L'un de ces mécanismes, portant la roue V, intéresse le mouvement de défilage qui approche les charbons au fur et à mesure qu'ils s'usent. Le second mécanisme portant la came U, permet le réglage automatique de l'arc.

En régime de marche normale, les deux mécanismes ne sont pas rendus solidaires, c'est-à-dire que la roue V et la came U n'engrènent pas en raison de l'excentricité de la came et d'une partie plate ménagée sur sa périphérie : le mouvement de défilage peut ainsi s'effectuer librement.

S'il se produit une baisse de tension sur le réseau, le courant principal diminue ; la bobine K attire plus faiblement le noyau *n* ; le noyau *o* devient alors prépondérant et le mouvement s'effectue suivant la direction de la flèche *f'*.

La came U engrène, par suite de ce mouvement, avec la roue V, et provoque, par l'intermédiaire de la cordelette qui ne peut glisser dans la gorge moletée de la roue *g*, le rapprochement des charbons. Ce mouvement se continue jusqu'à ce que cette sorte de balance, constituée par les noyaux des bobines, ait repris sa position d'équilibre.

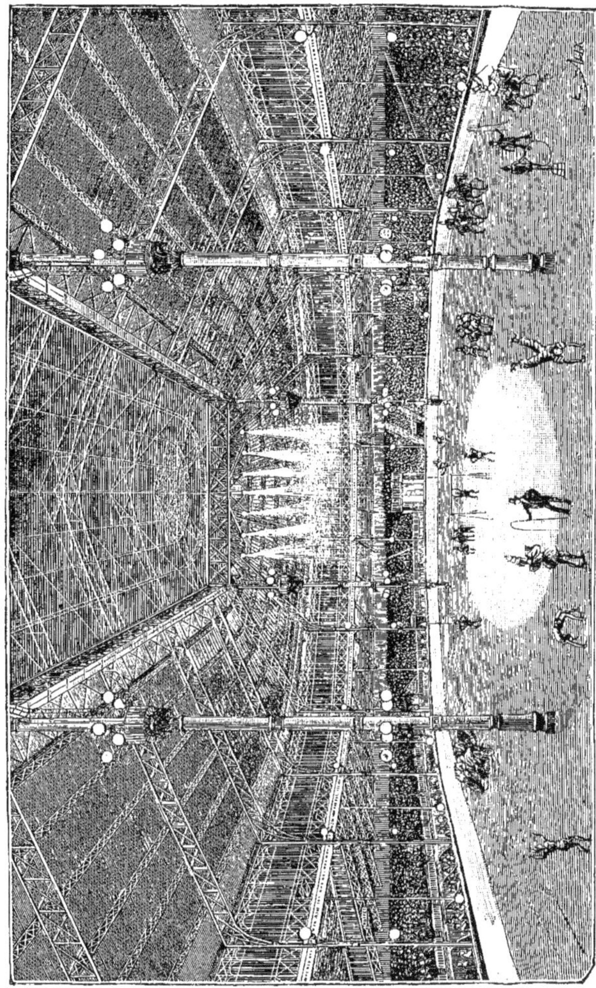

Fig. 318. — L'ancien Hippodrome de Paris, avenue de l'Alma, éclairé par les bougies Jablochkoff.

Les amortisseurs des noyaux n'interviennent pas, dans ce cas, pour modifier le mouvement. En effet, le piston Y descend, refoule l'air dans le conduit I, et cet air, en soulevant le clapet c, pénètre sans résistance sous le piston X. Il n'y a pas amortissement. S'il se produit, au contraire, un accroissement de tension du réseau ou une diminution de résistance de l'arc, le noyau n est attiré ; la came U et la roue V engrènent presque aussitôt, et les charbons s'écartent. Le jeu vertical donné aux coussinets W supportant l'axe *h* permet de faciliter la mise en prise des dentures.

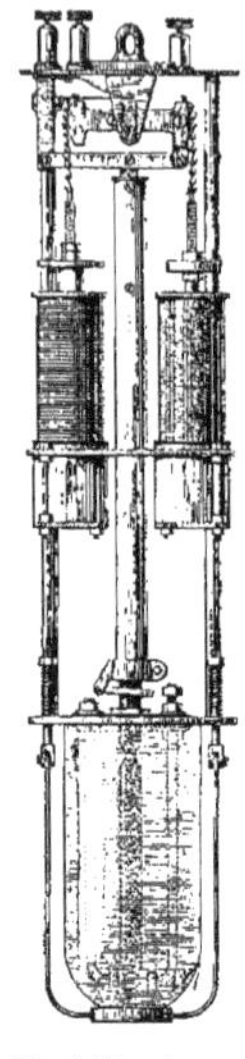

Fig. 549. — Lampe à arc Bardon à vase clos.

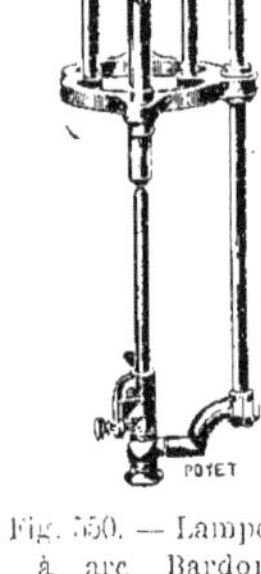

Fig. 550. — Lampe à arc Bardon sans enveloppe.

Pendant le mouvement vers le bas du noyau *n*, le piston X refoule au-dessous de lui l'air contenu dans le cylindre *l*; le clapet *c* est appliqué sur son siège, interrompant ainsi toute communication entre les cylindres. L'air se comprime sous le piston X et se raréfie sous le piston Y. Les mouvements en sens inverses des noyaux sont fortement amortis et l'équilibre se rétablit sans donner lieu à des oscillations répétées des organes.

La figure 549 représente un autre modèle de lampe à arc différentielle Bardon dans laquelle l'arc se produit en vase clos. Cette lampe comporte deux bobines, dont l'une est enroulée en gros fil et mise en série dans le circuit, tandis que l'autre porte un enroulement de fil fin branché en dérivation aux bornes de la lampe.

Dans chaque bobine pénètre un noyau suspendu par une chaînette à l'extrémité d'un levier oscillant et dont la partie inférieure est munie d'un dispositif amortisseur semblable à celui de la lampe précédente.

Le levier oscillant provoque, par l'intermédiaire d'un second levier, les mouvements de montée ou de descente d'un tube dans lequel peut coulisser le charbon supérieur. L'extrémité inférieure de ce tube porte un petit mécanisme permettant de serrer le charbon lorsque le levier oscillant n'est pas à fond de course et qui, au contraire, le laisse glisser quand ce levier est à sa position normale de réglage.

L'arc se produit dans un vase en verre ayant la forme d'un cylindre terminé par une calotte sphérique.

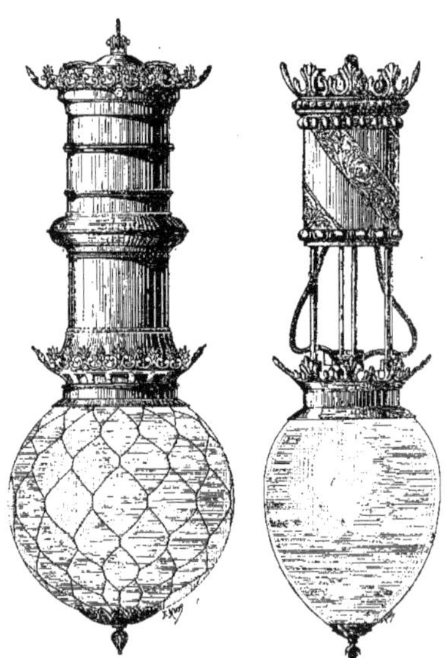

Fig. 551. — Lampe Bardon de plein air. Fig. 552. — Lampe Bardon d'intérieur.

Le bord supérieur de ce cylindre est rodé et s'applique contre un disque métallique faisant corps avec la lampe. Le joint ainsi réalisé est simple et suffisamment efficace.

Ces lampes fonctionnent soit avec du courant continu, soit avec du courant alternatif, et peuvent se monter en série par grand nombre.

Dans ce cas, on place des *dispositifs dériveurs* qui remplacent, par une résistance intercalée dans le circuit, toute lampe qui vient à s'éteindre, évitant, de ce fait, l'interruption du courant dans les lampes suivantes. Les lampes à arc à vase clos assurent aux charbons, dont la combustion s'effectue à l'abri de l'air, une plus longue durée.

Représentée sans enveloppe par la figure 550, la lampe Bardon porte dans la figure 551 un appareillage disposé pour qu'elle puisse être placée en plein air. La figure 552 montre, en vue extérieure, une lampe à arc destinée à l'éclairage intérieur.

Lampe à arc Vigreux et Brillié (Fig. 553.) C'est une lampe à arc différentielle comportant deux bobines, dont l'une S a son enroulement intercalé en série dans le circuit de l'arc lumineux, et dont l'autre D a son enroulement branché en dérivation sur ce circuit.

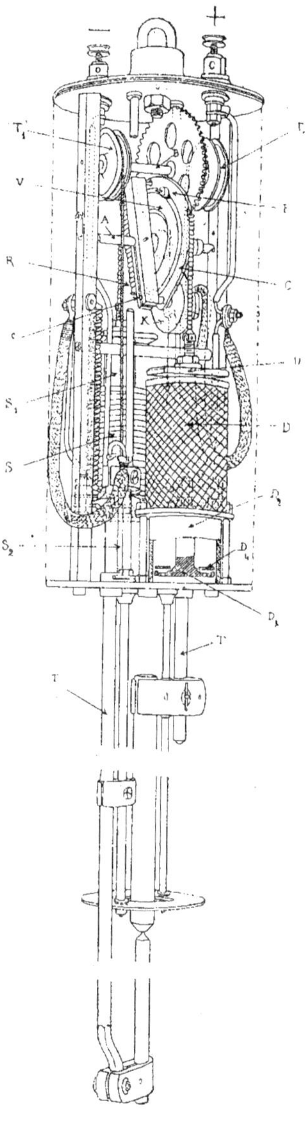

Fig. 553. — Lampe à arc Vigreux et Brillié.

Les noyaux respectifs S^1 et D^1 des deux bobines peuvent se déplacer verticalement dans la partie centrale de ces bobines et sont chacun supportés par une chaînette qui s'enroule sur une couronne C. A l'intérieur de cette couronne est disposée une saillie F qui peut venir s'appliquer sur la périphérie d'un volant V pouvant se mouvoir librement, à l'intérieur de cette couronne, autour d'un axe A.

La couronne C munie de sa saillie F, qui constitue le *frein régulateur*, peut osciller autour d'un axe *c* porté par une pièce solidaire de l'axe A, et, suivant le sens de l'oscillation, la saillie appuie ou non sur le volant.

L'axe A est posé sur des couteaux qui lui permettent de prendre un mouvement d'oscillation sous un effort très faible. Un ressort à boudin R tend constamment à desserrer le frein, c'est-à-dire à éloigner la saillie intérieure F, que porte la couronne C, de la périphérie du volant V.

Ce volant est solidaire d'un pignon qui engrène avec une roue dentée fixée sur un arbre B. Sur ce même arbre sont clavetés deux tambours T_1 et T'_1, sur lesquels s'enroulent en sens inverse des cordelettes de soie qui supportent l'une le porte-charbon supérieur T, l'autre le porte-charbon inférieur T'.

Un piston amortisseur est fixé à la partie inférieure de chacun des noyaux des bobines, mais tandis que le piston S_3 se meut assez librement dans son cylindre S_2, le piston D_3 offre dans son cylindre D_2 une résistance plus grande ; il est, en outre, muni d'une soupape D_4 qui rend l'amortissement efficace lorsque le noyau D tend à se soulever et que, par conséquent, les charbons tendent à s'écarter. Le rapprochement des charbons s'effectue, au contraire, assez rapidement, l'amortissement n'étant dû qu'au piston S_3 assez libre dans son cylindre.

Quand le courant ne passe pas, le noyau D est complètement abaissé ; l'axe d'oscillation *c* de la couronne C se trouve alors sensiblement sur la verticale passant par le centre de l'arbre A.

Dans cette position, l'action exercée par les noyaux pour provoquer l'oscillation de la couronne autour du point *c* est faible et inférieure à l'action du ressort R qui tient le frein desserré. Le volant V est alors libéré, le rouage peut défiler et, par suite du poids prépondérant du porte-charbon supérieur, les deux charbons viennent au contact.

Quand on ferme le circuit, le courant, traversant la bobine S montée en série, provoque la descente du noyau S_1. Par l'intermédiaire de la chaînette, la couronne oscille ; la distance de l'axe *c* à la verticale passant par l'axe A augmente ; l'effort de serrage du frein augmente également et devint supérieur à l'effort exercé en sens inverse par le ressort R.

Le volant est entraîné et les charbons s'écartent sans secousses grâce au dispositif d'amortissement. L'arc se forme et les noyaux prennent leur position d'équilibre correspondant au régime de marche normal.

A mesure que les charbons s'usent, la résistance de l'arc augmente.

Le mouvement des noyaux des bobines tend alors à rapprocher les charbons pour des petites variations de régime, en faisant osciller l'arbre A sur ses couteaux.

Quand cette oscillation prend une trop grande amplitude, le frein se trouve desserré par l'action prépondérante du ressort R et le volant, étant libéré, permet le rapprochement des charbons. Mais, à ce moment, l'équilibre de la sorte de balance formée par l'attirail oscillant sur les couteaux se trouve rompu, et la couronne C tend à se déplacer en sens inverse en provoquant un nouveau serrage du frein.

En résumé, pendant le fonctionnement normal, le volant V tourne d'une manière continue, tandis que la couronne est soumise à une série d'oscillations autour de l'axe A, qui effectuent le réglage.

Un contrepoids K est disposé de façon que, combiné avec l'attraction des noyaux, il permette d'obtenir l'équilibre pour une position quelconque de ces noyaux, quand l'arc est à son régime de marche normal.

La lampe à arc Vigreux et Brillié, que nous venons de décrire, peut fonctionner, sans nécessiter l'adjonction d'une résistance, soit sur un circuit à courant continu, soit sur un circuit à courant alternatif.

Quand la fréquence du courant n'atteint pas 40 périodes par seconde, les lampes à arc ne peuvent fonctionner d'une façon satisfaisante. Un modèle de lampe à arc Vigreux et Brillié a été cependant établi pour pouvoir marcher avec un courant alternatif triphasé pouvant s'abaisser jusqu'à 25 périodes par seconde.

Lampe Jandus (Fig. 549.) La lampe Jandus est une lampe à vase clos formé de deux chambres. La première est constituée par un manchon 13 dont la face inférieure rodée forme joint en reposant sur son support 6, et qui est fermée, à sa partie supérieure, par un couvercle métallique qui laisse, toutefois, la liberté de mouvement au charbon supérieur.

La seconde chambre est formée d'un globe monté par l'interposition d'un joint à sa partie supérieure et portant, à sa partie inférieure, une valve qui s'ouvre de haut en bas et qui permet, par conséquent, aux gaz intérieurs de s'échapper dans l'atmosphère, quand leur pression atteint une valeur déterminée, sans que l'air extérieur puisse cependant pénétrer dans le globe.

Le double vase clos, dont la constitution nécessite, on le voit, quelques complications, permet d'augmenter la durée des charbons et de rendre l'arc plus stable.

Les charbons sont disposés au centre de la lampe l'un au-dessus de l'autre. La lampe comporte une bobine d'électro-aimant 23 et une résistance de réglage 43, qui sont intercalées en série dans le circuit. Le noyau mobile 5 de l'électro-aimant est rendu solidaire d'une sorte de piston 2 pouvant soulever une rangée de galets 26 qui, dans une certaine position, coincent le charbon supérieur et peuvent l'entraîner. On comprend le fonctionnement : quand les charbons se touchent, si on fait passer le courant, celui-ci, en traversant la bobine 23, provoque l'attraction du noyau 5. Ce mouvement fait monter le piston 2, dont les parois inclinées appliquent la rangée de galets 26 contre le charbon supérieur, qui participe ainsi au mouvement de remontage. L'arc jaillit entre les extrémités des charbons ainsi séparés.

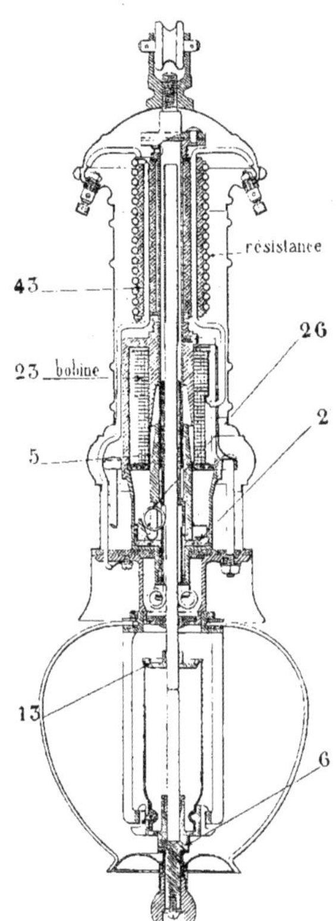

Fig. 554. — Lampe Jandus à vase clos.

A mesure que la combustion s'effectue, la résistance de l'arc augmente, l'intensité du courant qui traverse la bobine diminue ; l'attraction de l'électro est plus faible ; le noyau 5 et le piston 2 descendent, débloquant les galets, qui libèrent alors le charbon supérieur. Celui-ci tend donc à se rapprocher du charbon inférieur en limitant la longueur de l'arc.

Des mouvements successifs de montée et de descente se produisent ainsi pour assurer la régularité du fonctionnement de la lampe à arc.

Lampe à arc-flamme Beck (Fig. 555-557.) Cette lampe diffère essentiellement de toutes les lampes à arc que nous venons de décrire. Elle se compose d'un chapeau supérieur en fonte relié au réflecteur de la lampe, placé à la partie inférieure, par des tiges rigides a et a_1, qui servent, en même temps, de guides aux deux pièces qui portent les charbons b et b_1. Les deux porte-charbons sont rendus solidaires entre eux par une barre d et par un galet c, de façon que le mouvement de montée ou de descente s'effectue en même temps pour les deux charbons.

Les deux charbons b et b_1 sont disposés obliquement dans la lampe et leurs extrémités inférieures viennent au contact l'une de l'autre lorsque le courant n'est pas établi.

Le charbon b_1, qui est le positif, est cylindrique ; le charbon négatif b est également cylindrique, mais porte, sur une grande

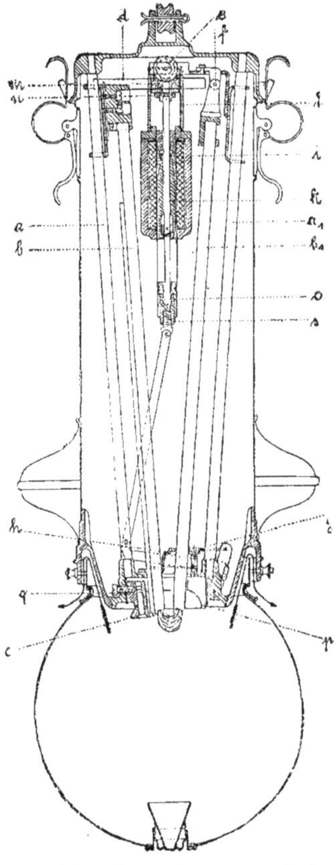

Fig. 555. — Lampe à arc-flamme Beck. Coupe verticale.

partie de sa longueur, une saillie qui vient reposer, à la partie inférieure, sur un bouton métallique c, lequel limite ainsi le mouvement de descente de ce charbon et, par suite aussi, celui de l'autre charbon solidaire du premier.

Le porte-charbon positif peut pivoter autour d'un axe f, et l'extrémité inférieure du charbon qu'il porte peut être déplacée transversalement par la manœuvre d'une glissière g que ce charbon traverse. Un volet h est placé sous la glissière, de façon à empêcher les gaz produits par la combustion de l'arc de remonter dans le corps de la lampe.

La glissière g peut prendre un mouvement de déplacement latéral par l'intermédiaire d'un jeu de leviers reliés au noyau k d'un électro-aimant i.

Pour les lampes fonctionnant avec du courant continu, la bobine de l'électro porte un enroulement de gros fil mis en série dans le circuit.

Au-dessus de l'électro est disposé un cylindre l, dans lequel peut se mouvoir un piston en charbon m, poussé de bas en haut par une tige prolongeant le noyau de l'électro.

Un clapet n ferme, quand ce piston monte, un trou central ménagé dans celui-ci. Le piston agit alors comme amortisseur.

Quand le noyau descend, le clapet n découvre le trou et aucun ralentissement ne se produit dans la chute.

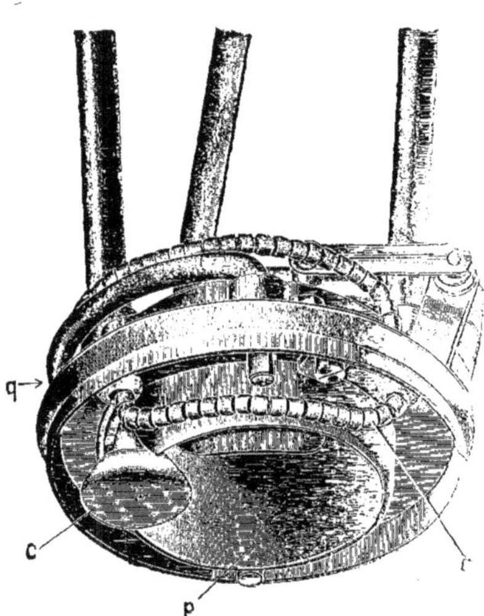

Fig. 556. — Lampe à arc-flamme Beck. Réflecteur.

Les extrémités inférieures des charbons entre lesquelles se produit l'arc sont placées sous un réflecteur p en terre réfractaire qui est rendu facilement démontable.

Un petit électro-aimant, disposé à la partie inférieure, sert à souffler l'arc vers le bas, lui donnant ainsi un effet de flamme. De là, d'ailleurs, le nom de *arc-flamme* donné à cet appareil. L'arc est, en outre, placé sous l'influence d'une *boucle magnétique* qui a pour effet de rendre le *plan de la flamme* vertical.

Les connexions sont disposées de façon que le courant entre dans la lampe par le porte-charbon positif, suit le charbon cylindrique b_1, arrive au charbon négatif b et passe dans le bouton c. De ce bouton, le courant, qui ne traverse donc pas le charbon négatif, passe dans la *boucle magnétique*, puis dans l'électro-aimant de soufflage et se rend dans la bobine i, d'où il sort de la lampe.

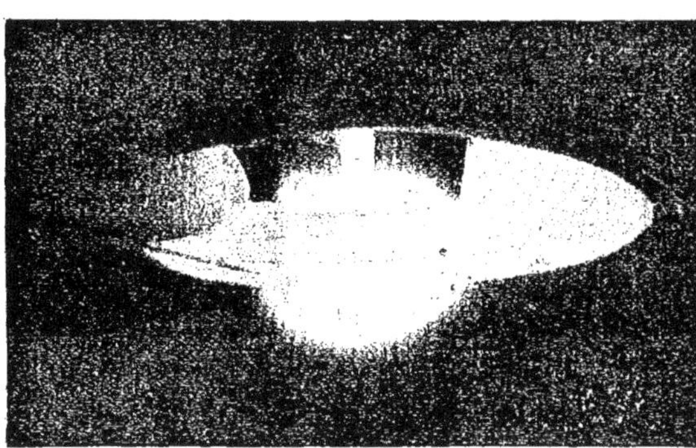

Fig. 557. — Lampe à arc-flamme Beck. Vue de l'arc et du bouton d'arrêt.

Quand le courant ne passe pas, le poids de l'attirail de l'électro-aimant tend à rapprocher la partie inférieure du charbon cylindrique b_1 contre l'extrémité de l'autre, par l'intermédiaire du jeu de leviers et de la glissière. Quand on fait circuler le courant dans la lampe, il traverse la bobine i, attire le noyau k, dont le mouvement ascensionnel provoque, par l'intermédiaire des leviers et de la glissière g, l'oscillation, autour du point f, du charbon positif, qui s'écarte ainsi du charbon négatif. L'arc jaillit; mais au fur et à mesure que s'effectue la combustion des charbons, la saillie portée par le charbon négatif et qui s'appuie sur le bouton c, tout en étant en dehors de la zone du cratère, brûle lentement et laisse descendre ce charbon négatif qui presse constamment sur le bouton c. Les deux charbons, étant solidaires, avancent lentement et se consument petit à petit, l'arc se maintenant régulier.

Quand la longueur utile des charbons est consumée, la lampe s'éteint automatiquement. En effet, la saillie longitudinale que porte le charbon négatif ne se prolongeant pas jusqu'à l'extrémité supérieure de ce charbon, celui-ci, à un moment déterminé, ne se trouve plus retenu par le bouton c, ce qui se produit quand cette saillie d'appui est complètement brûlée, c'est-à-dire quand le charbon négatif devient complètement cylindrique. Il peut alors tomber librement dans le *cendrier* qui est placé au-dessous du globe, et la lampe s'éteint.

Bougie Jablochkoff (Fig. 558-559.) Nous avons dit précédemment que l'invention de la bougie électrique, faite en 1876 par Jablochkoff, avait été la cause déterminante de l'adoption générale de l'éclairage par l'arc électrique. Ce système si ingénieux ne nécessitait en effet aucun appareil mécanique pour son fonctionnement et, en réunissant plusieurs lampes sur un même support ou *chandelier automatique*, on pouvait obtenir un éclairage durant une soirée tout entière sans que l'on eût à s'occuper de l'appareil.

Le succès de cette invention fut très grand : en 1878, l'avenue de l'Opéra, à Paris, fut éclairée par des bougies Jablochkoff. Plusieurs théâtres et grands magasins l'adoptèrent en même temps. La figure 548 représente la vaste enceinte de l'ancien Hippodrome de Paris, éclairée par des bougies Jablochkoff. Cependant, cette belle création n'a pas eu le développement commercial qu'elle promettait, car les régulateurs primitifs qu'elle devait remplacer se sont considérablement multipliés et surtout perfectionnés. D'autre part, la bougie Jablochkoff exige l'emploi des courants alternatifs, qui ne sont pas nécessaires dans l'éclairage par les régulateurs, et on lui reproche, à lumière égale, une consommation de force motrice supérieure à celle des régulateurs. Ainsi s'explique que cette invention, si justement admirée lors de son apparition, n'ait pas vu confirmer, par la suite, les espoirs qu'elle avait fait naître.

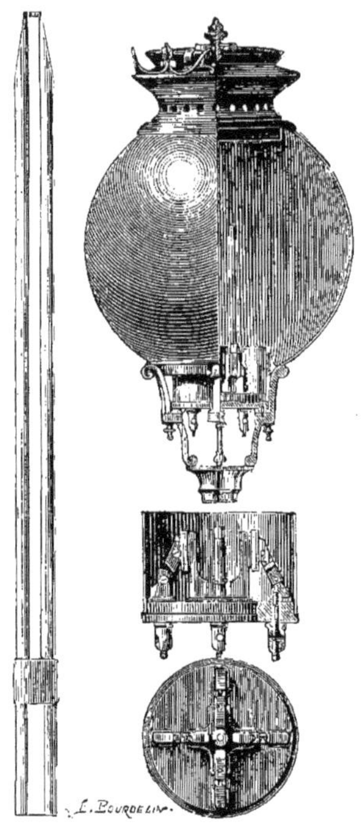

Fig. 558. — Bougie Jablochkoff. Appareillage et globe.

Les financiers, qui étaient restés froids à l'égard de l'éclairage électrique à ses débuts, se jetèrent avec ardeur dans l'exploitation de la découverte de Jablochkoff et de là partit le mouvement général des capitaux employés à l'exploitation de l'éclairage électrique.

La bougie Jablochkoff comporte deux charbons de faible diamètre, séparés par une matière isolante, nommée *colombin*. Cette substance, qui était primitivement du kaolin, fut ensuite constituée par un mélange de sulfate de chaux et de sulfate de baryte, que l'on peut mouler facilement.

Cette matière isolante doit, tout en isolant bien à froid, devenir assez conductrice, à la température de l'arc, pour limiter le passage du courant entre les seules extrémités des charbons. Il faut, en outre, qu'elle soit bien compacte, car un vide intérieur provoquerait des extinctions de lumière.

Afin de faciliter le premier allumage, on roule l'extrémité de la bougie dans du charbon ou du coke en poudre ; la chaleur produite par le passage du courant brûle ce charbon, l'arc prend naissance, et il continue ensuite à se manifester en fondant le *colombin*.

Les bougies sont d'une longueur relativement faible : elles ne pourraient suffire pour l'éclairage pendant tout une soirée. De là, la nécessité de disposer plusieurs bougies sur un même support en effectuant automatiquement le remplacement d'une bougie usée par une bougie neuve : c'est en cela que consiste la disposition du *chandelier automatique* de Jablochkoff (Fig. 559).

Il se compose d'un certain nombre de

bougies tenues chacune dans une pince à ressort dont les branches métalliques isolées entre elles sont en communication avec le circuit électrique. Toutes les bougies reçoivent à la fois le courant; celle qui offre le moins de résistance ou le plus de conductibilité brûle la première, et elle brûle jusqu'à extinction. Quand cette bougie est usée, le courant passe dans celle qui offre ensuite la conductibilité la meilleure, et il en est successivement ainsi pour toutes les bougies, ce qui assure l'éclairage pendant un temps suffisamment long.

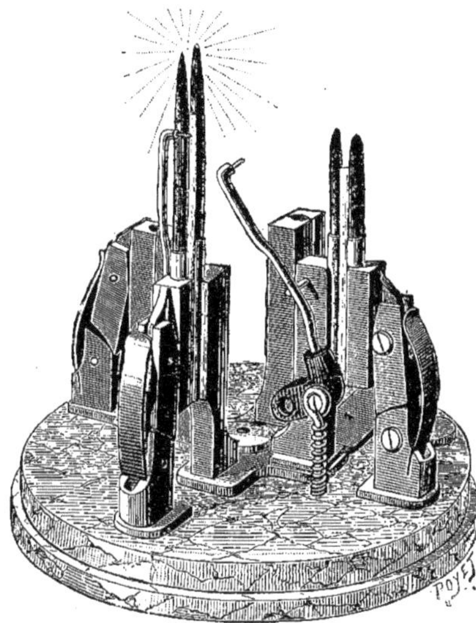

Fig. 559. — Chandelier Jablochkoff à commutation.

Le chandelier Jablochkoff *à commutation* comporte un fil métallique qui tend un ressort et maintient dans une certaine position une sorte de commutateur dont les positions extrêmes correspondent, d'une part, au passage du courant dans une bougie et, d'autre part, au passage dans la bougie suivante. La commutation se produit lorsqu'une bougie étant usée la flamme est venue brûler le fil. Le ressort ainsi libéré actionne le mécanisme commutateur.

Un autre chandelier, système Bobenrieth (Fig. 560) comporte des pinces extérieures et intérieures. Toutes les pinces intérieures communiquent avec une rondelle métallique A par l'intermédiaire d'anneaux en plomb que l'on place en garnissant le chandelier de bougies; les pinces extérieures sont isolées par un disque en porcelaine.

Quand le courant arrive, il traverse toutes les bougies et allume la moins résistante; celle-ci se consume jusqu'à ce que l'anneau de plomb sur lequel elle repose, se fondant sous l'action de la chaleur, supprime son contact avec le disque central et l'isole ainsi du circuit. Le courant traverse alors la bougie de moindre résistance, et ainsi de suite jusqu'à la dernière.

Les chandeliers présentaient quelques inconvénients; le passage du courant provoquait parfois l'allumage simultané de plusieurs bougies qui ne se consumaient pas en entier, donnant lieu, de ce fait, à des interruptions d'éclairage et même à une extinction complète.

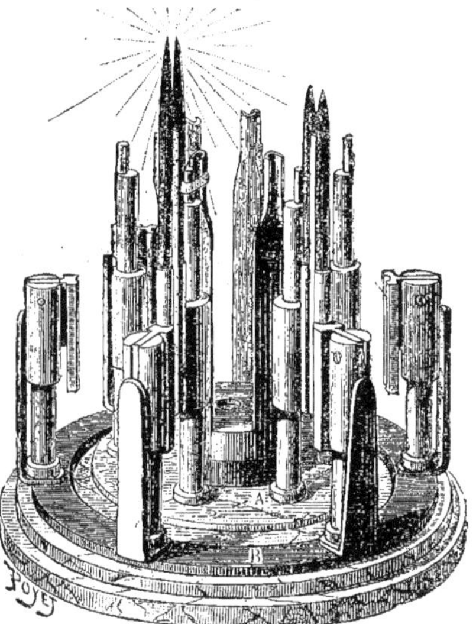

Fig. 560. — Chandelier Bobenrieth.

Ces appareils ne sont pour ainsi dire plus employés aujourd'hui où les progrès des lampes à arc et la création des lampes à incandescence permettent d'obtenir un éclairage à la fois très intense et très régulier. Il était cependant indispensable de dire quelques mots de leur fonctionnement pour bien marquer l'évolution et les rapides progrès de l'éclairage électrique.

Charbons de lampes à arc Les charbons des lampes à arc, primitivement constitués par des morceaux de charbon de bois, puis ensuite faits en charbon de cornue, sont aujourd'hui fabriqués spécialement pour cet usage. On les obtient en carbonisant et en réduisant en poudre des charbons spécialement choisis. La poudre de charbon ainsi préparée est débarrassée, par lavages successifs dans des réactifs divers, des traces de métaux qu'elle peut contenir et qui auraient l'inconvénient de colorer l'arc lumineux qu'on cherche toujours à produire le plus blanc possible. Pour cela, il est nécessaire que le charbon employé soit de la plus grande pureté. La poudre de charbon est ensuite agglomérée avec un corps que la combustion peut transformer en charbon pur. On emploie assez souvent, à cet effet, des goudrons très épurés. La poudre agglutinée prend la forme d'une pâte qui est moulée sous une forte pression pouvant atteindre 300 atmosphères. On fait ensuite cuire en vase clos le comprimé ainsi obtenu. On peut aussi faire passer la pâte à travers une sorte de filière et on obtient, comme par le moulage, des morceaux de charbon cylindriques, très homogènes et très durs. Leur forme leur a fait donner le nom de *crayons,* nom qui est assez souvent employé. La fabrication de charbons pour lampes à arc constitue une industrie très particulière et les procédés employés pour les obtenir varient avec les divers fabricants, qui ne divulguent d'ailleurs pas la façon dont ils opèrent, et ne font pas connaître les matières qu'ils emploient.

Quand on dispose bout à bout deux charbons dans une lampe à arc (Fig. 561), si on fait passer le courant en écartant progressivement les deux extrémités de ces charbons, il se produit une sorte d'étincelle d'un éclat éblouissant, et cette étincelle persiste, formant ce que l'on nomme *l'arc lumineux.*

Les deux charbons ne s'usent pas de la même façon. Le charbon relié au pôle positif, nommé pour cela *charbon positif,* se creuse et prend une forme en cuvette qui lui a fait donner le nom de *cratère.* Le *charbon négatif,* au contraire, s'effile et forme bientôt une pointe. Des particules de charbon partent du charbon positif pour aboutir au charbon négatif. Le *cratère* est d'un blanc éclatant et donne les 9/10 de la lumière formée par l'arc en entier. La flamme qui se développe entre les charbons a un pouvoir moins éclairant et provient des particules charbonneuses incandescentes et des vapeurs de carbone, portées à une haute température.

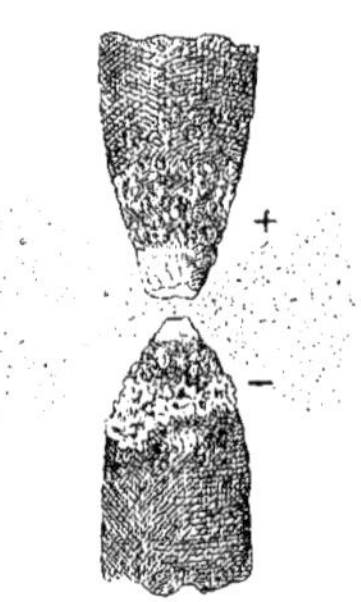

Fig. 561. — Charbons de lampe à arc.

Cette température très élevée atteint 3.500 degrés pour le charbon positif et 2.700 degrés pour le charbon négatif.

Cette propriété de l'arc électrique de posséder une température considérable a trouvé une belle application dans les procédés électrométallurgiques et électrochimiques. L'emploi du *four électrique* a permis, en effet, de fabriquer industriellement une grande quantité de produits et d'isoler, des matières avec lesquelles ils sont combinés, les corps les plus réfractaires. On a pu même obtenir du diamant.

Le charbon positif, au bout duquel se

forme le cratère et qu'on place au-dessus de l'autre, s'use beaucoup plus vite que le charbon négatif. Son usure est environ deux fois plus grande, ce qui conduit à donner à ce charbon positif un diamètre plus grand qu'au charbon négatif.

Montage des lampes à arc

Pour provoquer un arc entre les charbons d'une lampe, il est indispensable de disposer d'une différence de potentiel de 30 volts au minimum, nécessaire pour vaincre la résistance de cet arc.

L'intensité lumineuse des lampes à arc peut être très variable. Généralement cette intensité varie de 300 à 3.000 bougies suivant l'emploi que l'on veut faire des lampes. Dans certains cas exceptionnels, comme pour l'éclairement des phares, on a donné aux lampes à arc une intensité lumineuse considérable atteignant plusieurs millions de bougies.

Au début de son emploi pratique, la lampe à arc fut appliquée aux phares du cap de la Hève, dont les foyers dominent de 121 mètres le niveau des plus hautes mers (Fig. 562). La figure 563 représente l'installation, dans le système optique d'un phare, d'une lampe à arc munie de son mécanisme régulateur. Une machine magnéto-électrique de la Compagnie l'*Alliance* fournit à la lampe le courant nécessaire à son fonctionnement.

Fig. 562. — Les deux phares du cap de la Hève éclairés par la lumière électrique.

Un des phares les plus puissants dont le foyer lumineux est fourni par la lumière électrique est le phare de la tour Eiffel, à Paris (Fig. 529). Au lieu de disposer un seul foyer électrique comme dans les phares ordinaires, on a pris 48 foyers d'égales intensités placés à trois hauteurs différentes. Les feux sont de couleurs différentes obtenues par le mouvement d'un mécanisme d'horlogerie qui fait tourner devant les foyers lumineux une série de plaques de verre diversement colorées.

La portée du phare peut atteindre 200 kilomètres en ligne droite.

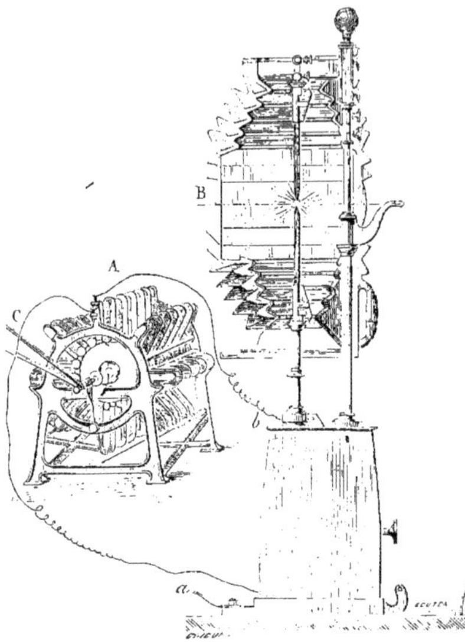

Fig. 563. — Lampe électrique de phare.

En plus des phares, deux projecteurs, système Mangin (Fig. 537), sont disposés sur la plate-forme supérieure. Ils ont 0m,90 de diamètre et le foyer lumineux est une lampe à arc. Le projecteur, monté sur un socle, se meut dans tous les sens à l'aide de deux volants que l'on peut manœuvrer à la main.

Les lampes à arc sont surtout utilisées à l'extérieur des bâtiments. Dans ce cas, on peut les employer sans être dans l'obligation d'interposer devant l'arc un écran diffuseur. L'éclat de l'arc est, en effet, très vif, et si les lampes à arc sont destinées à éclairer l'intérieur d'un atelier ou même des places publiques ou des rues dans une ville, il est préférable de les munir d'un globe qui tamise la vive lumière et la diffuse.

Ces globes occasionnent, d'autre part, une perte de lumière susceptible d'atteindre 25 % pour ceux qui sont constitués en verre opale, et près de 50 % pour les globes en verre dépoli.

Les lampes à arc peuvent être montées de diverses façons sur les circuits qui les alimentent.

Quand le montage est fait *en série* (Fig. 564), les lampes A, B, C sont disposées de façon que le pôle négatif de l'une soit relié au pôle positif de l'autre. Elles sont donc intercalées directement dans le circuit d'éclairage. On comprend que, dans cette sorte de montage, les lampes doivent fonctionner avec un courant d'une intensité constante et que la source électrique devra produire un courant dont l'intensité sera égale à celle qui est nécessaire pour alimenter une seule lampe. Par contre, la tension de ce courant devra égaler celle d'une lampe multipliée par le nombre de ces lampes. Ce montage est avantageux à employer lorsque les lampes à actionner se trouvent placées à une grande distance de la source électrique. Le conducteur, en effet, n'ayant à débiter qu'une intensité réduite, pourra être d'un faible diamètre, d'où économie importante dans les dépenses de premier établissement.

D'autre part, on peut faire au montage en série le reproche grave de rendre solidaires toutes les lampes, de sorte que, si une d'elles vient à s'éteindre ou à se déranger pour une

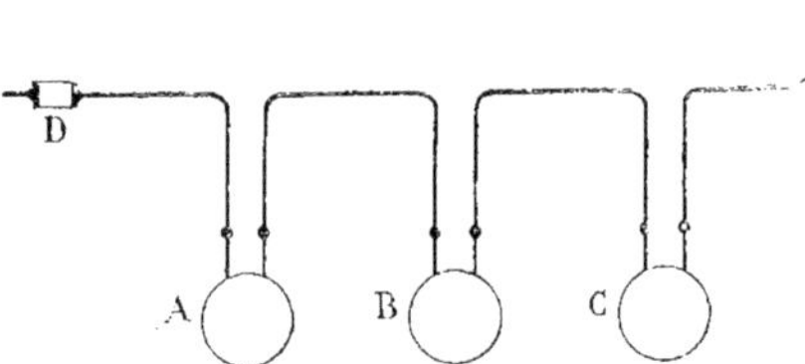

Fig. 564. — Lampes à arc montées en série.

raison quelconque, le courant ne peut plus circuler dans les autres qui s'éteignent également. On a remédié à cet inconvénient par un dispositif de commutation qui, automatiquement, ferme le circuit entre les deux bornes de la lampe quand elle cesse de fonctionner. Le courant peut ainsi alimenter les autres lampes qui continuent à brûler.

Un interrupteur D est disposé sur le circuit de façon à allumer ou à éteindre à volonté les lampes, qui fonctionnent nécessairement en même temps.

Dans le *montage en dérivation* (Fig. 565), les lampes A, B, C sont rendues indépendantes les unes des autres et, pour cela, le pôle positif et le pôle négatif de chacune sont respectivement reliés aux conducteurs positif et négatif. Il est indispensable, pour assurer la complète indépendance des lampes, de disposer un interrupteur D permettant de fermer ou d'ouvrir à volonté leur circuit. On place même, en outre, un petit rhéostat de réglage E pour assurer la régularité de l'arc lumineux.

Les interrupteurs des diverses lampes peuvent être groupés sur le tableau de distribution; mais, dans ce cas, il est nécessaire de relier chaque interrupteur à une borne de sa lampe par un conducteur spécial partant du tableau. Ce dispositif, s'il est avantageux au point de vue de la manœuvre, exige, par contre, une plus grande longueur de conducteur.

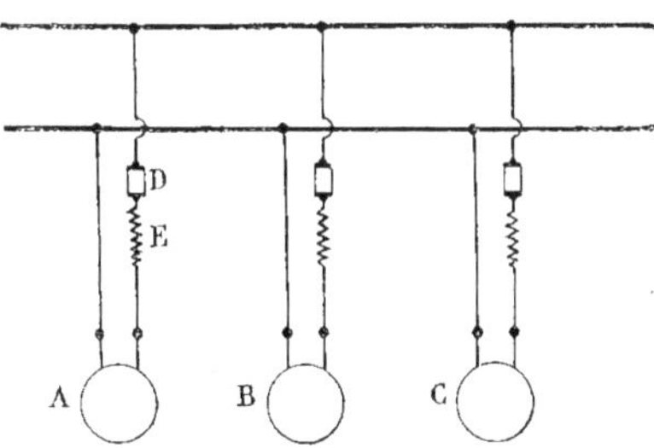

Fig. 565. — Lampes à arc montées en dérivation.

Dans le montage des lampes en dérivation, la source électrique doit fournir un courant d'une intensité égale à l'intensité nécessaire pour actionner une lampe, multipliée par le nombre de lampes. La tension de ce courant égalera simplement la tension

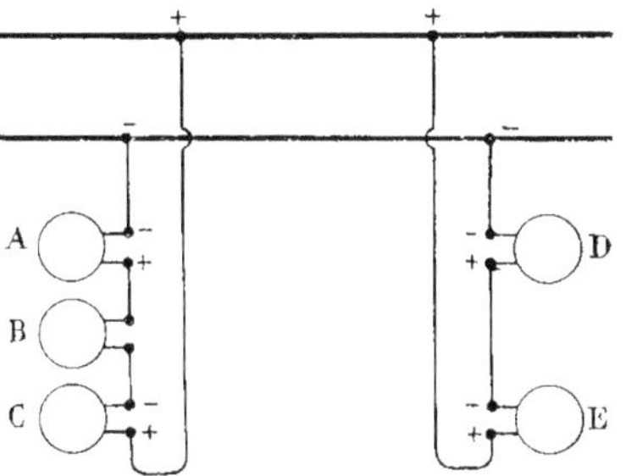

Fig. 566. — Montage mixte des lampes à arc.

du courant traversant une seule lampe.

On peut disposer les lampes à arc suivant un *montage mixte*, qui participe à la fois du *montage en série* et du *montage en dérivation*.

Il suffit, en effet, d'établir une canalisation électrique comportant les deux conducteurs provenant des machines dynamos (Fig. 566). Sur ces conducteurs on prend, de distance en distance, des dérivations que l'on peut utiliser pour alimenter des groupes A, B, C et D, E, de lampes qui seront disposées en série sur ce circuit dérivé. Les lampes d'un même groupe sont ainsi rendues solidaires les unes des autres, mais les divers groupes de lampes sont indépendants et peuvent, à volonté, être allumés ou éteints séparément.

LAMPES A INCANDESCENCE

L'éclairage par les lampes à incandescence est le mode d'éclairage électrique le plus répandu aujourd'hui, surtout pour les intérieurs : appartements, théâtres et lieux publics. Cette préférence est justifiée par la grande commodité qu'il présente. Pour allumer ou pour éteindre une lampe électrique il suffit, en effet, de tourner le bouton d'un petit *commutateur,* manœuvre fort aisée. Le danger d'incendie est grandement écarté par l'emploi des lampes à incandescence, car les filaments en ignition sont à l'abri de tout contact atmosphérique, et quand l'ampoule de verre qui les protège vient à se briser, la lumière s'éteint immédiatement, par suite de l'usure instantanée du filament de charbon qui, au contact de l'air, brûle et, en disparaissant, détermine l'interruption du courant.

En marche normale, le filament peut être utilisé pendant une durée de 800 et 1.000 heures : aucun entretien n'est d'ailleurs, nécessaire.

Tous ces avantages suffisent à expliquer l'emploi devenu si général, aujourd'hui, de l'éclairage électrique par incandescence.

Nous avons dit, précédemment, que l'éclairage par l'incandescence d'un fil parcouru par un courant électrique fut réalisé d'abord en France par l'emploi d'un fil de platine qui rougissait à l'air libre.

Les premières lampes électriques à fil placé dans le vide furent les lampes dites *russes*, construites en 1872, et c'est en cherchant à perfectionner la *lampe russe* qu'Edison, en 1879, créa la première lampe électrique industrielle, comportant un filament de charbon placé *dans le vide*.

Le filament de charbon est, d'une manière générale et sans nous arrêter aux détails de fabrication particulière à chaque constructeur, obtenu en calcinant soit du bambou, cellulose naturelle, soit encore de la cellulose artificielle qui peut être du *collodion*.

On découpe en étroites lanières la matière devant constituer le filament, et lorsque c'est du collodion, on peut lui donner, par tréfilage, une forme cylindrique qui est la plus avantageuse au point de vue de la surface éclairante obtenue.

Les filaments découpés ou tréfilés sont ensuite recourbés et mis à la forme qu'ils devront conserver dans les lampes. Ils sont placés dans des sortes de moules constitués en charbon très dur, en terre réfractaire ou même en nickel. Les boîtes contenant les filaments sont alors entassées par centaines dans un four spécial et on remplit de plombagine l'intervalle qui existe entre elles pour empêcher l'accès de l'air.

Le four est fortement chauffé et, sous l'action de sa chaleur, les filaments sont transformés en charbon solide, flexible et dur. Ils gardent, en outre, la forme recourbée qu'on leur avait donnée avant de les introduire dans les moules. On enlève ensuite les filaments après avoir laissé refroidir les moules, et il est nécessaire de leur faire subir à ce moment, une opération spéciale, nommée le *renforçage*. Cette opération a pour but de rendre plus résistant le filament tout en lui donnant une section plus régulière et en rendant sa surface plus uniforme.

Le renforçage consiste à faire passer un courant électrique à travers le filament préalablement placé dans un flacon contenant un hydrocarbure gazeux.

Le filament devient incandescent et, de ce fait, l'hydrocarbure est décomposé. Le charbon qu'il contient se porte sur le filament et surtout sur les parties les plus faibles, parce qu'elles sont les plus incandescentes.

Le filament se trouve ainsi recouvert d'une couche de charbon très dure et bien homogène.

Dans cet état, il peut être placé dans la lampe. Pour cela, on relie à chaque extrémité du filament un fil de platine qui lui est soudé et qui, après avoir traversé un support en cristal, est mis en communication avec un fil de cuivre.

Les extrémités de ces fils de cuivre seront reliées aux deux conducteurs distribuant le courant électrique; mais il est nécessaire, auparavant, d'enfermer le filament dans une ampoule de verre, dans laquelle on fera le vide, pour que ce filament ne brûle pas au contact de l'air, ce qui aurait pour effet de le détruire immédiatement, son diamètre étant d'environ 1/10 de millimètre.

Le filament de charbon, les fils qui le prolongent et le support en cristal sont donc introduits dans une ampoule de verre, renflée à la partie supérieure, ouverte par le bas et se terminant, en haut, par un tube de petit diamètre qui, après l'opération du vide effectuée, deviendra la petite pointe que l'on remarque en bout de chaque lampe à incandescence. On soude alors, au moyen du chalumeau, le tube support de cristal au goulot inférieur de l'ampoule dans lequel il est introduit, et la lampe n'a, à ce moment, de communication avec l'air extérieur que par le petit tube supérieur de l'ampoule. C'est ce tube qui sert à faire le vide dans la lampe au moyen d'une pompe à mercure.

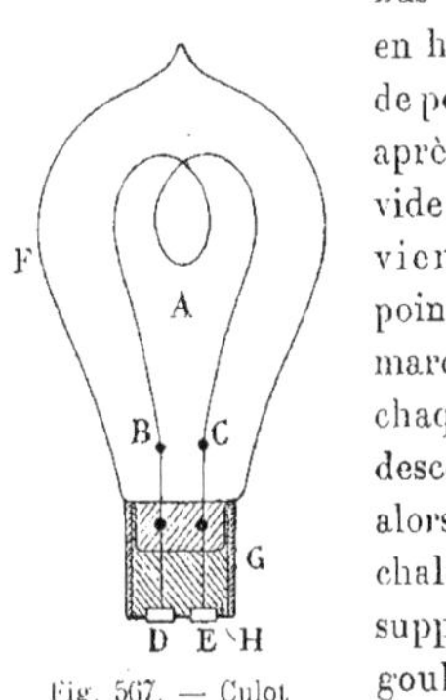

Fig. 567. — Culot de lampe à incandescence.

Cette opération se fait sur un grand nombre de lampes à la fois, toutes les lampes étant reliées par leur ajutage supérieur à un conduit collecteur aboutissant à la pompe à mercure. On prend la précaution, avant que le vide soit complet, de faire passer dans la lampe un courant, de façon à échauffer le filament et à chasser, par ce moyen, les gaz contenus dans l'ampoule. Quand le vide est obtenu, on ferme l'ampoule en fondant au chalumeau la tubulure supérieure, laquelle prend alors la forme d'une pointe.

Le filament conducteur A (Fig. 567) se trouve ainsi placé dans un espace absolument privé d'air. Les deux fils de cuivre seuls, qui communiquent avec lui par l'intermédiaire des fils de platine B et C, se prolongent à l'extérieur. Il convient de dire que, par suite du perfectionnement de la fabrication des lampes à incandescence, les fils de platine sont remplacés par des fils constitués en alliage spécial qui leur permet de remplir les mêmes fonctions, tout en étant d'un prix de revient bien moins élevé. Le prix des lampes s'en trouve également diminué.

Pour que la lampe soit en état d'être utilisée, il faut la munir, à sa partie inférieure, d'un dispositif de prise de courant auquel seront reliés les deux fils de cuivre qui débordent. Ce dispositif très simple, qui constitue le *culot* de la lampe, est un tube en laiton G, chaussé extérieurement sur le goulot de l'ampoule. Les deux fils de cuivre sont munis à leur extrémité de pastilles métalliques D et E auxquelles ils sont soudés et la jonction du culot à la lampe est faite en coulant du plâtre fin H dans la douille en laiton. La lampe se présente alors garnie, à sa partie inférieure, d'une bague en laiton et les deux pastilles seules sont apparentes. En maintenant appliquées, par un dispositif quelconque, ces pastilles sur les deux extrémités des conducteurs du courant, on fera passer ce courant dans la lampe.

Le culot des lampes à incandescence peut être constitué en matières diverses autres que le plâtre, qui a l'inconvénient de se détériorer sous l'action de la chaleur et de l'humidité.

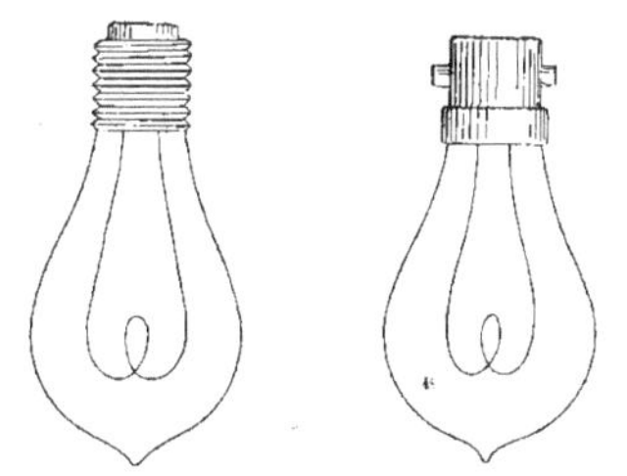

Fig. 568. — Lampe avec bague à vis. Fig. 569. — Lampe avec bague à baïonnette.

La bague de laiton qui enserre la partie inférieure de la lampe à incandescence a une forme appropriée pour lui permettre de se monter facilement sur la *douille* destinée à la recevoir et à laquelle viennent aboutir les deux conducteurs de courant. Cette bague porte parfois un pas de vis (Fig. 568) et se visse, dans ce cas, sur la douille des conducteurs. Le plus souvent, elle est simplement munie de deux ergots (Fig. 569) qui servent à maintenir la lampe fixée contre la douille au moyen d'un dispositif à *baïonnette*. Dans ce cas, la *douille* a la forme représentée par la figure 570. Une rainure F à angle droit pratiquée à la partie supérieure de la douille D sert à recevoir les deux ergots placés perpendiculairement dans la bague en laiton de la lampe. La lampe peut donc être d'abord descendue verticalement, puis on lui fait effectuer un petit mouvement de rotation. Les deux ergots, pénétrant par ce mouvement dans la rainure horizontale, immobilisent la lampe. En outre, dans cette position, les deux pastilles qui terminent le culot viennent s'appuyer contre deux plots A que porte la douille. Ces plots sont sollicités à remonter par un ressort à boudin intérieur C, les appuyant contre les pastilles, ce qui empêche la lampe de changer de position. Les deux plots à ressorts sont supportés par un disque en porcelaine, dans lequel sont ménagés deux trous pour laisser passer l'extrémité de chaque conducteur qui vient se serrer entre des écrous vissés sur le plot de communication B.

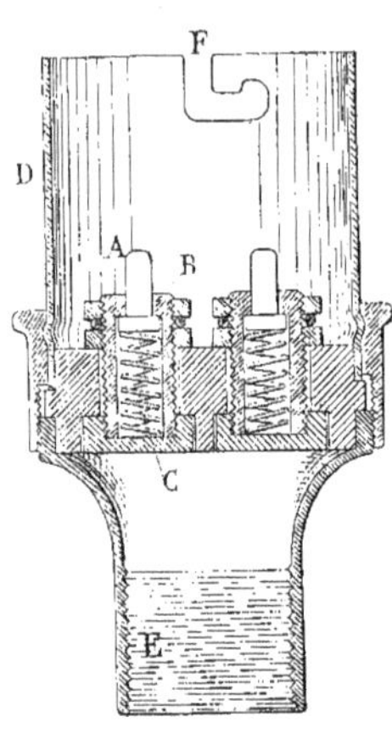

Fig. 570. — Douille à baïonnette de lampe à incandescence.

La douille est terminée, à sa partie inférieure, par une monture métallique E qui permet de la visser sur divers supports de formes appropriées.

Types divers de lampes à incandescence

Les types de lampes à incandescence sont fort nombreux et ont relativement peu varié depuis la création de ces lampes, par Édison, en Amérique, et par Swann, en Angleterre. En principe, elles sont constituées, à quelques détails près, comme nous venons de l'indiquer. Nous allons cependant dire quelques mots sur les différentes lampes qui ont été, dès l'abord, très employées et qui ont servi de base à l'établissement de nos lampes actuelles. Elles ne diffèrent, on le verra, que par quelques dispositions de détails et la forme du filament, le principe de fonctionnement restant le même.

La lampe à incandescence primitive d'Edison (Fig. 571), qui a pris naissance aux États-Unis et a été fort employée en France, comporte une bague à vis et un filament en forme d'U renversé, supporté par deux fils de platine recourbés prolongés par deux fils de cuivre traversant un isolant en porcelaine.

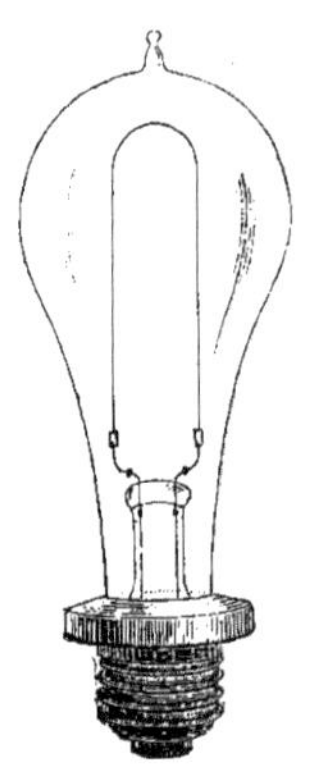
Fig. 571. — Lampe primitive d'Edison.

En Angleterre, c'est la lampe Swann qui obtint la préférence, quand on commença à employer l'éclairage électrique par incandescence. Swann, en effet, est considéré en Angleterre comme l'inventeur de la lampe à incandescence. Il est certain que bien avant Edison, c'est-à-dire après l'apparition *des lampes russes,* Swann travaillait à rendre ces lampes pratiques et qu'il en présenta des modèles perfectionnés dans une conférence publique qu'il fit à Londres. Cependant, ces lampes n'avaient pas encore atteint un degré suffisant de perfectionnement pour être livrées au commerce, et c'est à la suite du succès obtenu par la lampe Edison en Amérique que Swann reprit ses recherches et arriva à perfectionner sa lampe qui reçut les dispositions indiquées dans la figure 572.

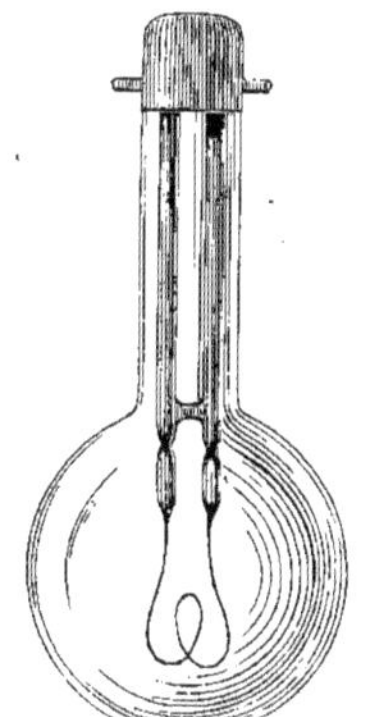

Fig. 572. — Lampe Swann.

Le filament conducteur de la lampe est obtenu en trempant un gros fil de coton dans l'acide sulfurique concentré pour le parcheminer, puis roulé en forme de boucle, et carbonisé.

Les extrémités du filament charbonneux sont fixées à un support métallique, enveloppées de verre sur presque toute leur étendue, et maintenues par une traverse également en verre. Les fils de platine conducteurs se terminent, à l'extérieur, par une capsule métallique qui

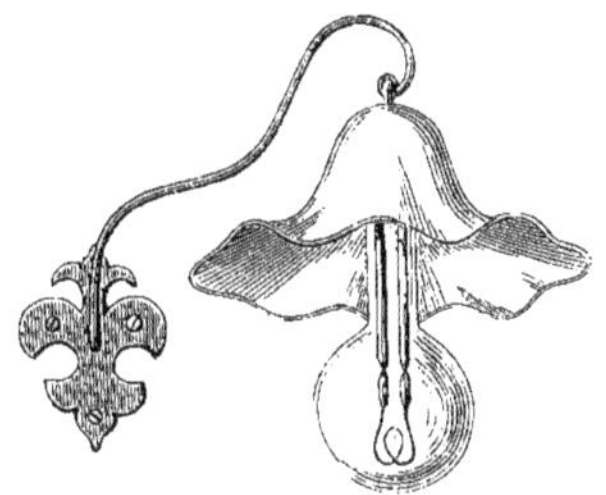

Fig. 573. — Lampe Swann avec abat-jour.

sert à mettre la lampe en communication directe avec les conducteurs de courant. Parfois, les fils de platine sont soudés chacun à une rondelle métallique fixée à une substance isolante, nommée *vitrite*.

Dans la lampe Fox, employée en Angleterre comme la précédente (Fig. 574), le filament conducteur consiste en une fibre végétale que l'on soumet à un procédé imaginé par le constructeur américain Maxim; il consiste à *nourrir le filament,* autrement dit à le *renforcer,* en le recouvrant de charbon par la décomposition, au moyen de la chaleur, d'une substance organique ajoutée au filament végétal.

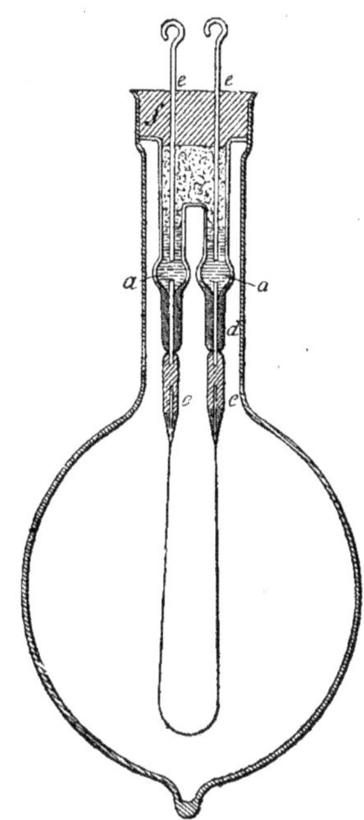

Fig. 574. — Lampe Fox.

C'est le chiendent ou la fibre du bouleau qui servent à préparer le charbon conducteur dans la lampe Fox. Après avoir carbonisé ces matières dans des boîtes bien fermées, on dépose encore du charbon sur leur surface extérieure en les suspendant dans des vases de verre remplis de *benzol* et en faisant passer un courant électrique dans le filament. Porté à l'incandescence, le filament décompose les vapeurs de *benzol,* et les particules de charbon provenant de cette opération se déposent sur sa surface extérieure.

Les filaments conducteurs ainsi constitués sont garnis, à leurs extrémités, de petits cylindres de charbon *c* (Fig. 574) et introduits dans l'ampoule de verre. Pour les y fixer, ces petits cylindres sont rattachés à deux crochets de cuivre *e e* qui servent à relier la lampe avec le circuit. La conductibilité entre les cylindres en charbon et les crochets en cuivre est assurée par du mercure contenu dans de petites cavités *a a*. L'ensemble du dispositif conducteur est fixé et maintenu sur l'ampoule au moyen d'un bouchon de plâtre *f* qui remplit le goulot de la lampe.

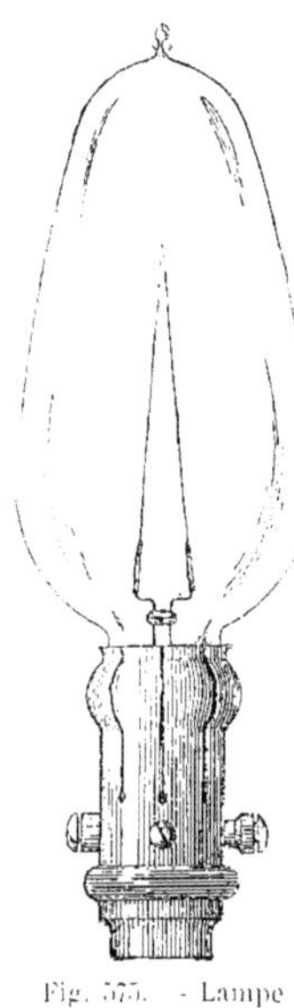

Fig. 575. — Lampe Gérard.

Dans la lampe Gérard (Fig. 575), le charbon ne provient pas de la combustion d'une matière végétale : il est constitué par du coke purifié et réduit en poudre très fine, qui est ensuite agglomérée avec du brai et des matières gommeuses ; la pâte est alors passée à la filière sous forte pression. On donne au filament la forme d'un triangle. A la base de ce triangle, le filament est fixé et soudé au moyen d'une pâte de charbon dans deux petits cylindres en charbon montés sur des fils de platine que l'on noie dans une tige d'émail traversant le col de l'ampoule. Les deux fils sont reliés, à leur sortie, à deux rondelles métalliques isolées l'une de l'autre servant de prises de courant.

La lampe Weston (Fig. 576), primitivement employée à l'intensité lumineuse de 125 bougies pour l'éclairage des rues en Amérique, comporte un filament en cellulose nitrée. Ce filament est obtenu en traitant du fort papier par un mélange d'acide sulfurique et d'acide azotique qui le dissout en formant du fulmi-coton. On évapore la dissolution jusqu'à consistance demi-solide et l'on coupe la matière en étroites lanières de 0,15 millimètre qu'on plonge dans l'ammoniaque pendant une heure environ, après quoi on les lave et on les sèche. Ces feuilles ont toutes les propriétés de la cellulose. En les chauffant à une température très élevée, on obtient un filament de charbon d'une grande résistance électrique et d'une parfaite homogénéité.

Le filament est fixé au culot de la lampe par l'intermédiaire de fils de platine. La douille de cette lampe porte son *commutateur*, permettant d'établir ou d'interrompre facilement le passage du courant.

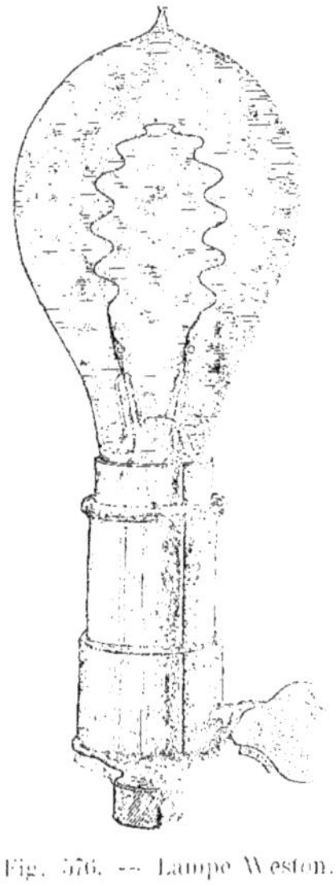

On voit, par ce rapide résumé, que ce qui a surtout différencié les divers types de lampes, et ce qui les différencie encore, réside dans le mode d'obtention des filaments.

Dans certains systèmes de lampes, le filament a même été réalisé d'une manière fort ingénieuse. Ce filament en platine, d'un diamètre excessivement réduit, est d'abord recouvert d'une couche d'argent permettant de le manipuler. On le passe ainsi à la filière, de façon que son diamètre atteigne un dixième

Fig. 576. — Lampe Weston.

de millimètre; on dissout ensuite l'enveloppe d'argent à l'aide de l'acide azotique et on obtient un fil de platine d'un centième de millimètre de diamètre que l'on courbe à la forme. Ce fil, placé sur un support enfermé lui-même dans une ampoule de verre dans laquelle on fait passer un courant de gaz hydrogène bicarboné, est porté à l'incandescence par le passage d'un courant électrique.

Le bicarbure d'hydrogène est décomposé et laisse un dépôt de charbon sur le filament. Quand ce dépôt a atteint l'épaisseur désirée, on place le filament dans l'ampoule destinée à le recevoir.

L'emploi des lampes à incandescence s'est si rapidement développé, qu'on s'explique la grande variété de lampes existant de nos jours et les recherches auxquelles donne lieu le désir toujours plus grand des constructeurs d'améliorer leur fabrication et leur rendement.

C'est à cette louable émulation que nous devons les lampes Nernst, les lampes à vapeur de mercure, et les lampes à filaments métalliques. Nous allons examiner ces diverses sortes de lampes.

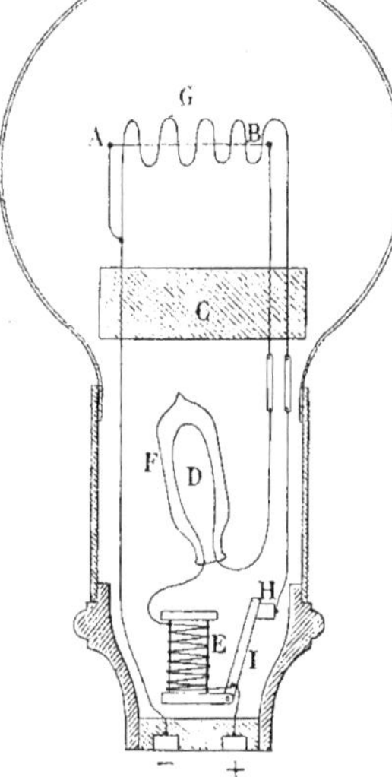

Fig. 577. — Lampe Nernst.

Lampe Nernst (Fig. 577.) La lampe Nernst, à l'opposé de toutes les lampes à incandescence, comporte un filament qui brûle à l'air libre. Il faut nécessairement, pour cela, que ce filament ne soit pas combustible et qu'il n'oppose pas au passage du courant une résistance trop considérable. La matière choisie pour constituer le filament est la *magnésie*. La magnésie, cependant, à la température normale, offre au passage du courant une grande résistance; mais à mesure qu'on l'échauffe, cette résistance diminue progressivement et le filament au travers duquel passe le courant est porté à l'incandescence et produit une lumière blanche et vive, semblable à celle qui est obtenue par l'emploi des manchons à incandescence placés sur les becs de gaz. Il convient donc, pour mettre une lampe Nernst en état de fonctionnement, d'échauffer le filament. Cette opération se fait automatiquement, par suite de la disposition même des organes de la lampe.

Le filament A B, disposé perpendiculairement à l'axe de la lampe, est relié d'une part au plot négatif de prise de courant par un conducteur traversant une plaque de porcelaine C qui le supporte et, d'autre part, au plot positif par un conducteur sur lequel est intercalée une résistance D ainsi que l'enroulement d'un électro-aimant E. Le circuit comportant le filament se ferme donc à travers l'électro-aimant E et la résistance D. Cette résistance est constituée par un fil de fer placé dans une ampoule F, contenant de l'hydrogène, qui a pour but d'empêcher ce fil de fer de s'oxyder. L'emploi du fer pour établir la résistance s'explique par ce fait que ce métal, à l'inverse de la magnésie formant le filament, offre au passage du courant une résistance de plus en plus grande à mesure qu'il s'échauffe, ce qui tend à rétablir l'équilibre dans le circuit contenant le filament. L'échauffement du filament est obtenu au moyen d'un dispositif comportant un cylindre G en matière isolante de 1 millimètre de diamètre environ, enroulé en hélice autour du filament, et ce cylindre G supporte un enroulement fait en fil de platine très fin. Ce fil est relié d'un côté au conducteur négatif aboutissant à l'extrémité A du filament, et de l'autre côté il communique avec un plot de contact H sur lequel vient se reposer, sous l'action d'un ressort antagoniste, l'armature de l'électro-aimant.

Quand on fait passer le courant dans la lampe, ce courant arrivant par le plot positif trouve deux voies ouvertes pour rejoindre le pôle négatif : la première, par l'armature I et l'enroulement en fil de platine, la seconde, par l'électro-aimant, la résistance D et le filament AB. Le premier circuit étant beaucoup moins résistant que le second, est traversé par le courant qui porte au rouge le fil de platine entourant le filament. De ce fait, le filament s'échauffe, sa résistance diminue progressivement et quand elle est suffisamment faible, le courant peut traverser le second circuit qui est celui du filament et de l'électro. Par l'action du courant, le filament est porté à l'incandescence et l'électro-aimant, excité par ce courant, attire l'armature I, et la maintient attirée pendant toute la durée de son passage. Le circuit du fil de platine est donc ouvert, le courant n'y passe plus, et la lampe est dès lors amorcée.

Les organes de la lampe Nernst sont protégés par une ampoule de verre de forme sphérique, supportée par une douille métallique, mais, comme nous l'avons dit, il n'est pas nécessaire de faire le vide dans cette ampoule pour que la lampe fonctionne.

La lampe Nernst donne un rendement lumineux qui atteint près du double de celui d'une lampe ordinaire : mais la fragilité de ses organes et le défaut d'instantanéité de l'allumage ont quelque peu contribué à arrêter son développement. Pour que le filament soit porté à l'incandescence il faut, en effet, environ 20 secondes. On a cependant remédié à ce dernier inconvénient en provoquant l'allumage instantané d'une lampe ordinaire adjointe à la lampe Nernst, laquelle lampe s'éteint automatiquement quand le filament de la lampe Nernst est porté à l'incandescence.

Lampe à vapeur de mercure

Cette lampe à incandescence, basée sur un principe tout différent des autres lampes, est appelée assez souvent lampe Cooper Hewit, du nom de l'Américain qui la créa. Son mode même d'établissement permet de lui donner une intensité lumineuse pouvant varier dans des limites très étendues, ce qui contribue à en répandre l'emploi pour éclairer de grands espaces. D'autre part, elle fournit une lumière de couleur verdâtre qui dénature les colorations naturelles et qui l'a empêchée, jusqu'ici, d'être utilisée couramment pour l'éclairage des intérieurs.

La lampe à vapeur de mercure se compose, en principe, d'un tube cylindrique en verre ou en quartz d'une longueur d'autant plus grande que l'intensité lumineuse à obtenir est elle-même plus grande. Ce tube, dans lequel on a fait le vide, porte à chaque extrémité un fil de platine. Un des fils est relié extérieurement au pôle positif du circuit, l'autre au pôle négatif. Ces fils pénètrent à l'intérieur du tube et tandis que le fil positif, qui est le fil supérieur, reste nu, le fil négatif plonge dans du mercure contenu dans la partie inférieure du tube. L'extrémité du tube en verre où est placé le mercure est entourée d'une feuille métallique communiquant avec le pôle négatif. Cette disposition établit, en bout de ce tube, une sorte de condensateur qui permettra d'amorcer la lampe en vue de son allumage. Pour cela, on place dans le circuit une bobine : la manœuvre d'un commutateur, en provoquant à chaque rupture une force électromotrice considérable, charge ce condensateur jusqu'à ce qu'une étincelle jaillisse, à l'intérieur du tube, entre le fil de platine positif et le mercure relié au fil de platine négatif. La production de l'étincelle développe de la chaleur; le mercure échauffé se vaporise et la vapeur de mercure, répandue dans le tube, entretient l'incandescence dans toute la longueur de ce tube, entre les deux pôles de la lampe.

L'amorçage de la lampe à vapeur de mercure est réalisé généralement d'une façon plus simple. La lampe peut, au moyen d'une chaînette, être inclinée de façon que le mercure contenu dans le petit récipient puisse s'écouler jusqu'à prendre contact avec le fil positif. A ce moment, le courant est établi, le mercure se vaporise portant la lampe à l'incandescence. On peut alors, en lâchant la chaînette, libérer la lampe qui reprend sa disposition inclinée normale. Le mercure retombe dans le récipient et la lampe est ainsi amorcée.

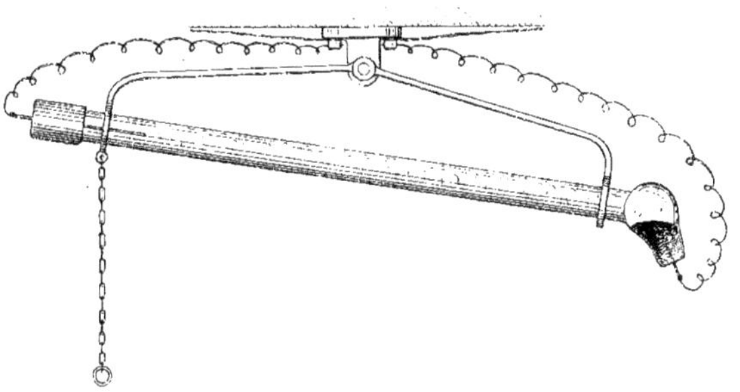

Fig. 578. — Lampe à vapeur de mercure.

La lampe peut être plus ou moins inclinée, mais à mesure qu'elle s'approche de la direction horizontale, le mercure *s'étale* de plus en plus et sa surface de vaporisation augmente. C'est un moyen de réglage pour obtenir le degré d'incandescence désiré.

La lampe à vapeur de mercure donne un excellent rendement lumineux, qui peut être dix fois supérieur à celui d'une lampe à incandescence ordinaire. Elle peut fonctionner pendant un temps relativement long, 2.000 heures, sans qu'il y ait une usure sensible; mais le tube en verre doit, au bout de ce temps, être nettoyé pour ne pas absorber en pure perte une trop grande quantité de lumière. L'inconvénient de cette lampe réside, nous l'avons dit, dans la couleur verdâtre désagréable qu'elle donne aux objets éclairés. Ce fait provient de ce que l'incandescence de la vapeur de mercure donne une lumière qui ne comporte pas de rayons rouges. Cette couleur disparaît donc de l'objet éclairé. C'est une circonstance fort avantageuse pour l'emploi de cette lampe en vue de la photographie, et dans toutes les opérations qui demandent l'emploi des *rayons ultra-violets* en abondance; mais, par contre, elle a fait rejeter, dans la plupart des cas, son utilisation et c'est pour cette raison que des recherches sont effectuées pour donner à la lumière émise par la lampe à vapeur de mercure une composition normale. On arrivera, sans doute, à atteindre ce résultat.

Lampes à filaments métalliques

L'emploi de métaux peu connus et rares dans diverses branches de l'industrie, et notamment dans la fabrication des manchons à incandescence par le gaz, a conduit à essayer leur application aux lampes électriques, et un certain nombre de ces métaux réfractaires, c'est-à-dire infusibles à la température à laquelle est porté le filament des lampes à incandescence, ont été choisis pour remplacer le charbon dans la constitution de ces filaments.

On a créé successivement les lampes à filaments d'*osmium*, de *tantale*, d'*amalgame de cadmium*, de *tungstène*. Ces lampes ne sont pas encore, d'une façon générale, entrées dans la pratique courante, car des recherches et des essais fort intéressants, d'ailleurs, sont, en ce moment même, en cours de divers côtés pour en faire des appareils utilisables pratiquement au même titre que les lampes ordinaires, mais en donnant un rendement lumineux bien supérieur qui se traduit par une économie de courant. Cependant, la lampe à filament de tantale est déjà fort employée dans un certain nombre d'installations électriques et semble devoir être de plus en plus utilisée, son fonctionnement étant régulier et son rendement avantageux.

Les divers métaux employés pour constituer des filaments de lampes diffèrent surtout entre eux par leur degré de fusibilité, de consistance sous l'action du courant, et par la facilité plus ou moins grande avec laquelle ils peuvent être façonnés en vue de l'obtention du filament.

L'osmium fond à une température voisine de 2.500 degrés et le tungstène à près de 3.200. Pour obtenir les filaments d'osmium et de tungstène, on réduit le métal en poudre, on l'agglomère, et on le passe à la filière sous une forte pression.

Les filaments de tantale peuvent être directement étirés à la filière sans subir des manipulations et des préparations spéciales.

Le tantale est un métal ayant sensiblement la couleur du fer, la dureté de l'acier doux, et pouvant être mis facilement sous forme de fils très fins. La résistivité de ce métal étant assez faible, on a été obligé, pour constituer un filament de lampe, de disposer dans l'ampoule en verre un fil de grande longueur. Ce fil, pour une lampe fonctionnant sous une tension de 110 volts, atteint 65 centimètres de longueur. Pour le placer dans l'ampoule, on emploie un dispositif spécial, ainsi qu'on le voit sur la lampe à filament de tantale Paz et Silva (Fig. 579). Ce dispositif est constitué par un support vertical en verre, occupant le milieu de l'ampoule, et qui porte deux disques également en verre, servant à maintenir chacun une série de tiges, dont l'extrémité est en forme de crochet. Le filament de tantale est disposé verticalement entre ces deux séries de crochets et ses deux extrémités sont soudées, du côté du culot de la lampe, à deux fils fins en platine ou en acier-nickel qui se prolongent par deux fils de cuivre disposés dans le culot de la même façon que dans une lampe ordinaire. Il est difficile d'établir, pour les tensions d'éclairage les plus employées, 110 ou 120 volts, des filaments suffisamment fins pour que leur résistance permette d'obtenir de faibles intensités lumineuses. C'est pour cela que la lampe tantale la plus faible est constituée pour donner un éclairage correspondant à 25 bougies, pour une tension de courant de 110 volts.

Fig. 579. — Lampe à filament de tantale.

Ces lampes donnent une belle lumière blanche, consomment 1 watt 5 par bougie et peuvent pratiquement durer environ 600 heures. Après cette durée de fonctionnement il se forme, sur l'ampoule de verre, un dépôt noir qui intercepte une partie de la lumière. Comme on le voit, la lampe à filament de tantale consomme peu de courant et, malgré son prix de revient plus élevé que celui des lampes ordinaires, elle peut être d'un emploi avantageux.

La figure 580 représente, en grandeur naturelle, une autre lampe à filament métallique d'une intensité lumineuse de 32 bougies construite par la Compagnie Générale des lampes à incandescence. Cette *lampe « métal »*, établie pour marcher avec un courant de 110 volts, consomme un watt par bougie. Le fil métallique, d'un diamètre très réduit, est tendu entre les extrémités de tiges en croix placées du côté de la douille

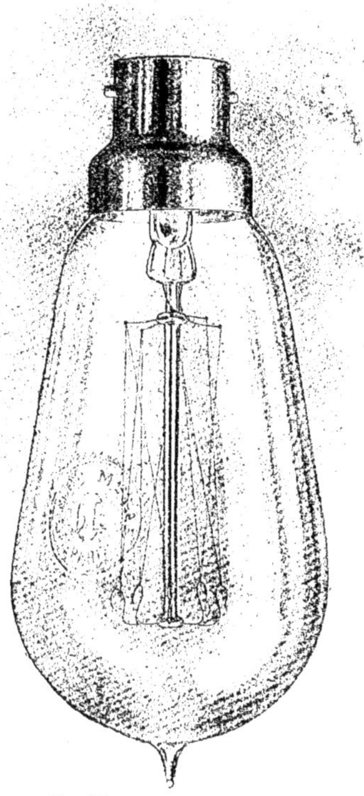

Fig. 580. — Lampe « métal ».

et des crochets disposés du côté opposé. Le montage des fils permet d'utiliser la lampe en la plaçant dans une position quelconque.

Consommation des lampes à incandescence

Les lampes à incandescence sont établies pour être placées sur des circuits traversés par des courants dont la tension peut varier. Cette tension, qui est quelquefois de 20 à 30 volts ou encore de 50 à 70 volts, atteint le plus généralement 110 volts dans les grands circuits d'éclairage. Les lampes ont aussi un pouvoir éclairant variable qui peut correspondre à 1, 2, 5, 10 bougies, mais, le plus souvent, c'est la lampe de 16 bougies qui est utilisée. On trouve également dans le commerce des lampes de 32 bougies.

Pour produire de la lumière, la lampe à incandescence absorbe de l'énergie qui, sous forme de chaleur, porte le filament à l'incandescence.

Cette consommation de courant par la lampe n'est pas constante ; elle augmente au fur et à mesure de sa durée de fonctionnement quand le temps de service d'une lampe se prolonge trop. En outre, l'intensité lumineuse diminue avec la durée de service. On a donc intérêt à ne pas pousser pendant un temps trop long le fonctionnement d'une lampe, car non seulement sa consommation augmente, mais encore son intensité lumineuse diminue, et il est plus avantageux de la remplacer par une lampe neuve dont le prix est, d'ailleurs, très modique.

Pour se rendre un compte exact de la consommation d'une lampe, on l'a traduite en dépense de watts par bougie, et on dit que la lampe à incandescence consomme en moyenne de 3 watts à 4 watts par bougie, suivant la durée de son service. Cela permet de calculer la puissance nécessaire pour alimenter un réseau de lampes d'une intensité lumineuse déterminée.

En effet, si nous supposons qu'une lampe consomme 3 watts 5 par bougie et si l'installation ne comporte que des lampes de 16 bougies, chaque lampe consommera $16 \times 3{,}5 = 56$ watts. Comme le cheval-vapeur équivaut à 736 watts, on pourra donc alimenter par cheval $736 : 56 = 13$ lampes.

Il est bien évident qu'il est indispensable de tenir compte, dans le calcul d'établissement d'une canalisation, de diverses pertes d'énergie. Pratiquement, on admet qu'un cheval-vapeur peut alimenter 10 lampes de 16 bougies ou 16 lampes de 10 bougies, et même, dans les installations d'éclairage de grande importance, on ne compte que sur 7 à 9 lampes de 16 bougies par cheval.

Ces chiffres ne s'appliquent qu'aux lampes à incandescence ordinaires, les lampes à incandescence spéciales dont nous avons parlé ayant une consommation bien moindre, mais n'étant pas encore généralement répandues, pour les diverses raisons que nous avons données.

Installation des lampes à incandescence Les lampes à incandescence sont toujours montées en *dérivation* sur le circuit qui les alimente, c'est-à-dire que chacun des pôles de la lampe est relié au conducteur correspondant à ce même pôle

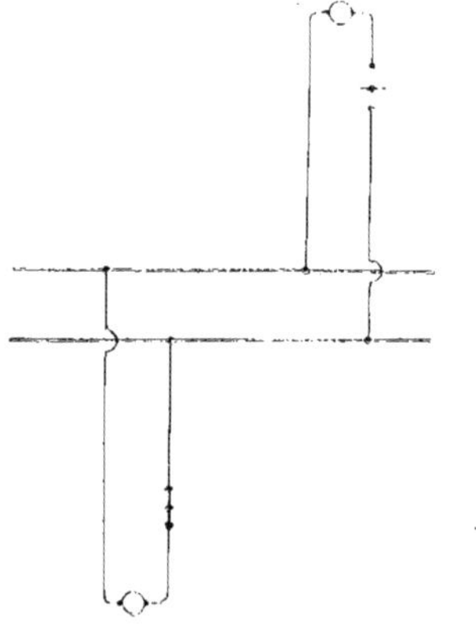

Fig. 581. — Montage des lampes à incandescence.

de la source d'électricité. Les lampes sont ainsi rendues indépendantes les unes des autres et chacune peut être munie d'un *interrupteur* ou d'un dispositif de *prise de courant*, permettant de l'allumer ou de l'éteindre à volonté sans influencer les autres.

On a réalisé de nombreuses combinaisons de montage des lampes sur un circuit pour obtenir, par la simple manœuvre d'un commutateur, soit l'allumage ou l'extinction simultanés ou successifs des lampes, soit, automatiquement, l'allumage d'un groupe quand on provoque l'extinction d'un autre, etc...

Ces combinaisons variées sont assez simples à réaliser et répondent, d'ailleurs, à des besoins trop particuliers pour que nous les examinions en détail. Nous nous bornerons à décrire sommairement l'*interrupteur* et la *prise de courant* généralement employés dans toutes les installations.

Interrupteur (Fig. 582.) L'*interrupteur* est constitué par une embase circulaire, faite en matière isolante : bois, ébonite, porcelaine, etc..., qui porte deux sortes de mâchoires métalliques. Une des branches de la mâchoire est formée par une lame légèrement flexible. Ces deux mâchoires sont donc isolées l'une de l'autre par l'embase qui les supporte et elles communiquent, respectivement, l'une avec un des deux conducteurs du circuit, l'autre avec un des pôles de la douille de la lampe. Le second pôle de cette douille est relié au second fil conducteur. Au centre de l'embase circulaire est disposé un bouton qui, par son mouvement de rotation, permet à une lame métallique, dont il est solidaire, de s'engager à la fois dans les deux mâchoires, établissant ainsi la continuité du circuit. On comprend, en effet, que lorsque les mâchoires sont mises en communication par la lame métallique, le courant peut passer à travers la

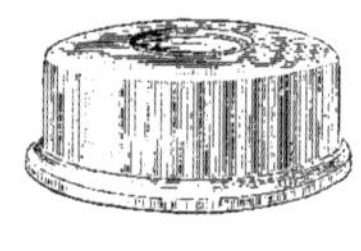

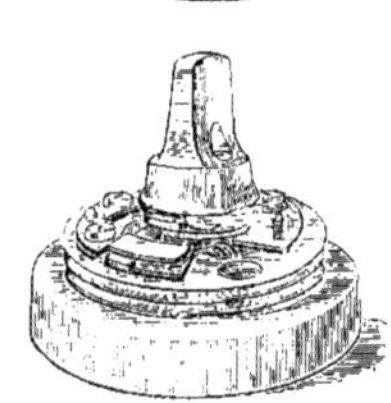

Fig. 582. — Interrupteur de lampe à incandescence.

lampe et provoquer son allumage. L'*interrupteur* est à ce moment *fermé*.

Quand on tourne le bouton en sens inverse, la lame prend une position qui ne lui permet de toucher à aucune des mâchoires. L'*interrupteur* est *ouvert* et, le circuit étant interrompu, le courant ne peut plus passer dans la lampe, laquelle s'éteint.

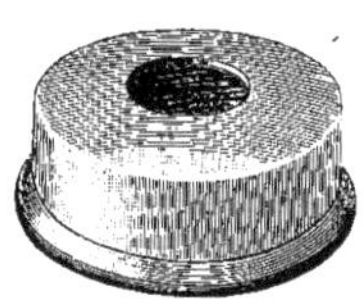

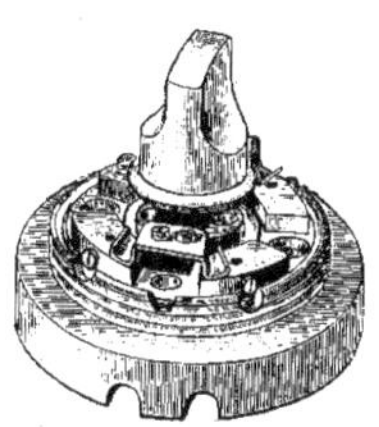

Fig. 583. — Interrupteur-commutateur.

Un couvercle circulaire, vissé sur l'embase, protège les organes de l'interrupteur, et deux trous ménagés sur cette embase permettent de fixer l'appareil contre le mur ou sur un support quelconque à portée de la main.

Les modèles d'interrupteurs sont très variés, mais leur principe reste toujours le même. Pour réaliser les diverses combinaisons d'allumage ou d'extinction, l'interrupteur peut être disposé pour servir en même temps de commutateur. L'*interrupteur-commutateur* représenté par la figure 583 est à trois directions, c'est-à-dire qu'il permet d'allumer successivement et à volonté trois lampes de façon que, lorsqu'une d'entre elles fonctionne, les deux autres soient éteintes. On n'a pour cela qu'à tourner le bouton d'un angle plus ou moins grand. La lame mobile repose sur un des trois plots communiquant chacun avec une des lampes, et le courant actionne la lampe correspondante.

Prises de courant

Quand une lampe est destinée à être déplacée, elle est munie de deux conducteurs constitués en *fils souples*, portant à leur extrémité un dispositif de *prise de courant*. Les conducteurs souples ont une longueur suffisante pour que la lampe puisse être placée dans toutes les positions désirées, mais il faut, en outre, de place en place, disposer soit sur les murs, soit sur des supports quelconques, des sortes de douilles portant une mâchoire, aux deux branches de laquelle aboutissent les deux conducteurs du circuit d'utilisation. Ces douilles de *prise de courant* permettent, par le simple placement dans la mâchoire du *plot* de prise de courant qui termine les conducteurs souples de la lampe, de faire passer le courant à travers cette lampe et de provoquer ainsi son allumage.

Les prises de courant sont de dimensions plus ou moins grandes suivant l'intensité du courant qui doit les traverser. La douille est généralement peu encombrante. La figure 584 représente une prise de courant établie pour un courant d'une tension de 110 volts et d'une intensité de 30 ampères. La douille comporte un socle en marbre supportant une mâchoire constituée par deux séries de lames métalliques flexibles. Chaque série de lames est fixée sur un plot, auquel vient aboutir un des conducteurs du circuit; les deux plots sont isolés l'un de l'autre par le socle en marbre. La broche qui s'introduit dans la douille est formée de deux lames métalliques montées sur un support en bois. Ces lames, ainsi isolées l'une de

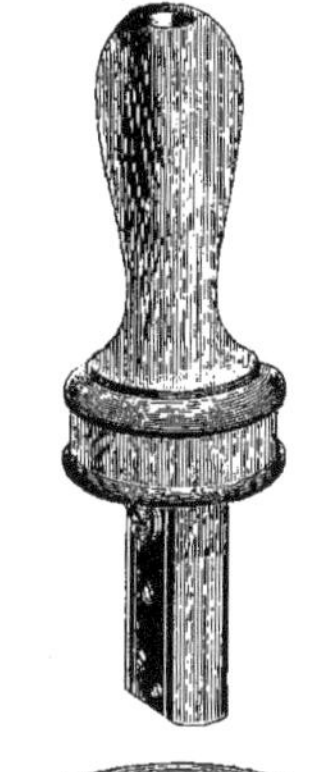

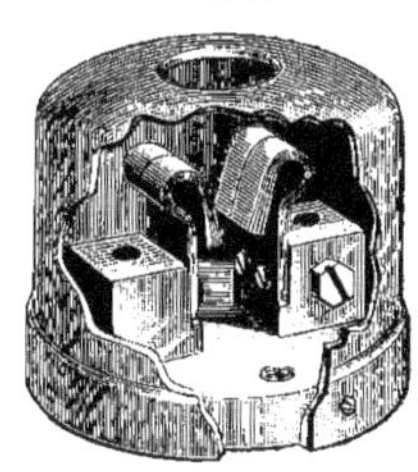

Fig. 584. — Prise de courant.

l'autre, sont mises chacune en communication avec un des deux fils souples aboutissant à la lampe par une vis serrant le fil sur la lame. Le double conducteur est protégé par un bouchon en bois servant en même temps de poignée pour enfoncer la broche, et il sort par un trou ménagé à sa partie supérieure.

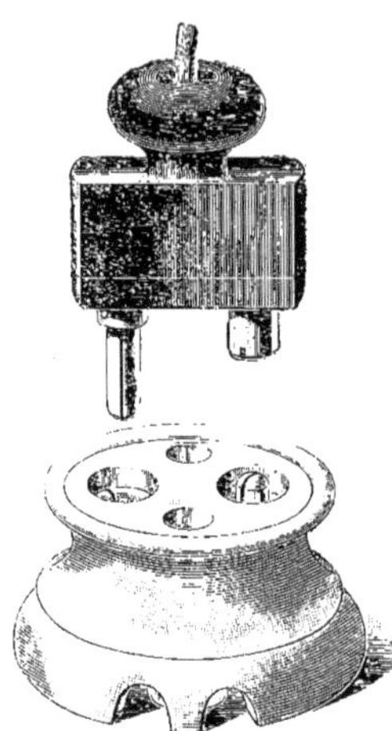

Fig. 585. — Prise de courant empêchant l'interversion des pôles.

Les prises de courant ont des formes variées. Assez souvent, la broche, au lieu d'être plate, comme nous venons de la voir, est constituée par deux tiges cylindriques indépendantes, reliées chacune avec une extrémité du conducteur souple.

Ces tiges s'enfoncent dans deux tubes métalliques portés par la douille et communiquant avec des plots sur lesquels sont serrées les extrémités des conducteurs du circuit.

Quand les pôles du circuit ne doivent pas être intervertis, comme par exemple pour les lampes à arc ou encore les accumulateurs de voitures électromobiles, la prise de courant a reçu une forme spéciale (Fig. 585), qui ne permet pas l'interversion.

La douille et la broche portent chacune une tige cylindrique et un tube, de façon qu'il ne peut y avoir qu'une seule position pour laquelle la broche pourra s'enfoncer dans la douille afin de provoquer le passage du courant.

Supports divers de lampes à incandescence

Les lampes à incandescence, dont l'usage s'est si rapidement répandu, peuvent être utilisées de toutes sortes de façons. La lampe elle-même peut ne pas varier, mais le support qui la reçoit doit, nécessairement, être approprié à l'emploi que l'on veut faire de cette lampe.

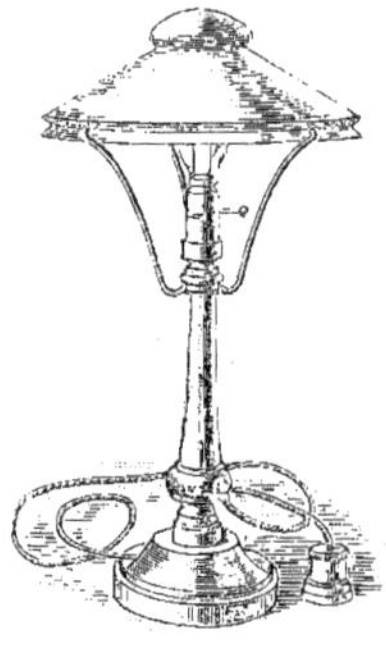

Fig. 586. — Lampe à pied. Hauteur fixe.

Les lampes représentées par les figures 586 et 587 sont munies, la première d'un pied, dont le socle est plombé pour donner de la stabilité à l'appareil, qui supporte la lampe et un abat-jour, la seconde d'un socle, sur lequel est fixée une tige cylindrique permettant au support de la lampe de glisser et de donner à celle-ci une hauteur variable. Dans les deux cas, les lampes portent leur fil souple muni d'une broche de prise de courant que l'on pourra enfoncer dans une des douilles disposées pour la recevoir

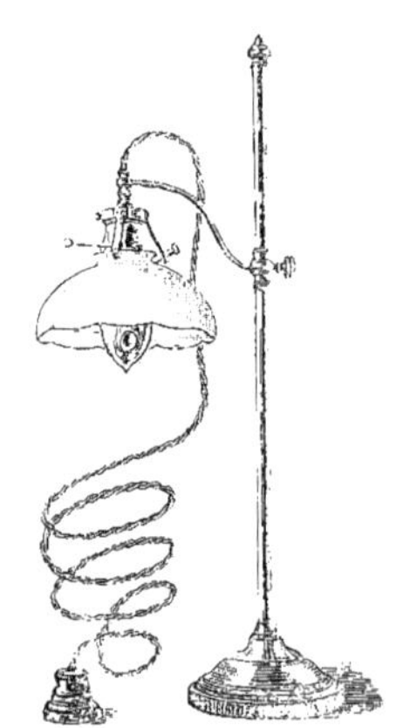

Fig. 587. — Lampe à pied. Hauteur réglable.

Dans les ateliers, on emploie assez souvent, pour éclairer des recoins difficilement abordables, des lampes à incandescence montées simplement sur une poignée en bois, protégées par un treillis métallique, et que l'on appelle *baladeuses,* expression pittoresque qui indique bien le mode d'emploi de ces lampes.

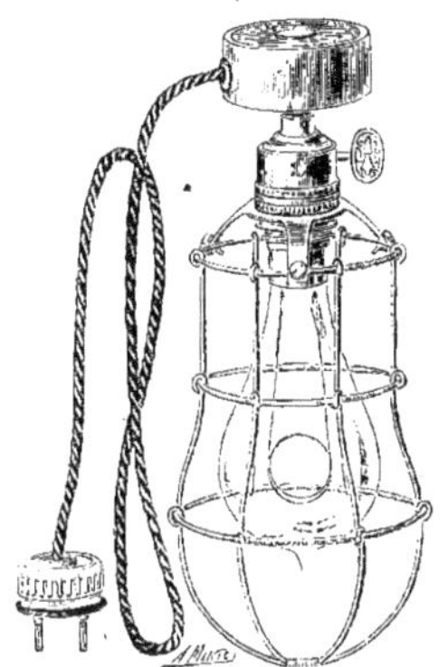

Fig. 588. — Lampe à support magnétique Cellerier.

Un long conducteur souple permet, en effet, de les promener pour porter la lumière dans les coins obscurs.

Fig. 589. — Suspension de lampe à incandescence.

Une de ces lampes (Fig. 588), la lampe Cellerier, est construite par les Établissements Grivolas, à Paris, d'où proviennent aussi les divers supports dont nous venons de parler, pour pouvoir s'appliquer, quand la lampe est allumée, sur une pièce de fer quelconque.

Cette lampe est munie, à son culot, d'un dispositif électromagnétique. Quand le courant traverse la lampe, le culot devient magnétique et permet à celle-ci de se maintenir collée et suspendue à un bâti, bielle, châssis, etc., en résumé, à une pièce quelconque de machine, quand cette pièce est en fer.

Les lampes à incandescence peuvent être disposées en *suspension* ou même contre le plafond, en *grappes*. La suspension permet de placer à volonté la lampe à la hauteur désirée. Dans ce cas (Fig. 589), la lampe est placée au bout d'un double conducteur souple qui est, d'autre part, fixé au plafond par l'intermédiaire d'une rosace. Ce conducteur

Fig. 590. — Plafonnier à abat-jour supportant sept lampes à incandescence.

passe sur deux galets dont l'un est également fixé au plafond et dont l'autre, mobile, porte un contrepoids de forme ovoïde équilibré soit avec de la grenaille de plomb soit avec des rondelles métalliques que l'on place dans l'enveloppe.

La figure 590 représente un support pour sept lampes à incandescence, destiné à être placé contre le plafond. Le support est muni d'un abat-jour.

Un *plafonnier* d'un autre genre est représenté par la figure 591 : il est constitué par un support ornementé pouvant recevoir trois lampes à incandescence munies de *tulipes*.

Les supports des lampes à incandescence

se prêtent bien à l'ornementation. Les figures 592 à 596, qui représentent des

Fig. 591. — Plafonnier à trois branches et à tulipes.

appareils d'éclairage construits par la Maison Mildé, à Paris, donneront un aperçu de la recherche d'art qui peut présider à l'établissement de ces appareils.

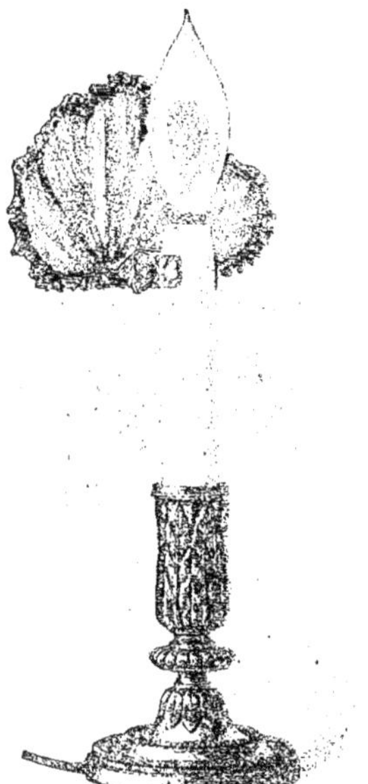

Fig. 592. — Flambeau Louis XVI.

Du flambeau Louis XVI (Fig. 592) et de l'applique Empire à deux lampes (Fig. 593), nous arrivons agréablement jusqu'au lustre électrique, *art nouveau*, avec son gracieux motif « Enfants et Roses » (Fig. 594), après lequel nous trouvons une belle lanterne Louis XVI (Fig. 595), exécutée d'après la lanterne du château de Compiègne, et un superbe lustre Louis XVI (Fig. 596) comportant à la fois des lampes à incandescence en grappes et des flambeaux ayant la forme de bougies surmontées de petites lampes à incandescence allongées. Les résultats d'art décoratif ainsi obtenus sont tout à fait remarquables et l'on n'eût point osé, au début, leur prédire autant de succès; mais la « partie est », comme on dit, bien gagnée.

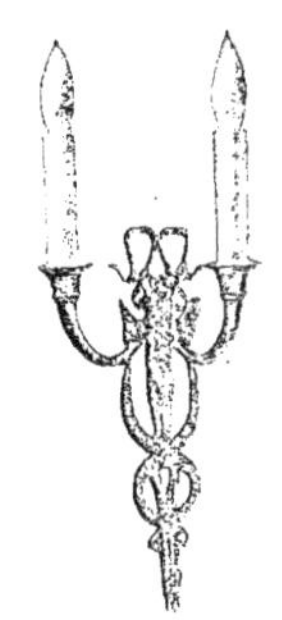

Fig. 593. Applique Empire.

Les lampes à incandescence servent, dans les théâtres, à produire sur la scène des effets lumineux réglés à volonté, de la coulisse, par ce que l'on appelle des *jeux d'orgue* qui sont, en principe, des séries de commutateurs pouvant produire, au moment choisi, l'éclairement, l'extinction ou des combinaisons variées de lumières de couleurs diverses donnant lieu à l'effet désiré. Les rangées de lampes disposées à cet effet, et dont l'ampoule est teintée en nuances différentes, constituent ce que l'on appelle les *herses*.

On utilise également de plus en plus

Fig. 594. — Lustre moderne « Enfants et Roses ».

l'éclairage par incandescence pour obtenir les jeux très variés des *enseignes lumineuses* qui ont pris une si grande extension aujourd'hui. On s'en sert, en outre, pour réaliser des effets somptueux de décorations lumineuses dans les salons particuliers et dans les fêtes publiques.

Les enseignes lumineuses comportant des séries de lettres semblables à celles représentées par les figures 597 et 598, sont construites par les Établissements Paz et Silva. L'une est supposée fermée et l'autre ouverte, ce qui permet de laisser voir les deux lampes qui provoquent l'éclairement de la lettre. Cette lettre est faite en verre soufflé et dépoli. Les lettres composant les

Fig. 595. — Lanterne Louis XVI.

enseignes peuvent, à volonté, s'allumer et s'éteindre alternativement pour attirer plus facilement les regards et peuvent être éclairées en couleurs successivement différentes. Ces divers effets s'obtiennent automatiquement par le jeu de commutateurs appropriés.

Quant aux motifs de décoration lumineuse, tout le monde a certainement pu apprécier, lors des réjouissances nationales, les splendides guirlandes de *fleurs électriques* qui illuminent les places publiques et jettent sur la façade des principaux monuments une féerique clarté.

Fig. 596. — Lustre Louis XVI, modèle Trianon.

Les Établissements Paz et Silva, à Paris, se sont fait une spécialité de ces décorations lumineuses qu'ils réalisent au moyen de *bandes souples*, comportant les deux conducteurs dans lesquels les lampes sont *piquées*. Une lampe ainsi placée dans le motif artistique choisi est immédiatement prête à

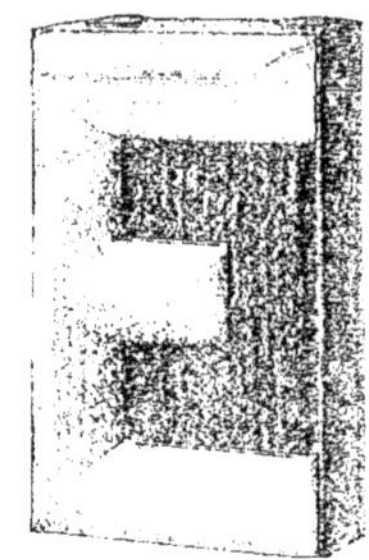

Fig. 597. — Lettre lumineuse fermée.

fonctionner, ce qui explique la rapidité avec laquelle des installations lumineuses

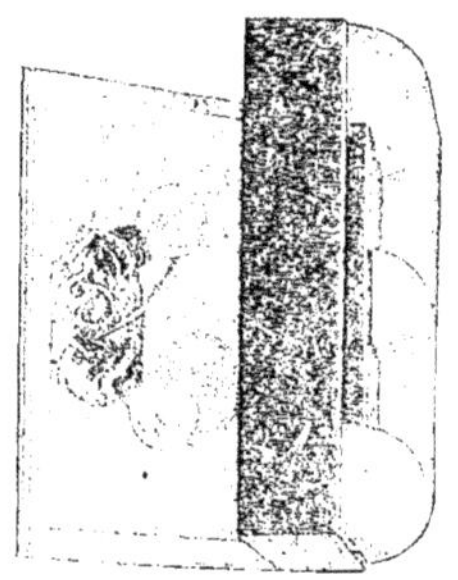

Fig. 598. — Lettre lumineuse ouverte.

peuvent être réalisées. La décoration lumineuse électrique des abords du Grand Palais, aux Champs-Élysées, pendant les *Salons de l'Automobile*, dans ces dernières années, en ont été un témoignage instructif.

CHAPITRE X

TRACTION ÉLECTRIQUE

TRAMWAYS ÉLECTRIQUES.
PRISES DE COURANT : aérienne, souterraine, par plots de contact.
TRACTION : par accumulateurs, par dispositifs combinés.
CHEMINS DE FER ÉLECTRIQUES.
PRISES DE COURANT PAR UN TROISIÈME RAIL.
LOCOMOTIVES : à accumulateurs, à prises de courant aériennes.
MOTEURS DE TRACTION.
CONTROLEURS.
MOTEURS DE TRACTION ET CONTROLEURS DIVERS.

Traction électrique La facilité avec laquelle la transmission de l'énergie électrique peut s'effectuer, devait nécessairement conduire à en étendre l'emploi pour actionner électriquement des véhicules et pour fournir, même aux chemins de fer, la force motrice nécessaire à leur fonctionnement. Les perfectionnements apportés aux moteurs électriques ont, d'autre part, très grandement contribué à étendre le champ de la *traction électrique*. Le moteur électrique offre, en effet, appliqué à la commande de véhicules, de grands avantages. Il permet, étant monté directement sur l'axe des essieux, d'actionner directement les roues motrices; de là, suppression complète des divers organes intermédiaires qui sont indispensables dans la commande par moteur à vapeur. En outre, le moteur électrique permet un démarrage rapide et peut donner aux véhicules qu'il actionne une vitesse considérable.

Il importe donc, pour qu'un véhicule puisse être mû électriquement, que le courant lui soit fourni d'une façon permanente, d'une façon appropriée, et qu'il soit *équipé* électriquement, c'est-à-dire qu'il soit muni de son moteur électrique et des appareils accessoires nécessaires pour assurer son fonctionnement. Le courant est transmis au moteur du véhicule par l'intermédiaire d'une *prise de courant* qui frotte soit sur un *conducteur nu*, soit sur des *contacts* successifs placés à peu de distance les uns des autres. Le véhicule peut encore emprunter sa force motrice électrique à une batterie d'accumulateurs qu'il transporte.

Les canalisations établies en vue de la traction électrique sont de types différents et les prises de courant qui s'y rapportent varient également.

Nous allons successivement examiner les principales dispositions employées pour conduire le courant au moteur : nous verrons, ensuite, l'*équipement* des véhicules.

Il faut distinguer deux catégories principales de véhicules électriques : ceux qui peuvent circuler dans les rues : *voitures* ou *tramways*, et ceux qui se meuvent sur des voies ferrées spécialement protégées : ce sont les *chemins de fer électriques*. Les *voitures électriques*, ne marchant pas sur rails, comportent leurs *accumulateurs*; les *tramways*, qui roulent sur des rails, reçoivent le courant provenant soit de *canalisations aériennes*, soit de *contacts* successifs disposés *à fleur du sol*, soit de *canalisations souterraines*, soit même d'*accumulateurs* qu'ils transportent.

Pour les chemins de fer, on dispose assez souvent un *troisième rail* qui fait office de conducteur du courant.

TRAMWAYS ÉLECTRIQUES

Prise de courant aérienne (Fig. 599 à 602.) Cette disposition consiste à placer, le long de la voie que doit suivre le véhicule, et à une hauteur de 7 mètres environ au-dessus du sol, des *conducteurs nus*, supportés par des poteaux, le plus souvent métalliques. Les conducteurs, qui ont environ 9 millimètres de diamètre, sont faits en *bronze siliceux* ou en *cuivre* et sont, bien entendu, isolés des poteaux qui les supportent. La *ligne* ainsi constituée part de l'usine génératrice ou de *feeders* qui y sont reliés et qui, dans ce cas, peuvent être placés dans des caniveaux souterrains; elle aboutit au point terminus que le véhicule doit atteindre.

Pour capter le courant sur le conducteur nu, on dispose, sur le toit de la voiture, une sorte de perche métallique portant, à son extrémité supérieure, une chape C (Fig. 599) également métallique, laquelle reçoit une poulie à gorge A, en bronze, roulant sur un axe B porté par la chape. La roulette est appelée *trolley*, et c'est ce nom qui a servi à désigner couramment la disposition générale de cette prise de courant aérienne.

Le trolley appuie, par le fond de sa gorge, contre le conducteur, et en dessous. Pour que cet appui soit toujours suffisant et permette un bon contact, la perche qui supporte la roulette est sollicitée à remonter par l'action d'une série de ressorts à boudin D (Fig. 600) disposés dans un cadre A qui reçoit sa partie inférieure B. La tension des ressorts est réglable. Tout le dispositif de support de perche peut tourner autour d'un axe vertical C fixé sur le toit de la voiture et permet, de cette manière, de changer le sens d'inclinaison de la perche, quand le véhicule doit marcher en sens inverse. La perche doit, en effet, être inclinée de l'avant à l'arrière du *sens de marche* de la voiture pour réaliser un bon contact et pour être, le moins possible, influencée par les ressauts brusques dus aux inégalités de la voie.

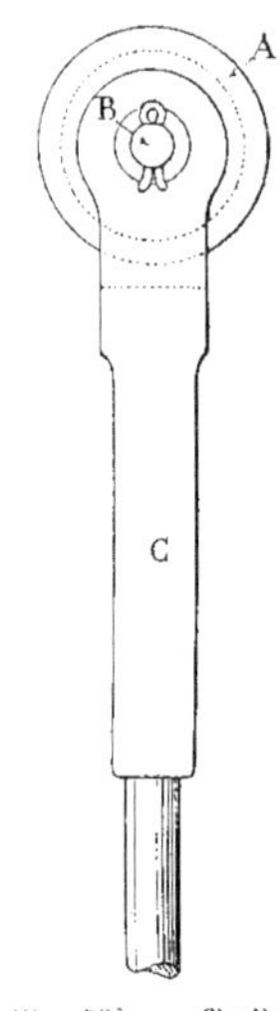

Fig. 599. — Trolley pour prise de courant aérienne.

La chape portant la roulette ou trolley est, en outre, articulée pour se prêter facilement au passage des diverses courbes. De cette façon, le trolley appuie toujours sur le

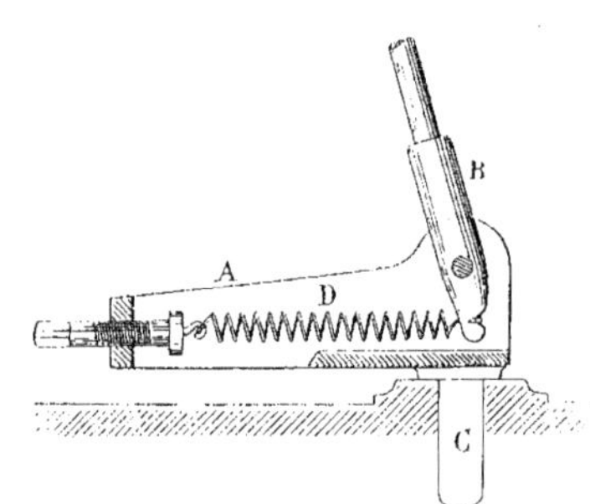

Fig. 600. — Dispositif d'articulation et de tension de la perche du trolley.

conducteur, soit par le fond de sa gorge, soit par ses joues. Le support métallique qui ou *contrôleur,* qui permet de distribuer le courant aux organes moteurs.

Fig. 691. — Locomotive électrique. (Ateliers de Constructions électriques du Nord et de l'Est.)

est fixé sur le toit de la voiture, et qui constitue la base de la perche, est mis en communication électrique avec le *commutateur*

Quand le courant a traversé les moteurs, il est conduit, par la masse métallique du véhicule, aux rails sur lesquels ce véhicule roule et qui constituent les *conducteurs de retour* de ce courant, nécessaires pour que le circuit soit fermé. Donc, en résumé, la prise de courant aérienne n'exige qu'un seul conducteur pour une même direction. Cette disposition est, on le conçoit, fort économique : son coût peut varier de 20.000 à 25.000 francs par kilomètre pour une voie unique, et de 24.000 à 30.000 pour une voie double. Les autres dispositifs que nous allons examiner ont un prix de revient plus élevé.

Il est donc avantageux d'employer la prise de courant aérienne, surtout quand la ligne ne traverse pas des agglomérations importantes d'habitations. Dans la traversée des grandes villes, la prise de courant par trolley, indépendamment d'un aspect généralement peu décoratif, n'est pas sans présenter souvent quelque danger.

La prise de courant aérienne peut être réalisée autrement que par trolley. Celui-ci est quelquefois remplacé par un tube métallique A, placé perpendiculairement à la direction du conducteur sous lequel il frotte, et supporté par une sorte de charpente B fixée sur le toit de la voiture. L'ensemble de ce dispositif est appelé *archet*. Le *frotteur* A et les tiges dont il est solidaire peuvent, par la tension de ressorts à boudin disposés comme dans le dispositif à trolley, être sollicités à remonter, en oscillant autour d'un axe horizontal C, ce qui permet d'appliquer énergiquement le frotteur sur le conducteur. Le frotteur a une longueur importante qui rend inutile l'articulation de l'appareil autour d'un axe vertical, comme dans le système à trolley. Quelles que soient les courbes de la voie, le tube frotteur ne quitte jamais le conducteur, qui peut ainsi appuyer sur un point quelconque de la longueur de l'archet.

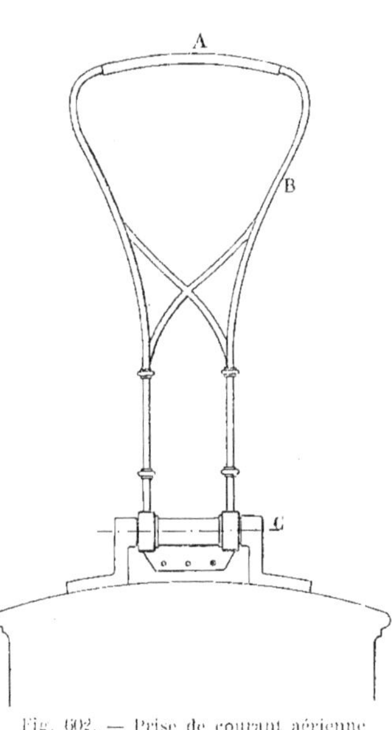

Fig. 602. — Prise de courant aérienne par archet.

Prise de courant souterraine (Fig. 603.) Les inconvénients des prises de courant aériennes que nous avons indiqués, et surtout le manque d'esthétique de ce système, ont conduit à établir les canalisations électriques dans des caniveaux. Il est nécessaire, dans ce cas, pour aller capter le courant sur les câbles qui y sont placés, de pratiquer tout le long de la voie, entre les deux rails, une rainure par laquelle passera le frotteur nécessairement fixé sur la voiture à faire mouvoir.

Ce dispositif, qui ne laisse au-dessus du sol aucune trace apparente, convient fort bien pour la traction électrique dans les belles voies des grandes villes dont on ne veut pas détruire la perspective; par contre, il est d'un prix de revient beaucoup plus élevé que le dispositif aérien, et il faut prendre des précautions particulières pour que la boue ne puisse pas s'accumuler dans le caniveau et pour que l'isolement du câble soit toujours parfait. En outre, il est de toute importance que le caniveau soit *indéformable* et capable de résister aux charges des voitures destinées à circuler constamment au-dessus de lui.

Les caniveaux ainsi constitués diffèrent suivant les pays, mais ils doivent répondre tous aux conditions d'installation que nous venons d'énumérer et leur différence ne porte généralement que sur la façon dont les câbles sont montés dans les caniveaux; cela donne aux frotteurs portés par les véhicules des formes variées appropriées aux différentes dispositions des câbles.

En France, à Paris surtout, les Ateliers Thomson-Houston, par exemple, ont établi, dans quelques grandes artères, des canalisations souterraines dont nous allons examiner la disposition.

Le caniveau Thomson-Houston (Fig. 603) est constitué par une série de plaques en fonte de fer A, distantes d'environ 1m,20 les unes des autres, et posées sur une couche de béton B garnissant le fond et les parties latérales de la tranchée creusée au-dessous du niveau du sol pour les recevoir.

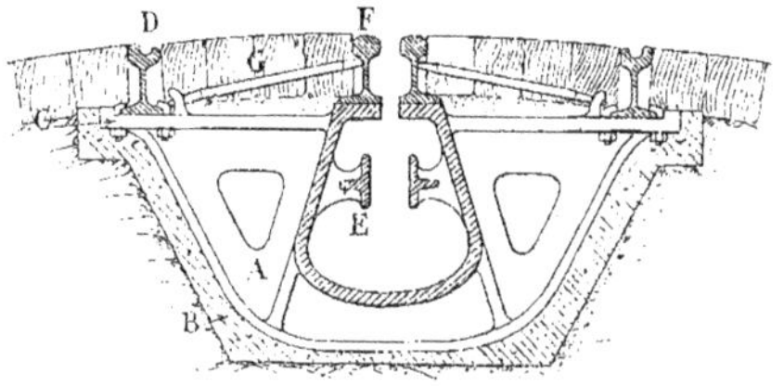

A la partie supérieure et à chacune des extrémités des plaques est, venu de fonte, un patin C sur lequel est fixé un des rails D qui doivent guider le véhicule.

Fig. 603. — Prise de courant souterraine Thomson-Houston.

La partie de la plaque comprise entre les patins porte un évidement dans lequel sont placés les conducteurs de courant E. La partie inférieure de cet évidement est formée par une nervure qui se prolonge, de chaque côté, vers la plaque voisine, de manière à constituer un caniveau. A la partie supérieure de l'évidement sont disposés deux longerons métalliques F fixés sur la plaque, qui ne laissent entre eux, au milieu de la largeur de celle-ci, qu'un espace réduit formant une rainure dans laquelle glissera le frotteur.

Des entretoises G assurent la rigidité de l'ensemble.

Les deux conducteurs placés dans le caniveau servent l'un à prendre le courant, l'autre de conducteur de retour. Ils sont constitués par une barre métallique E ayant la forme d'un T et sont supportés par des isolateurs en porcelaine fixés à la plaque de fonte par des tiges métalliques.

Les conducteurs sont placés sur le côté par rapport à la rainure longitudinale supérieure, de façon que la boue, la neige et, en général, tout ce qui peut tomber dans le caniveau ne puisse les toucher. Le caniveau est établi avec une légère pente pour permettre aux eaux de s'écouler vers les égouts, et de distance en distance, sur toute la longueur de la ligne, sont disposés des *regards*, sortes d'ouvertures qui donnent la possibilité de procéder aux visites, aux réparations des conducteurs et au nettoyage du caniveau.

Le frotteur, fixé à la partie inférieure de la voiture par l'intermédiaire d'une barre rigide qui passe dans la rainure, est appliqué contre le conducteur par l'action de ressorts convenablement disposés. Comme le frotteur est nécessairement coudé pour atteindre le conducteur, il est introduit dans le caniveau et placé sous la voiture par un des regards ménagés le long de la voie.

Prise de courant par plots de contact (Fig. 604.) Le prix de revient très élevé des canalisations souterraines a conduit à chercher un autre mode d'installation de prise de courant moins onéreux et supprimant, toutefois, l'emploi des canalisations aériennes.

On a adopté un dispositif dans lequel le frotteur solidaire de la voiture prend successivement contact avec des plots métalliques disposés au milieu de la voie et peu espacés les uns des autres. Ces plots, placés à fleur du sol, doivent, en principe, répondre aux conditions de fonctionnement suivantes : ils doivent permettre au frotteur de la voiture de capter le courant à son passage, mais ce courant doit être interrompu dans le plot aussitôt que le véhicule l'a dépassé ; sans cela, il pourrait se produire de graves accidents comme il s'en est produit au début de l'emploi de ce système, dont le fonctionnement laissait à désirer. Des chevaux posant leurs sabots ferrés en même temps sur les plots où le courant n'était pas interrompu et sur le rail de retour furent électrocutés. Ces accidents, quoique sérieux, ne diminuent en rien la valeur des dispositifs employés ni l'ingéniosité des systèmes. Il était simplement nécessaire d'assurer à ces prises de courant un fonctionnement régulier, ce qui est fort bien réalisé aujourd'hui.

Un des systèmes les plus simples de prise de courant par plots est le dispositif de la Diatto-Électro Compagnie (Fig. 604).

Le plot A, placé de façon à déborder légèrement le niveau du sol, est traversé, à sa partie centrale, par une tige de fer B, conique, qui est disposée au-dessus d'une seconde tige en fer C plongeant dans le mercure contenu dans un godet D. La tige C, ou *plongeur*, est lestée de façon à flotter dans le mercure en conservant sa position verticale, et, au repos, cette pièce est légèrement écartée de la tige B solidaire du plot. Le godet à mercure D, qui est métallique, est mis en communication à sa partie inférieure avec le conducteur disposé dans un simple caniveau.

Le véhicule porte le dispositif qui fait office en même temps de frotteur et de distributeur de courant. Ce dispositif comporte une barre transversale E placée en avant de la voiture et qui est fixée à celle-ci par l'intermédiaire d'une suspension élastique. Cette barre, qui est en fer, est constamment aimantée par des électro-aimants F dont le courant est fourni par une petite batterie d'accumulateurs ou même par une dérivation provenant des moteurs du véhicule. Quand le véhicule marche, la barre transversale E frotte sur les plots et y est appuyée par la tension des ressorts de suspension. Par ce contact, le plot s'aimante et la tige B également. Le plongeur C est alors attiré contre la pièce B et établit la communication électrique entre le godet à mercure D et la barre transversale E qui frotte sur le plot.

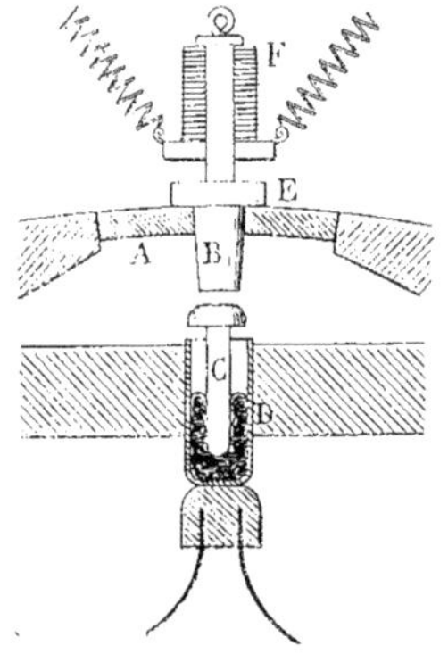

Fig. 604. — Prise de courant par plots. (Système Diatto.)

Le courant provenant du conducteur souterrain peut donc être admis, par l'intermédiaire du plot et de la barre frottante, dans les moteurs qui actionnent la voiture. A mesure que la voiture avance, la barre quitte le plot. Celui-ci, n'étant plus influencé par l'aimantation de la barre, perd également son aimantation, et le plongeur C, n'étant plus attiré contre la tige B, retombe et interrompt le courant qui n'arrive plus jusqu'au plot.

Pour assurer la continuité du contact sur les plots, espacés d'une distance inférieure à la longueur de la voiture, celle-ci porte deux barres frottantes disposées l'une à l'avant, l'autre à l'arrière. Le courant persiste dans le plot sur lequel la barre d'avant a frotté jusqu'à ce que la barre d'arrière, qui à son tour frotte dessus, l'ait abandonné, ce qui ne se produit que lorsque la barre d'avant est venue en contact avec un nouveau plot. Le courant n'est, de cette façon, pas interrompu dans les moteurs du véhicule.

Les plots sont reliés entre eux par des conducteurs, pour que le courant puisse successivement être amené d'un plot à l'autre, à mesure que leur fonctionnement est provoqué par la barre aimantée portée par le véhicule. Le retour du courant s'effectue par le rail.

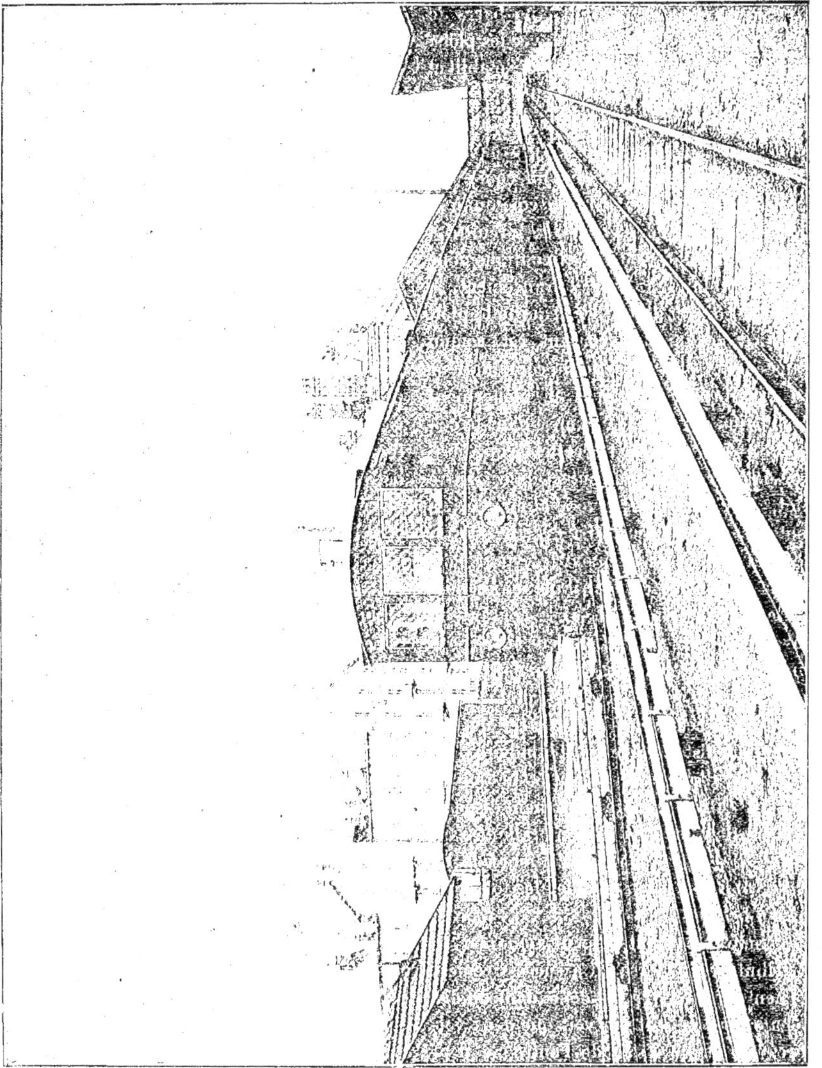

Fig. 995. — Chemin de fer électrique avec prise de courant par troisième rail. (Ligne du Fayet à Chamonix.)

Un autre dispositif de prise de courant par plots, le système Claret-Villeumier, présente une particularité intéressante. Il comporte un distributeur qui, par sa manœuvre, permet d'envoyer et d'interrompre automatiquement et successivement le courant dans une série de vingt plots.

Le véhicule comporte toujours, comme dans le dispositif précédent, une barre de fer qui vient prendre contact avec les plots. Du fait de ce contact, un courant s'établit et traverse un électro-aimant disposé dans le distributeur. L'armature de l'électro-aimant, mise alors en mouvement, provoque le déplacement de la manette d'un commutateur circulaire qui établit la communication entre le conducteur et le circuit des moteurs du véhicule. Celui-ci continue donc à avancer. Du fait de cet avancement, la barre de contact se déplace et quitte le plot. Automatiquement, le courant est rompu dans ce plot et la manette du commutateur ou distributeur effectue un mouvement de rotation qui prépare la mise dans le circuit du plot suivant. De cette façon, lorsque la barre vient au contact de cet autre plot, le courant continue à alimenter les moteurs de la voiture. La distribution du courant s'effectue ainsi pour les vingt plots par la manœuvre du distributeur. Au delà de la série de vingt plots, le courant est envoyé à un second distributeur actionnant vingt autres plots et ainsi de suite sur toute la longueur de la ligne. Il est donc nécessaire, dans ce dispositif, de placer de distance en distance des distributeurs. Ces appareils, distants d'environ 50 mètres les uns des autres, sont généralement disposés à côté de la voie, dans un trou pratiqué dans le sol. Un *regard* permet d'ailleurs de les visiter et de les réparer toutes les fois qu'il en est besoin.

Comme le courant ne peut alimenter un distributeur que lorsqu'il a successivement alimenté les vingt plots dépendant du distributeur précédent, on voit que deux voitures à la suite l'une de l'autre ne peuvent pas être actionnées en même temps si elles n'ont pas entre elles au moins la distance existant entre deux distributeurs, soit 50 mètres.

Traction par accumulateurs

Ce mode de traction supprime les difficultés d'installation des prises de courant souterraines et superficielles et n'exige pas, comme les prises de courant aériennes, un réseau de fils détruisant la perspective des belles avenues. De plus, la voiture est indépendante et porte avec elle sa force motrice électrique. Cette énergie est donnée par une batterie d'accumulateurs placée dans la voiture.

La charge de la batterie s'effectue à une usine génératrice de courant, placée généralement à une tête de ligne, et le véhicule, roulant sur une voie ordinaire, peut parcourir son double trajet, aller et retour, en utilisant la charge de la batterie qui doit pouvoir fournir une énergie un peu supérieure à celle qui est nécessaire pour effectuer ce double parcours. On recharge la batterie à chaque arrivée, ou bien on la remplace par une autre batterie toute chargée, et le véhicule peut de nouveau repartir. Il n'y a donc plus, dans ce mode de traction, de conducteurs, et le courant électrique ne circule pas dans les rails.

Les avantages considérables de la traction par accumulateurs semblent, au premier examen, de nature à la faire préférer à tout autre système de traction électrique. Aussi, à l'origine, l'industrie des tramways, comme celle des voitures électriques, avait-elle cherché sa voie dans cette orientation. Mais, en même temps que le transport de l'énergie allait se perfectionnant au point de vue de l'économie et de la sécurité, la pratique révélait dans la traction par accumulateurs des inconvénients assez sérieux pour en contrebalancer les avantages et en réduire de plus en plus l'emploi.

Les accumulateurs ont un poids considérable qui augmente, en pure perte, le travail nécessaire pour actionner le véhicule. Ce poids atteint une valeur à peu près égale à celui de la voiture portant sa plus grande charge. L'énergie dépensée doit donc être le double de l'énergie qui devrait, en réalité, être suffisante. D'autre part, les trépidations auxquelles sont soumis les véhicules nuisent à la conservation, en bon état, des plaques des accumulateurs; la *matière active* se détache et la durée de service des plaques peut ainsi se trouver réduite.

Les batteries d'accumulateurs peuvent se placer dans des sortes de boîtes disposées sous la voiture et être rendues ainsi facilement amovibles; on les met quelquefois également dans les coffres intérieurs sous les banquettes; mais, dans ce cas, les dégagements de gaz qui se produisent peuvent incommoder les voyageurs.

Ces batteries peuvent être établies soit en vue d'un chargement lent, soit pour un chargement rapide. Dans le cas du chargement lent, il est nécessaire, pour ne pas immobiliser une voiture pendant un temps trop long, de rendre la batterie facile à remplacer sur la voiture. La batterie de réserve est ainsi chargée à loisir, pendant que la voiture effectue son parcours avec la seconde batterie, laquelle a été mise en bon état de fonctionnement. De là, toutefois, la nécessité d'avoir double matériel.

Quand les batteries d'accumulateurs sont à charge rapide, il est indispensable qu'elles soient plus fortes, à puissance égale, que les batteries à charge lente. Leur poids est donc plus considérable, mais elles ont l'avantage de pouvoir être rechargées sans immobiliser pendant trop longtemps la voiture. Cette recharge s'effectue à la tête de ligne pendant que la voiture stationne attendant son tour de départ.

Traction par dispositifs combinés

Dans quelques villes, et notamment à Paris, certaines lignes de tramways qui traversent la cité desservent également des localités environnantes. Sur une partie du parcours de ces lignes de tramways, on peut, sans inconvénient, disposer des prises de courant aériennes par *trolley*. Cela est même, ainsi que nous l'avons dit, fort avantageux au point de vue du prix de premier établissement; mais, en général, dans la partie centrale de la ville traversée, on ne tolère pas l'emploi du trolley pour des raisons d'esthétique. On peut donc combiner, pour actionner ces tramways, un des dispositifs précédents avec la prise de courant aérienne.

Assez souvent, les tramways portent des accumulateurs dont l'énergie n'est utilisée que lorsque la ligne aérienne cesse. On place alors la perche supportant le trolley dans un crochet d'arrêt fixé sur le toit de la voiture et on actionne les moteurs avec le courant fourni par la batterie d'accumulateurs. La charge de ces accumulateurs, qui peut s'effectuer pendant le stationnement de la voiture à l'extrémité de la ligne, peut aussi se faire pendant que le tramway fonctionne par prise de courant aérienne. Une disposition appropriée des connexions dans la voiture permet d'utiliser le courant capté par le trolley pour opérer cette charge. Il est nécessaire cependant, dans ce cas, que la section de la ligne comportant une prise de courant aérienne soit assez longue pour permettre la charge complète des accumulateurs.

On peut également combiner la prise de courant aérienne avec la prise de courant souterraine. Au point de jonction des deux canalisations, la perche du trolley est immobilisée sur le toit de la voiture et une manœuvre rapide permet de mettre les frotteurs inférieurs en contact avec les conducteurs souterrains. La voiture peut ainsi continuer sa route.

CHEMINS DE FER ÉLECTRIQUES

Nous avons, au début de ce chapitre, indiqué la différence essentielle qui existe entre une ligne électrique de tramways et une ligne de chemin de fer électrique. Dans le premier cas, il faut prendre les plus grandes précautions pour que, sur toute sa longueur, la ligne soit parfaitement isolée et hors d'atteinte.

Dans le second cas, la voie étant, par principe, rendue inaccessible aux personnes étrangères au service, on a pu établir une canalisation électrique fort simple, relativement peu coûteuse et donnant toute satisfaction. Cette canalisation consiste à disposer, parallèlement aux deux rails de roulement, un *troisième rail*, placé soit entre les deux autres, soit sur l'un des côtés, et qui sert de conducteur de courant.

Fig. 606. — Dispositif d'un troisième rail de prise de courant.

Prise de courant par un troisième rail. (Fig. 605, 606 et 608.) Le troisième rail est placé sur des supports isolants, faits généralement en bois paraffiné, et son niveau dépasse d'environ 20 centimètres le plan du niveau de la voie. Un frotteur porté par la voiture motrice reste constamment en contact avec ce rail, et le courant est ainsi amené d'une façon continue aux moteurs de la voiture.

Dans ce dispositif, on voit que le conducteur électrique, au lieu d'être en cuivre, comme dans la généralité des cas, est en acier. Sa conductibilité se trouve de ce fait diminuée; mais en donnant à ce conducteur la forme d'un rail, on augmente notablement sa section, ce qui diminue sa résistance électrique et permet en outre d'obtenir un dispositif de prise de courant très robuste.

Le mode de traction par l'intermédiaire du troisième rail est employé dans presque tous les chemins de fer électriques. Le chemin de fer métropolitain de Paris l'utilise et les sections de voies électriques de diverses Compagnies de chemins de fer français sont équipées de semblable façon.

La tension du courant employé pour la traction des chemins de fer est généralement de 500 à 550 volts. Pour éviter des accidents pouvant survenir, principalement aux hommes de service de la voie, par la présence de la ligne électrique aussi près du sol, on dispose des protecteurs en bois qui empêchent tout contact avec le rail. Le frotteur

Fig. 607. — Ensemble de locomotive électrique. (Ateliers d'Oerlikon.)

de la voiture peut néanmoins, en appuyant sur la partie supérieure du rail, prendre le courant. Cette protection est généralement établie sur toute l'étendue des gares et de chaque côté des passages à niveau, sur une longueur d'au moins 10 mètres.

Les figures 606 et 608 montrent la disposition d'un rail conducteur. Constitué par une suite de rails disposés bout à bout, ce conducteur peut être placé, suivant les cas, tantôt d'un côté de la voie, tantôt de l'autre, et les voitures sont munies pour cela de deux frotteurs de prise de courant de chaque côté. Le rail conducteur peut toujours ainsi rester

Fig. 608. — Disposition, à un aiguillage, du troisième rail muni de protecteurs en bois.

en contact avec au moins l'un des frotteurs, même quand il est interrompu soit aux passages à niveau, soit aux aiguillages et croisements de voie (Fig. 608).

On voit que le rail conducteur est protégé, comme nous l'avons dit, par un recouvrement en bois, et posé sur des isolants constitués par des cales en bois paraffiné, rendues solidaires des traverses supportant la voie (Fig. 608).

Les locomotives électriques peuvent comporter des dispositifs de prise de courant autres que le troisième rail conducteur. Ces prises peuvent être aériennes et pour certaines applications spéciales comme, par exemple, l'emploi au service des mines, on établit des locomotives à accumulateurs.

Locomotive à accumulateurs

La locomotive minière à accumulateurs (Fig. 609-610), construite par les Ateliers Felten et Guilleaume-Lahmeyerwerke, permet d'assurer le service du roulage depuis les galeries d'exploitation jusqu'au puits d'extraction. Le transport, à l'intérieur des galeries, du charbon extrait exige un travail continu et un maximum de puissance dans un encombrement très restreint. On doit nécessairement limiter les dimensions de la batterie d'accumulateurs, ce qui oblige à la recharger ou à la remplacer plusieurs fois par jour.

La locomotive comporte, pour faciliter ce remplacement une table de chargement appropriée, constituée par plusieurs séries de chacune quatre galets supportés par le robuste châssis de la locomotive fait en forte tôle et en fers profilés. Les axes de rotation des galets sont disposés parallèlement à l'axe longitudinal de la locomotive. La locomotive porte, en outre, à l'avant et à l'arrière, deux roues à chaine pouvant être

Fig. 609. — Locomotive minière à accumulateurs. (Felten et Guilleaume-Lahmeyerwerke.)

actionnées par le mécanicien au moyen d'une manivelle.

Quand une batterie est déchargée, on amène la locomotive devant une table de chargement, équipée comme celle de la locomotive (Fig. 610). On accroche les chaînes passant sur les poulies à deux crochets disposés sur les parois de la caisse contenant les accumulateurs et quelques tours de manivelle permettent de faire rouler la batterie déchargée de la locomotive sur la table de chargement. Sur une table de chargement voisine est disposée une batterie chargée que l'on peut alors, par une manœuvre semblable, mais en sens inverse, faire passer sur la locomotive. La batterie est ensuite rendue solidaire du châssis au moyen de fortes chevilles, et pour que la locomotive soit prête à repartir, on n'a qu'à enfoncer dans la boîte de prise de courant de la batterie une fiche de contact qui termine le câble souple de raccordement. La manœuvre du changement de batterie est ainsi effectuée avec une grande facilité dans un temps très court.

Fig. 610. — Changement de batterie de la locomotive minière.

Les batteries comportent 84 éléments, ayant une capacité de 74 ampères-heures pour une décharge en une heure et pèse environ 2.500 kilogrammes.

La locomotive, du poids total de 5.500 kilogrammes, peut remorquer des trains de 25 à 30 wagonnets pleins, à la vitesse d'environ 11 kilomètres à l'heure, sur une voie inclinée à 3 ou 4 pour 1.000. La charge de la batterie permet d'effectuer 6 kilomètres dont 3 avec le train chargé et 3 avec le train vide.

Locomotive à prise de courant aérienne

Les prises de courant aériennes, en principe constituées comme nous l'avons indiqué pour les tramways, reçoivent cependant des dispositions spéciales suivant l'emploi auquel elles sont destinées.

Dans les grandes usines et principalement dans les usines métallurgiques et les exploitations minières, la locomotive électrique peut rendre de très grands services pour la manutention des matériaux et des marchandises. Comme tous les grands établissements industriels produisent de l'énergie électrique, ils peuvent sans difficulté et très économiquement installer la traction électrique sur les voies de l'usine en disposant des simples prises de courant aériennes.

La locomotive électrique représentée par la figure 601, construite par les Ateliers de Constructions électriques du Nord et de l'Est, à Jeumont, et d'une puissance de 54 chevaux, porte un dispositif de prise de courant par archet. La locomotive est constituée par un bâti de fonte d'une seule pièce qui repose sur les fusées des essieux par l'intermédiaire de forts ressorts à boudin.

Les moteurs sont placés à l'intérieur du châssis (Fig. 611) et actionnent chacun un essieu. Un *contrôleur* unique permet d'obtenir un démarrage progressif par la manœuvre d'une manette. Une seconde manette commande la marche-avant ou la marche-arrière et met en action soit un seul des deux moteurs, soit les deux simultanément. Les moteurs peuvent donc ainsi être rendus indépendants. La locomotive comporte quatre sablières actionnées par un même levier, dont la manœuvre permet de projeter, par petites quantités, du sable sur le rail devant les quatre roues.

Les Ateliers d'Oerlikon ont établi, pour les chemins de fer fédéraux suisses, des canalisations électriques à courants monophasés fournissant l'énergie aux locomotives équipées pour capter le courant au moyen d'une antenne. L'antenne est montée sur le toit de la locomotive. Elle comporte un tube légèrement incurvé à son extrémité qui constitue le frotteur. Cette antenne est placée transversalement par rapport à l'axe de la voie et peut se déplacer dans tous les sens au-

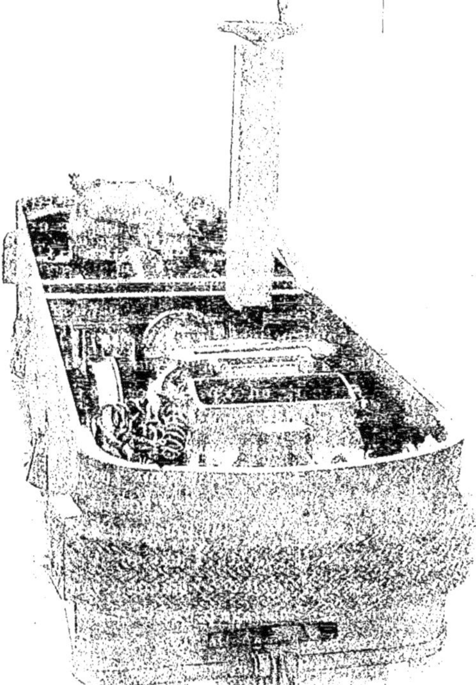

Fig. 611. — Locomotive électrique. Vue du truck et du moteur.

tour d'un axe qui est lui-même mobile, étant

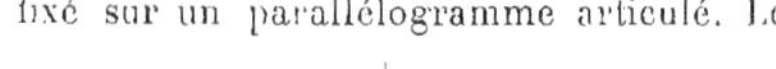

fixé sur un parallélogramme articulé. Le

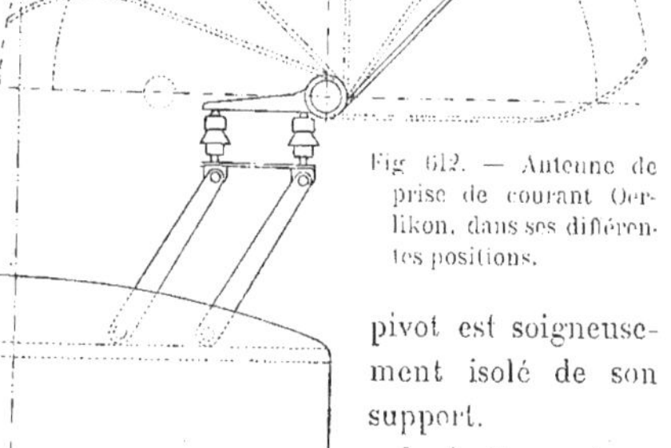

Fig. 612. — Antenne de prise de courant Oerlikon, dans ses différentes positions.

pivot est soigneusement isolé de son support.

Le frotteur est appliqué sur le conducteur aérien par la tension de ressorts. On voit par la figure 612 l'amplitude de la variation possible du conducteur par rapport à l'antenne sans que, pour cela, le frotteur cesse d'être en contact avec le fil de la ligne. Dans une première position, le frottement a lieu sur la partie supérieure du conducteur ; dans une seconde, la prise de courant a lieu obliquement en dessus ; elle s'effectue de côté pour la troisième, puis obliquement en dessous et enfin sur la génératrice inférieure dans une quatrième et une cinquième position. Le système articulé peut se déplacer à la main ou par commande pneumatique. Ordinairement, le parallélogramme est dans sa position la plus écartée de l'axe de la locomotive et le conducteur est posé sur le côté de la voie et tout le long de celle-ci. Cette disposition, en effet, facilite le montage, l'entretien et la réfection

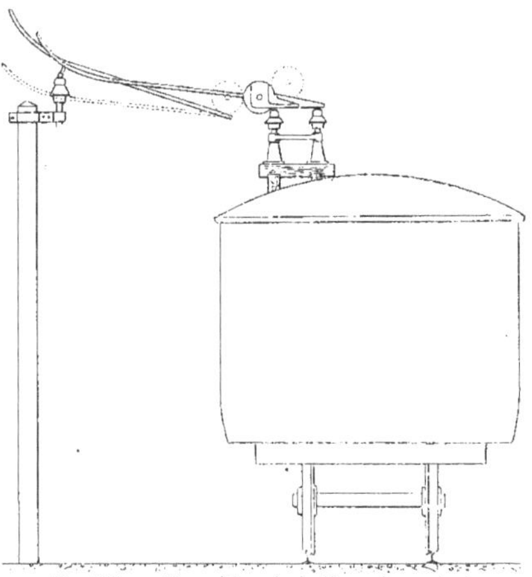

Fig. 613. — Disposition de la ligne de contact dans les courbes.

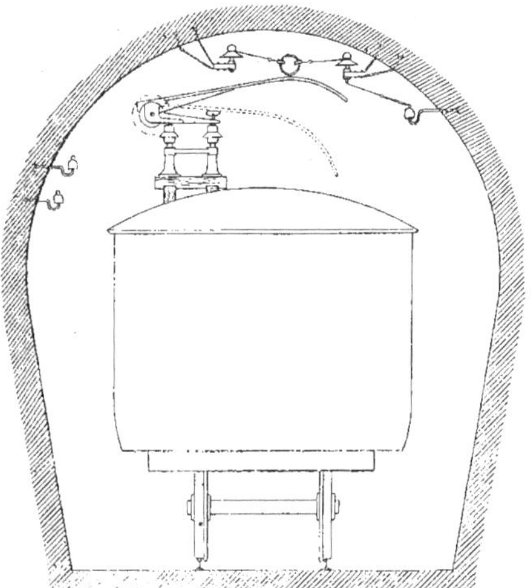

Fig. 614. — Disposition de la ligne de contact dans les tunnels.

Fig. 615. — Dispositif des consoles à l'intérieur et à l'extérieur des courbes.

de la ligne. Le conducteur est constitué par un fil de cuivre supporté par une suspension en partie rigide et en partie élastique.

Les attaches du conducteur sur les consoles qui le supportent sont appropriées à la position que prend l'antenne en frottant sur ce conducteur. La figure 613 indique la forme des consoles pour la prise de courant sur le côté, et la figure 614 montre de quelle façon est établie la canalisation dans un tunnel.

Dans les courbes, les consoles sont disposées différemment suivant que les poteaux sur lesquels elles sont fixées sont placés à l'intérieur ou à l'extérieur de la courbe. Les figures 615 et 617 représentent deux dispositifs de consoles placés dans des courbes, les conducteurs étant, dans ce cas, suspendus d'une façon spéciale et amarrés latéralement pour que les poteaux de support puissent être espacés de 100 mètres.

Pour la traversée des passages à niveau, des précautions sont prises pour éviter les accidents. Un dispositif de protection, constitué par un chevalet en fer (Fig. 616), peut être établi pour empêcher tout contact avec le conducteur. Si pour des raisons spéciales la canalisation aérienne n'est pas à une hauteur suffisante au-dessus de la voie, on peut, comme l'indique la figure 620, munir la ligne, au droit d'un passage à niveau, d'interrupteurs de courant, dont le fonctionnement se produit automatiquement quand on ouvre la barrière. Ainsi les accidents sont nécessairement évités, puisque le courant ne circule plus dans les conducteurs quand le passage à niveau est ouvert à la circulation.

Fig. 616. — Dispositif de fil avec chevalet de protection à un passage à niveau.

Dans les stations importantes, les traverses supportant les fils ont une longueur quelquefois considérable. Certaines de ces traverses recouvrent jusqu'à sept voies et sont supportées seulement par deux poteaux. Ces traverses sont généralement placées à 50 mètres les unes des autres. Comme les bifurcations peuvent occuper toutes les positions possibles par rapport aux supports, il faut, en certains points, renforcer la suspension au moyen de pièces spéciales qui permettent le déplacement facile des conducteurs d'après les exigences de la forme des voies.

La locomotive qui roule sur ces voies (Fig. 607) repose sur deux bogies à trois essieux. Elle a une longueur totale de $13^m,70$ et ses roues ont $1^m,10$ de diamètre. La suspension est réalisée avec des ressorts-lames et des ressorts à boudin entre lesquels le travail est uniformément réparti par des tiges réunissant deux à deux les organes de suspension des essieux.

Le freinage s'effectue par douze sabots qui agissent chacun sur une roue; il est commandé par l'air comprimé ou même par leviers et manivelles.

L'air comprimé est également utilisé pour actionner les sableurs et les organes de prise de courant. Il est fourni par une pompe à commande électrique. Les essieux sont commandés par les moteurs par l'intermédiaire d'un engrenage, ce qui peut donner à la locomotive une vitesse de 50 kilomètres à l'heure.

La locomotive comporte deux cabines de commande, une à chaque extrémité, réunies par un couloir.

Entre ces cabines sont disposés deux transformateurs et les appareils de réglage et de mesure. Ces appareils sont complètement enfermés et les portes qui permettent d'y accéder ne peuvent être ouvertes que lorsque les appareils de prise de courant sont abaissés et que, par conséquent, le courant ne circule pas dans la locomotive. De même, on ne peut remettre en contact les frotteurs et les conducteurs que lorsque les portes sont fermées.

Comme le courant du conducteur est du courant monophasé à 15.000 volts, et qu'il est utilisé à des tensions de 288, 330 et 378 volts, il est indispensable de placer sur la locomotive les deux transformateurs dont nous venons de parler. Ces transformateurs sont plongés dans un bain d'huile contenu dans un bac en tôle de fer.

Des disjoncteurs à bain d'huile sont disposés entre la prise de courant et les transformateurs; des coupe-circuits et des interrupteurs sont également installés aux places convenables.

Fig. 617. — Suspension des fils dans une courbe avec amarres latérales pour portées de 100 mètres.

Les moteurs, qui peuvent être au nombre de six, ont une puissance de 225 chevaux et sont à ventilation forcée. Nous nous étendrons plus loin un peu plus longuement sur la disposition des organes de ces moteurs.

Les Ateliers de construction Brown, Boveri et Cie ont installé aussi des lignes de traction électrique, dont la plus curieuse est celle qui est établie sous le tunnel du Simplon, lequel a près de 20 kilomètres de longueur.

La ligne est alimentée par du courant alternatif triphasé, dont la tension est de 3.300 volts et la fréquence de 16 périodes par seconde.

Deux des phases du courant sont amenées par des conducteurs aériens et la troisième par les rails. La suspension des conducteurs aériens est réalisée, en dehors du tunnel (Fig. 618), en les amarrant, de distance en distance, à des fils de soutien transversaux, tendus entre des doubles mâts faits en tube de fer et placés de chaque côté de la voie. Dans les courbes, ces poteaux sont renforcés par une jambe de force pour augmenter leur résistance à la flexion.

Dans le tunnel, les conducteurs sont fixés à des fils-supports transversaux tendus entre deux pièces de bronze scellées dans les parois maçonnées (Fig. 621).

Ces fils transversaux sont espacés de 25 mètres sur les alignements et deux fois plus rapprochés dans les courbes.

Pour éviter une chute de tension, qui aurait pu être assez grande sur toute la longueur du tunnel, sans avoir recours à l'emploi de transformateurs, on a donné au conducteur placé à l'intérieur du tunnel une section plus grande qu'au conducteur extérieur. Pour cela, au lieu d'un seul fil, chaque pôle en comporte deux qui ont le même diamètre que le conducteur extérieur, 8 millimètres (Fig. 621). Les isolateurs supportant les conducteurs se composent d'une pièce en caoutchouc durci, ayant la forme d'un boulon sur laquelle le fil de ligne est fixé.

Ce boulon est solidaire d'une traverse en bronze portant, à chacune de ses extrémités, un fort isolateur en porcelaine. Les isolateurs sont, à leur tour, encastrés dans des pièces métalliques, permettant de relier le support des câbles au fil transversal.

Les rails qui, comme nous l'avons dit, amènent la troisième phase du courant, ont leurs tronçons reliés entre eux par un joint spécial. Pour effectuer ce joint, on décape au droit des éclisses les surfaces qui doivent être bonnes conductrices du

Fig. 618. — Entrée du tunnel du Simplon du côté de Brigue.

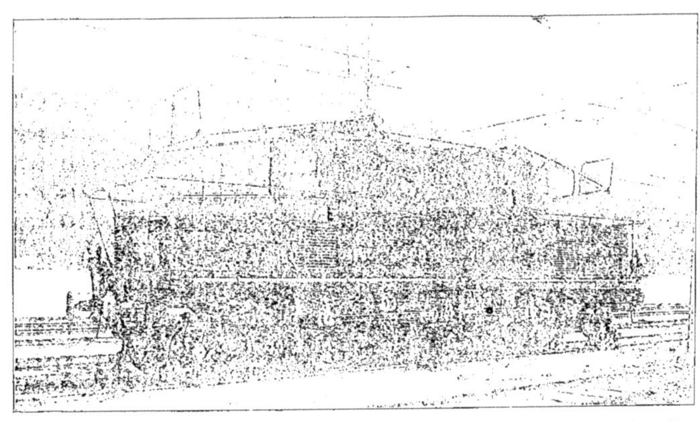

Fig. 619. — Locomotive électrique du chemin de fer du Simplon. (Brown, Boveri et Cie.)

courant. Ce décapage s'opère au moyen d'un jet de sable projeté par une soufflerie que l'on peut déplacer facilement sur la

boulonnées, comme d'habitude, aux rails, et la connexion est ainsi établie d'une manière durable.

Fig. 620. — Passage à niveau comportant un interrupteur automatique de courant relié aux barrières.

voie. Quand le décapage est fait, on enduit les surfaces d'une légère couche de pâte préparée pour empêcher toute oxydation de ces surfaces. Les éclisses sont ensuite

La prise de courant s'effectue au moyen d'archets portés par la locomotive.

Cette locomotive (Fig. 619) est à deux bogies et comporte cinq essieux, dont trois moteurs. Il n'y a cependant que deux moteurs placés entre les trois roues motrices et qui agissent sur celle du milieu. Celle-ci entraîne chacune des deux autres au moyen de bielles d'accouplement pour éviter l'emploi de roues d'engrenage. Ces moteurs ont une puissance normale de 450 chevaux.

Les Ateliers Ganz et Cie, de Budapest, ont établi la traction électrique sur des lignes de chemins de fer de la vallée de l'Adda et du bord du lac de Côme, dans la Haute-Italie. L'énergie électrique est fournie par des courants triphasés à haute tension.

Le courant triphasé est produit directement dans la station centrale aux bornes des générateurs à la tension de 20.000 volts; il est conduit par une ligne spéciale, qui est la *ligne primaire*, à diverses sous-stations dans lesquelles des transformateurs ramènent la tension du courant à 3.000 volts et alimentent directement les conducteurs de la ligne de traction, *ligne secondaire*. Les fils de la ligne primaire sont placés sur des isolateurs spéciaux situés sur le prolongement des poteaux supportant les conducteurs de contact (Fig. 623). Aux entrées des tunnels, cependant, la ligne primaire quitte la ligne d'utilisation, passe au-dessus des tunnels, montée sur des poteaux spéciaux, et la rejoint à la sortie.

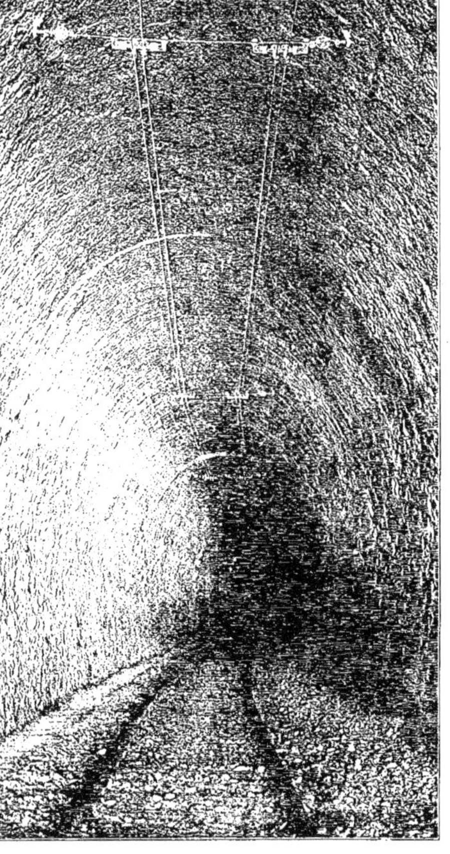

Fig. 621. — Installation de la ligne électrique dans le tunnel du Simplon. (Brown, Boveri et Cie.)

Les conducteurs sur lesquels se fait la prise de courant sont constitués par deux fils de cuivre de 8 millimètres de diamètre, établis pour deux des phases du courant. La troisième phase a, comme conducteurs, les rails, qui sont reliés entre eux, au droit des éclisses, par des conducteurs-joints en cuivre.

Les fils conducteurs sont élastiquement suspendus par deux isolateurs en ambroïne, maintenus par un fil-tendeur en acier de 4, 5 millimètres de diamètre, attaché lui-même à des isolateurs en porcelaine (Fig. 623). Quand la voie est en ligne droite, les poteaux supports sont à simple potence; dans les stations, ils comportent une double potence (Fig. 622). Des parafoudres à cornes, posés sur les poteaux de la ligne secondaire, protègent à la fois cette ligne et la ligne primaire contre les décharges atmosphériques (Fig. 623). Dans cette disposition, les résistances des parafoudres sont placées sur le poteau de droite.

L'appareil de prise de courant, porté par la locomotive (Fig. 626), se compose de deux cylindres de cuivre d'un diamètre de 80 millimètres : ils sont isolés l'un de l'autre par une pièce en bois faisant corps avec l'axe commun autour duquel ces cylindres peuvent tourner. Les rouleaux sont portés par deux bras constitués par des tubes, et l'ensemble forme une sorte de parallélogramme articulé qui peut pivoter autour d'un axe horizontal porté par une pièce en fonte fixée sur le toit de la locomotive. L'élévation de l'appareil s'effectue par une rentrée d'air comprimé dans un cylindre placé sur cette pièce en fonte; l'abaissement est provoqué par l'échappement de l'air de ce cylindre. Le courant de 3.000 volts passe au moyen de câbles flexibles à l'intérieur de la locomotive. Cette locomotive comporte deux appareils de prise de courant correspondant chacun à un sens de marche (Fig. 626). Elle est montée sur quatre essieux dont chacun porte un moteur à haute tension de 150 chevaux. Les moteurs peuvent être mis sous tension séparément et peuvent être enlevés du circuit par la manœuvre d'un *contrôleur*.

Fig. 622. — Poteaux à double potence.

Fig. 623. — Ligne avec parafoudre.

Au moment du démarrage de la locomotive, une résistance est intercalée dans le circuit de l'induit des moteurs. Cette *résistance liquide* est constituée par un réservoir en fonte (Fig. 624) dans lequel plongent trois séries de plaques de tôle de longueurs différentes mises en communication avec le circuit de l'induit. Au moyen de l'air comprimé, on fait monter plus ou moins, dans ce réservoir, une solution alcaline. Tant que le liquide n'a pas atteint l'extrémité inférieure des plaques de tôle, il n'y a aucune communication établie entre elles : le circuit est ouvert. Quand le liquide ferme le circuit des trois phases, le moteur démarre ; mais à mesure que la colonne liquide monte, la surface mouillée des tôles devient plus grande, la résistance intercalée, de ce fait, dans le circuit diminue et la vitesse du moteur augmente. Quand le liquide atteint sa hauteur la plus grande, l'induit du moteur est mis automatiquement en court-circuit. On augmente la surface de refroidissement des rhéostats liquides en leur adjoignant des tuyaux réfrigérants comportant une grande quantité de petites nervures (Fig. 624).

Fig. 624. — Rhéostat liquide.

La figure 625 représente le schéma d'installation d'une voiture motrice, dans lequel on peut suivre la marche du courant qui, capté par les prises de courant A sur les conducteurs de la ligne, est amené aux moteurs actionnant la voiture.

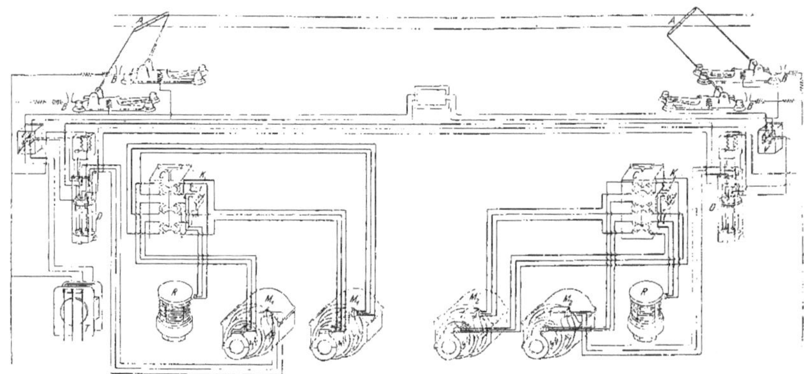

Fig. 625. — Schéma d'installation d'une voiture motrice. (Ganz et Cie.)

Chaque bogie de la voiture comporte un moteur à haute tension et un à basse tension : les moteurs M[1] et M[2] sont à haute tension et les moteurs M'[1] et M'[2] sont à basse tension. Des parafoudres B sont disposés sur le toit de la voiture. Les contrôleurs C, servant à la manœuvre de la voiture, portent un appareil de mise en court-circuit K et sont reliés aux rhéostats liquides R.

Des caisses de distribution V, munies de coupe-circuits fusibles, et des interrupteurs primaires D sont disposés dans chaque cabine de manœuvre.

Un transformateur T sert à obtenir la tension nécessaire aux circuits d'éclairage, de chauffage et d'un petit moteur triphasé spécial qui comprime, dans des réservoirs, l'air dont la pression est utilisée pour manœu-

Fig. 626. — Locomotive électrique. (Ganz et Cie.)

vrer l'appareil de prise de courant, la colonne liquide des rhéostats et le frein Westinghouse.

Chemin de fer électrique du Fayet à Chamonix

(Fig. 605, 627 et 629.) Nous avons réservé, pour être décrite à cette place, une ligne de chemin de fer électrique à prise de courant par troisième rail, établie dans des conditions toutes particulières, et qu'il peut être intéressant de mettre en parallèle avec les quelques lignes à prises de courant aériennes que nous venons d'examiner.

Cette ligne électrique a été construite par la Compagnie des chemins de fer Paris-Lyon-Méditerranée. Elle a une longueur de 19 kilomètres et relie les stations du Fayet Saint-Gervais, et Chamonix, qui ont une différence d'altitude de près de 500 mètres. Aussi présente-t-elle de nombreuses rampes, dont deux particulièrement rapides et inclinées, l'une de 9 centimètres par mètre sur une longueur de 2.155 mètres, l'autre de 8 centimètres par mètre sur une longueur de 1.380 mètres.

La ligne, mise en service en 1901, comporte, comme nous l'avons dit, une prise de courant par troisième rail, dont la disposition est donnée par la figure 605. Ce rail est supporté par des cales en bois paraffiné reposant elles-mêmes sur un sommier fixé aux traverses. L'isolement du conducteur est ainsi assuré, les pertes de courant n'atteignant pas 1 ampère par kilomètre. Il se produit même ce fait curieux que ces pertes de courant, au lieu d'augmenter par suite des pluies ou des neiges qui tombent très souvent dans la région où la ligne est installée, deviennent, au contraire, légèrement plus faibles. Ce phénomène peut s'expliquer en considérant, d'une part, que les pluies ou les neiges débarrassent les supports du conducteur des poussières diverses qui sont une des principales causes du défaut d'isolement; mais, en outre, l'eau qui séjourne sur les supports est très peu conductrice, car dans la région de Chamonix l'atmosphère étant d'une grande pureté, l'eau de pluie ne contient aucune matière acide ou ammoniacale et se trouve être, de ce fait, mauvaise conductrice du courant électrique.

Le courant qui alimente le conducteur est du courant continu, produit à la tension de 550 volts par deux usines hydro-électriques établies à 5 et 9 kilomètres de la station du Fayet.

Les trains circulant sur la ligne se composent, au maximum, de six voitures, toutes automotrices et comportant chacune un contrôleur commandé à distance par le mécanicien qui se trouve dans la voiture de tête. La vitesse du train est de 40 kilomètres environ en palier, et se réduit à 13 kilomètres dans les rampes à 8 et 9 %.

Les voitures automotrices dont la figure 627 représente le *truck* moteur, reposent sur deux essieux. Chacun d'eux est actionné par un moteur pouvant développer une puissance de 65 chevaux. L'axe des moteurs est disposé perpendiculairement à la direction des essieux, qui reçoivent leur mouvement par une paire de roues d'engrenages coniques, grâce à l'intermédiaire d'un accouplement élastique.

Les moteurs d'un même véhicule sont reliés électriquement en parallèle et peuvent être mis individuellement hors du circuit en cas d'accident. Tous les organes du moteur sont enfermés dans une carcasse métallique qui constitue une enveloppe protectrice. Des ressorts-lames solidaires du châssis supportent les moteurs.

Les prises de courant se font au moyen de frotteurs placés deux à chaque extrémité du châssis (Fig. 628) et isolés de celui-ci par une poutrelle de bois. Des ressorts appuient constamment les frotteurs sur le conducteur et assurent ainsi le contact permanent.

Le *contrôleur* ou *régulateur* de chaque voiture automotrice comporte un *soufflage magnétique* de l'arc produit entre les contacts qui se séparent. Il peut occuper onze positions et permet ainsi le réglage de la vitesse et le changement de marche.

Fig. 627. — Truck moteur de la locomotive électrique de la ligne du Fayet à Chamonix.

Comme les chutes de neige sont abondantes, pendant l'hiver, sur le parcours de cette ligne, on a construit des voitures automotrices *chasse-neige* (Fig. 629) munies de *frotteurs à verglas,* dont les bords sont tranchants pour permettre de prendre contact avec le conducteur, et qui sont poussés contre celui-ci par de l'air comprimé.

On voit que cette ligne électrique est intéressante à plus d'un titre. La *Revue générale des chemins de fer* en a donné une description détaillée, de laquelle nous avons extrait les quelques renseignements ci-dessus.

Fig. 628. — Frotteur de prise de courant. (Chemin de fer du Fayet à Chamonix.)

MOTEURS DE TRACTION

Les moteurs destinés à actionner soit des tramways, soit des locomotives, sont munis de quelques dispositions particulières répondant aux conditions exigées pour obtenir une marche constamment régulière.

Le principe de ces moteurs est le même que celui des divers moteurs soit à courant continu, soit à courants alternatifs, que nous avons déjà examinés, mais il est indispensable qu'un moteur de véhicule ait ses organes protégés d'une façon tout à fait efficace contre les causes d'avaries extérieures et principalement contre la boue et l'eau. Pour cela, le moteur est complètement enfermé dans une enveloppe métallique qui constitue une sorte de cuirasse, d'où son nom de *moteur cuirassé*. Cependant, cette cuirasse doit porter des *portes de visite* pour rendre facilement accessibles les organes du moteur et principalement le collecteur et les balais.

D'autre part, comme le moteur électrique a une vitesse de rotation très grande, on ne peut le monter directement sur les essieux des voitures, dont les roues tourneraient à une trop grande vitesse. On actionne généralement ces roues en faisant commander par un pignon calé sur l'arbre du moteur une roue d'engrenage, d'un diamètre beaucoup plus grand, solidaire de l'essieu. On obtient ainsi une réduction de vitesse, comme nous l'avons vu faire dans la commande de certaines machines-outils.

Fig. 629. — Voiture automotrice chasse-neige. (Chemin de fer électrique du Fayet à Chamonix.)

Le graissage des organes du moteur doit être parfaitement réalisé. En outre, le moteur tout entier doit être supporté d'une façon appropriée pour qu'il soit à l'abri des trépidations et des chocs auxquels est soumise la voiture et qui détérioreraient rapidement ses organes.

Les différents moteurs que nous allons examiner, et qui se rapportent aux installations diverses de traction électrique dont nous venons de parler, permettront d'apprécier les dispositions spéciales qui ont été adoptées.

Contrôleur. — Pour mettre en marche le moteur, pour faire varier sa vitesse ou pour coupler entre eux, de façons diverses, les différents moteurs d'un véhicule, on emploie un appareil spécial nommé *contrôleur* ou encore *combinateur*, *régulateur* et quelquefois *coupleur*, qui est manœuvré par le mécanicien.

Le *contrôleur* est une sorte de commutateur dont la partie mobile, qui est généralement un cylindre vertical, mise en action par une manette, porte une série de plots métalliques qui peuvent venir prendre contact, par suite du mouvement de rotation donné à l'axe vertical, avec d'autres plots métalliques fixes et reliés à des conducteurs, lesquels constituent des circuits différents.

Toutes les pièces de contact sont enfermées dans une enveloppe métallique qui porte les ouvertures nécessaires pour procéder à la visite de ces organes. La manette seule, placée à la partie supérieure, déborde de l'enveloppe et est ainsi rendue facilement accessible au mécanicien. Les contrôleurs portent assez souvent une seconde manette. Celle-ci actionne un dispositif d'inversion de sens de courant dans les induits, ce qui permet le changement de marche de la voiture. Ce commutateur spécial, nommé *inverseur*, est placé dans l'enveloppe du contrôleur, et est même quelquefois combiné pour que la manœuvre d'une seule poignée puisse actionner à la fois le contrôleur et l'inverseur.

On a donné aux contrôleurs des formes et des dispositions très variées.

Nous en trouverons plus loin quelques types se rapportant aux moteurs destinés à actionner les chemins de fer électriques.

Les Ateliers Thomson-Houston construisent des contrôleurs divers destinés à être placés sur leurs tramways électriques.

Ces contrôleurs comportent un dispositif de *soufflage magnétique* qui permet, lorsqu'un circuit se trouve interrompu par la manœuvre de l'appareil, d'éteindre l'arc produit entre les deux pièces métalliques qui se séparent.

Ils comportent également des *interrupteurs de sectionnement* qui servent, lorsque la voiture est équipée avec plusieurs moteurs, à mettre un de ces moteurs hors du circuit, tout en permettant la commande des autres.

En outre, les contrôleurs à plusieurs manettes sont munis d'*enclenchements* spéciaux qui ont pour but de ne permettre la manœuvre d'une manette que lorsque l'autre ou les autres occupent la position voulue; aucune perturbation n'est ainsi à craindre dans les circuits électriques.

Quelques contrôleurs sont disposés pour régler la vitesse des moteurs en intercalant dans leurs circuits un certain nombre de résistances. Ce sont des sortes de rhéostats.

Dans d'autres contrôleurs, les organes sont établis pour *shunter* ou mettre en court-circuit un ou plusieurs moteurs, afin de passer du couplage en série au couplage en parallèle. Les contrôleurs de ce type sont presque tous munis d'un dispositif de *freinage électrique d'urgence*, qui agit par la mise en court-circuit des moteurs et qui est actionné à l'aide de la manette de changement de marche.

Enfin, un autre type de contrôleur comporte les organes et les connexions nécessaires pour effectuer un *freinage électro-magnétique* ou pour réaliser le freinage en intercalant des résistances dans le circuit.

Pour réaliser le *soufflage magnétique* dont nous avons parlé, on produit un champ magnétique puissant au moyen d'une *bobine de soufflage* et on dispose un *sépara-*

teur d'arc pour chaque segment de contrôleur et son *doigt de contact.*

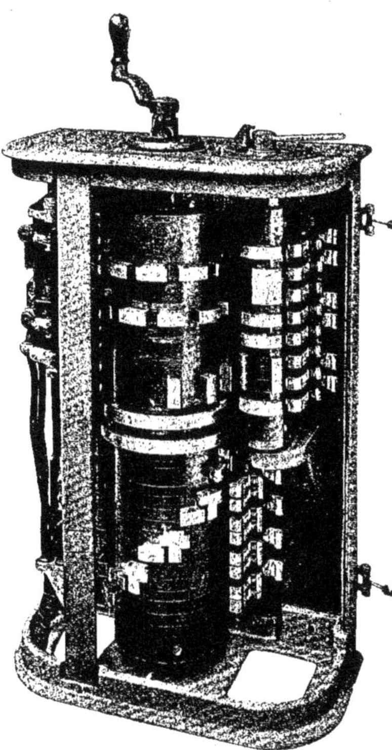

Fig. 630. — Contrôleur de voiture motrice électrique. Vue de face. (Ateliers d'Oerlikon.)

Moteurs de traction et contrôleurs divers

Les Ateliers d'Oerlikon ont muni les voitures motrices des chemins de fer électriques de moteurs complètement cuirassés comportant huit pôles et d'une puissance de 225 chevaux. Le bâti est en fonte d'acier; son plus grand diamètre peut atteindre 810 millimètres. Le stator est muni de pôles de commutation qui servent à compenser la force électromotrice développée dans les spires mises en court-circuit pendant la commutation. Les spires inductrices auxiliaires sont logées dans des encoches, comme les spires principales. Pour diminuer l'intensité des courants de court-circuit lors du démarrage, les liaisons entre les spires d'induit et les lames du collecteur sont formées par des résistances qui sont disposées dans les encoches de l'induit de façon à renforcer le *couple de démarrage,* ce qui compense la perte de puissance à laquelle elles donnent lieu.

L'induit est bobiné sur gabarit; les spires sont logées dans des encoches ouvertes.

Les porte-balais sont solidaires d'une bague commune que l'on peut déplacer facilement.

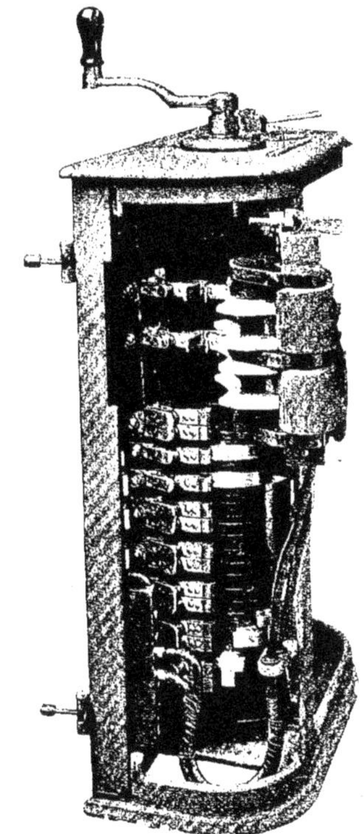

Fig. 631. — Contrôleur de voiture motrice électrique. Vue de côté. (Ateliers d'Oerlikon.)

Le contrôleur (Fig. 630 et 631), dont la manœuvre permet de mettre le moteur en action, se compose d'un cylindre en deux parties portant les *contacts* et d'un cylindre *de commutation* verrouillé à l'autre. La partie inférieure du cylindre à contacts est fixée sur l'arbre de la manette : la partie supérieure est entraînée par des pièces en saillie. La manœuvre du contrôleur se fait au moyen d'une manette qui tend un ressort-spirale. La manette peut s'arrêter aux différentes positions par l'action d'un petit verrou qui immobilise le cylindre à ses diverses places. Quand la manette est libérée, le ressort-spirale antagoniste la ramène, en même temps que le cylindre du contrôleur, à la position de repos; le circuit est alors ouvert et les moteurs ne reçoivent plus de courant.

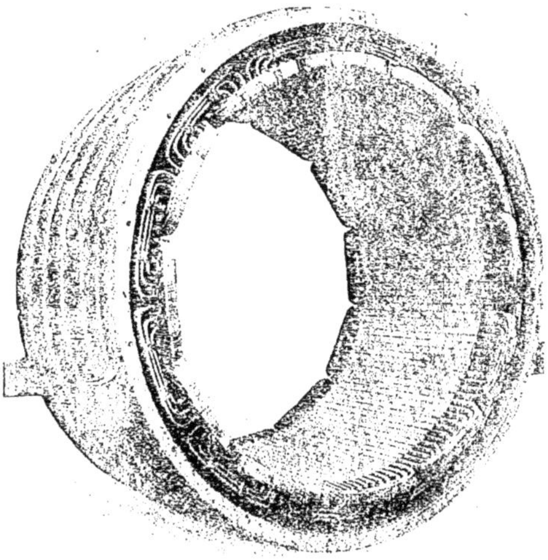

Le contrôleur est établi pour huit positions de marche, et le changement du sens de marche s'effectue au moyen d'un commutateur cylindrique spécial manœuvré par une autre manette.

Pour le chemin de fer électrique du Simplon, les Ateliers Brown, Boveri et Cie ont établi des moteurs de traction d'une puissance de 450 chevaux alimentés par des courants triphasés de 2.700 à 3.000 volts, d'une fréquence de 16 périodes par seconde. Leur puissance peut atteindre pendant un temps restreint 1.150 chevaux; cependant, à petite vitesse ils n'en donnent que 390 et à grande vitesse 450. L'obtention des deux vitesses est obtenue par la *commutation du champ tournant,* autrement dit par le changement du nombre de pôles.

Pour effectuer la variation du nombre de pôles, le stator (Fig. 632) porte 6 bornes qui peuvent, au moyen d'un commutateur, être connectées soit en triangle, soit en étoile. Dans le premier cas, les 6 enroulements du stator n'en forment que 3, le rotor a alors 16 pôles et fait 112 tours par minute, ce qui équivaut à une vitesse de 34 kilomètres à l'heure. Dans le second cas, le nombre de pôles est de 8, le nombre de tours 224 par minute et la vitesse est de 68 kilomètres à l'heure.

Fig. 632. — Stator de moteur de locomotive électrique. (Brown, Boveri et Cie.)

Le rotor (Fig. 633) est enroulé à 6 phases, divisées en deux groupes de 3, de façon que, lors de la commutation du nombre de pôles, la disposition des champs ne nécessite aucune modification aux enroulements.

Le contrôleur (Fig. 634) actionne les *résistances de démarrage* des moteurs, le *commutateur de pôles,* permettant, comme nous venons de le dire, de changer la vitesse, et l'*inverseur du sens de marche.* Cet appareil comporte deux manettes : l'une pour commander la manœuvre de l'inverseur, l'autre celle du commutateur de pôles.

Ces deux manœuvres s'effectuent au moyen de l'air comprimé.

Un volant permet la manœuvre des résistances de démarrage des moteurs. Le volant actionne, par l'intermédiaire d'une chaîne, le contact mobile qui intercale les résistances dans le circuit. Ces résistances sont placées en dehors du contrôleur, à l'avant et à l'arrière de la locomotive, ce qui les rend facilement accessibles. Leur refroidissement est assuré par le fonctionne-

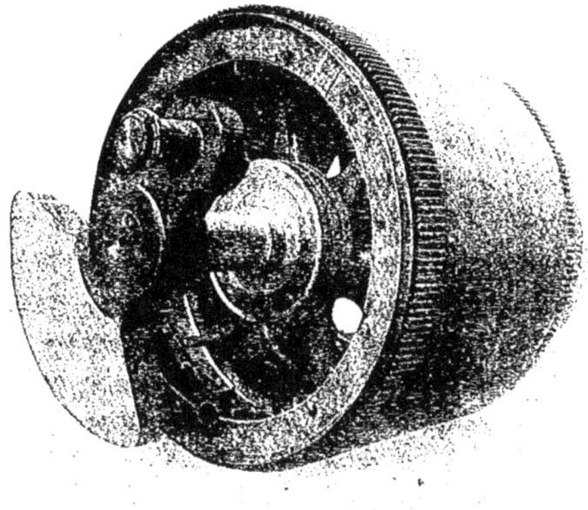

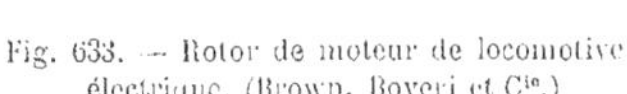

Fig. 633. — Rotor de moteur de locomotive électrique. (Brown, Boveri et Cie.)

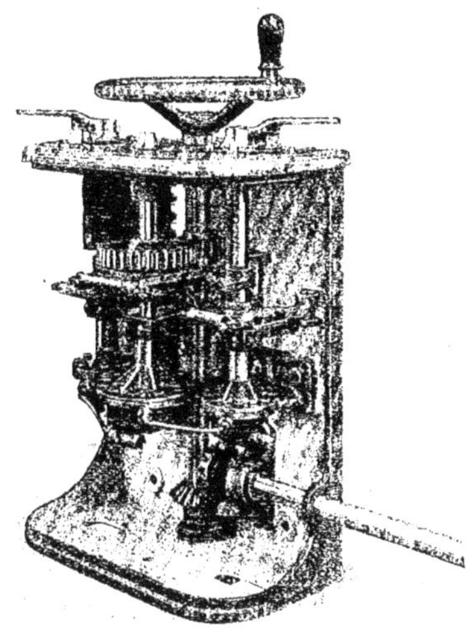

Fig. 634. — Contrôleur de moteur de locomotive électrique. (Brown, Boveri et Cie.)

Fig. 635. — Moteur de locomotive électrique. (Ganz et Cie.)

ment de ventilateurs placés deux en avant, deux en arrière de la locomotive.

Les moteurs de traction électrique des Ateliers Ganz et Cie sont montés sur les essieux des voitures motrices, et actionnent les roues par l'intermédiaire d'un accouplement élastique. Cet accouplement permet à l'essieu de suivre les sinuosités de la voie, la vitesse se maintenant constante. L'arbre de l'induit est creux et le diamètre du trou central permet un jeu suffisant à l'essieu qui le traverse.

L'induit tourne dans des coussinets supportés par la carcasse de l'inducteur de façon que tout le poids du moteur, quoique directement monté sur l'essieu, repose sur des ressorts (Fig. 635).

La vitesse des moteurs polyphasés est pratiquement constante et dépend du nombre de périodes du courant ainsi que du nombre de pôles du moteur. En couplant deux moteurs identiques en *cascade,* autrement dit en mettant en communication l'induit d'un moteur avec les inducteurs de l'autre, on réduit la vitesse à la moitié de sa valeur primitive si on relie invariablement les mouvements des deux induits. Cette disposition a été employée pour les moteurs de la voiture motrice. La tension du courant dans l'induit d'un des moteurs étant de 300 volts, les inducteurs du second moteur reçoivent un enroulement approprié à cette tension. Le second moteur est appelé pour cette raison moteur à *basse tension.*

Fig. 636. — Contrôleur (Ganz et Cie).

Le couplage des moteurs est réalisé au moyen de deux contrôleurs (Fig. 636) placés chacun dans une des deux cabines de la voiture motrice. Les mouvements des contrôleurs sont mécaniquement liés par l'intermédiaire d'une chaîne.

Le contrôleur permet trois positions : dans la première, les moteurs sont placés hors du circuit : c'est l'arrêt; dans la seconde, ils sont couplés en cascade : c'est la petite vitesse; dans la troisième, les moteurs à haute tension sont seuls mis dans le circuit : c'est la grande vitesse.

Au moment du démarrage, une résistance liquide, que nous avons décrite (Fig. 624), est intercalée dans le circuit des induits des moteurs.

CHAPITRE XI

TÉLÉGRAPHIE

TÉLÉGRAPHIE AÉRIENNE. — Historique. — Télégraphe Chappe.

TÉLÉGRAPHIE OPTIQUE. Historique. — Télégraphe Mangin. — Télégraphe optique appliqué à la triangulation. — Héliographe.

TÉLÉGRAPHIE PNEUMATIQUE. — Historique. — Réseau pneumatique de Paris. — Réseaux étrangers.

TÉLÉGRAPHIE ÉLECTRIQUE. — Historique. — Télégraphes : Morse, Hughes, à cadran, Bréguet, Bonelli, Caselli; à transmission automatique : Wheatstone; à transmissions simultanées. — Sténotélégraphes. — Télégraphes à transmissions multiples : Meyer, Baudot. — Télégraphe écrivant : Pollak et Virag. — Équipement des lignes télégraphiques : Fils conducteurs, poteaux. — Appareils accessoires : sonnerie, parafoudre.

TÉLÉGRAPHIE SOUS-MARINE. — Pose des premiers câbles sous-marins. — Pose des câbles transatlantiques.

TÉLÉGRAPHIE SANS FIL.

TÉLÉGRAPHIE AÉRIENNE

Historique. Depuis l'année 1855, le télégraphe électrique a remplacé, en France, le télégraphe aérien, forcé de disparaître devant son puissant rival. La télégraphie aérienne est donc un peu oubliée aujourd'hui. Cependant cette invention a sa glorieuse histoire. Elle est française et par son inventeur et par le gouvernement qui l'accueillit et la propagea au milieu des embarras et des périls de la guerre étrangère. Sans doute, nous envisageons aujourd'hui avec quelque pitié ces grêles tiges de fer, qui se dessinaient sur le fond du ciel, agitant leurs bras ajourés, ne transmettant des signaux que pendant le jour, et par une atmosphère sereine. Mais si l'on se reporte à l'époque de cette invention, c'est-à-dire au temps des diligences et des malles-postes, on partagera l'admiration qu'ont éprouvée nos pères, quand ils voyaient transmettre en une heure une dépêche de Paris à Marseille, à travers une série de postes échelonnés, sans que les signaux, étalés librement aux yeux de tous, fussent compris par personne, sinon par l'expéditeur de Paris et le destinataire de Marseille.

Née dans notre patrie, la télégraphie

aérienne, répandue promptement dans le Monde entier, a inauguré l'ère féconde de la transmission rapide et lointaine de la pensée au moyen de signaux. Elle a ainsi préparé la voie à une invention plus merveilleuse encore, celle de la télégraphie électrique, et ne s'est retirée devant elle qu'après avoir rendu à notre pays des services dont le souvenir est impérissable.

A tous ces titres, nous croyons devoir, avant d'aborder la télégraphie électrique, dire quelques mots du télégraphe aérien.

Fig. 637. — Æneas le Tacticien invente l'art des signaux phrasiques, 336 ans avant J.-C. (*D'après une ancienne gravure.*)

Chez tous les peuples et dans tous les temps, on a employé divers systèmes de signaux pour transmettre rapidement des avis d'un point à l'autre.

Æneas le Tacticien, qui vivait en Grèce 336 ans avant Jésus-Christ, avait imaginé plusieurs manières de faire passer des avis dans les camps.

Un des moyens consistait à placer, à certaine distance, plusieurs personnes portant chacune un vase d'airain de même grandeur, et contenant une même quantité d'eau. Chaque vase était percé, sur un côté, d'un trou d'égal diamètre pour tous. Un *flotteur*, composé d'un morceau de liège, nageait sur l'eau, et portait un bâton vertical divisé en parties égales. Sur chacune des divisions du bâton était inscrite une des phrases ou avis à transmettre. Chaque *stationnaire* porteur du vase d'airain tenait de l'autre main une torche. Quand il s'agissait de transmettre à distance une des phrases ou avis inscrits sur la tige du flotteur, le premier stationnaire élevait sa torche pour éclairer le vase d'airain; puis il débouchait le trou du vase, et faisait écouler la quantité d'eau nécessaire pour que la division de la tige portant l'ordre à transmettre se trouvât vis-à-vis du bord. Alors il baissait sa torche et arrêtait l'écoulement de l'eau. Le stationnaire suivant imitait la manœuvre du premier et laissait écouler la même quantité d'eau. Ainsi se transmettait, de poste en poste, l'avis inscrit sur un point particulier de la tige du flotteur.

Ce moyen était, comme on le voit, fort grossier.

Polybe, l'historien militaire de la Grèce, qui écrivait 150 ans environ avant Jésus-Christ, divisa l'alphabet en cinq groupes seulement. Deux murailles étant disposées l'une près de l'autre, le stationnaire se plaçait entre ces deux murailles, qui servaient à cacher des torches. Pour indiquer à son correspondant la 24e lettre de l'alphabet, par exemple, il faisait apparaître d'abord cinq torches à sa droite, qui indiquaient la cinquième division de son alphabet, puis quatre torches à sa gauche, pour marquer le rang que la lettre occupait dans sa division.

On ne peut s'empêcher de voir dans cette invention de Polybe la première idée de la télégraphie aérienne, qui ne fut réalisée qu'à la fin du XVIIIe siècle, par les frères Chappe.

Au temps de César, la télégraphie était devenue très en usage chez les Romains. Ils établissaient, partout où s'étendaient leurs conquêtes, un système de communications rapides, qui favorisaient singulièrement l'exercice de leur autorité sur les peuples soumis à leur domination.

Fig. 638. — Polybe, 150 ans avant Jésus-Christ, invente l'art des signaux alphabétiques.
(D'après une ancienne gravure.)

L'art des signaux fut également mis en pratique chez les anciens peuples de l'Orient. Les Scythes faisaient usage de feux ou de fumée, comme moyen d'avertissement lointain.

Les Chinois, chez lesquels on trouve toujours quelque indice des inventions modernes de l'Occident, avaient placé des phares, ou machines à feu, sur leur grande muraille. Ils pouvaient ainsi donner l'alarme sur toute la frontière qui les séparait des

Fig. 639. — Poste télégraphique romain, d'après le bas-relief de la colonne Trajane, à Rome.

Tartares, lorsqu'une horde de ces peuples venait à les menacer.

Il faut atteindre la fin du XVIIe siècle pour trouver, dans un essai fait par le physicien anglais Robert Hooke, un télégraphe à signaux, qui peut être considéré comme le premier modèle du télégraphe aérien moderne.

La machine que Robert Hooke avait construite consistait en un large écran, c'est-à-dire une planche peinte en noir A (Fig. 640), placée au milieu d'un châssis, et élevée à une grande distance en l'air. Divers signaux, B C, de forme particulière, étaient cachés derrière l'écran, et servaient, quand on les faisait apparaître, à exprimer les lettres de l'alphabet. Quelques signaux n'exprimaient pas des lettres, mais des phrases convenues d'avance.

Peu de temps après Robert Hooke, c'est-à-dire en 1690, un physicien français, Amontons, employa une lunette pour observer les signaux formés dans l'espace, et servant à établir une correspondance entre deux points éloignés.

La théorie et la pratique du télégraphe aérien moderne se trouvent contenues, on peut le dire, dans le système d'Amontons, qui fut d'ailleurs soumis à une expérience publique.

Celle-ci eut lieu dans le Jardin du Luxembourg, mais elle tourna fort mal. La présence du Dauphin, les brillants costumes des seigneurs qui l'entouraient, tout cet étalage solennel et inusité, troublèrent le savant, qui de plus était sourd. Il manœuvra tout de travers et ne put transmettre aucun signal.

Dans une seconde épreuve les choses marchèrent mieux, mais sans résultat pour l'inventeur et sa découverte, si bien que, découragé, il abandonna ses essais.

Ainsi, jusqu'à la fin du XVIIIe siècle, l'art télégraphique ne présentait que des principes confus et vagues, entièrement privés de la sanction pratique. C'est à cette époque

Fig. 640. — Télégraphe de Robert Hooke.

que le télégraphe aérien fut découvert en France par Claude Chappe.

Fig. 611. — Expérience télégraphique faite par Amontons, en 1690, au Jardin du Luxembourg.

Télégraphe de Chappe Claude Chappe naquit en 1763, à Brûlon, dans le département de la Sarthe. Il avait quatre frères. Leur père, qui possédait une certaine fortune, leur donna une bonne éducation classique.

Fig. 612. — Claude Chappe.

Dès sa jeunesse, Chappe établit un appareil rudimentaire de correspondance par signes, qu'il expérimentait avec ses frères, à Brûlon, pendant leurs réunions de vacances. Une règle de bois tournant sur un pivot, et portant à ses extrémités deux règles mobiles de moitié plus petites, tel était l'instrument qui leur aurait, dit-on, servi pour échanger quelques pensées. Par les diverses positions de ces règles, on obtenait cent quatre-vingt-douze signaux, que l'on distinguait avec une longue-vue.

Claude Chappe pensa que l'on pourrait tirer un certain parti de ces signaux, en les appliquant aux rapports du Gouvernement avec les villes de l'intérieur et de la frontière. Il proposa donc à ses frères de perfectionner ce moyen de correspondance et de l'offrir ensuite au Gouvernement. Il les décida à le seconder dans ses recherches.

Le système des règles mobiles, qui avait fonctionné heureusement lorsqu'il ne s'était agi que d'une correspondance entre deux points, rencontra des difficultés insurmontables quand on voulut multiplier les stations. On renonça donc à cette combinaison, pour essayer l'électricité.

être perçu d'un poste à l'autre, quand l'aiguille du cadran arrivait au signal qu'il fallait transmettre.

A la fin de l'année 1790, Chappe, de concert avec ses frères, fit une véritable expérience de ce moyen télégraphique, qui conduisit à remplacer le bruit par l'emploi d'une planche élevée en l'air au moment où il fallait regarder la pendule.

Fig. 263. — Claude Chappe fait l'expérience de son premier télégraphe aérien.

Le système de Claude Chappe consistait à mettre à profit la vitesse de transmission de l'électricité, pour signaler le moment précis où les aiguilles de deux pendules bien d'accord passeraient sur certains points de leurs cadrans, et indiqueraient ainsi le moment de lire certains signaux inscrits sur ces cadrans.

Ces essais, exécutés nécessairement avec l'électricité statique, ne donnèrent aucun résultat avantageux.

Renonçant à faire usage de l'électricité, on chercha à produire un bruit, qui devait

Les frères Chappe continuèrent leurs expériences pour perfectionner leur système. Bientôt ils le réduisirent à un grand tableau de forme rectangulaire, qui comportait six faces de couleurs différentes, et qui, en pivotant sur son axe, pouvait présenter l'une de ces six couleurs. La combinaison des six couleurs, ou *voyants*, suffisait pour représenter et transmettre les signaux, d'après un vocabulaire sur lequel était inscrite la signification de ces signaux. Les horloges concordantes étaient supprimées.

Cependant Claude Chappe ne fut pas entièrement satisfait de ses *voyants*. Le discernement des couleurs à distance était une grande difficulté. Il modifia une fois encore son appareil et remplaça les couleurs par la forme des corps.

Il en vint donc à adopter trois règles de bois mobiles qui, en tournant de différentes manières, produisaient un nombre considérable de signaux, que l'on pouvait reconnaître et distinguer de très loin, au moyen de longues-vues

En outre, il dressa un vocabulaire secret de 9.999 mots, dans lequel chaque mot était représenté par un nombre.

Fig. 614. Expérience du télégraphe de Chappe faite le 12 juillet 1793, de Ménilmontant à Saint-Martin-du-Tertre, devant les Commissaires de la Convention.

Ce vocabulaire était imparfait, comme on le reconnut plus tard ; mais au début de la télégraphie, il suffisait à la correspondance.

Deux frères de Claude Chappe, Abraham et Ignace, le secondèrent dans ses travaux et l'aidèrent dans toutes ses expériences.

Chappe présenta son appareil à la Convention, qui ordonna, par un Décret, l'essai de la machine

Le 12 juillet 1793, devant les membres d'une Commission auxquels s'étaient joints un grand nombre d'artistes, de savants et d'hommes politiques, Claude Chappe et ses frères procédèrent à l'expérience solennelle, qui devait décider du sort de l'invention.

La ligne partant du Parc de Saint-Fargeau, à Ménilmontant, aboutissait à Saint-Martin-du-Tertre. Elle occupait une longueur de 35 kilomètres.

Une première dépêche fut transmise en 11 minutes par le poste de Ménilmontant, et une seconde, en 9 minutes, par le poste de Saint-Martin-du-Tertre. Le succès fut complet, et la Convention, adoptant officiellement le télégraphe de Chappe, ordonna au Comité de Salut public de faire établir sur le territoire français une ligne de correspondance, composée du nombre de postes nécessaires. Claude Chappe reçut le titre d'*ingénieur-télégraphe,* avec un traitement de 5 livres 10 sous par jour, pour assimiler sa situation à celle de lieutenant du Génie.

Le 4 août 1793, ce Comité suprême décida, sous l'inspiration de Carnot, que deux lignes seraient créées d'urgence : la première partant de Lille, pour aboutir à Paris; la seconde, de Paris à Landau, ville de Bavière, alors au pouvoir de la France et qui marquait la limite présente de ses frontières à l'Est.

L'idée qui détermina le choix des deux lignes que nous venons d'indiquer était toute militaire.

On était, en effet, au plus fort de l'invasion étrangère, et, pour faire face à tant d'ennemis au dehors, à tant de révoltes au dedans, la Convention disposait à peine de 400.000 hommes, mal vêtus, mal nourris, mal disciplinés, mal payés.

Une découverte comme celle du télégraphe de Chappe, qui devait permettre aux chefs d'armée de correspondre rapidement entre eux, et qui donnait aux villes assiégées la faculté de faire passer des signaux et des dépêches par-dessus le front des corps assiégeants, était un auxiliaire fort précieux.

Les frères Chappe furent mis à la tête de l'Administration des télégraphes.

Comme il importait que la tête de la ligne fût placée au milieu de la capitale, le Comité de salut public décida que le poste de Paris serait établi au-dessus du Palais du Louvre. Cette station correspondait avec une autre placée sur la butte Montmartre.

Ce fut à la fin de prairial 1794 que les Parisiens virent avec surprise se dresser, pour la première fois, sur le dôme du Louvre, le télégraphe de Claude Chappe, peint aux couleurs nationales.

Le télégraphe de Paris à Lille était en état de fonctionner à la fin du mois d'août 1794 (fructidor an II). Les circonstances qui nécessitèrent l'envoi de la première dépêche à la Convention, ont inscrit une page des plus brillantes dans notre histoire nationale.

La ville de Condé venait d'être reprise sur les Autrichiens. Le jour même, c'est-à-dire le 1er septembre 1794, à midi, une dépêche s'élançait de la tour Sainte-Catherine, à Lille, et volait, de station en station, comme sur l'aile des vents, jusqu'au dôme du Louvre de Paris. Elle y arrivait au moment où la Convention ouvrait sa séance.

Carnot monta à la tribune, et, tenant à la main un papier, il dit de sa voix vibrante :

« Citoyens, voici la nouvelle qui nous arrive à l'instant, par le télégraphe que vous avez fait établir de Paris à Lille :

« *Condé est restitué à la République : la reddition a eu lieu ce matin à 6 heures.* »

Un tonnerre d'applaudissements accueille ces paroles. Les députés se lèvent en masse; les tribunes éclatent en bravos prolongés; un enthousiasme patriotique étreint les cœurs de toute l'Assemblée, qui fait retentir un long cri en l'honneur de l'invention nouvelle, si brillamment inaugurée pour l'honneur et le salut de la patrie.

La Convention envoie alors un message à l'armée du Nord déclarant qu'elle a encore une fois bien mérité de la patrie.

La séance de la Convention durait encore lorsque la réponse à ce message arriva par le télégraphe. Claude Chappe la faisait connaître par une lettre, dont le président donna lecture, au milieu de l'allégresse de l'Assemblée.

Ainsi se termina la journée du 15 fructidor an II, si mémorable pour la télégraphie aérienne.

La ligne destinée à relier la capitale à nos frontières de l'Est, c'est-à-dire à Landau (Bavière), ne put, pour des raisons financières, être terminée que dans le courant de l'an VI, sous le Directoire, de Paris à Strasbourg, la section de Strasbourg à Landau ayant été abandonnée. Cette même année, le Directoire, pour relier à Paris notre principal port militaire sur l'Océan, résolut d'établir une ligne télégraphique de Paris à Brest.

Cette ligne fut construite d'après les données de Chappe, aux frais du Ministère de la marine. Elle fut terminée en sept mois. Elle comprenait 55 postes, et coûta 300.000 francs.

Une quatrième ligne fut ordonnée par le Directoire : elle allait de Paris à Lyon, par Dijon.

En l'an IX, sous le Consulat, trois lignes étaient en fonction : celle du Nord, celles de l'Est et de la Bretagne, et l'on construisait, mais avec beaucoup de lenteur, la ligne du Midi, par Dijon et Lyon.

Ces lignes ne rapportaient rien au Gouvernement, et nécessitaient, pour l'entretien et le service, des frais qui, en l'an VIII, s'étaient élevés à 434.000 francs. Malgré toutes les promesses du Gouvernement, la situation financière de cette Administration était de plus en plus mauvaise.

Le Premier Consul n'y trouva d'autre remède que de réduire considérablement le crédit accordé à la télégraphie. Un arrêté du 3 nivôse an IX fixa à 150.000 francs le crédit annuel pour le service de toutes les lignes.

C'était une mesure désespérée, qui semblait annoncer la fin prochaine de la télégraphie française. En effet, la ligne de Lyon fut abandonnée, et le personnel de la télégraphie singulièrement réduit.

Fig. 615. — Carnot annonce à la Convention la nouvelle expédiée, par le télégraphe, de la prise de Condé sur les Autrichiens.

Claude Chappe voyait avec chagrin la ruine de l'Administration qu'il avait fondée. Dans cette situation extrême, il lui vint à l'esprit une pensée de salut. La télégraphie, qui, depuis son origine, n'était pour le Gouvernement qu'une source de dépenses, lui semblait pourtant en état de vivre par elle-même. Déjà, sous le Directoire, il avait proposé d'établir une télégraphie privée. Il croyait que les commerçants des villes et de l'intérieur de la France devaient tirer de très grands avantages de la connaissance des nouvelles de Paris. Il pensait que si les ports de mer pouvaient signaler, dans la capitale ou dans les autres villes, les arrivages maritimes, si Marseille et Lyon, Brest et Bordeaux, Strasbourg et Lille, etc., pouvaient recevoir, le jour même, l'annonce du cours de la Bourse, ou celui du change dans les différentes places, etc., l'Administration télégraphique pourrait être largement rétribuée en retour de ces précieuses communications.

En outre, il proposait de signaler par le télégraphe, les numéros sortants de *la loterie*. Les administrateurs de la loterie parisienne, pour éviter les embarras que causait la publication tardive des numéros gagnants, saisirent avec empressement sa proposition. Bientôt une large subvention fut accordée par la loterie, à l'Administration des télégraphes, qui consentit à faire parvenir, le jour même du tirage, les numéros gagnants sur tout le parcours de ses lignes. La loterie trouvait à cela l'avantage de déjouer toute fraude, d'empêcher tout jeu illicite, et les télégraphes y trouvaient le moyen de subsister que leur refusait le Premier Consul.

C'est ainsi que Claude Chappe parvint à prévenir la ruine de la télégraphie. La loterie versait une somme annuelle de 100.000 francs dans les caisses de la télégraphie, et pendant longtemps la ligne de Strasbourg, par exemple, n'eut d'autre ressource, pour ses frais de service et d'entretien, que cette subvention, laquelle a duré jusqu'à la suppression de la loterie, sous Louis-Philippe.

Napoléon Ier laissa la télégraphie fort à l'écart jusqu'à la fin de son règne. Il ne s'en souvint que lorsque l'Europe coalisée se préparait à envahir la France, et menaçait ses frontières. Alors seulement Napoléon fit appel à l'invention qu'il avait tant négligée. Mais il était trop tard. La télégraphie aérienne avait protégé la France en 1793, et contribué à son salut, parce que notre pays était resté vierge de toute invasion victorieuse. Elle ne put la sauver en 1814, après l'entrée des alliés, qui eurent bientôt fait de détruire une ligne télégraphique précipitamment établie par l'Empereur, comme un accessoire tardif de ses opérations défensives.

Sous Napoléon Ier, la ligne de Paris à Lyon fut terminée et prolongée jusqu'à Turin; elle fut mise en activité en 1805.

Pendant la même année, la ligne du Nord, qui avait déjà un embranchement sur Boulogne, fut prolongée sur Anvers et Flessingue, et en 1810, jusqu'à Amsterdam. La ligne d'Italie fut poussée jusqu'à Milan et Venise, avec un embranchement sur Mantoue.

Claude Chappe ne devait pas voir ces derniers développements de sa chère invention. Il était déjà fort attristé du peu d'encouragement que son Administration recevait de l'Empereur. A cet ennui vinrent se joindre les douleurs cruelles que lui faisait éprouver une maladie chronique. Il ne put se défendre du désespoir, et se coupa la gorge, le 25 janvier 1805.

Sa mort passa, d'ailleurs, inaperçue. On mit à sa place, comme administrateurs des lignes télégraphiques, ses deux frères Ignace et Pierre, et tout fut dit.

On lui éleva plus tard sur sa tombe, au cimetière du Père Lachaise, un monument très simple, puis en 1893 une statue à l'angle du boulevard Raspail et boulevard Saint-Germain, à Paris, pour rappeler le nom du savant laborieux et modeste dont la découverte n'a certes pas été sans influence sur les destinées contemporaines.

Sous la Restauration, de nombreux systèmes télégraphiques aériens furent proposés, mais les essais effectués avec quelques-uns ne donnèrent que des résultats peu satisfaisants. D'ailleurs, tandis que la télégraphie aérienne cherchait péniblement à accomplir de nouveaux progrès, la télégraphie électrique naissait, et à partir de ce moment, l'intérêt se détourna des perfectionnements apportés à la télégraphie aérienne qui bientôt allait être supplantée par sa puissante rivale.

Avant d'aborder la télégraphie électrique, et bien que le télégraphe aérien soit aujourd'hui tombé en désuétude, il nous paraît utile de faire connaître avec précision le remarquable système de correspondance qui, pendant cinquante ans, a joué en France un rôle considérable. Nous allons donc décrire le mécanisme du télégraphe aérien, dont nous avons rappelé les origines, et exposer les principes sur lesquels repose le vocabulaire qui s'y rapporte.

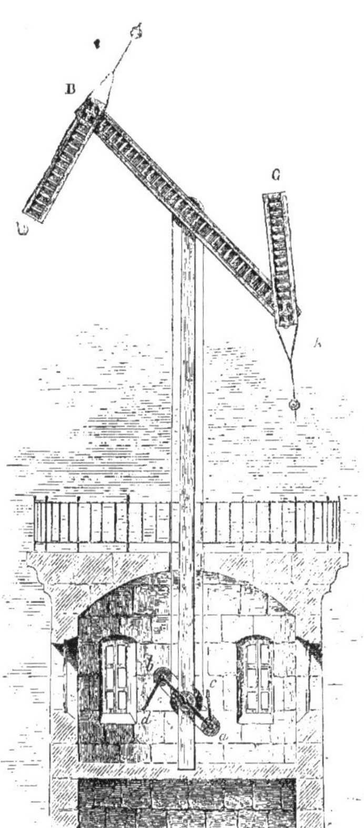

Fig. 646. — Télégraphe de Chappe.

Le télégraphe proprement dit, ou la partie de la machine qui forme les signaux (Fig. 646), se compose de trois branches mobiles : une branche principale AB, de 4 mètres de long, appelée *régulateur*, et deux petites branches longues de 1 mètre, AC, BD, appelées *indicateurs* ou *ailes*. Deux contre-poids en fer, attachés à une tige de même métal, font équilibre au poids des *ailes*, et permettent de les déplacer avec très peu d'effort. Ces tiges sont assez minces pour n'être pas visibles à distance. Le régulateur est fixé par son milieu à un mât ou à une échelle, qui s'élève au-dessus du toit de la maisonnette dans laquelle se trouve placé le *stationnaire*.

Les branches mobiles sont découpées en forme de persiennes. Cette disposition a l'avantage de donner aux pièces une grande légèreté ; elle leur permet aussi de résister aux vents et de combattre les mauvais effets de la lumière. Les branches mobiles sont peintes en noir, afin qu'elles se détachent avec plus de vigueur sur le fond du ciel. L'assemblage de ces trois pièces forme un système unique, élevé dans l'espace, et soutenu par un seul point d'appui, l'extrémité du mât, autour duquel il peut librement tourner.

Les pièces du télégraphe se meuvent à l'aide de cordes de laiton. Ces cordes communiquent, dans la maisonnette, avec un petit appareil, qui est la reproduction en raccourci du télégraphe extérieur. C'est ce second appareil que l'employé manœuvre ; le télégraphe placé au-dessus du toit ne fait que répéter les mouvements imprimés à la machine intérieure.

Le mécanisme qui permet de manœuvrer les branches du télégraphe se réduit à une large poulie à gorge, sur laquelle est attachée et fortement tendue une corde de laiton, qui vient s'enrouler sur une autre poulie fixée à l'axe du télégraphe. Quand le levier *ab* du régulateur du petit appareil placé dans la maisonnette est abaissé par le stationnaire, la corde de laiton qui tourne autour de ce levier est tirée, et le bras du régulateur AB du télégraphe, mis en action, reproduit le même mouvement. Quand les leviers *ac* ou *bd* du petit appareil de la maisonnette sont, de la même manière, mis en action, les cordes qui vont de ces petits leviers *ac*, *bd*, aux ailes AC, BD, du télégraphe extérieur, étant tirées, font prendre aux ailes de ce télégraphe la même position.

Tout s'accomplit donc par un jeu de cordes et de poulies, et le stationnaire, sans sortir de sa maisonnette, sans regarder par-dessus sa tête, ce qui lui serait difficile, peut exécuter, à coup sûr, les signaux qu'il doit faire. Le télégraphe placé au-dessus du toit reproduit exactement, comme nous l'avons déjà dit, les signaux de l'appareil intérieur.

Le régulateur AB est susceptible de prendre quatre positions : verticale — horizontale — oblique de droite à gauche — oblique de gauche à droite. Les ailes AC, BD, peuvent former avec le régulateur des angles droits, aigus ou obtus. Ces signaux sont clairs, faciles à apercevoir, faciles à écrire, et il est impossible de les confondre.

Voici maintenant les conventions et les principes qui règlent la formation des signaux.

Aucun signal n'est formé sur le régulateur placé soit horizontalement soit verticalement; les signaux ne sont valables que quand ils sont formés sur le régulateur placé obliquement. En outre, un signal n'a de valeur, et ne doit par conséquent être écrit et répété, que lorsque, étant formé sur l'une des deux obliques, il est transporté, tout formé, soit à l'horizontale, soit à la verticale. Ainsi le stationnaire qui voit former le signal, le remarque pour se préparer à le répéter, mais il ne l'écrit point; aussitôt qu'il le voit porter à l'horizontale ou à la verticale, il est certain que le signal est bon, alors il le répète et le note. On appelle cette manœuvre *assurer* un signal. Cette manière d'opérer a pour but de bien marquer au stationnaire quel est, au milieu de tous les mouvements successifs des pièces du télégraphe, le signal définitif auquel il doit s'arrêter, pour le reproduire à son tour.

Les diverses positions que peuvent prendre le régulateur et les ailes donnent 49 signaux différents, mais chaque signal peut prendre une valeur double, selon qu'il est transporté à l'horizontale ou à la verticale : ainsi 49 signaux peuvent recevoir 98 significations, en partant de l'oblique de droite, pour être affichés horizontalement et verticalement; de même pour l'oblique de gauche, ce qui donne en tout 196 signaux.

La moitié de ces 196 signaux était consacrée au service des dépêches, et l'autre moitié au service de la ligne, c'est-à-dire aux avis et indications à donner aux stationnaires.

Maintenant, comment ces différents signaux peuvent-ils transmettre l'expression de la pensée? Les frères Chappe ont consacré 92 des signaux de l'oblique de droite à représenter la série de 92 nombres, depuis 1 jusqu'à 92; ensuite ils ont composé un vocabulaire de 92 pages, dont chaque page contient 92 mots. Le premier signal donné par le télégraphe indique la page du vocabulaire, et le second signal indique le numéro porté dans cette page répondant au mot de la dépêche. On peut ainsi, par deux signaux, exprimer 8.464 mots. C'est là le *vocabulaire des mots*.

Cependant 8.464 mots seraient insuffisants pour traduire toutes les pensées et pour répondre aux cas imprévus; d'un autre côté, il est des idées qui doivent revenir fréquemment dans le cours de la correspondance. On a donc composé un second vocabulaire que l'on nomme *vocabulaire des phrases*. Il est formé, comme le précédent, de pages, contenant chacune 92 phrases ou membres de phrases, ce qui donne 8.464 *idées*. Ces phrases s'appliquent particulièrement à la marine et à l'armée. Il est bien entendu que, pour se servir de ce vocabulaire, le télégraphe doit donner trois signaux : le premier pour indiquer qu'il s'agit du vocabulaire *phrasique;* le second, pour indiquer la page du vocabulaire, et le troisième, pour le numéro de cette page.

On a créé enfin, sur les mêmes principes, un autre vocabulaire, nommé *géographique,* qui porte la désignation des lieux.

Après l'année 1830, on refondit en un seul les trois vocabulaires de Chappe, que l'on étendit beaucoup. Les phrases et les mots furent disposés dans un ordre plus simple, qui facilitait considérablement la composition et la traduction des dépêches. Ajoutons que, pour dérouter les observations indiscrètes, l'Administration avait soin de changer fréquemment la *clef* du vocabulaire.

Quant aux signaux destinés simplement à la police de la ligne, on comprend que l'emploi de tout vocabulaire était superflu. Les signaux formés sur l'oblique de gauche, affectés spécialement à cette destination, étaient connus de tous les employés.

Fig. 647. — Poste de télégraphie aérienne.

La vitesse de transmission des dépêches variait suivant la distance. On recevait à Paris les nouvelles de Calais en trois minutes, par trente-trois télégraphes; celles de Lille en deux minutes, par vingt-deux télégraphes; celles de Strasbourg en six minutes et demie, par quarante-quatre télégraphes; celles de Brest en huit minutes, par cinquante-quatre télégraphes; celles de Toulon en vingt minutes, par cent télégraphes.

Cinquante ans de service ont suffisamment montré les avantages de la télégraphie aérienne ; cependant cette télégraphie avait de nombreuses imperfections.

Les signaux, se transmettant à travers l'atmosphère, étaient soumis à tous les accidents, à toutes les vicissitudes atmosphériques. Les brouillards, les pluies abondantes, la fumée, le mirage, les brumes du matin et du soir, paralysaient le jeu du télégraphe aérien.

En outre, le repos forcé du télégraphe pendant toutes les nuits, laissait dans le service une lacune funeste.

Ces considérations étaient si bien appréciées par toutes les personnes qui avaient la main à l'Administration des télégraphes que, pendant trente ans, on a fait de continuels efforts pour arriver à créer la télégraphie nocturne, dont les essais furent arrêtés par l'apparition du télégraphe électrique.

Télégraphes aériens étrangers

L'adoption du télégraphe de Chappe par le Gouvernement français, avait produit en Europe une sensation très vive; tous les peuples étrangers s'empressèrent de l'essayer ou de l'imiter. Notre système télégraphique fut établi avec le plus grand succès en Italie et en Espagne.

Dans les pays septentrionaux, les brumes particulières à ces climats rendent difficilement visibles les signaux allongés. On préféra se servir de volets mobiles, dont les combinaisons sont assez variées pour offrir une multitude de signaux. En Angleterre et en Suède, les télégraphes aériens furent construits d'après ce système.

La découverte française se répandit plus lentement en Allemagne.

Le télégraphe aérien fut sur le point de s'installer en Turquie. L'ambassadeur ottoman fit demander pour son souverain un modèle de télégraphe au gouvernement français. Les appareils furent envoyés; mais personne, à Constantinople, ne put réussir à les faire fonctionner.

Fig. 618. — Télégraphe aérien employé en Angleterre.

La découverte de Chappe trouva en Égypte un plus sérieux accueil. Méhémet-Ali, désireux de doter son pays de cette nouvelle conquête de la civilisation européenne, fit établir une ligne télégraphique du Caire à Alexandrie. On fit venir de France les modèles, les lunettes d'approche et tous les instruments nécessaires.

La télégraphie rencontra plus de difficultés en Russie ; ce n'est guère qu'en 1834 qu'elle put s'y établir d'une manière définitive.

Un réseau aérien fut construit en Algérie de 1844 à 1854. Les travaux furent exécutés par le Génie militaire, d'après les données fournies par les employés du télégraphe. Ils ne le furent pas d'ailleurs sans danger : souvent il fallut s'entourer de bataillons pour protéger les travailleurs contre les attaques des indigènes.

Les postes télégraphiques ne ressemblaient pas à nos stations françaises. C'étaient de véritables blockhaus, flanqués de deux petits bastions, et environnés d'une palissade percée de meurtrières. Ainsi mis à l'abri, le poste télégraphique pouvait résister à toutes les attaques des indigènes ou aux irruptions des malfaiteurs. Il faut dire néanmoins qu'ils n'eurent jamais à repousser aucune attaque, probablement en raison même des précautions prises.

Par suite de la pureté habituelle de l'atmosphère, les stations télégraphiques de l'Afrique française étaient séparées par une distance de douze kilomètres.

La télégraphie aérienne a parfaitement fonctionné pendant quinze ans dans notre colonie d'Afrique. Elle fut remplacée, en 1859, par la télégraphie électrique.

En France, depuis l'année 1846, la télégraphie de Chappe luttait péniblement contre la télégraphie électrique, déjà adoptée en Amérique et en Angleterre. Une Ordonnance royale, en date du 23 novembre 1844, accorda un crédit extraordinaire de 240,000 francs pour établir une ligne d'essai de télégraphie électrique, le long de la voie du chemin de fer de Paris à Rouen. Le 18 mai 1845, la même année, en présence d'une Commission officielle, les dépêches étaient échangées par le fil électrique entre Paris et Rouen.

Cette expérience jugeait suffisamment la question. Le gouvernement présenta à la Chambre des députés, dans la session de 1846, un projet de loi pour l'établissement d'une ligne télégraphique de Paris à Lille.

Fig. 619. — Poste télégraphique français en Algérie.

Malgré quelques résistances individuelles, la loi fut promulguée le 3 juillet 1846. Ce fut le début en France de la télégraphie électrique, qui devait détrôner tous les systèmes télégraphiques en usage jusque-là.

Cependant, avant d'aborder la télégraphie électrique, il convient de dire quelques mots sur deux procédés de télégraphie particuliers, qui ne manquent pas d'intérêt et qui sont employés dans des cas tout spéciaux. Nous voulons parler de la *télégraphie optique* et de la *télégraphie pneumatique*.

TÉLÉGRAPHIE OPTIQUE

Historique Le télégraphe aérien n'est plus aujourd'hui en usage en aucun lieu du Monde.

Mais la télégraphie aérienne, c'est-à-dire la correspondance obtenue par des signaux lumineux visibles à de grandes distances, n'a pas disparu, à proprement parler. Elle s'est transformée : elle est devenue la *télégraphie optique*, qui peut rendre aujourd'hui de réels services pour la transmission des messages, sinon entre particuliers, du moins entre des corps d'armée, en temps de guerre ou de paix.

La *télégraphie optique*, dont la *télégraphie sans fil* a, d'ores et déjà, beaucoup réduit l'intérêt pratique, consiste, comme la télégraphie de Chappe, à produire des signaux visibles à de grandes distances, au moyen de lunettes, mais ces signaux sont composés d'éclats et d'éclipses de la lumière solaire, ou d'une lampe à pétrole, correspondant aux caractères de l'alphabet Morse.

La télégraphie optique était déjà connue, et avait été expérimentée en France, dès l'année 1856. Un ingénieur français Leseurre, avait inventé un télégraphe solaire, qui produisait une excellente correspondance télégraphique, au moyen d'éclairs lumineux reçus à grande distance, sur une surface disposée à cet effet.

Le succès de la télégraphie électrique, adoptée parmi nous dès l'année 1851, et qui ne cessa de prendre du développement pendant les années suivantes, empêcha de prêter grande attention à la télégraphie optique de Leseurre ; mais le siège de Paris, en 1870-1871, vint lui donner l'opportunité qui lui manquait. On fut heureux, à cette époque, de pouvoir disposer d'un moyen de correspondance qui passait, pour ainsi dire, par-dessus la tête de l'ennemi.

Pendant l'invasion allemande, alors que la plupart de nos bureaux télégraphiques étaient saccagés et les communications interrompues, c'est grâce au système de transmission optique que l'on put correspondre avec les forts qui environnaient Paris.

Pris dans un cercle de feu, Paris, dans lequel nos savants français les plus éminents avaient tenu à rester enfermés, s'efforça, par tous les moyens, de communiquer avec l'extérieur. Pendant que ballons et pigeons voyageurs s'envolaient hors de la place, des appareils ingénieux étaient combinés pour envoyer au loin d'insaisissables signaux.

Bourbouze et Paul Desains essayèrent d'envoyer de Paris à Rouen un courant électrique, auquel la Seine eût servi de conducteur, et que l'on eût recueilli au moyen de galvanomètres à aiguilles très sensibles. On obtint ainsi peu de résultats, mais la conception était ingénieuse.

Le physicien Lissajous proposa d'émettre des signaux lumineux, et de les recueillir au moyen de lunettes couplées.

Cornu chercha à utiliser les propriétés que possède le prisme, de décomposer et de réfracter la lumière, et de recueillir ainsi, à distance, tout ou partie d'un faisceau lumineux, qui aurait servi à combiner des signaux grâce à un vocabulaire de convention.

C'est à Maurant, professeur au lycée Saint-Louis, et au colonel Laussedat, qui fut plus tard Directeur du Conservatoire des Arts et Métiers de Paris, que revient l'honneur d'avoir obtenu des résultats pratiques, en ce qui concerne la télégraphie par signaux lumineux. Ces deux physiciens se proposèrent d'émettre à grande distance, ainsi que l'avait fait Leseurre, un faisceau lumineux homogène, et en provoquant sur ce faisceau, au moyen d'un écran opaque, des interruptions, de durée inégale, de reproduire les *longues* et les *brèves*, autrement dit les traits et les points de l'alphabet Morse, si simple et si complet, ce qui aurait permis de correspondre, en toute sûreté, à de grandes distances.

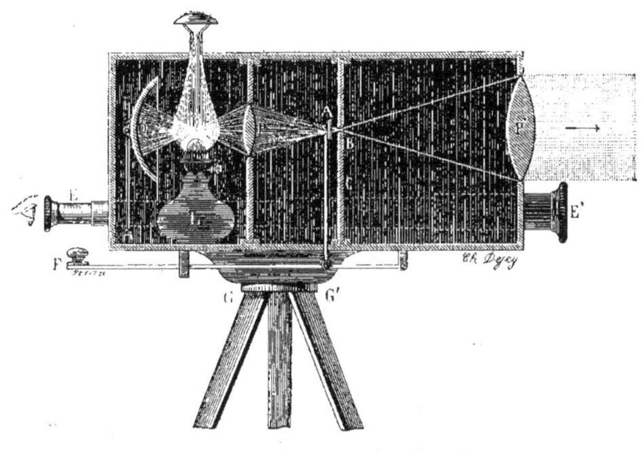

Fig. 650. — Télégraphie optique du colonel Mangin, éclairé par une lampe à pétrole.

Les circonstances si difficiles dans lesquelles se débattait la Défense nationale, en 1870-1871, ne permirent pas de tirer grand parti des essais qui avaient été faits, en plusieurs points du territoire, des appareils de télégraphie optique; mais au retour de la paix, ces mêmes expériences furent reprises, et la *télégraphie optique* est aujourd'hui une création scientifique des plus intéressantes, des plus utiles, et tout à fait pratique.

Télégraphe Mangin C'est à un officier français, le colonel Mangin, mort en 1885, que sont dus les perfectionnements de l'appareil primitivement proposé par Lissajous et exécuté par Maurant et Laussedat.

Voici la disposition de l'appareil imaginé par le colonel Mangin.

Sur la planchette antérieure (Fig. 650) d'une boîte rectangulaire, divisée en deux parties inégales par un diaphragme BC dans lequel on a pratiqué une petite ouverture, est assujettie une lentille bi-convexe, P'. Derrière l'ouverture du diaphragme BC se trouve un obturateur mobile A, que l'on soulève et déplace à volonté, au moyen d'une manette F et d'un levier GG'. Dans la seconde partie de la caisse est placée une forte lampe à pétrole L, munie d'un réflecteur parabolique D, dont elle occupe le foyer, et qui accroît encore sa puissance éclairante, en réfléchissant sur la lentille P les rayons émanés de la partie postérieure de la lampe à pétrole. La seconde lentille P, à court foyer, et le miroir D n'ont donc pour but que de recueillir des rayons lumineux, qui seraient perdus sans cela. La grande lentille biconvexe P reçoit le faisceau lumineux total réfracté à travers les deux lentilles, et le renvoie parallèlement à l'horizon.

L'appareil étant ainsi disposé, il suffit

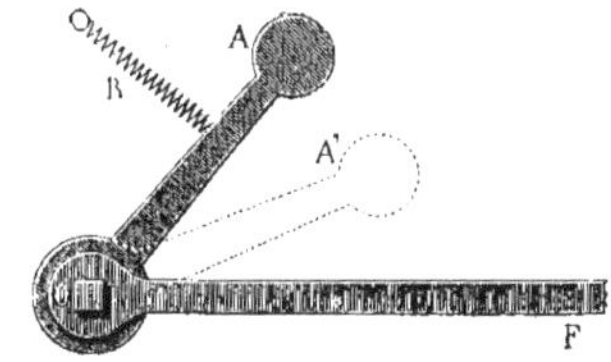

Fig. 651. — Obturateur et manipulateur de l'appareil optique du colonel Mangin.

d'imprimer au manipulateur, F, des mouvements plus ou moins prolongés, pour émettre des éclats, qui reproduisent, en signaux lumineux, les points et les traits du télégraphe Morse dont nous parlerons plus loin. Une lunette EE′, fixée sur l'une des parois extérieures de la boîte, bien parallèlement à l'axe des lentilles, sert à apercevoir les signaux du poste correspondant.

L'obturateur (Fig. 651) est formé d'un écran A en aluminium, que commande un petit levier F, mobile autour du point O. Un ressort R le retient en arrière; mais il cède à la pression du doigt sur le levier F, et en se déplaçant, le disque A, qui couvrait le diaphragme, vient en A′ et produit les éclipses et les éclats du faisceau lumineux.

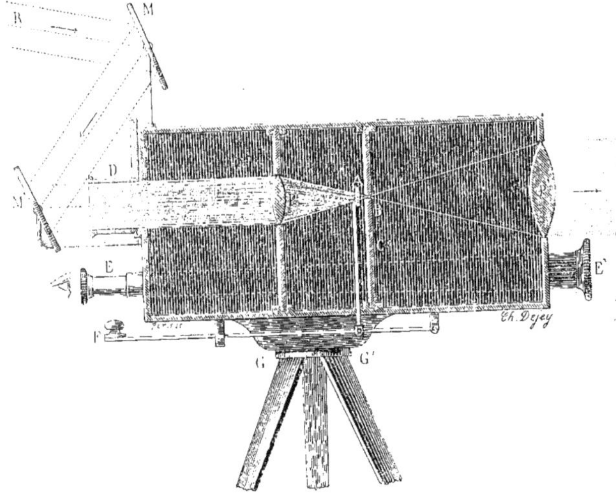

Fig. 652. — Télégraphe optique du colonel Mangin, éclairé par la réflexion des rayons solaires.

Les signaux se font donc en maintenant libre le passage des rayons lumineux à travers l'ouverture du diaphragme, ou en le fermant, au moyen du *manipulateur* et de l'*obturateur*.

Tel que nous venons de le décrire, l'appareil du colonel Mangin est spécialement affecté au service télégraphique de nuit. Pour l'utiliser pendant le jour, il suffit d'enlever la lampe et de disposer les deux miroirs plans M et M′ (Fig. 652) convenablement inclinés selon la position du soleil, qui renvoient le faisceau lumineux réfracté à travers les deux lentilles P et P′ hors de la boîte.

La vitesse de l'expédition des éclats lumineux est de quinze à vingt mots par minute.

Avec la lumière solaire pendant le jour, et celle d'une lampe à pétrole pendant la nuit, les appareils optiques à lentilles permettent de communiquer, suivant leur calibre, qui va de 15 à 40 centimètres, à des distances variant de 30 à 120 kilomètres.

Pour les places fortes, dans lesquelles les appareils n'ont pas besoin d'être déplacés, le colonel Mangin en a combiné d'autres, plus lourds et plus puissants, dits *appareils à miroir*, ou *télescopiques*.

Les signaux sont toujours vus au moyen d'une lunette jointe à l'appareil de réception.

Avec les *appareils télescopiques*, ou à *miroir*, on communique aisément à des distances variant entre 50 et 200 kilomètres. Ces grandes portées exigent nécessairement un temps absolument clair, car les signaux lumineux sont interrompus d'une façon absolue par le brouillard, la fumée et les brumes, même légères.

Télégraphie optique appliquée à la triangulation

En 1880, le colonel Perrier, décédé depuis avec le grade de général, termina les grands travaux de géodésie qu'il exécuta en Algérie et en Tunisie, ensuite entre l'Algérie et l'Espagne, pour la mesure d'un arc considérable du méridien terrestre, en employant des signaux lumineux produits dans l'appareil optique du colonel Mangin. Les stations de la côte d'Espagne et celles de la côte d'Algérie étaient distantes de 225 à 270 kilomètres et, malgré cet énorme éloignement, les signaux furent toujours parfaitement visibles.

Pour projeter sur le ciel deux des points de ce réseau géodésique situés l'un en Algérie, le *M'Sahiba,* l'autre en Espagne, le *Tetica,* il fallait mesurer, en ces deux stations, la latitude et un azimut, ainsi que la différence de longitude entre ces deux points.

Cette différence de longitude des deux stations fut obtenue par l'échange des heures locales, au moyen de signaux télégraphiques enregistrés sur les chronographes des deux stations.

Pour comparer entre elles les pendules de *Tetica* et de *M'Sahiba,* on eut recours à l'échange réciproque, par-dessus la Méditerranée, de signaux électriques lumineux et rythmés, dont la transmission, même à 280 kilomètres, peut être considérée comme instantanée.

C'est la première fois qu'une semblable opération était effectuée, et elle fut couronnée d'un succès complet.

C'est ainsi qu'a été fermé le vaste polygone de longitudes, dont l'un des sommets est à Paris, et les autres sont à Marseille, à Alger, à M'Sahiba, Tetica et Madrid.

Ce polygone exceptionnel contenait tous les cas possibles qui peuvent se produire dans la mesure des longitudes, puisqu'il comprenait dans son périmètre des fils aériens, un câble sous-marin, et en guise de fil, une sorte de traînée lumineuse qui unissait *M'Sahiba* avec *Tetica,* par-dessus la Méditerranée.

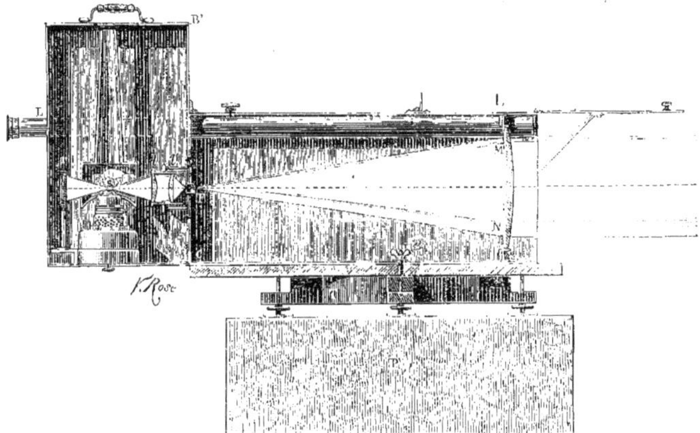

Fig. 653. — Appareil optique ayant servi à exécuter les signaux pour la triangulation entre l'Espagne et l'Algérie. (Éclairé par une lampe à pétrole.)

On voit, dans la figure 653, l'appareil optique, éclairé au pétrole, qui servit à exécuter les signaux pour la triangulation entre l'Espagne et l'Algérie. La grande lentille MN rend parallèles et renvoie en un faisceau horizontal les rayons lumineux émanés de la lampe à pétrole S, qui ont traversé les premières lentilles l l' et qui se sont réfléchis sur le miroir r.

L'obturateur, qui, par ses déplacements, produit les éclats ou les interruptions de lumière répondant aux signaux de l'alphabet Morse, est en FC. La lunette LL' est placée en haut de la boîte.

La lumière électrique produisant un faisceau lumineux plus intense que la flamme de pétrole, le colonel Mangin a fait construire par Sautter et Lemonnier, à Paris, un appareil optique dans lequel la lumière est produite par l'arc voltaïque, dans un *régulateur Serrin* (Fig. 654). On voit en *c'* éclairs lumineux, on se servit souvent, dans la grande opération géodésique dont nous parlons, de la simple projection de faisceaux lumineux électriques, d'un volume considérable, et qui portaient aux plus grandes distances que l'on eût encore franchies. On voit, en coupe, dans la figure 655, le *projecteur de lumière électrique* du colonel Mangin, construit par Sautter et Lemonnier pour les opérations du colonel Perrier.

Le mode d'emploi du *projecteur* employé

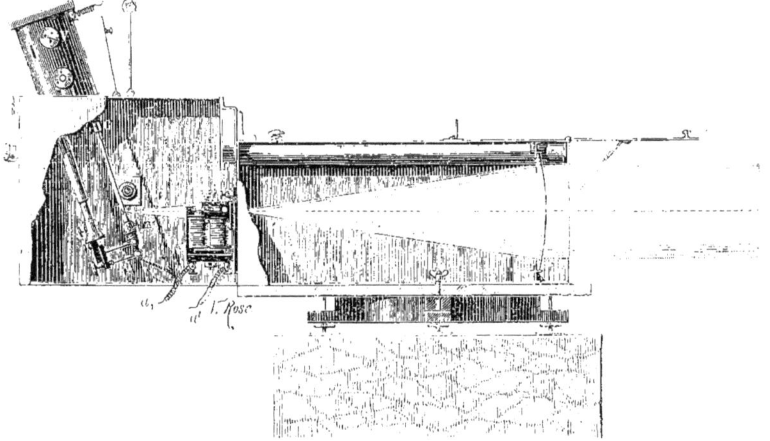

Fig. 654. — Appareil optique ayant servi à exécuter les signaux pour la triangulation entre l'Espagne et l'Algérie. (Éclairé par l'arc voltaïque.)

l'arc lumineux qui jaillit entre les deux pointes de charbon. Dans la boîte V, sont contenus les rouages d'horlogerie du *régulateur Serrin*, C.

L'obturateur n'est point mu à la main, comme dans les appareils ordinaires de télégraphie militaire, mais par un électro-aimant dont on voit les fils conducteurs du courant *a*, *a'* et les bobines auxquelles ces fils aboutissent. Cet électro-aimant attire ou repousse l'obturateur, pour intercepter ou permettre le passage du faisceau lumineux.

En plus de l'appareil donnant lieu à des pour la production de puissants éclats lumineux est le suivant. Si l'on dirige le *projecteur de lumière* vers les nuages, et dans un point occupé par un poste à projecteur correspondant, les occultations, par l'obturateur, de la source lumineuse placée au foyer de l'appareil produisent sur le nuage, qui constitue une sorte d'écran opaque, une série alternative d'éclats lumineux et d'extinctions. On peut, par ce moyen, et en attachant aux longueurs des éclats et des interruptions de lumière la signification des lettres du vocabulaire Morse, établir une correspondance.

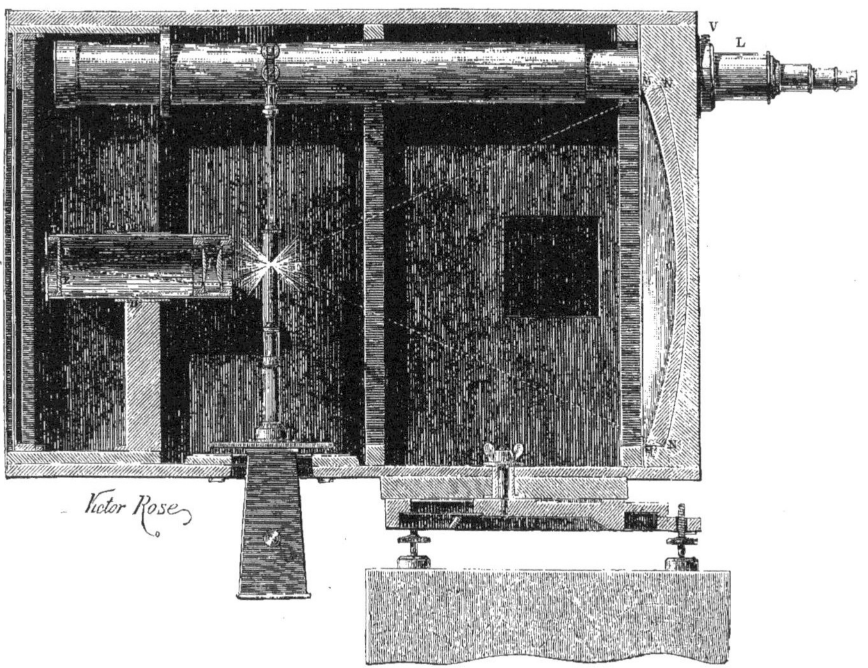

Fig. 655. — Projecteur de lumière électrique du colonel Mangin, ayant servi aux opérations de triangulation du colonel Perrier.

Héliographe L'État-major des armées anglaises adopta, comme moyen de télégraphie optique, pour ses expéditions guerrières dans l'Extrême-Orient, un *télégraphe solaire* rendu très portatif.

Il peut être utilisé par un simple cavalier pour des avis à transmettre pendant une reconnaissance; et cependant, la distance à laquelle il expédie un *éclair-signal* n'est pas moindre de 25 kilomètres.

Voici la disposition de ce *télégraphe solaire*, ou *héliographe*, représenté par la figure 656.

L'appareil se compose d'un miroir M, mobile dans tous les sens par suite de son double mode de suspension autour d'un demi-cercle avec articulation mobile, et d'un pivot reposant sur une plate-forme S. Placé sur un trépied, le miroir obéit aux mouvements, plus ou moins rapides, que lui imprime la main. Il est percé en son centre d'une petite ouverture, qui permet de viser par l'arrière. C'est à l'aide de la vis V, faisant tourner le miroir sur le pivot S qui le supporte, que l'on dirige les rayons solaires réfléchis, sur un point donné.

Quelquefois on dispose sur l'appareil une tige verticale et une *clef de Morse.* En pressant la clef, on fait varier l'angle d'inclinaison du miroir.

Pour se mettre en rapport avec la station correspondante, on fixe d'abord son attention en faisant exécuter au miroir une ou plusieurs révolutions complètes, puis on place, à 4 ou 5 mètres en avant de l'appa-

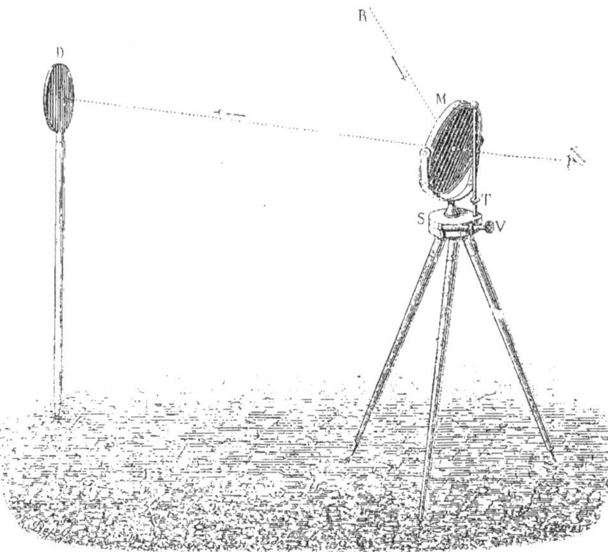

Fig. 656. — Héliographe anglais.

reil, une mire D (Fig. 656) qui peut être élevée ou abaissée jusqu'à ce que l'œil appliqué derrière le miroir, à son ouverture centrale, rencontre le miroir placé à la station correspondante. Quand on veut transmettre une dépêche, on manœuvre, avec la vis, le miroir, dont les rayons réfléchis vont traverser la mire D, et indiquent, par ce fait même, que les signaux qu'il transmet arrivent bien à la station fixée.

Contrairement aux autres appareils de ce genre, ce télégraphe émet des signaux par extinction, au lieu d'émettre des signaux lumineux, puisqu'au repos il éclaire toujours la station correspondante.

Quand le soleil est haut sur l'horizon, c'est-à-dire pendant la plus grande partie de la journée, l'*héliographe* se réduit au miroir mobile et à la mire qui l'accompagne; mais, le matin et à la fin du jour, le soleil ne donnerait, par sa position peu éloignée de l'horizon, que peu de lumière réfléchie, l'angle de réflexion étant alors très obtus. Le soleil peut aussi se trouver derrière l'opérateur. Il faut, à ces moments, faire usage d'un second miroir, qui reçoive les rayons du soleil tombant sur le premier avec un angle très ouvert, et les réfléchisse sur le miroir principal.

Cette disposition est représentée sur la figure 657. M' est le miroir réflecteur supplémentaire supporté par la tige horizontale L. Il renvoie les rayons du soleil sur le miroir principal M.

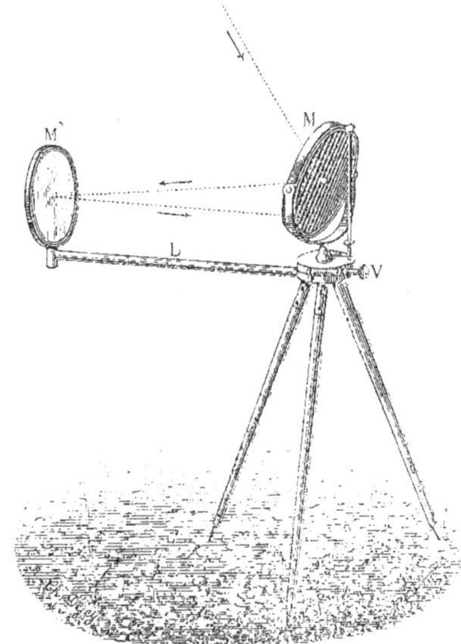

Fig. 657. — Héliographe anglais à double miroir.

Le télégraphe solaire peut envoyer ses éclairs à de très grandes distances. Le physicien allemand Gauss, au commencement de notre siècle, put transmettre des éclairs solaires à plus de 40 kilomètres avec un petit miroir rectangulaire (4 centimètres sur 6), qu'il dirigeait à la main, et Le Verrier, placé à Marseille sur la colline Notre-Dame-de-la-Garde, put percevoir des rayons solaires qui étaient envoyés du cap Creuss, en Espagne.

L'inconvénient du télégraphe solaire, c'est qu'il ne fonctionne que de jour, puisque la lumière du soleil est son seul agent. Il est donc inférieur, sous ce rapport, au *télégraphe optique,* qui peut fonctionner la nuit.

TÉLÉGRAPHIE PNEUMATIQUE

La *télégraphie pneumatique* qui a pris, depuis plusieurs années, un développement considérable dans quelques villes d'Europe, particulièrement à Paris, à Londres, à Manchester, à Liverpool, à Berlin, etc., consiste à se servir de la pression de l'air ou de sa raréfaction, pour lancer dans des tubes souterrains des messages écrits. L'examen rapide des procédés et des appareils de la télégraphie pneumatique pourra donc n'être pas sans intérêt pour nos lecteurs.

En 1852, l'inventeur français Ader fit, dans le parc Monceau, à Paris, le premier essai de transport de petits colis par l'air comprimé.

Après lui, en 1854, un autre inventeur français, Galy-Cazalat, fit la même expérience, couronnée, d'ailleurs, du même succès.

Pendant la même année, un physicien anglais, Latimer Clark, établit à Londres des tubes dans lesquels des étuis renfermant les dépêches étaient lancés par aspiration, au lieu de l'être par refoulement comme dans l'appareil de Galy-Cazalat.

En 1863, à Londres, le physicien Varley perfectionna ce mode de transmission. Il inventa la *valve,* qui, dans le système anglais, facilite l'envoi et la réception des étuis. La marche dans un sens se faisait au moyen du vide, et celle en sens inverse par l'air comprimé.

Enfin, en 1865, Siemens et Halske établirent à Berlin des tubes qui, à l'imitation des tubes pneumatiques de Varley, fonctionnent à la fois par le vide et la pression de l'air.

L'établissement des tubes pneumatiques eut lieu, à Paris, en 1867. La compression de l'air était obtenue par l'emploi de trois cuves en tôle, la plus grande remplie d'eau et les deux autres servant l'une de réservoir pour l'air comprimé, l'autre pour y entretenir le vide. On obtenait la dépression nécessaire, en laissant écouler l'eau de la grande cuve dans une des autres.

On remplaça vers 1880 ce dispositif par des machines à vapeur, manœuvrant des pompes à air.

Aujourd'hui, la *poste pneumatique* est parfaitement organisée à Paris, et nous allons décrire les appareils qu'elle met en œuvre.

Installation du réseau pneumatique à Paris

Les conduites de la poste pneumatique de Paris ont trouvé un asile commode et sûr à la voûte des égouts, qui portent aussi les conduites pour la distribution des eaux, les fils de la télégraphie souterraine et le faisceau des conducteurs téléphoniques.

Les cartes-télégrammes, ainsi que les dépêches télégraphiques, ou manuscrites, sont assemblées en un nombre suffisant, et enfermées dans un *étui* cylindrique en fer garni de feutre. Le diamètre de ces étuis est de 4,5 centimètres. Cinq ou six, placés à la file, composent un véritable *train d'étuis,* qui circule rapidement à l'intérieur des conduites, soit de vide, soit d'air comprimé.

L'étui placé en tête du train sert de piston. A cet effet, il est garni, à sa partie antérieure, d'une rondelle de cuir flexible, de 80 millimètres de diamètre, dont les bords, qui lui forment comme une sorte de collerette, viennent s'appuyer contre les parois du tube, quand l'air comprimé, ou la pression extérieure dans le cas du vide, vient à le presser. Et comme le reste des étuis est attelé au premier, le train entier est entraîné dans le réseau tubulaire.

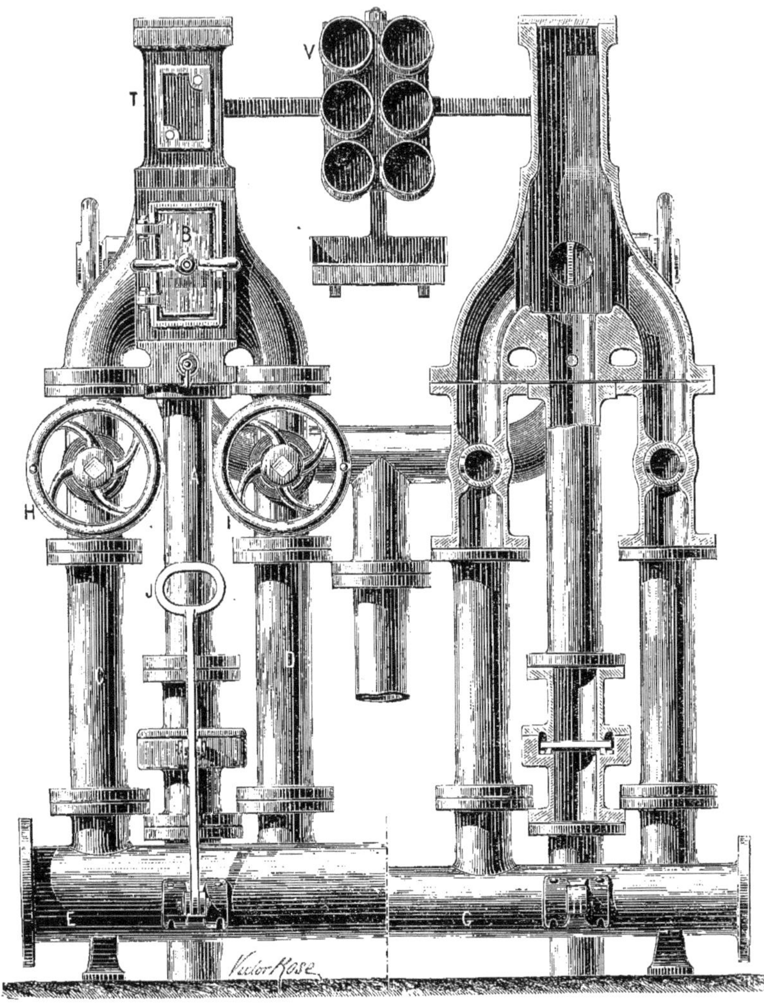

Fig. 658. — Vu extérieure de face et coupe d'un appareil de la poste pneumatique.

L'appareil mécanique servant à l'expédition et à la réception des *étuis à dépêches* se compose (Fig. 658 et 659) de deux conduites, l'une G pour l'air comprimé, l'autre E pour l'air raréfié.

Un tube vertical A, auquel aboutit la ligne des deux conduites G et E, se termine, en haut, par une boîte à section carrée en laiton B, dont la face antérieure présente une porte se fermant hermétiquement et s'ouvrant par une manivelle, que l'on tire à l'extérieur.

Deux tuyaux verticaux C D, recourbés à leur partie supérieure, entourent le tube vertical A, et servent à mettre en relation la ligne, soit avec l'air comprimé, soit avec le vide. Si l'on ouvre le robinet à volant H, on est en rapport avec la conduite vide; si l'on ouvre le robinet à volant I (Fig 658), on est en rapport avec la conduite d'air comprimé.

Un grand levier J, que tire à soi l'*employé tubiste* avant d'ouvrir la porte de la boîte de laiton B, ferme une valve placée à l'intérieur des conduites afin d'empêcher l'air extérieur de pénétrer dans les conduites, ou, si l'on veut, pour prévenir l'échappement, à l'extérieur, de l'air comprimé ou raréfié.

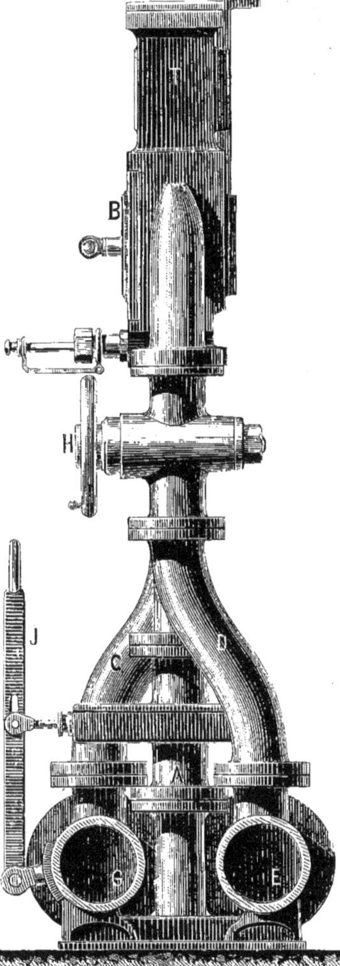

Fig. 659. — Vu de profil d'un appareil de la poste pneumatique.

Quand l'*employé tubiste* veut faire partir un *train d'étuis*, il place les dépêches dans un ou plusieurs étuis. Une large ouverture longitudinale est pratiquée à ces étuis, pour faciliter cette introduction. Ensuite, il recouvre l'étui d'une chemise de cuir, et il l'introduit dans la boîte de laiton B en plaçant en avant l'étui qui doit faire office de piston. L'employé avertit alors, par la sonnerie électrique T (Fig. 658 et 659), la station correspondante du départ des étuis. Pour expédier immédiatement les étuis, il ouvre le robinet à volant H, et le train part aussitôt. La sonnerie électrique du correspondant l'avertit quand ce train est arrivé à destination.

Le jeu est le même pour recevoir un train de dépêches.

Le casier V (Fig. 658) est destiné à recevoir les étuis vides ou les étuis de rechange.

La vitesse du voyage des étuis varie selon la pression ou le degré de raréfaction de l'air qui existe à l'intérieur des conduites. Sur des lignes très courtes, c'est-à-dire dans les conditions les plus favorables, où il suffit d'une pression de 40 centimètres de mercure, la vitesse est de 1 kilomètre par minute.

Le *réseau pneumatique* de Paris, créé en 1867, alors que l'on se servait, comme puissance motrice, des chutes d'eau de la ville, n'avait, en 1878, que le modeste développement de 33 kilomètres. En 1884, il embrassait une longueur de 160 kilomètres. Aujourd'hui, cette longueur est de beaucoup dépassée.

Pour la production du vide ou de l'air comprimé, on a installé plusieurs usines à vapeur, disséminées dans Paris. Les dispositions sont, d'ailleurs, les mêmes dans chacun de ces ateliers mécaniques : la force de la machine à vapeur varie seulement de l'une à l'autre.

La principale de ces usines est celle de l'Hôtel des Postes de Paris; c'est dans le sous-sol de l'Hôtel que sont installées la machine à vapeur ainsi que les pompes pour la compression de l'air et la production du vide dans les conduites. Prolongée horizontalement, la tige du piston du cylindre de la machine à vapeur va actionner les pompes à air.

Des deux pompes atmosphériques, l'une comprime l'air et l'autre fait le vide ou raréfie l'air, et on peut, à volonté, grâce à l'identité de modèle des soupapes, et en changeant seulement le sens de leur ouverture, les faire aspirer, tantôt dans l'atmosphère, tantôt dans les réservoirs de vide, c'est-à-dire en faire à volonté des pompes *à compression* ou des pompes *à raréfaction*.

On emmagasine l'air comprimé, ou raréfié, dans quatre énormes cylindres en tôle, qui n'ont pas moins chacun de 19 mètres de long. Ces grands réservoirs, qui communiquent avec les pompes atmosphériques, sont, d'autre part, en rapport avec les conduites métalliques souterraines, dans lesquelles les *étuis à dépêches* sont, comme nous l'avons expliqué, poussés sur l'une de leurs faces par l'air comprimé, ou aspirés, à l'autre face, par l'air raréfié. En tournant à la main des robinets à manivelle circulaire, on les met en rapport avec les conduites souterraines d'air comprimé ou de vide.

Installations pneumatiques étrangères

Les tubes pneumatiques pour le service des dépêches à l'intérieur des villes fonctionnent à Londres et dans plusieurs autres villes d'Angleterre, Birmingham, Manchester, Liverpool, ainsi qu'à Berlin, etc.

A Londres, les étuis qui servent à la transmission des dépêches sont en gutta-percha. Ils ont une longueur totale de $0^{m},145$ et un diamètre extérieur de 6 centimètres environ. Afin qu'ils puissent résister aux chocs qu'ils éprouvent à l'arrivée, ils sont recouverts d'une première enveloppe en feutre, qui, en même temps, empêche la gutta-percha de s'échauffer par suite du frottement contre les parois des tubes. Des rondelles, fixées contre la partie antérieure de chaque étui, forment un joint circulaire étanche.

Pour recevoir un étui, on ferme l'extrémité de la conduite générale au moyen d'un clapet à charnière garni de caoutchouc; puis on ouvre un robinet, qui met la conduite en communication avec le réservoir à vide. Attiré aussitôt par aspiration, l'étui se rend au poste d'arrivée, où il ouvre, automatiquement, le clapet à charnière, maintenu jusqu'alors fermé par la pression atmosphérique, et il reste attiré contre l'ouverture de la conduite. L'employé chargé de la réception ferme alors le robinet, et retire l'étui.

Pour expédier un étui, on le place dans la conduite, dont on ferme l'ouverture au moyen d'un obturateur manœuvré à l'aide d'une manette. Puis un galet ouvre une valve placée à l'intérieur du cylindre, et met en communication les tuyaux avec le réservoir à air comprimé. L'étui est aussitôt poussé dans le tube souterrain, et lorsque la sonnerie électrique annonce son arrivée au poste correspondant, on remet la manette dans sa position primitive.

On procède donc, dans le premier cas, par aspiration, et, dans le second, par refoulement.

A Berlin, on emploie, comme à Paris, deux tubes distincts pour la transmission et la réception, l'un fonctionnant par le vide et l'autre par l'air comprimé.

Le système pneumatique qui fonctionne en Allemagne a été exécuté par Siemens.

Les étuis sont analogues à ceux de Londres. Ils en diffèrent, toutefois, par leurs dimensions, qui sont plus grandes, et par un couvercle en gutta-percha maintenu par une bande élastique.

Chaque tube est pourvu de sa valve, qui se compose de deux bouts de tube de même diamètre que la conduite, portés par un châssis mobile autour d'un axe. L'un ou l'autre de ces tuyaux peut être raccordé avec la conduite, suivant qu'on veut expédier ou recevoir. Pour expédier, il suffit de placer l'étui dans l'intérieur du tube, et d'amener celui-ci dans le prolongement de la conduite, à l'aide d'une manivelle. Le courant d'air entraîne aussitôt l'étui jusqu'au poste d'arrivée, où, pour la réception, le tube directeur se trouve placé dans le prolongement de la conduite. Ce tube est fermé par une sorte de grille, qui laisse échapper l'air que refoule l'étui en arrivant. Lorsque ce dernier a pénétré dans le tube, il intercepte le passage du courant d'air dans ce même tube, et permet ainsi d'expédier simultanément des étuis en des points différents du circuit.

Un tuyau, dit *de dérivation*, facilite la circulation de l'air. Une valve, qu'on manœuvre à l'aide d'un levier, s'ouvre au moment de la réception, et se ferme lors de la transmission.

Dans les bureaux intermédiaires, chaque tube est utilisé pour la transmission dans

Fig. 660. — Le premier télégraphe électrique (appareil de Georges Lesage, exécuté à Genève, en 1774).

un sens et la réception dans le sens opposé. Au bureau central, les tubes sont disposés de façon à pouvoir servir indifféremment à la transmission ou à la réception, et portent, par conséquent, chacun une valve.

Ce système a été légèrement modifié, de façon qu'aujourd'hui on peut ne plus employer que le vide qui est réalisé par un *aspirateur* à vapeur, dont le fonctionnement permet la suppression des pompes à vapeur que l'on avait mises en service à l'origine, et qui étaient presque exclusivement adoptées à Paris et à Londres. C'est la condensation de la vapeur à l'intérieur du tuyau qui opère le vide ou la raréfaction de l'air.

Ce système est économique et n'exige aucune surveillance.

TÉLÉGRAPHIE ÉLECTRIQUE

L'idée de la télégraphie électrique est née avec l'observation des premiers phénomènes de l'électricité. Cette idée était tellement simple, tellement naturelle, qu'elle vint à l'esprit des physiciens qui observèrent les premiers avec quelle rapidité prodigieuse le fluide électrique circule dans un corps conducteur. Mais pour plier aisément l'électricité aux exigences infinies des communications télégraphiques, il aurait fallu posséder une connaissance approfondie de cet agent. Or, pendant toute la durée du XVIIIe siècle, l'électricité ne fut connue que dans une partie de ses propriétés. Aussi, bien des tentatives, bien des essais inutiles, furent-ils réalisés à cette époque : l'idée de la télégraphie électrique fut, dans cet intervalle, vingt fois abandonnée et reprise. D'ailleurs, en même temps que les physiciens s'efforçaient d'appliquer l'électricité à la télégraphie, d'autres savants cherchaient, comme nous venons de le voir, la solution du même problème dans l'emploi de divers signaux formés dans l'espace et visibles à des distances éloignées. Les difficultés, sans cesse renaissantes, que l'on rencontrait alors dans le maniement pratique de l'électricité, encourageaient les efforts des partisans de la télégraphie aérienne. Enfin, dans les dernières années du XVIIIe siècle, arriva l'invention, faite par Claude Chappe, de la télégraphie aérienne, qui répondait, à cette époque, à tous les besoins. C'est alors que ce système fut adopté et établi dans toute l'Europe, et les recherches relatives à la télégraphie électrique éprouvèrent un long temps d'arrêt.

Cependant la Physique ne tarda pas à s'enrichir d'admirables conquêtes; l'électricité manifesta des propriétés inattendues. Ces caractères, ces aptitudes nouvelles, si heureusement découverts dans l'agent électrique, permirent de le manier et de l'assouplir comme le plus docile de nos instruments. Dès lors, la télégraphie électrique regagna le terrain qu'elle avait perdu ; elle ne tarda pas à mettre en évidence son incontestable supériorité sur la télégraphie aérienne, à se substituer peu à peu à elle, enfin à la détrôner sans retour.

Les phénomènes de l'électricité statique ne sont connus que depuis le milieu du dix-huitième siècle : c'est en 1746 que furent découverts les faits qui devaient servir de base à toute une Science nouvelle. L'observation du transport à distance de l'électricité, celle des corps conducteurs et non conducteurs, les curieuses propriétés de l'étincelle électrique, avaient commencé d'exciter au plus haut degré l'attention des savants. Bientôt les découvertes arrivèrent de tous les côtés. Musschenbroek construisait la bouteille de Leyde; on essayait, en France et en Angleterre, d'apprécier la vitesse de l'électricité, et Lemonnier voyait, avec un étonnement profond, ce fluide franchir, dans un temps inappréciable, la distance de deux lieues. Peu de temps après, les physiciens français découvraient la présence de l'électricité libre au sein de l'atmosphère, et s'apprêtaient à aller conjurer au sein des nuées orageuses les terribles effets de l'électricité atmosphérique.

Au milieu de cet élan général vers l'étude des phénomènes électriques, il était impossible que l'idée d'appliquer l'électricité à la transmission des signaux ne vînt pas à se produire.

Déjà, d'ailleurs, et avant même la découverte des phénomènes électriques proprement dits, on avait vaguement signalé la possibilité d'appliquer l'action des aimants à une correspondance entre deux points peu éloignés.

L'idée de faire servir le magnétisme à une correspondance télégraphique remonte jusqu'au XVIIe siècle; mais il est difficile de décider si elle a été proposée sérieusement ou comme un pur amusement philosophique.

L'honneur d'avoir le premier exécuté, dans des conditions pratiques, un appareil de télégraphie fondé sur l'emploi de l'électricité statique, appartient à un savant genevois, d'origine française, nommé Georges-Louis Lesage.

Fig. 661. — Georges-Louis Lesage.

Georges-Louis Lesage était un physicien habile, qui a laissé des travaux estimés; il vivait à Genève du produit de quelques leçons de mathématiques. C'est vers l'année 1760 que Lesage conçut le projet d'un télégraphe électrique, qu'il exécuta à Genève en 1774. L'instrument qu'il imagina, et qui n'était d'ailleurs qu'un appareil de démonstration ou d'essai, se composait de vingt-quatre fils métalliques séparés les uns des autres et noyés dans une substance non conductrice. Chaque fil allait aboutir à un électromètre particulier formé d'une petite balle de sureau suspendue à un fil de soie. En mettant une machine électrique ou un bâton de verre électrisé en contact avec l'un de ces fils, la balle de l'électromètre qui y correspondait était repoussée, et ce mouvement indiquait la lettre de l'alphabet que l'on voulait faire passer d'une station à l'autre.

Cependant l'idée de la télégraphie électrique avait déjà si bien pénétré dans tous les esprits, qu'on la trouve quelques années après réalisée à la fois en France, en Allemagne et en Espagne.

En 1787, un physicien, nommé Lomond, avait construit à Paris une petite machine à signaux fondée sur les attractions et répulsions des corps électrisés.

En Allemagne, Reiser proposa, en 1794, d'éclairer à distance, au moyen d'une décharge électrique, les diverses lettres de l'alphabet, que l'on aurait découpées d'avance sur des carreaux de verre recouverts de bandes d'étain. L'étincelle électrique devait se transmettre par vingt-quatre fils, correspondant aux vingt-quatre lettres; on aurait isolé les fils en les enfermant, sur tout leur parcours, dans des tubes de verre.

En Espagne, Bettancourt, ingénieur d'un grand mérite, avait déjà essayé, en 1787, d'appliquer l'électricité à la production des signaux, en se servant des bouteilles de Leyde, dont il faisait passer la décharge dans des fils allant de Madrid à Aranjuez. Quelques années plus tard, la télégraphie électrique était beaucoup plus avancée dans le même pays. En 1796, François Salva établit à Madrid un véritable télégraphe électrique.

Toutefois, un télégraphe électrique fondé sur l'attraction et la répulsion des corps électrisés ne pouvait être considéré comme un appareil pratique. On pouvait en faire une curieuse machine de cabinet, un instrument propre à fournir quelques expériences intéressantes, mais il était impossible de songer à l'appliquer au dehors à une correspondance télégraphique.

C'est dire assez que toutes les tentatives qui furent faites jusqu'à la fin du XVIIIe siècle, pour plier l'électricité aux besoins de la correspondance, furent frappées d'impuissance.

La découverte de la pile devait donner nécessairement une vive impulsion aux recherches concernant la télégraphie électrique. A partir de ce moment, les essais dans cette direction deviennent nombreux et donnent naissance à un certain nombre d'appareils qui ne sont pas sans valeur.

Il faut arriver à l'année 1811 pour trouver la première application vraiment scientifique de la pile de Volta à la télégraphie.

Ce qu'il fallait pour appliquer la pile de Volta à la transmission des signaux, c'était le moyen de rendre sensible à distance l'effet de l'électricité : il fallait provoquer, d'une station à l'autre, une action mécanique, un mouvement quelconque. Parmi les phénomènes auxquels la pile de Volta donne naissance, celui qui attirait le plus l'attention, au début de cette grande découverte, c'était la décomposition de l'eau. Tel est le fait qui fut choisi comme moyen indicateur de la présence de l'électricité dans le circuit. Le télégraphe électrique que le physicien Sœmmerring fit connaître, en 1811, à l'Académie de Munich, était fondé sur la décomposition électro-chimique de l'eau.

Cet appareil, remarquable pour l'époque, offrait les dispositions suivantes. A l'une des stations était établie une pile à colonne, qui constituait la source d'électricité. Cette pile servait à former trente-cinq circuits voltaïques, composés chacun d'un double fil, l'un pour l'aller, l'autre pour le retour du courant. Sur tout le parcours, ces fils étaient isolés par une enveloppe de soie, et le faisceau résultant de leur ensemble était recouvert d'un vernis isolateur. Tous ces fils pouvaient, de cette manière, être parcourus par le fluide, sans s'influencer ni se troubler mutuellement. A l'autre station, ces trente-cinq circuits venaient se rendre, chacun, dans un petit vase plein d'eau distillée. Ces différents vases étaient destinés à représenter les vingt-cinq lettres de l'aphabet allemand et les dix chiffres de la numération. Lorsque, à la station où se trouvait la pile, on faisait passer l'électricité dans l'un des circuits, l'eau se décomposait instantanément dans le vase correspondant placé à la station extrême, et l'on pouvait ainsi désigner, à volonté et malgré la distance, les différentes lettres de l'alphabet.

Le projet de Sœmmerring eût présenté dans la pratique des difficultés considérables : cependant l'ingénieux physicien qui en avait conçu l'idée avait parfaitement saisi, dès cette époque, les avantages de la télégraphie électrique. Sœmmerring fait remarquer, dans son mémoire, que ce nouveau moyen de correspondance fonctionne de nuit aussi bien que de jour, et que les brouillards ne peuvent retarder son action. Il ajoute que le télégraphe électrique présente sur le télégraphe aérien une supériorité immense, puisqu'il permet d'exprimer les signaux avec une rapidité incalculable ; qu'il fonctionne sans que rien décèle au dehors le passage des signaux ; qu'il n'exige la construction d'aucun édifice particulier ; qu'il peut aboutir en tel lieu que l'on veut choisir ; enfin qu'il rend superflu le langage compliqué et le vocabulaire secret de la télégraphie aérienne. Bien qu'il n'eût point déterminé la vitesse de transmission de l'électricité, Sœmmerring avait reconnu qu'une différence de deux mille pieds dans la longueur du conducteur n'apportait aucun retard appréciable à la décomposition de l'eau ; d'où il concluait que l'action de son télégraphe pourrait s'étendre à une distance quelconque, sans exiger de stations intermédiaires.

En énumérant les avantages du curieux instrument qu'il avait imaginé, le physicien de Munich montrait qu'il comprenait tout l'avenir de la télégraphie électrique. Seulement l'appareil qu'il proposait offrait trop d'imperfection pour être adopté dans la pratique. Le fait de la décomposition de l'eau, qu'il avait choisi comme l'indice de la présence du fluide, ne pouvait suffire à remplir un tel objet. Pour satisfaire aux conditions du problème de la télégraphie électrique, il fallait substituer au phénomène faible et obscur d'une action chimique, un effet mécanique d'une certaine intensité.

Un intervalle assez long s'écoula avant que la Science pût fournir les moyens de satisfaire à cette condition. Ce dernier pas fut heureusement franchi par la découverte de l'électro-magnétisme.

La possibilité d'appliquer ce phénomène à l'art télégraphique fut vite saisie par les physiciens, en premier lieu par Ampère, et la découverte du cadre *multiplicateur* de Schweigger, en permettant d'augmenter l'intensité de l'action magnétique d'un courant, rendit cette application réalisable.

En 1833, le baron Schilling fit à Saint-Pétersbourg plusieurs essais curieux avec un appareil fondé sur l'emploi du galvanomètre. Cet appareil se composait de cinq fils de platine, isolés au moyen de gomme laque, et contenus dans une corde de soie : ces fils unissaient les deux stations. A la station extrême se trouvaient cinq aiguilles aimantées, placées chacune au milieu d'un galvanomètre ou *multiplicateur*. A la station du départ était une espèce de clavier, dont chaque touche, en rapport avec l'un des fils, servait à y diriger le courant, et à mettre ainsi en action l'aiguille magnétique correspondante, située à la station extrême. Les dix mouvements formés par les cinq aiguilles magnétiques servaient à désigner les dix chiffres de la numération, lesquels, à l'aide d'un dictionnaire spécial, représentaient les signaux télégraphiques.

Schilling fit, avec ce télégraphe, plusieurs expériences sous les yeux de l'Empereur de Russie ; mais la mort de ce savant, survenue quelque temps après, empêcha de continuer les essais sur une échelle plus étendue.

A Gœttingue, les physiciens Gauss et Weber construisirent, après Schilling, un télégraphe électrique d'après les mêmes données.

Un autre télégraphe, construit par Richtie et Alexander, d'Édimbourg, et qui ne fut exécuté d'une manière définitive qu'en 1837, se composait de trente fils de cuivre, venant circuler, à la station d'arrivée, autour de trente aiguilles magnétiques. Quand on frappait à la station du départ, l'une des touches d'un clavier semblable à celui d'un piano, le courant s'établissait dans le fil touché ; l'aiguille correspondante était déviée aussitôt, et son mouvement déplaçait un écran, qui découvrait la lettre à désigner. On pouvait ainsi montrer à distance, à une personne placée au-devant de l'appareil, les différentes lettres qui composaient les mots d'une dépêche.

En Angleterre, Wheatstone réalisa, vers la même époque, un télégraphe électrique conçu sur le même principe que ceux de Schilling, de Saint-Pétersbourg, Gauss et Weber, de Gœttingue, Richtie et Alexander, d'Édimbourg, appareils divers dans la forme, mais qui, au fond, n'étaient que l'application de l'idée d'Ampère.

Le *télégraphe magnétique* de Wheatstone se composait de cinq aiguilles aimantées, entourées d'un fil multiplicateur, en d'autres termes de cinq galvanomètres. Ces galvanomètres étaient placés derrière un cadre en forme de losange, sur lequel étaient tracées, diagonalement entre elles, les lettres de l'alphabet. Pour signaler certaines lettres, on dirigeait le courant à travers deux des galvanomètres de telle façon que les aiguilles, en convergeant, signalaient la lettre à désigner. Pour envoyer le courant dans tel ou tel des galvanomètres, Wheatstone faisait usage d'un *manipulateur*, composé de boutons d'ivoire, qui poussaient des ressorts métalliques destinés à établir et à faire circuler le courant dans l'un des circuits.

Pendant que Wheatstone inventait en Angleterre son *télégraphe magnétique*, un physicien de Munich, Steinheil, exécutait un appareil basé sur le même principe et réalisait la première application pratique de l'électricité comme agent télégraphique; car son télégraphe n'était pas un simple appareil de cabinet, mais un instrument usuel qui servit à établir une correspondance entre son Observatoire et un faubourg de Munich, séparés par plus d'une lieue. C'est au mois de juillet 1837 que M. Steinheil exécuta l'appareil que nous allons décrire, et qui peut être considéré comme le premier instrument ayant servi à établir une correspondance régulière au moyen de l'électricité voltaïque.

Fig. 662. — Steinheil.

C'était un simple galvanomètre AA (Fig. 663), dont les fils multiplicateurs entouraient deux barreaux aimantés C C. Ces barreaux se terminaient par un petit style, pourvu d'un bec *p p* rempli d'encre.

Une bande continue de papier DD (Fig. 664) se déroulait au-devant de ces deux becs, marchant d'un mouvement uniforme, grâce à un rouage d'horlogerie E E.

Quant le courant électrique était dirigé dans les fils du galvanomètre (Fig. 663), les deux barreaux aimantés se déviant du même côté, sous l'influence de l'électricité, l'un des deux becs chargés d'encre, s'approchait de la feuille de papier (Fig. 664), et y déposait un point noir. Quand on changeait la direction, c'était l'autre bec qui venait toucher la feuille de papier et y déposer un point noir. En combinant ces points de différentes manières, Steinheil avait composé un alphabet conventionnel.

Le *télégraphe magnétique* de Steinheil contenait une innovation importante qui permettait d'entrevoir la solution prochaine du problème de la télégraphie électrique. Jusque-là, en effet, tous les expérimentateurs, y compris Wheatstone, avaient fait usage de plusieurs circuits voltaïques : Steinheil n'employait qu'un seul courant, un seul fil, ce qui rendit la télégraphie immédiatement pratique.

De plus, le physicien de Munich trouva la possibilité de supprimer le *fil de retour* du circuit, en prenant la Terre elle-même pour *conducteur de retour*.

C'est en 1838 que Steinheil fit cette expérience, vraiment fondamentale pour l'avenir de la télégraphie électrique. Il disposait d'un fil métallique d'environ 8 kilomètres de longueur. A l'extrémité libre de ce fil, il adapta une plaque métallique, qui fut enterrée dans le sol humide, tandis que le fil du pôle opposé de la pile était muni d'une plaque toute pareille, que l'on enfonçait de la même manière dans le sol humide. Or l'électricité parcourut facilement ce circuit, dont la moitié était formée par la Terre, et elle revint au pôle opposé, ou du moins le courant s'établit comme si le fil métallique de retour n'eût pas été supprimé.

Cependant le problème de la télégraphie électrique n'était pas encore entièrement résolu. L'électricité devait faire un nouveau pas pour que le nouveau système de communications télégraphiques atteignît à sa perfection. Ce dernier pas fut franchi par la découverte de l'*aimantation temporaire du fer* sous l'influence du courant électrique, dont la Physique est redevable à François Arago, comme nous l'avons déjà dit au début de ce volume.

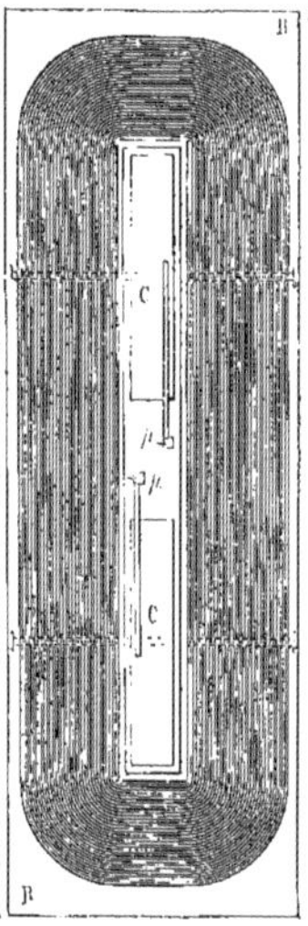

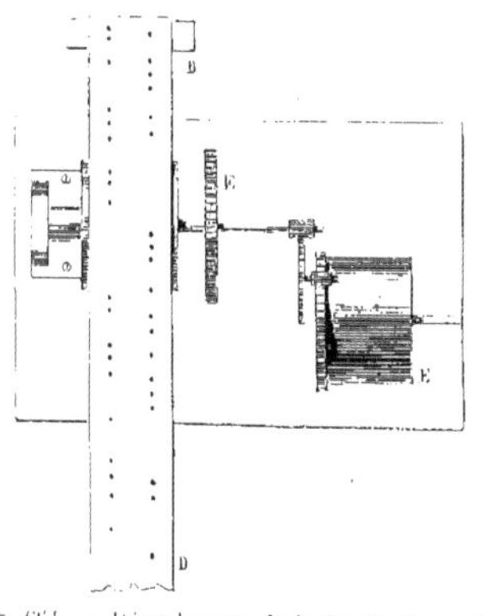

Fig. 664. — Déroulement de la bande de papier du télégraphe Steinheil.

L'*aimantation temporaire* du fer par un courant électrique donne, en effet, le moyen d'exercer, à travers l'espace, un mouvement d'attraction et de répulsion et la pile de Volta permet, à toute distance, de mettre un levier en mouvement. Tel est le principe fondamental de la plupart des appareils actuels de la télégraphie électrique. En effet, ce mouvement de va-et-vient une fois produit, la mécanique fournit un grand nombre de moyens différents d'en tirer parti pour l'appliquer au jeu des télégraphes.

Fig. 663. — Galvanomètre du télégraphe Steinheil.

Rien de plus varié que les procédés que l'on a mis en œuvre pour utiliser cette action mécanique; les nombreuses combinaisons imaginées pour l'application de l'électricité à l'art des signaux ont donné naissance à autant de télégraphes particuliers qui, bien qu'identiques dans leur principe, diffèrent cependant beaucoup entre eux par les détails de leur mécanisme. Mais le système mécanique qui fut adopté dès l'origine par Samuel Morse a été conservé jusqu'à notre époque, et c'est à lui qu'appartient l'honneur d'avoir établi la première ligne de télégraphe électrique qui ait fonctionné dans le Nouveau Monde.

Cependant Samuel Morse n'était ni physicien ni mécanicien; il était peintre, et c'est par hasard, pour ainsi dire, qu'il fut amené à s'occuper, pour la première fois, de télégraphie électrique.

Samuel-Finley-Breese Morse naquit à Charlestown (Massachusets) le 27 avril 1791. Il fit ses études au collège de Yale (Connecticut) et en sortit, en 1810, pour se livrer à la peinture. En 1811, il partit pour l'Angleterre et, en 1813, il obtint la médaille d'or de la *Société des Arts Adelphi,* pour une statue d'*Hercule mourant,* son premier essai en sculpture. Il retourna aux États-Unis en 1815.

En 1829, il visita l'Europe une seconde

fois pour compléter ses études sur les beaux-arts. Il résida, pendant plus de trois ans, dans les principales villes du continent, afin d'étudier les collections d'art de l'Angleterre, de la France et de l'Italie. Nommé à la chaire de *littérature relative aux arts du dessin* à l'Université de New-York, Morse s'était lié intimement avec un de ses collègues, le professeur Freeman Dana, qui faisait alors un cours sur l'électro-magnétisme. Cette partie de la Physique était un sujet de conversations fréquentes entre eux et elle était devenue très familière à Morse.

Le principe de l'aimantation temporaire du fer par le courant électrique venait d'être découvert. Le professeur Dana expliqua, dans son cours, la construction des *électro-aimants*, et mit sous les yeux des élèves le premier instrument de ce genre qui eût été construit en Amérique; Morse entra en possession d'un de ses instruments.

C'est pendant son second retour d'Europe aux États-Unis, à bord du paquebot *le Sully*, qui revenait du Havre à New-York, en 1832, que Samuel Morse conçut la première idée de son télégraphe électro-magnétique.

Dans une conversation entre les passagers, on parla d'une expérience de Franklin, qui avait vu l'électricité franchir, dans un instant inappréciable, la distance de deux lieues. Il lui vint aussitôt en pensée que, si la présence du fluide pouvait être rendue visible dans une partie du circuit voltaïque, il ne serait pas impossible de construire un système de signaux par lesquels une dépêche serait transmise instantanément. Pendant les loisirs de la traversée, cette idée grandit dans son esprit; elle devint fréquemment l'objet des conversations du bord.

Au terme du voyage, le problème pratique était résolu dans sa pensée. En quittant le paquebot, il s'approcha du capitaine, et lui prenant la main :

« Capitaine, dit-il, quand mon télégraphe sera devenu la merveille du Monde, souvenez-vous que la découverte en a été faite à bord du *Sully*. »

Peu de semaines après son retour en Amérique, Morse s'occupa de construire l'appareil télégraphique dont il avait conçu l'idée. Mais ce n'est qu'en 1835 que ce même appareil put être soumis à des expériences sérieuses.

Le premier modèle de télégraphe électro-magnétique qui fut construit par Samuel Morse, et dont l'esquisse que nous donnons ici (Fig. 665) a été faite par l'inventeur lui-même, fut fabriqué avec un cadre de tableau pris dans son atelier, des rouages de bois d'une horloge du prix de 5 francs, et l'électro-aimant qu'il tenait de l'obligeance du professeur. Il cloua contre une table, ainsi que le représente la figure 665, l'appareil dont voici les organes.

XX représente le cadre, cloué verticalement contre la table. Les rouages de bois D, mus par le poids E, comme les horloges de Nuremberg, faisaient dérouler, par un mouvement uniforme, une bande de papier continue sur les trois rouleaux A, B, C. Une sorte de pendule F, pouvant osciller autour du point *f*, se terminait par un crayon *g*, qui pouvait laisser sa trace sur le papier passant au-dessus du rouleau B. Le déplacement de ce pendule F pouvait être provoqué par l'électro-aimant *h*, lorsque le courant fourni par la pile I venait actionner cet électro-aimant. Selon la durée du contact du crayon et du papier tournant, on produisait les signes en zigzag.

D'après le nombre de ces traits en zigzag, Morse avait combiné un alphabet en chiffres, qui suffisait à toutes les nécessités de la correspondance.

Mais comment pouvait-on produire ces contacts plus ou moins longs du crayon sur le papier? Comment était construit ce que l'on nomme aujourd'hui le *manipulateur*, et qui sert à produire à distance les établissements et les interruptions du courant pendant le temps convenable? Ici était la partie la plus faible de l'appareil, l'organe peu commode dans la pratique et qui fut remplacé bientôt par l'admirable *levier-clef*, dont nous aurons à parler plus loin.

Dans l'appareil qui fonctionna de 1832 à 1835, Morse employait un *interrupteur de courant*, ou *manipulateur*, qui agissait d'une manière mécanique, et voici comment. Il avait taillé des caractères ressemblant à des dents de scie. Ces dents étaient fixées sur une règle de bois M, que faisait avancer horizontalement un rouage d'horlogerie, ou simplement la main tournant régulièrement la manivelle L. Lorsque les dents en saillie des caractères placés sur la barre M venaient rencontrer un arrêt placé à la partie inférieure du levier OOP, elles soulevaient ce levier et le faisaient osciller autour de son point d'appui N, en abaissant son autre extrémité à laquelle était attaché l'un des fils de la pile I. Grâce à ce mouvement, l'extrémité du fil conducteur plongeait dans deux

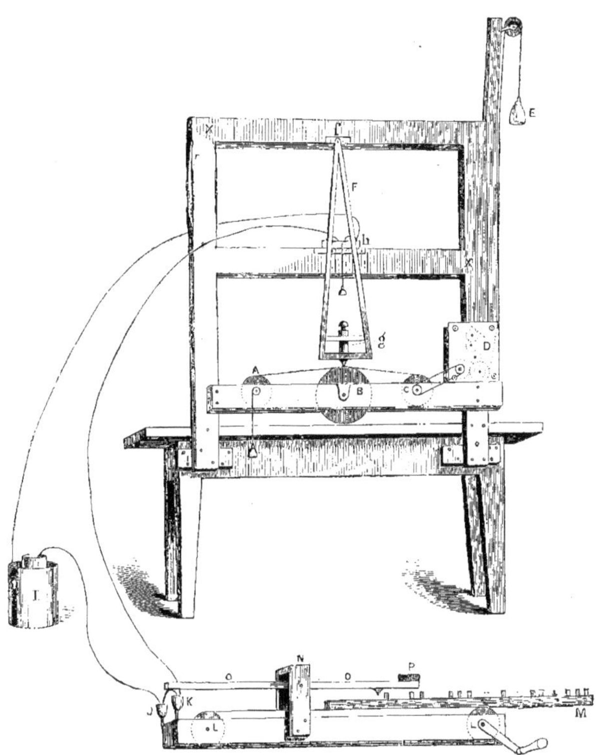

Fig. 665. — Premier télégraphe électrique de Samuel Morse.

petites coupes K J, pleines de mercure, formait ainsi la communication entre ces deux godets, et, par cette continuité métallique, établissait le courant électrique, tout à l'heure interrompu. Lorsque la dent avait passé, le levier se relevait, grâce au poids P, et ainsi

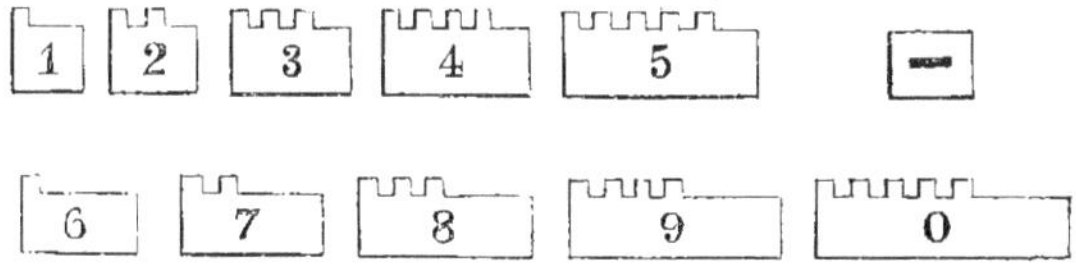

1 2 3 4 5 — 6 7 8 9 0

Fig. 666.

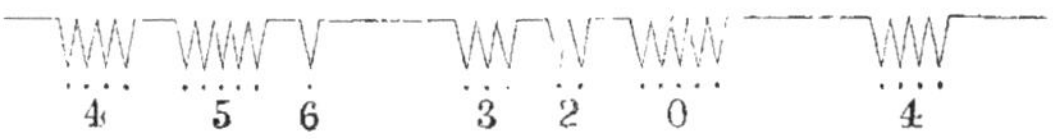

4 5 6 3 2 0 4

Fig. 667.

de suite. Les saillies des caractères, en passant sous ce levier, produisaient donc des établissements et des interruptions de courant correspondant à ces mêmes saillies.

La figure 666 donne le spécimen de ces caractères, dont chacun répond à un chiffre depuis 1 jusqu'à 10, et la figure 667 fournit un exemple des signaux que le crayon formait par le mécanisme primordial que nous avons préalablement décrit.

Comme nous l'avons déjà dit, le défaut de cet appareil résidait dans le *manipulateur*. Morse le remplaça bientôt par un appareil beaucoup plus simple et dans lequel le doigt, appuyant sur un levier et maintenant ou suspendant le contact pendant un temps calculé, produisait, sur le *récepteur*, les signaux de l'alphabet conventionnel.

Fig. 668. — Samuel Morse.

C'est en 1835 que fut exécuté l'appareil que nous venons de décrire. Il fut soumis par l'inventeur à plusieurs expériences publiques de 1835 à 1836. En 1837, Morse, après avoir imaginé son second *manipulateur* et modifié le *récepteur*, en fit la démonstration et l'expérience devant les membres de l'Université de New-York. Ces expériences firent grand bruit aux États-Unis.

Confiant dans la valeur de son invention, Morse sollicita du Congrès des États-Unis les fonds nécessaires pour établir, de Washington à Baltimore, une ligne de télégraphie électrique qui aurait démontré la possibilité pratique et les avantages de son invention.

Des expériences eurent lieu, à l'invitation du Congrès des États-Unis, mais quoique le résultat de ces expériences eût excité, dans le Comité nommé par le Congrès, un intérêt très vif, la session législative de 1838 se termina sans amener aucun résultat pour l'inventeur.

Ce ne fut qu'en 1843 que Morse vit sa persévérance couronnée de succès. Par une décision du 3 mars 1843, le Congrès ainsi que le Sénat des États-Unis lui accordèrent une somme de 30.000 dollars (150.000 francs) pour se livrer à de nouvelles expériences sur une grande échelle.

Morse s'occupa aussitôt d'établir une ligne télégraphique de Washington à Baltimore. Le *télégraphe magnéto - électrique* devait bientôt se répandre, de là, dans le Monde entier.

Les dispositions générales de cet appareil se trouvent indiquées dans la figure 669.

A A représente un électro-aimant à deux bobines. Chacune de ces deux bobines se compose d'un long fil de cuivre recouvert de soie, enroulé un grand nombre de fois autour d'un noyau de fer doux, qui doit s'aimanter par l'action du courant voltaïque. Au-dessus, et à une faible distance de l'aimant, se trouve placée une pièce en fer CDE : c'est l'armature, qui doit être attirée par l'électro-aimant quand le courant circulera dans le conducteur. A cette armature se trouve lié un levier métallique horizontal DFH. Quand le courant circule dans le fil, l'armature est instantanément attirée, et vient se mettre en contact avec la petite plate-forme métallique CBE qui fait partie de l'électro-aimant.

Par suite de cette attraction, le levier horizontal DH bascule autour de son axe fixe; pendant que son extrémité D s'abaisse, son extrémité libre H s'élève. Or, au-dessus de ce levier, en regard et presque en contact avec une pointe H que l'on a garnie d'un crayon, se trouve disposée une bande de papier. Par suite de son mouvement d'élévation, sous l'influence de l'attraction magnétique, le crayon H vient donc se mettre en contact avec le papier, et peut y laisser une empreinte. Si l'on suspend le passage du courant dans les spires de l'électro-aimant, l'aimantation cesse, l'armature CDE n'est plus attirée. Sur le levier DH appuie un long ressort d'acier FI, qui agit en sens contraire de l'électro-aimant et qui, par son élasticité, a pour effet d'abaisser le levier, et par conséquent de relever l'armature CDE pour la ramener à sa position primitive dès que l'influence électro-magnétique ne contrebalance plus sa propre tension. Ainsi, ces deux effets, d'une part l'attraction magnétique, d'autre part le ressort d'acier, s'exerçant chacun d'une manière alternative, ont pour résultat d'imprimer au crayon H un mouvement successif d'élévation ou d'abaissement, et de le mettre

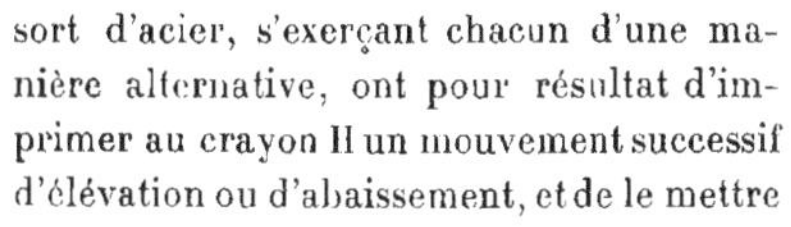

Fig. 669. — Récepteur des signaux du télégraphe Morse.

successivement en contact avec le ruban de papier qui entoure le rouleau G. Or, grâce à une combinaison ingénieuse, le ruban de papier qui passe sur le rouleau G est une sorte de lanière continue qui, à l'aide de rouages d'horlogerie, marche sans interruption, et vient ainsi présenter à l'action du crayon les différentes parties de sa longueur. Par les contacts successifs du crayon avec ce ruban de papier mobile, on peut donc former sur le papier une série de points ou de signes.

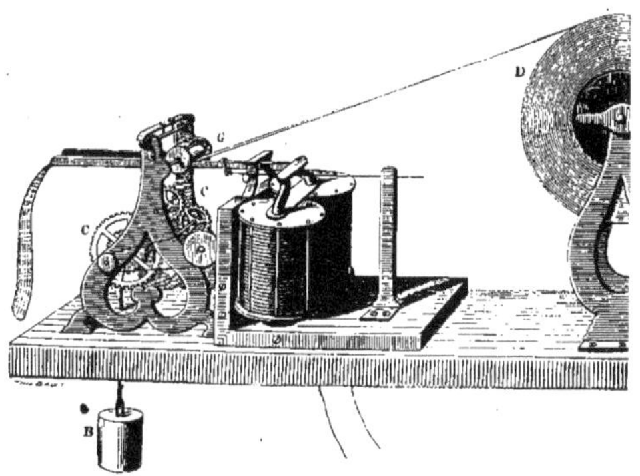

Fig. 670. — Récepteur des signaux et système de déroulement du papier du télégraphe Morse.

Le mécanisme destiné à produire la marche continuelle du ruban de papier se trouve indiqué dans la figure 670, qui représente le premier modèle de *télégraphe électro-magnétique* américain.

A est un cylindre de bois mobile sur son axe. Sur ce cylindre se trouve enroulée toute une provision de papier D, coupée en ruban mince et continu, et dont l'extrémité vient passer sur la poulie G. Le poids B met continuellement en action les rouages d'horlogerie CC qui font tourner le rouleau G et ont pour effet de tirer et de dérouler peu à peu le papier disposé autour du cylindre de bois A, de manière à faire défiler constamment ce papier au-devant du crayon.

On comprend maintenant comment le *style* du télégraphe peut imprimer une série de marques sur le papier quand le courant est successivement établi ou interrompu. Il reste à indiquer comment on peut à volonté provoquer ces alternatives du courant voltaïque, et produire ainsi les mouvements du crayon. Voici la disposition qui fut d'abord employée par Morse pour obtenir ce résultat.

La pile était placée à la station de départ, le télégraphe à la station opposée, le fil conducteur réunissait les deux stations. A la station de départ, le fil électrique était interrompu sur un point de son trajet à une petite distance de la pile, et ses deux extrémités disjointes venaient plonger dans une coupe pleine de mercure. Pour établir le courant voltaïque, il suffisait de plonger les deux extrémités disjointes du conducteur dans la coupe remplie de mercure, ce qui donnait une communication instantanée; pour interrompre le courant, on retirait de la coupe les deux extrémités du fil.

Il est facile de comprendre que le courant voltaïque, établi ou interrompu par ce moyen, permet de tracer à distance des signes sur le papier mobile placé à la station extrême. En effet, quand on établit le courant en plongeant dans la coupe de mercure les deux extrémités du fil conducteur, l'électro-aimant récepteur attire l'armature et le levier DH, et, par ce mouvement, le crayon, en s'élevant, vient porter sur le papier tournant; quand le circuit est interrompu, le magnétisme disparait et le crayon s'éloigne du papier. Lorsque le circuit est ouvert et fermé rapidement, il se produit sur le papier de simples points; si, au contraire, il reste fermé pendant un certain temps, la plume trace une ligne d'autant plus longue que la durée du circuit a été plus prolongée; enfin, rien n'est tracé sur le papier tant que le courant est interrompu. Ces points, ces lignes et ces espaces blancs conduisent à une grande variété de combinaisons.

Comme l'emploi de la coupe de mercure pour établir ou interrompre le courant électrique, présentait dans la pratique certaines difficultés, Morse la remplaça par un instrument plus simple, que nous représentons dans la figure 671. Il se compose d'une pièce métallique A, dont le bout inférieur, placé au-dessous de la plate-forme isolante BC, est soudé au fil conducteur de la pile *a*, et d'un bouton métallique C', fixé à l'extré-

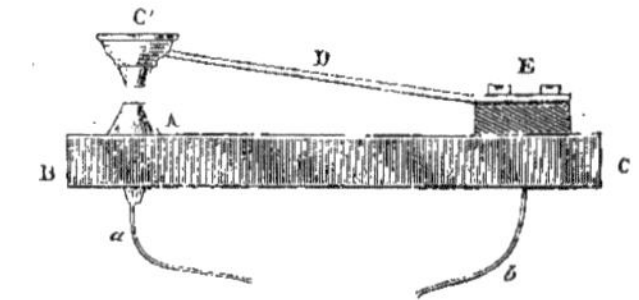

Fig. 671. — Manipulateur du télégraphe Morse.

mité d'un ressort d'acier D, soudé lui-même au bloc métallique E; le second fil de la pile *b*, qui sert à compléter le circuit, est soudé à ce dernier bloc métallique. Lorsque le bouton repose sur le plot A, le courant voltaïque est établi; il est, au contraire, suspendu quand il en est séparé par l'action du ressort qui tend constamment à le soulever. Il suffit donc de toucher légèrement le bouton C' avec le doigt pour établir le courant, et de retirer le doigt pour l'interrompre. Ce petit instrument est aujourd'hui le seul employé comme *manipulateur* du télégraphe Morse, c'est-à-dire pour former, par l'établissement ou l'interruption du courant, la série des *signes* qui correspondent aux lettres de l'alphabet.

Dans le premier modèle du télégraphe américain, on se servait d'un *crayon* pour tracer les signes sur le papier. Comme il fallait à chaque instant appointer ce crayon, on le remplaça par une *plume,* à laquelle un réservoir fournissait constamment de l'encre. Cette plume donna d'assez bons résultats, mais l'écriture était confuse ; d'ailleurs, si l'instrument s'arrêtait quelque temps, l'encre s'évaporait et laissait dans la plume un sédiment qu'il fallait retirer avant de la mettre de nouveau en activité. Ces difficultés forcèrent l'inventeur à chercher d'autres manières d'écrire. Il s'arrêta à l'emploi d'un levier d'acier à trois pointes, imprimant sur le papier tournant des traces nettes et durables. Ces pointes métalliques laissent sur le papier, qui est très épais, des marques qui ne le percent pas, mais qui s'y impriment en relief, comme les caractères à l'usage des aveugles. Ce *gaufrage* du papier a été employé fort longtemps; ce n'est qu'en 1860 que plusieurs constructeurs français et étrangers ont perfectionné le télégraphe Morse en lui faisant tracer des signes *à l'encre.*

Fig. 672. — Wheatstone.

Nous donnerons plus loin la description complète de ce télégraphe de Morse modifié par divers constructeurs européens.

C'est au mois de mai 1844 que fut inaugurée, aux États-Unis, la première ligne télégraphique ; elle était établie entre Washington et Baltimore, sur une longueur de 64 kilomètres. Les nouvelles relatives à l'élection du Président, qui venait d'avoir lieu, furent transmises avec tant de rapidité, que tout le monde fut, dès ce moment, convaincu des immenses avantages de ce nouveau moyen de communication.

En Angleterre, la plupart des lignes de télégraphie électrique qui fonctionnent aujourd'hui sur les chemins de fer ont été créées par Wheatstone.

Nous avons déjà parlé du télégraphe *à cinq galvanomètres,* imaginé par Wheatstone. Ce télégraphe fut établi, en 1838, sur une partie du chemin de fer de Londres à Liverpool.

Cependant, dans ce télégraphe, l'emploi des cinq conducteurs était une source de complications dans le jeu de l'appareil et d'augmentation de dépenses pour son établissement. Suffisant pour les besoins du service d'un chemin de fer, il n'était point applicable à un service étendu de communications quotidiennes. C'est, en effet, pour l'usage des chemins de fer que Wheatstone avait construit cet instrument, qui resta en usage depuis l'année 1838 jusqu'à l'année 1846. Pendant l'année 1846, il se forma à Londres, sous le nom de *Compagnie du télégraphe électrique,* une Compagnie puissante qui se proposait d'étendre ce genre de communications à toutes les villes importantes de l'Angleterre et de l'Écosse. Le système adopté sur la plupart de ces lignes fut le *télégraphe à deux aiguilles,* inventé par Cooke et Wheatstone.

Le *télégraphe à deux aiguilles* (Fig. 673) est l'instrument télégraphique réduit à sa plus simple expression : l'intelligence de l'opérateur y tient, pour ainsi dire, lieu de mécanisme.

Il se compose tout simplement de deux

aiguilles aimantées, fixées chacune au centre d'un cercle, et qui peuvent se mouvoir autour de ce cercle. Deux manivelles, ou poignées, que l'opérateur tient dans ses mains, servent à diriger autour des deux aiguilles aimantées le courant d'une pile voltaïque, lequel a pour effet de faire dévier ces aiguilles de leur position. Le mouvement imprimé aux manivelles établit ou interrompt le courant électrique, et l'aiguille aimantée peut, de cette manière,

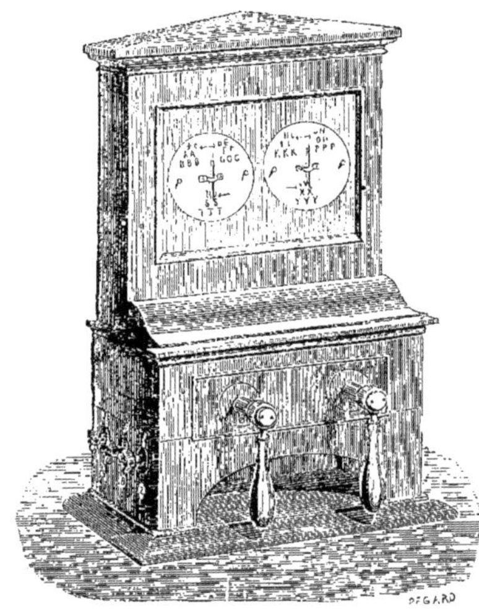

Fig. 673. — Télégraphe anglais à deux aiguilles.

prendre sur la circonférence du cercle la place que l'on désire. Ces deux aiguilles et leurs cadrans sont fixés sur le panneau antérieur d'un petit meuble.

A l'intérieur du meuble sont deux bobines de fil conducteur, dans lesquelles le courant électrique peut circuler au moment opportun. C'est le courant qui, agissant sur les aiguilles aimantées apparentes à l'extérieur, met ces aiguilles en mouvement pour produire les signaux. Pour faire tourner à volonté, tantôt à droite, tantôt à gauche, l'une ou l'autre des aiguilles aimantées, il suffit de changer le sens du courant, et ce changement est produit par le mouvement à droite ou à gauche, que l'on imprime aux manivelles.

Les positions combinées que peuvent prendre les deux aiguilles ont servi à former un alphabet. Les signes adoptés pour la désignation des lettres sont les suivants :

A, un coup à gauche de l'aiguille de gauche;
B, deux coups de la même aiguille à gauche;
C, trois coups de la même aiguille à gauche;
D, quatre coups de la même aiguille à gauche;
E, un coup de l'aiguille de gauche et deux de l'aiguille de droite;
F, un coup de l'aiguille de gauche et trois de l'aiguille de droite, etc.;

C'est, comme on le voit, un alphabet de sourd-muet; on forme, avec les aiguilles du télégraphe, des signes analogues à ceux que le sourd-muet exécute avec ses doigts. On a compté sur l'adresse, sur l'habileté particulière des employés, pour suppléer à l'insuffisance du mécanisme de l'instrument.

Il convient de dire cependant que des erreurs se glissent assez fréquemment dans les messages transmis de cette manière, et qu'aucun moyen de contrôle ne permet de les reconnaître. Aussi ce télégraphe fut-il remplacé par le *télégraphe Wheatstone automatique* que nous décrirons plus loin.

La France suivit de près l'Amérique et l'Angleterre dans l'adoption de la télégraphie électrique. Au mois de juin 1842, à l'occasion d'une demande de crédits qui avait été faite à la Chambre pour expérimenter le système d'éclairage du télégraphe aérien, proposé par Jules Guyot dans le but de créer une *télégraphie nocturne*, Pouillet, membre de l'Académie des sciences et professeur de physique à la Sorbonne, rapporteur du projet, recommandait vivement le système de Guyot. A cette occasion, Arago fit connaître le récent établissement de la télégraphie électrique en Angleterre et les excellents résultats qu'elle promettait. Pouillet répondit que la question avait été examinée par la Commission chargée d'étudier le projet de loi, mais que le télégraphe électrique « paraissait peu convenable et peu rationnel, » et qu'il fallait attendre.

La froideur qu'un juge aussi compétent que Pouillet témoignait à la télégraphie électrique, ne pouvait que retarder l'introduction de ce système en France. La télégraphie électrique trouvait donc parmi nous quelques partisans et beaucoup d'incrédules. Ce qui arrêtait, ce qui causait les scrupules de l'Administration et du public, ce n'était point le principe de l'instrument en lui-même, mais bien la crainte de ne pouvoir défendre les fils contre la malveillance. On ne pouvait admettre qu'un immense fil conducteur tendu librement à travers les villes, ou dans la solitude des campagnes, pût y rester à l'abri des atteintes des malfaiteurs ou des gens mal intentionnés. L'expérience a prouvé que ces craintes étaient chimériques en dehors des cas délictueux et criminels que l'on nomme dans le langage actuel *sabotage*, et que, sous peine de revenir à la sauvagerie, les lois ne sauraient assez sévèrement réprimer.

Fig. 674. — L. Bréguet.

Il est certain que si les chemins de fer n'eussent pas existé en France, l'adoption de la télégraphie électrique aurait encore éprouvé de longs retards. Heureusement, les voies ferrées offraient, pour l'expérience de ce système, une route toute tracée et soumise à une surveillance des plus sévères. Ce fut là surtout ce qui tranquillisa le Gouvernement quant à la possibilité de mettre à l'essai une ligne de fils télégraphiques.

Une Ordonnance royale en date du 23 novembre 1844 ouvrit donc un crédit de 240.000 francs, pour établir, à titre d'essai, une ligne télégraphique sur la voie du chemin de fer de Paris à Rouen.

Bréguet fut chargé de diriger les travaux. Le 22 janvier 1845, les poteaux étaient plantés; le 27 avril, cette ligne d'essai fonctionna jusqu'à Mantes, et, le 18 mai, des dépêches étaient échangées avec le plus grand succès entre Paris et Rouen.

Cette expérience jugeait suffisamment la question. Dans la session législative de 1846, le Gouvernement présenta à la Chambre des députés un projet de loi relatif à un crédit extraordinaire pour l'établissement d'une ligne de télégraphie électrique de Paris à Lille.

Pouillet, rapporteur de ce projet de loi, le défendit avec peu de chaleur; mais il fut décidé en même temps que, par prudence, la ligne aérienne qui existait de Paris à Lille serait maintenue et continuerait son service.

Une somme de 489.650 francs était attribuée à l'établissement d'une ligne allant de Paris à Lille, avec un embranchement de Douai à Valenciennes.

Le système d'appareils qui fut adopté se ressentait de la tiédeur du Gouvernement ou de l'Administration pour la télégraphie électrique. Dans la substitution progressive du nouveau système à l'ancien, on désirait faire suivre au fil électrique la direction des lignes existantes de télégraphie aérienne. C'est en obéissant à cette même pensée générale, et conformément à cet esprit de conduite, que le directeur des lignes télégraphiques, Alphonse Foy, exigea que l'appareil électrique ne servît qu'à exécuter les signaux du télégraphe aérien.

Demander à l'électricité le moyen de reproduire sur un petit appareil les signaux du télégraphe de Chappe, c'était poser un problème difficile au mécanicien chargé de le résoudre. Ce mécanicien, c'était heureusement le savant Bréguet, qui sut remplir les conditions posées par le programme de l'Administration.

Bréguet était le petit-fils du célèbre horloger Bréguet, dont les beaux travaux en horlogerie et dans la mécanique de précision ont rendu le nom célèbre. Lui-même, savant praticien et constructeur hors ligne, s'est fait connaître par plusieurs découvertes intéressantes en horlogerie, en mécanique et en télégraphie électrique.

L'appareil *Foy-Bréguet,* tel est le nom que reçut le télégraphe à signaux qui fut adopté en France, était passible d'un grave reproche : il exigeait deux conducteurs, deux fils télégraphiques, un pour chaque branche à signaux, au lieu d'un seul conducteur, d'un seul fil, qui suffit au télégraphe Morse et au télégraphe à cadran, qui fonctionnait déjà à Londres. Mais, à part ce reproche, il faut reconnaître que Bréguet sut résoudre avec beaucoup d'élégance le problème mécanique de la reproduction des signaux de Chappe par l'électricité.

Cet appareil fut abandonné après sept à huit années d'usage ; mais sa construction fort ingénieuse mérite d'être connue.

L'appareil se compose, comme tous les télégraphes électriques, d'un *manipulateur,* c'est-à-dire d'un instrument placé à la station de départ, destiné à fournir les signaux qui doivent se reproduire à la station opposée, et d'un *récepteur* placé à la station d'arrivée, destiné à exécuter les signaux.

Le récepteur est formé par la réunion de deux appareils symétriques et parfaitement indépendants l'un de l'autre.

Fig. 675. — Récepteur du télégraphe Foy-Bréguet à deux aiguilles. Vue extérieure.

La figure 675 représente l'appareil dans son ensemble, recouvert de sa boîte et vu de face.

Les aiguilles indicatrices I tournent autour des points *i;* ce sont les parties noires des aiguilles qui forment les signaux ; chacune d'elles peut prendre huit positions, à savoir : deux horizontales, l'une à droite, l'autre à gauche du centre ; deux verticales, et une à 45° dans chacun des angles formés par les lignes horizontales et verticales.

A chacune des huit positions de l'un des indicateurs correspondent huit positions de l'autre, c'est-à-dire huit signaux : le nombre total des signaux de l'appareil est donc 8 fois 8, ou 64.

Dans la figure 676, l'appareil est vu par derrière et sans sa boite.

La partie gauche du dessin représente exactement l'une des moitiés du récepteur. Dans la partie droite, on a supprimé l'électro-aimant EE qui cachait l'armature A.

Voici le jeu des différentes pièces de cet

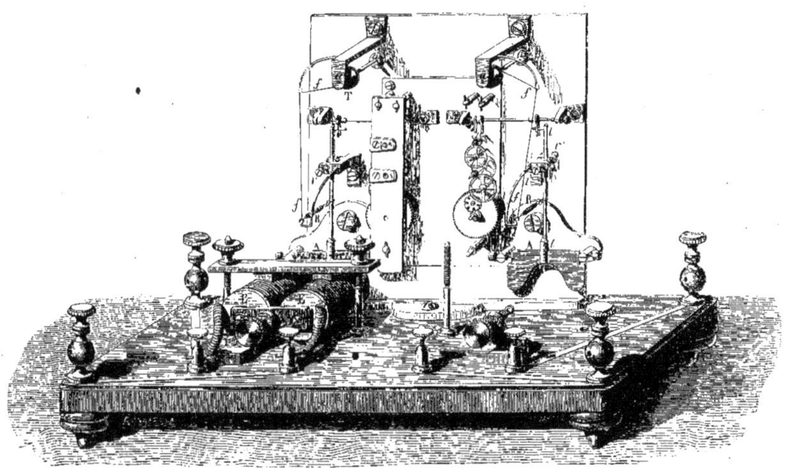

Fig. 676. — Récepteur du télégraphe Foy-Bréguet. Vue intérieure.

instrument : *t* est la tige de l'armature; *r, r'* sont les vis de réglage; R, le ressort à boudin, dont la tension peut être augmentée ou diminuée en tournant, dans un sens ou dans l'autre, l'axe *aa* du tambour T sur lequel s'enroule le fil de soie *f f*.

Une roue d'échappement à quatre dents permet de produire les huit positions de l'aiguille. En effet, lors de chaque établissement ou interruption du courant, l'armature A bascule, l'échappement a lieu, la roue avance d'une demi-dent et l'aiguille de 45°.

Il importe de noter que les deux rouages du récepteur sont disposés de manière à faire tourner les aiguilles en sens inverse l'une de l'autre; celle de gauche (Fig. 675) marche dans le sens des aiguilles d'une montre, celle de droite en sens contraire.

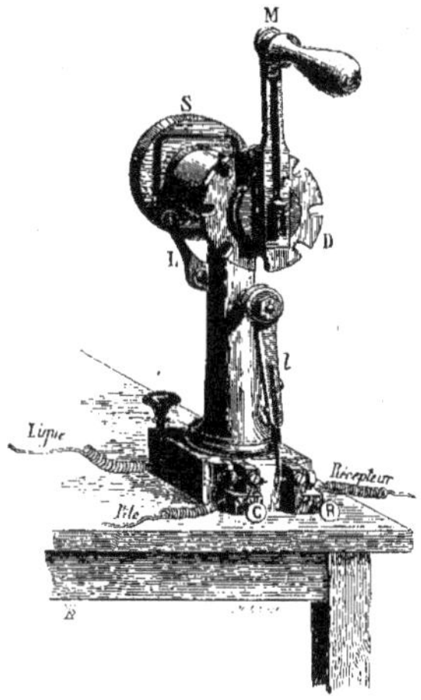

Fig. 677. — Manipulateur du télégraphe Foy-Bréguet.

Le manipulateur est composé, comme le récepteur, de deux parties symétriques indépendantes l'une de l'autre, mises chacune en relation avec une des parties du récepteur par un fil particulier.

La figure 677 représente l'une de ces parties.

La manivelle M entraîne l'axe sur lequel elle est montée et, avec lui, la roue à rainure sinueuse S. La roue D, appelée *diviseur*, est fixe; elle porte huit crans placés régulièrement sur sa circonférence, dans lesquels peut entrer une dent portée par la manivelle, ce qui permet de donner facilement à celle ci huit positions exactement correspondantes à celles de l'aiguille indicatrice du récepteur.

Un ressort *r*, encastré dans la manivelle,

la maintient appuyée contre le diviseur, dans la position qu'on lui donne à la main.

Pour travailler avec l'instrument, pour exécuter les signaux du télégraphe aérien en miniature que porte l'appareil à l'extérieur, on saisit les deux manches des manivelles, un de chaque main, on les tire à soi pour vaincre l'effort du ressort *r* et faire sortir les dents des crans des diviseurs; on tourne les deux manivelles à la fois, chacune dans le sens que nous avons indiqué pour l'aiguille correspondante du récepteur, et on les amène jusqu'aux positions qu'elles doivent occuper pour former le nouveau signal qu'on veut transmettre. Il arrive souvent, comme il est facile de le comprendre, que pour passer d'un signal au suivant on n'a besoin de mouvoir qu'une seule manivelle.

La figure 677 montre comment le levier *l* et le levier L, qui sont portés par le même axe, reçoivent de la *roue sinueuse* un mouvement de va-et-vient, qui amène le ressort inférieur successivement en contact avec les deux pièces *p* et *p'*. Ces deux pièces sont isolées par un morceau d'ivoire de la masse métallique de l'appareil, et les fils de la pile et du récepteur y viennent aboutir comme l'indique la figure.

Le fil de la ligne, au contraire, est mis en communication avec la masse métallique de l'appareil.

Chaque contact entre le ressort du levier *l* et le bouton C de la pile provoque donc l'envoi du courant sur la ligne, et chaque cessation du contact entre ces deux pièces provoque l'interruption du courant: d'où il résulte deux mouvements successifs de l'armature correspondante du récepteur, et deux mouvements de l'aiguille semblables à ceux de la manivelle. On comprend comment se maintient l'accord de position de l'aiguille et de la manivelle et comment peuvent se transmettre du manipulateur au récepteur les soixante-quatre signaux que peut exécuter l'instrument. Le bouton R sert à la réception; le courant arrivant de la ligne entre dans la masse métallique du manipulateur et, quand l'appareil est dans la position de repos, par le ressort du levier *l*, dans le bouton R, d'où il est conduit au récepteur.

Ce télégraphe fonctionnait avec une rapidité merveilleuse. On pouvait exécuter deux cents signaux par minute, ou, pour mieux dire, il n'y avait d'autre limite à leur expédition que la dextérité de l'employé.

Malgré ces dispositions ingénieuses au point de vue mécanique, le *télégraphe à signaux Foy-Bréguet* ne pouvait être que d'un emploi transitoire. Outre l'inconvénient d'exiger deux fils au lieu d'un seul, il limitait le développement de la télégraphie en l'enchaînant au vieux système du vocabulaire de Chappe. Il ne laissait aucune trace matérielle des signaux, et ne permettait ainsi aucun contrôle. Il était spécial à la France et ne pouvait servir à établir la continuité des communications entre la France et l'étranger faisant usage d'autres systèmes. Il ne pouvait donc aspirer qu'à servir de transition entre les deux modes de télégraphie. Cette transition effectuée, et quand la télégraphie électrique eut pris en France une certaine extension et une certaine importance, il fallut supprimer le télégraphe à signaux et on adopta, après un examen approfondi de tous les appareils télégraphiques, le télégraphe américain, l'*appareil Morse*.

La télégraphie électrique existe aujourd'hui dans le Monde entier. Elle a pénétré partout, et bientôt tout notre globe ne sera, pour ainsi dire, qu'une immense bobine électro-magnétique, composée de milliers de fils traversés par un courant incessant de fluide électrique en même temps que les ondes hertziennes de la télégraphie sans fil voltigeront dans l'espace pour ajouter encore à l'intercommunication générale.

Nous avons vu comment la télégraphie électrique s'établit en Amérique, en Angleterre et en France.

En Belgique, elle date de l'année 1846. La première ligne, de Bruxelles à Anvers, fut ouverte le 7 septembre 1846. On y faisait usage du télégraphe à aiguilles de Wheatstone et Cooke. Mais ce n'est qu'au bout de dix ans, lorsque le Gouvernement belge s'attribua le monopole de ce service, que le réseau télégraphique fut développé. Le système Morse est celui qui prédomine en Belgique.

La Hollande avait précédé de quelques mois la Belgique dans cette voie; car sa première ligne, d'Amsterdam à Rotterdam, fut ouverte le 29 décembre 1845. Ce n'est toutefois qu'en 1852 qu'une loi prescrivit la création d'un réseau télégraphique.

La première ligne allemande fut installée dans le duché de Hesse, entre Mayence et Francfort. Le succès de cette ligne éveilla l'attention du Gouvernement prussien, qui mit à profit le nouveau procédé télégraphique pour relier le palais de Berlin avec celui de Potsdam. En 1850, le réseau télégraphique de la Prusse était de plus de 2.400 kilomètres, longueur presque double de celle du réseau français.

Le système qui fut, à cette époque, adopté en Prusse était le télégraphe à cadran et à vocabulaire alphabétique, assez heureusement modifié par Siemens, de Berlin. La plus grande partie des fils était enfermée sous le sol, le reste était disposé sur le bord des grandes routes.

L'Autriche était également, en 1855, en possession de plus de 2.400 kilomètres de lignes télégraphiques.

L'Italie n'est pas restée en arrière des autres nations de l'Europe dans l'adoption du nouveau moyen de correspondance. Les premières lignes électriques furent installées en Toscane, en 1847, sous la direction du savant physicien Matteucci. N'embrassant qu'une étendue d'environ 240 kilomètres, elles allaient de Florence à Livourne et à Patro, d'Empoli à Sienne, et de Pise à Lucques.

La ligne de Gênes à Turin fut ouverte le 9 mars 1851, par les soins de Bonelli, Directeur des télégraphes sardes, et en 1861, le réseau italien se composait de 6.896 kilomètres de lignes. Les appareils Morse étaient employés d'une manière presque exclusive.

L'établissement de la télégraphie en Suisse date de 1852. Dix ans après, il y avait près de 3.000 kilomètres de fils, et les appareils étaient du système Morse.

Ce n'est qu'en 1854 que l'Espagne établit, à titre d'essai, deux lignes électriques entre Madrid et Irun. Le premier télégraphe employé en Espagne fut l'appareil à aiguilles de Wheatstone et Cooke; mais on ne tarda pas à le remplacer par le système Morse.

La première ligne russe a été ouverte en 1850, entre Tiflis et Borsom (Caucase). A mesure que les chemins de fer s'établissaient en Russie, les lignes télégraphiques les escortaient, et aujourd'hui ce mode de correspondance ne laisse rien à désirer dans le vaste Empire.

C'est la Russie qui réalisa l'entreprise audacieuse de la ligne télégraphique qui va du centre de la Russie à l'intérieur de la Chine. Cette ligne immense fut terminée en 1865.

L'Angleterre a établi une ligne télégraphique qui la met en correspondance avec ses possessions de l'Inde. Elle passe par Belgrade, Bassorah, Bagdad, le golfe Persique, Kurrachee et Calcutta. A partir de Calcutta, un réseau multiple met toutes les villes de l'Inde anglaise en communication avec la grande artère qui s'étend de Calcutta à Londres. Le négociant de la Cité de Londres peut donc être informé, en moins de 12 heures, de ce qui l'intéresse à Bombay ou à Delhi.

Seulement l'installation des poteaux télégraphiques a exigé des soins particuliers pour les préserver des ravages des insectes, qui, dans ce pays, dévorent les bois secs avec une promptitude étonnante. Les poteaux sont faits d'une matière presque indestructible, le « bois de fer » d'Aracan. Ils ne sont pas simplement plantés dans le sol, mais dans une douille de fer encastrée dans une pierre. Il faut donner à ces poteaux une hauteur de 17 mètres au-dessus du sol, pour qu'un éléphant, avec sa charge, puisse toujours passer par dessous. Les simples fils de cuivre qui nous suffisent en Europe, ont dû être remplacés, dans l'Inde, par de petites tringles de fer de 8 millimètres de diamètre, grosseur indispensable à cause des singes qui, au fond des forêts et même non loin des villes, s'y suspendent par les mains, par les pieds et par la queue, et ébranlent ainsi tout le système par leur gymnastique désordonnée.

La télégraphie électrique couvre aujourd'hui le globe entier, et nous verrons aussi que l'immensité des mers ne lui a pas opposé un obstacle.

APPAREILS DE TÉLÉGRAPHIE ÉLECTRIQUE

L'historique de la télégraphie électrique, que nous venons de résumer, nous a forcé de ne signaler que très brièvement les principaux appareils qui servent à la correspondance télégraphique. Nous allons maintenant exposer avec quelques détails le mécanisme de ces appareils.

Il existe un grand nombre d'instruments qui réalisent, dans d'excellentes conditions, l'application de l'électricité au jeu des télégraphes. Nous allons simplement décrire ceux qui ont été, dès l'abord, d'un usage pratique et journalier, et ceux qui ont été adoptés et qui fonctionnent aujourd'hui chez les différentes nations des deux mondes.

Ces principaux télégraphes sont :

L'*appareil anglais à deux aiguilles aimantées de Wheatstone et Cooke*, qui fonctionne en Angleterre seulement;

Le *télégraphe Morse*, employé aujourd'hui dans toute l'Europe, dans la plus grande partie de l'Amérique et de l'Asie;

Le *télégraphe Hughes*, d'invention plus récente, mais qui, ayant réalisé un progrès immense et inattendu en exécutant un plus grand nombre de signaux que le télégraphe Morse, a remplacé dans les grandes villes ce dernier appareil;

Le *télégraphe à cadran*, qui, après avoir été employé dans les débuts de la télégraphie sur plusieurs lignes, en Angleterre et en Belgique, est limité aujourd'hui à l'usage de l'exploitation des chemins de fer;

Le *télégraphe électro-chimique de Bain*, qui fut employé en Amérique au début de la télégraphie;

Le *télégraphe typographique Bonelli*, qui a été en service en Angleterre sur la ligne de Liverpool à Manchester;

Le *pantélégraphe de Caselli*, qui reproduit les signes de l'écriture et du dessin, et qui a fonctionné en France de Paris à Lyon, et de Lyon à Marseille;

Les *télégraphes à transmetteurs automatiques;*

Les *télégraphes à transmission multiple*, dont le plus employé est le télégraphe *Baudot;*

Les *téléscripteurs Siemens et Halske, Pollak et Virag.*

Nous avons décrit avec des détails suffisants le premier de ces appareils, c'est-à-dire le *télégraphe anglais à deux aiguilles aimantées*. Nous n'y reviendrons pas, et nous passerons tout de suite à l'examen des autres instruments de télégraphie électrique.

Télégraphe Morse (Fig. 678 à 682.) Nous avons déjà exposé les principes sur lesquels repose le *télégraphe électro-magnétique* de Morse; les dispositions actuelles de cet appareil sont un peu différentes des dispositions primitives.

La figure 678 représente le *récepteur* de l'appareil Morse. Dans la cage PP est un mouvement d'horlogerie marchant par l'action d'un ressort que l'on tend en tournant la clef D. Le mouvement d'horlogerie fait dérouler d'une manière régulière et continue la bande de papier C disposée à l'intérieur du rouet J. Cette bande de papier vient passer dans un premier guide G, qui a la forme d'un cylindre à grandes joues. Il passe, de là, sur le rouleau ou cylindre N. Ce cylindre N tourne sur son axe par l'action du mouvement d'horlogerie contenu à l'intérieur de la cage. C'est en ce point que le papier est frappé par les coups saccadés de la tige *ll'*, et qu'il reçoit les marques et les impressions qui constituent les signaux de l'alphabet Morse.

Comme nous l'avons expliqué, la tige *ll'* vient au contact du papier mobile, parce qu'elle est attachée à l'extrémité de l'armature A de l'électro-aimant E. Lorsque l'aimant E attire, de haut en bas, l'armature A, la tige *ll'* attachée à cette armature s'élève et son style vient frapper le papier. Suivant la durée plus ou moins longue du contact du style et du papier, il se produit ainsi des *points* ou des *traits*, qui répondent à ceux de l'alphabet Morse.

Fig. 678. — Récepteur de l'appareil Morse à pointe sèche.

Un ressort à boudin *r* ramène en bas la tige *ll'* quand le courant cesse de circuler dans l'électro-aimant et d'attirer l'armature. Ce levier *ll'* est porté sur deux pivots *v' v*, et sa course est limitée par les vis *p' p*. La tension du ressort *r* se gradue au moyen du bouton B et de la petite pièce *f* à laquelle est attaché le ressort. Le levier H sert à arrêter ou à mettre en action le mouvement d'horlogerie contenu dans la caisse P et, par conséquent, à mettre en marche ou à arrêter le déroulement de la bande de papier.

Pour produire les impressions sur le papier tournant, *l'extrémité du levier ll'*, porte un *style*, ou pointe traçante, en acier, dont on peut régler la position au moyen d'une vis et du bouton qui la termine. Quand ce style vient toucher le papier, il pénètre légèrement dans une rainure pratiquée dans le rouleau supérieur, qui est mobile autour de l'axe *o*, et qui peut être légèrement pressé par le ressort *m* buté par la vis *k*. C'est ainsi qu'il se produit, dans le papier, une impression en relief. Cette saillie a la forme d'un *point* si l'armature n'est abaissée qu'un instant, et d'un *trait* plus ou moins long, si l'attraction dure plus longtemps.

Le *récepteur* de l'appareil Morse, que nous venons de décrire, est placé à la station qui reçoit la dépêche. A la station de départ est établi l'appareil qui sert à produire, à distance, les interruptions et les rétablissements alternatifs du courant électrique. Cet appareil s'appelle *manipulateur*. On le voit représenté dans la figure 679.

Le levier *ll'* est maintenu en contact avec la pièce métallique *p* par un ressort d'acier R placé au-dessous. Dans cette position, le courant arrivant de la ligne A traverse l'appareil entièrement composé de pièces métalliques, et les pointes *lp*, étant en contact, établissent la continuité des conducteurs. Mais si l'on presse du doigt le bouton E, on fait basculer le levier *ll'* autour de son axe. Ce levier, abandonnant sa position primitive, vient s'appuyer sur la pièce p' en se séparant de la pièce p et interrompant, par conséquent, le passage du courant à l'arrière. Aussi longtemps que l'on manœuvrera ainsi le levier ll', aussi longtemps le

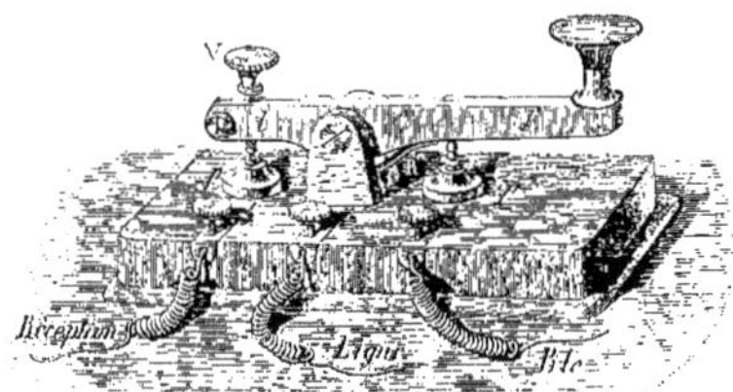

Fig. 679. — Manipulateur de l'appareil Morse à pointe sèche.

courant sera interrompu ou rétabli : c'est ainsi que l'on établit à distance ces alternatives de maintien et de rupture du courant, qui vont produire, à la station de réception, les traits ou les points dont la combinaison constitue l'alphabet Morse.

Nous donnons dans un tableau (Fig. 680) l'explication des signaux de l'alphabet Morse, tel qu'il est adopté par l'Administration des lignes télégraphiques françaises, et pour les communications internationales.

Les employés ont une telle habitude de cet alphabet, que, presque toujours, ils comprennent la dépêche au seul bruit fait par l'armature du récepteur. L'audition peut si bien suffire à l'employé pour saisir le sens de la dépêche qu'il reçoit, que, dans certains pays, on a supprimé le papier tournant et le rouage, et réduit l'appareil à un électro-aimant avec son armature constituant ce que l'on nomme un *porteur*. C'est ce qui a été fait, un moment, aux États-Unis et dans une partie de l'Italie méridionale.

Les caractères de l'alphabet Morse, imprimés en saillie sur cette bande de papier, sont aussitôt traduits dans le langage ordinaire, et la bande de papier elle-même est conservée, afin qu'il reste une trace matérielle et authentique de la dépêche transmise. Dans cet alphabet, Morse a employé les combinaisons les plus simples pour les lettres qui reviennent le plus fréquemment dans l'écriture de la langue anglaise. Les chiffres exigent cinq traits ou points.

ALPHABET MORSE

a	ä	b	c	d	e	é	f	g	h	i
·—	·—·—	—···	—·—·	—··	·	··—··	··—·	——·	····	··

j	k	l	m	n	o	ö	p	q	r
·———	—·—	·—··	——	—·	———	———·	·——·	——·—	·—·

s	t	u	ü	v	x	y	z	w	ch
···	—	··—	··——	···—	—··—	—·——	——··	·——	————

CHIFFRES, PONCTUATIONS, SIGNAUX CONVENTIONNELS

1	2	3	4	5	6	7	8	9	0
·————	··———	···——	····—	·····	—····	——···	———··	————·	—————

Point.	Virgule.	Point-virgule.	Deux-points.	Point d'interrogation *ou* Répétez.
·· ·· ··	·—·—·—	—·—·—·	———···	··——··
Point d'exclamation.	**Trait-d'union.**	**Apostrophe.**	**Barre de division.**	**Attaque *ou* Indicatif de dépêche.**
——··——	—····—	·————·	—— —— ——	—·—·—
Réception.	**Erreur.**	**Final.**	**Attente.**	**Télégraphe.**
···—·	··········	·—·—·	·—···	···—··

Fig. 680. — Alphabet Morse.

L'appareil Morse que nous venons de décrire est celui qui a été employé jusqu'à l'année 1860 environ dans toute l'Europe. Mais il avait un inconvénient qui saute aux yeux. Les signes étaient formés tout simplement en relief sur la bande de papier, au moyen d'une espèce de gaufrage. Or, les signaux ainsi produits ne sont pas toujours bien visibles, et ils perdent leur netteté quand on serre la bande entre les doigts ou quand on l'enroule. Leur lecture est très fatigante dans une pièce mal éclairée.

C'est pour toutes ces raisons qu'on s'est empressé, dès que l'appareil Morse s'est généralisé dans toute l'Europe, de perfectionner le mode d'imprimer les signaux, et de remplacer les marques tracées à la pointe sèche, par des signaux tracés *à l'encre*.

Plus de quarante systèmes ont été proposés dans ce but. On a cherché à inscrire les signaux au crayon, à l'encre, ou par une réaction chimique entre le style métallique et le papier tournant.

De tous les systèmes, le plus avantageux, celui qui est le plus généralement employé, consiste à remplacer le style, ou pointe sèche de Morse, par un rouleau ou *molette*, qui, après s'être chargé d'encre sur un rouleau voisin, vient porter cette encre sur le papier tournant.

La figure 681 représente l'*appareil Morse à signaux imprimés*. Le modèle indiqué sur cette figure est l'*appareil John*, perfectionné par Bréguet.

C'est en 1856 qu'un employé des lignes télégraphiques d'Autriche, nommé John, imagina de remplacer la pointe sèche du levier Morse par une petite roue plongeant en partie dans un encrier et tournant sur son axe quand l'appareil se déroule. Quand le levier soulève cette roue, elle vient marquer une trace sur le papier tournant. En 1859, Digney frères supprimèrent l'encrier, et le remplacèrent par un petit disque frottant constamment contre un rouleau élastique pénétré d'une encre grasse qui peut conserver longtemps sa liquidité : il suffit de déposer, tous les deux ou trois jours, quelques gouttes de cette encre à la surface du rouleau. Bréguet a apporté à ces dispositions essentielles certaines modifications de détail, qui ont donné à l'appareil la forme du modèle représenté par la figure 681.

Fig. 681. — Télégraphe Morse à signaux imprimés.

Le papier passe d'abord dans le guide G, où il est légèrement tendu par le poids du rouleau R, dont la surface est rugueuse. Il vient ensuite porter sur un très petit cylindre d'acier i, de manière à faire un coude assez aigu à l'endroit où doivent se faire les signaux, et il est enfin saisi entre les deux cylindres N N′ à surface rugueuse, lesquels sont conduits par le rouage d'horlogerie contenu dans la cage, et qui fait ainsi dérouler sans cesse la bande de papier.

Le mécanisme de l'électro-aimant et de son armature est entièrement semblable à celui que nous avons décrit précédemment. E est l'électro-aimant, A l'armature, et B le bouton du ressort antagoniste, dont le réglage se fait comme dans l'appareil à pointe sèche représenté figure 678.

Voici maintenant comment se produit l'impression à l'encre des signaux. Le levier *ll′*, qui est attaché à l'armature A, et dont les vis *pp′* servent à limiter la course, porte à son extrémité supérieure une petite molette *m*, à la hauteur du coude *i* fait par le papier. Cette molette, dont la périphérie est recouverte d'encre, vient au contact du papier quand l'armature A est attirée, ainsi que la tige *ll′*, par l'électro-aimant E, et elle produit sur le papier des traits ou des points, suivant que l'attraction dure plus ou moins longtemps.

Fig. 682. — Télégraphe Morse. Récepteur.

A, rouleau à papier. — B, électro-aimant attirant son armature *b*. — C, ressort à boudin ramenant l'armature à sa position d'immobilité quand le courant cesse de passer. — *t*, appareil encreur et style traçant les traits sur le papier.

L'encre est fournie à la molette *m* par un tampon de drap *t* enduit d'encre et qui appuie légèrement sur la partie supérieure de la molette *m*, mais sans gêner les mouvements du levier *ll′* de l'armature.

Le courant n'a donc qu'à soulever le papier d'une quantité presque imperceptible pour le presser contre la molette constamment entretenue d'encre fraîche. On produit ainsi des traces d'autant mieux marquées que le mouvement de rotation du disque est contraire à la marche du papier, et qu'ainsi il n'y a pas seulement contact, mais frottement du disque contre le papier.

L'appareil Morse, avec tous les perfectionnements qu'il a reçus depuis son origine, et sous forme de divers modèles, dont la figure 682 représente un des plus récents, est employé pour toutes les communications internationales en Europe et sur une grande partie des lignes françaises.

Il est commode et peu sujet aux dérangements. Cependant, il exige, pour donner une bonne impression, un courant électrique d'une certaine intensité, et l'on est forcé, pour suppléer à l'insuffisante énergie du courant qui parcourt les lignes, de faire usage de *relais*.

On appelle *relais*, dans la télégraphie électrique, un appareil qui fournit un courant supplémentaire, emprunté à une source locale et que l'on utilise sur certaines parties de la ligne pour effectuer un travail déterminé. Nous allons donner la description de cet instrument.

En outre, le télégraphe Morse ne permet d'imprimer environ que 500 à 600 mots par heure. Ce nombre est insuffisant pour la promptitude du service sur les lignes très occupées, très encombrées, comme celles de Paris. Le télégraphe Morse, cette admirable acquisition de la Science contemporaine, a donc fini par être jugé insuffisant, ce que l'on n'aurait guère soupçonné au début, mais ce qui est une conséquence inévitable de la loi du progrès et de la nécessité constante de perfectionner les inventions utiles au bien-être de l'humanité.

Relais

Le *relais télégraphique* est une invention de Wheatstone, qui a permis de prolonger les lignes sur une étendue considérable. Lorsqu'un courant électrique doit traverser un très long circuit, les pertes d'électricité qui se produisent tout le long de ce fil, par suite d'un isolement incomplet des poteaux télégraphiques ou par toute autre cause, peuvent singulièrement affaiblir ce courant, et lui enlever l'intensité qui lui est nécessaire pour mettre en action l'électro-aimant de l'appareil récepteur, placé à la station d'arrivée. Le télégraphe Morse, qui exige une assez grande intensité de courant électrique, est particulièrement dans ce cas; il fonctionne difficilement au bout d'une longue ligne. Il faudrait augmenter considérablement le nombre des éléments de la pile pour donner au courant toute l'énergie nécessaire à son bon fonctionnement. Mais cette augmentation de la force productrice de l'électricité aurait des inconvénients sérieux. La découverte des *relais* est venue résoudre cette difficulté de la manière la plus avantageuse et la plus simple.

On met en rapport avec le récepteur du télégraphe Morse une pile supplémentaire, ou *locale*, qui a pour mission de produire l'aimantation dans le récepteur du télégraphe; de telle sorte que ce n'est plus le courant de la ligne, mais le *courant local* qui fait marcher les pièces du récepteur. Le *relais* proprement dit n'est autre chose que l'appareil destiné à mettre le courant de la pile locale en communication, quand cela est nécessaire, avec le récepteur. Le nom donné à cet appareil est d'ailleurs bien choisi, car, semblable à un *relais de poste*, il *relaye* en quelque sorte le courant qui parcourt la ligne télégraphique, et, en suppléant à son action sur une partie du trajet, il permet à ce même courant d'aller exercer plus loin son action électro-mécanique.

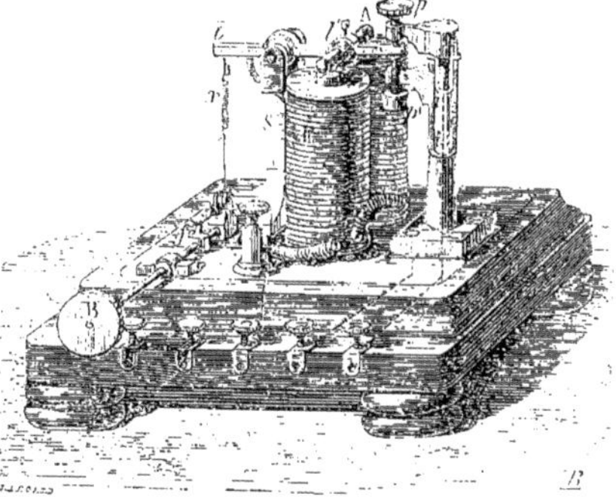

Fig. 683. — Relais télégraphique.

La figure 683 représente le relais dont on fait usage pour faire fonctionner le récepteur de l'appareil Morse. E est un électro-aimant, pourvu d'une armature A et d'un levier *l' l*; *r* est le ressort destiné à relever, comme dans le récepteur du télégraphe Morse, l'armature A, lorsqu'elle n'est plus attirée par l'électro-aimant E. Ce ressort est tendu d'une manière convenable, au moyen du bouton B, fixé à une vis sans fin, qui fait avancer ou reculer la pièce *f* munie d'un fil de soie qui tire le ressort *r*. Les vis *p p'* servent à régler la course de l'armature A. Ces vis sont portées par une colonne métallique creuse *ii* dans laquelle on a interposé un cylindre d'ivoire, matière isolante.

Sous l'influence du courant qui, parcourant la ligne principale, fait fonctionner l'électro-aimant E, l'armature A est attirée;

quand le levier *ll'*, attaché à cette armature, vient toucher la vis *p'*, qui sert de *pièce de contact*, le courant de la pile locale, qui arrive par le bouton C, se trouve fermé, et se dirige dans le récepteur de l'appareil Morse qu'il va mettre en action.

Ainsi, le levier *ll'* du relais reproduit le mouvement semblable du levier du manipulateur du télégraphe Morse, et le courant envoyé et maintenu, un temps plus ou moins long, de la station du départ dans le relais, produit sur la bande de papier de ce récepteur des traits de longueur correspondante.

On comprend que, si un appareil semblable est placé sur une ligne, le courant principal ne serve point à faire agir directement le récepteur du télégraphe Morse, mais seulement à mettre en action le relais, lequel, grâce à la pile locale avec laquelle il est relié, se charge de faire marcher les pièces de l'appareil Morse. Le courant principal qui, dès lors, ne s'est point affaibli, puisqu'il n'a servi qu'à mettre en action le relais, conservera toute l'intensité suffisante lorsqu'il s'agira de franchir d'une seule étape la distance totale de la ligne.

Télégraphe Hughes (Fig. 685.) Le télégraphe qui a remplacé dans les lignes à grand trafic le télégraphe Morse est, comme le précédent, d'origine américaine. Il a été inventé par Hughes, professeur de physique à l'université de New-York, et, par conséquent, collègue de Morse. Seulement l'Amérique n'avait point apprécié à sa véritable valeur cette œuvre de génie. Il a fallu que M. Hughes vînt en France, d'abord pour faire exécuter et même perfectionner son appareil par un de nos meilleurs mécaniciens, Gustave Froment, ensuite pour le faire adopter par les gouvernements européens.

Fig. 684. — Hughes.

Le télégraphe Hughes imprime les dépêches non, comme le télégraphe Morse, par une série de traits et de points qui forment un alphabet conventionnel, mais en *lettres ordinaires d'imprimerie;* de telle sorte que la dépêche sort de l'instrument tout imprimée en lettres capitales sur la bande de papier. Ajoutons qu'en même temps, la même dépêche s'imprime d'une façon toute semblable à la station de départ. Au poste de réception, il suffit donc de couper la bande de papier imprimée qui sort de l'instrument, et l'on envoie au destinataire cette même bande de papier collée sur la feuille de dépêche.

Mais ce qu'il y a de remarquable, ce qui a causé une impression de surprise sans égale à tous les mécaniciens de l'Europe, c'est la rapidité de cette impression. La dépêche s'imprime *au vol,* pour ainsi dire. Tandis que le télégraphe Morse ne peut fournir dans une heure que de 500 à 600 mots, le télégraphe Hughes en donne jusqu'à 1.000 à 1.200 par heure.

Aussi le télégraphe Hughes a-t-il été promptement adopté par tous les États de l'Europe, qui l'emploient concurremment avec le télégraphe Morse. On conserve le télégraphe Morse sur les lignes qui ne sont pas très occupées, et l'on se sert du télégraphe Hughes quand il s'agit de satisfaire à une correspondance très active.

Le télégraphe Hughes est, au point de vue mécanique, d'une assez grande complication. Nous nous bornerons à faire connaître les dispositions essentielles de cet appareil.

lière, comme dans les anciennes horloges : quand ce poids est descendu au bas de sa course, on le relève, en manœuvrant une pédale. Toute la fonction du courant consiste à faire embrayer et désembrayer une roue, pourvue d'un excentrique, qui, au moment voulu, soulève la bande de papier, et la pousse contre la lettre chargée d'encre.

Les organes dont nous venons de faire

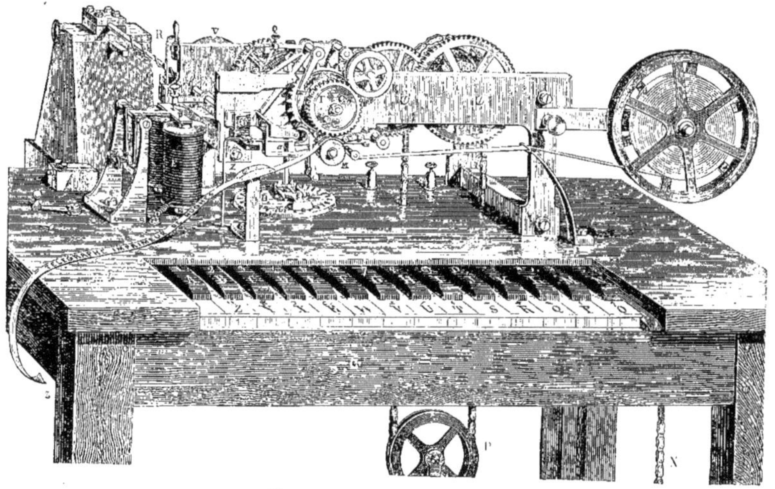

Fig. 685. — Télégraphe Hughes.

P, chaine et poulie supportant le poids de 50 kilogrammes moteur des rouages de l'appareil. — A. rouleau porteur des bandes de papier. — R, régulateur en hélice, dit *pendule conique*, fixé par un bout au bloc B, libre de l'autre. — *p*. armature de l'électro-aimant. — D. roue des caractères typographiques. — T, roue pressant les caractères typographiques entre la molette M et le papier. — z z. bande de papier imprimée. — C. clavier du télégraphiste, mettant en action la roue des caractères. — X. chaine de la pédale qui sert à relever le poids, quand il est arrivé au bas de sa course.

Le *manipulateur* est un clavier semblable à celui d'un piano, c'est-à-dire composé de touches blanches et de touches noires, portant les lettres, les chiffres et les différents signes de ponctuation. Dans cet appareil, le rôle du courant électrique est réduit à sa limite extrême, ce qui permet de supprimer les *relais*, qui sont, comme nous l'avons dit, indispensables au télégraphe Morse. La force motrice est empruntée, non au courant électrique, mais à un poids de 50 à 60 kilogrammes, qui fait marcher tout l'appareil d'une manière continue et régu-

connaître les fonctions sont représentés dans la figure 685. Au-dessous du clavier ou *manipulateur*, on voit la chaine P supportant le poids moteur de tout le système. Cette chaine s'enroulant sur une poulie supérieure fait tourner tout un train d'engrenages, dont le dernier mobile donne un mouvement de rotation à un *disque imprimeur* T. Ce disque porte, en effet, sur sa circonférence, les 28 lettres ou signes correspondant à ceux du clavier. Ce sont les caractères gravés en relief sur la circonférence de cette roue, qui produisent l'impression sur la bande de papier mobile K. Une *molette*, garnie sur tout son pourtour d'une étoffe imbibée d'encre, fournit au *disque imprimeur* T l'encre grasse nécessaire à cette impression typographique.

Les fils de la pile se rendent l'un au clavier, l'autre à l'électro-aimant E. Cet électro-aimant entre en action pour embrayer ou désembrayer le mécanisme du disque imprimeur, grâce au disque D.

Ce disque est percé, sur sa circonférence, de 28 trous, dans chacun desquels passe une dent d'acier, mue par un petit levier qui est mis en action lorsque l'opérateur vient à poser le doigt sur une des touches du clavier. Comme à chaque trou du disque D correspond une lettre du clavier, si l'on appuie sur une touche, aussitôt la dent correspondant à cette touche s'élève au-dessus du disque, et le papier est poussé par le rouleau M, contre la même lettre du disque imprimeur.

Telles sont les dispositions essentielles du télégraphe Hughes.

Télégraphe à cadran (Fig. 686 à 688.) Le *télégraphe à cadran*, ou *télégraphe alphabétique*, indique lettre par lettre, les mots composant une dépêche, et n'est généralement employé que pour le service des chemins de fer. Le petit nombre et l'uniformité des messages à transmettre sur les voies ferrées permettent de se contenter de cet instrument d'une construction simple et économique.

Le *télégraphe à cadran* a été inventé par Wheatstone. Voici les principes généraux de son mécanisme.

Aux deux extrémités de la ligne télégraphique sont installés deux cadrans circulaires parfaitement semblables, et qui portent inscrits sur leur circonférence les vingt-quatre lettres de l'alphabet et les dix chiffres de la numération. Ces deux cadrans communiquent entre eux par le fil conducteur de courant de la pile. A l'aide de dispositions mécaniques que nous décrirons plus loin, chacune des lettres du cadran placé à la station d'arrivée peut, par l'action du courant, établi ou interrompu, apparaître au-devant d'une sorte de fenêtre. Les deux cadrans sont liés entre eux de telle manière que les mouvements qui s'exécutent sur l'un sont répétés exactement et au même instant par l'autre. D'après cela, si l'on fait passer le courant fourni par la pile dans le conducteur qui relie les deux cadrans, et qu'à la station d'où partent les dépêches on amène successivement les diverses lettres de l'alphabet devant un point d'arrêt qui existe sur le cadran indicateur, les mêmes lettres apparaîtront instantanément à la fenêtre du cadran de l'autre station.

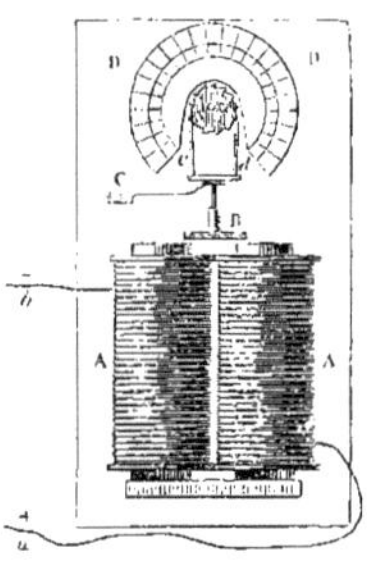

Fig. 686. — Récepteur du télégraphe à cadran.

Le mécanisme récepteur comporte un électro-aimant double AA (Fig. 686) portant un enroulement en fil de cuivre dont les extrémités *a* et *b* communiquent avec les conducteurs de la ligne télégraphique. Quand le courant électrique passe dans l'électro, le disque de fer B, placé au-dessus des noyaux, est instantanément attiré; lorsque le courant est interrompu, l'attraction magnétique cesse, et le disque B est ramené à sa position primitive par l'action d'un ressort d'acier C qui le relève dès que sa pression n'est plus contrebalancée par l'attraction magnétique.

Ainsi, en établissant et rompant alternativement le circuit, on peut imprimer au disque B un mouvement de va-et-vient dans le sens vertical. Ce mouvement vertical, on le transforme en mouvement circulaire à l'aide de la disposition à cliquets très simple que l'on voit représentée sur la figure 686. Le disque de fer B est muni de deux petites tiges verticales *c*, *d*, dont les extrémités sont en contact avec les dents d'une petite roue à rochet *e*. Quand le disque B s'abaisse, la petite tige *c* tire sur la dent sur laquelle elle appuie;

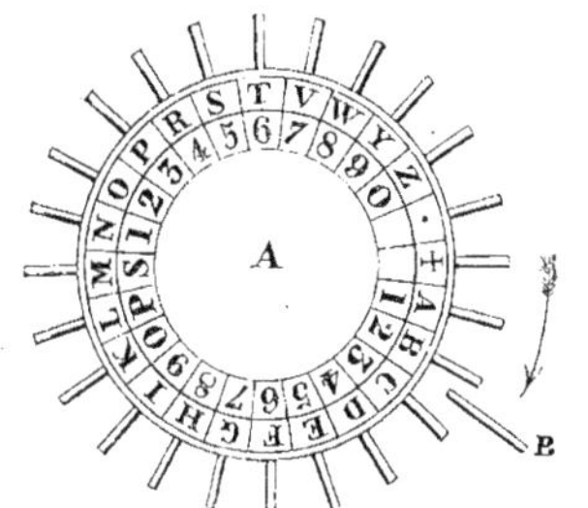

Fig. 687. — Manipulateur du télégraphe à cadran de Wheatstone. Plan.

quand il se relève, la tige *d* pousse une autre dent : il résulte de ce double mouvement que la roue *e* tourne d'une dent toutes les fois que l'attraction ou la répulsion magnétiques sont établies ou suspendues. Or, un disque de papier DD, recouvert d'un cadran portant différentes lettres, est fixé sur cette roue et la suit dans ses mouvements; par conséquent, ce disque de papier ou ce cadran tourne autour du centre par l'effet de l'attraction et de la répulsion magnétiques; il avance d'une division à chacun de ces mouvements.

Sur la circonférencé de ce cadran, on a inscrit les vingt-quatre lettres de l'alphabet ou différents autres signes, en nombre double du nombre des dents de la roue d'échappement; enfin une plaque de cuivre, qui est placée au-devant du cadran, porte seulement une petite ouverture qui ne permet d'apercevoir à la fois qu'un seul des caractères qui viennent successivement apparaître à cette sorte de fenêtre. En établissant ou suspendant le courant voltaïque un nombre suffisant de fois, on peut donc amener à volonté chacune des lettres devant cette ouverture, de manière à les montrer à un employé placé en station devant l'instrument, et qui est chargé de lire les différentes lettres composant la dépêche, à mesure qu'elles apparaissent à la fenêtre du cadran.

Le manipulateur (Fig. 687) se compose d'un disque de bois A, mobile autour de son axe, sur lequel on a gravé deux rangées de lettres et de chiffres. Autour de sa périphérie, on a planté une série de petites tiges de bois, placées en face de chaque lettre; en saisissant une de ces tiges saillantes, on peut faire tourner le disque A, de manière à amener une lettre quelconque du cadran en face d'une pièce fixe, ou arrêt, B.

Au-dessous du disque tournant A et lui servant de support (Fig. 688), se trouve un cylindre métallique BB, mobile autour de son centre, lequel, à l'aide de la tige métallique *a*, établit la communication avec le fil conducteur. Ce cylindre métallique porte sur sa circonférence un certain nombre de petites bandes de bois ou d'ivoire, corps isolants. Ces bandes sont *en nombre exactement correspondant à celui des lettres du cadran*. Ce cylindre est donc formé mi-partie de pièces conductrices, et mi-partie de pièces non conductrices de l'électricité.

Or, une sorte de ressort métallique *b*, auquel est attaché, par son extrémité inférieure, un second fil conducteur, se trouve

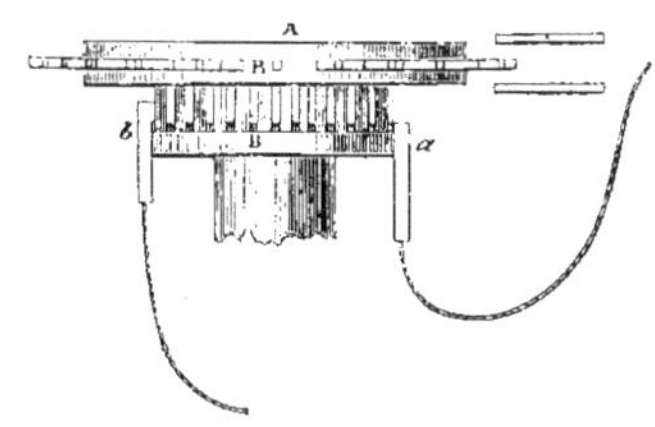

Fig. 688. — Manipulateur du télégraphe à cadran de Wheatstone. Élévation.

en contact immédiat avec ce cylindre, constitué comme il vient d'être dit. Quand on fait tourner le disque, le courant est donc établi, puis interrompu à chacun des contacts du ressort métallique *b* avec les différentes bandes conductrices et non conductrices. Comme toutes ces bandes sont exactement, ainsi que nous l'avons fait observer, en même nombre que les lettres du cadran, il en résulte qu'à chaque lettre qui passe devant le ressort *b*, le courant est établi ou suspendu. D'autre part, d'après la disposition du *récepteur* (Fig. 686), à chaque interruption ou rétablissement du courant, le cadran de l'indicateur marche d'une lettre : par conséquent, les deux cadrans une fois mis d'accord, toutes les fois que l'on amènera une lettre quelconque au-devant de l'arrêt B, dans le *manipulateur*, la même lettre apparaîtra instantanément à la fenêtre du cadran du *récepteur* placé à la seconde station.

Fig. 689. — Manipulateur du télégraphe à cadran de Bréguet.

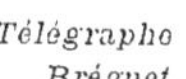
Télégraphe Bréguet

(Fig. 689 et 690.) L'aspect extérieur du *télégraphe à cadran* se voit dans les figures 689 et 690, qui représentent le *manipulateur* et le *récepteur* du *télégraphe à cadran* construit par Bréguet pour le service des chemins de fer français.

Un cadran de laiton (Fig. 689) est monté sur une planche de bois, de forme carrée ; ce cadran porte, gravés, les lettres et les chiffres, disposés comme dans le *récepteur*. A chaque lettre correspond une échancrure à la circonférence du cadran. Une manivelle, fixée au centre du cadran, peut parcourir toute sa circonférence ; elle porte à une extrémité une dent, qui peut entrer dans les échancrures du cadran, et qui sert à bien assurer sa position en face des différentes lettres. C est la borne où s'attache le fil conducteur de la pile ; L le bouton par lequel le courant passe dans la ligne télégraphique ; S est la sonnerie ; R le bouton auquel est fixé le conducteur qui se rend au *récepteur des signaux*.

Le *récepteur* (Fig. 690) est un cadran portant les 25 lettres de l'alphabet et une croix, ce qui donne 26 signaux. Au repos, l'aiguille doit toujours être sur la croix. Cette position est celle d'où l'on part et à laquelle on doit toujours revenir. Dans la transmission d'une dépêche, par l'action du mécanisme que nous avons expliqué à propos du télégraphe à cadran de Wheatstone, l'aiguille, parcourant rapidement le cadran, de gauche à droite, sans jamais rétrograder, fait un temps d'arrêt sur chacune des lettres composant les mots de la dépêche, et sur la croix, à la fin de chaque mot, pour le séparer nettement du suivant. L'employé, en suivant de l'œil les mouvements de l'aiguille et son arrêt sur chacune des lettres, arrive, après un exercice de quelques jours, à lire très rapidement les lettres et les mots qui lui sont expédiés par le *manipulateur*.

Bréguet a construit également des *télégraphes électriques à cadran* qui sont mobiles, c'est-à-dire qui peuvent être transportés avec un train de chemin de fer, et, en cas d'accident arrivé sur la voie, peuvent servir à établir une correspondance avec la station télégraphique la plus voisine.

La disposition de chacune des parties qui composent ce télégraphe mobile est la même que celle des télégraphes à cadran que nous avons décrits. La pile seule est modifiée pour se plier au mode de transport. On a d'abord employé, au lieu de liquides qui se seraient facilement répandus,

Fig. 690. — Récepteur du télégraphe à cadran de Bréguet.

la *pile de sable,* c'est-à-dire du sable humide mélangé avec du sulfate de cuivre dans le vase poreux et avec du sulfate de zinc dans le vase de verre extérieur; on s'est ensuite servi d'éléments Daniell.

La figure 691 représente ce *télégraphe électrique mobile.*

La boîte de l'appareil est figurée ouverte; elle contient un récepteur R, un manipulateur M, une pile composée de dix-huit éléments, logés dans le tiroir qui se trouve à la partie inférieure de la boîte BB, et deux bobines T portant, enroulé, du fil de cuivre recouvert de coton.

A l'appareil est jointe une canne en jonc, portant un crochet auquel est attaché le bout du fil déroulé de la bobine L, et qui permet de mettre ainsi l'instrument en communication avec la ligne télégraphique.

Le fil de la bobine T se déroule également et sert à mettre l'appareil en communication avec la terre, par l'intermédiaire d'un coin en fer qu'on enfonce entre deux rails.

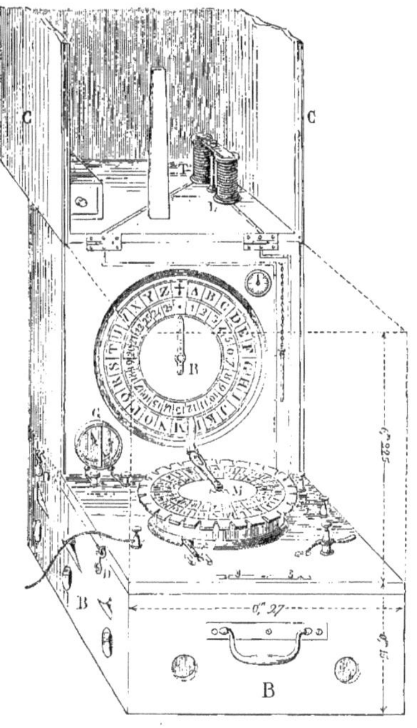

Fig. 691. — Télégraphe mobile à cadran, pour le service des convois de chemin de fer en marche.

Télégraphe Bonelli (Fig. 692 à 695.) Dans le *télégraphe Bonelli,* les signes sont formés au moyen d'un papier chimique qui, sous l'influence du courant électrique, produit des traits colorés.

Il paraît que c'est le chimiste anglais Humphry Davy qui eut, le premier, l'idée de former des signaux par le courant électrique sur un papier imprégné d'une substance décomposable par l'électricité. Humphry Davy faisait usage de papier imprégné d'iodure de potassium, qui, sous l'influence d'un courant électrique, se décomposait et laissait sur le papier des taches brunes d'iode.

Mais l'inventeur incontesté du *système électro-chimique* appliqué à la télégraphie électrique est Bain, physicien anglais. Ses

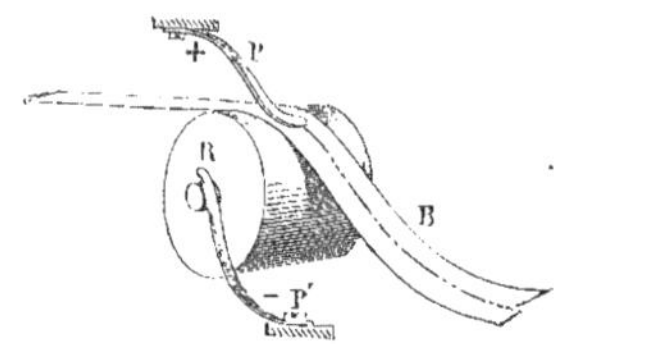

Fig. 692. — Style et papier mobile du télégraphe électro-chimique de Bain.

appareils ont été employés en Amérique, à partir de l'année 1843, concurremment avec ceux de Morse.

La figure 692 représente le style et la bande de papier de l'appareil qui a reçu de Bain le nom de *télégraphe électro-chimique*. Une bande de papier continue B est entraînée comme celle de l'appareil Morse, par un rouage qu'on met en mouvement lorsqu'on veut recevoir une dépêche. Cette bande de papier passe sur un cylindre métallique R ; là, un ressort de fer ou d'acier P vient la presser et la maintenir en contact avec le cylindre R. Le papier a été, d'avance, imprégné d'une dissolution de cyanure jaune de potassium et de fer (prussiate jaune de potasse). Chaque fois que le courant traverse le papier chimique en passant du ressort P, pôle positif, au cylindre métallique R, pôle négatif, une décomposition chimique a lieu. Le fer du ressort P est attaqué par le cyanogène mis en liberté par la décomposition du cyanure double, et il y a formation de bleu de Prusse (cyanure de fer). On produit ainsi des points et traits indélébiles, d'un beau bleu, se détachant sur le papier blanc ; ces points et ces traits sont les mêmes que ceux qui constituent l'alphabet Morse. Pour que la décomposition puisse avoir lieu, il faut que le papier soit toujours humide, ce qu'on obtient en ajoutant à la solution dans laquelle on le trempe une matière hygrométrique, de l'azotate d'ammoniaque.

On facilite encore cette décomposition en donnant au ressort P une grande surface, ce qui permet un passage plus facile au courant.

Fig. 693. — G. Bonelli.

L'appareil Bain a été, tant en Amérique qu'en Angleterre, le point de départ d'une foule de nouveaux télégraphes *électro-chimiques*.

Dans son *télégraphe typographique*, Bonelli fait aussi usage d'un papier chimique, et les signes sont tracés sur le papier par suite de la décomposition de la substance imprégnant ce papier. Cette substance est l'azotate de manganèse : le courant électrique décompose ce sel et laisse à nu de l'oxyde de manganèse, qui forme, sur le papier, des traits bruns, fortement accusés.

Mais le papier chimique n'est que l'élément accessoire de l'appareil qui va nous occuper. C'est le principe du télégraphe typographique qui fait l'intérêt et l'originalité de cette invention, et ce principe, le voici.

Imaginons un fil télégraphique qui se termine, à chacune des deux stations, par une pointe de platine. Sous la pointe qui représente le pôle positif de la pile, faisons

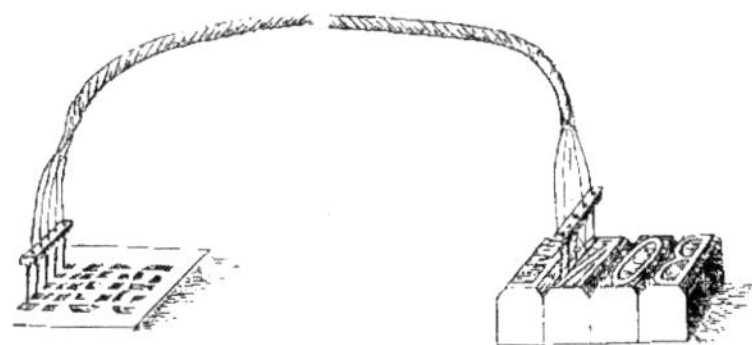

Fig. 694. — Conducteur du télégraphe typographique Bonelli.

passer un ruban de papier imbibé d'une solution d'azotate de manganèse et appliqué sur une règle de fer argenté communiquant avec le sol, pendant que, sous l'autre pointe, qui correspond au pôle négatif, défile une dépêche préalablement *composée en caractères typographiques*, également en communication avec le sol. Tant que cette pointe aborde le relief d'un caractère d'imprimerie, le courant passe, et à la station d'arrivée, le nitrate de manganèse, réduit par le courant, forme sur le papier une tache de couleur brune. Lorsque la pointe qui fonctionne à la station de départ se trouve sur un creux du caractère typographique, le courant est interrompu, et la partie du papier qui défile sous l'autre pointe conserve sa blancheur.

Mais il est évident que cette succession de taches brunes et d'intervalles blancs ne suffirait pas pour reproduire la forme des caractères. Bonelli reconnut que, pour reproduire cette forme, il faut mettre en jeu, à chaque station, plusieurs pointes isolées l'une de l'autre et en communication avec plusieurs fils conducteurs d'une pile voltaïque. Les pointes réunies forment les dents d'une sorte de petit peigne que l'on place perpendiculairement à la ligne des caractères.

Si le peigne appuie sur un caractère typographique, les dents qui rencontreront les divers reliefs détermineront, à la station opposée, autant de petites taches brunes sur le papier mobile, tandis que l'espace qui correspond au creux de la lettre sera blanc, parce que, à la station de départ, les dents qui se trouvent au-dessus du creux n'ont aucune communication avec le métal des types. Les lettres ainsi imprimées, et dont la figure 694 donne un spécimen, sont presque aussi faciles à lire qu'une impression ordinaire.

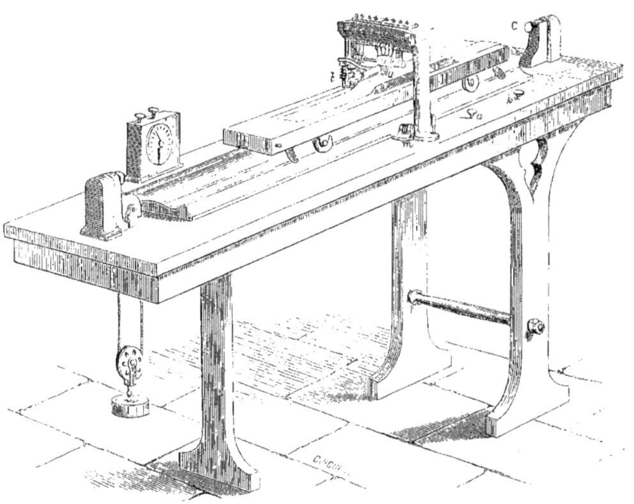

Fig. 695. — Peigne et chariot du télégraphe typographique Bonelli.

Tel est le principe du télégraphe typographique.

Il se compose d'une table de fer, longue de 2 mètres, sur laquelle est placé (Fig. 695) un double rail terminé, à ses deux extrémités, par des arrêt-ressorts et traversé, au milieu, par un petit pont qui porte un peigne *u*. Sur les rails marche un chariot en fer à quatre roues, long d'un mètre, large de 25 centimètres, qui porte la dépêche composée en caractères ordinaires d'imprimerie, et une règle en fer *t* munie d'une bande de papier chimique.

Quand les chariots sont préparés aux deux stations, chaque opérateur touche un bouton C et fait ainsi lâcher prise aux ressorts qui retiennent le chariot, lequel se met aussitôt à rouler, entraîné par un poids qui agit sur lui au moyen d'une corde. Les trois fils conducteurs de trois piles voltaïques se placent aux boutons *m, a, k*.

Les caractères typographiques et la règle sont placés, dans les deux stations, dans un ordre inverse. De cette façon, pendant la première moitié de la course des chariots, les *types* passent les premiers à la première station, le *papier* à la seconde, puis le papier à la première et les types à la seconde station. La course des chariots dure douze secondes, pendant lesquelles chaque station a envoyé une dépêche et en a reçu une autre.

Les *composteurs* contiennent de 25 à 30 mots en moyenne, et la composition des dépêches se fait rapidement.

Pour obtenir la dépêche en double, il suffit de bifurquer les courants à leur arrivée et de les faire aboutir à deux peignes au lieu d'un. Ainsi, on peut envoyer au destinataire le ruban de papier sur lequel l'instrument a écrit le télégramme, et l'Administration peut garder le double de la dépêche qu'elle envoie.

Le télégraphe Bonelli fut simplifié de façon à pouvoir fonctionner avec un seul conducteur. Les expériences faites à Florence, au mois de février 1867, avec le télégraphe typographique à un seul fil, permirent de composer dans une heure jusqu'à cent dépêches de vingt mots.

Pantélégraphe Caselli

L'abbé Giovanni Caselli était professeur de Physique à l'université de Florence, lorsqu'il fut tenté par la solution d'un problème électro-mécanique qui avait paru jusque-là impossible : la reproduction, par l'électricité, des signes de l'écriture à la main, des traits du dessin, et, en général, de toute œuvre de la main de l'homme. Quelques tentatives avaient été faites dans cette direction, mais leur insuccès avait confirmé tous les mécaniciens dans l'idée de l'impossibilité de trouver la solution pratique de ce problème.

C'est le physicien anglais Bain, l'inventeur du télégraphe électro-chimique dont nous venons de parler, qui, le premier, s'occupa d'exécuter un *télégraphe autographique*, en d'autres termes un appareil reproduisant le *fac-similé* d'une écriture ou d'un dessin quelconque.

L'appareil de Bain ne put donner dans la pratique aucun résultat avantageux, parce qu'il comportait dans le mécanisme un synchronisme difficile à réaliser.

L'abbé Caselli, qui avait construit à Florence, en 1856, le *pantélégraphe*, ne crut pas, néanmoins, irréalisable la reproduction de l'écriture par l'électricité. Il vint à Paris et installa son pantélégraphe chez Gustave Froment où, pendant six ans, il ne cessa pas un seul jour de se consacrer au perfectionnement de cet appareil.

En 1863, l'appareil qu'il avait construit permettait de reproduire une dépêche d'une ville à l'autre, avec une grande exactitude.

Le Gouvernement français fut frappé des avantages et du côté brillant de l'invention du savant florentin. Au mois de mai 1863, un vote du Corps législatif proclamait l'adoption du *pantélégraphe Caselli* par l'Administration française et son établissement sur la ligne de Paris à Lyon. En 1867, il fut décidé que le même appareil serait placé également sur la ligne de Marseille à Lyon.

Le 16 février 1865, le public fut admis, pour la première fois, à transmettre des dépêches autographiques entre Paris et Lyon. La taxe des dépêches, plans, dessins et figures quelconques, expédiés par le *pantélégraphe* Caselli, fut calculée d'après la dimension de la surface du papier employé, à raison de 20 centimes par centimètre carré.

Voici comment est constitué le télégraphe Caselli. Il comporte deux pendules, dont les oscillations sont parfaitement *isochrones*, et placés, l'un à la station de départ, l'autre à la station d'arrivée.

A la station de départ, on écrit, à la plume, la dépêche à transmettre, en se servant d'encre ordinaire et d'un papier argenté. Le papier argenté, portant l'original de la dépêche, est placé sur une tablette courbe de cuivre. Une fine pointe en platine, qui est animée d'un mouvement horizontal, et qui obéit à la pression d'un faible ressort, s'appuie sur la surface de la tablette, et parcourt continuellement cette surface par un mouvement très rapide. Par suite du mouvement horizontal de translation de cette pointe, tous les points de la tablette sont mis successivement en contact avec la pointe du *style*. Or, ce style métallique, et par conséquent conducteur de l'électricité, est relié au fil de la ligne télégraphique. Comme le fond métallique, sur lequel la dépêche est écrite, est conducteur de l'électricité, tandis que les caractères sont composés d'encre, substance non conductrice de l'électricité, il en résulte que le courant électrique est établi ou suspendu dans le fil de la ligne télégraphique, selon que le style vient se mettre en contact avec le papier métallique de la dépêche ou avec les caractères tracés à sa surface.

Fig. 696. — G. Caselli.

On comprend maintenant ce qui va se passer à la station d'arrivée. Là, se trouve une tablette de cuivre toute pareille à celle de la station de départ. Sur cette tablette est tendue une feuille de papier ordinaire, contenant un peu de prussiate de potasse. Un *style de fer*, qui est en communication avec le fil de la ligne télégraphique, parcourt, par un mouvement très rapide, toute la surface de ce papier. Chaque fois que le style de la station de départ rencontre le fond métallique de la dépêche, le courant électrique s'établit, et le style de fer, à la station d'arrivée, imprime un point, une tache sur le papier chimique, parce que le fer du style, sous l'influence de l'électricité, décompose le prussiate de potasse du papier et laisse une tache bleue, composée de bleu de Prusse dont le courant a provoqué la formation. La réunion de ces points bleus, de ces taches azurées, finit par reproduire tous les traits qui composent la dépêche placée à la station du départ. L'autographe est donc reproduit au moyen d'une multitude de lignes parallèles tellement rapprochées entre elles que l'œil ne saurait les distinguer.

Le difficile en tout cela, c'était d'obtenir une égalité absolue de vitesse entre le mouvement de la pointe traçante, qui parcourt la tablette portant la dépêche à la station de départ, et celui du style qui parcourt la tablette portant le papier chimique à la station d'arrivée.

dule BD se transmettant à la bielle de bois H, un ensemble de pièces mécaniques dont nous allons parler, détermine la marche régulière du style métallique, ou *pointe traçante*, sur toute la surface de la plaque E.

Une horloge ordinaire, dont le balancier vient interrompre, à des intervalles parfai-

Fig. 697. — Le pantélégraphe Caselli.

Le système qui produit l'isochronisme des pendules se compose de deux montants de fonte A, A' (Fig. 697), entre lesquels oscille un pendule BD, de 2 mètres de longueur. Ce pendule BD se termine par une masse de fer D, lestée de plomb. Le fer de ce pendule peut être attiré par les deux électro-aimants C C'. L'oscillation du pen-

tement égaux, le courant de la pile qui actionne les électro-aimants, provoque les oscillations du pendule BD.

L'horloge T est munie d'un balancier P. Le fil Q, partant d'une pile, aboutit à un petit levier métallique qui vient en contact avec la tige P du balancier de l'horloge pendant son mouvement d'oscillation. La tige P de ce balancier étant quatre fois plus courte que la tige BD du pendule électro-magnétique, ce balancier, d'après la loi physique qui régit les oscillations du pendule, décrit deux allées et venues pendant que la tige du pendule BD en décrit une seule. Dès lors la tige P du balancier exécutant quatre oscillations, tandis que celle du grand pendule n'en exécute que deux, la tige de ce balancier P peut établir et interrompre le courant électrique, à chaque demi-oscillation du pendule électro-magnétique BD.

Dans l'état ordinaire, le courant électrique, suivant le fil Q, continue sa marche par le fil O, la pièce métallique S, et se rend, par le fil O', à l'électro-aimant C, lequel attire la masse de fer du pendule D. Mais le balancier de l'horloge T vient, en soulevant le fil conducteur Q, interrompre, pour un instant, le passage du courant. Dès lors, l'électro-aimant C, n'étant plus parcouru par le courant, n'agit plus; le pendule D s'en détache et tombe par son propre poids. La continuité du courant, amené par le fil Q, est rétablie par le départ du balancier de l'horloge qui ne soulève plus ce fil au point R : un commutateur, placé à l'intérieur de la pièce métallique S, fait passer le courant dans le fil V qui le dirige dans l'électro-aimant C'. Cet électro-aimant attire alors la masse métallique D, qui venait tout à l'heure de retomber par son propre poids, et lui fait exécuter une demi-oscillation, laquelle complète son mouvement d'allée et venue.

Toutes ces actions se répétant, c'est-à-dire le balancier P de l'horloge T interrompant le contact au point R, et venant ainsi désaimanter successivement les bobines C et C', on entretient le mouvement oscillant et régulier du pendule électrique BD.

La manivelle K sert à *mettre en prise,* c'est-à-dire à établir, à l'aide d'un contact particulier, la continuité dans tout ce système de communication de corps conducteurs.

Pour que les deux appareils placés, l'un à la station de départ, l'autre à la station d'arrivée, fonctionnent avec un *isochronisme* absolu, il faut donc que les deux horloges placées aux deux stations marchent avec un mouvement d'une identité pour ainsi dire mathématique. Ces deux horloges ont été construites parfaitement semblables dans toutes leurs parties, et elles marchent ensemble avec un parfait accord. Cependant, malgré cet accord des deux chronomètres, leurs balanciers ne pourraient jamais osciller d'une manière vraiment isochrone, et imprimer à l'appareil un mouvement identique, s'il n'existait pas un moyen de les régler l'un et l'autre d'une manière parfaitement identique.

Pour réaliser ce réglage, on a placé, près du point R, un petit arrêt, ou *butoir,* que l'on manœuvre au moyen d'un pas de vis réglé par un bouton et un cadran *a*; en tournant le bouton et l'aiguille du cadran, on place ce butoir, ou arrêt, contre lequel vient heurter le pendule, à des distances identiques sur les appareils de l'une et de l'autre station; et dès lors, l'isochronisme absolu du mouvement du pendule P de l'horloge T, qui commande les mouvements du pendule électro-magnétique BD, et par suite celui du plateau courbe E, se trouve parfaitement assuré.

Le système mécanique, qui commande le jeu de la pointe traçante sur la plaque E, est représenté par la figure 698.

Sur le plateau métallique courbe, on fixe, à la station de départ, le papier métallique destiné à recevoir la dépêche de l'expéditeur, qui doit se reproduire sur le plateau semblable, à la station d'arrivée. Sur un même appareil ces plateaux E, E' (Fig. 697) sont au nombre de deux dans chaque station, ce qui permet d'expédier deux dépêches à la fois avec un seul fil.

Le plateau métallique courbe E (Fig. 698) doit être parcouru sur sa surface tout entière par le style. Il faut pour cela que le style exécute deux mouvements simultanés : il faut qu'il suive la courbe du plateau E, d'une extrémité à l'autre, et qu'en même temps il trace des lignes successivement parallèles tout le long de ce même plateau. Voici comment est réalisé ce double mouvement de la pointe traçante. La bielle de bois H, mue par le pendule électrique (Fig. 698), fait, au moyen de l'articulation J, basculer le levier JI autour de son point d'appui. Un double contrepoids circulaire LL sert à équilibrer la masse de ce levier, de la vis U et de la règle GF, afin que le centre de gravité du système oscillant tombe au point de suspension de ce même système à

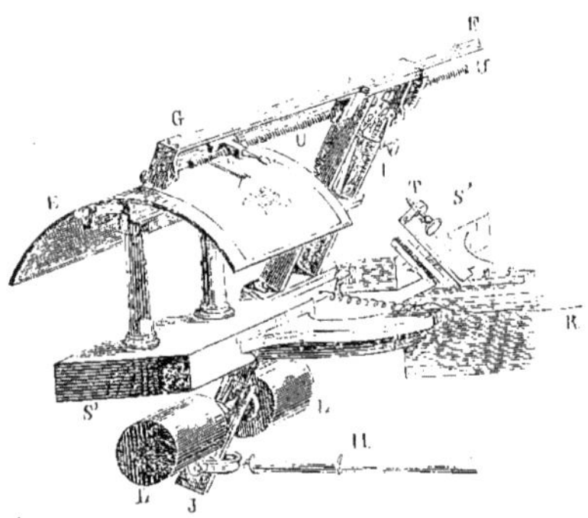

Fig. 698. — Récepteur du pantélégraphe Caselli.

la manière du fléau d'une balance, disposition qui lui donne une grande mobilité, et facilite son déplacement par l'action de la plus petite force. Les impulsions successives que reçoit le levier I, par l'intermédiaire de la bielle de bois H et de l'articulation J qui les lui transmettent, produisent donc le mouvement curviligne de la pointe traçante dans le sens de l'arc de cercle du plateau courbe E.

Quant au mouvement de translation du même style, il est réalisé à l'aide d'une longue *vis taraudée* U, portée par une règle FG et pourvue d'une roue à rochet de douze dents qui est fixée au noyau de la vis. A chaque demi-oscillation du levier I, cette roue tourne d'une certaine quantité, et la pointe traçante se déplace horizontalement d'une quantité proportionnelle. Grâce à ce double mouvement, la pointe traçante parcourt successivement la surface entière du plateau courbe E.

La dépêche que l'on veut transmettre a été préalablement écrite ou dessinée, sur une feuille d'étain, à l'aide d'encre ordinaire. Tant que la pointe du style ne rencontre sur son chemin que la surface conductrice de la feuille d'étain sur laquelle a été inscrite ou dessinée la dépêche, le courant électrique est établi continuellement à travers l'appareil, et se perd dans la terre par le fil *h* (Fig. 697). Mais lorsque le style arrive sur les parties qui ont reçu le dessin et qui sont recouvertes d'encre grasse, substance non conductrice de l'électricité, le courant ne s'écoule plus dans le sol et suit le conducteur *jk* qui est le fil de la ligne aboutissant à l'autre station. Parvenue sur le plateau courbe E du *pantélégraphe* de la station d'arrivée, l'électricité positive rencontre le papier chimique qui est étalé sur ce plateau courbe ; ce papier a été trempé d'avance dans une dissolution de cyanoferrure de potassium. Le courant conduit par la pointe métallique décompose ce sel, et forme sur le papier une tache de bleu de Prusse. On voit alors apparaître sur le papier chimique qui recouvre le plateau E, une série de traits bleus, reproduisant d'une manière identique les parties encrées qui ont été touchées par le style sur la dépêche placée à la station de départ. Quand le style, ayant parcouru toutes les parties encrées de l'original, ne rencontre plus d'encre grasse, le courant ne passe plus dans le fil de la ligne et continue à s'écouler dans le sol.

La dépêche originale est reproduite sur le papier chimique placé à la station d'arrivée en caractères qui présentent à peu près la forme indiquée dans la figure 699.

Le *pantélégraphe* Caselli, qui reproduit avec une exactitude suffisante tous les signes de l'écriture et du dessin, avait été proposé pour transmettre l'écriture ainsi que des *fac-similés* de dessin. Mais ce dernier objet s'est trouvé sans utilité dans la pratique. Il s'était attiré la préférence des négociants par la certitude de transmettre les chiffres, sans erreur possible de la part des employés : car pour les opérations de Bourse, par exemple, on comprend que l'exactitude absolue, dans la transmission des chiffres, est une condition fondamentale.

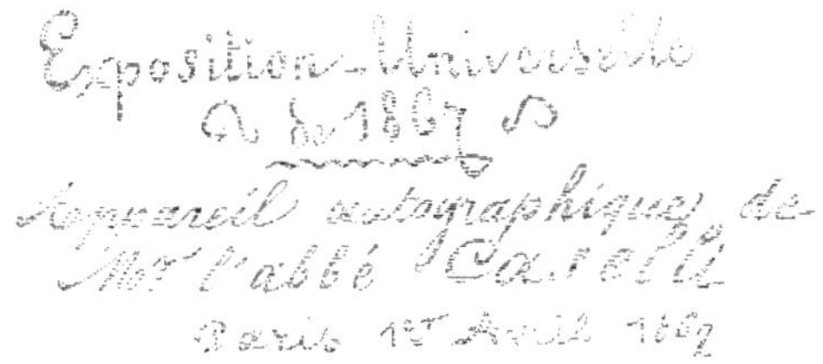

Fig. 699. — Exemple d'écriture du pantélégraphe Caselli.

Une anecdote viendra ici à point pour appuyer cette considération.

Un négociant d'une de nos villes des départements avait expédié à un agent de change de Paris une dépêche télégraphique ainsi conçue : *Les actions de la Banque monteront, sans doute, à la Bourse de demain. Achetez-m'en trois. Mille amitiés. Blanchard.*

L'employé du télégraphe transposa par distraction un point, et la dépêche adressée à l'agent de change devint :

Les actions de la Banque monteront, sans doute, à la Bourse de demain. Achetez-m'en trois mille. Amitiés. Blanchard.

Au lieu de trois actions, l'agent de change, bien qu'un peu surpris de l'extension des affaires de son correspondant, en acheta trois mille. Heureusement pour notre spéculateur, la hausse prévue arriva, si bien qu'il encaissa une « différence » énorme.

La télégraphie électrique prenant de plus en plus une extension considérable, il fallut inventer des appareils et des méthodes nouvelles pour répondre aux besoins toujours croissants de ce mode de correspondance instantanée.

Quelle que fût leur habileté, les employés des télégraphes ne pouvaient suffire au nombre croissant de dépêches amené par l'abaissement des tarifs. On aurait pu, pour répondre à cette excessive augmentation de travail, multiplier, sur les lignes les plus encombrées, le nombre des fils et celui des employés. C'est ce que l'on fit d'abord. Mais ce moyen, praticable avec avantage sur les lignes d'un faible parcours, n'était plus possible pour les lignes de très longue étendue; car l'installation d'un nombre considérable de fils nouveaux sur de très grands parcours aurait amené des dépenses bien supérieures aux recettes de la ligne.

Il fallut donc chercher une autre solution à cette difficulté, et, en conservant un petit nombre de fils, accroître la capacité de transmission des appareils.

Le génie de nos constructeurs et ingénieurs trouvait dans ce problème une ample matière à s'exercer, et il n'a pas fait défaut à l'attente du public. Aujourd'hui, la rapidité des transmissions télégraphiques dépasse, on peut le dire, toute limite; les instruments qui servaient à l'expédition des messages ont subi de profondes modifications, par des appropriations particulières en ont augmenté considérablement le rendement.

Nous allons faire connaître ces perfectionnements.

Télégraphe à transmission automatique Wheatstone

Dans le système de *transmission automatique,* la dépêche étant composée à l'avance sur des bandes par des employés spéciaux, sans que le fil télégraphique soit utilisé, le fil du télégraphe reste disponible pendant le temps où l'on perfore la dépêche sur la bande, et, de plus, la transmission se faisant sans aucune interruption, comporte une rapidité supérieure à celle de la transmission ordinaire par un seul employé.

Wheatstone, l'un des créateurs de la télégraphie électrique, est l'inventeur de la méthode de transmission rapide, désignée communément, en Angleterre, où elle est fort en usage, sous le nom de *Jacquard électrique,* parce qu'elle rappelle les cartons perforés du métier Jacquard.

Ce système télégraphique exige, comme nous venons de le dire, que les dépêches soient préparées à l'avance.

La préparation consiste à perforer dans les bandes de papier des trous dont l'espacement et la disposition correspondent aux points, aux traits et aux intervalles qui composent les signes de l'alphabet Morse. Ainsi, deux trous en ligne droite, placés vis-à-vis l'un de l'autre, forment un *point,* et deux trous en diagonale, un *trait.*

Nous n'avons pas besoin de dire que ce n'est pas l'expéditeur de la dépêche qui est obligé de perforer lui-même la bande de papier. Il remet sa dépêche, écrite en caractères ordinaires, à un employé, lequel s'occupe de la traduire sur une bande de papier, qu'il perfore ainsi qu'il va être dit.

L'appareil qui produit la perforation des bandes, ou le *perforateur Wheatstone,* est représenté par la figure 700. Il se compose d'une petite boîte en cuivre D, surmontée d'un pupitre E sur lequel on place le manuscrit de la dépêche à *traduire en trous* sur le papier. La boîte est munie de tiroirs B, C pour renfermer les rognures de papier provenant de la perforation.

Trois sortes de pistons, *a, b, c,* étant pressés, poussent, à l'intérieur de la boîte, trois poinçons d'acier, qui sont de véritables emporte-pièces. Ces poinçons sont de deux dimensions. Les uns sont destinés à pratiquer les trous affectés à la formation des signaux ; les autres, de diamètre plus petit, sont placés au milieu de la bande et régulièrement espacés, et servent de moyen d'entraînement par suite de l'engrènement du papier avec une roue dentée qui doit en provoquer le déroulement.

Muni d'un petit maillet dans chaque main, l'employé frappe sur les pistons, pour faire agir les poinçons. Des ressorts à boudin ramènent en arrière les poinçons, quand la perforation a été faite.

La bande de papier PP' est entraînée par un mouvement d'horlogerie au-devant des poinçons contenus dans la petite boîte F.

Comme la manœuvre des pistons *a, b, c*

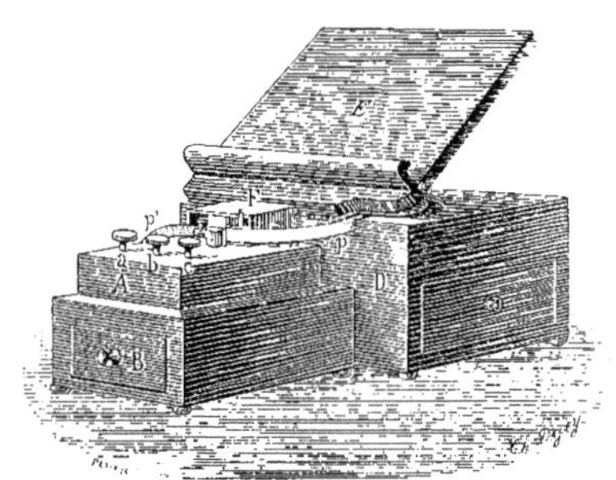

Fig. 700. — Perforateur de bandes de papier du télégraphe Wheatstone.

est assez pénible pour l'opérateur, dans les bureaux qui renferment des tubes pneumatiques pour l'envoi des dépêches, on utilise l'*air comprimé* pour effectuer la perforation.

Les bandes étant ainsi perforées, on les place dans le *transmetteur.* Celui-ci se compose d'aiguilles métalliques verticales, venant, à certains intervalles, se mettre en contact avec le papier qui se déroule d'un mouvement uniforme. Quand les trous du papier laisseront passer les aiguilles, le courant électrique de la ligne sera établi. Quand, au contraire, les aiguilles rencontreront le papier plein, le courant sera interrompu par suite de la non-conductibilité de cette matière.

C'est, comme on le voit, le principe des *cartons Jacquard* des métiers à tisser les étoffes façonnées, transporté dans le domaine de la télégraphie.

L'appareil qui, dans la pratique, effectue la transmission des dépêches se nomme le *transmetteur Wheatstone,* représenté par ses éléments essentiels, dans la figure 701.

Il se compose d'un balancier en ébonite B, maintenu dans un mouvement oscillatoire par l'entraînement des rouages de l'appareil. Deux goupilles *g* et *g'*, fixées au balancier, s'appuient sur les bras du levier L et L', qui oscillent ainsi avec lui. Deux tiges verticales *t* et *t'*, fixées aux extrémités des bras de levier L et L', se meuvent de bas en haut, au-dessous de la bande *b b'*. Lorsque, dans leur mouvement, ces tiges rencontrent un des trous pratiqués dans la bande *b b'*, elles passent au travers et envoient un courant positif ou négatif dans la ligne ; quand, au contraire, elles rencontrent un intervalle plein, elles sont arrêtées par le papier, mauvais conducteur, et le courant se trouve interrompu.

Voici comment se produit l'émission ou l'interruption du courant. La tige T' C, entraînée par le levier L', fait mouvoir un disque D en parfaite concordance avec le balancier B. Ce disque est formé de deux segments métalliques isolés par une bande centrale en ébonite. Deux leviers, M' et M, en communication constante, le premier avec le pôle positif de la pile P, et l'autre avec son pôle négatif, s'appuient contre l'une ou l'autre des deux goupilles *c c'* fixées sur chaque segment du disque D, et envoient dans la ligne, tantôt un courant positif, tantôt un courant négatif. Or, ces courants renversés se succéderaient sans interruption si la bande de papier perforé ne limitait pas le jeu des tiges *t'* et *t*. Aux endroits où la bande ne porte pas de trous, les leviers L' et L, se trouvant arrêtés, maintiennent le disque D immobile et empêchent ainsi le courant de passer dans la ligne ; mais quand la bande est perforée, les tiges *t* et *t'* pénètrent dans les trous qui se présentent en face d'elles et les courants de signes contraires établis d'une façon appropriée parcourent la ligne et aboutissent au récepteur.

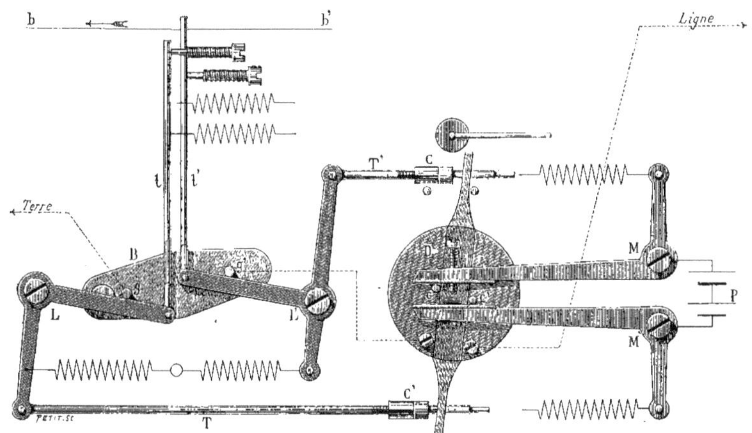

Fig. 701. — Transmetteur Wheatstone pour l'expédition des télégrammes à bandes perforées. Coupe.

Le transmetteur est mis en mouvement par un poids. Il peut imprimer à la bande une vitesse permettant d'expédier de 20 à 130 mots par minute.

Le *récepteur* n'est autre qu'un récepteur Morse encreur, très sensible, qui diffère des appareils ordinairement employés, en ce que la *molette imprimante* marque l'empreinte. Cette molette est mue par un axe mis en mouvement par des armatures de fer doux fixées aux pôles d'un aimant permanent. Ces armatures, qui se trouvent ainsi *polarisées*, sont engagées entre les branches d'un électro-aimant, lequel reçoit les courants alternatifs lancés dans la ligne.

Lorsqu'elles ont été attirées par un courant ayant traversé l'électro-aimant, elles restent immobiles jusqu'à ce qu'un courant de sens contraire vienne les déplacer. Lorsqu'elles sont mises en mouvement, la molette imprimante est amenée au contact du papier, et y trace une ligne, jusqu'à l'envoi d'un courant contraire. Le *point* est formé par un courant momentané agissant sur la molette et suivi d'un courant inverse très court, qui la remet en place. Un *trait* s'obtient par un courant court suivi d'un courant inverse, venant après un certain intervalle de temps.

Le télégraphe à transmission automatique Wheatstone est employé sur plusieurs des grands circuits d'Europe, mais surtout en Angleterre. Son avantage principal réside non seulement dans sa grande exactitude, mais encore dans l'augmentation de vitesse qu'il procure.

Il peut, en outre, comporter pour le perforateur un clavier alphabétique sur lequel on manipule comme on le fait pour une machine à écrire.

De nombreux systèmes d'appareils télégraphiques ont été essayés depuis quelques années. Nous allons dire quelques mots sur certains de ces appareils avant de décrire le télégraphe Baudot, que presque toutes les nations utilisent maintenant pour les lignes à grand trafic.

Télégraphe à transmission simultanée

Le système de télégraphe dit à *transmission simultanée* a pour but d'accroître le *rendement* d'un même fil télégraphique. Il consiste à expédier, en même temps, sur un même fil, deux dépêches, dans le même sens, ou en sens contraires. Quand la transmission de ces dépêches s'effectue simultanément entre deux postes reliés ensemble, on donne à ce mode de transmission le nom de *duplex*. Si les deux dépêches sont expédiées à la fois, dans le même sens, on a le système *diplex*. Enfin, si l'on transmet simultanément deux dépêches dans un sens, et deux autres en sens contraires, le système employé prend le nom de *quadruplex*.

Voilà des résultats bien extraordinaires en eux-mêmes, et que l'on était loin de prévoir à l'origine de la télégraphie électrique. Essayons de faire comprendre comment on est parvenu à les réaliser.

C'est à un savant autrichien, le Dr Gintl, de Vienne, que l'on doit la première idée de la transmission simultanée des dépêches par le même fil : mais c'est à un Américain, Stearn, que revient l'honneur d'avoir transporté cette idée dans la pratique.

La transmission simultanée de deux dépêches en sens contraire (*duplex*) s'effectue par deux méthodes, dont la plus intéressante est la méthode *différentielle*.

Supposons (Fig. 702) un récepteur R placé sur la ligne L, et un transmetteur M, lequel est en relation, d'une part, avec la pile P et, de l'autre, avec la terre T. Admettons encore que la bobine de l'électro-aimant de l'appareil de réception soit recouverte de deux fils distincts, enroulés en sens contraire et communiquant : 1° tous deux avec le transmetteur ; 2° l'un avec la ligne et l'autre avec la terre, après avoir traversé une bobine de résistance. Il est certain que, quand l'un des postes enverra seul le courant, ce courant, après avoir traversé les bobines du récepteur R, passera en partie par la ligne, en partie dans le sol, et que le récepteur restera au repos, si l'intensité des deux courants est égale. Mais si le courant transmis par le poste correspondant est tel qu'à l'arrivée il ne puisse agir que sur l'une des bobines, il se rendra directement à la terre par le transmetteur M et mettra en marche l'appareil de réception. Si, enfin, les deux postes correspondants envoient ensemble des courants contrariés et d'égale intensité, aucun courant ne passera par la ligne, et les deux récepteurs fonctionneront sous l'influence des courants qui traverseront les bobines reliées à la terre.

La double transmission dans le même sens (*diplex*) s'obtient en disposant au poste de départ deux transmetteurs, qui distribuent des courants d'intensité et de sens contraires, et en installant au poste d'arrivée un certain nombre de *relais*, mis en communication avec autant d'appareils à signaux.

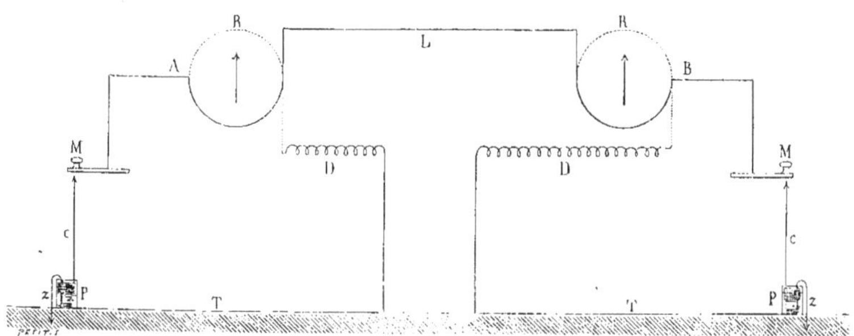

Fig. 702. — Montage en duplex. Système différentiel.

A, station de départ. — B, station d'arrivée. — P, pile, dont le pôle positif est en contact avec la clef du manipulateur, et le pôle négatif relié à la terre. — MM, manipulateurs. — RR, récepteurs. — D, résistances ou lignes artificielles.

Ce système de transmission peut facilement être combiné avec celui de la transmission simultanée en sens contraire, et permettre, à l'aide d'un fil unique, d'envoyer en même temps quatre dépêches, deux par deux, en sens contraire (*quadruplex*).

Télégraphe harmonique — On doit à Elisha Gray, ingénieur américain d'un rare mérite, un moyen fort curieux de transmettre, à l'aide d'un seul fil, simultanément, sept à huit dépêches, et même le double de ce nombre, en employant le système *duplex*. Ce moyen, basé sur la loi du *synchronisme des vibrations sonores* propagées par les courants électriques, consiste à établir aux postes de départ et d'arrivée une série de *diapasons*, accordés deux par deux, et dont chaque groupe correspond à une échelle musicale. Cela fait, si à l'un des deux postes, et à l'aide d'un électro-aimant et d'un circuit local, on vient à agir sur l'une des branches de l'un des diapasons, celui-ci, étant relié au fil de ligne, pourra, par une disposition spéciale, transmettre des ondes électriques, qui produiront dans la branche du diapason correspondant une série de vibrations d'accord avec les premières. Les diapasons du poste de départ étant donc reliés par groupes avec autant d'appareils manipulateurs, et ceux de l'arrivée avec un nombre égal d'appareils récepteurs, il est évident que les signaux transmis par les uns seront exactement reproduits par les autres.

En France, un savant ingénieur, M. Mercadier, a étudié également un *télégraphe harmonique*, basé sur un principe semblable au précédent, mais qui n'a donné lieu, jusqu'à ce jour, qu'à des essais fort intéressants.

Sténo-télégraphes

On doit à deux Français, Estienne et Cassagne, des appareils télégraphiques, qui non seulement transmettent les dépêches avec une grande rapidité, mais encore facilitent l'emploi des abréviations. Ce système porte le nom de *sténo-télégraphe*.

Le principe sur lequel repose le télégraphe Estienne est le même que celui de l'appareil Morse. Toutefois, sa construction présente des différences caractéristiques. Au lieu de porter un seul style, traçant sur le papier une succession de points et de traits, dont la combinaison forme les signaux usités, l'appareil Estienne possède deux styles séparés, l'un pour les points, l'autre pour les traits. Grâce à cette disposition, qui dispense de faire varier la durée des courants pour obtenir des signaux brefs ou longs, on peut réduire à leur minimum toutes les émissions, et transmettre avec une rapidité beaucoup plus grande.

L'impression des signaux, faite en travers de la bande de papier, facilite encore la lecture des dépêches. Enfin, on peut obtenir des signaux distincts en augmentant la durée des émissions du courant, et faire usage, par ce moyen, des abréviations en télégraphie.

Comme le télégraphe Morse, l'appareil Estienne (Fig. 703) comprend un manipulateur et un récepteur. Le manipulateur M est un simple inverseur de courant, qui permet, en manœuvrant les touches A ou B, de lancer dans la ligne des courants, tantôt positifs tantôt négatifs. Ces courants arrivent au récepteur dans un électro-aimant à *armature polarisée*. Cette armature, qui se déplace dans un sens ou dans l'autre, suivant la nature du courant transmis, se termine par une petite fourchette *f*, sur chaque branche de laquelle repose un levier articulé autour d'un point fixe, et dont l'extrémité libre porte une petite plume d'acier. Cette plume est garnie d'une languette de peau, dont un bout trempe dans une capsule remplie d'encre G et dont l'autre frotte sur le papier *p* dès que l'armature est mise en action.

Un mouvement d'horlogerie provoque le déroulement du papier et peut être remonté par la clef C.

Pour pouvoir indifféremment lancer un courant positif ou négatif dans la ligne, M. Estienne a muni son manipulateur de deux leviers reliés à la ligne, et de deux ressorts reliés à la terre. Quand on abaisse un de ces leviers, il fait communiquer avec

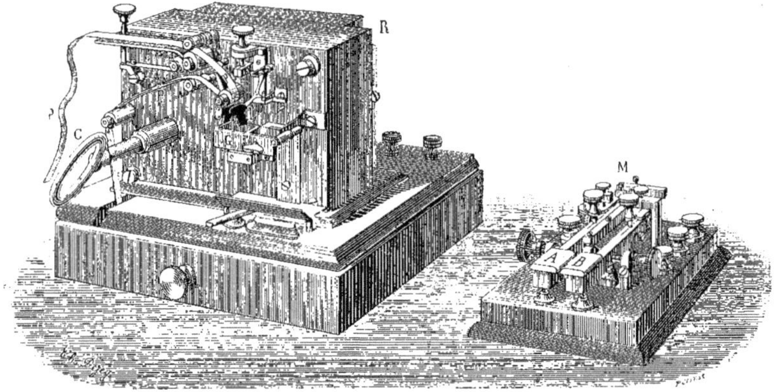

Fig. 703. — Sténo-télégraphe Estienne. Récepteur et transmetteur.

la ligne un pôle de la pile, et soulève en même temps le ressort de terre correspondant, lequel fait communiquer avec le sol le pôle de nom contraire.

Au repos, le courant de la ligne arrive au récepteur par l'intermédiaire d'un troisième ressort placé entre les deux leviers et s'appuyant normalement sur la borne de contact. Il n'en est plus de même pendant la transmission, car le ressort est soulevé par celui des deux leviers mis en jeu.

Expérimenté entre Paris et Marseille sans relais intermédiaires, soit sur une distance de 860 kilomètres qui sépare ces deux villes, cet appareil a permis de transmettre 2.500 mots à l'heure, en se servant d'une bande perforée à l'avance.

Le *sténo-télégraphe* Cassagne est une heureuse application, à la télégraphie, du principe de la *machine sténographique* de Michela. On sait que la *machine sténographique,* qui fut expérimentée au Sénat, à la Chambre des députés, et au Conseil municipal de Paris, en 1881, peut enregistrer, avec la vitesse de la parole, et en les représentant graphiquement, par les combinaisons d'un très petit nombre de signes, environ 200 mots à la minute, soit 12.000 mots à l'heure.

Le problème à résoudre pour appliquer la méthode sténographique de Michela à la télégraphie consistait à combiner un appareil de transmission télégraphique rapide, qui, tout en augmentant le rendement des fils, n'exigeât qu'un personnel restreint.

Voici, en quelques mots, la disposition de cet appareil, qui se compose d'un transmetteur et d'un récepteur-imprimeur.

Le *transmetteur* (Fig. 704) comprend un manipulateur, formé de 20 touches, dont les contacts électriques sont reliés alternativement aux pôles positif et négatif de deux piles mises par leur milieu en communication avec la terre. Ces touches sont encore reliées à des segments de contact d'un distributeur R.

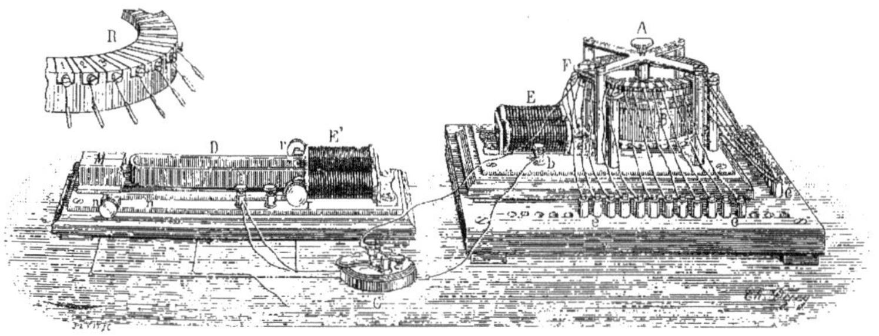

Fig. 701. — Transmetteur-sténo-télégraphe Cassagne.

R, distributeur. — 1, 2, 3, contacts isolés, en communication avec les bornes *c*, *c*, et avec les touches correspondantes. — A, axe de la roue, mobile avec elle, et sur lequel est fixé le frotteur. — B, cuvette en bois, faisant partie de la roue et remplie de mercure formant volant. — *b*, borne faisant communiquer le frotteur avec la ligne. — E, électro-aimant de la roue. — E', électro du diapason D. — *r*, *r*, réglage des pôles de l'électro.

Un *frotteur,* calé sur l'axe A de la roue dentée en fer doux B, est animé d'un mouvement de rotation continu et rapide, que lui imprime un rouage d'horlogerie. Ce *frotteur* passe sur chacun des contacts du distributeur et les met alternativement en relation avec la ligne.

Au poste d'arrivée, les courants ainsi transmis sont reçus dans un distributeur en tout semblable au premier, et dont le *frotteur,* qui tourne en *synchronisme* parfait avec celui du poste de départ, les fait passer dans les bobines des *relais polarisés* qu'ils actionnent. Ceux-ci ferment alors les circuits de la pile locale, laquelle fait fonctionner les poinçons de l'appareil imprimeur correspondant aux touches du manipulateur de l'appareil de transmission. Dès que ces poinçons ont imprimé leurs signes sur la bande de papier, celle-ci avance d'une certaine longueur et se trouve prête à recevoir une nouvelle série de signes.

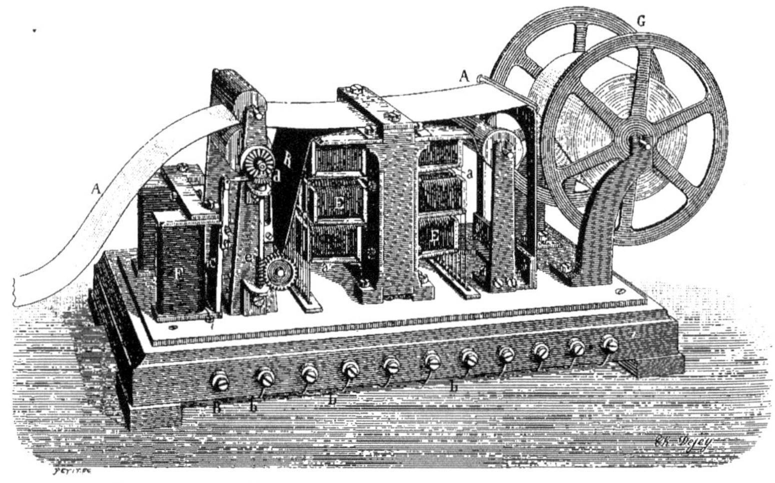

Fig. 705. — Imprimeur sténo-télégraphe Cassagne.

E, E, électro-aimants des poinçons *p*, *p* (cachés par la partie centrale). — *a*, *a'*, armatures soulevant les poinçons et les appliquant contre la bande de papier A, A, par l'intermédiaire du ruban R imbibé d'encre. — *b*, *b'*, bornes et fils reliant le butoir de travail de chaque relais à l'une des extrémités des électros E, E. — F, électro-aimant inséré également dans le circuit des électros E et produisant, par l'abandon de l'armature C, l'avancement d'une dent de *d*, et, par suite, du papier à la fin de la réception d'une ligne sténographique. — B, borne à laquelle aboutissent les extrémités des fils de tous les électros et en communication avec la pile locale. — *d*, *c*, engrenage assurant un déplacement lent du ruban imbibé d'encre. — G, rouleau porteur du papier.

L'*imprimeur* (Fig. 705) comprend 20 poinçons portant des caractères sténographiques qui s'impriment sur la bande de papier chaque fois qu'ils sont poussés par l'armature de l'électro-aimant avec lequel ils communiquent. Chacun de ces 20 poinçons est relié à l'une des 20 touches du clavier transmetteur.

Le synchronisme des distributeurs de transmission et de réception est obtenu au moyen d'un *électro-diapason* D (Fig. 704), dont les vibrations sont produites par le passage intermittent du courant d'une pile dans les bobines de l'électro-aimant E'. Ces intermittences sont entretenues par les vibrations mêmes du diapason D dont l'une des branches ferme et ouvre alternativement le circuit. Les vibrations de la seconde branche ont pour effet d'envoyer par intermittences les courants d'une seconde pile dans l'électro-aimant E dont les noyaux se trouvent, suivant le sens du courant, aimantés ou désaimantés. Ces alternances produisent des attractions successives sur la roue dentée R, en fer doux, qui acquiert ainsi un mouvement uniforme de rotation.

L'appareil Cassagne a reçu des perfectionnements qui consistent dans l'emploi d'un perforateur à clavier, indépendant du système sténo-télégraphique, et qui permet de manipuler très rapidement. On peut aussi, grâce à cette nouvelle disposition, desservir simultanément, et par le passage de la même bande, un nombre facultatif de postes, pourvu que les résistances dans les circuits restent constantes.

Le montage des appareils en *duplex* peut donner un rendement encore plus considérable.

Télégraphe à transmission multiple Meyer

Les systèmes télégraphiques à transmission multiple sont fondés sur ce fait que la rapidité de transmission des actions électriques étant incomparablement plus grande que celle que l'employé le plus exercé peut atteindre dans la manœuvre d'un appareil transmetteur, on peut utiliser le temps perdu par la main de l'employé, quand elle est inactive, en appliquant au même fil le travail de plusieurs autres employés, manipulant successivement dans un laps de temps déterminé.

Dans la pratique, le système de la *transmission multiple* consiste à diviser le temps de la transmission en intervalles réguliers et périodiques, dont chaque période est affectée à un appareil transmetteur distinct. Un certain nombre d'employés utilisent le fil de ligne, chacun à son tour, de telle sorte qu'ils se reposent ou travaillent alternativement, et que le fil est toujours en activité.

Le système de la transmission multiple fut imaginé, en 1860, par Rouvier, Inspecteur des lignes télégraphiques françaises; mais la première application n'en fut réalisée qu'en 1871, par Meyer, employé de l'Administration des télégraphes de Paris, qui s'en servit pour produire des signaux Morse.

Le télégraphe Meyer comprend trois appareils distincts : le *récepteur*, le *transmetteur* et le *distributeur*.

Le *récepteur* se compose d'un cylindre imprimeur, sous lequel se déroule une bande de papier qu'entraînent un poids et un système de rouages analogue à celui du télégraphe Hughes. Ce cylindre porte, suivant le nombre de transmetteurs employés, une hélice ou une fraction d'hélice, formant saillie. Lorsque le courant passe dans l'appareil, un levier, mis en action par un électro-aimant, vient appuyer la bande de papier contre l'hélice du cylindre imprimeur, lequel y trace un trait ou un point, suivant la durée du courant.

Le *transmetteur* est constitué par un clavier de huit touches, dont quatre blanches et quatre noires. Les unes reçoivent le courant positif de la pile, les autres le courant négatif. Les touches blanches servent à produire les *traits*, et les noires les *points* de l'alphabet Morse. En abaissant simultanément les touches blanches et noires, on forme, grâce au courant positif ou négatif, une combinaison de points et de traits, dont l'ensemble constitue une lettre ou un mot.

Le *distributeur*, qui fait passer le courant de la pile locale dans la ligne et le répartit sur les appareils de réception, est l'organe essentiel du télégraphe Meyer.

Il se compose d'un disque métallique isolé et fixe, dont la circonférence est divisée en quarts de cercle affectés, chacun, à un *transmetteur* spécial, et comprenant 12 divisions. Quatre groupes de divisions doubles sont reliés par huit fils isolés aux huit touches du clavier correspondant. Les quatre autres divisions qui séparent les différents groupes sont en communication avec le sol.

Un mouvement d'horlogerie à marche très régulière actionne à la fois les hélices des quatre récepteurs, et un balai, ou *frotteur*, qui parcourt la circonférence du disque et établit, en passant, le courant à tour de rôle sur chaque division. Le *frotteur* met ainsi chaque *transmetteur* en relation avec le récepteur correspondant, et cela pendant la durée d'un quart de rotation. Un petit marteau prévient chacun des quatre télégraphistes que le signal qu'il vient d'envoyer est passé dans la ligne.

Le *télégraphe multiple Meyer*, plein de

dispositions originales et neuves, a été employé, pendant plusieurs années, sur les lignes françaises; il est aujourd'hui abandonné.

Ce qui l'a fait disparaître, c'est la découverte et la construction du *télégraphe Baudot,* qui en est un admirable perfectionnement, et qui fournit les dépêches imprimées, tandis que l'appareil Meyer ne fournissait que les signaux *gaufrés,* traits et points, de l'alphabet Morse.

Télégraphe Baudot Le problème de la *transmission multiple* a été résolu de la manière la plus rigoureuse par le merveilleux appareil qui porte le nom de son inventeur, le *télégraphe Baudot,* lequel non seulement utilise le travail simultané de plusieurs employés mais encore imprime les dépêches.

On peut, en effet, définir le *télégraphe Baudot* « un télégraphe permettant de transmettre à distance, et par un seul fil, le travail de quatre ou six employés manipulant à la fois quatre ou six claviers alphabétiques distincts, et de recevoir quatre ou six dépêches, qui s'impriment, à l'arrivée, en caractères typographiques, sur des bandes de papier, qu'il suffit de coller sur une feuille et de faire parvenir au destinataire, comme dans le système Hughes ».

Le nom de *télégraphe multiple imprimeur* lui convient donc parfaitement, puisqu'il réalise la transmission multiple, et qu'il imprime la dépêche, à l'arrivée.

L'inventeur de ce télégraphe, Baudot, né à Magneux (Haute-Marne) en 1845, fut d'abord cultivateur comme son père; mais il manifesta bientôt un penchant très vif pour la mécanique et façonna lui-même quelques modèles en bois de machines agricoles qu'il avait conçues.

Fig. 706. — Baudot.

Trop peu fortuné pour développer avec quelque chance de réussite ses essais agricoles, il se décida, en 1869, après avoir fort hésité, à quitter la charrue pour entrer, en qualité de surnuméraire, dans l'Administration des Télégraphes, où il devait révolutionner la télégraphie électrique.

Doué d'un esprit d'observation très avisé, d'un sens génial de la mécanique et d'une puissance de labeur incomparable, Baudot présenta, neuf ans plus tard, à l'Exposition universelle de 1878, son premier modèle de télégraphe à transmissions multiples, construit dans les ateliers Dumoulin-Froment, à Paris, qui produisit une profonde sensation. On pressentait l'appareil de l'avenir qui est aujourd'hui, en effet, universellement employé.

Baudot, qui était alors simple employé de 2e classe au Poste central à Paris, reçut la grande médaille d'or et fut nommé chevalier de la Légion d'honneur.

Fig. 727. — Vue d'une des salles du télégraphe multiple Baudot, au Bureau central, à Paris.

Nommé peu après contrôleur des lignes télégraphiques, puis, en 1882, inspecteur-ingénieur, il continua, avec une patience et une ténacité inlassables, la série de ses difficultueux essais pour obtenir le fonctionnement irréprochable de ses appareils télégraphiques, n'ayant d'autres ressources que ses modestes appointements.

Ces essais, qui devaient aboutir à la création de la merveille de mécanique qu'est aujourd'hui le télégraphe Baudot, furent réalisés dans les ateliers J. Carpentier, à Paris, et avec la collaboration de ce savant industriel, membre de l'Académie des Sciences, et de son éminent ingénieur, V. Cartier, ancien élève des Écoles d'arts et métiers.

Le succès justifié du télégraphe Baudot devait susciter quelques mécontentements chez certains concurrents malheureux, et le nom de cet appareil fut mêlé à une bien pénible affaire criminelle jugée à Paris en 1888. Un employé des Télégraphes tua un ingénieur de cette Administration qu'il accusait de favoriser, à son détriment, l'extension de l'appareil télégraphique Baudot, qu'il considérait comme une copie d'un système de télégraphie multiple qu'il avait conçu. En réalité, le seul point commun aux deux appareils consistait à employer 5 touches pour réaliser 32 combinaisons télégraphiques ; mais cette idée, déjà connue au point de vue mathématique, avait été précédemment appliquée à des appareils télégraphiques dont le fonctionnement n'avait cependant pas été satisfaisant. Le vocabulaire n'est pas tout, en effet, dans l'appareil Baudot qui comporte tant d'ingénieuses combinaisons et résout avec tant de bonheur de si nombreuses difficultés de détail. Un système télégraphique qui permet, quand le service l'exige, d'augmenter le nombre de dépêches expédiées sur une ligne en groupant sur cette ligne un plus grand nombre de *manipulants* est éminemment précieux dans la pratique, et ce serait une injustice profonde que de contester à son savant auteur l'invention de ce beau système mécanique et électrique dont la réalisation a rempli son existence.

Baudot, travailleur infatigable, toujours à la recherche de perfectionnements nouveaux, fut la victime de son labeur incessant. Il mourut jeune encore, en 1903. Il venait d'être promu officier de la Légion d'honneur. La vie de ce modeste autant que génial inventeur méritait d'être connue, et il faut s'applaudir que le nom d'un Français soit venu s'attacher à l'une des plus importantes créations de la télégraphie moderne, à côté des savants étrangers : les Morse, les Wheatstone, les Thomson, les Hughes, les Bonelli, les Caselli, qui ont brillé dans cette glorieuse branche de la Science.

Nous allons examiner le principe du télégraphe Baudot et décrire les divers appareils réalisés pour en assurer le fonctionnement.

Un poste télégraphique Baudot disposé pour la transmission multiple comporte, en principe, des *manipulateurs*, des *distributeurs*, des *relais* et des *récepteurs* (Fig. 708). Voici résumées, les fonctions que doivent remplir ces divers appareils que nous allons, plus loin, décrire avec plus de détails. Le *manipulateur* comporte cinq touches, A, B, C, D, E, qui permettent, nous l'avons dit, de faire 32 combinaisons. Ces touches sont mises en communication permanente avec cinq contacts F, G, H, I, J isolés entre eux et disposés suivant une couronne. Cette couronne fait partie du *distributeur* qui en porte plusieurs autres sur lesquelles des balais, constitués par des brins de fil de cuivre, viennent frotter par suite de la rotation, autour du centre K, du bras qui les supporte.

Les cinq touches du manipulateur sont, dans leur position de *repos*, reliées avec le pôle négatif d'une pile L, et dans leur position de *travail*, c'est-à-dire quand elles sont abaissées, elles communiquent avec le pôle positif d'une pile M.

Deux des couronnes N et O du distributeur sont mises en communication électrique par deux balais P et Q ayant entre eux une liaison métallique. De la couronne O part le fil de ligne qui aboutit, au second poste, au *relais* R.

Ce relais porte une armature mobile S, qui, sous l'action magnétique d'un électro-aimant, vient appuyer une lame-ressort T contre un contact U relié à un des pôles d'une pile locale V.

L'armature communique, d'autre part, avec une couronne *o* d'un autre distributeur disposé dans le second poste.

Deux balais *p* et *q*, communiquant entre eux, peuvent frotter, dans leur mouvement de rotation autour du centre *k*, l'un sur la couronne *o*, l'autre sur une autre couronne *n* qui porte cinq contacts, *f*, *g*, *h*, *i*, *j*, isolés entre eux. Ces contacts sont respectivement reliés à une extrémité du fil constituant l'enroulement d'électros *a*, *b*, *c*, *d*, *e*. L'autre extrémité de ces cinq enroulements est reliée au second pôle de la pile locale V.

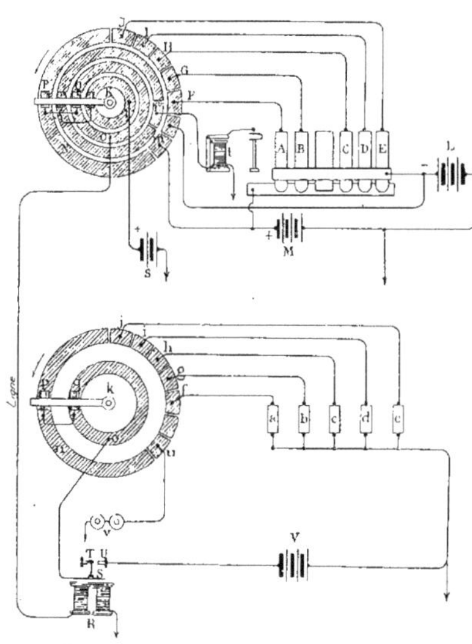

Fig. 708. — Télégraphe Baudot. Principe.

Les deux séries de balais des deux distributeurs doivent tourner en *synchronisme*, c'est-à-dire effectuer exactement le même nombre de tours dans un même temps.

La transmission des signaux est aisée à concevoir.

Quand on abaisse une ou plusieurs touches du *manipulateur* pour effectuer la combinaison correspondant au signal à envoyer, les touches abaissées mettent les contacts correspondants de la couronne N en relation avec le pôle positif; les touches non abaissées restent reliées au pôle négatif.

Quand le balai P viendra, pendant sa rotation, frotter successivement sur les cinq contacts F, G, H, I, J, il recueillera donc un certain nombre de courants négatifs et de courants positifs qui seront envoyés dans leur ordre dans la ligne, par l'intermédiaire du balai Q et de la couronne O. Ces courants aboutiront au *relais* R. Les courants négatifs, ou de *repos*, tendront à assurer l'armature du relais dans sa position de repos; les courants positifs déplaceront cette armature et mettront en contact la lame ressort T avec la butée U. Il passera donc dans la couronne *o* du second distributeur, soit des courants négatifs, soit des courants positifs. Ces courants seront transmis par les balais *p* et *q* à la couronne *n* et successivement aux contacts *f*, *g*, *h*, *i*, *j*. On comprend donc que, puisque le synchronisme est réalisé, les balais des deux distributeurs passeront en même temps sur des contacts respectivement correspondants et les courants reçus par les contacts du premier poste seront transmis aux contacts du second poste avec le même signe. Des contacts *f*, *g*, *h*, *i*, *j*, le courant électrique passe dans les électro-récepteurs *a*, *b*, *c*, *d*, *e;* quand ils sont négatifs, les électros n'actionnent aucun organe ; quand ils sont positifs, ils actionnent l'armature des électros qui, par le jeu d'organes appropriés, traduit le signal en lettre imprimée. Donc, en résumé, par l'intermédiaire des distributeurs et du relais, les signaux envoyés par le manipulateur du premier poste sont reçus avec le même ordre et le même signe dans les électros-récepteurs du second poste.

Voilà le principe de l'appareil télégraphique Baudot appliqué à une transmission simple. On n'utilise, dans ce cas, qu'une faible partie du tour pour transmettre un signal, partie qui ne comporte que les cinq contacts de la couronne N. Le reste du tour inutilisé pour la transmission doit permettre à l'employé de préparer l'envoi d'une autre combinaison. On conçoit que, fonctionnant de cette façon, l'emploi de cette disposition serait peu avantageux. Aussi, on a disposé sur la couronne N plusieurs séries, de cinq contacts chacune, de manière que chaque série soit utilisée par un manipulant. Chacun de ces manipulants conserve, pour un tour des balais, le même espace de temps pour préparer un nouvel envoi, mais le tour est complètement utilisé pour transmettre successivement des signaux provenant de deux, trois, quatre, et même six employés. Dans ce dernier cas, il est, bien entendu, indispensable que la couronne N porte au moins $6 \times 5 = 30$ contacts. En réalité, elle en comporte deux supplémentaires reliés l'un au pôle négatif de la pile L, l'autre au pôle positif de la pile M. Ces contacts servent, comme nous allons le voir, à obtenir le synchronisme.

Il est nécessaire, en outre, quand plusieurs manipulants transmettent ensemble sur la même ligne, de limiter pour chacun d'eux le temps de transmission ou, plutôt, de leur indiquer le moment précis où leur manipulation doit s'effectuer.

Pour cela, le distributeur du poste qui comporte un manipulateur possède deux couronnes supplémentaires *l* et *m*, dont l'une porte un contact *r* isolé du reste de la couronne et dont l'autre *l* est reliée par un conducteur métallique au pôle positif d'une pile locale *s*, dont l'autre pôle est à la terre. Le contact *r* se trouve placé, par rapport au sens de rotation des balais, légèrement en avant du premier contact F du groupe de cinq. Une paire de balais métalliques reliés entre eux frottent sur ces deux couronnes, les mettant ainsi en communication électrique. Le contact *r* communique, à son tour, avec l'extrémité d'un conducteur enroulé sur un électro-aimant *t*, dont l'armature actionne un petit marteau qui vient frapper sur une butée, produisant ainsi un signal avertisseur. Pour chaque série de cinq contacts, c'est-à-dire pour chaque manipulant, l'électro-aimant *t* fonctionne donc *une fois par tour* et indique à l'employé le moment précis où il doit effectuer une nouvelle manipulation. En raison de sa fonction, cet électro-aimant a reçu le nom d'*électro de cadence*. Il est évident que le nombre de contacts *r* est égal, sur la couronne, au nombre de manipulants travaillant sur la même ligne et que chacun de ces contacts est relié à un *électro-aimant de cadence* spécial, placé à côté de chaque manipulateur. Les diverses cadences se succèdent périodiquement pour chaque tour des balais, ce qui explique qu'on puisse transmettre sur la même ligne des signaux intercalés appartenant à des dépêches différentes.

Il en est de même pour la réception. La couronne du second distributeur placé au poste récepteur comporte, en effet, autant de séries de cinq contacts qu'en possède le distributeur du poste de départ. Les contacts de chacune de ces séries sont reliés aux électro-récepteurs respectifs ainsi que nous l'avons indiqué pour une d'elles. Il en résulte que le poste récepteur se compose d'autant de séries de cinq électro-récepteurs que le poste d'envoi comporte de manipulateurs, et les signaux qui sont envoyés, successivement intercalés, dans le même fil peuvent donc venir aboutir, grâce au synchronisme des balais, aux électros récepteurs correspondants. Chaque groupe d'électro-récepteurs ne reçoit donc, en réalité, qu'un seul signal par tour, mais au point de vue de l'utilisation de l'appareil, chaque tour des balais permet de recevoir autant de signaux qu'il y a de groupes d'électro-récepteurs.

Il nous reste à expliquer comment est obtenu le synchronisme du mouvement de rotation des arbres des distributeurs. Un régulateur d'une remarquable précision est fixé sur chacun de ces arbres, et ces régulateurs sont tarés avec soin pour répondre à un nombre bien déterminé de tours dans un temps donné.

En outre, à chaque tour des balais P et Q, il s'établit une communication entre le contact positif *m* et la ligne, par la couronne O. Ce courant positif, reçu au second poste par la couronne *o*, est transmis, par l'intermédiaire des deux balais *p* et *q*, au contact *n* disposé sur la couronne *n*, et, de là, envoyé dans un électro spécial *v*, appelé *électro de correction*, dont la manœuvre rétablit, à chaque tour, le synchronisme de mouvement entre les deux distributeurs en agissant sur des organes spéciaux dont nous dirons un mot dans la description du distributeur.

Maintenant que nous connaissons le principe général sur lequel repose l'appareil télégraphique Baudot, nous allons examiner chacun de ses principaux organes.

Manipulateur (Fig. 709-711.) Le manipulateur comporte, comme nous l'avons dit, cinq touches dont la manœuvre permet d'effectuer 32 combinaisons. Nous savons que les deux positions de chaque touche correspondent respectivement à l'envoi d'un courant positif ou négatif dans la ligne. On n'a utilisé dans le manipulateur Baudot que 31 combinaisons dont voici la liste avec, en regard, la lettre ou le chiffre auxquels elles correspondent. Les signes + et — indiquent, pour chaque combinaison, le sens du courant envoyé dans la ligne.

Repos	—	—	—	—	—	Erreur	—	—	—	+	+
A ou 1	+	—	—	—	—	N ou N°	—	+	+	+	+
B ou 8	—	—	+	+	—	O ou 5	+	+	+	—	—
C ou 9	+	—	+	+	—	P ou %	+	+	+	+	+
D ou 0	+	+	+	+	—	Q ou /	+	—	+	+	+
E ou 2	—	+	—	—	—	R ou -	—	—	+	+	+
É ou etc.	+	+	—	—	—	S ou ;	—	—	+	—	+
F ou f	—	+	+	+	—	T ou !	+	—	+	—	+
G ou 7	—	+	—	+	—	U ou 4	+	—	+	—	—
H ou h	+	+	—	+	—	V ou '	+	+	+	—	+
I ou o	—	+	+	—	—	W ou ?	—	+	+	—	+
J ou 6	+	—	—	+	—	X ou ,	—	+	—	—	+
K ou (	+	—	—	+	+	Y ou 3	—	—	+	—	—
L ou =	+	+	—	+	+	Z ou :	+	+	—	—	+
M ou)	—	+	—	+	+	t ou .	+	—	—	—	+
Blanc-chiffres	—	—	—	+	—	Blanc-lettres	—	—	—	—	+

On remarquera qu'à chaque combinaison correspondent deux caractères dont l'un est une lettre et l'autre est un chiffre, signe de ponctuation ou signe conventionnel. En outre, deux combinaisons portent le nom, l'une de *blanc des lettres*, et l'autre de *blanc des chiffres*. En effectuant ces deux combinaisons on peut, grâce à un ingénieux dispositif placé dans le récepteur, passer rapidement de la série de caractères *lettres* à la série de caractères *chiffres* correspondants, et réciproquement.

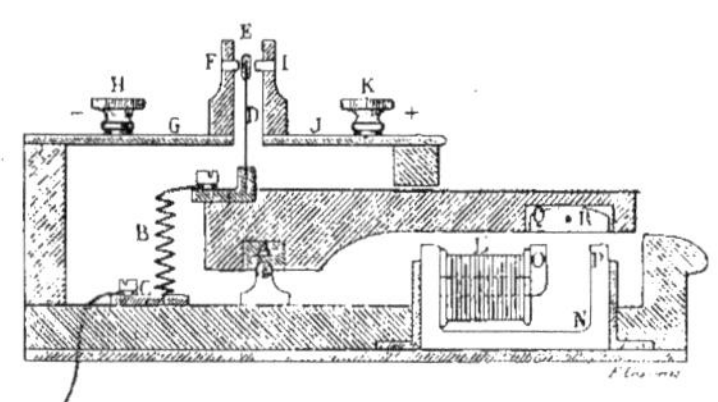

Fig. 709. — Télégraphe Baudot. Manipulateur. Coupe longitudinale.

Cette disposition permet donc, avec un même nombre de combinaisons, de doubler la quantité de signes imprimés pouvant être reçus au bout du fil de ligne.

Les touches servant à effectuer les combinaisons sont articulées autour d'un axe fixe A et sont sollicitées à remonter par l'action d'un ressort à boudin B, dont une extrémité ést rendue solidaire d'une plaque métallique C fixée contre le fond de la boite du manipulateur. La touche porte un plot métallique auquel est attaché le ressort et dans lequel est placée verticalement une lame-ressort D garnie, à son extrémité, d'un contact en argent E.

Quand la touche est à sa position de repos, c'est-à-dire relevée, ce contact vient se reposer sur une butée F en argent ou en platine qui communique, par l'intermédiaire de la plaque métallique G et du bouton H, avec le pôle négatif d'une pile.

Quand la touche est à sa position de travail, c'est-à-dire quand elle est abaissée, le contact E vient appuyer contre une seconde butée I mise en communication par la plaque métallique J et le bouton K avec le pôle positif d'une pile.

Fig. 710. — Manipulateur ou clavier du télégraphe Baudot.

De la plaque métallique C, à laquelle est attaché le ressort à boudin B, part le fil conducteur qui aboutit, comme nous l'avons vu précédemment, à un contact du distributeur.

On conçoit aisément que, lorsque les touches sont au repos, des courants négatifs sont transmis, par l'intermédiaire du bouton H, de la plaque G, de la lame-ressort D et du ressort à boudin B, aux divers contacts du distributeur correspondant aux touches. Quand les touches sont abaissées par les doigts du manipulant, des courants positifs sont, au contraire, transmis aux contacts correspondants du distributeur par l'intermédiaire du bouton K, de la plaque J, de la lame-ressort D et du ressort à boudin. Nous savons comment ces courants positifs et négatifs arrivent jusqu'au poste récepteur.

Les cinq touches sont placées sur le clavier en deux groupes séparés par une fausse touche fixe sur laquelle est placé un commutateur M (Fig. 710).

Le groupe de gauche se compose de deux touches et le groupe de droite de trois.

La manipulation s'effectue en actionnant le groupe de gauche avec deux doigts de la main gauche, l'index et le majeur, et le groupe de droite avec l'index, le majeur et l'annulaire de la main droite.

L'employé qui manipule, averti, avons-nous dit, par l'*électro de cadence* du moment où il peut appuyer sur les touches, doit maintenir ces touches abaissées pendant un temps suffisant pour que le balai du distributeur puisse passer sur les cinq contacts successifs de la couronne qui correspondent aux cinq touches du manipulateur.

Pour éviter que, par suite d'un relèvement prématuré des doigts de l'employé, tous les signaux d'une combinaison ne soient pas transmis, on a placé dans le manipulateur un dispositif d'*accrochage magnétique* qui intéresse les trois dernières touches seulement C, D, E (Fig. 708). Pour les deux premières A et B, qui sont reliées aux deux premiers contacts du distributeur, l'accrochage est inutile, le temps mis par les balais pour parcourir ces deux contacts étant fort court.

L'accrochage est obtenu par le fonctionnement d'un petit électro-aimant L, placé entre les branches d'un aimant N ayant la forme d'un U. Une des branches de cet aimant est reliée au noyau O de l'électro. Ce noyau et la seconde branche P de l'aimant, qui constituent en réalité deux pôles magnétiques, sont disposés au-dessous d'une armature Q portée par la touche. Cette armature peut osciller autour d'un axe R afin de pouvoir venir s'appliquer exactement sur les deux pôles magnétiques O et P.

Quand la touche est relevée, l'attraction exercée par l'électro-aimant est insuffisante pour vaincre la tension du ressort à boudin antagoniste de la touche. Quand la touche est abaissée, l'armature vient au contact des pôles et y reste appliquée tant que l'intensité du courant qui circule dans l'électro ne faiblit pas.

Au moment voulu, c'est-à-dire quand les balais ont parcouru les cinq contacts, un courant provenant d'une pile locale circule momentanément dans un certain sens à travers l'électro ; il atténue son aimantation et la touche, faiblement attirée, est relevée par l'action du ressort antagoniste.

Ce courant de *décrochage* est envoyé par l'intermédiaire du contact du distributeur relié à la cadence.

L'accrochage est aussi réalisé mécaniquement dans le manipulateur Baudot.

Dans ce cas, il s'effectue au moyen de cliquets actionnés par des ressorts qui sont relevés au moment opportun par la manœuvre de l'armature d'un petit électro-aimant.

Le commutateur placé sur la touche fixe M (Fig. 710), qui sépare les deux groupes de touches mobiles, se compose d'une manette métallique pouvant mettre en communication deux plots avec d'autres contacts respectivement correspondants.

Cette manette peut occuper trois positions. La position médiane, pour laquelle la manette ne touche sur aucun plot, correspond à la position de repos du manipulateur ; le circuit de l'électro de cadence est interrompu.

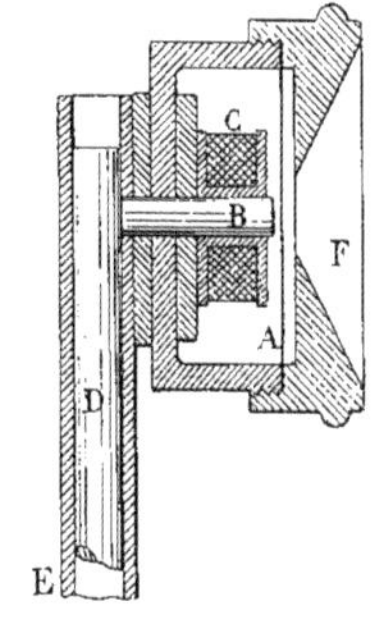

Fig. 711. — Télégraphe Baudot. Dispositif de cadence.

Les deux autres positions, pour lesquelles la manette appuie sur des plots, correspondent l'une à la disposition pour effectuer la *transmission*, l'autre à la disposition de *réception*.

L'*électro-frappeur de cadence*, que nous avons schématiquement représenté dans la figure 708, et dont nous avons indiqué le rôle, est constitué par une sorte de *récepteur téléphonique* comportant une membrane de tôle A (Fig. 711) placée au-devant du noyau B d'une bobine C. Le noyau est relié à une tige aimantée D fixée dans un tube E servant de support.

Le pavillon F du récepteur peut être placé près de l'oreille du manipulant, qui peut ainsi entendre vibrer la plaque de tôle.

Une seule vibration, produisant un bruit sec, est donnée à chaque tour des balais du distributeur, par l'envoi d'un courant local passant par un contact placé sur le distributeur.

La plaque de tôle étant placée tout près du *noyau polarisé* de la bobine prend elle-même une certaine polarisation. Un état d'équilibre s'établit qui est détruit lorsqu'un courant circule dans la bobine. La plaque effectue à ce moment une vibration qui ne se renouvelle qu'à chaque tour des balais. Cette succession de vibrations courtes et relativement peu nombreuses bat, pour ainsi dire, la mesure à l'employé, et lui indique la *cadence* de manipulation.

Distributeur (Fig. 712-715.) Nous avons plus haut donné la fonction du distributeur et représenté sommairement sa forme dans la figure 708. Nous ne nous étendrons pas sur les questions de détails de cet organe. Il suffit de savoir qu'il comporte une série de couronnes métalliques dont certaines portent des contacts découpés et isolés entre eux. Ces couronnes, isolées elles-mêmes entre elles, sont supportées par des plateaux d'ébonite rendus solidaires d'une *cage* métallique, à l'intérieur de laquelle sont disposés l'arbre qui porte les balais, les organes de commande de cet arbre et le mécanisme de *correction,* destiné à réaliser le *synchronisme.* L'ensemble des couronnes circulaires est désigné sous le nom de *plateau.* On peut, dans un distributeur, disposer un plateau sur la face-avant et sur la face-arrière de la cage. Le même arbre commande alors la rotation des deux séries de balais frottant sur les plateaux.

La figure 712 représente le modèle de distributeur du premier télégraphe Baudot. Le plateau D était alors horizontal et les balais étaient mis en mouvement par l'abaissement d'un poids Q et par l'intermédiaire d'un train d'engrenage A. Un régulateur R servait à rendre le mouvement de l'arbre uniforme.

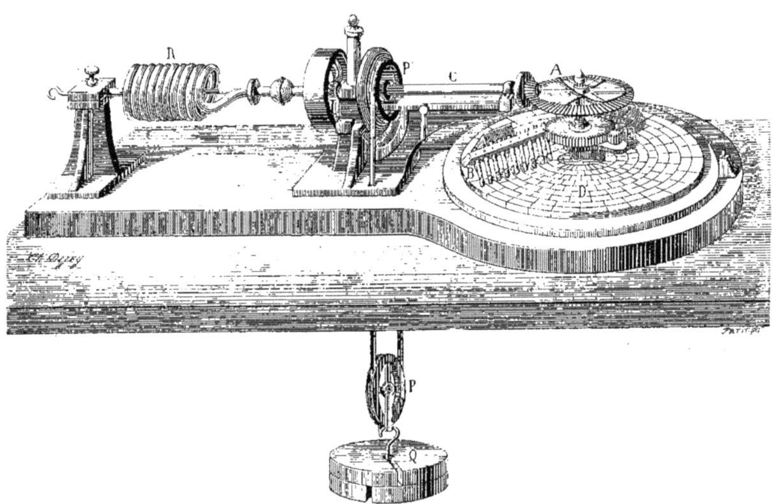

Fig. 712. — Distributeur Baudot. Premier modèle.

Depuis, le distributeur a été transformé. Les plateaux sont maintenant disposés verticalement sur les faces antérieure et postérieure de la *cage.* Le moteur peut également être un moteur à poids ou un moteur électrique, mais le régulateur est constitué d'une façon différente, et un dispositif de correction de synchronisme, que nous allons décrire, est placé dans la cage du distributeur

Pour réaliser le *synchronisme* du mouvement entre deux postes, on donne à l'arbre portant les balais, dans l'un des postes, une vitesse de rotation légèrement supérieure à celle de l'autre, et on fait intervenir le dispositif de *correction* pour retarder, au moment opportun, ce mouvement, ce qui se produit lorsque la trop grande différence de vitesse devient nuisible à la bonne transmission des signaux.

Le poste qui possède la moins grande vitesse de rotation et qui est chargé de régler le synchronisme se nomme le *poste correcteur;* l'autre est le *poste corrigé,* lequel comporte le *mécanisme de correction.*

pignon E fixé sur une pièce F ayant la forme d'une *étoile* comportant un nombre de branches variable suivant les nécessités de l'installation.

Le pignon C engrène, à son tour, avec une roue d'engrenage G tournant folle sur l'arbre A du distributeur et recevant son mouvement de rotation du moteur à poids ou électrique destiné à actionner l'appareil. On comprend que, pour que la roue folle G

Fig. 713. — Distributeur Baudot. Ensemble.

Dans chaque poste, le distributeur possède un contact, dit de *correction,* par l'intermédiaire duquel un courant arrivant dans un électro-aimant spécial provoque, par la manœuvre de son armature, un ralentissement de l'arbre du distributeur corrigé. Pour cela, la commande de l'arbre se fait d'une façon particulière. Cet axe A du distributeur (Fig. 714) est solidaire d'un disque B sur lequel est monté un train d'engrenages. Ce train d'engrenages se compose d'un pignon C solidaire d'une petite roue D, engrenant avec un second

puisse transmettre son mouvement de rotation à l'axe A, il est nécessaire que le train d'engrenages fixé sur le disque B soit immobilisé. Le pignon C ne peut plus alors tourner autour de son axe et peut être considéré comme faisant corps avec le disque B et, par conséquent, avec l'arbre A. En engrenant avec la roue G, il se trouve entraîné et provoque, de ce fait, la rotation de l'arbre A.

L'immobilisation du pignon C s'obtient en disposant entre deux branches de l'*étoile de correction* F un galet H maintenu dans cette position par la tension d'un ressort-lame I

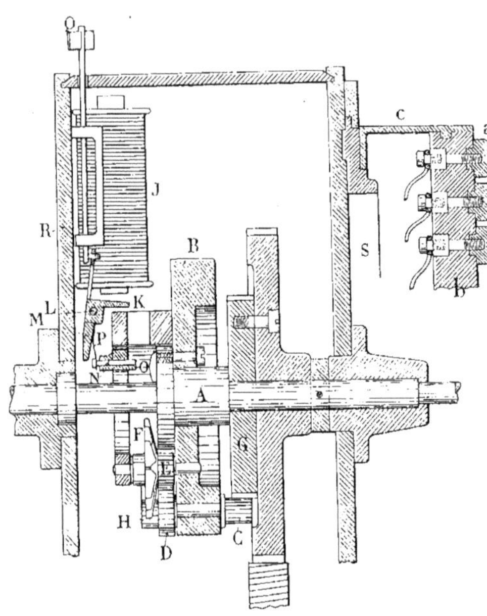

Fig. 714. — Distributeur Baudot. Coupe transversale.

(Fig. 715). L'étoile ne pouvant tourner, le moteur peut actionner, d'un mouvement continu, l'arbre du distributeur qui porte les balais.

Pour obtenir, au moment voulu, le ralentissement de vitesse de cet arbre, et pour réaliser, par conséquent, le synchronisme, un électro-aimant J est disposé dans la cage du distributeur, et son armature K, pivotant autour de l'axe L, peut, par sa branche verticale M, pousser, quand elle est attirée, sur l'extrémité d'une broche N dont l'autre bout vient s'interposer entre deux branches de l'étoile de correction F, pendant la rotation du mécanisme autour du centre A.

Comme la broche N est rigidement maintenue dans son guide, quand la branche de l'étoile la rencontre, le mouvement de rotation continuant, cette étoile doit, nécessairement, pour pouvoir passer outre, tourner d'un certain angle, ce qui permet à l'extrémité de la branche d'échapper la broche. Dans ce mouvement, le galet s'est soulevé et est retombé dans l'encoche suivante de l'étoile, en limitant la rotation de celle-ci à un angle bien déterminé dont la valeur dépend, évidemment, du nombre de branches qu'elle porte.

Donc, quand un courant correcteur arrive du premier poste dans *l'électro-correcteur* du second, il détermine la rotation de l'étoile et, par conséquent, du pignon E, de la roue D et du pignon C. Ce dernier pignon roule, à ce moment, sur la roue G dans le sens opposé au mouvement, ce qui fait qu'en réalité la rotation de l'arbre A, qui est solidaire du pignon C, est retardée par rapport au rouage moteur qui tourne toujours d'un mouvement uniforme. Les balais se trouvent, par rapport aux contacts du distributeur, également retardés, comme s'ils

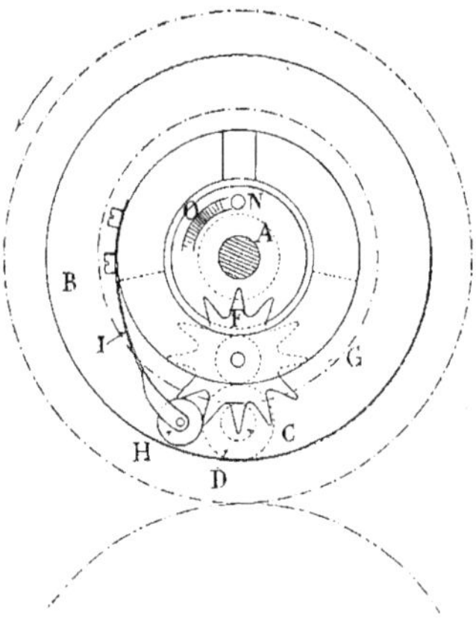

Fig. 715. — Dispositif de correction.

avaient été un instant maintenus en place avec le doigt.

Le synchronisme se trouve ainsi rétabli entre les distributeurs des deux postes. Il ne faut pas, évidemment, que la broche N puisse, au tour suivant, rencontrer une autre branche de l'étoile, et pour cela, une came O disposée sur l'embase de l'axe A repousse, à chaque révolution, cette broche, sollicitée, d'ailleurs, à s'éloigner par l'abaissement de l'armature de l'électro, lorsque le courant n'y circule plus, et par la tension d'un petit ressort-lame P.

L'armature porte aussi, à sa partie supérieure, une tige qui provoque, à chaque passage du *courant de correction*, l'oscillation d'un petit *voyant* Q, placé extérieurement, qui permet de suivre les phases de la correction (Fig. 714).

Régulateur L'ingénieux dispositif de correction que nous venons de décrire n'est établi que pour compenser les variations de vitesse très minimes.

Il est nécessaire qu'un régulateur soit placé sur l'arbre de chaque distributeur pour que ces arbres puissent tourner sensiblement à la même vitesse, ou même pour que l'un d'eux, ainsi que nous l'avons dit, puisse prendre une vitesse de rotation faiblement supérieure à l'autre, afin de faciliter le réglage du synchronisme.

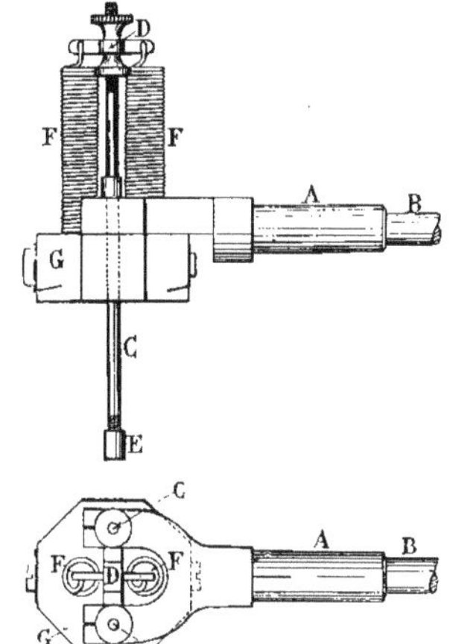

Fig. 716 et 717. — Régulateur Baudot.

Le régulateur Baudot (Fig. 716 et 717) agit par le déplacement, sous l'action de la force centrifuge, d'une masse qui s'éloigne plus ou moins de son centre de rotation. Il est monté sur l'axe du *mobile* du distributeur qui tourne le plus vite afin d'obtenir dans la régulation de la vitesse une plus grande sensibilité. Un manchon A fixé sur cet axe B supporte, à son extrémité faite en forme de fourche, deux tiges cylindriques C reliées à une de leurs extrémités par une entretoise D et portant, à l'autre extrémité, une bague de butée E. A l'entretoise D sont accrochés deux ressorts à boudin F reliés, d'autre part, à une masse métallique G pouvant se mouvoir longitudinalement sur les tiges cylindriques C.

Quand l'axe portant le régulateur tourne dans son palier, qui est en acier, la masse G est sollicitée, sous l'action de la force centrifuge, à s'écarter du centre de rotation en se déplaçant le long des tiges C. Dans ce mouvement, elle tend les ressorts F. Cette tension se transmet à l'entretoise D solidaire des ressorts, puis aux tiges C et au manchon A lui-même sur lequel elles appuient.

L'action de la force centrifuge se traduit donc par un effort exercé sur l'extrémité du manchon A, ce qui provoque un frottement de l'arbre B dans son palier en acier, frottement qui sera d'autant plus grand que l'effort sera plus considérable et que, par conséquent, la vitesse sera plus grande. Ce frottement supplémentaire, introduit dans le *travail résistant*, permettra d'équilibrer le *travail moteur*, et le mouvement de rotation de l'arbre deviendra régulier.

Si la vitesse s'accroît, la masse s'écarte davantage ; la tension des ressorts augmente, et le frottement augmente aussi jusqu'à ce que l'équilibre soit de nouveau atteint. Si la vitesse diminue, la masse se rapproche, la tension des ressorts diminue, le frottement de l'axe dans son palier devient plus faible et l'équilibre s'établit à nouveau.

En donnant aux ressorts F une longueur

et une tension initiale appropriées, on peut régler le nombre de tours de l'arbre B.

Relais (Fig. 718 et 719.) Le relais, nous l'avons dit, est un organe intermédiaire assez sensible pour recevoir des courants de très faibles intensités, et dont la manœuvre permet d'actionner les électros du récepteur par l'envoi d'un courant fourni par une pile locale.

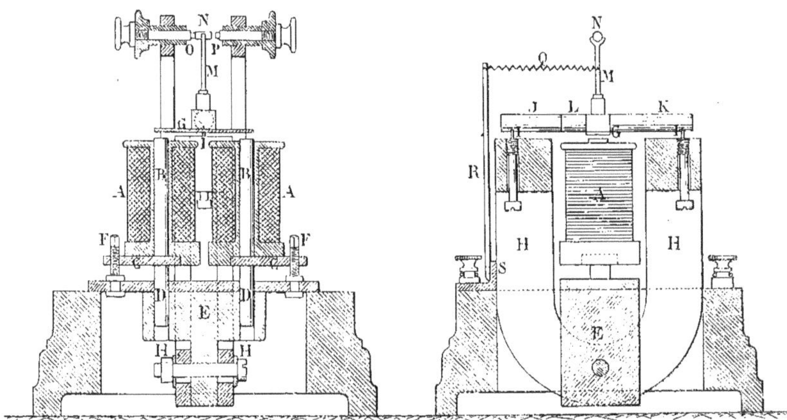

Fig. 718. — Relais Baudot. Coupes transversale et longitudinale.

Le relais se compose d'un électro-aimant à deux bobines A. Le noyau B de chaque bobine est relié à une culasse C placée à la partie inférieure, à laquelle est fixée une tige cylindrique D qui, en coulissant dans un trou pratiqué dans une embase E, permet le réglage en hauteur des bobines, par la manœuvre des vis à tête carrée F.

L'armature mobile G de l'électro-aimant, disposée à la partie supérieure, est polarisée par un aimant H, en fer à cheval, formé de deux pièces bridées contre l'embase E et reliées, à leur autre extrémité, par des pièces polaires dans lesquelles sont disposées des pointes I servant de pivots à l'armature. Cette armature G, formée de deux palettes se présentant en face des noyaux B des bobines, porte, perpendiculairement à la direction de ces palettes, deux cylindres de fer doux J et K séparés par un cylindre en laiton L qui fait office *d'isolant magnétique*. C'est aux extrémités des cylindres J et K que sont pratiquées des encoches recevant les pivots I.

Une tige M surmonte l'armature et porte, à son extrémité, un contact en platine N

Fig. 719. — Relais Baudot. Ensemble.

qui peut venir buter sur les contacts O et P, dont l'un est la butée de *repos*, et l'autre la butée de *travail*. Ce dernier contact est relié au pôle positif d'une pile locale dont le pôle négatif est *mis à la terre*.

L'armature mobile est, elle-même, reliée à une borne à laquelle est attaché le conducteur aboutissant aux *électro-récepteurs* par l'intermédiaire du distributeur. Cette relation s'effectue par un ressort Q qui est placé au bout d'un levier R articulé sur un axe S. L'oscillation du levier R autour de l'axe S permet, en outre, de modifier la tension du ressort Q et de parfaire, ainsi, le réglage de l'armature.

Du fait de la disposition du cylindre de suspension de l'armature, on conçoit que les deux palettes qui communiquent avec le seul cylindre K sont soumises à l'influence magnétique d'un seul des pôles de l'aimant, et ont une même polarité, ce qui, par influence, donne aux deux noyaux des bobines des polarités également *de même nom*. Comme l'enroulement des bobines du relais est réalisé de façon à développer dans les noyaux des pôles *de noms contraires*, il s'ensuit que dans un noyau l'action magnétique augmentera, tandis que dans l'autre elle diminuera.

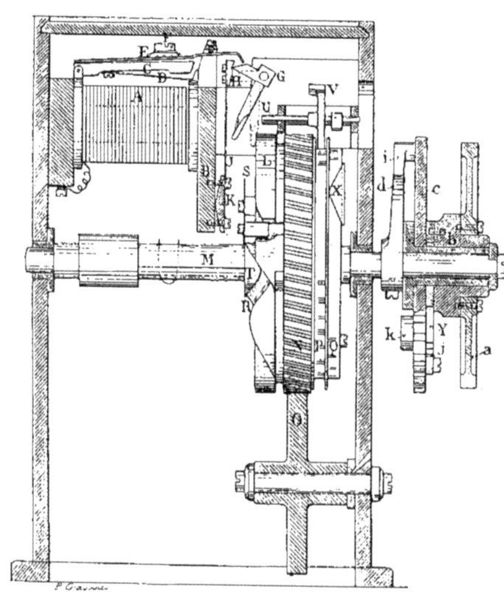

Fig. 720. – Récepteur-traducteur Baudot. Coupe transversale.

L'armature sera donc, lors du passage d'un courant provenant de la ligne et malgré sa faible intensité, franchement attirée d'un certain côté.

Si le courant reçu est *négatif*, le contact N restera appliqué sur la *butée de repos;* si le courant reçu est *positif*, le contact de l'armature appuiera sur la *butée de travail* et, à ce moment, le courant d'intensité plus grande, provenant de la pile locale, sera envoyé dans les électro-récepteurs.

Le relais, qui est, comme on peut en juger, un appareil fort ingénieux, manœuvre avec une très grande rapidité sous l'action de nombreux courants tantôt positifs, tantôt négatifs. Le réglage en est très précis, et le contact N de l'armature mobile ne parcourt, pour venir alternativement s'appuyer sur la butée de repos ou sur la butée de travail, qu'une course de quelques *centièmes de millimètre*. Cet intervalle, presque inappréciable, est cependant suffisant pour interrompre le courant entre les deux contacts se faisant face.

Récepteur-traducteur (Fig. 720 à 727.) Comme on le voit, le télégraphe Baudot est rempli, ainsi que nous l'avons dit, de savantes combinaisons réalisées avec une ingéniosité remarquable. L'examen du dernier organe de cette installation télégraphique, le *récepteur*, ne démentira certes pas cette assertion, car cet appareil est, à juste titre, considéré comme une véritable merveille de mécanique donnant la solution pratique d'un problème fort compliqué.

Le *récepteur*, en effet, doit *traduire* en lettres, chiffres ou signes, imprimés sur une bande de papier au nombre de 62, les 31 combinaisons de signaux positifs ou négatifs reçus dans 5 électros seulement. Cette fonction du *récepteur* l'a fait appeler *traducteur*, nom sous lequel on le désigne couramment dans tous les milieux télégraphiques.

Les cinq électros A du traducteur (Fig. 720) sont disposés horizontalement et maintenus entre une des deux flasques faisant partie de la *cage* de l'appareil et une flasque intermédiaire B sur laquelle sont montés divers autres organes. Chaque électro ne comporte qu'une bobine dont le noyau est prolongé à chaque extrémité par une plaque de fer doux. Ces deux plaques forment les *joues* de la bobine et constituent les deux pôles de l'électro-aimant. Sur l'une est articulée l'armature mobile C, qui est maintenue éloignée de l'autre, quand le courant ne traverse par l'électro, par la tension d'un ressort-lame D. Quand le courant passe, l'extrémité de l'armature est attirée contre l'extrémité de la joue qui est en forme de bec pour augmenter l'effet d'attraction magnétique. L'armature porte, à sa partie supérieure, une lame E, dont l'extrémité est recourbée et dont la position est réglable, par rapport à l'armature, par une *vis à crans* F et, par rapport aux organes qu'elle actionne, par une seconde *vis de butée*.

Le bec de la lame E vient frapper sur une des branches d'un levier G articulé autour d'un axe fixe. L'extrémité de cette même branche, taillée en forme de couteau, s'appuie dans le cran d'une pièce H placée à l'extrémité d'un ressort-lame J fixé à la flasque intermédiaire B par un talon K. Ce talon repose sur la flasque, par une seule arête médiane, et, en serrant une des deux vis qui le maintiennent, pendant qu'on desserre l'autre, on détermine, d'une façon très précise, d'abord la position de la pièce H par rapport au bec du levier G et ensuite la tension du ressort J. L'extrémité de la seconde branche du levier G vient, quand ce levier est actionné, frotter contre le flanc d'une couronne L, solidaire de l'arbre principal du traducteur, qui reçoit son mouvement de rotation du moteur par l'intermédiaire des roues d'engrenage N et O.

Par suite de ces diverses dispositions, quand un courant de travail sera envoyé par le relais de la façon que nous avons indiquée plus haut, l'armature C de l'électro A sera attirée, s'abaissera et provoquera l'abaissement de la lame E dont elle est solidaire. L'extrémité de cette lame, appuyant sur la courte branche du levier G, fera sortir le bec de cette branche du cran de la pièce H, par suite de la flexion du ressort-lame J. Le levier G prendra la position indiquée en pointillé sur la figure 720 et l'extrémité de sa grande branche sera légèrement appuyée sur le flanc de la couronne mobile L. Le courant actionnant l'électro peut être fort court, car il suffit que l'armature ait fonctionné pour que le levier G reste maintenu dans sa *position d'attente* — position pointillée — accroché, pour ainsi dire par l'action du ressort J et la pièce H, quand bien même le courant serait rompu.

Voilà donc le passage d'un courant traduit mécaniquement par une certaine position donnée au levier G.

Les électros sont, nous le savons, au nombre de cinq et tous disposés comme l'électro A; les leviers G sont également au nombre de cinq, actionnés chacun par un des électros et retenus dans leur *position d'attente* chacun par un ressort-lame J. Les cinq leviers sont montés et oscillent sur une même broche (Fig. 721) et sont séparés par de minces rondelles. Les branches verticales sont, à leur partie inférieure, rapprochées les unes des autres suivant un arc de cercle.

Ces leviers sont appelés *leviers-aiguilleurs* parce que, comme nous allons le voir, leur *aiguillage,* qui s'effectue par l'intermédiaire d'une came, permettra de transmettre le signal reçu à d'autres leviers. Ceux-ci, nommés *leviers-chercheurs,* ont pour fonction de *chercher,* en quelque sorte, la combinaison à réaliser, sur un double disque d'acier portant, sur sa périphérie, une série de creux et de reliefs disposés dans un ordre approprié. Ces disques P et Q (Fig. 720), constituent le *combinateur,* organe capital du *traducteur.* L'un, le disque P, est la *voie de repos,* l'autre est la *voie de travail.* Les creux et les reliefs sont disposés, sur ces deux disques, de façon que, quels que soient le nombre et la position des leviers-chercheurs poussés sur la voie de travail par la réception d'une combinaison, il puisse se présenter, à chaque tour du combinateur, une position pour laquelle les extrémités inférieures des cinq leviers-chercheurs, placés soit dans une voie soit dans l'autre, se trouvent ensemble audessus de cinq creux pratiqués sur les disques. A ce moment, les cinq leviers-chercheurs basculent sous l'action d'un ressort, et c'est ce mouvement d'oscillation qui est utilisé pour effectuer l'impression de la lettre qui correspond à la combinaison reçue.

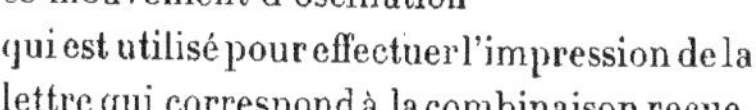

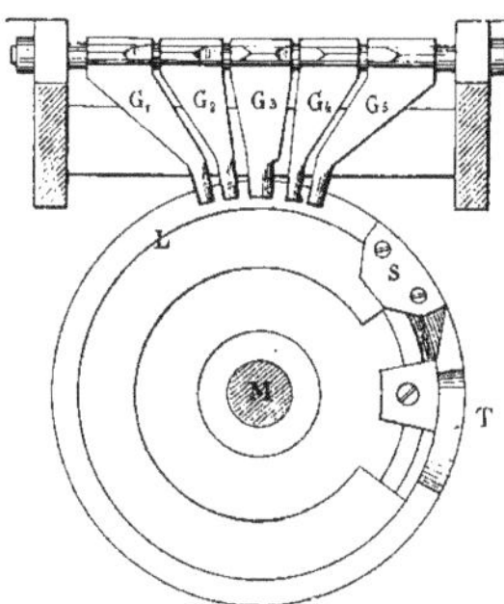

Fig. 721. — Traducteur Baudot. Disposition des leviers-aiguilleurs.

On conçoit qu'on ait pu rencontrer quelques difficultés pour réaliser un semblable combinateur. La figure 722 représente les deux disques supposés développés dans leur partie utile; les parties hachurées indiquent les reliefs et les parties blanches les creux sur chacun d'eux. En se reportant au tableau des combinaisons que nous avons donné, on trouvera toujours, sur ces deux disques, pour chaque combinaison, une position telle que cinq carrés blancs se succéderont, les signaux positifs étant représentés par des carrés blancs pris sur la voie de travail et les signaux négatifs par des carrés blancs pris sur la voie de repos.

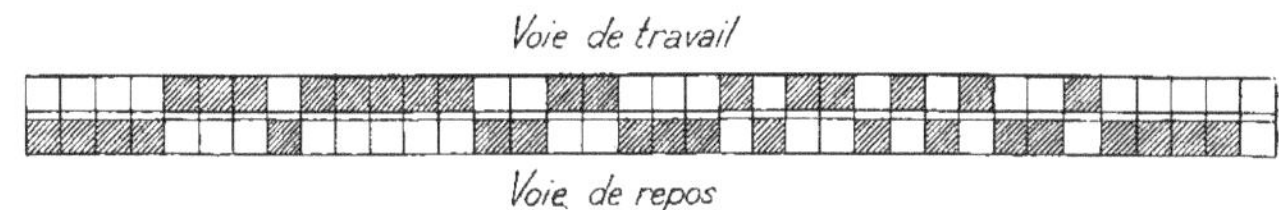

Fig. 722. — Appareil Baudot. Combinateur développé.

Donc, en résumé, l'envoi de courants positifs provoque le placement des *leviers-chercheurs* correspondants sur la voie de travail; les autres leviers-chercheurs restent sur la voie de repos, mais une fois par tour ces cinq leviers basculent dans des creux et donnent un *signe imprimé.*

Voyons d'abord comment les leviers-chercheurs sont automatiquement disposés dans la voie qui leur convient; nous examinerons ensuite la manière dont est réalisée l'impression.

Nous avons vu comment une combinaison était traduite par le placement approprié des *leviers-aiguilleurs* G. Quand le courant reçu dans les électros A est positif, courant de travail, le levier-aiguilleur est placé dans la *position d'attente;* quand le courant est négatif, courant de repos, le levier-aiguilleur reste au repos, c'est-à-dire enclenché dans le cran de la pièce H. La couronne de butée L porte, fixée sur sa face de repos, une came R, appelée *came navette,* précédée dans le sens du mouvement de rotation, par une lame S taillée en biseau (Fig. 720 et 721).

Pendant le mouvement de rotation de la couronne L, la lame S vient passer devant l'extrémité inférieure des branches verticales des leviers-aiguilleurs. Elle assure contre la face de la couronne L la position des leviers-aiguilleurs qui ont été actionnés et maintient également les autres dans leur position de repos. Les leviers qui sont dans la position d'attente, sont alors pris par la *came navette* qui fait osciller leur branche verticale de gauche à droite, du fait de la saillie T; puis, ces leviers sont, un instant plus tard, ramenés, par la rainure de la came et sa seconde saillie, dans leur position de repos, le bec de leur branche horizontale ayant fait fléchir la lame-ressort J pour s'engager dans le cran de la pièce H.

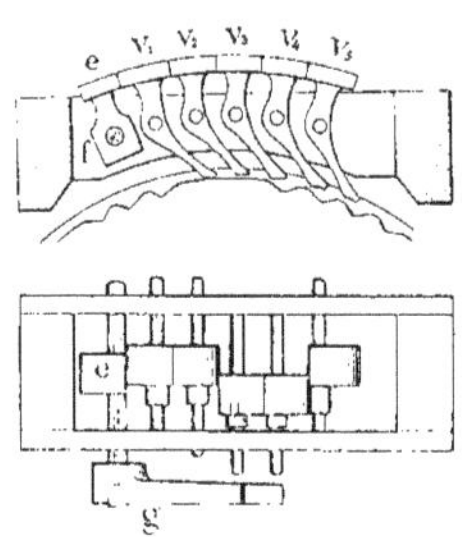

Fig. 723 et 724. — Traducteur. Disposition des leviers-chercheurs.

Le mouvement de gauche à droite du levier-aiguilleur, quoique rapide, a été utilisé pour pousser, dans le même sens, l'axe U du levier-chercheur V disposé en face de lui. Le levier-chercheur, qui fait corps avec son axe, a donc été déplacé et sa partie inférieure, qui, normalement, appuie sur le *disque de repos* P du combinateur, est ainsi appliquée sur le *disque de travail* Q. Ces deux disques sont séparés entre eux par une mince cloison métallique interrompue sur une partie de la périphérie pour permettre le passage des leviers-chercheurs d'une voie à l'autre.

Une seconde cloison de protection sépare la *voie de repos* P de la roue d'engrenage N.

Les leviers-chercheurs, introduits sur la *voie de travail*, y demeurent pendant presque tout un tour de façon que la combinaison cherchée puisse s'effectuer.

Vers la fin de la révolution, une *came de rappel* X les ramène dans la voie de repos. Les axes des leviers-chercheurs sont disposés suivant une circonférence ayant comme centre celui de l'arbre du combinateur (Fig. 723 et 724). Les branches inférieures appelées *pieds* s'appliquent exactement sur la périphérie du combinateur, tandis que les branches supérieures, appelées *têtes*, portent chacune une saillie venant buter sur la saillie du levier voisin. Les têtes des cinq leviers V_1, V_2, V_3, V_4, V_5, appuient donc les unes sur les autres et la première s'applique contre une butée *e* pouvant osciller autour d'un axe *f* immobilisé longitudinalement. Les axes des leviers-chercheurs ont évidemment une course longitudinale possible pour permettre aux leviers de passer d'une voie à l'autre, mais l'amplitude de cette course est assez réduite pour que les têtes des leviers restent toujours en contact.

Sur l'axe *f* de la butée *e* est goupillé un levier *g*, nommé *levier de déclenchement*, sur lequel est fixé un ressort-lame *h* (Fig. 725) dont la tension, qui peut être réglée par la manœuvre d'une vis, appuie la tête de la pièce de butée *e* contre les têtes des leviers-aiguilleurs en les solli-

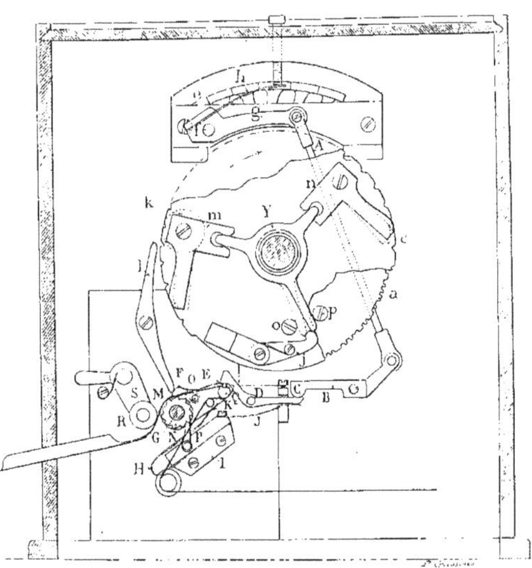

Fig. 725. — Traducteur. Mécanisme d'impression.

tant à osciller de la gauche vers la droite. Ce mouvement d'oscillation est limité par l'extrémité des branches inférieures des leviers-chercheurs qui s'appliquent sur les disques du combinateur. On conçoit que, tant qu'un seul de ces leviers se présentera sur une saillie de ces disques, aucun mouvement de bascule du levier de déclenchement ne peut se produire, parce que tous les leviers sont solidaires. Quand, au contraire, tous les leviers se présentent à la fois sur cinq encoches, la pièce de butée *e*, les poussant par l'action du ressort-lame *h*, les fait basculer dans les creux et le levier de déclenchement oscille également d'un certain angle Ce mouvement provoquera le déclenchement du mécanisme d'impression et de progression du papier.

Fig. 726. — Traducteur Baudot. Ensemble.

Voici comment sont établis ces mécanismes.

A l'extrémité du levier de déclenchement *g* est articulée une bielle A (Fig. 725), dont l'autre extrémité est reliée à un autre levier B, nommé *pédale*, pouvant osciller autour d'un axe fixe et dont le talon C s'appuie en bout d'un *levier d'accrochage* D. L'autre extrémité de ce levier, faite en forme de bec, peut maintenir dans une certaine position, par l'intermédiaire d'un ergot E, une came F, nommée *came d'impression*, fixée sur un bras K, nommé *bras d'impression*, qui est sollicité à osciller autour de son axe G par la tension d'un ressort-lame H replié en forme d'U et fixé à une équerre I. Cette même équerre porte un second ressort J qui, appuyant sur l'extrémité d'une branche du levier d'accrochage, maintient l'ergot E, porté par la came F, en prise avec le bec du levier D. L'accrochage de la came d'impression est ainsi assuré.

Cette came est terminée à sa partie supérieure en forme de pointe. Le bras d'impression porte, tournant librement sur son moyeu, un *cylindre* M *d'entraînement* du papier (Fig. 727) portant sur sa périphérie des couronnes moletées et solidaire d'une roue à rochet N. Deux cliquets peuvent s'engager dans les dents de cette roue : l'un, le *cliquet d'avancement* O, est porté par le bras d'impression; l'autre, le *cliquet de retenue* P, oscille autour d'un axe fixé sur l'équerre I (Fig. 725).

Le bras d'impression porte encore un autre cylindre Q garni de caoutchouc, qui tourne librement sur son axe; c'est le *cylindre d'impression*.

Le papier sur lequel le caractère doit s'imprimer est enroulé sur un *rouet* (Fig. 726) sous forme de bande de 10 millimètres de largeur, et vient envelopper, sur une grande partie de sa circonférence, le cylindre d'impression, après son passage sur deux petits *cylindres de renvoi.* Il est ensuite appliqué contre le cylindre d'entraînement M par un cylindre compresseur R (Fig. 725), porté par un bras S, articulé autour d'un axe fixe et sollicité à osciller par l'action d'un ressort à boudin enroulé autour de cet axe.

La bande de papier est ensuite dirigée dans un *couloir-guide* d'où elle sort imprimée et prête à être collée sur la feuille de dépêche.

Tous les caractères destinés à être imprimés sont gravés en relief à la périphérie d'un disque en acier *a* nommé *roue des types* (Fig. 720 et 725). Cette roue est fixée à un manchon *b*, monté libre sur la douille d'un second disque *c*, appelé *roue d'impression,* qui porte, sur le pourtour de sa circonférence, 31 crans à égales distances les uns des autres et un dégagement circulaire ayant la profondeur des crans.

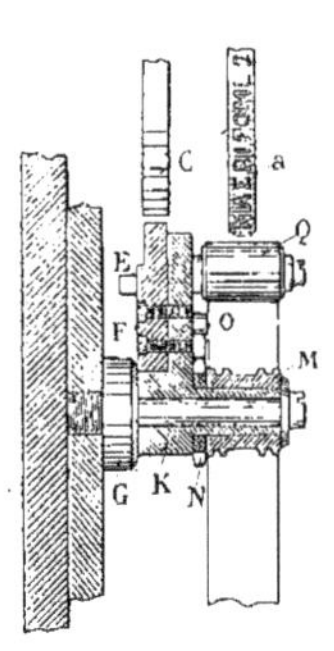

Fig. 727. — Montage du bras et de la came d'impression.

La roue d'impression est montée sur l'axe principal du *traducteur* et participe à son mouvement de rotation, par l'intermédiaire d'un toc *d,* fixé sur l'arbre, et dont la partie supérieure porte une encoche dans laquelle se loge le bec d'une lame-ressort *i* solidaire de la roue d'impression.

D'autre part, le mouvement de rotation de cette roue est communiqué à la roue des types par l'intermédiaire d'une pièce à trois branches Y, ayant la forme de cette lettre, fixée sur le manchon *b* de la roue. Deux des branches de cet Y s'engagent dans des encoches portées par des leviers spéciaux *m* et *n,* et la troisième, taillée en forme de pointe, repose sur l'extrémité d'un troisième levier *j*.

La roue d'impression porte un galet *k* qui, dans le mouvement de rotation, peut venir rencontrer l'extrémité d'un levier *l*, nommé *levier de rappel,* articulé autour d'un axe fixe et dont l'autre bout repose sur la partie renflée de la came d'impression F.

Par suite de la disposition, contre la flasque antérieure de l'appareil, des divers organes du mécanisme d'impression, la roue d'impression est placée au-dessus du bec de la came (Fig. 727) et à une très faible distance, et la roue des types est disposée au-dessus du cylindre d'impression.

Examinons le fonctionnement de ce mécanisme.

Nous savons que l'envoi d'une combinaison se traduit par un mouvement de bascule du *levier de déclenchement* g, mouvement qui s'effectue à un moment déterminé pendant la révolution de l'arbre principal du traducteur. Ce mouvement provoque, par l'intermédiaire de la bielle A, le soulèvement de la pédale B. Mais, comme les leviers-chercheurs sont brusquement ramenés sur la périphérie du combinateur par suite de sa rotation continue, la butée *e* (Fig. 725) se trouve repoussée, oscille vers la gauche, et le levier de déclenchement oscille de bas en haut, en déterminant l'abaissement de la pédale dont l'extrémité C vient frapper sur le bout du levier d'accrochage D en faisant fléchir son ressort antagoniste J. Le bec du levier, soulevé, libère l'ergot E de la came d'impression F, et celle-ci reçoit une impulsion de son ressort H, qui la fait osciller vers la gauche.

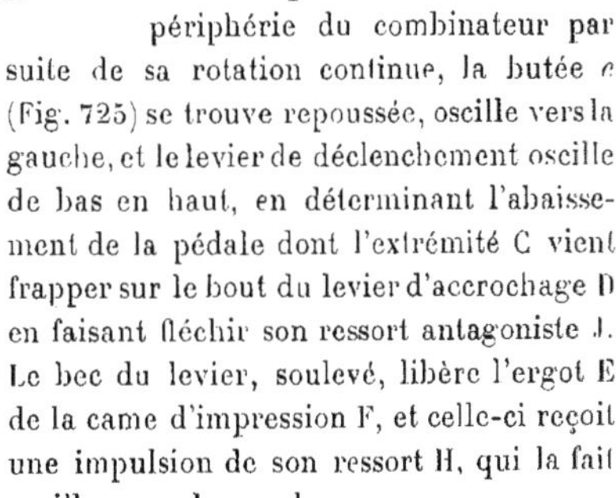

En effectuant ce mouvement, sa pointe supérieure s'engage dans un des crans pratiqués sur la roue d'impression et la came se trouve alors entraînée, toujours dans le même sens, comme une véritable roue d'engrenage à une seule dent, par la rotation de la roue d'impression. Comme la came est solidaire du bras d'impression K, celui-ci oscille également autour de son axe fixe et le cylindre d'impression Q, placé en bout de ce bras, vient appliquer la bande de papier contre la périphérie de la roue des types *a*. Un caractère s'imprime sur la bande, et ce caractère est celui qui correspond au passage, devant les leviers-chercheurs, de la combinaison qui a provoqué leur mouvement de bascule à un moment déterminé.

Un tampon circulaire imbibé d'encre, nommé *tampon encreur*, roule constamment sur la tranche de la roue des types et permet l'encrage des caractères.

Pendant l'oscillation du bras d'impression vers la gauche, le papier qui, pour ainsi dire, l'enveloppe, ne se déploie pas par rapport à lui, mais, comme le cylindre d'entraînement M oscille en même temps, entraîné par le cliquet d'avancement O, qui agit sur la roue à rochet N, il passe une petite longueur de papier entre les cylindres M et R, et cette même longueur, *tirée* de l'autre côté, se déroule sur les cylindres de renvoi.

Quand le bras reviendra à sa position de repos, le cylindre d'entraînement M, étant immobilisé, dans ce sens, par le *cliquet de retenue* P, empêchera le papier de revenir en arrière, et, sur le cylindre d'impression, une partie blanche de papier se trouvera à la place où le caractère précédent avait été imprimé. Le mécanisme d'impression pourra donc fonctionner de nouveau et un nouveau caractère viendra s'imprimer sur la bande. L'avancement du papier, à chaque impression, est d'environ 4 millimètres.

Le retour du bras et de la came d'impression à leur position de repos s'effectue par l'intermédiaire du galet *k* porté par la roue d'impression, et qui, au moment propice, vient, par suite du mouvement de rotation, appuyer contre l'extrémité supérieure du levier de rappel *l*. L'autre extrémité, butant alors contre la came F, la repousse en comprimant le ressort H, jusqu'à ce que l'ergot E soit engagé sous le bec du levier d'accrochage D. L'accrochage se trouve ainsi de nouveau réalisé.

Le retour de la came à cette position peut s'effectuer grâce au dégagement circulaire fait sur la roue d'impression à la profondeur des crans : ce dégagement se présente, en effet, en face de la pointe extrême de la came au moment où celle-ci est sollicitée à osciller vers sa position d'accrochage.

Voilà donc obtenue la *traduction*, en caractères imprimés à la suite sur une bande de papier, des différentes combinaisons de signes effectuées avec les cinq touches du manipulateur du poste transmetteur. Cependant, la disposition du mécanisme d'impression que nous venons de décrire ne permet l'impression que de 31 caractères qui correspondent aux 31 crans de la roue d'impression, et nous avons vu que le nombre de caractères était deux fois plus grand.

Nous savons, d'autre part, que la même combinaison doit permettre d'imprimer soit une lettre, soit un chiffre ou signe de ponctuation, à la condition de faire précéder cette impression de l'envoi d'une combinaison spéciale désignée sous le nom de *blanc des lettres*, pour obtenir des lettres, et *blanc des chiffres*, pour obtenir les autres signaux.

Pour pouvoir effectuer l'impression des 62 caractères, on dispose, sur la périphérie de la roue des types, alternativement les *lettres* et les *chiffres* ou *signes*, de façon que les lettres et les chiffres correspondant à la même combinaison se suivent immédiatement. En outre, ces caractères sont espacés, sur la circonférence, d'un angle deux fois plus petit que celui qui sépare les crans de la roue d'impression, c'est-à-dire qu'à un cran de cette roue correspondent deux caractères de la roue des types : une *lettre* et un *signe*.

On peut alors concevoir que, pour une certaine position de la roue des types par rapport à la roue d'impression, tous les caractères imprimés seront de même nature, des lettres, par exemple, mais que, si on décale la roue des types par rapport à la roue d'impression du demi-angle formé par les crans, les caractères imprimés seront ceux de l'autre série qui est intercalée dans la première. On obtiendra alors des chiffres ou signes.

Le mécanisme *d'inversion,* qui permet d'effectuer ce décalage par suite de l'envoi des combinaisons *blanc des lettres* ou *blanc des chiffres,* est constitué par le levier à 3 branches Y, solidaire du manchon *b* de la roue des types, et dont les branches correspondent respectivement aux trois leviers *m*, *n* et *j*. Les leviers *m* et *n* peuvent osciller autour d'un axe fixe et sont formés de deux branches perpendiculaires; l'extrémité de l'une, en forme de fourche, reçoit un des bras du *levier d'inversion,* l'autre branche porte, en bout, une partie arrondie qui peut se présenter au niveau de la périphérie de la roue d'impression, en face d'un des crans portés par cette roue. Dans un de ces leviers, la partie arrondie se présente en face du cran correspondant à la combinaison *blanc des lettres;* dans l'autre, en face du cran correspondant à la combinaison *blanc des chiffres.* Le troisième levier *j*, qui ne comporte qu'une branche, peut osciller autour d'un axe fixe et est sollicité à s'appuyer constamment en bout de la troisième branche du levier d'inversion Y par l'action d'un ressort à boudin roulé autour de cet axe. L'extrémité de cette branche est taillée en forme de biseau et, suivant que le levier *j* appuie sur une face ou sur l'autre de ce biseau, la branche est appliquée sur une des deux butées *o* ou *p*. Le levier d'inversion peut donc prendre un mouvement d'oscillation dont l'amplitude est limitée, en bout de sa longue branche, par les butées *o* et *p*. Comme ce levier est solidaire de la roue des types, celle-ci peut donc osciller, par rapport à la roue d'impression, d'un cer-

Fig. 728. — Un appareil Baudot quadruple et ses télégraphistes.

Fig. 729. — Vue d'un appareil Baudot quadruple.

tain angle qui correspond à la distance qui sépare deux caractères sur le pourtour de la roue des types.

Donc, suivant que le levier d'inversion s'appliquera sur l'une ou l'autre des butées, une lettre ou un chiffre se présentera en face du cran correspondant sur la roue d'impression, et c'est ce caractère qui s'imprimera sur la bande.

Le déplacement angulaire du levier d'inversion, et, par conséquent, de la roue des types, s'effectue, au moment voulu, par le jeu des deux leviers *m* et *n*.

La disposition de ces leviers et du levier d'inversion est telle que, lorsque l'un de ces deux leviers présente sa partie arrondie en saillie par rapport au fond du cran qui est en face, le second levier est effacé au-dessous de son cran.

Si nous supposons que la roue des types imprime des lettres, pour obtenir l'impression des chiffres et des autres signes, on effectue la combinaison *blanc des chiffres* sur le manipulateur. Cette combinaison, reçue dans le traducteur, provoque, comme toutes les autres combinaisons, le déclenchement de la came d'impression au moment propice. Le bec de cette came s'engage dans le cran correspondant de la roue d'impression et le mécanisme d'impression fonctionne de la même façon que nous l'avons expliqué. Comme la roue des types ne porte aucun caractère gravé à la place correspondante, rien ne s'imprime sur la bande; il y a alors un *blanc* après lequel va se produire l'impression des chiffres. En effet, la pointe de la came, en s'engageant dans le cran de la roue d'impression, a rencontré la partie arrondie du levier *n*. Par suite du mouvement de rotation, cette pointe a poussé ce levier et a provoqué son oscillation autour de son axe fixe. Ce mouvement a déterminé le déplacement angulaire du levier d'inversion; sa longue branche a soulevé le levier *j* en tendant le ressort à boudin; puis, quand elle a été appliquée contre la butée *p*, ce levier est retombé en immobilisant la branche dans sa nouvelle position. Le levier *m* a également oscillé et sa partie arrondie fait alors saillie sur le fond du cran qui correspond au blanc des lettres. La roue des types s'est déplacée angulairement en même temps que le levier d'inversion et présente, en face du cylindre d'impression, des chiffres ou des signes divers autres que des lettres jusqu'à ce que l'envoi de la combinaison *blanc des lettres*, en provoquant l'oscillation du levier *m* disposé pour la recevoir, remette la roue des types à sa position primitive pour laquelle l'impression des lettres s'effectuera sur la bande de papier.

Voilà l'appareil récepteur, le *traducteur* du télégraphe Baudot, dont le fonctionnement, malgré l'apparente délicatesse des pièces, est irréprochable.

Il comporte encore quelques dispositions accessoires pour permettre d'effectuer automatiquement les connexions par le simple placement de l'appareil sur la *platine-socle* destinée à le recevoir. On peut ainsi changer très rapidement le traducteur en cas d'avarie et le remplacer immédiatement par un autre que l'on met aussitôt en marche.

Le traducteur comporte, en outre, un *régulateur,* ou plutôt un *modérateur,* établi dans le même principe que le régulateur que nous avons décrit et de fonctionnement identique. Un dispositif spécial permet de réaliser le synchronisme entre le traducteur et le distributeur du poste récepteur, distributeur déjà mis en concordance avec celui du poste transmetteur par le système de correction que nous avons examiné. On donne, pour cela, au traducteur une vitesse de rotation légèrement supérieure à celle du distributeur qui, à chaque tour, envoie, par un contact spécial, un courant dans le traducteur. Ce courant est reçu dans un électro-aimant dont l'armature mobile porte un bouchon de liège qui vient, quand cette armature est attirée, frotter contre un petit volant monté sur l'axe de commande du traducteur. Ce frottement provoque un ralentisssement de la vitesse de rotation de l'arbre qui tourne alors en synchronisme avec celui du distributeur, l'excédent de vitesse qu'il possède étant compensé, à chaque tour, par le frottement du bouchon actionné par l'électro-aimant de correction nommé *électro-frein*.

Le rendement du télégraphe Baudot est facile à établir. Supposons un poste quadruple, c'est-à-dire un poste télégraphique Baudot dans lequel quatre employés manipulent à la fois avec un décalage d'un quart de tour donné par la cadence, et transmettent donc quatre signes par tour du distributeur en utilisant un seul fil. Comme les appareils peuvent être réglés pour tourner à 200 tours par minute, il passera donc dans le fil 4 × 200 soit 800 signaux par minute et par conséquent 48.000 signaux à l'heure. Si nous comptons qu'un mot comporte en moyenne 6 lettres, on voit qu'un poste quadruple Baudot peut permettre d'expédier 8.000 mots de 6 lettres dans une heure. Pour un *poste sextuple*, dans lequel on peut utiliser la manœuvre de six manipulants, le *rendement du fil* pourrait être de 12.000 mots à l'heure. Ces chiffres indiquent la *capacité théorique* de rendement du télégraphe Baudot; mais il est bien évident qu'en pratique un employé ne peut manipuler une heure durant sans marquer quelques légers temps d'arrêt, nécessités, d'ailleurs, par les obligations du service.

Le télégraphe Baudot doit aux avantages qu'il présente et à son fonctionnement très sûr, d'avoir été adopté par un grand nombre d'États du Monde entier, ainsi que nous l'avons dit. Il est utilisé en France, en Allemagne, en Italie, en Autriche, en Russie, en Belgique, en Hollande, aux Indes anglaises, au Brésil, etc...

Les lignes comportent, suivant les cas, des combinaisons spéciales appropriées à leur importance et à leur trafic. Les installations sont doubles, triples, quadruples, quelquefois sextuples. Quand la ligne a une très grande longueur, on la divise en plusieurs sections dans chacune desquelles un *relais* spécial reçoit les combinaisons et les *retransmet*, automatiquement, à la section suivante, comme le fait le manipulateur dans le poste transmetteur. On a également pu faire fonctionner le télégraphe Baudot en utilisant des lignes souterraines, dont l'emploi offre, on le sait, au point de vue télégraphique, quelques difficultés du fait du retard que met le fil conducteur à se décharger, ce qui peut nuire à la rapidité des émissions successives.

On a même étendu la transmission télégraphique, au moyen de l'appareil Baudot, aux câbles sous-marins, et un dispositif fort ingénieux imaginé par M. Pierre Picard, de l'Administration des Télégraphes, permet de télégraphier de Paris à Alger, par Marseille.

On a appliqué au télégraphe Baudot la perforation préalable de bandes qui portent ainsi, traduites en trous, les diverses combinaisons susceptibles d'être expédiées par le poste transmetteur. Le manipulateur comporte un clavier alphabétique disposé comme celui d'une machine à écrire, et l'abaissement d'une touche provoque sur la bande de papier, qui a une largeur de vingt-quatre millimètres, la perforation de trous correspondant aux courants positifs de la combinaison ainsi effectuée. La bande peut porter six trous percés sur une même ligne transversale : cinq pour les combinaisons et un pour servir à l'avancement du papier. La bande perforée est ensuite placée dans un appareil nommé *transmetteur automatique*, dans lequel elle avance d'une façon régulière. Par suite de cet avancement, des *courants de travail* sont envoyés chaque fois que la bande porte des trous. Les diverses combinaisons traduites en trous sur cette bande sont donc envoyées au poste récepteur et reçues dans le traducteur de la façon que nous avons expliquée.

Cet ingénieux dispositif, réalisé avec une véritable perfection dans les Ateliers J. Carpentier, permet d'augmenter encore le rendement d'un poste télégraphique Baudot. Il laisse, en effet, une indépendance absolue aux manipulants, véritables dactylographes qui ne sont, dès lors, nullement tenus d'observer une *cadence* et qui perforent des bandes de dépêches comme ils écriraient des lettres à la machine à écrire. Ces bandes étant ensuite placées dans le transmetteur, cet appareil, automatiquement et pendant un temps indéfini, envoie, sans arrêt et avec une utilisation maximum du temps, toutes les combinaisons représentées par des trous sur les bandes perforées.

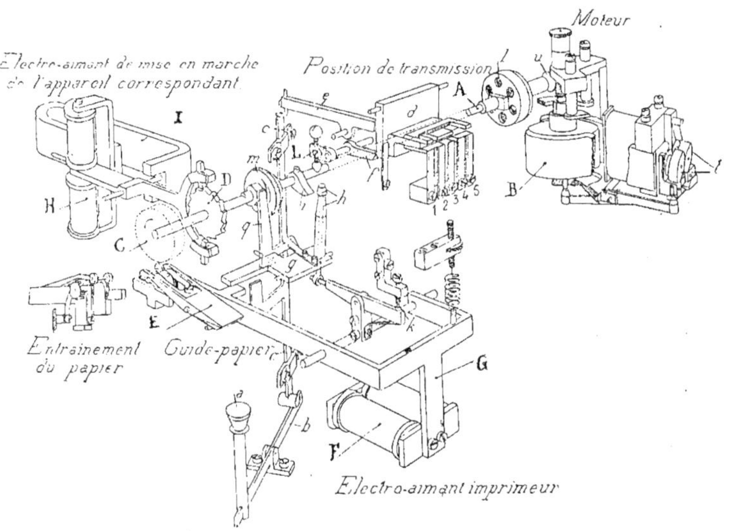

Fig. 730. — Télescripteur Siemens et Halske.

Télescripteur Siemens et Halske

(Fig. 730 à 733.) Le *télescripteur* Siemens et Halske est un appareil qui permet d'établir des relations télégraphiques directes entre particuliers abonnés à un même bureau central, ce qui présente quelque analogie avec le système téléphonique. Mais, par l'emploi du *télescripteur*, la communication est reçue tout imprimée sur une bande de papier, hors même de la présence du correspondant à qui la dépêche est adressée.

Le *télescripteur* est constitué par un seul appareil servant à la fois de *transmetteur* et de *récepteur*.

Pour transmettre, il suffit de manœuvrer un certain nombre de touches disposées sur un clavier alphabétique semblable à celui d'une machine à écrire.

Pour recevoir, le mécanisme qui doit effectuer cette réception, et qui est disposé, sur le clavier, en arrière des touches, se met automatiquement à sa position de réception par le fait même qu'on cesse de manipuler. Ce mécanisme fonctionne alors par suite de la manœuvre du correspondant qui transmet, et chaque touche du clavier que celui-ci abaisse provoque, sur le *télescripteur* de l'autre poste, l'impression d'une lettre sur une bande de papier qui se déroule.

Quand, après avoir reçu une communication télégraphique, un correspondant veut transmettre à son tour, il manœuvre sant suite à l'arbre A, par l'intermédiaire d'une vis sans fin qui engrène avec une roue fixée sur ce bout d'arbre. Celui-ci est relié à l'extrémité d'un ressort en spirale dont l'autre extrémité est solidaire de l'arbre A. Le ressort est placé dans une boîte cylindrique *l*, et c'est sa tension qui détermine le mouvement de rotation de cet

Fig. 731. — Télescripteur Siemens et Halske. Ensemble.

d'abord une touche spéciale qui détermine le placement automatique du mécanisme dans la position de transmission; il peut ensuite transmettre sa dépêche.

Le télescripteur se compose essentiellement d'un axe A qui peut prendre un mouvement de rotation, par l'intermédiaire d'un moteur électrique qui l'actionne d'une façon toute spéciale. Ce moteur, en effet, a son axe disposé verticalement, et cet axe provoque la rotation d'un bout d'arbre fai- arbre. Le moteur électrique a donc pour but de tenir constamment le ressort tendu. Quand ce ressort a atteint la tension suffisante pour actionner l'arbre, le circuit du moteur se trouve automatiquement interrompu; le moteur s'arrête et ne reprend son fonctionnement que lorsque la tension du ressort, ayant diminué, provoque automatiquement la fermeture du circuit.

L'interruption et la fermeture automatiques du circuit s'effectuent de la façon suivante : quand la tension atteint un certain degré, la roue *u* se trouve, pour ainsi dire, immobilisée par rapport à la vis sans fin, et c'est alors cette vis, portée par l'axe du moteur, qui, tournant toujours, tend à effectuer un mouvement vertical de bas en haut. Ce mouvement est utilisé pour faire osciller un levier disposé à la partie inférieure du moteur, et deux disques de charbon *t* qui, par leur contact, assurent la fermeture du circuit, s'écartent à ce moment; le circuit est interrompu.

Quand la tension du ressort diminue, la pression de la roue *u* contre la vis diminue aussi ; la vis reprend sa position normale et les disques de charbon se remettent au contact en fermant de nouveau le circuit; le moteur retend alors le ressort.

Un dispositif spécial permet, en provoquant à chaque manœuvre la rotation des deux disques de charbon, d'établir le contact sur deux parties de leur périphérie non encore utilisées. Le contact se trouve ainsi bien efficace.

Sur l'arbre A sont disposés divers organes dont nous allons examiner le rôle.

La roue C, fixée à l'extrémité de cet arbre, est la roue des types. Cette roue porte, gravés en relief, les caractères à imprimer sur la bande de papier qui se déroule au-dessous d'elle. Cette roue des types est formée de deux couronnes séparées par un léger intervalle. Une des couronnes porte les lettres; l'autre, les chiffres et signes divers conventionnels. Quand on transmet des lettres, c'est la couronne portant les lettres qui se place automatiquement au-dessus du papier et l'impression des lettres s'effectue. Quand on veut envoyer des chiffres ou signes, le correspondant transmetteur appuie sur une touche spéciale blanche : c'est la touche *blanc des chiffres*. Un mécanisme approprié provoque, au poste récepteur, la translation de la roue des types sur son axe et c'est la couronne des chiffres qui se présente alors au-dessus de la bande de papier. On peut, à ce moment, transmettre des chiffres ou signes qui s'impriment sur cette bande.

Le papier est appliqué contre la roue des types par un levier E qui lui sert en même temps de guide. Le mouvement d'oscillation de ce levier est provoqué par l'action d'un électro-aimant, nommé *électro-aimant imprimeur*. Cet électro attire, au moment propice, une armature G qui actionne le levier E. Un second électro-aimant polarisé H, dont la culasse est, pour cela, assujettie à l'extrémité d'une branche d'aimant I, permet, par la manœuvre successive de son armature J dans un sens ou dans l'autre, de faire effectuer à l'arbre A une série de mouvements angulaires successifs provoqués par un dispositif d'échappement établi sur une roue à rochet D solidaire de cet arbre.

L'armature J porte, pour cela, à son extrémité, une sorte de fourche à deux branches, munies, chacune, d'un ergot d'échappement. Les mouvements successifs de cette armature, de la droite vers la gauche et inversement, réalisent, par rapport à la roue D, un mécanisme d'échappement qui laisse successivement défiler toutes les dents de cette roue. La roue D étant sollicitée à tourner par la tension du ressort contenu dans la boîte *l*, l'arbre A peut donc prendre un mouvement de rotation composé d'une succession de petits déplacements angulaires.

L'électro-aimant H est appelé *électro-aimant de réglage* parce qu'il permet de maintenir, comme nous allons le voir, *le synchronisme* entre les mouvements de rotation des deux postes : transmetteur et récepteur.

Ce synchronisme est réalisé par l'intermédiaire d'un commutateur circulaire (Fig. 732), sorte de distributeur sur lequel frotte un balai *o* animé d'un mouvement de rotation qui lui est transmis par l'intermédiaire d'un pignon denté conique *n* engrenant avec une roue d'engrenage conique *m* fixée sur l'arbre A. Le bras portant le balai est solidaire de l'axe portant le pignon conique *n* et l'extrémité inférieure de cet axe est reliée, par l'intermédiaire d'un ressort à boudin, à un bras p, qui se déplace ainsi

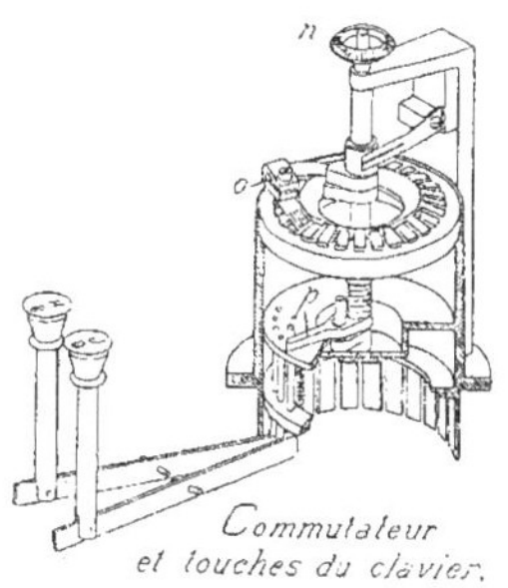

Fig. 732. — Commutateur du téléscripteur Siemens et Halske.

circulairement au-dessus d'un disque percé de trous.

La manœuvre des touches du clavier détermine le soulèvement de goujons cylindriques qui, passant par ces trous, font saillie au-dessus du disque, arrêtent le bras p et, par conséquent, empêchent la rotation de l'axe vertical qui le porte. L'arbre A se trouve, de ce fait, également arrêté.

Un relais polarisé à faible self-induction et à grande sensibilité est disposé pour recevoir un courant inversé rapide qui circule dans la ligne. Ce relais, dont l'armature est ainsi mise en fonctionnement, tantôt dans un sens, tantôt dans l'autre, permet le passage, dans un circuit local, d'un courant tantôt positif, tantôt négatif.

Comme l'indique le schéma (Fig. 733), dans ce circuit local sont disposés *l'électro-aimant de réglage* e, et *l'électro-aimant imprimeur* d. La batterie fournissant le courant a son milieu mis à la terre.

Quand l'appareil est à la position de transmission, la ligne communique avec la batterie par l'intermédiaire du commutateur circulaire sur lequel frotte le balai o. Ce balai, nous l'avons vu, par sa liaison mécanique avec l'arbre A, tourne en synchronisme avec la roue des types C.

Les liaisons électriques entre les deux postes sont telles que le courant actionne les relais dont les armatures sont attirées dans un certain sens. Ce mouvement ferme le circuit local, et l'électro-aimant de réglage H (Fig. 730) de chacun des postes manœuvre, en faisant fonctionner *l'échappement;* les roues à rochet D de chaque poste tournent donc de la même quantité et, par suite, les deux arbres A tournent en synchronisme : les deux roues des types et les deux balais o tournent également en synchronisme. Par suite du mouvement d'échappement, ces balais viennent, dans chaque commutateur, frotter sur le contact suivant ; le courant se trouve alors inversé et les relais qui le reçoivent ont leur armature ramenée à leur position primitive. Les armatures des électro-aimants de réglage sont également ramenées à leur position, ce qui provoque encore l'échappement de la roue D et un nouveau mouvement de rotation de l'arbre A et du balai o qui vient frotter sur un nouveau contact inverseur de courant.

Les mêmes phénomènes se reproduisent ainsi tant que les balais peuvent continuer leur mouvement de rotation. Le courant

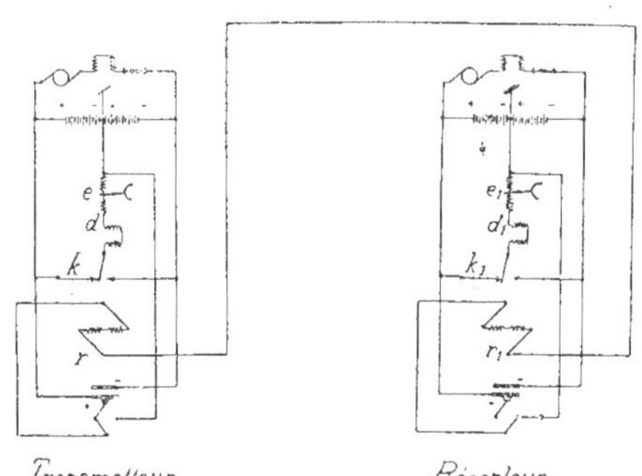

Fig. 733. — Téléscripteur Siemens et Halske. Schéma.

local, successivement inversé par les commutateurs-distributeurs, peut bien, comme nous venons de le dire, faire fonctionner les électro-aimants de réglage H, mais les alternances rapides de ce courant et le poids de l'armature G de l'électro-aimant imprimeur ne permettent pas à celle-ci d'effectuer son mouvement.

Donc, tant que les balais tournent, le courant est successivement inversé et les électro-aimants de réglage seuls fonctionnent.

Quand le balai du poste transmetteur est arrêté par la manœuvre d'une touche, de la façon que nous avons précédemment indiquée (Fig. 732), le dernier courant envoyé actionne le relais; l'électro-aimant de réglage fonctionne et provoque le placement, dans la position convenable, de la roue des types du poste récepteur. D'autre part, la persistance du contact du balai sur le plot du commutateur permet au courant local traversant l'électro-aimant imprimeur d'attirer son armature G, dont le mouvement provoque le soulèvement du levier d'impression E qui vient appliquer le papier contre la roue des types. Un caractère s'imprime sur la bande et ce caractère correspond à celui qui est indiqué sur la touche manœuvrée au poste transmetteur.

Un rouleau encreur appuie constamment contre la roue des types et la maintient ainsi toujours prête à imprimer un caractère.

Quand on libère la touche du clavier, comme l'axe qui porte le balai *o* est relié électriquement au bras d'arrêt *p*, les balais des deux postes se placent sur les plots correspondants des commutateurs; les appareils sont ainsi mis de nouveau en synchronisme. Le mouvement se continue régulièrement jusqu'à l'abaissement d'une autre touche, et ainsi de suite.

Si l'arbre de l'appareil transmetteur fait trois tours successifs sans qu'une seule touche ait été manœuvrée, cet appareil se met au repos par la rupture automatique du courant et l'appareil récepteur s'arrête également. A ce moment, le *blanc* de la roue des types doit se présenter au-dessus du papier. C'est un point de repère qu'on peut utiliser pour régler le synchronisme entre les deux appareils.

L'arrêt automatique des appareils s'effectue par la manœuvre d'un dispositif spécial. Le moyeu de la roue *m* porte une *came en escargot,* sur laquelle vient s'appuyer un bras de levier *q* dont l'extrémité supérieure se trouve ainsi entraînée lors du mouvement de rotation de la roue. Pour un seul tour de la roue *m*, et, par conséquent, de l'arbre A, le bras *q* n'est déplacé par la came que d'une faible quantité et quand le levier d'impression oscille, la pièce *g* oscille également et le bras *q* est repoussé vers la base de la came. Donc, quand on transmet une lettre par chaque tour de l'arbre A, le déplacement du levier *q* n'exerce aucune influence sur le reste du mécanisme, puisqu'à chaque tour il est remis à sa position normale. Quand l'arbre A effectue trois tours sans que l'appareil ait imprimé une lettre, l'extrémité du levier *q* est conduite par la came en spirale jusqu'au bout de cette came et le levier *q* prend, en oscillant autour de son axe, une position telle que la pièce *g*, dont il est solidaire, bascule en entraînant une tige cylindrique *h*, dont la *tête* vient se présenter en face d'un doigt d'entraînement *i* fixé sur l'arbre A.

Par suite du mouvement de rotation de l'arbre, l'extrémité du doigt *i* vient heurter et soulever la tête de la tige *h*. Le mouvement vertical de bas en haut, ainsi imprimé à cette tige, a pour effet de faire osciller un levier horizontal auquel elle est reliée, et de séparer deux pièces métalliques constituant le contact *k*. Le circuit se trouve alors interrompu et l'appareil s'arrête. A ce moment, le *blanc des lettres* se trouve, sur la roue des types, disposé au-dessus de la bande de papier.

En outre, l'extrémité de la tige *h* vient heurter un petit levier L, placé au-dessus de lui. Ce levier, oscillant autour d'un axe sur lequel est fixé un doigt *f*, détermine, par l'intermédiaire de ce doigt, l'oscillation de la pièce *d*, qui, agissant sur les ressorts de contact 1, 2, 3, 4, 5, place l'appareil transmetteur dans la position de réception.

Quand on veut, de nouveau, retransmettre, on manœuvre la touche *blanc des lettres,* qui est la touche de départ. Cette touche *a*, par l'intermédiaire du levier *b*, de la tige verticale *c* et du levier supérieur *e*, repousse la pièce *d* qui remet les ressorts de contact dans la position de transmission. Le doigt *f*, en appuyant contre la pièce *d*, assure cette position.

On voit que le *télescripteur* Siemens et Halske, fabriqué par les ateliers Rousselle et Tournaire à Paris, comporte d'ingénieuses dispositions, qui permettent à cet appareil, sous un volume réduit, de rendre de grands services. Cet appareil peut, en effet, être utilisé dans un grand nombre de cas particuliers pour lesquels le téléphone est employé. Dans les grandes usines, par exemple, il peut remplacer avantageusement le système téléphonique pour établir, de service à service, des communications qui sont ainsi transmises en lettres imprimées.

A Berlin, le *télescripteur* a été l'objet d'une application de grande étendue. En 1901, un Bureau central, autorisé par l'Office impérial des Postes et télégraphes, a été créé pour mettre ses abonnés en relation entre eux ou avec le bureau télégraphique le plus voisin. En outre, on peut leur transmettre, simultanément, les diverses nouvelles politiques, financières ou commerciales, au fur et à mesure qu'elles sont connues.

Pour établir les communications entre abonnés, on emploie, comme dans les systèmes téléphoniques, un tableau commutateur comportant des mécanismes annonciateurs et quelques dispositions particulières.

Quand on veut transmettre un *télégramme circulaire,* on interrompt les abonnés qui peuvent avoir à ce moment une communication, après les avoir avertis par un signal spécial ; on place ensuite les fils en court-circuit et, de ce fait, tous les appareils se placent à la position de réception ; on abaisse la touche de départ du clavier transmetteur commun et on laisse l'appareil arriver à sa position d'arrêt ; le synchronisme est alors réalisé entre tous les appareils, et la transmission du télégramme circulaire s'effectue régulièrement.

Télégraphe écrivant Pollak et Virag

(Fig. 734 à 740.) Le système télégraphique Pollak et Virag, dont le principe expérimental figura à l'Exposition universelle de 1900, et dont les premiers essais en lignes datent de 1902 en Autriche et de 1903 en Allemagne, diffère essentiellement des autres systèmes de télégraphie électrique que nous avons décrits.

Il permet d'obtenir, au poste de réception, des dépêches tracées en caractères semblables à ceux qu'on peut écrire à la main. La figure 740 donne un exemple du tracé obtenu sur une bande de papier.

Ce système de télégraphie comporte, comme dans le télégraphe Wheatstone et comme dans le télégraphe Baudot à clavier alphabétique, une préparation préalable de bandes perforées, sur lesquelles les diverses dispositions correspondent aux différentes lettres que l'on veut expédier. Mais dans le télégraphe Pollak et Virag, l'ingénieux agencement des appareils de transmission et de réception permet de les faire fonctionner à une vitesse suffisante pour pouvoir télégraphier 40.000 mots à l'heure; par contre, ce système télégraphique nécessite deux fils de ligne.

En admettant qu'un employé, manœuvrant une machine à perforer les bandes, puisse perforer 2.000 mots à l'heure, on voit qu'il faut vingt employés occupés à perforer des bandes pour alimenter d'une manière continue l'appareil de transmission et celui de réception. On peut, de cette façon, *passer,* dans un temps très court, une quantité importante de dépêches, préparées soit au fur et à mesure par un grand nombre d'employés, soit d'avance par un nombre de manipulants plus restreint.

Le télégraphe Pollak et Virag comporte donc trois sortes d'appareils distincts : les tailles à flancs inclinés disposées sur une série de réglettes placées perpendiculairement à la direction des touches. La forme et l'écartement des entailles sur les réglettes transversales constituent les *combinaisons* permettant de transformer l'abaissement d'une touche déterminée en un nombre de trous de dimensions et d'espacements appropriés, perforés sur la bande de papier.

La touche, en effet, en s'abaissant, glisse

Fig. 734. — Télégraphe Pollak et Virag. Manipulateur-perforateur.

manipulateurs-perforateurs, le *transmetteur* et le *récepteur.*

Nous allons examiner ces appareils en indiquant leur fonction et la manière souvent curieuse et intéressante avec laquelle ils ont été réalisés.

Manipulateur-perforateur

(Fig. 734.) Cet appareil comporte un clavier alphabétique. Les signes sont gravés sur des boutons placés à l'extrémité de touches pouvant osciller autour d'un axe fixe. Quand on appuie sur une touche, elle pénètre, en s'abaissant, dans des sortes d'en- sur les flancs inclinés des entailles et fait mouvoir horizontalement les réglettes transversales intéressées. Ce mouvement permet à celles-ci, qui ont leur extrémité taillée en biseau, de soulever des petits goujons cylindriques qui viennent immobiliser les poinçons placés immédiatement au-dessus d'eux. Les goujons et les poinçons sont disposés dans une pièce cylindrique, placée à gauche du clavier, dans la partie inférieure de laquelle les réglettes transversales viennent s'engager. C'est le *perforateur* proprement dit.

La bande de papier provenant d'un *rouet* disposé sur la droite du clavier passe, à la partie supérieure du perforateur, dans un canal entre deux plaques perforées. La plaque inférieure, dans laquelle les poinçons sont engagés, sert de guide à ces poinçons; la plaque supérieure sert de *matrice* pour perforer les trous dans la bande. L'ensemble de ces deux plaques peut prendre un mouvement alternatif vertical, qui lui est communiqué par un électro-aimant disposé en arrière dans un boisseau cylindrique et grâce à l'intermédiaire d'un fort levier oscillant placé dans le socle de l'appareil.

L'abaissement d'une touche, qui a déjà permis d'immobiliser les poinçons correspondant au signe qu'elle représente, ferme, en actionnant un commutateur spécial disposé sous la plaque, le circuit de l'électro-aimant. Celui-ci fonctionne. Son armature, placée à la partie inférieure, étant attirée contre son noyau, fait osciller le levier de commande du perforateur, provoquant ainsi l'abaissement des deux plaques perforées entre lesquelles passe le papier. Les poinçons restés libres suivent ce mouvement et sont repoussés vers le bas par la bande de papier, mais les poinçons déjà immobilisés par l'abaissement de la touche ne peuvent se mouvoir et perforent la bande de papier. Quand l'électro-aimant est arrivé à l'extrémité de sa course, un second commutateur est actionné par le mécanisme et rompt le circuit de cet électro-aimant, dont l'armature est alors ramenée à sa position de repos par l'action de deux ressorts à boudin disposés dans le perforateur.

A chaque abaissement de touche correspond donc une perforation, sur la bande, appropriée au signe intéressé. La progression du papier s'effectue, après chaque perforation, par l'intermédiaire d'un mécanisme fixé sur le corps du perforateur et composé d'un jeu de leviers dont les uns, verticaux, pincent le papier et le tirent, par suite de leur mouvement oscillant, vers la gauche, et dont l'autre, qui est horizontal, détermine la longueur dont le papier doit avancer à chaque perforation. Cette longueur diffère, en effet, suivant la combinaison effectuée, et une série de crans, en forme d'escalier, pratiqués en bout du levier horizontal, permettent à ce levier de s'abaisser plus ou moins suivant la position qu'occupe un secteur circulaire de butée disposé, par la manœuvre même de chaque touche, à la place convenable. Comme le levier horizontal est rigidement relié aux leviers verticaux, l'extrémité supérieure de ceux-ci parcourra une course proportionnelle à l'abaissement plus ou moins grand du levier horizontal, et le papier progressera d'une quantité plus ou moins grande suivant la combinaison qui aura été perforée sur la bande.

Les trous perforés ont des diamètres différents, pour permettre, lors de leur passage dans le *transmetteur*, d'envoyer dans la ligne des courants d'une durée variable.

Transmetteur (Fig. 735 et 736.) Le *transmetteur* est l'appareil dans lequel on fait défiler la bande perforée pour envoyer à l'appareil récepteur des courants d'une durée et d'un potentiel déterminés, qui détermineront le tracé des caractères de la dépêche.

Il se compose essentiellement d'un moteur électrique actionnant un tambour C (Fig. 735) auquel il imprime un mouvement de rotation très rapide. Sur ce tambour passe la bande de papier perforée, qui y est appliquée par la pression d'un cylindre.

Le papier se trouve ainsi entraîné par le mouvement de rotation du tambour, et tous les trous perforés défilent successivement devant deux séries de balais métalliques appuyant sur la bande. Le tambour est formé de six bagues métalliques isolées les unes des autres. Chaque bague est mise en communication avec une batterie d'accumulateurs spéciale et se trouve ainsi à un potentiel déterminé qui diffère suivant les bagues. Un balai métallique prend contact avec chaque bague, mais seulement lorsque la bande de papier qui est interposée entre le rouleau et les balais présente des trous.

Les six balais sont groupés en deux séries

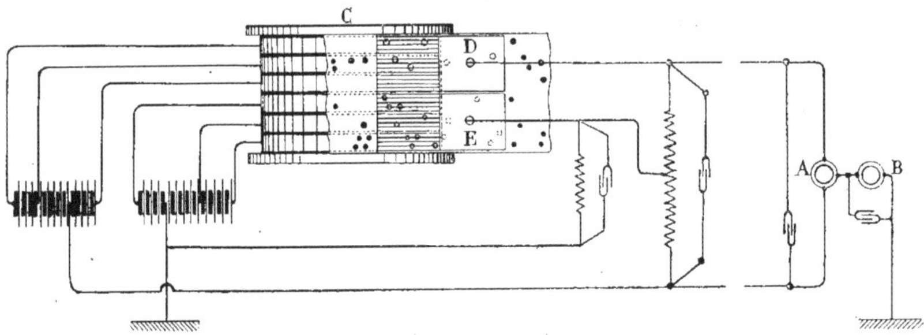

Fig. 735. — Télégraphe Pollak et Virag. Schéma d'installation.

D et E de trois balais chacun, et les trois balais de chaque série sont reliés *en parallèle*. On comprend que lorsqu'un trou perforé sur la bande de papier se présente en face d'un balai, celui-ci, appuyant sur la bague correspondante, détermine l'envoi, dans la ligne, d'un courant dont la durée est proportionnée au diamètre du trou et dont le potentiel correspond à celui de la bague. La vitesse de rotation du tambour et des bagues du transmetteur peut permettre l'émission d'environ 400 courants par seconde.

Fig. 736. — Télégraphe Pollak et Virag. Transmetteur.

Récepteur (Fig. 737 à 740.) Les courants envoyés par le transmetteur sont reçus dans le troisième appareil : le *récepteur*. Pour enregistrer ces émissions successives à la vitesse que nous avons indiquée plus haut, il faut, nécessairement, que l'inertie des organes mobiles du récepteur soit réduite à son extrême limite.

Pour réaliser cette condition essentielle, le récepteur comporte des dispositions particulières fort ingénieuses.

Le courant transmis par l'intermédiaire de chaque série de balais est reçu dans une sorte de téléphone muni d'une membrane. Cette membrane porte une tige qui vient appuyer sur une lame flexible en fer terminée par une pointe. Les deux membranes téléphoniques A et B (Fig. 737) sont ainsi rendues solidaires, l'une d'une lame portant une pointe C, l'autre d'une seconde lame portant une pointe D. Une troisième pointe E est façonnée en bout d'une pièce rigide. Contre ces trois pointes vient s'appliquer un petit miroir F préalablement collé sur une plaque en fer G, et c'est cette plaque qui repose sur les trois pointes C, D et E.

Or, ces trois pointes sont portées par des pièces en fer rendues solidaires d'un aimant permanent H. Il en résulte que le miroir se trouve maintenu appliqué par l'attraction magnétique et d'une manière constante, par l'intermédiaire de la plaque qui le porte, contre les trois pointes C, D et E. La pointe E, nous l'avons dit, est fixe, tandis que les pointes C et D, sous l'influence du courant sensible, d'un trait horizontal, et la manœuvre de la membrane reliée à la pointe D provoquera le tracé d'un trait vertical. En outre, les diverses combinaisons de mouvement des deux membranes pourront donner lieu à des traits obliques d'inclinaisons différentes.

Les deux téléphones et le miroir que leur membrane fait mouvoir constituent la partie essentielle du récepteur.

Le miroir reçoit les rayons lumineux d'une lampe à incandescence I. Ces rayons

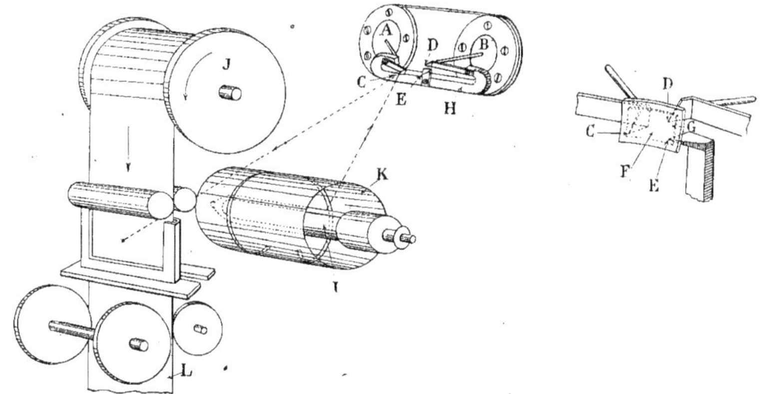

Fig. 737. — Télégraphe Pollak et Virag. Dispositif de réception.

reçu dans les téléphones et actionnant leurs membranes, peuvent pousser le miroir, l'obligeant ainsi à osciller autour de la pointe fixe E. La disposition des pointes mobiles C et D par rapport à la pointe fixe E provoque des mouvements différents du miroir. En effet, quand la pointe C pousse le miroir, celui-ci oscille dans un plan horizontal, tandis que, lorsque c'est la pointe D qui le pousse, il oscille dans un plan vertical.

Si nous supposons qu'un rayon lumineux, issu d'un foyer fixe, arrive sur le miroir et qu'il soit ensuite réfléchi sur une bande de papier impressionnable par la lumière, la manœuvre de la membrane reliée à la pointe C provoquera le tracé, sur le papier

sont réfléchis, suivant le jeu des membranes téléphoniques, sur du papier photographique, disposé sur un rouleau J dans une chambre noire. Ce papier se trouvera donc impressionné de telle façon que les divers traits horizontaux, verticaux et obliques, réfléchis par le miroir, formeront, par leur assemblage, des lettres semblables à celles que l'on écrit à la main et représentées dans la figure 740.

En *développant* la bande de papier photographique, on *révélera* ces différents caractères. Le récepteur est, pour cela, prolongé par un appareil *à développer* automatique duquel la bande sort développée, fixée et séchée, et portant, inscrits en traits noirs, les mots composant la dépêche. Quand celle-ci est achevée, un mécanisme, en forme de ciseaux, permet de trancher la bande de papier et de la séparer de l'autre partie qui reste enroulée sur son tambour dans la chambre noire.

Fig. 738. — Télégraphe Pollak et Virag. Récepteur.

Le déroulement du papier sensible est commandé par un petit moteur électrique spécial et une aiguille extérieure indique, sur un secteur, la longueur qui s'est déroulée.

On conçoit donc qu'une combinaison préalablement perforée sur une bande de papier (Fig. 739) puisse produire, après son passage dans le transmetteur, et par l'envoi de courants qui actionnent les deux membranes téléphoniques, des inscriptions en caractères spéciaux sur la bande de papier sensible du poste récepteur.

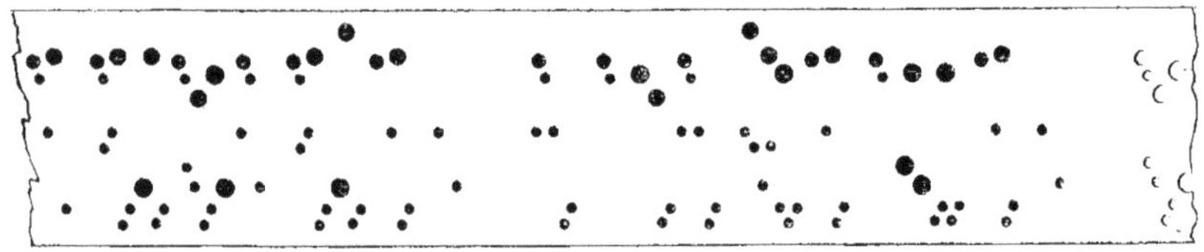

Fig. 739. — Télégraphe Pollak et Virag. Bande perforée.

Cette bande L a 7 centimètres de largeur et le rayon lumineux réfléchi par le miroir inscrit des caractères ligne à ligne dans le sens de cette largeur (Fig. 737). Comme il est avantageux que le foyer lumineux soit réduit à une dimension restreinte et comme il faut, pour impressionner au fur et à mesure la bande de papier dans toute sa largeur, que le faisceau lumineux se déplace, la lampe à incandescence I, qui fournit la lumière, est munie d'un dispositif permettant au point lumineux qu'elle donne de se déplacer d'une façon rectiligne et transversalement. Cette lampe I comporte un long filament et est enveloppée par un tube cylindrique K portant sur sa périphérie une fente en hélice. La lampe est fixe et le tube cylindrique K reçoit du moteur électrique un mouvement de rotation de vitesse appropriée. Du côté du miroir, la fente hélicoïdale ne donne le passage qu'en un seul point au rayon lumineux provenant du filament ; mais à mesure que le tube K tourne et que, par conséquent, la fente en hélice tourne également, la partie découverte du filament s'éloigne de plus en plus et le point lumineux avance en ligne droite dans le sens transversal. Le miroir réfléchit donc sur la bande sensible ce point lumineux en le promenant d'un côté de la bande à l'autre.

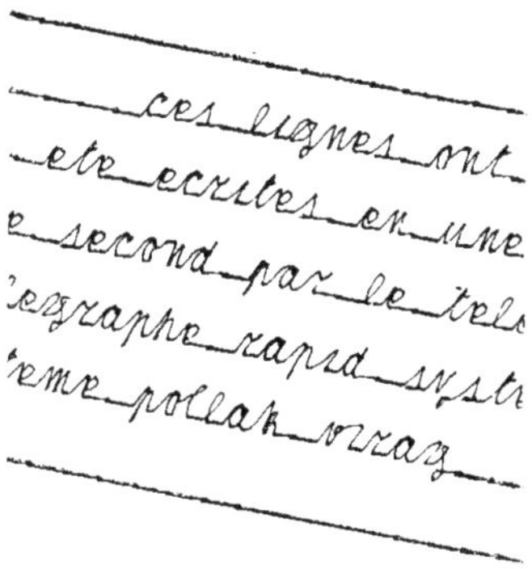

Fig. 740. — Télégraphe Pollak et Virag. Type de dépêche.

Quand le tube cylindrique K a effectué un tour, l'extrémité de la fente est revenue à son point de départ et le point lumineux, passant brusquement d'un côté à l'autre, recommence à se déplacer suivant une ligne droite transversale.

Le rayon réfléchi par le miroir sur la bande sensible revient également du côté de son point de départ et inscrit une nouvelle ligne de caractères, et ainsi de suite jusqu'à la fin de la dépêche.

Nous avons dit que les bagues du transmetteur étaient reliées à des sources électriques de potentiels différents. Cette disposition a pour but d'obtenir les différents traits nécessitant des élongations différentes pour former convenablement les lettres à inscrire. En effet, plus le voltage du courant envoyé est grand, plus l'élongation est importante, et inversement.

On voit que le télégraphe écrivant Pollak et Virag se caractérise par des dispositions fort intéressantes, et qu'il est conçu pour augmenter, dans de sensibles proportions, le rendement d'une ligne électrique.

ÉQUIPEMENT DES LIGNES TÉLÉGRAPHIQUES.

Fils conducteurs Les fils qui conduisent le courant électrique aux appareils télégraphiques sont habituellement tendus, en plein air, le long des voies de chemins de fer ou sur le bord des routes.

Ce furent d'abord des fils de cuivre, de 2 millimètres de diamètre. On regardait ce métal comme le seul capable, en raison de son extrême conductibilité, de transporter sûrement l'électricité à des distances considérables. Malheureusement, les fils de cuivre perdent promptement leur élasticité, ne peuvent pas être fortement tendus sans se briser et deviennent cassants sous l'influence des brusques variations de la température ou après un usage prolongé. On les remplaça par des fils de fer dont le diamètre fut porté à 4 millimètres, et à 5 ou 6 pour les lignes importantes, afin de compenser leur moindre conductibilité, et qu'on *gal-*

vanisait dans un bain de zinc fondu, pour en prévenir l'oxydation.

Pour concilier la conductibilité électrique du cuivre avec la ténacité du fer, des constructeurs américains ont fabriqué un nouveau fil, dit *compound*, qui est constitué par un fil de fer recouvert d'une hélice de cuivre que l'on réunit au brin d'acier par une soudure à l'étain. Le conducteur ainsi constitué s'use promptement, le contact des deux métaux formant une pile voltaïque entretenue par l'oxygène de l'air.

En France, on a composé un fil bien supérieur en faisant usage du *bronze silicieux*, c'est-à-dire de bronze allié à une petite quantité de *silicium*. L'emploi de ces fils a permis de réduire leur diamètre, sans changer leur conductibilité ni leur ténacité.

D'abord limités aux usages de la téléphonie à grande portée, ils ont été adoptés pour la télégraphie électrique.

On pensait, à l'origine, qu'il serait nécessaire de garnir le fil télégraphique, sur toute son étendue, d'une enveloppe, comme on le fait pour le fil des électro-aimants; mais on ne tarda pas à reconnaître que cette précaution est superflue, et que des supports mauvais conducteurs de l'électricité suffisent pour assurer un isolement parfait. Seulement, lorsque plusieurs fils sont supportés par le même poteau, il faut ménager entre eux un certain intervalle, afin d'empêcher que les fils placés l'un près de l'autre ne s'influencent par *induction*, en raison de leur voisinage.

Poteaux et isolateurs

(Fig. 741 à 749.) Les poteaux qui soutiennent les fils sont des tiges de bois de pin ou de sapin, de 6 mètres de longueur, préalablement injectées, sur pied, d'une dissolution de sulfate de cuivre, afin d'augmenter leur durée. On les fiche en terre, les plus petits, à une profondeur de 1 mètre 1/2, les plus élevés, à une profondeur de 2 mètres.

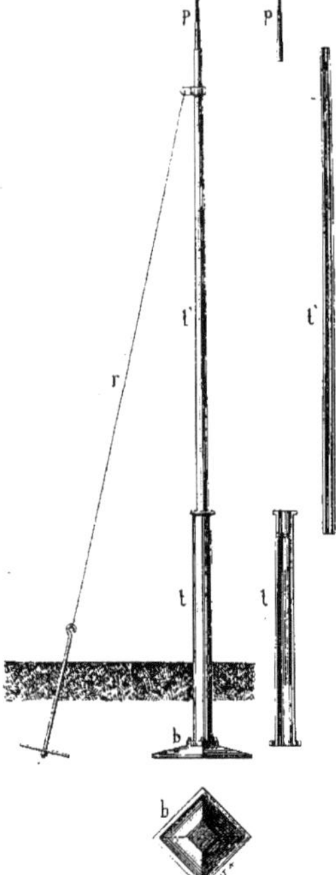

Fig. 741. — Poteau télégraphique en fer.

Quand on doit franchir, sur une ligne de chemin de fer, un passage à niveau, ou passer par-dessus les bâtiments d'une station, on donne au poteau une longueur de 9 à 10 mètres.

Concurremment au pin et au sapin, on emploie encore en Europe le chêne et le mélèze, injectés de créosote ou, de préférence, comme il vient d'être dit, de sulfate de cuivre.

Dans les Indes, l'Australie et l'Amérique du Nord, et en général dans les pays où le bois est vite détruit par les insectes, on ne se sert que de poteaux de fer.

Le poteau tubulaire en fer creux (Fig. 741) se compose de la base *b*, du socle *t* en fonte, du tube supérieur *t'*, en fer forgé et du paratonnerre P, aussi en fer forgé. La base est formée de plaques de fer rivées ensemble. Elle joint à une grande rigidité une élasticité qui lui permet de céder à des tensions soudaines et excessives. Le tube inférieur diminue de diamètre vers sa partie supérieure qui se termine par une bague dans laquelle ira s'ajuster le tube supérieur. Celui-ci est conique et se termine par une bague qui reçoit le paratonnerre.

Ces poteaux coûtent plus cher que les

poteaux en bois, mais leur durée est bien supérieure.

En ligne droite, les poteaux sont espacés de 80 et même de 100 mètres. Dans les courbes, pour résister à la pression latérale exercée par le poids des fils, on réduit l'écartement à 60 mètres.

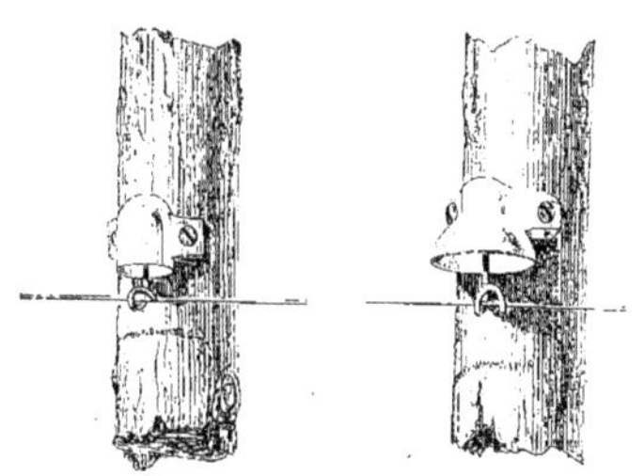

Fig. 742 et 743. — Supports isolateurs du fil télégraphique.

Parfois les *portées* sont autrement considérables et les fils franchissent, sans aucun support, des vallées de 400 à 500 mètres de largeur. On emploie alors des fils de 3 millimètres seulement, de fer *non recuit*, qui présente le double avantage de résister à l'allongement et de n'avoir qu'un faible poids.

Quel que soit le nombre de fils portés par les poteaux, ils doivent être séparés, sur chaque poteau, par une distance minimum de 25 à 30 centimètres. Au-dessus du sol, le dernier fil doit être à 3m,50, et à 5 mètres dans la traversée des routes.

Constitués en bois très sec et mauvais conducteur de l'électricité, les poteaux pourraient à la rigueur isoler, sans aucun intermédiaire, les fils télégraphiques, s'il ne fallait tenir compte des jours humides et des grandes pluies où l'eau, ruisselant le long des poteaux et parfois descendant sur le sol en cascade ininterrompue, créerait une dérivation susceptible d'affaiblir et même d'anéantir le courant.

Les fils sont donc supportés, à leur point de suspension, par des *isolateurs* de porcelaine, de formes d'ailleurs très variables.

En France, on a d'abord employé une clochette de porcelaine, dans l'intérieur de laquelle on scelle, au soufre, un crochet de fer dont l'extrémité libre se contourne en anneau où passe le fil conducteur. La porcelaine assure l'isolement parfait du fil, et la petite cloche le protège contre la pluie. Deux vis de fer zingué fixent solidement la cloche de porcelaine au poteau télégraphique (Fig. 742 et 743).

On fait maintenant usage d'un mode de suspension employé depuis longtemps en Allemagne. Au lieu de faire passer le fil au-dessous de la cloche de suspension, on le fixe autour d'un petit clocheton qui surmonte la cloche principale. Cette disposition rend inutiles les *tendeurs*, le fil pouvant être facilement tendu d'un poteau à l'autre sans aucun instrument (Fig. 745).

A l'extrémité de la ligne, les fils sont arrêtés sur un *poteau d'arrêt*. La cloche en porcelaine est alors remplacée par une *poulie d'arrêt* de même substance (Fig. 744). On l'enroule une ou deux fois sur la gorge de la poulie, puis on tord son bout libre autour de la partie tendue.

Ces *poulies d'arrêt* sont quelquefois remplacées par les *cloches d'arrêt* (Fig. 745).

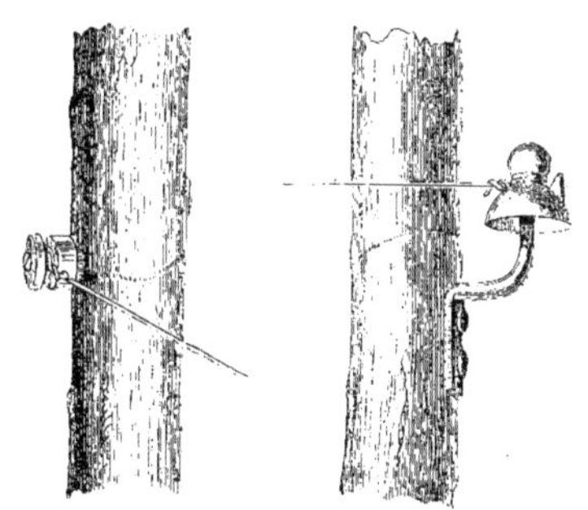

Fig. 744. — Poulie d'arrêt. Fig. 745. — Cloche d'arrêt

Quand le fil de la ligne est arrivé à ces supports d'arrêt, on y attache un fil plus fin, généralement en cuivre recouvert de gutta-percha, que l'on fait descendre jusqu'aux appareils placés à l'intérieur de la station.

Pour réunir les bouts de conducteurs on emploie plusieurs procédés.

Le plus simple est la *ligature* (Fig. 746). On juxtapose les deux bouts de fil à rattacher, et, après en avoir rabattu les extrémités sur une longueur de 20 centimètres, on enroule tout autour, en le serrant fortement, un fil de fer zingué d'un millimètre de diamètre seulement, dit *fil à ligature*. Très solide, cette jonction n'oppose aucune résistance supplémentaire au passage du courant.

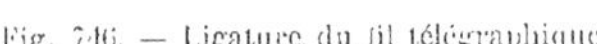

Fig. 746. — Ligature du fil télégraphique.

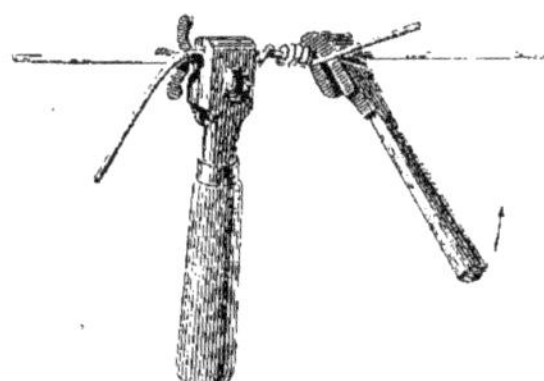

Fig. 747. — Torsade espagnole.

La *torsade espagnole* (Fig. 747) s'effectue à l'aide de deux pinces. Avec l'une, semblable à une mâchoire d'étau, on saisit les deux fils en laissant dépasser leurs bouts à droite et à gauche, et avec une seconde plus petite, l'*enrouleur*, on enroule chacun des bouts sur l'autre fil. Les deux enroulements, séparés par la longueur de la première pince, sont rapprochés par la traction du fil et forment arrêt (Fig. 748). Dans l'ancienne *torsade française*, les deux extrémités, juxtaposées, étaient tordues ensemble à l'aide de deux pinces, dites *mâchoires à tordre*, manœuvrées en sens inverse (Fig. 749). Ce n'était plus un simple *enroulement*, et le fil devait être excellent pour supporter cette *torsion* sans se rompre.

Fig. 748. — Ligature à l'espagnole.

Fig. 749. — Torsade française.

Lignes souterraines Les premières lignes souterraines étaient de construction vicieuse. Elles étaient formées, en effet, d'un simple fil de cuivre recouvert de gutta-percha, et enfoui dans le sol. Or, la gutta-percha, qui se conserve si admirablement sous l'eau, se désagrège et se décompose quand on l'enfouit en terre. Ajoutons que la gaine de plomb dont on enveloppait la gutta-percha était souvent endommagée par les coups de pioche des terrassiers.

Aujourd'hui, ce sont de véritables *câbles*, semblables à ceux que nous avons décrits, qui servent de conducteurs dans les lignes de télégraphie souterraine. Enfermés dans des tuyaux de fonte, ils sont disposés, le plus souvent, le long des voies ferrées.

Les câbles souterrains sont à un, trois, quatre et sept fils, suivant les circonstances.

Dans le parcours des villes, on place sous les trottoirs des rues un tuyau de fonte assez gros pour qu'on puisse y établir tous les fils dont on aura vraisemblablement besoin.

En Allemagne et en Belgique, on se borne à déposer dans le sol des câbles serrés par des fils de fer galvanisés. Ces câbles, enduits de bitume et recouverts de sable, sont placés dans une conduite en briques, non cimentée.

En Angleterre, on a essayé d'un mode d'isolement plus simple encore, qui consiste à envelopper les fils de bitume; mais la difficulté de réparer les avaries n'allait pas sans grand inconvénient, et les frais de premier établissement étaient très élevés.

Les lignes télégraphiques souterraines servent à relier les points d'atterrissement des câbles sous-marins aux stations télégraphiques terrestres. L'extrémité du câble sous-marin est alors posée tantôt dans une tranchée, tantôt dans les égouts, selon les localités. Dans tous les cas, c'est *le câble marin* qui sert à opérer la jonction.

Dans l'égout, ce câble est fixé à la voûte, au moyen de crampons scellés dans la maçonnerie. Quant à la ligne souterraine qui y fait suite, on l'enfouit, à un mètre de profondeur, dans le sol, et on l'encaisse dans des tuyaux à poterie rendus étanches au moyen de ciment de Portland.

On utilise également les conducteurs, isolés au moyen de la gutta-percha et réunis en forme de câble, pour traverser les cours d'eau, les tunnels des chemins de fer et les égouts.

Pour franchir les cours d'eau, on se sert de câbles identiques à ceux qui sont posés au fond de la mer pour relier les rivages éloignés. L'armature protectrice en fer doit toujours être de forte dimension, si la rivière est navigable.

Pour la traversée des tunnels des chemins de fer, on se sert de fils de cuivre, isolés par une double gaine de gutta-percha, entourée de chanvre goudronné et recouverte de glu marine. On les fixe, par des crampons de fer, aux parois des tunnels.

On se trouve bien de les préserver au moyen de conduits en bois fixés à ces mêmes parois. Le bois dont on se sert ne doit pas être injecté à la créosote, qui altère la gutta-percha; mais on peut garnir la boîte d'une couche de goudron saupoudrée de sable fin. Le fil revêtu de rubans goudronnés est également recouvert de sable. Le tout est enfermé dans une feuille de zinc, qui met les fils à l'abri des cendres chaudes ou des escarbilles échappées des locomotives.

En France, les lignes de télégraphie passent rarement sous les tunnels : on préfère leur faire franchir, par la voie aérienne, le sommet du tunnel. Quand cela n'est pas possible, le câble contenant les fils de ligne est encaissé dans un conduit longitudinal fixé à la muraille du tunnel. A sa sortie, il se rend dans une caisse placée en dehors de la galerie, et qui est en rapport avec le poteau télégraphique par des bornes auxquelles viennent se rattacher, d'un côté le fil du câble, et d'un autre le fil de fer aérien.

Piles Les piles autrefois en usage pour la télégraphie électrique étaient surtout la pile Daniell, la pile à sable, et la pile Marié-Davy à sulfate de mercure.

Celle-ci est aujourd'hui abandonnée, à cause de la cherté du mercure et de ses propriétés toxiques. La pile de Daniell, modifiée selon les pays, est la plus en usage. La pile Callaud, très répandue dans la télégraphie française, en est une forme.

Les autres générateurs d'électricité adoptés sont : la pile Leclanché, puis, dans quelques circonstances, la pile au bichromate de potasse, et, de plus en plus, les accumulateurs.

Sonneries (Fig. 750 à 752.) Les sonneries sont très employées dans les bureaux des postes télégraphiques. Le fil conducteur qui aboutit à leur mécanisme est intercalé dans le circuit de la ligne télégraphique. Le timbre de ces sonneries est mis en jeu par le courant électrique qui part du poste correspondant.

La sonnerie qui est le plus en usage dans

les bureaux télégraphiques est la *sonnerie à trembleur*. Un timbre T (Fig. 750) est fixé à la partie supérieure d'une boîte en bois, et reçoit les chocs d'un petit marteau *m* qui peut le frapper sous l'influence du courant électrique de la ligne, et grâce aux dispositions que nous avons précédemment indiquées.

Au moyen d'un fil conducteur attaché au bouton C, le courant de la ligne télégraphique suit la tige métallique CD, et parcourt toutes les spires de l'électro-aimant E fixé au milieu de la boîte. Après avoir suivi les fils de l'électro-aimant, le courant passe par le bouton F et la tige FA, c'est-à-dire le manche du marteau *m*. De là, grâce à un contact métallique formé de deux petits boutons en saillie, placés, d'une part au point A sur le manche du marteau, d'autre part au point R sur une même lame-ressort d'acier RJ, ce courant continue à suivre la voie qui lui est offerte par la tige RJ. Suivant enfin la bande de cuivre JZ, le courant retourne au conducteur de la ligne télégraphique, au moyen d'un fil attaché au bouton Z.

Fig. 750. — Sonnerie à trembleur.

Quand le courant électrique arrive dans l'électro-aimant E, il attire la tige A du marteau, qui est en fer et qui peut osciller autour de son point d'appui F. La tête *m* du marteau vient ainsi frapper le timbre T. Mais la tige AF s'étant déplacée, tout aussitôt le contact R n'existe plus, et la conductibilité métallique étant rompue, le courant de la ligne cesse de passer dans l'appareil. Ainsi l'électro-aimant E devient inactif; il cesse d'attirer le manche du marteau A, lequel retombe sur le ressort R. Ce contact rétablit de nouveau le circuit et le marteau *m* est de nouveau lancé contre le timbre T.

Ces effets alternatifs se produisant successivement avec rapidité, le marteau A*m* reçoit un mouvement continuel d'oscillation ou de tremblement qui dure tant que l'on fait passer dans l'appareil le courant de la ligne.

Outre la *sonnerie à trembleur*, on employait dans les postes télégraphiques la *sonnerie à rouage*. C'est un appareil plus compliqué, parce qu'on y fait usage d'un mouvement d'horlogerie et d'un ressort pour pousser le marteau contre le timbre. La force n'est donc pas communiquée au marteau par l'aimantation artificielle due au courant électrique, comme dans la *sonnerie à trembleur:* tout le rôle de l'électricité se réduit à déplacer d'une petite quantité un levier qui retient l'échappement d'un rouage d'horlogerie, et qui, rendant libre cet échappement, fait partir le marteau. Un petit électro-aimant pourvu d'une armature, voilà tout le système électrique de cet appareil; le reste ne se compose que des pièces mécaniques qui, dans les horloges ordinaires, servent à faire frapper le marteau contre le timbre de la sonnerie.

La figure 751, sur laquelle on a représenté à part l'appareil électrique, et la figure 752, qui représente le mouvement d'horlogerie, feront comprendre le jeu de cet instrument.

EE (Fig. 751) est l'électro-aimant. Quand on touche le bouton qui doit faire retentir la sonnerie, l'électricité qui parcourt le fil de la ligne passe dans les bobines de cet électro-aimant et attire leur armature de fer AV. Or cette armature AV se termine par une lame *t* qui n'est qu'un ressort plat venant buter, par sa pointe, contre un levier *l*, pressé lui-même par un ressort dont la vis *k* règle la tension. Quand l'armature AV, qui repose au point d'appui V et peut basculer sur ce point d'appui, est attirée par l'électro-aimant, le ressort *t* s'écarte du levier *l* qui, poussé par le petit ressort qui le surmonte, décroche le mouvement d'horlogerie, et tout aussitôt ce mouvement d'horlogerie fait battre le marteau contre le timbre T.

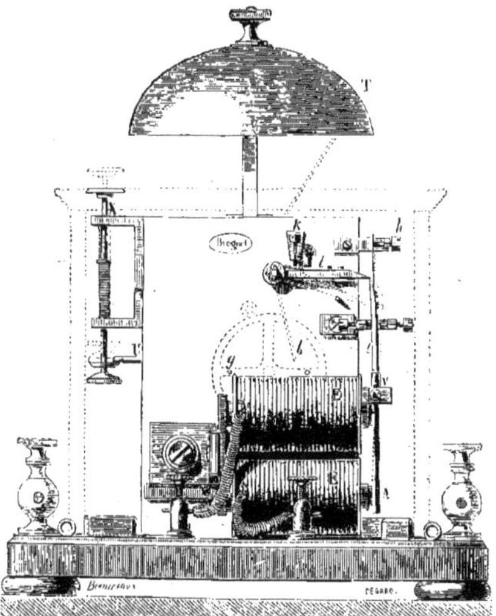

Fig. 751. — Sonnerie à rouage (organes mécaniques).

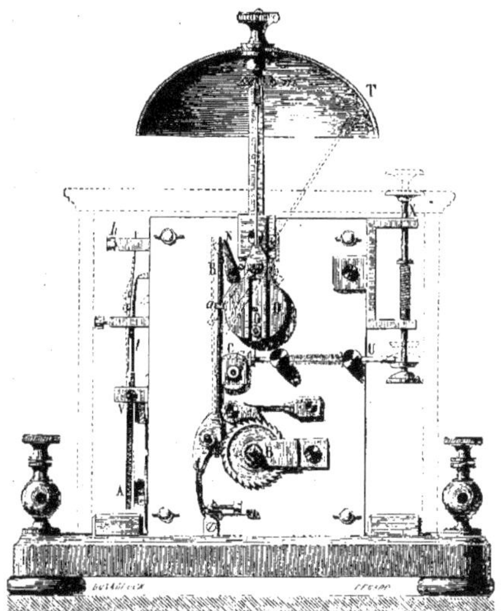

Fig. 752. — Sonnerie à rouage (organes mécaniques).

Le mouvement d'horlogerie (Fig. 752) est actionné par un ressort dont la clef de remontage se voit en B.

L'index X (Fig. 751 et 752) est ce que l'on appelle le *répondez*. Il peut arriver, en effet, que, la sonnerie ayant retenti, la personne qu'elle est destinée à appeler soit absente ou n'entende pas. Il convient alors qu'un signe très apparent se produise sur l'appareil, et y persiste, afin de montrer à l'employé qu'il a été appelé pendant son absence.

Le plus souvent, il y a dans un poste plusieurs sonneries; le signe dont nous parlons sert donc aussi à distinguer quelle est celle des sonneries qui appelle.

La tige X est, en temps ordinaire, retenue par sa partie inférieure sous la pièce U qui la maintient abaissée dans la position qu'indique la figure; mais, quand le disque D se met à tourner, l'arrêt *a* entraîne la tête de la pièce U et décroche la tige X du *répondez*. Par l'action du ressort à boudin qui la presse, cette tige s'élève hors de la boîte de la sonnerie dans la position figurée en pointillé, et elle demeure en cet état au dehors. L'employé est ainsi averti qu'il a à répondre.

Parafoudres (Fig. 753 et 754.) Les perturbations que l'électricité atmosphérique peut introduire dans le jeu des appareils télégraphiques ne sont vraiment graves qu'au moment d'un orage. Par un ciel serein, l'électricité répandue dans l'air n'exerce aucune action fâcheuse sur les instruments. Si le ciel est couvert et les nuages fortement électrisés, quand le vent vient à les chasser dans la direction du fil, ces nuages agissent sur le conducteur, et les signaux se mettent en branle. Dans ce cas, cependant, ces effets n'ont rien de très fâcheux, et ne peuvent troubler sérieusement le service.

Mais si la foudre éclate, si une décharge électrique vient à frapper le sol, le fil métallique du télégraphe offrant à l'écoulement de l'électricité un passage facile, le conducteur peut être foudroyé. Quels sont les effets de ce coup de foudre? Quelquefois, le fil du télégraphe est rompu, mais cela se produit assez rarement, le conducteur étant d'un trop fort diamètre pour être aisément fondu. Le plus souvent, la foudre, en frappant le conducteur, n'a d'autre effet que de fondre, à l'une des stations télégraphiques, le fil très fin qui s'enroule autour de l'électro-aimant, c'est-à-dire de l'appareil qui forme les signaux; alors les communications sont arrêtées.

Habituellement, tout le dommage est supporté par les poteaux. Ils sont souvent renversés ou mis en pièces.

Cependant l'expérience a montré que la foudre, conduite par les fils conducteurs, peut pénétrer dans l'intérieur d'une station télégraphique et y provoquer des dommages d'une grande gravité.

Si le coup de foudre n'a pas assez de violence pour endommager les supports placés le long de la voie, ou pour rompre le fil de l'électro-aimant, il peut cependant produire encore certains effets désagréables. La présence, dans les conducteurs, d'un excès d'électricité étrangère fait que l'électro-aimant est, à diverses reprises, fortement attiré; il s'établit ainsi, dans l'appareil destiné à former les signaux, une série d'oscillations folles qui persistent pendant plusieurs minutes. Sur le télégraphe Morse et le télégraphe Hughes, qui écrivent eux-mêmes leurs dépêches, on voit quelquefois l'instrument, subitement mis en action par l'électricité atmosphérique, inscrire sur le papier une série de signes confus et précipités : c'est l'éclair qui envoie son message et qui consigne lui-même sa présence par écrit.

Disons enfin que l'appareil télégraphique peut être influencé bien que la foudre n'ait pas directement frappé le *conducteur*. Quand un nuage électrisé se décharge à quelque distance du fil du télégraphe, il s'établit aussitôt dans le conducteur un *courant d'induction* provoqué par le voisinage de la décharge atmosphérique. Le courant d'induction fait *parler* les appareils, mais cet accident n'a aucune importance.

En temps d'orage, il faut donc prendre certaines précautions pour se mettre à l'abri de l'électricité accumulée par la perturbation météorologique dans les fils conducteurs.

Le moyen le plus sûr, c'est de faire communiquer le fil de la ligne avec le sol : l'électricité atmosphérique qui surcharge le conducteur s'écoule ainsi dans la terre, sans causer aucun mal.

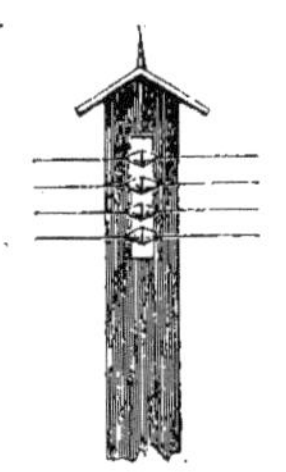

Fig. 753. — Parafoudre permanent.

Sur quelques lignes télégraphiques de l'étranger, comme en Angleterre et en Allemagne, on a voulu rendre cette communication permanente. Pour cela, on a surmonté les poteaux de la ligne de tiges métalliques terminées en pointe, comme le représente la figure 753, et reliées au sol par des conducteurs. C'était dépasser le but et prendre, par tous les temps, une précaution qui n'est utile qu'au moment des orages. Ces petits *paratonnerres de poteaux* déterminaient des pertes du courant de la ligne par les temps pluvieux; ils protégeaient les poteaux, mais non les fils conducteurs.

Il fallait un instrument particulier pour

mettre, au moment de l'orage, le fil de la ligne en rapport avec le sol, et se préserver ainsi des fâcheux effets de l'électricité atmosphérique. L'instrument dont on se sert en France est dû à Bréguet. Il suffit de l'intercaler dans le circuit de la ligne pour établir la communication avec le sol et pour mettre les employés et les appareils du poste télégraphique à l'abri de tout danger.

La figure 754 représente ce *parafoudre à pointes* dont nous avons déjà parlé. Au fil de la ligne, faisant ainsi partie du conducteur télégraphique, on a soudé un fil de fer extrêmement mince ayant un dixième de millimètre de diamètre environ, et pour protéger un si fin conducteur contre les chocs et les accidents, on l'a enfermé dans un petit tube de verre, contenu lui-même dans une enveloppe de bois. Le fil de la ligne aboutit à ce petit conducteur, au moyen d'un bouton L; de là, en suivant la tige et le bouton A, le fil se rend aux appareils télégraphiques.

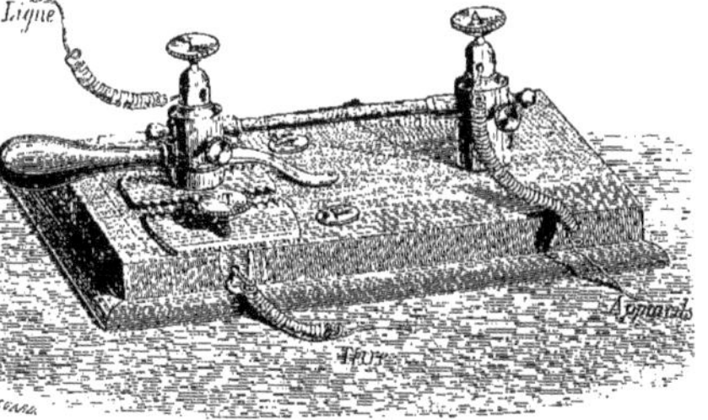

Fig. 754. — Parafoudre.

S'il survient un orage, le fil très mince contenu dans l'enveloppe est fondu, brisé ou brûlé. La communication de la ligne avec le poste télégraphique est ainsi interrompue, le courant de la ligne s'écoule dans le sol par le bouton L et le fil qui y est attaché en passant par les pointes des plaques métalliques, ce qui préserve de tout accident les appareils et les employés.

Transmissions télégraphiques

On sait avec quelle merveilleuse promptitude les dépêches sont transmises par le télégraphe électrique. Toutefois, il ne sera pas hors de propos de montrer, par quelques exemples, quelle étonnante progression a suivie, depuis un siècle, la rapidité de la transmission lointaine de la pensée par des signaux télégraphiques.

En 1801, la nouvelle de la mort de l'Empereur de Russie Paul Ier (12 mars 1801) mit vingt et un jours à arriver à Londres, par les courriers. Celle de la mort de l'Empereur de Russie Nicolas, en 1855, parvint à Londres en quatre heures un quart, par le télégraphe électrique.

L'analyse du discours du Président de la République des États-Unis, Johnson, parvient de Washington à Londres, au mois de novembre 1866, en un quart d'heure.

Voici d'autres exemples non moins caractéristiques.

La nouvelle de la bataille de Fontenoy, gagnée le 11 mai 1745, ne fut connue à Paris et annoncée par la *Gazette de France* que le 15 mai suivant, c'est-à-dire quatre jours après.

Celle de la bataille d'Austerlitz, livrée le 2 décembre 1805, ne parut au *Moniteur* que le 12 décembre suivant, c'est-à-dire dix jours après, et le rapport détaillé n'en fut publié par le *Moniteur* que quatre jours plus tard, c'est-à-dire le 16 décembre.

La prise d'Alger eut lieu le 5 juillet 1830; la nouvelle n'en fut connue à Paris que le 13 juillet au soir.

Tout change dès l'apparition de la télégraphie électrique.

Un discours prononcé le 18 janvier 1858, pour l'ouverture de la session législative, fut transmis de Paris à Alger en deux heures et y parut affiché le 19 au matin.

Pendant le siège de Sébastopol, en 1855, les dépêches parvenaient du camp français à Paris en treize heures, dont douze étaient employées par les courriers à franchir les intervalles séparant les divers tronçons télégraphiques.

Pour recevoir des nouvelles de leurs possessions dans l'Inde, les Anglais étaient contraints, au commencement de ce siècle, d'attendre l'arrivée des bâtiments, qui mettaient cinq mois à effectuer ce trajet. Plus tard, par l'établissement des services des malles de l'Inde et du chemin de fer, les communications prenaient encore deux mois.

En 1858, grâce aux chemins de fer et aux quelques lignes télégraphiques disséminées en Orient qui se rattachaient à celles de l'Europe, on recevait, dans la Cité de Londres, en vingt-cinq jours, des nouvelles de l'Inde, éloignée d'environ 20.000 kilomètres.

En 1865, la ligne télégraphique fonctionnait sans aucune solution de continuité, et l'on recevait des dépêches télégraphiques en dix heures ! Aujourd'hui tous ces délais sont encore considérablement raccourcis.

On peut, dans un autre ordre d'idées, mentionner le paradoxal tour de force que peut réaliser le câble transatlantique. On sait, en effet, que, par suite de la différence des longitudes, une dépêche, expédiée de Londres par le télégraphe sous-marin, arrive en Amérique avant l'heure de son départ d'Europe !

Enfin la *télégraphie sans fil* va certainement apporter aux intercommunications dans le Monde une rapidité et des facilités nouvelles.

TÉLÉGRAPHIE SOUS-MARINE

On songe rarement, quand les grandes inventions sont passées en pratique courante ou dépassées par de nouveaux progrès, à ce que leur réalisation a rencontré de difficultés et coûté d'efforts, parfois prodigieux.

La création de la télégraphie sous-marine en offre un mémorable exemple.

Longtemps elle fut considérée comme un beau rêve. On savait cependant qu'il serait possible, au moyen de fils métalliques revêtus d'une enveloppe isolante, d'établir des communications électriques au sein même des eaux, c'est-à-dire dans le milieu le plus susceptible, en raison de son extrême conductibilité, de disséminer le courant. Mais les difficultés de réalisation étaient grandes. La première était dans l'isolement. Les substances de nature à servir de fourreau isolateur étaient toutes d'un prix élevé ou trop cassantes. Le caoutchouc, excellent isolateur, avait contre lui sa cherté et sa rapide altération dans l'eau.

L'importation en Europe, en 1849, de la *gutta-percha*, par une Mission officielle française, permit seule de résoudre ce problème primordial, en fournissant un corps semblable au caoutchouc, mais possédant l'avantage capital d'une inaltérabilité absolue dans l'eau, douce ou salée.

On avait fait, avant de la connaître, quelques tentatives de télégraphie sous-marine. Dès 1839, dans l'Inde anglaise, sir O'Shanghuessy avait immergé dans l'Hougly, près de Calcutta, un fil de cuivre, et transmis des signaux d'une rive à l'autre. En 1840, Wheatstone projetait de relier Douvres à Calais par un câble sous-marin ; mais celui qu'il proposait avait de si mauvaises qualités conductrices qu'on ne put même le mettre à l'essai. Morse, en 1842, faisait la première expérience *sous-marine* en immergeant un câble assez bien isolé dans le port de New-York, et démontrait qu'un fil convenablement isolé peut pratiquement servir de conducteur électrique en mer. D'autres essais étaient tentés. Mais si, virtuellement, la télégraphie sous-marine était créée, dès que les lignes prenaient quelque extension, les difficultés pratiques se multipliaient.

Le physicien anglais Walker fut le premier à saisir l'importance de la gutta-percha appliquée à l'isolement des fils télégraphiques et, dès 1849, il la mit en évidence dans une expérience restée célèbre où des signaux étaient transmis, entre le port de Folkstone et un navire mouillé à 3.700 mètres au large, par un fil enveloppé de la nouvelle substance isolatrice.

Pose des premiers câbles sous-marins

Le projet de Wheatstone, d'un câble entre Douvres et Calais, fut aussitôt repris par Jacob Brett, auteur d'un télégraphe imprimeur. Un fil de cuivre, d'une longueur de 45 kilomètres, recouvert d'une enveloppe de gutta-percha de 6^{mm},5 d'épaisseur, devait servir de conducteur. Tellement imparfait d'abord que, par endroits, l'eau pénétrait jusqu'au fil par des fissures de l'enveloppe, il fut réparé en hâte.

Fig. 755. — Première tentative pour la pose d'un conducteur électrique de Douvres à Calais, faite par le *Goliath* et le *Widgeon*, le 28 août 1850.

Les points d'immersion étaient *Douvres* en Angleterre et, en France, le cap *Gris-Nez*, et le 28 août 1850 le vapeur anglais *le Goliath* sortit du port de Douvres portant en son milieu, enroulé sur un immense treuil, le câble entier recouvert de son fourreau de gutta-percha.

Le fil fut d'abord amarré solidement sur la côte. La portion destinée à reposer sur le sol était revêtue sur 300 mètres de long d'une gaine de plomb destinée à la préserver du frottement contre le rivage. Puis *le Goliath* se dirigea vers le cap Gris-Nez en dévidant et en immergeant le fil que, de distance en distance, on lestait de poids de plomb de 8 à 10 kilogrammes, destinés à l'entraîner au fond de la mer. Un autre navire, *le Widgeon*, précédait *le Goliath*, indiquant par des bouées la route à suivre, préalablement étudiée, et dont les profondeurs variaient de 10 à 75 mètres. Par le fil, en communication constante avec la station de Douvres, des dépêches indiquaient les phases successives de l'immersion, et à 8 heures du soir une dépêche, partie du cap Gris-Nez, annonçait à une foule dont l'enthousiasme avait grandi d'heure en heure le succès de l'opération.

Succès éphémère ! Quelques heures après, une dépêche partie de Douvres n'arrivait pas à destination. Le fil s'était brisé près des côtes de France. Là se trouvent des écueils et des rochers constamment battus par les vagues, et contre les chocs résultant de l'action des lames, l'enveloppe préservatrice de plomb avait été insuffisante.

Il fallait trouver une protection plus efficace. Küper eut l'excellente idée, aussitôt adoptée par une Compagnie d'entreprise, d'entourer le câble d'un cordage en fil de fer.

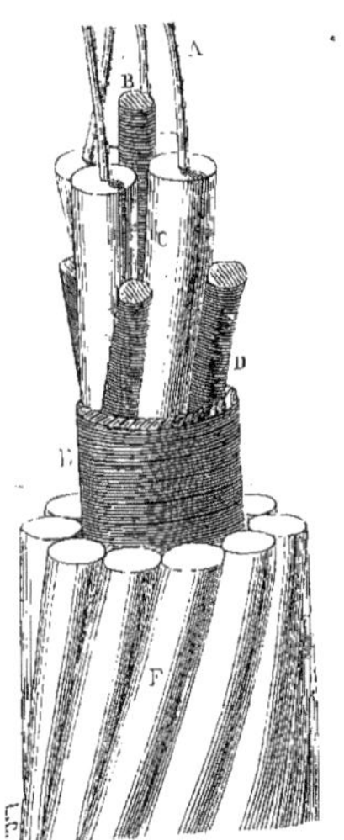

Fig. 756. — Câble sous-marin de Douvres à Calais (grandeur naturelle).

Le nouveau câble, fabriqué en trois semaines, unissait à une résistance considérable assez de souplesse pour s'enrouler sans peine autour d'un vaste tambour. Quatre fils A (Fig. 756) de 1^{mm} 1/2 de diamètre, contenus dans une gaine de gutta-percha C de 7 millimètres de diamètre, étaient entrelacés avec quatre cordes de chanvre D, et le tout était aggloméré par un mélange, de goudron et de suif de manière à former un cordon unique. Une seconde corde de chanvre E, pareille à la précédente, sauf l'absence des fils de cuivre, enveloppait la première. Enfin, pour préserver de la rupture l'appareil intérieur, le tout était fortement serré au moyen de dix fils de fer galvanisés F de 8 millimètres de diamètre. Ce système composait une sorte de câble métallique, souple et solide à la fois, de 32 millimètres de diamètre, établi comme le représentent les figures 756 et 757, et qui avait 40 kilomètres de long.

On choisit pour le point d'arrivée du fil sur la côte de la France une dune située près du village de Sangatte, à proximité de Calais. Enfoui dans le sable à sa sortie de la mer, le conducteur cheminait sous terre jusqu'à la station de Calais.

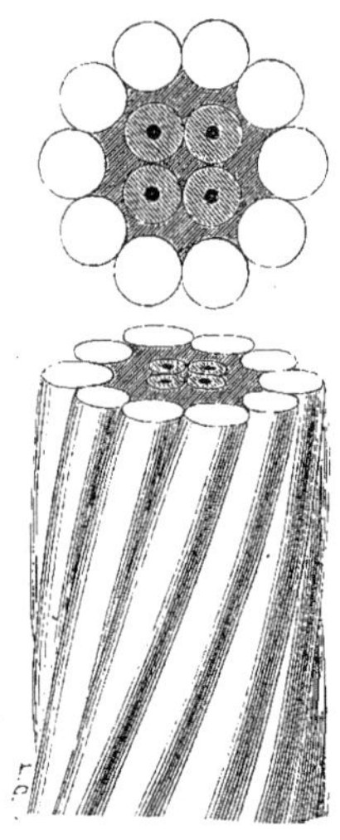

Fig. 757. — Câble de Douvres à Calais et section du même câble (grandeur naturelle).

Le point choisi sur la côte anglaise fut le cap Southerland, près de Douvres. Le bout du câble, enfermé dans un tuyau, descendait perpendiculairement sous le sol par un puits creusé dans la falaise, et se dirigeait ensuite vers la mer par un petit tunnel formant un angle droit avec le puits. Il s'avançait de cette manière jusqu'à une assez grande distance dans la mer, bien préservé du choc des lames qui déferlent sur la plage.

Le 24 décembre 1851, le câble était emmagasiné, en rouleaux superposés, dans la cale du vapeur *le Blazer;* le 25, l'immersion avait lieu. Le câble, en sortant de la cale, passait entre deux poulies de bois, faisait deux fois le tour d'une roue haute de 10 mètres et sortait par l'arrière du navire. Le soir du même jour, il reposait sur le fond de la Manche. Mais, déception nouvelle, sa longueur, mal calculée, était insuffisante, et son extrémité s'arrêtait à un kilomètre de la côte de France. La nuit arrivait, la mer était mauvaise, le câble exerçait sur le navire une traction violente qui menaçait à chaque instant de le faire chavirer. On le munit d'une bouée et, non sans appréhensions, on l'abandonna à lui-même.

En toute hâte, on prépara un bout de câble provisoire, de diamètre réduit, et le surlendemain seulement on put se mettre à la recherche du fil abandonné. Heureusement la bouée fut retrouvée, maintenant intacte l'extrémité du câble qui fut hissée à bord. On essaya, mais vainement, en tirant sur le conducteur, de le rapprocher de la côte; on se contenta de le prolonger en y attachant le câble supplémentaire provisoire qui permit d'atteindre Sangatte. En moins d'une semaine, on le remplaçait par le câble définitif et le 31 décembre, sur le rempart de Douvres, un coup de canon, provoqué par un courant électrique lancé de la rive française, inaugurait officiellement la communication sous-marine.

On voit qu'après les difficultés de la construction et de l'isolement des câbles, d'autres surgissaient imprévues, résultant des obstacles de la nature, et destinées, comme on le verra bientôt, à s'accroître démesurément avec les distances et les profondeurs à franchir.

D'autres lignes sous-marines furent établies, à courts intervalles, entre l'Angleterre et l'Irlande, l'Écosse et l'Irlande, l'Angleterre et la Belgique, la Hollande, etc... Leur pose fut l'occasion de difficultés nouvelles, également surmontées. Des câbles rompus furent relevés intacts après des années d'immersion. De tels résultats ne pouvaient qu'accroître l'initiative des ingénieurs et des promoteurs d'entreprises.

Des lignes traversaient également les rivières et les fleuves : le Rhin, à Worms, et en Angleterre, la Tay et le Forth. Les câbles devaient être construits de façon à résister aux galets roulés par les eaux et aux ancres des bâtiments. En Amérique, dans des cours d'eau rapides et chargés de sable, comme l'Ohio et le Mississipi, et dont les arbres déracinés par les ouragans draguent les lits de leurs branches et de leurs racines, la résistance devait être mieux assurée encore. On y pourvut, soit en entourant les câbles de courts tubes de fer emboîtés de façon à pouvoir tourner l'un sur l'autre et formant une carapace continue d'anneaux mobiles, soit au moyen d'une solide armature de fil de fer roulée en spirale sur toute sa longueur.

Il n'est pas plus possible de suivre la télégraphie sous-marine dans ses multiples et de plus en plus rapides développements, que la télégraphie aérienne elle-même. Certaines créations de cette première période sont cependant intéressantes à signaler.

Pendant la guerre de Crimée, en 1854, un fil de 845 kilomètres, placé dans la mer Noire, de Varna à Balaklava, et de Varna à Constantinople, relia l'Europe avec le théâtre des opérations. Malgré sa longueur, quelques jours avaient suffi à la pose. Il fut supprimé à la conclusion de la paix.

L'année 1855 marque l'échec d'une première tentative pour relier Terre-Neuve au continent américain. Le câble dut être abandonné en pleine tempête, et l'année suivante seulement un nouveau câble, posé avec succès, constituait l'amorce de la ligne atlantique, dont la réalisation était encore éloignée.

Les lignes reliant Malte et Corfou avec la Sardaigne étaient des jalons sur la route des Indes, et la Méditerranée devenait le théâtre de tentatives où les échecs furent nombreux, et où, les uns après les autres, des câbles se perdirent, brisés par les orages ou par l'action de la pesanteur à des profondeurs inattendues et comparables à celles de l'Océan.

Entreprise en 1854, arrêtée par deux insuccès en 1855 et 1856, la ligne destinée à relier la France à l'Algérie fut menée à bonne fin en septembre 1857. Mais peu après, la rupture du conducteur nécessitait une reprise de travaux, que le succès ne couronnait pas.

En 1860, un nouveau câble fut construit pour être posé entre Marseille et Alger et chargé à bord du *William Cory,* qui se rendit à Alger et commença l'immersion le 10 septembre. Dès le second jour, une *coque* passait dans les freins, arrêtant les communications, et il fallait relever le câble d'une profondeur de 2.600 mètres, retrancher la partie détériorée et faire une soudure. Le lendemain, l'agitation de la mer occasionnait de nouvelles coques et le câble se rompait par 2.400 mètres de profondeur. Il fallait encore abandonner l'entreprise. Toutefois, pour ne pas perdre la partie immergée jusqu'à la hauteur des îles Baléares, le câble fut, après quatre jours de recherches, relevé près de Minorque, où il passait, et mis en communication avec les fils qui unissent ces lignes à l'Espagne.

Le 14 novembre de la même année, chargé d'un nouveau câble et escorté du *Gomer,* le *William Cory* recommençait la pose. Mais à 162 kilomètres, une fausse manœuvre jetait le *Gomer* sur le *William Cory,* brisant machinerie et cheminées. Il fallut couper le câble et regagner au plus vite la côte. Quand on voulut, au mois de janvier suivant, le relever, la corde du grappin se cassa à la profondeur de 1.700 mètres, et l'abandon devint définitif.

L'opération, reprise en août 1861, en adoptant le tracé de Mahon à Port-Vendres, finit par aboutir en octobre, après de multiples incidents. Malheureusement diverses causes mirent rapidement hors d'usage le conducteur, dont une partie était construite depuis un an.

En juillet 1863, une nouvelle tentative était suivie d'un nouvel échec, et ce n'est que beaucoup plus tard, en 1871, que l'Algérie fut reliée définitivement à la métropole.

L'exécution de la ligne reliant l'Angleterre aux Indes, série de tronçons terrestres et de câbles sous-marins à travers la Méditerranée, la mer Rouge, le golfe Persique, l'Océan Indien, n'avait été ni moins mouvementée, ni moins fertile en déboires. La ligne entière de la mer Rouge avait dû être sacrifiée pour un tracé nouveau par la Turquie d'Asie et le golfe Persique. Du moins l'année 1865 la voyait aboutir et les communications purent s'échanger jusqu'aux Indes et, de là, jusqu'à l'Extrême-Orient.

POSE DES CABLES TRANSATLANTIQUES

Parmi les entreprises de télégraphie sous-marine, la pose des câbles atlantiques affecte un caractère vraiment grandiose et mérite de laisser le souvenir d'une des plus belles luttes de l'énergie humaine contre les obstacles de la nature.

En 1857, on essaya de relier l'Europe à l'Amérique par un câble sous-marin partant de Valentia, sur la côte ouest de l'Irlande, pour aboutir à Saint-Jean (Terre-Neuve). La longueur totale de la distance qui sépare ces deux points, mesurée en droite ligne, est de 3.100 kilomètres.

Des sondages avaient été faits sur le trajet projeté La figure 759 montre les variations de profondeur, qui atteignent 4.400 mètres.

Pour parer à toutes les déviations de route auxquelles on devait s'attendre pendant la pose du conducteur télégraphique, il fut décidé que sa longueur totale serait de 4.100 kilomètres.

La fabrication du câble (Fig. 758) fut commencée en février 1857 et terminée au mois de juillet de la même année. Il pesait 634 kilogrammes par kilomètre ainsi répartis :

Fil de cuivre	26 kilog.
Gutta-percha	64 —
Corde de chanvre	63 —
Armature de fer	475 —
Goudron et poix	6 —
	634 kilog.

Il n'y avait qu'un seul navire au Monde qui pût contenir dans ses flancs la masse gigantesque du câble atlantique : c'était le *Great-Eastern,* alors nouvellement construit et nommé d'abord le *Léviathan.* Mais à cette époque, il n'avait encore été éprouvé par aucune traversée, et lui confier l'opération de la pose du câble atlantique, c'était s'exposer à perdre le fruit d'une entreprise aussi importante. Le câble fut donc partagé entre deux vaisseaux appartenant à chacune des nations intéressées : le *Niagara,* la plus grande frégate à hélice qui eût encore été construite aux États-Unis, et l'*Agamemnon,* frégate anglaise de 3.100 tonneaux.

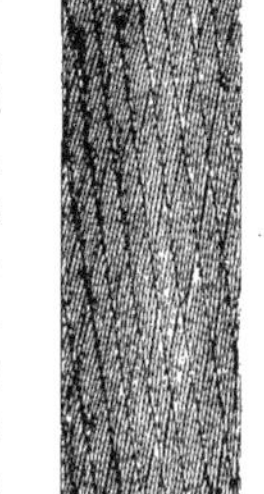

Fig. 758. — Câble transatlantique de 1857. Coupe et vue extérieure (grandeur naturelle).

Il fut décidé que le *Niagara* atterrirait le câble à l'extrémité du port de Valentia et le filerait jusqu'à l'épuisement de sa cargaison. Alors l'*Agamemnon* devait souder, en plein Océan, le bout de la moitié qu'il portait à la portion déjà immergée, et dérouler cette seconde moitié jusqu'à Terre-Neuve.

Le 29 juillet 1857, le *Niagara,* accompagné de la *Susquehanna,* arriva à Queenstown (Irlande), où il avait été précédé par l'*Agamemnon,* le *Léopard* et le *Cyclope.*

Le 5 août 1857, l'extrémité du câble fut amenée à terre pour être fixée dans la station télégraphique qui avait été construite sur les falaises de Valentia. Il fut hissé à cette hauteur, au milieu de l'enthousiasme général.

La flottille mit à la voile dans la soirée du jeudi 7 août, et le *Niagara* commença la pose.

On avait à peine déroulé 10 kilomètres de câble qu'il s'entortilla dans la machinerie de dévidement et se brisa. La partie immergée fut retirée de la mer et soudée, dans la même journée, à la portion restée à bord du *Niagara,* et la pose fut reprise.

Tout allait bien, mais à 500 kilomètres de Valentia la mer était forte, le vent soufflait et le câble déviait beaucoup. Entraîné par un courant sous-marin dont on ne soupçonnait pas l'existence, il se déroulait à raison de 6 et même de 7 nœuds, c'est-à-dire avec une vitesse hors de proportion avec celle du bâtiment. Le mécanicien chargé de surveiller le dévidement, jugeant la vitesse trop considérable, avait

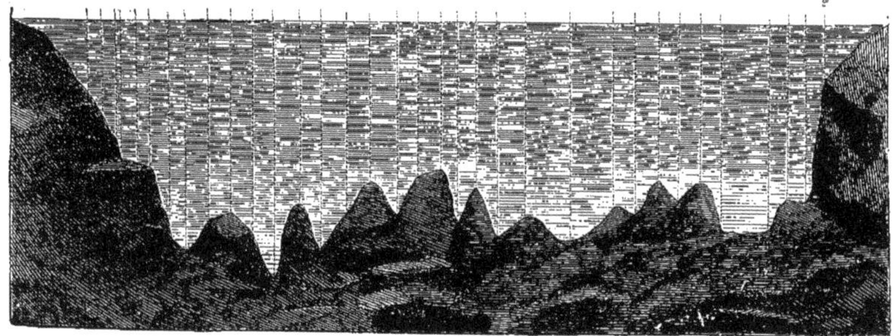

Fig. 759. — Profondeurs de l'Océan Atlantique sur le trajet de l'Irlande à Terre-Neuve, d'après les sondages du lieutenant Dayman, faits avec le *Cyclope* en 1857.

cru devoir serrer le frein, dans un moment où l'arrière du bâtiment plongeait : mais le tangage faisant subitement relever la poupe, le câble se rompit au-dessous de la dernière poulie.

La profondeur, 3.240 mètres, rendait un relèvement problématique. D'autre part, en raison des déviations du câble, il n'en restait à bord que 2.970 kilomètres, excédant de 12 pour 100 seulement le trajet restant à accomplir. L'insuffisance était manifeste. On revint en Angleterre.

Le 10 juin 1858 commença une seconde expédition. L'*Agamemnon* et le *Niagara* quittaient le port de Plymouth, chargés chacun de la moitié du câble atlantique, et accompagnés de deux vapeurs, le *Valorus* et le *Gorgon*.

Ils devaient cette fois commencer la pose en plein Océan, au milieu de la distance à franchir, et, après avoir soudé les deux moitiés du câble, les dérouler simultanément, l'un dans la direction de l'Amérique, l'autre dans celle de l'Irlande.

Dès son départ, la flottille eut à lutter contre un temps et des vents contraires, et l'*Agamemnon* ne parvint au rendez-vous que le 26 juin, après avoir été seize jours en danger.

L'opération commencée, les incidents se multiplièrent. A trois reprises, le câble se rompit, et successivement les deux bâtiments regagnèrent l'Angleterre, après un nouvel échec où 760 kilomètres de câble avaient été sacrifiés.

Fig. 760. — L'*Agamemnon* posant le câble atlantique (2 août 1858).

Mais ce qui restait à bord des navires et dans les ateliers de fabrication suffisait pour une troisième tentative. De nouveau les deux navires se rejoignirent au milieu de l'Océan. Cette fois le succès couronnait l'entreprise, l'*Agamemnon* atteignait heureusement Valentia et le *Niagara* Terre-Neuve, et, le

5 août 1858, la communication électrique était établie entre l'Europe et l'Amérique.

Ce grand événement fut célébré en Amérique par toutes les manifestations de la joie publique, et l'Angleterre allait y répondre quand un accident grave suspendit les élans de l'enthousiasme britannique.

Cet accident, c'était l'interruption des dépêches transmises par le câble. Dès les premiers jours de l'établissement de la ligne atlantique, les signaux avaient commencé à présenter une irrégularité qui ne fit qu'empirer. Vers le 5 septembre, les communications étaient à peu près complètement suspendues, et le courant finit par ne plus parvenir à l'extrémité du câble.

On essaya de déterminer en quel point du fil s'était produite l'altération qui laissait perdre dans l'Océan le courant électrique, et l'on reconnut qu'elle existait à une distance très éloignée des deux rivages.

Le désappointement public fut considérable.

On attribua la détérioration si prompte du câble de 1858 au mauvais choix du modèle adopté, à sa fabrication trop hâtive, enfin aux manipulations sans nombre qu'il avait subies, aux alternatives de sécheresse et d'humidité par lesquelles il avait passé. Au mois d'avril 1860, on put en relever quelques kilomètres, sur la côte de Terre-Neuve. Le noyau central était assez bien conservé ; mais l'armature extérieure était rongée par la rouille et n'offrait plus aucune résistance.

Des années se passèrent durant lesquelles diverses tentatives de recherches ou de relèvement ne donnèrent que d'insignifiants résultats.

Cependant, une Commission instituée par le Gouvernement anglais faisait des expériences remarquables, qui amenaient à des résultats tout nouveaux. C'est alors que l'on parvint à supprimer les *courants d'induction* qui se formaient dans l'armature métallique, et qui étaient une cause de trouble et de retard dans le passage du courant principal.

Bien différent, en effet, d'un fil aérien, le câble atlantique est immergé dans un milieu qui conduit parfaitement le fluide électrique, comme toutes les dissolutions salines. La couche de gutta-percha qui l'enveloppe n'est pas douée, malgré son épaisseur, d'une propriété isolante absolue. De là, une première cause de déperdition du courant électrique.

En outre, un câble sous-marin se compose, en général, d'un fil de cuivre, placé au milieu d'une couche de gutta-percha, entourée elle-même d'une seconde enveloppe de chanvre ; enfin, il est cerclé, à l'extérieur, au moyen d'un certain nombre de fils de fer. Ainsi ficelé par un cordon métallique, le câble se trouve dans les conditions d'une véritable *bouteille de Leyde*. Pendant que le fil de cuivre intérieur est parcouru par un courant positif, par exemple, l'armature se charge d'électricité négative. Le fluide positif est repoussé et se perd dans la mer, tandis que le fluide négatif, restant dans l'enveloppe, réagit à son tour sur le courant positif intérieur dont il paralyse, en forte proportion, l'énergie.

Pour anéantir l'effet nuisible du courant d'induction extérieur, l'ingénieur électricien Witehouse eut la pensée d'envoyer, alternativement, dans le câble, de l'électricité positive et de l'électricité négative. A cet effet, il fit usage d'un pendule qui, venant successivement en contact avec le pôle positif et avec le pôle négatif de la source d'électricité, envoyait alternativement dans le conducteur, à un intervalle marqué par chacune de ses oscillations, un courant positif et un courant négatif. Par suite de cette alternance de courants de noms contraires, les courants d'induction successivement provoqués par chacun d'eux se trouvaient eux-mêmes de noms contraires et se neutralisaient mutuellement.

On avait reconnu que le meilleur moyen

d'éviter les courants d'induction, c'était de faire usage de courants électriques excessivement faibles. Mais, pour faire fonctionner les appareils télégraphiques avec de très faibles courants, il fallait posséder un appareil à signaux extrêmement sensible. C'est alors que le savant William Thomson, plus tard Lord Kelvin, construisit le *galvanomètre* que nous avons précédemment décrit sous ce nom, et qui a pour but d'amplifier et de rendre sensibles les plus légers mouvements produits par les déviations de l'aiguille aimantée de l'appareil à signaux.

Cette série de perfectionnements apportés, de 1858 à 1865, aux instruments de télégraphie électrique, faisait envisager avec confiance le résultat d'une nouvelle tentative.

On avait toujours considéré comme regrettable la nécessité d'embarquer le câble sur deux navires séparés. Mais où trouver un navire assez vaste pour recevoir dans ses flancs la masse effrayante du câble transatlantique? Il n'en existait qu'un, nous l'avons dit, c'était le *Great-Eastern*.

Fig. 761. — Le *Great-Eastern*.

Ce précurseur de nos colosses contemporains, lancé non sans peine en 1858 sous le nom de *Leviathan*, était l'œuvre d'un Français d'origine, Brunel, l'ingénieur du tunnel de la Tamise. Il devait établir, sur une vaste échelle, un système de communications rapides entre l'Angleterre et l'Océanie. Ses débuts avaient été malheureux, mais quelques années d'épreuves l'avaient singulièrement perfectionné. Cependant, faute d'un emploi pour lequel sa masse fût une nécessité, il gisait inutile dans la Tamise, quand on se décida à lui confier la pose du câble atlantique.

Bien dépassé de nos jours, le *Great-Eastern* était vraiment alors et devait rester longtemps le monument des mers, avec ses 209 mètres de longueur sur 25 de large et sa capacité de 22.500 tonnes. Il pouvait recevoir 4.000 personnes. A la fois à voile et à vapeur, il portait six mâts. Quatre machines, d'une puissance totale de 1.000 chevaux, actionnaient ses roues de $17^{m},70$ de diamètre, et quatre autres, de 1.600 chevaux ensemble, faisaient tourner une hélice d'un diamètre de $7^{m},32$.

Le câble qui lui était confié (Fig. 762) comportait un conducteur formé d'un toron de 7 fils de cuivre recuit, qui avait $3^{mm},6$ de diamètre et pesait 74 kilogrammes par kilomètre. Le poids de la substance isolante fut élevé à 98 kilogrammes par kilomètre. L'âme du câble pesait ainsi 172 kilogrammes par kilomètre au lieu de 84 que pesait le câble de 1858.

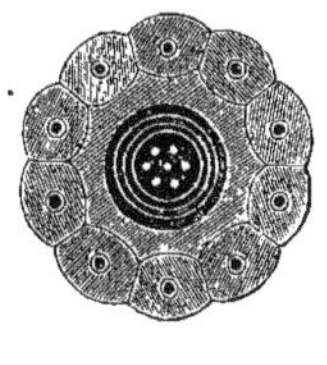

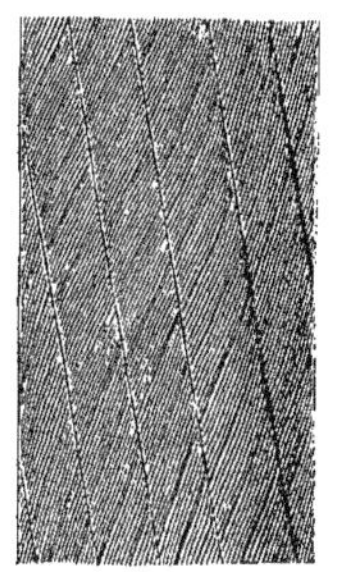

Fig. 762. — Câble atlantique de 1865 (grandeur naturelle).

Le fil central, autour duquel les six autres s'enroulaient pour former le toron, était préalablement enduit d'une couche de gutta-percha rendue visqueuse par du mastic *Chatterton,* qui emplissait tous les interstices et diminuait l'induction.

Les sept fils formant ainsi un lien compact recevaient quatre couches alternées de mastic *Chatterton* et de gutta-percha. Pour l'armature, on diminua son poids spécifique, tout en augmentant sa solidité. Elle était constituée par un toron de 10 fils, dont chacun avait $2^{mm},5$ de diamètre et était préalablement recouvert d'une gaine de filin goudronné, formé de chanvre de Manille.

Le diamètre total du câble était de 27 millimètres. Son poids, de 982 kilogrammes par kilomètre dans l'air, se réduisait dans l'eau à 390 kilogrammes. Sa résistance à la rupture était de 7.860 kilogrammes et lui permettait de soutenir verticalement son propre poids sur une hauteur de 2 kilomètres dans l'air.

Sa longueur enfin de 4.760 kilomètres laissait pour les pertes près de 40 pour 100, indépendamment des deux câbles côtiers de 50 kilomètres destinés aux atterrissements.

Pendant toute la durée de sa construction, le câble avait été maintenu sous l'eau dans huit vastes cuves intallées dans l'usine.

Il fut terminé le 29 mai 1865, après huit mois de travail.

A bord du *Great-Eastern,* on le *lova* dans trois immenses cuves installées au milieu du navire et reposant chacune sur un lit de ciment. Celles du milieu et de l'arrière avaient $17^{m},50$ de diamètre et celle de l'avant $15^{m},75$ sur $6^{m},25$ de hauteur.

Les appareils de dévidement avaient reçu des perfectionnements inspirés par les expériences précédentes.

En s'élevant au-dessus de la cale, au sortir de la cuve, le câble passait dans la rainure profonde d'une roue de fer, et filait, le long d'un auget plein d'eau, jusque sur le pont. Arrivé là, il s'engageait dans les gorges de six roues verticales successives, s'enroulait quatre fois autour d'un double tambour qui n'était autre chose que deux roues plus larges et plus hautes que les six premières, puis dans la gorge d'une dernière roue placée au-dessus et en dehors de l'extrême poupe, et tombait enfin à la mer.

Le câble était constamment humecté d'eau, pendant son déroulement, à l'aide de pompes qui jouaient incessamment.

En prévision de tous événements, un cordage de fer, long de 9.260 mètres, était destiné à soutenir le câble, et à y fixer une bouée si l'on était obligé, en le coupant, de le laisser filer au fond de la mer. Enfin, une machine spéciale placée à l'avant devait servir à relever le câble en cas de rupture, ou si un défaut venait à s'y manifester.

Fig. 763. — Lovage du câble atlantique dans l'une des cuves de la cale du *Great-Eastern*.

Le *Great-Eastern* appareilla le 15 juillet 1865 avec un chargement de 21.350 tonnes. Son équipage, y compris les ingénieurs, les électriciens, et les agents des entrepreneurs, formait un total de 500 personnes.

On trouva en Irlande les deux steamers d'escorte *le Terrible* et *le Sphinx*, et le 22 juillet on procéda à l'immersion du câble côtier que portait un autre vapeur, *la Caroline*. Une extrémité en fut halée à terre et placée dans la tranchée souterraine préparée pour le recevoir, puis la communication établie avec le poste télégraphique de terre, et *la Caroline* se mit en marche, déroulant le câble. L'immersion était terminée à minuit. Le lendemain le raccord des deux câbles était pratiqué à bord de *la Caroline,* l'isolement vérifié avec des précautions minutieuses, et le joint jeté à la mer.

La mission du *Great-Eastern* commençait.

Le 23 juillet, précédé du *Terrible* et du *Sphinx,* il s'éloignait des côtes de l'Irlande. L'immersion du câble se faisait avec régularité; de Valentia, les agents du télégraphe échangeaient continuellement des dépêches avec le navire, et suivaient sa marche avec une sollicitude facile à comprendre. L'espoir était dans tous les cœurs. Mais le 24, à 3 heures du matin, lorsqu'on avait filé 156 kilomètres de câble, le galvanomètre, n'indiquant plus qu'un très faible courant, signalait une déperdition d'électricité.

Le désappointement était général à bord des trois navires, et déjà l'on déclarait que, malgré les soins les plus minutieux, la perfection des instruments employés, et la science des ingénieurs venus à bord, l'entreprise ne pourrait jamais être conduite à bonne fin, parce qu'une fois le câble immergé, il semblait impossible de réparer ses avaries.

Il fallait cependant relever la partie immergée du câble, pour rechercher le point défectueux. Mais on rencontra alors des difficultés inouïes. Lorsque, après une longue course sous le vent, on commença à ramener à bord les premières parties du câble, on s'aperçut que la machine destinée au relèvement n'avait pas la force suffisante pour cette opération. On eut toutes les peines du monde à empêcher que le câble ne fût endommagé, car le navire s'élevait et s'abaissait, entraînant avec lui le câble qui pendait à sa proue. On ne pouvait relever qu'*un mille* par heure; à minuit, on n'en avait relevé encore que 11 kilomètres. Les sondages faisaient reconnaître le fond à 900 mètres.

Fig. 761. — Appareil de dévidement du câble atlantique à bord du *Great-Eastern* (1865).

On continua pourtant à relever le câble et à l'emmagasiner dans le même bassin d'où il avait été retiré.

Le 25 juillet, à 9 heures 45 minutes du matin, 85 kilomètres étaient relevés. Enfin, à la grande joie de tous, on découvrit le défaut.

Un fil de fer, un peu recourbé, tranchant à son extrémité, comme s'il avait été coupé avec une pince, traversait le conducteur de part en part pénétrant jusqu'au fil central, ce qui faisait nécessairement se perdre dans la mer le courant électrique.

On coupa la partie détériorée, et l'on pratiqua une soudure entre le bout du câble qui venait d'être repêché et celui qui était à bord. Puis on se remit en route.

Mais la journée ne devait pas se terminer

Fig. 765. — Le *Great-Eastern* lançant une bouée à la mer, pour fixer la place du câble atlantique perdu.

sans nouvel incident. A trois heures, une seconde interruption jetait la consternation dans tous les esprits. On allait reprendre cependant les opérations de la veille, quand les signaux purent se retransmettre. Ce n'était cette fois qu'une alerte !

Les quatre jours suivants, l'immersion se poursuivait normalement, quand le 29 juillet la communication se trouva de nouveau interrompue. Le relèvement dut recommencer par 3.700 mètres de profondeur.

Le lendemain, après avoir relevé deux *milles* un quart, on trouva la cause de l'accident, et l'on put couper et réparer le câble endommagé.

La découverte de cette cause produisit une impression des plus pénibles. C'était la répétition du même accident découvert quatre jours auparavant; un morceau de fil de fer introduit de force à travers la gutta-percha, de manière à percer le câble de part en part. Son diamètre correspondait exactement au diamètre du fil de fer qui formait l'enveloppe extérieure. On ne put s'empêcher de soupçonner l'œuvre de quelque ennemi intéressé du câble, ou de quelque malfaiteur insensé.

Le 2 août, 2.244 kilomètres de câble étaient filés et l'œuvre accomplie aux deux tiers, quand se produisit une troisième interruption. On escomptait le même succès. Déjà trois kilomètres de fil étaient relevés, mais le fonctionnement des machines était insuffisant, la traction du câble énorme, et le frottement contre les haussières fatiguait son armature. Subitement il se brisait à 10 mètres de l'avant du navire, retombant de tout son poids à la mer.

Ce n'était plus une interruption de conductibilité, mais une rupture complète du fil. Tant de soins, tant d'efforts devaient-ils être perdus? Repêcher le câble était une tentative bien incertaine. Jamais on n'avait dragué à pareille profondeur, 3.600 mètres! Puis, le câble saisi, les chaînes en supporteraient-elles le poids sans se briser?

Un grappin de fer fut lancé à la mer avec 4.600 mètres d'une chaîne formée de diverses parties réunies par des anneaux en fer, afin d'éviter les effets de torsion, et le *Great-Eastern* revint sur ses pas, laissant traîner son grappin, et courant de petites bordées perpendiculaires à la direction suivie pendant la pose.

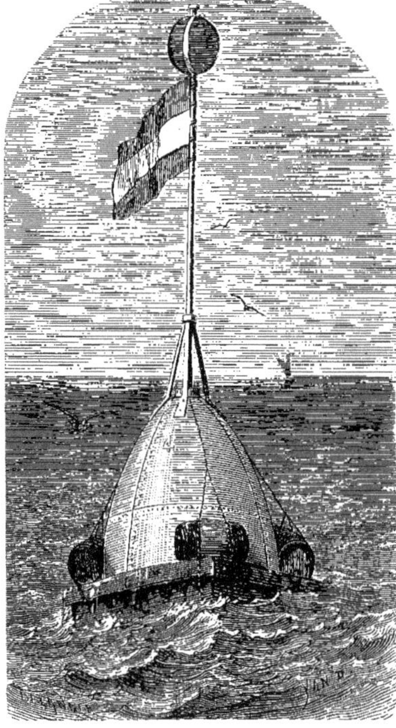

Fig. 766. — Bouée fixant la place du câble atlantique perdu.

Au bout de quinze heures de cette manœuvre, le grappin avait saisi le câble, qu'on se mit à relever avec les plus grandes précautions. Une moitié au moins de la chaîne du grappin était déjà à bord, quand un de ses anneaux se brisa! Le brouillard commençait à se former. On n'eut que le temps de descendre une bouée, pour avoir un point de repère sur la mer.

Après le brouillard, vint le gros temps.

Ce ne fut qu'au bout de trois jours, que l'on put retrouver la bouée. Le grappin s'empara encore du câble, qui fut hissé avec un redoublement de précautions. Il s'était élevé lentement d'un mille et demi, quand un anneau de la chaîne se brisa encore.

On recommença les mêmes expériences trois jours après, mais sans plus de succès. Des fragments du grappin furent enlevés par le frottement de l'armature du câble.

Dans une quatrième tentative, le câble fut encore ressaisi et tiré à bord sur une longueur de 550 mètres; mais pour la quatrième fois la chaîne se rompit sans que l'extrémité du câble fût parvenue jusqu'à la surface de l'eau pendant aucune de ces tentatives.

Enfin, après avoir épuisé tout ce qu'il avait à bord de cordes et de chaînes, le *Great-Eastern* renonça à l'entreprise et cingla vers l'Angleterre, où l'on croyait qu'il s'était perdu corps et biens. Avant de quitter définitivement le théâtre de ce drame maritime, témoin de tant d'efforts inutiles, on jeta à la mer une seconde bouée (Fig. 765).

Telle fut la triste fin de la campagne de 1865. Cette expérience, grandiose autant que coûteuse, avait au moins démontré l'excellence du conducteur au point de vue de l'isolement et de la résistance, et la possibilité de retirer un câble par des fonds de près de 4.000 mètres, à la condition d'éviter des frottements trop violents contre le bordage.

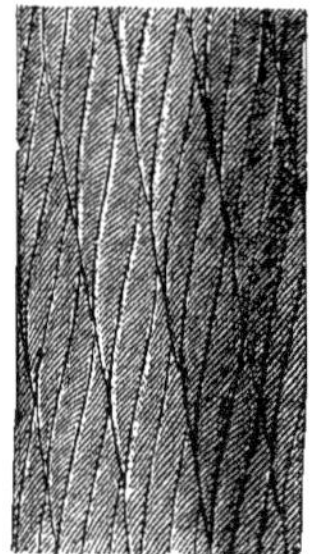

Fig. 767. — Câble atlantique 1866 (grandeur naturelle).

Aussi le découragement n'atteignit pas les vaillants ouvriers du progrès. On recommença la fabrication d'un nouveau câble, et on se prépara à relever l'ancien. C'étaient maintenant deux conducteurs au lieu d'un, que l'on voulait établir entre les deux Mondes.

Plus léger et un peu plus flexible que celui de 1865, le nouveau câble (Fig. 767) en différait peu. Son noyau intérieur se composait toujours d'un faisceau de sept fils de cuivre de 3^{mm},6 de diamètre dont six enroulés autour du septième. Il était enveloppé également d'une couche de gutta-percha rendue visqueuse par le *mastic de Chatterton,* puis de quatre couches de gutta-percha alternant avec autant de couches de mastic, et portait semblable armature de dix solides fils de fer galvanisé de 2^{mm},5, recouverts séparément d'une gaine de chanvre de Manille, et enroulés en hélice autour de l'âme du câble, bourrée encore d'une couche intermédiaire de *jute.* Le diamètre était de 27 millimètres.

Deux fois et demie plus gros, les câbles côtiers (Fig. 768) portaient deux ceintures de fils de fer séparées par une gaine de gutta-percha.

Malgré son énorme capacité, le *Great-Eastern* n'aurait pu recevoir le câble entier, avec le supplément préparé en prévision de la seconde ligne à compléter. On fréta deux autres bâtiments à vapeur, le *Medway* et l'*Albany.* Le câble de côte pour le rivage d'Irlande fut placé sur un troisième, le *William Cory;* le câble côtier destiné à Terre-Neuve était porté par le *Medway.*

Quelques réparations avaient été faites au *Great-Eastern.* Les roues pouvaient devenir indépendantes pour permettre au navire de tourner rapidement sur lui-même, et leur diamètre était diminué pour réduire la vitesse. L'appareil de déroulement était muni d'un système d'engrenages qui en permettait le renversement et le rendait propre à retirer au besoin le câble de la mer et à le ramener dans le navire. L'appareil spécial de relèvement était renforcé : d'autres étaient placés à bord du *Medway* et de l'*Albany.* Et comme le dragage allait jouer un rôle essentiel, puisqu'il s'agissait de retirer l'ancien câble d'une profondeur de près de 4.000 mètres, on avait rassemblé tout un arsenal de cordages et de grappins.

Enfin, pour prévenir des actes de malveillance comme ceux auxquels on attribuait la désastreuse présence des épis de fer trouvés par deux fois dans le câble de 1865, les équipages n'avaient été formés que d'hommes sûrs : ils étaient revêtus de camisoles de toile boutonnées par derrière

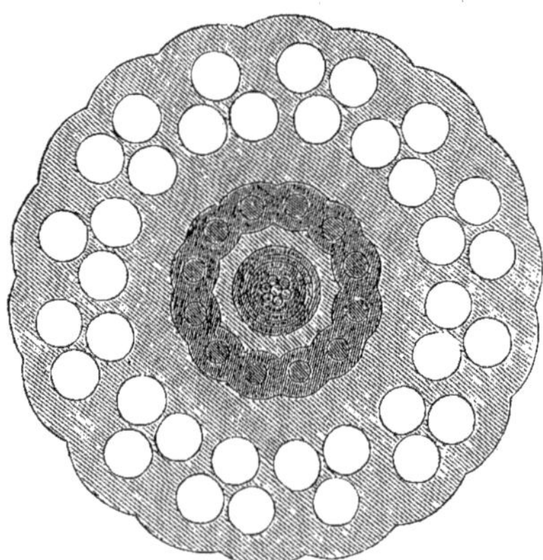

Fig. 768. — Portion côtière du câble atlantique de 1866 (grandeur naturelle).

et dépourvues de toute poche qui permit de dissimuler aucun instrument; ils avaient souscrit à cette clause draconienne que l'auteur de la moindre tentative coupable serait immédiatement jeté par-dessus bord.

Le 12 juillet 1866, le *Great-Eastern,* précédé du *Terrible,* du *Medway* et de l'*Albany,* et accompagné d'un quatrième vapeur, le *Raccoon,* de la Marine royale, arrivait à Valentia. Le câble côtier était déjà posé par le *William Cory :* la flottille alla rejoindre la bouée qui, à 50 kilomètres en mer, en marquait l'extrémité. Hissé à bord du *Great-Eastern*, il était immédiatement soudé au grand câble, et, au bruit des *hourrah* des cinq équipages, le dévidage commençait.

Cette fois le succès devait enfin couronner l'entreprise; les incidents, inévitables et émouvants toujours, ne furent que de fausses alertes, et le 27 juillet, le *Great-Eastern* atteignait Terre-Neuve et entrait dans le havre au nom prédestiné de *Heart's-Content* (Contentement du cœur), choisi pour l'atterrissement du câble.

La soudure et l'immersion du câble côtier complétaient l'opération.

Il restait à accomplir la seconde partie de la tâche confiée à cette glorieuse expédition. Le câble de 1865 reposait toujours au fond de l'Océan, inactif et muet.

Le *Terrible* et l'*Albany* partirent le 1er août 1866 pour procéder à sa recherche. Le lendemain, le *Great-Eastern* partit à son tour, accompagné par le *Medway.*

Le 13 août, le *Great-Eastern* jeta ses premiers grappins, par un temps très favorable.

Les machines destinées au relèvement du câble fonctionnèrent, cette fois, avec un plein succès. Le 17 août, le câble de 1865 fut soulevé par le *Great-Eastern.* Déjà il faisait son apparition à la surface de l'Océan aux acclamations frénétiques de l'équipage, quand on vit les grappins lâcher leur proie, qui retomba lourdement dans son lit profond de vase et de sable.

Le désappointement fut proportionné à l'enthousiasme qui l'avait précédé.

On laissa filer de nouveau la corde du grappin, pour recommencer les recherches. L'*Albany* et le *Medway* devaient y coopérer.

Le dimanche, 19 août, la sonde du *Great-Eastern* surprit pour la seconde fois le fugitif dans les profondeurs où il s'était retiré, et l'on s'empressa de marquer sa place par une bouée. Le temps ne permettait pas le relèvement, et le grappin ne fut jeté de nouveau que le 23.

Le 25, la provision de cordes d'acier avait déjà diminué assez notablement, par suite de ces opérations.

Le lendemain, on passa sur le câble sans pouvoir l'accrocher. C'était la dixième fois que le grelin l'avait traîné sur le fond de l'Océan.

On comprendra mieux les difficultés du relèvement, si l'on songe qu'il fallait deux heures pour descendre le grappin au fond de l'eau; qu'il ne suffisait pas de trouver le câble, mais qu'il fallait attendre une mer assez calme pour procéder au halage. Pendant ce temps, le navire devait arrêter sa marche et rester en place aussi exactement que possible, sous peine de briser les appareils.

Le même jour le *Medway* saisissait le câble, mais pour le casser et perdre la bouée qui en marquait la place. Heureusement le lendemain matin, l'*Albany* réussissait à le rattraper et à y attacher une nouvelle bouée. L'*Albany* avait à son bord les appareils de relèvement dont le *Great-Eastern* avait fait usage l'année précédente. En s'aidant de la bouée, on parvint, dans la soirée, à hisser le câble. Mais le dynamomètre montra bientôt qu'on n'avait repêché qu'un petit morceau détaché de la ligne principale.

Le *Great-Eastern* recommença les sondages dans une profondeur de 3.475 mètres.

Le lendemain, la tension du dynamomètre annonça qu'on était encore une fois tombé sur le câble. Les machines travaillèrent toute la nuit.

Le 1er septembre, par une mer calme et unie comme un miroir, le câble n'était plus qu'à 1.463 mètres de la surface. On arrêta le travail de relèvement et on attacha le câble à une bouée.

Le 2, le câble fut encore une fois accroché et l'on se disposa à le retirer de l'eau.

A une heure du matin, le grappin parut à la surface de l'eau, avec le câble de 1865. Il régnait en ce moment, à bord du *Great-Eastern,* un silence absolu, contrastant avec les cris d'enthousiasme qui avaient accueilli la première apparition du câble.

Aussitôt, des ouvriers descendus au moyen de cordes attachées autour de leur corps fixèrent sur le câble d'énormes paquets d'étoupes et l'attachèrent à des cordes de chanvre. Il fallut le dégager à coups de marteau de l'étreinte du grappin. Enfin il put être hissé à bord et enroulé sur les immenses poulies qui l'attendaient; de là, il arrivait aux appareils installés sur le pont.

A ce moment encore, l'équipage, habitué à tant de déceptions, restait silencieux et attentif, n'osant se livrer à une joie expansive. Une question capitale restait à résoudre. Après un an de submersion, le câble conservait-il la propriété de conduire l'électricité d'une manière satisfaisante?

La jonction fut opérée avec l'appareil des signaux télégraphiques, et l'électricien en chef se livra aux épreuves de vérification au milieu d'un religieux silence.

A bout de dix minutes d'attente, il déclara l'isolement parfait, et, jetant son chapeau en l'air, il poussa un *hourrah,* qui fut répété par toute l'assemblée. Les cris d'enthousiasme, longtemps contenus, éclatèrent d'un bout à l'autre de l'immense navire. Deux fusées annoncèrent aux autres bâtiments le succès définitif de l'opération, et leurs acclamations répondirent à celles du *Great-Eastern.*

En quelques heures, la soudure était faite avec le câble complémentaire qui se trouvait à bord du *Great-Eastern,* et on commença à le dévider, en reprenant la route de 1865.

Le 8 septembre, le *Great-Eastern* était parvenu à Terre-Neuve, après avoir déroulé la totalité du vieux câble. Le lendemain, le *Medway* posait le *câble côtier* qui complétait la seconde ligne télégraphique à travers l'Océan.

Après la pose du câble transatlantique et l'établissement, enfin définitif, d'une ligne télégraphique sous-marine entre la France et l'Algérie, le réseau télégraphique sous-marin prit une très rapide extension.

En 1869, la longueur totale des câbles sous-marins atteignait à peine 38.000 kilomètres; en 1870, cette longueur était portée à 60.000 kilomètres environ. Depuis cette année jusqu'en 1880, on a immergé 92.600 kilomètres de câbles, et 314.000 kilomètres de 1880 jusqu'à ce jour.

Le réseau télégraphique sous-marin qui est aujourd'hui livré à l'exploitation comprend 466.945 kilomètres environ de câbles, dont 84.065 appartiennent à des Gouvernements et 382.880 à des Compagnies privées.

Si tous ces câbles étaient ajoutés bout à bout, leur longueur suffirait pour faire plus de onze fois le tour de la Terre, ou encore on pourrait relier la Terre à la Lune et il resterait, en outre, assez de câble pour faire plus de deux fois le tour de la Terre. Le capital que représente ce vaste réseau sous-marin est estimé à 1 milliard et demi.

En France, le réseau des câbles ne s'est développé que lentement. Ce réseau comprend 20.700 kilomètres de câbles appartenant au Gouvernement français et 22.412 kilomètres possédés et exploités par la Compagnie française des Câbles télégraphiques.

C'est la *Société générale des Téléphones,* qui a pris depuis le nom de *Société industrielle des Téléphones,* qui construisit, en

1890, la première usine française de câbles sous-marins. Cette usine est à Calais. Une seconde usine a été établie à Saint-Tropez (Var). Ces deux usines peuvent produire annuellement 12.000 kilomètres de câbles. L'Administration française possède aussi une usine à la Seyne, près Toulon.

ÉQUIPEMENT DES LIGNES SOUS-MARINES.

Câbles sous-marins (Fig. 769 et 770.) Les câbles sous-marins construits par la Société industrielle des Téléphones se composent essentiellement d'un conducteur en cuivre, dans lequel le courant circule. Ce conducteur, placé au centre du câble (Fig. 769), est recouvert d'une enveloppe isolante en gutta-percha, qui a pour but d'empêcher les pertes de courant. Le conducteur et son enveloppe isolante forment *l'âme* du câble. Le conducteur est constitué par un toron de fils fins, ayant chacun environ 1 millimètre de diamètre, enroulés autour d'un fil central, le tout noyé dans une composition résineuse nommée *chatterton*.

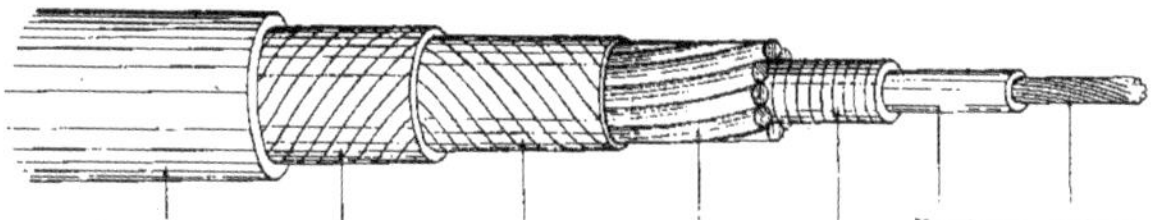

Fig. 769. — Câble intermédiaire ou de profondeur.

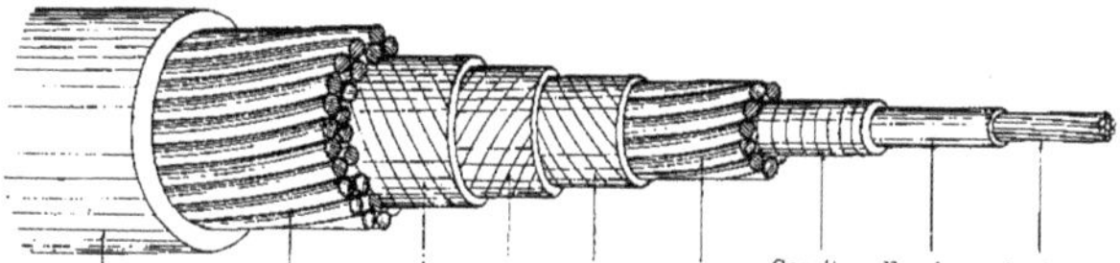

Fig. 770. — Câble d'atterrissement à double armature.

L'âme du câble est placée dans une garniture de jute tanné recouverte d'une armature en fils d'acier qui a pour but de protéger le câble contre les frottements, les chocs et les tensions exagérées. Sur l'armature sont disposées successivement deux garnitures de jute goudronné et l'ensemble est recouvert de trois couches d'une composition bitumineuse.

Depuis quelques années, l'âme des câbles sous-marins destinés à être immergés jusqu'à une profondeur de 500 mètres est garnie d'un ruban de cuivre, d'une épaisseur de 0,1 millimètre environ, qui est destiné à la protéger contre les attaques d'un minuscule taret sous-marin, le *toredo*, qui se glisse entre les fils de l'armature et perce la gutta-percha jusqu'à atteindre le conducteur, ce qui provoque des défauts d'isolement.

Le câble *d'atterrissement,* qui réunit le câble sous-marin à la terre, comporte assez souvent deux armatures (Fig. 770), une intérieure, semblable à celle du câble sous-marin, l'autre extérieure, composée de torons de 3 fils de fer. Cette armature est recouverte de trois couches de composition bitumineuse.

Pour recouvrir le conducteur de son enveloppe de gutta-percha, on lui fait traverser des auges contenant la gutta portée à une température suffisante pour qu'elle reste fluide. Le conducteur passe ensuite dans une filière qui comprime et rend cylindrique la couche de gutta ainsi posée sur le conducteur. On recommence les opérations pour recouvrir le conducteur de plusieurs couches de gutta-percha, puis on place l'âme terminée dans des réservoirs d'eau froide où l'enveloppe isolante se refroidit et durcit. L'âme des câbles est ensuite essayée et enroulée, en longueurs variant de 3.000 à 5.000 mètres, sur des tambours. Elle est alors placée dans des cuves contenant de l'eau et conservée ainsi en attendant d'être *armée*. C'est une machine spéciale qui *arme* les câbles, c'est-à-dire qui recouvre automatiquement l'âme des enveloppes successives que nous venons d'indiquer.

Quand le câble est terminé, on le place dans une cuve en fer ou en ciment (Fig. 771) d'une capacité de 150 à 200 mètres cubes dans laquelle il est *lové* par couches successives que l'on badigeonne de blanc de Meudon pour les empêcher d'adhérer les unes aux autres. La cuve est ensuite remplie d'eau.

Pour réunir bout à bout les divers tronçons de câbles de 3.000 à 5.000 mètres ainsi obtenus, afin de constituer un seul câble sous-marin de grande longueur, on met à nu les conducteurs sur une longueur de 12 à 25 mètres sans couper les fils qui forment l'armature, puis on réunit ces conducteurs en les garnissant de leurs enveloppes de jute tanné. On recouvre ensuite une armature par les fils séparés de la seconde. On dispose de deux mètres en deux mètres de fortes ligatures en fil de fer de 1 à 2 millimètres de diamètre qui ont pour but de consolider ces armatures.

Fig. 771. — Cuve de lovage des câbles sous-marins de la Société industrielle des Téléphones.

L'*épissure* ainsi constituée est recouverte d'une garniture extérieure remplaçant le revêtement extérieur détruit pour effectuer le raccordement des câbles.

Matériel d'immersion des câbles Il existe actuellement dans le Monde entier une cinquantaine de navires à vapeur spécialement aménagés pour la pose des câbles sous-marins. Quatre de ces navires sont français : l'un appartient à l'État, deux à la Société française des Câbles télégraphiques, un à la Société industrielle des Téléphones.

Ce dernier navire, le *François-Arago*, de 3.190 tonneaux, est le plus grand. Il comporte 4 cuves d'une capacité totale de 1.200 mètres cubes, dans lesquelles sont logés les câbles, conservés ainsi dans l'eau. Ces cuves peuvent recevoir 2.500 tonnes de câbles, qui représentent une longueur de 2.200 kilomètres.

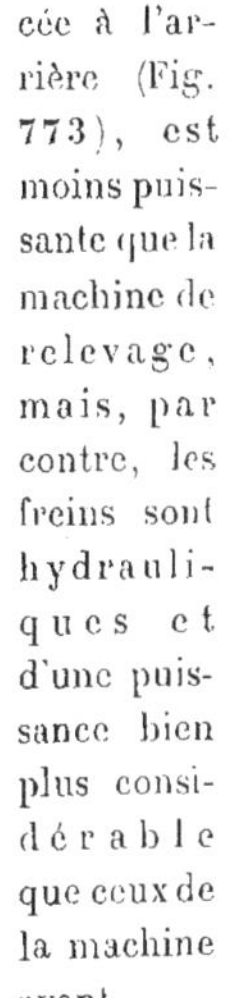

Fig. 772. — Machine de relevage des câbles du *François-Arago*.

Sur le pont supérieur du navire sont disposées deux machines, solidement fixées, qui servent, l'une, celle de l'avant (Fig. 773), à relever les câbles pour effectuer les réparations, l'autre (Fig. 773), placée à l'arrière, à l'immersion des câbles.

Ces deux machines se composent, en principe, de bâtis en fonte supportant un ou deux tambours de 1 mètre 75 de diamètre environ et de 50 centimètres de large, montés sur un axe pouvant tourner librement ou être actionné par un moteur à vapeur par l'intermédiaire de trains d'engrenages. Des freins sont établis pour modérer la vitesse de déroulement.

La *machine de relevage*, établie à l'avant, peut soulever un poids de 25 à 30 tonnes à la vitesse de 0^{m},50 par seconde; elle comporte des freins à sabots.

La *machine de pose*, placée à l'arrière (Fig. 773), est moins puissante que la machine de relevage, mais, par contre, les freins sont hydrauliques et d'une puissance bien plus considérable que ceux de la machine avant.

Deux plates-formes extérieures, placées l'une à l'avant, l'autre à l'arrière du navire, supportent des poulies à gorges de grands diamètres, destinées à guider le câble.

Entre ces plates-formes et les machines sont disposés des rouleaux-guides et deux dynamomètres. Des tenseurs établis en avant de la machine de pose donnent au câble une tension suffisante à son arrivée sur le

Fig. 773. — Machine de pose des câbles du *François-Arago*.

tambour. Des rouleaux-guides intermédiaires sont placés entre les cuves et les machines. Le personnel du *François-Arago* se compose de 116 personnes. Des cabines sont aménagées pour ce personnel. En outre, au centre du navire est établi un véritable laboratoire comportant les appareils de mesure nécessaires pour contrôler l'état électrique des câbles pendant qu'on effectue la pose ou les réparations.

Fig. 774. — Bouée amarrée dans les haubans.

Des soutes placées à l'avant permettent de loger le matériel fort important que doit comporter le navire : chaînes, grappins, cordages.

Les bouées, qui font également partie du matériel porté par le navire, sont amarrées sur le pont du bateau ou même dans les haubans (Fig. 774). Ce sont des flotteurs ovoïdes qui servent de points de repère sur la surface de la mer. La bouée est maintenue à sa place par une ancre qui est accrochée au fond de la mer et qui lui est reliée par un câble de chanvre ou, de préférence, d'acier. Au sommet de la bouée, on peut placer un mât de pavillon qui, la nuit, supporte deux lampes.

Les *grappins* servent à remonter les câbles du fond de la mer à la surface. Un grappin est constitué par une tige en fer forgé de 1m,20 à 1m,40 de longueur, portant, à sa partie supérieure, un gros anneau en fer et, à sa partie inférieure, un certain nombre de branches qui, en traînant, accrochent le câble.

Quand la profondeur de la mer dépasse 1.000 mètres, il est impossible de remonter le câble à la surface en employant les moyens ordinaires. On se sert alors d'un grappin spécial qui coupe le câble et, en même temps, l'accroche et le retient (Fig. 775).

Fig. 775. — Attache d'un câble remonté par un grappin.

Immersion des câbles

Pour immerger un câble on doit, au préalable, étudier par des sondages successifs la profondeur, et la nature des fonds où il doit être posé.

Les sondages s'effectuent en employant un fil d'acier d'environ 1 millimètre de diamètre, auquel on attache un tube de sonde portant un poids qui, en l'entraînant avec une certaine vitesse, provoque une baisse brusque de tension quand il touche le sol. Un mécanisme de déclenchement sépare le poids du tube de sonde et quand on relève celui-ci, le poids reste au fond et le tube remonte un échantillon de la nature du terrain. Le fil de sonde est enroulé sur un tambour (Fig. 776) portant un compteur sur lequel on lit la profondeur en mètres. Un frein permet de maintenir la vitesse de déroulement à environ 200 mètres par minute. Le treuil de remontage du fil de sonde est mû par un moteur à vapeur. Les poids employés varient de 20 à 50 kilogrammes.

Il est intéressant également de connaître

la température du fond de la mer. Pour cela, on attache un thermomètre placé sur un support qui, lorsqu'on le remonte, bascule et brise le tube au point où le mercure indiquait la température. On emploie également une bouteille qui se ferme automatiquement à la profondeur désirée, après s'être remplie d'eau prise à cette profondeur. La température du fond de la mer varie pour les petites profondeurs. A partir de 3.000 mètres cette température reste sensiblement constante. Dans la pose du câble sous-marin effectuée en 1905 entre Brest et Dakar, les températures relevées ont varié de 11°,5 pour 150 mètres de profondeur, à 8°,5 pour 600 mètres, à 4° pour 1.280 mètres, à 2 degrés 8 à partir de 3.000 mètres, jusqu'à la plus grande profondeur atteinte, 5.395 mètres.

Fig. 776. — Machine à sonder du *François-Arago*.

Pour immerger le câble, le navire, ayant embarqué son chargement complet dans les cuves qu'il renferme, débarque d'abord le *câble d'atterrissement* qui formera la jonction avec la terre au point de départ. Le bout de ce câble est porté à terre soit par des chalands remorqués, soit par les canots du bord et déposé dans un caniveau de 1^{m},50 de profondeur, introduit dans le poste destiné à le recevoir et relié à des instruments qui permettent de communiquer constamment, pendant la pose, avec le navire.

Le navire peut alors s'éloigner dans une direction bien déterminée à l'avance en laissant dérouler les câbles contenus dans ses cuves. On pose, en général, de 7 kilomètres à 14 kilomètres de câble à l'heure, suivant le type et le poids du câble.

Quand le navire approche du second point d'atterrissement, le câble du type *de grande profondeur* est placé sur une bouée; puis on dispose le *câble d'atterrissement* comme le premier et on raccorde, à bord, les deux bouts de câble, en remontant le bout de câble placé sur la bouée. On effectue l'*épissure finale* et la boucle est enfin immergée. On vérifie l'isolement du câble dont la valeur a été contrôlée au fur et à mesure pendant la pose. Le câble peut alors être mis immédiatement en exploitation.

Réparation des câbles sous-marins

Par suite d'un service prolongé ou par suite d'accident, un câble peut présenter de graves défauts d'isolement et peut même se rompre : nous en avons vu des exemples, que nous avons relatés, dès le début de la pose des câbles sous-marins. Il devient alors nécessaire de le réparer, c'est-à-dire de remplacer la partie défectueuse, ou de faire la jonction quand il est rompu. Pour effectuer une jonction, à l'aide d'un instrument de mesures électriques on détermine approximativement l'endroit où se produit le défaut. Le navire portant un câble neuf, se rend à quelques kilomètres du point probable ainsi déterminé, y mouille une bouée, effectue quelques sondages, et place une seconde bouée suivant la ligne que suit le câble.

Puis on *drague*, à l'aide d'un grappin, dans une direction perpendiculaire à celle du câble donnée par les bouées, en avançant d'environ 3 ou 4 kilomètres par heure. Quand le câble est accroché par le grappin, ce qui est nettement indiqué par le dynamomètre qui accuse une tension plus élevée, le navire s'arrête, le grappin est remonté lentement et le câble est de la sorte hissé. A l'aide de chaînes, on le monte à bord, on le sépare en deux parties, puis chaque extrémité est reliée au laboratoire d'expériences. On effectue quelques mesures d'isolement et on détermine ainsi quel est le côté du câble qui est avarié. Le bout de câble trouvé bon est placé sur une bouée; l'autre bout est relevé. On recommence l'opération à quelques kilomètres plus loin, de manière à dépasser le point probable de rupture. Le bout trouvé bon est alors raccordé, par une épissure, avec le câble neuf qui est à bord, puis le câble est immergé en se dirigeant vers la bouée qui porte l'autre bout de câble. Quand on a atteint cette bouée, on relève le bout de câble et une dernière épissure permet de faire un raccord définitif. Quand on veut remédier à un défaut d'isolement, on opère d'une manière identique, surtout quand la profondeur d'immersion dépasse 1.000 mètres.

Récepteur de télégraphe sous-marin

Nous avons dit que le *galvanomètre à miroir de William Thomson* servait à recevoir les signaux de l'alphabet télégraphique. Cet appareil est encore conservé par quelques Compagnies, mais le plus grand nombre l'ont remplacé par le *siphon enregistreur,* ou *siphon recorder,* du même physicien.

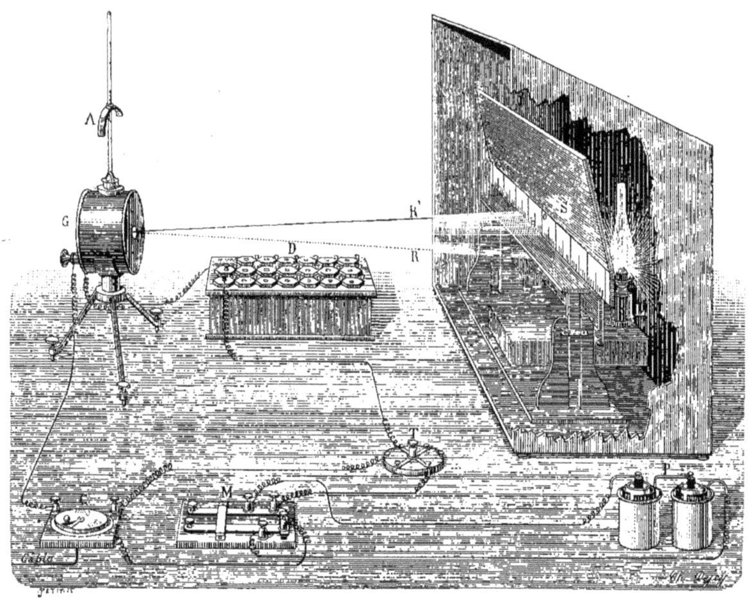

Fig. 777. — Poste de réception de télégraphe sous-marin.

On sait que le *galvanomètre à miroir* comporte une aiguille aimantée, qui est mise en mouvement par le courant électrique et dont les mouvements à droite ou à gauche composent un alphabet télégraphique : l'alphabet Morse. Pour amplifier et rendre plus sensibles les mouvements, l'extrémité de l'aiguille est pourvue d'un petit miroir, et la lumière d'une lampe, venant tomber sur ce miroir, se réfléchit, et va produire à la distance de 2 mètres, sur un tableau, des éclairs et des interruptions de lumière, à droite ou à gauche de la ligne médiane, correspondant aux signaux du vocabulaire Morse.

La figure 777 donne la vue d'ensemble de l'installation du *galvanomètre à miroir*.

A l'intérieur de la boîte de laiton G est une aiguille aimantée, autour de laquelle vient circuler le courant électrique venant du câble. Ce courant fait dévier l'aiguille de sa position. Si c'est le courant négatif, l'aiguille est déviée à gauche; si c'est le courant positif, elle est déviée à droite. Au-dessus de l'aiguille on a placé un fort aimant A, qui ramène par son influence l'aiguille dans le plan du méridien magnétique, en d'autres termes rend l'aiguille *astatique,* c'est-à-dire indifférente à l'action magnétique du globe, de sorte qu'elle n'est influencée que par le courant du câble.

Fig. 778. — Sir Thomson, lord Kelvin.

L'aiguille contenue dans la boîte G porte, à son extrémité, un miroir très léger, qui réfléchit la lumière d'une lampe à pétrole. Les rayons lumineux projetés sur ce petit miroir sont réfléchis et renvoyés au dehors. Grâce à cette amplification, le moindre mouvement de l'aiguille, qui serait imperceptible à l'œil nu, se trouve accusé par un grand déplacement de l'image projetée sur un écran incliné S. Les positions que cette image occupe successivement, à droite ou à gauche de la ligne de repère de l'échelle portant un zéro, répondent aux traits et aux points de l'alphabet Morse. Le zéro de la division répond à l'immobilité de l'aiguille. A chaque passage du courant du câble, et selon que ce courant est négatif ou positif, le rayon lumineux oscille à gauche ou à droite du zéro.

Pour rendre la lecture plus facile, l'échelle divisée est placée dans l'obscurité, et est visible par transparence, grâce à la lampe à pétrole L qui se trouve derrière l'écran. Les mouvements de l'aiguille correspondant aux signes du vocabulaire Morse sont ainsi faciles à saisir. Un employé lit ces signaux, et les dicte à un aide, qui les enregistre au fur et à mesure de leur énonciation.

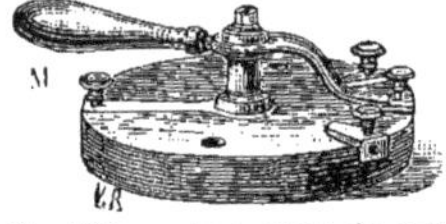

Fig. 779. — Inverseur de courant pour l'expédition des signaux du câble atlantique.

C est le *commutateur* de l'appareil. Quand l'employé du poste a reçu l'avis qu'une dépêche va être transmise, il met son commutateur à la réception, puis il regarde l'échelle et lit les signaux. D est une boîte de résistances, pour modifier, au besoin, l'intensité du courant.

Pour former les signaux, à la station de départ, on se sert d'un simple *inverseur du courant* tel que le représente la figure 779. Selon que l'employé, avec la manivelle M, met une borne, ou l'autre en communication avec la terre, il fait passer dans le fil le courant venant du pôle positif ou du pôle négatif de la pile.

On ne peut faire usage, pour recevoir les signaux de câbles sous-marins, des récepteurs Morse ou Hughes employés sur les lignes aériennes, parce que ces appareils exigent une intensité de courant trop grande qui altérerait rapidement le câble. On est ainsi obligé, pour rendre les signaux sensibles à l'extrémité du câble, de recourir au dispositif dont nous venons de parler.

Le *galvanomètre à miroir* de William Thomson était d'un maniement facile et donnait d'excellents résultats. Mais, de nos jours, on a renoncé presque partout aux télégraphes simplement visuels, tels que le télégraphe à cadran et le télégraphe dit anglais, qui ne donnent que des indications fugitives et ne laissent aucune trace. On accorde, en tous pays, la préférence au *télégraphe imprimeur,* qui laisse un témoignage écrit de la dépêche.

Fig. 780. — Vue d'ensemble du *Siphon-recorder* de William Thomson.

Les télégraphes Morse, Hughes, Baudot, qui impriment les dépêches, sont seuls en usage dans la télégraphie électrique actuelle. La télégraphie sous-marine a dû se conformer à cet usage, et le *galvanomètre à miroir* a été remplacé, comme nous l'avons dit, par un appareil imprimeur, qui est d'une sensibilité et d'une certitude merveilleuses. William Thomson, qui en est l'inventeur, a donné à ce nouveau récepteur des signaux électriques, le nom de *siphon enregistreur* (*siphon-recorder*), parce que l'organe principal de la transmission est une sorte de très petit siphon, laissant couler des gouttelettes d'encre, inscrivant la dépêche.

Le *siphon-recorder* comporte les organes d'inscription, ainsi que ceux qui servent au déroulement du papier. Une machine d'électricité statique envoie des étincelles dans un petit réservoir d'encre d'aniline, ce qui fait cracher les gouttelettes d'encre, par l'intermédiaire du siphon, sur le papier mobile, et le déroulement du papier est produit par un effet électromagnétique du courant du même appareil.

La figure 780 représente le *siphon-recorder*.

La bande de papier P se déroule, au-dessous du siphon B (Fig. 780), par l'action électromagnétique de l'appareil M qui développe à la fois de l'électricité sous forme de courant et de l'électricité statique. La première fait agir les organes de déroulement du papier, la seconde projette l'encre sur le papier. On voit, en C, la poulie qui, actionnée par l'appareil, fait avancer le papier disposé sur le rouet R. On engage l'une des extrémités de la bande de papier sous la plus longue branche du siphon B, et ce papier avance sous le siphon d'un mouvement uniforme.

Pour produire les signaux, le fil terminal du câble sous-marin s'enroule autour d'une petite bobine formant un cadre rectangulaire mobile. Le siphon B, qui doit être mis en mouvement à droite ou à gauche, selon que le courant est positif ou négatif, est solidaire de cette sorte de galvanomètre à cadre mobile, et il est, par conséquent, entraîné dans les mouvements du cadre.

Ce système est placé entre deux gros électro-aimants E E actionnés par une pile locale. Le courant qui parcourt le cadre ou *bobine* provoque ses mouvements. Il le dévie à droite ou à gauche, selon le sens de ce courant. Tant que le cadre ne bouge pas, une ligne droite s'inscrit sur la bande de papier par suite de la chute de l'encre et de l'avancement de cette bande. Un déplacement du cadre vers la gauche provoque l'inscription d'un crochet, sur le papier. Tout déplacement vers la droite forme un crochet en sens inverse. Ces écarts, plus ou moins accentués, de part et d'autre de la ligne du milieu de la bande, représentent les traits et les points de l'alphabet Morse.

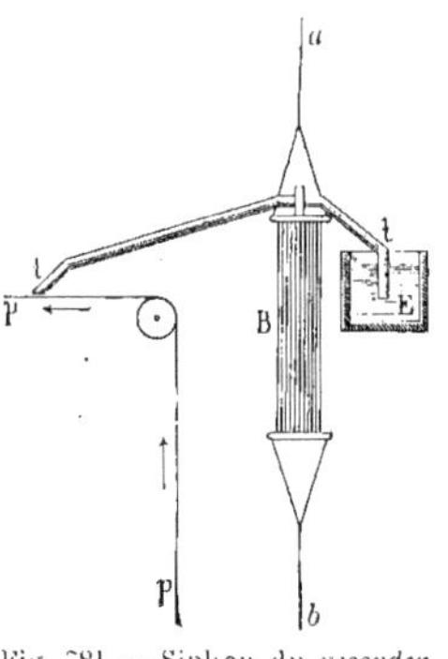

Fig. 781. — Siphon du *recorder*.

Le siphon, que nous représentons à part (Fig. 781), est constitué par un tube de verre excessivement fin que l'on recourbe aux points voulus.

Sur cette figure, on voit, en B, le cadre mobile formé par une bobine de fil parcourue par le courant et suspendu par un fil de soie *a*. Le siphon *t t* est fixé sur ce cadre. La branche la plus courte du siphon plonge dans le réservoir d'encre E. Quand le cadre se déplace, la branche la plus longue du siphon trace des crochets sur le papier P.

Le courant de la ligne arrive au cadre mobile B par le fil métallique *b*. Les fils *a b*, placés l'un au-dessus, l'autre au-dessous, et une fois tendus, servent d'axe de rotation.

Le *siphon-recorder* est d'un réglage beaucoup plus délicat que n'était le *galvanomètre Thomson à miroir*, très longtemps employé. Il a été simplifié et le déroulement de la bande de papier peut s'effectuer par l'intermédiaire d'un poids et d'un ressort d'horlogerie indépendants de l'appareil principal.

Certains constructeurs ont remplacé les électro-aimants qui provoquent le déplacement du cadre mobile, ou *bobine*, par de simples aimants, d'une force suffisante.

En 1888, on a appliqué à cet appareil le perforateur Wheatstone, en transmettant au moyen de bandes perforées, ce qui permet d'accroître notablement la vitesse des transmissions.

TÉLÉGRAPHIE SANS FIL

Nous avons suivi, pas à pas, les étapes successives de la télégraphie et son évolution, depuis le télégraphe aérien de Chappe, le premier qui ait donné un résultat pratique, jusqu'au moderne télégraphe électrique Baudot, et nous avons pu constater qu'à chaque nouveau progrès réalisé, on semblait, ou l'on pensait, du même coup avoir atteint la limite de perfection qu'il était permis d'espérer.

Le télégraphe électrique, lui-même, quoique à peine âgé de 60 ans, a subi, successivement, des transformations telles qu'il paraissait fort difficile de simplifier encore un système télégraphique capable d'un rendement aussi considérable, tout en ne nécessitant que l'emploi d'un seul fil.

Mais les ressources de la Science sont inépuisables et l'intelligence humaine, toujours en travail, sait, au profit de tous, les découvrir et les utiliser pour reculer de plus en plus les limites du Progrès. C'est ce qui nous vaut les merveilles que nous voyons éclore tous les jours autour de nous, merveilles à la réalisation desquelles nous nous serions refusés à croire peu d'années auparavant et que nous adaptons ensuite si facilement à notre existence que, bientôt, elles nous paraissent toutes naturelles. Combien d'elles ont été mises à jour pendant les seules cinquante dernières années écoulées et combien d'autres naîtront d'ici un demi-siècle!

Parmi ces merveilles de la Science, la *télégraphie sans fil* peut être citée comme un exemple frappant de ce que peut obtenir le génie de l'homme, mis en présence d'un problème que, dès l'abord, on avait le droit de considérer comme insoluble.

Si, en effet, expédier de nombreux télégrammes en tous les points du globe en un temps très réduit nous semble, maintenant, chose fort simple, télégraphier sans l'aide d'aucun fil pouvait paraître de la pure fantaisie, et cependant la *télégraphie sans fil* fonctionne, et cela d'une façon si sûre qu'elle a rendu déjà de bien grands services, et avec une précision si remarquable qu'elle permet des communications pour ainsi dire instantanées entre des stations placées à plusieurs milliers de kilomètres l'une de l'autre, sans aucun conducteur reliant entre elles ces stations.

En quoi consiste donc cette remarquable découverte et comment peut-elle donner de si extraordinaires résultats? C'est ce que nous allons tâcher d'expliquer.

La découverte de la télégraphie sans fil est due aux travaux effectués par divers savants et dérive de la théorie émise par un grand physicien anglais, Maxwel (1831-1879), sur l'identité de constitution de la lumière et de l'électricité. On sait que pendant longtemps, les physiciens furent, à propos de la formation de la lumière, divisés en deux groupes, l'un admettant l'hypothèse de *l'émission*, l'autre celle des *ondulations*. Dans la théorie de l'émission on supposait que les corps lumineux pouvaient émettre, projeter dans tous les sens, avec une vitesse considérable, une infinité de petits corps impondérables, qui, en heurtant des surfaces appropriées, avaient la propriété de se réfléchir.

Cette hypothèse a été complètement détrônée par la théorie des ondulations développée par Huyghens et nombre d'autres savants, et confirmée par des expériences multiples. Elle consiste à supposer que les corps lumineux sont formés de molécules animées de très rapides mouvements vibratoires. Ces vibrations ondulatoires se transmettent dans tous les sens et communiquent à l'*éther,* qui entoure tous les corps, des vibrations ondulatoires qui peuvent les rendre lumineux. La différence des couleurs provient de la fréquence plus ou moins grande de transmission des *ondes lumineuses.* En outre, il est nécessaire que le nombre de *vibrations* transmises dans une *seconde* atteigne au minimum *450 milliards,* pour que les yeux puissent percevoir une sensation lumineuse.

Il ne semble pas, dès l'abord, qu'il puisse exister une relation étroite entre cette théorie ondulatoire de la lumière et la télégraphie sans fil. Nous allons cependant voir qu'il en est ainsi, grâce à l'identité des phénomènes lumineux et électriques. C'est Maxwel, nous l'avons dit, qui, le premier, formula l'hypothèse de cette identité, hypothèse vérifiée plus tard par les brillants travaux de Hertz. Le courant électrique est donc formé par une succession de mouvements ondulatoires qui se transmettent dans les *milieux éthérés,* faisant pour ainsi dire partie intégrante des corps, et communiquent à ces corps une série de vibrations ondulatoires très rapides. C'est ce qui peut expliquer les curieux phénomènes d'induction. Il y a cependant une différence considérable entre les manifestations lumineuses et les manifestations électriques, si considérable même, qu'elles ne semblent avoir entre elles aucun lien. Cette différence provient tout simplement des fréquences différentes des vibrations produites dans les deux cas. Les vibrations lumineuses se manifestent à nos yeux; les vibrations élec-

Fig. 782. — Installation sur le *Parana* de la télégraphie sans fil. Entre les deux mâts, l'antenne à grille.

triques dont la fréquence est cinq cent millions de fois plus faible, ne peuvent, pour cela, être rendues sensibles à nos regards, mais elles donnent lieu à des phénomènes spéciaux différents des phénomènes lumineux et que nous pouvons apprécier.

L'illustre électricien allemand Hertz (1857-1894) confirma par des expériences remarquables l'exactitude de l'hypothèse de Maxwell. Hertz mourut, jeune encore, à trente-sept ans, après avoir laissé une œuvre scientifique considérable qui suffira à perpétuer sa mémoire.

Pour produire des vibrations électriques très rapides, Hertz utilisa la décharge d'un *condensateur*. Les propriétés de la bouteille de Leyde, véritable condensateur, depuis si longtemps connues, lui servirent pour combiner un condensateur spécial auquel il donna le nom d'*oscillateur*. Quand un condensateur se décharge, il se produit une étincelle ou, du moins, c'est l'impression qu'en conserve l'œil; mais, en réalité, la décharge comporte une succession d'étincelles très rapprochées les unes des autres et de puissance de plus en plus faible. Dans l'*oscillateur* de Hertz, on pouvait provoquer une suite de décharges qui produisaient une succession de *mouvements oscillatoires* suffisamment rapprochés pour constituer un *mouvement vibratoire* continu. Les ondes ainsi obtenues se propagent dans tous les sens et ont été appelées *ondes hertziennes*.

Ayant constitué l'oscillateur émetteur d'ondes, Hertz chercha à réaliser l'appareil capable de recevoir ces ondes et établit un récepteur auquel il donna le nom de *résonnateur*. Cet appareil est basé sur le phénomène de la *résonnance* qui provoque, dans l'air, la vibration d'un *diapason*, lorsqu'on fait vibrer un second diapason placé à une certaine distance du premier, à condition que les deux diapasons donnent la même note, aient le même ton, autrement dit soient *syntonisés*. Le *résonnateur* de Hertz, sorte de condensateur portant des dispositions appropriées, étant *accordé* avec l'*oscillateur*, donnait, quand l'oscillateur émettait des ondes, une succession d'étincelles. On pouvait donc émettre des ondes et les recevoir, et quoique ces phénomènes soient à la base du principe de la télégraphie sans fil, on ne supposait pas, lors des travaux de Hertz, qu'il fût possible d'établir un appareil capable d'utiliser pratiquement ces ondes.

Phot. Pierre Petit.

Fig. 783. — M. le Docteur Branly.

Cet appareil, cependant, fut découvert en 1890 par le savant physicien français Branly, à la suite de travaux n'ayant pas pour objet l'étude même des ondes hertziennes. Le Docteur Branly étudiait les variations de résistance de divers conducteurs constitués par de la *limaille métallique* contenue dans des tubes en verre, ces conducteurs étant soumis à des influences électriques. Il avait utilisé des *décharges oscillantes* pour agir sur la limaille.

Ces conducteurs de limaille formés d'un très grand nombre de petits grains, offrent, on le comprend, par suite de leur manque d'homogénéité, une résistance assez grande au passage du courant. L'action des ondes hertziennes, produites par les décharges oscillantes, sur la limaille contenue dans le tube, a pour effet de diminuer sensiblement cette résistance et permet ainsi de laisser passer un courant à travers cette limaille. Ce phénomène est dû à ce que les ondes tendent à rapprocher, à agglomérer, à douer de *cohésion* les grains de limaille. Cette propriété a fait donner au conducteur constitué par la limaille métallique contenue dans le tube de verre le nom de *cohéreur*.

Le *cohéreur* (Fig. 788) se compose donc, en principe, d'un tube de verre dans lequel sont placées deux pièces métalliques communiquant chacune avec un des deux fils aboutissant aux extrémités de ce tube et reliés au circuit d'une pile.

Les deux pièces métalliques qui sont en regard dans le tube sont séparées par un petit espace rempli de limaille de fer, de nickel, d'or, etc...

La limaille, à son état normal, constitue, par la résistance qu'elle offre, un interrupteur du courant de la pile. Quand cette limaille est influencée par les ondes hertziennes, sa résistance devenant plus faible, par suite de la cohésion de ses particules, le circuit de la pile se trouve fermé. On peut donc utiliser le courant issu de cette pile pour produire une *action mécanique ;* on peut déjà, de ce fait, entrevoir la possibilité de produire un certain travail par l'envoi et la réception d'ondes hertziennes.

Cependant, un obstacle se dressait encore qui rendait ce travail fort irrégulier. En effet, quand l'action des ondes s'est manifestée sur la limaille, celle-ci laisse passer constamment le courant de la pile ; le circuit reste toujours fermé. Pour redonner au conducteur en limaille une résistance capable d'intercepter ce courant, pour désagréger cette limaille, écarter ses grains, lui enlever sa cohésion, il suffit de frapper de petits coups sur le tube en verre après chaque réception d'ondes. Ces chocs ont pour effet de décoller les grains et de donner à la limaille sa constitution normale. Encore une étape parcourue vers la réalisation pratique du système de télégraphie sans fil.

Le physicien anglais Lodge, à qui est due la théorie de la cohésion des particules de limaille par l'action des ondes hertziennes (théorie d'ailleurs contestée par le physicien Branly), réalisa un appareil nommé *frappeur* dans lequel le courant d'une pile, dont le circuit était fermé par les ondes agissant sur le *cohéreur,* actionnait un électro-aimant dont l'armature portait une sorte de petit marteau. Quand l'armature était attirée, le marteau donnait un choc sur le tube du cohéreur, ce qui avait pour effet d'intercepter le courant. On pouvait ainsi transmettre assez rapidement des séries d'ondes successives et le cohéreur laissait passer le courant à chaque envoi d'ondes et l'interrompait automatiquement, par suite des chocs successifs qu'il recevait du marteau. En supposant des séries d'ondes les unes courtes, les autres longues, on voit que l'on pouvait obtenir des passages de courant tantôt courts, tantôt longs, bien capables, par exemple, d'actionner un récepteur Morse et de lui faire inscrire des signaux brefs et des signaux longs. Nous approchons, dès lors, but.

Toutes ces expériences fort intéressantes étaient suivies et répétées par un grand nombre de savants du Monde entier qui, à leur tour, cherchaient à apporter leur contribution à ces travaux scientifiques dont on appréciait toute l'importance.

Un professeur russe, Popoff, pour étudier l'action des coups de foudre, assimilés à des décharges successives d'oscillateur, sur le conducteur de limaille, et pour tâcher de recevoir automatiquement l'avis des perturbations atmosphériques électriques à grande distance, installa une sorte de paratonnerre s'élevant dans l'air et communiquant avec une extrémité d'un cohéreur dont l'autre extrémité était mise à la terre.

Le circuit du cohéreur comportait, en outre, un *frappeur* dont nous connaissons le rôle. Le paratonnerre, sorte de mât ou *d'antenne* portant un fil métallique, permettait de recevoir des ondes dont l'action, sur le cohéreur, se manifestait par un tracé effectué par un appareil spécial actionné par le courant d'une pile locale dont le cohéreur fermait et ouvrait successivement le circuit.

Ainsi donc tous les éléments de la télégraphie sans fil étaient trouvés. On pouvait émettre des *ondes* et les recevoir, au moyen d'une *antenne*, dans un *cohéreur* qui, par la fermeture d'un circuit local, permettait d'obtenir l'enregistrement des signaux envoyés. Comme on l'a vu, c'est par les travaux des savants de tous les pays que ces résultats importants avaient été acquis. Il manquait simplement de les coordonner et d'en tirer parti pour rendre utilisable le système de télégraphie sans fil.

C'est à un physicien italien, Marconi, qu'est due cette initiative qui fit entrer définitivement la télégraphie sans fil dans le domaine de la pratique. En 1895, Marconi, s'inspirant des recherches et des résultats obtenus par les divers physiciens qui avaient étudié les propriétés des ondes hertziennes, songea à placer à une station un *oscillateur* de Hertz qu'il munit d'une *antenne*, de manière à permettre aux ondes émises de se propager avec plus de facilité.

Puis, à une seconde station, placée à quelque distance de la première, il établit également une *antenne* destinée à recevoir les ondes émises par l'intermédiaire de la première, et cette seconde antenne, il la relia à un *cohéreur* dans le circuit duquel un *frappeur* et un *récepteur* Morse étaient établis. En provoquant, à l'aide d'un *interrupteur de courant* spécial, des décharges successives de l'oscillateur, tantôt longues, tantôt brèves, Marconi obtint sur le récepteur Morse l'inscription de signaux correspondant aux lettres de l'alphabet Morse. Il pouvait ainsi transmettre une dépêche d'un poste à l'autre, sans que ces postes fussent reliés par un conducteur.

La *télégraphie sans fil* était définitivement fondée. Depuis les premières expériences de Marconi qui eurent un grand retentissement dans le Monde entier, la télégraphie sans fil a fait de considérables progrès. Un grand nombre de savants, d'industriels, d'ingénieurs, de physiciens, se sont appliqués à améliorer de plus en plus les conditions de fonctionnement de ce système télégraphique. Le dernier mot n'est certes pas encore dit à ce sujet et des problèmes fort difficiles à résoudre, dont nous dirons quelques mots plus loin, font encore à l'heure actuelle l'objet de recherches qui, sans nul doute, seront bientôt couronnées de succès.

Parmi les vaillants pionniers de cette œuvre appelée à un si bel avenir, nous pouvons citer pour la France le commandant du génie Ferrié et le lieutenant de vaisseau Tissot, qui ont établi les installations de télégraphie sans fil militaire de terre et de mer, les industriels Ducretet, Carpentier, Gaiffe et Octave Rochefort. Ces trois derniers industriels ont constitué, sous le nom de *Compagnie générale Radiotélégraphique*, en abrégé C. G. R., une Société qui a pour but l'étude et la construction de postes radiotélégraphiques, dont un nombre assez important a déjà été livré à l'Administration de la Guerre et de la Marine pour en munir les forts et les bateaux de guerre.

Poste de télégraphie sans fil

Nous venons de voir comment on peut, en principe, transmettre et recevoir des dépêches par le système de télégraphie sans fil. Pratiquement, les opérations ne s'effectuent pas aussi simplement et aussi facilement que nous l'avons indiqué, et il a fallu surmonter bien des difficultés de détail avant d'avoir pu obtenir un fonctionnement régulier de ce système télégraphique. Il pourra donc être intéressant de dire quelques mots sur la façon dont est constituée une *installation de télégraphie sans fil.*

Nous allons examiner d'abord une installation de télégraphie sans fil destinée à effectuer des expériences à courtes distances, installation de démonstration, pour ainsi dire. La simplicité de cette installation permettra d'en comprendre aisément le fonctionnement. Nous examinerons ensuite des appareils de plus grande importance.

Une installation de télégraphie sans fil, en abrégé T. S. F., comporte, nous le savons, deux postes : le *poste transmetteur* et le *poste récepteur*.

Poste transmetteur

(Fig. 784.) Le poste transmetteur se compose en principe, nous l'avons dit, d'un *oscillateur*, d'un *manipulateur*, d'une *antenne*. Dans le poste transmetteur représenté par la figure 784, l'*oscillateur* est constitué par un transformateur B, qui est une bobine de Ruhmkorff à laquelle on a adjoint un dispositif pour provoquer l'éclatement des étincelles. Ce dispositif E, nommé pour cela *éclateur*, se compose de deux colonnes métalliques isolées entre elles et fixées sur le socle de la bobine. Deux tiges cylindriques traversent ces colonnes à leur partie supérieure et portent en bout, chacune, une sphère métallique. Les deux sphères peuvent être présentées en face l'une de l'autre et leur écartement est réglable. Les deux colonnes métalliques et, par conséquent, les deux sphères qui se font face, communiquent respectivement chacune avec une extrémité du circuit *secondaire* de la bobine. De plus, une des colonnes est mise en communication, par un conducteur métallique, avec l'antenne, et l'autre est mise en communication avec la terre.

On conçoit que si un courant circule dans le circuit *primaire* de la bobine, ce courant donnera naissance, par induction, à un courant dans le circuit *secondaire* et des étincelles éclateront entre les deux sphères métalliques qui constituent les extrémités de ce circuit.

La bobine est munie d'un interrupteur automatique dont nous avons précédemment expliqué le rôle et le fonctionnement. Nous savons, en effet, que pour obtenir un courant induit de haute tension, il importe d'interrompre et de rétablir le courant du circuit primaire, le plus rapidement possible.

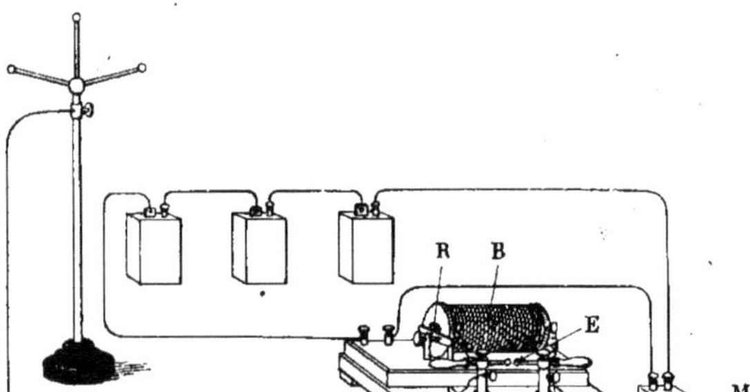

Fig. 784. — Poste transmetteur de démonstration.

Le courant primaire de la bobine est fourni par 3 piles associées en série. Le manipulateur M, qui sert, par sa manœuvre, à transmettre des successions d'ondes tantôt longues, tantôt brèves, est nécessairement intercalé dans le circuit des piles et de l'enroulement primaire de la bobine, et l'interrupteur automatique est également disposé dans ce même circuit.

Deux bornes placées sur le socle de la bobine et communiquant l'une avec l'interrupteur, l'autre avec une extrémité du circuit primaire, sont respectivement reliées avec un des pôles de la batterie de piles, et avec le manipulateur. Le second pôle de la batterie de piles est mis en communication avec la seconde borne du manipulateur.

Le fonctionnement est aisé à comprendre. Quand le manipulateur M, qui est tout simplement une clef Morse, est à l'état de repos, c'est-à-dire quand le bouton est relevé, le circuit est interrompu entre les deux bornes de ce manipulateur; il est ouvert; le courant des piles ne peut pas alimenter le circuit primaire de la bobine. Aucun phénomène ne se manifeste.

Quand on appuie sur le bouton du manipulateur, on provoque un contact entre deux pièces métalliques, ce qui a pour effet d'établir une communication électrique entre les deux bornes du manipulateur. Le circuit est alors fermé et le courant peut parcourir le circuit primaire de la bobine. Le courant se trouvant, cependant, interrompu et rétabli un nombre considérable de fois par le fonctionnement de l'interrupteur automatique, le courant induit dans le circuit secondaire provoque, par l'intermédiaire de l'antenne, l'émission d'ondes électriques dont le nombre est déterminé par le nombre d'étincelles éclatant entre les deux sphères métalliques. En résumé, l'antenne est le siège d'un courant alternatif provoqué par la manœuvre du manipulateur. Ce courant influence, par induction, les couches d'air voisines de cette antenne, et comme l'air est lui-même un conducteur, de nature spéciale, les diverses couches qui le constituent, se trouvent, de ce fait, influencées par induction. Les ondes électriques, autrement dit le courant alternatif ainsi produit, se propagent de proche en proche jusqu'à l'antenne du poste récepteur.

Donc, le fait d'abaisser le levier du manipulateur permet d'émettre des ondes électriques qui peuvent atteindre l'antenne réceptrice et l'influencer. Tant que ce levier restera abaissé, cette influence se fera sentir; quand il sera relevé, elle cessera, puisqu'il n'y aura plus d'émission d'ondes, par suite de la suppression du courant dans le circuit primaire de la bobine. En outre, cette influence se manifestera pendant une durée plus ou moins longue suivant que la clef du manipulateur aura été maintenue plus ou moins longtemps abaissée. Il faut remarquer que, quoique cette clef soit maintenue abaissée d'une façon continue, la bobine n'en donne pas moins des séries successives d'étincelles dues, on le comprend, au fonctionnement de l'interrupteur automatique. Voilà donc le *poste transmetteur* avec ses quelques organes, en somme assez simples, et avec lesquels nous nous sommes, d'ailleurs, déjà familiarisés dans le courant de ce volume.

Poste récepteur (Fig. 785.) Le poste récepteur comporte des appareils un peu plus délicats que ceux du poste transmetteur. Il se compose d'une antenne réceptrice formée de tiges métalliques placées à l'extrémité d'un support isolé du sol. L'antenne est mise en communication avec une borne disposée, dans le poste représenté par la figure 785, à la partie supérieure d'une planchette verticale destinée à supporter les divers appareils. A côté de cette borne s'en trouve une seconde mise en communication avec le sol au moyen d'une chaînette. Ces deux bornes sont solidaires de deux tiges métalliques sur lesquelles est fixé le *cohéreur* C. Chaque électrode du cohéreur se trouve, de ce fait, mise en communication avec l'une des bornes de la planchette. Ce cohéreur est, en outre, intercalé dans le circuit d'une pile dont les deux fils sont attachés aux bornes 1 et 2. Dans ce circuit est également disposé un *relais* R. Le courant fourni par cette pile partant du pôle positif qui aboutit à la borne 1 passe de là dans le cohéreur et, quand celui-ci est influencé par les ondes hertziennes reçues par l'antenne, traverse le relais en l'actionnant, puis retourne à la pile. Le fonctionnement du relais est donc dépendant de l'influence des ondes sur l'antenne. Quand les ondes émises par le poste transmetteur sont reçues par l'antenne receptrice, la résistance du cohéreur diminue, le circuit comportant la pile et le relais se trouve ainsi fermé, et le courant passe faisant fonctionner celui-ci. Le fonctionnement du relais établit entre des pièces métalliques un contact A qui ferme le circuit de deux autres piles, associées en série et aboutissant aux bornes 3 et 4. Dans le circuit de ces piles se trouve disposé l'électro-frappeur F et l'appareil inscripteur T. Une sonnerie S est également placée dans ce circuit, mais généralement une manette permet de la retirer du circuit à volonté. Cette manette doit être mise en communication avec le circuit de la sonnerie quand le poste récepteur est au repos. De cette façon, quand le poste transmetteur veut *passer* une dépêche, il émet au préalable une succession d'ondes dans un ordre déterminé et ces ondes, en actionnant le cohéreur et le relais, provoquent le fonctionnement de la sonnerie. On est alors averti qu'on doit recevoir un télégramme et, pour cela, on dispose la manette sur le plot qui communique avec l'appareil inscripteur. Les ondes émises, en actionnant le relais R, ferment le circuit de l'électro du récepteur Morse T, et une plume ou une molette imbibée d'encre par un rouleau encreur trace sur une bande de papier, qui se déroule automatiquement, soit des *traits*, soit des *points*, suivant les durées des émissions successives. En même temps, le courant des deux piles actionne l'électro du frappeur disposé en trembleur comme une sonnerie. La palette de l'électro, successivement attirée et repoussée, permet à un léger marteau porté au bout d'un bras dont elle est solidaire de venir frapper le cohéreur et de provoquer ainsi l'interruption du circuit par suite de l'augmentation de la résistance offerte au courant par la limaille du cohéreur remise, par le choc, dans son état normal.

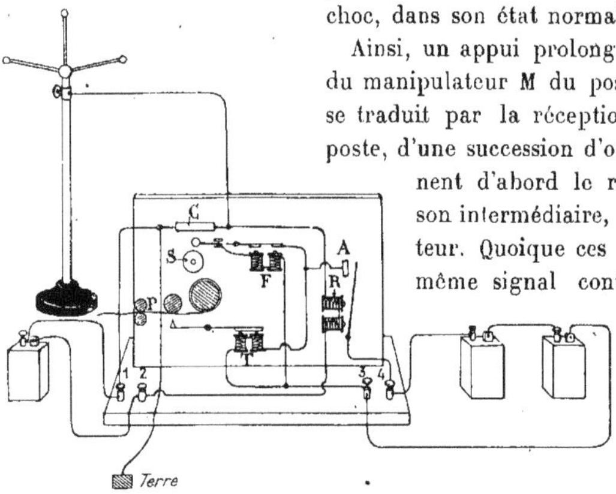

Fig. 785. — Poste récepteur de démonstration.

Ainsi, un appui prolongé sur la touche du manipulateur M du poste transmetteur se traduit par la réception, dans l'autre poste, d'une succession d'ondes qui actionnent d'abord le relais, puis, par son intermédiaire, le rouage récepteur. Quoique ces ondes, pour un même signal continu, soient en nombre considérable, leur action se traduit, sur le relais, par un mouvement unique qui ne cesse que lorsque la touche du manipulateur est relevée. Le relais et le récepteur n'enregistrent donc que des signaux continus ayant même durée que ceux qui sont effectués sur le manipulateur. La bande de papier sort de l'appareil portant, tracés à l'encre, des traits et des points qui, traduits en alphabet Morse, sont la reproduction exacte et écrite de la dépêche transmise.

Dans le poste récepteur de la figure 785, le marteau de l'électro-frappeur actionne à la fois la sonnerie et frappe sur le cohéreur. Mais ce n'est, nous l'avons dit, qu'un appareil de démonstration. De même dans le poste récepteur représenté par la figure

786, et qui a été établi par l'ingénieur Ducretet en vue de démontrer le principe de fonctionnement d'une installation de télégraphie sans fil, le récepteur Morse a été remplacé par une sonnerie de façon que l'on puisse recevoir les signaux au son, c'est-à-dire enregistrés par l'oreille au lieu d'être transcrits sur une bande de papier. La disposition de ce poste est, à part ce détail, semblable à la disposition du poste précédent et on peut suivre aisément les circuits que nous avons indiqués pour l'autre poste.

L'antenne est représentée par le trait Ca et le trait Ca' est le conducteur mis à la terre. Le cohéreur Br, qui est relié par ses extrémités à ces deux conducteurs Ca et Ca', se trouve ainsi placé dans le circuit de la pile P, dans lequel se trouve disposé le relais Re quand la manette R A est mise sur le plot I. Ce circuit, partant du pôle positif de la pile, se ferme par le plot I, la manette RA, le relais, les bornes 2, le cohéreur, les bornes 1 et le pôle négatif de la pile P. Quand le relais fonctionne, le circuit des deux piles P' montées en série se ferme, lorsque la manette SF est sur le plot I', en partant de la borne positive et en aboutissant, par les bornes 4, l'électro E du frappeur, les bornes 3 et le relais, à la borne négative. Les ondes actionnant le relais provoquent donc le fonctionnement de l'électro-frappeur qui, par le bras F, vient heurter le cohéreur, et celui de la sonnerie qui indique, par une suite de tintements brefs ou longs, les signaux transmis. Ces signaux, traduits par l'oreille en lettres de l'alphabet Morse, permettent de comprendre la dépêche.

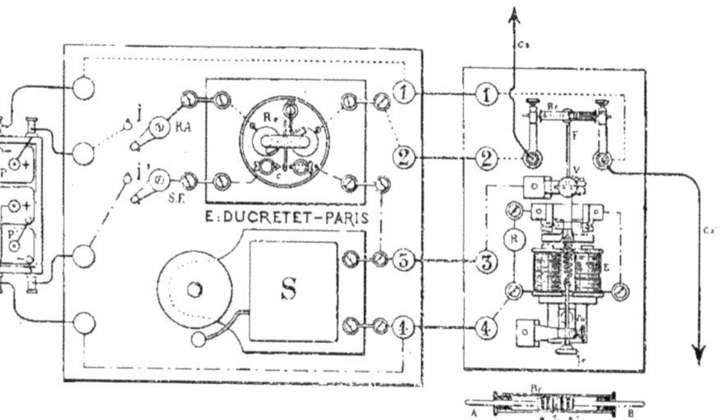

Fig. 786. — Poste récepteur de télégraphie sans fil.

Installations diverses de télégraphie sans fil

Les postes de télégraphie sans fil que nous venons d'examiner sont évidemment constitués le plus simplement possible ; mais, ainsi que nous l'avons dit, ils ne peuvent transmettre, à titre d'expérience, des messages télégraphiques qu'à des distances fort réduites. Les grands postes de télégraphie sans fil qui sont utilisés pour envoyer des dépêches à travers des centaines et des milliers de kilomètres, tout en étant en principe constitués de manière semblable, diffèrent des précédents par la puissance et la précision des appareils employés.

Ces postes sont disposés à la fois pour la *transmission* et pour la *réception*. Un commutateur spécial permet, par sa manœuvre, d'établir les communications soit pour la transmission soit pour la réception.

Les quelques organes que nous allons examiner, étudiés par l'ingénieur Octave Rochefort, donneront un aperçu de la composition d'un poste de télégraphie sans fil.

La figure 787 représente une bobine munie d'un *éclateur*, constitué par deux sphères métalliques qui sont placées en face l'une de l'autre. Cette bobine ou transformateur est dissymétrique. Dans ce genre de transformateur, toute la tension du courant secondaire est reportée sur une des bornes. On peut, de cette façon, mettre à la terre le pôle à basse tension sans réduire la longueur de l'étincelle.

L'interrupteur de cette bobine, disposé à côté de celle-ci, est actionné par le mouvement de rotation d'un petit moteur élec-

Fig. 787. — Transformateur dissymétrique.

trique dont la vitesse peut varier par la manœuvre d'un rhéostat. Ce moteur commande, par l'intermédiaire d'une bielle en ébonite, l'oscillation d'un levier dont une extrémité porte une tige en cuivre rouge qui plonge dans un réservoir cylindrique en acier contenant du mercure. Au-dessus du mercure on verse une légère couche de pétrole pour réduire l'étincelle de rupture. La tige en cuivre prend donc un mouvement alternatif vertical et provoque l'interruption du courant primaire de la bobine. Le manipulateur comporte un simple levier articulé muni, à son extrémité, d'un fort bouton en ébonite sur lequel on appuie pour provoquer l'émission des ondes. Comme la manœuvre du manipulateur détermine des ruptures successives de son circuit, on fait effectuer cette rupture dans un godet contenant du pétrole placé à l'extrémité du levier opposée au bouton. Le *cohéreur* (Fig. 788) est disposé pour être serré sur deux colonnes métalliques portées par le socle-récepteur (Fig. 789). Au-dessous du cohéreur est placé le bras muni d'un petit marteau destiné à faire office de *décohéreur*. Ce bras est mû par un électro-aimant placé verticalement. A l'avant du socle, un bouton, solidaire d'une lame métallique, sert à déplacer cette lame sur une série de plots disposés circulairement sur le socle. C'est un rhéostat destiné à intercaler dans le circuit de réception des résistances diverses pour effectuer le réglage.

Le *relais,* qui permet d'utiliser l'influence des ondes hertziennes sur le cohéreur pour fermer le circuit de piles locales et faire fonctionner le récepteur, est représenté par la figure 790. Il est constitué par un cadre de fil pouvant osciller entre les extrémités des branches de quatre aimants munis de pièces polaires. Une autre pièce polaire annulaire, placée au centre du cadre, est disposée pour renforcer le champ magnétique.

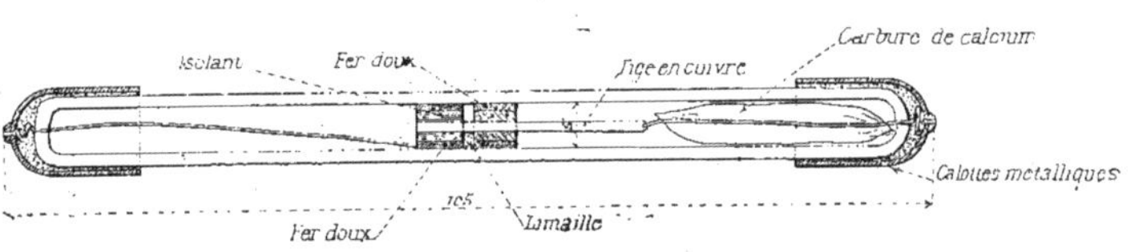

Fig. 788. — Cohéreur.

Le cadre porte deux enroulements de fil ayant des longueurs et des résistances différentes. Un des enroulements constitue le circuit *principal,* l'autre est un circuit *antagoniste*. On peut, de cette façon, suivant la prépondérance donnée à l'un des deux cir-

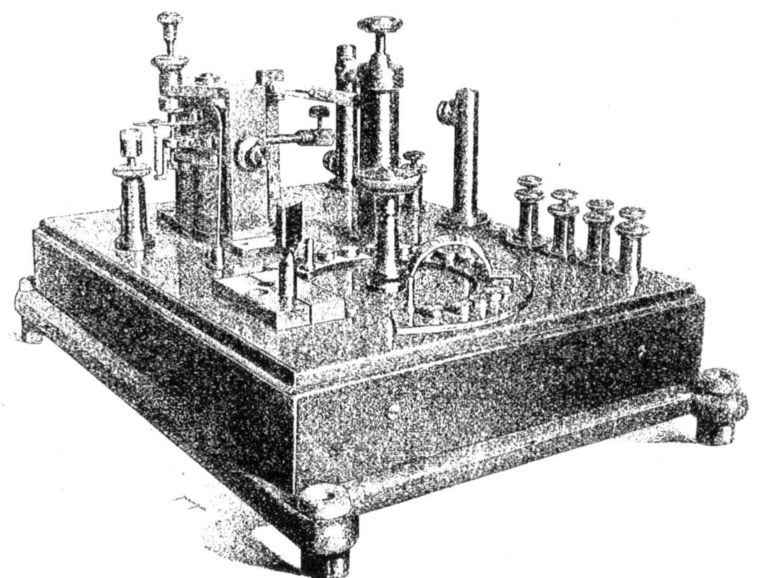

Fig. 789. — Poste récepteur de télégraphie sans fil.

cuits par rapport à l'autre, faire varier la sensibilité de l'appareil.

Le courant est admis dans le cadre par l'intermédiaire d'une tige en acier plongeant dans un godet contenant du mercure, cette tige étant mise en communication avec un petit plot cylindrique en argent fixé sur le cadre et auquel aboutit une extrémité du fil enroulé. L'autre extrémité est reliée à un second plot en argent qui ferme le circuit par l'intermédiaire d'un léger boudin de fil souple.

Les *antennes*, placées en dehors du poste renfermant les appareils de télégraphie, sont généralement, pour des distances d'environ 200 kilomètres, des mâts ayant une hauteur d'environ 50 mètres, qui supportent un réseau de fils conducteurs. Ces mâts sont assurés dans leur position par une série de haubans, faits en câbles métalli-

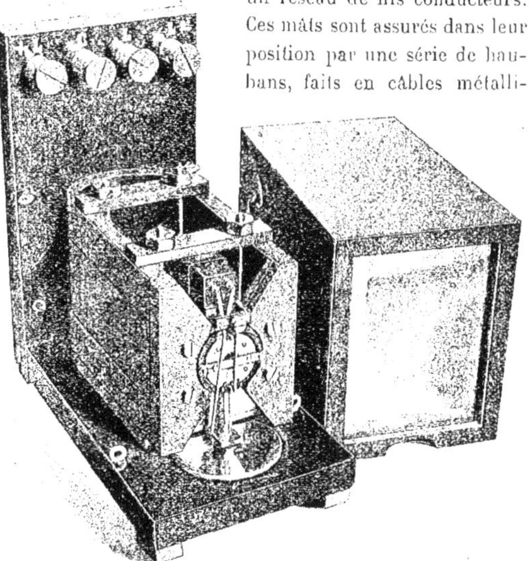

Fig. 790. — Relais.

ques, qui sont constitués en plusieurs tronçons raccordés les uns aux autres par l'intermédiaire d'isolateurs spéciaux.

L'antenne peut être suspendue par l'intermédiaire d'un isolateur (Fig. 791) formé d'une tige d'ébonite centrale autour de laquelle sont disposés des protecteurs en celluloïd contenant de l'huile. Les mises à la terre sont faites par des plaques métalliques soudées, enfoncées dans la terre jusqu'à une assez grande profondeur, surtout quand le terrain est sec. Dans ce cas, la surface des plaques de mise à la terre peut atteindre 100 mètres carrés; quand le terrain est humide, la superficie des plaques peut être sensiblement réduite.

Nous verrons un peu plus loin les pylônes établis pour suspendre l'antenne du poste de télégraphie sans fil installé à l'Exposition d'électricité de Marseille en 1908, par la Compagnie générale Radiotélégraphique (C. G. R.). De même, nous verrons comment les mâts des navires sont utilisés dans ce but, mais tout le monde sait qu'il existe un pylône exceptionnellement élevé et parfaitement approprié pour supporter une antenne capable d'émettre et de recevoir des ondes hertziennes dont l'influence se fait sentir à une distance considérable. Nous voulons parler de la Tour Eiffel de 300 mètres, qu'on a ainsi utilisée de façon fort habile pour l'important service de télégraphie sans fil, auquel on ne songeait guère qu'elle pût être destinée, lorsqu'on la construisit, en 1889.

Fig. 791. — Isolateur d'antenne.

C'est à l'aide de cette gigantesque antenne que, pendant la campagne du Maroc de 1908, les troupes françaises ont pu rester en communication constante avec Paris, à l'aide de la télégraphie sans fil.

Pour envoyer ainsi des messages à de très grandes distances, on emploie un cohéreur tout spécial, différant essentiellement du cohéreur de Branly dont nous avons parlé jusqu'ici. Cet autre type de cohéreur, dû au commandant du génie Ferrié, se nomme *détecteur électrolytique*. Sa sensibilité est plus grande que celle du cohéreur ordinaire et, appliqué à une installation de télégraphie sans fil à grand rayon, il permet de recevoir un message au son. Une sorte de récepteur téléphonique remplace, dans ce cas, le récepteur imprimeur Morse et l'employé qui reçoit porte, comme dans les bureaux téléphoniques, le récepteur double posé sur la tête et note, au fur et à mesure, les lettres indiquées par les vibrations courtes ou longues des membranes téléphoniques, traduites d'après l'alphabet Morse. C'est ainsi que furent échangées entre la Tour Eiffel et Casablanca, au Maroc, les dépêches destinées à transmettre les ordres au Corps expéditionnaire et les nouvelles du Corps expéditionnaire au Gouvernement de la République. Un cuirassé, le *Kléber*, portait un poste complet de télégraphie sans fil. L'antenne, suspendue au sommet d'un des mâts du bateau, était influencée par les ondes hertziennes émises par le poste de la Tour Eiffel, et réciproquement.

Installations diverses La figure 792 représente un poste de télégraphie sans fil comportant les deux sortes de récepteurs : *au son* et *écrivant*. Ce poste, établi par la Compagnie Générale Radiotélégraphique pour la Marine française et le Génie militaire, a été exposé aussi à l'Exposition internationale d'Électricité de Marseille en 1908. Les ateliers de la C. G. R., de la maison Carpentier, en ont construit 130 semblables pour le Gouvernement français. On peut reconnaître dans ce poste certains appareils des fils souples, à une boîte placée en avant et contenant le *détecteur électrolytique*. Au milieu de la table est disposé un rhéostat spécial à plusieurs curseurs, destiné au réglage du poste. En haut, sur la planchette verticale, est placé un milliampèremètre indiquant l'intensité du courant circulant dans les conducteurs du poste. La moitié de droite de la table comprend un poste complet *récepteur-inscripteur*.

Une boîte spéciale, dont le couvercle est représenté relevé, renferme le cohéreur et

Fig. 792. — Poste de télégraphie sans fil de la Marine et du Génie militaire.

que nous venons de voir ; cependant l'obligation d'obtenir ici la réception au son a conduit à établir des appareils spéciaux.

En allant de la gauche de la table supportant les appareils vers sa droite, nous trouvons d'abord le manipulateur, placé en avant sur le coin gauche, puis viennent des bobines de fil verticales disposées de façon particulière pour réaliser l'*accord*, la *syntonisation* entre les postes, dont nous expliquerons, plus loin, l'utilité. On voit ensuite, suspendu sur la planchette verticale, le récepteur téléphonique que l'homme de service place sur sa tête. Ce récepteur est relié, par l'électro-frappeur. Il est utile de signaler, à ce propos, la disposition employée pour préserver le cohéreur contre les ondes hertziennes émises par le poste qui le renferme. Ces ondes influencent le cohéreur de telle manière que sa sensibilité s'altère rapidement. Pour remédier à cet inconvénient, on place le cohéreur dans une boîte portant un revêtement intérieur complètement métallique, de façon que les ondes ne puissent, quand cette boîte est fermée, atteindre et détériorer le cohéreur. Cette disposition n'est, bien entendu, adoptée que lorsque le poste est transmetteur, c'est-à-dire quand le manipulateur fonctionne. Quand le poste doit être récepteur, on ouvre le couvercle de la boîte contenant le cohéreur. Par le fait de vent, placés sur la planchette verticale, le relais, puis un rhéostat, puis la sonnerie. En bas est disposé le récepteur Morse qui

Fig. 793. — Ensemble de l'installation d'émission radiotélégraphique de la Commission de T. S. F. de la Marine française.

cette manœuvre, les connexions nécessaires pour la réception sont automatiquement établies. Les ondes reçues par l'antenne peuvent alors influencer utilement le cohéreur. Après la boîte du cohéreur se trouvent, placés sur la planchette verticale, le relais, puis un rhéostat, puis la sonnerie. En bas est disposé le récepteur Morse qui permet d'inscrire sur une bande de papier la dépêche transmise en signaux Morse.

Sous la table se trouve la batterie d'accumulateurs destinée à actionner les appareils du poste.

Les appareils d'émission (Fig. 793) de cette installation radiotélégraphique comprennent un transformateur, un éclateur à cylindres, un éclateur à boules, de sûreté, que l'on voit à la partie supérieure du transformateur, et divers appareils accessoires : résonnateur, batterie de condensateurs, bobine de self pour l'antenne.

La figure 794 représente une autre installation de télégraphie sans fil établie également par la Compagnie générale Radiotélégraphique dans un pavillon de l'Exposition d'électricité de Marseille en 1908.

Fig. 794. — Installation de télégraphie sans fil de la Cie Radiotélégraphique à l'Exposition d'Électricité de Marseille en 1908.

On reconnaît les principaux appareils dont nous venons de parler. Le cohéreur est placé dans sa boite blindée que l'on voit à l'extrémité gauche de la table, le couvercle fermé. Sur la face latérale de cette boite est disposé le commutateur qui établit automatiquement les communications appropriées à la réception lorsqu'on ouvre le couvercle. Le relais est disposé verticalement sur la table à la suite du cohéreur, puis vient le récepteur Morse placé au milieu de la table. A l'extrémité droite de cette table se trouve un tableau vertical portant les divers *rhéostats* de réglage et les *résonnateurs*. Enfin, monté à plat sur la table, est le *commutateur d'antenne* dont la manœuvre permet de passer rapidement du dispositif *transmission* au dispositif *réception*.

La *sortie d'antenne* est placée dans un coffret vitré à l'intérieur duquel des lampes à incandescence allumées permettent de maintenir un bon isolement. Ce coffret est disposé contre le mur, près du plafond, et communique, à l'extérieur du bâtiment renfermant le poste télégraphique, avec l'antenne supportée par des pylônes (Fig. 795), dont la hauteur est de 36 mètres. Ce bâtiment est visible sur la figure; c'est le pavillon blanc placé au dernier plan à gauche, derrière un des pylônes.

Sur les bateaux, les antennes trouvent un

support tout établi dans les mâts qu'ils possèdent. Le paquebot *Parana* (Fig. 782), de la ligne Amérique-du-Sud, appartenant à la Société générale de Transports maritimes de Marseille, a été gréé pour recevoir des radiotélégrammes, par la Compagnie générale Radiotélégraphique.

Les mâts constituent des pylônes au sommet desquels est suspendue l'*antenne à grille* qui, au cours de la traversée, émettra ou captera les ondes hertziennes qui maintiendront le paquebot en communication permanente avec la terre ferme.

Fig. 795. — Pylônes supports d'antennes.

La télégraphie sans fil, comme on vient de le voir, est donc sortie de la période des essais pour entrer définitivement dans la voie féconde des applications pratiques. Grâce à elle, tous les paquebots ayant à effectuer de longues traversées peuvent être tenus constamment au courant des nouvelles provenant du Monde entier, à telle enseigne qu'à bord de certains paquebots transatlantiques il paraît tous les jours, pendant la traversée, un journal fort bien renseigné.

Les navires ne sont plus isolés, comme autrefois, de la terre, et en cas d'avarie ou d'accident grave, la télégraphie sans fil est le seul moyen qui permette d'aviser immédiatement les postes les plus voisins et d'en espérer de rapides secours.

On se rappelle certainement l'émouvant sauvetage, en 1909, du paquebot américain *Republic*, dû à l'emploi de la télégraphie sans fil. Ce paquebot portant 710 passagers et matelots fut abordé dans le brouillard, par le travers, par un navire italien, la *Florida*. Il reçut des avaries si graves que l'eau pénétra dans la chambre des machines et arrêta les dynamos. Malgré les efforts du capitaine et de l'équipage, la situation du navire devenait de plus en plus dangereuse. Heureusement, il possédait un poste de télégraphie sans fil. Le télégraphiste, jeune homme d'un sang-froid et d'un courage remarquables, sauta dans sa cabine à moitié démolie par le choc et, à tâtons, vérifia les contacts de son appareil, puis transmit pendant de longues heures sans quitter son poste, le signal de détresse conventionnel, en indiquant la place où il se trouvait sur l'Océan. Les ondes hertziennes envoyées ainsi dans toutes les directions furent reçues par les postes des divers paquebots qui croisaient à proximité et qui se portèrent au secours du *Republic*. Il était temps. Les 710 passagers et matelots purent être sauvés et, peu après, le *Republic* était englouti dans les flots. On s'imagine les ovations qui furent prodiguées au vaillant capitaine du bateau et à l'héroïque télégraphiste.

Malgré les résultats pratiques qui s'affirment de jour en jour, la télégraphie sans fil présente deux inconvénients auxquels on n'est encore parvenu à remédier que partiellement, mais dont, sans nul doute, la Science parviendra à triompher très prochainement d'une manière complète.

Ces deux inconvénients tiennent à ce que les ondes hertziennes, étant émises dans toutes les directions, suivant une circonférence dont l'antenne occupe le centre, peuvent aller influencer, dans toutes les directions, les antennes des postes qui ne sont pas destinés à recevoir le message. Il peut en résulter une confusion regrettable dans la réception des dépêches et, inconvénient grave pour les postes militaires, le secret de la communication ne peut être observé. On doit avoir recours, dans ce cas, à la correspondance chiffrée.

Cependant, on a cherché, pour obvier à ces deux inconvénients, à obtenir la communication télégraphique entre deux postes sans que les postes intermédiaires soient influencés et, ensuite, à diriger les ondes dans un sens bien déterminé.

De nombreuses et intéressantes expériences ont été faites à ce sujet.

Pour localiser l'échange des radiotélégrammes entre des postes déterminés, on a utilisé le phénomène de la *résonnance* qui a permis d'établir la *syntonisation* entre ces postes. Nous avons, précédemment, déjà dit quelques mots sur cette méthode.

Il est utile, maintenant, d'expliquer comment l'*accord*, une fois réalisé entre certains postes, peut leur permettre de communiquer entre eux sans que les postes voisins reçoivent le message.

Il faut d'abord connaître les raisons pour lesquelles un grand nombre de postes de *tonalités* évidemment différentes peuvent recevoir des signaux émis par un poste quelconque qui ne peut être *accordé* à la fois avec tous les autres.

Lors de la *décharge oscillante* qui donne naissance aux ondes hertziennes, les vibrations électriques émises, au lieu de se maintenir pendant un certain temps avec une même intensité, comme cela se produit pour les *vibrations acoustiques*, diminuent, au contraire, très rapidement d'intensité. Elles s'éteignent au bout d'un temps fort court, ce qui fait qu'en réalité ces vibrations ne peuvent donner lieu à une résonnance semblable à la résonnance acoustique. Cela explique, qu'au contraire de ce qui se produit pour deux diapasons qui doivent être exactement de la même *tonalité* pour vibrer à l'unisson quand on met l'un d'eux en branle, les vibrations électriques s'accommodent plus facilement de tonalités différentes et que des postes de télégraphie sans fil quelconques peuvent, néanmoins, recevoir des ondes émises par un poste non syntonisé.

Pour réaliser la *résonnance électrique*, il faut donc empêcher les vibrations électriques de s'éteindre rapidement; il faut entretenir ces vibrations pour leur conserver la même intensité. On se met ainsi dans des conditions analogues à celles de la résonnance acoustique et, dans ce cas, si des postes sont bien *accordés*, s'ils ont le même *ton*, ils pourront seuls communiquer entre eux sans que les postes voisins, de tonalités différentes, puissent être influencés. On a réussi, après des essais répétés, à entretenir régulièrement les vibrations électriques et, au lieu d'étincelles courtes et d'intensités décroissantes, on a obtenu un arc électrique analogue à celui qu'on emploie, en Physique, sous le nom d'*arc chantant de Duddell* pour procéder à des expériences d'acoustique. Cet arc, obtenu d'une façon spéciale, produit des vibrations électriques régulières qui provoquent l'échauffement périodique de l'air ambiant : cela donne naissance à des vibrations *acoustiques* que l'oreille perçoit. Mais cet arc chantant a une fréquence beaucoup trop faible pour pouvoir être utilisé dans la télégraphie sans fil. On a donc modifié le dispositif pour obtenir une fréquence pouvant lui convenir et on peut dire qu'actuellement la *syntonisation* est fort bien réalisée. D'autre part, il convient de remarquer qu'il est assez facile de mettre un poste de télégraphie sans fil en accord avec un autre poste et que l'on peut, par ce moyen, intercepter des télégrammes. L'indépendance de postes militaires ne peut donc, à l'heure actuelle, être complètement assurée.

La direction des ondes hertziennes a donné lieu également à de nombreuses recherches; le meilleur dispositif proposé, dû à deux ingénieurs italiens, Tosi et Bellini, tout en donnant des résultats satisfaisants, n'est cependant pas encore consacré par la pratique; mais on peut espérer que bientôt la *télégraphie hertzienne dirigée* deviendra d'un emploi courant.

Ce dispositif a été établi au poste de Pourville, près de Dieppe, et les signaux ont été transmis à un poste situé au Havre ou à un autre situé à Barfleur, sans que les deux postes aient été influencés en même temps. Les deux directions, Dieppe-Le Havre et Dieppe-Barfleur, font, entre elles, un angle de 23 degrés.

Le poste de Pourville comporte un mât de 50 mètres de hauteur qui supporte deux séries d'antennes.

Chaque série d'antennes est formée de deux antennes placées dans un même plan et les deux plans d'antennes sont disposés perpendiculairement l'un sur l'autre.

Un organe spécial nommé *radiogoniomètre* sert à orienter les ondes.

Il se compose d'un enroulement de conducteur parcouru par un courant secondaire, à l'intérieur duquel est placé un cadre de fil pouvant pivoter sur un axe vertical. Dans ce cadre circule le courant primaire.

L'orientation de ce cadre suivant la direction d'un des plans d'antennes, faite au moyen d'une aiguille qui se déplace sur un cercle divisé en degrés, provoque la transmission des ondes dans cette direction. Quand le cadre est disposé dans une position quelconque par rapport aux deux systèmes d'antennes, celles-ci reçoivent des ondes proportionnellement aux angles que leur plan fait avec la direction du cadre de fil, et les deux systèmes concourent à transmettre les ondes dans la direction donnée par l'aiguille du cadre.

Une disposition semblable, établie au poste récepteur, permet de recevoir les ondes dirigées par l'autre poste.

En résumé, ce système de direction des ondes est réalisé au moyen de deux séries d'ondes perpendiculaires influencées par les variations d'un champ magnétique produites par le déplacement du cadre. On peut toutefois émettre, par ce procédé, des ondes dans deux directions opposées, par rapport au système d'antenne : en avant et en arrière. Ces deux émissions sont de signes contraires : l'une est de signe positif, l'autre est de signe négatif. C'est le *système bi-latéral.*

Ce dispositif a été complété pour obtenir la direction des ondes dans un seul de ces sens : c'est alors le *système unilatéral.*

Pour cela, une antenne supplémentaire émet, comme dans la télégraphie sans fil ordinaire, des ondes hertziennes dont on règle l'intensité de façon qu'elle soit égale à celle des deux circuits d'ondes dirigées. Les ondes ainsi émises auront une influence qui se manifestera d'une manière différente sur ces deux circuits. Sur celui qui est de signe contraire au signe de ces ondes, il s'établira, de ce fait, un état d'équilibre annulant les *ondes dirigées* de ce circuit. Sur le circuit de même signe, les ondes dirigées se trouveront, au contraire, renforcées. Donc, dans son ensemble, le dispositif ainsi établi permet de ne diriger des ondes que dans un seul sens.

L'emploi de la radiotélégraphie a fait l'objet d'une Conférence internationale tenue à Berlin en 1906. A la suite de cette conférence, il a été établi une convention qui est appliquée depuis le 1er juillet 1908.

Cette convention a été signée par vingt-sept puissances parmi lesquelles figurent l'Allemagne, l'Autriche, les États-Unis, la France, l'Italie, le Japon, la Russie, etc...

Un règlement de service a été adopté pour faciliter l'envoi et la réception des *radiotélégrammes,* et pour éviter que des perturbations puissent être apportées à l'échange de dépêches par des postes quelconques.

Un service public international de télégraphie sans fil a été établi à la suite de cette conférence et, depuis, des radiotélégrammes peuvent être expédiés soit des stations côtières, soit des stations placées à bord des bateaux. Dans l'intérieur des pays les transmissions s'effectuent par les procédés télégraphiques ordinaires.

La taxe d'expédition de radiotélégrammes ne peut être supérieure à 60 centimes par mot pour les stations côtières, et à 40 centimes par mot pour les stations à bord des bateaux.

Voilà donc, adaptée aux nécessités de la vie courante, cette merveilleuse invention née des progrès incessants de la Science.

CHAPITRE XII

TÉLÉPHONIE.

HISTORIQUE. — TÉLÉPHONE MAGNÉTIQUE DE GRAHAM BELL. — TÉLÉPHONES A PILES. — MICROPHONE DE HUGHES. — POSTE TÉLÉPHONIQUE ADER. — APPAREILS TÉLÉPHONIQUES DIVERS. — POSTES TÉLÉPHONIQUES CENTRAUX. — RÉSEAUX TÉLÉPHONIQUES A BATTERIE CENTRALE. — INSTALLATION DE L'HOTEL DES TÉLÉPHONES DE PARIS. — INSTALLATION DE L'HOTEL DES TÉLÉPHONES DE BRUXELLES. — PROGRÈS DE LA TÉLÉPHONIE. — TÉLÉGRAPHIE ET TÉLÉPHONIE SIMULTANÉES. — TÉLÉPHONIE SANS FIL.

Historique L'invention du téléphone, de ce merveilleux appareil capable de transmettre à distance la voix humaine, et qui rend aujourd'hui d'innombrables services, est due à un modeste professeur de l'Institution des sourds-muets de Boston, Graham Bell.

Avant lui, on avait établi des *téléphones musicaux* qui permettaient, par l'échange de simples sons, de correspondre à distance. Ces téléphones ont été, en quelque sorte, les précurseurs du *téléphone parlant* et ont grandement contribué à sa découverte.

En 1837, le physicien américain Page avait reconnu que, si un électro-aimant est soumis à des aimantations et à des désaimantations très rapides, les vibrations transmises à l'atmosphère par le barreau aimanté émettent des sons qui se trouvent être en rapport avec le nombre des émissions et interruptions du courant qui les provoquent. Page donnait à ce phénomène le nom de *musique galvanique*.

De 1847 à 1852, Mac Gauley, Wagner, Heef, Froment, Petrina combinèrent des *vibrateurs électriques* qui transportaient fort nettement les sons musicaux à distance. Toutefois, jusqu'en 1854, personne n'avait encore entrevu la possibilité de transmettre la parole, lorsqu'un simple Inspecteur des lignes télégraphiques françaises, Charles Bourseul, à la stupéfaction des savants, qui considéraient cette idée comme une utopie, publia une note dans laquelle il envisageait la possibilité de transmettre au loin la voix humaine.

« Après les merveilleux télégraphes, écrivait-il, qui peuvent reproduire à distance l'écriture de tel ou tel individu et même des dessins plus ou moins compliqués, il semblerait impossible d'aller plus avant dans les régions du merveilleux. Essayons, cependant, de faire quelques pas de plus encore. Je me suis demandé, par exemple, si la parole elle-même ne pourrait pas être transmise par l'électricité ; en un mot, si l'on ne pourrait pas parler à Vienne et se faire entendre à Paris. La chose est praticable. Voici comment :

« Les sons, on le sait, sont formés par des vibrations et apportés à l'oreille par ces mêmes vibrations que reproduisent les milieux intermédiaires. Mais l'intensité de ces vibrations diminue rapidement avec la distance, de sorte qu'il y a, même en employant des porte-voix, des tubes et des cornets acoustiques, des limites assez restreintes qu'on ne peut dépasser.

« Imaginez que l'on parle près d'une plaque mobile assez flexible pour ne perdre aucune des vibrations produites par la voix ; que cette plaque établisse et interrompe successivement la communication avec une pile. Vous pourrez avoir à distance une autre plaque qui exécutera, en même temps, les mêmes vibrations.

« Il est évident, d'abord, que les sons se reproduiraient avec la même hauteur dans la gamme.

« L'état actuel de la science acoustique ne permet pas de dire, à priori, s'il en sera tout à fait de même des syllabes articulées par la voix humaine.

Fig. 796. — Graham Bell.

« Quoi qu'il en soit, il faut bien songer que les syllabes ne reproduisent exactement rien autre chose que les vibrations des milieux intermédiaires ; reproduisez exactement ces vibrations et vous reproduirez exactement aussi les syllabes.

« En tous cas, il est impossible de démontrer, dans l'état actuel de la Science, que la transmission électrique des sons est impossible. Toutes les probabilités, au contraire, sont pour la possibilité.

« Quand on parla, pour la première fois, d'appliquer l'électromagnétisme à la transmission des dépêches, un homme, haut placé dans la Science, traita cette idée de sublime utopie, et cependant aujourd'hui on communique directement de Londres à Vienne par un simple fil métallique. Cela n'était pas possible, disait-on : et cela est.

« Il va sans dire que des applications sans nombre et de la plus haute importance surgiraient immédiatement de la transmission de la parole par l'électricité.

« A moins d'être sourd et-muet, qui que ce soit pourrait se servir de ce mode de transmission, qui n'exigerait aucune espèce d'appareil.

« Une pile électrique, deux plaques vibrantes et un fil métallique suffiraient.

« Quoi qu'il arrive, il est certain que dans un avenir plus ou moins éloigné, la parole sera transmise à distance par l'électricité. J'ai commencé des expériences à cet égard ; elles sont délicates et exigent du temps et de la patience ; mais les approximations obtenues font entrevoir un résultat favorable. »

Il nous a paru intéressant de rappeler les paroles prophétiques du modeste Inspecteur des lignes télégraphiques françaises, véritable précurseur dont le nom peut être conservé avec ceux des créateurs du téléphone : les Bell, les Hughes, les Elisha Gray ; et on ne peut que regretter que Charles Bourseul n'ait pas été mieux encouragé, car notre ingénieux compatriote aurait probablement créé le téléphone.

Cette création, nous l'avons dit, est due à Graham Bell.

Graham Bell, tout en instruisant ses jeunes

élèves, étudiait le mécanisme de la parole. Ne possédant que quelques notions de Physique élémentaire, il compléta l'étude de cette science avec le professeur Hellis et le savant docteur Clarence Blake. Ces deux maîtres mirent Graham Bell au courant des intéressants travaux que les physiciens Helmholtz, Page, Auguste de la Rive et Philippe Reis avaient entrepris sur la transmission des sons.

En 1874, Graham Bell construisit avec le docteur Blake un appareil téléphonique dans lequel une membrane flexible, enduite de glycérine, faisait vibrer un léger *style*. En parlant ou en chantant devant cette membrane, le style reproduisait exactement, sur une plaque de verre noircie, toutes les vibrations de l'air ébranlé par la voix.

Peu satisfait de ce résultat incomplet, Graham Bell combina, l'année suivante, un véritable téléphone qui comportait un transmetteur et un récepteur.

Le *transmetteur* (Fig. 797) était réversible, c'est-à-dire qu'il pouvait fonctionner soit comme transmetteur, soit comme récepteur. Il comportait un électro-aimant E dont l'armature, constituée par un disque mince de fer, se trouvait placée au fond de l'ouverture d'un pavillon P. La tension de ce disque ou *membrane vibrante* pouvait être réglée par les vis V.

Fig. 797. — Premier téléphone de Graham Bell. Transmetteur.

Le *récepteur* (Fig. 798) était constitué par un électro-aimant A cylindrique dont l'armature C était également un disque mince en fer.

Graham Bell fit le premier essai de ce téléphone dans la salle des conférences de l'Université de Boston, essai couronné de succès.

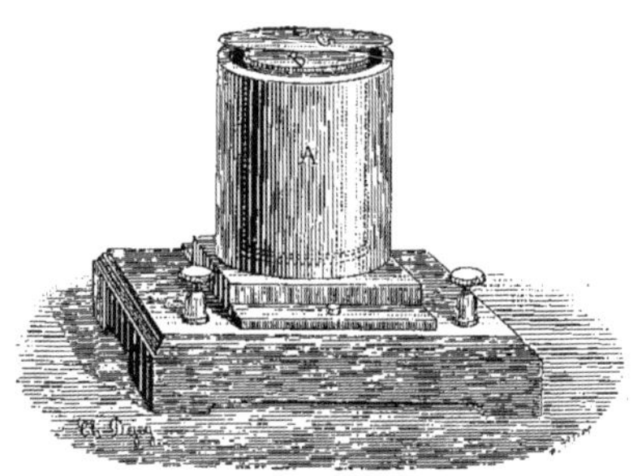

Fig. 798. — Premier téléphone de Graham Bell. Récepteur.

En 1876, le *téléphone magnétique* de Graham Bell fut présenté à l'Exposition internationale de Philadelphie, et le célèbre physicien William Thomson écrivait à son sujet : « C'est certainement la plus grande merveille de la *télégraphie électrique*. »

Téléphone magnétique de Graham Bell

(Fig. 800 et 801.) Le téléphone magnétique, mis définitivement au point par Graham Bell, se compose d'une sorte de boîte cylindrique S, en bois, munie d'un manche T. Dans la boîte S est placée une bobine B qui porte un enroulement de conducteur recouvert d'une enveloppe de soie. La bobine est traversée en son milieu par un barreau cylindrique aimanté AA. Au-dessus de la bobine et tout près de l'extrémité supérieure du barreau aimanté, est disposée une plaque de tôle PP' ayant à peine 1 ou 2 dixièmes de millimètre d'épaisseur; elle constitue la membrane vibrante.

Un couvercle E, portant une embouchure ou pavillon, ferme l'appareil et maintient la plaque vibrante fortement assujettie contre les bords de la boîte S.

Les deux fils *f* et *f'* constituant la ligne

Fig. 799. — Un ancien bureau téléphonique central.

sont tressés en un seul câble pour pénétrer dans le manche du téléphone et sont reliés respectivement à l'*entrée* et à la *sortie c c'* de l'enroulement de la bobine B. Le même appareil sert à volonté de transmetteur ou de récepteur.

Quand deux appareils semblables sont réunis par un double fil *f f'*, si on parle devant l'un d'eux, les vibrations de l'air, produites par l'émission de la voix, font vibrer la plaque P P', du *transmetteur*. Les vibrations de cette plaque modifient l'état magnétique du barreau aimanté A A, ce qui engendre dans la bobine B, comme nous l'avons expliqué précédemment, un courant induit.

Ce courant se transmet par le fil de ligne *f f'* à l'appareil semblable qui fait office de récepteur et dans lequel le même phénomène se reproduit, mais inversé. Le courant, en effet, en traversant la bobine du récepteur, modifie, par induction, le magnétisme du barreau aimanté A A placé dans cette bobine. Celui-ci attire alors, avec une puissance proportionnée à l'énergie du courant reçu, la membrane de fer et la fait vibrer à l'unisson de celle du transmetteur.

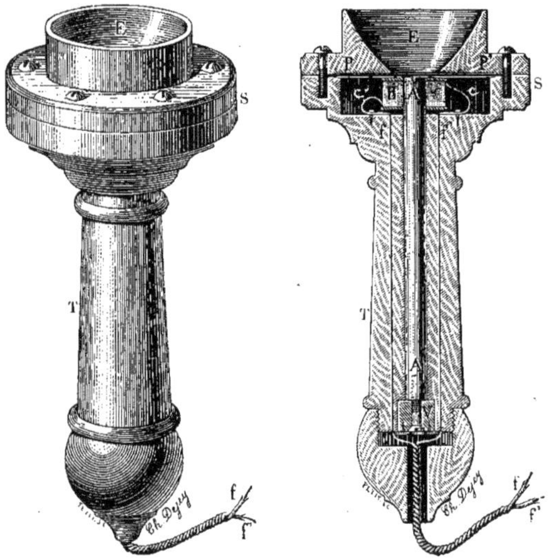

Ces vibrations déterminent dans l'air une série d'ondulations reproduisant exactement la parole de la personne qui cause devant le transmetteur : articulation, timbre, hauteur de son, tout est fidèlement reproduit d'un instrument à l'autre.

Le téléphone de Graham Bell a été perfectionné par Élisha Gray, Gower, Ader, etc...

Pour augmenter la puissance du téléphone magnétique, Élisha Gray disposa l'aimant en forme de fer à cheval et plaça une membrane vibrante devant chacun des pôles. Cette disposition renforce considérablement les sons et donne à la parole une plus grande netteté.

Fig. 800 et 801. — Téléphone magnétique de Graham Bell. Vue extérieure et coupe.

Gower utilisa les deux pôles d'un fort aimant qu'il faisait agir sur une seule membrane. Son appareil était muni d'un sifflet avertisseur analogue à ceux des porte-voix, et fonctionnait sans le secours d'aucune pile. Ce sifflet se compose d'un tube à *anche vibrante*, fixé au-dessus de la membrane et qui résonne lorsqu'on souffle fortement dans l'embouchure du transmetteur. Un tube acoustique permet d'entendre et de parler sans déranger l'instrument et facilite l'emploi du sifflet avertisseur. Les figures 802, 803 et 804 représentent le téléphone magnétique Gower. On voit l'aimant A B et la membrane vibrante (Fig. 803) fortement appliquée sur les bords d'une sorte de caisse sonore circulaire. Une petite ouverture oblongue dans laquelle s'engage une anche d'harmonium, adaptée à une petite plaque en cuivre *a*, est pratiquée dans la membrane.

Si l'on souffle par l'embouchure D du tube C, l'air pénétrant dans ce trou, se met en vibration et produit un bruit de sifflet.

C'est ainsi que l'appel s'effectue et la conversation peut alors commencer.

Le téléphone Gower est *réversible* et n'est, en résumé, qu'une forme particulière donnée au téléphone magnétique de Graham Bell. Il possède une grande sensibilité. Malgré cela, il n'est pas entré dans la pratique courante, les *téléphones à piles* ayant définitivement détrôné le *téléphone magnétique*.

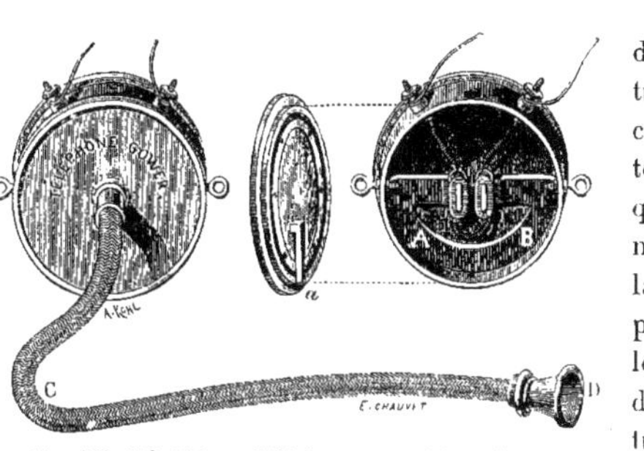

Fig. 802, 803, 804. — Téléphone magnétique Gower. Vue extérieure. Plaque vibrante. Vue intérieure.

Téléphones à piles Les téléphones magnétiques suffisent aux transmissions de la parole à de faibles distances et, dans ce cas, leur jeu est excellent. En outre, leur prix est minime.

Quand on veut transmettre la parole à des distances plus considérables, le simple téléphone magnétique est insuffisant et on l'a perfectionné en employant, pour augmenter sa puissance, le courant de piles voltaïques.

La première idée de l'emploi de la pile pour renforcer les *ondulations sonores* appartient à Edison, qui, en 1876, construisit le premier *téléphone à courant électrique*. Le récepteur du téléphone Edison était semblable à celui de Bell, mais le transmetteur était différent.

Ce transmetteur est fondé sur les variations de résistance électrique produites par les variations de pression qu'exerce la membrane de fer vibrante sur une *pastille de charbon*, quand on parle devant l'embouchure de l'instrument.

Le disque de charbon est composé de noir de fumée de pétrole, et la plaque vibrante reposant sur lui, ses mouvements oscillatoires se transmettent à ce charbon et les différences de pression ainsi produites font varier la résistance électrique du disque intercalé dans le circuit de la pile et du récepteur qui vibre synchroniquement avec le transmetteur.

L'adjonction d'un courant électrique aux simples courants ondulatoires magnétiques accrut d'une manière inespérée la portée du téléphone. Seulement le téléphone d'Edison ne put entrer dans la pratique et le téléphone, même ainsi transformé, n'aurait donné lieu qu'à des applications de peu d'importance, sans la découverte d'un admirable instrument, le *microphone,* d'où dérive le puissant transmetteur que la Science attendait.

Microphone de Hughes (Fig. 805.) Hughes, déjà célèbre par l'invention du télégraphe imprimeur dont nous avons parlé, découvrit le *microphone,* instrument qui amplifie considérablement les sons résultant de vibrations transmises mécaniquement par des corps solides.

Il se compose d'un crayon de charbon C, dont les deux extrémités sont taillées en forme de pointe, suspendu entre deux crapaudines *g* et *g'* en charbon.

Ainsi disposé, le charbon est d'une grande mobilité. Des conducteurs métalliques aboutissant l'un à la pile P, l'autre à un récepteur téléphonique T, communiquent, le premier avec le godet inférieur *g'*, l'autre avec le godet supérieur *g*.

Quand un courant électrique traverse le

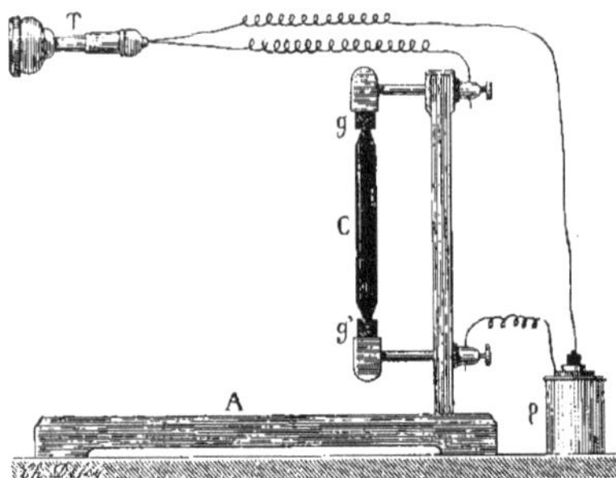

Fig. 805. — Microphone de Hughes.

circuit ainsi établi, si l'on produit un son à proximité du crayon de charbon, celui-ci vibre; ces vibrations successives modifient les contacts de cette baguette de charbon avec ses supports; la résistance du circuit varie, et l'intensité du courant qui passe varie également.

L'action de ce courant d'intensités variables produit sur l'aimant du récepteur téléphonique T et sur la membrane vibrante des effets successifs qui communiquent à cette membrane autant de vibrations qu'en comporte le son émis devant le *microphone*. Les plus faibles sons, en outre, sont fortement amplifiés : une mouche qui se promène sur la table sonore A produit, quand on porte le récepteur T à l'oreille, l'effet

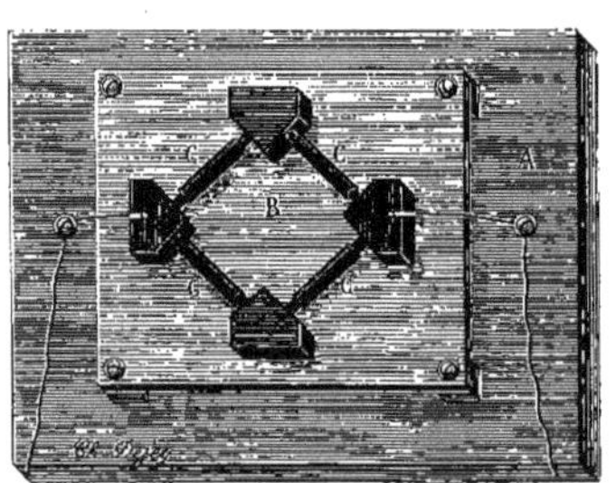

Fig. 806. — Microphone Crossley.

d'un très fort bourdonnement; un coup d'épingle retentit comme un coup de marteau.

Dès que le microphone fut connu, on songea à en faire un *transmetteur* téléphonique pour remplacer le transmetteur du téléphone magnétique de Bell, dont on conserva toutefois le *récepteur*.

Un des premiers transmetteurs microphoniques qui aient été construits est celui de Crossley, très employé en Angleterre. Il est constitué (Fig. 806) par quatre petites baguettes de charbon C C disposées en losange derrière une mince plaque de sapin B, et soutenues par quatre blocs de charbon entaillés, qui les réunissent.

Poste téléphonique Ader (Fig. 807 et 809-813.) Ader, ingénieur de la Société générale des Téléphones, établit un microphone

Fig. 807. — Transmetteur microphonique Ader-Bell. Vue extérieure.

d'une grande sensibilité qu'il utilisa comme transmetteur, et, en adaptant un récepteur magnétique Bell modifié et amélioré, il composa un poste téléphonique dont l'emploi se généralisa rapidement en France.

Le transmetteur Ader se compose d'une sorte de pupitre (Fig. 809 et 810) sur lequel repose une planchette de sapin de 2 millimètres d'épaisseur, placée sur un cadre en caoutchouc qui a pour fonction d'empêcher cette planchette d'être influencée par des vibrations autres que celles données par la voix et qui lui sont directement transmises.

Fig. 808. — Vue générale d'un bureau téléphonique à batterie centrale. (Le Bureau central de Bruxelles.)

Sur la planchette de sapin, à l'intérieur du pupitre, est fixé le microphone (Fig. 810), qui se compose de trois traverses en charbon

Fig. 809. — Transmetteur microphonique Ader-Bell. Vue intérieure.

T, supportant plusieurs séries de baguettes C également en charbon. Le courant arrive par une des traverses T et sort par une autre ; tous les crayons C sont donc intercalés dans le circuit et les variations de leur résistance, par suite des vibrations qui leur seront transmises par la planchette, détermineront la transmission de courants d'intensités variables qui reproduiront dans le récepteur les vibrations transmises et, par conséquent, la *voix*.

Dans le circuit est, en outre, intercalé un *transformateur* constitué par une bobine d'induction B (Fig. 809). Le courant de la pile traverse le circuit *primaire* de la bobine, et les courants induits dans le circuit *secondaire,* qui sont, nous le savons, à un potentiel plus élevé, vont actionner le récepteur avec une plus grande énergie. Ce dispositif, qui permet de transmettre des communications à grandes distances, avait été établi par Edison et Gower dans leur système transmetteur.

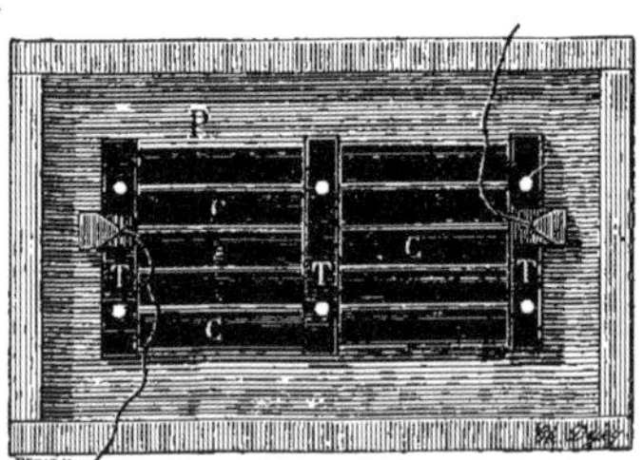

Fig. 810. — Microphone Ader-Bell.

Un levier T, muni d'un crochet *e*, provoque, par son oscillation autour d'un axe fixe, l'interruption ou la fermeture du circuit par l'intermédiaire des plots *a* et *b*. Quand on appuie sur le crochet *e*, le circuit est interrompu, parce que le levier T n'est plus en contact avec les plots *a* et *b*. Quand on cesse d'appuyer, le contact se rétablit, le circuit est fermé. Nous verrons plus loin comment, par le simple accrochage ou décrochage du récepteur au crochet *e*, on peut interrompre ou fermer le circuit.

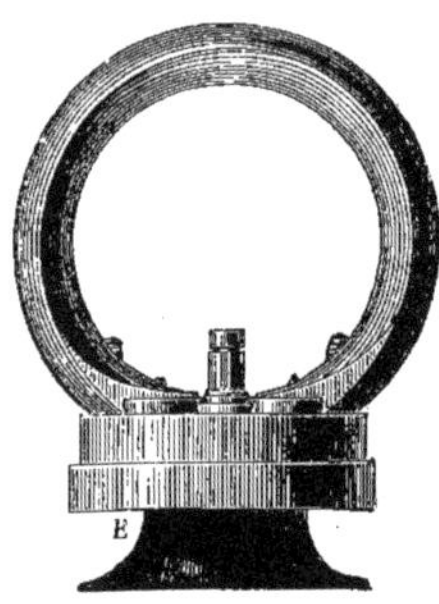

Fig. 811. — Récepteur Ader. Vue extérieure.

Le *récepteur* Ader (Fig. 811 et 812) a la forme d'un anneau. Cet anneau est un aimant en acier, qui sert de poignée, et dont les deux pôles sont munis de pièces polaires B B. Autour de chaque pièce polaire est enroulé un conducteur métallique qui constitue la bobine d'induction. Le récepteur Ader comporte donc deux bobines et deux pôles d'aimant, tandis que le récepteur Bell ne comporte qu'une

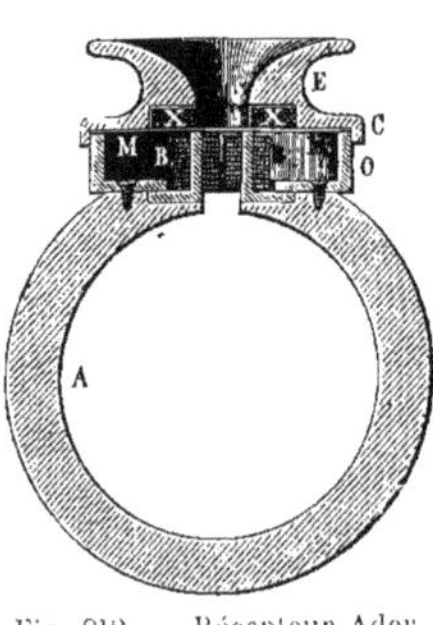

Fig. 812. — Récepteur Ader. Coupe.

seule bobine et un seul pôle. Tout près des pôles de l'aimant se trouve placée la membrane vibrante M M qui recouvre une petite capacité cylindrique O contenant les bobines.

Le pavillon E, formant couvercle, est fixé au-dessus de cette boîte O et un anneau de fer doux X X est disposé dans ce couvercle au-dessus de la membrane.

Cet anneau, qui s'aimante par influence, a pour fonction de renforcer le champ magnétique et de rendre le récepteur plus sensible.

Le poste téléphonique Ader (Fig. 813) se compose d'un *transmetteur* A, de deux *récepteurs* B et B', d'une batterie de piles P' destinée à fournir le courant téléphonique, d'une seconde batterie P destinée à actionner la sonnerie électrique S qui sert à appeler le correspondant.

Ce poste téléphonique, construit par la Société industrielle des Téléphones, est très répandu en France.

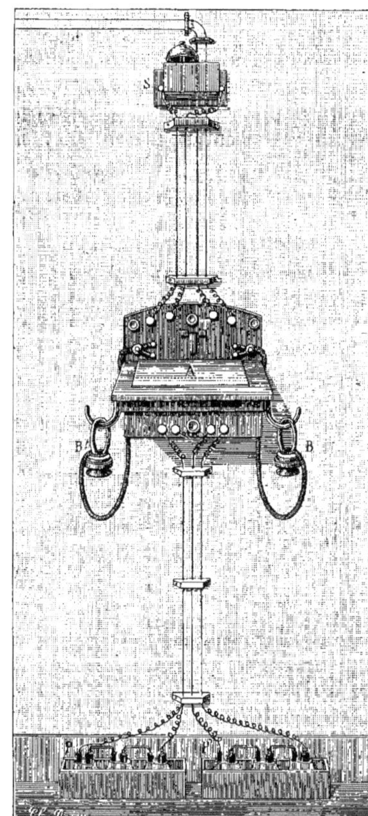

Fig. 813. — Poste téléphonique Ader.

Pour faire usage de ce poste, il faut appuyer sur le bouton d'appel T qui, fermant alors le circuit de la batterie de piles P, permet au courant de ces piles d'actionner la sonnerie S de la station de réception.

Le correspondant ainsi appelé répond de la même manière, et la sonnerie S du poste transmetteur, qui se met à retentir, avertit que l'appel a été entendu.

On prend alors à la main le récepteur B qui est suspendu au crochet *e*. Ainsi que nous l'avons dit plus haut, le crochet *e* étant allégé, le levier T (Fig. 809), dont il forme l'extrémité, appuie sur les contacts *a* et *b* et le circuit des piles P' est alors fermé ; le courant circule dans la ligne et, si l'on parle devant le transmetteur, la planchette A résonne et, grâce au microphone qu'elle supporte, la voix peut se transmettre à l'autre station.

Le correspondant de l'autre station répond de la même façon en parlant devant la planchette du pupitre de son récepteur.

Le poste téléphonique comporte, comme on le voit, deux appareils récepteurs B et B' destinés à être mis chacun à une oreille, mais un seul de ces récepteurs, B, permet, par son décrochage ou son accrochage, de fermer ou d'interrompre le circuit téléphonique.

Quand on veut converser, il faut donc décrocher le récepteur B pour établir le courant, et, quand la conversation téléphonique est achevée, il faut replacer le récepteur B à son crochet *e*, ce qui a pour effet de suspendre le passage du courant électrique dans la ligne et de rendre l'appareil inactif. On appuie ensuite trois fois sur le bouton d'appel T ; la sonnerie du Bureau central retentit trois fois, ce qui indique que la conversation est terminée et que l'appareil téléphonique est disponible pour recevoir ou transmettre d'autres communications.

La figure 814 représente le schéma d'une installation téléphonique comportant deux postes. On voit, représentés sommairement, les divers organes que nous venons de décrire : le transmetteur A, le récepteur B, les piles P′ et P, la sonnerie S et le bouton d'appel. Un transformateur C est supposé intercalé dans le circuit. Quand on décroche le récepteur B, le levier T portant le crochet *e*, en basculant, ferme le *circuit primaire* de la bobine et met en communication le *circuit secondaire* de cette bobine avec la ligne et, par conséquent, avec le récepteur de l'autre poste.

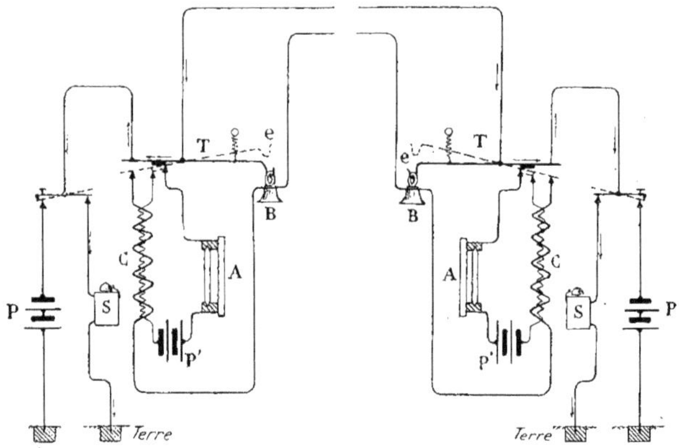

Fig. 814. — Schéma des communications entre deux postes téléphoniques.

Appareils téléphoniques divers

Il existe une grande variété d'appareils téléphoniques. Nous ne pouvons les examiner tous, mais nous allons indiquer ceux qui sont le plus usités.

En général, les appareils téléphoniques diffèrent entre eux par les façons diverses dont sont constitués les *microphones*.

Les microphones à charbon, tels que ceux de Crossley et d'Ader, ont été remplacés par des microphones à *grenaille de charbon*, beaucoup plus sensibles.

Charles Bourseul, qui avait si justement entrevu l'avenir de l'appareil téléphonique, avait conçu un microphone qui peut être considéré comme le précurseur du microphone à grenaille de charbon. Ce microphone, composé de deux *crayons de charbon* séparés par une mince couche de poudre de coke de 0,5 millimètre d'épaisseur, était enfermé dans un manchon disposé verticalement et s'appuyant sur le fond d'une caisse sonore par l'intermédiaire d'une rondelle de liège.

Ce microphone, d'une grande simplicité, peut être réalisé facilement et à peu de frais, à titre d'expérience amusante, en plaçant dans un bout de caoutchouc gris à gaz, de 4 centimètres de longueur et de 1 centimètre de diamètre, deux petits disques de charbon de cornue de 1 millimètre d'épaisseur séparés par de la grenaille de coke. On obtient ainsi un transmetteur téléphonique très sensible. Son seul inconvénient est d'être sujet à se dérégler assez rapidement parce que, suivant les variations de la température, le caoutchouc exerce une pression plus ou moins grande sur la mince couche de poudre de coke et que, par suite, la transmission devient irrégulière.

L'ingénieux constructeur d'appareils électriques M. Ch. Mildé, en collaboration avec M. Richard, a modifié le microphone de Bourseul de manière à rendre son emploi pratique, et on peut dire que le microphone Mildé-Richard a ouvert la voie à la construction des nombreux transmetteurs téléphoniques à *granules* presque exclusivement en service aujourd'hui sur les réseaux téléphoniques du Monde entier.

Fig. 815 et 816. — Microphone Mildé-Richard. Vue extérieure et coupe.

Fig. 817. — Poste téléphonique mural Mildé.

Dans le microphone Mildé-Richard, la mince couche de coke, placée par Bourseul entre les deux charbons, est remplacée par une certaine quantité de granules de coke, de charbon de pile ou de charbon de lumière, enfermée dans une petite boite de 3 à 4 millimètres d'épaisseur dont les fonds reçoivent les deux crayons.

La figure 815 représente une boite de microphone fermée et la figure 816 une coupe de cette même boîte. Cette boîte est formée de deux parties semblables qui sont réunies soit par une sertissure soit par une soudure, après que l'on a rempli les 3/5 environ de son volume avec des granules de charbon.

On conçoit que cette disposition supprime les effets préjudiciables dus à la dilatation, puisque la poudre étant à l'état libre conserve toujours sensiblement la même résistance, et l'on peut pratiquement admettre que les variations de résistance ne se produisent plus que par suite de l'action mécanique des vibrations de l'air ambiant.

Les charbons se trouvent isolés par une mince couche de papier interposé entre leurs surfaces et les fonds de la boîte métallique.

Ce microphone, dont le prix de revient n'atteint pas 15 centimes, se prête facilement à l'adaptation à toutes les formes de transmetteurs téléphoniques.

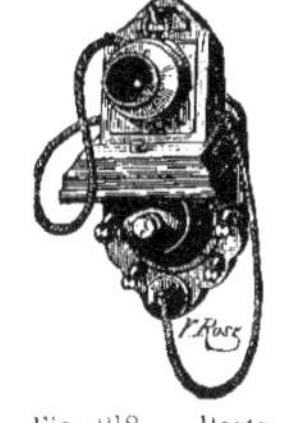

Fig. 818. — Poste porte - montre Mildé.

Les ateliers Mildé en ont réalisé de nombreux types, parmi lesquels les plus connus et les plus employés sont les appareils à *poste mural* (Fig. 817) et l'appareil connu sous le nom de poste *porte-montre* en raison de sa forme et de la place qu'occupe le récepteur sur la planchette du transmetteur (Fig. 818).

La Société industrielle des Téléphones construit également de nombreux modèles de postes téléphoniques.

En dehors du microphone Ader que nous

avons décrit plus haut, il convient de citer le microphone Berthon et le microphone Bailleux.

Le microphone Berthon est un transmetteur à grenaille de charbon moulée, placée

Fig. 819. — Microphone Bailleux.

entre deux plaques vibrantes également en charbon. Ce transmetteur, d'une grande simplicité et de dimensions réduites, a été utilisé dans la construction des microtéléphones appelés encore appareils téléphoniques *combinés* dont nous parlerons plus loin.

Le microphone Bailleux (Fig. 819 et 820) permet de communiquer à des distances

Fig. 820. — Microphone Bailleux.

plus grandes qu'avec le microphone Berthon. Il diffère de celui-ci en ce que la membrane de charbon postérieure est remplacée par un disque en métal argenté portant des rainures circulaires dans lesquelles sont placées des parcelles d'anthracite concassé remplaçant les grains de charbon moulé.

Ce transmetteur est très employé sur les réseaux français et dans quelques administrations étrangères.

Un autre transmetteur (Fig. 821) a été créé récemment par la Société industrielle des Téléphones pour les communications à très longues distances, telles que Paris-Berlin, Paris-Rome. Ce transmetteur, très puissant, peut être alimenté par des piles de plusieurs éléments et peut être utilisé pour les postes téléphoniques *haut-parleurs,* c'est-à-dire les postes dans lesquels le récepteur *parle,* pour ainsi dire, à haute voix, de façon que dans une salle on puisse entendre la voix du correspondant, sans être obligé de

Fig. 821. — Microphone pour grandes distances.

porter le récepteur à l'oreille. Un dernier système de transmetteur est le *microphone-plastron* à l'usage des employés téléphonistes (Fig. 822 et 823). Cet appareil est maintenu fixé sur la poitrine par une bretelle qui passe autour du cou. Le plastron, en forme de croissant et capitonné, porte le transmetteur qui peut recevoir une inclinaison variable à volonté. Le cornet devant lequel on cause est ainsi placé dans la position convenable en laissant libres les mains de l'employé téléphoniste.

En outre, le cornet est disposé de manière à éliminer, à l'extérieur, l'eau de condensation provenant de la respiration.

Les récepteurs de la Société industrielle des Téléphones ont aussi des formes diverses.

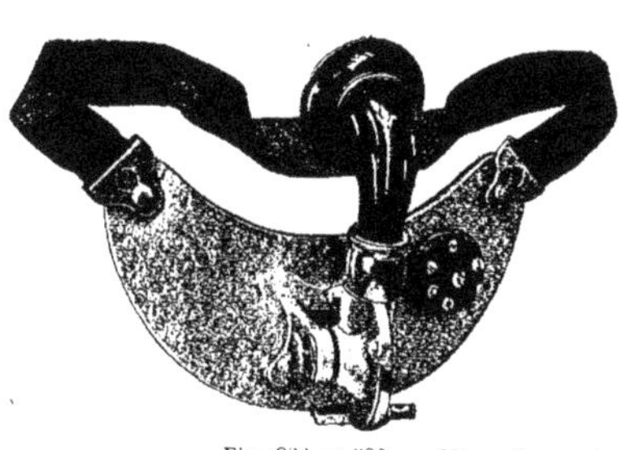

Fig. 822 et 823. — Microphone-plastron.

Nous connaissons le récepteur Ader. La figure 824 représente un *récepteur double* qui peut être utilisé, comme le transmetteur-plastron, de façon à laisser libres les mains de l'employé téléphoniste. Pour cela, les deux récepteurs sont fixés aux extrémités d'une sorte de lame métallique formant ressort que l'on place sur la tête. Deux boutons de serrage permettent, par leur glissement dans des rainures, de régler la position des récepteurs par rapport aux oreilles. Les récepteurs sont mobiles autour d'un tourillon fixé à la lame et peuvent ainsi être orientés dans une position quelconque suivant la direction que prennent les fils auxquels ils sont reliés. Cet appareil est nommé, en raison de sa disposition, *serre-tête à deux récepteurs*.

Fig. 824. — Serre-tête à deux récepteurs.

Le récepteur représenté par la figure 825 est destiné à un poste téléphonique *haut-parleur*. Il comporte un grand pavillon et est conjugué avec un microphone à grande puissance semblable à celui dont nous avons parlé plus haut. Les récepteurs *haut-parleurs* sont généralement destinés à transmettre des ordres soit dans des Administrations diverses, soit à bord des navires. L'ordre est entendu dans toute la pièce sans que celui à qui il est destiné soit dans l'obligation de se déplacer.

L'ingénieur Ducretet construit aussi des postes microtéléphoniques *haut-parleurs*, constitués par la combinaison d'un puissant microphone Gaillard-Ducretet et d'un récepteur électromagnétique haut-parleur à réglage. Ces postes sont à appel direct et n'exigent pas la présence permanente, près du poste, de la personne avec qui l'on cause. La personne qui transmet parle devant le

Fig. 825. — Récepteur haut-parleur mobile.

microphone Mi (Fig. 826) et appuie sur le levier L de façon à le tenir abaissé pendant toute la durée de la conversation. La réception se fait à haute voix dans l'autre poste, par l'intermédiaire du récepteur Ré muni d'un pavillon Pa.

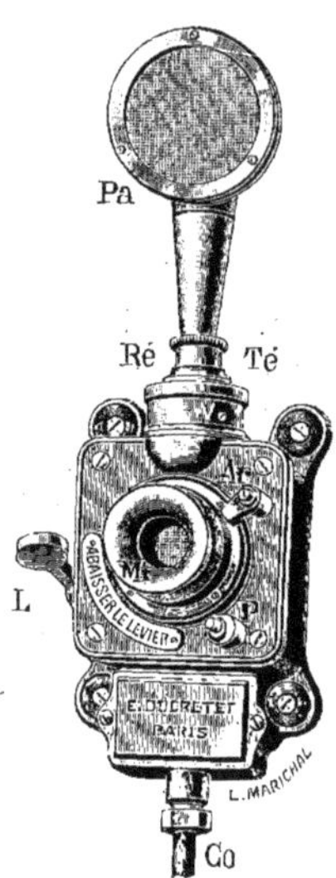

Fig. 826. — Poste téléphonique haut-parleur Ducretet.

L'appel direct, au lieu d'être fait à la voix, peut également s'effectuer avec plus de force au moyen de l'*appel électrophonique* constitué par un électro-aimant avec vibrateur rapide. En appuyant sur le poussoir P, on ferme le circuit de l'électro-aimant actionnant le vibrateur, et la membrane du récepteur haut-parleur émet un son très intense servant d'appel direct.

Un transmetteur microphonique peut actionner en même temps jusqu'à six récepteurs haut-parleurs et permet ainsi la transmission simultanée des ordres de courte durée.

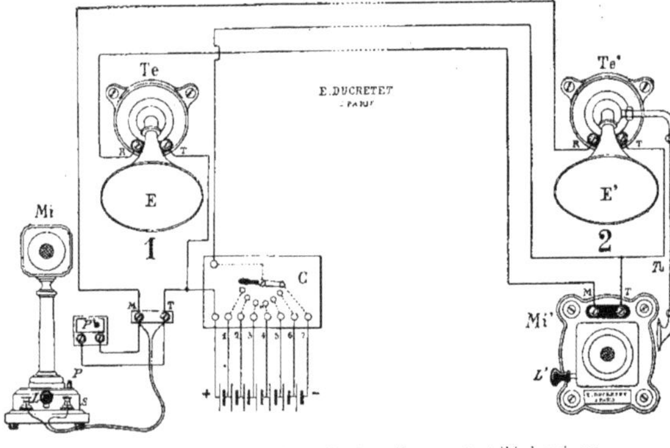

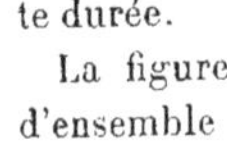

Fig. 827. — Schéma d'installation d'un poste téléphonique avec ou sans haut-parleur.

La figure d'ensemble 827 représente un schéma d'installation téléphonique simple. Le commutateur C permet, par sa manœuvre, de *recevoir* soit avec le dispositif haut-parleur, soit avec le dispositif ordinaire qu'on porte alors à l'oreille.

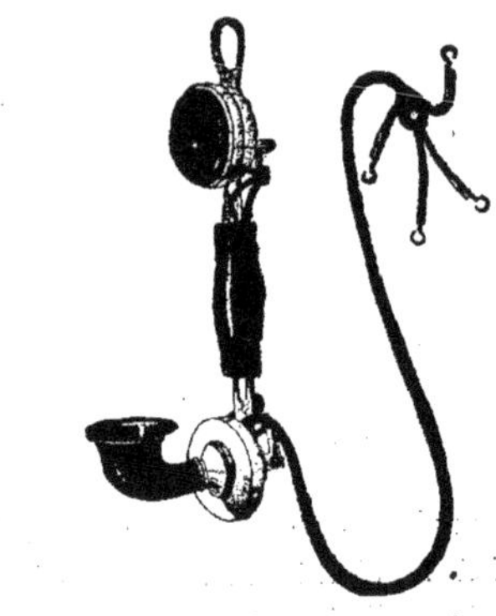

Fig. 828. — Appareil combiné pour grandes distances.

Pour diminuer l'encombrement des appareils téléphoniques et pour en rendre l'emploi plus commode, on a constitué des appareils mobiles comportant à la fois le transmetteur et le récepteur. Ces *appareils combinés,* c'est ainsi qu'on les appelle, peuvent facilement se déplacer et s'employer dans toutes les positions que peut occuper le corps, de façon que le transmetteur se trouve toujours placé devant la bouche lorsque le récepteur est appliqué contre l'oreille.

La figure 828 représente un appareil combiné pour communiquer à de grandes distances. Il peut s'adapter, par conséquent, à un poste comportant un circuit secondaire, c'est-à-dire muni d'un transformateur. Il se compose d'un transmetteur microphonique Bailleux muni d'une embouchure coudée, et d'un récepteur genre Ader, fixés sur le même support. Ce support est une sorte de bras muni d'une poignée en *ivorine*. Un anneau de suspension est disposé au bout du bras vers le récepteur. Un cordon souple à quatre conducteurs est fixé à l'autre extrémité du bras.

Il existe un autre genre d'appareil téléphonique combiné, dans lequel le récepteur et le transmetteur microphonique sont contenus dans une même boite de métal nickelé de très petit volume. Cet appareil, nommé *monophone* (Fig. 830 et 831), comporte, outre le boîtier contenant le récepteur et le transmetteur, une poignée creuse, en ferro-nickel, en forme de cornet, qui sert de conduit pour transmettre les vibrations de la voix au microphone. Cette poignée se termine par une ouverture à section oblique qui est placée non plus en face de la bouche, comme dans les appareils ordinaires, mais latéralement, à la hauteur des lèvres, ce qui donne plus de garanties au point de vue de l'hygiène et de la propreté.

Fig. 829. — Multiple de 10.000 abonnés de l'Hôtel des Téléphones, à Paris, détruit par l'incendie du 20 septembre 1908.

Le microphone est constitué par deux membranes en charbon portant, chacune en son milieu, une petite cuvette. Les deux membranes, appliquées l'une contre l'autre, laissent ainsi entre elles, vers leur centre, une capacité dans laquelle on place de la grenaille de charbon.

Les ondes sonores, provenant des paroles prononcées contre le cornet de l'appareil, sont dirigées par ce cornet servant en même temps de poignée et aboutissent de chaque côté du microphone, pour impressionner à la fois les deux membranes. Le récepteur d'un modèle ordinaire est soigneusement isolé du microphone par une cloison séparatrice, qui a pour but d'empêcher la formation du phénomène bien connu sous le nom de *téléphone chantant*.

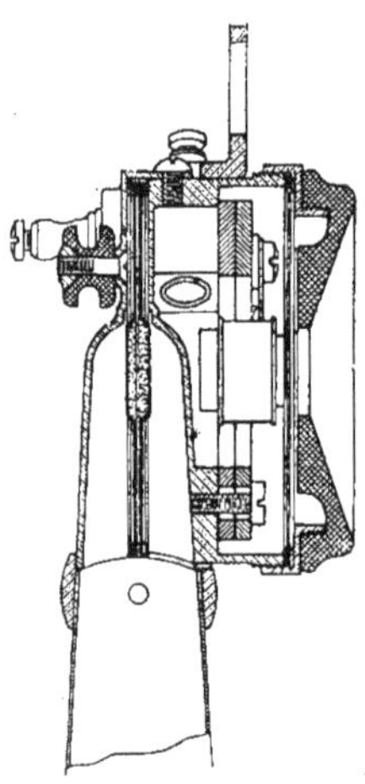

Fig. 830. — Monophone.

Malgré la disposition du cornet du monophone par rapport à la bouche, cet appareil convient parfaitement pour les conversations à grande distance. Pour les petites distances, le microphone ne comporte qu'une seule membrane de charbon et une cuvette à rainures, remplie d'anthracite maintenue par un anneau d'ouate. Le cornet est complètement conique au lieu d'être légèrement recourbé à son extrémité.

Les postes téléphoniques se différencient par la façon dont l'appel doit s'effectuer.

Le poste Ader que nous avons décrit comporte un appel par sonnerie qui fonctionne au moyen d'une *pile*. C'est un poste dit à *appel par piles*. D'autres postes comportent une sonnerie fonctionnant par la manœuvre d'une petite magnéto. Ce sont des postes à *appel magnéto-électrique*.

La figure 832 représente une poste à appel par piles du genre Ader, mais pouvant

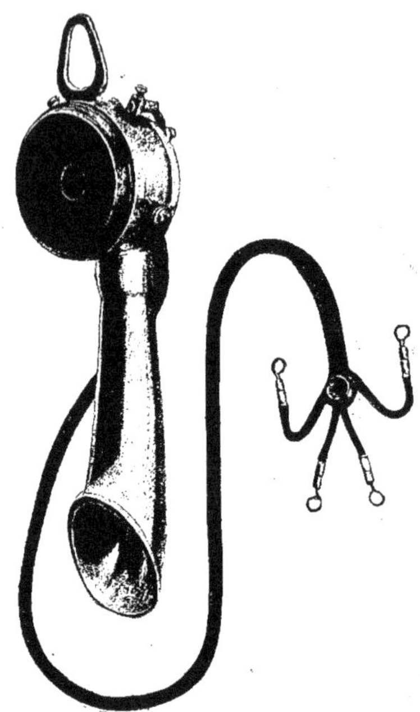

Fig. 831. — Monophone pour grandes distances.

se déplacer facilement. Le microphone est

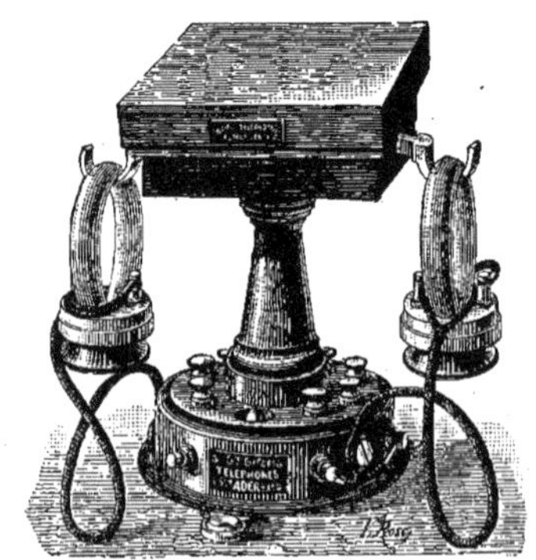

Fig. 832. — Téléphone mobile Ader-Bell, à colonnes.

monté sur colonne et sur l'embase de l'appareil sont placés le bouton d'appel et les bornes auxquelles sont attachés les fils conducteurs.

Dans la même catégorie de poste à appel par piles peut se ranger l'appareil représenté par la figure 833, construit par la Société industrielle des Téléphones et employé dans les réseaux de l'État français. C'est un *appareil mural*, c'est-à-dire pouvant être fixé contre le mur; il se compose d'une applique supportant un crochet commutateur automatique auquel est accroché un appareil combiné comportant un récepteur et un transmetteur. Sur l'applique, se trouve également le bouton d'appel, un second récepteur, et, placée derrière, une bobine d'induction faisant office de transformateur.

Le poste peut, comme le représente la figure 834, être encore simplifié et ne comporter qu'un *monophone* suspendu au crochet-commutateur porté par une simple applique circulaire maintenue fixe.

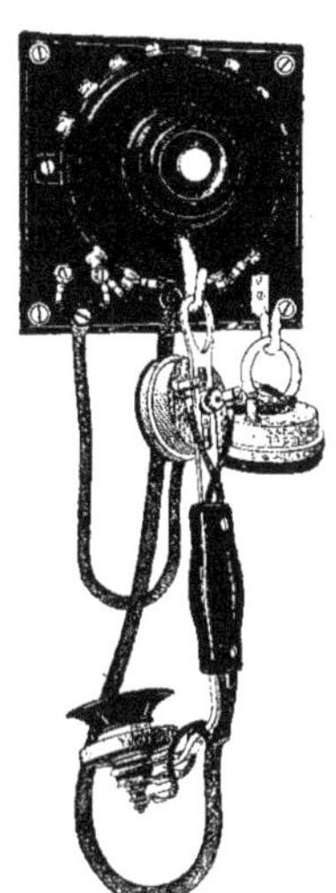

Fig. 833. Poste Bailleux-Ader mural.

Fig. 834. — Appareil mural à monophone.

Les postes *à appel magnéto-électrique* (Fig. 835 et 836) comportent, comme nous l'avons dit, une petite machine magnéto fournissant le courant nécessaire pour actionner la sonnerie. La magnéto se compose d'une série d'aimants M entre les branches desquels on fait tourner, au moyen de la manivelle A et d'une série de roues d'engrenages, une bobine portant un enroulement de fil

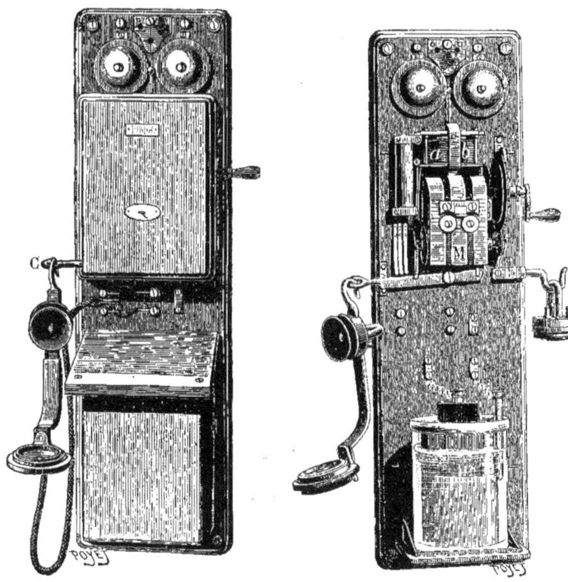

Fig. 835 et 836. — Poste mural avec appel magnéto-électrique.

conducteur. Le courant ainsi produit va circuler au poste récepteur dans un électro-aimant *a b* dont le fonctionnement met en action une sonnerie à trembleur B. Pour appeler, il suffit donc de faire effectuer quelques tours à la manivelle A ; la sonnerie retentit et s'arrête aussitôt qu'on cesse de tourner la manivelle. Les figures 835 et 836 représentent les vues extérieure et intérieure d'un poste à appel électro-magnétique. Un appareil combiné, comportant un transmetteur Berthon et un récepteur Ader, est suspendu à un crochet C terminant un levier-commutateur automatique. Un second récepteur est placé sur un crochet fixe. Une bobine d'induction est disposée dans le circuit téléphonique pour augmenter la puissance du microphone. Une pile, supportée par une planchette inférieure, est destinée à produire le courant nécessaire au fonctionnement des appareils téléphoniques et est protégée par une boite en bois fixée sur le socle du poste.

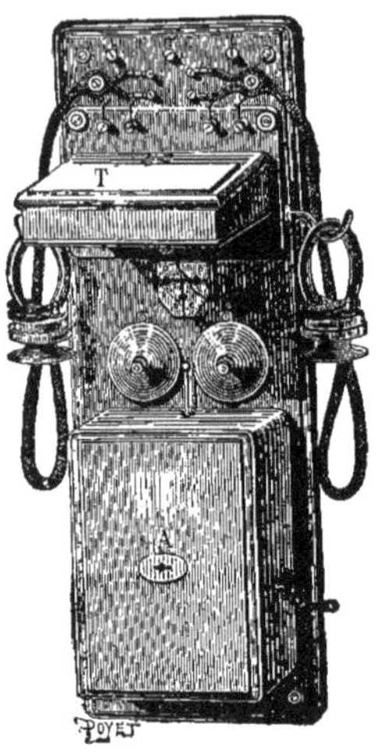

Fig. 837. — Poste mural avec sonnerie magnéto-électrique.

La figure 837 représente une autre disposition d'un poste mural avec appel magnéto-électrique. Le transmetteur microphonique Berthon-Ader T est en forme de pupitre et se trouve placé au-dessus de la magnéto, protégée par la boite A. Les deux récepteurs indépendants sont suspendus à deux crochets, dont l'un est à bascule et fait office de commutateur.

Un troisième poste de la même catégorie, représenté par la figure 838, comporte un microphone Bailleux avec pavillon, deux récepteurs, un appel magnéto-électrique, une sonnerie et une boîte à piles de deux éléments.

On a établi pour des besoins spéciaux des postes téléphoniques munis de dispositions particulières. Un de ces postes *à appel direct*, système Dardeau (Fig. 839), construit par la Société industrielle des Téléphones, sert à relier téléphoniquement entre elles un certain nombre de stations, de façon que l'une quelconque de ces stations puisse en appeler une autre quelconque sans déranger les autres.

Ces postes peuvent trouver leur application pour relier les stations, soit sur une

Fig. 838. — Poste mural à appel magnétique.

ligne de chemin de fer ou de tramways, soit sur les écluses d'un canal, etc.

Le poste simple comprend un appareil d'appel, un transmetteur microphoniqu avec deux récepteurs, un relais spécial, une pile de microphone de deux éléments, une pile de sonnerie locale de six éléments et une pile d'appel, dont le nombre d'éléments varie suivant le nombre de postes à desservir.

Le poste représenté par la figure 839 comporte un appareil combiné.

Le mécanisme d'appel est constitué par un mouvement d'horlogerie et deux clefs manœuvrées par deux boutons apparents à l'extérieur; l'un des boutons est blanc, l'autre noir. Un cadran est disposé sur le devant de l'appareil et porte autant de numéros qu'il y a de postes sur la ligne; une croix est placée à la partie supérieure du cadran et marque la position de repos d'une aiguille qui peut tourner autour de son centre. A gauche de la croix est inscrite l'indication *Déclenchement*, à droite, *Appel général*.

Fig. 839. — Poste à appel direct Dardeau.

Quand l'aiguille est en face de la croix, la ligne est libre. On peut procéder à l'appel d'un poste. Pour cela, on appuie sur le bouton blanc une fois. Cette manœuvre a pour effet de faire présenter, dans tous les postes, l'aiguille devant l'indication *Déclenchement*, qui signifie que la ligne est occupée. On appuie ensuite sur le bouton noir autant de fois qu'il est nécessaire pour que l'aiguille se présente en face du numéro du poste avec qui on veut correspondre. Chaque manœuvre fait avancer l'aiguille d'une division. En actionnant, à ce moment, de nouveau le bouton blanc, la sonnerie du poste intéressé retentit seule. On décroche le récepteur sans attendre une réponse par sonnerie, et la conversation peut alors s'engager entre les deux postes. A la fin de la conversation, on appuie sur le bouton noir un nombre de fois suffisant pour ramener l'aiguille en face de la croix, ce qui se répète dans tous les postes. On est ainsi avisé que la ligne est libre. On peut aussi communiquer avec plusieurs postes à la fois et même avec tous, quand l'aiguille est sur l'indication *Appel général*.

En pratique, le nombre de postes qu'on peut ainsi relier peut atteindre 25. Au delà de ce nombre, il convient de diviser la ligne en plusieurs tronçons réunis par des postes d'*intercommunication*, où un employé est chargé d'établir ou d'interrompre la communication suivant les demandes qui lui sont faites.

Un autre poste téléphonique spécial est le *poste militaire* Berthon (Fig. 840). Il se compose d'une boîte en chêne contenant une machine magnéto-électrique M, mise en mouvement au moyen de la poignée P, qui actionne la sonnerie d'appel S; un appareil combiné Berthon-Ader A comportant un transmetteur et un récepteur; un commutateur pour la pile du microphone; une bobine d'induction; trois éléments de pile E; enfin des bornes pour le raccord des fils avec la ligne que l'on pose entre les stations. La boîte peut, suivant les besoins, être portée à la main par une poignée de cuivre,

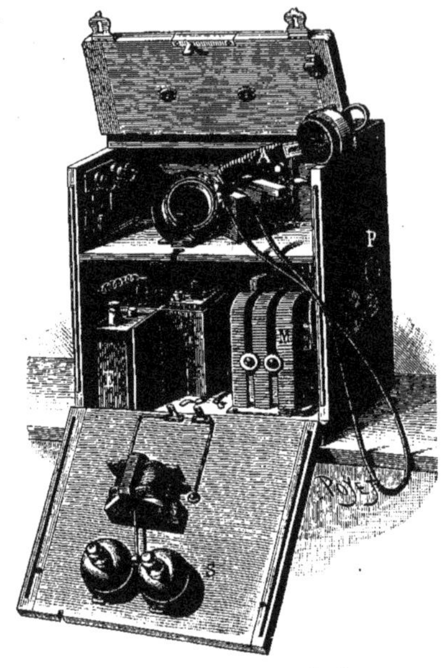

Fig. 840. — Poste militaire Berthon.

ou être fixée au moyen de bretelles sur le dos du soldat quand l'appareil sert à des exercices ou à des opérations de campagne.

Les ateliers Rousselle et Tournaire, à Paris, ont établi des postes téléphoniques comportant des dispositifs de protection contre les hautes tensions. Dans les installations de distribution d'énergie et de lumière, il est, en effet, souvent utile, quelquefois même indispensable, de relier par une ligne téléphonique la station centrale de production d'énergie avec un ou plusieurs centres d'utilisation. Comme, pour des raisons d'ordre pratique, on utilise les poteaux qui supportent la ligne à haute tension pour supporter également les fils téléphoniques, une rupture ou même un défaut d'isolement expose la ligne téléphonique, à être parcourue par le courant à haute tension et il peut en résulter des dommages pour les appareils et des accidents graves pour les employés qui les manipulent. Il est nécessaire donc de prendre des précautions spéciales

Fig. 841. — Poste téléphonique avec dispositif de protection contre la haute tension (Rousselle et Tournaire.)

pour parer à ces inconvénients fort sérieux. Le poste que représente la figure 841 est établi dans ce but.

Toutes les parties métalliques de l'appareil sont montées sur des isolants en ébonite et disposées dans une grande boîte en noyer, de façon qu'il existe un espace d'air suffisant entre les pièces métalliques intérieures et le couvercle de l'appareil.

Les récepteurs sont eux-mêmes placés à l'intérieur et prolongés extérieurement par des tubes acoustiques. Les pièces qui sont, de toute nécessité, placées en dehors de la boîte, telles que la manivelle de la magnéto et les deux cornets acoustiques, sont en matière isolante.

Les cornets acoustiques sont en deux parties d'ébonite raccordées par un tube en caoutchouc permettant de les porter facilement aux oreilles. En soulevant l'un d'eux, on manœuvre un commutateur qui met automatiquement le transmetteur en circuit.

Les postes téléphoniques comportant des dispositifs de protection pour un minimum de 20.000 volts sont blindés intérieurement avec des plaques de fer mises en communication avec la terre. On dispose, en outre, en avant de la boîte, des coupe-circuits à haute tension représentés à la partie supérieure sur la figure 841.

Dans les contrées où éclatent de fréquents orages, on peut intercaler sur la ligne, avant les coupe-circuits, un parafoudre à plaques placé sur le poste (Fig. 841) entre les coupe-circuits. Le poste doit être séparé du mur auquel il est fixé, par des pièces élastiques qui augmentent l'isolement et amortissent aussi les vibrations provenant de ce mur.

Il faut enfin placer au-dessous du poste téléphonique un *tabouret isolant* formé d'une planche en chêne fixée sur quatre isolateurs en porcelaine ou en verre, sur lequel se tiendra le téléphoniste.

Postes téléphoniques centraux

Pour établir des correspondances téléphoniques entre particuliers, on a créé, d'abord en Amérique, puis en Europe, des *bureaux centraux,* vers lesquels convergent tous les fils et où des employés mettent en rapport les deux correspondants en faisant communiquer l'un avec l'autre les fils de deux abonnés, à la demande de l'un d'eux.

Dans les bureaux sont disposés des tableaux

Fig. 842. — Jack-Knife.

(Fig. 844 et 845) comportant des *commutateurs* et des *indicateurs.* A chaque *commutateur* (Fig. 843) aboutissent les fils de chaque abonné. Il est composé de deux plaques de cuivre, isolées l'une de l'autre et percées de deux trous. C'est dans un de ces trous qu'on enfoncera le *Jack-Knife.*

Le *Jack-Knife* (Fig. 842), appelé plus couramment *Jack,* auquel on a conservé son nom américain (*couteau de Jack*), se compose d'un cordon souple renfermant deux fils dont le premier aboutit à une virole métallique et le second à une tige centrale, isolée de la virole et la débordant. L'autre extrémité de chacun des fils aboutit au récepteur téléphonique que l'employé tient à la main. Il lui suffit donc d'enfoncer son *Jack-Knife* dans l'un des deux trous percés dans les plaques qui correspondent à la ligne de l'abonné pour se trouver en relation

Fig. 843. — Commutateur.

avec lui. Suivant que le *Jack-Knife* se trouve enfoncé dans le trou de droite ou dans celui de gauche du commutateur (Fig. 844), il isole ou non l'*indicateur,* en écartant un ressort de contact placé entre les deux plaques par l'intermédiaire d'une goupille en ivoire. Quand on veut relier deux abonnés, on se sert d'un *Jack-Knife* double dont on place l'une des extrémités dans l'orifice de gauche du commutateur du premier abonné et l'autre dans l'orifice de droite du second, de manière que le courant électrique aille de l'appareil d'un abonné à celui de l'autre.

Les figures 844 et 845 représentent un tableau de bureau central vu de devant et vu de derrière. La partie supérieure A du tableau porte les signaux d'avertissement, *indicateurs* ou *annonciateurs;* la partie inférieure B porte les *commutateurs*. Chaque *annonciateur* correspond au fil d'un abonné; Il sert à reconnaître quel est l'abonné qui demande la communication. Sa manœuvre s'effectue quand l'abonné, en appuyant sur le bouton de son poste téléphonique envoie le courant électrique dans la ligne. L'électro-aimant placé derrière le tableau (Fig. 845) est actionné, attire son armature qui décroche le disque de fer masquant le numéro. Le disque tombe et découvre le numéro de l'abonné qui appelle.

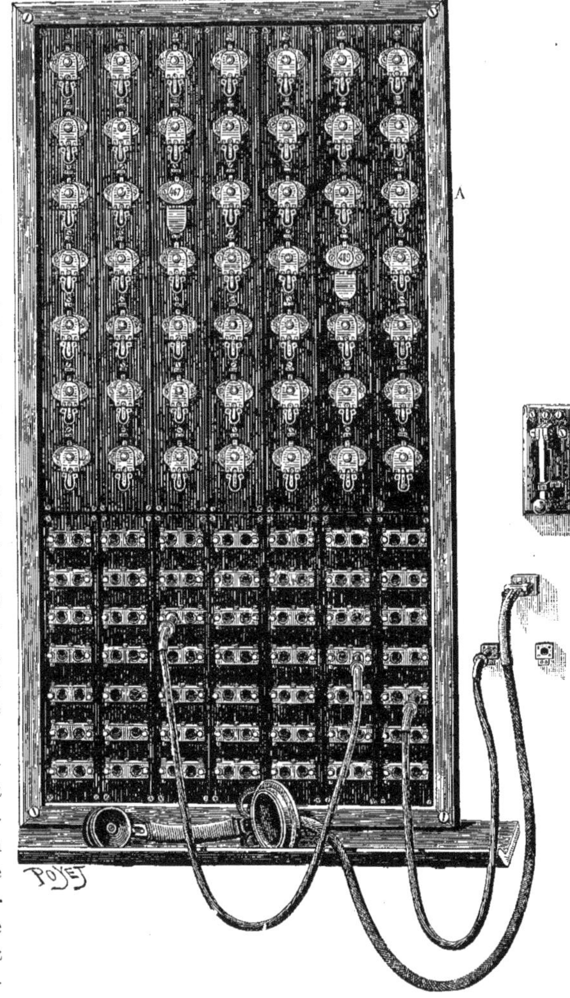

Fig. 844. — Tableau des annonciateurs et des commutateurs d'un bureau central de la Société des Téléphones. Vue d'avant.

En tombant, le petit disque établit la communication avec un conducteur aboutissant à la sonnerie. Celle-ci retentit alors jusqu'à ce que l'employé ait relevé le disque de l'*annonciateur*. La figure 844 montre la façon dont l'employé, après avoir répondu à l'abonné appelant, a relié au moyen d'un *jack* double le numéro rendu apparent 467 de cet abonné avec le numéro 489 de l'abonné appelé.

Dans chaque bureau central sont établis un certain nombre de tableaux. Celui que représente la figure 799 en comporte quatre semblables à celui que nous venons d'examiner. En outre, l'installation possède à la partie inférieure une seconde série de commutateurs C divisés en groupes de cinq. Chaque groupe de cinq est désigné par une lettre de l'alphabet. Ces commutateurs servent à mettre le Poste central en relation, par des lignes dites *auxiliaires*, avec les différents bureaux de quartier, et par suite, avec l'un quelconque des points du réseau.

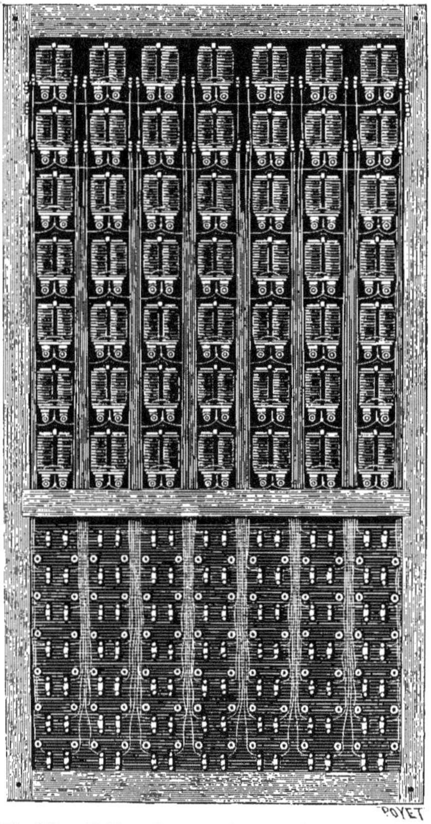

Fig. 845. — Tableau des annonciateurs et des commutateurs d'un bureau central de la Société des Téléphones. Vue d'arrière.

Réseaux téléphoniques à batterie centrale

Les réseaux téléphoniques, installés comme nous venons de l'indiquer, furent d'abord ainsi utilisés en Amérique et en Europe, mais les inconvénients dus à ces systèmes leur ont fait préférer les systèmes téléphoniques à *batterie centrale*. C'est en Amérique que l'emploi de ces derniers systèmes se généralisa d'abord très rapidement, puis ils furent adoptés en Europe, et actuellement l'Angleterre, l'Allemagne, la Belgique, la Hollande l'Autriche-Hongrie, la Suisse, l'Italie, la Roumanie en font usage.

En France, on a commencé, depuis 1906, la transformation du réseau téléphonique parisien en réseau à batterie centrale, mais l'incendie du 20 septembre 1908, qui a détruit dans l'Hôtel des Téléphones Gutenberg, les nouveaux appareils téléphoniques installés, a retardé encore l'organisation du nouveau réseau et l'emploi de ces appareils. Des efforts considérables ont été faits, depuis, dans le même but, et il est certain que dans un avenir très prochain, l'usage de la batterie centrale sera généralisé à Paris et en France, et que les méthodes d'exploitation rapides et pratiques employées aux États-Unis pourront être également appliquées dans notre pays.

En quoi consiste donc la supériorité du système téléphonique à batterie centrale sur l'autre?

Disons, d'abord, ce qui caractérise un réseau à *batterie centrale*. Dans ce réseau, l'énergie électrique nécessaire à actionner les microphones de tous les postes et faire fonctionner tous les signaux d'appel est fournie par une seule batterie d'accumulateurs placée au Bureau central. C'est une batterie unique et *centrale* pour tout le réseau : de là le nom donné au système téléphonique qui l'utilise.

On voit immédiatement quels avantages considérables on peut tirer de la concentration de toutes les énergies électriques en un même point. Les abonnés n'ont pas, en effet, comme dans le système ordinaire, à veiller à l'entretien des sources d'électricité, entretien qui est souvent défectueux et qui provoque un mauvais fonctionnement sur la ligne, d'où pertes, parfois considérables, de temps. Avec la batterie centrale, la distribution de l'énergie électrique est toujours assurée et l'entretien est évidemment facilité. En outre, l'abonné est libéré du souci de l'entretien des piles.

En principe, pour qu'un système téléphonique offre le maximum d'avantages, il faut que les pertes de temps soient réduites au minimum, et il faut imposer aux abonnés le moins de manœuvres possible.

Nous avons vu qu'avec le système ordinaire les employés téléphonistes doivent se préoccuper de la réponse de l'abonné qui a été appelé. Il peut en résulter une perte de temps si l'abonné ne répond pas immédiatement. De plus, à la fin de la conversation, l'abonné doit transmettre le signal conventionnel indiquant qu'il n'occupe plus la ligne; mais combien d'abonnés, soit par négligence, soit par précipitation, oublient d'aviser que la ligne est libre! L'employé doit nécessairement intervenir et s'enquérir si la conversation dure toujours. Parfois, la ligne est encore occupée et les abonnés sont interrompus dans leur conversation, d'où un mécontentement, une irritation contre les employés, qui s'ajoutent à une nouvelle perte de temps.

Les pertes de temps successives provoquent des retards dans l'obtention des communications, et l'impatience des abonnés se manifeste par des appels réitérés qui troublent le service et donnent lieu à de nouveaux retards.

Dans le système téléphonique à batterie centrale, en dehors des avantages dus à la réunion, en un même lieu, de toutes les sources d'électricité, on a encore simplifié les manœuvres demandées aux abonnés et on a remédié aux divers inconvénients que nous venons de signaler.

L'abonné, par la simple manœuvre *de décrochage* du récepteur, ferme le circuit de la batterie centrale, et le courant ainsi établi actionne, au Bureau central, un signal constitué assez souvent par une lampe à incandescence, nommée *lampe d'appel*, qui s'allume. Donc, aucun appel n'est fait par l'abonné, et néanmoins le Poste central est avisé de son désir de converser. L'employé téléphoniste se met alors en communication avec lui et, par ses *jacks* et *fiches*, le met en relation avec le circuit de l'abonné demandé. Une lampe dite de *supervision* s'allume. Une *clef d'appel* est alors abaissée et cette clef, par un mécanisme spécial, s'accroche et reste dans cette position, tant que l'abonné n'a pas répondu.

Un courant périodique, envoyé du Poste central, parcourt la ligne et actionne, par intermittences, la sonnerie de l'abonné appelé. L'employé téléphoniste peut, pendant tout le temps que l'abonné reste à répondre, s'occuper à établir d'autres communications.

Quand l'abonné répond, la lampe s'éteint du fait qu'il décroche son récepteur, et la clef d'appel se décroche automatiquement. Quand la conversation est terminée, l'accrochage des deux récepteurs provoque l'allumage des deux lampes de *supervision,* et l'employé est ainsi avisé que la conversation est terminée. En enlevant les fiches, les circuits sont interrompus et les lampes s'éteignent. Tout se trouve ainsi ramené à l'état normal. Quand un des correspondants accroche seul le récepteur pour une raison quelconque, interrompant ainsi la conversation, sa lampe seule s'allume ; mais tant que l'autre lampe reste éteinte, l'employé ne *coupe* pas la communication. Il suit d'ailleurs parfaitement, par les allumages et les extinctions successifs des lampes, les manœuvres des abonnés.

On voit que ce dispositif réduit les pertes de temps de l'employé et ne demande à l'abonné que le *décrochage* du récepteur pour donner automatiquement un signal d'appel, et l'*accrochage* de ce même récepteur pour donner automatiquement le signal de fin de conversation. Les appels réitérés se traduisent par des allumages réitérés de la lampe d'appel, ce qui ne peut occasionner aucun dérangement dans le service. Enfin, quand un circuit d'abonné se trouve en mauvais état de fonctionnement, par suite de rupture de fil, de défaut d'isolement ou de contact intempestif, la lampe d'appel de l'abonné reste constamment allumée, ce qui permet de remédier immédiatement au défaut de cette ligne.

Installation de l'Hôtel des Téléphones à Paris

Nous avons dit que le Réseau téléphonique parisien était déjà pourvu de postes à batterie centrale que l'incendie de l'Hôtel des Téléphones du 20 septembre 1908 détruisit dans l'espace de quelques heures. Trois *multiples,* comme on les désigne couramment, furent ainsi anéantis : un pouvait comporter 6.000 lignes, l'autre 9.000 et le troisième 10.000. En outre, les tableaux de 400 lignes interurbaines et suburbaines furent également mis hors de service. L'incendie détruisit environ 20.000 lignes d'abonnés et les circuits interurbains, représentant une perte de plus de 20 millions de francs. La figure 829 représente une vue générale des groupes d'arrivée du multiple de 10.000 abonnés anéanti par l'incendie, qui était installé au 4e étage de l'Hôtel des Téléphones Gutenberg. Ce multiple n'avait fonctionné que pendant deux mois.

On conçoit quelles profondes perturbations ce sinistre apporta dans la vie commerciale et industrielle du pays tout entier. Aussi des dispositions furent prises pour remédier dans le plus bref délai possible à ces graves désordres. Il fut décidé qu'on établirait immédiatement deux multiples provisoires de 10.000 abonnés, à batterie centrale, comprenant chacun 120 groupes de départ, 75 groupes d'arrivée et 15 groupes intermédiaires. Un de ces multiples fut exécuté par la Société de Matériel téléphonique G. Aboilard et Cie, à Paris, et l'autre par les Ateliers Thomson-Houston, à Paris. Le délai de construction était de deux mois. Pendant cet intervalle de temps fort réduit, 20.000 fils de jonction pour abonnés et 5.000 fils pour lignes auxiliaires furent placés dans le sous-sol de l'immeuble pour être raccordés avec les nouveaux multiples. Dans le délai prévu, les appareils provisoires étaient installés et les abonnés successivement rattachés au Bureau central.

L'éminent Ingénieur en chef de la Société de Matériel téléphonique Aboilard et Cie, M. H. André, a, dans une très intéressante conférence faite à la Société internationale des Électriciens à Paris, donné des renseignements très précis sur cette installation. Nous lui empruntons quelques détails qui permettront de se rendre compte de la façon dont est installé un multiple à batterie centrale.

La Société de Matériel téléphonique fut autorisée à faire appel à l'industrie américaine pour la fourniture de son multiple, ces postes téléphoniques étant, en effet, fort en usage en Amérique et pouvant, pour cette raison, être exécutés rapidement. La Western Electric C° de Chicago, chargée de ce travail, ne mit que 18 jours pour construire le multiple complet de 10.000 abonnés. La batterie centrale, destinée à alimenter un multiple de 10.000 abonnés, atteint une capacité de 4.000 ampères-heures avec un débit normal de 300 à 400 ampères.

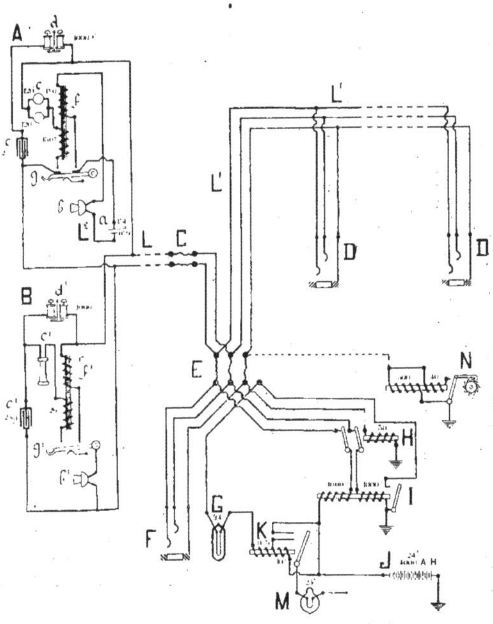

Fig. 846. — Schéma d'une ligne reliée à deux postes d'abonnés.

Le schéma représenté par la figure 846 indique la façon dont est installée une ligne L, reliée d'une part à deux postes d'abonnés A et B et, d'autre part, au *répartiteur d'entrée* C du Bureau central multiple. Le répartiteur d'entrée comporte des câbles L' reliés intérieurement avec le bureau central. Ces câbles sont horizontaux dans le poste et se continuent par des câbles verticaux qui sont raccordés aux lignes extérieures d'abonnés au moyen de *fils jarretières* doubles incombustibles. Le répartiteur d'entrée a pour but de permettre d'effectuer facilement les permutations désirées entre les lignes. On peut, de cette façon, conserver à un abonné qui change de domicile son même numéro de téléphone sans modifier les liaisons intérieures de l'appareil téléphonique. Un *répartiteur intermédiaire* E, sert à relier la ligne intérieure immuable L', qui porte les *jacks généraux* D, à un groupe local quelconque. Cette liaison se fait au moyen de *fils jarretières triples* incombustibles et permet de répartir convenablement le travail entre les divers employés. La figure 847 représente une vue d'arrière de ce répartiteur pour multiple de 10.000 abonnés. Les câbles horizontaux sont raccordés à la ligne L' par des attaches triples, les câbles verticaux, par des attaches quadruples ; ils sont mis en communication avec un jack local ou individuel F, avec une lampe d'appel G, de 24 volts, avec un relais de coupure H, portant un enroulement de 30 ohms de résistance, et avec un relais d'appel I, comportant deux enroulements d'une résistance de 1.000 ohms, dont l'un est mis à la terre et l'autre est mis en relation avec le pôle libre de la batterie centrale J de 24 volts. On voit que, si un de ces organes était mis accidentellement hors de service, il est très facile, avec un *fil jarretière triple,* de raccorder la ligne principale L', avec un nouveau groupe d'organes en bon état. C'est là un autre avantage du *répartiteur intermédiaire.*

En Amérique, pour faciliter le travail

d'*entr'aide*, on réserve à chaque ligne d'abonné plusieurs séries d'organes locaux, de façon que si l'employé d'un des groupes est momentanément dans l'impossibilité, par surcroît de travail, de s'occuper de l'abonné, l'employé du groupe voisin puisse répondre pour lui. Le système d'entr'aide, parfaitement organisé en Amérique, permet d'assurer le service d'une façon très rapide.

Fig. 817. — Vue d'arrière du multiple de l'Hôtel des Téléphones de Bruxelles.

En plus des organes que nous venons de

nommer sont disposés un *relais-pilote* K, actionnant une *lampe-pilote* M, placée bien en vue pour faciliter le service des surveillants, et un *compteur* N, destiné à enregistrer le nombre de communications de l'abonné.

Les deux postes d'abonnés A et B, indiqués sur le schéma, sont reliés à la même ligne L; cette ligne serait donc supposée partagée entre ces deux abonnés. Ce système, fort employé en Amérique et qui permet des réductions d'abonnement, n'est pas utilisé en France.

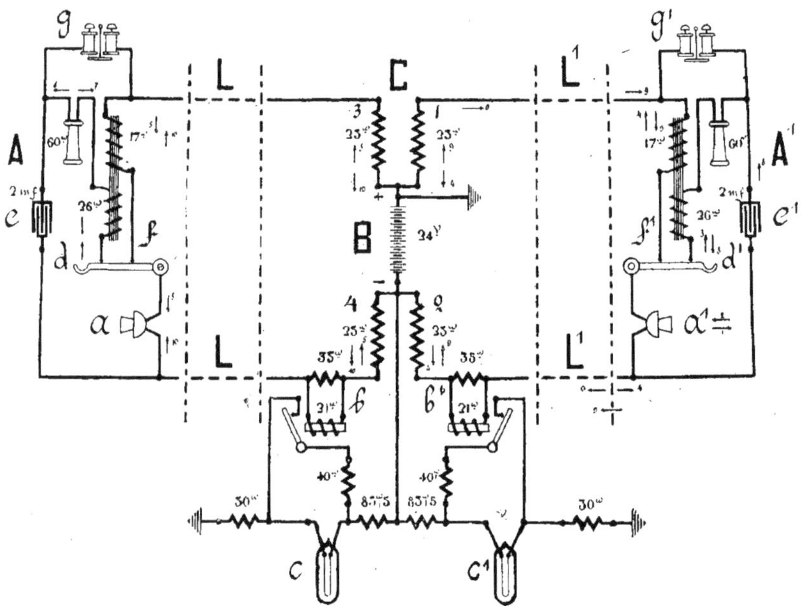

Fig. 848. — Schéma de postes d'abonnés mis en relation, dans un système téléphonique à batterie centrale.

Ces deux postes sont différents. Le poste A est celui qui a été établi à Paris pour adapter les anciens postes transformés, au système de la batterie centrale à signaux lumineux d'appel et de fin de conversation. Dans ce poste, la pile *a* du transmetteur *b* a été conservée. Avec ce poste ainsi transformé, on fait le signal d'appel par le simple décrochage du récepteur. Le circuit de la batterie centrale est fermé et le courant passe par un des enroulements du relais d'appel I, les contacts de repos du relais à rupture H, la ligne L', le répartiteur d'entrée C, la ligne L, les récepteurs *c* et le circuit secondaire de la bobine *f*. En outre, le décrochage du récepteur provoque la fermeture du circuit de la pile locale.

L'accrochage du récepteur indique automatiquement la fin de la conversation et tous les organes sont mis alors à leur position de repos, comme nous l'avons expliqué plus haut.

La sonnerie *d* d'appel de l'abonné reste constamment reliée à un condensateur *e* monté en dérivation sur la ligne L. L'abonné peut ainsi être appelé du Bureau central.

Le poste d'abonné B est disposé pour le service téléphonique à batterie centrale complet. La pile *a* de l'abonné est supprimée.

La figure 848 représente un schéma des

communications établies entre deux postes d'abonnés qui sont mis en relation dans un système téléphonique à batterie centrale.

Les deux récepteurs sont supposés décrochés et les abonnés causent. Le circuit de la batterie centrale B est fermé au travers des deux transmetteurs a et a^1 et des relais b et b^1 qui actionnent les lampes de *supervision* c et c^1 qui leur correspondent au Bureau central. Pendant la conversation, les deux lampes c et c' resteront éteintes, parce qu'elles sont shuntées par des bobines de 40 ohms de résistance quand le courant actionne les relais b et b^1. Quand les deux lampes sont allumées, c'est que les deux récepteurs sont accrochés et que la conversation est terminée.

Dans l'installation téléphonique provisoire faite à Paris à l'Hôtel des Téléphones, on n'a pas pu placer des *jacks généraux* d'abonnés dans les *groupes de départ*. Les communications doivent donc être établies à l'aide d'un *groupe d'arrivée*, ce qui disparaîtra lorsque le multiple sera transféré dans son local définitif. La figure 849 indique les communications qu'il a été nécessaire d'établir pour assurer provisoirement le service. Le poste A est un poste d'abonné, B est l'ensemble des cordons de liaison du groupe de départ, C est la batterie centrale, D est le poste de départ, E le poste d'arrivée, F la ligne auxiliaire de départ, G la fiche *monocorde* d'arrivée, avec les organes auxquels elle est reliée, H les machines génératrices de courants dont l'une, h, donne des courants d'appels alternatifs, et

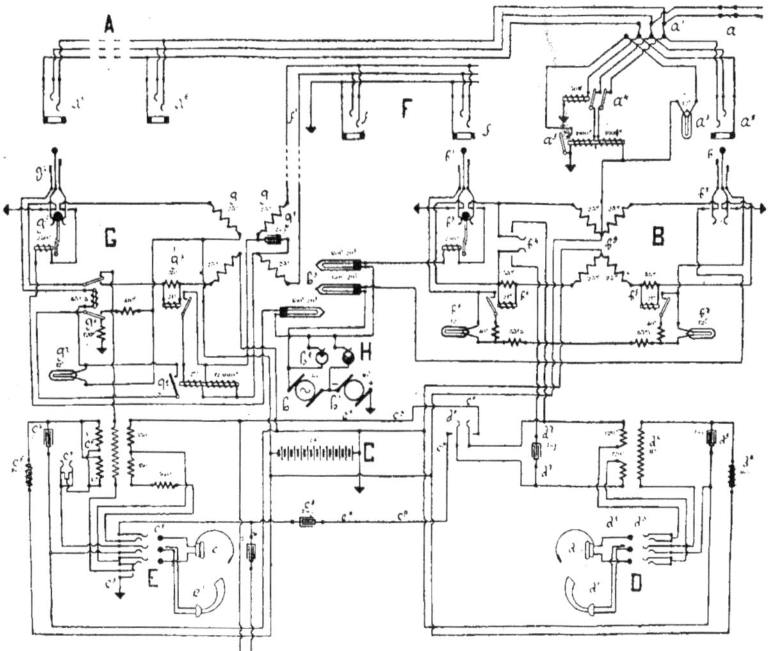

Fig. 849. — Schéma de l'installation provisoire de l'Hôtel des Téléphones à Paris.

l'autre h', à courant continu de 40 volts, assure le fonctionnement de la *clef d'appel* g^5 ou b^3, quand l'abonné demandé a décroché son récepteur.

met sa clef b^4 sur *Réception*, afin de connaître le numéro de l'abonné demandé. Puis au moyen de sa *clef de conversation* d^8, il transmet à l'employé du poste d'arrivée E ce

Fig. 850. — Répartiteur intermédiaire pour multiple de 10.000 abonnés. Vue d'arrière.

Quand l'abonné du poste A décroche son récepteur, sa lampe d'appel a^3 s'allume au-dessus du jack local a^2. L'employé du poste de départ D enfonce sa *fiche de réponse* b et

numéro. Celui-ci met sa fiche g^1 dans le jack général a^6 de l'abonné demandé et fait connaître au poste de départ le numéro de la ligne auxiliaire F pour que l'employé de ce poste enfonce sa *fiche d'appel* b[1] dans le *jack général* f de cette ligne auxiliaire ; puis il remet sa clef de conversation d^8 à sa position de repos, et c'est l'employé du poste d'arrivée qui appelle l'abonné demandé, ce qui s'effectue en appuyant sur le bouton de la *clef d'appel automatique* g^5. Le bouton reste enfoncé et la clef accrochée, du relais g^2 est établi par la manœuvre du relais g^3.

Les deux lampes de supervision b^7 et b^8, qui correspondent aux deux abonnés, permettent à l'employé du poste de départ de s'assurer que la communication est établie. Quand les deux lampes sont simultanément allumées, c'est que la conversation est ter-

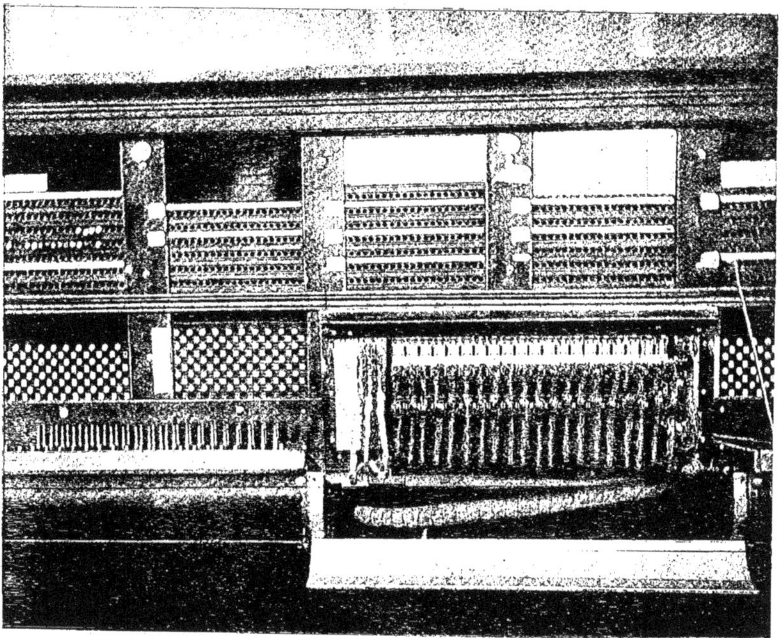

Fig. 851. — Groupe de départ. Vue de face.

tant que l'abonné demandé n'a pas répondu. Quand celui-ci répond, la clef se met à sa position de repos; en outre la *lampe de supervision* b^8 est actionnée par le relais b^6 et les employés des postes d'arrivée et de départ sont ainsi avisés de la réponse de l'abonné. Ce *relais de supervision* b^6 est actionné par un courant provenant de la batterie centrale C, qui passe, avec une intensité suffisante, dans la ligne auxiliaire F quand le shunt d'une résistance de 27 ohms minée, et l'employé du poste de départ D retire les fiches b et b^1, ce qui met le relais g^2 à sa position de repos et actionne la lampe fin de conversation « g^7 au poste » d'arrivée E. L'employé de ce poste retire sa fiche g^1 et rend ainsi libre la ligne auxiliaire F qui peut alors servir à établir une autre communication.

On voit quelles complications a nécessitées la réorganisation du service provisoire des téléphones à Paris, et on se rendra compte, par la description succincte que nous avons donnée d'une installation téléphonique, des prodigieux résultats pratiques atteints aujourd'hui dans cette merveille de la Science : la Téléphonie.

Fig. 852. — Bâti des relais. Vue d'arrière.

Les figures 851 et 852 donnent un aperçu de la multiplicité de certains organes et de leur disposition dans le poste.

La figure 851 représente un *groupe de départ* vu de face désigné sur le schéma (Fig. 849) par la lettre D. Le panneau de droite est découvert sur une partie de sa hauteur pour montrer l'assemblage intérieur des câbles sur 20 groupes de *clefs d'appel* b^2 et de *clefs d'écoute* b^4.

La figure 852 représente, vu d'arrière, le bâti des différents relais g^2, g^3, g^6 qui font partie du groupe d'arrivée.

Les deux postes d'abonnés (Fig. 853 et

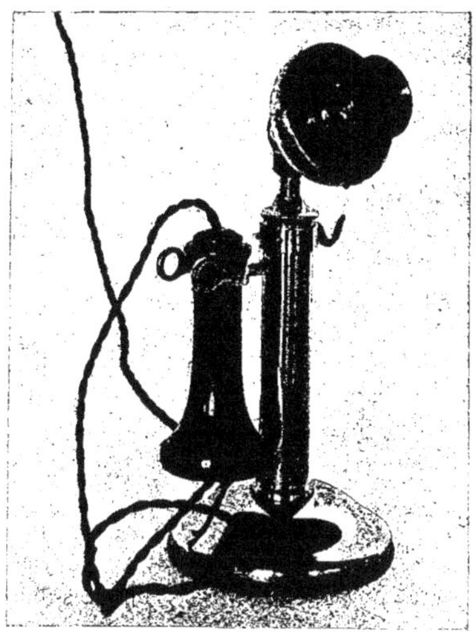

Fig. 853. — Poste mobile d'abonné. (Réseau à batterie centrale.)

854) pour système téléphonique à batterie centrale sont : l'un mobile à colonne, l'autre fixe; celui-ci est un *poste mural*. On remarque que ces postes ne comportent pas de boutons d'appel, devenus inutiles puisque l'appel s'effectue par le décrochage du récepteur et le signal « fin de conversation » est donné par l'accrochage de ce même récepteur.

Installation de l'Hôtel des Téléphones à Bruxelles (Fig. 808, 847 et 856.) Un système téléphonique à batterie centrale complète et à signaux lumineux a été installé à l'Hôtel des Téléphones de Bruxelles, et ouvert au service public en 1902.

La figure 847 montre la vue d'arrière du multiple, dont la face antérieure représentée par la figure 856 porte les jacks locaux, les lampes d'appel et les divers autres organes que doit manipuler l'employé téléphoniste : clef d'appel, d'écoute, de conversation, cordons et fiches.

La vue d'arrière du multiple donne la disposition des câbles horizontaux allant aux *jacks généraux;* d'autres câbles, venant du *répartiteur intermédiaire* pour aboutir aux *jacks locaux,* sont logés dans un caniveau ménagé sous le plancher derrière la table. Ces câbles débouchent devant chaque position d'employé par des ouvertures pratiquées dans le plancher; ils montent verticalement et passent entre les différents groupes de *relais de supervision* qui actionnent les lampes indicatrices de fin de conversation. Ces relais sont reliés avec leurs bobines de résistance.

Le multiple est placé au troisième étage de l'Hôtel des Téléphones. Les câbles qui y aboutissent partent du deuxième étage, où sont établis le répartiteur général, le le répartiteur intermédiaire, le bâti des relais et le bâti des translateurs (Fig. 856).

Fig. 854. — Poste mural d'abonné. (Réseau à batterie centrale.)

Le *répartiteur général* se trouve à droite et on aperçoit sa face postérieure ; au milieu, est *le répartiteur intermédiaire* qui est relié par des câbles, dont on peut suivre la marche, au bâti des *relais d'appel* disposé sur la gauche. Au fond, vu de face, est installé le bâti des *bobines de translation* placées entre la batterie centrale et les cordons de fiches pour éviter la confusion des communications données en même temps sur le tableau. Au premier plan, se voit l'échelle des câbles qui les dirige à l'étage supérieur, où se trouve, comme l'indique la figure 856, le multiple. Les câbles supportés par l'échelle aboutissent aux jacks généraux et ceux qui sont reliés aux jacks locaux sont visibles dans le fond et longent la partie supérieure du bâti des translateurs.

Le système téléphonique à batterie centrale de Bruxelles a été construit et installé par la Bell Telephone Manufacturing C°, à Anvers.

Le système à batterie centrale a été également établi à Budapest. La figure 855 représente une vue d'ensemble du Bureau central de cette ville, le plus vaste qui existe actuellement dans le Monde entier. Il peut être équipé pour desservir 40.000 abonnés.

Fig. 855. — Vue d'ensemble du Bureau central téléphonique de Budapest.

Progrès de la Téléphonie

Le système téléphonique a pris depuis quelques années une extension considérable. Cet essor a surtout été prodigieux aux États-Unis, où, au 1er janvier 1909, étaient installés 6.833.390 postes téléphoniques, tandis qu'en Europe il n'en existait que 2.431.815, en Asie 70.740, en Australie 67.000, dans l'Amérique du Sud 61.960. La France et ses colonies ne possède que 197.200 postes venant après les États-Unis, l'Allemagne, l'Angleterre et le Canada.

Il y a, dans le Monde entier, environ 9.500.000 postes téléphoniques, nécessitant 34.340.580 kilomètres de fils environ.

Les tarifs téléphoniques diffèrent suivant les pays. En France, ce tarif est forfaitaire, mais on tend généralement partout à remplacer les tarifs forfaitaires par des tarifs gradués comportant, en outre, la conversation taxée. Il est évident que la taxe par conversation est plus équitable que la taxe à forfait, car, dans ce dernier cas, les maisons à grand trafic seules en tirent profit au détriment des autres.

On s'est déjà préoccupé d'établir des appareils automatiques pouvant s'adapter aux systèmes de conversations taxées, car si dans les petits réseaux téléphoniques il est relativement facile de tenir compte du nombre de conversations de chaque abonné, il n'en est pas de même pour les grands ré-

Fig. 856. — Bâti des bobines de translation, bâti des relais, répartiteur intermédiaire et répartiteur général de l'Hôtel des Téléphones de Bruxelles.

seaux. D'ailleurs, pour éviter à l'employé un travail supplémentaire, il est bon qu'un appareil auxiliaire puisse enregistrer automatiquement le nombre de conversations.

C'est le rôle des différents compteurs automatiques, parmi lesquels certains sont à paiement préalable et coupent la communication au bout d'une durée de conversation déterminée.

Télégraphie et téléphonie simultanées

Il convient, avant de clore ce chapitre, de signaler les intéressantes expériences faites par M. Van Rysselberghe pour employer les fils télégraphiques à la téléphonie sans troubler les échanges de télégrammes. Ces essais, couronnés de succès, ont résolu le difficile problème d'éviter que les appareils télégraphiques ou les membranes téléphoniques soient influencés, par induction, par les courants qui ne leur sont pas destinés, ce qui se produit normalement même quand les circuits télégraphiques et téléphoniques, tout en étant différents, sont placés trop près les uns des autres.

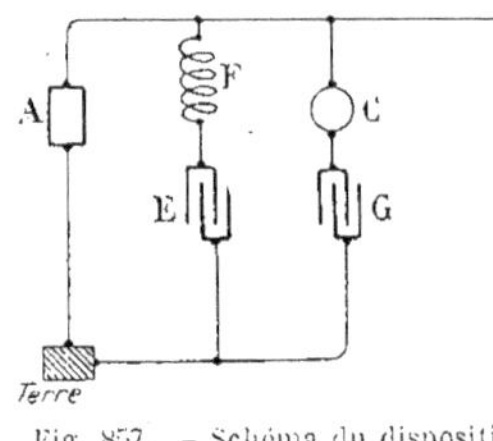

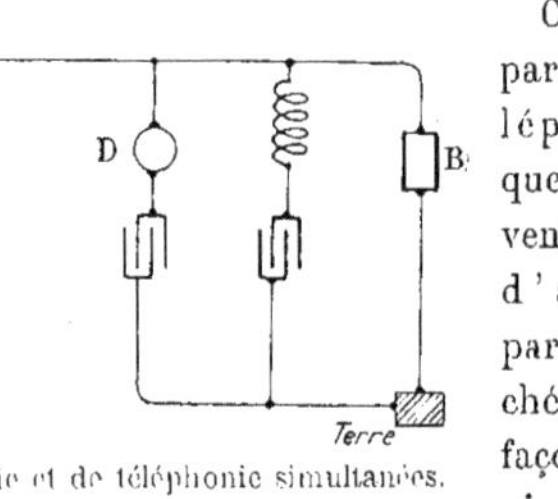

Fig. 857. — Schéma du dispositif de télégraphie et de téléphonie simultanées.

Le dispositif consiste à intercaler entre la ligne et la terre une *bobine de self-induction* et un *condensateur*, de valeurs appropriées.

Les deux appareils télégraphiques (Fig. 857) sont en A et B et les appareils téléphoniques en C et D. Quand on manœuvre un appareil télégraphique, chaque courant traversant la ligne provoquerait, en l'absence d'une disposition spéciale, dans la membrane du téléphone une brusque attraction qui se traduirait par un bruit sec qui troublerait la conversation. Par suite de la présence du condensateur E, et de la bobine F, quand on envoie un courant télégraphique dans la ligne, il faut un certain temps pour que ces deux organes puissent emmagasiner l'énergie ainsi distribuée. Ce courant, au lieu d'être instantané, s'établit progressivement dans la ligne et ne provoque pas l'attraction brusque de la membrane, évitant ainsi la production du bruit sec perturbateur. De même, quand on cesse de manœuvrer l'appareil télégraphique, le courant, au lieu de cesser brusquement, met un certain temps à disparaître, car le condensateur et la bobine se déchargent par la ligne et la terre. La membrane téléphonique revient donc progressivement à sa position normale sans aucun bruit. Les appareils téléphoniques ne seront donc pas influencés par les courants télégraphiques.

Ces appareils téléphoniques doivent être, d'autre part, branchés d'une façon spéciale sur la ligne, car les appareils télégraphiques possédant une self-induction considérable, les courants téléphoniques ne pourraient pas circuler sur la ligne si les appareils télégraphiques et téléphoniques étaient montés en série les uns à la suite des autres. De même, si les appareils téléphoniques étaient placés en dérivation entre la ligne et la terre, comme leur résistance est considérablement plus faible que celle des appareils télégraphiques, les courants émanant de ces derniers appareils se perdraient à la terre sans actionner les récepteurs. En intercalant un condensateur G entre l'appareil téléphonique et la terre, on évite ces deux inconvénients. Ce condensateur ne permet pas aux courants télégraphiques de s'écouler dans le sol et, d'autre part, les courants téléphoniques, qui sont des courants alternatifs de très grande fréquence, peuvent le traverser. Le problème se trouve ainsi très élégamment résolu.

TÉLÉPHONIE SANS FIL.

Les recherches et les nombreuses expériences auxquelles a donné lieu l'établissement du système de télégraphie sans fil, ont aussi fourni de précieux éléments pour la réalisation de divers systèmes de *téléphonie sans fil*. Il semblait déjà prodigieux qu'on puisse, même avec l'aide de fils, faire entendre la voix avec toutes ses modulations à des distances de plusieurs milliers de kilomètres.

Fig. 868. — Vue partielle d'un bureau téléphonique.

Que dire, alors, de cette nouvelle merveille qui permet de percevoir actuellement la voix naturelle à plusieurs centaines de kilomètres, sans le secours d'aucun intermédiaire métallique entre les deux postes qui conversent !

La téléphonie sans fil vient, en effet, d'entrer dans la période de réalisation et, quoique les difficultés à surmonter soient nombreuses, quoique les appareils employés soient d'une grande délicatesse et, par cela même, sujets à des perturbations fréquentes, on est en droit d'espérer que le jour est proche où cette nouvelle invention sera sanctionnée largement par la pratique.

Nous avons dit, dans la Télégraphie sans fil, qu'on pouvait, au moyen du *détecteur électrolytique*, établir des postes communiquant entre eux à de très grandes distances, les réceptions s'effectuant au son par l'intermédiaire d'un récepteur téléphonique. Cette réception *au son* ne ressemble nullement à la réception téléphonique ordinaire, où toutes les vibrations de la voix sont transmises et reçues, ce qui donne la véritable *intonation*. Elle consiste simplement à faire vibrer uniformément la membrane du récepteur téléphonique un temps plus ou moins long suivant la longueur du signal transmis. On reçoit donc à l'oreille un *son* long ou bref qui, rapporté au code télégraphique Morse, permet de traduire la succession de signaux, de longueurs variables, en lettres et en phrases.

D'ailleurs, on le sait, les ondes hertziennes

sont intermittentes et s'amortissent rapidement, tandis que les vibrations de la voix se succèdent en variant de 100 à 3.000 périodes par seconde. Pour adapter les ondes hertziennes à la transmission de la voix, il devenait nécessaire de leur donner un régime d'oscillations continues et entretenues, ressemblant au système que nous avons indiqué plus haut et qui est employé dans la télégraphie sans fil pour réaliser le *syntonisme* ou l'*accord* entre deux postes.

C'est à un ingénieur danois, M. Poulsen, qu'est due la solution de ce problème.

Il employa pour cela une disposition désignée en physique sous le nom *d'arc chantant de Duddell,* dont nous avons déjà parlé à propos de la télégraphie hertzienne. C'est un arc électrique jaillissant entre deux électrodes, dont l'une est en charbon et l'autre en cuivre. Cette dernière électrode, qui est portée à une température fort élevée, est refroidie au moyen d'un courant d'eau que l'on fait circuler à l'intérieur. Les électrodes sont placées dans une capacité contenant du gaz d'éclairage ou de l'hydrogène.

Une installation de téléphonie sans fil comporte un poste *transmetteur* dans lequel est placé un *microphone* téléphonique qui, comme dans les postes de téléphonie ordinaire, constitue une résistance variable donnant lieu à des intensités différentes du courant. Le poste *récepteur* est équipé comme les postes de télégraphie sans fil *syntonisés,* c'est-à-dire munis du dispositif de *l'arc chantant* qui régularise et entretient les ondes électriques. On peut alors percevoir nettement la parole.

Certains postes ont été établis pour servir à la fois à transmettre et à recevoir.

La réalisation d'un système de téléphonie sans fil a été l'objet de nombreuses recherches. En dehors de l'ingénieur danois Poulsen qui, dès 1903, fit des essais déjà bien intéresssants, un ingénieur américain, M. Lee de Forest fit, en 1908, des expériences concluantes entre la tour Eiffel et Villejuif, sur une distance de 12 kilomètres; les communications téléphoniques furent transmises bien au delà, jusqu'à Melun, à 45 kilomètres.

En France, les lieutenants de vaisseau Colin et Jeance, en utilisant la tour Eiffel comme antenne, établirent des communications téléphoniques entre Paris et Dieppe. En 1909, ils purent utiliser leur système amélioré pour converser entre la France et la Corse, sur un parcours de 168 kilomètres, puis entre Toulon et Port-Vendres, séparés par 240 kilomètres. Ce dernier essai fut particulièrement réussi, car l'audition fut prolongée durant deux heures et, pendant tout ce temps, on suivit parfaitement la conversation sans perdre une parole.

La téléphonie sans fil, comme bien d'autres inventions regardées longtemps comme irréalisables, est donc, grâce à la Science, sortie du Rêve pour entrer dans le domaine de la Réalité, et il est certain que, dans un bref délai, elle pourra rendre tous les services qu'on en attend.

CHAPITRE XIII

APPLICATIONS DIVERSES TÉLÉGRAPHIQUES ET TÉLÉPHONIQUES.

APPLICATIONS TÉLÉGRAPHIQUES. — HORLOGERIE ÉLECTRIQUE.
PHOTOTÉLÉGRAPHIE. — APPAREILS PHOTOTÉLÉGRAPHIQUES : Korn, Belin, Berjonneau.
TÉLÉMÉCANIQUE. — DIRECTION DES TORPILLES A DISTANCE.
TRANSMETTEURS D'ORDRES.
APPLICATIONS TÉLÉPHONIQUES. — PHOTOPHONE. — SIGNAUX INDICATEURS. — SIGNAUX LUMINEUX. — THÉATROPHONES. — TÉLÉMICROPHONOGRAPHE. — AVERTISSEURS D'INCENDIE.

APPLICATIONS TÉLÉGRAPHIQUES

HORLOGERIE ÉLECTRIQUE

L'*Électricité,* avec son admirable subtilité de transmission, ne pouvait manquer d'intervenir dans l'horlogerie pour tâcher d'assurer la régularité dans la distribution *de l'heure* et l'uniformité souhaitable de cette distribution.

Dès le début, et aux origines de la *télégraphie électrique,* on avait compris que le *pendule,* en interrompant ou rétablissant *un circuit,* pouvait commander *les aiguilles d'un cadran* fort éloigné.

C'est toujours, actuellement encore, à ce précieux instrument que l'on s'adresse comme *organe régulateur* dans les mécanismes ayant pour objet la *mesure du temps,* en raison de sa propriété d'être *isochrone pour les petits arcs.* Mais, il ne possède cette qualité fondamentale que s'il est *complètement libre.* C'est à cela que tendent les recherches des physiciens dans un certain nombre de dispositions fort ingénieuses. Il faut non seulement mettre le pendule à l'abri des variations thermiques et barométriques, ce qui est assez facile, mais encore lui restituer l'énergie qu'il perd sans cesse en oscillant, par suite des frottements mécaniques, de la résistance de l'air, du travail perdu dans la suspension.

Nous verrons comment ce problème a pu être résolu.

Au point de vue historique, le transport de l'heure à distance fut réalisé pour la première fois à Munich par Steinheil, en 1839.

Poursuivant dans la même voie, Bain construisit, vers 1840, pour la ville d'Edimbourg, des horloges où le moteur était non plus un *poids* ni un *ressort,* mais un *électro-aimant.* Au début, ce moteur agissait directement sur la *lentille* du pendule : il parut ensuite préférable d'interposer un corps recevant l'action de l'électro-aimant et transmettant au pendule une impulsion plus régulière.

En France, vers 1847, Jean-Paul Garnier fut l'initiateur des applications de l'électricité à l'horlogerie pour la transmission de l'heure.

Louis Bréguet devait prendre aussi une place importante dans l'horlogerie électrique.

Nous y trouvons également les horloges électriques de M. Mildé, savant distingué et père de l'éminent électricien actuel M. Ch. Mildé. Ces appareils, dont la conception était alors toute nouvelle, parurent en 1868 et furent justement admirés.

Ils figurent maintenant dans les galeries du Conservatoire national des Arts et Métiers à Paris. Ils rappellent le souvenir de cet inventeur de haut mérite, un des pionniers de l'Électricité appliquée, qui consacra, sans compter, son intelligence, ses forces et ses ressources, au développement de l'admirable progrès dont il avait pressenti toute l'importance future.

Avec diverses pendules électriques de Mildé, on voit, au Conservatoire des Arts et Métiers, un *régulateur* très bien étudié muni d'un mécanisme de sonnerie d'heure, demi-heure, et quart d'heure, avec répétition à commande électrique.

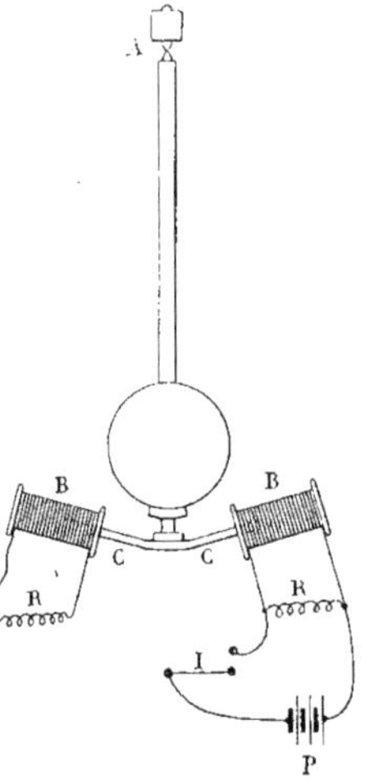

Fig. 859. — Dispositif de synchronisation électrique des horloges au moyen du pendule.

MM. Vigreux et Brillié frères, constructeurs à Levallois-Perret, près de Paris, ont donné une vive et experte impulsion à la construction des pendules électriques et à la distribution de l'heure par l'électricité.

Leurs appareils sont fondés, en principe, sur les études du savant Cornu, Membre de l'Institut, concernant la synchronisation des horloges et la distribution à distance. Leurs horloges de précision électrique, comme les horloges ordinaires, ont pour organe régulateur *un pendule* dont l'oscillation, sous l'effet de la pesanteur, règle le mouvement de la *minuterie* commandant les aiguilles. Mais, tandis que, dans les horloges ordinaires, le pendule n'intervient que comme *organe régulateur*, dans les horloges électriques, *le pendule* est, en même temps, *organe moteur* du mouvement, et l'électricité intervient pour entretenir le *mouvement d'oscillation du pendule*, lequel, en raison des *résistances passives*, s'arrêterait au bout d'un certain temps s'il était abandonné à lui-même. Pour que l'horloge électrique donne l'heure avec précision, il est essentiel que l'amplitude du pendule reste bien constante. C'est dans ce sens que se sont portées les recherches des savants et des constructeurs, dont les efforts se sont, d'ailleurs, intimement liés pour aboutir au succès final qui leur est commun.

C'est vers 1887 que Cornu a résolu d'une façon satisfaisante le problème de la *synchronisation* avec la précision désirable pour assurer un système de *distribution d'heure*.

Le principe de son dispositif est le suivant.

Le *pendule* (Fig. 859) oscille autour de A.

On fixe transversalement à la tige du balancier à synchroniser, au-dessous ou au-dessus de la *lentille* et dans le *plan* d'oscillation, un barreau aimanté CC, courbé suivant une circonférence ayant pour centre la suspension A. Deux bobines en bois ou en ébonite, couvertes de fil isolé, B B, enveloppent respectivement les extrémités de ce barreau ; leurs axes coïncident avec la direction moyenne de déplacement du pôle correspondant. L'une de ces bobines reçoit le *courant électrique synchronisant* de la pile P et fonctionne par attraction sur le pôle d'aimant qu'elle enveloppe; l'autre, fermée sur une *résistance* convenable R, produit, par l'action inductrice de l'autre pôle, l'amortissement nécessaire à la synchronisation.

Si la longueur du barreau et celle des bobines sont suffisamment grandes relativement à l'amplitude du déplacement des pôles, les portions utilisées du *champ magnétique* des bobines ont une intensité sensiblement uniforme; on réalise ainsi, d'une manière pratiquement rigoureuse, les *trois forces* capables de produire la *synchronisation*, à savoir : 1° la force principale, *composante du poids,* proportionnelle *à l'écart ;* 2° la force perturbatrice, *amortissement,* proportionnelle *à la vitesse;* 3° la force additionnelle, *liaison synchronique,* d'intensité périodique indépendante de la *position du système.*

Telle est la base sur laquelle Cornu et, après lui, les distingués ingénieurs Vigreux et Brillié ont fondé leur horlogerie électrique.

On pourra se faire, d'après ce que nous allons dire, une idée de la grande difficulté que comporte la réalisation de pendules donnant une précision correspondant à des variations inférieures à *une seconde par jour*, par exemple.

Une journée complète correspondant à $(24 \times 60 \times 60)$ secondes, soit à 86.400 secondes, une variation d'une seconde par 24 heures correspond à une variation sur le temps de $\frac{1}{86400}$ qui, pour un pendule d'un mètre, correspond à une variation sur la longueur du pendule de *deux centièmes de millimètre* environ, c'est-à-dire à la variation de longueur qui résulterait, pour un pendule non compensé, d'une variation de température de 2° seulement. On s'explique ainsi que des formules qui sont suffisantes pour la presque totalité des applications mécaniques, ne le soient plus en horlogerie de précision.

Pendule sans lien matériel de M. Charles Féry

(Fig. 860.) En étudiant cette question si importante de la transmission électrique de l'heure, M. Charles Féry, distingué professeur de l'École de Physique et de Chimie de la Ville de Paris, a pu combiner le curieux et utile organe qu'il nomme *le pendule sans lien matériel, ne touchant aucun corps solide pendant son oscillation.*

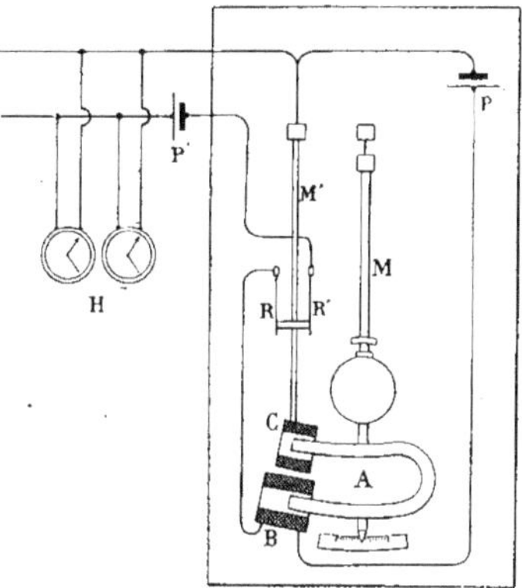

Fig. 860. — Le pendule sans lien matériel de M. Charles Féry.

Voici comment il résout ce curieux problème :

Le pôle libre de l'*aimant* A fixé à l'extrémité du pendule oscille librement dans un anneau de cuivre rouge C formant la masse d'un *petit pendule auxiliaire* ayant la *même durée d'oscillation* que le *pendule principal.*

Un *décalage de un quart de période* se produit naturellement entre les oscillations des deux pendules, le pendule auxiliaire étant entraîné par la réaction sur l'aimant des *courants induits* qui prennent naissance dans la masse conductrice. Le *pendule principal* n'est ainsi soumis qu'aux seuls frottements de l'air et de cet *amortissement magnétique,* frottements qui sont tous deux constants.

C'est le *pendule auxiliaire* qui est chargé de *commander les deux contacts,* dont l'un R ferme sur la *bobine d'entretien* B le courant d'une pile constante P, et dont l'autre R' actionne ou synchronise par une autre pile P' les *récepteurs* H qui totalisent les oscillations du balancier.

La dépense annuelle de la *pile constante* est de *1 watt-heure* environ.

Lorsque ce pendule *sans lien matériel* est bien réglé, il jouit de la propriété intéressante de se mettre en marche dès que l'on ferme ses bornes sur une pile ; cela permet de le disposer sous une cloche *à pression constante,* dans une cave *à température constante,* ou sensiblement constante. On se met ainsi, autant que possible, dans toutes les conditions voulues pour réaliser un fonctionnement irréprochable.

Travaux de l'Observatoire de Besançon

Parmi les principaux centres de recherches concernant l'horlogerie électrique et la transmission de l'heure, il convient de citer l'Observatoire astronomique de Besançon. Les efforts de son savant Directeur, M. Lebeuf, se sont portés dans ce sens et il a obtenu dans la région où se trouve placé l'Observatoire de fort utiles résultats. Il a démontré pratiquement la possibilité de la distribution précise de l'heure dans une grande ville et dans ses abords industriels; c'est un exemple qui trouvera des imitateurs.

Distribution électrique de l'heure à Anvers

Parmi les installations de distribution électrique de l'heure en fonctionnement, on peut citer celle de la ville d'Anvers, en Belgique.

Jusqu'en 1876, la ville d'Anvers ne possédait comme horloges publiques que les quatre cadrans de la tour de la cathédrale. A cette époque, la municipalité jugea qu'il était indispensable d'organiser un service spécial de distribution de l'heure et, dès 1878, une première installation, comportant une centaine d'horloges électriques, fut réalisée.

Une horloge régulatrice primaire était installée à l'Hôtel de Ville, ainsi qu'une seconde horloge de rechange.

Dix lignes, partant de l'Hôtel de Ville et desservant chacune une dizaine d'horloges secondaires ou réceptrices, servaient à transmettre l'heure du régulateur, qui, par l'intermédiaire d'un commutateur spécial à mouvement d'horlogerie, transmettait l'heure successivement aux différentes lignes, toutes les minutes.

Ce système, encore appliqué dans nombre de villes, présentait des inconvénients sérieux, dus uniquement à l'emploi de lignes aériennes. En effet, en ce qui concerne l'horloge régulatrice et les horloges réceptrices, leur fonctionnement individuel était irréprochable et elles étaient de construction simple et robuste; mais, d'autre part, le réseau aérien était l'objet de fréquents dérangements et aussi de nombreuses modifications de tracé nécessitées par des démolitions ou par des constructions nouvelles. Dans ces conditions, il arrivait souvent que des lignes de ce réseau étaient coupées par accident ou même par malveillance, et alors toutes les horloges réceptrices desservies par cette ligne se trouvaient arrêtées. Une autre cause de dérangement provenait de l'installation des fils téléphoniques aériens.

La municipalité, désireuse d'améliorer le système, chercha les moyens de remédier aux nombreux inconvénients que présentait son installation. Elle repoussa la substitution d'un réseau souterrain au réseau aérien, à cause de la difficulté de le mettre à l'abri de tout accident lors des travaux de fouille, si fréquents dans les villes, et aussi à cause de la difficulté de déterminer exactement et de réparer les points défectueux, opérations entraînant des travaux gênants pour la circulation dans les rues.

Ayant décidé de remplacer le système de distribution existant, la municipalité fit établir un cahier des charges pour la fourniture et l'entretien de cent trente horloges publiques.

Le système adopté à la suite d'un Concours comporte l'emploi d'horloges indépendantes de précision marchant par elles-mêmes pendant plus d'un an. Ces horloges sont à remontage automatique effectué par le courant électrique produit par des éléments de pile logés dans l'horloge même. Les écarts qui peuvent se produire dans ces horloges, sont corrigés toutes les quatre heures, par un courant émis de la station centrale.

Dans ces conditions, si une rupture accidentelle se produit sur une ligne, les horloges desservies ne sont plus réglées ou plutôt corrigées, mais elles continuent à fonctionner.

Distribution électrique de l'heure dans un grand hôtel

Electrician a donné une instructive description de la distribution électrique de l'heure dans un grand hôtel d'Oxford Street, à Londres.

Une horloge primaire régulatrice, installée dans la salle du téléphone de l'hôtel, transmet l'heure à 19 horloges secondaires réparties aux différents étages et dans les divers bureaux.

Ces horloges fonctionnent d'après le système dans lequel un contact électrique, donné par le régulateur à chaque demi-minute, actionne chaque horloge secondaire. L'horloge régulatrice est reliée avec l'Observatoire de Greenwich et, d'heure en heure, ce dernier effectue la correction nécessaire.

Un système spécial de signaux, destiné à indiquer au personnel les heures de repas, ainsi que les heures de commencement et de cessation du travail, est actionné de plus par les horloges électriques.

Le mécanisme de commande de ces signaux se compose essentiellement de deux disques métalliques plats dont l'un comporte douze divisions correspondant chacune à une heure. Ces douze divisions sont chacune subdivisées en douze autres représentant, par conséquent, des intervalles de 5 minutes. Un goujon métallique peut être fixé dans un trou perforé correspondant à chacune de ces subdivisions. Un second disque, de construction analogue, mais de plus petit diamètre, comporte sept divisions correspondant chacune à un des jours de la semaine et subdivisées en deux parties, représentant les unes les heures de jour et les autres les heures de nuit.

Les deux disques sont actionnés par un mécanisme semblable à celui des horloges secondaires et reçoivent un contact électrique chaque demi-minute. Le plus grand des deux disques effectue un tour complet en douze heures et le plus petit en une semaine.

Le système de signaux utilisé avec cet appareil consiste en un certain nombre de sonneries réparties dans l'immeuble et mises en fonctionnement d'une façon automatique par deux interrupteurs spéciaux. Ces interrupteurs sont actionnés par les goujons placés respectivement sur le disque des heures et sur le disque des jours de la semaine. En modifiant à volonté la position des goujons, il est facile de faire fonctionner les sonneries à l'heure et à la minute voulues; on peut aussi modifier d'une manière quelconque l'heure des signaux d'appel d'un jour à l'autre.

Comme il serait gênant d'avoir des sonneries trembleuses fonctionnant pendant une demi-minute sans interruption, comme, d'autre part, une sonnerie à un coup ne produirait pas un signal suffisant, on a combiné un dispositif qui n'établit un contact que chaque quatre secondes. Dans ces conditions, la sonnerie produit huit coups de timbre successifs à des intervalles de 4 secondes, et cela pendant la demi-minute.

Cette distribution de l'heure joue un rôle agréable dans l'hôtel en question, dans lequel on s'est, par ailleurs, efforcé de réaliser les divers progrès de la technique moderne au point de vue du téléphone, des ascenseurs, du chauffage, et de la ventilation électriques.

PHOTOTÉLÉGRAPHIE

L'idée de transmettre, par la télégraphie, les images à distance, date de la mise en pratique même du télégraphe. Le télégraphe Caselli, que nous avons décrit plus haut, permettait, en effet, de transmettre, entre deux stations, l'écriture même du correspondant et les dessins tracés par lui.

En 1877, un ingénieur français, M. Senlecq, essaya de réaliser la transmission télégraphique d'images photographiques, par l'emploi du *sélénium*. On sait que le sélénium est un métalloïde qui a la très curieuse propriété d'acquérir une conductibilité électrique variable sous l'action de rayons lumineux d'intensités plus ou moins grandes.

Depuis ces essais, qui n'eurent aucune sanction pratique, les recherches se sont multipliées pour aboutir à la solution de cet intéressant problème.

En 1901, M. Ritchie, au moyen d'un appareil appelé *télautographe* qu'il avait construit, reproduisit à distance l'écriture et les dessins, mais d'une façon différente de celle de l'abbé Caselli. Les mouvements de la plume qui traçait au poste transmetteur l'écriture ou les dessins étaient exactement reproduits au poste récepteur : la plume automatique prenait de l'encre, écrivait, dessinait, en un mot répétait tous les mouvements de la plume tenue en main par le correspondant du poste transmetteur. Ce système fort ingénieux ne nécessite que l'emploi de deux fils de ligne.

En 1907 et 1908 plusieurs appareils de *phototélégraphie* furent réalisés et essayés avec succès sur des lignes de grandes longueurs.

Le premier de ces appareils qui donna des résultats satisfaisants est dû au professeur Korn de Munich; il est basé sur la propriété du sélénium que nous venons de rappeler.

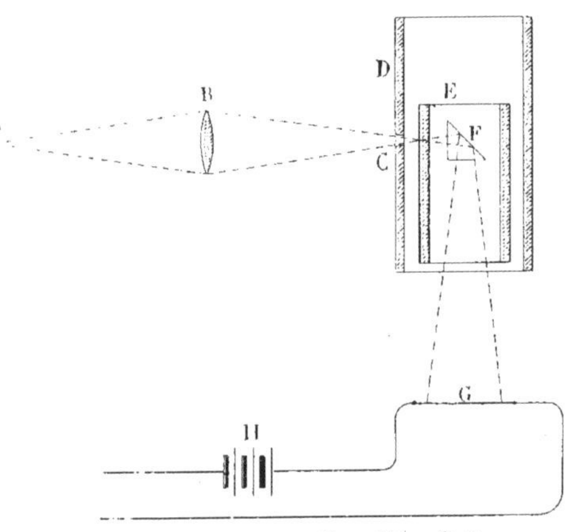

Fig. 861. — Appareil phototélégraphique Korn. Schéma du transmetteur.

Les deux autres appareils, inventés par des ingénieurs français, M. Belin et M. Berjonneau, sont basés, en grande partie, sur l'emploi de procédés électro-mécaniques.

Appareil phototélégraphique Korn

(Fig. 861 et 862.) Cet appareil, dont les premiers essais ont été effectués en France, dans les ateliers J. Carpentier, à Paris, comporte un poste *transmetteur* et un poste *récepteur*.

Le poste transmetteur comporte une source lumineuse A, constituée par une lampe Nernst, dont les rayons lumineux, par l'intermédiaire d'une lentille biconvexe B, passent par une ouverture C, de faible diamètre, pratiquée sur la paroi d'un cylindre métallique fixe D. A l'intérieur de ce cylindre se meut un second cylindre E, en verre, dans l'axe duquel est disposé un prisme F.

Sur le cylindre en verre est enroulée une pellicule portant l'image photographique à transmettre. Ce cylindre est animé à la fois d'un mouvement de rotation et d'un mouvement de translation, ce qui donne lieu à un déplacement hélicoïdal des divers points de la pellicule qu'il porte. Tous ces points défileront donc, au fur et à mesure, devant l'ouverture C pratiquée sur le cylindre fixe D.

Les rayons lumineux, issus de la lampe A, traverseront donc la pellicule et suivant l'intensité des *noirs* et des *blancs* de l'image photographique, aboutiront au prisme F, en traversant le tube cylindrique en verre E, avec une intensité lumineuse plus ou moins grande.

Le prisme renvoie ces rayons sur une plaque de sélénium G placée dans le circuit d'une source d'électricité H qui fournit le courant circulant dans la ligne. Suivant l'intensité plus ou moins grande avec laquelle les rayons lumineux parviendront à la plaque de sélénium G, celle-ci offrira au courant parcourant la ligne une résistance plus ou moins grande, et l'intensité de ce courant sera ainsi modifiée proportionnellement à l'intensité lumineuse des rayons traversant l'image photographique.

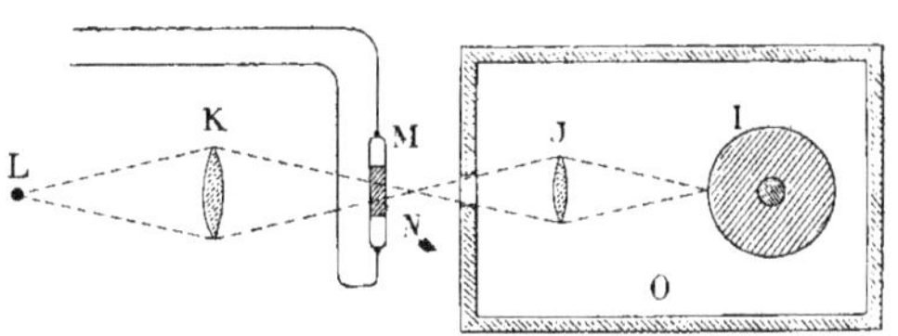

Fig. 862. — Appareil phototélégraphique Korn. Schéma du récepteur.

Au poste *récepteur,* le courant variable est reçu dans un petit *galvanomètre à cordes* M, constitué par une feuille fort mince d'aluminium N supportée par deux fils de cuivre de très petit diamètre.

Cette plaque est placée sur le trajet des rayons lumineux qui, partant d'une lampe électrique L, vont, par l'intermédiaire de deux lentilles biconvexes K et J, aboutir à une pellicule sensible, enroulée sur un cylindre I enfermé dans une chambre noire O.

Quand il ne passe aucun courant dans la ligne, la plaque d'aluminium du petit galvanomètre intercepte, à la façon d'un obturateur, tous les rayons lumineux provenant de la source L et la pellicule sensible n'est pas impressionnée. Quand le courant circule dans la ligne avec une intensité variable, le galvanomètre dévie proportionnellement à cette intensité, et la plaque d'aluminium s'efface plus ou moins; elle laisse passer les rayons lumineux en quantité proportionnelle à l'intensité du courant reçu.

Les rayons qui vont impressionner la pellicule du poste récepteur sont donc d'intensité équivalente à ceux qui ont traversé la photographie à transmettre. Si on donne au cylindre I un mouvement de rotation et un mouvement de translation qui soient en *synchronisme* avec les mouvements du cylindre E du poste transmetteur, chaque point de la photographie transmise sera reproduit avec l'intensité lumineuse appropriée sur la pellicule à impressionner.

Quand la transmission de la photographie est achevée, on développe la pellicule du poste récepteur et on obtient la reproduction de la photographie placée au poste transmetteur.

Le synchronisme est réalisé au moyen d'un dispositif spécial électrique qui permet de corriger à chaque tour les variations de vitesse des deux cylindres E et I.

Des expériences officielles ont été faites avec l'appareil phototélégraphique du professeur Korn, à Paris, dans la salle des fêtes du journal *l'Illustration,* qui l'a mis en service pour adresser à Londres, tous les jours, des documents photographiques devant paraître le lendemain.

Des photographies furent transmises sur une distance de 1.800 kilomètres. Au cours d'une séance on put, en 12 minutes, impressionner le portrait du Président de la République Française sur la pellicule sensible du poste récepteur. Pour la circonstance, les deux postes transmetteur et récepteur étaient placés côte à côte dans la même salle, mais ces postes communiquaient entre eux par le fil téléphonique Paris-Lyon et retour, que l'Administration des Téléphones avait mis à la disposition des expérimentateurs. La transmission, que l'on pouvait suivre sur place, au fur et à mesure, s'effectua en réalité sur une distance de 1.024 kilomètres.

Appareil phototélégraphique Belin

Dans cet appareil, la transmission s'effectue d'une façon toute différente de celle de l'appareil Korn. Elle est basée sur les creux et les reliefs que présente une couche de gélatine bichromatée impressionnée par la lumière et développée. Ce n'est plus ici une pellicule photographique transparente que l'on fait traverser par les rayons lumineux. C'est une épreuve photographique sur laquelle un *style*, qui en parcourt toute la surface, permet, par une amplification appropriée de bras de leviers, de reproduire les différences de relief des divers points. Ces différences de relief, insensibles au toucher, deviennent ainsi appréciables, et le mouvement qu'elles déterminent au bout du levier amplificateur, est utilisé pour promener sur un petit rhéostat, constitué par des lamelles d'argent isolées par des minces feuilles de mica, une roulette qui intercale ainsi dans le circuit d'une source d'électricité des résistances variables suivant le plus ou moins grand relief de l'épreuve, c'est-à-dire suivant la valeur des *noirs* ou des *blancs* de cette épreuve.

Au poste récepteur, les variations de l'intensité du courant transmis sont enregistrées par un appareil très sensible, l'*oscillographe Blondel*, dont la déviation est proportionnelle à ces intensités diverses. L'équipage de l'*oscillographe* porte un obturateur qui, opérant sur un faisceau de rayons lumineux disposé comme celui de l'appareil précédent, permet d'impressionner l'épreuve sensible proportionnellement à l'intensité des courants reçus, et par conséquent d'obtenir une image photographique semblable à celle du poste transmetteur qui a provoqué l'envoi de ces courants variables.

Avec l'appareil phototélégraphique Belin, on a pu transmettre sur la ligne téléphonique Paris-Lyon et retour un portrait en 5 minutes 20 secondes et un paysage en 9 minutes 15 secondes. On a transmis également des portraits et des paysages sur les lignes téléphoniques bouclées Paris-Lyon-Bordeaux-Paris.

Appareil phototélégraphique Berjonneau

C'est un appareil basé sur un principe différent de celui des deux autres. Au poste transmetteur, on place une épreuve photographique semblable à celles données par le procédé de simili-gravure, et portant une série de pointillés plus ou moins éloignés les uns des autres pour représenter les diverses teintes de l'image. L'intensité du courant qui parcourt la ligne ne varie pas, mais un style qui est promené sur toute la surface de l'épreuve permet, par sa manœuvre, d'envoyer une série de courants qui ont des longueurs diverses, proportionnelles aux distances qui séparent les pointillés sur l'épreuve. Ces courants, reçus au poste récepteur, permettent d'obtenir une épreuve semblable à celle du poste transmetteur.

La phototélégraphie, qui n'a pas encore dit, certainement, son dernier mot, peut être d'une très grande utilité pour les grands journaux à informations rapides qui peuvent, grâce à elle, recevoir ou transmettre des documents photographiques en quelques minutes à de grandes distances. De plus, elle peut être aussi précieuse pour faciliter la tâche de la justice en *télégraphiant* le portrait en même temps que le signalement d'un individu recherché, pour transmettre des documents militaires, etc.

Enfin, la photolélégraphie peut être considérée comme un acheminement vers la réalisation de ce problème que tant de savants cherchent à résoudre et au sujet duquel on a fait déjà de fort intéressants essais : la *vision à distance*.

TÉLÉMÉCANIQUE

On peut, par l'envoi de courants télégraphiques ou téléphoniques, provoquer à distance la mise en marche d'organes mécaniques divers par l'intermédiaire de relais très sensibles dont la manœuvre, qui s'effectue sous l'action de ces courants de faible intensité, ferme le circuit d'une source électrique locale, laquelle fournit l'énergie nécessaire au fonctionnement des organes mécaniques.

Il est possible, de cette façon, de provoquer à distance l'allumage de lampes à incandescence, par exemple, quand le relais est disposé pour fermer, par sa manœuvre, un circuit d'éclairage.

On peut, en faisant circuler un courant local dans un fort électro-aimant en fer à cheval, provoquer l'attraction de poids considérables; on peut aussi mettre en marche des moteurs électriques. Ces effets sont obtenus par l'emploi soit de deux fils de ligne, soit d'un seul fil avec retour par la terre, soit même sans aucun fil, par l'émission d'*ondes hertziennes*. Les relais seuls diffèrent de sensibilité suivant les cas, ceux destinés à manœuvrer sous l'action des ondes hertziennes nécessitant une sensibilité plus grande que les relais télégraphiques ordinaires.

Il est possible, par conséquent, de provoquer à distance, par des émissions d'ondes, des mouvements mécaniques, pourvu que les organes à faire mouvoir soient disposés dans le circuit d'une source d'électricité locale que le relais, actionné par les ondes, puisse fermer ou interrompre. On peut ainsi soit mettre en marche, soit arrêter les organes mécaniques.

On a songé à utiliser cette propriété des ondes hertziennes pour commander à distance des engins sous-marins, ainsi que nous allons le voir.

En France, M. Branly a réalisé des dispositifs intéressants de *télémécanique*. M. Torrès, en Espagne, a fait sur ce sujet des travaux appréciés; en Angleterre MM. Armstrong et Orling se sont plus particulièrement attachés à la commande à distance des torpilles.

Direction des torpilles à distance (Fig. 863 et 864). Un professeur et un ingénieur français, MM. Gabet et Lalande, ont réalisé un ingénieux appareil, expérimenté avec succès à Antibes, permettant de diriger à distance des torpilles automotrices, au moyen des ondes hertziennes. En principe, l'appareil se compose d'un distributeur tournant, dont la manœuvre permet de fermer les circuits de divers relais correspondant aux organes à manœuvrer pour assurer la direction.

Le distributeur (Fig. 863) est constitué par une roue A comportant un nombre de palettes B égal au nombre des commandes qu'on peut avoir à transmettre.

La roue, mobile autour d'un axe horizontal C, est mise en mouvement par un système à cliquets actionnés par le courant qui passe dans un circuit fermé par un relais. A chaque émission d'ondes du poste transmetteur, la roue tourne d'une fraction de tour correspondant à l'intervalle compris entre deux palettes.

Chaque palette porte (Fig. 864), sur une de ses faces, un tube de verre D, en forme de S, dans lequel le vide a été fait et qui contient une goutte de mercure E qui peut parcourir ce tube d'une extrémité à l'autre en suivant ses sinuosités. A une extrémité, le tube en verre est enchâssé dans un culot en ébonite F auquel aboutissent les deux conducteurs du circuit correspondant à la palette.

Ce circuit se trouve donc normalement interrompu et ne sera fermé que lorsque la goutte de mercure viendra se loger dans le culot F et mettra en communication les extrémités des deux fils. Il faut, pour cela, que la palette occupe la première position intermédiaire au-dessous de la palette horizontale dans le sens de la rotation. C'est la position de contact.

Pour que le contact devienne efficace, il faut que la palette reste un certain temps dans cette position, de façon que la goutte de mercure, ralentie par son frottement contre les parois du tube et par le chemin qu'elle doit parcourir, ait le temps de parvenir à l'extrémité du tube où se trouvent les conducteurs.

A ce moment, le courant est établi dans le circuit correspondant par l'intermédiaire d'un plot porté par une bague isolée G, sur laquelle frotte un balai H. Pour que le courant actionne le relais, il faut donc que la goutte de mercure parvienne en bout du tube au moment où le plot conducteur de la bague correspondante est en contact avec le balai.

On comprend alors le rôle important du retard apporté par la goutte de mercure à établir le contact.

En effet, quand on émet des ondes hertziennes à intervalles rapprochés, la roue du distributeur tourne, à chaque émission, de l'angle que forment deux palettes ; mais le passage successif et rapide des palettes à la position de contact ne peut donner lieu à aucune fermeture des circuits correspondants, car les gouttes de mercure n'ont pas eu le temps d'arriver à l'extrémité de leur tube, et, lorsqu'elles y arrivent, la roue a déjà tourné d'un angle plus grand, ce qui a déplacé le plot de contact porté par la bague, sur lequel le balai ne frotte plus.

Le courant ne pourra donc circuler que dans le circuit correspondant à la palette choisie que l'on amènera, par des émissions brèves successives, à sa position de contact, où elle sera laissée un certain temps.

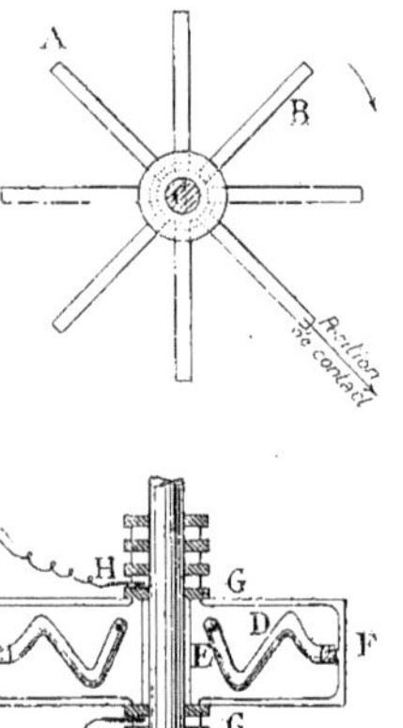

Fig. 863 et 864. — Distributeur pour la direction des torpilles à distance.

Quand la palette arrive à sa position de contact, l'opérateur en est prévenu instantanément par la manœuvre d'un répétiteur ou par l'allumage d'une lampe électrique, et ce signal parvient quelques secondes avant que la goutte de mercure ait provoqué la fermeture du circuit. Il est possible, pendant cet intervalle, de modifier la manœuvre de direction de l'engin, dans le cas où un poste perturbateur tendrait à troubler cette manœuvre par des émissions hertziennes. On annule la commande qu'on se proposait de faire exécuter, par l'émission d'ondes supplémentaires qui provoquent le mouvement de rotation du distributeur : on l'arrête à la nouvelle position correspondant à la commande favorable.

Les dispositifs de *télémécanique* avec ou sans fils peuvent recevoir des applications intéressantes, pour la commande à distance d'un grand nombre d'appareils qu'il est quelquefois difficile d'actionner directement. Ces dispositifs peuvent s'appliquer aussi bien à la commande des hélices, gouvernails, qu'à la mise en marche ou à l'arrêt des moteurs, ainsi qu'à la manœuvre de signaux de chemins de fer ou d'aiguillages.

TRANSMETTEURS D'ORDRES

Ces appareils, véritables télégraphes à cadran, sont très employés, soit dans les chemins de fer, soit dans les mines, soit à bord des navires, soit dans les exploitations industrielles, pour transmettre rapidement divers ordres de service.

Les dispositifs de transmission d'ordres, construits par les ateliers Rousselle et Tournaire (Fig. 865 et 866), comportent généralement un appareil *transmetteur* et un appareil *récepteur*. On peut aussi disposer ces appareils pour qu'ils puissent à la fois *transmettre* et *recevoir*.

L'appareil transmetteur porte, inscrits sur un cadran, tous les signaux que l'on peut avoir à transmettre. Une aiguille peut se déplacer devant ce cadran par suite du mouvement de rotation donné à une manivelle placée sur le devant de l'appareil. Cette manivelle, en établissant des contacts appropriés, met en circuit un petit moteur électromagnétique qui actionne l'aiguille. Une sonnerie, placée au-dessous de l'appareil, permet, suivant le mode d'installation, de prévenir qu'un ordre est donné, ou retentit d'une manière qui correspond à l'ordre transmis. Dans le premier cas, la sonnerie se fait entendre sans interruption, tant que la manivelle est en action, tandis que dans le second cas le tintement ne se produit bref que lorsque l'aiguille avance d'une division à l'autre.

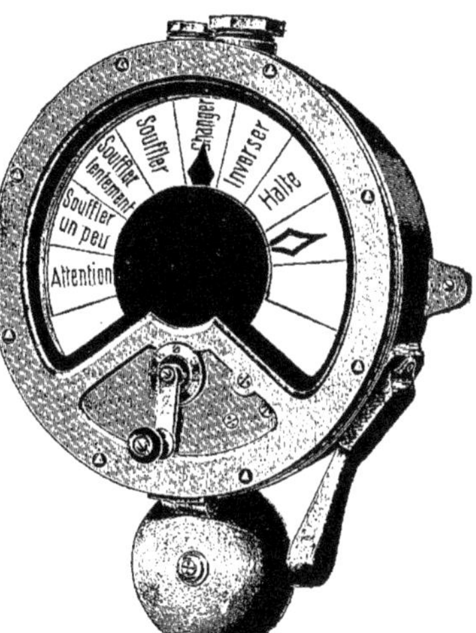

Fig. 865. — Transmetteur d'ordres.

Un seul transmetteur peut commander plusieurs récepteurs. Ces derniers appareils portent aussi un cadran divisé, devant les inscriptions duquel se meut une aiguille actionnée par le poste transmetteur. Ils sont munis d'une sonnerie et n'ont pas de manivelle.

Quand l'installation ne comporte que deux postes de signaux, on peut établir sur les appareils un dispositif *d'accusé de réception*. Les appareils sont alors munis de deux aiguilles, l'une rouge, reliée invariablement à l'axe de la manivelle, l'autre noire, actionnée par l'intermédiaire du petit moteur électromagnétique. Quand on transmet un ordre, on place, en tournant la manivelle, l'aiguille rouge sur la division portant l'ordre à donner; l'aiguille noire de l'appareil récepteur se place devant l'inscription du cadran. Si on répète alors le signal avec l'aiguille rouge du récepteur, l'aiguille noire du transmetteur vient se superposer à l'aiguille rouge, indiquant, ainsi, que l'ordre a été exactement reçu.

Le courant nécessaire pour assurer le fonctionnement des appareils peut être fourni par des piles, des accumulateurs ou par un réseau d'éclairage en disposant dans son circuit des résistances convenables.

Le transmetteur d'ordres représenté par la figure 866, est employé dans l'exploitation des mines, où il remplace un télégraphe. Il sert à établir les communications entre les galeries, le poste de *recette du jour* et la machine d'extraction. Il comporte, en plus du transmetteur d'ordres précédent, une clef placée à côté de la manivelle qui permet de mettre la sonnerie en court-circuit, et par conséquent de l'arrêter quand on ramène l'aiguille au point de départ.

En outre, sur une boîte supplémentaire, placée sur le côté de l'appareil, se trouvent deux autres clefs : l'une à levier, nommée *clef d'exécution,* indique, par sa manœuvre, que l'extraction peut commencer, l'autre, muni d'un poussoir, est la clef *d'arrêt* ou *d'alarme,* et indique que l'on doit cesser le travail.

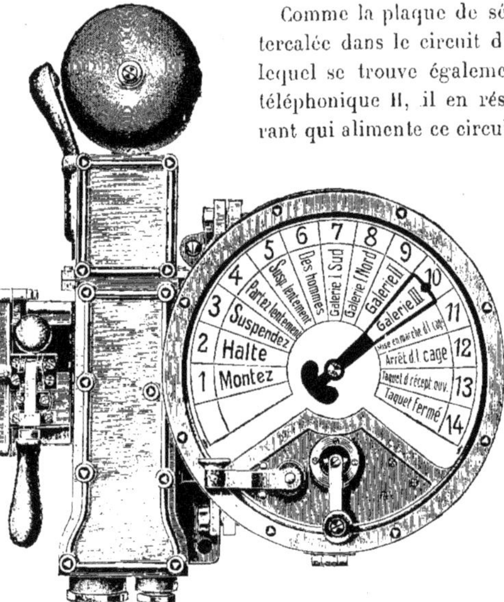

Fig. 866. — Transmetteur d'ordres. Télégraphe de mines.

APPLICATIONS TÉLÉPHONIQUES

Photophone

(Fig. 867.) Les applications téléphoniques sont très diverses. Avant d'examiner les principales d'entre elles, signalons un curieux appareil téléphonique, basé sur l'action que nous connaissons de la lumière sur le *sélénium,* et qui peut réaliser la transmission des sons à distance, sans l'aide d'aucun fil.

Cet appareil est nommé *photophone.* Il se compose d'une lame de verre très mince A, formant miroir, sur laquelle viennent se réfléchir les rayons provenant d'une source lumineuse, après avoir traversé une lentille B. Le miroir peut vibrer, comme une membrane téléphonique, sous l'action des ondes sonores émises quand on cause devant un cornet C placé en avant de ce miroir.

Les rayons réfléchis par le miroir, après avoir traversé une seconde lentille D, qui a pour objet de les rendre parallèles, sont reçus par un miroir parabolique E, au foyer duquel est placée une plaque de sélénium F. Ces rayons viennent donc influencer le sélénium qui acquiert, suivant leur intensité lumineuse, une résistance électrique variable.

Comme la plaque de sélénium F est intercalée dans le circuit d'une pile G, dans lequel se trouve également un récepteur téléphonique H, il en résulte que le courant qui alimente ce circuit aura une intensité qui variera avec la plus ou moins grande intensité des rayons lumineux et la membrane du récepteur téléphonique vibrera plus ou moins, suivant les variations du courant.

Or, en causant devant le cornet C, on met en vibration le miroir A, ce qui fait varier le faisceau lumineux réfléchi sur la plaque de sélénium par l'intermédiaire de la lentille D et du miroir parabolique E. Les vibrations de la lame mince de verre A seront transformées en variation d'intensité du courant fourni par la pile G et en vibrations de la membrane du récepteur téléphonique H. On entendra donc, dans ce récepteur, les paroles prononcées devant le cornet C.

Le *photophone* est, on le voit, un appareil fort curieux, mais il n'a pas reçu d'applications pratiques.

Signaux indicateurs Le téléphone s'est, ainsi que nous l'avons dit, développé non seulement dans les services publics, mais ses applications se sont aussi fort étendues au service privé. Dans les usines, dans les magasins d'une certaine importance, sont installés de véritables réseaux téléphoniques privés comportant leur petit bureau central. Dans ce cas, d'ailleurs, les appareils téléphoniques ne diffèrent de ceux que nous avons décrits que par leur moindre importance.

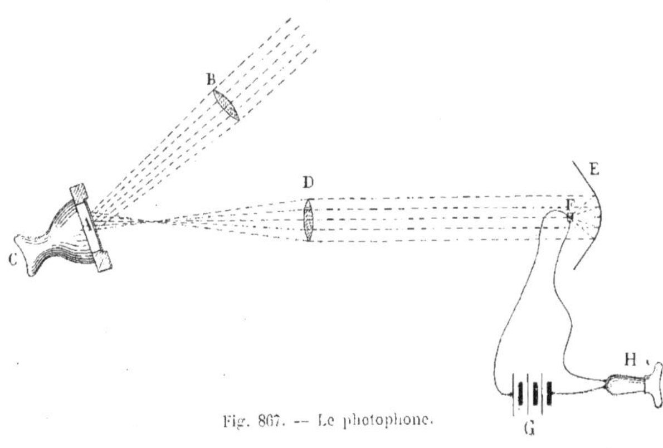

Fig. 867. — Le photophone.

Il est, toutefois, des applications téléphoniques privées spéciales qui peuvent rendre des services appréciés dans les intérieurs mêmes des maisons. Ce sont les *signaux indicateurs*.

Ces signaux permettent, par le déclenchement, sur un tableau, d'un volet annonciateur, de connaître d'où vient un appel électrique. Ce genre de signaux est très employé, surtout dans les hôtels.

Leur fonctionnement est semblable à celui des volets annonciateurs des bureaux centraux téléphoniques ordinaires dont nous avons parlé plus haut.

Chaque circuit correspond à un indicateur et, en fermant le circuit par l'appui sur un bouton, par exemple, on provoque le tintement d'une sonnerie en même temps qu'on envoie le courant d'une source électrique dans un petit électro-aimant dont le fonctionnement décroche le volet annonciateur qui tombe et découvre le numéro ou le nom correspondant au circuit mis en action.

Signaux lumineux (Fig. 868 à 870.) Pour remédier aux inconvénients occasionnés par le fonctionnement, parfois dé-

Fig. 868. — Tableau lumineux.

fectueux, des volets annonciateurs, MM. Mildé

et Grenier ont établi des systèmes de signaux lumineux.

Le tableau, au lieu de porter des volets, porte des lampes placées dans des logements derrière des carreaux sur lesquels sont inscrites les indications. Ces lampes s'allument lorsqu'on appuie sur le bouton d'appel et éclairent vivement les plaques de verre faisant ressortir nettement l'inscription.

Fig. 869. — Signal lumineux ouvert.

Quand on appuie d'une façon persistante sur le bouton d'appel, la sonnerie se fait entendre, et elle s'arrête lorsqu'on cesse d'appuyer; mais, à ce moment, la lampe reste encore allumée et ne s'éteint que lorsque le surveillant du tableau a indiqué qu'il a enregistré l'indication, en appuyant sur un bouton placé à la partie inférieure du tableau. En outre, une petite lampe de contrôle peut être disposée au-dessus du bouton d'appel; elle s'allume également quand on appelle et elle ne s'éteint que lorsque le préposé au tableau a éteint la sienne, en appuyant sur le bouton du tableau.

Le fonctionnement des signaux lumineux peut être assuré par l'emploi d'une petite batterie d'accumulateurs qui peut être facilement rechargée, par l'adjonction d'une résistance, au moyen du courant d'un secteur d'éclairage.

La façon d'installer ces signaux lumineux est facile à réaliser, le schéma représenté par la figure 870 montre en effet la simplicité des connexions à établir pour que trois boutons et une poire d'appel puissent, par leur manœuvre, provoquer le tintement de la sonnerie et l'allumage de la lampe correspondante.

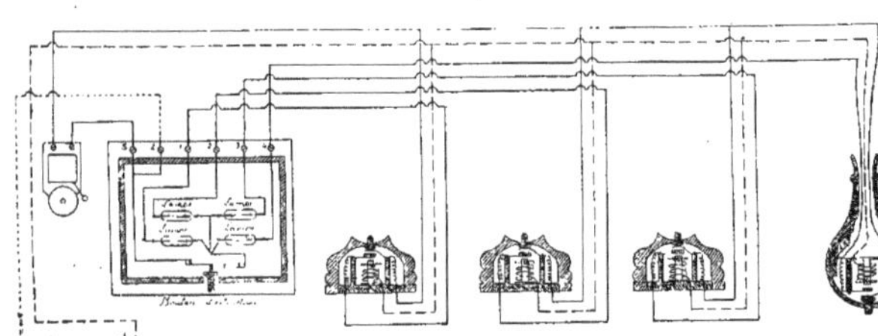

Fig. 870. — Schéma de circuits pour tableau lumineux comportant trois boutons d'appel fixes et une poire.

L'emploi des signaux lumineux trouve une application des plus intéressantes à bord des paquebots, car le roulis et le tangage se prêtent mal au bon fonctionnement des voyants magnétiques. En outre, on dispose du courant électrique fourni par les dynamos du bord.

Dans certains hôtels, en plus des tableaux

généraux d'étage, on dispose au-dessus de la porte de chaque chambre une sorte de lanterne rendue lumineuse quand on a effectué un appel. On peut ainsi voir immédiatement d'où part cet appel.

Quelquefois, on combine un dispositif pour ajouter aux signaux lumineux la manœuvre de voyants magnétiques.

Ce dispositif combiné permet l'emploi simultané de trois signaux : le signal lumineux, le voyant magnétique et la sonnerie. Cela peut être pour les grands hôtels une bonne garantie pour assurer le fonctionnement irréprochable du service.

Théâtrophones Après l'application du téléphone aux communications à l'intérieur des maisons, ateliers et bureaux, il importe de signaler la transmission à grande distance, au moyen du téléphone, des représentations musicales. On sait qu'en 1881 on réalisa pour la première fois, à Paris, une disposition téléphonique qui permit d'entendre, du Palais de l'Industrie, des pièces de l'Opéra.

Pour cela, on avait placé le long de la scène de l'Opéra, de chaque côté du trou du souffleur, douze transmetteurs téléphoniques semblables à ceux qui sont employés par les particuliers (Fig. 871). Des fils souterrains mettaient ces transmetteurs en communication avec le Palais de l'Industrie, où une salle avait été convenablement disposée pour amortir les bruits extérieurs. Là, les amateurs, l'oreille collée au récepteur téléphonique ordinaire, entendaient avec un profond étonnement les chœurs, les chants et les divers bruits de la salle de l'Opéra.

Ce fut un grand succès que celui de ces auditions théâtrales où, sans rien voir, mais seulement par le sens de l'ouïe, on recevait l'impression toute vibrante de la représentation qui se donnait, à deux kilomètres de là, à l'Opéra.

Fig. 871. — Transmetteurs microphoniques disposés le long de la scène d'un théâtre pour la transmission à distance de voix et de chants.

Le succès de cette mémorable expérience eut beaucoup de retentissement, et on s'empressa de la reproduire sur divers théâtres, pour des auditions à distance de concerts ou de représentations théâtrales.

A Bruxelles, en septembre 1884, on installa une communication entre le chalet de la reine des Belges, à Ostende, et le théâtre royal de la Monnaie. La reine put entendre, à une distance de plus de 250 kilomètres, les opéras chantés à ce théâtre. A la même date, on put entendre de la gare d'Anvers la musique du Vaux-Hall de Bruxelles, et, chose remarquable, on faisait, à ce moment même, des expériences de transmissions simultanées télégraphiques et téléphoniques par le système Van Rysselberghe, de sorte que, tandis qu'on entendait, à Anvers, la musique de Bruxelles par le fil du téléphone, ce même fil remplissait son service ordinaire et servait à transmettre des dépêches télégraphiques.

Télémicrophonographe (Fig. 872.) Cet appareil, réalisé par l'Ingénieur-constructeur Ducretet, permet de transmettre à distance, à un ou plusieurs récepteurs téléphoniques *haut-parleurs,* les sons divers émis par une machine parlante quelconque : *phonographe, gramophone, graphophone,* etc...

Un microphone puissant, capable d'actionner à distance plusieurs récepteurs téléphoniques *haut-parleurs,* est disposé sur l'appareil phonographique, de façon à recevoir les ondes sonores produites par les déplacements de la membrane du reproducteur R, dont le style suit les sinuosités inscrites sur le disque D. Le microphone peut être réglé, par rapport au pavillon P, par le déplacement de sa monture sur sa tige-support T.

Fig. 872. — Télémicrophonographe.

Le récepteur haut-parleur actionné à distance comporte un réglage micrométrique entre la membrane vibrante et la surface polaire du système électro-magnétique.

Le courant alimentant le circuit des appareils peut être fourni par une batterie de piles ou par des accumulateurs.

Avertisseur d'incendie (Fig. 873-875.) On a placé dans les rues d'un grand nombre de grandes villes des appareils avertisseurs destinés à prévenir le plus rapidement possible les postes de sapeurs-pompiers qu'un incendie vient de se déclarer ou qu'un accident grave vient de se produire. Le poste peut ainsi connaître le lieu exact du sinistre et porter des secours immédiats qui, dans des agglomérations importantes, peuvent conjurer, parfois, de véritables catastrophes.

Les avertisseurs d'incendie disposés dans les rues de Paris, sont du système Digeon et construits par la Société Industrielle des Téléphones ; ils se composent d'une boîte en fonte (Fig. 873 et 874), dans laquelle est enfermé l'appareil, supportée par une colonne métallique qui place la boîte à hauteur d'homme. La boîte est munie, sur le devant, d'une ouverture fermée par une porte supportant un carreau de verre.

Quand on veut donner le signal avertisseur d'incendie ou d'accident, on brise la glace de l'avertisseur ; la porte s'ouvre alors automatiquement et un timbre retentit. Le mouvement d'ouverture de la porte a pour effet de déclencher automatiquement le rouage d'horlogerie qui se trouve à l'intérieur de la boîte. Un courant est ainsi envoyé dans la ligne qui relie l'*avertisseur* au *poste-caserne* des pompiers, et un récepteur télégraphique Morse, placé à ce poste, se met en marche et imprime sur la bande de papier télégraphique, plusieurs fois de suite, une lettre ou une indication qui correspond à l'appareil avertisseur actionné. En même temps, une sonnerie fonctionne et avertit l'homme de garde de l'appel qui lui est fait. L'avertisseur et le poste sont ainsi mis en communication d'une manière pour ainsi dire instantanée. La personne qui appelle n'a plus qu'à parler devant l'embouchure d'un téléphone, disposé sur la boîte en fonte, pour indiquer la nature et le lieu exact du sinistre.

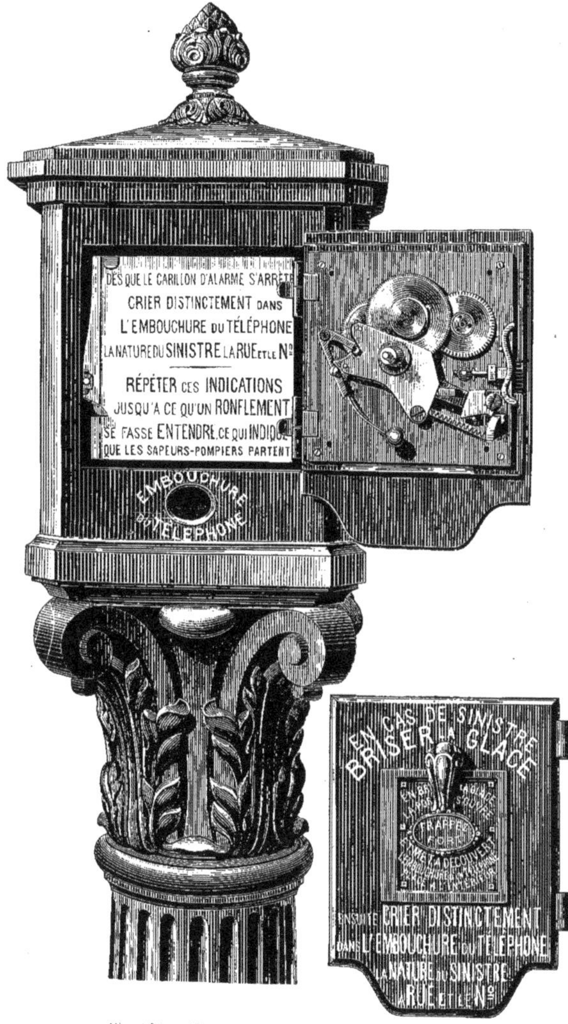

Fig. 873 et 874. — Avertisseur d'incendie de Paris.

L'homme de service au poste-caserne, déjà averti par sa sonnerie, et qui possède une indication donnée par le récepteur Morse, décroche les récepteurs téléphoniques disposés sur une planchette au-dessus du récepteur Morse, et écoute les indications données par la personne qui cause devant l'avertisseur. Celle-ci doit répéter plusieurs fois ces indications, de façon qu'elles puissent être bien comprises. A ce moment, l'homme de garde avise le poste de service et abaisse un levier qui provoque, dans l'appareil avertisseur, un ronflement caractéristique indiquant à l'appelant que les pompiers partent.

L'homme de service n'a plus qu'à disposer ses appareils pour recevoir un nouvel appel.

Il existe différents modèles d'avertisseurs d'incendie qui peuvent être établis à titre privé en divers points d'immeubles pour donner l'alarme en cas de sinistre.

Certains sont basés sur la dilatation provoquée, sur un dispositif métallique, par l'élévation de la température au-dessus d'un point déterminé. Cette dilatation est utilisée pour produire le contact entre deux pièces métalliques qui ferment le circuit d'une sonnerie qui retentit et donne l'alarme.

Les ateliers Mildé à Paris construisent un avertisseur d'incendie système de Gaulne et Mildé, basé aussi sur la dilatation de pièces métalliques. Pour permettre de maintenir en bon état les contacts électriques et les conducteurs et s'assurer du bon fonctionnement de la sonnerie d'alarme, cet avertisseur est disposé dans un circuit d'appel domestique. La sonnerie retentit donc d'une façon discontinue quand un appel est effectué, et elle fonctionne sans arrêt quand l'avertisseur d'incendie l'actionne.

Fig. 875. — Poste récepteur de l'avertisseur d'incendie.

L'avertisseur se compose de deux *thermomètres métalliques* constitués par des lames de cuivre, d'acier et de zinc, soudées ensemble et disposées en face l'une de l'autre de façon que les lames de zinc, les plus dilatables, soient placées en dehors, et les moins dilatables, en acier, placées à l'intérieur. Ces lames sont terminées par deux ressorts portant des contacts en argent dont on peut régler l'écartement au moyen d'une vis de rappel.

Quand la température s'accroît d'une façon anormale, les dilatations différentes des deux lames acier et zinc provoquent la courbure des lames, et les contacts en argent touchant, de ce fait, l'un sur l'autre, ferment le circuit de la pile et la sonnerie d'alarme retentit.

Cet avertisseur est disposé pour ne fonctionner que sous l'influence d'un changement brusque de température et non pas par suite du changement résultant des circonstances climatériques qui élèvent progressivement cette température. Pour cela, les deux *thermomètres métalliques* ont des épaisseurs différentes et ils sont disposés pour présenter les métaux qui les composent, dans le même ordre. On comprend que les effets de dilatation résultant d'une élévation lente de la température auront pour résultat de faire courber les lames de contact des deux thermomètres dans le même sens, et le circuit de la pile ne sera pas fermé : la sonnerie ne fonctionnera donc pas. Si au contraire la température s'élève brusquement, son action s'exercera plus rapidement sur le thermomètre mince que sur le plus épais; il se dilatera plus vite, et sa lame se recourbera avant que celle du thermomètre épais ait pu fléchir; le contact pourra dès lors se produire entre les deux lames et la sonnerie d'alarme se fera entendre. On voit que ce dispositif ne manque pas d'ingéniosité.

CHAPITRE XIV

ÉLECTROCHIMIE.

GALVANOPLASTIE. — FABRICATION DES MOULES POUR LA GALVANOPLASTIE. — PROGRÈS DE LA GALVANOPLASTIE. — NICKELAGE. — ARGENTURE. — DORURE.
FOURS ÉLECTRIQUES : Moissan, Ducretet, Clerc-Minet.
FABRICATIONS : Carbure de calcium. — Phosphore. — Soude et chlore. — Acide nitrique et nitrates. — Cyanamide.
ÉLECTROMÉTALLURGIE. — FABRICATION DE L'ALUMINIUM.
FABRICATION DE L'ACIER : Four Gin. — Four Girod. — Four Froges-Héroult. — Four à induction. — Fours Keller.

LA GALVANOPLASTIE.

La *galvanoplastie*, ou reproduction d'objets par un *dépôt électrolytique* et non adhérent de métal, constitue une branche importante de l'*électrochimie*. Elle permet de reproduire les bas-reliefs, les monnaies, les médailles, et, en général, tous les objets *à dépouille*, les rondes bosses, etc...

Sous le terme d'*électrotypie*, qui est spécial, on réunit les procédés galvaniques dont le but est la reproduction des *compositions typographiques* et des *gravures*.

Les métaux les plus employés pour ces dépôts sont : le cuivre, le nickel, l'or et l'argent.

Nous ne remonterons aux extrêmes origines que pour signaler la connaissance de la *métallisation* par le cuivre dans l'antique Égypte. Cette admirable civilisation égyptienne, provenant des Indes, et qui semble s'évanouir avec majesté dans un prodigieux rêve, paraît avoir tout essayé dans la Science appliquée avec les moyens d'action dont elle disposait et que le temps seul pouvait modifier et accroître. Dans les sépultures de Thèbes et de Memphis, on trouve des objets métallisés d'une légère couche de cuivre, vases d'argile, pointes de lances en bois, statues creuses.

Quel était le procédé employé en dehors de l'action galvanique?

Il est impossible de s'en rendre compte.

La *métallisation* sous la forme de *galvanoplastie* et de *galvanostégie* ne devait trouver sa brillante résurrection que par le concours du *courant électrique* et par la découverte de la *pile électrique*, puis de la *machine dynamo-électrique*.

Cette résurrection est relativement toute récente. Jacobi, en Russie, et Spencer, en Angleterre, l'inventèrent simultanément, en 1838. On voit se produire pour cette belle application pratique, pour cette découverte importante, la coïncidence du génie inventif de deux grands esprits, en dehors de toute divulgation et de toute mise sur la voie extérieure. C'est une coïncidence philosophique qui se voit souvent dans l'historique des travaux que relatent *les Merveilles de la Science*.

Jacobi et Spencer reproduisirent des modèles placés *à la cathode* dans un bain de sulfate de cuivre. Mais ce fut Jacobi, le savant physicien de Dorpat, qui réalisa les plus nombreux progrès successifs. On lui doit notamment l'emploi, comme *anode*, d'une *lame de cuivre* dont la dissolution maintenait la concentration du bain électrolytique, ainsi que l'idée d'enduire avec de la *plombagine* les corps *non conducteurs*, afin de les rendre aptes à recevoir les dépôts. Cette dernière conception permit de faire usage de *moules* en *plâtre stéariné*, en *gélatine*, en *gutta-percha* : la galvanoplastie était véritablement créée ; elle allait se perfectionner, s'étendre, et se vulgariser de la façon artistique la plus heureuse.

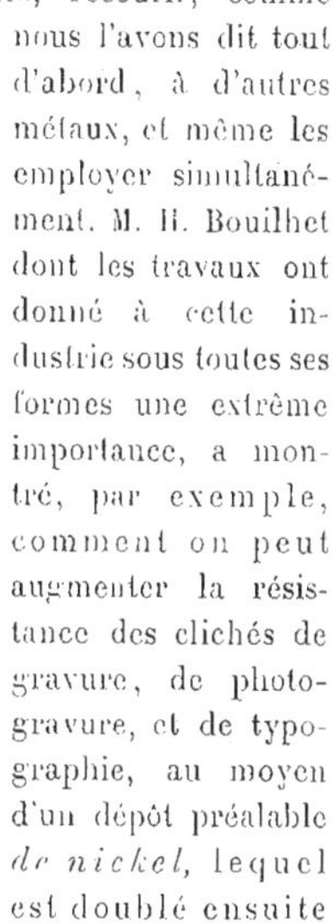

Fig. 876. — H. Jacobi.

Bocquillon, en France, et Murray, en Angleterre, furent des vulgarisateurs actifs.

Limitée, tout d'abord, aux *bas-reliefs*, la galvanoplastie ne tarda pas à s'étendre aux *rondes-bosses*. Il fallait opérer par pièces et morceaux qui étaient ensuite assemblés et soudés les uns aux autres. Lenoir et Planté montrèrent comment on pouvait opérer sur des moules complets, et c'est ainsi que MM. Christofle purent exécuter des ouvrages considérables, même une statue de 9 mètres de haut. La précision de leurs recherches, la beauté des produits artistiques obtenus, firent le plus grand honneur à l'industrie française.

Cependant, les couches de métal de ces grosses pièces n'avaient pas une épaisseur uniforme. M. H. Bouilhet, savant collaborateur, puis gérant de la Maison Christofle, et ancien élève de l'École Centrale des arts et manufactures, trouva le moyen d'en corriger les inégalités et de les renforcer en coulant du laiton dans la coquille galvanoplastique.

Si le cuivre est le métal le plus employé et le plus facile à obtenir en couche épaisse, on peut, par ailleurs, recourir, comme nous l'avons dit tout d'abord, à d'autres métaux, et même les employer simultanément. M. H. Bouilhet dont les travaux ont donné à cette industrie sous toutes ses formes une extrême importance, a montré, par exemple, comment on peut augmenter la résistance des clichés de gravure, de photogravure, et de typographie, au moyen d'un dépôt préalable *de nickel*, lequel est doublé ensuite d'un dépôt *de cuivre*.

Vers l'année 1840, Elkington et de Ruolz inaugurèrent la *dorure* et l'*argenture* électrochimiques dont MM. Christofle firent une industrie de premier ordre.

Les dissolutions employées sont des *cyanures doubles alcalins* d'or ou d'argent.

Pour la *dorure*, l'addition de *cyanure de cuivre* ou de *cyanure d'argent* donne des tons *d'or rouge* ou *d'or vert;* le dépôt électrolytique sur l'or d'une petite quantité de *mercure*, que l'on évapore ensuite, imprime aux objets l'éclat particulièrement agréable des anciennes *dorures au mercure*.

L'*argenture* des alliages de *cuivre* nécessite une immersion préparatoire, pendant quelques secondes, dans une solution étendue de *nitrate de mercure; l'argenture* du *fer* ou du *nickel* exige le dépôt d'une mince couche de cuivre sur ces métaux : l'aspect connu sous le nom de *vieil argent* s'obtient par une *sulfuration,* ou par une *chloruration* de la surface.

Le *nickelage* s'obtient au moyen du *sulfate double de nickel et d'ammoniaque :* il a été indiqué par A.-C. Becquerel, Ed. Becquerel et de Ruolz.

Comme annexe utilitaire, un procédé efficace pour protéger le fer et la fonte contre l'action oxydante de l'humidité consiste à les *cuivrer*. Dans la méthode de cuivrage dite *méthode Oudry,* on commence par appliquer une peinture imperméable et plombaginée; le cuivrage se fait directement aussi à l'aide de bains alcalins.

Fig. 877. — Henri de Ruolz.

L'aciérage électrochimique des clichés et des rouleaux d'impression a contribué considérablement à la vulgarisation du dessin dans les publications artistiques à bon marché : un dépôt de *nickel* doublé de *cuivre* peut remplacer *le fer*.

Préparation des moules pour la galvanoplastie Les moules employés en galvanoplastie sont faits avec un métal, ou avec une substance plastique que l'on rend conductrice en la recouvrant d'une légère couche de plombagine.

Le choix et l'emploi des substances plastiques susceptibles de servir à la confection des moules ont longtemps présenté un obstacle sérieux dans les opérations galvanoplastiques. Ce furent d'abord la cire à cacheter et le plâtre, dont on verra les inconvénients, et que la stéarine et la gélatine remplacèrent avec avantage, jusqu'au jour où la *gutta-percha* vint fournir à la galvanoplastie une substance qui répond à tous ses besoins. De son emploi date réellement le magnifique essor de cette industrie.

On sait que la gutta-percha se ramollit sous l'influence de la chaleur. Ainsi ramollie, on l'applique sur l'objet à reproduire, et on la fait pénétrer, par voie de compression, dans tous les creux du modèle. L'application se fait soit à la *presse*, soit par le *pétrissage*.

Pour le *moulage à la presse*, on dispose horizontalement, sur la plate-forme d'une presse ordinaire à vis de fer, l'objet à mouler, et on l'entoure d'un cadre de fer représentant les côtés d'une boîte dont il serait le fond. Prenant ensuite un bloc de gutta-percha d'un volume double de celui du modèle, on le taille de façon qu'il puisse entrer exactement dans le cadre, et on le présente à un feu vif. On évite, en la malaxant continuellement, que la gutta-percha ne se liquéfie, et, quand le bloc est ramolli jusqu'aux deux tiers de son épaisseur, on l'introduit dans le cadre de fer en mettant la face ramollie en contact avec le modèle. Par-dessus le tout, on applique une plaque de gutta-percha solide entrant exactement dans le cadre, et l'on manœuvre la vis de la presse lentement et en augmentant la pression à mesure que la gutta-percha se refroidit et devient plus résistante. Celle-ci pénètre dans les plus petits détails du modèle et les reproduit fidèlement dans toute leur délicatesse.

Le *pétrissage* s'impose quand les corps à mouler ne pourraient supporter la chaleur sans se détériorer, comme le soufre, le bois, le cuir, le carton-pierre, etc.

La gutta-percha est alors chauffée jusqu'à demi-fluidité, et appliquée à l'état pâteux sur le modèle préalablement entouré d'un cadre ou d'un cercle de fer. Puis, les doigts huilés, on la pétrit et on la force à pénétrer dans tous les détails, jusqu'au moment où la matière, totalement refroidie, ne cède plus à la pression.

Quel que soit le procédé suivi, il faut, pour retirer l'objet du moule, quelques précautions. On tranche les portions de gutta-percha inutiles, puis on tire avec précaution sur la gutta pour l'arracher de l'objet auquel elle adhère. On a soin, avant de mouler, de faire quelques indications, ou *repères*, du sens des anfractuosités et des saillies du modèle afin de ne pas déchirer la gutta-percha en tirant à contre-sens. Le moule ainsi obtenu est, à l'aide d'un pinceau, recouvert d'une couche de plombagine qui le rend conducteur, et plongé dans le bain électro-chimique, où on l'entoure d'une bande de cuivre ou de plomb qui le met en communication avec le pôle négatif de la pile.

Les propriétés de la gutta-percha la font adopter presque exclusivement pour les moulages galvanoplastiques. Cependant le plâtre, la stéarine, la gélatine, le caoutchouc, et le métal fusible sont employés pour des cas particuliers.

Le *plâtre* a le défaut de ne donner que des moules très inférieurs au point de vue de la finesse des détails, et, comme il se laisse pénétrer par l'eau, il faut, le moule obtenu, et avant de le placer dans le bain où il se désagrégerait, l'*imperméabiliser* en le plongeant dans de la stéarine fondue. Pour l'obtenir, le modèle, préalablement recouvert de plombagine, est entouré d'un cadre formant boîte, puis rapidement enduit au pinceau d'une couche de plâtre de mouleur; par dessus, on verse directement dans le cadre le plâtre liquide jusqu'à épaisseur suffisante. La *prise* est rapide, et il ne reste qu'à séparer avec précaution le moule du modèle.

La *stéarine* doit être fondue au bain-marie et coulée sur l'objet *au moment où elle va se figer*. Son emploi exige quelques précautions. Trop sèche, elle cristalliserait dans le moule, trop grasse et mal débarrassée d'oléine, elle manquerait de consistance. Il faut l'additionner, dans le premier cas, d'huile ou de suif, et dans le second, de cire ou de blanc de baleine. D'ailleurs elle éprouve par le refroidissement un retrait nuisible à la rigoureuse exactitude des reproductions.

La *gélatine* est peut-être supérieure à la gutta-percha par la facilité avec laquelle elle *épouse* les moindres reliefs du modèle et peut être retirée après solidification, grâce à son élasticité. Elle exige un dépôt très rapide. On fait chauffer au bain-marie des feuilles de colle de poisson (*ichtyocolle*) préalablement trempées pendant vingt-quatre heures dans l'eau froide et égouttées; la matière fond en une sorte de sirop que l'on coule sur l'objet à mouler garni d'un rebord de carton ou de feuille de plomb. Au bout de douze heures, on sépare.

Préparés avec des soins insuffisants, les moules de gélatine se laissent pénétrer par l'eau du bain électrolytique, inconvénient radical que ne préviennent pas toujours les moyens usités *d'imperméabilisation*.

Le *caoutchouc*, qui donnerait d'excellents résultats, n'est cependant pas utilisé pour les moulages galvanoplastiques.

L'emploi du *métal fusible* présente l'avantage d'une conductibilité supérieure.

mais on y a rarement recours, soit en raison de la difficulté d'obtenir un alliage bien homogène, soit parce que les moules métalliques sont sujets à contenir des bulles d'air ou à présenter une texture cristalline.

Roseleur a donné des formules pour obtenir des alliages fusibles à différents degrés de température : 100°, 90° à 80°, 70°, 53°. Les métaux entrant dans leur composition sont le *plomb pur*, l'*étain* et le *bismuth*, en proportions qui varient d'après le degré de fusibilité à obtenir, et avec addition de *mercure* pour les alliages fusibles au-dessous de 70°.

Le modèle est généralement une médaille. Il est placé dans une petite boîte de tôle mince ou de cuivre et entouré de plâtre jusqu'à mi-hauteur; sur la pièce, on place une quantité suffisante d'alliage froid. Le tout est chauffé ensemble, et quand l'alliage est fondu, on laisse refroidir.

Dans certains cas, on se passe complètement de moule et l'objet reçoit directement le dépôt métallique. Pour reproduire par exemple une feuille ou un fruit, il suffit de recouvrir l'objet de plombagine et d'enfoncer vers la queue ou le germe une épingle qu'on relie au fil de la pile. Le dépôt achevé, on retire l'épingle qui laisse un petit trou par où s'évaporent les sucs végétaux. Ces cuivrages d'ailleurs n'offrent guère qu'un intérêt de curiosité ou de démonstration de la délicatesse des opérations galvanoplastiques.

Progrès de la galvanoplastie

L'art de la galvanoplastie, entravé à ses débuts par les manipulations délicates auxquelles devaient s'astreindre les opérateurs, devint rapidement une industrie pratique, lorsque les modifications dans la composition des bains et d'ingénieuses observations eurent permis de supprimer le *tour de main*, toujours difficile à acquérir, et d'obtenir des résultats réguliers.

Une large part de ces progrès est due à Bourbouze, qui découvrit notamment la façon dont se comporte dans le bain galvanique la surface à métalliser, et montra comment, sans toucher au métal qu'on veut recouvrir d'un autre métal plus précieux, il est possible d'obtenir à volonté un dépôt adhérent ou non adhérent.

Veut-on, par exemple, reproduire directement une planche de cuivre, et s'assurer d'une facile séparation ultérieure, il suffit de plonger la planche dans le bain avant d'établir le courant.

La légère couche d'oxyde qui se produit presque instantanément, avant que commence le dépôt, suffit à produire la non-adhérence.

Pour avoir, au contraire, un dépôt adhérent, comme celui d'argent sur des couverts de laiton, il suffit d'établir le courant, en même temps que l'objet est plongé dans le bain; c'est-à-dire en ayant la précaution d'attacher d'avance le conducteur à la pièce à argenter.

Un autre perfectionnement à signaler, c'est le moulage des pièces *à terre* ou *à cire perdue*.

Pellecat avait introduit dans le moulage à la gutta-percha un procédé consistant à utiliser cette substance non plus seulement ramollie par le feu ou l'eau chaude, mais fondue et coulée sur le modèle. Encouragé par le succès, il se demanda si le bon résultat qu'il avait obtenu sur le plâtre ou le métal ne pourrait pas s'obtenir directement sur le modèle en terre du sculpteur. Sur une maquette de bouquet de fleurs très fouillé, il coula de la gutta-percha liquide, et, quand celle-ci fut refroidie, il plongea le moule dans l'eau. La terre se détrempa, et fut enlevée, et la possibilité fut acquise de remplacer par cet unique moulage à *terre perdue*, les moulages successifs de plâtre et de gutta-percha jusqu'alors nécessaires.

Dans le moulage *à cire perdue*, le modèle, façonné en cire par l'artiste, est recouvert au pinceau de couches successives de *barbotine,* boue demi-liquide d'argile délayée dans un mélange d'eau et de lait. Le tout est renforcé avec du plâtre, de façon à obtenir un moule résistant, qu'on place dans une étuve, où la cire fond et s'écoule par des trous ménagés à cet effet.

Ce moulage n'aurait pu s'effectuer avec la gutta-percha appliquée par la presse ou le pétrissage; l'original se serait déformé. Mais grâce au procédé Pellecat, où, comme la *barbotine* autrefois, la gutta-percha est étendue au pinceau, on peut, sur la maquette de cire aussi bien que sur la maquette de terre, obtenir des moulages directs et d'une rigoureuse perfection.

La reproduction des objets naturels, tels que les feuilles, les fleurs, les fruits, s'est enrichie, grâce à Juncker, d'un procédé qu'il nomma *galvanotypie*, et qui consiste, dès qu'un dépôt assez résistant, quoique très mince, a été obtenu, à détruire la matière organique qui a servi de moule et à la remplacer par un alliage fusible. Auparavant les fleurs et les fruits ont été artistiquement groupés, par exemple, autour d'un vase métallique, et le tout est argenté par la méthode électrochimique ordinaire (Fig. 878).

Fig. 878. — Vase ornementé reproduit par le procédé Juncker.

L'avantage de ce procédé est de donner des œuvres d'art reproduisant la nature avec une exactitude et une finesse que la ciselure ne saurait atteindre. On ne se trouve pas d'ailleurs devant un objet plus ou moins fragile, mais devant une masse rigide et sonore comme du bronze, susceptible de se river comme les métaux et éminemment adaptable à tout emploi décoratif.

Thiercelin procura le moyen d'éviter le dépôt du cuivre en poudre rouge qui se produit quand le bain est trop acide, et qu'on attribuait à une trop grande intensité du courant. Il maintint le bain dans un état à peu près neutre, en y plaçant un sachet de carbonate de cuivre. A mesure que l'acide sulfurique est libéré, par le courant électrique, de sa combinaison primitive, il en forme une nouvelle avec le cuivre du carbonate, dont l'acide carbonique se dégage. Ainsi la teneur du bain reste constante, et le métal se dépose en couche tenace et inoxydable de la plus belle coloration.

Nickelage Le nickelage, fort pratiqué et qui répond à toutes sortes de besoins actuels, est une opération difficile, dont la réussite dépend surtout de la pureté des sels de nickel employés et du dosage des bains.

Le sel de nickel qui a donné les meilleurs résultats pour les dépôts électrochimiques est le sulfate double de nickel et d'ammoniaque.

La composition du bain de nickelage est la suivante :

Sulfate double de nickel et d'ammoniaque.......	1 kilogramme.
Eau distillée..............	10 litres.

On fait dissoudre le sel double dans l'eau chaude, puis on filtre la liqueur, après refroidissement.

Roseleur recommande une addition de carbonate d'ammoniaque.

Voici la formule de bain qu'il indique :

Sulfate double de nickel et d'ammoniaque.........	400 grammes.
Carbonate d'ammoniaque.	300 —
Eau distillée.............	10 litres.

Il faut, autant que possible, pour obtenir un dépôt de nickel résistant, homogène et brillant, ne faire usage que de bains parfaitement neutres, et plutôt acides qu'alcalins.

Les pièces destinées à recevoir un revêtement de nickel doivent être décapées avec le plus grand soin. Elles passent successivement dans un bain composé de 250 grammes d'acide sulfurique ordinaire pour dix litres d'eau, puis dans une solution chaude de potasse d'Amérique, formée de dix litres d'eau par kilogramme de potasse, enfin, après lavage à l'eau pure, dans un mélange d'acide sulfurique, d'acide nitrique, de suie calcinée et de sel marin.

Pour les objets de fer ou d'acier, on fait usage d'une solution d'une partie d'acide chlorhydrique pour cinq parties d'eau.

Enfin, lorsqu'il s'agit de recouvrir préalablement les pièces d'une couche métallique qui rendra plus facile le dépôt électrochimique de nickel, on les plonge dans un bain composé comme il suit :

Sulfate de cuivre.........	100 grammes.
Acide sulfurique..........	100 —
Eau distillée..............	10 litres.

Les objets en zinc doivent recevoir un premier revêtement métallique. On les soumet à l'action d'un bain spécial, dont voici la composition, et que l'on doit faire bouillir avant de l'employer :

Acétate de cuivre cristallisé.	200 grammes.
Carbonate de soude.......	200 —
Bisulfate de cuivre cristallisé	200 —
Cyanure de potassium.....	300 —
Eau distillée..............	10 litres.

Il existe d'autres méthodes de préparation des pièces à nickeler, et l'on peut dire que chaque opérateur a sa recette personnelle.

Les divers bains de nickelage dont nous avons donné la composition, doivent être placés dans des cuves assez grandes pour que les pièces, qu'on veut y plonger et qui font office de *cathodes,* n'atteignent, au maximum, qu'aux deux tiers de la profondeur. Celles-ci sont suspendues dans le bain, au moyen du fil de cuivre qui les entourait lors du décapage, et qu'on relie aussitôt au pôle négatif de la source d'électricité.

Les *anodes,* qui peuvent être en nickel ou en platine, mais dont les surfaces doivent égaler celles des pièces à revêtir, sont reliées au pôle positif de la pile, et mises en place dans la cuve, à une certaine distance des cathodes.

D'après Sprague, la force électro-motrice du courant ne doit pas dépasser 5 *volts* au début de l'opération, et 1 *volt* à la fin.

Nous avons dit qu'on peut indifféremment utiliser des anodes en nickel ou en platine, autrement dit, des anodes solubles ou insolubles.

Les premières ont l'avantage de restituer à la liqueur électrolytique le nickel qui lui est enlevé par le dépôt galvanique, mais, par contre, le défaut de rendre le bain alcalin, si l'on ne rétablit pas l'équilibre en y versant un peu d'acide nitrique.

Inversement les anodes insolubles (platine ou charbon) laissent le bain s'appauvrir, d'où la nécessité d'un surcroît d'énergie électrique. De plus il s'acidifie, le dépôt devient moins adhérent et la couche n'atteint qu'une faible épaisseur. Une introduction de carbonate de nickel doit le neutraliser et le ramener à son état initial.

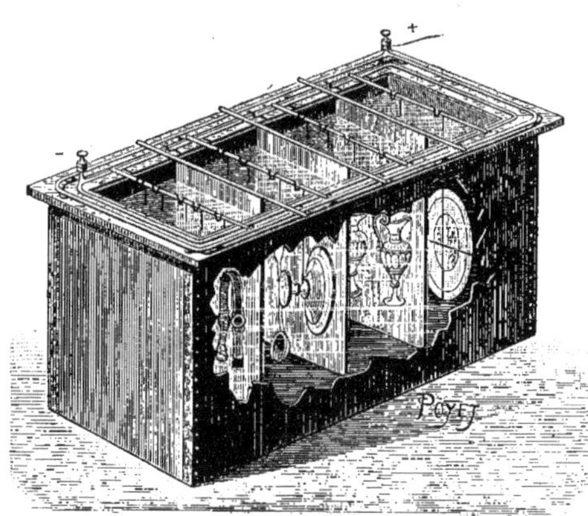

Fig. 879. — Disposition des anodes et cathodes pour pratiquer le nickelage.

Les anodes doivent être suspendues dans le bain au moyen de fils en nickel ou de fils de cuivre. Dans ce dernier cas, il importe que les anodes ne plongent pas complètement dans le liquide, sans quoi ces fils se dissoudraient aussi.

Au sortir du bain, les pièces sont lavées à l'eau froide, qui les débarrasse de toute trace de sulfate. On les plonge ensuite dans de l'eau bouillante, puis on les sèche dans de la sciure de bois chaude, ou bien à l'étuve.

Le polissage, lorsqu'il est nécessaire, s'effectue à l'aide de brosses imprégnées d'une bouillie de craie, ou bien avec du drap enduit de rouge d'Angleterre ou de poudre à polir. Les pièces sont ensuite lavées à l'eau pure, puis séchées dans de la sciure de bois chaude.

Les cuves de grandes dimensions sont généralement en sapin. D'ordinaire, on les garnit de feuilles de plomb soudées avec soin; mais on se contente souvent de les enduire d'une composition formée de 150 parties de poix de Bourgogne, de 25 parties de gutta-percha et de 75 parties de pierre ponce pilée.

Les cuves de petites dimensions peuvent être en fonte émaillée, en porcelaine, en verre ou en grès.

Il existe plusieurs méthodes pour retirer des bains hors d'usage le nickel qu'ils renferment; on les trouve décrites dans les Manuels spéciaux.

Argenture — *L'argenture,* rendue industrielle par Richard Elkington et de Ruolz, en 1840, a mis à la disposition du plus grand nombre un véritable luxe dans des conditions admirables de bon marché relatif. Rien que dans les ateliers de Paris, dont la fabrication est particulièrement consciencieuse et artistique, c'est par millions que les couverts argentés ont été fabriqués depuis la prise des brevets d'Elkington.

La seule usine d'argenture de la Maison Christofle, d'après ce que nous a appris

M. Henri Bouilhet, a mis en œuvre depuis cette époque, sous forme de dépôts galvaniques, plus de 250.000 kilogrammes d'argent qui ont servi de brillante enveloppe aux objets les plus divers.

Dans le Monde entier, le poids d'argent des dépôts galvaniques s'élève *annuellement* à environ 125.000 kilogrammes. On peut penser que cela correspond à une grande surface argentée, car l'épaisseur moyenne du dépôt n'est que de *un trente-troisième de millimètre*, ce qui correspond, en poids, à *trois grammes* d'argent par *décimètre carré*.

Fig. 880. — Richard Elkington.

On opère l'argenture des couverts dans des cuves de bois de forme rectangulaire doublées de gutta-percha (Fig. 881); on leur donne une hauteur convenable pour que les pièces que l'on y suspend soient *surnagées* par 0m,10 environ de liquide, en laissant la même distance entre elles et le fond ou les parois latérales de la cuve. Le long des bords de cette cuve, règne une tringle de cuivre, à laquelle on suspend les lames d'argent ou *anodes*, destinées à maintenir le bain saturé de cyanure d'argent (Fig. 882). Ces anodes sont toutes reliées entre elles par un châssis, et communiquent avec le pôle positif de la pile. Une seconde tringle règne le long des bords de la cuve. Les objets à argenter sont suspendus à cette seconde tringle par des crochets (Fig. 883); et ce second système communique avec le pôle négatif de la pile.

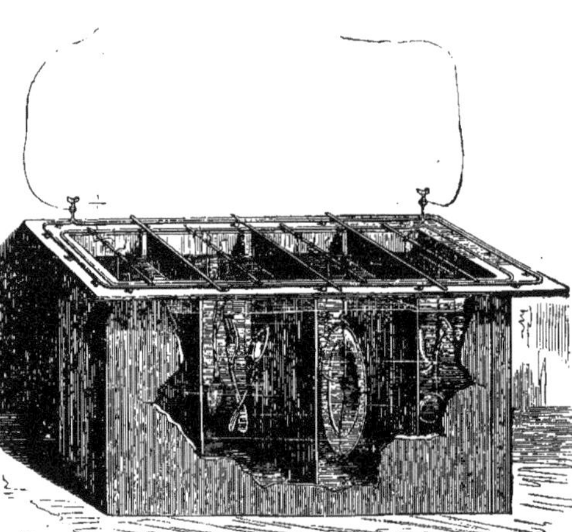

Fig. 881. — Cuve et bain pour l'argenture voltaïque.

Au sortir du bain, les pièces argentées sont soumises au *gratte-brossage*, opération qui augmente l'adhérence de l'argent et qui signale les pièces mal argentées que l'on doit remettre au bain. Il ne reste plus dès lors qu'à soumettre les pièces bien venues au *brunissoir* qui leur communique *le poli désirable*.

Signalons, pour terminer ce chapitre, que l'on peut pratiquer l'argenture sans l'intervention directe du courant électrique et en utilisant des réactions chimiques qui ont le même principe, si l'on remonte à l'origine des choses et à la théorie de la pile, mais qui néanmoins, dans la pratique, sont d'allure différente.

C'est alors *l'argenture au trempé* pour laquelle deux procédés s'emploient, l'un à froid, l'autre à chaud. Ils donnent un léger vernis d'argent, qui ne s'applique qu'à quelques menus articles, comme boucles, boutons, agrafes, etc.

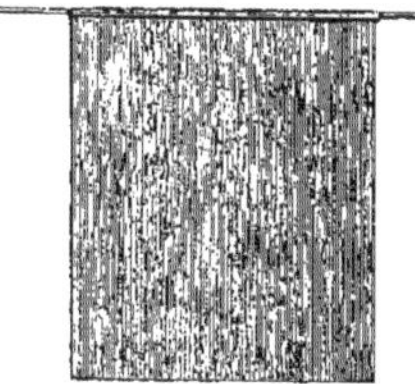

Fig. 882. — Pôle positif plongeant dans le bain pour l'argenture (anode d'argent).

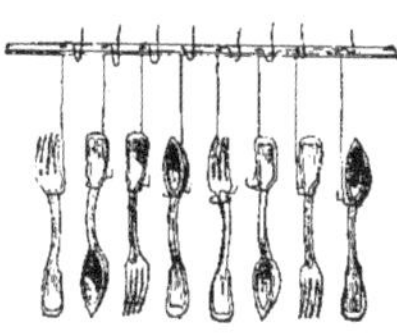

Fig. 883. — Pôle négatif plongeant dans le bain pour l'argenture.

L'*argenture par immersion à chaud* se fait dans un bain de cyanure double de potassium et d'argent, peu différent, par sa composition, de celui qui sert à l'argenture voltaïque.

Fig. 884. — *Le Crépuscule*, pièce d'orfèvrerie électrochimique.

Le procédé d'*argenture par immersion à froid*, le plus commode et qui fournit une argenture inaltérable, a été découvert par M. Roseleur. Il consiste à faire usage de bisulfite de soude.

Dorure

La *dorure*, en galvanostégie, est surtout une opération de grand luxe : elle est donc moins importante dans ses applications industrielles que le nickelage, le cuivrage, et l'argenture. Elle tient cependant une large place commerciale, étant donné le haut prix du métal employé.

La Maison Christofle, d'après le chiffre donné par M. Ad. Minet dans son *Traité de galvanoplastie et de galvanostégie*, n'emploie pour la dorure que 25 kilogr. d'or par an. Mais il convient de considérer que *1 gramme d'or* suffit pour recouvrir *1 kilogramme de fil pour passementerie* ayant un longueur de *16 kilomètres.*

D'autre part, l'or peut être mis sous l'état de *feuilles d'or* ayant *un dix-millième de millimètre d'épaisseur,* et *5 centigrammes* d'or peuvent être étirés en un fil de *162 mètres* de longueur. La *galvanostégie* peut donc s'exercer dans toute sa délicatesse et produire des adhérences infiniment petites, quoique fort luxueuses, du précieux métal.

Outerbridge, l'un des spécialistes en cette matière, a réussi à produire, par voie galvanique, des pellicules d'or *dix mille cinq cents fois plus minces* qu'une feuille de papier d'impression ordinaire.

Fontaine, autre spécialiste en dorure, a montré qu'à un degré infiniment réduit d'épaisseur il ne faut que *un vingtième de gramme* d'or pour bien recouvrir une feuille de cuivre de *un mètre carré* de surface, ce qui correspond à *vingt mètres carrés de surface* par *gramme.* Un vieux et juste proverbe dit que « tout ce qui brille n'est pas or ». On peut y ajouter, comme corollaire philosophique, que « dans ce qui brille il n'y a pas toujours beaucoup d'or ».

La dorure *non galvanique* se fait par quatre procédés décrits dans des Manuels et des Formulaires spéciaux auxquels se reporteront avec utilité pratique nos lecteurs. Ce sont la *dorure au feu* ou *au mercure,* la *dorure par immersion,* la *dorure à l'or potable,* et la *dorure au pouce et au bouchon.*

La *dorure galvanique,* comme l'argenture, se fait par électrolyse dans *des bains* généralement formés de *cyanure d'or* dissous dans un excès de *cyanure de potassium.*

Les pièces à dorer subissent, comme pour l'argenture, diverses opérations : le *dégraissage,* le *dérochage,* le *décapage,* et parfois *l'amalgamation* au mercure.

L'intensité du courant est très faible et voisine de *un dixième d'ampère* par *décimètre carré :* la *différence de potentiel* aux électrodes se tient vers *un demi-volt.*

L'épaisseur de la couche d'or déposée ne dépasse guère $0^{mm},000.025$ ce qui correspond à $0^{g},005$ d'or déposé par *décimètre carré.* La surface couverte par *un gramme d'or* électrolytique est donc de *deux mètres carrés.*

Les solutions d'or résiduaires sont traitées chimiquement en vue de la récupération du métal.

Le *brunissage* s'effectue comme pour les pièces argentées ou nickelées.

Dépôts métalliques divers

La *galvanisation,* sous les formes de *galvanoplastie* et de *galvanostégie,* ne s'applique pas seulement aux dépôts métalliques d'*or,* d'*argent,* de *nickel,* et de *cuivre :* on la pratique, avec des procédés dont le principe est le même, au *platine,* au *zinc,* au *plomb,* au *fer,* à l'*étain,* à l'*antimoine,* à l'*aluminium,* au *cadmium,* au *cobalt,* et même à des alliages tels que le *maillechort.*

La *galvanisation,* par le *zinc,* du fer et de l'acier présente une importance toute particulière, ainsi que l'*étamage,* dans lequel on les recouvre d'une couche d'*étain.* Pour l'*étamage galvanique,* M. Ad. Minet indique que les meilleurs *électrolytes* sont une *solution double d'étain et d'ammonium* légèrement acidulée par l'acide chlorhydrique ou sulfurique, ou, encore, une solution d'*oxalate double d'étain et d'ammonium.* Dans les deux cas, le courant ne doit pas excéder 0,3 à 0,5 ampère par *décimètre carré.*

Signalons, pour terminer, les dépôts métalliques galvaniques *sur verre et sur porcelaine.* On rend d'abord la surface à recouvrir conductrice en la garnissant au pinceau d'une couche de *vernis* formé d'un mélange de *chlorure d'or* ou *de platine* dans l'*éther sulfurique,* et de *soufre* dissous dans une *huile lourde.* L'objet est alors chauffé dans un moufle jusqu'à volatilisation du chlore et du soufre ; l'or et le platine restent adhérents et l'on peut procéder à la *mise au bain galvanique.* On réalise ainsi des effets décoratifs fort agréables.

Électro-gravure en relief de M. Rieder

Un électricien de Leipzig, M. Rieder, a obtenu des résultats d'électro-gravure intéressants par une méthode dont il désigne le principe sous le nom d'*érosion électro-chimique*. Il prépare ainsi avec ingéniosité des matrices pouvant servir pour la reproduction à de multiples exemplaires d'un modèle primitif de médaille.

Voici en quoi consiste cette méthode.

Prenons une plaque, un bloc d'acier ABCD (Fig. 885); recouvrons les parties AE et FD d'une substance protectrice; la partie EF pourra être travaillée, indépendamment du reste, par une substance chimique ou par une action électrique.

Supposons ensuite qu'après un commencement d'attaque de la matière, nous rendions de même protégées les parties G H et M K, nous aurons produit un relief dont le fond sera finalement R S.

Au lieu d'attaques planes, faisons des attaques mouvementées et mamelonnées, nous obtiendrons dans le bloc d'acier la matrice en creux de la médaille suivant le profil $x\,y\,z$.

Ce n'est pas plus difficile que cela en théorie.

Mais, dans la pratique, le système des

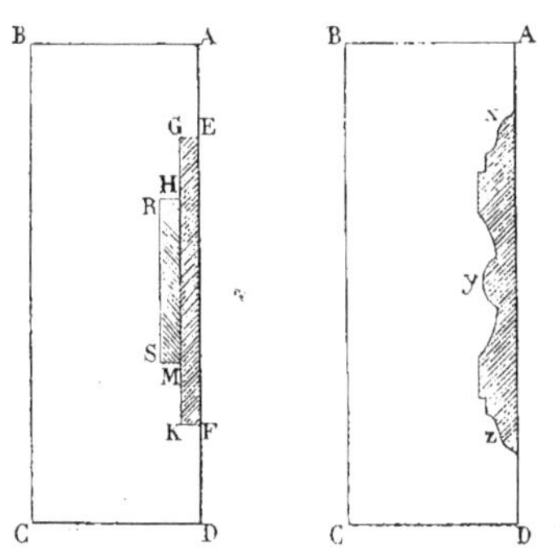

Fig. 885. — Reproduction dans l'acier d'un modèle de médaille par l'électro-gravure (procédé Rieder).

caches mouvementées est fort malaisé.

M. Rieder résout électriquement le problème de la façon suivante :

Il remplit (Fig. 886) un récipient R d'une solution électrolytique de chlorhydrate d'ammoniaque, dans laquelle plonge un bloc de plâtre qui porte à sa partie supérieure le moulage en relief de la médaille à reproduire. Un fil de cuivre enroulé en spirale est immergé dans le bain au-dessous du

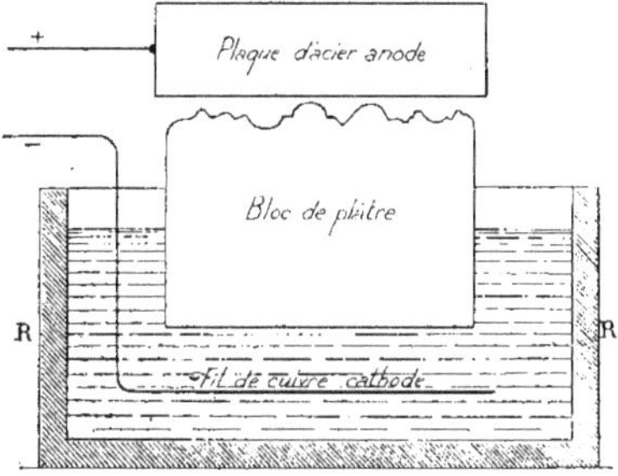

Fig. 886. — Schéma du fonctionnement du procédé d'électro-gravure Rieder.

bloc de plâtre et constitue la cathode. Enfin, sur le bloc de plâtre et au-dessus, s'appuie la plaque d'acier à graver, reliée au pôle positif, et constituant l'anode.

Qu'arrive-t-il?

Le bloc de plâtre absorbe le liquide du bain, c'est-à-dire le chlorhydrate, en raison de sa porosité constitutionnelle. Si l'on fait passer le courant électrique, le chlore du chlorhydrate est mis en liberté à l'anode, c'est-à-dire sur les points mêmes où le plâtre est en contact avec la plaque d'acier. Le chlore attaque l'acier et forme un chlorure de fer soluble qui se dissout. La plaque d'acier est donc rongée proportionnellement aux inégalités du relief en plâtre; il semble, extraordinaire paradoxe! que le bloc de plâtre, avec une impitoyable dureté, s'enfonce dans l'acier devenu mou comme du mastic.

Tel est le système de M. Rieder, et il fonctionne pratiquement. Mais ce n'est pas encore, empressons-nous de le dire, sans beaucoup de petites difficultés.

Il faut, de temps à autre, séparer le bloc de plâtre de la plaque d'acier afin de nettoyer le plâtre, et si l'on dépasse vingt secondes de séparation, on risque de compromettre l'opération. Puis il faut, avec un repérage étonnamment précis, remettre le plâtre et l'acier exactement en contact.

Le bain de chlorhydrate s'use aussi par la décomposition électrolytique. Donc, nécessité de le rajeunir sans en modifier la composition. Autre difficulté.

L'auteur a résolu tout cela d'une façon ingénieuse avec des appareils mécaniques et des brosses automatiques que l'électricité met en mouvement. En même temps que les brosses font leur besogne, en quinze secondes, un petit appareil accessoire pulvérise sur le plâtre de la solution de chlorhydrate d'ammoniaque, de telle sorte que le bloc de plâtre se nourrit par le bas et qu'il est réconforté par le haut. En somme, avec un courant électrique de 50 ampères sous 12 à 15 volts, on peut travailler à souhait une plaque d'acier de 20 sur 30 centimètres de surface.

FOUR ÉLECTRIQUE

Les applications de plus en plus nombreuses et de plus en plus importantes de l'électricité à la chimie et à la métallurgie sont dues à l'emploi de plus en plus répandu du *four électrique*.

Le *four électrique* est un appareil qui permet d'obtenir des *réactions physiques* ou *chimiques* par l'action de l'*énergie électrique*.

On s'explique le développement considérable qu'ont pris les industries chimiques et métallurgiques ayant comme agent principal l'Électricité, quand on a vu comment on était arrivé à transformer en courant électrique les prodigieuses réserves d'énergie contenues dans les chutes d'eau. Obtenu à relativement peu de frais, ce courant peut très avantageusement être utilisé pour alimenter des fours électriques à l'aide desquels on traite toutes sortes de composés chimiques et un grand nombre de produits pour en extraire des métaux comme l'*aluminium*, le *sodium*, le *potassium*, le *fer* et l'*acier*.

L'action du four électrique peut se manifester sur le corps à traiter de diverses façons, suivant la disposition des organes du four. En principe, le circuit électrique aboutit à deux *électrodes* contenues dans le four et entre lesquelles s'établit le courant. Quand les deux électrodes sont indépendantes de la carcasse même du four et qu'elles ne touchent pas au produit à transformer contenu dans ce four, un arc électrique jaillit entre elles et l'action du four se manifeste par la chaleur que produit cet arc. Ce sont les *fours à arc*.

Quelquefois, cependant, la matière à traiter est interposée entre les deux électrodes et le courant s'établit à travers elle. Ce sont les fours à *résistances*.

Certains fours sont aussi constitués de façon que leur *sole* serve d'électrode, la seconde électrode seule étant indépendante et mobile.

Ces dispositions variées ont donné lieu à la création d'un grand nombre de modèles de fours électriques qui sont appropriés à l'usage qu'on en veut faire. Nous allons en examiner quelques types.

Les fours électriques industriels sont de création relativement récente, mais depuis longtemps le four électrique avait été employé, principalement pour procéder à des expériences de laboratoire.

On peut dire que le four électrique date de la découverte de l'arc voltaïque par Davy, en 1813. Dès 1815, Pepys construisit une sorte de four dans lequel il utilisa la chaleur produite par le passage du courant à travers une tige de fer qu'il entoura de poudre de diamant, pour *carburer* le fer, le *cémenter* et en faire de l'acier.

De 1815 à 1863 furent établis un nombre considérable de fours de laboratoire dont les principaux étaient dus à Napier, Despretz, Bunsen, Sainte-Claire Deville.

En 1879, Siemens, puis, en 1880, Borchers et Clerc s'appliquèrent, à l'aide des fours électriques, à fondre les métaux réfractaires et à réduire certains oxydes considérés jusque-là comme irréductibles. De 1891 à 1893, Minet, Violle, Ducretet, Moissan réalisèrent des expériences remarquables dont la plus curieuse fut la reproduction, par Moissan, du diamant noir et du diamant transparent et cristallisé.

Four Moissan (Fig. 887.) Le type de four utilisé par Moissan pour effectuer cette expérience se compose de deux pierres calcaires, parfaitement séchées, formées de carbonate de chaux contenant un peu de silicium, bien dressées et appliquées l'une sur l'autre. La pierre inférieure A, plus volumineuse que l'autre, forme le corps du four; l'autre, B, le couvercle. La première porte en son milieu une cavité destinée à recevoir le *creuset* C, qui contiendra le produit à traiter.

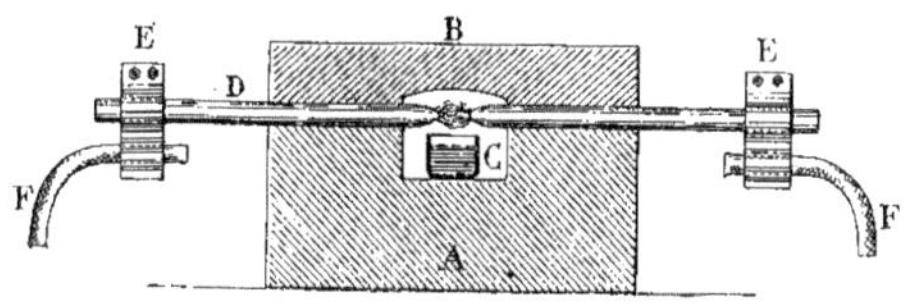

Fig. 887. -- Four électrique Moissan.

Ce creuset cylindrique peut être fait en aggloméré de *charbon de cornue* et aussi en *magnésie* préparée dans des conditions spéciales. Les deux électrodes D pénètrent dans la cavité ménagée dans le four, par deux rainures longitudinales pratiquées dans la pierre inférieure. Ces électrodes sont mobiles, ce qui permet d'effectuer le réglage de l'arc qui jaillit entre leurs extrémités. Cet arc se forme au-dessus du creuset, lequel doit être placé dans son logement avec un certain jeu sur sa périphérie, pour que la chaleur produite par l'arc puisse exercer son action tout autour de lui.

Quand le creuset est en charbon, il est disposé sur un lit de magnésie pour éviter une production de carbure de calcium, qui le mettrait rapidement hors d'usage. Lorsqu'on emploie des courants d'intensités fort élevées, de 1.000 à 1.500 ampères sous 110 volts, il convient de prendre des dispositions spéciales pour remédier à la destruction rapide du four occasionnée par la fusion de la chaux qui en forme la carcasse. On pratique alors, au milieu de la pierre inférieure, une large cavité dans laquelle on dispose des plaques alternées de charbon et de magnésie, celle-ci restant en contact avec la chaux.

Les électrodes sont faites en poussière de charbon de cornue débarrassée des matières minérales qu'elle pourrait contenir, calcinée et agglomérée par le goudron. Leur diamètre varie suivant le courant employé. La jonction de l'électrode au conducteur souple F apportant le courant est faite par l'intermédiaire d'une mâchoire E qui doit être parfaitement serrée sur l'électrode, afin de constituer un très bon contact.

Ce type de four permit à Moissan de réaliser, outre la reproduction du diamant, la préparation et l'affinage du chrome, de l'uranium, du tungstène, du molybdène, du zirconium et du vanadium. Il put volatiliser le cuivre, le fer, le carbone, et préparer les siliciures cristallisés, les acétylures de calcium et bien d'autres produits.

Pour obtenir le diamant, il fallait procéder dans des conditions toutes particulières.

Il était nécessaire d'avoir non seulement une très haute température comme celle que peut donner le four électrique, mais il fallait de plus une pression considérable.

On sait, en effet, que le diamant est du carbone, autrement dit du charbon cristallisé pur, plus compact et plus dense que le charbon ordinaire, présentant, par conséquent, à volume égal, un poids supérieur. Le diamant naturel est certainement produit au sein de la Terre par l'action, sur le charbon, de la température qui y règne et des pressions formidables qui s'y sont développées en de certaines circonstances.

Le charbon se trouve d'abord fondu, puis cristallisé sous l'influence de ces pressions qui compriment ses molécules et lui donnent ses propriétés de dureté, de poids et d'éclat.

L'expérience de Moissan fut réalisée en procédant d'une façon analogue à celle qui est indiquée par le travail même de la nature. Du charbon pur était placé dans un creuset contenant du fer. La température du four pouvant atteindre 3.000 et 4.000 degrés fondait le fer et le charbon. A ce moment, on refroidissait brusquement le creuset contenant le mélange. Sur la partie extérieure de la masse de fer enveloppant les particules de charbon se formait une croûte refroidie compacte, qui demeurait inextensible tandis que le fer en fusion demeuré à l'intérieur conservait une température élevée, *foisonnait,* c'est-à-dire cherchait à se dilater. Comme la croûte extérieure refroidie empêchait toute extension du métal, il se développait à l'intérieur de la masse en fusion des pressions considérables, qui, par leur action sur le carbone en fusion, comprimaient ses molécules. Le charbon ainsi cristallisé et comprimé était dans le creuset transformé en diamant, car le produit obtenu possédait toutes les propriétés du diamant naturel ; mais ce diamant était sous forme de poudre cristalline à grains fort petits. C'était presque de la poussière de diamant. On n'a pu obtenir, jusqu'à aujourd'hui, par le four électrique, du diamant de grosseur raisonnable pouvant être utilisé par la joaillerie, et la fabrication du diamant, par l'emploi du four électrique, n'est encore que du domaine purement scientifique, malgré les multiples essais qui ont été effectués depuis la découverte de Moissan.

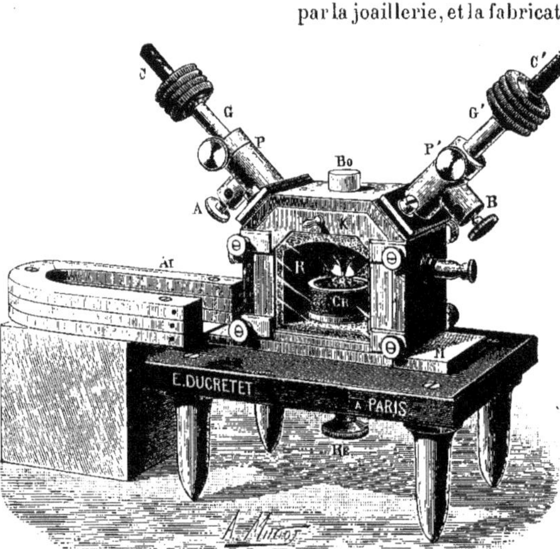

Fig. 888. — Four électrique de Ducretet.

Four Ducretet

(Fig. 888.) C'est un autre type de four destiné aux recherches et essais des laboratoires. Ducretet avait établi, en 1892, un type de four comportant une seule électrode verticale en charbon, le four constituant la seconde. Le modèle de four, plus récent, représenté par la figure 887, comporte deux électrodes en charbon disposées obliquement et mobiles dans leur monture métallique G G'. L'intérieur du four forme une capacité close, voûtée, munie de parois réfractaires R. Dans le milieu de cette cavité est disposé le creuset *Cr*. Des conduits sont établis pour permettre la circulation des gaz et l'introduction, dans le creuset, des produits à traiter. Deux parois du four sont formées par des panneaux mobiles munis d'une feuille de mica, qui permettent d'observer les phénomènes de fusion et de réduction qui s'effectuent à l'intérieur.

Le creuset *Cr* peut se déplacer de l'extérieur, la sole sur laquelle il repose étant mobile et actionnée par la tige *Re*. Ce creuset peut être en charbon, en magnésie ou en chaux, suivant les expériences à effectuer.

On peut donner à l'arc qui jaillit entre les électrodes une forme de flamme allongée par l'action d'un aimant directeur *Ai* placé près de l'appareil, lequel permet aussi, par son déplacement, de *diriger* l'arc par rapport au produit contenu dans le creuset.

Four Clerc-Minet (Fig. 889.) En 1880, Clerc, en imaginant sa *lampe-soleil*, avait été conduit à établir un premier modèle de four électrique à haute température. Ce modèle, précurseur d'un grand nombre d'autres systèmes de fours créés depuis cette époque, a permis d'obtenir du graphite, mais il n'a eu aucun emploi industriel.

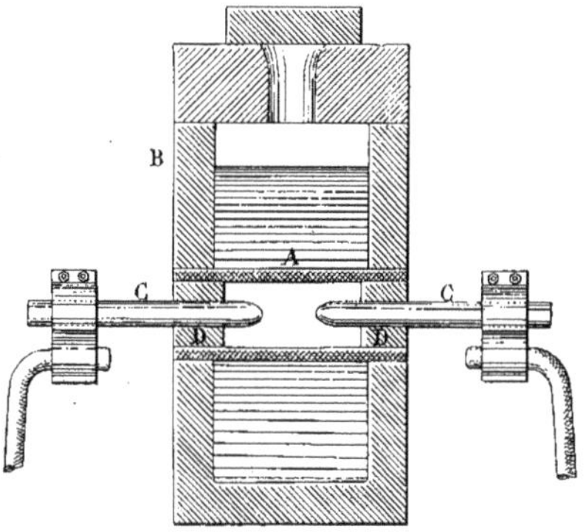

Fig. 889. — Four électrique Clerc-Minet.

En 1906, Clerc et Minet, en reprenant leurs études sur ce four électrique, ont observé que, lorsque l'arc est établi, on peut introduire un creuset dans le four sans provoquer l'extinction, et qu'en donnant à ce creuset, fait en charbon, des dimensions appropriées, l'arc peut lécher ses contours sans s'interrompre ni se diviser en plusieurs arcs.

Cette remarque conduisit à la réalisation de l'ingénieux four à *tube-chauffant* Clerc et Minet.

Dans ce four, l'arc jaillit au centre d'un tube en charbon A qui est encastré dans les parois latérales d'un four B, généralement fait en charbon. Les électrodes réglables C peuvent coulisser dans des manchons D faits en magnésie.

Le produit à traiter est versé dans le four et entoure le tube en charbon. Grâce à cette disposition, toute l'énergie électrique dépensée dans le four sert à chauffer le tube de charbon, ce qui permet un bon rendement.

On peut faire varier la puissance du four en rendant variables l'intensité du courant et la longueur de l'arc. On peut aussi disposer plusieurs tubes-chauffants dans le même four, un arc jaillissant dans chacun de ces tubes.

Le four peut être établi pour que les produits soient enlevés soit par renversement, soit en coulant par une ouverture placée à sa partie inférieure, fermée, pendant le fonctionnement, par un tampon en charbon. Ce type de four a permis de fondre du silex pour fabriquer des isolateurs.

Nous avons dit que l'emploi du four électrique avait donné à certaines industries un essor considérable, surtout pour l'obtention et l'affinage des métaux. Avant d'examiner le rôle du four électrique dans l'électrométallurgie, nous allons indiquer sa fonction dans la préparation de quelques produits essentiels, comme le carbure de calcium, le phosphore, la soude, le chlore, les nitrates, la cyanamide.

Fabrication du carbure de calcium La fabrication du *carbure de calcium* est une des plus importantes applications industrielles du four électrique. On sait que le carbure de calcium sert à produire le *gaz acétylène,* dont l'emploi s'est considérablement développé ces dernières années. Ce développement, d'ailleurs, est dû à la production industrielle du carbure de calcium au moyen du four électrique.

Le carbure de calcium s'obtient en traitant dans le four électrique, par l'action de la haute température produite par l'arc, un mélange de *chaux* et de *charbon*. Le charbon, qui est généralement du coke, et la chaux doivent être réduits en grains assez fins, et le mélange est soumis à une température très élevée. La réaction se produit et l'on tire du four du *carbure de calcium.*

Dans certains fours, on verse les matières premières par la partie supérieure, au fur et à mesure qu'on extrait le carbure par un trou de coulée placé à la partie inférieure. Dans d'autres fours, on traite d'abord une petite charge de matières premières et on augmente progressivement cette charge à mesure que le carbure de calcium se produit. L'électrode mobile est soulevée petit à petit par un dispositif de réglage : la fabrication est arrêtée quand le four est presque rempli par le carbure de calcium.

Le premier système de four donne un produit plus pur que le second, mais celui-ci, par contre, nécessite une moindre dépense d'énergie électrique.

Fig. 890. — Fabrication de la cyanamide. (Usines de Notre-Dame-de-Briançon.)

D'une manière générale, la fabrication du carbure de calcium exige une dépense assez grande d'énergie. Le *cheval-an* permet d'obtenir 1.500 kilogrammes de carbure. On s'explique donc aisément pourquoi les usines qui le produisent utilisent des forces motrices dont le prix de revient est peu élevé, comme les chutes d'eau ou les gaz des hauts fourneaux, pour actionner les moteurs qui produisent l'énergie électrique.

Fabrication du phosphore

Avant l'emploi du four électrique, la préparation du *phosphore* s'effectuait par les procédés indiqués par Scheele, vers la fin du XVIIIe siècle, et consistant à traiter la poudre d'os par l'acide chlorhydrique, ce qui donnait lieu à du phosphate de chaux soumis ensuite à l'action de l'acide sulfurique. L'acide phosphorique, mis en liberté, était concentré et réduit par le charbon. Ces manipulations étaient insalubres et dangereuses.

Depuis 1893, la fabrication du phosphore peut s'effectuer au moyen du four électrique. On a retiré tout d'abord le phosphore des *roches phosphatées* qui sont des fluophosphates de calcium impurs. Les gisements d'*apatite* d'Europe et du Canada servent aussi de matière première : l'*apatite* est un fluophosphate et chlorophosphate de calcium. Récemment, on s'est adressé à un autre minéral, la *wavellite,* phosphate d'aluminium, dont on a trouvé des gisements en Pensylvanie.

Il existe divers procédés pour fabriquer le phosphore.

Le procédé Readman, qui est appliqué dans beaucoup de pays, consiste à soumettre le phosphate minéral à un grillage préalable ; puis on le pulvérise, on le mélange avec du charbon de bois et de la silice. Ce mélange, placé dans des cornues, est mis dans un four électrique chauffé à 1.500 degrés centigrades environ. Il se forme une scorie de silicate de calcium ; il se dégage de l'oxyde de carbone et les vapeurs de phosphore vont se déposer dans des chambres à la température de 260 degrés sous la forme de *phosphore rouge;* l'excédent de ces vapeurs est recueilli dans une chambre à eau sous forme de *phosphore blanc*.

Dans le procédé Harding, qui date de 1898, la roche phosphatée est pulvérisée, puis chauffée avec de l'acide sulfurique. On obtient ainsi de l'acide phosphorique qui, séparé de la chaux avec laquelle il était associé, est filtré et concentré jusqu'à consistance sirupeuse. On mélange alors ce *sirop* avec du charbon de cornue granulé ; on grille le tout au four à réverbère, puis on le distille au four électrique, comme dans le procédé Readman.

Le procédé Duneau, breveté en 1903, consiste à préparer une pâte formée de phosphate pulvérisé et de poussier de houille agglutinée par du goudron. Cette pâte étant placée dans le four électrique, il se produit d'une façon continue du phosphure de calcium qui, mis au contact de l'eau, dans une atmosphère d'hydrogène, donne lieu à des dégagements d'hydrogène phosphoré dont la condensation permet l'obtention du phosphore pur, rouge ou blanc, suivant la température à laquelle il y a condensation.

L'emploi de ces divers procédés a rénové l'industrie du phosphore. Le phosphore obtenu est souvent le *phosphore blanc* dont la toxicité et le danger de manipulation sont connus ; mais on sait qu'on peut, en le chauffant à 250 degrés dans un récipient fermé sous pression, le transformer en *phosphore rouge*. Celui-ci n'est pas vénéneux, ne donne pas de vapeurs à la température ordinaire, ne dégage pas d'odeur incommode, ne s'enflamme qu'à 360 degrés au lieu de 60, et ne détermine pas, comme le phosphore blanc, chez ceux qui le manipulent dans les fabriques d'allumettes, la dangereuse maladie nommée *nécrose phosphorée*.

Fabrication de la soude et du chlore

On peut obtenir la soude et le chlore séparés par l'électrolyse du chlorure de sodium au moyen du four électrique. Cette électrolyse peut s'effectuer par les procédés Siemens et Halske de deux façons : par l'*électrolyseur Billiter* ou par l'*électrolyseur Kellner*.

L'électrolyseur Billiter permet d'obtenir le chlore gazeux à l'*anode* et la soude à la *cathode*. Il se compose essentiellement d'une cuve plate en fer dont les parois sont revêtues d'une matière isolante; le fond de la cuve porte un faisceau de fils de fer supportant un diaphragme horizontal séparant la cuve en deux capacités. Dans la capacité supérieure, où est placée l'*anode*, se produit le *chlore;* dans la capacité inférieure renfermant la *cathode* se produit la *lessive de soude*.

Pour obtenir ces produits, on remplit la cuve d'une solution chaude et concentrée de chlorure de sodium. Sous l'action du courant, il se forme du chlore à l'anode et de la soude à la cathode; la soude étant très soluble peut être facilement concentrée par la marche même de l'appareil; elle est retirée de la capacité inférieure; le chlore sort de la capacité supérieure par un tuyau de dégagement fixé sur le couvercle muni de joints étanches.

Dans l'*électrolyseur* Kellner, on laisse le chlore et la soude se combiner sous forme d'hypochlorite de sodium, que l'on extrait de l'appareil et qui est très employé dans l'industrie du blanchiment. Ce four comporte deux électrodes horizontales constituées par un grillage en platine-iridium placé dans les parois du récipient qui sont garnies de revêtements de grès et de verre.

L'installation se compose d'un certain nombre d'électrolyseurs étagés les uns à côté des autres de manière à être parcourus sur toute leur longueur par la lessive.

Fabrication de l'acide nitrique et des nitrates

(Fig. 891 à 894.) L'emploi du four électrique a permis de réaliser la fabrication de l'acide nitrique et des nitrates *par synthèse*, c'est-à-dire par combinaison directe de l'azote et de l'oxygène de l'air. Cette application de l'électricité intéresse à la fois la science, l'industrie et même l'agriculture, car on sait que les produits azotés sont très employés comme engrais.

Une grande usine destinée à cette fabrication a été créée en Norvège, à Notodden, pays où la *houille blanche* procure l'énergie électrique à un prix parfois remarquablement avantageux : elle pratique le procédé de deux Norvégiens, le physicien Birkeland et l'ingénieur Eyde.

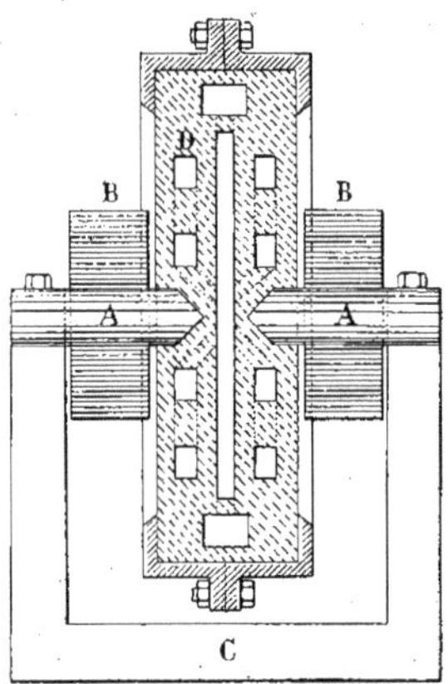

Fig 891. — Four Birkeland et Eyde.

Voici en quoi consiste ce procédé, d'après les intéressantes indications qui nous ont été fournies par M. de La Vallée Poussin.

On oxyde l'azote contenu dans l'air au moyen de l'arc électrique et on obtient ainsi de l'oxyde azotique. Cette réaction n'atteint qu'une fraction de l'azote total de l'air sur lequel on opère.

L'oxygène, resté en fort excès dans le mélange gazeux, et l'eau, au contact de laquelle on amène ce mélange, donnent finalement, avec l'oxyde azotique, après diverses transformations, de l'*acide azotique* plus ou moins dilué suivant la proportion d'eau employée.

On peut alors concentrer cet acide pour le rendre propre à la vente ou en tirer divers composés et spécialement du nitrate de chaux très utilisé en agriculture.

L'installation de l'usine de Notodden comporte donc des fours électriques (Fig. 891) que traverse l'air fourni par un ventilateur et où s'effectue la formation de l'oxyde azotique. Pour favoriser l'oxydation de l'azote, M. Birkeland a donné à l'*arc chauffant* une très grande surface. Pour cela, il a *dévié* l'arc au moyen d'un électro-aimant C. Les deux électrodes, par lesquelles passe, à la distance de quelques millimètres, un courant alternatif de 5.000 volts, sont placées entre les pôles de ce puissant électro-aimant C excité par du courant continu. Les pôles A de cet électro sont en forme de pointes. L'arc subit, de ce fait, une série de déplacements et de renouvellements très rapides dans un plan perpendiculaire à la ligne des pôles, et il en résulte une *flamme électrique* en forme de disque plat, atteignant 1 mètre 80 de diamètre. L'air longe et traverse ce disque et se trouve ainsi porté instantanément à une température très élevée qui peut être de 3.000 degrés. Il doit, immédiatement après, être refroidi, pour éviter la perte, par dissociation, d'une partie de l'oxyde formé.

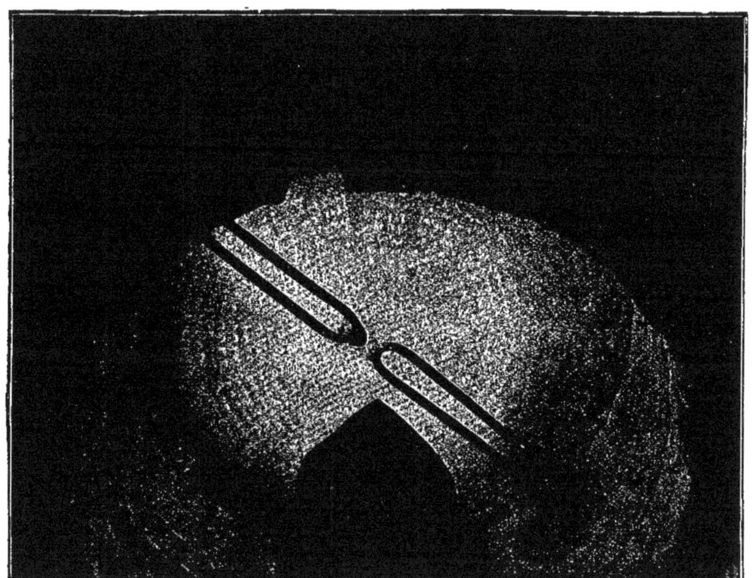

Fig. 892. — Photographie d'un disque de flamme produit dans un petit four Birkeland-Eyde de 250 chevaux.

La flamme se développe dans la partie centrale du four (Fig. 891) entre des parois réfractaires ; celles-ci sont percées de canaux nombreux pour l'amenée et le départ de l'air ; elles sont maintenues par une solide armature métallique. Les électrodes (Fig. 892) sont en forme d'U ; elles sont constituées par deux tubes de cuivre dans lesquels circule un courant d'eau qui les refroidit et assure leur conservation.

Pour capter l'azote oxydé produit dans les fours, on refroidit les gaz qui sortent de ces fours en leur faisant traverser une chaudière multitubulaire B (Fig. 893), puis des appareils de réfrigération spéciaux C. La température de ces gaz étant ramenée à 30 ou 40 degrés, ils pénètrent dans une série de *tours*. La première, assez basse, dite *tour d'oxydation* D, permet au peroxyde d'azote de continuer à se former par l'oxydation de l'oxyde azotique. Puis suivent trois hautes tours en granit E, remplies de morceaux de quartz, où, par circulation méthodique en présence d'eau, se forme de l'acide nitrique pouvant atteindre un degré de concentration assez prononcé. L'emploi du granit est nécessaire pour que les tours résistent à l'action destructive de l'acide nitrique. Deux tours en bois F sont disposées après les tours en granit. Dans ces tours coule une *solution alcaline* contenant soit de la chaux, soit du carbonate de soude, et elles retiennent la fraction d'oxyde d'azote échappée aux tours acides. En sortant de la seconde tour en bois, les gaz se dégagent dans l'atmosphère. Les grandes tours ont 20 mètres de hauteur et

par la vapeur provenant des chaudières multitubulaires B. Par refroidissement, les liqueurs concentrées se solidifient. Puis le produit est réduit en grains et mis en tonneaux.

Ce produit est, essentiellement, un mélange de nitrate de chaux pur et d'eau de constitution, contenant 13 % d'azote; c'est un engrais azoté de premier ordre.

On peut encore obtenir un important

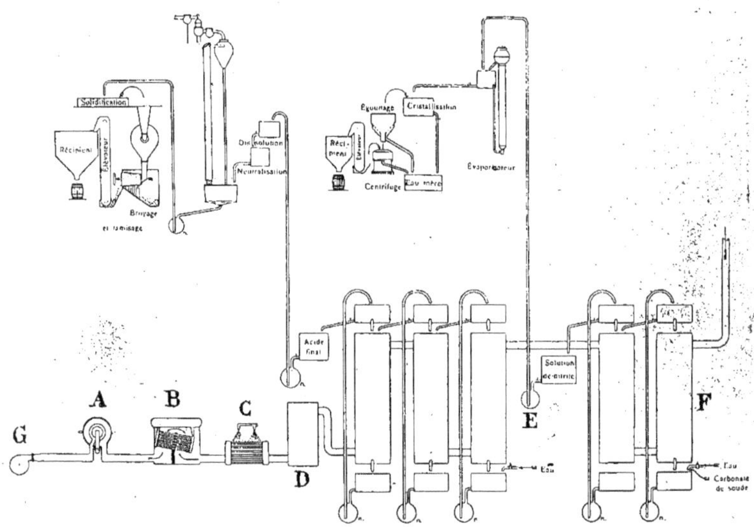

Fig. 893. — Schéma de la fabrication de l'acide nitrique et des nitrates. (Usine de Notodden.)

30 mètres carrés de section. Elles comportent des distributeurs de liquide à la partie supérieure et des *monte-jus* qui servent à l'arrosage continu des produits intérieurs. L'acide sort à la partie supérieure.

Quand on veut obtenir du nitrate de chaux, cet acide se rend dans des cuves de dissolution où il est mis en contact avec du calcaire; sa neutralisation s'achève avec un peu de chaux.

La dissolution de nitrate neutre obtenue est concentrée dans un appareil spécial, où s'effectue une rapide évaporation dans le vide partiel, sous l'action de la chaleur fournie

sous-produit, le *nitrite de soude,* en arrosant les produits calcaires contenus dans les tours en bois, avec une dissolution de carbonate de soude. Il sort alors de ces tours une liqueur qui est concentrée. On provoque ensuite une cristallisation et, en *essorant,* on obtient d'une part de beaux cristaux de *nitrite de soude,* substance précieuse pour la fabrication des matières colorantes, et d'autre part, une *eau-mère* dont on retire un mélange de *nitrite* et de *nitrate de soude* qui trouve aussi son emploi. La première usine créée en 1905 à Notodden pour effectuer cette intéressante fabrication, était de 2.000

chevaux. En 1907, une autre usine de 40.000 chevaux fut établie au même endroit. Une troisième usine de 110.000 chevaux est en construction à Rjukan (Norvège).

Fabrication de la cyanamide

La *cyanamide* est un engrais azoté obtenu en faisant réagir de l'azote sur du carbure de calcium par le procédé Frank et Caro. C'est la *Société française des produits azotés* qui produit ce curieux et utile engrais, dans ses usines de Notre-Dame-de-Briançon, en Savoie, ce qui constitue un exemple d'annexe bien comprise de la fabrication du *carbure de calcium*.

Voici, sommairement, en quoi consiste cette fabrication, d'après une instructive étude présentée par M. Pluvinage à la Société d'encouragement pour l'Industrie nationale.

Pour produire de la cyanamide, il faut de la force motrice, du carbure de calcium et de l'azote.

La force motrice est fournie par des chutes d'eau : elle atteint 13.000 chevaux.

L'usine de carbure, antérieurement installée, fabrique ce produit qui, cassé en morceaux de 20 à 40 kilogrammes, est amené par wagonnets à l'usine des produits azotés. Concassé dans un *casse-pierres* à mâchoires, le produit est envoyé, par un distributeur, dans un moulin à boulets de 2 mètres de diamètre pour passer dans un tube finisseur garni de silex. Le carbure, réuni dans une trémie, est chargé directement dans les fours.

Fig. 891. — Salle des fours de l'usine de Notodden, comprenant 31 fours de 700 chevaux de puissance.

La préparation de l'azote s'effectue au moyen des appareils du professeur von Linde. Cette préparation consiste à faire bouillir de l'air liquide dans un premier récipient, nommé *récipient à azote,* tout en continuant à y admettre de l'air liquide en quantité supérieure à celle du liquide évaporé. Le *récipient à azote* communique, par un *trop-plein,* avec un autre réservoir, le *récipient à oxygène,* dans lequel on fait également bouillir le liquide. L'ébullition des liquides dans les deux récipients est provoquée par l'adduction, dans un serpentin placé à l'intérieur de chaque réservoir, d'air comprimé à trois ou quatre atmosphères et ramené à une température voisine de celle de l'air liquide, par un appareil à *contre-courant*. En raison de sa pression, cet air se liquéfie et est envoyé dans la partie médiane d'une *colonne rectificatrice* placée dans le récipient à azote. A la partie supérieure de cette colonne, on fait arriver de l'azote liquide pur.

Quel que soit le titre des vapeurs émises par le liquide du récipient à azote, la pluie d'air liquide qu'elles reçoivent ramène leur titre, dès le milieu de la colonne, à 7 % d'oxygène, et, dans la partie supérieure, elles ne contiennent plus d'oxygène par suite de l'arrivée de l'azote pur. L'azote gazeux pur, sortant alors de la colonne rectificatrice, traverse l'appareil à contre-courant pour y laisser ses *frigories* et est dirigé partiellement sur le lieu d'utilisation.

Les vapeurs émises par le liquide du récipient à oxygène sont dirigées directement dans l'air extérieur.

Le reste de l'azote gazeux pur, qui n'est pas conduit à l'usine de cyanamide, est envoyé dans un compresseur qui le comprime à 150 kilogrammes. Il traverse l'appareil à contre-courant et vient favoriser, en passant dans un serpentin, l'ébullition du liquide dans le récipient à azote, s'y liquéfie et est dirigé au sommet de la colonne rectificatrice. Au début, c'est de l'azote à 7 % d'oxygène qui sort du sommet de la colonne, mais ce mélange liquéfié n'émet plus des vapeurs aussi riches, et en quelques minutes, par le simple jeu de la liquéfaction de vapeurs de plus en plus pauvres en oxygène, on obtient de l'azote pur.

Fig. 895. — Fabrication de la cyanamide. Compresseurs des machines à air liquide.

Les pertes en frigories sont encore compensées par le jeu d'une *machine à ammoniaque* qui refroidit à 20 degrés les gaz comprimés que l'on dirige dans l'appareil. On voit donc que, partant d'une quantité déterminée d'air liquide, on le renouvelle en l'accroissant constamment grâce à l'excès de frigories fourni soit par la machine à ammoniaque, soit par la détente continue de l'air à trois ou quatre atmosphères et de l'azote à 150 kilogrammes.

Pour produire la quantité initiale d'air liquide, on se sert uniquement de la détente continue d'air comprimé à 200 kilogrammes par deux puissants compresseurs.

Quand on a le carbure et l'azote, on peut préparer la *cyanamide*. Pour cela, on place le carbure dans des fours électriques cylindriques où il est soumis à une température très élevée en présence d'un courant d'azote. L'opération dure de 18 à 56 heures; la fin est indiquée par la température qui passe par un maximum. Le four, enlevé par une grue roulante, est ensuite refroidi.

L'atelier des fours en comprend 30, contenant chacun 300 kilogrammes de carbure. La production moyenne est de 10.000 kilogrammes par jour.

L'installation est prévue pour une production double.

La cyanamide qui sort des fours est en pains compacts. Le broyage s'effectue dans un concasseur à mâchoires. Un moulin à boulets, horizontal, avec bluterie indépendante, termine la préparation de la cyanamide; réduite en poudre, elle est prise par une chaîne à godets pour être distribuée dans deux vastes silos d'attente de 1.500 tonnes chacun.

MM. Müntz et Aubin ont présenté la cyanamide à l'Académie des Sciences, comme étant un engrais azoté très actif, analogue au *sulfate d'ammoniaque*.

ÉLECTROMÉTALLURGIE.

Dans l'importante industrie métallurgique, l'emploi du four électrique s'est particulièrement développé et constitue un sérieux progrès pour l'obtention des métaux à un prix de revient réduit.

Parmi ces diverses fabrications, nous allons indiquer sommairement celle de l'aluminium; nous décrirons ensuite quelques procédés de fabrication électrique de l'acier.

Fabrication de l'aluminium

Les premiers essais de préparation de l'aluminium sont dus à Davy et datent de l'année 1807. Ils ne furent pas couronnés de succès, et jusqu'en 1854 toutes les recherches ne purent permettre d'obtenir de l'aluminium pur.

C'est Bunsen qui, à cette époque, sépara, par *électrolyse,* l'aluminium des sels fondus de ce métal. Sainte-Claire Deville, quelques semaines plus tard, donna connaissance d'expériences qui lui avaient permis d'obtenir également de l'aluminium. Cependant, par les procédés Bunsen et Sainte-Claire Deville, on n'obtenait que de l'aluminium sous forme de poudre et en petite quantité; en outre, il contenait encore beaucoup d'impuretés.

Successivement, des industriels de tous pays, Lontin, Graetzel, Graban, etc., s'appliquèrent à rendre industrielle la fabrication de ce métal.

La perfection des procédés employés aujourd'hui permet de produire l'aluminium à un prix de revient très réduit, par rapport à celui d'il y a quelques années.

Le procédé Lontin consiste à dissoudre l'*alumine* en fondant certains produits qui la contiennent, et, parmi eux, la *cryolithe* qui est un fluorure naturel double d'alumine et de soude. Par l'action du courant électrique, cette alumine se transforme ensuite en aluminium et en oxygène. L'aluminium se dépose au fond de l'appareil, porté à une température d'environ 900 degrés.

Le procédé Graetzel comporte le traitement de chlorures et de fluorures d'alumine fondus.

La méthode Graban consiste à décomposer électriquement un bain fondu de *cryolithe* et de *chlorure de sodium*. Le chlore se porte au pôle positif et l'aluminium au pôle négatif à l'état fondu.

Le magnésium, le lithium, le sodium, le potassium sont, comme l'aluminium, obtenus au moyen de l'*électrolyse* et les procédés employés sont analogues à ceux utilisés pour la fabrication de l'aluminium.

Fig. 896. — Vue d'un four Keller pour la fabrication et l'affinage de l'acier, pendant la coulée.

Fabrication de l'acier L'industrie de la fabrication de l'acier et de son *affinage*, au moyen du four électrique, prend, de jour en jour, une extension plus considérable : d'importantes usines métallurgiques se créent, surtout dans les contrées où des chutes d'eau permettent d'obtenir la force motrice à un prix avantageux.

Voici quelques-uns des procédés et des appareils électriques utilisés pour la fabrication de l'acier.

Four Gin (Fig. 897 et 898.) M. Gin a publié dans le *Bulletin technologique de la Société des anciens élèves des Écoles d'Arts et Métiers*, dont il est membre, une étude très instructive sur ses procédés électrométallurgiques, en donnant la description d'un four employé pour la fabrication de l'acier.

Ce four, de 7.200 kilowatts, a été établi pour utiliser un courant de 60.000 ampères à la tension de 120 volts. Il permet d'affiner la fonte liquide et de produire 250.000 kilogrammes d'acier par 24 heures. Ce four est combiné pour effectuer, dans des capacités différentes, le chauffage du produit à traiter et les opérations d'affinage. Les deux électrodes sont, chacune, constituées par un bloc d'acier doux cylindrique A formant le fond de cuvettes B dont ils supportent aussi les parois. Le bloc d'acier porte une cavité C permettant de faire circuler un courant d'eau réfrigérante et ayant une forme telle que la réfrigération est plus grande au centre de la cuvette que sur les bords.

Les électrodes en acier sont frettées à chaud sur des manchons en bronze D qui constituent des prises de courant offrant toute sécurité. Un courant d'eau froide circule dans un espace E ménagé entre les manchons et le bloc pour éviter les effets nuisibles de la dilatation. Les conducteurs de courant F et G sont placés concentriquement, de façon à annuler la self-induction du circuit, laquelle, sans cette disposition, serait considérable. Ils aboutissent entre les deux cuvettes et communiquent respectivement chacun avec une électrode.

Des deux cuvettes B partent des *canaux de chauffage* H à faible section, dans lesquels s'opère l'affinage du métal, qui circulent dans les parois du four et font communiquer une série de cuvettes I disposées pour opérer la réduction, l'épuration et la carburation de la fonte brute qui y est introduite par les ouvertures J fermées par des portes. Ces cuvettes portent également des *trous de coulée* pour l'enlèvement des scories ou l'évacuation du métal.

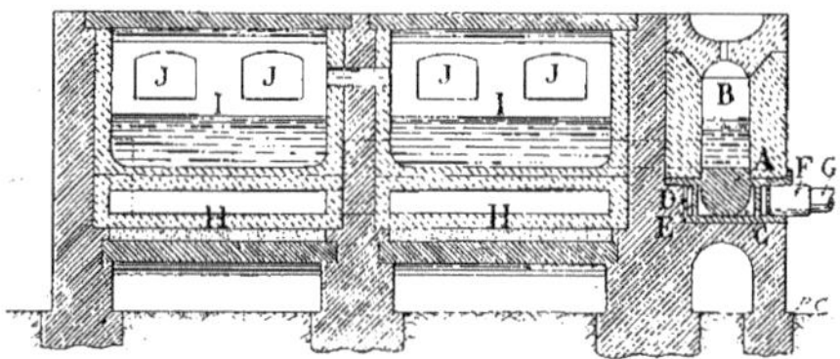

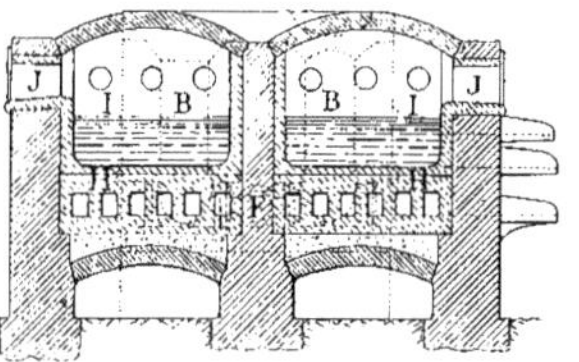

Fig. 897 et 898. — Four Gin.

Quand on effectue une coulée de métal amené à la composition désirée, il se produit dans le four un mouvement du métal liquide vers cet orifice de coulée, à travers les canaux de chauffage; il arrive dans les cuvettes de prise de courant une quantité de fonte liquide équivalente à celle du métal coulé, et en donnant aux cuvettes et aux canaux des dimensions appropriées, on peut obtenir un fonctionnement continu des fours en les alimentant en fonte brute par les ouvertures J, sans que la température se modifie dans les cuvettes où les réactions doivent s'effectuer.

Four Girod. Ce four est établi pour fabriquer, par voie électrométallurgique, l'acier et les alliages utilisés dans la métallurgie de l'acier. Il est constitué par une capacité circulaire ou oblongue dans laquelle le bain de métal atteint environ 30 centimètres de hauteur. Une ou plusieurs électrodes de même polarité sont placées au-dessus de ce bain, et des pièces en acier doux, noyées dans la sole réfractaire du four et réparties sur la périphérie, forment l'autre pôle. Elles sont en contact avec le métal formant le bain, de sorte que le courant électrique, entrant par l'électrode, produit un arc entre cette électrode et le bain, traverse celui-ci et sort par les pièces en acier doux noyées dans la sole.

Le four Girod rentre donc dans la catégorie des *fours à arc,* mais il fonctionne aussi *par résistance;* en effet, au début de l'opération, quand le courant est établi sur la charge froide de ferraille, toute la masse, dont la résistance est très grande, est traversée par le courant et une infinité de petits arcs jaillissent entre les morceaux voisins; l'échauffement et la fusion commencent, et se produisent dans toute la masse à la fois.

La carcasse du four est métallique et forme une cuve munie d'un garnissage réfractaire; une porte de chargement et de travail, ainsi qu'un trou de coulée sont ménagés dans les parois. Le four est monté sur tourillons et peut basculer pour effectuer la coulée.

Une usine électro-métallurgique très importante a été établie à Ugines, en Savoie, pour la fabrication de l'acier par l'emploi des fours Girod.

Four Froges-Héroult (Fig. 899.) Ce four, employé dans les usines de la Société Électro-métallurgique française de Froges et de la Praz (Savoie), permet d'obtenir des aciers fins, par la purification rapide des matières premières et par la recarburation, à un degré déterminé, d'un bain de métal doux fondu, par addition de carbone.

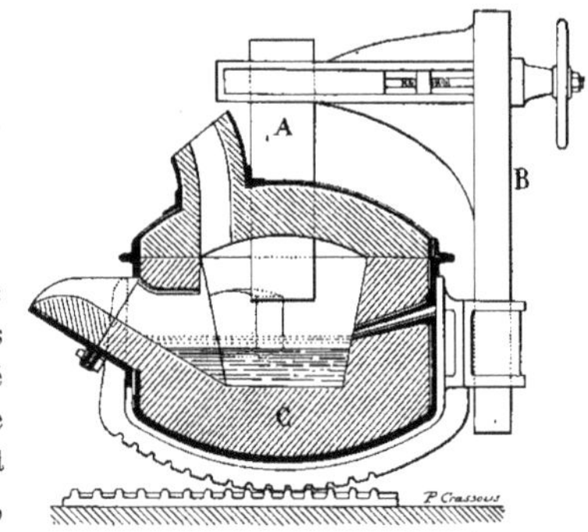

Fig. 899. — Four Froges-Héroult.

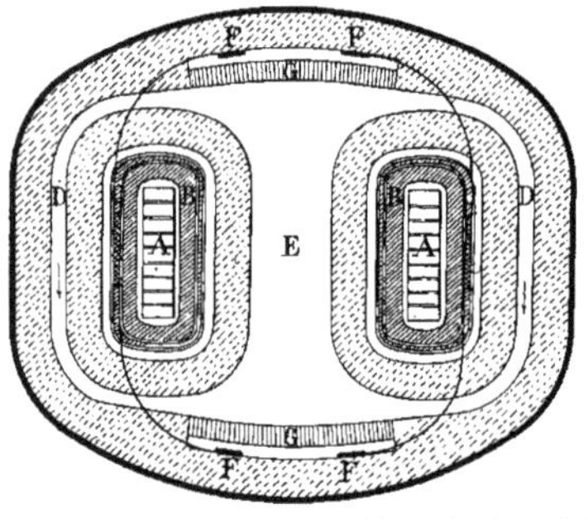

Fig. 900. — Four à induction. (Coupe horizontale.)

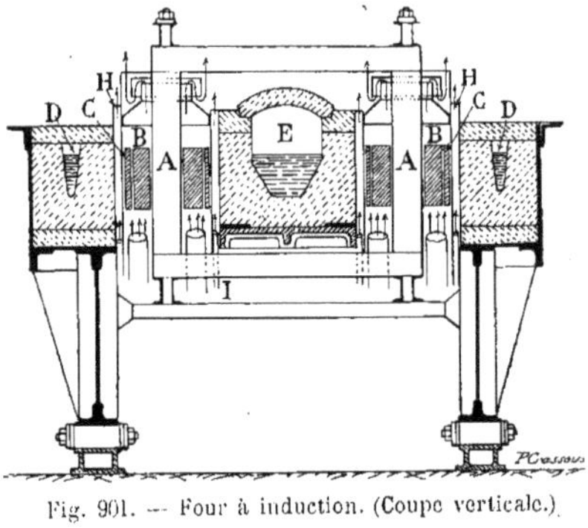

Ce four C est à bascule et est manœuvré par des appareils à commande mécanique ou électrique. On peut, de cette façon, évacuer plus facilement et d'une manière complète les *laitiers,* ce qui favorise la purification. Les électrodes A, en charbon, sont supportées par des potences B munies des dispositifs nécessaires pour procéder au réglage de ces électrodes, réglage qui peut s'effectuer soit à la main, soit automatiquement. Les potences sont fixées au four lui-même et les électrodes sont réunies aux conducteurs de courant par des colliers de lames métalliques fortement serrées. Le four est muni, sur le devant, d'une ouverture de coulée et porte deux ouvertures latérales qui permettent le chargement des matières premières et le nettoyage. Ce four, actionné par une machine de 400 chevaux, reçoit une charge de 2.500 kilogrammes de riblons ou vieille ferraille.

Four à induction (Fig. 900 et 901.) Les *fours à induction,* employés dans fabrication de l'acier, sont constitués par de véritables transformateurs à courant alternatif, dont le circuit secondaire se compose d'une seule spire mise en court-circuit par la matière à traiter, laquelle est fondue par le courant produit dans ce circuit.

Fig. 901. — Four à induction. (Coupe verticale.)

Le four à induction, conçu par de Ferranti en 1887, établi par Kjellin en Suède, a été transformé par Rochling et Rodenhauter et construit par les Ateliers Siemens et Halske. Cet appareil (Fig. 900 et 901) peut être disposé pour recevoir une charge de 500 kilogrammes et pour fonctionner avec un courant monophasé de 5.000 volts à 15 périodes. Il comporte un transformateur à deux branches A, portant chacune un enroulement primaire inducteur B et un enroulement secondaire induit C. Les enroulements primaires sont reliés à l'alternateur. Le courant qui les traverse provoque, par induction, dans les enroulements secondaires, un courant qui se transmet à la matière à traiter contenue dans des canaux de chauffe D qui entourent les noyaux des transformateurs. Le foyer le plus actif est placé entre les deux noyaux, en E.

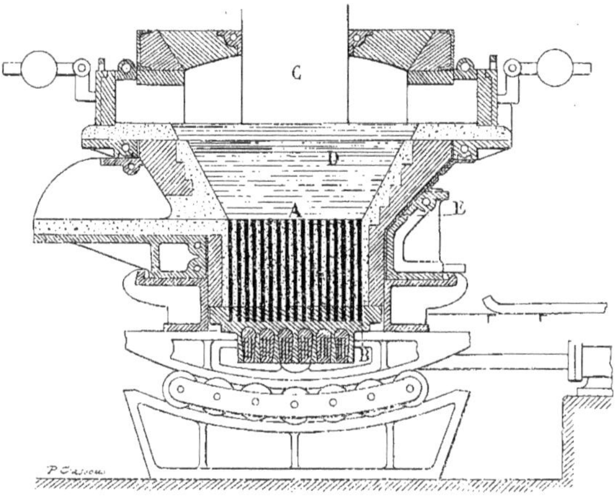

Le courant secondaire s'établit à travers la matière par l'intermédiaire de plaques métalliques F et d'une pièce également métallique G. Cette pièce, constituée pour ne devenir conductrice qu'à une température élevée, s'use peu pendant le fonctionnement normal du four et ne peut ainsi influencer la composition du bain. Les enroulements des conducteurs sont protégés contre la chaleur par des cylindres H (Fig. 901) en cuivre, à faibles parois, refroidis par un courant d'air envoyé par des tuyères I.

Le four porte, généralement, un couvercle en forme de voûte qui facilite l'accès pour effectuer les réparations. Il est muni, derrière et sur les côtés, de portes de chargement et de travail. Le fer liquide est versé dans le four par la porte de derrière et les charges solides et la chaux sont introduites par l'autre porte. Le four est disposé pour pouvoir être basculé quand on veut effectuer la coulée. Cette opération s'opère mécaniquement.

Fig. 902. — Four électrique Keller à sole à conductibilité mixte.

Fours Keller (Fig. 896 et 902-904.) Les fours électriques employés pour la fabrication de l'acier doivent être constitués de façon que, lorsque la *sole* forme une des électrodes, elle n'ait, par sa composition, aucune influence sur le produit traité. Les soles en charbon, qui ont la propriété d'être bien conductrices, ne conviennent pas à la fabrication de l'acier, car, sous l'action de la température, elles pourraient carburer le métal dans des proportions inconnues. On a donc été conduit à munir les fours de soles non carburantes qui peuvent être établies de diverses façons tout en restant conductrices.

M. Keller, ancien élève des Écoles d'Arts et Métiers, a réalisé sur ce principe un four à sole conductrice mixte dont voici la description d'après une étude qu'il a publiée dans le *Bulletin de la Société des anciens élèves des Arts et Métiers.*

La sole A du four est composée d'un *pisé armé*, comportant des barres de fer d'environ 30 millimètres, disposées verticalement d'une façon régulière et réunies à une même plaque métallique horizontale B qui est, elle-même, reliée à un des conducteurs de courant. Les barres verticales laissent entre elles un espace vide que l'on remplit avec un conducteur basique aggloméré, tel que la magnésie, et que l'on comprime fortement. L'ensemble de la sole forme un bloc compact de composition mixte : *fer* et *pisé réfractaire*, qui est conducteur à froid par les barres métalliques et, de plus, à chaud, par le *pisé*, qui, soumis à une température élevée, acquiert une bonne conductibilité. Cette disposition permet un allumage facile du four et, quand celui-ci est en fonctionnement, la distribution de courant s'égalise dans toute la section de la sole, et le courant s'établit entre l'électrode supérieure C et la sole, sur toute sa surface, et agit régulièrement sur le métal liquide.

La chambre de travail D du four est évasée et formée d'une capacité métallique E fortement armaturée, munie intérieurement de parois réfractaires basiques. La carcasse du four est refroidie sur tout son pourtour. Une électrode mobile verticale C pénètre dans le four en traversant le couvercle en forme de voûte. L'électrode est suspendue à l'extrémité d'un des bras d'une potence double qui porte une autre électrode à l'extrémité du second bras. Cette disposition permet de remplacer très rapidement une électrode usée par une autre prête à travailler. L'électrode peut se régler soit à la main, soit automatiquement. Si le courant actionnant le four est du courant alternatif biphasé, il faudra disposer deux électrodes mobiles et la sole sera reliée au conducteur de retour commun. Si le courant est triphasé, le four comportera trois électrodes, et dans le cas d'une distribution *en étoile*, le point neutre sera relié à la sole.

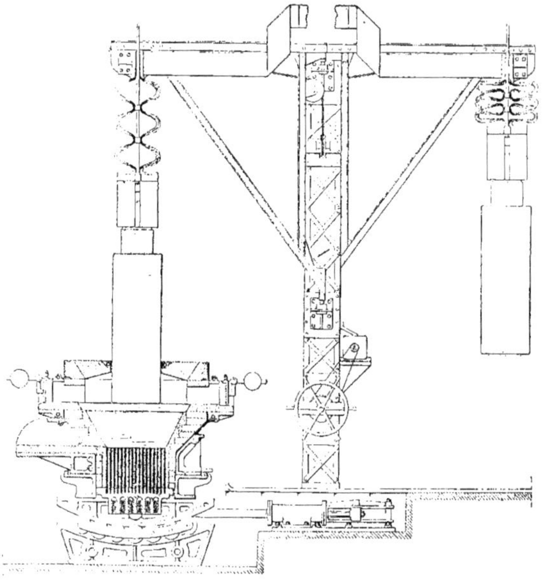

Fig. 903. — Four électrique Keller à sole à conductibilité mixte. Ensemble.

L'ensemble du four (Fig. 903) peut osciller autour d'un axe et repose, à sa partie inférieure, sur des galets, de façon à pouvoir être basculé pour effectuer la coulée. Cette opération est faite mécaniquement, par un moteur approprié.

Un autre système de four Keller (Fig. 904), établi dans le but de désoxyder et d'épurer l'acier préalablement fondu, a été installé aux usines Holtzer, à Unieux (Loire), qui possédaient déjà des fours métallurgiques ordinaires pour la fabrication de l'acier. Le four électrique d'affinage comporte quatre électrodes verticales réglables; deux électrodes *en parallèle* constituent chacun des pôles.

Le four proprement dit se compose d'une cuve basculante qui n'a aucune liaison avec les conducteurs de courant.

Les électrodes sont supportées par des potences doubles portant deux électrodes de rechange. Les potences peuvent pivoter de façon à permettre de changer rapidement les électrodes et de dégager complètement le couvercle de la cuve qui constitue le four; ce couvercle peut alors être enlevé pour effectuer des réparations ou un nettoyage.

La répartition de courant s'effectue par une distribution aboutissant à un bloc central supporté au-dessus du four; de ce bloc partent quatre circuits ayant chacun deux prises de courant pour chacune des quatre électrodes. Ces prises de courant raccordent les parties fixes de la distribution électrique avec les parties mobiles de la potence qui supportent les électrodes. Le courant est amené à l'électrode, qui doit pouvoir être mobile verticalement, par un conducteur souple formé de deux paquets de lames métalliques minces, réunies en plusieurs points sur leur longueur par une ligature. Le fonctionnement de ce four à électrodes a donné d'excellents résultats.

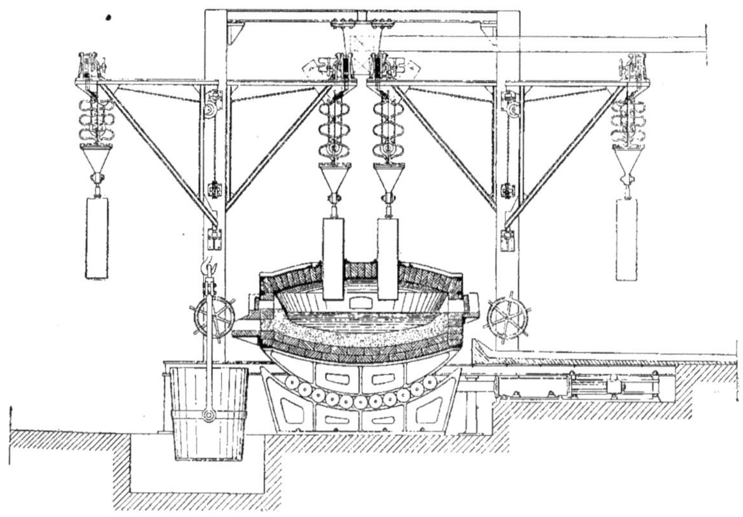

Fig. 901. — Four électrique Keller pour l'épuration de l'acier.

Conclusion. — Bornons ici notre bref coup d'œil sur cet important chapitre. Nous le résumerons en disant que le *four électrique* sous les diverses formes qu'on lui a données est un des principaux organes industriels actuels. Les fabrications auxquelles il se prête, ou dont il a été le point de départ, sont fort nombreuses.

En dehors de celles que nous avons citées, on étudie le *four électrique de verrerie* qui serait un moyen d'action certainement profitable pour l'importante industrie du verre.

Les *aciers spéciaux* au nickel, au manganèse, au silicium, au chrome, au tungstène, au molybdène, au vanadium, qui sortent de ce prestigieux four, apportent à la construction mécanique un concours des plus précieux.

CHAPITRE XV

CHAUFFAGE ÉLECTRIQUE
APPLICATIONS DIVERSES DE L'ÉLECTRICITÉ

LE CHAUFFAGE ÉLECTRIQUE. — LA DISPERSION DU BROUILLARD PAR LES ONDES HERTZIENNES. — LA « BAGUETTE DIVINATOIRE ÉLECTRIQUE » : RECHERCHE DES GISEMENTS MÉTALLIFÈRES PAR LE TÉLÉPHONE. — RECHERCHE DES EAUX SOUTERRAINES AU MOYEN DU GALVANOMÈTRE. — PERFORATRICES ET HAVEUSES ÉLECTRIQUES. — ASCENSEURS ET MONTE-CHARGES ÉLECTRIQUES AUTOMOTEURS.

CHAUFFAGE ÉLECTRIQUE

Le chauffage électrique repose sur les propriétés calorifiques du courant électrique. On sait que si on fait traverser par un courant électrique certains corps présentant une grande résistance, on peut dégager une certaine quantité de chaleur. Pour rendre cette chaleur facilement utilisable, on empâte les conducteurs électriques constituant les résistances dans des matières qui peuvent s'échauffer sans prendre feu ni se carboniser : l'amiante et les produits céramiques sont tout indiqués pour former ainsi des *radiateurs* qui interviennent, non sans succès, dans le chauffage des locaux. Il est certain qu'avec un système de ce genre bien installé, on obtient le chauffage le plus commode et le plus rationnel, sans fuites possibles dans les canalisations et avec une sécurité presque complète contre l'incendie. On peut installer aux points où ils sont utiles un ou plusieurs foyers, donner à chacun la forme appropriée à sa fonction, et les employer chacun séparément à volonté.

Il reste à envisager le prix de revient du chauffage ainsi réalisé. Ce prix de revient est généralement trop élevé, avec les moyens actuels de production du courant électrique, pour permettre de songer à généraliser ce mode de chauffage : c'est la seule objection qu'on peut lui faire. Toutefois, on peut espérer que l'abaissement du prix de production du courant provenant du perfectionnement des machines et surtout de l'utilisation des forces naturelles dont les chutes d'eau forment le type le plus important, permettra de plus en plus au chauffage électrique de se répandre et de se vulgariser.

Aux États-Unis, les applications sont déjà nombreuses et sont exploitées par de grandes organisations.

Ainsi, une importante Compagnie vulgarise l'emploi des fers à repasser électriques. Pour propager le système dans les blanchisseries, cette Compagnie a pris à sa charge tous les frais d'achat des fers à repasser et d'installation et elle a autorisé ses clients à en faire usage pendant deux mois et demi au prix de quinze centimes le kilowatt-heure. La régularité de la température permettait de faire un travail très soigné, sans échauffement des locaux, et sans que les ouvrières soient exposées à l'intoxication par l'oxyde de carbone. D'autre part, le chauffage des fers au gaz revenait, dans ces conditions, plus cher que le chauffage électrique. On a donc adopté ce dernier système et on s'y est tenu. Le même procédé de vulgarisation employé chez les particuliers a fait accepter environ quatre-vingts pour cent des fers mis à l'essai.

A New-York, plusieurs restaurants ne font leurs grillades que par l'électricité.

On cite une importante usine qui prépare chaque jour, sur des fourneaux électriques, les repas de ses deux mille ouvriers et employés.

En Europe, pour le moment, les applications du chauffage électrique sont moins nombreuses qu'aux États-Unis. Cependant les appareils de cuisine électriques commencent à se vulgariser, principalement dans les pays montagneux où l'énergie électrique peut être obtenue à bon compte.

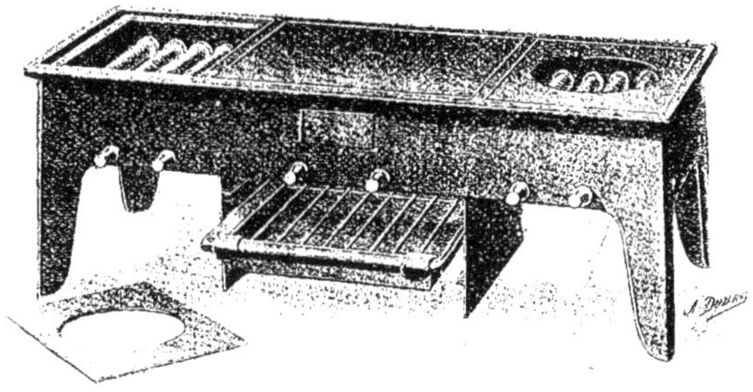

Fig. 905. — Radiateur électrique.

L'industrie de la reliure peut aussi utiliser avantageusement le chauffage électrique : elle y trouve la régularité et la propreté. La chaleur obtenue par des radiateurs, et dont l'intensité peut être réglée par des rhéostats, fournit aux presses la température voulue.

En hiver, une application très spéciale du chauffage électrique permet de dégeler sur place les conduites d'eau.

M. Le Roy, dont nous décrivons plus loin les appareils de chauffage électrique, les a utilisés pour le séchage des laines, cotons, etc., dans les Alpes.

La *soudure électrique*, qui est une forme particulière du chauffage, tend également à se répandre dans les établissements industriels : l'économie de temps qu'elle procure est considérable et la constance de la température du fer à souder rend l'opération très facile.

Appareils de chauffage électrique divers

Les premiers appareils de chauffage électrique étaient constitués avec des fils de platine entourés d'amiante pour isoler ces fils et écarter tout danger d'incendie. L'enveloppe d'amiante offre quelques inconvénients : elle peut se déformer en découvrant les conducteurs et elle peut absorber l'eau, ce qui contribue à diminuer ses qualités isolantes. On a, pour ces raisons, été conduit à noyer les conducteurs

Fig. 906. — Appareil de cuisine électrique.

dans un émail isolant. Les appareils de chauffage anglais, système Crompton, ont été ainsi constitués. Le conducteur noyé dans l'émail est en maillechort, métal dont le prix de revient est inférieur à celui du platine et dont la conductibilité est moindre, ce qui convient bien pour les appareils de chauffage. Les pièces en émail sont appliquées sur une plaque de fonte dont la surface est cannelée pour augmenter le rayonnement.

En France, la Société du Familistère de Guise fabrique ce système d'appareils.

M. P. Le Roy, ancien élève de l'École centrale, a résolu aussi d'une façon pratique le chauffage électrique. Ses appareils sont caractérisés par l'indépendance absolue des foyers du corps de ces appareils. Les foyers sont constitués par des éléments en céramique supportant les fils et qui peuvent être remplacés individuellement d'une façon fort simple.

Fig. 907. — Éléments chauffants.

Le passage du courant électrique dans les conducteurs porte l'élément en céramique au rouge sombre et le dégagement calorifique peut atteindre ainsi 4 calories par centimètre carré.

Il a été facile, de cette façon, de construire des appareils de chauffage et de cuisine de modèles semblables aux appareils à gaz ou à charbon, ainsi qu'on peut s'en rendre compte par les figures 905 et 906.

Les éléments chauffants (Fig. 907) montés sur un culot approprié, type Edison, ou à baïonnette, peuvent se brancher sur les douilles correspondantes placées sur l'appareil de chauffage. Ils sont formés d'une ossature creuse en céramique portant le fil. Cette ossature forme cheminée d'appel et facilite le renouvellement de l'air ambiant.

Fig. 908. — Équipement complet d'une cuisine électrique.

M. Le Roy a appliqué aussi le chauffage électrique aux chauffe-bains. L'appareil est formé de câbles conducteurs du courant montés sous un faux plancher en bois reposant à demeure sur le fond de la baignoire. Les foyers étant ainsi placés au milieu du liquide à échauffer, la chaleur se trouve bien utilisée. Les câbles conducteurs sortent de la baignoire par un tampon étanche et aboutissent à un petit tableau de distribution. En manœuvrant un commutateur électrique, on déverse dans la baignoire les hectowatts sous forme de calories et l'on peut obtenir un bain chaud en 20 minutes en dépensant 18 kilowatts-heures. Dans les régions où l'on pourra se procurer le courant électrique à un prix modéré, cette aimable application de l'électricité à l'hygiène rencontrera de nombreux partisans.

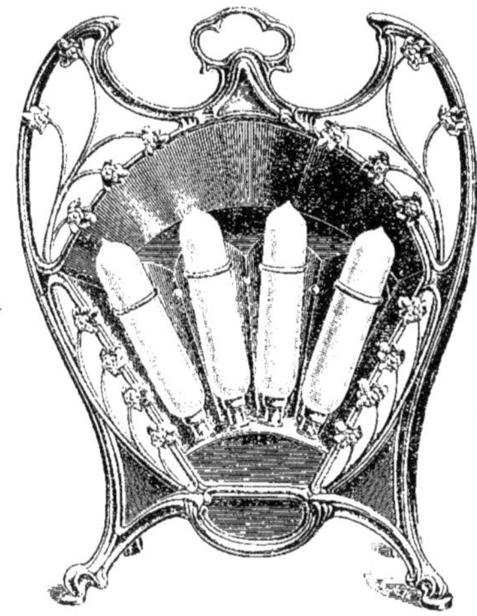

Fig. 909. — Radiateur électrique à lampes chauffantes.

Il en sera de même pour les applications du chauffage électrique à la cuisine. Des ustensiles de toutes sortes ont été fabriqués dans ce but et la figure 908 représente une cuisine électrique complète permettant la cuisson d'un repas pour 8 personnes. Dans cette installation, fabriquée par la General Electric C[y] L[d], de France, les différents ustensiles sont *connectés* en insérant des bouchons, en bout de fils souples, dans des douilles placées sur le côté du four; le bouchon, placé à l'autre bout, s'adapte à l'ustensile.

Les appareils de chauffage électrique Richard Heller ont également été établis pour servir à toutes sortes d'usages et on y trouve, parmi les ustensiles ordinaires de cuisine, des allume-cigares à chauffage électrique, des appareils à cuire les œufs, des réchauds de table, des stérilisateurs, des fers à repasser, des calorifères, des radiateurs à lampes chauffantes (Fig. 909) et même des bouilloires électriques dont un modèle est représenté par la figure 911. Parmi ces appareils, ceux qui ne doivent pas marcher à de très hautes températures comportent des résistances formées de solutions de métaux précieux réparties en larges bandes sur des plaques de mica ou autres matières isolantes.

Il convient, enfin, de signaler, du même constructeur, le curieux appareil à douches électriques à air chaud (Fig. 910). L'air chaud, on le sait, est employé dans le traitement de nombreuses maladies : affections de la peau, rhumatisme, névralgies, etc...

L'appareil à douches se compose d'une résistance formée d'un fil métallique enroulé sur un corps isolant et contenu dans un cylindre de métal. Un ventilateur, actionné par un petit moteur électrique, chasse l'air dans le cylindre contenant la résistance chauffante, d'où il sort à la température et à la pression convenables pour être projeté sur le malade. Un interrupteur, placé sur l'appareil, commande le fonctionnement de la résistance. Un autre appareil à douche dite *écossaise* comporte deux cylindres dont un seul contient les éléments chauffants. En faisant pivoter le système, on présente devant le malade, à volonté, un cylindre ou l'autre, et on projette ainsi sur lui soit de l'air chaud soit de l'air froid.

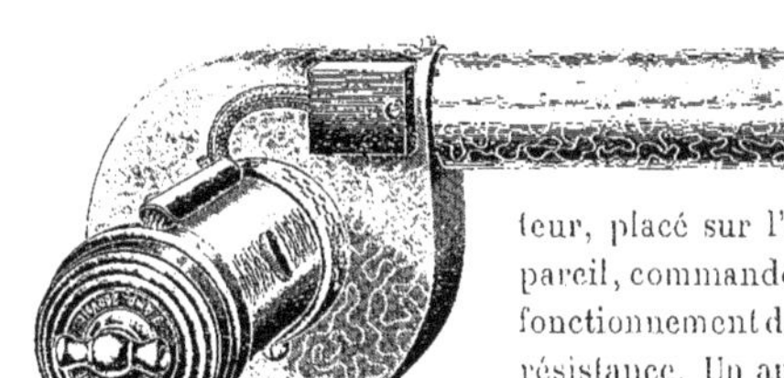

Fig. 910. — Appareil électrique à douches à air chaud.

En résumé, le chauffage électrique sous

ces diverses formes peut être considéré actuellement comme parfaitement entré dans la pratique. Ce fait est intéressant à constater pour deux raisons. La première, c'est que l'hygiène, entre autres, trouve là

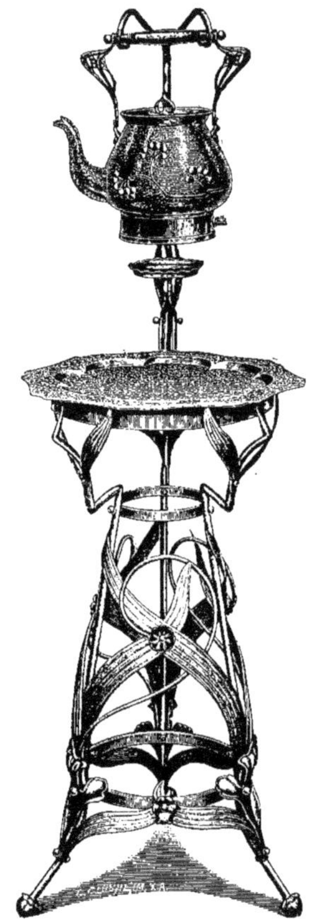

Fig. 911. — Bouilloire électrique.

un auxiliaire précieux. La seconde, c'est que, au début des applications électriques, on disait volontiers que l'électricité ne pourrait concurrencer complètement le gaz, à cause de son impossibilité d'assurer le chauffage en même temps que l'éclairage. Cette objection, nous l'avons vu, ne peut plus être faite.

APPLICATIONS DIVERSES ET NOUVELLES DE L'ÉLECTRICITÉ

La dispersion du brouillard par les ondes hertziennes

Les recherches et expériences faites, non sans un certain succès, en vue de la dispersion du brouillard, ont pour but de pouvoir dégager l'espace, sur mer ou dans les grandes agglomérations, lorsque ce brouillard rend la circulation difficile ou dangereuse. Depuis quelques années, les chercheurs dans ce genre d'études ont eu à leur disposition un vaste terrain météorologique d'observation. Ils ont été encouragés dans leurs recherches par les progrès de l'électricité ainsi que par les remarques faites sur la propagation des ondes électriques dans l'atmosphère. Pourquoi, en effet, ces ondes, qui portent à d'énormes distances les signaux de la télégraphie sans fil, ne pourraient-elles pas déchirer un voile de brume ? Les effluves d'un coup de foudre ne disloquent-elles pas les nuages orageux ?

Partant de là, le savant anglais Sir Oliver Lodge résolut, tout d'abord, de tenter une épreuve pratique de dispersion du brouillard par l'électricité.

Il employa la disposition suivante :

Un fil isolé fut posé entre le Laboratoire de l'Université de Birmingham et un mât de pavillon surmontant le toit. Le fil se terminait par une sorte de grand peigne, à pointes métalliques fines séparées les unes des autres autant que possible. L'extrémité inférieure du fil communiquait avec le pôle positif d'une machine électrique à haute tension : le pôle opposé fut « mis à la terre » de cette sorte de station de télégraphie sans fil qui devait intimer au brouillard l'ordre de disparaître.

On attendit un brouillard épais, et on ne l'attendit pas longtemps, comme on peut le penser, puisque l'on opérait en Angleterre : il enveloppa le monument et en rendit la vue impossible à moins d'un mètre de distance.

Alors on mit la machine électrique en mouvement et le résultat fut satisfaisant, car autour des pointes, tant que durèrent les décharges électriques, et un peu après, un carré de 100 mètres de côté fut éclairci et débarrassé de toute brume.

Sir Oliver Lodge, pour mettre ce système en pratique, a proposé d'ériger des stations de ce genre le long des deux rives de la Mersey, fleuve sur lequel se produisent de nombreuses collisions de navires par suite de l'opacité des brumes. On en établira peut-être aussi aux États-Unis latéralement aux rivières du Nord et de l'Est de New-York ainsi que sur les bords de la rivière de Chicago. En France, il est question, lorsque les résultats de dispersion obtenus seront nettement favorables, d'en établir à l'embouchure de la Seine et pour la traversée de Paris où les brouillards entravent souvent la navigation.

On a proposé aussi d'établir des appareils analogues sur les navires. M. Dibos, Ingénieur maritime, pense que des appareils de diffusion électrique aérienne pourraient aisément être installés à bord des navires possédant de la force motrice mécanique, puisqu'il ne s'agit, en somme, que de mettre en mouvement des machines électriques au moment voulu. Sur les navires à voiles de quelque importance il serait facile d'installer, dans le même but, de petits groupes électrogènes, c'est-à-dire composés d'une machine électrique et d'un petit moteur à pétrole ou à essence de pétrole ; en dehors des cas de brouillard, on trouverait toujours à leur donner de la besogne pour les manœuvres du bord.

M. Dibos a repris, pour étudier la question, les expériences de Sir Oliver Lodge, ou plutôt il en a fait d'analogues, à Wimereux, près de Boulogne-sur-Mer. Le résultat en a été communiqué à l'*Association technique maritime*.

Les décharges électriques à haute tension étaient produites dans un râteau à pointes fines porté par un bambou haubanné sur la toiture d'une maison, à 25 mètres au-dessus du sol et 50 mètres au-dessus du niveau de la mer.

Les brouillards sur lesquels l'observateur expérimenta avaient une opacité telle, que deux personnes éloignées de 1m,30 ne pouvaient s'apercevoir.

L'auteur déclare avoir obtenu, de jour, des éclaircies de zones ayant cent vingt-cinq mètres de côté. Cela concorde donc avec les expériences de Lodge.

Il a constaté, de plus, que le brouillard provenant de la ville de Boulogne-sur-Mer, et partiellement chargé de fumées et de poussières, était plus aisé à dissiper que le brouillard aussi opaque, mais plus pur, provenant de la mer.

En somme, la question est entrée dans la période pratique et l'on peut en attendre quelques progrès qui ne seront pas négligeables. Il y a un cas notamment dans lequel il semble que des dispositifs du genre de celui dont nous venons de parler pourraient être utilisés, ce serait pour la dispersion de certains brouillards opaques aux approches des grandes gares de chemins de fer et dans ces grandes gares mêmes. On sait combien de terribles accidents, cruels et coûteux, ont été dus à cette cause météorologique. Peut-être pourraient-ils être évités dans une assez large mesure si l'on installait, dans les gares, des disperseurs électriques de brouillard : cela serait d'autant plus aisé que la plupart des grandes gares possèdent, à l'heure actuelle, le courant électrique nécessaire pour leur éclairage et souvent pour leurs manutentions. On disposerait donc une sorte « d'artillerie-parabrouillard », analogue dans ses effets à « l'artillerie-paragrêle » au moyen de laquelle on fait à volonté tomber la grêle des nuages orageux ; l'artillerie-paragrêle bombarde les corps nuageux, « l'artillerie parabrume » passerait le brouillard au peigne.

En ce qui concerne les gares de chemins de fer et leurs abords, il conviendrait, bien entendu, de s'assurer, par des expériences préalables, que les disperseurs électriques de brouillard seraient sans effet sur les signaux électriques et sur les conducteurs de télégraphie et de téléphonie. Il est probable qu'il en est ainsi, car le mode d'action aérien des ondes est tout différent de celui des courants.

Fig. 912. — Prospection des gisements métallifères au moyen du téléphone et du pont de Wheatstone.

La baguette divinatoire électrique. Recherche des gisements métallifères par le téléphone

Le téléphone peut-il jouer le rôle d'une sorte de *baguette divinatoire,* en matière de « prospection » de mines, c'est-à-dire de recherche des filons métallifères dans le sol?

Cette audacieuse conception est américaine. Elle n'est point absurde. Est-elle réalisable? *That is the question.*

Elle n'est point absurde, puisque la différence de conductibilité des couches terrestres suivant leur teneur en minéraux est évidente. On fonde sur ce principe des projets très sérieux de télégraphie par le sol à grande distance qui se placent, comme intérêt scientifique, à côté de la télégraphie sans fil. Est-elle réalisable? Les Revues techniques américaines indiquent un dispositif qui paraît sérieux et qu'il convient, fût-il finalement inefficace, de signaler à ce titre. Ce dispositif, que montrent nos croquis (Fig. 912 et 913), est le suivant :

Pour s'assurer de la présence d'une couche métallifère dans le sol entre deux points à « prospecter », on enfonce, en chacun d'eux, une tige de cuivre, et l'on réunit ces deux électrodes aux deux bornes de l'appareil classique de mesure des résistances que les électriciens nomment un « pont de Wheatstone ».

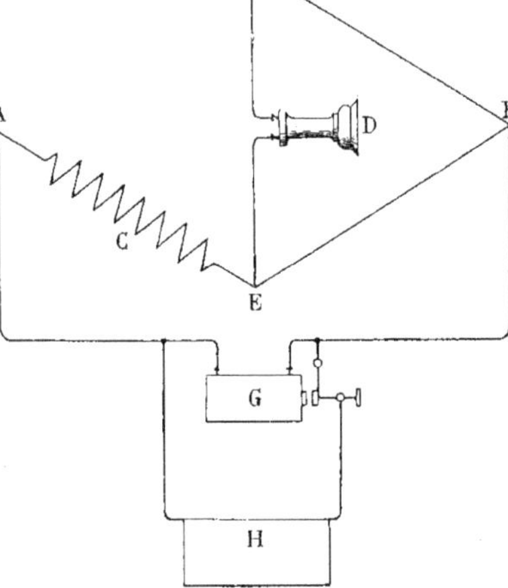

Fig. 913. — Schéma de l'appareil de recherche des gisements métallifères par le téléphone.

Le pont de Wheatstone, ou *differential arrangement,* appliqué à la détermination des conductibilités, se compose (Fig. 912) d'un parallélogramme formé de bandes métalliques, et d'un galvanomètre placé au milieu de l'une des diagonales; les deux sommets où n'aboutit pas la diagonale sont reliés aux deux pôles d'une pile électrique. Une lacune est disposée, en des points symétriques, sur les quatre côtés, pour y recevoir, au moyen de bornes, l'intercalation des résistances, dont une peut varier depuis zéro jusqu'à une certaine valeur pratique. Par tâtonnements, on peut donc arriver à déterminer la conductibilité d'un circuit sur lequel on interpose ce « pont électrique ».

Pour la « prospection », ou recherche minière, les points A et B de notre schéma (Fig. 913) figurent les électrodes de cuivre enfoncées dans le sol ; C est une résistance étalonnée que l'on peut faire varier, D un récepteur de téléphone ; en G et H sont une batterie de piles et une bobine d'induction.

Le courant alternatif, fourni par cette bobine, arrive en A et s'y partage entre les deux chemins AB et AE proportionnellement à leurs conductibilités. Or, les chemins B F et E F ayant la même conductibilité, les quantités d'électricité qui les parcourent ont la même valeur. Donc, s'il est passé plus d'électricité par A B que par A E, l'équilibre se rétablira au pont B E. Tant que la résistance variable C ne sera pas égale à celle du sol, le téléphone fonctionnera. Mais, si l'on parvient à le rendre muet, il suffira (c'est l'inventeur du système qui le dit) de lire la résistance C pour connaître celle du sol, et par conséquent, pour dire s'il y a là du minerai enfoui.

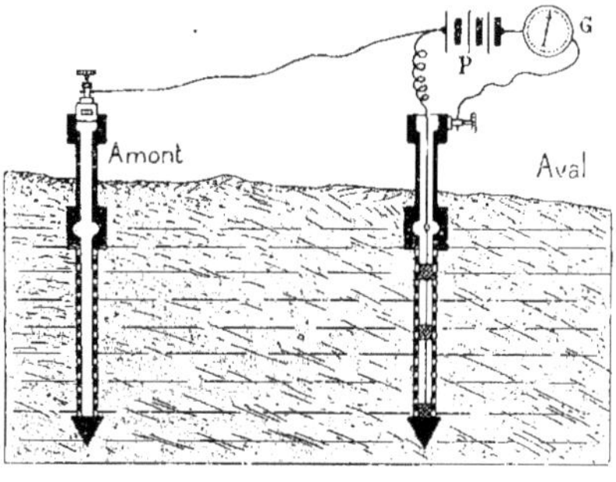

Fig. 914. — Emploi du galvanomètre pour la détermination de la vitesse des eaux souterraines.

Recherche des eaux souterraines au moyen du galvanomètre

Voici une autre application de l'électricité qui nous vient aussi des États-Unis et qui fait concurrence, pour tout de bon, à la « baguette divinatoire », car il s'agit, dans ce cas, de la recherche des eaux souterraines.

Le professeur Seichter, de Madison (U. S.), propose d'employer, dans ce but, le *galvanomètre*.

Il s'agit, par une mesure électrique, de déterminer, en partant de la surface, la vitesse du courant des eaux. Cela est très important, soit pour les projets de travaux publics, tranchées, fondations et tunnels, soit lorsqu'il s'agit de la captation de sources pour l'alimentation d'eau.

On creuse (Fig. 914) deux rangées de puits, ayant trois centimètres de diamètre et un mètre cinquante de profondeur, perpendiculairement au sens du courant de la nappe d'eau que l'on veut étudier.

La rangée des puits en amont est chargée d'un *électrolyte soluble :* le meilleur paraît être le chlorure d'ammonium, lequel est sans action sur les sels chimiques que l'eau souterraine contient ordinairement.

L'électrolyte dissous passe à la rangée des puits d'aval.

Un galvanomètre est intercalé dans chaque rangée de puits. Au départ de l'électrolyte en amont, son aiguille est déviée, et la déviation se reproduit brusque et énergique lors de son arrivée aux puits d'aval. Connaissant la distance des deux rangées de puits, on peut donc déduire la vitesse du courant d'eau de l'intensité des déviations observées.

On peut employer, ainsi que le montre notre croquis, deux tubes de puits comme électrodes : ce tubage est en cuivre. L'un des pôles de la batterie de piles P est relié au tube du puits d'aval en passant par le galvanomètre G ; l'autre pôle est relié à un conducteur passant dans l'axe du puits d'aval, et au tube même du puits d'amont.

On pratique encore, pour la même recherche de vitesse des eaux souterraines, le système purement chimique de M. Marboutin, ancien élève de l'École centrale. Il consiste à teinter l'eau d'un puits d'amont avec de la fluorescéine, puis à caractériser l'apparition de ce colorant dans un puits d'aval : du temps écoulé on déduit la vitesse. L'un ou l'autre de ces systèmes, électrique ou chimique, peut servir à contrôler l'autre.

Perforatrices et haveuses électriques

Les usages de l'électricité tendent à se généraliser dans l'exploitation des mines, principalement des mines métalliques, où elle devient un agent incomparable. Ces mines se présentent généralement, en effet, dans des conditions difficiles au point de vue de l'exploitation; elles se trouvent, presque toujours, dans des régions peu accessibles où le combustible est rare et cher, mais où, par compensation, on a les chutes d'eau, les torrents, dont la puissance ne demande qu'à être asservie avec nos petites turbines perfectionnées et les petites dynamos légères et énergiques que nos électriciens ont combinées.

Les *perforatrices électriques,* notamment, ont permis d'entreprendre ou de reprendre avec succès des exploitations auxquelles il eût fallu renoncer avec les procédés d'attaque anciens. Le premier mineur venu, pourvu qu'il ait un peu d'adresse, arrive à manier les perforatrices rotatives à taillant d'acier ou de diamant, aux morsures desquelles rien ne résiste. Lorsque l'on compare le travail ainsi effectué avec celui que l'on faisait avec la barre à mine ou avec la perforatrice à bras qui fut un progrès pour son temps, on est émerveillé.

La *perforatrice rotative électrique* peut tourner à raison de 1.500 tours par minute; mais on réduit cette vitesse à 300 tours seulement pour la tige portant l'outil. Un dispositif à écrou fort ingénieux règle la vitesse d'avancement proportionnellement à la dureté de la roche.

L'appareil est monté sur un affût qui permet à l'outil de percer des trous dans toutes les directions; cet affût ne pèse qu'une trentaine de kilogrammes; quant à l'ensemble du moteur et de l'outil, il atteint un poids d'environ 45 kilogrammes. Tout cela est éminemment mobile et transportable.

On a fait récemment des expériences, à ce sujet, sur une couche de schiste blanc très dur. La perforatrice à bras et la barre à mine, bien que maniées par de vigoureux gaillards, ne donnaient aucun résultat. On essaya le ciseau et le maillet, véritable et ingrat travail de sculpture! Deux hommes habitués à cette besogne parvinrent à forer un trou d'un mètre en deux heures et demie de travail. On mit alors en batterie la perforatrice rotative électrique : en trois minutes et vingt secondes elle avait fait un trou de 1 m. 50! Ces deux chiffres établissent d'une façon évidente la supériorité de l'électricité. Il est bon d'ajouter que l'outil en acier de la perforatrice, bien que trempé assez durement pour que la lime ne pût y mordre, avait perdu 6 millimètres de longueur pendant cette petite opération : on eût dit qu'il avait été usé à la meule...

Pour l'abattage du simple charbon, aussi dur qu'on peut le souhaiter, la perforatrice électrique y perce des trous avec une vitesse de 2 mètres par minute : elle y entre comme dans du beurre.

On a combiné aussi des types de perforatrices électriques qui agissent en pulvérisant la roche par un mouvement de percussion alternatif : c'est la *barre à mine* devenue électrique.

Lorsque l'on a affaire à des couches friables, dont la houille est le type principal, on se contente de procéder par la *méthode du havage,* c'est-à-dire de pratiquer à la partie inférieure de la couche une large entaille : la houille, n'étant plus soutenue, se fissure et s'écroule. On débite ensuite les gros morceaux en morceaux plus petits.

Dès l'origine, le *havage* a été effectué à la main : c'est, dans ces conditions, un travail lent et dangereux, car, bien que l'on soutienne au moyen de petits étais la partie mise « en porte-à-faux », elle est sujette à s'effondrer prématurément sur les mineurs, les contusionne ou les blesse parfois.

Ensuite, sont venues des haveuses mécaniques. Elles étaient déjà bien préférables à l'emploi de la pioche et du pic; mais leur rendement n'était pas assez considérable pour triompher du mauvais vouloir des mineurs à l'égard des machines; de plus, la transmission de la puissance mécanique par les appareils à vapeur, dans le dédale des galeries, était nécessairement malaisée.

C'est à l'électricité encore, en cette matière, qu'appartient le dernier mot.

L'origine des haveuses électriques est américaine. Leur principe est le suivant (Fig. 915). Des griffes tournant sur un axe dévorent la partie inférieure du mur de charbon; deux hommes suffisent à la besogne; un d'eux fait fonctionner le moteur électrique, l'autre fait tomber, à coups de pioche, les morceaux trop durs ou récalcitrants.

L'entaille se fait sur une largeur variant de 1 mètre à $2^{m},20$ de largeur, suivant les besoins, et se pousse jusqu'à 2 mètres de profondeur.

Le cylindre dévoreur, garni de couteaux en acier, est mobile à l'extrémité d'un châssis glissant auquel la machine électrique communique le mouvement d'avancement en même temps qu'elle fait tourner les couteaux.

En six minutes au plus, avec de la houille de cohésion moyenne, l'entaille est faite; on retire la machine en arrière et l'on fait écrouler le bloc; les petits wagonnets, à traction électrique eux aussi, en enlèvent tout aussitôt les débris, et cela avec une grande économie de menus et de poussières sur les anciens systèmes.

Fig. 915. — Haveuse électrique pour l'exploitation des mines de houille.

Avec des machines de ce genre, deux ou trois mineurs suffisent à faire toute la besogne d'une vingtaine de mineurs travaillant à la main. Les mineurs, en nombre restreint, sont naturellement beaucoup mieux payés : ils font une besogne moins pénible, et les chances d'accidents sont réduites dans une large proportion; on ne saurait affirmer que ces constatations pratiques et humanitaires séduiront les adversaires irréductibles du machinisme dont l'électricité même ne parvient pas à éclairer la routine : mais c'est un véritable devoir que de les signaler et de suivre l'évolution d'un progrès qui s'impose.

Ascenseurs et monte-charges électriques automoteurs

Les ascenseurs et les monte-charges électriques n'ont pas eu, au début, tout le succès que l'on pensait, en raison de la complication que causait le câble de suspension supportant leur cage et allant s'enrouler sur le moteur électrique, soit à la partie supérieure, soit au bas de la partie desservie de l'établissement. On a, en effet, dans ces conditions, à redouter, comme dans tout autre système, les ruptures de câble qui sont, pour les constructeurs et pour ceux qui se servent des appareils, un sujet d'inquiétude perpétuel.

La combinaison simple que l'on peut adopter est celle de l'ascenseur, ou monte-charge électrique, sans câble ni chaîne, automoteur, en un mot. L'électricité s'y prête tout particulièrement, puisque la cage ou la plate-forme de l'ascenseur peut emporter avec elle son moteur électrique, et puisque, d'autre part, le courant électrique peut être admirablement dirigé n'importe où au moyen des conducteurs électriques souples et bien isolés que l'industrie fabrique à souhait. Dans ces conditions, l'ascenseur se conforme à la célèbre maxime du philosophe Bias : *Omnia mecum porto*. Il n'a plus rien à emprunter au voisinage et jouit activement de la liberté de ses mouvements. C'est bien la formule pratique.

Fig. 916. — Monte-charge électrique automoteur.

Nous en trouvons un exemple dans le monte-charge automobile (Fig. 916), construit en Suisse, que montre notre dessin. Ni chaîne ni câble. Sous la plate-forme, qui peut emporter une charge de 1.000 kilogrammes, se trouve le mécanisme moteur engrenant avec deux crémaillères qui servent en même temps de guides. C'est, en somme, un petit chemin de fer à crémaillère vertical. Les galets, roulant le long des montants des crémaillères assurent l'horizontalité de la plate-forme, quelle que soit sur elle la disposition de la charge et l'emplacement du centre de gravité de l'ensemble. Aux stations extrêmes, en haut et en bas, l'arrêt est automatique ; grâce à un commutateur qui interrompt docilement le passage du courant, on obtient les arrêts intermédiaires, à volonté, en faisant fonctionner le commutateur au moyen d'une corde que l'on tire.

La vitesse d'ascension réalisable avec une disposition de ce genre va, aisément, jusqu'à 30 mètres par minute. On y trouve l'avantage d'occuper peu de place et de pouvoir atteindre à de grandes hauteurs, en quelque sorte illimitées, en superposant les crémaillères aux crémaillères. On pourrait augmenter le rendement du système en l'équilibrant par des contrepoids.

LE LABORATOIRE CENTRAL ET L'ÉCOLE SUPÉRIEURE D'ÉLECTRICITÉ DE LA SOCIÉTÉ INTERNATIONALE DES ÉLECTRICIENS A PARIS CONCLUSION

LE LABORATOIRE CENTRAL ET L'ÉCOLE SUPÉRIEURE D'ÉLECTRICITÉ DE LA SOCIÉTÉ INTERNATIONALE DES ÉLECTRICIENS A PARIS.

On ne saurait omettre parmi les organisations scientifiques, parmi les *rouages scientifiques et techniques* — s'il est permis de s'exprimer ainsi — qui ont contribué au progrès si rapide et si merveilleux de l'électricité, le *Laboratoire central* et l'*École supérieure d'Électricité* de la *Société internationale des Électriciens*.

Le *Laboratoire central* a été une heureuse conséquence de l'*Exposition d'électricité* de 1881 dont le rôle fut décisif pour la création de l'industrie électrique sous toutes ses formes. Cette Exposition laissa un reliquat bénéficiaire de 331.000 francs, attribuable par l'État à une œuvre d'*intérêt général*. Cette œuvre, ce fut le *Laboratoire,* lequel trouva, dès sa création, l'appui, qui ne devait jamais lui faire défaut, de la *Société internationale des Électriciens,* fondée elle-même en 1883, grâce à M. Georges Berger.

En 1894, sur l'initiative de M. Mascart, Membre de l'Institut, une *École d'application d'Électricité* venait s'adjoindre au Laboratoire et rendre, par la suite, de grands services sous le titre d'*École supérieure d'Électricité*.

Le *Laboratoire central* a une tâche technique et scientifique fort complexe. Il réunit et conserve une série d'*étalons* de toutes les *grandeurs électriques;* il *étalonne* les *appareils de mesure;* il détermine les *constantes* d'appareils électriques industriels, piles, accumulateurs, dynamos, lampes, etc. Il étudie les appareils nouveaux ou les méthodes nouvelles ayant trait à l'Électricité. Il procède aussi à l'importante opération de la vérification des *compteurs d'électricité*.

Les noms de MM. Mascart, de Nerville, Paul Janet, Laporte, H. Chaumat, Durand, David, Jouanet, Marec, pour ne nommer que quelques-uns des remarquables travailleurs du *Laboratoire central,* sont attachés à une foule de recherches pratiques qui ont assuré dans une large mesure la création de *la technique* spéciale à cette Industrie nouvelle si considérable.

Le Laboratoire est pourvu d'une véritable petite *station centrale d'électricité,* destinée à fournir les formes très variées d'*énergie électrique* qui lui sont nécessaires pour ses essais. Cette station, d'une puissance totale de 300 kilowatts, peut fournir aussi bien des courants continus depuis 0,5 ampère sous 10.000 volts que de 4.000 ampères sous quelques volts, et aussi des courants diphasés, triphasés, etc...

La question de l'étude des *isolateurs,* pour

les courants à *haute tension,* a été l'un des plus utiles travaux du Laboratoire. Il y a quelques années seulement, les distributions à 20.000 volts étaient regardées comme excessivement rares. Actuellement le Midi de la France est traversé, sillonné, par une distribution à 50.000 volts, et l'on parle, dans des conditions de possibilité évidente, d'une distribution d'énergie à 100.000 volts entre les chutes du Rhône et Paris.

On conçoit aisément que les lignes qui transportent de l'énergie à de pareilles tensions doivent être étudiées et installées avec un soin parfait dans l'intérêt de la sécurité générale : les *isolateurs,* leurs conditions de support, leur entretien, doivent être définis d'une façon méticuleuse et certaine. Les distingués spécialistes du Laboratoire se sont attachés à cette œuvre nouvelle avec autant de patience que de succès.

Ils ont aussi établi et uniformisé l'*étalon lumineux légal,* dont les variations, suivant les divers pays, étaient une cause perpétuelle d'ennuis, de discussions, et de contestations. En ce qui concerne l'Éclairage, le Laboratoire mesure annuellement l'intensité lumineuse de plus *d'un millier de lampes.* Les Administrations de l'État lui font procéder à des *essais de réception* de leurs lampes. Ces essais consistent à s'assurer qu'un certain nombre de lampes choisies au hasard parmi les lots fournis à l'Administration sont telles que leur intensité lumineuse ne diminue pas, après 500 heures d'allumage, de plus de 20 % de la valeur initiale.

Fig. 917. — Salle de la haute tension du Laboratoire central d'Électricité.

Au fond, quatre transformateurs de 110/15.000 volts, d'une puissance de 5 kilowatts chacun. Le groupement des quatre primaires parallèles et des quatre secondaires en série permet de réaliser une tension de 60.000 volts avec une puissance de 20 kilowatts. — A gauche, un transformateur de 110/60.000 volts, d'une puissance de 5 kilowatts. — Tous ces appareils, mis en tension, permettent de disposer de 120.000 volts.

Les *lampes à arc* électriques sont également soumises à des essais de réception et de contrôle méthodiques.

Signalons aussi les essais faits pour le Ministère de la marine sur les *accumulateurs électriques* destinés aux *sous-marins.* Il est facile de s'imaginer combien il est nécessaire que les accumulateurs destinés à cette périlleuse navigation soient soumis à des essais comparables entre eux et effectués dans les conditions techniques les meilleures : c'est ce qui a pu être réalisé.

L'enseignement de *l'École supérieure d'électricité,* essentiellement pratique, venant se joindre ou plutôt se juxtaposer aux travaux du *Laboratoire central,* il en est résulté l'ensemble technique que prévoyaient et que souhaitaient, dès le début, les fondateurs de la *Société internationale des Électriciens.* Lorsque l'on considère qu'il n'existait rien de ce genre, et pour cause, en 1881, lors de l'Exposition d'électricité primordiale, et que l'enseignement de l'électricité dans les grandes Écoles scientifiques et techniques était à peu près nul, on est frappé de la rapidité et de la précision avec laquelle ont été créés les organes nouveaux qui devaient faciliter et contrôler cet énorme progrès. Il a trouvé constamment, au cours de son évolution, des dévouements scientifiques aussi nombreux que méritoires auxquels c'est un agréable devoir de rendre hommage.

Tout était à organiser dans cet enseignement : à peine en connaissait-on le langage même, langage spécial dont le développement des applications de l'électricité devait rendre la connaissance et la compréhension obligatoires dans l'industrie. A point nommé sont sortis de *l'École supérieure d'Électricité* et de son *Laboratoire* les *instructeurs* nécessaires pour en assurer la saine et féconde vulgarisation.

Fig. 918. — Quelques enroulements faits par les élèves de l'École supérieure d'Électricité.

CONCLUSION

Nous voilà parvenus au terme du voyage que nous avons entrepris en écrivant ce tome *Électricité* des *Merveilles de la Science.* Quel immense domaine ! A peine avons-nous pu y pénétrer sur certains points, car il fallait matériellement se borner. Mais, dans ces cas du moins, nous nous sommes efforcé d'indiquer à nos lecteurs la route à suivre, et nous espérons les avoir utilement engagés à chercher dans les ouvrages spéciaux des Maîtres de la Science, de plus grands détails et des explications plus approfondies lorsqu'il s'agira de passer à l'application.

L'*Électricité,* dans le cours d'un siècle, aura modifié, rénové, transformé la plupart des pratiques industrielles. De plus en plus, on la trouve partout.

Parmi ses bienfaits — suivant la belle expression de M. Alfred Picard — « l'un des plus précieux est d'avoir rompu le lien qui maintenait dans un contact étroit *la production* et *l'emploi* de la force. »

Nous avons vu comment de simples fils en métal d'un diamètre de quelques millimètres seulement peuvent transporter *l'énergie*, sans déchet notable, à 100 et 200 kilomètres : les découvertes nouvelles, les perfectionnements de chaque jour, ne tarderont pas à reculer encore ces limites. L'usine où sera utilisée la puissance, où sera transformée l'énergie recueillie par les récepteurs hydrauliques, pourra être placée exactement au point le plus utile pour rayonner en quelque sorte sur les centres de consommation, et pour distribuer avec le plus de profit sur de vastes étendues « la force et la lumière ».

La *force motrice électrique*, souple, maniable, docile, s'emparera, de plus en plus, des opérations mécaniques et chimiques. L'industrie *des transports*, si intimement liée au développement du progrès, ne lui échappe pas : partout l'usage de la *traction électrique* sur les chemins de fer, après avoir commencé par les tramways, entre déjà dans le champ des réalités : la solution générale du problème peut être envisagée comme prochaine.

L'*électromoteur*, qui met directement en action la transmission de l'énergie, est une des conquêtes les plus intéressantes qui aient été faites dans la lutte incessante des forces de l'homme contre les résistances de la matière.

Dans certains cas, l'électromoteur a conservé la mission d'être le centre et la répartition de la force motrice qu'il fournit aux machines d'une façon analogue à celle des anciens procédés. Mais, dans d'autres cas de plus en plus nombreux, il se subdivise lui-même afin de faire partie intégrante, en quelque sorte, de l'engin qu'il actionne. Ce mode d'intervention est mis particulièrement en évidence pour ce qui concerne les machines-outils. La commande individuelle de la laborieuse machine par l'électromoteur est en voie de modifier complètement le fonctionnement des ateliers : elle augmente leur puissance d'action, et leur apporte, tout à la fois, plus de sécurité et plus d'hygiène.

Dans les ateliers de construction où l'électricité étend ses fils, c'en est fini des coups de marteau innombrables et bruyants qui faisaient sonner les tôles comme des cloches, ou qui les faisaient trembler avec des roulements de tonnerre. La fabrication d'une chaudière à vapeur, par exemple, était autrefois la source de bruits et de sonorités telles que l'habitation dans le voisinage était impossible. Maintenant, les riveuses électriques, possédant leur électromoteur, posent les coutures de rivets avec aussi peu de bruit que si elles écrasaient dans les trous destinés à recevoir ces rivets de la cire à cacheter. Ces grosses riveuses électriques, semblables à de prodigieuses pinces de homard en acier, n'attendent pas, d'ailleurs, qu'on leur apporte les pièces à ajuster et à relier les unes aux autres. Promenées au travers des ateliers par des ponts-volants que font fonctionner et que déplacent aussi les électromoteurs, ce sont elles qui vont trouver les pièces à élaborer, évitant ainsi au personnel des manœuvres de force nécessairement lentes, au cours desquelles peuvent toujours se produire des accidents.

Le moteur électrique « individuel à chaque machine-outil » supprime ou atténue dans une très large mesure l'encombrement et les dangers des transmissions de mouvement par poulies et courroies. De plus, il est économique à ce point de vue. Car, ces transmissions absorbaient toujours vingt à trente pour cent de la force motrice en pure perte. Dans les ateliers qui se négligeaient, où les transmissions étaient mal réglées, dans lesquels on laissait tourner les poulies sans donner rien à faire aux machines, la proportion de force motrice gaspillée ainsi atteignait parfois *soixante pour cent.*

La machine-outil, commandée par sa dynamo dont le rendement est de soixante-dix à quatre-vingts pour cent et qui ne travaille que lorsque la machine-outil a besoin d'elle pour travailler elle-même, conduit nécessairement à des économies d'entretien et de force motrice importantes.

Ajoutons que l'*électromoteur* dont la puissance aux bornes de la dynamo est fournie à chaque instant par la simple lecture d'un voltmètre et d'un ampèremètre pour le courant continu, d'un électrodynamomètre pour le courant alternatif, devient, par lui-même, l'instrument de contrôle de son propre travail, et la plus sûre garantie qu'il sera impossible, pour peu qu'on le veuille, de gaspiller la précieuse et coûteuse énergie motrice.

Quel est l'avenir réservé à l'*Électricité* et à ses applications? Il serait téméraire d'essayer d'en avoir la vision lorsque l'on considère tout ce que l'on a déjà vu se produire en un temps si court.

Ce que l'on peut penser, c'est que l'ingéniosité scientifique trouvera moyen de puiser à de nouvelles sources d'énergie plus inépuisables encore que celle qui a été fournie par l'énergie hydraulique.

Un jour viendra sans doute où l'augmentation continue des besoins de force conduira l'homme à se tourner *vers la mer,* à recueillir la puissance formidable *des marées* et à la transporter en tous sens au travers des continents. Déjà d'intéressantes recherches ont été faites dans ce sens.

On entrevoit aussi *la captation de l'énergie atmosphérique,* des *marées électriques de l'espace,* par l'utilisation des *différences de potentiel électrique* qui constituent l'équilibre général et instable de la masse atmosphérique enveloppant la *Terre.* Ce serait l'admirable chapitre final du programme que s'était posé, en principe, le génie de Franklin, et dont on fit sa devise scientifique : *Eripuit cœlo fulmen.* Terminons ce tome des *Merveilles de la Science,* ainsi que nous l'avons commencé, sur cette *belle espérance* scientifique.

FIN

TABLE DES MATIÈRES

Pages.

AVANT-PROPOS.

Coup d'œil général. — Passé. — Présent. — Avenir 1

CHAPITRE I

ÉLECTROSTATIQUE

Historique. — **Électricité statique.** — **Électricité dynamique.** — **Électrisation par frottement.** — Pendule électrique. — Théorie de l'électricité statique. — Lois de Coulomb. — Champ électrique. — Direction. — Lignes de force. — Distribution de l'électricité. — Densité électrique. — Pouvoir des pointes. — **Induction électrostatique.** — **Influence.** — Cylindre de Faraday. — Influence d'un corps électrisé sur des conducteurs diversement disposés. — Potentiel. — Courant. — Capacité. — **Machines électrostatiques à frottement.** — Historique. — Théorie. — Machine de Ramsden. — Machine d'Amstrong. — **Machines électrostatiques à influence.** — Électrophore de Volta. — Machine de Holtz. — Débit et puissance des machines électrostatiques. — **Condensateurs.** — **Bouteille de Leyde.** — Décharge. — Batteries : en surface, en cascade. — Condensateur étalon. — **Étincelle électrique.** — Effluve. — Ozone. — **Mesure de l'électricité.** — Électroscope à feuilles d'or. — Électromètres : de *Coulomb;* à quadrants; *Mascart;* absolu. — **Électricité atmosphérique.** — **Paratonnerre.** — Théorie. — Installation. — Paratonnerres : *Melsens, Grenet, de la Tour Eiffel* 14

CHAPITRE II

COURANT ÉLECTRIQUE. — PILES

Historique. — **Volta et Galvani.** — Piles de Volta : à colonne, à couronne de tasses. — **Théorie de la pile.** — Dénomination de ses éléments. — **Courant électrique** : effets, sens. — Pôles d'une pile. — Force électromotrice. — Intensité. — Résistance intérieure. — Schéma d'une pile. — **Décomposition de l'eau.** — Voltamètre. — **Piles à auges,** *Wollaston.* — **Polarisation.** — **Dépolarisation.** — Piles dépolarisables à un seul liquide : *Grenet, Trouvé.* — Piles à deux liquides : *Daniell, Callaud, Bunsen.* — Piles à dépolarisants solides : *Leclanché, Leclanché-Barbier, Lalande-Chaperon.* — Piles à écoulement : *Camacho, Devaux.* — Piles sèches : *Zamboni.* — **Piles thermo-électriques** : *Pouillet, Nobili, Noé, Clamond.* — Pile étalon : *Latimer-Clark.* — **Unités électriques.** — Système C. G. S. — Lois d'Ohm. — Résistance des conducteurs. — **Courants dérivés.** — Lois de Kirchoff. — Loi de Joule. — Couplage des piles. 69

CHAPITRE III

ACCUMULATEURS

Piles secondaires. — **Principe.** — Accumulateurs *Planté.* — **Formation.** — Accumulateurs : *Faure, Kabath, Reynier,* à plaques grillagées, *Godot, Dinin, Heinz, Olten, Tudor, Azeden.* — Charge. — Décharge. — **Groupement des accumulateurs.** — Force électromotrice. — — Résistance intérieure. — Intensité. — Capacité. — Énergie. — Puissance. — Rendement. — Emploi des accumulateurs 125

CHAPITRE IV

MAGNÉTISME. — ÉLECTROMAGNÉTISME. INDUCTION ÉLECTROMAGNÉTIQUE

Magnétisme. — **Aimants** : naturels, artificiels. — Pôles. — Magnétisme terrestre. — Spectre magnétique. — Lignes de force. — Champ magnétique. — Lignes d'induction. — Champs magnétiques divers. — Aimantation.

Électromagnétisme. — **Magnétisme et électricité.** — Expérience d'Œrsted. — Boussole astatique. — Théorie d'Ampère. — Solénoïde. — **Aimantation par le courant.** — Champs électromagnétiques. — Perméabilité magnétique. — Hystérésis. — Force magnétomotrice. — **Électro-aimants.** — Applications : sonneries électriques. — Électro-aimants à grande course. — Aimants d'ancrage. — **Induction électromagnétique.** — Courant induit : sens, force électromotrice. — Loi de Lenz. — Courants induits par la rotation d'un circuit. — Self-induction. — Courants de Foucault 143

CHAPITRE V

APPAREILS DE MESURES ÉLECTRIQUES

Galvanomètres. — Multiplicateur de Schweigger. — Galvanomètres à aimants mobiles : *Nobili, Thomson,* différentiel. — Galvanomètres à cadre mobile : *Deprez et d'Arsonval,* balistique.

Pages.

— Graduation. — Shunt. — Lecture des déviations. — Échelles transparentes. — **Ampèremètres** : *Deprez et Carpentier*, à cadre mobile. Ampère étalon *Pellat*. — **Voltmètres** : *Chauvin et Arnoux, Meylan et d'Arsonval, thermique Carpentier, thermique Hartmann et Braun.* — Installation des voltmètres et des ampèremètres sur un circuit. — **Électrodynamomètres** : *Siemens, Carpentier*, absolu. — **Wattmètres** : *Blondel et Labour*. — **Enregistreurs** : *Richard, Chauvin et Arnoux, Meylan et d'Arsonval, Carpentier*. — **Mesure des résistances**. — *Ohm étalon Carpentier*. — Bobines de résistance. — Boîtes de résistances : en séries, en décades linéaires; en décades circulaires. — Pont de Wheatstone; à fil. — **Mesures d'isolement**. — Ohmmètres : *Carpentier*. — **Compteurs d'électricité** : *Thomson, O'Keenan*........... 168

CHAPITRE VI

MACHINES ET MOTEURS ÉLECTROMAGNÉTIQUES

Machines magnéto-électriques : *Pixii, Clarke, de la Compagnie l'Alliance, Gramme, Siemens, de Méritens.*

Machines dynamo-électriques. — **Machines à courants continus**. — Fonctionnement d'une dynamo. — Ligne neutre. — Angle de calage des balais. — Réaction de l'induit. — Force électromotrice d'une machine. — Machines multipolaires. — **Induits**. — Enroulements : à anneau, à tambour, divers. — **Inducteurs**. — Excitation indépendante. — Auto-excitation : en série, en dérivation, compound. — **Collecteurs**. — Balais. — **Régulation**. — Régulateurs : *Thury*. — Couplage des machines à courants continus : en tension, en quantité. — Mise en marche et arrêt d'une dynamo. — Rendement. — **Réversibilité**. — **Dynamos à courants continus** : *Gramme, Siemens, Brush, Edison, Schuckert, Victoria, Weston, Mather, de la Compagnie de l'Industrie électrique et mécanique de Genève, Thomson-Houston, de la Compagnie générale électrique de Nancy, de la Société Alsacienne de constructions mécaniques, Brown-Boveri*. — **Moteurs à courants continus** : *Deprez, Trouvé, de Méritens, Ayrton et Perry*, à réducteur de vitesse, *Brown-Boveri, Schneider et Cie*. — Force contre-électromotrice du moteur. — Mise en marche et arrêt des moteurs.

Courants alternatifs. — Période. — Phase. — Fréquence. — Courants biphasés, triphasés. — Force électromotrice et intensité efficaces. — Puissance.

Machines dynamos à courants alternatifs. — **Induits**. — **Inducteurs**. — Types divers d'alternateurs : monophasés, biphasés, triphasés. — Groupement des circuits : en triangle, en étoile. — Alternateurs simples : *Gramme, Siemens, de Méritens, Ferranti*, divers. — Alternateurs polyphasés : modèles divers. — **Moteurs à courants alternatifs**. — Champ magnétique tournant. — Moteurs synchrones. — Moteurs asynchrones............................ 210

CHAPITRE VII

TRANSFORMATEURS

Transformateurs. — **Bobine de Ruhmkorff**. — Interrupteurs : à marteau, *Foucault, atonique Carpentier, Ducretet, Wehnelt*. — Bobines diverses. — Applications des bobines à induction. — Rayons X. — Courants de haute fréquence. — **Transformateurs industriels**. — **Transformateurs statiques** : à circuit magnétique ouvert, à circuit magnétique fermé : simple, double. — Rendement. — Transformateurs divers : *Zipernowsky, Westinghouse, de la Compagnie électrique de Nancy, Thomson-Houston, d'Oerlikon*, souterrains. — Auto-transformateurs. — Installation des transformateurs. — **Transformateurs rotatifs**. — Moteurs générateurs. — Commutatrices. — Permutatrices................................. 304

CHAPITRE VIII

TRANSMISSION DE L'ÉNERGIE

Transport de force. — **Conducteurs** : nus, isolés. — Jonction des conducteurs. — Canalisations : souterraines, aériennes, à basse tension, intérieures, à haute tension. — Parafoudres : à pointes, Thomson, à cornes, à cornes à résistance liquide. — Distribution par courants continus : à deux fils, par feeders, à trois fils, à cinq fils. — Distribution par courants alternatifs. — Liaison des circuits de distribution aux génératrices : circuit unique; circuit double. — **Appareillage**. — Interrupteurs : unipolaires, multipolaires. — Commutateurs. — Coupe-circuits. — Disjoncteurs. — Rhéostats. — Indicateurs de terre. — Tableaux de distribution. — Appareillage pour la haute tension.

Houille blanche. — **Houille verte**. — Application de la transmission de l'énergie......... 334

CHAPITRE IX

ÉCLAIRAGE ÉLECTRIQUE

Historique. — **Lampes à arc**. — Régulateurs : *Foucault, Serrin, Gramme, Siemens, Cance, Bardon, Vigreux et Brillié, Jandus, Beck*. — Bougie Jablochkoff. — Charbons de lampes à arc. — Montage des lampes à arc. — **Lampes à incandescence**. — Types divers de lampes à incandescence. — Lampes *Nernst*, à vapeur de mercure, à filaments métalliques. — Consommation des lampes à incandescence. — Installation. — Interrupteurs. — Prises de courant. — Supports divers de lampes à incandescence; 402

CHAPITRE X

TRACTION ÉLECTRIQUE

Pages.

Traction électrique. — Tramways électriques. — Prises de courant : aérienne, souterraine, par plots de contact. — Traction par accumulateurs, par dispositifs combinés. — **Chemins de fer électriques.** — Prise de courant par un troisième rail. — **Locomotives** : à accumulateurs, à prise de courant aérienne. — **Lignes électriques** : du Fayet à Chamonix. — **Moteurs à traction.** — Contrôleurs. — Moteurs de traction et contrôleurs divers............... 417

CHAPITRE XI

TÉLÉGRAPHIE

Télégraphie aérienne — Historique. — Télégraphe de Chappe. — Télégraphes aériens étrangers. — **Télégraphie optique.** — Historique. — Télégraphe Mangin. — Télégraphie optique appliquée à la triangulation. — Héliographe. — **Télégraphie pneumatique.** — Réseau pneumatique de Paris. — Réseaux étrangers.

Télégraphie électrique. — Historique. — **Appareils de télégraphie électrique.** — Télégraphes : *Morse, Hughes*, à cadran, *Bréguet. Bonelli, Caselli;* à transmission automatique : *Wheatstone ;* à transmissions simultanées; harmonique; sténotélégraphes : *Estienne, Cassagne;* télégraphes à transmissions multiples : *Meyer, Baudot; téléscripteur Siemens et Halske; télégraphe écrivant Pollak et Virag.* — **Équipement des lignes télégraphiques.** — Fils conducteurs. — Poteaux et isolateurs. — Lignes souterraines. — Appareils accessoires : sonneries, parafoudres. — **Télégraphie sous-marine.** — Pose des premiers câbles sous-marins. — Pose des câbles transatlantiques. — Équipement actuel des lignes sous-marines. — Câbles. — Matériel d'immersion. — Récepteur de télégraphe sous-marin.

Télégraphie sans fil. — Historique. — Poste récepteur. — Modes d'installation et installations diverses.. 479

CHAPITRE XII

TÉLÉPHONIE

Historique. — Téléphone magnétique de Graham Bell. — Téléphone à piles. — Microphone de Hughes. — Poste téléphonique Ader. — **Appareils téléphoniques divers.** — **Postes téléphoniques centraux.** — **Bureaux téléphoniques à batterie centrale.** — Installation de l'Hôtel des Téléphones de Paris. — Installation de l'Hôtel des Téléphones de Bruxelles. — Progrès de la téléphonie. — **Télégraphie et téléphonie simultanées.** — **Téléphonie sans fil**...................................... 612

CHAPITRE XIII

APPLICATIONS DIVERSES TÉLÉGRAPHIQUES ET TÉLÉPHONIQUES

Applications télégraphiques. — **Horlogerie électrique.** — Pendule sans lien matériel Charles Féry. — Distributions diverses. — **Phototélégraphie.** — Appareils phototélégraphiques : *Korn, Belin, Berjonneau.* — **Télémécanique.** — Direction des torpilles à distance. — **Transmetteurs d'ordres.** — **Applications téléphoniques.** — Photophone. — Signaux indicateurs. — Signaux lumineux. — Théâtrophone. — Télémicrophonographe. — Avertisseurs d'incendie... 681

CHAPITRE XIV

ÉLECTROCHIMIE

Galvanoplastie. — Fabrication des moules pour la galvanoplastie. — Progrès de la galvanoplastie. — Nickelage. — Argenture. — Dorure. — Dépôts métalliques divers. — Électrogravure. — **Four électrique.** — Fours : *Moissan, Ducretet, Clerc-Minet.* — Fabrications : Carbure de calcium. — Phosphore. — Soude et chlore. — Acide nitrique et nitrate; *four Birkeland-Eyde.* — Cyanamide : *procédé Frank et Caro.* — **Électrométallurgie.** — Fabrication de l'aluminium. — Fabrication et affinage de l'acier : fours : *Gin, Girod, Froges-Héroult*, à induction, *Keller*.... 700

CHAPITRE XV

CHAUFFAGE ÉLECTRIQUE. — APPLICATIONS DIVERSES DE L'ÉLECTRICITÉ

Le chauffage électrique. — Appareils divers de chauffage électrique. — **Applications diverses de l'électricité.** — La dispersion du brouillard par les ondes hertziennes. — La recherche des gisements métallifères et des eaux souterraines par l'électricité. — Perforatrices et haveuses électriques. — Ascenseurs et monte-charges électriques automatiques.............. 730

APPENDICE

Le Laboratoire central et l'École supérieure d'Électricité de la Société internationale des Électriciens à Paris. — Conclusion.............. 741

LES MERVEILLES DE LA SCIENCE

Nouvelle édition, entièrement revue, corrigée et mise à jour par

MAX DE NANSOUTY
Ingénieur des Arts et Manufactures

Préface de M. ALFRED PICARD, Membre de l'Institut

En présentant aujourd'hui au public une remise au point des **Merveilles de la Science** qui furent, lors de leur apparition, un succès de librairie sans précédent, nous ne saurions mieux faire, pour justifier la nécessité d'une pareille publication, que de reproduire ici ce que leur initiateur, le remarquable vulgarisateur **Louis Figuier**, écrivait, dans son style aimable et persuasif, au seuil de son volume :

La science est entrée, de nos jours, dans toutes les habitudes de la vie, comme dans les procédés de l'industrie et des arts. Puisqu'elle nous touche par tant de côtés, puisqu'elle est constamment mêlée à notre vie, chacun est bien obligé de s'initier aux connaissances scientifiques.

C'est pour répondre à ce besoin universel que nous avons écrit la série des notices scientifiques que l'on va lire, et qui sont consacrées à la description et à l'histoire des grandes inventions de la science contemporaine. Rechercher l'origine de chacune des principales inventions scientifiques modernes, raconter ses progrès et ses développements successifs, exposer son état actuel et les principes sur lesquels elle est fondée : tel est le double objet que l'on se propose dans ce livre.

Les **Merveilles de la Science** s'adressent spécialement à cette classe si nombreuse de personnes qui, sans posséder sur les sciences des notions essentiellement techniques, désirent cependant bien connaître les inventions modernes. Aussi la clarté a-t-elle été ma préoccupation constante. Instruire sans fatigue, dépouiller la Science et son histoire des formes arides qu'elle présente dans nos traités classiques; tel est le but que je me suis efforcé d'atteindre.

Il y a toujours, dans une question scientifique, même la plus complexe, une partie accessible à tous les esprits, un côté attrayant, pittoresque et curieux. C'est cette partie du sujet que je développe souvent, pour jeter des fleurs sur l'aridité apparente du chemin.

L'histoire des progrès de l'esprit humain dans la voie scientifique est aussi riche en intérêt, aussi féconde en enseignement qu'aucune autre partie de l'histoire générale. Mais les documents qui consacrent le souvenir de ces faits, épars dans un grand nombre de recueils peu connus, ou disséminés dans des publications éphémères, sont difficiles à rassembler. Cette œuvre de recherches patientes, j'ai essayé de l'accomplir pour les sujets que j'ai abordés. Lorsque l'utilité des travaux de ce genre sera mieux appréciée qu'elle ne l'est encore, d'autres écrivains compléteront cette tâche en embrassant l'ensemble tout entier des conquêtes scientifiques de notre époque, et ainsi seront sauvés de l'oubli des monuments précieux qui seront un jour le vrai titre de gloire de l'humanité.

Le vœu scientifique de **Louis Figuier** sera exaucé et nous apportons à l'auteur regretté des **Merveilles de la Science** un hommage qu'il eût certainement fort apprécié, en chargeant du soin de continuer sa tâche, précisément dans la direction qu'il a indiquée et selon les règles qu'il a tracées, le plus notoire de ses successeurs en vulgarisation scientifique, **M. Max de Nansouty**, ingénieur distingué, collaborateur des revues techniques les plus répandues, écrivain à la plume alerte et spirituelle dont **M. Alfred Picard** apprécie en ces termes la collaboration dans la préface, qu'il a bien voulu mettre en tête de cette nouvelle édition :

On ne peut que se féliciter de voir, en la circonstance, écrit-il, *M. Max de Nansouty assumer une tâche si délicate. Nul n'eût réuni au même degré les qualités voulues pour réussir. Rien ne lui est étranger du domaine des sciences et notamment des sciences appliquées. Explorateur infatigable, il a parcouru ce domaine jusque dans ses parties les plus reculées. La nature l'a doué d'un admirable talent d'exposition. Sachant rendre accessibles les questions les plus ardues, imprimant aux études les plus austères une allure attrayante et spirituelle, maniant avec aisance la plume vive et alerte d'un Français de race, il personnifie le vulgarisateur compris et aimé du public. L'association de son nom et de celui du précurseur Louis Figuier est un gage assuré d'éclatant succès.*

Cette continuation de l'œuvre s'imposait en vérité; depuis vingt-cinq ans, époque à laquelle parurent les derniers " Suppléments " des livres de Louis Figuier, le progrès a été incessant, admirable.

L'œuvre de **Louis Figuier** reste grande, instructive, attrayante : il a établi de main de maître, avec autant de modestie que de talent, les fondations d'un véritable édifice scientifique. Son continuateur va en montrer les étagements avec tous leurs prestiges actuels. L'ouvrage, revu et complété, rendra, nous en sommes persuadés, les mêmes services d'enseignement qu'il rendit sous sa forme première, et il saura les rendre en étant gracieux et distrayant, malgré l'importance technique des matières qu'il traitera. Il répandra, comme le voulait son fondateur, " les salutaires leçons de la science et de la vérité ".

Nous avons commencé la publication des **Merveilles de la Science** par le volume consacré aux *CHAUDIÈRES ET MACHINES A VAPEUR*, productrices de la force que l'on trouve à la base de toutes les sciences et de toutes les industries. Le second volume a été consacré à *L'ÉLECTRICITÉ* et à ses applications. Le troisième volume, en cours de publication, traitera des **MOTEURS à explosion, à air, à eau, à vent.**

Nous nous proposons d'étudier successivement : *LA NAVIGATION AÉRIENNE (Dirigeables, Aéroplanes).— LA NAVIGATION MARINE ET SOUS-MARINE (Bâtiments de guerre et de commerce). — LA PHOTOGRAPHIE. — LA LOCOMOTION (Chemins de fer, Automobiles). — L'ARTILLERIE (Les poudres et les explosifs). — L'ÉCLAIRAGE ET LE CHAUFFAGE, etc.*

Chacune de ces différentes parties formera un volume séparé. L'importance des matières traitées étant très variable, il ne nous était pas possible de fixer un prix de souscription pour l'ouvrage complet; nous établirons ce prix pour chacun des volumes.

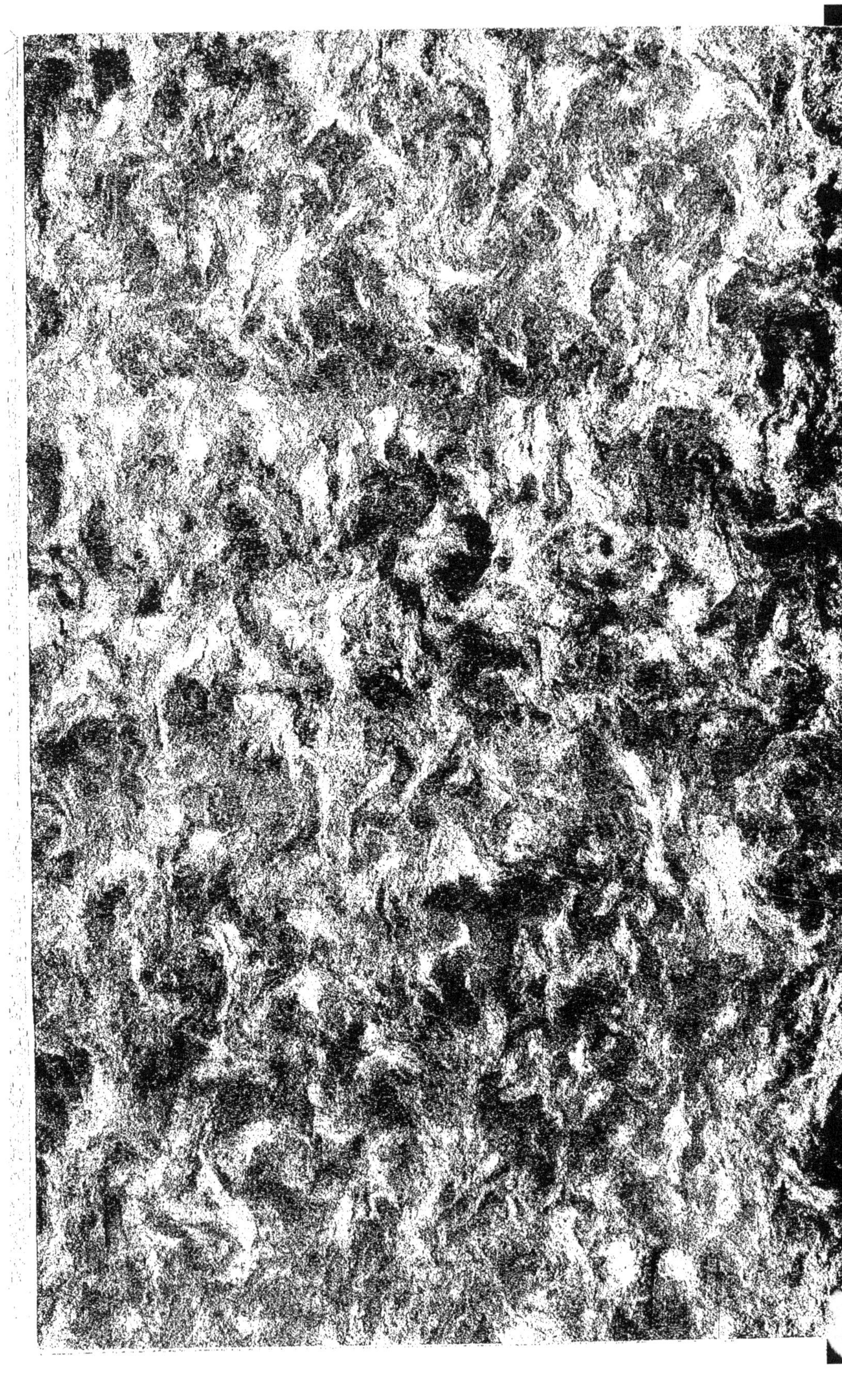

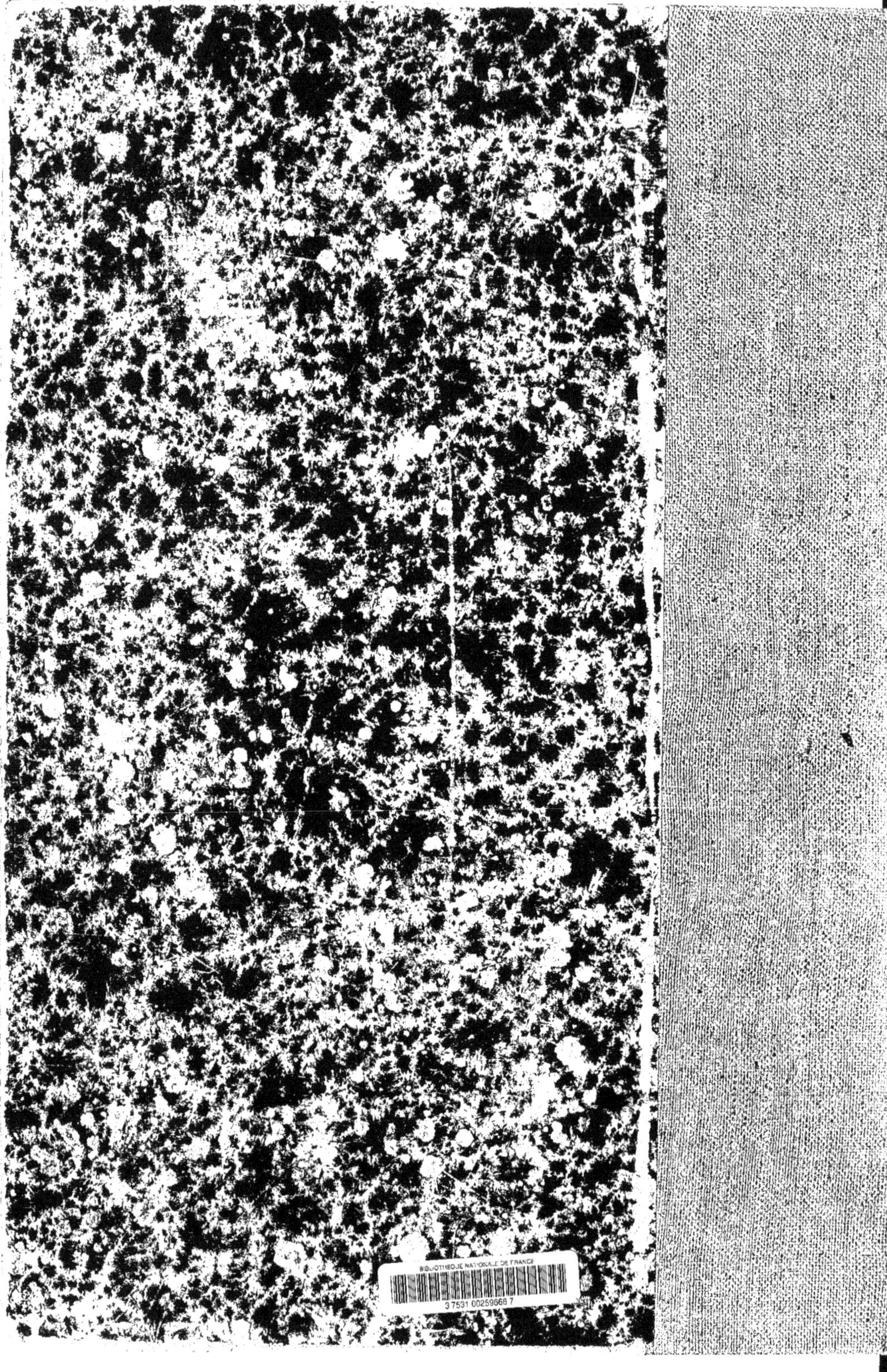
BIBLIOTHEQUE NATIONALE DE FRANCE
3 7531 00259668 7

www.ingramcontent.com/pod-product-compliance
Ingram Content Group UK Ltd.
Pitfield, Milton Keynes, MK11 3LW, UK
UKHW020259200726
13857UKWH00001B/39